Springer-Lehrbuch

Mathematik für Physiker und Ingenieure

Herausgegeben von Helmut Neunzert

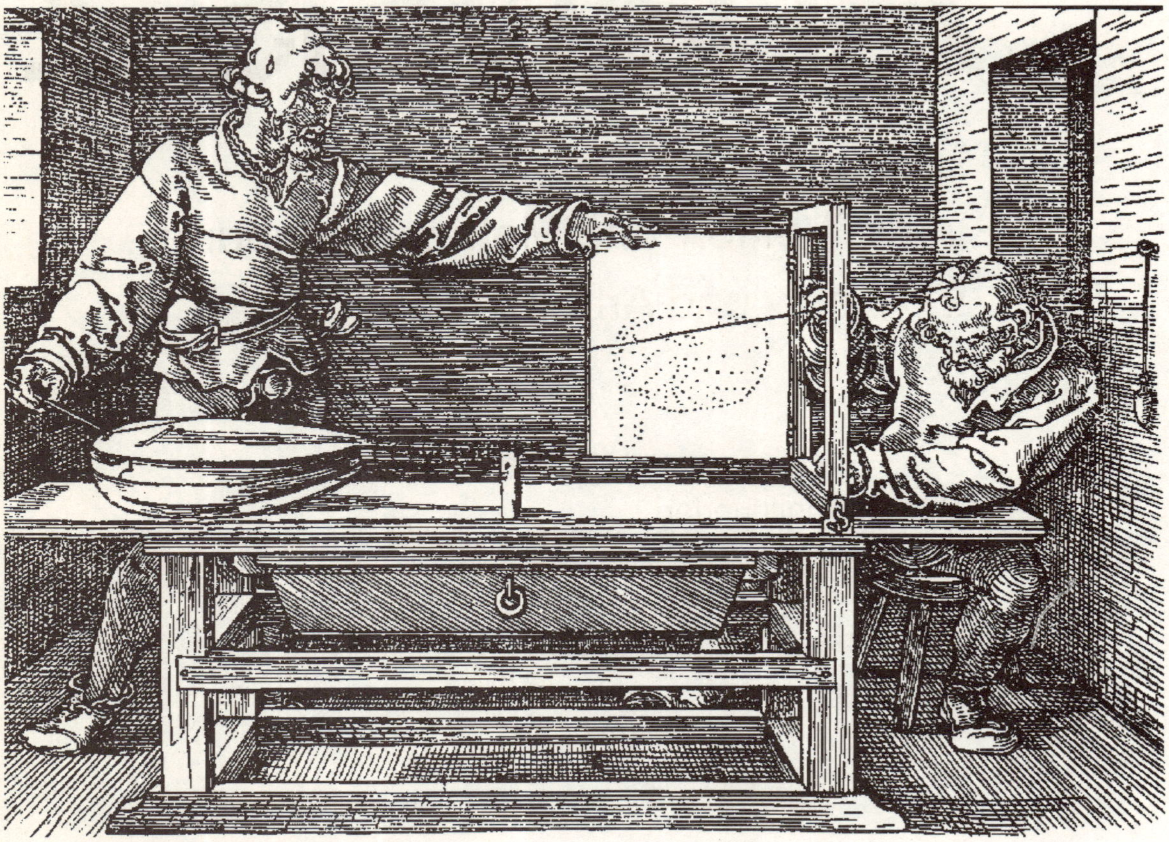

$$\varphi(x, y, z) = c\left(\frac{y}{x}, \frac{z}{x}\right)$$

Diese Abbildung ist aus Albrecht Dürers „*Underweysung der messung/ mit dem zirckel un richtscheyt/ in Linien ebnen unnd gantzen corporen/ durch Albrecht Dürer zusamen getzoge/ und zu nutz alle kunstlieb habenden mit zu gehörigen figuren/ in truck gebracht/ im jar. M.D.XXV.*“

Im Text dazu wird beschrieben, wie man die Zentralprojektion eines abzubildenden Gegenstandes, hier einer Laute, technisch bewerkstelligt.

Mathematisch ist das einfacher: Wählt man ein kartesisches Koordinatensystem so, daß der Ursprung gleich dem Projektionszentrum (dem Nagel in der Wand) ist und die Zeichenebene (der Rahmen, in dem die Leinwand schließlich befestigt wird) durch die Gleichung $x = c$ beschrieben wird, so genügen schon die Kenntnisse aus Kapitel 15, um die dadurch vermittelte Abbildung φ: Anschauungsraum $\rightarrow$ Zeichenebene analytisch zu beschreiben. Prüfen Sie nach, daß die Formel unter der Abbildung korrekt ist, und überlegen Sie, warum die Abbildung für $x = 0$ nicht definiert ist. Vielleicht wollen Sie nach der Lektüre von Kapitel 21 auch noch $d\varphi$ berechnen?

H. Neunzert W. G. Eschmann
A. Blickensdörfer-Ehlers K. Schelkes

Analysis 2

Mit einer Einführung in die Vektor- und Matrizenrechnung

Ein Lehr- und Arbeitsbuch

Zweite, korrigierte Auflage
Mit 159 Abbildungen

Springer-Verlag
Berlin Heidelberg New York
London Paris Tokyo
Hong Kong Barcelona
Budapest

Prof. Dr. Helmut Neunzert
Dr. Winfried G. Eschmann
Fachbereich Mathematik der Universität Kaiserslautern
Postfach 3049
D-67653 Kaiserslautern, Deutschland

Dr. Arndt Blickensdörfer-Ehlers
Brucknerstraße 64
D-63452 Hanau, Deutschland

Dipl.-Math. Klaus Schelkes
Bundesanstalt für Geowissenschaften und Rohstoffe
Stilleweg 2
D-30655 Hannover, Deutschland

Dieser Band erschien bisher in der Reihe *Mathematik für Physiker und Ingenieure*

Mathematics Subject Classification (1991):
26-01, 30-01, 33-01, 34-01, 40-01, 42-01, 70-01, 78-01

ISBN 3-540-56909-X Springer-Verlag Berlin Heidelberg New York
ISBN 3-540-11142-5 1. Auflage Springer-Verlag Berlin Heidelberg New York

Die Deutsche Bibliothek-CIP-Einheitsaufnahme
Analysis: ein Lehr- und Arbeitsbuch / H. Neunzert ... –
Berlin; Heidelberg; New York; London; Paris; Tokyo; Hong Kong; Barcelona; Budapest: Springer.
(Springer-Lehrbuch)
NE: Neunzert, Helmut
2. Mit einer Einführung in die Vektor- und Matrizenrechnung.
– 2., korrigierte Aufl. – 1993 ISBN 3-540-56909-X

44/3140 - 5 4 3 2 1 0 – Gedruckt auf säurefreiem Papier

Inhaltsverzeichnis

KAPITEL 20. DETERMINANTEN

KAPITEL 21. DIFFERENTIATION IM $\mathbb{R}^N$

KAPITEL 22. ANWENDUNGEN DER DIFFERENTIALRECHNUNG IM $\mathbb{R}^N$

KAPITEL 23. KURVENINTEGRAL UND POTENTIAL

KAPITEL 24. DIFFERENTIALGLEICHUNGEN

Vorwort zur zweiten Auflage

Auch unsere Analysis 2 bekommt nun nach mehr als 12 Jahren eine Neuauflage. Wie bei Analysis 1 wurden nur geringere Fehler des ursprünglichen Textes korrigiert - auch jetzt bedeutet dies nicht, daß wir heute nicht vieles anders machen würden, wenn wir denn Zeit für eine Neugestaltung fänden. Natürlich ist "keine Zeit haben" immer nur eine Frage von Prioritäten - und wenn wir nun ein Buch schreiben wollten, so hätten die alte, bisher nicht verwirklichte Idee einer Analysis 3 und die neue, realistischere Idee, ein Buch über partielle Differentialgleichungen in dieser Reihe zu machen, doch den Vorrang.

Was wir heute nicht ändern würden, ist der Stil: Die Breite der Darstellung, der Versuch, den Leser persönlich anzusprechen, jener Mittelweg zwischen mathematischer Strenge und Anwendernähe. Das Buch ist eben nicht für Dozenten, sondern für Studenten geschrieben - und die Reaktion der Studenten war überwiegend positiv (was nicht heißt, daß wir unter Kollegenschelte gelitten haben).

Was wir heute ändern würden, ist teilweise der Inhalt: Die Ansprüche von Ingenieuren und Physikern haben sich geändert, oder wir sehen diese Ansprüche heute deutlicher und damit anders. So wäre es für Physiker und Nachrichteningenieure nützlich, wenn man etwas über Funktionenräume erführe; der Aufwand ist, verzichtet man auf mathematische Strenge in einem Ausmaß, das einem das Lebesgue-Maß erspart, nicht überwältigend, der Gewinn wäre für einen Einstieg in Quanten- oder Systemtheorie beträchtlich. Man könnte dafür bei der geometrischen Deutung linearer Gleichungssysteme sparen - letztere entstehen heute sowieso meist bei der Diskretisierung von Differentialgleichungen, und dies sollte man mehr betonen.

Das ist anders als vor 12 Jahren: Die Computersimulation hat das Realexperiment in Physik und Technik noch mehr zurückgedrängt - und Computersimulation ist, auch wenn mancher Ingenieur dies vergißt, Mathematik. Computersimulation ist das Aufstellen mathematischer Gleichungen, die einen Prozeß oder das Verhalten eines Systems beschreiben, ist also "mathematische Modellbildung". Und Computersimulation ist die Auswertung dieser Modelle, das Lösen der Gleichungen mit Hilfe des Rechners, ist - um ein Schlagwort zu gebrauchen - "scientific computing".

Das Modellieren haben wir hier und da schon versucht, das "Computing" haben wir vernachlässigt. Ein direktes Einbeziehen des Computing-Aspekts (und das meint mehr als nur ein bißchen Interpolation und Approximation) war damals und ist vielleicht heute noch ein methodisch schwieriges Unterfangen, das auch andere Autoren noch scheitern läßt. So bleibt weiterhin nur der Ausweg, nach einer Analysis eine algorithmisch orientierte Numerik zu lernen.

Weil dies und vieles praktisch Wichtige (mehrdimensionale Integrale, Fourieranalysis, Distributionen, Eigenwerte, Kontrolltheorie, Statistik diskreter Strukturen usw.) noch nachkommen muß, ist Analysis 2 ein Buch für das zweite Semester, wie Analysis 1 im ersten Semester abgearbeitet werden muß. Da bleibt, will man nicht wie ein erbarmungsloser Sturmwind über und durch die Köpfe der Studenten brausen, nur noch Mut zur Lücke: Die übliche Methode, schlicht nicht fertig zu werden, bedeutet nur, daß Lücken eben am Ende bleiben. Ob die harmloser sind als Kürzungen vorne (z.B. bei der vollständigen Induktion am Anfang) mag bezweifelt werden. Wir haben versucht, das Problem zu lösen, indem wir mit den Büchern arbeiteten: Unsere Vorlesungen sollten Kommentare zu den verschiedenen Abschnitten sein, wobei wir davon ausgingen, daß die Studenten diese schon vorher gelesen hatten. Skeptiker behalten vermutlich meistens recht: Manche hatten, viele hatten nicht. Trotzdem: Diese Bücher sind gedacht, daß man mit ihnen arbeitet, und es ist nicht einzusehen, warum Vorlesungen diese Arbeit nicht anregen, führen und ergänzen sollten, anstatt zu reinen Mitschreibeübungen zu verkommen. Während der Vorlesung zuhören, die Inhalte vor- und nachlesen, Papier und Bleistift daneben: Mathematik lernt man durch Tun, nicht durch Konsumieren.

Kaiserslautern im Sommer 1993
W. Eschmann, H. Neunzert

Vorwort zur ersten Auflage

Das vorliegende Buch ist die Fortsetzung des Bandes Analysis 1 in derselben Reihe; wie dieser ist es aus Studienbriefen für Fernstudenten der Elektrotechnik entstanden und sollte daher ebenfalls zum Selbststudium geeignet sein. Gemeinsam mit Analysis 1 überdeckt es inhaltlich das, was normalerweise in 2 bis 3 Semestern der Mathematikausbildung an technischen Hochschulen und Universitäten behandelt wird.

Im Vorwort von Analysis 1 haben wir versucht, unseren Standort in einer "Mathematik für Physiker und Ingenieure" zu beschreiben; wir wollten einen Kurs der Mitte zwischen logisch strenger, aber wenig anwendungsbezogener Mathematik auf der einen Seite und einer für den Anwender vermeintlich angenehmen, aber unmathematischen, formelhaften Darstellung auf der anderen Seite steuern. All dies gilt auch für diesen zweiten Band. Die Kritik, die uns zum ersten Buch (neben etlichen recht positiven Stellungnahmen) erreichte, kam immer von einer dieser Seiten: Für den einen enthielt es zu viel Mathematik, zu viele Definitionen und Sätze, den anderen störte der relativ große Aufwand an "unmathematischer" Motivation und wieder andere meinten, daß zuviel gerechnet und zu wenig bewiesen werde. Nach unserer Meinung sind wir auf diese (vorhersehbaren) Kritikpunkte schon im Vorwort zum ersten Band eingegangen und wiederholen daher nur in aller Kürze: Unsere Bücher sind in erster Linie für Anwender der Mathematik gedacht. Dies bedeutet aber nach unserer Meinung nicht, daß es sich um eine "Sammlung von Kochrezepten" handeln darf; die Auseinandersetzung mit der logischen Strenge der Mathematik fördert, so glauben wir, das Wissenschaftsverständnis von Studenten der Ingenieur- und Naturwissenschaften.

Die Texte des vorliegenden Buches weichen stärker von den Studienbriefen des Projektes "Fernstudium im Medienverbund" ab als dies beim ersten Band der Fall war. Drei der vier Autoren hielten eine gründliche Überarbeitung für notwendig und sind heute, nach Fertigstellung des endgültigen Manuskriptes überzeugt, den ursprünglichen Text wesentlich verbessert zu haben. Dabei wurde streng darauf geachtet, daß die Hinweise der Kollegen von der Elektrotechnik weiterhin berücksichtigt bleiben - nochmals gilt unser Dank den Professoren Heinlein und Freise (Kaiserslautern) sowie Professor Bausch und Diplom-Ingenieur Schneider (TU Hannover).

Aus ganz anderem Anlaß aber nicht weniger herzlich haben wir Frau I. Schaumlöffel und Frau C. Kranz zu danken: Nur ihr wirklich unermüdlicher Einsatz beim Schreiben des Manuskripts erlaubte es uns, den Fertigstellungstermin wenigstens in etwa einzuhalten.
Schließlich gilt unser Dank Frau B. Göhring und Herrn Dr. R.P. Königs vom Springer-Verlag; ihrem großen persönlichen Engagement ist es zu danken, daß die Gestaltung der Bücher sogar besser, ihr Preis nur wenig höher war als es der ursprünglichen Vorstellung der Verfasser entsprach.

Zum Inhalt des Buches

In Analysis 1 hatten wir vorwiegend Funktionen einer reellen oder komplexen Variablen betrachtet. Solche Funktionen reichen natürlich zu einer mathematischen Beschreibung aller physikalischen oder technischen Sachverhalte bei weitem nicht aus.
Im Mittelpunkt des vorliegenden Buches stehen daher Funktionen von mehreren Veränderlichen. Zu Beginn wird der Argumentbereich solcher Funktionen, der Vektorraum $\mathbb{R}^n$ von n-Tupeln reeller Zahlen, betrachtet. Punkte und (physikalische) Vektoren des Anschauungsraumes dienen der Veranschaulichung des $\mathbb{R}^3$. Besondere Aufmerksamkeit verdienen dann die linearen Funktionen auf dem $\mathbb{R}^n$ - schließlich ist es ja das Ziel der Analysis, beliebige Funktionen durch solche einfachen, eben lineare Funktionen anzunähern. Ebenen und Geraden dienen wiederum der Veranschaulichung linearer Funktionen. Skalarprodukt und Vektorprodukt sind Hilfsmittel um geometrische Vorstellungen für die Lösung meist analytischer Probleme nutzbar zu machen. Matrizen, lineare Abbildungen und Determinanten werden

soweit entwickelt, wie es zu einer befriedigenden Behandlung linearer Gleichungssysteme und für die Anwendungen in der mehrdimensionalen Analysis nötig ist.

Soviel zum ersten Teil des Buches, den wir im Untertitel als Einführung in die Vektor- und Matrizenrechnung bezeichnet haben. Obwohl etwas altmodisch klingend, bezeichnet es den Inhalt dieses Teiles doch zutreffender als der auch für Ingenieurvorlesungen ähnlichen Inhalts oft übliche Titel "Lineare Algebra". Er deutet nach unserer Meinung zu stark auf rein algebraische Inhalte hin, wie sie ja auch in Vorlesungen dieses Titels für Mathematiker gebracht werden. Für den von uns ins Auge gefassten Leserkreis sind sie aber nicht vordringlich. "Lineare Analysis" wäre treffend, ist aber zumindest ungewohnt.

Lineare Algebra

Differentialrechnung

Der zweite Teil behandelt die Differentialrechnung von Funktionen mehrerer Veränderlichen, Kurvenintegrale und einfache Differentialgleichungen. Gerade im Bereich der Differentialrechnung haben wir uns bemüht, mathematisch saubere Definitionen auch dem Ingenieur näher zu bringen; so ist z.B. das totale Differential kein "formaler Ausdruck", kein "Symbol", und es hat auch nicht direkt etwas mit "kleinen Verschiebungen" zu tun. Kurvenintegrale und Potentiale spielen in den physikalischen Grundlagen sicher eine große Rolle und nehmen daher einen relativ breiten Raum ein. Dagegen haben wir die theoretischen Grundlagen der gewöhnlichen Differentialgleichungen nur kurz behandelt und die praktischen Lösungsmethoden ausführlicher dargestellt.

Die Bände Analysis 1 und 2 beinhalten natürlich bei weitem nicht die ganze vom Ingenieur oder gar Physiker benötigte Mathematik. Sicher fällt sofort auf, daß Eigenwertprobleme ebenso fehlen wie die mehrdimensionale Integration; deshalb werden auch z.B. lineare Systeme gewöhnlicher Differentialgleichungen und die Integralsätze nicht behandelt. Für diese und andere Fragen ist ein weiterer Band dieser Reihe "Mathematik für Physiker und Ingenieure" bereits in Entstehung. Auch nach Vorliegen dieses dritten Bandes wird noch viel zu tun sein, und es gibt bereits konkrete Pläne.

Die Autoren von Analysis 1 und 2 hoffen, mit ihren Büchern den Grundstock für eine sinnvolle und gute Mathematikausbildung von Ingenieuren und Physikern gelegt zu haben; und sie hoffen darüber hinaus, dem Leser hin und wieder auch Vergnügen, sogar Freude im Umgang mit der Mathematik vermittelt zu haben.

Kaiserslautern im September 1981

W.G. Eschmann, H. Neunzert, K. Schelkes

Die Gedichte auf den Seiten 83 und 152 sind aus der Sammlung "Carmina Mathematica" von Hubert Cremer (5. Auflage, 1977). Wir danken dem Verlag I.A. Mayer, Aachen für die freundliche Genehmigung zum Abdruck.

Wie arbeiten Sie mit diesem Buch?

Insbesondere beim Selbststudium zu beachten

Während Ihres Studiums der Mathematik sollten Sie eine möglichst große Sicherheit im Umgang mit mathematischen Methoden und Ergebnissen erlangen. Um dieses Ziel auch für den in diesem Buch vorliegenden Stoff zu erreichen, finden Sie im Text viele Aufgaben. Diese sind in der Randspalte durch ein A gekennzeichnet. Halten Sie also beim Lesen und Lernen stets Bleistift und Papier bereit! Die Aufgaben sind mit dem (bis zu der jeweiligen Aufgabe) gebrachten Stoff zu lösen. Die zu erstellenden Lösungen sind zum Teil umfangreicher als Sie es vielleicht vom ersten Band gewohnt sind.

Am Ende des Buches (ab Seite 231) finden Sie die "Lösungen der Aufgaben". Diese Lösungen gliedern sich für die meisten Aufgaben in "1) Hinweise" und "2) Lösung". Sollte Ihnen bei einer Aufgabe nach einigen Anläufen eine eigene Lösung nicht gelingen, so sollten Sie zunächst die "Hinweise" lesen und dann neue Lösungsversuche unternehmen. Wenn Ihnen auch die "Hinweise" nicht weiterhelfen, (was durchaus mehrfach vorkommen kann), so ziehen Sie die komplette Lösung zu Rate und vergleichen diese mit Ihren zuvor angestellten Überlegungen. Sehen Sie sich jedoch die Lösung auch dann an, wenn Ihnen die Bearbeitung der Aufgabe gelingt. Zum einen erkennen Sie vielleicht, welchen anderen (eventuell kürzeren) Lösungsweg es noch gibt; zum anderen schleichen sich beim Erlernen der Mathematik sehr leicht Denkfehler ein, die Sie beim Überprüfen entdecken können.

Sie werden bald merken, daß das bloße Durchlesen des Lehrtextes noch kein Verstehen oder Lernen des Stoffes ausmacht. Sie sollten deshalb Ihnen schwer verständliche Passagen noch einmal selbständig (eventuell ausführlicher) Schritt für Schritt aufschreiben. Unterstreichen von Textstellen ist kein Ersatz für dieses Nachvollziehen. Manchmal ist es auch hilfreich, sich an einer schwierigen Stelle nicht festzubeißen, sondern erst einmal weiterzulesen. Nachdem Sie dann ein Beispiel nachvollzogen, eine Aufgabe selbst gerechnet oder weitere Informationen gelesen haben, nehmen Sie sich diese Stelle noch einmal vor. Und siehe da ...
Solche Aha-Erlebnisse lassen gelegentlich auch etwas länger auf sich warten.

Wenn Sie beim Lesen auf Begriffe oder Ergebnisse stoßen, die Ihnen nicht ganz klar sind, sollten Sie sofort nachschlagen. Bei dieser Suche helfen Ihnen die im Text stehenden Zitate (z.B. bedeutet (23.41) ein Ergebnis aus Kapitel 23), das Sachverzeichnis ab Seite 313 und die Marginalien in den Randspalten. Wir haben die Numerierung der Kapitel von ANALYSIS 1 in diesem Band fortgesetzt. Deshalb beginnt das Buch mit Kapitel 15. Zitate aus dem ersten Band werden oft zur Verdeutlichung mit dem Zusatz "ANALYSIS I" versehen.
Kursiv gedruckte Textpassagen enthalten keinen Lehrtext sondern geben Ihnen Erläuterungen, Hinweise oder Beschreibungen.
Klein gedruckte Textpassagen können Sie beim ersten Lesen überschlagen.

Wir wünschen Ihnen viel Erfolg!

Kapitel 15. Der Vektorraum $\mathbb{R}^n$

Einleitung

Wie schon erwähnt, interessieren uns in diesem Band Funktionen mehrerer Veränderlichen. Die Argumente solcher Funktionen sind "geordnete n-Tupel" $(x_1,\ldots,x_n)$ reeller Zahlen. Die Menge solcher n-Tupel bezeichnet man mit $\mathbb{R}^n$ (lies: "$\mathbb{R}$ hoch n"). Wir wollen mit Elementen dieser Menge rechnen und werden daher definieren, wie man zwei Elemente addiert und was es heißt, ein Element mit einer reellen Zahl zu multiplizieren. Ausgestattet mit diesen Operationen nennen wir unsere Menge den "Vektorraum $\mathbb{R}^n$". Schon der Name legt die Frage nahe: Was haben n-Tupel mit den Vektoren zu tun, die Sie als physikalische Objekte (Kraft, Geschwindigkeit) im Anschauungsraum meist schon kennengelernt haben? Für die Fälle n=2 und n=3 werden wir diese Frage untersuchen und so anschauliche Interpretationen der Vektorräume $\mathbb{R}^2$ und $\mathbb{R}^3$ geben.

Angeregt durch die Veranschaulichung werden wir einfache Teilmengen des $\mathbb{R}^n$, Geraden, Ebenen, Unterräume, definieren und untersuchen. Namen wie "Gerade, Ebene" entstammen natürlich der geometrischen Deutung im Fall n=3 und werden für den allgemeinen Fall einfach übernommen. Sie sollten Ihr Anschauungsvermögen bei dem Versuch, sich Ebenen oder Unterräume z.B. im $\mathbb{R}^4$ "vorzustellen", nicht überstrapazieren. Es sind formale Begriffsbildungen, mit denen man recht einfach rechnen kann; benötigt man trotzdem eine Anschauung - und wer braucht sie nicht - so stelle man sich die entsprechende Situation im $\mathbb{R}^3$ vor.

§ 1 Der $\mathbb{R}^n$ und seine anschaulichen Deutungen im Falle $n=2$ und $n=3$

In (1.12) von ANALYSIS 1 haben Sie den Begriff des kartesischen Produktes $A \times B$ zweier Mengen A und B kennengelernt: $A \times B$ ist die Menge aller geordneten Paare (a,b) mit $a \in A$, $b \in B$. "Geordnet" deshalb, weil es nicht nur auf die Elemente a und b, die das Paar bilden, ankommt, sondern auch auf die Reihenfolge. Ist z.B. $A = B$, so ist für $a,b \in A$ sowohl (a,b) als auch (b,a) in $A \times B$. Diese beiden Paare sind jedoch verschieden, falls $a \neq b$ ist. Für uns ist nur der Fall $A = B = \mathbb{R}$ interessant. $\mathbb{R} \times \mathbb{R}$ ist also die Menge aller geordneten Paare (x_1,x_2) reeller Zahlen. Zwei Paare (x_1,x_2) und (y_1,y_2) bilden das gleiche Element von $\mathbb{R} \times \mathbb{R}$ genau dann, wenn $x_1 = y_1$ und $x_2 = y_2$ gilt. Statt $\mathbb{R} \times \mathbb{R}$ schreiben wir aus naheliegenden Gründen $\mathbb{R}^2$. $\mathbb{R}^2$

Die Menge aller geordneten "Tripel" (x_1,x_2,x_3) reeller Zahlen bezeichnen wir analog mit $\mathbb{R}^3$; ganz allgemein bezeichnet für eine beliebige natürliche Zahl n das Symbol $\mathbb{R}^n$ die Menge aller geordneten n-Tupel $(x_1,\ldots,x_n)$ reeller Zahlen. $\mathbb{R}^n$
Es ist

$$(x_1,\ldots,x_n) = (y_1,\ldots,y_n)$$

Gleichheit von n-Tupeln

genau dann, wenn $x_i = y_i$ für $i = 1,\ldots,n$.

Elemente des $\mathbb{R}^n$ bezeichnen wir mit kleinen lateinischen Buchstaben, also z.B. $x = (x_1,\ldots,x_n)$, $v = (v_1,\ldots,v_n)$.

Wir wollen mit den Elementen des $\mathbb{R}^n$ rechnen; daher definieren wir:

Definition.- Die *Summe* zweier Elemente $x = (x_1,\ldots,x_n)$ und $y = (y_1,\ldots,y_n)$ des $\mathbb{R}^n$ ist das durch (15.1)

$$x+y := (x_1+y_1,\ldots,x_n+y_n)$$

Addition in $\mathbb{R}^n$

definierte Element des $\mathbb{R}^n$. Das *Vielfache* eines Elements $x = (x_1,\ldots,x_n) \in \mathbb{R}^n$ ist gegeben durch

$$\lambda x := (\lambda x_1,\ldots,\lambda x_n),\ \lambda \in \mathbb{R} \text{ beliebig.}$$

Multiplikation mit reellen Zahlen

Mit diesen beiden Rechenoperationen in $\mathbb{R}^n$ werden wir im wesentlichen auskommen.

Bemerkung.- (1) Wir haben (15.2)
a) eine "normale" Addition wie in $\mathbb{R}$ oder $\mathbb{C}$: Sie ist kommutativ $(x+y = y+x)$, assoziativ $(x+(y+z) = (x+y)+z)$, es gibt genau ein Nullelement $0 = (0,\ldots,0)$ mit $x+0 = x$ für alle $x \in \mathbb{R}^n$, und man kann eine Subtraktion definieren:

$x-y := (x_1-y_1,\ldots,x_n-y_n)$;

b) die "Multiplikation" eines Elements $x \in \mathbb{R}^n$ mit einer reellen Zahl: Hier gelten Distributivgesetze $\lambda(x+y) = \lambda x+\lambda y$ und $(\lambda+\mu)x = \lambda x+\mu x$, und es ist $1x = x$, $(-1)x = 0-x := -x$.

Alles dies prüfen Sie leicht nach (siehe Aufgabe 1).

(2) Wir haben - im Vergleich zu $\mathbb{R}$ -

kein Produkt in $\mathbb{R}^n$

a) keine "normale" Multiplikation, also keine Produktbildung von zwei Elementen des $\mathbb{R}^n$, deren Ergebnis wieder ein Element des $\mathbb{R}^n$ ist; und damit erst recht keine Division in $\mathbb{R}^n$!

keine Ordnung in $\mathbb{R}^n$

b) keine Ordnung: $x < y$ oder $x \leq y$ ist nicht definiert - welches Element sollte auch größer sein, (1,2) oder (2,1)? In dieser Beziehung gleicht der $\mathbb{R}^n$ der Menge $\mathbb{C}$ der komplexen Zahlen (siehe ANALYSIS 1, Seite 41).

Sie sehen: wir müssen mit wenigem auskommen, wir haben eine recht "arme Struktur" in der Menge $\mathbb{R}^n$. Man nennt die Menge $\mathbb{R}^n$, versehen mit den beiden in (15.1) eingeführten Operationen, den *Vektorraum* $\mathbb{R}^n$ und seine Elemente *Vektoren* des $\mathbb{R}^n$.

der Vektorraum $\mathbb{R}^n$

Lassen Sie sich nicht verwirren: "Vektor" ist bisher lediglich ein Name für ein Element des $\mathbb{R}^n$; die Beziehung dieses Namens zu der physikalischen Bedeutung eines Vektors werden Sie noch kennenlernen.

A 1

AUFGABE 1.- Zeigen Sie:
a) $x+y = y+x$ *für alle* $x,y \in \mathbb{R}^n$.
b) Sind $x,y \in \mathbb{R}^n$, *so gilt für* $z \in \mathbb{R}^n$: $x+z = y$ *genau dann, wenn* $z = y-x$ *ist.*

Anschauliche Deutungen des $\mathbb{R}^3$

Um etwas anschaulich deuten zu können, müssen wir voraussetzen, daß Sie eine gewisse "Anschauung" besitzen: Wir setzen voraus, daß Ihnen der Raum, in dem wir leben, der "physikalische"- oder "Anschauungsraum", in dem man Längen und Winkel messen kann und in dem die euklidische Geometrie gilt, vertraut ist. Wollten wir uns hier auf den Boden strenger Wissenschaftlichkeit stellen, müßten wir ein mathematisches Modell dieses Anschauungsraumes abstrakt definieren. Dies ist natürlich möglich - ob es dem Ziel, unser Vorstellungsvermögen für die Mathematik nutzbar zu machen, dienen würde, bezweifeln wir. Dieses Ziel ist ja auch kein streng wissenschaftliches, begnügen wir uns also auch mit einem "naiven" Verständnis des Raumes.

Anschauungsraum

kartesisches Koordinatensystem

Sie wissen, was ein *kartesisches Koordinatensystem* des Raumes ist: Drei aufeinander senkrechte Zahlengeraden (Koordinatenachsen), die sich in einem Punkt, dem *Koordinatenursprung*, schneiden. Es gibt natürlich unendlich viele kartesische Koordinatensysteme: Man kann sowohl den Ursprung verschieben als auch das System der Koordinatenachsen als ganzes drehen oder spiegeln. Wählen wir also ein festes Koordinatensystem aus. Dann kann man jedem Punkt des Raumes ein Zahlentripel, bestehend aus den 3 "Koordinaten" des Punktes, in eindeutiger Weise zuordnen. Sie wissen, wie das geht; daher statt langer Erklärungen nur eine Skizze:

Koordinaten eines Punktes

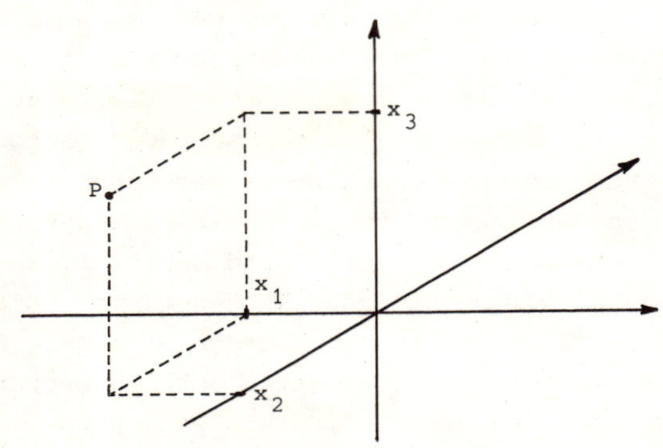

Bild 1.- Die Koordinaten x_1, x_2, x_3 eines Punktes P

Sie können also, nach Wahl eines kartesischen Koordinatensystems, die Elemente des $\mathbb{R}^3$ auffassen als eine Darstellung des Anschauungsraumes. Achten Sie darauf, daß diese bijektive Zuordnung Punkt $\longleftrightarrow$ Tripel erst durch die Wahl eines Koordinatensystems definiert ist; für verschiedene Koordinatensysteme werden demselben Punkt verschiedene Koordinatentripel entsprechen, und es ist oft eine Aufgabe des Praktikers, zu einer gegebenen physikalischen Situation ein geeignetes (manchmal nicht mal kartesisches) Koordinatensystem zu finden. Sie werden diesem Problem auch in Ihrer weiteren Mathematikausbildung wieder begegnen.

$\mathbb{R}^3$ als Darstellung des Punktraumes

A 2

AUFGABE 2.- Ein kartesisches Koordinatensystem gehe aus einem anderen durch eine 45°*-Drehung um die* x_3*-Achse (im Uhrzeigersinn, wenn man in Richtung der positiven* x_3*-Achse blickt) hervor. Welche Koordinaten hat ein Punkt bezüglich dieses neuen Systems, wenn seine Koordinaten bzgl. des ursprünglichen Systems durch* (x_1,x_2,x_3) *gegeben sind.*

Die Deutung von Zahlentripeln als Darstellung von Raumpunkten ist von großer praktischer Bedeutung, sie fördert aber nicht unser Verständnis der mit Definition (15.1) eingeführten Operationen. Was soll man sich unter der Summe von zwei Punkten oder dem Vielfachen eines Punktes vorstellen?

Hier hilft nun eine zweite Deutung: Zahlentripel als Darstellung physikalischer Vektoren.

(15.3) BEMERKUNG.- Es gibt mehrere Definitionen des Begriffes *physikalischer Vektor*; wir wollen unter einem solchen Vektor eine "Translation" des Anschauungsraumes verstehen. Eine *Translation* ist eine Abbildung des Anschauungsraumes auf sich, bei der alle Punkte in der gleichen Richtung und um die gleiche Länge verschoben werden. Translationen bezeichnen wir z.B. mit $\vec{v}$, jeder Punkt P des Anschauungsraumes hat also einen Bildpunkt $\vec{v}(P)$ und die Strecke von P nach $\vec{v}(P)$ hat für alle Punkte P gleiche Länge und gleiche Richtung.

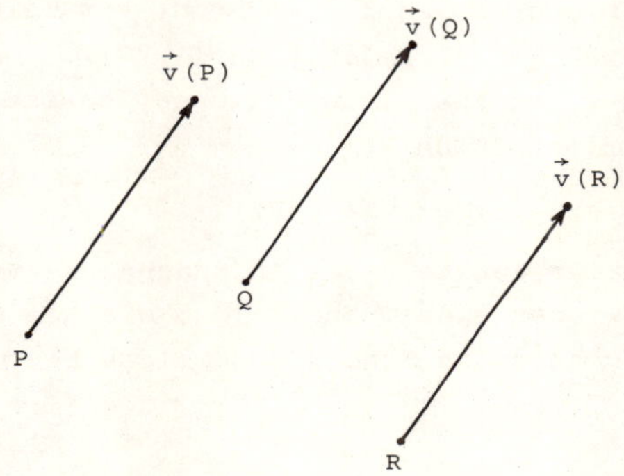

Bild 2.- Einige Punkte und ihre Bildpunkte unter der Translation $\vec{v}$.

Zur Erläuterung der Definition eines physikalischen Vektors als Translation nur ein Beispiel: Bei einer gleichförmigen Bewegung werden Punkte in jeder Zeiteinheit in der gleichen Richtung um die gleiche Länge fortbewegt. Die pro Zeiteinheit vollzogene Bewegung ist also ein physikalischer Vektor in unserem Sinn - nämlich der Geschwindigkeitsvektor.

Man benutzt übrigens meist eine etwas andere Sprechweise. Statt:

"Antragen eines Vektors"

> Man wendet die Translation $\vec{v}$ auf den Punkt P an und erhält $\vec{v}(P)$,

sagt man:

> Man trägt den (physikalischen) Vektor $\vec{v}$ im Punkte P an und erhält den Punkt $P+\vec{v}$.

Beachten Sie dabei, daß das Pluszeichen in $P+\vec{v}$ keine additionsähnliche Operation andeutet; P und $\vec{v}$ sind ja ganz verschiedene Objekte, nämlich Punkt bzw. Abbildung. Sie werden bald einsehen, warum man trotzdem dieses Pluszeichen verwendet.

Wie kann man Translationen beschreiben? Dazu bemerken wir, daß eine Translation vollständig bekannt ist, wenn man nur den Bildpunkt P' eines einzigen Punktes P kennt. Sie erkennen dies sofort aus folgendem Bild.

Translationen werden durch Punktpaare festgelegt

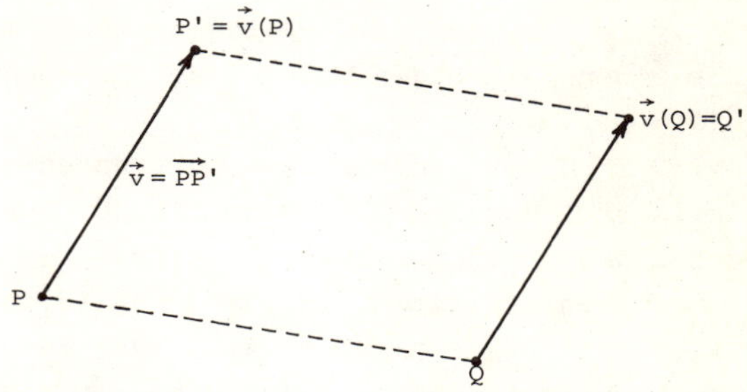

Bild 3.- Jedes Punktepaar (P,P') definiert eine Translation $\vec{v}$. $\vec{v}(Q)$ erhält man durch Parallelogrammkonstruktion.

Wir werden daher für $\vec{v}$ auch $\overrightarrow{PP'}$ schreiben. Sie sehen, daß $\overrightarrow{PP'} = \overrightarrow{QQ'}$ genau dann gilt, wenn PQQ'P' ein Parallelogramm wie in Bild 3 bilden.

Wir können nun im Anschauungsraum einen festen Punkt O wählen und jeden physikalischen Vektor $\vec{v}$ dadurch beschreiben, daß wir den Bildpunkt $\vec{v}(O)$ dieses einen Punktes angeben. Jedem physikalischen Vektor $\vec{v}$ entspricht so genau ein Punkt $P = \vec{v}(O)$ und umgekehrt gibt es zu jedem Punkt P genau einen physikalischen Vektor $\vec{v} = \overrightarrow{OP}$, so daß $P = \vec{v}(O)$ ist. Dieser Vektor $\overrightarrow{OP}$ heißt übrigens *Ortsvektor* des Punktes P bzgl. O. In anderer kurzer Schreibweise: Ortsvektor

$$P = O + \vec{v} \Longleftrightarrow \vec{v} = \overrightarrow{OP}. \qquad (15.4)$$

Machen Sie sich die Bedeutung der Gleichungen zu beiden Seiten des Äquivalenzzeichens nochmals klar.

Nehmen Sie nun an, daß im Anschauungsraum ein kartesisches Koordinatensystem gegeben sei. Als Punkt O wählen wir den Koordinatenursprung. Dann ist jeder Punkt P durch ein Koordinatentripel (x_1, x_2, x_3) gegeben. Man kann daher auch den Vektor $\vec{v} = \overrightarrow{OP}$ durch dasselbe Tripel eindeutig beschreiben. Elemente des $\mathbb{R}^3$ können so auch als Darstellung von physikalischen Vektoren verwandt werden:

(15.5) **ERGEBNIS.-** Nach Wahl eines kartesischen Koordinatensystems mit Ursprung O stellt das Tripel (x_1,x_2,x_3) den physikalischen Vektor $\vec{v}=\overrightarrow{OP}$ dar, wobei P der Punkt mit dem Koordinatentripel (x_1,x_2,x_3) ist.
Bei dieser Deutung heißen die Zahlen x_1,x_2 und x_3 die *Koordinaten des Vektors* $\vec{v}$ bezüglich des gegebenen Koordinatensystems.

Koordinaten eines Vektors

Wir untersuchen nun die FRAGE: Ist der physikalische Vektor $\vec{v}$ bezüglich eines kartesischen Koordinatensystems durch das Koordinatentripel (y_1,y_2,y_3) dargestellt - wie berechnet man dann für einen beliebigen Punkt Q den Bildpunkt $\vec{v}(Q)=Q+\vec{v}$?
ANTWORT: Q werde durch das Koordinatentripel (x_1,x_2,x_3) dargestellt. Dann ist der Punkt $\vec{v}(Q)$ durch das Koordinatentripel $(x_1+y_1,y_2+x_2,y_3+x_3)$, also wegen Definition (15.1) durch $(x_1,x_2,x_3)+(y_1,y_2,y_3)$ gegeben. Dies ist sofort aus folgendem Bild zu erkennen - auch wenn wir uns dabei auf die Zeichenebene beschränken:

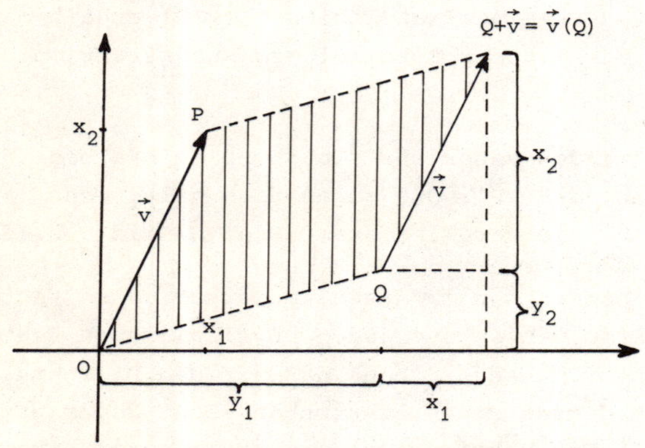

Bild 4.- Antragen eines Vektors $\vec{v}$ im Punkte Q bedeutet Addition der Q und $\vec{v}$ darstellenden Elemente des $\mathbb{R}^3$.

Einen geometrischen Beweis unter Zuhilfenahme von Kongruenzsätzen wollen wir uns ersparen. Damit haben wir eine

(15.6) ANSCHAULICHE DEUTUNG DER ADDITION IM $\mathbb{R}^3$ gewonnen: Für $x=(x_1,x_2,x_3)$ und $y=(y_1,y_2,y_3)$ ist $x+y$ das Koordinatentripel des Punktes, den wir erhalten, wenn wir den Vektor mit den Koordinaten y am Punkt mit den Koordinaten x antragen.

Addition im $\mathbb{R}^3$ als Antragen eines Vektors an einen Punkt

In der Darstellung durch Elemente des $\mathbb{R}^3$ verwischt sich der Unterschied zwischen Punkten im Anschauungsraum und (physikalischen) Vektoren.
Bei fest gewähltem kartesischen Koordinatensystem werden wir kurz

$$P=(x_1,x_2,x_3) \quad \text{bzw.} \quad \vec{v}=(y_1,y_2,y_3)$$

schreiben, wenn der Punkt P durch das Koordinatentripel (x_1,x_2,x_3) bzw. der Vektor $\vec{v}$ durch (y_1,y_2,y_3) dargestellt wird. Dann gilt mit (15.4) und (15.6):

$$\vec{v}(P)=P+\vec{v}=(x_1,x_2,x_3)+(y_1,y_2,y_3).$$

Das Pluszeichen auf der rechten Seite bedeutet wirklich Addition im $\mathbb{R}^3$ gemäß (15.1) und erklärt das fragwürdige Pluszeichen in $P+\vec{v}$.

AUFGABE 3.- Skizzieren Sie in einem kartesischen Koordinatensystem die Punkte $P=(1,1,2)$, $Q:=\vec{v}_1(P)$ und $R:=\vec{v}_2(Q)$, wenn $\vec{v}_1=(-1,0,-1)$ und $\vec{v}_2=(3,-1,-1)$ sind. A 3

Im letzten Teil dieses Paragraphen geben wir Ihnen eine weitere Deutung der Addition von Elementen des $\mathbb{R}^3$, die von großer praktischer Bedeutung ist: Physikalische Vektoren sind Translationen, spezielle Abbildungen des Anschauungsraumes in sich. Diese Abbildungen kann man hintereinander ausführen, komponieren (siehe ANALYSIS 1, Definition (1.20)).
Sind $\vec{v}_1,\vec{v}_2$ zwei Translationen, so ist $\vec{v}_2\circ\vec{v}_1$ definiert durch

Komposition von Translationen

$$\vec{v}_2\circ\vec{v}_1(P)=\vec{v}_2(\vec{v}_1(P))$$

für alle Punkte P des Anschauungsraumes. $\vec{v}_2\circ\vec{v}_1$ ist wieder eine Translation, wie Sie sich am einfachsten an Hand eines Bildes klarmachen.

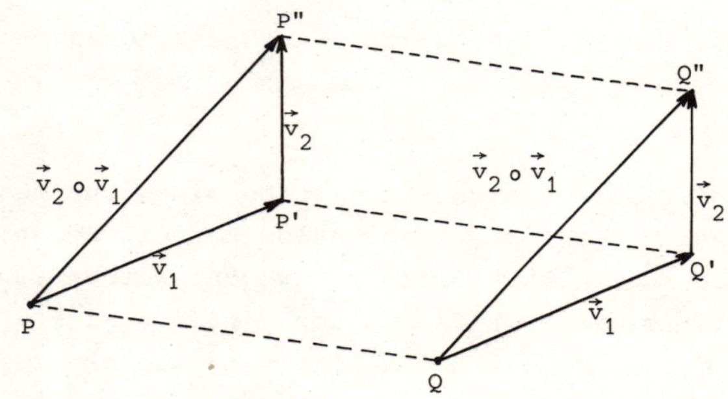

Bild 5.- $\vec{v}_2\circ\vec{v}_1$ ist wieder eine Translation: PQQ"P" ist ein Parallelogramm.

Dem folgenden Bild 6 entnehmen Sie, daß

$$\vec{v}_2\circ\vec{v}_1=\vec{v}_1\circ\vec{v}_2$$

gilt. Dies ist wirklich eine Besonderheit und gilt, wie Sie wissen, nicht für beliebige Abbildungen.

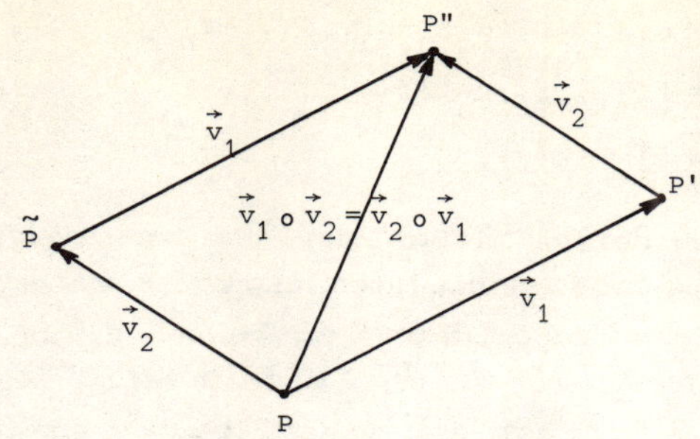

Bild 6.- Die Komposition von Translationen ist kommutativ.

Gemäß unserer Absprache können wir die Gleichung

$$\vec{v}_2 \circ \vec{v}_1(P) = \vec{v}_2(\vec{v}_1(P))$$

auch in der Form

$$P+(\vec{v}_2 \circ \vec{v}_1) = (P+\vec{v}_1)+\vec{v}_2$$

schreiben. Wir setzen daher:

Addition von physikalischen Vektoren

$$\vec{v}_1+\vec{v}_2 := \vec{v}_2 \circ \vec{v}_1$$

so daß

$$\vec{v}_1+\vec{v}_2 = \vec{v}_2+\vec{v}_1$$

und

$$P+(\vec{v}_1+\vec{v}_2) = (P+\vec{v}_1)+\vec{v}_2$$

gilt.

(15.7) BEMERKUNG.- Das Pluszeichen in $\vec{v}_1+\vec{v}_2$ bedeutet eine "echte" Addition für physikalische Vektoren: Die beiden Summanden sind physikalische Vektoren, die Summe ebenfalls, die Addition ist kommutativ und assoziativ (warum?). Es gibt auch ein Nullelement $\vec{O}$: Die identische Abbildung als Translation der Länge null; und zu jedem $\vec{v}$ ein negatives Element $-\vec{v}$: Die Translation gleicher Länge und genau entgegengesetzter Richtung, so daß $\vec{v}+(-\vec{v}) = \vec{O}$ ist.

Wie verhalten sich die Koordinatentripel bei dieser Addition, wenn wir ein kartesisches Koordinatensystem einführen?

(15.8) ZWEITE ANSCHAULICHE DEUTUNG DER ADDITION IN $\mathbb{R}^3$: $\vec{v}_1$ werde durch das Koordinatentripel $x = (x_1,x_2,x_3)$, $\vec{v}_2$ durch $y = (y_1,y_2,y_3)$ dargestellt. Ist $\vec{v}_1 = \overrightarrow{OP}$, so wird der Punkt P ebenfalls durch x dargestellt;

$$Q := (\vec{v}_1+\vec{v}_2)(O) = O+(\vec{v}_1+\vec{v}_2) = (O+\vec{v}_1)+\vec{v}_2 = P+\vec{v}_2$$

erhalten wir, indem wir in P den Vektor $\vec{v}_2$ antragen; die Koordinaten von Q sind also durch x+y gegeben. Wegen $\vec{v}_1+\vec{v}_2 = \overrightarrow{OQ}$ gibt uns x+y also auch die Koordinaten von $\vec{v}_1+\vec{v}_2$.

Die Addition von Elementen des $\mathbb{R}^3$ kann also auch als Addition der von ihnen dargestellten physikalischen Vektoren interpretiert werden. Verdeutlichen wir uns diese beiden Interpretationen der Addition nochmals an Hand eines Beispiels.

Addition in $\mathbb{R}^3$ als Addition von Vektoren

BEISPIEL.- Wir haben im Anschauungsraum ein festes kartesisches Koordinatensystem eingeführt. Dann kann eine Gleichung der Form (15.9)

$$(1,-1,2)+(2,1,-1) = (3,0,1)$$

heißen:

(1) Wir tragen im Punkt mit den Koordinaten (1,-1,2) den physikalischen Vektor mit den Koordinaten (2,1,-1) an; wir erhalten den Punkt mit den Koordinaten (3,0,1); oder

(2) wir addieren die physikalischen Vektoren mit den Koordinaten (1,-1,2) und (2,1,-1) und erhalten den Vektor mit den Koordinaten (3,0,1).

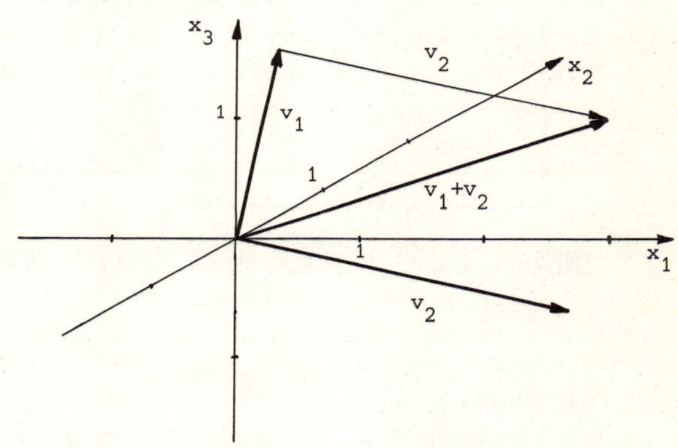

Bild 7.- Addition von Vektoren oder Antragen eines Vektors an einen Punkt.

Für diese beiden geometrischen Operationen - Antragen eines Vektors an einen Punkt und Addition zweier Vektoren - bildet die Addition in $\mathbb{R}^3$ also ein mathematisches Modell.

mathematisches Modell

Noch kurz zur Deutung der Multiplikation eines Tripels mit einer reellen Zahl:

$$\lambda(x_1,x_2,x_3) = (\lambda x_1,\lambda x_2,\lambda x_3).$$

Auch für physikalische Vektoren, d.h. für Translationen $\vec{v}$ können wir die Multiplikation mit einer reellen Zahl λ einführen:

das Vielfache von Vektoren

Ist $\lambda > 0$, so ist $\lambda\vec{v}$ die Translation gleicher Richtung wie $\vec{v}$ und λ-facher Länge; ist $\lambda < 0$, so ist $\lambda\vec{v}$ entgegengesetzt gerichtet und von $|\lambda|$-facher Länge. $0\vec{v}$ ist der *Nullvektor* $\vec{0}$ (siehe Bemerkung (15.7)).
Sie überlegen sich leicht: Wird $\vec{v}$ durch $x = (x_1,x_2,x_3)$ dargestellt, so $\lambda\vec{v}$ durch λx.

A 4 *AUFGABE 4.- Zeigen Sie nur unter Zuhilfenahme der Definitionen von $\lambda\vec{v}$ und $\vec{v}+\vec{w}$ das Distributivgesetz $\lambda(\vec{v}+\vec{w}) = \lambda\vec{v}+\lambda\vec{w}$.*

Soviel zur Veranschaulichung des $\mathbb{R}^3$. Der $\mathbb{R}^2$ ist noch einfacher zu interpretieren: Wir müssen uns nur statt des Anschauungsraumes eine Anschauungs- oder "Zeichenebene" vorstellen. Punkte haben dann 2 Koordinaten, physikalische Vektoren, d.h. Translationen dieser Ebene haben zwei Koordinaten - nach Einführung eines kartesischen Koordinatensystems.

Hoffnungslos ist der Versuch einer Veranschaulichung des $\mathbb{R}^4$, $\mathbb{R}^5$, ... Aber es gibt natürlich Funktionen, deren Argumente Elemente dieser Vektorräume sind, Funktionen von 4,5,... Variablen. Immerhin können wir mit diesen Argumenten rechnen, sie addieren, mit reellen Zahlen multiplizieren, subtrahieren - und für eine mathematische Behandlung dieser Funktionen ist das genug.

§ 2 LINEARE FUNKTIONEN UND IHRE NIVEAUMENGEN

Ziel des gesamten Bandes ist, wir erwähnten es schon, die Untersuchung von Funktionen, deren Argumente Elemente des $\mathbb{R}^n$ sind. In einem ersten Schritt betrachten wir dazu besonders einfache, sogenannte lineare Funktionen:

(15.10) DEFINITION.- Eine Funktion $f : \mathbb{R}^n \longrightarrow \mathbb{R}$ mit

$$f(x_1,\ldots,x_n) := a_1x_1+\ldots+a_nx_n$$

für alle $(x_1,\ldots,x_n) \in \mathbb{R}^n$ mit gegebenen reellen Zahlen $a_1,\ldots,a_n$ heißt *lineare Funktion* auf dem $\mathbb{R}^n$ oder auch *Linearform* des $\mathbb{R}^n$.

lineare Funktion

(15.11) BEMERKUNGEN.- Lineare Funktionen haben folgende Eigenschaften:

(1) Ist $x = (x_1,\ldots,x_n)$, $y = (y_1,\ldots,y_n)$, so gilt

$$f(x+y) = f(x) + f(y).$$

Denn es ist ja

$$\begin{aligned} f(x+y) &= f(x_1+y_1,\ldots,x_n+y_n) \\ &= a_1(x_1+y_1)+\ldots+a_n(x_n+y_n) \\ &= a_1x_1+\ldots+a_nx_n+a_1y_1+\ldots+a_ny_n \\ &= f(x_1,\ldots,x_n)+f(y_1,\ldots,y_n) \\ &= f(x)+f(y). \end{aligned}$$

In Worten: Der Funktionswert der Summe zweier Vektoren ist gleich der Summe der Funktionswerte. Beachten Sie: Das erste Mal bedeutet "Summe" das Ergebnis der in (15.1) definierten Addition in $\mathbb{R}^n$; das zweite Mal ist "Summe" einfach im Sinne der Addition reeller Zahlen gemeint.

(2) Es gilt für beliebiges $x \in \mathbb{R}^n$ und $\lambda \in \mathbb{R}$:

$$f(\lambda x) = \lambda f(x).$$

(3) Umgekehrt ist jede Funktion $f : \mathbb{R}^n \longrightarrow \mathbb{R}$ mit den Eigenschaften

(1') $f(x+y) = f(x)+f(y)$ für alle $x,y \in \mathbb{R}^n$ und
(2') $f(\lambda x) = \lambda f(x)$ für alle $x \in \mathbb{R}^n$ und alle $\lambda \in \mathbb{R}$

eine lineare Funktion.

BEWEIS: Es seien $e_1 := (1,0,\ldots,0)$, $e_2 := (0,1,0,\ldots,0),\ldots,e_n := (0,\ldots,0,1)$ Vektoren des $\mathbb{R}^n$, d.h. die i-te Koordinate von e_i ist gleich 1, alle anderen Koordinaten von e_i sind gleich 0.
Ist dann $x = (x_1,\ldots,x_n) \in \mathbb{R}^n$, so gilt mit Definition (15.1) auf Seite 1:

$$\begin{aligned} x = (x_1,\ldots,x_n) &= (x_1,0,\ldots,0)+(0,x_2,0,\ldots,0)+\ldots+(0,\ldots,0,x_n) \\ &= x_1e_1+x_2e_2+\ldots+x_ne_n. \end{aligned}$$

Setzt man für $i = 1,\ldots,n$

$$a_i := f(e_i),$$

so ist $a_i \in \mathbb{R}$ und durch mehrfache Anwendung der Eigenschaften (1') und (2') von f erhält man für beliebiges $(x_1,\ldots,x_n) \in \mathbb{R}^n$:

$$\begin{aligned} f(x_1,\ldots,x_n) &= f(x_1e_1+x_2e_2+\ldots+x_ne_n) \\ &= f(x_1e_1)+f(x_2e_2)+\ldots+f(x_ne_n) \quad \text{mit (1')} \\ &= x_1f(e_1)+x_2f(e_2)+\ldots+x_nf(e_n) \quad \text{mit (2')} \\ &= a_1x_1+a_2x_2+\ldots+a_nx_n. \end{aligned}$$

D.h. f ist linear.

AUFGABE 5.- Beweisen Sie Aussage (2) von (15.11). Schreiben Sie sich dazu die linke und rechte Seite der Gleichung ausführlich hin und Sie erkennen die Richtigkeit. Formulieren Sie die Behauptung in Worten - welches Wort, entsprechend dem Wort "Summe" in (15.11)(1), müssen Sie auf zwei verschiedene Arten interpretieren? A 5

(15.12) BEISPIELE.- (1) Ist n=1, also $\mathbb{R}^n = \mathbb{R}^1 = \mathbb{R}$, so haben Linearformen die Gestalt $x \mapsto ax$, $x \in \mathbb{R}$, mit festem $a \in \mathbb{R}$. Der Graph einer solchen Funktion ist eine Gerade durch den Nullpunkt.

(2) Bewegen sich n Massenpunkte mit den Massen $m_1, m_2, \dots, m_n$ auf einer Geraden und sind ihre Geschwindigkeiten durch die Zahlen $v_1, v_2, \dots, v_n$ gegeben, so ist der Gesamtimpuls

$$I = m_1 v_1 + \dots + m_n v_n.$$

Bei festen Massen und variablen Geschwindigkeiten ist also I eine lineare Funktion

$$(v_1, \dots, v_n) \mapsto I(v_1, \dots, v_n) = m_1 v_1 + \dots + m_n v_n.$$

(3) Zur Beschreibung der Temperaturverteilung in einem Raum legen wir ein kartesisches Koordinatensystem so, daß die 3. Koordinate die Höhe in diesem Raum angibt. Die Temperatur in einem Punkt (x_1, x_2, x_3) sei durch $T(x_1, x_2, x_3)$ gegeben. Ist die Temperatur nun proportional der Höhe und ansonsten unabhängig von x_1 und x_2, so ist

$$T(x_1, x_2, x_3) = \alpha \cdot x_3 \text{ mit festem } \alpha \in \mathbb{R}.$$

Die Temperaturverteilung wird also durch die lineare Funktion T mit

$$(x_1, x_2, x_3) \mapsto 0 \cdot x_1 + 0 \cdot x_2 + \alpha \cdot x_3$$

beschrieben.

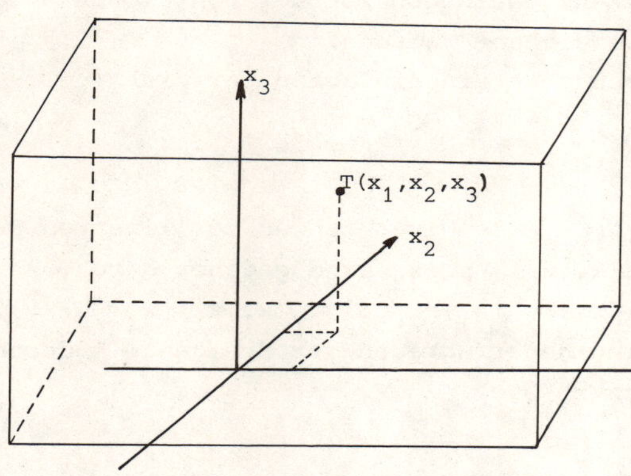

Bild 8.- Temperaturverteilung in einem Raum

DER GRAPH LINEARER FUNKTIONEN

Sie erinnern sich an die Definition des Graphen einer Funktion $f: A \to \mathbb{R}$, wenn $A \subseteq \mathbb{R}$ ist (ANALYSIS 1, (4.2)): Er ist die Menge der Paare $(x, f(x))$ mit $x \in A$. Der Graph ist also eine Teilmenge des $\mathbb{R}^2$, die wir nach Wahl eines kartesischen Koordinatensystems in der Zeichenebene veranschaulichen können. Lineare Funktionen sind auf dem $\mathbb{R}^n$ definiert. Der Graph einer solchen Funktion f ist die Menge

$$\text{graph } f := \{(x_1, \dots, x_n, f(x_1, \dots, x_n)) \mid (x_1, \dots, x_n) \in \mathbb{R}^n\}.$$

Sie sehen, daß die Elemente des Graphen (n+1)-Tupel sind, der Graph also eine Teilmenge des $\mathbb{R}^{n+1}$ ist.

Eine geometrische Darstellung des Graphen zur Veranschaulichung der Funktion ist also höchstens im Fall n=2, d.h. im Fall zweier Variablen möglich. Denn dann ist der Graph eine Teilmenge des $\mathbb{R}^3$, die wir - nach Einführung eines kartesischen Koordinatensystems - als Punktmenge des Anschauungsraumes deuten können.

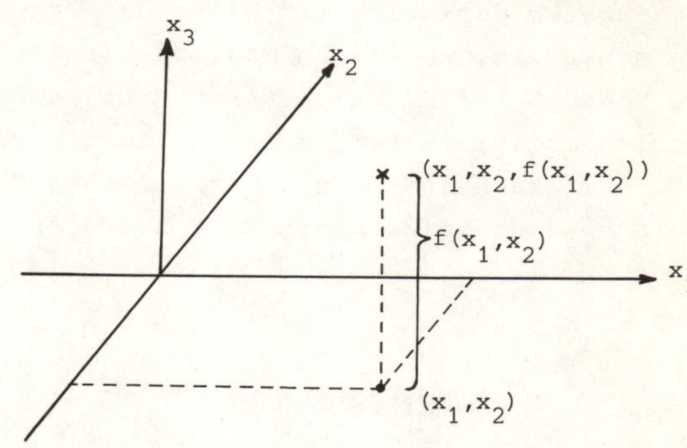

Bild 9.- Veranschaulichung des Graphen einer Funktion zweier Variablen.

Das bedeutet: Die x_1-Achse und x_2-Achse bestimmen eine Ebene des Anschauungsraumes, die sogenannte (x_1, x_2)-Ebene. Die Punkte dieser Ebene im Raum haben die Koordinaten $(x_1, x_2, 0)$. "Über" diesen Punkten tragen wir $f(x_1, x_2)$ als dritte Koordinaten ab und erhalten so den Punkt $(x_1, x_2, f(x_1, x_2))$ als Element des Graphen. Die Anführungszeichen bei "über" deshalb, weil $f(x_1, x_2)$ auch negativ sein kann - dann wäre "unter" wohl besser geeignet. Über (unter) jedem Punkt der (x_1, x_2)-Ebene liegt genau ein Punkt des Graphen von f (*). Der Graph bildet also eine "Fläche" im Anschauungsraum. Auch das Wort "Fläche" ist ganz naiv-anschaulich gemeint - eine mathematische Definition dieses Begriffes erfolgt erst im dritten Band.

<u>AUFGABE 6</u>.- Skizzieren Sie den Graphen der linearen Funktion $f: \mathbb{R}^2 \to \mathbb{R}$ *mit* $f(x_1, x_2) = x_1 + x_2$. A 6

(*) Da f für jeden Punkt $(x_1, x_2) \in \mathbb{R}^2$ definiert ist.

Wenn Sie sich an dieser Aufgabe versucht haben, bemerkten Sie vermutlich zweierlei:

1) Es ist zwar möglich, den Graphen und damit diese Funktion zu veranschaulichen, aber dies ist recht mühsam und erfordert einiges Anschauungsvermögen.

2) Die "Fläche", die den Graphen darstellt, ist verhältnismäßig einfach; sie würden sie vermutlich als Ebene bezeichnen. Das liegt daran, daß auch die Funktion einfach, nämlich linear ist - wir werden dieser Frage noch nachgehen.

Erscheint also die Veranschaulichung von Funktionen zweier Variabler mit Hilfe des Graphen schon schwierig, aber noch möglich, so ist derselbe Versuch bei Funktionen von drei oder mehr Variablen mit Sicherheit zum Scheitern verurteilt. Der Graph ist dann eine Teilmenge des $\mathbb{R}^n$ mit $n \geq 4$ und dies übersteigt unser Anschauungsvermögen.

Niveaumengen

Man wählt daher eine andere Methode, die Sie schon von geographischen Karten her kennen: Die Methode der Höhenlinien.

(15.13) **Beispiel.-** Betrachtet man nicht zu große Teile der Erdoberfläche, so kann die Fläche, die dem Niveau des Meeresspiegels entspricht, als eben angenommen werden. Wählt man sie als (x_1,x_2)-Ebene, so ist die Funktion, die jedem Punkt

Vervielfältigt mit Genehmigung des Landesvermessungsamtes Rheinland-Pfalz, Kontrollnummer 345/81, durch: Springer-Verlag, Heidelberg. Ausschnittverkleinerung 1 : 37 500 aus der Top. Karte 1 : 25 000, Blatt Nr: 6512.

Bild 10.- Ausschnitt aus einer Karte mit Höhenlinien.

dieser Ebene die zugehörige Höhe über dem Meeresspiegel zuordnet, eine (natürlich nichtlineare) Funktion zweier Variablen. Um sie darzustellen, zeichnet man in die (x_1,x_2)-Ebene Linien gleicher Höhen, eben Höhenlinien ein. Ist $f(x_1,x_2)$ die Höhe über dem Punkt (x_1,x_2), so ist eine Höhenlinie zur Höhe c definiert durch

$$N_c := \{(x_1,x_2) \mid f(x_1,x_2) = c\}.$$

Statt Höhenlinie zur Höhe c sagt man auch "Niveaumenge zum Niveau c".

Diese Idee verallgemeinernd, definieren wir:

Definition.- Sei $f : \mathbb{R}^n \longrightarrow \mathbb{R}$ eine Funktion von n Variablen und $c \in \mathbb{R}$. Die Menge (15.14)

$$N_c(f) := \{(x_1,\ldots,x_n) \in \mathbb{R}^n \mid f(x_1,\ldots,x_n) = c\}$$ Niveaumenge

heißt dann *Niveaumenge der Funktion f zum Niveau c*.

Bemerkung.- $N_c = N_c(f)$ ist leer, falls c nicht zum Wertebereich von f gehört. Anderenfalls ist N_c eine Teilmenge des $\mathbb{R}^n$, also des Definitionsbereiches von f. Die Niveaumengen können daher veranschaulicht werden, wenn $n \leq 3$ ist. Während der Graph einer Funktion von 3 Veränderlichen keine Veranschaulichung zuläßt, können die Niveaumengen solcher Funktionen durchaus "gezeichnet" werden. (15.15)
Doch zunächst ein einfaches Beispiel (vgl. Aufgabe 6).

Beispiel.- Die Niveaumengen der linearen Funktion $f(x_1,x_2) = x_1+x_2$ sind gegeben durch (15.16)
$N_c := \{(x_1,x_2) \mid x_1+x_2 = c\} = \{(x_1,x_2) \mid x_2 = c-x_1\}$.
Sie sind daher Geraden der Steigung -1 durch den Punkt (0,c).

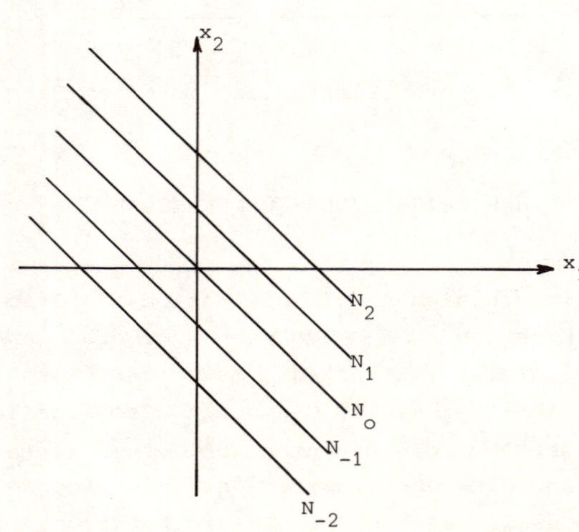

Bild 11.- Die Niveaumengen der Funktion $f(x_1,x_2) = x_1+x_2$.

Sie erkennen, daß das Bild der Niveaumengen einen recht anschaulichen Eindruck der Funktion f vermittelt; insbesondere dann, wenn Sie sich vorstellen, wie die Funktionswerte von f vom Niveau -2 zum Niveau 2 ansteigen.

A 7 *AUFGABE 7.- Sei $f: \mathbb{R}^2 \to \mathbb{R}$ eine beliebige lineare, nicht konstante Funktion. Zeigen Sie:*
a) Für kein $c \in \mathbb{R}$ ist die Niveaumenge N_c leer.
b) Alle Niveaumengen sind parallele Geraden, die Niveaumenge N_o eine Gerade durch den Nullpunkt.
(Hinweis zu b): Sie haben "parallel" gezeigt, wenn Sie bewiesen haben, daß alle Geraden dieselbe Steigung besitzen.)

In diesem Kapitel werden wir lineare Funktionen noch intensiv studieren. Wir fragen zunächst: Welche besonderen Eigenschaften haben die Niveaumengen solcher Funktionen?
Für den Fall zweier Variablen wurde diese Frage in Aufgabe 7 beantwortet: Die Niveaumengen sind Geraden, zwei verschiedene Niveaumengen bilden zueinander parallele Geraden. Wie sieht dies im Falle von 3 Veränderlichen aus?
Wir würden die Frage gerne so beantworten: Die Niveaumengen linearer Funktionen von drei Veränderlichen sind als "Ebenen des Anschauungsraumes" zu interpretieren. Aber was sind eigentlich Geraden und Ebenen des Anschauungsraumes?

§ 3 GERADEN UND EBENEN

Eine Gerade erhält man, wenn man auf einen festen Punkt alle Translationen einer festen Richtung wirken läßt. Ist P dieser feste Punkt und $\vec{u} \neq \vec{O}$ ein fester physikalischer Vektor (also eine Translation), so bilden die Punkte

$$P + \lambda\vec{u}, \quad \lambda \in \mathbb{R} \quad \text{beliebig,}$$

eine Gerade. Sie erinnern sich: $P+\lambda\vec{u}$ heißt, daß wir die Translation $\lambda\vec{u}$ auf den Punkt P wirken lassen. Indem wir nun λ alle reellen Zahlen durchlaufen lassen, bekommen wir eine Teilmenge des Anschauungsraumes (siehe Bild 12), eben eine Gerade

Gerade im Anschauungsraum

$$g := \{P+\lambda\vec{u} \mid \lambda \in \mathbb{R}\}$$

Wählen wir nun im Anschauungsraum ein festes kartesisches Koordinatensystem, so werden sowohl Punkte als auch physikalische Vektoren durch Zahlentripel, Elemente des $\mathbb{R}^3$, dargestellt. Ist bezüglich dieses Koordinatensystems $\vec{u} = (u_1,u_2,u_3)$ und $P = (p_1,p_2,p_3)$, so hat ein beliebiger Punkt Q der Geraden g die Darstellung

$$Q = (x_1,x_2,x_3) = (p_1,p_2,p_3) + \lambda(u_1,u_2,u_3),$$

oder, wenn wir dies koordinatenweise aufschreiben:

$$x_i = p_i + \lambda u_i, \quad i = 1,2,3.$$

BEZEICHNUNG.- Wir nennen daher für festes $p \in \mathbb{R}^3$ und $u \in \mathbb{R}^3$, $u \neq O$, die Menge (15.17)

$$\{x \in \mathbb{R}^3 \mid x = p+\lambda u, \ \lambda \in \mathbb{R}\}$$ Gerade im $\mathbb{R}^3$

ebenfalls eine *Gerade* im $\mathbb{R}^3$, genauer: eine Gerade durch p mit *Richtungsvektor* u.

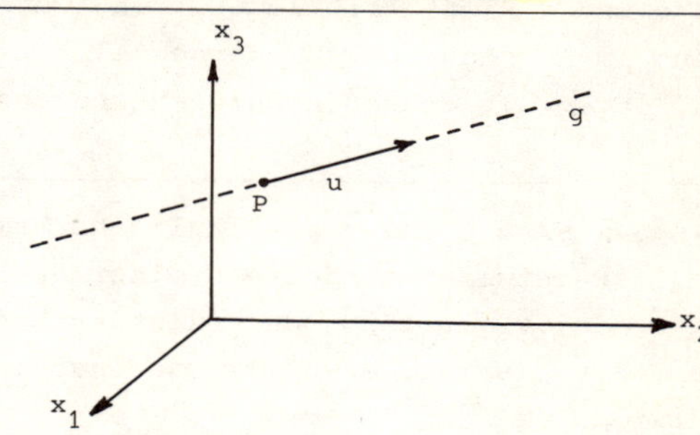

Bild 12.- Gerade im Raum

BEMERKUNG.- Zur Beschreibung von Ebenen gehen wir ähnlich vor: (15.18)
(1) Wir wählen wieder einen festen Punkt P und diesmal zwei verschiedene physikalische Vektoren $\vec{u}$ und $\vec{v}$, die beide ungleich $\vec{O}$ sind. In P tragen wir nun alle physikalischen Vektoren der Form $\lambda\vec{u}+\mu\vec{v}$, $\lambda,\mu \in \mathbb{R}$, an und erhalten so die Punktmenge

$$\{P + \lambda\vec{u} + \mu\vec{v} \mid \lambda,\mu \in \mathbb{R}\}.$$

Denken wir uns die Zeichenebene so in den Raum gelegt, daß Sie sowohl P wie auch $\vec{u}$ und $\vec{v}$ einzeichnen können (siehe Bild 13). Sie erkennen, daß Sie jeden Punkt der Zeichenebene und genau diese in der Form $P+\lambda\vec{u}+\mu\vec{v}$ darstellen können.

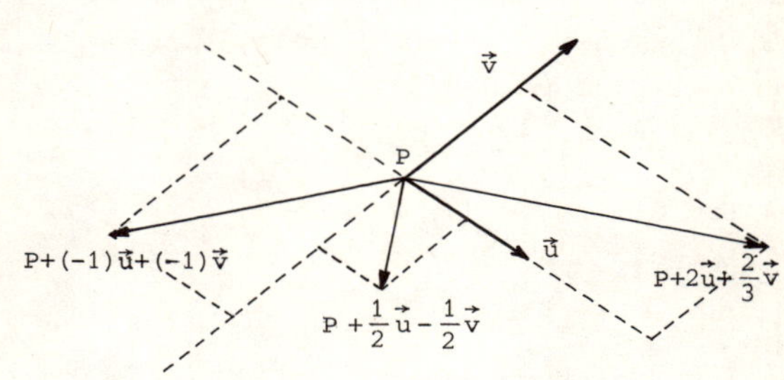

Bild 13.- Jeder Punkt der Zeichenebene hat die Form $P+\lambda\vec{u}+\mu\vec{v}$

Allgemein bildet daher eine Menge der Form $\{P+\lambda\vec{u}+\mu\vec{v} \mid \lambda,\mu \in \mathbb{R}\}$ eine *Ebene des Anschauungsraumes*. Ebene im Anschauungsraum

(2) Bei den Überlegungen in (1) haben wir eine wichtige Voraussetzung bisher nicht genannt: $\vec{u}$ und $\vec{v}$ müssen nicht nur von $\vec{O}$ verschieden sein, sie dürfen auch nicht die gleiche oder die genau entgegengesetzte Richtung haben. Wäre dies der Fall, so wäre $\vec{v}=\alpha\vec{u}$ für ein gewisses $\alpha \in \mathbb{R}$ und daher

$P+\lambda\vec{u}+\mu\vec{v} = P+(\lambda+\alpha\mu)\vec{u} = P+\beta\vec{u}$ mit $\beta = \lambda+\alpha\mu$.

Durchlaufen λ und μ alle reellen Zahlen, so durchläuft auch β ganz $\mathbb{R}$, und wir erhalten in diesem Fall keine Ebene, sondern nur die durch $\{P+\beta\vec{u} \mid \beta \in \mathbb{R}\}$ gegebene Gerade. Für die Bedingungen, die $\vec{u}$ und $\vec{v}$ nicht erfüllen dürfen, wenn eine Ebene im Anschauungsraum dargestellt werden soll, legen wir folgende Bezeichnung fest.

(15.19) **DEFINITION.-** Sind $\vec{u}$ und $\vec{v}$ physikalische Vektoren und ist entweder mindestens einer der Vektoren $\vec{u}$ oder $\vec{v}$ gleich $\vec{O}$ oder existiert ein $\alpha \in \mathbb{R}$, so daß $\vec{v}=\alpha\vec{u}$ ist, so heißt das Paar $(\vec{u},\vec{v})$ *linear abhängig*.

linear abhängig

Wir können die Eigenschaft der linearen Abhängigkeit einfacher formulieren:

(15.20) **SATZ.-** $(\vec{u},\vec{v})$ ist ein linear abhängiges Paar physikalischer Vektoren genau dann, wenn es reelle Zahlen α und β gibt, die nicht beide gleich 0 sind, sodaß

$$\alpha\vec{u} + \beta\vec{v} = \vec{O} \qquad (+)$$

gilt.

BEWEIS.- Wir zeigen nur, daß aus der linearen Abhängigkeit die Gleichung (+) folgt. Den Nachweis der Umkehrung überlassen wir Ihnen als Aufgabe 8.
Ist $(\vec{u},\vec{v})$ linear abhängig, so kann nach Definition (15.19) $\vec{u}$ oder $\vec{v}$ gleich $\vec{O}$ sein, d.h. falls zum Beispiel $\vec{u}=\vec{O}$ gilt,

$$1\cdot\vec{u} + 0\cdot\vec{v} = \vec{O}.$$

Und dies ist Gleichung (+) mit $\alpha = 1$, $\beta = 0$ (*).
Oder es gibt ein $\alpha \in \mathbb{R}$, so daß $\vec{v}=\alpha\vec{u}$, d.h.

$$\alpha\vec{u} + (-1)\vec{v} = 0.$$

Und dies ist Gleichung (+) mit $\beta = -1$.

(*) Ist $\vec{v}=\vec{O}$, so lautet die Gleichung (+): $0\cdot\vec{u}+1\cdot\vec{v}=\vec{O}$.

AUFGABE 8.- Weisen Sie nach, daß aus der Existenz von reellen Zahlen α und β, die nicht beide gleichzeitig verschwinden und der Bedingung

$$\alpha\vec{u} + \beta\vec{v} = \vec{O}$$

genügen, die lineare Abhängigkeit von $(\vec{u},\vec{v})$ folgt. A 8

Ein Paar physikalischer Vektoren, das nicht linear abhängig ist, heißt *linear unabhängig*. linear unabhängig

ERGEBNIS.- Ist $(\vec{u},\vec{v})$ linear unabhängig, so ist die Menge $\{P+\lambda\vec{u}+\mu\vec{v} \mid \lambda,\mu \in \mathbb{R}\}$ eine Ebene im Anschauungsraum. (15.21)

Führen wir wieder ein kartesisches Koordinatensystem ein, so entspricht dem Punkt P das Tripel $p=(p_1,p_2,p_3) \in \mathbb{R}^3$, den Vektoren $\vec{u}$ bzw. $\vec{v}$ das Tripel $u=(u_1,u_2,u_3)$ bzw. $v=(v_1,v_2,v_3)$. Dem Vektor $\alpha\vec{u}+\beta\vec{v}$ entspricht das Tripel $\alpha u+\beta v$. Es folgt die Aussage:

> Das Paar $(\vec{u},\vec{v})$ ist genau dann linear abhängig, wenn es reelle Zahlen α und β gibt, die nicht beide gleich 0 sind, so daß (15.22)
>
> $$\alpha u+\beta v = 0$$
>
> gilt.

Beachten Sie: Rechts steht nun das Nullelement des $\mathbb{R}^3$, $0=(0,0,0)$.

Wegen (15.22) und Satz (15.20) formulieren wir die lineare Abhängigkeit eines Paares (u,v) von Vektoren des $\mathbb{R}^3$ folgendermaßen:

DEFINITION.- Ein Paar (u,v) von Vektoren u und v des $\mathbb{R}^3$ heißt *linear abhängig*, wenn es reelle Zahlen α und β gibt, die nicht beide gleich 0 sind, so daß (15.23) linear abhängig

$$\alpha u+\beta v = 0$$

gilt. Ist (u,v) nicht linear abhängig, so heißt (u,v) *linear unabhängig*. linear unabhängig

In Übertragung der Begriffe aus dem Anschauungsraum sagen wir:

DEFINITION.- Ist das Paar (u,v) von Vektoren des $\mathbb{R}^3$ linear unabhängig und $p \in \mathbb{R}^3$, so heißt die Menge (15.24)

$$E := \{x = p+\lambda u+\mu v \in \mathbb{R}^3 \mid \lambda,\mu \in \mathbb{R}\}$$

eine *Ebene im* $\mathbb{R}^3$. Ebene im $\mathbb{R}^3$

AUFGABE 9.- Seien $u,v \in \mathbb{R}^3$. Zeigen Sie: (u,v) ist genau A 9 *dann linear unabhängig, wenn für reelle Zahlen α und β mit $\alpha u+\beta v=0$ folgt: $\alpha=\beta=0$.*

A 10

AUFGABE 10.- Untersuchen Sie, ob (u,v) linear unabhängig ist, wenn
a) $u=(1,1,0)$ und $v=(0,1,1)$,
b) $u=(8,-4,6)$ und $v=(-4,2,-3)$.

Parameterdarstellung von Gerade und Ebene im $\mathbb{R}^3$

Wir haben nun Gerade und Ebene im $\mathbb{R}^3$ definiert mit Hilfe der sogenannten Parameterdarstellung:

$g := \{x=p+\lambda u \mid \lambda\in\mathbb{R}\}$, falls $u\neq 0$ bzw.
$E := \{x=p+\lambda u+\mu v \mid \lambda,\mu\in\mathbb{R}\}$, falls (u,v)

linear unabhängig ist.

Es ist nun an der Zeit, zur Ausgangsfrage zurückzukehren: Sind die Niveaumengen einer linearen Funktion $\mathbb{R}^3 \to \mathbb{R}$, also Mengen der Form

$$\{(x_1,x_2,x_3) \mid a_1x_1+a_2x_2+a_3x_3=c\}$$

Ebenen im $\mathbb{R}^3$? Und wenn ja - ist sogar umgekehrt jede Ebene des $\mathbb{R}^3$ die Niveaumenge einer linearen Funktion? Wenn wir beide Fragen präzisieren, werden wir auch einen Weg zu ihrer Beantwortung sehen. Also:

(15.25) PROBLEME.- a) Gegeben sei eine lineare Funktion $f:\mathbb{R}^3\to\mathbb{R}$ mit $f(x_1,x_2,x_3)=a_1x_1+a_2x_2+a_3x_3$ und eine reelle Zahl c. Ist die Niveaumenge

$$N_c=\{x\in\mathbb{R}^3 \mid f(x)=c\}$$

eine Ebene im $\mathbb{R}^3$, d.h. gibt es Vektoren $p,u,v\in\mathbb{R}^3$ mit linear unabhängigem (u,v), so daß

$$N_c=\{x=p+\lambda u+\mu v \mid \lambda,\mu\in\mathbb{R}\}\ ?$$

b) Gegeben sei eine Ebene $E=\{x=p+\lambda u+\mu v \mid \lambda,\mu\in\mathbb{R}\}$. Gibt es dann eine lineare Funktion f und eine reelle Zahl c, so daß

$$E = N_c$$

gilt?

Beginnen wir mit Frage b) und beantworten sie für ein Beispiel - der allgemeine Fall geht analog und wird anschließend behandelt.

(15.26) BEISPIEL.- Sei $p=(1,0,1)$, $u=(1,1,0)$ und $v=(0,1,1)$. (u,v) ist ein linear unabhängiges Paar nach Aufgabe 10 a). Also ist

$$E := \{x=(1,0,1)+\lambda(1,1,0)+\mu(0,1,1) \mid \lambda,\mu\in\mathbb{R}\}$$

eine Ebene. Ausführlicher geschrieben lautet die Parameterdarstellung für einen Punkt $x=(x_1,x_2,x_3)\in E$:

$$x_1=1+\lambda,\ x_2=\lambda+\mu,\ x_3=1+\mu,\ \lambda,\mu\in\mathbb{R}.$$

Die erste Gleichung ergibt $\lambda=x_1-1$, die letzte $\mu=x_3-1$ und daher die zweite

$$x_2=(x_1-1)+(x_3-1)$$

oder

$$x_1-x_2+x_3=2.$$

Also ist jeder Punkt der Ebene E ein Punkt der Niveaufläche $N_2(f)$ der linearen Funktion f mit

$$f(x_1,x_2,x_3) := x_1-x_2+x_3,$$

d.h. $E\subseteq N_2(f)$. Aber auch jeder Punkt (x_1,x_2,x_3) der Niveaufläche $N_2(f)$ liegt in E; man setze dazu nur $\lambda:=x_1-1$, $\mu:=x_3-1$; dann ist $x_1=1+\lambda$, $x_3=1+\mu$ und wegen $x_1-x_2+x_3=2$ auch $x_2=\lambda+\mu$. Dies bedeutet, daß mit dieser Wahl von λ und μ der gegebene Punkt $x=(x_1,x_2,x_3)$ in der Form $x=p+\lambda u+\mu v$ darstellbar ist, also zu E gehört. Da also auch $N_2(f)\subseteq E$ gilt, folgt:
Die Ebene E ist gleich der Niveaumenge N_2 der linearen Funktion f mit $f(x_1,x_2,x_3)=x_1-x_2+x_3$.

Für den allgemeinen Fall geben wir das Ergebnis im folgenden Satz an:

SATZ.- Zu jeder Ebene E im $\mathbb{R}^3$ gibt es eine lineare Funktion $f:\mathbb{R}^3\to\mathbb{R}$ und ein $c\in\mathbb{R}$, so daß (15.27)

$$E=N_c(f).$$

Und zwar gilt für $E=\{x=p+\lambda u+\mu v \mid \lambda,\mu\in\mathbb{R}\}$ mit $p=(p_1,p_2,p_3)$, $u=(u_1,u_2,u_3)$ und $v=(v_1,v_2,v_3)$, daß

$$f(x_1,x_2,x_3) := (u_2v_3-u_3v_2)x_1+(u_3v_1-u_1v_3)x_2+(u_1v_2-u_2v_1)x_3$$

und

$$c := (u_2v_3-u_3v_2)p_1+(u_3v_1-u_1v_3)p_2+(u_1v_2-u_2v_1)p_3$$

die verlangten Eigenschaften haben.

BEWEIS: Ist $x=(x_1,x_2,x_3)\in E$, so gibt es $\lambda,\mu\in\mathbb{R}$, so daß

$$x_1=p_1+\lambda u_1+\mu v_1,$$
$$x_2=p_2+\lambda u_2+\mu v_2, \qquad (1)$$
$$x_3=p_3+\lambda u_3+\mu v_3.$$

Man betrachtet nun 2 dieser 3 Gleichungen als Bestimmungsgleichungen für die Unbekannten λ und μ, z.B.

$$u_1\lambda+v_1\mu=x_1-p_1,$$
$$u_2\lambda+v_2\mu=x_2-p_2.$$

Diese löst man nach λ und μ auf (*) und erhält (rechnen Sie nach!):

(*) Multiplizieren Sie die erste Gleichung mit v_2, die zweite Gleichung mit $(-v_1)$ und addieren Sie dann beide Gleichungen. Sie erhalten λ.

$$\lambda = \frac{(x_1-p_1)v_2 - (x_2-p_2)v_1}{u_1v_2 - u_2v_1}, \qquad \mu = \frac{(x_2-p_2)u_1 - (x_1-p_1)u_2}{u_1v_2 - u_2v_1}, \tag{2}$$

falls $u_1v_2-u_2v_1 \neq 0$ ist. Ist dieser Ausdruck gleich null, so lassen sich λ und μ nicht auf diese Weise berechnen. Sie müssen dann dieselben Überlegungen für die erste und dritte bzw. für die zweite und dritte der Gleichungen (1) durchführen.
Wegen der linearen Unabhängigkeit von (u,v) ist wenigstens einer der dabei auftretenden Ausdrücke

$u_1v_2-u_2v_1,\ u_1v_3-u_3v_1,\ u_2v_3-u_3v_2$

ungleich null (vgl. die nachfolgende Aufgabe 12), und Sie erhalten λ und μ.
Wir nehmen weiterhin $u_1v_2-u_2v_1 \neq 0$ an und setzen die Lösungen (2) in die dritte der Gleichungen (1) ein. Es ergibt sich:

$$x_3 = p_3 + \frac{(x_1-p_1)v_2-(x_2-p_2)v_1}{u_1v_2-u_2v_1}\,u_3 + \frac{(x_2-p_2)u_1-(x_1-p_1)u_2}{u_1v_2-u_2v_1}\,v_3 .$$

Daraus folgt:

$$\begin{aligned}(u_1v_2-u_2v_1)x_3 = {} & (u_1v_2-u_2v_1)p_3 + x_1v_2u_3 - p_1v_2u_3 \\ & -x_2v_1u_3 + p_2v_1u_3 + x_2u_1v_3 - p_2u_1v_3 \\ & -x_1u_2v_3 + p_1u_2v_3\end{aligned}$$

und hieraus

$$\begin{aligned}&(u_2v_3-u_3v_2)x_1+(u_3v_1-u_1v_3)x_2+(u_1v_2-u_2v_1)x_3 = \\ &= (u_2v_3-u_3v_2)p_1+(u_3v_1-u_1v_3)p_2+(u_1v_2-u_2v_1)p_3 .\end{aligned}$$

Setzt man die rechte Seite der letzten Gleichung gleich c und definiert die lineare Funktion $f : \mathbb{R}^3 \to \mathbb{R}$ durch die linke Seite dieser Gleichung, so erhält man die im Satz angegebene Funktion f und die angegebene Zahl c, so daß $E \subseteq N_c(f)$. Den Rest des Beweises überlassen wir Ihnen als Aufgabe.

A 11 *AUFGABE 11.- a) Prüfen Sie nach, daß auch jeder Punkt der Niveaumenge $N_c(f)$ in der Ebene E liegt, d.h. daß auch $N_c(f) \subseteq E$ gilt. Nehmen Sie dazu weiterhin an, daß $u_1v_2-u_2v_1 \neq 0$ ist.*

b) Zeigen Sie, daß man im Fall $u_1v_2-u_2v_1 = 0$ (d.h. wenn $u_1v_3-u_3v_1 \neq 0$ oder $u_2v_3-u_3v_2 \neq 0$) "im wesentlichen" zu derselben linearen Funktion f und der Zahl c gelangt, so daß $E \subseteq N_c(f)$ gilt. Präzisieren Sie den Zusatz "im wesentlichen".

A 12 *AUFGABE 12.- Zeigen Sie: Sind $u = (u_1,u_2,u_3)$ und $v = (v_1,v_2,v_3)$ Vektoren des $\mathbb{R}^3$ mit*

$$u_1v_2-u_2v_1 = u_1v_3-u_3v_1 = u_2v_3-u_3v_2 = 0,$$

so ist (u,v) linear abhängig.

Auch wenn Sie sich mit dem Beweis von Satz (15.27) und den Aufgaben 11 und 12 nicht beschäftigt haben, sollten Sie die folgende Aufgabe bearbeiten.

AUFGABE 13.- Sei A 13

$$E := \{x = (0,0,0)+\lambda(1,-1,-1)+\mu(1,-1,1) \mid \lambda,\mu \in \mathbb{R}\} .$$

Begründen Sie, daß E eine Ebene im $\mathbb{R}^3$ ist und bestimmen Sie eine lineare Funktion $f : \mathbb{R}^3 \to \mathbb{R}$ und ein $c \in \mathbb{R}$, so daß $E = N_c(f)$ gilt.

Mit Satz (15.27) hat die Frage b) von (15.25) eine positive Antwort erhalten, und Sie wissen, wie man zu gegebenem E die lineare Funktion f und die Zahl c bestimmt.

Nun zu Frage a): Gegeben ist eine lineare Funktion $f : \mathbb{R}^3 \to \mathbb{R}$ mit $f(x) := a_1x_1+a_2x_2+a_3x_3$, wobei $(a_1,a_2,a_3) \neq (0,0,0)$ sei (*), und eine Zahl $c \in \mathbb{R}$. Um festzustellen, ob N_c eine Ebene ist, suchen wir zunächst 3 verschiedene Punkte in N_c aus.

"Im Hinterkopf" haben wir dabei die Idee, daß eine Ebene durch 3 Punkte, die nicht auf einer Geraden liegen, bereits eindeutig festgelegt ist.

Seien $p = (p_1,p_2,p_3)$, $y = (y_1,y_2,y_3)$ und $z = (z_1,z_2,z_3)$ diese 3 Punkte, es gilt also

$$f(p) = f(y) = f(z) = c.$$

y erhält man, indem man in p den Vektor $y-p = (y_1-p_1,y_2-p_2,y_3-p_3)$ anträgt, z durch Antragen von z-p in p.
Setzen wir $u := y-p$, $v := z-p$, so ist $u \neq 0$ und $v \neq 0$ und die Punkte p, p+u und p+v liegen in N_c. Liegen außerdem p, y und z nicht auf einer Geraden, so haben y-p und z-p nicht die gleiche oder genau entgegengesetzte Richtung, (u,v) ist ein linear unabhängiges Paar.

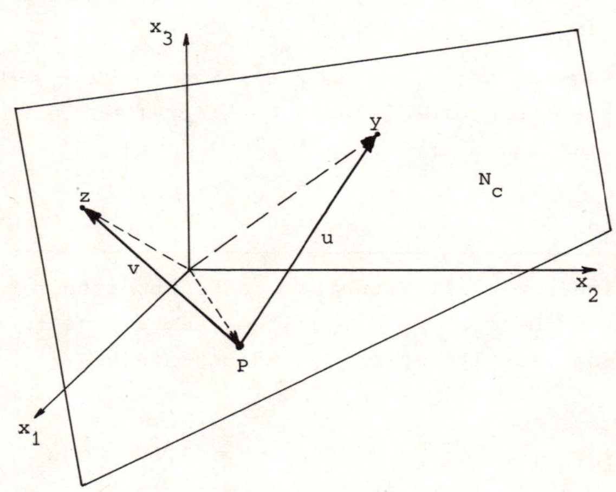

Bild 14.- 3 Punkte einer Niveaumenge

(*) Diese Bedingung sagt, daß f nicht die (konstante) Nullfunktion ist.

Wir "verdächtigen" daher die Ebene $E := \{x = p+\lambda u+\mu v \mid \lambda, \mu \in \mathbb{R}\}$, mit N_c übereinzustimmen. Prüfen wir's nach: Es ist für $x \in E$:

$$x = p+\lambda(y-p)+\mu(z-p),$$

also wegen (15.11) auf Seite 6

$$f(x) = f(p+\lambda(y-p)+\mu(z-p)) = f(p)+\lambda(f(y)-f(p)) + \mu(f(z)-f(p)).$$

Da $f(p) = f(y) = f(z) = c$ ist, folgt
$f(x) = c+\lambda(c-c)+\mu(c-c) = c$.
Also ist jedes $x \in E$ auch in $N_c(f)$.
Ähnlich wie bei Frage b) zeigt man (mit einer längeren Rechnung), daß alle Punkte von N_c auch in E liegen - wir ersparen uns das.
Damit hat auch Frage a) eine positive Antwort gefunden und wir fassen die Ergebnisse zusammen in

(15.28) **Satz.-** Jede Ebene im $\mathbb{R}^3$ ist die Niveaumenge einer linearen Funktion auf dem $\mathbb{R}^3$ und umgekehrt ist jede Niveaumenge einer nicht-konstanten linearen Funktion auf $\mathbb{R}^3$ auch eine Ebene im $\mathbb{R}^3$.

(15.29) **Beispiel.-** Sei $f : \mathbb{R}^3 \to \mathbb{R}$ mit $f(x) := x_1+x_2+2x_3$ und $c = 1$ gegeben. $N_1(f)$ ist dann durch die Gleichung

$$x_1+x_2+2x_3 = 1$$

gegeben. Wir bestimmen eine Parameterdarstellung von $N_1(f) =: N_1$. Dazu bestimmen wir drei verschiedene Punkte auf N_1. Setzen wir z.B. $x_2 = x_3 = 0$, so folgt $x_1 = 1$, $p = (1,0,0)$ ist also aus N_1. Ebenso ist $y = (0,1,0)$ und $z = (0,-1,1)$ aus N_1 (wir setzen $x_1 = 0$, $x_2 = -1$).

Wählen wir $u := y-p = (-1,1,0)$, $v := z-p = (-1,-1,1)$, so ist N_1 gleich der Ebene

$$E = \{x = p+\lambda u+\mu v \mid \lambda,\mu \in \mathbb{R}\}$$
$$= \{x = (1-\lambda-\mu, \lambda-\mu, \mu) \mid \lambda,\mu \in \mathbb{R}\},$$

denn (u,v) ist linear unabhängig (d.h. p,y,z liegen nicht auf einer Geraden).

Bestimmen wir, quasi zur Probe, zu dieser Ebene E wieder "rückwärts" die lineare Funktion und das Niveau c, wie wir dies in Beantwortung von Frage b) gelernt haben: $x_1 = 1-\lambda-\mu$, $x_2 = \lambda-\mu$, $x_3 = \mu$. Die zweite und dritte Gleichung sind leicht nach λ und μ auflösbar: $\mu = x_3$, $\lambda = \mu+x_2 = x_3+x_2$; in die erste Gleichung eingesetzt, folgt

$$x_1 = 1-(x_2+x_3)-x_3 = 1-x_2-2x_3 \text{ oder } x_1+x_2+2x_3 = 1.$$

Die Probe "stimmt", es kommt wieder die Niveaumenge heraus, von der wir ausgingen! (Dies ging schneller als das Einsetzen aller u_i, v_i, p_i in Satz (15.27), obwohl auch das zum selben Ergebnis führt.)

AUFGABE 14.- Geben Sie eine Parameterdarstellung der durch die Gleichung A 14

$$2x_1 + 3x_2 + x_3 = 1$$

beschriebenen Ebene im $\mathbb{R}^3$ *an.*

Geraden als Durchschnitt zweier Ebenen

Ebenen sind Niveaumengen linearer Funktionen auf $\mathbb{R}^3$, sind also in der Form

$$\{(x_1,x_2,x_3) \mid a_1x_1+a_2x_2+a_3x_3 = c\} \quad \text{mit } (a_1,a_2,a_3) \neq (0,0,0)$$

darstellbar.
Andererseits ist der Durchschnitt zweier Ebenen, die nicht parallel (*) sind, eine Gerade im Raum. Für Geraden hatten wir bisher nur die Parameterdarstellung

$$g = \{x = p+\lambda u \mid \lambda \in \mathbb{R}\} \quad \text{mit } u \neq 0.$$

Sind E_1, E_2 nun zwei Ebenen mit $g := E_1 \cap E_2$ und ist

$E_1 = \{x \in \mathbb{R}^3 \mid a_1x_1+a_2x_2+a_3x_3 = c\}$,
$E_2 = \{x \in \mathbb{R}^3 \mid b_1x_1+b_2x_2+b_3x_3 = d\}$,
so ist $g = \{x \in \mathbb{R}^3 \mid a_1x_1+a_2x_2+a_3x_3 = c$ und $b_1x_1+b_2x_2+b_3x_3 = d\}$.

(*) Wir sagen: Zwei Ebenen E_1 und E_2 im Anschauungsraum sind parallel, wenn es eine Translation gibt, die E_1 auf E_2 abbildet. Das kann man auch so ausdrücken: E_1 und E_2 sind genau dann parallel, wenn für beliebige, aber fest gewählte Punkte $P_1 \in E_1$ und $P_2 \in E_2$ gilt: $Q + \overrightarrow{P_1P_2} \in \vec{E}_2$ für alle $Q \in E_1$.
Man überlegt sich, daß dies wiederum gleichbedeutend ist mit der Aussage: Die Menge aller physikalischen Vektoren, die an P_1 anzutragen sind, um alle Punkte von E_1 zu erhalten, ist identisch mit der Menge aller physikalischen Vektoren, die an P_2 anzutragen sind, um alle Punkte von E_2 zu erhalten (siehe Bild 15). Deshalb definieren wir für Ebenen im $\mathbb{R}^3$:
$E_1 = \{x = p_1+\lambda u_1+\mu v_1 \mid \lambda,\mu \in \mathbb{R}\}$ und
$E_2 = \{x = p_2+\lambda u_2+\mu v_2 \mid \lambda,\mu \in \mathbb{R}\}$ heißen parallel, wenn $\{\lambda u_1+\mu v_1 \mid \lambda,\mu \in \mathbb{R}\} = \{\lambda u_2+\mu v_2 \mid \lambda,\mu \in \mathbb{R}\}$ ist.
Analog heißen zwei Geraden $g_1 = \{p_1+\lambda v_1 \mid \lambda \in \mathbb{R}\}$ und $g_2 = \{p_2+\mu v_2 \mid \mu \in \mathbb{R}\}$ parallel, wenn $\{\lambda v_1 \mid \lambda \in \mathbb{R}\} = \{\mu v_2 \mid \mu \in \mathbb{R}\}$, also wenn (v_1,v_2) linear abhängig ist.

Punkte des Durchschnitts liegen in E_1 und E_2, müssen also beiden Gleichungen genügen.

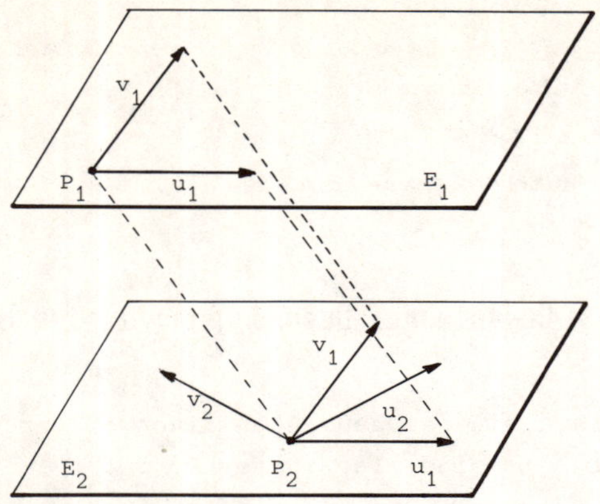

Bild 15.- Parallele Ebenen.

(15.30) BEMERKUNG.- Damit der Durchschnitt der Ebenen E_1 und E_2 tatsächlich eine Gerade ergibt, dürfen allerdings E_1 und E_2 nicht identisch oder parallel sein, da sonst $E_1 \cap E_2 = E_1$ bzw. $E_1 \cap E_2 = \emptyset$ gelten würde.

$\underline{E_1 \cap E_2 = \emptyset \text{ bedeutet}}$: Es gibt kein x, so daß

$$a_1x_1+a_2x_2+a_3x_3 = c \quad \text{und}$$
$$b_1x_1+b_2x_2+b_3x_3 = d.$$

Dieses System von 2 linearen Gleichungen für 3 Unbekannte hat also keine Lösung.

$\underline{E_1 \cap E_2 = E_1 \text{ bedeutet}}$: Jedes $x \in E_1$ erfüllt automatisch die Gleichung für E_2, aus $a_1x_1+a_2x_2+a_3x_3 = c$ folgt automatisch $b_1x_1+b_2x_2+b_3x_3 = d$.

Man kann zeigen: In beiden Fällen muß die linke Seite der zweiten Gleichung ein Vielfaches der linken Seite der ersten Gleichung sein. Es muß also ein $\lambda \in \mathbb{R}$, $\lambda \neq 0$, geben, so daß $b_1 = \lambda a_1$, $b_2 = \lambda a_2$, $b_3 = \lambda a_3$. Die zweite Gleichung hat dann die Form $\lambda(a_1x_1+a_2x_2+a_3x_3) = d$.
Ist dann auch noch $d = \lambda c$, so ist insgesamt die Gleichung für E_2 nur ein Vielfaches der Gleichung für E_1, es gilt daher $E_1 = E_2$, also $E_1 \cap E_2 = E_1$.
Ist $d \neq \lambda c$, so gilt für $x \in E_1 \cap E_2$ (dividieren Sie die Gleichung für E_2 durch λ):

$$a_1x_1+a_2x_2+a_3x_3 = c \quad \text{und}$$
$$a_1x_1+a_2x_2+a_3x_3 = \frac{d}{\lambda} \neq c\ .$$

Dies kann aber für kein $x \in \mathbb{R}^3$ richtig sein, es gilt $E_1 \cap E_2 = \emptyset$.

Die oben aufgestellte Behauptung, daß $E_1 \cap E_2 = \emptyset$ oder $E_1 \cap E_2 = E_1$ nur erfüllt ist, wenn $(b_1,b_2,b_3) = \lambda(a_1,a_2,a_3)$ für ein $\lambda \neq 0$, wäre mit geringer Mühe zu beweisen; wir wollen den Nachweis aber auf das nächste Kapitel (vgl. (16.37)) verschieben, da dann eine geometrisch unmittelbar einleuchtende Deutung dieser Tatsache möglich sein wird.

ERGEBNIS.- Geraden im $\mathbb{R}^3$ sind auch in der Form (15.31)

$$g = \{x \in \mathbb{R}^3 \mid a_1x_1+a_2x_2+a_3x_3 = c \text{ und } b_1x_1+b_2x_2+b_3x_3 = d\}$$

darstellbar mit $(a_1,a_2,a_3) \neq (0,0,0)$ und $(b_1,b_2,b_3) \neq (0,0,0)$, wobei es <u>kein</u> $\lambda \in \mathbb{R}$ mit $(b_1,b_2,b_3) = \lambda(a_1,a_2,a_3)$ gibt.

Wie erhält man eine solche Darstellung einer Geraden g aus ihrer Parameterdarstellung und umgekehrt: Wie erhält man aus der Parameterdarstellung eine solche sogenannte *Koordinatendarstellung*? Koordinatendarstellung

Das Verfahren ist ähnlich wie im Fall der Ebenen, und wir führen es anhand eines Beispiels vor.

BEISPIEL.- (1) Gegeben sei die Gerade (15.32)

$$g = \{x = (1,0,1)+\lambda(2,-1,1) \mid \lambda \in \mathbb{R}\}.$$

Zu $x = (x_1,x_2,x_3) \in g$ gibt es also ein $\lambda \in \mathbb{R}$, so daß

$$x_1 = 1+2\lambda,\ x_2 = -\lambda,\ x_3 = 1+\lambda.$$

Eine dieser Gleichungen "lösen wir nach λ auf", hier am besten die zweite: $\lambda = -x_2$. Setzen wir dies in die erste und dritte Gleichung ein, so folgt

$$x_1+2x_2 = 1 \quad \text{und} \quad x_2+x_3 = 1.$$

Dies sind bereits die beiden gesuchten Ebenengleichungen, also
$g = \{x \mid x_1+2x_2+0x_3 = 1 \text{ und } 0x_1+x_2+x_3 = 1\}$. (*)

(2) Nehmen wir umgekehrt an, g sei in dieser Koordinatendarstellung gegeben. Wie finden wir die Parameterdarstellung?

(*) Wir haben bisher nur $g \subseteq E_1 \cap E_2$ gezeigt, wenn E_1 durch $x_1+2x_2 = 1$ und E_2 durch $x_2+x_3 = 1$ definiert ist. Ähnlich wie am Schluß von Beispiel (15.26) sehen Sie jedoch auch hier, daß $E_1 \cap E_2 \subseteq g$ ist. Ist nämlich $(x_1,x_2,x_3) \in E_1 \cap E_2$, so gilt $x_1+2x_2 = 1$ und $x_2+x_3=1$, also $x_1 = 1-2x_2$ und $x_3 = 1-x_2$. Setzen Sie jetzt $\lambda := -x_2$ (vgl. den Beginn von (15.32)), so folgt: $(x_1,x_2,x_3) = (1-2x_2,x_2,1-x_2) = (1+2\lambda,-\lambda,1+\lambda) = (1,0,1)+\lambda(2,-1,1) \in g$.

Eine Gerade ist durch zwei ihrer Punkte eindeutig bestimmt - wir suchen also zwei verschiedene Punkte von g.
Setzen wir zunächst $x_1 = -1$, so folgt aus $x_1+2x_2 = 1$, daß $x_2 = 1$ ist, und damit ergibt sich aus $x_2+x_3 = 1$ für x_3 der Wert $x_3 = 0$.
$p = (-1,1,0)$ ist also aus g.
Setzen wir $x_1 = 3$, so folgt $x_2 = -1$, $x_3 = 2$, also gilt auch

$$y = (3,-1,2) \in g.$$

$u := y-p = (4,-2,2)$ ist also ein Richtungsvektor der Geraden. Die Parameterdarstellung ist daher

$$g = \{x = (-1,1,0)+\mu(4,-2,2) \mid \mu \in \mathbb{R}\}\ .$$

Vielleicht sind Sie erstaunt, daß nicht die Ausgangsdarstellung wieder herauskommt. Aber Sie müssen bedenken: In der Gleichung $x=p+\lambda u$ ist p irgendein Punkt von g, u ein beliebiger Vektor in Richtung der Geraden (siehe Bild 16). Nun hat der "neue" Richtungsvektor $(4,-2,2)$ in der Tat dieselbe Richtung wie der "alte" $(2,-1,1)$, denn es ist $(4,-2,2) = 2(2,-1,1)$. Und $p = (-1,1,0)$ liegt in der Tat auf g, denn es ist

$$(-1,1,0) = (1,0,1)+(-1)(2,-1,1),$$

entspricht also dem Parameter $\lambda = -1$ in der ursprünglichen Parameterdarstellung.

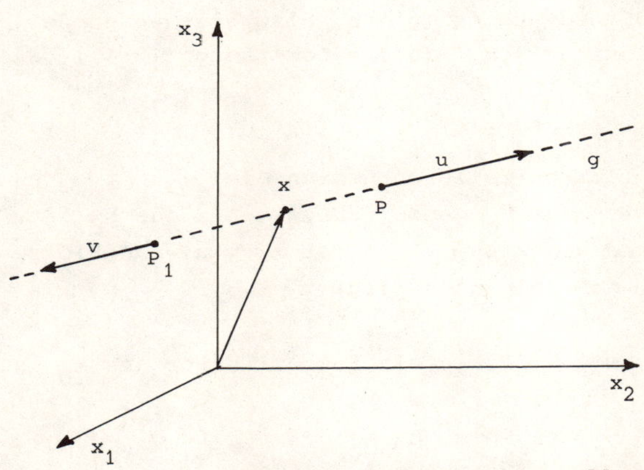

Bild 16.- Verschiedene Parameterdarstellungen derselben Geraden:
$\{x=p+\lambda u \mid \lambda \in \mathbb{R}\} = \{x=p_1+\mu v \mid \mu \in \mathbb{R}\}$.

A 15 *AUFGABE 15.- Bestimmen Sie eine Parameterdarstellung der Geraden*

$$g_1 = \{x \mid x_1+x_2+x_3 = 1 \quad \text{und} \quad x_1-x_2+x_3 = 0\}$$

und berechnen Sie eine Koordinatendarstellung der Geraden

$$g_2 = \{x=(1,1,0)+\lambda(-1,0,1) \mid \lambda \in \mathbb{R}\}$$

Warum sind g_1 und g_2 parallel?

AUFGABE 16.- Die Gerade g im $\mathbb{R}^3$ enthalte die Punkte $P = (1,1,2)$ und $Q = (2,2,1)$. Beschreiben Sie g als Durchschnitt zweier Ebenen im $\mathbb{R}^3$. A 16

Durchstosspunkt einer Geraden durch eine Ebene

BEISPIEL.- Eine einfache Anwendung der Koordinatendarstellungen von Geraden und Ebenen ergibt die folgende Aufgabe: Gegeben sei eine Gerade g und eine Ebene E. Man bestimme den Durchstoßpunkt der Geraden durch die Ebene, d.h. den Punkt P mit $\{P\} = g \cap E$. (Dabei darf g weder in E liegen noch parallel zu E verlaufen, da sonst $g \cap E = g$ oder $g \cap E = \emptyset$ gilt.) Wir benutzen für E und g Koordinatendarstellungen: (15.33)

$$E = \{x \in \mathbb{R}^3 \mid a_1x_1+a_2x_2+a_3x_3 = r\},$$
$$g = \{x \in \mathbb{R}^3 \mid b_1x_1+b_2x_2+b_3x_3 = s \text{ und } c_1x_1+c_2x_2+c_3x_3 = t\}.$$

Dann ist $P = (y_1,y_2,y_3)$ der Punkt, dessen Koordinaten allen 3 Gleichungen gleichzeitig genügt:

$$a_1y_1+a_2y_2+a_3y_3 = r$$
$$b_1y_1+b_2y_2+b_3y_3 = s$$
$$c_1y_1+c_2y_2+c_3y_3 = t.$$

(y_1,y_2,y_3) ist also Lösung dieses Systems von 3 linearen Gleichungen für 3 Unbekannte, wie Sie es sicher von der Schule her kennen. Das System hat i.a. genau eine Lösung - diese ergibt die Koordinaten des Durchstoßpunktes.
Manchmal hat das System unendlich viele Lösungen - dann liegt die Gerade g in der Ebene E; oder es gibt überhaupt keine Lösung - dann verläuft g parallel zu E.

BEISPIEL.- Wir betrachten folgendes Problem: Eine punktförmige Lichtquelle in $(1,0,0)$ sende Strahlen in Richtung der Vektoren $(-1,\alpha,0)$ mit $\alpha \in \mathbb{R}$ aus. Für welche α treffen die Strahlen eine durch die Gleichung (15.34)

$$x_1+x_2+x_3 = 0$$

gegebene Spiegelebene und wo ist der Auftreffpunkt?
Der Strahl "bewegt" sich längs der Geraden g_α, die durch die Parameterdarstellung

$$g_\alpha = \{x = (1,0,0)+\lambda(-1,\alpha,0) \mid \lambda \in \mathbb{R}\}$$

gegeben ist. Für Punkte (x_1,x_2,x_3) von g_α gilt also

$$x_1 = 1-\lambda,\ x_2 = \alpha\lambda,\ x_3 = 0$$

oder

$$x_1 + \frac{1}{\alpha}x_2 = 1,\ x_3 = 0, \text{ falls } \alpha \neq 0,$$
$$x_2 = 0,\ x_3 = 0, \text{ falls } \alpha = 0.$$

Es ist also

$$g_\alpha = \{x \mid x_1 + \tfrac{1}{\alpha} x_2 = 1 \text{ und } x_3 = 0\} \text{ für } \alpha \neq 0,$$

$$g_0 = \{x \mid x_2 = x_3 = 0\}.$$

Ein Durchstoßpunkt (y_1,y_2,y_3) von g_α durch die Ebene $E = \{x \mid x_1+x_2+x_3 = 0\}$ ist also Lösung des Systems

$$\begin{aligned} y_1 + \tfrac{1}{\alpha} y_2 &= 1 \\ y_3 &= 0 \\ y_1+y_2+y_3 &= 0. \end{aligned}$$

falls $\alpha \neq 0$ bzw.

$$\begin{aligned} y_2 &= 0 \\ y_3 &= 0 \\ y_1+y_2+y_3 &= 0, \end{aligned}$$

falls $\alpha = 0$.

Sie sehen sofort, daß g_0 die Ebene im Ursprung (0,0,0) trifft. Für $\alpha \neq 0$ folgt aus $y_3 = 0$, daß

$$\begin{aligned} y_1 + \tfrac{1}{\alpha} y_2 &= 1 \\ y_1+y_2 &= 0 \end{aligned}$$

Für $\alpha = 1$ widersprechen sich beide Gleichungen; g_1 hat also keinen Durchschnitt mit E, ist parallel zu E.

Für $\alpha \neq 0$ und $\alpha \neq 1$ ist $(\frac{\alpha}{\alpha-1}, -\frac{\alpha}{\alpha-1}, 0)$ der gesuchte Durchstoßpunkt von g_α durch E.

Da die Strahlen sich in der durch $x_3 = 0$ gegebenen Ebene bewegen, können wir alles in der (x_1,x_2)-Ebene darstellen. Die Punkte von E, die in dieser Ebene liegen, genügen der Gleichung $x_1+x_2+0 = 0$.

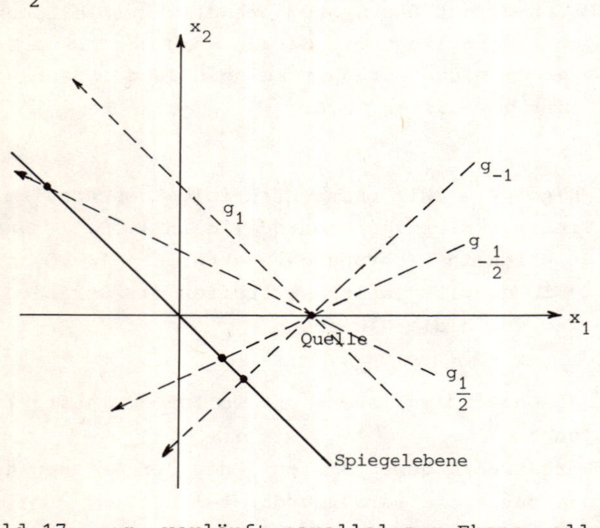

Bild 17.- g_1 verläuft parallel zur Ebene, alle anderen Strahlen treffen den Spiegel.

A 17 *__AUFGABE 17__.- Untersuchen Sie, ob die Gerade* $g = \{x = (2,2,2)+\lambda(-2,-1,-2) \mid \lambda \in \mathbb{R}\}$ *die Ebene* $E = \{x \in \mathbb{R}^3 \mid 2x_1-2x_2+x_3 = 1\}$ *in genau einem Punkt trifft.*

Damit beenden wir die Diskussion von Geraden und Ebenen im $\mathbb{R}^3$. Ebenen sind, wie wir am Ende von § 2 vermuteten, wirklich Niveaumengen nicht-konstanter linearer Funktionen. Geraden lassen sich als Durchschnitt von zwei Niveaumengen verschiedener linearer Funktionen interpretieren. Diese Deutungen helfen auch bei der Lösung geometrischer Aufgaben. Mit Hilfe der linearen Funktionen von mehr als drei Variablen wollen wir nun einige Begriffsbildungen auf den $\mathbb{R}^n$ übertragen.

§ 4 UNTERRÄUME DES $\mathbb{R}^N$

DER UNTERRAUM $N_0(F)$

Wir betrachten nun eine lineare Funktion $f: \mathbb{R}^n \to \mathbb{R}$ mit $f(x) = \sum_{i=1}^{n} a_i x_i$, wenn $x = (x_1,\dots,x_n)$ ist, und interessieren uns für ihre Niveaumengen

$$N_c := \{x \in \mathbb{R}^n \mid f(x) = c\}.$$

Dabei können wir uns das Leben etwas erleichtern: Nehmen Sie an, wir kennen wenigstens einen Punkt $p = (p_1,\dots,p_n)$ von N_c. Dann ist ein Vektor $x \in \mathbb{R}^n$ genau dann in N_c, wenn x-p aus der Niveaumenge N_0 zum Niveau 0 ist. Denn: $p \in N_c$ bedeutete $f(p) = c$, also gilt wegen der Linearität von f (siehe Bemerkung (15.11), Seite 6)

$$f(x-p) = f(x)-f(p) = f(x)-c.$$

Der letzten Zeile entnehmen Sie:
x-p ist aus N_0 genau dann, wenn x aus N_c ist.
Setzen wir $x-p =: u$, so ist $x = p+u$, und Sie sehen, daß folgendes gilt:

ERGEBNIS.- Ist p ein fester Vektor aus N_c, so gilt (15.35)

$$N_c = \{x = p+u \mid u \in N_0\}.$$

Wir kennen also N_c, wenn wir nur __ein__ Element von N_c und die spezielle Niveaumenge N_0 kennen. Wir können uns daher auf die Untersuchung der Niveaumenge

$$N_0 = \{x \in \mathbb{R}^n \mid f(x) = a_1x_1+\dots+a_nx_n = 0\}$$

beschränken.

Welche Eigenschaften hat N_0?

Sie sehen sofort: a) Sind x und $y \in N_0$, so ist auch x+y aus N_0, denn: Aus $f(x) = f(y) = 0$ folgt $f(x+y) = f(x)+f(y) = 0$.

b) Mit $x \in N_0$ und $\lambda \in \mathbb{R}$ ist auch $\lambda x \in N_0$, denn: Aus $f(x) = 0$ folgt $f(\lambda x) = \lambda f(x) = 0$. Beachten Sie, daß wir hier die Tatsache, daß f eine lineare Funktion ist, entscheidend benutzt haben. Wir definieren nun allgemein:

(15.36) Unterraum

DEFINITION.- Eine nicht-leere Teilmenge $U \subseteq \mathbb{R}^n$ heißt *Unterraum* des $\mathbb{R}^n$, wenn sie folgende Eigenschaft hat:
(1) Sind x und y aus U, so ist auch x+y aus U.
(2) Ist $x \in U$ und $\lambda \in \mathbb{R}$, so ist auch $\lambda x \in U$.

(15.37) **BEMERKUNGEN.-** (1) Die Aussagen vor Definition (15.36) können wir nun so formulieren: Ist $f: \mathbb{R}^n \longrightarrow \mathbb{R}$ linear, so ist die Niveaumenge N_o ein Unterraum des $\mathbb{R}^n$.

(2) Die definierenden Eigenschaften (1) und (2) in Definition (15.36) kann man folgendermaßen zusammenfassen: Die nicht-leere Teilmenge $U \subseteq \mathbb{R}^n$ ist genau dann ein Unterraum des $\mathbb{R}^n$, wenn für alle $x,y \in U$ und alle $\lambda,\mu \in \mathbb{R}$ folgt $\lambda x + \mu y \in U$.

Linearkombination

(3) Ein Vektor der Gestalt $\lambda x + \mu y$ mit $x,y \in \mathbb{R}^n$ und $\lambda,\mu \in \mathbb{R}$ heißt *Linearkombination* der Vektoren x und y.

Wir betrachten nun noch einmal eine Linearform f auf dem $\mathbb{R}^3$. Wenn f nicht die Nullfunktion ist, so ist $N_o(f)$ eine Ebene im $\mathbb{R}^3$. Wegen $f(0,0,0) = 0$ ist $(0,0,0) =: p$ ein Punkt von $N_o(f)$, und man kann für $N_o(f)$ eine Parameterdarstellung der Form

$$N_o(f) = \{x = \lambda u + \mu v \mid \lambda,\mu \in \mathbb{R}\}$$

finden, wobei (u,v) ein linear unabhängiges Paar von Vektoren des $\mathbb{R}^3$ ist. Anders ausgedrückt:

$N_o(f)$ ist die Menge aller Linearkombinationen von u und v, wobei (u,v) linear unabhängig ist.

Wir werden im folgenden herleiten, daß ein ähnliches Resultat (siehe (15.41)) für lineare Funktionen auf dem $\mathbb{R}^n$ gilt.

Sei $f: \mathbb{R}^n \longrightarrow \mathbb{R}$ mit $f(x) = \sum_{i=1}^{n} a_i x_i$ gegeben. Wir wollen $N_o(f)$ bestimmen, suchen also alle Lösungen $x = (x_1,\ldots,x_n)$ der Gleichung

$$f(x) = a_1x_1 + \ldots + a_nx_n = 0.$$

Ist f nicht die Nullfunktion (in diesem Fall wäre $N_o(f) = \mathbb{R}^n$!), so ist mindestens eine der Zahlen $a_1,\ldots,a_n$ von null verschieden. Wir nehmen der Einfachheit halber an, daß

$$a_n \neq 0$$

ist. Dann können wir für $x_1,\ldots,x_{n-1}$ beliebige reelle Zahlen wählen, sagen wir

$$x_1 = \lambda_1, \ldots, x_{n-1} = \lambda_{n-1}.$$

Damit ist x_n festgelegt: Wegen

$$a_nx_n = -a_1x_1 - \ldots - a_{n-1}x_{n-1}$$

ist dann

$$x_n = -\frac{a_1}{a_n}\lambda_1 - \ldots - \frac{a_{n-1}}{a_n}\lambda_{n-1}.$$

$N_o(f)$ besteht also aus allen Vektoren der Form (*)

$$(\lambda_1,\ldots,\lambda_{n-1}, -\frac{a_1}{a_n}\lambda_1 - \ldots - \frac{a_{n-1}}{a_n}\lambda_{n-1}).$$

Wir schreiben diese Vektoren in anderer Form, indem wir folgende Vektoren einführen:

$$x^{(1)} = (1,0,\ldots,0,-\frac{a_1}{a_n}),$$

$$x^{(2)} = (0,1,0,\ldots,-\frac{a_2}{a_n}),$$

$$\vdots$$

$$x^{(n-1)} = (0,\ldots,0,1,-\frac{a_{n-1}}{a_n}).$$

Sie rechnen schnell nach, daß jetzt

$$\lambda_1x^{(1)} + \ldots + \lambda_{n-1}x^{(n-1)} =$$

$$= (\lambda_1,0,\ldots,0,-\lambda_1\frac{a_1}{a_n}) + \ldots + (0,\ldots,\lambda_{n-1},-\lambda_{n-1}\frac{a_{n-1}}{a_n})$$

$$= (\lambda_1,\ldots,\lambda_{n-1}, -\frac{a_1}{a_n}\lambda_1 - \ldots - \frac{a_{n-1}}{a_n}\lambda_{n-1}).$$

Wir erhalten also das folgende

ZWISCHENERGEBNIS.- Sind die Vektoren $x^{(1)},\ldots,x^{(n-1)}$ wie oben definiert, so ist (15.38)

$$N_o(f) = \{\lambda_1x^{(1)} + \ldots + \lambda_{n-1}x^{(n-1)} \mid \lambda_1,\ldots,\lambda_{n-1} \in \mathbb{R}\}.$$

Wir nennen nun wieder einen Vektor der Form

$$\lambda_1x^{(1)} + \ldots + \lambda_{n-1}x^{(n-1)}$$

eine *Linearkombination* der Vektoren $x^{(1)},\ldots,x^{(n-1)} \in \mathbb{R}^n$ und erhalten:

Ist f nicht-konstant und linear auf $\mathbb{R}^n$, so gibt es n-1 Vektoren, so daß $N_o(f)$ die Menge aller Linearkombinationen dieser n-1 Vektoren ist.

Dieses Ergebnis entspricht genau dem Fall n=3 – $N_o(f)$ ist dann die Menge aller Linearkombinationen der $3-1=2$ Vektoren u und v. Wir wissen in diesem Fall noch mehr: Diese beiden Vektoren bilden ein linear unabhängiges Paar.

(*) Durch Einsetzen überzeugen Sie sich sofort, daß für jeden Vektor x der angegebenen Form auch $f(x)=0$ gilt.

Was könnte "linear unabhängig" für das (n-1)-Tupel $(x^{(1)},x^{(2)},\dots,x^{(n-1)})$ von Vektoren des $\mathbb{R}^n$ bedeuten? Lesen Sie nochmals die Definition (15.23) der linearen Abhängigkeit bzw. Unabhängigkeit von Paaren (u,v), wobei $u,v \in \mathbb{R}^3$ sind. Betrachten Sie insbesondere Aufgabe 9 auf Seite 10.

(u,v) ist genau dann linear unabhängig, wenn aus $\lambda u+\mu v = 0$ folgt, daß $\lambda=\mu=0$ gelten muß.

In dieser Form läßt sich der Begriff der linearen Unabhängigkeit unmittelbar verallgemeinern:

(15.39) linear unabhängig

DEFINITION.- Ein k-Tupel $(x^{(1)},\dots,x^{(k)})$ von Vektoren des $\mathbb{R}^n$ heißt *linear unabhängig*, wenn aus

$$\lambda_1 x^{(1)} + \dots + \lambda_k x^{(k)} = 0$$

folgt:

$$\lambda_1 = \lambda_2 = \dots = \lambda_k = 0.$$

linear abhängig

Andernfalls heißt $(x^{(1)},\dots, x^{(k)})$ *linear abhängig*.

(15.40) BEMERKUNG.- Wie für Paare von Vektoren des $\mathbb{R}^3$ gilt ganz allgemein: Ein k-Tupel $(x^{(1)},\dots,x^{(k)})$ von Vektoren des $\mathbb{R}^n$ ist genau dann linear abhängig, wenn es reelle Zahlen $\lambda_1,\dots,\lambda_k$ gibt, die nicht alle gleich null sind, so daß

$$\lambda_1 x^{(1)} + \dots + \lambda_k x^{(k)} = 0$$

gilt.

Die letzte Gleichung schreiben wir wieder in der Form

$$\sum_{i=1}^{k} \lambda_i x^{(i)} = 0.$$

Wir fahren nun mit der Untersuchung von $N_o(f)$ in (15.38) fort. Insbesondere untersuchen wir, ob das (n-1)-Tupel der oben definierten Vektoren $x^{(1)},\dots,x^{(n-1)}$, deren Linearkombinationen die Niveaumenge $N_o(f)$ bilden, linear unabhängig ist.

Es ist für $j = 1,\dots,n-1$

$$x^{(j)} = (0,\dots,1,0,\dots,-\frac{a_j}{a_n}),$$

wobei die 1 an der j-ten Stelle steht.

Für beliebige reelle Zahlen $\lambda_1,\dots,\lambda_{n-1}$ gilt

$$\lambda_1 x^{(1)}+\dots+\lambda_{n-1}x^{(n-1)} =$$

$$= (\lambda_1,\dots,\lambda_{n-1}, -\frac{a_1}{a_n}\lambda_1 - \dots - \frac{a_{n-1}}{a_n}\lambda_n).$$

Aus $\lambda_1 x^{(1)}+\dots+\lambda_{n-1}x^{(n-1)} = 0$ folgt also

$$(\lambda_1,\dots,\lambda_{n-1}, -\frac{a_1}{a_n}\lambda_1-\dots-\frac{a_{n-1}}{a_n}\lambda_{n-1})=(0,\dots,0)$$

und damit

$$\lambda_1=\lambda_2=\dots=\lambda_{n-1}=0 \text{ und } -\frac{a_1}{a_n}\lambda_1-\dots-\frac{a_{n-1}}{a_n}\lambda_{n-1}=0.$$

Daher ist $(x^{(1)},\dots,x^{(n-1)})$ linear unabhängig:

Aus $\sum_{j=1}^{n-1}\lambda_j x^{(j)} = 0$ folgt $\lambda_1 = \dots = \lambda_{n-1} = 0$.

ZUSAMMENFASSUNG.- Ist f eine lineare, von null verschiedene Funktion auf dem $\mathbb{R}^n$, so besteht die Niveaumenge (15.41)

$$N_o(f) = \{x \mid f(x) = 0\}$$

aus allen Linearkombinationen eines linear unabhängigen (n-1)-Tupels $(x^{(1)},\dots,x^{(n-1)})$ von Vektoren des $\mathbb{R}^n$. Eine beliebige Niveaumenge $N_c(f)$ läßt sich daher in der Form

$$N_c(f) = \{p+\lambda_1 x^{(1)}+\dots+\lambda_{n-1}x^{(n-1)} \mid \lambda_1,\dots,\lambda_{n-1} \in \mathbb{R}\}$$

darstellen, wobei $p \in N_c(f)$ ein fester Vektor ist.

Dieses Ergebnis entspricht genau dem in Paragraph 3 für den Fall n=3 erzielten Ergebnis (Satz (15.28), Seite 13). Natürlich fehlt uns für $n > 3$ die anschauliche Deutung von $N_c(f)$ als Ebene des Anschauungsraumes.

Wir nennen trotzdem Mengen dieser Form wieder "Ebene" des $\mathbb{R}^n$, genauer: *Hyperebenen des $\mathbb{R}^n$*. Hyperebene

AUFGABE 18.- Formulieren Sie die exakte Definition einer Hyperebene des $\mathbb{R}^n$. A 18

Wir haben daher das Ergebnis: Niveaumengen nicht-konstanter linearer Funktionen auf dem $\mathbb{R}^n$ sind Hyperebenen des $\mathbb{R}^n$.

AUFGABE 19.- Sie wissen, die Niveaumenge $N_o(f)$ einer linearen Funktion $f: \mathbb{R}^n \to \mathbb{R}$ ist ein Unterraum des $\mathbb{R}^n$. Darüberhinaus besagt (15.39), daß dieser Unterraum aus allen Linearkombinationen von n-1 Vektoren $x^{(1)},\dots,x^{(n-1)} \in \mathbb{R}^n$ besteht. Zeigen Sie nun allgemeiner: Sind $y^{(1)},\dots,y^{(k)} \in \mathbb{R}^n$ irgendwelche k Vektoren, so ist die Menge A 19

$$U := \{\lambda_1 y^{(1)} + \dots + \lambda_k y^{(k)} \mid \lambda_1,\dots,\lambda_k \in \mathbb{R}\}$$

aller Linearkombinationen von $y^{(1)},\dots,y^{(k)}$ ein Unterraum des $\mathbb{R}^n$.

Der in Aufgabe 19 definierte Unterraum U heißt

der von $(y^{(1)},\ldots,y^{(k)})$ *aufgespannte Unterraum*; wir sagen auch: U ist (wird) von $(y^{(1)},\ldots,y^{(k)})$ *aufgespannt* oder *erzeugt*.

A 20 *AUFGABE 20.- Seien $y^{(1)} := (1,-1,-1,2)$, $y^{(2)} := (-1,2,3,1)$, $y^{(3)} := (2,-3,-3,2)$, $y^{(4)} := (1,1,1,6) \in \mathbb{R}^4$ gegeben.*

a) Berechnen Sie $-10\cdot y^{(1)}+4y^{(3)}+2y^{(4)}$.

b) Folgern Sie aus a): $(y^{(1)},y^{(2)},y^{(3)},y^{(4)})$ ist linear abhängig.

c) Ist $(y^{(1)},y^{(2)},y^{(4)})$ oder $(y^{(1)},y^{(3)},y^{(4)})$ linear unabhängig? Begründen Sie Ihr Ergebnis.

Das folgende Anwendungsbeispiel zeigt Ihnen noch einmal, wie Niveaumengen linearer Funktionen auf "natürliche Weise" ins Spiel kommen.

(15.42) BEISPIEL.- Eine Firma stellt fünf verschiedene Produkte her, deren Produktionskosten pro Stück 1, 2, 3, 4 bzw. 5 DM betragen. Insgesamt stehen der Firma 10 000 DM zur Verfügung.
Welche Wahlmöglichkeiten hinsichtlich der zu produzierenden Stückzahlen hat die Firmenleitung angesichts dieser finanziellen Einschränkung, wenn sie die 10 000 DM vollständig investieren will?
Wir bezeichnen die Stückzahlen des j-ten Produktes (mit den Produktionskosten j DM pro Stück) mit x_j, $j=1,\ldots,5$. Dann betragen die Herstellungskosten für das j-te Produkt $j\cdot x_j$ DM.
Insgesamt müssen also

$$1x_1 + 2x_2 + 3x_3 + 4x_4 + 5x_5$$

DM für die Herstellung ausgegeben werden, und diese Summe soll nach Voraussetzung gleich 10 000 DM sein.
In anderer Sprechweise lautet die Aufgabenstellung: Es ist die Niveaumenge

$$N_{10000} = \{(x_1,\ldots,x_5) \in \mathbb{R}^5 \mid x_1+2x_2+3x_3+4x_4+5x_5 = 10\,000\}$$

der linearen Funktion $f : \mathbb{R}^5 \longrightarrow \mathbb{R}$ mit

$$f(x_1,\ldots,x_5) = x_1+2x_2+3x_3+4x_4+5x_5$$

zu bestimmen.
Dazu bestimmen wir zunächst irgendeinen Punkt $p = (p_1,\ldots,p_5)$ der Niveaumenge. Am einfachsten ist wohl

$$p_1 = 10\,000,\; p_2 = p_3 = p_4 = p_5 = 0.$$

(Dies entspricht der Entscheidung, nur 10 000 Stück des ersten Produktes herzustellen.)
Dann ist

$$N_{10000} = \{x = p+u \mid u \in N_o\},$$

wobei also $p = (10000,0,0,0,0)$ und N_o die Niveaumenge von f zum Niveau 0 ist. N_o erhalten wir, indem wir vier der fünf Variablen frei wählen, etwa $x_2 = \lambda_1$, $x_3 = \lambda_2$, $x_4 = \lambda_3$, $x_5 = \lambda_4$.
Dann ist wegen $x_1+2x_2+3x_3+4x_4+5x_5 = 0$ auf N_o

$$x_1 = -2\lambda_1-3\lambda_2-4\lambda_3-5\lambda_4.$$

Für $(x_1,\ldots,x_5) \in N_o$ gilt dann

$$\begin{aligned}(x_1,x_2,x_3,x_4,x_5) &= (-2\lambda_1-3\lambda_2-4\lambda_3-5\lambda_4,\lambda_1,\lambda_2,\lambda_3,\lambda_4)\\ &= \lambda_1(-2,1,0,0,0) + \lambda_2(-3,0,1,0,0)+\lambda_3(-4,0,0,1,0)\\ &\quad +\lambda_4(-5,0,0,0,1).\end{aligned}$$

Daher ist

$$\begin{aligned}N_{10000} = \{(x_1,\ldots,x_5) = (10000,0,0,0,0) &+\lambda_1(-2,1,0,0,0)+\lambda_2(-3,0,1,0,0)\\ &+\lambda_3(-4,0,0,1,0)+\lambda_4(-5,0,0,0,1) \mid\\ &\lambda_1,\lambda_2,\lambda_3,\lambda_4 \in \mathbb{R}\}.\end{aligned}$$

Beachten Sie jedoch: Nicht alle Vektoren von N_{10000} sind Lösungen unseres ursprünglichen Problems; denn nur ganzzahlige, nicht-negative Stückzahlen x_j sind sinnvoll. Man muß also noch die Zusatzbedingungen $\lambda_1,\lambda_2,\lambda_3,\lambda_4 \in \mathbb{N}_o$ und

$$10\,000 - 2\lambda_1 - 3\lambda_2 - 4\lambda_3 - 5\lambda_4 \geq 0$$

erfüllen. Wir wollen dieses Problem nicht weiter untersuchen.

Sie haben schon in § 3 gesehen, daß es nicht immer genügt, die Niveaumengen einer linearen Funktion zu bestimmen: Geraden waren Durchschnitte zweier Ebenen, also in der Form

$$\{x \mid f_1(x) = c_1 \;\text{ und }\; f_2(x) = c_2\}$$

darstellbar.
Auch uns wird in Kapitel 19 die Frage interessieren, was bei gegebenen linearen Funktionen $f_1,\ldots,f_m$ auf dem $\mathbb{R}^n$ und gegebenen Zahlen $c_1,\ldots,c_m$ über Mengen der Form

$$M := \{x \in \mathbb{R}^n \mid f_1(x)=c_1,\; f_2(x)=c_2,\ldots,f_m(x)=c_m\}$$

ausgesagt werden kann.
Ist für $x = (x_1,\ldots,x_n) \in \mathbb{R}^n$ etwa

$$\begin{aligned}f_1(x) &= a_{11}x_1 + \ldots + a_{1n}x_n\\ f_2(x) &= a_{21}x_1 + \ldots + a_{2n}x_n\\ &\;\vdots\\ f_m(x) &= a_{m1}x_1 + \ldots + a_{mn}x_n\end{aligned}$$

(der erste Index von a_{ij} weist also darauf hin, daß es sich um die Koeffizienten der linearen Funktion f_i handelt), so sind zur Bestimmung der Menge M alle Lösungen $(x_1,\ldots,x_n)$ des "linearen Gleichungssystems"

$$\begin{aligned} a_{11}x_1 + \dots + a_{1n}x_n &= c_1 \\ a_{21}x_1 + \dots + a_{2n}x_n &= c_2 \\ &\vdots \\ a_{m1}x_1 + \dots + a_{mn}x_n &= c_m \end{aligned} \qquad (1)$$

zu ermitteln.

Diese Aufgabe wird in Kapitel 19 Lineare Gleichungssysteme ausführlich behandelt. Sie hat, wie Sie sehen werden, zahlreiche praktische Anwendungen. Wir werden an dieser Stelle nur einige Vorbereitungen zur Lösung dieser Aufgabe treffen, soweit sie mit den eben definierten Begriffen "Unterraum" und "linear unabhängig" zu tun haben. Dies wird uns zumindest die Sprache in Kapitel 19 erleichtern.

Eine Tatsache ist zunächst sehr einfach einzusehen:
Ist $c_1 = c_2 = \dots = c_m = 0$, so bilden die Lösungen des Systems (1) einen Unterraum:

(15.43) BEISPIEL.- Sind $f_1,\dots,f_m$ lineare Funktionen auf dem $\mathbb{R}^n$, so ist

$$U := \{x \in \mathbb{R}^n \mid f_1(x) = \dots = f_m(x) = 0\}$$

ein Unterraum des $\mathbb{R}^n$.

Wir beweisen diese Aussage, indem wir Bemerkung (15.37)(2) anwenden: Sind $x,y \in U$, so ist

$$f_i(x) = f_i(y) = 0 \quad \text{für } i=1,\dots,m.$$

Dann gilt für beliebige $\lambda,\mu \in \mathbb{R}$ wegen der Linearität aller f_i

$$f_i(\lambda x+\mu y) = \lambda f_i(x)+\mu f_i(y) = 0 \text{ für } i=1,\dots,m.$$

Also ist $\lambda x+\mu y \in U$ und dies bedeutet: U ist ein Unterraum des $\mathbb{R}^n$.

A 21 *AUFGABE 21.- Zeigen Sie: Sind $f_1,\dots,f_m$ wie in Beispiel (15.43) und ist in*

$$U^* := \{x \in \mathbb{R}^n \mid f_1(x) = c_1,\dots,f_m(x) = c_m\}$$

wenigstens ein c_i, etwa c_1, ungleich null, so ist U^* kein Unterraum des $\mathbb{R}^n$.
Überlegen Sie sich dazu: Jeder Unterraum des $\mathbb{R}^n$ enthält den Nullvektor. Zeigen Sie dann: U^* enthält nicht den Nullvektor.

Von Bedeutung ist nun die Frage, wie "groß" oder wie "reichhaltig" ein solcher Unterraum ist. Wir suchen also ein "Maß für die Reichhaltigkeit" eines Unterraumes. Die Fragestellung ist noch sehr ungenau; wir werden sie im folgenden präzisieren und im nächsten Abschnitt Antworten geben.

Im Fall m=1, also einer linearen Funktion, wissen wir Bescheid: Der Unterraum U aus Beispiel (15.43) besteht aus allen Linearkombinationen eines linear unabhängigen (n-1)-Tupels $(x^{(1)},\dots,x^{(n-1)})$ von Vektoren des $\mathbb{R}^n$:

$$U = \{x = \lambda_1 x^{(1)} + \dots + \lambda_{n-1}x^{(n-1)} \mid \lambda_1,\dots,\lambda_{n-1} \in \mathbb{R}\}.$$

Wir können also die n-1 reellen *Parameter* $\lambda_1,\dots,\lambda_{n-1}$ frei wählen und erhalten mit der entsprechenden Linearkombination immer ein Element von U.

Diese Anzahl der frei wählbaren Parameter - hier: n-1 - könnte ein Maß für die "Größe" von U sein. Damit Sie erkennen, daß dafür die lineare Unabhängigkeit des (n-1)-Tupels $(x^{(1)},\dots,x^{(n-1)})$ von entscheidender Bedeutung ist, müssen wir uns noch ein wenig mit den Begriffen "linear abhängig" und "linear unabhängig" befassen.

LINEARE ABHÄNGIGKEIT UND UNABHÄNGIGKEIT

BEISPIEL.- Wir betrachten im $\mathbb{R}^4$ des Quadrupel $((3,1,4,0),(1,1,0,6),(-4,0,5,\alpha),(0,0,1,2)), \alpha \in \mathbb{R}$, und fragen: Für welche α ist dieses Quadrupel linear abhängig? (15.44)

Dazu muß es definitionsgemäß reelle Zahlen $\lambda_1,\lambda_2,\lambda_3,\lambda_4$ geben, die nicht alle gleich null sein dürfen, so daß die entsprechende Linearkombination den Nullvektor ergibt:

$$\lambda_1(3,1,4,0)+\lambda_2(1,1,0,6)+\lambda_3(-4,0,5,\alpha) +\lambda_4(0,0,1,2) = (0,0,0,0). \qquad (1)$$

Koordinatenweise bedeutet das

$$\begin{aligned} 3\lambda_1 + \lambda_2 - 4\lambda_3 &= 0 \\ \lambda_1 + \lambda_2 &= 0 \\ 4\lambda_1 + 5\lambda_3 + \lambda_4 &= 0 \\ 6\lambda_2 + \alpha\lambda_3 + 2\lambda_4 &= 0. \end{aligned}$$

Die Frage lautet also: Für welche $\alpha \in \mathbb{R}$ gibt es außer der Lösung $\lambda_1 = \lambda_2 = \lambda_3 = \lambda_4 = 0$ noch andere Lösungen dieses Gleichungssystems?

Wegen $\lambda_2 = -\lambda_1$ reduziert sich das System auf folgendes System von 3 Gleichungen für die 3 Unbekannten $\lambda_1,\lambda_3,\lambda_4$:

$$\begin{aligned} 2\lambda_1 - 4\lambda_3 &= 0 \\ 4\lambda_1 + 5\lambda_3 + \lambda_4 &= 0 \\ -6\lambda_1 + \alpha\lambda_3 + 2\lambda_4 &= 0. \end{aligned}$$

Aus der ersten Gleichung folgt $\lambda_1 = 2\lambda_3$, und das System reduziert sich auf

$$13\lambda_3 + \lambda_4 = 0$$
$$(\alpha-12)\lambda_3 + 2\lambda_4 = 0$$

und schließlich wegen $\lambda_4 = -13\lambda_3$ auf

$$(\alpha-38)\lambda_3 = 0. \qquad (2)$$

- Ist $\alpha \neq 38$, so muß $\lambda_3 = 0$ gelten und daher auch $\lambda_4 = \lambda_1 = \lambda_2 = 0$. In diesem Fall folgt aus (1) also $\lambda_1 = \lambda_2 = \lambda_3 = \lambda_4 = 0$, d.h. das Quadrupel von Vektoren des $\mathbb{R}^4$ ist linear unabhängig.
- Ist $\alpha = 38$, so kann in Gleichung (2) z.B. $\lambda_3 = 1$ gewählt werden. Damit ist dann $\lambda_4 = -13$, $\lambda_1 = 2$ und $\lambda_2 = -2$.
  In der Tat ist (rechnen Sie nach!):

$$2\cdot(3,1,4,0)-2(1,1,0,6)+(-4,0,5,38)-13(0,0,1,2) = (0,0,0,0).$$

A 22 *AUFGABE 22.- Welche Änderung ergibt sich in Beispiel (15.44), wenn Sie im Fall $\alpha = 38$ statt $\lambda_3 = 1$ für λ_3 irgendeine reelle Zahl $\gamma \neq 0$ wählen?*

A 23 *AUFGABE 23.- Für welche $\alpha \in \mathbb{R}$ ist das Tripel*

$$((1,2,1),(1,\alpha,-1),(1,-2,1))$$

von Vektoren des $\mathbb{R}^3$ linear abhängig?

Als nächstes leiten wir eine einfache Folgerung aus der linearen Abhängigkeit eines k-Tupels von Vektoren her.

(15.45) SATZ.- Sind $x^{(1)},\ldots,x^{(k)} \in \mathbb{R}^n$ und ist $(x^{(1)},\ldots,x^{(k)})$ linear abhängig, so kann mindestens einer der Vektoren $x^{(1)},\ldots,x^{(k)}$ als Linearkombination der anderen dargestellt werden; d.h. es gibt ein $j \in \{1,\ldots,k\}$ und k-1 reelle Zahlen $\alpha_1,\ldots,\alpha_{j-1},\alpha_{j+1},\ldots,\alpha_k$, so daß

$$x^{(j)} = \alpha_1 x^{(1)} + \ldots + \alpha_{j-1}x^{(j-1)} + \alpha_{j+1}x^{(j+1)} + \ldots + \alpha_k x^{(k)}.$$

BEWEIS.- Da $(x^{(1)},\ldots,x^{(k)})$ linear abhängig ist, gibt es reelle Zahlen $\lambda_1,\ldots,\lambda_k$, die nicht alle gleich null sind, so daß

$$\lambda_1 x^{(1)} + \ldots + \lambda_k x^{(k)} = 0$$

ist. Sei etwa $\lambda_j \neq 0$; dann folgt

$$x^{(j)} = -\frac{\lambda_1}{\lambda_j}x^{(1)} - \ldots - \frac{\lambda_{j-1}}{\lambda_j}x^{(j-1)} - \frac{\lambda_{j+1}}{\lambda_j}x^{(j+1)} - \ldots - \frac{\lambda_k}{\lambda_j}x^{(k)}.$$

Mit $\alpha_i := -\frac{\lambda_i}{\lambda_j}$ für i=1,...,k, $i \neq j$, ist dies die Behauptung.

A 24 *AUFGABE 24.- Formulieren und beweisen Sie die Umkehrung der Aussage von Satz (15.45).*

(15.46) BEISPIEL.- Wir wissen aus Beispiel (15.44), daß das Quadrupel ((3,1,4,0), (1,1,0,6), (-4,0,5,38), (0,0,1,2)) linear abhängig ist. Wir haben dort nachgerechnet, daß eine Linearkombination mit

$$\lambda_1 = 2,\ \lambda_2 = -2,\ \lambda_3 = 1 \text{ und } \lambda_4 = -13$$

den Nullvektor ergibt.
Alle λ_j, j=1,...,4, sind also von null verschieden. Wir können daher (wenn Sie sich den Beweis von (15.45) noch einmal genau ansehen) jeden Vektor als Linearkombination der jeweils anderen darstellen. Und zwar ist zum Beispiel $\left(\alpha_i = -\frac{\lambda_i}{\lambda_1},\ i \neq 1\right)$

$$(3,1,4,0) = (1,1,0,6) - \frac{1}{2}(-4,0,5,38) + \frac{13}{2}(0,0,1,2)$$

oder $\left(\alpha_i = -\frac{\lambda_i}{\lambda_3},\ i \neq 3\right)$

$$(-4,0,5,38) = -2(3,1,4,0) + 2(1,1,0,6) + 13(0,0,1,2).$$

A 25 *AUFGABE 25.- Stellen Sie einen der Vektoren aus Aufgabe 20, Seite 19, als Linearkombination der übrigen dar.*

(15.47) FOLGERUNG.- Ist $(x^{(1)},\ldots,x^{(k)})$ linear abhängig, so kann jede Linearkombination der k Vektoren $x^{(1)},\ldots,x^{(k)} \in \mathbb{R}^n$ auch als Linearkombination von nur k-1 dieser Vektoren geschrieben werden.

BEWEIS.- Ist $x = \lambda_1 x^{(1)} + \ldots + \lambda_k x^{(k)}$ und

$$x^{(j)} = \alpha_1 x^{(1)} + \ldots + \alpha_{j-1}x^{(j-1)} + \alpha_{j+1}x^{(j+1)} + \ldots + \alpha_k x^{(k)},$$

so ist

$$\begin{aligned}
x &= \lambda_1 x^{(1)} + \ldots + \lambda_{j-1}x^{(j-1)} \\
&\quad + \lambda_j(\alpha_1 x^{(1)} + \ldots + \alpha_{j-1}x^{(j-1)} + \alpha_{j+1}x^{(j+1)} + \ldots \\
&\quad + \alpha_k x^{(k)}) + \lambda_{j+1}x^{(j+1)} + \ldots + \lambda_k x^{(k)} \\
&= (\lambda_1 + \lambda_j\alpha_1)x^{(1)} + \ldots + (\lambda_{j-1} + \lambda_j\alpha_{j-1})x^{(j-1)} + \\
&\quad + (\lambda_{j+1} + \lambda_j\alpha_{j+1})x^{(j+1)} + \ldots + (\lambda_k + \lambda_j\alpha_k)x^{(k)} \\
&= \mu_1 x^{(1)} + \ldots + \mu_{j-1}x^{(j-1)} + \mu_{j+1}x^{(j+1)} + \ldots \\
&\quad + \mu_k x^{(k)},
\end{aligned}$$

wobei $\mu_i := \lambda_i + \lambda_j\alpha_i$ für i=1,...,k, $i \neq j$.
x ist also Linearkombination der k-1 Vektoren $x^{(1)},\ldots,x^{(j-1)},x^{(j+1)},\ldots,x^{(k)}$.

(15.48) BEISPIEL.- Wir verwenden noch einmal das linear abhängige Quadrupel von Vektoren des $\mathbb{R}^4$ aus den Beispielen (15.44) und (15.46). Wir bilden eine Linearkombination, zum Beispiel

$$1\cdot(3,1,4,0)+1\cdot(1,1,0,6)+1\cdot(-4,0,5,38)+1\cdot(0,0,1,2)=(0,2,10,46).$$

Derselbe Vektor (0,2,10,46) kann auch als Linearkombination von nur drei dieser Vektoren dargestellt werden, etwa

$$-1\cdot(3,1,4,0)+3\cdot(1,1,0,6)+14\cdot(0,0,1,2)=(0,2,10,46).$$

Sei nun wieder ein beliebiges k-Tupel $(x^{(1)},\dots,x^{(k)})$ von Vektoren des $\mathbb{R}^n$ gegeben. Wir betrachten den von $(x^{(1)},\dots,x^{(k)})$ aufgespannten Unterraum U des $\mathbb{R}^n$.

$$U=\{x=\lambda_1 x^{(1)}+\dots+\lambda_k x^{(k)} \mid \lambda_1,\dots,\lambda_k\in\mathbb{R}\},$$

also den Unterraum aller Linearkombinationen von $x^{(1)},\dots,x^{(k)}$ (siehe Aufgabe 19, Seite 18, und den Text danach).

- Ist $(x^{(1)},\dots,x^{(k)})$ linear abhängig, so gibt es wegen Folgerung (15.47) ein $j\in\{1,\dots,k\}$, so daß

$$U=\{x=\mu_1 x^{(1)}+\dots+\mu_{j-1}x^{(j-1)}+\mu_{j+1}x^{(j+1)}+\dots+\mu_k x^{(k)} \mid \mu_1,\dots,\mu_{j-1},\mu_{j+1},\dots,\mu_k\in\mathbb{R}\}.$$

D.h. U wird auch von dem (k-1)-Tupel $(x^{(1)},\dots,x^{(j-1)},x^{(j+1)},\dots,x^{(k)})$ aufgespannt.

- Ist $(x^{(1)},\dots,x^{(k)})$ linear unabhängig, so kann - um U zu erhalten - auf keinen der Vektoren verzichtet werden.
Um dies einzusehen, nehmen wir im Gegensatz zur vorangehenden Behauptung an, daß ein gewisses $x^{(j)}$ nicht benötigt wird, um U aufzuspannen. Dieses $x^{(j)}$ ist trotzdem ein Vektor in U (wählen Sie $\lambda_1=\dots=\lambda_{j-1}=\lambda_{j+1}=\dots=\lambda_k=0$ und $\lambda_j=1$), muß also wegen unserer Annahme als Linearkombination der anderen (k-1) Vektoren darstellbar sein (*):

$$x^{(j)}=\mu_1 x^{(1)}+\dots+\mu_{j-1}x^{(j-1)}+\mu_{j+1}x^{(j+1)}+\dots+\mu_k x^{(k)}.$$

Also ist

$$0=\mu_1 x^{(1)}+\dots+\mu_{j-1}x^{(j-1)}-1\cdot x^{(j)}+\mu_{j+1}x^{(j+1)}+\dots+\mu_k x^{(k)}.$$

(*) Mit dem Ergebnis von Aufgabe 24 folgt nun, daß $(x^{(1)},\dots,x^{(k)})$ linear abhängig ist im Widerspruch zur Voraussetzung. Also ist kein $x^{(j)}$ überflüssig. (Oben wird im wesentlichen der Beweis von Aufgabe 24 noch einmal wiederholt.)

Der Nullvektor läßt sich also aus $x^{(1)},\dots,x^{(k)}$ linear kombinieren, ohne daß alle Koeffizienten null sind (der Koeffizient von $x^{(j)}$ z.B. ist gleich -1). Das bedeutet aber, daß $(x^{(1)},\dots,x^{(k)})$ linear abhängig ist - im Widerspruch zur Voraussetzung.
Wir fassen noch einmal zusammen.

ZUSAMMENFASSUNG.- Sei ein k-Tupel $(x^{(1)},\dots,x^{(k)})$ von Vektoren des $\mathbb{R}^n$ gegeben und sei U der von $(x^{(1)},\dots,x^{(k)})$ aufgespannte Unterraum des $\mathbb{R}^n$. (15.49)
Das k-Tupel läßt sich schrittweise zu einem (k-1)-Tupel, (k-2)-Tupel usw. reduzieren bis man bei einem ℓ-Tupel ($\ell\le k$) der ursprünglichen Vektoren anlangt, welches linear unabhängig ist und U noch aufspannt. Dieses ℓ-Tupel läßt sich nicht weiter reduzieren (*).

AUFGABE 26.- Zeigen Sie, daß sich das folgende 5-Tupel von Vektoren des $\mathbb{R}^3$ zu einem linear unabhängigen Tripel reduzieren läßt, das denselben Unterraum (welchen?) des $\mathbb{R}^3$ aufspannt: A 26
((1,0,0),(1,-1,1),(0,1,0),(-2,0,3),(0,0,1)).

Im nächsten Abschnitt werden Sie sehen, daß gerade die linear unabhängigen Tupel von Vektoren, die einen Unterraum aufspannen, jene Objekte sind, mit deren Hilfe wir die "Größe" von Unterräumen "messen" können.

BASIS UND DIMENSION

Wir kommen jetzt zu unserer Frage nach einem Maß für die "Größe" eines Unterraumes zurück. Wird $U\subseteq\mathbb{R}^n$ von $(x^{(1)},\dots,x^{(k)})$ aufgespannt und ist das k-Tupel linear unabhängig, so könnte man die Zahl k als Maß für die "Größe" von U verwenden.
Zuvor muß allerdings noch eine Frage geklärt werden:

(*) 1. Der Fall $\ell=k$ bedeutet, daß das gegebene k-Tupel bereits linear unabhängig ist.

2. Die bei den Zwischenschritten auftretenden (k-1)-Tupel, (k-2)-Tupel usw. spannen U auf.

3. Damit das Verfahren tatsächlich immer bei einem linear unabhängigen Tupel endet, muß man den trivialen Fall ausschließen, daß alle $x^{(i)}=0$ sind.

Ist

$U = \{x = \lambda_1 x^{(1)} + \ldots + \lambda_k x^{(k)} \mid \lambda_1, \ldots, \lambda_k \in \mathbb{R}\}$

und $(x^{(1)}, \ldots, x^{(k)})$ linear unabhängig, so kann man zwar auf keinen der Vektoren $x^{(j)}$ verzichten, um U aufspannen zu können. Aber vielleicht gibt es ein ganz anderes (k-1)-Tupel $(y^{(1)}, \ldots, y^{(k-1)})$, das U aufspannt?

Denn obwohl wir wissen, daß U nicht in der Form

$\{x = \mu_1 x^{(1)} + \ldots + \mu_{j-1} x^{(j-1)} + \mu_{j+1} x^{(j+1)} + \ldots + \mu_k x^{(k)} \mid \mu_i \in \mathbb{R}\}$

dargestellt werden kann, können wir bisher nicht ausschließen, daß es ganz andere Vektoren $y^{(1)}, \ldots, y^{(k-1)} \in \mathbb{R}^n$ gibt, so daß

$U = \{x = \alpha_1 y^{(1)} + \ldots + \alpha_{k-1} y^{(k-1)} \mid \alpha_1, \ldots, \alpha_{k-1} \in \mathbb{R}\}$

ist. In diesem Fall wären wir unschlüssig, ob k oder k-1 die richtige "Maßzahl" für U ist.

Doch wir können Sie beruhigen - falls Sie durch diese Problematik wirklich beunruhigt sein sollten . Es gilt nämlich die folgende Aussage:

(15.50) SATZ.- Sei U ein Unterraum des $\mathbb{R}^n$, der von einem linear unabhängigen k-Tupel $(x^{(1)}, \ldots, x^{(k)})$ von Vektoren des $\mathbb{R}^n$ aufgespannt wird. Dann gilt

(1) Ist $(y^{(1)}, \ldots, y^{(\ell)})$ ein linear unabhängiges ℓ-Tupel von Vektoren aus U, so ist $\ell \leq k$.

(2) Für jedes linear unabhängige ℓ-Tupel von Vektoren des $\mathbb{R}^n$, das U aufspannt, gilt $\ell = k$.

Den BEWEIS von (1) lassen wir aus. Zu (2): Ist $(y^{(1)}, \ldots, y^{(\ell)})$ ein linear unabhängiges ℓ-Tupel von Vektoren des $\mathbb{R}^n$, das U aufspannt, so gilt insbesondere $y^{(i)} \in U$ für $i=1, \ldots, \ell$ und mit (1) folgt: $\ell \leq k$.

Vertauschen wir nun die Rollen von $(x^{(1)}, \ldots, x^{(k)})$ und $(y^{(1)}, \ldots, y^{(\ell)})$ (*) und wenden noch einmal Aussage (1) an, so folgt auch $k \leq \ell$, also insgesamt $k = \ell$ wie behauptet.

Wir wissen nun: Alle linear unabhängigen Tupel von Vektoren des $\mathbb{R}^n$, die einen festen Unterraum U aufspannen, enthalten dieselbe Anzahl von Vektoren. Wir treffen daher folgende wichtige Definition:

(*) Das ist möglich, da $(y^{(1)}, \ldots, y^{(\ell)})$ und $(x^{(1)}, \ldots, x^{(k)})$ dieselben Voraussetzungen erfüllen: Beide Tupel sind linear unabhängig und spannen U auf.

DEFINITION.- Sei U ein Unterraum des $\mathbb{R}^n$. Ein linear unabhängiges k-Tupel $(x^{(1)}, \ldots, x^{(k)})$ von Vektoren aus U, das U aufspannt, heißt *Basis von U*. Die eindeutig bestimmte Zahl k heißt *Dimension von U*, in Zeichen: $k =: \dim U$. Man setzt $\dim \{0\} := 0$. (15.51)

Basis

Dimension

Die Anzahl der Vektoren einer beliebigen Basis von U, die Dimension von U, ist also das gesuchte Maß für die "Größe" von U. Ist $\dim U = k$, so nennen wir U auch k-*dimensional*. Um die Namensgebung *Dimension* zu rechtfertigen, betrachten wir einige Beispiele.

BEISPIELE.- (1) Der gesamte $\mathbb{R}^n$ ist sicher ein Unterraum von sich selbst. Da jedes $x = (x_1, \ldots, x_n) \in \mathbb{R}^n$ in der Form (15.52)

$$x = x_1 e^{(1)} + x_2 e^{(2)} + \ldots + x_n e^{(n)}$$

geschrieben werden kann, wobei

$$e^{(j)} = (0, \ldots, 0, 1, 0, \ldots, 0) \in \mathbb{R}^n, \quad j=1, \ldots, n,$$

eine 1 als j-te Koordinate und sonst lauter Nullen als Koordinaten hat (siehe den Beweis von Bemerkung (15.11)(3) auf Seite 6), ist jedes $x \in \mathbb{R}^n$ Linearkombination der Vektoren $e^{(1)}, \ldots, e^{(n)}$. Das n-Tupel $(e^{(1)}, \ldots, e^{(n)})$ spannt also $\mathbb{R}^n$ auf.

Das n-Tupel $(e^{(1)}, \ldots, e^{(n)})$ ist auch linear unabhängig:

Aus

$$\lambda_1 e^{(1)} + \ldots + \lambda_n e^{(n)} = 0$$

folgt

$$(\lambda_1, \ldots, \lambda_n) = (0, \ldots, 0),$$

also $\lambda_1 = \ldots = \lambda_n = 0$.

Damit ist $(e^{(1)}, \ldots, e^{(n)})$ eine Basis von $\mathbb{R}^n$ und

$$\dim \mathbb{R}^n = n.$$

$\dim \mathbb{R}^n = n$

Wegen der besonders einfachen Gestalt dieser Basis, heißt $(e^{(1)}, \ldots, e^{(n)})$ auch die *kanonische Basis* des $\mathbb{R}^n$ und $e^{(j)}$ der *j-te kanonische Basisvektor* des $\mathbb{R}^n$.

kanonische Basis des $\mathbb{R}^n$

Insbesondere ist der $\mathbb{R}^3$ im oben definierten Sinn dreidimensional - eine vernünftige Bezeichnungsweise, wenn Sie bedenken, daß der $\mathbb{R}^3$ zur Darstellung des Anschauungsraumes dient, und dieser Anschauungsraum wird ja auch umgangssprachlich als dreidimensional bezeichnet.

(2) Eine Ebene E des $\mathbb{R}^3$, die den Nullpunkt enthält, kann in der Form

$$E = \{\lambda u + \mu v \mid \lambda, \mu \in \mathbb{R}\}$$

dim E = 2

dargestellt werden, wobei (u,v) ein linear unabhängiges Paar von Vektoren des $\mathbb{R}^3$ ist. E ist also ein Unterraum des $\mathbb{R}^3$ und (u,v) eine Basis von E. Also hat eine Ebene E die Dimension 2.

Auch dies ist vernünftig, da Ebenen auch umgangssprachlich als zweidimensional bezeichnet werden.

Daß wir hier nur Ebenen betrachten, die den Nullpunkt enthalten, liegt daran, daß nur solche Ebenen Unterräume sind (warum?) - und nur für Unterräume haben wir den Begriff *Dimension* definiert.
Geraden durch den Nullpunkt sind eindimensionale Unterräume. Warum?

(3) Ist f eine nicht-konstante, lineare Funktion auf dem $\mathbb{R}^n$, so ist die Niveaumenge

$$N_0(f) = \{x \in \mathbb{R}^n \mid f(x) = 0\}$$

eine Hyperebene des $\mathbb{R}^n$ und nach (15.37)(1), Seite 17, ein Unterraum. Dieser wird nach (15.41), Seite 18, von einem linear unabhängigen (n-1)-Tupel $(x^{(1)},\ldots,x^{(n-1)})$ von Vektoren des $\mathbb{R}^n$ aufgespannt. Also ist

dim $N_0(f)$=n-1

$$\dim N_0(f) = n-1.$$

Damit können wir die Ergebnisse unserer Untersuchung der Niveaumengen linearer Funktionen auf dem $\mathbb{R}^n$ umformulieren zu:

$$N_c(f) = \{x \in \mathbb{R}^n \mid f(x) = c\}$$

ist in der Form

$$N_c(f) = \{p+u \mid u \in N_c(f)\}$$

darstellbar, wobei p ein fester Punkt von $N_c(f)$ und $N_0(f)$ ein (n-1)-dimensionaler Unterraum des $\mathbb{R}^n$ ist.

A 27

AUFGABE 27.- a) Bestimmen Sie die Dimension des von ((1,-1,1), (1,1,-3), (1,2,-5)) aufgespannten Unterraumes des $\mathbb{R}^3$.

b) Für welche $\alpha \in \mathbb{R}$ ist der von ((3-α,-1,0), (-1,2-α,-1), (0,-1,3-α)) aufgespannte Unterraum U_α des $\mathbb{R}^3$ 2-dimensional?

Eine der wichtigsten Eigenschaften einer Basis, die eine unmittelbare Konsequenz der linearen Unabhängigkeit ist, formulieren wir im folgenden Satz über die eindeutige Basisdarstellung.

(15.53)

Satz von der eindeutigen Basisdarstellung

SATZ.- Seien $x^{(1)},\ldots,x^{(k)} \in \mathbb{R}^n$ und sei U der von $(x^{(1)},\ldots,x^{(k)})$ aufgespannte Unterraum.
Dann gilt:
$(x^{(1)},\ldots,x^{(k)})$ ist eine Basis von U genau dann, wenn sich jedes $x \in U$ eindeutig als Linearkombination von $x^{(1)},\ldots,x^{(k)}$ darstellen läßt.

BEWEIS.- Da nach Voraussetzung $(x^{(1)},\ldots,x^{(k)})$ den Unterraum U aufspannt, ist nur noch zu zeigen:
$(x^{(1)},\ldots,x^{(k)})$ ist linear unabhängig genau dann, wenn sich jedes $x \in U$ eindeutig als Linearkombination von $x^{(1)},\ldots,x^{(k)}$ darstellen läßt.

(1) Wir setzen zunächst voraus, daß $(x^{(1)},\ldots,x^{(k)})$ linear unabhängig ist. Für ein $x \in U$ gelte

$$x=\lambda_1 x^{(1)}+\ldots+\lambda_k x^{(k)} = \mu_1 x^{(1)}+\ldots+\mu_k x^{(k)}. \quad (*)$$

Daraus folgt

$$0=x-x=(\lambda_1-\mu_1)x^{(1)}+\ldots+(\lambda_k-\mu_k)x^{(k)}.$$

Wegen der linearen Unabhängigkeit von $(x^{(1)},\ldots,x^{(k)})$ muß $\lambda_1-\mu_1 = 0,\ldots,\lambda_k-\mu_k = 0$, also $\lambda_1 = \mu_1,\ldots,\lambda_k = \mu_k$ sein. D.h. die Darstellung von x als Linearkombination ist eindeutig.

(2) Wenn sich <u>jedes</u> $x \in U$ <u>eindeutig</u> als Linearkombination von $x^{(1)},\ldots,x^{(k)}$ schreiben läßt, dann insbesondere $x = 0$.
Wenn also

$$0 = \lambda_1 x^{(1)}+\ldots+\lambda_k x^{(k)}$$

ist, so muß, da stets

$$0 = 0\cdot x^{(1)}+\ldots+0\cdot x^{(k)}$$

gilt, $\lambda_1 = 0,\ldots,\lambda_k = 0$ sein. D.h. $(x^{(1)},\ldots,x^{(k)})$ ist linear unabhängig.

Im letzten Beispiel dieses Kapitels untersuchen wir die Frage, welche Dimension die Unterräume des $\mathbb{R}^n$ überhaupt haben können.

BEISPIEL.- Nach Beispiel (15.44), Seite 20, ist das Quadrupel (15.54)
$((3,1,4,0),(1,1,0,6),(-4,0,5,\alpha),(0,0,1,2))$
für alle $\alpha \neq 38$ linear unabhängig, spannt also einen 4-dimensionalen Unterraum U des $\mathbb{R}^4$ auf.
Der $\mathbb{R}^4$ selbst ist ebenfalls 4-dimensional.
FRAGE: Gibt es 4-dimensionale Unterräume des $\mathbb{R}^4$, die nicht gleich dem $\mathbb{R}^4$ sind?

Die Antwort auf diese Frage ist: nein! Allgemein gilt nämlich, daß jeder n-dimensionale Unterraum des $\mathbb{R}^n$ gleich dem gesamten $\mathbb{R}^n$ ist.

Die letzte Aussage beweist man wie folgt: Aus $\dim \mathbb{R}^n = n$ und mit Satz (15.50)(1) ergibt sich, daß jedes (n+1)-Tupel von Vektoren des $\mathbb{R}^n$ linear abhängig ist.

(*) Es ist $\lambda_i = \mu_i$ für $i = 1,\ldots,k$ zu beweisen.

Ist also $(x^{(1)},\dots,x^{(n)})$ ein linear unabhängiges n-Tupel, das den n-dimensionalen Unterraum U des $\mathbb{R}^n$ aufspannt, und x ein beliebiger Vektor des $\mathbb{R}^n$, so ist $(x^{(1)},\dots,x^{(n)},x)$ linear abhängig. Es gibt daher reelle Zahlen $\lambda_o,\lambda_1,\dots,\lambda_n$, die nicht alle gleich null sind, so daß

$$\lambda_o x+\lambda_1 x^{(1)}+\dots+\lambda_n x^{(n)}=0$$

gilt. Dabei muß insbesondere $\lambda_o \neq 0$ sein, da andernfalls $(x^{(1)},\dots,x^{(n)})$ linear abhängig wäre - im Gegensatz zur Voraussetzung. Es ist dann

$$x=-\frac{\lambda_1}{\lambda_o}x^{(1)}-\dots-\frac{\lambda_n}{\lambda_o}x^{(n)}.$$

x ist also Linearkombination der Vektoren $x^{(1)},\dots,x^{(n)}$ und liegt damit in dem von $(x^{(1)},\dots,x^{(n)})$ aufgespannten Unterraum U. Da $x\in\mathbb{R}^n$ beliebig war, folgt: Jedes $x\in\mathbb{R}^n$ liegt in U, d.h. $\mathbb{R}^n\subseteq U$. Da andererseits $U\subseteq\mathbb{R}^n$ gilt, folgt $U=\mathbb{R}^n$.

Das betrachtete Quadrupel spannt also für $\alpha \neq 38$ den $\mathbb{R}^4$ auf, ist daher eine Basis des $\mathbb{R}^4$. Sie hatten vorher schon eine andere Basis des $\mathbb{R}^4$, nämlich die kanonische Basis $(e^{(1)},e^{(2)},e^{(3)},e^{(4)})$, kennengelernt. Dabei ist $e^{(1)}=(1,0,0,0)$, $e^{(2)}=(0,1,0,0)$, $e^{(3)}=(0,0,1,0)$ und $e^{(4)}=(0,0,0,1)$.

Für $\alpha=38$ ist das Quadrupel linear abhängig. Der Unterraum U wird auch schon durch das Tripel aus den letzten drei Vektoren aufgespannt. U hat daher höchstens die Dimension 3. Daß $\dim U=3$ gilt, zeigen Sie, wenn Sie die nächste Aufgabe bearbeiten.

A 28 *AUFGABE 28.- Zeigen Sie, daß das Tripel $((1,1,0,6),(-4,0,5,38),(0,0,1,2))$ linear unabhängig ist.*

Wir beschließen damit unsere Untersuchungen über Unterräume des $\mathbb{R}^n$. Sie kamen Ihnen vermutlich recht abstrakt, unanschaulich und wenig praxisbezogen vor. Versuchen Sie besser auch nicht, ihre Anschauung überzustrapazieren. Daß wir den $\mathbb{R}^5$ als fünfdimensionalen Raum bezeichnen, sollte Sie nicht dazu verführen, sich eine vierte und fünfte Dimension vorstellen zu wollen. Daß der Unterraum $\{x\in\mathbb{R}^6 \mid f(x)=0\}$, wenn f eine nicht-konstante, lineare Funktion auf dem $\mathbb{R}^6$ ist, die Dimension 5 hat, besagt in etwa, daß Sie zur Festlegung eines Punktes dieses Unterraumes 5 Parameter (unabhängig voneinander) wählen können. Andererseits nützt die Anschauung im $\mathbb{R}^2$ und $\mathbb{R}^3$: Zweidimensionale Unterräume des $\mathbb{R}^3$ sind Ebenen durch den Nullpunkt. Und es kann durchaus zum Verständnis einer Aussage im $\mathbb{R}^n$ hilfreich sein, sich die entsprechende Aussage im $\mathbb{R}^3$ zu veranschaulichen. Daß die recht abstrakten Begriffe wie Dimension und Basis auch für Anwender der Mathematik nützlich sind, kann erst in dem Kapitel über lineare Gleichungssysteme deutlich werden. Spätestens bis dahin sollten Sie mit diesen Begriffen umgehen können.

ZUSAMMENFASSUNG

Wir haben uns in diesem Kapitel mit dem Definitionsbereich von Funktionen mehrerer Veränderlicher, dem $\mathbb{R}^n$, beschäftigt. Sie sollten mit den Elementen des $\mathbb{R}^n$ rechnen können. Darüberhinaus sollten Sie gute anschauliche Vorstellungen der Vektoren des $\mathbb{R}^3$ sowie der Rechenoperationen Addition und Multiplikation mit einer reellen Zahl haben. Ziel 1 Ziel 2

Als Veranschaulichung von Vektoren des $\mathbb{R}^3$ haben Sie kennengelernt:

- Punkte des Anschauungsraumes bezüglich eines kartesischen Koordinatensystems, Seite 2/3,
- physikalische Vektoren bezüglich eines kartesischen Koordinatensystems, (15.5).

Anschauliche Deutungen der Addition im $\mathbb{R}^3$ finden Sie in (15.6), Seite 4, und (15.8), Seite 5.

Besonders einfache Funktionen auf dem $\mathbb{R}^n$ sind die linearen Funktionen, Definition (15.10), Seite 6. Sie sollten wissen, daß eine Funktion $f:\mathbb{R}^n \longrightarrow \mathbb{R}$ genau dann linear ist, wenn sie die beiden Eigenschaften Ziel 3

$$f(x+y)=f(x)+f(y) \quad \text{für alle } x,y\in\mathbb{R}^n \text{ und}$$
$$f(\lambda x)=\lambda f(x) \quad \text{für alle } x\in\mathbb{R}^n \text{ und alle } \lambda\in\mathbb{R}$$

hat (15.11).

Lineare Funktionen auf dem $\mathbb{R}^2$ bzw. $\mathbb{R}^3$ sollten Sie sich durch Skizzieren des Graphen bzw. der Niveaumengen (15.14) veranschaulichen können. Insbesondere sollten Sie das Bild der Niveaumengen interpretieren können, z.B. Bild 11, Seite 8. Ziel 4

Sie müssen wissen, daß die Niveaumengen nichtkonstanter linearer Funktionen auf dem $\mathbb{R}^n$ Hyperebenen des $\mathbb{R}^n$ sind; im Fall n=3 also Ebenen im $\mathbb{R}^3$ und im Fall n=2 Geraden im $\mathbb{R}^2$; (15.41) und Aufgabe 18, Seite 18; (15.28), Seite 13. Ziel 5

Sie sollten die Definitionen einer Ebene im $\mathbb{R}^3$ bzw. einer Hyperebene im $\mathbb{R}^n$ exakt wiedergeben können. Hierbei spielt der Begriff der linearen Ziel 6

Unabhängigkeit bzw. Abhängigkeit eines k-Tupels von Vektoren des $\mathbb{R}^n$ eine wichtige Rolle. Definition (15.39), Seite 18, sollten Sie mühelos anwenden können. Satz (15.45), Seite 21, müssen Sie kennen. Sie sollten die Darstellungen einer Ebene des $\mathbb{R}^3$ als Niveaumenge einer linearen Funktion oder als Parameterdarstellung "ineinander umrechnen" können, etwa wie in den Beispielen (15.26), Seite 11, und (15.29), Seite 13, oder mit Satz (15.27), Seite 11.

Ziel 7

Ziel 8

Teilmengen des $\mathbb{R}^n$ mit einer bestimmten "Struktur" haben Sie als Unterräume des $\mathbb{R}^n$ kennengelernt. Definition (15.36), Seite 17, müssen Sie auswendig können:

Ziel 9

> $U \subseteq \mathbb{R}^n$ ist ein Unterraum genau dann, wenn mit $x,y \in U$ auch $x+y \in U$ und mit $x \in U$ und $\lambda \in \mathbb{R}$ auch $\lambda x \in U$ ist.

Diese Definition sollten Sie anwenden können, um wie in Aufgabe 19, Seite 18, oder Aufgabe 21, Seite 20, die Unterraum-Eigenschaften zu überprüfen.

Wichtige Unterräume, die Sie kennengelernt haben sind die Hyperebenen, die den Nullvektor enthalten; das sind genau die Niveaumengen $N_o(f)$.

Die "Größe" eines Unterraumes U geben wir mit Hilfe der Dimension des Unterraumes an, das ist die Anzahl der Elemente einer Basis von U. Eine Basis von U ist ein linear unabhängiges Tupel von Vektoren von U, das U aufspannt. In diesem Zusammenhang müssen Sie Definition (15.51), Seite 23, auswendig und zur Bestimmung einer Basis oder zur Berechnung der Dimension anwenden können.

Ziel 10

Für ein besseres Verständnis der Zusammenhänge sollten Sie den Inhalt der Sätze (15.50), Seite 23, und (15.53), Seite 24, wiedergeben können.

Ziel 11

Aussagen wie "$\dim \mathbb{R}^n = n$" oder "$\dim N_o(f) = n-1$" oder "$U \subseteq \mathbb{R}^n$ mit $\dim U = n \Rightarrow U = \mathbb{R}^n$" sollten Ihnen geläufig sein.

Ziel 12

Kapitel 16. Das Skalarprodukt

Einleitung

Im Anschauungsraum können wir Längen und Winkel messen. Punkte haben einen bestimmten Abstand voneinander, physikalische Vektoren haben eine Länge und je zwei von ihnen schließen einen bestimmten Winkel ein.
All dies haben wir bisher kaum benutzt; wir haben uns nicht überlegt, wie sich der Abstand zweier Punkte mit Hilfe ihrer Koordinaten oder wie sich der Winkel zwischen physikalischen Vektoren aus ihren Koordinaten berechnen läßt. Ein wenig Winkelmessung war auch in Kapitel 15 enthalten, da wir ja immer "kartesische" Koordinatensysteme benutzten - Koordinatensysteme, deren Achsen aufeinander senkrecht stehen. Doch diese Voraussetzung eines "rechtwinkligen" Achsensystems machten wir nur, um uns nicht zu sehr von dem Ihnen Gewohnten zu entfernen. An keiner Stelle benutzten wir, daß die Koordinatenachsen einen Winkel von 90° bilden - jedes "schiefwinklige" Koordinatensystem hätte den gleichen Dienst getan.
Doch jetzt machen wir mit Längen und Winkeln ernst - und das nicht nur im Anschauungsraum. Daß man Längen und Winkel auch im $\mathbb{R}^3$ definiert, wird Sie kaum überraschen; die Elemente des $\mathbb{R}^3$ sind ja Darstellungen von Punkten oder physikalischen Vektoren - nach Einführung eines kartesischen Koordinatensystems. Jetzt sollte die Rechtwinkligkeit dieses Systems aber doch eine Rolle spielen, da wir von Winkeln sprechen.
Wir führen aber auch Längen und Winkel im $\mathbb{R}^n$ ein - und hier wird Sie vermutlich Ihre Vorstellungskraft wieder verlassen. *Länge* eines Vektors im $\mathbb{R}^n$, *Winkel* zwischen zwei Vektoren des $\mathbb{R}^n$ werden einfach Namen für gewisse reelle Zahlen sein, denen im Falle $n=3$ die Maßzahlen (der anschaulichen Begriffe) von Länge und Winkel entsprechen. Die Einführung dieser Begriffe hat zwei Vorteile: Sie verkürzt in vielerlei Art die Schreib- und Bezeichnungsweisen und sie ermöglicht doch wieder Veranschaulichung, indem man sich die Verhältnisse im Falle $n=3$ klar macht.

Hilfsmittel bei der Definition dieser Begriffe ist das sogenannte *Skalarprodukt*: Zwei Vektoren, den "Faktoren" in dieser Produktbildung, wird als Produkt ein "Skalar", also eine Zahl zugeordnet. Lassen Sie sich durch den Namen "Produkt" nicht verführen: Diese Zuordnung hat wenig Eigenschaften einer normalen Multiplikation.

Das Skalarprodukt zweier physikalischer Vektoren $\vec{u}$ und $\vec{v}$ ist definiert durch

$$\langle\vec{u},\vec{v}\rangle := \|\vec{u}\|\cdot\|\vec{v}\|\cdot\cos\alpha$$

wobei $\|\vec{u}\|$ bzw. $\|\vec{v}\|$ die Länge von $\vec{u}$ bzw. $\vec{v}$ und α den Winkel zwischen $\vec{u}$ und $\vec{v}$ (im Bogenmaß) bedeuten.

Das Skalarprodukt im $\mathbb{R}^n$ ist definiert durch

$$\langle u,v\rangle := u_1v_1 + \ldots + u_nv_n,$$

wenn $u=(u_1,\ldots,u_n)$, $v=(v_1,\ldots,v_n)$ ist.
Was das eine mit dem anderen zumindest für den Fall $n=3$ zu tun hat, werden Sie sehen.
Beginnen wir mit dem allgemeinen Fall des Skalarprodukts im $\mathbb{R}^n$.

§ 1 Definition und elementare Eigenschaften des Skalarproduktes

(16.1) Skalarprodukt

Definition.- Für Vektoren $v=(v_1,\ldots,v_n)$ und $w=(w_1,\ldots,w_n)$ aus $\mathbb{R}^n$ ist das *Skalarprodukt* $\langle v,w\rangle$ von v und w definiert als

$$\langle v,w\rangle := v_1w_1 + \ldots + v_nw_n.$$

(16.2)

Bemerkungen.- (1) Das Skalarprodukt ist eine Funktion $\mathbb{R}^n\times\mathbb{R}^n \longrightarrow \mathbb{R}$; jedem Paar (v,w) von Vektoren wird ein Skalar $\langle v,w\rangle$, d.h. eine reelle Zahl zugeordnet:

$$(v,w) \longmapsto \langle v,w\rangle \in \mathbb{R}.$$

(2) Achtung: Das Skalarprodukt definiert keine Multiplikation im Sinne der Multiplikation reeller Zahlen: Das Produkt ist ein anderes mathematisches Objekt (nämlich eine Zahl) als die Faktoren (Vektoren). Insbesondere sind Begriffe wie "Einselement" oder "Division" für diese

Produktbildung sinnlos.

inneres Produkt

(3) Das Skalarprodukt wird in manchen Büchern auch *inneres Produkt* genannt. Als Schreibweise für $\langle v,w\rangle$ wird auch $v \cdot w$ oder $(v|w)$ verwendet.

(16.3) Eigenschaften des Skalarproduktes

SATZ.- Das Skalarprodukt hat folgende Eigenschaften:

(1) Für alle $\lambda \in \mathbb{R}$ und für alle $v,w \in \mathbb{R}^n$ gilt

$$\langle\lambda v,w\rangle = \langle v,\lambda w\rangle = \lambda\langle v,w\rangle.$$

(2) Für alle $v,w \in \mathbb{R}^n$ gilt

$$\langle v,w\rangle = \langle w,v\rangle.$$

(3) Für alle $u,v,w \in \mathbb{R}^n$ gilt

$$\langle u+v,w\rangle = \langle u,w\rangle + \langle v,w\rangle.$$

(4) Für alle $v \in \mathbb{R}^n$ gilt $\langle v,v\rangle \geq 0$. $\langle v,v\rangle = 0$ gilt genau dann, wenn $v = 0$ ist.

BEWEIS.- Das Skalarprodukt ist in (16.1) als Summe von Produkten reeller Zahlen definiert, die Behauptungen folgen deshalb unmittelbar aus den Rechenregeln für reelle Zahlen. Wir zeigen nur (4):
Für $v = (v_1,\ldots,v_n) \in \mathbb{R}^n$ gilt

$$\langle v,v\rangle = v_1^2 + \ldots + v_n^2 .$$

Da Quadrate reeller Zahlen niemals negativ sein können, folgt $\langle v,v\rangle \geq 0$. Für $v = 0 = (0,\ldots,0)$, ist $\langle v,v\rangle = 0$. Zu zeigen bleibt, daß umgekehrt aus $\langle v,v\rangle = 0$ folgt, daß $v = 0$ ist:
$\langle v,v\rangle = v_1^2 + \ldots + v_n^2 = 0$. Eine Summe nicht-negativer Zahlen ist nur dann null, wenn jeder Summand null ist, d.h.

$$v_1^2 = \ldots = v_n^2 = 0.$$

Daher ist $v_1 = \ldots = v_n = 0$ oder $v = 0$.

A 1 *AUFGABE 1.- Beweisen Sie Aussage (3) von Satz (16.3).*

(16.4) BEISPIEL.- Als erste Anwendung zeigen wir Ihnen, wie das Skalarprodukt im Zusammenhang mit linearen Funktionen verwendet werden kann. Nach Definition (15.10) auf Seite 6 hat eine lineare Funktion auf $\mathbb{R}^n$ die Form

$$x = (x_1,\ldots,x_n) \longmapsto f(x_1,\ldots,x_n) = a_1x_1+\ldots+a_nx_n, \quad x \in \mathbb{R}^n.$$

Dabei sind $a_1,\ldots,a_n$ gegebene reelle Zahlen. Definiert man den Vektor

$$a := (a_1,\ldots,a_n) \in \mathbb{R}^n,$$

so ist wegen (16.1) für beliebiges $x \in \mathbb{R}^n$

$$a_1x_1 + \ldots + a_nx_n = \langle a,x\rangle.$$

Jeder Vektor $a \in \mathbb{R}^n$ definiert also eine lineare Funktion f durch

$$f(x) := \langle a,x\rangle.$$

Umgekehrt gibt es zu jeder linearen Funktion genau einen Vektor mit dieser Eigenschaft - lesen Sie nochmals die Diskussion in (15.11). Die dort angegebenen Eigenschaften linearer Funktionen:

$$f(x+y)=f(x)+f(y) \quad \text{und} \quad f(\lambda x)=\lambda f(x) \text{ für alle } x,y \in \mathbb{R}^n \text{ und alle } \lambda\in\mathbb{R}$$

folgen jetzt noch einmal aus Satz (16.3):
Z.B. ist wegen (2)

$$f(x) = \langle a,x\rangle = \langle x,a\rangle$$

und wegen (3)

$$f(x+y)=\langle x+y,a\rangle = \langle x,a\rangle + \langle y,a\rangle = f(x)+f(y).$$

AUFGABE 2.- Sei $a := (1,1,1)$. Zeigen Sie, daß die Menge A 2

$$\{x \in \mathbb{R}^3 \mid \langle a,x\rangle = 0\}$$

ein zweidimensionaler Unterraum des $\mathbb{R}^3$ (d.h. eine Ebene durch den Koordinatenursprung) ist und bestimmen Sie eine Basis dieses Unterraumes (Hinweis: (15.41)).

§ 2 DIE LÄNGE VON VEKTOREN

In diesem Paragraphen klären wir den Zusammenhang zwischen Skalarprodukt und Längenmessung im Anschauungsraum. Dazu erinnern wir zunächst an die anschaulichen Deutungen des $\mathbb{R}^3$ in Kapitel 15.

ANSCHAUUNG.- Im Kapitel 15, § 1 haben Sie gesehen, daß nach Einführung eines kartesischen (d.h. rechtwinkligen) Koordinatensystems die Elemente des $\mathbb{R}^3$ zur Darstellung sowohl von Punkten wie von physikalischen Vektoren des Anschauungsraumes benutzt werden können. (16.5)
Im Anschauungsraum existiert eine Längenmessung; daher ist z.B. der Abstand eines Punktes vom Koordinatenursprung definiert. In die Definition eines physikalischen Vektors als Translation geht sogar die Länge wesentlich mit ein (siehe (15.3)). In einem kartesischen Koordinatensystem läßt sich nun die Länge eines physikalischen Vektors bzw. der Abstand eines Punktes vom Ursprung leicht aus den Koordinaten berechnen:
Ist z.B. der Punkt P durch das Koordinatentripel (x_1,x_2,x_3) gegeben, so ergibt sich der Abstand des Punktes P von O durch zweimalige Anwendung des Satzes von Pythagoras (siehe Bild 1)

Abstand vom Nullpunkt

als

$$\sqrt{x_1^2+x_2^2+x_3^2}\,.$$

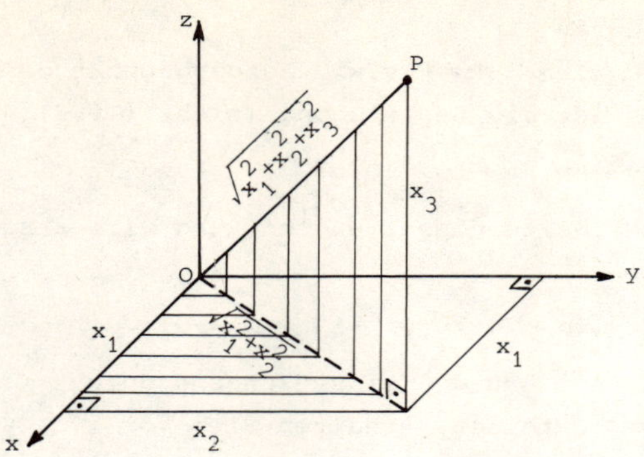

Bild 1.- Der Abstand von P zu O beträgt
$\sqrt{x_1^2+x_2^2+x_3^2}$.

Ebenso ist die Länge eines durch (x_1,x_2,x_3) gegebenen Vektors $\vec{v}$ gleich der Länge des zugehörigen Ortsvektors $\overrightarrow{OP}$ und daher gleich dem Abstand von P zu O, also gleich $\sqrt{x_1^2+x_2^2+x_3^2}$. Beachten Sie, daß bei diesen Überlegungen wichtig ist, daß das Koordinatensystem kartesisch ist - der Satz von Pythagoras gilt nur in rechtwinkligen Dreiecken.

Nun ist mit $x=(x_1,x_2,x_3)$ wegen Definition (16.1)

$$\langle x,x\rangle = x_1^2+x_2^2+x_3^2.$$

Die Länge des durch $x\in\mathbb{R}^3$ dargestellten physikalischen Vektors ist also $\sqrt{\langle x,x\rangle}$. Beachten Sie, daß wegen (16.3)(4) der Radikand $\langle x,x\rangle$ niemals negativ ist.
Diese Definition übertragen wir auf den $\mathbb{R}^n$.

(16.6) Länge oder Norm eines Vektors

DEFINITION.- Unter der *Länge* (oder *Norm*) eines Vektors $v\in\mathbb{R}^n$ verstehen wir die reelle Zahl

$$\|v\| := \sqrt{\langle v,v\rangle}\,.$$

(16.7)

BEMERKUNGEN.- Die Länge bzw. die Norm in $\mathbb{R}^n$ ist also eine Funktion $\mathbb{R}^n \longrightarrow \mathbb{R}$, die jedem Vektor v die (nicht-negative) reelle Zahl $\|v\|$ zuordnet. Aus Satz (16.3) folgen sofort die Eigenschaften

Eigenschaften der Norm

(1) Für alle $v\neq 0$ in $\mathbb{R}^n$ gilt $\|v\|>0$. Es ist $\|v\|=0$ genau dann, wenn $v=0$ ist.

(2) Für alle $\lambda\in\mathbb{R}$ und alle $v\in\mathbb{R}^n$ gilt
$\|\lambda v\| = |\lambda|\cdot\|v\|$.

AUFGABE 3.- a) Beweisen Sie die in (16.7) genannten Eigenschaften (1) und (2) der Norm von Vektoren des $\mathbb{R}^n$. A 3

b) Beweisen Sie, daß für alle $v,w\in\mathbb{R}^n$ *die "Parallelogrammgleichung" gilt:*

$$\|v-w\|^2 + \|v+w\|^2 = 2(\|v\|^2+\|w\|^2)\,.$$

Interpretieren Sie das Ergebnis für $v,w\in\mathbb{R}^2$ *geometrisch. (Hinweis: v-w und v+w sind Diagonalen eines Parallelogramms.)*

KUGELN UND SPHÄREN IM $\mathbb{R}^N$

Im Anschauungsraum besteht eine Kugel mit Mittelpunkt Q und Radius r aus allen Punkten P, deren Abstand zu Q kleiner oder gleich r ist. Anders gesagt: Die Kugel besteht aus allen Punkten P, die man durch Antragen aller Vektoren $\vec{v}$ einer Länge kleiner oder gleich r an Q erhält. Kugel im Anschauungsraum

Hat Q die Koordinaten $y=(y_1,y_2,y_3)$ und $\vec{v}$ die Koordinaten $v=(v_1,v_2,v_3)$ bezüglich eines kartesischen Koordinatensystems, so erhält man durch Antragen von $\vec{v}$ an Q die Punkte P mit den Koordinaten

$$x=(x_1,x_2,x_3)=(y_1,y_2,y_3)+(v_1,v_2,v_3)\,.$$

P gehört also genau dann zur Kugel, wenn

$$\|v\| = \|y-x\| \leq r$$

gilt.

Die Oberfläche der Kugel - man nennt diese Menge auch *Sphäre* - besteht aus den Punkten, deren Abstand von Q genau r ist. Die Koordinaten dieser Punkte erfüllen also die Gleichung Sphäre

$$\|y-x\| = r.$$

Auch diese Begriffe übertragen wir auf den $\mathbb{R}^n$.

DEFINITION.- Sei $y\in\mathbb{R}^n$ und $r\in\mathbb{R}$, $r>0$. Die Menge (16.8)

$$K_r(y) := \{x\in\mathbb{R}^n \mid \|x-y\|\leq r\}$$ Kugel

heißt (*abgeschlossene*) *Kugel* im $\mathbb{R}^n$ mit dem *Mittelpunkt* y und dem *Radius* r. Unter der *Sphäre* im $\mathbb{R}^n$ mit *Mittelpunkt* y und *Radius* r versteht man die Menge Sphäre

$$S_r(y) := \{x\in\mathbb{R}^n \mid \|x-y\| = r\}.$$

FRAGE: Was für eine Teilmenge ist eine abgeschlossene Kugel mit Mittelpunkt y und Radius $r>0$ im Fall n=1?

(16.9) BEISPIEL.- Die Geschwindigkeiten von N Massenpunkten der gleichen Masse m seien durch die Vektoren $\vec{v}^1, \ldots, \vec{v}^N$ gegeben. Wirken auf diese Punkte keine äußeren Kräfte, so ist die kinetische Energie des Gesamtsystems konstant. Wir übersetzen diesen Sachverhalt in unsere Sprechweise: Durch Einführung eines kartesischen Koordinatensystems entspricht jedem $\vec{v}^i$ ein Vektor $v^i = (v_1^i, v_2^i, v_3^i) \in \mathbb{R}^3$. Die kinetische Energie des Massenpunktes mit der Geschwindigkeit $\vec{v}^i$ ist $m\,\|v^i\|^2$. Die kinetische Gesamtenergie ist

$$E = m(\|v^1\|^2 + \ldots + \|v^N\|^2).$$

Wir können das Geschwindigkeitsverhalten des Gesamtsystems durch Angabe der N Tripel (v_1^i, v_2^i, v_3^i), $i = 1, \ldots, N$, beschreiben, also durch das 3N-Tupel

$$V := (v_1^1, v_2^1, v_3^1, \ldots, v_1^N, v_2^N, v_3^N) \in \mathbb{R}^{3N}.$$

Sie rechnen sofort nach, daß

$$E = m\,\|V\|^2$$

ist (- bedenken Sie dabei, daß

$$\|v^i\|^2 = (v_1^i)^2 + (v_2^i)^2 + (v_3^i)^2 \text{ ist -}).$$

Diese Gesamtenergie bleibt bei Bewegung des Systems erhalten; zu allen Zeiten gilt also

$$\|V\|^2 = \frac{m}{E_o},$$

wenn E_o die kinetische Energie zur Zeit t=O ist. V "bewegt" sich also nur auf der Sphäre mit dem Nullpunkt als Mittelpunkt und dem Radius $\frac{m}{E_o}$ im $\mathbb{R}^{3N}$:

$$V \in S_{\frac{m}{E_o}}(O) \quad \text{für alle Zeiten.}$$

Sie sehen, daß auch recht "hochdimensionale" Sphären bei einfachen physikalischen Problemen auftreten.

DIE UNGLEICHUNG VON CAUCHY UND SCHWARZ

Die folgende Ungleichung ist ein grundlegendes Hilfsmittel für das Rechnen mit Skalarprodukten. Aus ihr folgt z.B. die wichtige Dreiecksungleichung (16.13) bzw. die Möglichkeit, Winkel zu definieren (siehe (16.45)).

(16.10) DIE UNGLEICHUNG VON CAUCHY UND SCHWARZ (*).- Für alle $v, w \in \mathbb{R}^n$ gilt

$$|\langle v,w\rangle| \leq \|v\| \cdot \|w\|.$$

Cauchy-Schwarzsche Ungleichung

BEWEIS.- Für den Fall $v = O$ oder $w = O$ ist die Behauptung offensichtlich richtig. Man kann sich deshalb auf den Fall $v \neq O$ und $w \neq O$ beschränken.
Sei $\alpha := \langle w,w\rangle$, $\beta := -\langle v,w\rangle$. Ausgangspunkt des Beweises ist die Ungleichung (siehe (16.3)(4)):

$$\langle \alpha v + \beta w, \alpha v + \beta w\rangle \geq O.$$

Die linke Seite dieser Ungleichung wird ausgerechnet:

$$\alpha^2\langle v,v\rangle + 2\alpha\beta\langle v,w\rangle + \beta^2\langle w,w\rangle \geq O.$$

Wenn Sie nun α und β einsetzen und durch $\alpha = \langle w,w\rangle > O$ teilen, erhalten Sie:

$$\langle w,w\rangle \cdot \langle v,v\rangle - 2\langle v,w\rangle^2 + \langle v,w\rangle^2 \geq O$$

also

$$\langle w,w\rangle \cdot \langle v,v\rangle \geq \langle v,w\rangle^2 .$$

Daraus folgt die Behauptung (da die Wurzelfunktion monoton ist, bleibt die Ungleichung erhalten, wenn Sie auf beiden Seiten die Wurzeln ziehen).

BEMERKUNG.- Wenn Sie sich den Beweis der Ungleichung von Cauchy und Schwarz noch einmal genau ansehen, werden Sie erkennen, daß an keiner Stelle von der speziellen Definition des Skalarproduktes (16.1) sondern nur von seinen Eigenschaften (16.3) Gebrauch gemacht worden ist. Später werden Sie andere Skalarprodukte mit den Eigenschaften (16.3) kennenlernen, für die dann auch die Cauchy-Schwarzsche Ungleichung gilt.

EINE ANWENDUNG.- Die Ungleichung von Cauchy (16.11)
und Schwarz liefert eine einfache Möglichkeit, den Mindestabstand einer Ebene vom Nullpunkt zu berechnen.
Die Niveaumengen einer nicht-konstanten linearen Funktion $f : \mathbb{R}^n \longrightarrow \mathbb{R}$

$$N_c := \{x \in \mathbb{R}^n \mid f(x) = c\}, \quad c \in \mathbb{R},$$

sind Hyperebenen des $\mathbb{R}^n$ (siehe (15.41), Seite 18) - im Fall n=3 sind dies die Ebenen des $\mathbb{R}^3$. Nun existiert zu jedem f ein $a \in \mathbb{R}^n$, so daß $f(x) = \langle a,x\rangle$ für alle $x \in \mathbb{R}^n$ (siehe (16.4)) ist. Für $x \in N_c$ folgt aus der Cauchy-Schwarzschen Ungleichung

$$|c| = |\langle a,x\rangle| \leq \|a\| \cdot \|x\| .$$

(*) Augustin Louis Cauchy (1789-1875) ist einer der Begründer der modernen Analysis. Hermann Amandus Schwarz lebte von 1843 bis 1921. Die Ungleichung wird in der russischen Literatur auch nach V.J. Bunjakowski (1804-1889) benannt.

Ist f nicht die Nullfunktion, so ist $a \neq 0$ und daher $\|a\| > 0$. Also folgt für $x \in N_c$

$$\|x\| \geq \frac{|c|}{\|a\|}.$$

Alle Vektoren in N_c haben also eine Länge grösser oder gleich $\frac{|c|}{\|a\|}$.

Abstand Ebene - Koordinatenursprung

Im Fall n=3 hat dies eine anschauliche Deutung: Die Ebene N_c im $\mathbb{R}^3$ ist die Darstellung einer Ebene im Anschauungsraum, $\|x\|$ gibt den Abstand eines Punktes dieser Ebene vom Koordinatenursprung wieder.

Unser Ergebnis besagt also: Alle Punkte der Ebene N_c haben mindestens einen Abstand von $\frac{|c|}{\|a\|}$ vom Ursprung.

Gibt es Punkte der Ebene, für die dieses Minimum angenommen wird? D.h. gibt es ein $z \in N_c$ mit $\|z\| = \frac{|c|}{\|a\|}$? Da $z \in N_c$ sein soll, muß $\langle z,a\rangle = c$ gelten. Um ein solches z zu bestimmen, versuchen wir es mit dem Ansatz $z = \lambda a$ - den Grund für diesen Ansatz werden Sie später besser verstehen (siehe (16.30/31), Seite 36). Aus $\langle z,a\rangle = c$ folgt $c = \langle\lambda a,a\rangle = \lambda\langle a,a\rangle = \lambda\|a\|^2$, also $\lambda = \frac{c}{\|a\|^2}$, so daß $z = \frac{c}{\|a\|^2}a$ ist. Dieses z hat wirklich den Minimalabstand $\frac{|c|}{\|a\|}$:

$$\|z\| = \left\|\frac{c}{\|a\|^2}a\right\| = \frac{|c|}{\|a\|^2}\cdot\|a\| = \frac{|c|}{\|a\|}.$$

Dieses Ergebnis gibt einen Hinweis auf die geometrische Deutung des Vektors a: Vom Ursprung aus gesehen liegt ein Punkt minimalen Abstands in der Richtung von a (siehe Bild 2).

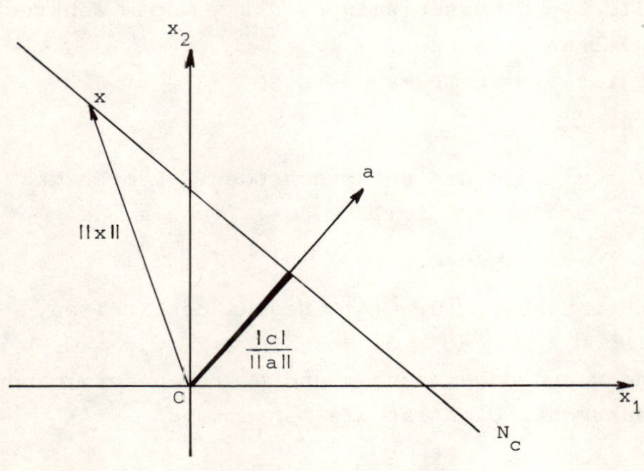

Bild 2.- Minimalabstand von Punkten aus N_c zum Ursprung (n=2).

(16.12) BEMERKUNG.- Eine weitere Anwendung der Cauchy-Schwarzschen Ungleichung liefert die Übertragung des folgenden Sachverhalts auf beliebige Vektoren des $\mathbb{R}^n$: Aus der Geometrie der Ebene wissen Sie, daß die Länge einer beliebigen Dreiecksseite nie länger sein kann als die Summe der Längen der beiden anderen Seiten. Daraus folgt: Sind $\vec{u}$, $\vec{v}$ physikalische Vektoren des Anschauungsraumes, so ist die Länge von $\vec{u}+\vec{v}$ höchstens gleich der Summe der Längen von $\vec{u}$ und $\vec{v}$ (siehe Bild 3).

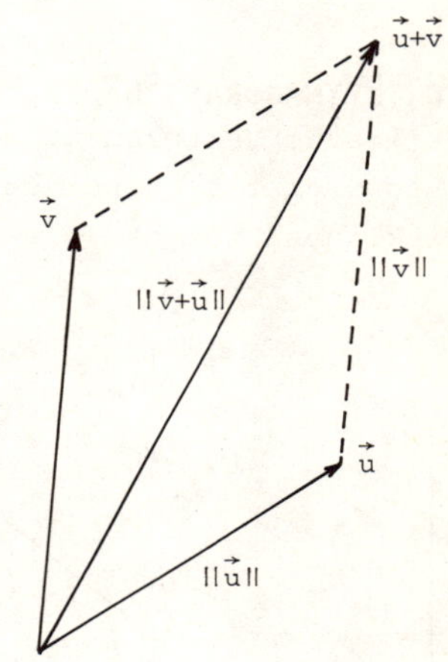

Bild 3.- $\|\vec{u}+\vec{v}\| \leq \|\vec{u}\| + \|\vec{v}\|$.

Eine solche Abschätzung gilt allgemein:

(16.13) DIE DREIECKSUNGLEICHUNG.- Für alle $u,v \in \mathbb{R}^n$ gilt

$$\|u+v\| \leq \|u\| + \|v\|.$$

Dreiecksungleichung

BEWEIS.- Wegen Definition (16.6) ist

$$\|u+v\|^2 = \langle u+v,u+v\rangle.$$

Mit den Eigenschaften des Skalarproduktes (16.3) folgt:

$$\begin{aligned}\|u+v\|^2 &= \langle u+v,u+v\rangle = \langle u,u\rangle + 2\langle u,v\rangle + \langle v,v\rangle \\ &= \|u\|^2 + \|v\|^2 + 2\langle u,v\rangle \\ &\leq \|u\|^2 + \|v\|^2 + 2|\langle u,v\rangle|.\end{aligned}$$

Wenden wir auf den letzten Summanden die Cauchy-Schwarzsche Ungleichung an, so erhalten wir

$$\|u+v\|^2 \leq \|u\|^2 + \|v\|^2 + 2\|u\|\cdot\|v\| = (\|u\| + \|v\|)^2.$$

Wurzelziehen auf beiden Seiten der Ungleichung ergibt die Behauptung.

A 4 *AUFGABE 4.- Sei $p = (1,0,0)$, $u = (-1,1,0)$, $v = (-1,-1,1)$ und $E := \{x=p+\lambda u+\mu v \mid \lambda,\mu \in \mathbb{R}\}$ eine Ebene des $\mathbb{R}^3$. Bestimmen Sie den kürzesten Abstand dieser Ebene vom Koordinatenursprung und den Ebenenpunkt, für den der Abstand* *minimal wird. Prüfen Sie durch Angabe von λ und μ nach, daß der so gefundene Punkt wirklich zu E gehört.*

A 5 *AUFGABE 5.- Zeigen Sie, daß das Gleichheitszeichen in der Cauchy-Schwarzschen Ungleichung genau dann gilt, wenn das Paar (u,v) linear abhängig ist:*

$$|\langle u,v\rangle| = \|u\| \cdot \|v\| \iff (u,v) \text{ linear abhängig.}$$

§ 3 ORTHOGONALITÄT VON VEKTOREN DES $\mathbb{R}^N$

(16.14) **DER SATZ VON PYTHAGORAS IN DER EBENE.-** Stehen zwei physikalische Vektoren $\vec{u}$ und $\vec{v}$ aufeinander senkrecht, so ergibt sich bei der Addition $\vec{u}+\vec{v}$ ein rechtwinkliges Dreieck (siehe Bild 4).

Skalarprodukt und der Satz von Pythagoras

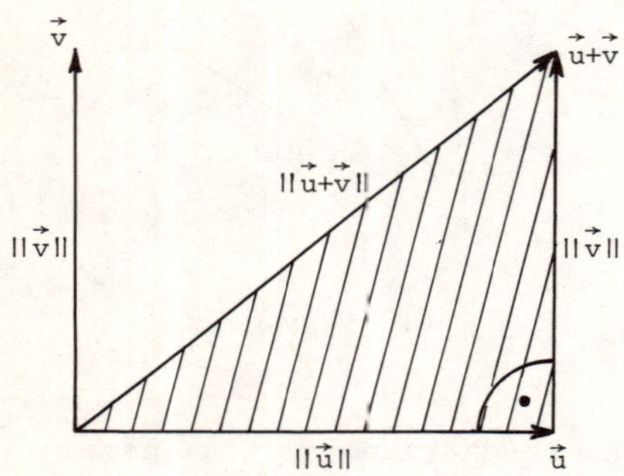

Bild 4.- $\vec{u}$ und $\vec{v}$ zueinander senkrecht (orthogonal).

Der Satz von Pythagoras besagt, daß dann

$$\|\vec{u}+\vec{v}\|^2 = \|\vec{u}\|^2+\|\vec{v}\|^2$$

gilt.
Stellt man $\vec{u},\vec{v}$ durch die Tripel $u,v \in \mathbb{R}^2$ dar, so muß daher auch

$$\|u+v\|^2 = \|u\|^2+\|v\|^2$$

gelten.
Andererseits gilt für beliebige $u,v \in \mathbb{R}^2$ (lesen Sie im Beweis von (16.13) nach):

$$\|u+v\|^2 = \|u\|^2+\|v\|^2 + 2\langle u,v\rangle.$$

Sind $\vec{u},\vec{v}$ also orthogonal, so muß $\langle u,v\rangle = 0$ gelten. Man überlegt sich leicht, daß auch umgekehrt aus $\langle u,v\rangle = 0$ folgt, daß $\vec{u}$ und $\vec{v}$ orthogonal sind - der Satz von Pythagoras gilt nämlich in dieser Form <u>nur</u> für rechtwinklige Dreiecke. Wir definieren daher allgemein:

DEFINITION.- Seien $u,v \in \mathbb{R}^n$. Man sagt, daß u und v *aufeinander senkrecht stehen* (*orthogonal* sind), wenn $\langle u,v\rangle = 0$ ist. Man schreibt dann auch: $u \perp v$, lies: u senkrecht auf v oder: u orthogonal v. (16.15) orthogonal

Im Sinne dieser Definition steht zum Beispiel der Nullvektor auf jedem Vektor des $\mathbb{R}^n$ senkrecht.
Wir können den Satz von Pythagoras jetzt auch im $\mathbb{R}^n$ formulieren und beweisen. Er lautet kurz:

DER SATZ VON PYTHAGORAS IM $\mathbb{R}^N$.- (16.16) Satz von Pythagoras

$$u,v \in \mathbb{R}^n, \quad u \perp v \iff \|u+v\|^2 = \|u\|^2 + \|v\|^2.$$

AUFGABE 6.- Beweisen Sie den Satz von Pythagoras im $\mathbb{R}^n$. A 6

BEISPIEL.- Wir wollen den Satz von Thales beweisen: Jeder Winkel im Halbkreis ist ein rechter Winkel (siehe Bild 5). (16.17) Satz von Thales

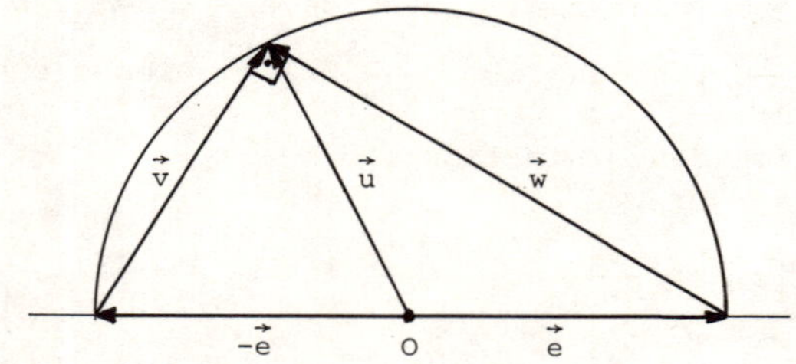

Bild 5.- Der Satz von Thales.

Wir wählen dazu die Vektoren $\vec{u},\vec{v},\vec{w}$ und $\vec{e}$ wie in Bild 5 und müssen zeigen, daß $\vec{v}$ und $\vec{w}$ senkrecht aufeinander stehen.
Es ist $\vec{e}+\vec{w} = \vec{u}$, $-\vec{e}+\vec{v} = \vec{u}$, also

$$\vec{w} = \vec{u}-\vec{e}, \quad \vec{v} = \vec{u}+\vec{e}.$$

Sind u,v,w,e die entsprechenden Vektoren des $\mathbb{R}^3$, so ist ebenfalls $w = u-e$, $v = u+e$ und

$$\langle v,w\rangle = \langle u-e,u+e\rangle = \|u\|^2-\|e\|^2 .$$

Nun ist aber $\|u\| = \|e\| =$ Radius des Kreises, also $\|u\|^2-\|e\|^2 = 0$. Deshalb ist $\langle v,w\rangle = 0$; v und w und daher auch $\vec{v}$ und $\vec{w}$ stehen aufeinander senkrecht. Dies ist die Behauptung.

AUFGABE 7.- Zeigen Sie: Die Mittelsenkrechten über den Katheten eines rechtwinkligen Dreiecks schneiden sich in einem Punkt R der Hypothenuse. In welchem Verhältnis teilt R die Hypothenuse? A 7

Orthonormalbasen

(16.18) **Bemerkung.-** Nach Definition (15.51), Seite 23, heißt ein linear unabhängiges k-Tupel $(x^{(1)},\dots,x^{(k)})$ von Vektoren des $\mathbb{R}^n$, das einen Unterraum U des $\mathbb{R}^n$ aufspannt, *Basis* von U.
Wir setzen jetzt statt der linearen Unabhängigkeit voraus: Die vom Nullvektor verschiedenen Vektoren $x^{(1)},\dots,x^{(k)}$ bilden ein *Orthogonalsystem*, d.h.

Orthogonalsystem

$$x^{(i)} \neq 0 \text{ und } \langle x^{(i)},x^{(j)}\rangle = 0 \text{ für alle } i,j\in\{1,\dots,k\},\ i \neq j.$$

Je zwei verschiedene Vektoren dieser Menge stehen also aufeinander senkrecht.

BEHAUPTUNG: Aus der paarweisen Orthogonalität folgt die lineare Unabhängigkeit.

BEWEIS: Dazu ist gemäß (15.39), Seite 18, zu zeigen:
Aus $\lambda_1 x^{(1)}+\dots+\lambda_k x^{(k)} = 0$ folgt $\lambda_1 = \dots = \lambda_k = 0$.
Wir berechnen das Skalarprodukt von $0=\lambda_1x^{(1)}+\dots+\lambda_kx^{(k)}$ mit $x^{(j)}$:

$$0 = \langle 0,x^{(j)}\rangle = \langle\lambda_1x^{(1)}+\dots+\lambda_kx^{(k)},x^{(j)}\rangle$$
$$= \lambda_1\langle x^{(1)},x^{(j)}\rangle+\dots+\lambda_j\langle x^{(j)},x^{(j)}\rangle+\dots$$
$$+\lambda_k\langle x^{(k)},x^{(j)}\rangle.$$

Wegen $\langle x^{(i)},x^{(j)}\rangle = 0$ für $i \neq j$ nach Voraussetzung, folgt

$$0 = \lambda_j\langle x^{(j)},x^{(j)}\rangle = \lambda_j\,\|x^{(j)}\|^2.$$

Wegen $\|x^{(j)}\|\neq 0$ folgt $\lambda_j = 0$. Da $j\in\{1,\dots,k\}$ beliebig war, ergibt sich $\lambda_1 = \dots = \lambda_k = 0$.

Spannt $(x^{(1)},\dots,x^{(k)})$ den Unterraum U auf, so bildet dieses k-Tupel also auch eine Basis von U, wenn die Vektoren paarweise orthogonal sind und keiner der Nullvektor ist.

(16.19) **Definition.-** Ein k-Tupel $(x^{(1)},\dots,x^{(k)})$ aus paarweise orthogonalen Vektoren $x^{(j)}\in\mathbb{R}^n\setminus\{0\}$, das einen Unterraum U des $\mathbb{R}^n$ aufspannt, heißt *Orthogonalbasis* von U. Gilt überdies $\|x^{(j)}\|=1$ für $j=1,\dots,k$, so heißt $(x^{(1)},\dots,x^{(k)})$ *Orthonormalbasis* von U.

Orthogonal- und Orthonormalbasis

(16.20) **Beispiele.-** (1) Sie wissen bereits, daß $(e^{(1)},\dots,e^{(n)})$ mit

$$e^{(j)} = (0,\dots,0,\underset{\uparrow}{1},0,\dots,0),\quad j=1,\dots,n,$$
j-te Koordinate

eine Basis des $\mathbb{R}^n$ ist. Nun gilt
$\langle e^{(i)},e^{(j)}\rangle=0$ für $i\neq j$ und $\|e^{(i)}\|=1$ für alle i, wie Sie sich sofort überlegen.
Also ist $(e^{(1)},\dots,e^{(n)})$ eine Orthonormalbasis des $\mathbb{R}^n$.

(2) Sei $N_0 = \{x\in\mathbb{R}^3 \mid x_1+x_2+2x_3 = 0\}$.
Sie wissen, daß N_0 ein zweidimensionaler Unterraum des $\mathbb{R}^3$ (eine Ebene durch den Ursprung) ist (siehe (15.52)(3), Seite 24, und Satz (15.28), Seite 13).
Wir bestimmen eine Orthonormalbasis von N_0:
Mit $x_2=\lambda$, $x_3=\mu$ folgt für $x=(x_1,x_2,x_3)\in N_0$:
$x_1 = -\lambda-2\mu$.
Für $\lambda=1$ und $\mu=0$ ergibt sich $x_1=-1$, $x_2=1$, $x_3=0$, so daß

$$x^{(1)} := (-1,1,0)\in N_0.$$

Wir versuchen nun λ und μ so zu bestimmen, daß für

$$x^{(2)} := (-\lambda-2\mu,\lambda,\mu)$$

gilt: $\langle x^{(1)},x^{(2)}\rangle = 0$. Es muß

$$(-\lambda-2\mu)(-1)+\lambda\cdot1+\mu\cdot0 = 0 \quad\text{also}\quad 2\lambda+2\mu=0$$

sein. Für $\lambda=1$ ergibt sich $\mu=-1$. Durch Einsetzen sehen Sie sofort, daß

$$x^{(2)} = (1,1,-1)\in N_0.$$

Die Vektoren $x^{(1)}=(-1,1,0)$ und $x^{(2)}=(1,1,-1)$ bilden also eine Orthogonalbasis von N_0, denn es gilt $\langle x^{(1)},x^{(2)}\rangle=0$.

Um eine Orthonormalbasis zu erhalten, multiplizieren wir $x^{(1)}$ bzw. $x^{(2)}$ mit

$$\frac{1}{\|x^{(1)}\|} \quad\text{bzw.}\quad \frac{1}{\|x^{(2)}\|}.$$

$$y^{(1)} := \frac{1}{\|x^{(1)}\|}x^{(1)} = \frac{1}{\sqrt2}\cdot(-1,1,0),$$
$$y^{(2)} := \frac{1}{\|x^{(2)}\|}x^{(2)} = \frac{1}{\sqrt3}\cdot(1,1,-1).$$

Die Vektoren $y^{(1)} = (-\frac{1}{\sqrt2},\frac{1}{\sqrt2},0)$ und $y^{(2)} = (\frac{1}{\sqrt3},\frac{1}{\sqrt3},-\frac{1}{\sqrt3})$ bilden also eine Orthonormalbasis von N_0.

BEMERKUNG.- Man kann zeigen, daß man in jedem Unterraum des $\mathbb{R}^n$ eine Orthonormalbasis finden kann. Es gibt sogar ein Konstruktionsverfahren hierzu, das Gram-Schmidtsche Orthogonalisierungsverfahren (vgl. z.B. W.H. Greub, Linear Algebra, 3rd edition, p. 187). Wir gehen darauf nicht ein. (16.21)

Ist U ein Unterraum des $\mathbb{R}^n$ und $(x^{(1)},\dots,x^{(k)})$ eine Basis von U, so ist jedes $x \in U$ in der Form

$$x = \lambda_1 x^{(1)} + \dots + \lambda_k x^{(k)}$$

darstellbar, wobei die Zahlen $\lambda_1,\dots,\lambda_k$ eindeutig bestimmt sind (Satz (15.53), Seite 24).
Der Vorteil von Orthonormalbasen ist, daß sich die Koeffizienten $\lambda_1,\dots,\lambda_k$ dann besonders leicht berechnen lassen:

(16.22) SATZ.- Ist $(x^{(1)},\dots,x^{(k)})$ eine Orthonormalbasis eines Unterraums U des $\mathbb{R}^n$ und $x = \sum_{i=1}^{k} \lambda_i x^{(i)}$ ein Element von U, so ist

$\lambda_i = \langle x, x^{(i)}\rangle$, $i=1,\dots,k$.

Ist $y = \sum_{j=1}^{k} \mu_j x^{(j)}$ ein weiteres Element aus U, so ist

$$\langle x,y\rangle = \lambda_1\mu_1 + \dots + \lambda_k\mu_k.$$

BEWEIS.- Wegen $x = \sum_{i=1}^{k} \lambda_i x^{(i)}$ folgt für beliebiges $j \in \{1,\dots,k\}$

$$\langle x, x^{(j)}\rangle = \langle \sum_{i=1}^{k} \lambda_i x^{(i)}, x^{(j)}\rangle = \sum_{i=1}^{k} \lambda_i \langle x^{(i)}, x^{(j)}\rangle$$

$= \lambda_j$, da $\langle x^{(i)}, x^{(j)}\rangle = 0$ für $i \neq j$, $\langle x^{(j)}, x^{(j)}\rangle = 1$ gilt.
Dies ist die erste Behauptung.

Außerdem ist

$$\langle x,y\rangle = \langle \sum_{i=1}^{k} \lambda_i x^{(i)}, \sum_{j=1}^{k} \mu_j x^{(j)}\rangle = \sum_{i=1}^{k} \sum_{j=1}^{k} \lambda_i\mu_j \langle x^{(i)}, x^{(j)}\rangle = \sum_{i=1}^{k} \lambda_i\mu_i$$

mit der gleichen Begründung wie oben. Dies ist die zweite Behauptung.

(16.23) BEMERKUNG.- Die Koeffizienten $\lambda_1,\dots,\lambda_k$ eines Vektors $x \in U$ bezüglich der Basis $(x^{(1)},\dots,x^{(k)})$ lassen sich also mit Hilfe der Skalarprodukte von x mit den Basisvektoren berechnen. Man nennt die Koeffizienten - aus Gründen, die Ihnen später verständlich werden - die *Fourierkoeffizienten* von x bezüglich der gegebenen Orthonormalbasis.

Fourierkoeffizienten

Mit ihnen kann man rechnen wie mit den Koordinaten $x_1,\dots,x_n$ von x: Die Länge von x ist

$$\|x\|^2 = x_1^2 + \dots + x_n^2 = \lambda_1^2 + \dots + \lambda_k^2$$

und für $y = (y_1,\dots,y_n)$ mit den Fourierkoeffizienten $\mu_1,\dots,\mu_k$ ist

$$\langle x,y\rangle = x_1y_1 + \dots + x_ny_n = \lambda_1\mu_1 + \dots + \lambda_k\mu_k.$$

Ist die Dimension k von U wesentlich kleiner als die Dimension n des Gesamtraumes, so können sich daraus wesentliche Erleichterungen ergeben.

BEISPIEL.- $y^{(1)} = (-\frac{1}{\sqrt2}, \frac{1}{\sqrt2}, 0)$ und $y^{(2)} = (\frac{1}{\sqrt3}, \frac{1}{\sqrt3}, -\frac{1}{\sqrt3})$ bildeten eine Orthonormalbasis von N_0 in Beispiel (16.20)(2). (16.24)
Jedes $x \in N_0$ ist also in der Form

$$x = \langle x, y^{(1)}\rangle y^{(1)} + \langle x, y^{(2)}\rangle y^{(2)} = (-\frac{x_1}{\sqrt2} + \frac{x_2}{\sqrt2})y^{(1)} + (\frac{x_1}{\sqrt3} + \frac{x_2}{\sqrt3} - \frac{x_3}{\sqrt3})y^{(2)}$$

darstellbar, z.B. ist $(0,2,-1)$ aus N_0 und $(0,2,-1) = \frac{2}{\sqrt2}y^{(1)} + \frac{3}{\sqrt3}y^{(2)}$ (prüfen Sie nach!).

AUFGABE 8.- Zeigen Sie, daß $x^{(1)} = (\frac12, \frac{\sqrt6}{4}, \frac{\sqrt6}{4})$, $x^{(2)} = (\frac{\sqrt3}{2}, -\frac{\sqrt2}{4}, -\frac{\sqrt2}{4})$ und $x^{(3)} = (0, \frac{\sqrt2}{2}, -\frac{\sqrt2}{2})$ eine Orthonormalbasis des $\mathbb{R}^3$ bilden, und geben Sie die Fourierkoeffizienten der Einheitsvektoren $e^{(1)}, e^{(2)}, e^{(3)}$ und des Vektors (1,2,3) bezüglich dieser Basis an. A 8

§ 4 NORMALENVEKTOREN ZU HYPEREBENEN DES $\mathbb{R}^N$

In (16.11) haben wir bereits die Frage untersucht, welcher Punkt einer durch die Gleichung $a_1x_1 + \dots + a_nx_n = c$ gegebenen Hyperebene des $\mathbb{R}^n$ den kürzesten Abstand vom Nullpunkt hat. Die Antwort lautete: Ein solcher Punkt ist $z = \frac{c}{\|a\|^2}a$, der kürzeste Abstand ist $\frac{|c|}{\|a\|}$; dabei ist a der Vektor mit den Koordinaten $a_1, a_2, \dots, a_n$ und $a \neq 0$. Bild 2 auf Seite 31 erweckt für den Fall n=2 den Eindruck, daß z und damit auch a senkrecht auf der Geraden N_c steht (im $\mathbb{R}^2$ ist durch die Gleichung $a_1x_1 + a_2x_2 = c$ ja eine Gerade gegeben). Ist dies wirklich so? Wir wollen nun diese Frage untersuchen und in gewisser Richtung verallgemeinern.

VORÜBERLEGUNG.- In (15.21) haben Sie gesehen, daß eine Ebene E des Anschauungsraumes als Menge von Punkten der Form $p+\lambda\vec u+\mu\vec v$ mit $\lambda,\mu \in \mathbb{R}$ beschrieben werden kann; p ist dabei ein fester Punkt und $(\vec u,\vec v)$ ein linear unabhängiges Paar physikalischer Vektoren. (16.25)
Wir sagen, daß die physikalischen Vektoren der Form $\alpha\vec u+\beta\vec v$ $\alpha,\beta \in \mathbb{R}$ *in der Ebene E liegen*: Die

Richtung dieser Vektoren ist parallel zur Ebene; werden sie in einem beliebigen Punkt der Ebene angetragen, so ergibt sich wieder ein Punkt der Ebene. Diese Eigenschaft charakterisiert auch die Vektoren in der Ebene E: Sie sind Vektoren der Form $\overrightarrow{PQ}$, wobei P und Q Punkte der Ebene E sind.
Eine Ebene des $\mathbb{R}^3$ ist eine Menge der Form $E = \{p+\lambda u+\mu v \mid \lambda,\mu \in \mathbb{R}\}$, wobei p,u und v gegebene Vektoren des $\mathbb{R}^3$ sind und (u,v) linear unabhängig ist. Wir sagen auch hier, daß ein Vektor *in E liegt*, wenn er in der Form $\alpha u+\beta v$ darstellbar ist, also eine Linearkombination von u und v ist.

A 9 *AUFGABE 9.- Zeigen Sie, daß ein Vektor $z \in \mathbb{R}^3$ genau dann in der Ebene $E=\{p+\lambda u+\mu v \mid \lambda,\mu \in \mathbb{R}\}$ liegt, wenn es zwei Vektoren $x,y \in E$ gibt, so daß $z = x-y$ gilt.*

Die Aufgabe 9 zeigt, daß auch im $\mathbb{R}^3$ gilt: Ein Vektor in der Ebene ist die Differenz zweier Vektoren der Ebene (*) - dies entspricht der Aussage, daß im Anschauungsraum ein physikalischer Vektor z in der Ebene liegt, wenn es zwei Punkte der Ebene gibt, so daß $\vec{z} = \overrightarrow{PQ}$ gilt.

Nun ist jede Ebene E des $\mathbb{R}^3$ auch als Niveaumenge

$$E = N_c = \{x \in \mathbb{R}^3 \mid \langle a,x\rangle = c\},\quad a \in \mathbb{R}^3\setminus\{0\},$$

darstellbar. Ein Vektor $z \in \mathbb{R}^3$ liegt also in E, wenn $z = p-q$ mit

$$\langle a,p\rangle = c \quad \text{und} \quad \langle a,q\rangle = c$$

gilt.
Diesen Sachverhalt können wir auf Hyperebenen im $\mathbb{R}^n$ übertragen:

(16.26) **DEFINITION.-** Sei $N_c := \{x \in \mathbb{R}^n \mid \langle a,x\rangle = c\}$ eine Hyperebene des $\mathbb{R}^n$. Wir sagen: Ein Vektor $z \in \mathbb{R}^n$ *liegt in der Hyperebene* N_c, wenn es zwei Vektoren $p,q \in N_c$ mit $z = p-q$ gibt.

z liegt in der Hyperebene N_c

Nun ist es leicht zu sagen, wann ein Vektor auf einer Hyperebene senkrecht steht - sehen Sie sich den Fall n=2 im folgenden Bild genauer an:

(*) Machen Sie sich noch folgendes klar: "z liegt in E" und "$z \in E$" sind im allgemeinen verschiedene Aussagen. Beide Aussagen sind genau dann identisch, wenn die Ebene E den Nullpunkt enthält, siehe auch Satz (16.29).

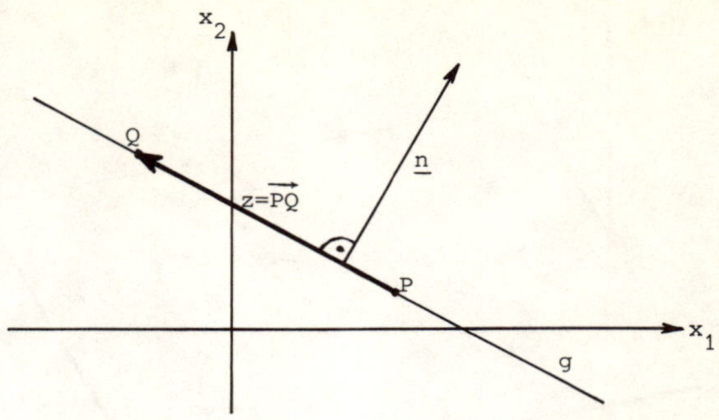

Bild 6.- n steht senkrecht auf g, wenn $n \perp z$ für alle z in g gilt.

DEFINITION.- Ein Vektor $n \in \mathbb{R}^n \setminus \{0\}$ *steht senkrecht auf* $N_c = \{x \in \mathbb{R}^n \mid \langle a,x\rangle = c\}$, wenn n orthogonal zu allen Vektoren z ist, die in der Hyperebene N_c liegen. Ein solcher Vektor n heißt *Normalenvektor* zu N_c. (16.27)

Normalenvektor

FOLGERUNG.- Der Vektor $n \in \mathbb{R}^n\setminus\{0\}$ ist genau dann Normalenvektor zu N_c, wenn $\langle z,n\rangle = 0$ für alle in N_c liegenden Vektoren z gilt. (16.28)

Bevor wir alle Normalenvektoren einer vorgegebenen Hyperebene bestimmen, geben wir eine einfache Bedingung dafür an, wann ein Vektor in dieser Hyperebene liegt.

SATZ.- Ein Vektor $z \in \mathbb{R}^n$ liegt genau dann in der Hyperebene (16.29)

$$N_c = \{x \in \mathbb{R}^n \mid \langle a,x\rangle = c\},\quad a \in \mathbb{R}^n\setminus\{0\},$$

wenn $z \in N_0 = \{x \in \mathbb{R}^n \mid \langle a,x\rangle = 0\}$ ist.

BEWEIS.- (1) Ein Vektor $z \in \mathbb{R}^n$ liege in N_c. Dann gibt es nach Definition (16.26) $p,q \in N_c$, so daß $z = p-q$ ist. Da p und q Elemente von N_c sind, gilt

$$\langle a,p\rangle = c \quad \text{und} \quad \langle a,q\rangle = c.$$

Hieraus folgt mit den Eigenschaften des Skalarproduktes

$$\langle a,z\rangle = \langle a,p-q\rangle = \langle a,p\rangle - \langle a,q\rangle = c-c = 0,$$

also $z \in N_0$.
(2) Sei umgekehrt $z \in N_0$ vorausgesetzt. Ist q ein beliebiges Element von N_c, so gilt auch

$$p := q+z \in N_c \qquad \text{(rechnen Sie's nach!)}.$$

Daher ist $z = p-q$ mit $p,q \in N_c$, d.h. z liegt in der Hyperebene N_c.

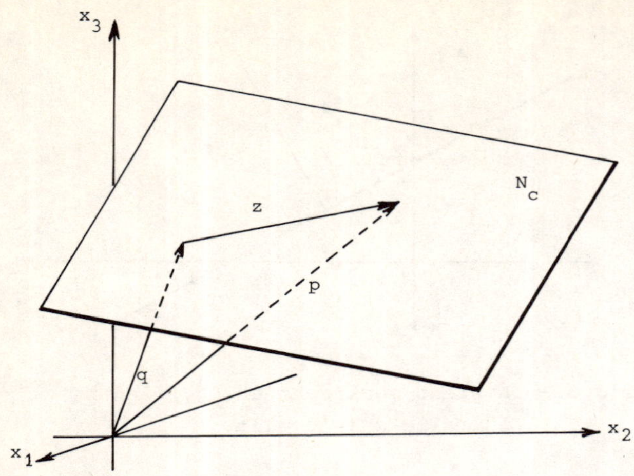

Bild 7.- $z = p-q$ mit $p,q \in N_c$ liegt in der (Hyper-)Ebene N_c.

Wir können nun leicht die Frage nach den Normalenvektoren zu N_c beantworten.

(16.30) **SATZ.-** Sei N_c die durch die Gleichung $\langle a,x\rangle = c$, $a \neq 0$, gegebene Hyperebene des $\mathbb{R}^n$; dann sind genau die Vektoren $\underline{n} = \lambda a$, $\lambda \in \mathbb{R}$, $\lambda \neq 0$, die Normalenvektoren zu N_c.

(16.31) **BEMERKUNG.-** Der Satz bestätigt unsere Vermutung: Der Vektor $z = \frac{c}{\|a\|^2} a$ ist von der Form λa, steht also senkrecht auf N_c. Umgekehrt besagt der Satz, daß es keine von a linear unabhängigen Normalenvektoren gibt - alle Normalenvektoren sind Vielfache von a. Dies ist bei einer Ebene im Anschauungsraum leicht vorstellbar. Wem daher der Beweis zu theoretisch, die Behauptung aber klar ist, mag das Folgende überspringen.

(16.32) BEWEIS.- (1) $\underline{n}$ ist Normalenvektor, wenn $\langle \underline{n},z\rangle = 0$ für alle $z \in N_o$ wegen (16.28) und (16.29). Definitionsgemäß ist $\langle a,z\rangle = 0$ für alle $z \in N_o$. Also ist a und damit auch λa für beliebiges $\lambda \in \mathbb{R}\setminus\{0\}$ Normalenvektor zu N_c.

(2) Nun ist noch zu zeigen, daß es keine anderen Normalenvektoren als die Vielfachen von a gibt. Die Menge der Normalenvektoren zu N_c ist ein Unterraum des $\mathbb{R}^n$: Aus $\langle \underline{n},z\rangle = \langle \underline{m},z\rangle = 0$ für alle $z \in N_o$ folgt für beliebige $\lambda,\mu \in \mathbb{R}$:

$$\langle \lambda\underline{n} + \mu\underline{m},z\rangle = 0 \quad \text{für alle } z \in N_o.$$

Die Behauptung lautet, daß dieser Unterraum eindimensional ist (und a eine Basis bildet).
Nehmen wir im Gegensatz dazu an, dieser Unterraum U wäre mindestens zweidimensional; dann existieren in U zwei von null verschiedene Vektoren $\underline{n}$ und $\underline{m}$, die orthogonal sind. Es gilt also:

$$\langle \underline{n},\underline{m}\rangle = 0 \quad \text{und} \quad \langle \underline{n},z\rangle = \langle \underline{m},z\rangle = 0 \quad \text{für alle } z \in N_o.$$

N_o hat die Dimension n-1 (siehe Beispiel (15.52)(3), Seite 24). Es gibt also eine Basis $(x^{(1)},\dots,x^{(n-1)})$ von N_o. $\underline{n}$ und $\underline{m}$ stehen senkrecht auf allen z aus N_o, insbesondere auf allen Basisvektoren:

$$\langle \underline{n},x^{(1)}\rangle = \langle \underline{m},x^{(1)}\rangle = \dots = \langle \underline{n},x^{(n-1)}\rangle = \langle \underline{m},x^{(n-1)}\rangle = 0.$$

Wie in Bemerkung (16.18) bewiesen, folgt aus der paarweisen Orthogonalität die lineare Unabhängigkeit des (n+1)-Tupels $(\underline{n},\underline{m},x^{(1)},\dots,x^{(n-1)})$. Im $\mathbb{R}^n$ sind jedoch alle (n+1)-Tupel von Vektoren linear abhängig (siehe Satz (15.50), Seite 23, mit $U = \mathbb{R}^n$). Das ist ein Widerspruch. Der Unterraum aller Normalenvektoren zu N_c ist eindimensional. Damit ist der Satz (16.30) bewiesen.

Satz (16.30) hat zahlreiche Anwendungen, insbesondere in der "analytischen Geometrie". Wir wollen einige davon hier diskutieren. Um eine einfache Sprechweise zur Verfügung zu haben, legen wir zunächst analog zu (15.17), Seite 9, fest, was wir unter einer Geraden im $\mathbb{R}^n$ verstehen.

BEZEICHNUNG.- Seien $p \in \mathbb{R}^n$ und $u \in \mathbb{R}^n\setminus\{0\}$ fest gewählt; dann heißt die Menge (16.33)

$$g := \{x \in \mathbb{R}^n \mid x = p+\lambda u,\ \lambda \in \mathbb{R}\}$$ Gerade im $\mathbb{R}^n$

eine *Gerade im* $\mathbb{R}^n$, genauer: eine Gerade durch p mit *Richtungsvektor* u.

AUFGABE 10.- Sei g eine Gerade im $\mathbb{R}^n$. A 10

a) Zeigen Sie: g ist ein Unterraum des $\mathbb{R}^n$ genau dann, wenn $0 \in g$ gilt, (d.h. wenn die Gerade durch den Ursprung geht).

b) Bestimmen Sie im Fall n=2 alle Normalenvektoren zu g.

ERSTE ANWENDUNG: LOTE AUF EBENEN.- Eine Hyperebene des $\mathbb{R}^n$ ist durch eine Gleichung der Form (16.34)

$$\langle a,x\rangle = c, \quad a \in \mathbb{R}^n\setminus\{0\},\ c \in \mathbb{R},$$

gegeben.
Eine Gerade g im $\mathbb{R}^n$ heißt *Lot auf der Hyperebene* E, wenn sie senkrecht auf E steht; genauer: Wenn der Richtungsvektor der Geraden senkrecht auf allen Vektoren steht, die in E liegen. Lot auf einer Hyperebene

Bezeichnet $\underline{n}$ einen beliebigen Normalenvektor zu E, so ist ein Lot g auf E durch einen beliebigen Punkt $p \in \mathbb{R}^n$ durch

$$g = \{x = p+\lambda\underline{n} \mid \lambda \in \mathbb{R}\}$$

gegeben. Nach Satz (16.30) ist $\underline{n} = a$ ein Normalenvektor zu E, also lautet eine Parameterdarstellung des Lotes auf E durch p:

$$g = \{x = p+\lambda a \mid \lambda \in \mathbb{R}\}.$$

Wir berechnen den *Fußpunkt des Lotes auf* E, d.h. den Schnittpunkt des Lotes g mit der Ebene E (siehe Bild 8): Fußpunkt des Lotes auf E

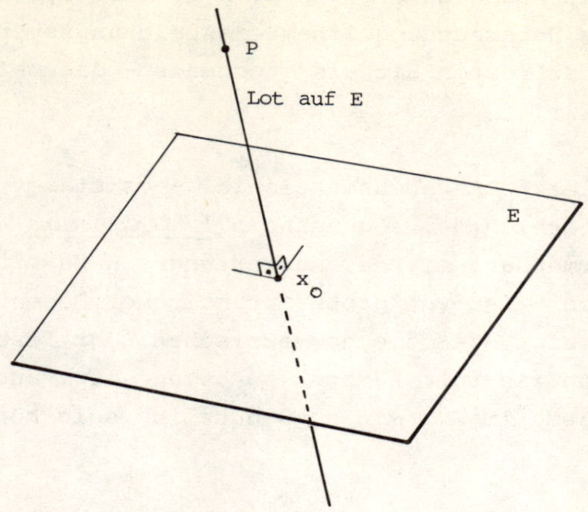

Bild 8.- Lot auf E und Fußpunkt x_o des Lotes.

Gesucht ist $\lambda_o \in \mathbb{R}$, so daß $x_o := p+\lambda_o a \in E$, d.h.

$$\langle a, p+\lambda_o a\rangle = c$$

gilt. Ausrechnen der linken Seite dieser Gleichung ergibt:

$$c = \langle a,p\rangle + \langle a,\lambda_o a\rangle = \langle a,p\rangle + \lambda_o \langle a,a\rangle$$
$$= \langle a,p\rangle + \lambda_o \|a\|^2.$$

Wegen $a \neq 0$, also $\|a\| > 0$, folgt hieraus

$$\lambda_o = \frac{c-\langle a,p\rangle}{\|a\|^2} .$$

Der Fußpunkt ist damit durch

$$\boxed{x_o = p + \frac{c-\langle a,p\rangle}{\|a\|^2} a}$$

gegeben, denn $x_o \in g \cap E$ prüfen Sie unmittelbar nach. Sie erkennen an dem hergeleiteten Resultat z.B.: Gilt zufällig $p \in E$, so ist $\langle a,p\rangle = c$, also $\lambda_o = 0$ und $x_o = p$.

(16.35) ZWEITE ANWENDUNG: DER ABSTAND EINES PUNKTES VON EINER EBENE.- (1) Bereits in (16.11), Seite 30, haben Sie gesehen, daß der Punkt $z = \frac{c}{\|a\|^2} a$ unter allen Punkten der Hyperebene

$$E := \{x \in \mathbb{R}^n \mid \langle a,x\rangle = c\}$$

den kürzesten Abstand vom Nullpunkt hat. Dieser kürzeste Abstand ist $\frac{|c|}{\|a\|}$. Sie sehen, daß z gerade der Fußpunkt des Lotes auf E durch den Nullpunkt $0 \in \mathbb{R}^n$ ist: Nach (16.34) ist dieser Fußpunkt gegeben durch

$$0 + \frac{c-\langle a,0\rangle}{\|a\|^2} \cdot a = \frac{c}{\|a\|^2} a = z.$$

Dieses Ergebnis gibt uns die Lösungsidee für die folgende allgemeinere Aufgabe: Zu einem beliebigen Punkt $p \in \mathbb{R}^n$ ist derjenige Punkt von E zu bestimmen, der minimalen Abstand von p hat.

Kürzester Abstand Punkt - Ebene

Wir vermuten, daß der gesuchte Punkt der Fußpunkt des Lotes auf E durch p, also

$$x_o = p + \frac{c-\langle a,p\rangle}{\|a\|^2} a$$

ist; der minimale Abstand wäre dann

$$d := \|x_o - p\| = \frac{|c-\langle a,p\rangle|}{\|a\|} .$$

Wir wollen zeigen, daß x_o wirklich die Lösung des Problems ist, d.h. daß alle anderen Punkte von E einen Abstand von p haben, der größer als d ist.

BEHAUPTUNG: Es gilt $\|x-p\| > \|x_o - p\|$ für alle $x \in E$, $x \neq x_o$.

BEWEIS: Sei $x \in E$, $x \neq x_o$. Dann ist $x - x_o =: h$ ein Vektor in der Hyperebene E (16.26). Nach (16.29) gilt daher $\langle a,h\rangle = 0$, d.h. a ist orthogonal zu h. Also ist

$$\|x-p\|^2 = \|x_o + h - p\|^2 = \left\| \frac{c-\langle a,p\rangle}{\|a\|^2} a + h \right\|^2 =$$

(wegen $a \perp h$ gilt der Satz von Pythagoras (16.16))

$$= \frac{|c-\langle a,p\rangle|^2}{\|a\|^2} + \|h\|^2 > \frac{|c-\langle a,p\rangle|^2}{\|a\|^2} = d^2,$$

da $h \neq 0$, also $\|h\|^2 > 0$. Es folgt, wie behauptet,

$$\|x-p\| > d = \|x_o - p\| .$$

Man nennt d auch einfach den *Abstand des Punktes p von der (Hyper-)Ebene* E.

(2) Besonders einfach wird die Formel für d, wenn wir den Vektor a in der definierenden Gleichung von E als einen Vektor der Länge 1 wählen. Das ist immer zu erreichen: Es gilt nämlich wegen $a \neq 0$ für $x \in \mathbb{R}^n$

$$\langle a,x\rangle = c \iff \frac{1}{\|a\|} \langle a,x\rangle = \frac{c}{\|a\|} .$$

Also ist mit

$$a' := \frac{1}{\|a\|} a \quad \text{und} \quad c' := \frac{c}{\|a\|}$$

auch

$$E = \{x \in \mathbb{R}^n \mid \langle a',x\rangle = c'\}, \text{ wobei } \|a'\| = 1 \text{ ist.}$$

Hessesche Normalform

Man nennt eine Darstellung von E in dieser Form die *Hessesche Normalform von* E.

Ist E in der Hesseschen Normalform gegeben, so ist der Abstand d eines Punktes $p \in \mathbb{R}^n$ von E nach Teil (1)

Abstand Punkt - Ebene bei Hessescher Normalform

$$d = \frac{|c' - \langle a', p\rangle|}{\|a'\|} = |c' - \langle a', p\rangle| .$$

Man erhält also den Abstand dadurch, daß man p in die linke Seite der Hyperebenen-Gleichung $\langle a', x\rangle - c' = 0$ einsetzt. Falls nicht zufällig $p \in E$ gilt, ergibt sich nicht null, sondern eine Zahl, deren Betrag gleich dem Abstand von p zu E ist.

(16.36) BEISPIEL.- Die Ebene E des $\mathbb{R}^3$ sei durch die Gleichung

$$x_1 + 2x_2 + 2x_3 = 4$$

definiert. Also ist $a = (1,2,2)$ und damit $\|a\| = \sqrt{1+4+4} = 3$. Die Hessesche Normalform von E lautet dann

$$E = \{x \in \mathbb{R}^n \mid \tfrac{1}{3}x_1 + \tfrac{2}{3}x_2 + \tfrac{2}{3}x_3 = \tfrac{4}{3}\}.$$

Der Punkt $p := (-1,2,1)$ hat den Abstand

$$d = |\tfrac{1}{3}\cdot(-1) + \tfrac{2}{3}\cdot 2 + \tfrac{2}{3}\cdot 1 - \tfrac{4}{3}| = \tfrac{1}{3}$$

von E.

A 11 *<u>AUFGABE 11</u>.- Sei $g := \{x = (1,0) + \lambda(1,1) \mid \lambda \in \mathbb{R}\}$ eine Gerade im $\mathbb{R}^2$. Bestimmen Sie eine zu g senkrechte Gerade durch (1,1), berechnen Sie den Schnittpunkt der beiden Geraden, berechnen Sie den Abstand des Punktes (1,1) von g und geben Sie die Hessesche Normalform für g an. Fertigen Sie eine Skizze an.*

(16.37) DRITTE ANWENDUNG: PARALLELE EBENEN.- In (15.30) haben wir zwei Ebenen E_1 und E_2 im $\mathbb{R}^3$ betrachtet, die durch die Gleichungen $\langle a,x\rangle = c$, $a \neq 0$, bzw. $\langle b,x\rangle = d$, $b \neq 0$, gegeben waren. Wir haben dort behauptet, daß die beiden Ebenen parallel oder identisch genau dann sind, wenn $b = \lambda a$ mit $\lambda \neq 0$ gilt. Geometrisch ist dies nun klar: $b = \lambda a$ bedeutet, daß die Normalenvektoren der beiden Ebenen gleiche oder entgegengesetzte Richtung haben. Deshalb sind die beiden Ebenen parallel oder identisch.
Dies ist natürlich kein analytischer (rechnerischer) Beweis. Um zu zeigen, daß aus $E_1 \cap E_2 = \emptyset$ folgt, daß (a,b) ein linear abhängiges Paar bildet, ist es nützlich, etwas über Gleichungssysteme zu wissen. Denn die Aussage lautet ja: Hat das System

$$a_1x_1 + \ldots + a_nx_n = c$$
$$b_1x_1 + \ldots + b_nx_n = d$$

keine Lösung $x = (x_1,\ldots,x_n) \in \mathbb{R}^n$ $(E_1 \cap E_2 = \emptyset)$, so existiert ein $\lambda \in \mathbb{R}$ mit $b_i = \lambda \cdot a_i$ für $i=1,\ldots,n$.

Solche Aussagen ergeben sich bei der systematischen Untersuchung linearer Gleichungssysteme; wir vertrösten Sie also nochmals - diesmal auf (19.22).

Das letzte Anwendungsbeispiel - es stammt aus dem Bereich der sogenannten <u>*Fehlerrechnung*</u> im Zusammenhang mit der Auswertung von Meßergebnissen - ist von großer praktischer Bedeutung und zeigt, daß die geometrischen Begriffsbildungen wie Lot, kürzester Abstand usw. auch für Probleme im $\mathbb{R}^n$ mit $n > 3$ nützlich sein können.

DIE METHODE DER KLEINSTEN QUADRATE IN DER AUSGLEICHSRECHNUNG

DAS GRUNDPROBLEM.- Die folgende Situation wird Ihnen immer wieder begegnen: Sie messen eine physikalische Größe zu verschiedenen Zeitpunkten (*). Aus diesen Messungen wollen Sie ein Gesetz über das zeitliche Verhalten der gemessenen Größe ablesen. (16.38)

Etwas präziser formuliert: Sie haben N Messungen

$$(t_1,\alpha_1),\ldots,(t_N,\alpha_N)$$

durchgeführt. Hierbei bedeuten $t_1,\ldots,t_N$ die Meßzeitpunkte und α_i den gemessenen Wert einer physikalischen Größe A zur Zeit t_i, $1 \leq i \leq N$. Sie suchen eine Funktion $t \longmapsto A(t)$, die mit diesen Meßwerten "am besten im Einklang steht", "am besten zu den Messungen paßt".

Ein immer noch unpräzise formuliertes Problem - und vor allem ein immer noch unlösbares oder sinnloses Problem. Sie müssen nämlich noch etwas über die <u>Gestalt</u> der Funktion $t \longmapsto A(t)$ wissen oder mindestens eine Vermutung über diese Gestalt haben, um weiterzukommen.
Sie können etwa voraussetzen, daß die Funktion die Gestalt

$$A(t) = \lambda e^{\mu t}$$

hat (z.B. bei der Messung von Radioaktivität). Die Frage lautet dann, welche "Parameter" $\lambda = \lambda_o$ und $\mu = \mu_o$ am besten zu den Messungen passen. Oder Sie nehmen an, daß $t \longmapsto A(t)$ ein Polynom n-ten Grades ist:

$$A(t) = \lambda_o + \lambda_1 t + \ldots + \lambda_n t^n.$$

(*) Die unabhängige physikalische Größe braucht natürlich nicht immer die Zeit zu sein.

Gesucht sind dann optimale Koeffizienten $\lambda_o = \gamma_o, \ldots, \lambda_n = \gamma_n$. Häufig handelt es sich um Polynome ersten oder zweiten Grades. Man nennt dann den Graphen der optimalen Funktion *Ausgleichsgerade* bzw. *Ausgleichsparabel* (siehe Bild 9)

Ausgleichsgerade
Ausgleichsparabel

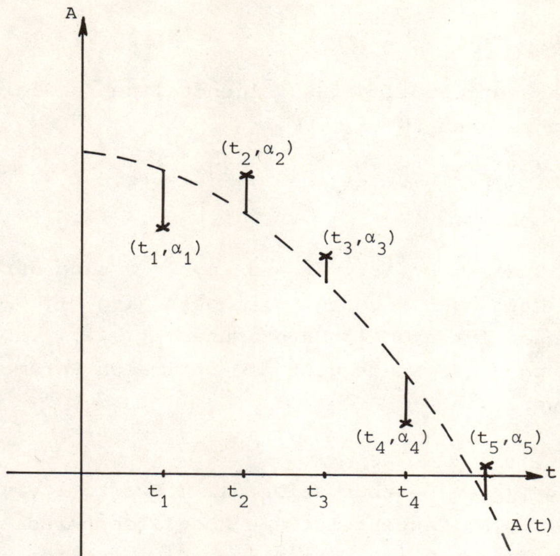

Bild 9.- Eine Ausgleichsparabel zu 5 Messungen $(t_1,\alpha_1),\ldots,(t_5,\alpha_5)$.

Was heißt in diesem Zusammenhang "optimal"?

(16.39) DIE METHODE DER KLEINSTEN QUADRATE.- Hat A(t) eine vorgegebene Gestalt, z.B.

$$A(t) = \lambda_o + \lambda_1 t + \lambda_2 t^2,$$

so wird sich im allgemeinen nicht erreichen lassen, daß der Graph von A durch alle Meßpunkte (t_i,α_i), $i=1,\ldots,N$, geht - zumindest dann nicht, wenn N groß im Vergleich zur Zahl der Parameter, hier also zu 3 ($\lambda_o,\lambda_1,\lambda_2$ sind die Parameter) ist.
Sie erhalten also "Fehler", nämlich die Abstände der Meßwerte α_i von den entsprechenden Funktionswerten $A(t_i)$:

$$\Delta_i := |\alpha_i - A(t_i)|\ , \quad i=1,\ldots,N,$$

(siehe Bild 9). Diese Fehler sollen insgesamt "möglichst klein" werden. Was heißt das?
Wir können z.B. fordern, daß

Mögliche Fehlermaße

(1) $\max\limits_{1\le i\le N} \Delta_i$ oder

(2) $\sum\limits_{i=1}^{N} \Delta_i$ oder

(3) $\sum\limits_{i=1}^{N} \Delta_i^2$

möglichst klein wird. Die Parameter sind also so zu wählen, daß eine der Zahlen (1), (2) oder (3) ihren kleinstmöglichen Wert annimmt. Jede dieser drei Forderungen ist unter gewissen physikalischen Annahmen über den Meßvorgang sinnvoll.
In vielen Fällen ist das Fehlermaß (3), die *Summe der Fehlerquadrate*, die beste Wahl.

Ohne es zu erläutern, wollen wir nur erwähnen, daß dies dann richtig ist, wenn die Meßfehler in der Messung des Wertes von A(t) Gauß-verteilt sind mit von t unabhängiger Streuung - dies hat bereits C.F. Gauß bemerkt.

Das Problem lautet also - wir formulieren es für den Fall $A(t) = \sum\limits_{j=0}^{n} \lambda_j t^j$:
Bestimme die Parameter $\lambda_o,\ldots,\lambda_n$ so, daß

$$\sum_{i=1}^{N} (\alpha_i - A(t_i))^2 = \sum_{i=1}^{N} (\alpha_i - \lambda_o - \lambda_1 t_i - \ldots - \lambda_n t_i^n)^2$$

möglichst klein wird.

UMFORMULIERUNG DES PROBLEMS.- Sie sollen nun sehen, inwiefern die bereitgestellten Begriffe Hyperebene, Lot usw. zur Lösung dieses Problems beitragen. (16.40)
Wir betrachten im $\mathbb{R}^N$ die Vektoren

$$p := (\alpha_1,\ldots,\alpha_N) \quad \text{und}$$
$$b^{(0)} := (1,\ldots,1),$$
$$b^{(1)} := (t_1,\ldots,t_N),\ldots,b^{(n)} := (t_1^n,\ldots,t_N^n).$$

Es ist also

$$b^{(j)} = (t_1^j,\ldots,t_N^j),\ j=0,\ldots,n.$$

Der von den Vektoren $b^{(0)},\ldots,b^{(n)}$ aufgespannte Unterraum U des $\mathbb{R}^N$ besteht aus allen Vektoren (Linearkombination) der Form

$$\lambda_o b^{(0)} + \ldots + \lambda_n b^{(n)},\quad \lambda_o,\ldots,\lambda_n \in \mathbb{R},$$

deren Koordinaten also die Form

$$\lambda_o + \lambda_1 t_i + \ldots + \lambda_n t_i^n\ ,\quad i=1,\ldots,N,$$

haben. Daher ist

$$\|p - (\lambda_o b^{(0)} + \ldots + \lambda_n b^{(n)})\|^2$$
$$= \sum_{i=1}^{N} (\alpha_i - \lambda_o - \lambda_1 t_i - \ldots - \lambda_n t_i^n)^2 = \sum_{i=1}^{N} \Delta_i^2.$$

Das Problem lautet jetzt: Bestimme im Unterraum U dasjenige Element, das von p den kürzesten Abstand hat.

DIE LÖSUNG DES PROBLEMS.- Der Unterraum U aus (16.40) ist natürlich im allgemeinen <u>keine</u> Hyperebene des $\mathbb{R}^N$, dazu müßte die Dimension von U gleich N-1 sein. Die Dimension von U ist aber höchstens gleich n+1. Der Fall dim U = n+1 tritt (16.41)

ein, wenn $(b^{(0)},\dots,b^{(n)})$ ein linear unabhängiges (n+1)-Tupel des $\mathbb{R}^N$ ist.
Man kann mit Hilfe von Determinanten (siehe Kapitel 20) zeigen, daß $\dim U = n+1$ gilt, wenn alle Meßzeitpunkte $t_1,\dots,t_N$ verschieden sind. Im allgemeinen ist aber $n+1 < N-1$, U also keine Hyperebene des $\mathbb{R}^N$. Das ändert jedoch nichts an unseren Überlegungen in (16.35):

BEHAUPTUNG: $x_o \in U$ hat genau dann den kürzesten Abstand von p, wenn x_o-p orthogonal zu allen Elementen in U ist.

BEWEIS: (1) Für den Nachweis der Aussage: "Aus x_o-p orthogonal zu U (*) folgt: x_o hat den kürzesten Abstand von p" wiederholen wir im wesentlichen den Beweis in (16.35)(1):
Ist $x \in U$ beliebig, so ist auch $h := x-\overset{o}{x} \in U$ (U ist ein Unterraum). Also ist x_o-p orthogonal zu h:

$$\langle x_o-p,h\rangle = 0.$$

Daher folgt

$$\begin{aligned}\|x-p\|^2 &= \langle x-p,x-p\rangle = \langle x_o+h-p,x_o+h-p\rangle \\ &= \langle (x_o-p)+h,(x_o-p)+h\rangle \\ &= \langle x_o-p,x_o-p\rangle + 2\langle x_o-p,h\rangle + \langle h,h\rangle \\ &= \|x_o-p\|^2 + \|h\|^2 > \|x_o-p\|^2 \text{, falls } h \neq 0, \\ &\qquad \text{also } x \neq x_o \text{ ist.}\end{aligned}$$

(2) Für den Nachweis der Umkehrung: "Aus $\|x-p\| > \|x_o-p\|$ für alle $x \in U$, $x \neq x_o$, folgt: $\langle x_o-p,h\rangle = 0$ für alle $h \in U$" machen wir die Annahme:
Es gibt ein $h \neq 0$ in U, so daß $\langle x_o-p,h\rangle \neq 0$ ist.
Dann setzen wir

$$x_1 := x_o - \frac{\langle x_o-p,h\rangle}{\|h\|^2}h.$$

Es ist $x_1 \in U$ und $x_1 \neq x_o$, also nach Voraussetzung $\|x_1-p\| > \|x_o-p\|$. Außerdem ist $x_1-p \perp h$, denn:

$$\begin{aligned}\langle x_1-p,h\rangle &= \langle x_o - \frac{\langle x_o-p,h\rangle}{\|h\|^2}h - p,h\rangle \\ &= \langle x_o-p,h\rangle - \frac{\langle x_o-p,h\rangle}{\|h\|^2}\langle h,h\rangle = 0.\end{aligned}$$

Also liefert der Satz von Pythagoras (16.16):

$$\begin{aligned}\|x_o-p\|^2 &= \|(x_o-x_1)+(x_1-p)\|^2 \\ &= \left\|\frac{\langle x_o-p,h\rangle}{\|h\|^2}h + (x_1-p)\right\|^2 \\ &= \frac{\langle x_o-p,h\rangle^2}{\|h\|^4}\|h\|^2 + \|x_1-p\|^2 \\ &> \|x_1-p\|^2 > \|x_o-p\|^2 .\end{aligned}$$

(*) Dies ist die Kurzsprechweise für "orthogonal zu allen Elementen in U".

Das ist ein Widerspruch und die Behauptung damit vollständig bewiesen.

Der Vektor x_o-p steht genau dann senkrecht auf U, wenn er auf allen Vektoren $b^{(0)},\dots,b^{(n)}$, die U aufspannen, senkrecht steht.
Die Koeffizienten $\lambda_o,\dots,\lambda_n$ sind also so zu bestimmen, daß

$$\langle \lambda_o b^{(0)}+\dots+\lambda_n b^{(n)}-p,b^{(j)}\rangle = 0 \text{ für } j=0,\dots,n.$$

Daraus ergibt sich das folgende lineare Gleichungssystem für $\lambda_o,\dots,\lambda_n$

$$\lambda_o\langle b^{(0)},b^{(j)}\rangle+\dots+\lambda_n\langle b^{(n)},b^{(j)}\rangle = \langle p,b^{(j)}\rangle, \quad j=0,\dots,n.$$

Die Zahlen $\langle b^{(k)},b^{(j)}\rangle$ und $\langle p,b^{(j)}\rangle$ sind durch die Messungen gegeben. Wir haben also n+1 Gleichungen für die n+1 Unbekannten $\lambda_o,\dots,\lambda_n$. Die Lösung des Systems gibt die optimalen Parameterwerte.

BEISPIEL.- Gegeben seien die Meßwerte (t_i,α_i), $i=1,\dots,N$. Gesucht ist die Ausgleichsgerade $t \longmapsto A(t) = \lambda_o+\lambda_1 t$. Wir bilden die Vektoren (16.42)

$$p = (\alpha_1,\dots,\alpha_N),\ b^{(0)} = (1,\dots,1),$$
$$b^{(1)} = (t_1,\dots,t_N) \in \mathbb{R}^N.$$

Dann ist $\langle b^{(0)},b^{(0)}\rangle = \sum_{j=1}^N 1\cdot 1 = N$,

$$\langle b^{(0)},b^{(1)}\rangle = \langle b^{(1)},b^{(0)}\rangle = \sum_{j=1}^N t_j \quad \text{und}$$

$$\langle b^{(1)},b^{(1)}\rangle = \sum_{j=1}^N t_j^2 .$$

Weiter gilt

$$\langle p,b^{(0)}\rangle = \sum_{j=1}^N \alpha_j,\quad \langle p,b^{(1)}\rangle = \sum_{j=1}^N \alpha_j t_j .$$

Das Gleichungssystem zur Bestimmung von λ_o,λ_1 lautet daher

$$N\lambda_o + \Big(\sum_{j=1}^N t_j\Big)\lambda_1 = \Big(\sum_{j=1}^N \alpha_j\Big),$$

$$\Big(\sum_{j=1}^N t_j\Big)\lambda_o + \Big(\sum_{j=1}^N t_j^2\Big)\lambda_1 = \Big(\sum_{j=1}^N \alpha_j t_j\Big).$$

Dieses System von 2 Gleichungen mit 2 Unbekannten λ_o,λ_1 ist leicht zu lösen.

BEISPIEL.- Hat $t \longmapsto A(t)$ die Form $A(t) = \lambda e^{\mu t}$, so funktioniert die Methode nicht unmittelbar, weil A von den Parametern λ und μ nicht linear abhängt. Wir betrachten daher (falls $\lambda > 0$) (16.43)

$$B(t) := \ln A(t) = \ln\lambda + \mu\cdot t = \lambda_o + \lambda_1 t$$

mit $\lambda_o := \ln\lambda$, $\lambda_1 := \mu$.

B(t) hat also die Form von Beispiel (16.42). Wir müssen nun natürlich auch die Meßwerte logarithmieren:

$$\beta_i := \ln \alpha_i, \quad i=1,\ldots,N$$

(falls die Meßfehler nicht so groß sind, daß $\alpha_i < 0$ wird). Wir müssen daher die Ausgleichsgerade $t \mapsto B(t)$ zu der Meßreihe (t_i,β_i), $i=1,\ldots,N$ bestimmen. Sind λ_o,λ_1 die Parameter dieser Ausgleichsgeraden, so sind

$$\lambda = e^{\lambda_o}, \quad \mu = \lambda_1$$

die optimalen Parameter unseres Problems.

A 12 *AUFGABE 12.- Die sogenannte barometrische Höhenformel besagt, daß der Druck p_h der Atmosphäre in der Höhe h durch*

$$p_h = p_o e^{-\mu h}$$

gegeben ist. Sie messen den Druck in Höhen von 200 bis 600 m mit je 50 m Differenz von Messung zu Messung. Sie erhalten (beginnend bei der Höhe 200 m) die Werte

987,55; 981,35; 975,15; 969,0; 962,8; 956,7; 950,7; 944,65; 938,7 mbar.

Welche Werte für p_o und für p_{5000} (Druck in 5 km Höhe) würden Sie nach diesen Messungen für am wahrscheinlichsten halten?
Wenn Sie sich die Meßwerte ansehen und die barometrische Höhenformel nicht kennen würden, kämen Sie sicher auf den Gedanken, p als lineare Funktion von h anzunehmen: $p_h = p_o + \lambda h$. Welche wahrscheinlichen Werte ergäben sich daraus für p_o und p_{5000}?
Sie sehen aus dem Ergebnis, daß die Güte Ihrer Ergebnisse sehr stark von Ihren theoretischen Vorkenntnissen (die hier aus der Höhenformel bestehen) abhängen. Auch Praktiker benötigen die Theorie!

§ 5 WINKELMESSUNG IM $\mathbb{R}^N$

Bisher haben wir nur die Orthogonalität zweier Vektoren u und v des $\mathbb{R}^n$ definiert. Sie wissen also, was es bedeutet, daß u und v einen Winkel von 90° bzw. $\frac{\pi}{2}$ bilden, wenn wir diese Sprechweise aus dem Anschauungsraum übernehmen wollen. Wir werden nun auch allgemein eine Winkelmessung im $\mathbb{R}^n$ einführen. Grundlage dafür wird die Cauchy-Schwarzsche Ungleichung (16.10) sein.

(16.44) BEMERKUNGEN zum COSINUSSATZ für ebene Dreiecke.- (1) Aus der Schulmathematik ist Ihnen sicher noch der sogenannte *Cosinussatz* bekannt:
Sind a,b und c die Längen der Seiten eines beliebigen schiefwinkligen Dreiecks und α,β,γ die ihnen gegenüberliegenden Winkel, so gilt

$$c^2 = a^2 + b^2 - 2ab\cos\gamma.$$ Cosinussatz

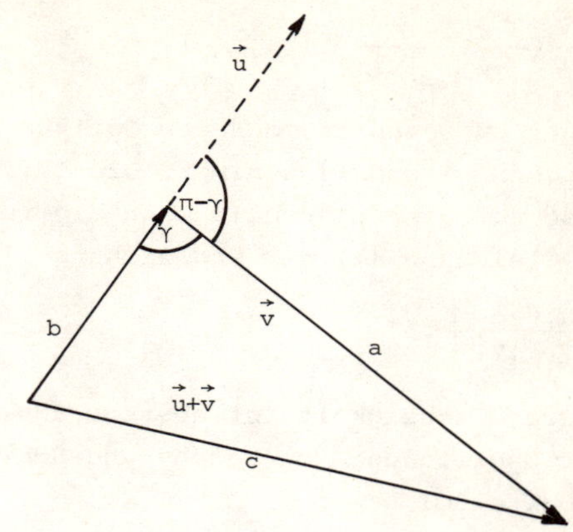

Bild 10.- Zum Cosinussatz.

Dabei gilt $0 < \gamma < \pi$, (wir messen Winkel im Bogenmaß). Für $\gamma = \frac{\pi}{2}$ ergibt sich wegen $\cos\frac{\pi}{2} = 0$ der Satz von Pythagoras.

(2) Wählen wir physikalische Vektoren $\vec{u}$ und $\vec{v}$ wie in Bild 10, so ist

$$a = \|\vec{v}\|, \quad b = \|\vec{u}\|, \quad c = \|\vec{u}+\vec{v}\|$$

und $\pi-\gamma$ der Winkel zwischen $\vec{u}$ und $\vec{v}$, in Zeichen: $\sphericalangle(\vec{u},\vec{v})$. Hierbei sind beide Vektoren an einem Punkt anzutragen; in Bild 10 z.B. am oberen Eckpunkt des Dreiecks.
Wegen $\cos\gamma = -\cos(\pi-\gamma)$ läßt sich der Cosinussatz auch in der Form

$$\|\vec{u}+\vec{v}\|^2 = \|\vec{u}\|^2 + \|\vec{v}\|^2 + 2\|\vec{u}\|\cdot\|\vec{v}\|\cdot\cos\sphericalangle(\vec{u},\vec{v})$$ Cosinussatz

schreiben.

(3) Stellen wir $\vec{u}$ und $\vec{v}$ bezüglich eines fest gewählten Koordinatensystems durch Vektoren $u,v \in \mathbb{R}^3$ dar, so ergibt sich wegen $u,v \neq 0$ die Ungleichung

$$\frac{\|u+v\|^2 - \|u\|^2 - \|v\|^2}{2\|u\|\cdot\|v\|} = \cos\sphericalangle(u,v).$$

Die linke Seite dieser Gleichung können wir als Definition für den Winkel $\sphericalangle(u,v)$ zwischen den Vektoren u und v des $\mathbb{R}^3$ auffassen.

Nun ist

$$\|u+v\|^2 = \langle u+v,u+v\rangle = \|u\|^2 + \|v\|^2 + 2\langle u,v\rangle,$$

also erhalten wir

$$\cos\sphericalangle(u,v) = \frac{\langle u,v\rangle}{\|u\|\cdot\|v\|} \quad \text{für } u,v \in \mathbb{R}^3,\ u,v \neq 0.$$

In dieser Form läßt sich die Formel auf den $\mathbb{R}^n$ übertragen.

(16.45) **Bemerkung** zur folgenden Definition des Winkels zwischen Vektoren des $\mathbb{R}^n$.- Wir wollen den Winkel α zwischen zwei Vektoren $u,v \in \mathbb{R}^n \setminus \{0\}$ definieren durch

$$\cos\alpha = \frac{\langle u,v\rangle}{\|u\|\cdot\|v\|} . \qquad (+)$$

Nun ist aber zu beachten, daß der Cosinus nur Werte zwischen -1 und +1 annimmt. Die Definition ist also nur dann sinnvoll, wenn die rechte Seite der Gleichung (+) der Ungleichung

$$\left|\frac{\langle u,v\rangle}{\|u\|\cdot\|v\|}\right| \leq 1$$

genügt. Deren Richtigkeit ist aber gerade äquivalent zur Ungleichung von Cauchy und Schwarz (16.10), Seite 30:

$$|\langle u,v\rangle| \leq \|u\|\cdot\|v\| .$$

Wegen der Stetigkeit und strengen Monotonie von Cosinus im Intervall $[0,\pi]$ (siehe Satz (10.42) (2), Seite 167 von ANALYSIS I) können wir nun folgende Definition treffen:

(16.46) **Definition.**- Seien $u,v \neq 0$ Vektoren des $\mathbb{R}^n$. Der *Winkel zwischen den Vektoren* u *und* v ist die eindeutig bestimmte reelle Zahl $\alpha \in [0,\pi]$ mit der Eigenschaft

Winkel zwischen zwei Vektoren des $\mathbb{R}^n$

$$\cos\alpha = \frac{\langle u,v\rangle}{\|u\|\cdot\|v\|} ,$$

in Zeichen: $\alpha =: \measuredangle(u,v)$.

A 13 *AUFGABE 13.- Bestimmen Sie alle $s \in \mathbb{R}$, so daß der Winkel zwischen den Vektoren $u := \begin{pmatrix}2\\0\\4\end{pmatrix}$ und $v := \begin{pmatrix}1\\-1\\s\end{pmatrix}$ des $\mathbb{R}^3$ gleich $\frac{\pi}{4}$ ist.*

(16.47) **Bemerkung.**- Sie wissen aus Aufgabe 5, Seite 32, daß

$$|\langle u,v\rangle| = \|u\|\cdot\|v\|$$

genau dann gilt, wenn (u,v) ein linear abhängiges Paar von Vektoren des $\mathbb{R}^n$ ist. In diesem Fall ist

$$\cos\measuredangle(u,v) = \pm 1,$$

d.h. $\measuredangle(u,v) = 0$ oder $\measuredangle(u,v) = \pi$.
Da $u,v \neq 0$ ist, bedeutet lineare Abhängigkeit, daß ein $\lambda \neq 0$ existiert mit $u = \lambda v$. Ist $\lambda > 0$, so haben (anschaulich gesprochen) u und v gleiche Richtung, und es gilt

$$\langle u,v\rangle = \lambda\langle u,u\rangle > 0,$$

d.h. $\cos\measuredangle(u,v) = 1$. In diesem Fall ist der Winkel also null. Haben u und v entgegengesetzte Richtung (d.h. $\lambda < 0$), so ist $\cos\measuredangle(u,v) = -1$, also $\measuredangle(u,v) = \pi$.

Stehen u und v senkrecht aufeinander, so ist $\langle u,v\rangle = 0$, also $\cos\measuredangle(u,v) = 0$ und daher $\measuredangle(u,v) = \frac{\pi}{2}$.

Richtungscosinus.- Blättern Sie noch einmal zu Satz (16.22), Seite 34, zurück. Dort hatten wir festgestellt, daß die Koeffizienten $\lambda_1,\ldots,\lambda_k$ eines Vektors x bezüglich der Orthonormalbasis $(x^{(1)},\ldots,x^{(k)})$ eines Unterraumes U durch (16.48)

$$\lambda_j = \langle x,x^{(j)}\rangle , \; j=1,\ldots,n,$$

gegeben sind $(x \in U)$. Wir haben die reellen Zahlen $\lambda_1,\ldots,\lambda_k$ als Fourierkoeffizienten bezeichnet.
Ist nun $x \neq 0$ und α_j der Winkel zwischen x und dem j-ten Basisvektor $x^{(j)}$ im Sinne von Definition (16.46), so ist

$$\lambda_j = \langle x,x^{(j)}\rangle = \|x\|\cdot\|x^{(j)}\|\cdot\cos\alpha_j = \|x\|\cdot\cos\alpha_j,\; j=1,\ldots,k,$$

da $\|x^{(j)}\| = 1$ für $j=1,\ldots,k$. Damit ergibt sich für $x \in U$, $x \neq 0$, die Darstellung

$$x = \sum_{j=1}^{k}\lambda_j x^{(j)} = \|x\|\sum_{j=1}^{k}\cos\alpha_j\, x^{(j)} .$$

Abgesehen von dem (skalaren) Faktor $\|x\|$ sind die Fourierkoeffizienten also durch den Cosinus der Winkel zwischen x und den Basisvektoren gegeben.
Man nennt $\cos\alpha_j$ den *Richtungscosinus* von x bezüglich der durch $x^{(j)}$ gegebenen Richtung (siehe Bild 11 für den Fall k=2). Richtungscosinus

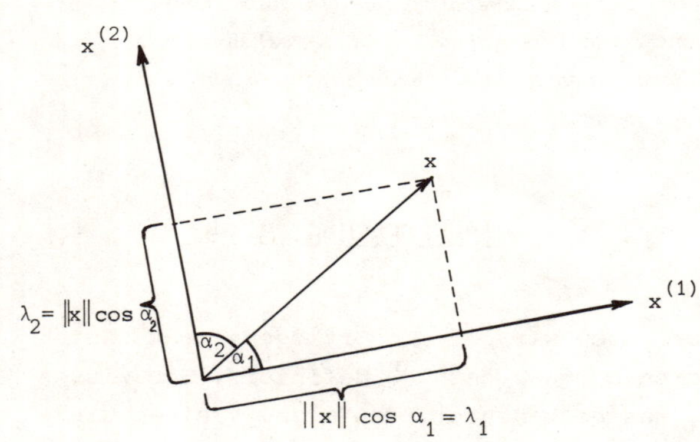

Bild 11.- Fourierkoeffizienten und Richtungscosinus.

Nach (16.23) gilt $\|x\|^2 = \lambda_1^2 + \ldots + \lambda_k^2$, also jetzt

$$\|x\|^2 = \|x\|^2\cos^2\alpha_1 + \ldots + \|x\|^2\cos^2\alpha_k .$$

Hieraus folgt wegen $x \neq 0$

$$\cos^2\alpha_1 + \ldots + \cos^2\alpha_k = 1 .$$

Dies ist eine Verallgemeinerung der oft benutzten Formel $\sin^2\alpha + \cos^2\alpha = 1$. Bei der in Bild 11 dargestellten Situation ist $\alpha_1 = \frac{\pi}{2} - \alpha_2$, daher $\cos\,\alpha_1 = \cos(\frac{\pi}{2} - \alpha_2) = \sin\,\alpha_2$ und deshalb

$$\cos^2\alpha_1 + \cos^2\alpha_2 = \sin^2\alpha_2 + \cos^2\alpha_2 = 1.$$

A 14 *AUFGABE 14.- a) Berechnen Sie alle Richtungscosinus von $x := (1,1,1)$ bezüglich der kanonischen Basis von $\mathbb{R}^3$.*
b) Bestimmen Sie alle Vektoren des $\mathbb{R}^3$, die bezüglich jeder "Richtung" $e^{(j)}$ genau den in a) berechneten Richtungscosinus haben.
c) Gibt es einen Vektor $x \in \mathbb{R}^3$ mit den Richtungscosinus $\cos\,\alpha_1 = \frac{1}{2}\sqrt{2}$, $\cos\,\alpha_2 = \frac{1}{2}\sqrt{2}$, $\cos\,\alpha_3 = -\frac{1}{3}\sqrt{3}$ bezüglich der kanonischen Basis?

PROJEKTIONEN

(16.49) BEISPIEL.- In praktischen Problemen interessiert oft nur die Komponente eines Vektors in einer gegebenen Richtung. Ein Beispiel dafür ergibt sich beim Segeln. Hierbei interessiert in erster Linie nur die Komponente $\vec{K}_F$ der Windkraft $\vec{K}$ in Fahrtrichtung (zumindest dann, wenn das Boot nicht zu stark krängt).

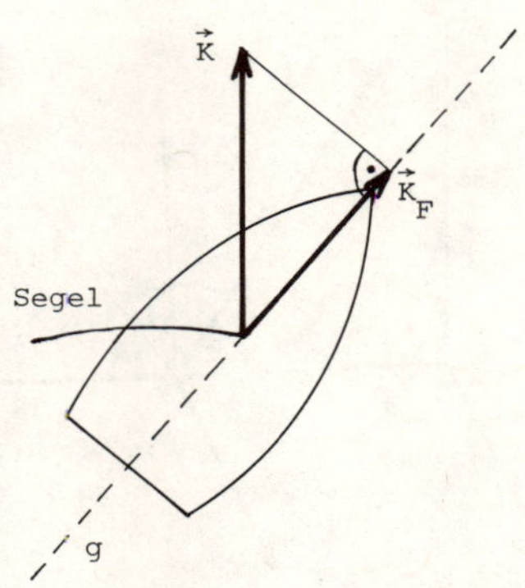

Bild 12.- Die Komponente der Windkraft in Fahrtrichtung.

Legen wir ein Koordinatensystem so, daß sein Ursprung im Angriffspunkt der Kraft (also im Fußpunkt des Mastes, x_3-Achse in Richtung des Mastes) liegt, so ergibt sich diese Komponente $\vec{K}_F$ durch "Projektion" des im Ursprung angetragenen Kraftvektors $\vec{K}$ auf die durch die Fahrtrichtung gegebene Gerade g durch den Nullpunkt (siehe Bild 12).
Unter "Projektion" ist dabei die Zuordnung (Funktion) zu verstehen, die jedem Punkt der Ebene den Punkt der Geraden zuordnet, der von P kürzesten Abstand hat, also den Fußpunkt des Lotes von P auf diese Gerade (siehe Bild 13).

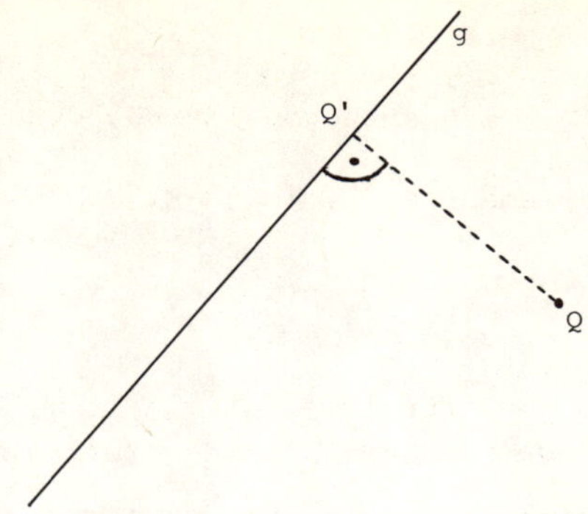

Bild 13.- Projektion des Punktes Q auf den Punkt Q' der Geraden g.

Geraden durch den Nullpunkt sind eindimensionale Unterräume des $\mathbb{R}^2$. Wir können die Definition der Projektion folgendermaßen verallgemeinern:

DEFINITION.- Sei U ein Unterraum des $\mathbb{R}^n$. Unter der *Projektion* P *auf* U verstehen wir diejenige Abbildung $P : \mathbb{R}^n \to U$, die jedem $p \in \mathbb{R}^n$ den Vektor $P(p) \in U$ zuordnet, der von p den kürzesten Abstand hat (*). (16.50) Projektion auf einen Unterraum
Der Bildvektor P(p) heißt die *Komponente von* p *in* U. Komponente

BEMERKUNGEN.- (1) Wie Sie in der "Behauptung" von (16.41), Seite 40, gesehen haben, ist der Bildvektor P(p) dadurch eindeutig festgelegt, daß P(p)-p orthogonal zu allen Vektoren aus U ist. Setzen wir $P(p)-p =: h$, so ist (16.51)

$$p = P(p)+h$$

mit $P(p) \in U$ und h orthogonal zu U.
Der Vektor $p \in \mathbb{R}^n$ ist damit in zwei Komponenten zerlegt, von denen eine in U, die andere orthogonal zu U ist. Diese Zerlegung ist eindeutig.

(2) Wie kann man die Komponente P(p) berechnen? Sei $(x^{(1)},\ldots,x^{(n)})$ eine Orthonormalbasis von $\mathbb{R}^n$, so daß $(x^{(1)},\ldots,x^{(k)})$ gerade eine Basis von U ist. Dann ist nach Satz (16.22)

$$p = \sum_{i=1}^{n} \langle p,x^{(i)}\rangle x^{(i)} = \sum_{i=1}^{k} \langle p,x^{(i)}\rangle x^{(i)} + \sum_{i=k+1}^{n} \langle p,x^{(i)}\rangle x^{(i)}.$$

Da $(x^{(1)},\ldots,x^{(k)})$ Basis von U ist, ist

(*) Statt Funktion verwenden wir hier wie überhaupt in der linearen Analysis den Begriff Abbildung. Wir folgen damit einem in der mathematischen Literatur üblichen Sprachgebrauch (siehe (1.15), ANALYSIS I).

$\sum_{i=1}^{k} <p,x^{(i)}>x^{(i)} \in U.$

$\sum_{i=k+1}^{n} <p,x^{(i)}>x^{(i)}$ ist orthogonal zu U, denn:

Für jedes Basiselement $x^{(j)}$, $1 \leq j \leq k$, von U gilt

$$< \sum_{i=k+1}^{n} <p,x^{(i)}>x^{(i)},x^{(j)}> = \sum_{i=k+1}^{n} <p,x^{(i)}><x^{(i)},x^{(j)}> = 0$$

wegen $<x^{(i)},x^{(j)}> = 0$ für $i \neq j$.

Also ist wegen der Eindeutigkeit der Zerlegung

Komponente von p in U

$$\boxed{P(p) = \sum_{i=1}^{k} <p,x^{(i)}>x^{(i)} = \|p\| \sum_{i=1}^{k} \cos \alpha_i \; x^{(i)}},$$

wobei $\cos \alpha_i$ der Richtungscosinus von p bezüglich $x^{(i)}$ ist.

Beachten Sie den Unterschied zu der Diskussion in (16.48): Dort war $p \in U$ vorausgesetzt. Jetzt ist $p \in \mathbb{R}^n$ beliebig, aber $P(p) \in U$.

(3) Für alle $p \in U$ gilt $P(p) = p$.

Um diese sicher sehr theoretisch anmutenden Überlegungen verständlicher zu machen, betrachten wir am besten einige Beispiele.

(16.52) BEISPIEL.- Wir berechnen die Projektion eines beliebigen Vektors $p = (p_1,p_2) \in \mathbb{R}^2$ auf die durch $y = x$ gegebene "Winkelhalbierende".
Der Unterraum U ist also die Gerade

$$U = \{(x,y) \in \mathbb{R}^2 \mid y=x\} = \{(x,x) \mid x \in \mathbb{R}\}.$$

U ist eindimensional, eine Orthonormalbasis von U besteht daher aus einem Vektor von U der Länge 1.

$$x^{(1)} := \left(\frac{1}{\sqrt{2}},\frac{1}{\sqrt{2}}\right)$$

ist ein solcher Vektor, ($\left(-\frac{1}{\sqrt{2}},-\frac{1}{\sqrt{2}}\right)$ ist der andere!). $x^{(2)}$ interessiert uns bei der Berechnung von P(p) nicht.
Die Projektion von p auf U ist also

$$P(p) = <p,x^{(1)}>x^{(1)} = \frac{1}{\sqrt{2}}(p_1+p_2)\left(\frac{1}{\sqrt{2}},\frac{1}{\sqrt{2}}\right)$$
$$= \frac{p_1+p_2}{2}(1,1).$$

(16.53) BEISPIEL.- Ähnlich wie in Beispiel (15.34) betrachten wir noch einmal einen auf eine Ebene auftreffenden Lichtstrahl. Wir wollen hier annehmen, daß der Strahl eine durch einen Vektor $v \in \mathbb{R}^3 \setminus \{0\}$ gegebene Richtung habe. Die Ebene E sei durch die Gleichung

$$<a,x> = 0 \quad \text{mit} \quad \|a\| = 1,$$

also in Hessescher Normalform gegeben.
Wir nehmen weiter an, die Ebene E sei ein Spiegel, und wollen die Richtung v' des gespiegelten Strahls berechnen.
Ist v orthogonal zu E, so ist $v' = -v$.
Ist v nicht senkrecht zu E, so bilden ein Normalenvektor und v ein linear unabhängiges Paar. Nach Satz (16.30), Seite 36, ist a ein Normalenvektor zu E; (a,v) ist also ein linear unabhängiges Paar.

Zur Lösung unseres Problems können wir das Koordinatensystem so legen, daß der Strahl die Ebene E im Koordinatenursprung trifft. Dann verläuft der Strahl sicher in der zu E senkrechten Ebene (*)

$$E' := \{\lambda a+\mu v \mid \lambda,\mu \in \mathbb{R}\}.$$

Die Spiegelung bedeutet (siehe Bild 14):
(α) v' liegt in E',
(β) der Winkel zwischen -v und a ist gleich dem Winkel zwischen v' und a und
(γ) v und v' haben gleiche Länge.

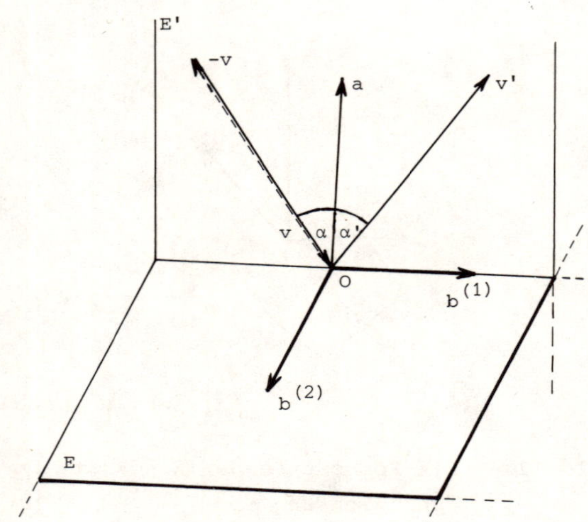

Bild 14.- Spiegelung an der Ebene E.

Es gilt also

$$\|v\| = \|v'\|,$$

$$\frac{<-v,a>}{\|-v\|} = \cos \alpha = \cos \alpha' = \frac{<v',a>}{\|v'\|}$$

(beachten Sie $\|a\| = 1$).

(*) Zwei Ebenen E und E' des $\mathbb{R}^3$ stehen senkrecht aufeinander, wenn jeder Normalenvektor zu E orthogonal zu jedem Normalenvektor von E' ist.

Daraus folgt

$$\langle v',a\rangle = -\langle v,a\rangle .$$

Die Projektionen von v und v' auf den durch a aufgespannten eindimensionalen Unterraum (Gerade) unterscheiden sich also nur durch das Vorzeichen.
Wir zeigen nun, daß auch die Projektionen von v und v' auf die Ebene E gleich sind.
Wir wählen dazu in E eine Orthonormalbasis $(b^{(1)},b^{(2)})$, wobei $b^{(1)}$ die Richtung der Schnittgeraden von E und E' hat (siehe Bild 14).
Dann ist

$$P(v) = \langle v,b^{(1)}\rangle b^{(1)} + \langle v,b^{(2)}\rangle b^{(2)} .$$

Da $v \in E'$ und $b^{(2)}$ Normalenvektor zu E' ist, gilt $\langle v,b^{(2)}\rangle = 0$, also

$$P(v) = \langle v,b^{(1)}\rangle b^{(1)} .$$

Nun bilden v, die Projektion $\langle v,a\rangle a$ von v auf den von a aufgespannten Unterraum und P(v) ein rechtwinkliges Dreieck. Nach dem Satz von Pythagoras ist dann

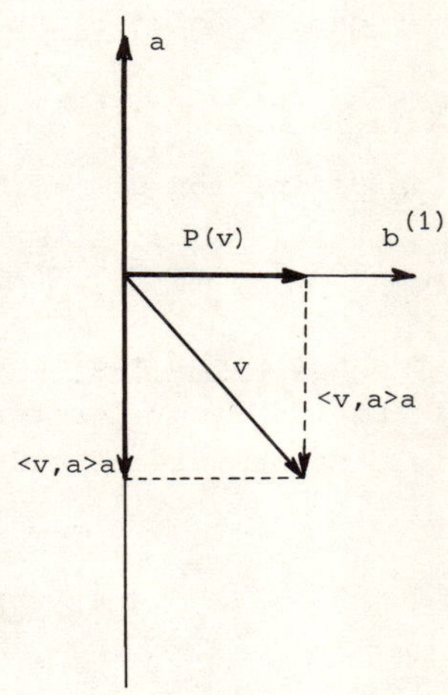

$$\|P(v)\|^2 + \langle v,a\rangle^2 = \|v\|^2 ,$$

d.h.

$$\|P(v)\| = \sqrt{\|v\|^2 - \langle v,a\rangle^2} .$$

Je nach Orientierung von $b^{(1)}$ ist also

$$P(v) = \sqrt{\|v\|^2 - \langle v,a\rangle^2}\, b^{(1)} \quad \text{oder}$$

$$P(v) = -\sqrt{\|v\|^2 - \langle v,a\rangle^2}\, b^{(1)} .$$

Ebenso ergibt sich

$$P(v') = \pm\sqrt{\|v'\|^2 - \langle v',a\rangle^2}\, b^{(1)} = \pm\sqrt{\|v\|^2 - \langle v,a\rangle^2}\, b^{(1)},$$

da $\|v'\| = \|v\|$ und $\langle v',a\rangle^2 = (-\langle v,a\rangle)^2 = \langle v,a\rangle^2$.

Daß P(v) und P(v') gleiche (und nicht entgegengesetzte) Richtung haben, ist eine weitere Eigenschaft der Spiegelreflexion, die noch nicht aus (α), (β) und (γ) folgt. Diese drei Eigenschaften ließen auch noch die sogenannte "reverse Reflexion" zu, bei der immer $v' = -v$ ist.

Es ist also

$$v = \langle v,a\rangle a + P(v) = \langle v,a\rangle a + \sqrt{\|v\|^2 - \langle v,a\rangle^2}\, b^{(1)} ,$$

$$v' = \langle v',a\rangle a + P(v') = -\langle v,a\rangle a + \sqrt{\|v\|^2 - \langle v,a\rangle^2}\, b^{(1)} .$$

Insbesondere ergibt sich

$$v' - v = -2\langle v,a\rangle a \quad \text{oder}$$

$$\boxed{v' = v - 2\langle v,a\rangle a} .$$

Dies ist eine einfache Formel, die das Spiegelungsgesetz vollständig beschreibt.

AUFGABE 15.- Zeigen Sie im Anschluß an Beispiel (16.53), daß umgekehrt aus $v' = v - 2\langle v,a\rangle a$ folgt: $\|v\| = \|v'\|$, $\langle v',a\rangle = -\langle v,a\rangle$ und $P(v) = P(v')$. A 15

AUFGABE 16.- Sei $E := \{\lambda v^{(1)} + \mu v^{(2)} \mid \lambda,\mu \in \mathbb{R}\}$ die von $v^{(1)} := (\frac{1}{2}, \frac{\sqrt{6}}{4}, \frac{\sqrt{6}}{4})$ und $v^{(2)} := (\frac{\sqrt{3}}{2}, -\frac{\sqrt{2}}{4}, -\frac{\sqrt{2}}{4})$ aufgespannte Ebene des $\mathbb{R}^3$. Bestimmen Sie das Dreieck in E, das durch Projektion des Dreiecks mit den Ecken (1,0,0), (0,1,0) und (0,0,1) auf E entsteht. A 16

§ 6 ANHANG: SKALARPRODUKT AUF $\mathbb{C}^N$

Ein Element des $\mathbb{C}^n = \mathbb{C} \times \ldots \times \mathbb{C}$ (n Faktoren) ist ein geordnetes n-Tupel komplexer Zahlen $(z_1,\ldots,z_n)$, $z_i \in \mathbb{C}$ für $i=1,\ldots,n$. Wenn auch Funktionen einer oder mehrerer komplexer Variablen in diesem Band nicht untersucht werden (wohl aber Funktionen, deren Werte komplexe Zahlen sind), so ist doch die Einführung eines Skalarproduktes im $\mathbb{C}^n$ für manche Rechnungen angenehm.

BEMERKUNGEN.- (1) Elemente des $\mathbb{C}^n$ werden formal genauso addiert wie Elemente des $\mathbb{R}^n$: (16.54)

$$(z_1,\ldots,z_n) + (w_1,\ldots,w_n) = (z_1+w_1,\ldots,z_n+w_n).$$

(2) Elemente des $\mathbb{C}^n$ können mit komplexen Zahlen multipliziert werden:

$$\lambda(z_1,\ldots,z_n) = (\lambda z_1,\ldots,\lambda z_n),\ \lambda \in \mathbb{C}.$$

Es gelten analoge Rechenregeln wie im $\mathbb{R}^n$.

(3) Würden wir wie im $\mathbb{R}^n$ nun für $z = (z_1,\ldots,z_n) \in \mathbb{C}^n$ und $w = (w_1,\ldots,w_n) \in \mathbb{C}^n$ das Skalarprodukt $\langle z,w\rangle$ durch

$$z_1w_1 + \ldots + z_nw_n$$

definieren, so ergäben sich eine Reihe von Schwierigkeiten. Z.B. würde Eigenschaft (4) von Satz (16.3), Seite 28:

$$\langle z,z\rangle > 0 \quad \text{für alle } z \in \mathbb{C}^n \text{ mit } z \neq 0$$

nicht gelten; damit wäre aber auch die Definition einer Länge $\|z\|$ wie in Definition (16.6) unmöglich.
Für $z = (1+i,1+i) \in \mathbb{C}^2$ z.B. wäre $\langle z,z\rangle = (1+i)^2 + (1+i)^2 = 4i$, und für diese rein imaginäre Zahl ist die Relation > 0 gar nicht definiert. So geht es also nicht! Sie erinnern sich jedoch: Ist $\alpha = a+ib$ mit $a,b \in \mathbb{R}$, so ist die Konjugierte $\bar{\alpha} = a-ib$, und es gilt

$$\alpha \cdot \bar{\alpha} = |\alpha|^2 = a^2 + b^2 \geq 0.$$

Wir definieren daher:

(16.55) Skalarprodukt im $\mathbb{C}^n$

DEFINITION.- Für Vektoren $z = (z_1, \ldots, z_n)$ und $w = (w_1, \ldots, w_n)$ des $\mathbb{C}^n$ ist das *Skalarprodukt* definiert durch

$$<z,w> := z_1\bar{w}_1 + \ldots + z_n\bar{w}_n.$$

(16.56) **BEMERKUNGEN.-** Welche der in Satz (16.3) notierten Eigenschaften des Skalarproduktes im $\mathbb{R}^n$ übertragen sich auf das eben definierte Skalarprodukt im $\mathbb{C}^n$?

(1) Zunächst ist

$$<\lambda z, w> = \lambda <z,w> \quad \text{für alle } \lambda \in \mathbb{C},\ z,w \in \mathbb{C}^n.$$

Dagegen gilt

$$\begin{aligned} <z,\lambda w> &= z_1(\overline{\lambda w_1}) + \ldots + z_n(\overline{\lambda w_n}) \\ &= \bar{\lambda}(z_1\bar{w}_1 + \ldots + z_n\bar{w}_n) = \bar{\lambda}<z,w> \text{ für } \lambda \in \mathbb{C}; \end{aligned}$$

will man also eine vor dem zweiten Argument stehende komplexe Zahl λ *"aus dem Skalarprodukt herausziehen", so muß man zur Konjugierten* $\bar{\lambda}$ *übergehen.*

(2) Da $<z,w>$ im allgemeinen eine komplexe Zahl ist, ist das Skalarprodukt nicht symmetrisch; es gilt also nicht immer $<z,w> = <w,z>$. Dagegen gilt

$$\begin{aligned} <w,z> &= w_1\bar{z}_1 + \ldots + w_n\bar{z}_n \\ &= \overline{z_1\bar{w}_1} + \ldots + \overline{z_n\bar{w}_n} = \overline{<z,w>}. \end{aligned}$$

(Beachten Sie, daß für komplexe Zahlen α und β gilt: $\overline{\alpha\beta} = \bar{\alpha}\,\bar{\beta}$ und $\bar{\bar{\alpha}} = \alpha$.)

(3) Die Eigenschaften

$$<z+w,v> = <z,v> + <w,v> \quad \text{und}$$
$$<v,z+w> = <v,z> + <v,w> \quad \text{für alle } z,v,w \in \mathbb{C}^n$$

bleiben erhalten. Rechnen Sie's nach!

(4) Auch die Eigenschaft (4) bleibt nun richtig:

$$<z,z> = z_1\bar{z}_1 + \ldots + z_n\bar{z}_n = |z_1|^2 + \ldots + |z_n|^2 \geq 0.$$

Insbesondere ist $<z,z>$ immer reell. Es gilt wieder $<z,z> = 0$ genau dann, wenn $z=0$ ist.

Damit ergibt sich nun fast alles wie im reellen Fall:

(5) Man definiert eine *Länge* komplexer Vektoren (lies: Norm von z):

Länge

$$||z|| := \sqrt{<z,z>}, \quad z \in \mathbb{C}^n.$$

$||z||$ ist immer eine nicht-negative reelle Zahl.

(6) Mit demselben Ansatz wie im Beweis von (16.10) auf Seite 30 beweist man auch hier die Ungleichung von Cauchy und Schwarz.

$$|<z,w>| \leq ||z|| \cdot ||w|| \quad \text{für alle } z,w \in \mathbb{C}^n$$

Cauchy-Schwarzsche Ungleichung

und damit die Dreiecksungleichung

$$||z+w|| \leq ||z|| + ||w|| \quad \text{für alle } z,w \in \mathbb{C}^n.$$

Dreiecksungleichung

(7) Zwei Vektoren $z,w \in \mathbb{C}^n$ heißen *orthogonal*, wenn

$$<z,w> = 0.$$

orthogonal

Es gilt der Satz von Pythagoras. Man kann analog zum reellen Fall *Hyperebenen* und *Unterräume* des $\mathbb{C}^n$ sowie die Begriffe *Orthonormalbasis* und *Normalenvektor zu Hyperebenen* definieren - auch wenn uns die Anschauung schon im $\mathbb{C}^2$ verläßt.

(8) Nicht möglich ist eine Winkeldefinition im $\mathbb{C}^n$: Zwar ist wieder für $z,w \in \mathbb{C}^n \setminus \{0\}$:

$$\left| \frac{<z,w>}{||z|| \cdot ||w||} \right| \leq 1,$$

aber daraus folgt nicht $-1 \leq \frac{<z,w>}{||z|| \cdot ||w||} \leq 1$,

denn $\frac{<z,w>}{||z|| \cdot ||w||}$ ist im allgemeinen komplex.

Eine Definition der Form

$$\cos \alpha = \frac{<z,w>}{||z|| \cdot ||w||}$$

ist daher nicht möglich. Von allen Winkeln bleibt im $\mathbb{C}^n$ nur der rechte übrig - genug für viele mathematische und praktische Probleme.

ZUSAMMENFASSUNG

Das Skalarprodukt ordnet je zwei Vektoren $u = (u_1, \ldots, u_n)$ und $v = (v_1, \ldots, v_n)$ des Vektorraumes $\mathbb{R}^n$ die reelle Zahl

$$<u,v> = \sum_{i=1}^{n} u_i v_i$$

zu. Diese Definition müssen Sie kennen, und die in Satz (16.3) auf Seite 28 genannten Eigenschaften des Skalarproduktes müssen Sie anwenden können. Ziel 1

Sie sollten darüberhinaus wissen, daß mit Hilfe des Skalarproduktes die Länge eines Vektors $v \in \mathbb{R}^n$ durch Ziel 2

$$||v|| = \sqrt{<v,v>}$$

und für $v,w \in \mathbb{R}^n \setminus \{0\}$ der Winkel $\sphericalangle(v,w)$ zwischen v und w durch

$$\cos \sphericalangle(v,w) = \frac{<v,w>}{||v|| \cdot ||w||}$$

definiert ist. Wesentliche Voraussetzung für diese Winkeldefinition ist die Gültigkeit der Ungleichung von Cauchy und Schwarz, (16.10), Seite 30:

$$|\langle v,w\rangle| \le \|v\| \cdot \|w\| \qquad \text{für alle } v,w \in \mathbb{R}^n$$

oder im Koordinatenschreibweise:

$$\left|\sum_{i=1}^n v_i w_i\right| \le \left(\sum_{i=1}^n v_i^2\right)^{\frac{1}{2}} \left(\sum_{i=1}^n w_i^2\right)^{\frac{1}{2}} .$$

Ziel 3 Die Ungleichung von Cauchy und Schwarz sollten Sie ebenso gut kennen wie die Dreiecksungleichung (16.13), Seite 31:

$$\|u+v\| \le \|u\| + \|v\| \qquad \text{für alle } u,v \in \mathbb{R}^n.$$

Als spezieller Winkel zwischen Vektoren ist der rechte Winkel ausführlich untersucht worden (ab Seite 32). Die Definition (16.15), Seite 32,

Ziel 4 der Orthogonalität müssen Sie kennen.

Ziel 5 Sie sollten wissen, was man unter einer Orthogonal- oder Orthonormalbasis eines Unterraumes U des $\mathbb{R}^n$ versteht (Definition (16.19), Seite 33) und wie sich Basisdarstellung und Skalarprodukt mit Hilfe der Fourierkoeffizienten bezüglich einer Orthonormalbasis berechnen lassen (Satz (16.22) und Bemerkung (16.23), Seite 34).

Von den zahlreichen Anwendungen der genannten Begriffe in diesem Kapitel sollten Sie insbesondere den Paragraphen 4 (ab Seite 34) intensiv studieren und sich stets den Fall n=3 veranschaulichen. Sie sollten wissen, was ein Normalenvektor zu einer (Hyper-)Ebene ist (Definition (16.27), Seite 35), wie alle Normalenvektoren "aussehen" (Satz (16.30), Seite 36), und wie man den Abstand d eines Punktes p von einer (Hyper-)Ebene E berechnet ((16.35), Seite 37). Ist E in Hessescher Normalform gegeben, also

Ziel 6

Ziel 7

$$E = \{x \in \mathbb{R}^n \mid \langle a,x\rangle = c\} \qquad \text{mit } \|a\| = 1,$$

so gilt

$$d = |c - \langle a,p\rangle| .$$

Die auf den Seiten 38 bis 41 ausführlich beschriebene Methode der kleinsten Quadrate werden Sie im Laufe Ihres Studiums sicher noch häufig auf konkrete Meßreihen anwenden müssen. Sie sollten sich dann zumindest erinnern, daß Sie hier auch nachschlagen können.

Gleichfalls zum Nachschlagen bestimmt sind die Ausführungen über das Skalarprodukt auf $\mathbb{C}^n$ auf den Seiten 45 und 46.

Kapitel 17. Das Vektorprodukt

Einleitung

Nehmen Sie an, Sie hätten folgende einfache Aufgabe zu lösen: Gegeben sind zwei Vektoren v und w des $\mathbb{R}^3$; man bestimme einen Vektor, der auf beiden senkrecht steht.

Vielleicht veranschaulichen Sie sich die Situation, indem Sie den Zeigefinger Ihrer rechten Hand als Darstellung des Vektors v, den Mittelfinger als Darstellung von w wählen. Sind beide Finger etwas gespreizt, so können Sie das Problem sicher mit Hilfe des Daumens lösen, jede Lösung unseres Problems hat die gleiche oder entgegengesetzte Richtung wie diese "Daumenlösung", die Länge der Lösungsvektoren ist beliebig.

Doch bei allem Respekt vor dem Daumen - eine mathematische Lösung ist das nicht. Die können wir jedoch mit unseren Kenntnissen aus Kapitel 16 bewerkstelligen:

Ist (v,w) linear unabhängig, so spannen v und w eine Ebene (sagen wir durch den Nullpunkt) auf,

$$E = \{\lambda v + \mu w \mid \lambda, \mu \in \mathbb{R}\}.$$

Diese Ebene können wir auch in der Form

$$E = \{x \in \mathbb{R}^3 \mid \langle a,x \rangle = c\}$$

darstellen (vergleiche (15.27)). a ist dann Normalenvektor zu E (16.30), also senkrecht auf allen Vektoren in E, insbesondere auf v und w. Etwas umständlich, aber immerhin ein gangbarer Weg. Die Wichtigkeit der oben beschriebenen Aufgabe in vielen Bereichen der Physik (um nur wenige Stichworte zu nennen: Drehmoment, Corioliskraft, Lorentzkraft) rechtfertigt, daß man für ihre Lösung eine neue Operation, die Bildung des *Vektorprodukts* einführt. Das Vektorprodukt zweier linear unabhängiger Vektoren (*) des $\mathbb{R}^3$ ist ein bestimmter Vektor, der auf beiden senkrecht steht.

(*) "Zwei linear unabgängige Vektoren" ist eine andere Sprechweise für "die Vektoren eines linear unabhängigen Paares von Vektoren". Analoge Sprechweisen bei mehr als zwei Vektoren bzw. bei linearer Abhängigkeit.

Neben das Skalarprodukt von Kapitel 16 tritt jetzt das Vektorprodukt. Die wichtigsten Unterschiede zwischen beiden "Produkten" sind:

(1) Das Skalarprodukt ist für Vektoren des $\mathbb{R}^n$ mit beliebigem n, das Vektorprodukt nur für Vektoren des $\mathbb{R}^3$ definiert.

(2) Das Skalarprodukt ordnet zwei Vektoren, den Faktoren, eine Zahl, einen Skalar zu; das Vektorprodukt ergibt als Ergebnis der Produktbildung einen Vektor. Insofern ähnelt das Vektorprodukt eher dem Produkt reeller Zahlen - das Produkt ist von gleicher Art wie die Faktoren.

(3) Dafür hat das Vektorprodukt nicht so schöne Eigenschaften wie die anderen Produktbildungen: Es ist z.B. nicht kommutativ, wie Sie sehen werden. Beim Rechnen mit dem Vektorprodukt ist also Vorsicht geboten.

§ 1 Definition und Eigenschaften des Vektorproduktes

Vorüberlegung.- Wir wollen den in der Einleitung skizzierten Lösungsweg für die Aufgabe, zu zwei Vektoren $v = (v_1,v_2,v_3)$ und $w = (w_1,w_2,w_3)$ einen auf beiden Vektoren senkrecht stehenden Vektor $a = (a_1,a_2,a_3)$ zu bestimmen, noch etwas genauer untersuchen. Wir nehmen dazu an, daß (v,w) linear unabhängig ist und betrachten die von v und w aufgespannte Ebene E durch den Nullpunkt: (17.1)

$$E = \{\lambda v + \mu w \mid \lambda, \mu \in \mathbb{R}\}.$$

In (15.27), Seite 11, haben wir nachgewiesen, daß E auch als Niveaumenge

$$E = N_c = \{x \in \mathbb{R}^3 \mid a_1x_1+a_2x_2+a_3x_3 = c\}$$

darstellbar ist, wobei $a = (a_1,a_2,a_3)$ durch $a_1 = v_2w_3-v_3w_2$, $a_2 = v_3w_1-v_1w_3$, $a_3 = v_1w_2-v_2w_1$ gegeben ist. In unserem Fall, in dem die Ebene durch den Nullpunkt geht, p also gleich (0,0,0) gewählt werden kann, ist darüberhinaus c=0. Satz (16.30), Seite 36, besagt, daß a ein Normalenvektor der Ebene E ist, also senkrecht auf allen Vektoren *in der Ebene* steht. Da die Ebene den Nullpunkt enthält, liegen insbesondere auch die Vektoren v und w in der Ebene. Wir wählen daher die folgende Definition.

(17.2) Vektorprodukt

DEFINITION.- Es seien $v = (v_1, v_2, v_3)$ und $w = (w_1, w_2, w_3)$ zwei Vektoren im $\mathbb{R}^3$. Das *Vektorprodukt* (*) $v \times w$ der Vektoren v und w ist definiert als der Vektor

$v \times w$

$$v \times w := (v_2w_3 - v_3w_2, v_3w_1 - v_1w_3, v_1w_2 - v_2w_1).$$

Sie sollten jetzt nicht versuchen, diese Definition auswendig zu lernen, auch wenn es nicht schwer ist, ein Bildungsgesetz für die Komponenten des Vektors $v \times w$ zu erkennen.

Wichtig ist zunächst: das Vektorprodukt ist eine Funktion $\mathbb{R}^3 \times \mathbb{R}^3 \longrightarrow \mathbb{R}^3$; jedem Paar (v,w) von Vektoren aus $\mathbb{R}^3$ wird ein *Vektor* des $\mathbb{R}^3$ zugeordnet:

$$(v,w) \longmapsto v \times w.$$

(Das *Skalar*produkt ordnete einem Paar von Vektoren die reelle Zahl, d.h. den *Skalar* $\langle v,w \rangle$ zu.)
Sie können nun noch direkt nachprüfen, daß $a := v \times w$ wirklich eine Lösung unserer Aufgabe ist, also senkrecht auf v und w steht:

A 1

AUFGABE 1.- Zeigen Sie, daß

$v \perp v \times w$
$w \perp v \times w$

für alle $v,w \in \mathbb{R}^3$ gilt

$\langle v, v \times w \rangle = 0$ *und* $\langle w, v \times w \rangle = 0$.

Welche Lösung unserer Aufgabe haben wir mit $v \times w$ erhalten? Es gibt ja viele Lösungen - denken Sie nur an das "Fingerexperiment". Mit einem Vektor a stehen auch alle Vektoren der Form λa, $\lambda \neq 0$ auf v und w senkrecht. Mit λ ändert sich nicht nur die Länge, sondern auch die *Orientierung* des Vektors: Für positives λ hat λa die gleiche Richtung oder auch die *gleiche Orientierung* wie a, für negatives λ hat λa die *entgegengesetzte Orientierung*.

Orientierung

Die Länge von $v \times w$ können wir ausrechnen (siehe (17.6)); aber wie beschreiben wir die Orientierung von $v \times w$? Eine saubere mathematische Definition des Orientierungsbegriffes ist recht schwierig - wir wollen uns daher lieber eines nichtmathematischen Hilfsmittels, nämlich der Finger unserer rechten Hand bedienen.

(*) auch Kreuzprodukt, äußeres Produkt oder vektorielles Produkt genannt.

DIE ORIENTIERUNG VON $v \times w$.- Sie wissen, daß die *Einheitsvektoren* im $\mathbb{R}^3$, (17.3)

$$e^{(1)} = (1,0,0), \; e^{(2)} = (0,1,0), \; e^{(3)} = (0,0,1)$$

aufeinander senkrecht stehen.

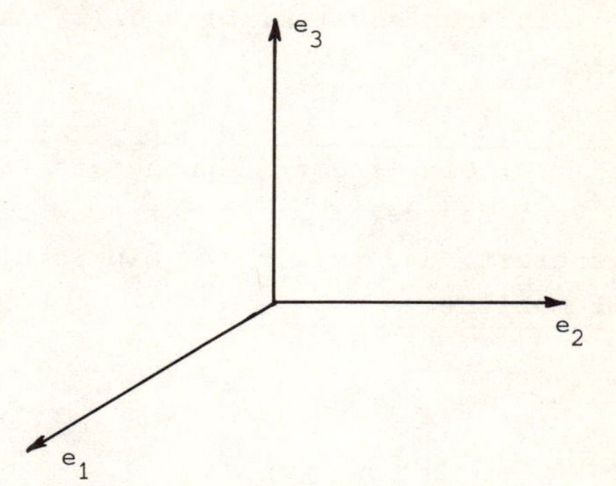

Bild 1.- Einheitsvektoren im $\mathbb{R}^3$.

In der nächsten Aufgabe sollen Sie nachweisen, daß jeder Einheitsvektor das Vektorprodukt der beiden anderen Einheitsvektoren ist:

A 2

AUFGABE 2.- Rechnen Sie nach, daß

$$e^{(1)} \times e^{(2)} = e^{(3)}, \; e^{(2)} \times e^{(3)} = e^{(1)}, \; e^{(3)} \times e^{(1)} = e^{(2)}.$$

Bringen Sie nun den Daumen Ihrer rechten Hand in Richtung $e^{(1)}$, den Zeigefinger in Richtung $e^{(2)}$ (ein bißchen Handgymnastik), so weist der Mittelfinger in Richtung von $e^{(3)} = e^{(1)} \times e^{(2)}$.

Wir nennen nun allgemein ein linear unabhängiges Tripel (v_1, v_2, v_3) von Vektoren des $\mathbb{R}^3$ ein *Rechtssystem*, wenn v_1, v_2, v_3 in dieser Reihenfolge wie Daumen, Zeigefinger und Mittelfinger der rechten Hand liegen (siehe Bild 2). Rechtssystem

Rechte-Hand-Regel

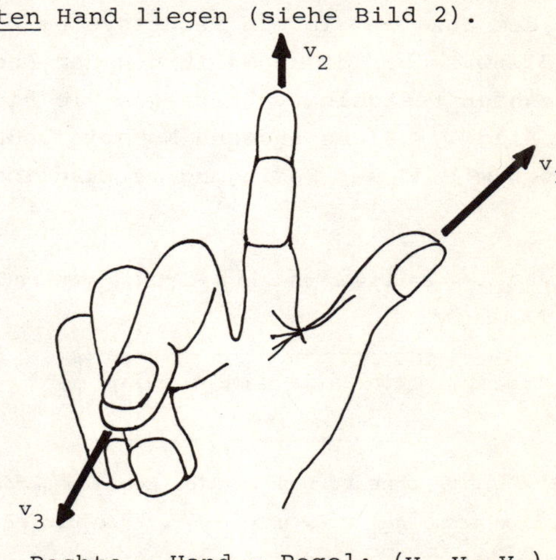

Bild 2.- Rechte - Hand - Regel: (v_1, v_2, v_3) bilden ein Rechtssystem.

Prüfen Sie noch, daß neben $(e^{(1)}, e^{(2)}, e^{(3)})$ auch $(e^{(2)}, e^{(3)}, e^{(1)} = e^{(2)} \times e^{(3)})$ und $(e^{(3)}, e^{(1)}, e^{(2)} = e^{(3)} \times e^{(1)})$ ein Rechtssystem bilden.

Versuchen Sie es 'mal mit der linken Hand, aber bitte ohne Gewalt!

In den betrachteten Fällen bildet also stets $(v, w, v \times w)$ ein Rechtssystem. Dies gilt ganz allgemein:

Orientierungsregel für $v \times w$

> Ist (v,w) ein linear unabhängiges Paar von Vektoren des $\mathbb{R}^3$, so ist $v \times w$ so orientiert, daß $(v, w, v \times w)$ ein Rechtssystem bildet.

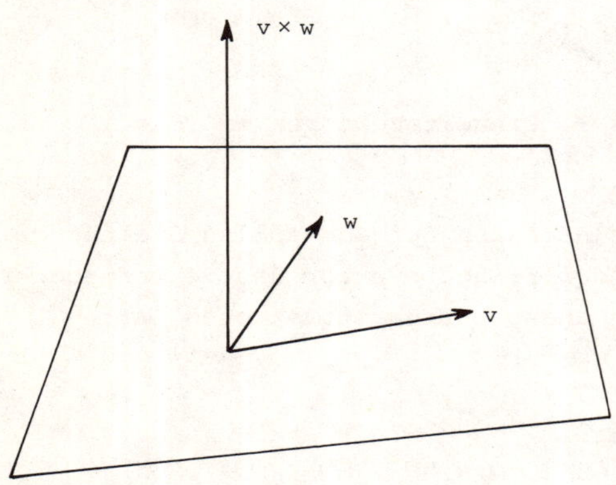

Bild 3.- Die Orientierung von $v \times w$.

(17.4) BEMERKUNG.- In Bild 1 haben wir die Koordinatenachsen stillschweigend so angeordnet, daß $(e^{(1)}, e^{(2)}, e^{(3)})$ ein Rechtssystem bildet. Dies ist eigentlich noch eine zusätzliche Eigenschaft kartesischer Koordinatensysteme: Sie werden von Orthonormalbasen des $\mathbb{R}^3$ gebildet, die ein Rechtssystem bilden.
Mit dem Zusatz "die ein Rechtssystem bilden" wird etwas über die Numerierung der Koordinatenachsen festgelegt. Überlegen Sie sich anhand von Bild 1, welche anderen Numerierungen der Achsen mit dieser Bedingung verträglich sind.

A 3 *AUFGABE 3.- a) Beweisen Sie mit Hilfe von Definition (17.2), daß*

> *für alle $v, w \in \mathbb{R}^3$ gilt*
> *$v \times w = -(w \times v)$.*

b) Prüfen Sie ohne Verwendung der Koordinatendarstellung von $v \times w$ nach, daß $v \times w$ und $-(w \times v)$ die gleiche Orientierung haben.

Das Ergebnis von Aufgabe 3 zeigt, daß das Vektorprodukt nicht kommutativ ist: Ist $v \times w \neq 0$, so ist $v \times w \neq w \times v$. Beachten Sie dies bei Rechnungen mit dem Vektorprodukt.

Die Tatsache, daß $v \times w$ auf v und auf w senkrecht steht, legt gemeinsam mit der Orientierungsregel für $v \times w$ die Richtung von $v \times w$ fest, falls (v,w) linear unabhängig ist. Wir wollen nun die Länge des Vektors $v \times w$ berechnen und anschaulich deuten. Dazu hilft die sogenannte

LAGRANGESCHE IDENTITÄT.- Für alle $v, w \in \mathbb{R}^3$ gilt (17.5)

$$\|v \times w\|^2 = \|v\|^2 \cdot \|w\|^2 - \langle v,w \rangle^2.$$

Lagrangesche Identität

BEWEIS.- Einsetzen der Definition (17.2) und berechnen der Länge gemäß Definition (16.6), Seite 29, ergibt mit $v = (v_1, v_2, v_3)$ und $w = (w_1, w_2, w_3)$:

$$\begin{aligned}\|v \times w\|^2 &= (v_2w_3 - v_3w_2)^2 + (v_3w_1 - v_1w_3)^2 + (v_1w_2 - v_2w_1)^2 \\ &= (v_1w_2)^2 + (v_1w_3)^2 + (v_2w_1)^2 + (v_2w_3)^2 + (v_3w_1)^2 \\ &\quad + (v_3w_2)^2 - 2(v_1v_2w_1w_2 + v_1v_3w_1w_3 \\ &\quad + v_2v_3w_2w_3).\end{aligned}$$

Eine geeignete Zusammenfassung der Summanden ergibt (rechnen Sie nach):

$$\begin{aligned}\|v \times w\|^2 &= (v_1^2 + v_2^2 + v_3^2)(w_1^2 + w_2^2 + w_3^2) - (v_1w_1 + v_2w_2 + v_3w_3)^2 \\ &= \|v\|^2 \cdot \|w\|^2 - \langle v,w \rangle^2.\end{aligned}$$

Von der Lagrangeschen Identität sollten Sie nur behalten, daß Sie sie hier nachschlagen können. Wichtig ist eine Folgerung:

> FOLGERUNG.- Für alle $v, w \in \mathbb{R}^3 \setminus \{0\}$ gilt (17.6)
> $$\|v \times w\| = \|v\| \cdot \|w\| \sin \measuredangle(v,w).$$

Länge von $v \times w$

BEWEIS.- Der Winkel zwischen zwei Vektoren $v, w \neq 0$ ist nach (16.46) gegeben durch

$$\cos \measuredangle(v,w) = \frac{\langle v,w \rangle}{\|v\| \cdot \|w\|}.$$

Also ist $\langle v,w \rangle^2 = \cos^2 \measuredangle(v,w) \cdot \|v\|^2 \cdot \|w\|^2$ und aus der Lagrangeschen Identität folgt

$$\begin{aligned}\|v \times w\|^2 &= \|v\|^2 \cdot \|w\|^2 (1 - \cos^2 \measuredangle(v,w)) \\ &= \|v\|^2 \cdot \|w\|^2 \sin^2 \measuredangle(v,w).\end{aligned}$$

Da $\measuredangle(v,w)$ immer zwischen 0 und π liegt, ist $\sin \measuredangle(v,w)$ immer positiv; Wurzelziehen auf beiden Seiten der Gleichung ergibt die Behauptung.

(17.7) **Bemerkung.-** Ist v oder w gleich null, so ist $v \times w = 0$, wie Sie unmittelbar aus Definition (17.2) ablesen.
Aus der Folgerung (17.6) erkennen Sie: Ist (v,w) linear abhängig, so ist ebenfalls $v \times w = 0$; denn dann hat v die gleiche oder entgegengesetzte Richtung wie w, $\sphericalangle(v,w)$ ist also 0 oder π; in beiden Fällen ist $\sin \sphericalangle(v,w) = 0$. Die Umkehrung ergibt sich analog: Ist $v \times w = 0$, so ist (v,w) linear abhängig.
Für linear abhängiges (v,w) spielt also die Richtung von $v \times w$ keine Rolle - es handelt sich ja um den Nullvektor.

(17.8) **Die geometrische Deutung von $\|v \times w\|$.-**
(1) Das linear unabhängige Paar (v,w) spannt eine Ebene durch den Ursprung auf, in der v und w liegen. Wir können das von v und w in dieser Ebene gebildete Parallelogramm P betrachten (*).

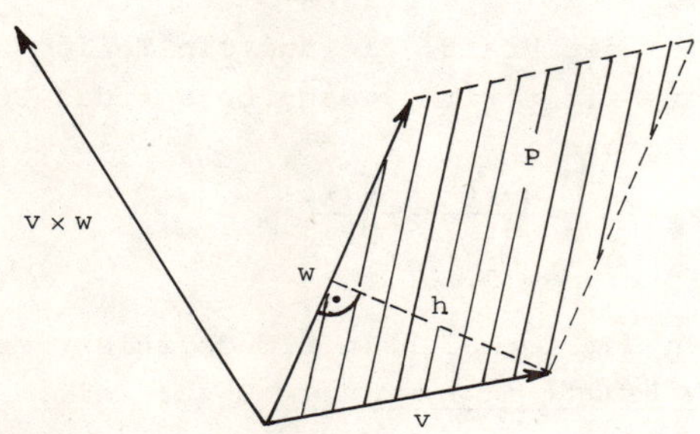

Bild 4.- Vektorprodukt und Parallelogramm.

Der Flächeninhalt F des Parallelogramms ist $\|w\| \cdot h$, wobei h die Höhe des Parallelogramms ist (siehe Bild 4). Wegen $h = \|v\| \sin \sphericalangle(v,w)$

$\|v \times w\|$ = Flächeninhalt eines Parallelogramms

$$F = \|v\| \cdot \|w\| \sin \sphericalangle(v,w) = \|v \times w\| .$$

Die Länge von $v \times w$ ist also gleich dem Flächeninhalt des von v und w gebildeten Parallelogramms (gemeint sind natürlich nur die Zahlenwerte der genannten Größen).

(2) Man erkennt auch aus dieser Deutung: $v \times w$ ist genau dann gleich null, wenn (v,w) linear abhängig ist.
Wir könnten diese Aussage formal beweisen, sie sollte aber auch schon durch die geometrische Deutung unmittelbar einsichtig sein.

(*) Sie können sich überlegen, daß $P = \{x = \lambda v + \mu w \mid 0 \leq \lambda \leq 1,\ 0 \leq \mu \leq 1\}$ ist.

__Aufgabe 4.-__ a) Für alle $\alpha \in \mathbb{R}$ und für alle $v,w \in \mathbb{R}^3$ gilt A 4

$$(\alpha v) \times w = \alpha(v \times w).$$

(Daraus folgt insbesondere $v \times w = 0$, falls $v=0$ oder $w=0$.)

b) Für alle $u,v,w \in \mathbb{R}^3$ gilt

$$(u+v) \times w = (u \times w) + (v \times w).$$

Diese Gleichungen können Sie durch einfaches Nachrechnen aus Definition (17.2) ableiten; den Beweis brauchen Sie jedoch nicht durchzuführen. Versuchen Sie stattdessen, die Gleichungen, d.h. alle in ihnen auftretenden Vielfachen, Summen und Produkte von Vektoren durch Skizzen zu veranschaulichen. (Hinweis: In a) Fallunterscheidung $\alpha > 0$, $\alpha < 0$. In b) zur Vereinfachung auf den Fall beschränken, daß u,v und w aufeinander senkrecht stehen).

In den folgenden beiden Beispielen zeigen wir Ihnen zwei Anwendungen des Vektorproduktes in der Physik.

Ein Beispiel aus der Elektrizitätslehre

Beispiel.- Bringt man in ein Magnetfeld einen Stab, durch den ein Strom fließt, so wird auf den Stab eine Kraft ausgeübt. Betrag und Richtung dieser Kraft lassen sich messen. (17.9) Leiter im Magnetfeld
Ergebnisse:

(1) Der Betrag der Kraft $\vec{k}$ hängt vom Winkel φ zwischen dem Stab und der Richtung der Feldlinien ab.

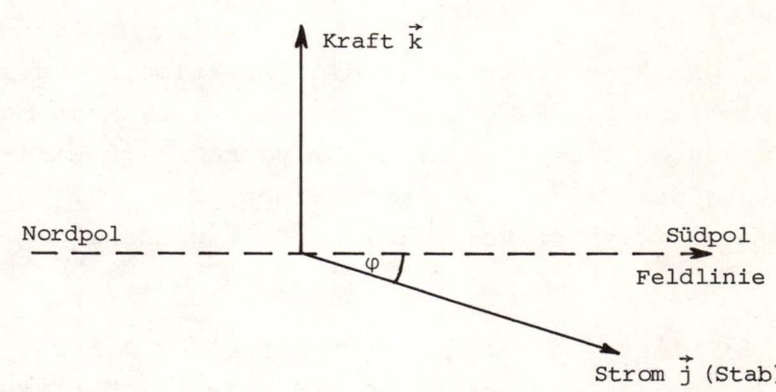

Bild 5.- Leiter im Magnetfeld.

Liegt der Stab in Richtung einer Feldlinie, so wird keine Kraft auf ihn ausgeübt. Die größte Kraft wirkt, wenn der Stab senkrecht zu den Feldlinien steht. Ändert man den Winkel φ, so ändert sich der Betrag der Kraft mit $\sin \varphi$.

(2) Der Betrag der Kraft ist proportional der Stromstärke $|\vec{j}|$. Mit der Stromrichtung kehrt sich auch die Richtung der Kraft um.

(3) Die Kraft wirkt immer senkrecht zur Richtung des Stabes und senkrecht zur Richtung der

Feldlinien, die von Nordpol zu Südpol orientiert sind. Die Kraft wirkt so, daß Strom, Feldlinien und Kraft ein Rechtssystem bilden:

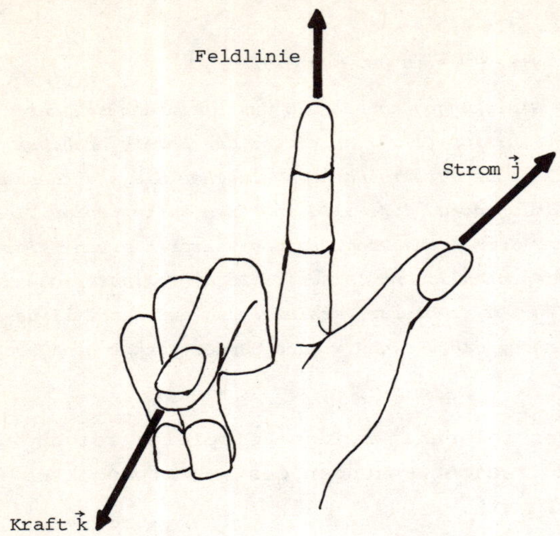

Bild 6.- Rechtssystem aus Strom, Feldlinie und Kraft.

(4) Der Betrag der Kraft ist proportional zur Länge ℓ des Stabes.

Zusammengefaßt: es gilt die Formel (siehe (17.6))

$$|\vec{k}| = B \cdot |\vec{j}| \cdot \ell \cdot \sin \varphi .$$

Induktion B ist ein Proportionalitätsfaktor, der ein Maß für die Stärke des magnetischen Feldes darstellt. B wird als *magnetische Induktion* bezeichnet.

Da das Magnetfeld durch die Induktion B und die Richtung der Feldlinien bestimmt ist, kann man es durch einen Vektor $\vec{b}$ vom Betrag B in Richtung der Feldlinien beschreiben. Das *Induktionsgesetz* kann so vektoriell gefaßt werden,

Induktionsgesetz
$$\vec{k} = \ell(\vec{j} \times \vec{b}).$$

(5) Fließt in einem Leiter der Länge ℓ der Strom $\vec{j}$, so bewegt sich in der Zeit t die Ladung

$$Q = |\vec{j}| \cdot t$$

durch den Leiter. Es gilt deshalb

$$|\vec{j}| \cdot \ell = Q \cdot \frac{\ell}{t} .$$

$\frac{\ell}{t}$ ist der Betrag der Geschwindigkeit $\vec{v}$, mit der sich die Ladung (in Richtung des Leiters) bewegt:

$$\ell \cdot \vec{j} = Q \cdot \vec{v} .$$

Aus dem Induktionsgesetz erhalten Sie nun ein Gesetz für die sogenannte *Lorentz-Kraft*. Dies ist die Kraft, die in einem Magnetfeld mit dem Induktionsvektor $\vec{b}$ auf eine Ladung Q ausgeübt wird, die sich mit der Geschwindigkeit $\vec{v}$ bewegt:

$$\vec{k} = Q(\vec{v} \times \vec{b}).$$ Lorentz-Kraft

Ein Beispiel aus der Mechanik

Beispiel.- (1) Die Bewegung eines Teilchens im Raum kann nach Festlegung eines Koordinatensystems durch eine Funktion (17.10)

$$t \mapsto x(t) = (x_1(t), x_2(t), x_3(t)) \in \mathbb{R}^3$$

beschrieben werden, die jedem Zeitpunkt t den Ort des Teilchens im $\mathbb{R}^3$ zuordnet. Die *Geschwindigkeit* des Teilchens zur Zeit t ist dann gegeben durch

$$v(t) := \frac{dx(t)}{dt} = \dot{x}(t) = (\dot{x}_1(t), \dot{x}_2(t), \dot{x}_3(t)).$$ Geschwindigkeit

Der *Impuls* ist, falls das Teilchen die Masse m hat,

$$p(t) := m \cdot v(t).$$ Impuls

Sei F(x,t) die Kraft, die auf ein Teilchen am Ort x zur Zeit t wirkt; dann besagt das Newtonsche Gesetz

$$F(x,t) = m \frac{dv(t)}{dt} = \frac{dp(t)}{dt} .$$

In Kurzform: $\dot{p} = F$.

(2) Neben dem normalen Impuls definiert man den *Drehimpuls bezüglich des Ursprungs* O zur Zeit t

$$L(t) := x(t) \times p(t).$$ Drehimpuls

Der Drehimpuls-Vektor steht also auf dem Ortsvektor und dem Geschwindigkeitsvektor senkrecht. L(t) ist null, falls p(t) die gleiche oder entgegengesetzte Richtung wie x(t) hat, das Teilchen also in radialer Richtung zum Ursprung hin oder vom Ursprung wegstrebt. (Hierbei haben wir $p(t) \neq 0$, also $v(t) \neq 0$ vorausgesetzt.)
Maximal wird der Betrag des Drehimpulses wegen

$$\|L(t)\| = \|x(t)\| \cdot \|p(t)\| \cdot \sin \sphericalangle (x(t), p(t)),$$

wenn v(t) zu x(t) senkrecht ist.

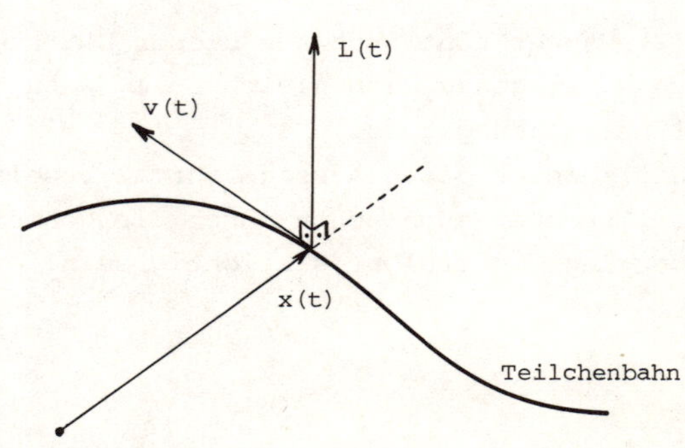

Bild 7.- Der Drehimpuls $L(t) = m \cdot x(t) \times v(t)$.

Drehmoment

(3) Man definiert nun noch das *Drehmoment* um O durch

$$N(t) := x(t) \times F(x,t).$$

Wir wollen die zur Newtonschen Gleichung $\dot{p} = F$ analoge Gleichung für Drehbewegungen herleiten:

$$\dot{L} = N.$$

Wir wissen, daß

$$m\dot{v} = F$$

gilt (*). Multiplizieren wir beide Seiten vektoriell mit x, so folgt

$$x \times (m\dot{v}) = x \times F = N.$$

Betrachten wir nun

$$\frac{d}{dt}(x(t) \times mv(t));$$

wir müssen jede Koordinate des Vektors $x(t) \times mv(t)$ ausrechnen und diese dann mit Hilfe der Produktregel differenzieren. Rechnen Sie nach, daß man erhält:

$$\frac{d}{dt}(x(t) \times mv(t)) = \frac{dx(t)}{dt} \times mv(t) + x(t) \times \frac{d}{dt}(mv(t))$$

oder kurz

$$\frac{d}{dt}(x \times mv) = \dot{x} \times mv + x \times m\dot{v} \ .$$

Wegen $\dot{x} = v$ ist der erste Summand null, da (v,mv) sicher linear abhängig ist. Also gilt

$$N = x \times m\dot{v} = \frac{d}{dt}(x \times mv) = \frac{d}{dt}(x \times p) = \frac{d}{dt} L$$

oder wie behauptet

$$\dot{L} = N.$$

Man folgert daraus den Erhaltungssatz des Drehimpulses:
Ist das Drehmoment N gleich null (d.h. hat die Kraft radiale Richtung), so gilt $\dot{L} = 0$ und der Drehimpuls ändert sich nicht, d.h. er bleibt erhalten.

§ 2 DAS SPATPRODUKT

Wir kennen nun zwei Produkte sehr verschiedener Art, das Skalar- und das Vektorprodukt; beide haben geometrische Bedeutung und finden vielfache Anwendung in Physik und Technik. Man kombiniert nun aus beiden Produkten ein drittes "Produkt", das diesen Namen vielleicht am wenigsten verdient, das aber als Vorstufe zu dem wichtigen "Determinantenbegriff" von Bedeutung ist: das "Spatprodukt".

(*) Wir lassen der Übersichtlichkeit halber die Argumente x und t jeweils weg.

(17.11) Spatprodukt

DEFINITION.- Es seien u,v und w Vektoren des $\mathbb{R}^3$. Das *Spatprodukt* $[u,v,w]$ dieser drei Vektoren ist definiert als die relle Zahl

$$[u,v,w] := \langle u \times v, w\rangle \ .$$

BEMERKUNG.- Das Spatprodukt hat also immer "drei Faktoren", das Ergebnis ist wieder eine Zahl, nämlich das Skalarprodukt der beiden Vektoren $u \times v$ und w. Anders gesagt: Das Spatprodukt ist eine Funktion $\mathbb{R}^3 \times \mathbb{R}^3 \times \mathbb{R}^3 \longrightarrow \mathbb{R}$.

(17.12) GEOMETRISCHE DEUTUNG DES SPATPRODUKTES.- Wir betrachten drei Vektoren u,v,w des $\mathbb{R}^3$, die nicht in einer Ebene liegen; (u,v,w) ist also linear unabhängig. Fassen wir diese Vektoren als Kanten eines Parallelepipeds oder Spats auf, so sagen wir: u,v,w bilden ein *Parallelepiped* oder einen *Spat* (siehe Bild 8).

Spat

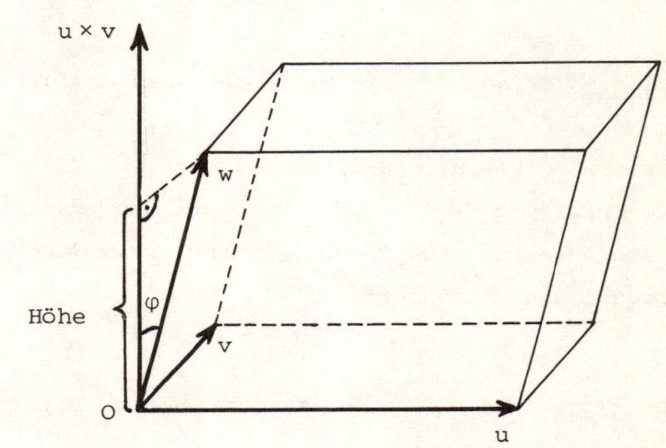

Bild 8.- u,v,w bilden einen Spat.

Das Volumen des Spats ist gleich Grundfläche mal Höhe. Der Flächeninhalt des Parallelogramms, das in Bild 8 die Grundfläche bildet, ist nach (17.8) gerade $\|u \times v\|$. Die Höhe beträgt $\|w\| \cos \varphi$, wobei φ der Winkel zwischen $u \times v$ und w ist - falls dieser Winkel kleiner als $\frac{\pi}{2}$ ist. Ist $\varphi > \frac{\pi}{2}$, so ist $\cos \varphi < 0$, und die Höhe beträgt $-\|w\| \cos \varphi$. Das Volumen des Spats ist daher

$$V_{Spat} = \begin{cases} \|u \times v\| \cdot \|w\| \cdot \cos \varphi, & \text{falls } 0 \leq \varphi < \frac{\pi}{2} \\ -\|u \times v\| \cdot \|w\| \cdot \cos \varphi, & \text{falls } \frac{\pi}{2} < \varphi \leq \pi, \end{cases}$$

wobei $\varphi = \measuredangle(u \times v, w)$.
Da aber nach (16.46), Seite 42, und (17.11)

$$\|u \times v\| \cdot \|w\| \cos \varphi = \langle u \times v, w\rangle = [u,v,w]$$

gilt, erhalten wir als geometrische Deutung des Spatproduktes

$$[u,v,w] = \begin{cases} V_{Spat}, & \text{falls } 0 \leq \varphi < \frac{\pi}{2} \\ -V_{Spat}, & \text{falls } \frac{\pi}{2} < \varphi \leq \pi\ . \end{cases} \quad (*)$$

Der Absolutbetrag des Spatproduktes ist also gleich dem Volumen des Spates. Ist $[u,v,w] \neq 0$, so sagt uns das Vorzeichen, ob (u,v,w) ein Rechtssystem bildet oder nicht.
Wir wissen nämlich: $(u,v,u \times v)$ bildet ein Rechtssystem; ist der Winkel zwischen $u \times v$ und w kleiner als $\frac{\pi}{2}$, so bildet auch (u,v,w) ein Rechtssystem - und $[u,v,w]$ ist positiv. Ist dieser Winkel größer als $\frac{\pi}{2}$, so bildet (u,v,w) ein Linkssystem und $[u,v,w]$ ist negativ.
Wir fassen das Ergebnis zusammen:

Spatprodukt: Volumen Rechtssystem

> Der Betrag des Spatproduktes aus u,v und w gibt das Volumen des von u,v und w gebildeten Spats an. Es gilt $[u,v,w] > 0$ genau dann, wenn (u,v,w) ein Rechtssystem ist.

A 5

AUFGABE 5.- Zeigen Sie mit Hilfe des eben erzielten Ergebnisses, daß

$$[u,v,w] = [v,w,u] = [w,u,v]$$

also $\langle u \times v,w\rangle = \langle v \times w,u\rangle = \langle w \times u,v\rangle$ gilt; d.h. daß sich bei "zyklischer Vertauschung" der Vektoren u,v,w der Wert des Spatproduktes nicht ändert.

(17.13) BEMERKUNG.- Da $\langle v \times w,u\rangle = \langle u,v \times w\rangle$ gilt, ergibt sich aus Aufgabe 5:

$$\langle u \times v,w\rangle = \langle u,v \times w\rangle.$$

Kurz: In der Definition (17.11) des Spatproduktes kommt es auf die Reihenfolge von Skalar- und Vektorprodukt nicht an.
Das bedeutet aber nicht, daß das Spatprodukt kommutativ ist in dem Sinne, daß Sie die Reihenfolge der Faktoren beliebig vertauschen können.
Z.B. ist $[u,v,w] = -[v,u,w]$. Ist nämlich (u,v,w) ein Rechtssystem, so ist (v,u,w) ein Linkssystem und umgekehrt. Zyklische Vertauschung der "Faktoren" wie in Aufgabe 5 ändert allerdings den Wert des Spatproduktes nicht.

Bei der Bearbeitung der nächsten Aufgabe können Sie noch einmal den Umgang mit den Begriffen linear abhängig, Skalarprodukt, Vektorprodukt, Spatprodukt einüben.

(*) Ist $\varphi = \frac{\pi}{2}$, so liegt w in der von u und v aufgespannten Ebene. Die Höhe und damit auch das Volumen des von u,v und w gebildeten Spats ist 0. Andererseits steht $u \times v$ dann senkrecht auf w, so daß auch $[u,v,w] = \langle u \times v,w\rangle = 0$ ist.

AUFGABE 6.- Zeigen Sie: $[u,v,w]$ ist genau dann gleich null, wenn (u,v,w) linear abhängig ist. A 6

ZUSAMMENFASSUNG.- Das Spatprodukt kann bei der Beantwortung von drei verschiedenen Fragen helfen: (17.14)

(1) $|[u,v,w]|$ gibt das Volumen des von u,v,w gebildeten Spats an.
(2) Das Vorzeichen von $[u,v,w]$ sagt Ihnen, ob (u,v,w) ein Rechtssystem ist oder nicht.
(3) Sie können nachprüfen, ob (u,v,w) linear abhängig ist, indem Sie feststellen, ob $[u,v,w] = 0$ gilt.

BEISPIEL.- Wir betrachten die drei Vektoren $u = (1,1,\alpha)$, $v = (2,-1,1)$ und $w = (-1,\alpha,1)$ des $\mathbb{R}^3$, von denen zwei von einem Parameter $\alpha \in \mathbb{R}$ abhängen. Wir wollen untersuchen: (17.15)

(1) Für welche α ist das Tripel (u,v,w) linear abhängig?
(2) Für welche α ist (u,v,w) ein Rechtssystem?
(3) Unter all den Parameterwerten α, für die (u,v,w) ein Linkssystem ist, bestimme man diejenigen, für die das Volumen des von u,v und w gebildeten Spats maximal ist.

Gemäß Definition (17.2) des Vektorproduktes ergibt sich

$$u \times v = (1+\alpha, 2\alpha-1, -3)$$

und damit

$$[u,v,w] = \langle u \times v,w\rangle = -(1+\alpha)+\alpha(2\alpha-1)-3 = 2\alpha^2-2\alpha-4.$$

Zur Beantwortung der Frage (1) brauchen wir nur festzustellen, wann

$$2\alpha^2-2\alpha-4 = 0$$

gilt. Es ergibt sich:
(u,v,w) ist linear abhängig genau für $\alpha = 2$ und $\alpha = -1$.

Wegen $[u,v,w] = 2(\alpha-2)(\alpha+1)$ gilt

$$[u,v,w] > 0 \text{ genau dann, wenn } \alpha > 2 \text{ oder } \alpha < -1. \quad (+)$$

D.h. nur für $-1 < \alpha < 2$ ist (u,v,w) ein Linkssystem; für $\alpha > 2$ oder $\alpha < -1$ ist (u,v,w) ein Rechtssystem.

Um Frage (3) zu beantworten, müssen wir alle $\alpha \in]-1,2[$ bestimmen, für die $|[u,v,w]|$ maximal ist. Da mit (+) in diesem Intervall $[u,v,w] < 0$ gilt, ist

$$|[u,v,w]| = -[u,v,w] = 2\alpha+4-2\alpha^2.$$

Das Extremum ergibt sich durch Nullsetzen der ersten Ableitung der Funktion $\alpha \longmapsto 2\alpha+4-2\alpha^2$:

$$2-4\alpha = 0, \quad \text{d.h.} \quad \alpha = \frac{1}{2}.$$

Die zweite Ableitung ist konstant -4, also liegt an der Stelle $\frac{1}{2} \in]-1,2[$ ein relatives Maximum vor. Dieses ist auch das gesuchte absolute Maximum, denn der Funktionswert an der Stelle $\frac{1}{2}$ beträgt $\frac{9}{2}$, während die Funktionswerte an den Intervall-Endpunkten gegen 0 streben (siehe Bild 9).

Das maximale Spatvolumen ist $V_{max} = \frac{9}{2}$.

Hätten wir auch unter den Rechtssystemen das maximale Spatvolumen gesucht, so wären wir ohne Ergebnis geblieben: Das Volumen strebt dann mit wachsendem $|\alpha|$ gegen unendlich. Sie erkennen dies auch anhand des Bildes 9.

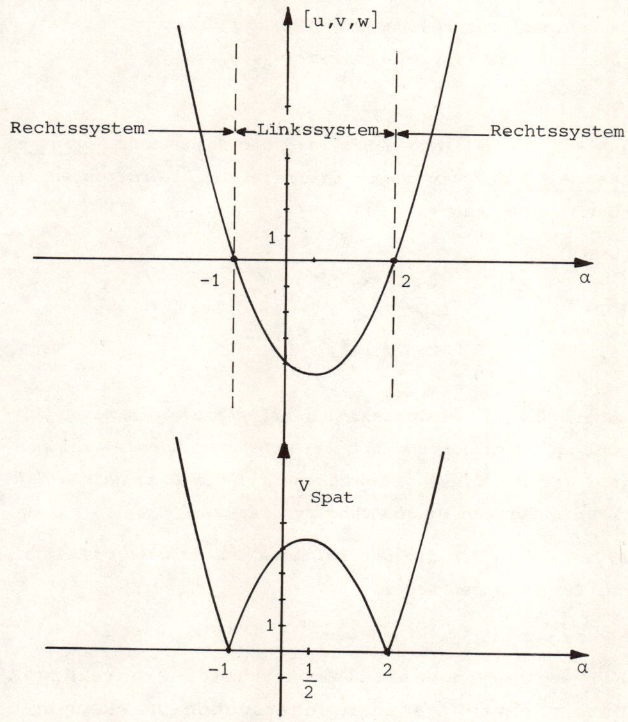

Bild 9.- Spatprodukt und Spatvolumen als Funktion des Parameters α.

A 7 *AUFGABE 7.- Sei $u=(1,\alpha,-1)$, $v=(\alpha,0,0)$, $w=(0,1,-\alpha)$. Für welche $\alpha \geq 0$ ist*

a) (u,v,w) linear abhängig,

b) (u,v,w) ein Linkssystem,

c) das Volumen des von u,v,w gebildeten Spats maximal, wenn man nur Linkssysteme (u,v,w) betrachtet?

§ 3 DAS SPATPRODUKT ALS DETERMINANTE

SPATPRODUKT = DREIREIHIGE DETERMINANTE.- (17.16)

Dreireihige Determinante ist nur ein anderer Name für Spatprodukt. Ist $u=(u_1,u_2,u_3)$, $v=(v_1,v_2,v_3)$ und $w=(w_1,w_2,w_3)$, so schreibt man

$$\begin{vmatrix} u_1 & u_2 & u_3 \\ v_1 & v_2 & v_3 \\ w_1 & w_2 & w_3 \end{vmatrix} := [u,v,w]$$

dreireihige Determinante

und nennt die linke Seite eine *dreireihige Determinante* (die Determinante der Vektoren $u,v,w \in \mathbb{R}^3$).

"Determinante" ist also wieder eine spezielle Funktion, die jedem Tripel (u,v,w) von Vektoren des $\mathbb{R}^3$ eine reelle Zahl zuordnet.

Sie werden in Kapitel 20 n-reihige Determinanten als Funktionen kennenlernen, die jedem n-Tupel von Vektoren des $\mathbb{R}^n$ eine reelle Zahl zuordnen. Dies hat dann nichts mehr mit dem Spatprodukt zu tun, das ja nur für Vektoren des $\mathbb{R}^3$ definiert ist. Der neue Name dreireihige Determinante für Spatprodukt soll nur helfen, den Übergang zu n-reihigen Determinanten zu erleichtern.

Wir wollen hier nur noch den Fall n=2 betrachten, also "zweireihige Determinanten" einführen.

DEFINITION.- Die Funktion, die jedem Paar (u,v) mit $u=(u_1,u_2)$ und $v=(v_1,v_2)$ von Vektoren des $\mathbb{R}^2$ die reelle Zahl (17.17)

$$\begin{vmatrix} u_1 & u_2 \\ v_1 & v_2 \end{vmatrix} := u_1v_2 - v_1u_2$$

zweireihige Determinante

zuordnet, heißt *zweireihige Determinante*. (*)

BEMERKUNGEN.- (1) Die geometrische Deutung des Funktionswertes (17.18)

$$\begin{vmatrix} u_1 & u_2 \\ v_1 & v_2 \end{vmatrix} = u_1v_2 - v_1u_2$$

der Funktion "zweireihige Determinante" ist einfach: Betrachten Sie die zwei Vektoren

$$\tilde{u} := (u_1,u_2,0) \quad \text{und} \quad \tilde{v} := (v_1,v_2,0),$$

so ist

$$\tilde{u} \times \tilde{v} = (0,0,u_1v_2 - v_1u_2).$$

Daher ist

$$\|\tilde{u} \times \tilde{v}\| = \sqrt{(u_1v_2 - v_1u_2)^2} = |u_1v_2 - v_1u_2|$$

gleich dem Flächeninhalt des von $\tilde{u},\tilde{v}$ aufgespannten Parallelogramms. Dieses Parallelogramm wird auch von u und v im $\mathbb{R}^2$ (= x_1-x_2-Ebene des $\mathbb{R}^3$) aufgespannt - die dritte

(*) Häufig werden wir nicht nur die genannte Funktion sondern auch den Funktionswert $\begin{vmatrix} u_1 & u_2 \\ v_1 & v_2 \end{vmatrix}$ zweireihige Determinante nennen.

zweireihige Determinante und Flächeninhalt

Koordinate ist ja für alle Punkte des Parallelogramms null. Also ist der Betrag der zweireihigen Determinante

$$\left| \begin{vmatrix} u_1 & u_2 \\ v_1 & v_2 \end{vmatrix} \right|$$

gleich dem Flächeninhalt des von u und v aufgespannten Parallelogramms.
Sie erkennen eine Gemeinsamkeit in der geometrischen Deutung zwei- und dreireihiger Determinanten:

$$\left| \begin{vmatrix} u_1 & u_2 & u_3 \\ v_1 & v_2 & v_3 \\ w_1 & w_2 & w_3 \end{vmatrix} \right| = |[u,v,w]|$$

gibt das Volumen des dreimimensionalen von u,v und w aufgespannten Spats oder Parallelepipeds wieder,

$$\left| \begin{vmatrix} u_1 & u_2 \\ v_1 & v_2 \end{vmatrix} \right|$$

den Flächeninhalt des zweidimensionalen von u und v aufgespannten Parallelogramms.
Auch das Vorzeichen einer zweireihigen Determinanten kann man interpretieren, wenn man eine Orientierung in der Ebene einführt - wir wollen darauf verzichten, da wir diese Deutung nicht benötigen.

(17.19)

Die Berechnung dreireihiger Determinanten.-

Wir werden die Berechnung dreireihiger Determinanten auf die (leichter auszuführende) Berechnung zweireihiger Determinanten zurückführen: Wie bisher seien $u = (u_1,u_2,u_3)$, $v = (v_1,v_2,v_3)$ und $w = (w_1,w_2,w_3)$ Vektoren des $\mathbb{R}^3$. Wegen $[u,v,w] = [v,w,u] = \langle v \times w, u\rangle = \langle u, v \times w\rangle$ ist

$$\begin{vmatrix} u_1 & u_2 & u_3 \\ v_1 & v_2 & v_3 \\ w_1 & w_2 & w_3 \end{vmatrix} = [u,v,w] = \langle u, v \times w\rangle$$

$$= u_1(v_2w_3-v_3w_2)+u_2(v_3w_1-v_1w_3)+u_3(v_1w_2-v_2w_1).$$

Mit $u_2(v_3w_1-v_1w_3) = -u_2(v_1w_3-v_3w_1)$ und Definition (17.17) ergibt sich - prüfen Sie nach:

Entwicklung nach der ersten Zeile

$$\begin{vmatrix} u_1 & u_2 & u_3 \\ v_1 & v_2 & v_3 \\ w_1 & w_2 & w_3 \end{vmatrix} = u_1 \begin{vmatrix} v_2 & v_3 \\ w_2 & w_3 \end{vmatrix} - u_2 \begin{vmatrix} v_1 & v_3 \\ w_1 & w_3 \end{vmatrix} + u_3 \begin{vmatrix} v_1 & v_2 \\ w_1 & w_2 \end{vmatrix}$$

Sie sehen, wir haben die Berechnung der dreireihigen Determinante auf die Berechnung von drei zweireihigen Determinanten zurückgeführt. Man nennt diese Formel *Entwicklung nach der ersten Zeile*, weil die Faktoren, die vor den zweireihigen Determinanten stehen, die Elemente u_1,u_2,u_3 "in der ersten Zeile" der Determinante sind.

Sie können sich diese Entwicklungs-Formel leicht merken, wenn man deutlicher so schreibt:

Merkregel

$$\begin{vmatrix} u_1 & u_2 & u_3 \\ v_1 & v_2 & v_3 \\ w_1 & w_2 & w_3 \end{vmatrix} = u_1 \begin{vmatrix} u_1 & u_2 & u_3 \\ v_1 & v_2 & v_3 \\ w_1 & w_2 & w_3 \end{vmatrix} - u_2 \begin{vmatrix} u_1 & u_2 & u_3 \\ v_1 & v_2 & v_3 \\ w_1 & w_2 & w_3 \end{vmatrix} + u_3 \begin{vmatrix} u_1 & u_2 & u_3 \\ v_1 & v_2 & v_3 \\ w_1 & w_2 & w_3 \end{vmatrix}.$$

Beachten Sie das Minuszeichen vor dem zweiten Summanden!

<u>AUFGABE 8</u>.- *a) Berechnen Sie durch Entwickeln nach der ersten Zeile* A 8

$$\begin{vmatrix} -1 & 2 & 1 \\ 3 & 1 & -1 \\ -1 & 4 & 5 \end{vmatrix}.$$

b) Geben Sie Entwicklungsformeln für dreireihige Determinanten nach der zweiten und nach der dritten Zeile an. (Benutzen Sie $[u,v,w] = [v,w,u] = [w,u,v]$.)

<u>AUFGABE 9</u>.- *a) Zeigen Sie, daß die sogenannte Sarrus'sche Regel zur Berechnung dreireihiger Determinanten benutzt werden kann:* A 9

$$\begin{vmatrix} u_1 & u_2 & u_3 \\ v_1 & v_2 & v_3 \\ w_1 & w_2 & w_3 \end{vmatrix} =$$

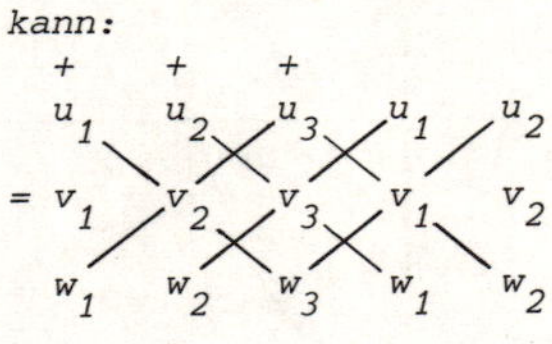

Dabei sind die Produkte längs aller eingezeichneten Diagonalen zu bilden und mit den entsprechenden Vorzeichen ("+" für von links nach rechts fallende Diagonalen, "-" für die übrigen Diagonalen) zu versehen.

b) Berechnen Sie die Determinante aus Aufgabe 8a) nach der Sarrus'schen Regel.

Wir werden in Kapitel 20 allgemeine n-reihige Determinanten genauer untersuchen und Rechenregeln ausführlich diskutieren. Einige dieser Rechenregeln finden in den Fällen n=2 und n=3 eine geometrische Deutung, die wir nun kurz besprechen wollen.

Einige Rechenregeln für Determinanten.- (17.20)

Für $i=1,2,3$ seien reelle Zahlen a_i, b_i und c_i gegeben.

<u>1. Regel</u>: Die Determinante ändert bei Vertauschung zweier Zeilen ihr Vorzeichen; es gilt also z.B.

Zeilenvertauschung

$$\begin{vmatrix} a_1 & a_2 & a_3 \\ b_1 & b_2 & b_3 \\ c_1 & c_2 & c_3 \end{vmatrix} = - \begin{vmatrix} b_1 & b_2 & b_3 \\ a_1 & a_2 & a_3 \\ c_1 & c_2 & c_3 \end{vmatrix} = (-1)^2 \begin{vmatrix} b_1 & b_2 & b_3 \\ c_1 & c_2 & c_3 \\ a_1 & a_2 & a_3 \end{vmatrix}.$$

Sie können diese Regel mit Hilfe von (17.19) direkt nachprüfen. Sie ist aber auch geometrisch klar: Vertauschung zweier Zeilen der Determinante entspricht Vertauschung zweier Vektoren im Spatprodukt; dabei geht aber ein Rechts- in ein Linkssystem, ein Links- in ein Rechtssystem über. Das bedeutet Vorzeichenänderung nach (17.14)(2), Seite 54.

2. Regel: Multipliziert man eine Zeile einer Determinante mit einer reellen Zahl λ (*), so multipliziert sich der Wert der Determinante mit λ; es gilt also z.B.

Multiplikation einer Zeile mit $\lambda \in \mathbb{R}$

$$\begin{vmatrix} a_1 & a_2 & a_3 \\ \lambda b_1 & \lambda b_2 & \lambda b_3 \\ c_1 & c_2 & c_3 \end{vmatrix} = \lambda \begin{vmatrix} a_1 & a_2 & a_3 \\ b_1 & b_2 & b_3 \\ c_1 & c_2 & c_3 \end{vmatrix} .$$

Auch dies folgt leicht aus (17.19) und ist geometrisch klar:
Ist $\lambda > 0$, so wird die Länge des entsprechenden Vektors im Spatprodukt und damit auch das Spatvolumen mit λ multipliziert, ohne daß sich die Orientierung des Vektors und damit das Vorzeichen der Determinante ändert. Ist $\lambda < 0$, so multipliziert sich das Spatvolumen mit $|\lambda|$, aber auch das Vorzeichen der Determinante ändert sich, da ein Rechts- in ein Linkssystem übergeht und umgekehrt; es ergibt sich dann für die Determinante der Faktor $-|\lambda| = \lambda$.

3. Regel: Der Wert der Determinante ändert sich nicht, wenn man das Vielfache einer Zeile zu einer anderen addiert; es gilt also z.B. für beliebiges $\lambda \in \mathbb{R}$

Addition des Vielfachen einer Zeile

$$\begin{vmatrix} a_1+\lambda b_1 & a_2+\lambda b_2 & a_3+\lambda b_3 \\ b_1 & b_2 & b_3 \\ c_1 & c_2 & c_3 \end{vmatrix} = \begin{vmatrix} a_1 & a_2 & a_3 \\ b_1 & b_2 & b_3 \\ c_1 & c_2 & c_3 \end{vmatrix} .$$

Mit den Bezeichnungen $a = (a_1, a_2, a_3)$ usw. ist nämlich die linke Seite gleich

$$\begin{aligned} [(a+\lambda b), b, c] &= \langle (a+\lambda b) \times b, c\rangle \\ &= \langle a \times b, c\rangle + \lambda \langle b \times b, c\rangle \\ &= [a,b,c] \quad , \text{ da } b \times b = 0; \end{aligned}$$

und dies ist die rechte Seite der obigen Determinanten-Gleichung.

Besonders leicht kann man sich die 3. Regel im Fall $\lambda = 1$ geometrisch klarmachen: Der Flächeninhalt des von a und b aufgespannten Parallelogramms ist gleich dem Flächeninhalt des von a+b und b aufgespannten Parallelogramms; Sie sehen dies am schnellsten mit Hilfe von Bild 10.

(*) D.h. der Vektor, dessen Koordinaten die entsprechende Zeile bilden, wird mit λ multipliziert.

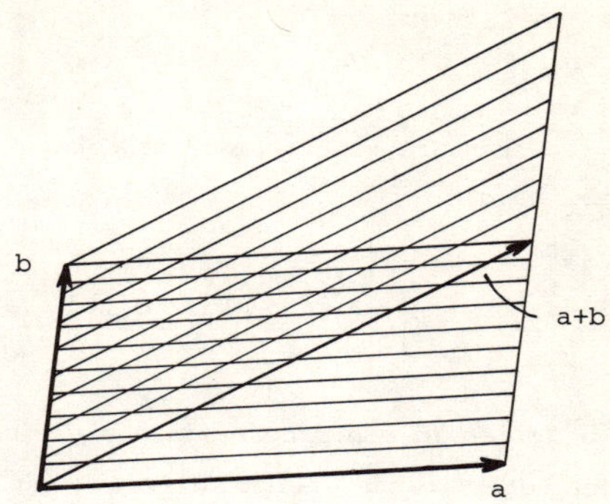

Bild 10.- Beide Parallelogramme haben gleichen Flächeninhalt.

Damit ist auch das Spatvolumen in beiden Fällen gleich.

Man kann schon mit diesen Regeln die Berechnung von Determinanten etwas vereinfachen, dazu ein Beispiel.

BEISPIEL.- Zu berechnen sei (17.21)

$$\begin{vmatrix} 1 & 2 & 1 \\ 15 & 25 & 20 \\ 4 & 7 & 6 \end{vmatrix}$$

Nach Regel 2 gilt

$$D := \begin{vmatrix} 1 & 2 & 1 \\ 15 & 25 & 20 \\ 4 & 7 & 6 \end{vmatrix} = 5 \begin{vmatrix} 1 & 2 & 1 \\ 3 & 5 & 4 \\ 4 & 7 & 6 \end{vmatrix} ;$$

nach Regel 3 dürfen Sie zur zweiten Zeile das (-3)-fache der ersten Zeile addieren, ohne den Wert zu ändern:

$$D = 5 \begin{vmatrix} 1 & 2 & 1 \\ 0 & -1 & 1 \\ 4 & 7 & 6 \end{vmatrix} .$$

Ebenso können Sie nun zur dritten Zeile das (-4)-fache der ersten addieren:

$$D = 5 \begin{vmatrix} 1 & 2 & 1 \\ 0 & -1 & 1 \\ 0 & -1 & 2 \end{vmatrix} .$$

Wegen der beiden Nullen ist D jetzt leicht durch Entwicklung zu berechnen:

$$D = 5 \cdot 1 \cdot \begin{vmatrix} -1 & 1 \\ -1 & 2 \end{vmatrix} = -5.$$

Weitere ähnliche Regeln und damit Rechenmethoden für n-reihige Determinanten werden Sie wie gesagt später kennenlernen; diese Methoden haben im Fall $n > 3$ eine wesentlich größere rechnerische Bedeutung, allerdings keine geometrische Interpretation.

A 10

AUFGABE 10.- Geben Sie eine geometrische Begründung für folgende zwei Regeln:

a)
$$\begin{vmatrix} a_1 & a_2 & a_3 \\ b_1+d_1 & b_2+d_2 & b_3+d_3 \\ c_1 & c_2 & c_3 \end{vmatrix} = \begin{vmatrix} a_1 & a_2 & a_3 \\ b_1 & b_2 & b_3 \\ c_1 & c_2 & c_3 \end{vmatrix} + \begin{vmatrix} a_1 & a_2 & a_3 \\ d_1 & d_2 & d_3 \\ c_1 & c_2 & c_3 \end{vmatrix}$$

b) Sind zwei Zeilen in einer Determinante gleich, so ist der Wert der Determinante gleich Null.

Zum Schluß dieses Paragraphen formulieren wir mit Hilfe des Determinantenbegriffs eine formale Merkregel zur Bestimmung der Koordinaten des Vektorproduktes.

(17.22) MERKREGEL.- *Seien* $v = (v_1, v_2, v_3)$ *und* $w = (w_1, w_2, w_3)$ *Vektoren des* $\mathbb{R}^3$. *Ersetzen Sie nun die Elemente der ersten Zeile einer dreireihigen Determinante formal durch Einheitsvektoren* $e^{(1)}, e^{(2)}, e^{(3)}$ *des* $\mathbb{R}^3$ *und berechnen Sie diese "Determinante" formal durch Entwicklung nach der ersten Zeile wie in (17.19). Dann erhalten Sie:*

$$\begin{vmatrix} e^{(1)} & e^{(2)} & e^{(3)} \\ v_1 & v_2 & v_3 \\ w_1 & w_2 & w_3 \end{vmatrix} = e^{(1)} \begin{vmatrix} v_2 & v_3 \\ w_2 & w_3 \end{vmatrix} - e^{(2)} \begin{vmatrix} v_1 & v_3 \\ w_1 & w_3 \end{vmatrix} + e^{(3)} \begin{vmatrix} v_1 & v_2 \\ w_1 & w_2 \end{vmatrix}$$

$$= (1,0,0)\cdot(v_2w_3-v_3w_2)-(0,1,0)\cdot(v_1w_3-v_3w_1) + (0,0,1)\cdot(v_1w_2-v_2w_1)$$

$$= (v_2w_3-v_3w_2, v_3w_1-v_1w_3, v_1w_2-v_2w_1) = v \times w.$$

Vergleichen Sie mit Definition (17.2), Seite 49! Die Merkregel

Merkregel zur Berechnung von $v \times w$

$$v \times w = \begin{vmatrix} e^{(1)} & e^{(2)} & e^{(3)} \\ v_1 & v_2 & v_3 \\ w_1 & w_2 & w_3 \end{vmatrix}$$

ist tatsächlich nur formaler Art, da in der ersten Zeile der Determinante auf der rechten Seite nicht reelle Zahlen sondern Vektoren stehen.

§ 4 GEOMETRISCHE ANWENDUNGEN VON VEKTOR- UND SPATPRODUKT

EBENENDARSTELLUNG MIT HILFE DES VEKTORPRODUKTES.- (17.23)
Es gibt, wie Sie wissen, zwei Darstellungen einer Ebene E:

(1) die Parameterdarstellung

$$E = \{x = p + \lambda u + \mu v \mid \lambda, \mu \in \mathbb{R}\},$$

wobei $p, u, v \in \mathbb{R}^3$ und (u,v) linear unabhängig ist;

(2) die Darstellung als Niveaumenge einer linearen Funktion

$$E = \{x \mid \langle a,x \rangle = c\},$$

hierbei ist c eine feste reelle Zahl und a ein Normalenvektor zu E.

Wichtig ist oft, wie man von einer Darstellung zu der jeweils anderen gelangt - sehen Sie sich die Diskussion in Kapitel 15, § 3 nochmals an.

Zum Übergang von (1) nach (2) kann das Vektorprodukt einen Beitrag liefern: Der Vektor $a \in \mathbb{R}^3$ in der Darstellung (2) ist ein Normalenvektor zu E, steht also auf allen Vektoren, die in E liegen, senkrecht (siehe Definition (16.26) und Satz (16.30), Seite 36). Insbesondere muß a auf u und v senkrecht stehen. Dies tut auch $u \times v$; wählen wir also

$$a = u \times v,$$

so ist nur noch die Zahl c zu bestimmen. Dies geschieht dadurch, daß wir das Skalarprodukt $\langle a,x \rangle$ für einen Punkt von E, z.B. p, berechnen:

$$c = \langle a,p \rangle = \langle u \times v, p \rangle.$$

Damit erhalten wir aus Darstellung (1) sofort die Darstellung (2)

$$E = \{x \in \mathbb{R}^3 \mid \langle u \times v, x \rangle = \langle u \times v, p \rangle\}$$

- natürlich nur für Ebenen im $\mathbb{R}^3$. (Vergleichen Sie dieses Ergebnis mit Satz (15.27), Seite 11.)

BEISPIEL.- E sei die Ebene durch die drei Punkte $P = (-1,1,1)$, $Q = (2,3,0)$ und $R = (0,1,-2)$. (17.24)

(1) Parameterdarstellung von E:
Der Vektor u von P nach Q ist gegeben durch

$$u = Q - P = (3,2,-1)$$

und v von P nach R durch

$$v = R - P = (1,0,-3).$$

Das Paar (u,v) ist linear unabhängig und E hat die Parameterdarstellung

$$E = \{x = (-1,1,1) + \lambda(3,2,-1) + \mu(1,0,-3) \mid \lambda, \mu \in \mathbb{R}\}.$$

(2) Darstellung als Niveaumenge einer linearen Funktion:

Wir berechnen

$$a = u \times v = \begin{vmatrix} e^{(1)} & e^{(2)} & e^{(3)} \\ 3 & 2 & -1 \\ 1 & 0 & -3 \end{vmatrix}$$

$$= e^{(1)} \begin{vmatrix} 2 & -1 \\ 0 & -3 \end{vmatrix} - e^{(2)} \begin{vmatrix} 3 & -1 \\ 1 & -3 \end{vmatrix} + e^{(3)} \begin{vmatrix} 3 & 2 \\ 1 & 0 \end{vmatrix}$$

$$= (-6,8,-2)$$

und

$$\langle a,P \rangle = \langle (-6,8,-2),(-1,1,1) \rangle = 12.$$

Also erhält E die Koordinatendarstellung

$$E = \{(x,y,z) \in \mathbb{R}^3 \mid -6x+8y-2z = 12\}$$
$$= \{(x,y,z) \in \mathbb{R}^3 \mid -3x+4y-z = 6\}.$$

(3) Die Hessesche Normalform von E (siehe (16.35)(2), Seite 37) erhält man, indem man für a einen Normalenvektor der Länge 1 wählt, also zum Beispiel

$$a' = \frac{1}{\|u \times v\|}\, u \times v = \frac{1}{2\sqrt{26}}(-6,8,-2).$$

In diesem Fall ist die reelle Zahl

$$c' = \langle a',P \rangle = \frac{\langle u \times v,P \rangle}{\|u \times v\|} = \frac{6}{\sqrt{26}}$$

und daher

$$E = \{(x,y,z) \in \mathbb{R}^3 \mid -\frac{3}{\sqrt{26}}x + \frac{4}{\sqrt{26}}y - \frac{1}{\sqrt{26}}z = \frac{6}{\sqrt{26}}\}$$

die Hessesche Normalform von E.

(4) Der Abstand eines Punktes $q \in \mathbb{R}^3$ von der Ebene E ist deshalb nach (16.35):

$$d = \frac{|\langle u \times v,P \rangle - \langle u \times v,q \rangle|}{\|u \times v\|} = \frac{|\langle u \times v,P-q \rangle|}{\|u \times v\|}.$$

Der Punkt $q = (1,1,-1)$ hat also von E den Abstand

$$d = \frac{1}{2\sqrt{26}} |\langle (-6,8,-2),(-2,0,2) \rangle| = \frac{4}{\sqrt{26}}.$$

(17.25) EBENENDARSTELLUNG MIT HILFE DES SPATPRODUKTES.-

(1) Sie haben in (17.23) gesehen, daß die Ebene

$$E = \{x = p + \lambda u + \mu v \mid \lambda,\mu \in \mathbb{R}\}$$

durch die Gleichung

$$\langle u \times v,x \rangle = \langle u \times v,p \rangle$$

bzw. durch

$$\langle u \times v,x-p \rangle = 0$$

beschrieben werden kann. Nach Definition (17.11), Seite 53, steht auf der linken Seite der letzten Gleichung ein Spatprodukt, so daß auch

Spatprodukt-Darstellung von E

$$E = \{x \in \mathbb{R}^3 \mid [u,v,x-p] = 0\}$$

ist. Diese Form der Ebenendarstellung ist nicht verwunderlich: $[u,v,x-p]$ ist nach Aufgabe 6, Seite 54, genau dann gleich null, wenn $(u,v,x-p)$ linear abhängig ist, wenn also

$$x-p = \lambda u + \mu v \qquad \text{mit } \lambda,\mu \in \mathbb{R}$$

gilt (das Paar (u,v) ist ja nach Voraussetzung linear unabhängig). Dies ist aber gerade die Parameterdarstellung eines Punktes x von E.

(2) Hier findet auch die Formel für den Abstand d eines Punktes $q \in \mathbb{R}^3$ von E eine direkte geometrische Deutung. Nach (17.24)(4) gilt

$$d = \frac{|\langle u \times v,p-q \rangle|}{\|u \times v\|} = \frac{|[u,v,p-q]|}{\|u \times v\|},$$

und $|[u,v,q-p]|$ ist das Volumen des von u,v und q-p gebildeten Spats, $\|u \times v\|$ der Flächeninhalt der Grundfläche dieses Spats. In der Form

$$\|u \times v\| \cdot d = |[u,v,q-p]|$$

sagt die Formel also

Volumen des Spats = (Flächeninhalt der Grundfläche) mal (Höhe).

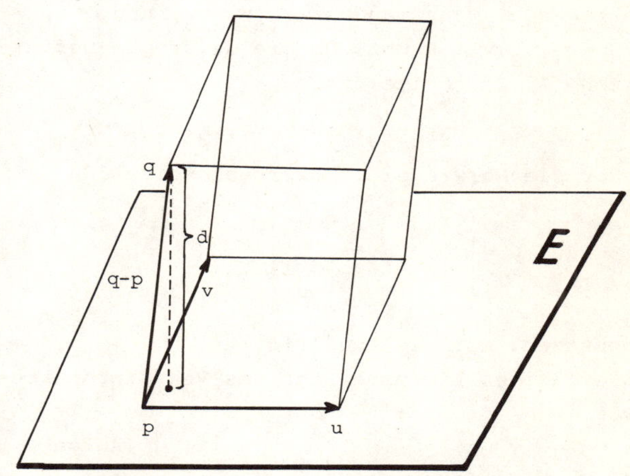

Bild 11.- Volumen = Grundfläche × Höhe.

(3) Da dreireihige Determinanten als Spatprodukt definiert sind, lassen sich Determinanten auch zur Darstellung von Ebenen verwenden: Aus der in (1) gewonnenen Darstellung von E folgt mit $u = (u_1,u_2,u_3)$, $v = (v_1,v_2,v_3)$ und $p = (p_1,p_2,p_3)$

$$E = \{(x_1,x_2,x_3) \in \mathbb{R}^3 \mid \begin{vmatrix} u_1 & u_2 & u_3 \\ v_1 & v_2 & v_3 \\ x_1-p_1 & x_2-p_2 & x_3-p_3 \end{vmatrix} = 0\}.$$ Determinanten-Darstellung von E

In analoger Weise lassen sich auch Geraden im $\mathbb{R}^2$ behandeln (siehe Aufgabe 11).

A 11 *AUFGABE 11.- Zeigen Sie, daß die Gerade*

$$g := \{x = p+\lambda u \mid \lambda \in \mathbb{R}\}$$

mit $p = (p_1, p_2)$ *und* $u = (u_1, u_2) \neq (0,0)$ *auch in der Form*

$$g = \{(x_1,x_2) \in \mathbb{R}^2 \mid \begin{vmatrix} u_1 & u_2 \\ x_1-p_1 & x_2-p_2 \end{vmatrix} = 0\}$$

darstellbar ist.

ZUSAMMENFASSUNG

Jedem linear unabhängigen Paar (u,v) von Vektoren $u,v \in \mathbb{R}^3$ wird mit Hilfe des Vektorproduktes ein Vektor $u \times v \in \mathbb{R}^3$ zugeordnet, der senkrecht auf u und senkrecht auf v steht. Das Tripel $(u,v,u \times v)$ bildet ein Rechtssystem (siehe Seite 50), d.h. die drei Vektoren liegen in der genannten Reihenfolge wie Daumen, Zeigefinger und Mittelfinger der rechten Hand. Diese Rechte-
Ziel 1 Hand-Regel sollten Sie zur Bestimmung der Richtung von $u \times v$ anwenden können. Darüberhinaus
Ziel 2 sollten Sie wissen, wie man das Vektorprodukt berechnet, wenn man $u = (u_1, u_2, u_3)$ und $v = (v_1, v_2, v_3)$ kennt. Ob Sie dafür die Definition (17.2), Seite 49:

$$u \times v = (u_2v_3-u_3v_2, u_3v_1-u_1v_3, u_1v_2-u_2v_1)$$

oder die Merkregel (17.22) auf Seite 58

$$u \times v = \begin{vmatrix} e^{(1)} & e^{(2)} & e^{(3)} \\ u_1 & u_2 & u_3 \\ v_1 & v_2 & v_3 \end{vmatrix}$$

benutzen, ist gleichgültig.

Ziel 3 Sie sollten Eigenschaften des Vektorproduktes wie

$x \times y = -(y \times x)$,	(Aufgabe 3)
$(\lambda x+\mu y) \times z = \lambda(x \times z)+\mu(y \times z)$,	(Aufgabe 4)
$y \times y = 0$,	(17.7)
$x \times y = 0 \iff (x,y)$ linear abhängig,	(17.7)

kennen und anwenden können (hierbei sind $x,y,z \in \mathbb{R}^3$ und $\lambda, \mu \in \mathbb{R}$).

Schließlich sollten Sie wissen, daß sich die Länge von $u \times v$ für $u,v \in \mathbb{R}^3 \setminus \{0\}$ berechnet zu Ziel 4

$$\|u \times v\| = \|u\| \cdot \|v\| \cdot \sin \measuredangle(u,v).$$

Diese Zahl läßt sich als Flächeninhalt des von u und v aufgespannten Parallelogramms interpretieren (siehe (17.6) und (17.8), Seite 50/51).

Mit Hilfe des Vektorproduktes haben wir das Spatprodukt und die dreireihige Determinante definiert ((17.11), Seite 53 und (17.16), Seite 55), und zwar ist für $u = (u_1, u_2, u_3)$, $v = (v_1, v_2, v_3)$ und $w = (w_1, w_2, w_3)$

$$[u,v,w] = \langle u \times v, w\rangle = \begin{vmatrix} u_1 & u_2 & u_3 \\ v_1 & v_2 & v_3 \\ w_1 & w_2 & w_3 \end{vmatrix}.$$

Diese Definition sollten Sie kennen, und Sie sollten wissen, daß $|[u,v,w]|$ das Volumen des von u,v und w gebildeten Spats angibt, während das Vorzeichen von $[u,v,w]$ sagt, ob (u,v,w) ein Rechtssystem ist oder nicht (siehe (17.14), Seite 54). Ziel 5

Da Sie im Laufe Ihres Studiums noch häufig mit Determinanten (auch allgemeinerer Art als der hier behandelten dreireihigen Determinanten, siehe Kapitel 20) arbeiten werden, sollten Sie sich bereits die Berechnungsverfahren von dreireihigen Determinanten gut einprägen: Ziel 6

Entwicklung nach einer Zeile,	(17.19) und Aufgabe 8b
Sarrus'sche Regel,	Aufgabe 9
Rechenregeln	(17.20).

Die Sarrus'sche Regel gilt nur zur Berechnung <u>drei</u>reihiger Determinanten.

Kapitel 18. Matrizen

EINLEITUNG

In verschiedenen Zusammenhängen sind Ihnen bisher schon Systeme linearer Gleichungen begegnet, z.B. bei der Untersuchung auf lineare Unabhängigkeit in (15.44), Seite 20, oder etwa bei der Behandlung der Methode der kleinsten Quadrate in (16.41) und (16.42), Seite 40. Diese Systeme hatten jeweils so wenige Gleichungen und Unbekannte, daß sie sich ohne eine gewisse Systematik noch lösen ließen.
Eine solche "Methode" (nämlich die Probier-Methode), eine oder mehrere Lösungen eines Systems linearer Gleichungen zu finden, versagt bei zunehmender Anzahl von Unbekannten und Gleichungen. Es ist deshalb notwendig, Verfahren und Kriterien zu entwickeln, mit deren Hilfe die Lösungen ermittelt werden können bzw. mit deren Hilfe überhaupt festgestellt werden kann, ob es Lösungen gibt. Diese Probleme werden ausführlich im nächsten Kapitel behandelt.
In diesem Kapitel werden wir wesentliche Vorarbeiten hierfür leisten und Objekte intensiv studieren, die bei der Behandlung von Systemen linearer Gleichungen auftreten. Diese Objekte heißen *Matrizen* (singular: Matrix).
Bei der Untersuchung der Matrizen werden wir über die Herleitung der Eigenschaften, die für unser Studium von linearen Gleichungssystemen von Bedeutung sind, hinausgehen. Denn Matrizen spielen in vielen anderen Zusammenhängen ebenfalls eine wichtige Rolle. Als Stichworte seien hier nur erwähnt: Produktionsmatrizen, Übergangsmatrizen und lineare Abbildungen. Letztere werden Sie auch in dieser Studieneinheit kennenlernen. Ferner werden Sie den Begriff Matrix in der Analysis bei der Untersuchung von Funktionen mehrerer Veränderlichen wieder benötigen.

Wir beginnen mit einem Beispiel aus der Elektrotechnik und wollen andeuten, wie man ein Netzwerk durch eine "Matrizengleichung" beschreiben kann.

BEISPIEL.- Wir betrachten das folgende Netzwerk (siehe Bild 1), das man zur Messung eines unbekannten Ohmschen Widerstandes X verwenden kann: die Wheatstone'sche Brücke. (*) (18.1)

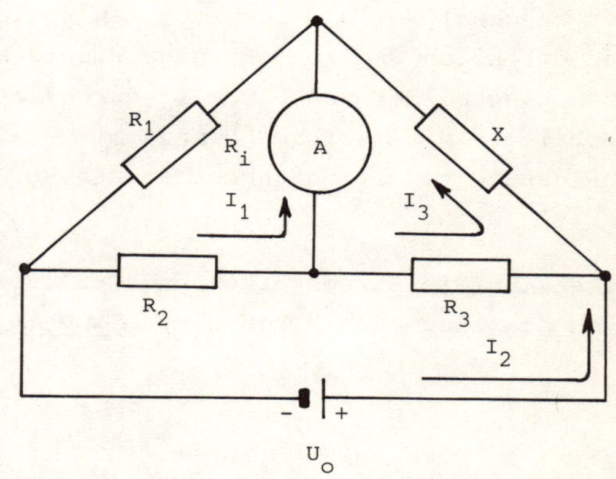

Bild 1.- Die Wheatstone'sche Brücke zur Messung des unbekannten Widerstandes X.

In den einzelnen Maschen (= geschlossenen Stromkreisen) dieses Netzwerkes legt man willkürlich Stromrichtungen fest und wendet das zweite Kirchhoffsche Gesetz an:

2. Kirchhoffsches Gesetz

> In jeder Masche ist die Summe der (mit Vorzeichen versehenen) Spannungsabfälle gleich der Summe aller Quellspannungen.

Damit läßt sich ein System von linearen Gleichungen zur Bestimmung der Stromstärken I_1, I_2 und I_3 aufstellen (R_i ist der innere Widerstand des Amperemeters A):

$$\begin{aligned}(R_1+R_2+R_i)I_1 - R_2I_2 - R_iI_3 &= 0\\ -R_2I_1 + (R_2+R_3)I_2 - R_3I_3 &= U_o \qquad (1)\\ -R_iI_1 - R_3I_2 + (R_i+R_3+X)I_3 &= 0\end{aligned}$$

Durch geeignete Wahl der Widerstände R_2 und R_3 wird das Amperemeter A stromlos. Das bedeutet

(*) Sir Charles Wheatstone, 1802-1875, englischer Physiker. Er erfand 1837 den Nadeltelegrafen und konstruierte elektrische Uhren, Baro- und Thermografen.

insbesondere $I_1 = I_3$ und liefert die Beziehung $X = R_1 \cdot \frac{R_3}{R_2}$. Wir kommen in Kapitel 19 noch einmal darauf zurück.

Widerstandsmatrix

Zur einfacheren Beschreibung des gegebenen Netzwerkes führen wir ein neues Objekt, die *Widerstandsmatrix* R, ein:

$$R := \begin{pmatrix} R_1+R_2+R_i & -R_2 & -R_i \\ -R_2 & R_2+R_3 & -R_3 \\ -R_i & -R_3 & R_i+R_3+X \end{pmatrix} .$$

Beschreibung der Widerstandsmatrix

R enthält die Koeffizienten des Gleichungssystems (1). Genauer: die Widerstandsmatrix ist ein rechteckiges Zahlen-Schema mit drei (= Anzahl der Maschen) Zeilen. In der j-ten Zeile steht an der k-ten Stelle derjenige Widerstand der j-ten Masche, der vom Strom I_k durchflossen wird, wobei ein Minuszeichen hinzukommt, falls I_k der Richtung von I_j entgegengesetzt ist. Prüfen Sie's nach.

Wir fassen nun die Stromstärken und Quellspannungen in den einzelnen Maschen zu *Spaltenvektoren*

$$I := \begin{pmatrix} I_1 \\ I_2 \\ I_3 \end{pmatrix} \quad \text{und} \quad U := \begin{pmatrix} 0 \\ U_0 \\ 0 \end{pmatrix}$$

zusammen und schreiben abkürzend

$$R = \begin{pmatrix} r_{11} & r_{12} & r_{13} \\ r_{21} & r_{22} & r_{23} \\ r_{31} & r_{32} & r_{33} \end{pmatrix} ,$$

wobei also $r_{11} = R_1+R_2+R_i$, $r_{12} = -R_2$, $r_{13} = -R_i$ usw. ist.

Wir definieren einen Spaltenvektor $R \cdot I$, dessen k-te Koordinate

$$r_{k1}I_1 + r_{k2}I_2 + r_{k3}I_3 , \quad 1 \leq k \leq 3, \qquad (2)$$

sei. Dann gilt wegen (1) und (2)

$$R \cdot I = U . \qquad (3)$$

Und diese - das gegebene Netzwerk beschreibende - *Matrizengleichung* hat die drei Gleichungen des Systems (1) zu einer Gleichung zwischen Spaltenvektoren zusammengefaßt.

Formal hat die Gleichung (3) wieder das Aussehen des Ohmschen Gesetzes.

A 1 *AUFGABE 1.- Bestimmen Sie die Widerstandsmatrix R des folgenden Netzwerks:*

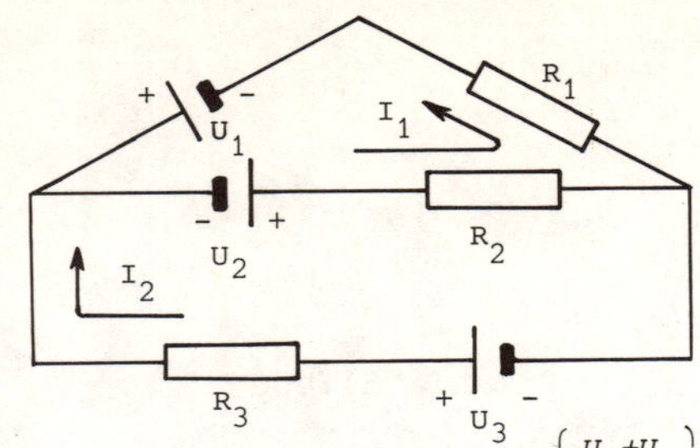

Ermitteln Sie nun mit Hilfe von $U := \begin{pmatrix} U_1+U_2 \\ U_2+U_3 \end{pmatrix}$ *aus der Matrizengleichung* $R \cdot I = U$ *das System linearer Gleichungen zur Bestimmung von* I_1 *und* I_2*.*

Das Verfahren, ein System linearer Gleichungen durch eine Matrizengleichung zu beschreiben, und umgekehrt, eine einfache Matrizengleichung wieder als System linearer Gleichungen zu schreiben, werden wir im ersten Paragraphen allgemein formulieren. Zunächst soll jedoch der Begriff der *Matrix* allgemein definiert werden. Danach werden wir untersuchen, wie man mit diesen neuen Objekten, den Matrizen, rechnet und welche Bedeutung den Rechenoperationen in bestimmten Anwendungen zukommt.

§ 1 DEFINITION EINER MATRIX

DEFINITION.- Ein rechteckiges Schema (18.2)

$$\begin{pmatrix} a_{11} & a_{12} & \cdots & a_{1n} \\ a_{21} & a_{22} & \cdots & a_{2n} \\ \vdots & \vdots & & \vdots \\ a_{m1} & a_{m2} & \cdots & a_{mn} \end{pmatrix}$$

Matrix

von $m \cdot n$ reellen Zahlen a_{ij}, die in m Zeilen und n Spalten angeordnet sind, heißt *reelle (m×n)-Matrix*.

Elemente der Matrix

Die a_{ij} heißen *Elemente* der Matrix.

Wir bezeichnen Matrizen meist mit Großbuchstaben A,B,C,... bzw. mit $(a_{ij})_{\substack{1 \leq i \leq m \\ 1 \leq j \leq n}}$ oder kurz mit (a_{ij}), wenn der Definitionsbereich der Indizes i und j aus dem jeweiligen Zusammenhang hervorgeht.

BEISPIELE.- (1) (18.3)

$$\begin{pmatrix} 4 & 1 & 0 & -\frac{1}{2} \\ 9 & -3 & 1 & 1 \end{pmatrix} \quad \text{ist eine } (2\times 4)\text{-Matrix.}$$

$$\begin{pmatrix} 7 & 3 & \sqrt{2} \\ -8 & 0 & 1 \\ -2 & \pi & 19 \end{pmatrix}$$ ist eine (3×3)-Matrix.

(2) Darüberhinaus enthält Definition (18.2) die beiden Spezialfälle m=1 oder n=1:

Eine (1×n)-Matrix hat die Gestalt

$$(a_{11}\ a_{12}\ \dots\ a_{1n}),$$

(1×n)-Matrix = Zeilenvektor

ist also ein Vektor des $\mathbb{R}^n$ (ob wir Kommas zwischen die Elemente schreiben oder nicht, ist gleichgültig). Zur Verdeutlichung sprechen wir genauer von einem *Zeilenvektor* des $\mathbb{R}^n$.

Eine (m×1)-Matrix hat die Gestalt

(m×1)-Matrix = Spaltenvektor

$$\begin{pmatrix} a_{11} \\ a_{21} \\ \vdots \\ a_{m1} \end{pmatrix}.$$

Wir nennen eine (m×1)-Matrix auch *Spaltenvektor* des $\mathbb{R}^m$.

Sie haben eben gesehen, daß Zeilen- und Spaltenvektoren spezielle Matrizen sind. Umgekehrt kann man sich jede beliebige Matrix aus Zeilen- oder aus Spaltenvektoren "aufgebaut" denken. Wir legen die entsprechenden Bezeichnungen in der folgenden Definition fest.

(18.4) **DEFINITION.-** Sei (a_{ij}) eine (m×n)-Matrix.

i-ter Zeilenvektor

(1) Die Elemente a_{ij} mit festem ersten Index i bilden den *i-ten Zeilenvektor*

$$z_i := (a_{i1}\ a_{i2}\ \dots\ a_{in}), \quad 1 \le i \le m.$$

Wir schreiben die gegebene Matrix dann auch in der Form

Zeilendarstellung

$$\begin{pmatrix} z_1 \\ z_2 \\ \vdots \\ z_m \end{pmatrix}$$

und nennen dies die *Zeilendarstellung* von (a_{ij}).

j-ter Spaltenvektor

(2) Die Elemente a_{ij} mit festem zweiten Index j bilden den *j-ten Spaltenvektor*

$$s_j := \begin{pmatrix} a_{1j} \\ a_{2j} \\ \vdots \\ a_{mj} \end{pmatrix}, \quad 1 \le j \le n.$$

Wir schreiben die gegebene Matrix dann auch in der Form

$$(s_1\ s_2\ \dots\ s_n)$$

und nennen dies die *Spaltendarstellung* von (a_{ij}). (*).

Spaltendarstellung

Sie sehen, eine (m×n)-Matrix besteht aus m Zeilenvektoren des $\mathbb{R}^n$ bzw. n Spaltenvektoren des $\mathbb{R}^m$.

AUFGABE 2.- a) Geben Sie die Zeilenvektoren und die Spaltenvektoren der folgenden Matrix an: A 2

$$\begin{pmatrix} 0 & 0 & 4 & -2 \\ -3 & 9 & 1 & 0 \\ 2 & 16 & -\frac{1}{2} & -1 \\ 0 & 0 & 0 & 0 \\ 7 & 3 & 4{,}2 & 0 \end{pmatrix}.$$

b) Gibt es eine Matrix, die $z_1 := (2\ 2\ 3)$, $z_2 := (-4\ 0\ 3)$ *und* $z_3 := (0\ 0\ 7)$ *als Zeilenvektoren hat? Geben Sie die Matrix gegebenenfalls an!*

c) Gibt es eine Matrix, die

$$s_1 := \begin{pmatrix} -4 \\ 9 \\ -1 \\ 3 \end{pmatrix},\quad s_2 := \begin{pmatrix} 6 \\ 2 \\ 2 \\ 2 \end{pmatrix},\quad s_3 := \begin{pmatrix} 2 \\ -9 \\ 0 \end{pmatrix},\quad s_4 := \begin{pmatrix} 7 \\ 11 \\ 41 \end{pmatrix}$$

als Spaltenvektoren hat? Geben Sie die Matrix gegebenenfalls an!

Wir werden zwei Matrizen als gleich ansehen, wenn sie elementeweise übereinstimmen. Wir haben im einführenden Beispiel (18.1) schon intuitiv davon Gebrauch gemacht. Genau sagen wir:

DEFINITION.- Eine (m×n)-Matrix $A := (a_{ij})$ und eine (p×q)-Matrix $B := (b_{kl})$ heißen *gleich* (in Zeichen: A = B), wenn m=p, n=q und (18.5)

Gleichheit von Matrizen

$$a_{ij} = b_{ij} \quad \text{für alle i und j}$$

gilt.

BEISPIELE.- (1) Mit a=1, b=2, c=3 gilt (18.6)

$$\begin{pmatrix} b^2 & b-c & bc \\ \frac{b}{c} & c-a & \frac{a}{c} \\ ac & a-c & c^2 \end{pmatrix} = \begin{pmatrix} 4 & -1 & 6 \\ \frac{2}{3} & 2 & \frac{1}{3} \\ 3 & -2 & 9 \end{pmatrix}.$$

(*) Wegen dieser Bezeichnungen werden wir den ersten Index von a_{ij} oft auch *Zeilenindex* und den zweiten Index *Spaltenindex* nennen. Merkregel: Erster Index = Zeilenindex.

(2) Die (2×3)-Matrix $A=(a_{ij})$ sei gegeben durch

$$a_{ij} := \begin{cases} 2 & \text{für } i=j \\ 1 & \text{sonst} \end{cases} .$$

Es ist also $a_{11}=a_{22}=2$ und $a_{12}=a_{13}=a_{21}=a_{23}=1$, so daß

$$A = \begin{pmatrix} 2 & 1 & 1 \\ 1 & 2 & 1 \end{pmatrix} \quad \text{gilt.}$$

A 3 *AUFGABE 3.- Die (4×2)-Matrix $B=(b_{ik})$ sei gegeben durch*

$$b_{ik} := \begin{cases} 1 & \text{für } i<k \\ 0 & \text{für } i=k \\ -1 & \text{sonst} \end{cases} .$$

Schreiben Sie B als rechteckiges Zahlenschema.

A 4 *AUFGABE 4.- Gibt es reelle Zahlen a und b, so daß gilt*

$$\begin{pmatrix} a-b & b-a \\ a^2-b^2 & a^2-ab \\ ab-a^2 & a+b \end{pmatrix} = \begin{pmatrix} 2 & -2 \\ 16 & 10 \\ -10 & 8 \end{pmatrix} \quad ?$$

(18.7) **BEMERKUNG.-** Definition (18.5) zeigt auch, daß bei Matrizen die Unterscheidung von Zeilen- und Spaltenvektoren wesentlich ist. Ist etwa

$$A = \begin{pmatrix} 2 & 4 & 6 \\ -3 & 0 & 1 \end{pmatrix} ,$$

so ist A eine (2×3)-Matrix mit den Zeilenvektoren

$$z_1 = (2,4,6)$$
$$z_2 = (-3,0,1).$$

Schreiben wir diese als Spaltenvektoren

$$z_1^T := \begin{pmatrix} 2 \\ 4 \\ 6 \end{pmatrix} \quad \text{und} \quad z_2^T := \begin{pmatrix} -3 \\ 0 \\ 1 \end{pmatrix}$$

und bilden daraus die Matrix

$$B := (z_1^T\ z_2^T) = \begin{pmatrix} 2 & -3 \\ 4 & 0 \\ 6 & 1 \end{pmatrix} ,$$

so ist B eine (3×2)-Matrix und daher sicher $A \neq B$. Denn höchstens Matrizen vom selben Typ $(m\times n)$ können gleich sein. Dennoch wird es nützlich sein, die am Beispiel der Matrix A vorgeführte Umwandlung einer $(m\times n)$-Matrix in eine $(n\times m)$-Matrix allgemein zur Verfügung zu haben.

(18.8) **DEFINITION.-** (1) Sei $z=(a_1,\dots,a_n)$ ein Zeilenvektor des $\mathbb{R}^n$ und $s = \begin{pmatrix} b_1 \\ \vdots \\ b_n \end{pmatrix}$ ein Spaltenvektor des $\mathbb{R}^n$. Dann heißt

$$z^T := \begin{pmatrix} a_1 \\ \vdots \\ a_n \end{pmatrix} \quad \text{bzw.} \quad s^T := (b_1,\dots,b_n)$$

transponierter Vektor (zu z bzw. zu s). transponierter Vektor

(2) Sei A eine $(m\times n)$-Matrix mit der Zeilendarstellung

$$A = \begin{pmatrix} z_1 \\ \vdots \\ z_m \end{pmatrix} .$$

Dann heißt

$$A^T := (z_1^T \dots z_m^T)$$

(lies: A transponiert) die *transponierte Matrix* (zu A). transponierte Matrix

Transponieren bedeutet also: Zeilenvektoren zu Spaltenvektoren und Spaltenvektoren zu Zeilenvektoren machen. Dabei wird aus einer $(m\times n)$-Matrix eine $(n\times m)$-Matrix. In Bemerkung (18.7) ist also $B=A^T$.

AUFGABE 5.- Sei A eine $(m\times n)$-Matrix. Zeigen Sie A 5

a) Ist $A=(a_{ij})$, so gilt $A^T=(b_{kl})_{\substack{1\le k\le n\\ 1\le l\le m}}$ mit $b_{kl} := a_{lk}$.

b) Hat A die Spaltendarstellung $A=(s_1\dots s_n)$, so gilt

$$A^T = \begin{pmatrix} s_1^T \\ \vdots \\ s_n^T \end{pmatrix}$$

c) $(A^T)^T = A$.

DIE KOEFFIZIENTENMATRIX EINES GLEICHUNGSSYSTEMS

In Kapitel 15, Seite 20, hatten wir schon einmal die "allgemeine Form" eines Systems von m linearen Gleichungen mit n Unbekannten notiert:

$$\begin{matrix} a_{11}x_1 + a_{12}x_2 + \dots + a_{1n}x_n = b_1 \\ a_{21}x_1 + a_{22}x_2 + \dots + a_{2n}x_n = b_2 \\ \vdots \qquad\qquad\qquad \vdots \\ a_{m1}x_1 + a_{m2}x_2 + \dots + a_{mn}x_n = b_m \end{matrix} \qquad (1)$$

Dabei sind die a_{ij} und die b_i gegebene reelle Zahlen und $x_1,\dots,x_n$ Unbekannte.

Schreibt man die linken Seiten der Gleichung in (1) mit Hilfe des Summenzeichens, so erhält es die einprägsamere Gestalt

$$\sum_{j=1}^{n} a_{ij}x_j = b_i, \quad 1\le i\le m. \qquad (2)$$

lineares Gleichungssystem

Machen Sie sich klar, indem Sie für jedes i die Summe wieder ausführlich hinschreiben, daß durch (2) tatsächlich genau das System (1) beschrieben wird.

(18.9) **DEFINITION.-** Sei $\sum_{j=1}^{n} a_{ij}x_j = b_i$, $1 \leq i \leq m$, ein System linearer Gleichungen. Die (m×n)-Matrix $A := (a_{ij})$ heißt *Koeffizientenmatrix* des Gleichungssystems.

Koeffizientenmatrix

(18.10) **BEISPIELE.-** (1) Die Widerstandsmatrix aus Beispiel (18.1) ist die Koeffizientenmatrix des Systems linearer Gleichungen, das man mit Hilfe des zweiten Kirchhoffschen Gesetzes aufstellt.

(2) Das Gleichungssystem

$$\begin{aligned} 8x_1 - x_2 + 4x_3 + x_4 &= 12 \\ x_1 - 3x_2 + x_3 \quad &= 0 \\ x_2 - 2x_3 - 9x_4 &= 7 \end{aligned}$$

hat die (3×4)-Matrix

$$A := \begin{pmatrix} 8 & -1 & 4 & 1 \\ 1 & -3 & 1 & 0 \\ 0 & 1 & -2 & -9 \end{pmatrix}$$

als Koeffizientenmatrix.

Sie werden in Kapitel 19 sehen, daß man der Koeffizientenmatrix eines Systems linearer Gleichungen bereits die wichtige Information entnehmen kann, ob. z.B. eine Lösung eindeutig bestimmt ist.

GLEICHUNGSSYSTEM ALS MATRIZENGLEICHUNG

Bisher können wir zu jedem System linearer Gleichungen die Koeffizientenmatrix bestimmen. Wir wollen nun noch einen Schritt weiter gehen und jedes System durch eine Gleichung beschreiben. Dabei gehen wir ähnlich wie im einführenden Beispiel (18.1) vor.

Betrachten wir noch einmal ein Gleichungssystem

$$\sum_{j=1}^{n} a_{ij}x_j = b_i \ , \ 1 \leq i \leq m.$$

Die i-te Gleichung hat die Gestalt

$$a_{i1}x_1 + a_{i2}x_2 + \ldots + a_{in}x_n = b_i.$$

Die Koeffizienten auf der linken Seite dieser Gleichung sind gerade die Koordinaten des i-ten Zeilenvektors

$$z_i = (a_{i1}, \ldots, a_{in})$$

der Koeffizientenmatrix $A = (a_{ij})$ des Gleichungssystems.

Schreiben wir noch

$$x = \begin{pmatrix} x_1 \\ \vdots \\ x_n \end{pmatrix},$$

so hat die linke Seite der i-ten Gleichung des gegebenen Systems formal Ähnlichkeit mit dem Skalarprodukt von z_i und x (siehe Definition (16.1), Seite 27). Da jedoch z_i ein Zeilenvektor und x ein Spaltenvektor ist (und hier und im folgenden die Unterscheidung zwischen Zeilen- und Spaltenvektoren wichtig ist), verwenden wir ein anderes Symbol, nämlich $z_i \cdot x$ (lies: z_i mal x).
Also

$$z_i \cdot x := a_{i1}x_1 + \ldots + a_{in}x_n = \sum_{j=1}^{n} a_{ij}x_j .$$ $z_i \cdot x$

Dann lautet das gegebene Gleichungssystem

$$z_i \cdot x = b_i \ , \quad 1 \leq i \leq m.$$

$z_i \cdot x$ nennen wir das *Produkt* des Zeilenvektors z_i mit dem Spaltenvektor x, kurz: Produkt

Zeile mal Spalte. Zeile mal Spalte

Der Zusammenhang dieses Produkts mit dem Skalarprodukt läßt sich mit (18.8) so formulieren:

$$z_i \cdot x = \langle z_i, x^T \rangle .$$

Das oben definierte Produkt eines Zeilenvektors mit einem Spaltenvektor verallgemeinert man in naheliegender Weise zu einem Produkt einer Matrix mit einem Spaltenvektor:

DEFINITION.- Die (m×n)-Matrix A habe die Zeilendarstellung (18.11)

$$A = \begin{pmatrix} z_1 \\ \vdots \\ z_m \end{pmatrix}.$$

Für einen Spaltenvektor $x \in \mathbb{R}^n$ definieren wir das *Produkt* $A \cdot x$ durch

Matrix mal Spaltenvektor

$$A \cdot x := \begin{pmatrix} z_1 \cdot x \\ \vdots \\ z_m \cdot x \end{pmatrix},$$

(lies: A mal x).

BEMERKUNGEN.- (1) Faßt man die rechten Seiten des obigen Gleichungssystems (18.12)

$$z_i \cdot x = b_i, \quad 1 \leq i \leq m \ ,$$

zu dem Spaltenvektor $b := \begin{pmatrix} b_1 \\ \vdots \\ b_m \end{pmatrix} \in \mathbb{R}^m$

zusammen, so wird aus dem ursprünglichen System linearer Gleichungen die Matrizengleichung

Matrizengleichung für ein Gleichungssystem

$$A \cdot x = b.$$

Insbesondere ist jeder Vektor $x \in \mathbb{R}^n$, der diese Matrizengleichung erfüllt, eine Lösung des Gleichungssystems.

(2) Damit für eine Matrix A und einen Spaltenvektor $x \in \mathbb{R}^n$ das Produkt $A \cdot x$ definiert ist, müssen die Produkte $z_i \cdot x$ definiert sein. Dies ist genau dann der Fall, wenn auch jedes z_i n Koordinaten hat, d.h. wenn die Anzahl der Spalten von A gleich der Anzahl der Zeilen (= Anzahl der Koordinaten) des Spaltenvektors x ist.

(3) Ist A eine $(m \times n)$-Matrix und $x \in \mathbb{R}^n$, so ist $A \cdot x$ ein Spaltenvektor des $\mathbb{R}^m$, d.h. das Produkt $A \cdot x$ hat so viele Zeilen wie A (und so viele Spalten wie x).

(4) Auch für die Berechnung des Produktes $A \cdot x$ ist die Merkregel

Zeile mal Spalte

Zeile mal Spalte

nützlich: die i-te Koordinate von $A \cdot x$ erhält man als Produkt $z_i \cdot x$.

Die nächsten beiden Aufgaben dienen dazu, Sie mit dem eingeführten Produkt und den damit verbundenen abkürzenden Schreibweisen vertraut zu machen. Sie sollten sie auf jeden Fall bearbeiten.

A 6

AUFGABE 6.- Für $i = 1,2,3,4$ sie $z_i := (i-2, i-1, i)$. Ferner sei

$$A := \begin{pmatrix} z_1 \\ z_2 \\ z_3 \\ z_4 \end{pmatrix} \text{ und } x^{(1)} := \begin{pmatrix} 0 \\ 4 \\ 2 \end{pmatrix},\ x^{(2)} := \begin{pmatrix} 3 \\ 1 \\ 1 \end{pmatrix},\ x^{(3)} := \begin{pmatrix} -3 \\ 0 \\ -2 \end{pmatrix}.$$

a) Berechnen Sie für $k = 1,2,3$ die Produkte $A \cdot x^{(k)}$.

b) Die Matrix B habe die Spaltendarstellung

$$B = (A \cdot x^{(1)}\ \ A \cdot x^{(2)}).$$

Für welche der Vektoren $y^{(1)} := \begin{pmatrix} 0 \\ 1 \end{pmatrix}$, $y^{(2)} := \begin{pmatrix} -1 \\ 1 \end{pmatrix}$, $y^{(3)} := \begin{pmatrix} 1 \\ 1 \end{pmatrix}$ *gilt* $B \cdot y^{(k)} = -\begin{pmatrix} 4 \\ 5 \\ 6 \\ 7 \end{pmatrix}$?

c) Berechnen Sie $A \cdot (x^{(1)} + x^{(2)})$ und $A \cdot x^{(1)} + A \cdot x^{(2)}$. Was stellen Sie fest?

d) Berechnen Sie das Produkt

$$\begin{pmatrix} 1 & 1 & 12 & 4 \\ -2 & 2 & 8 & 0 \\ 7 & -4 & -1 & 7 \end{pmatrix} \cdot \begin{pmatrix} 2 \\ -2 \\ 1 \\ -3 \end{pmatrix}.$$

A 7

AUFGABE 7.- Die $(m \times n)$-Matrix $A = (a_{ij})$ habe die Spaltendarstellung $A = (s_1, \ldots, s_n)$. Zeigen Sie:

Für jeden Vektor $x = \begin{pmatrix} x_1 \\ \vdots \\ x_n \end{pmatrix} \in \mathbb{R}^n$ *gilt* $A \cdot x = \sum_{j=1}^{n} x_j s_j$.

ZUSAMMENFASSUNG.- Eine $(m \times n)$-Matrix ist ein rechteckiges Schema reeller Zahlen, das man sich aus m Zeilenvektoren des $\mathbb{R}^n$ oder aus n Spaltenvektoren des $\mathbb{R}^m$ entstanden denken kann.

Ein System linearer Gleichungen

$$\sum_{j=1}^{n} a_{ij} x_j = b_i, \quad 1 \le i \le m,$$

hat die $(m \times n)$-Matrix $A := (a_{ij})$ als Koeffizientenmatrix. Dieses Gleichungssystem läßt sich in der Form

$$A \cdot x = b$$

schreiben, wobei für den Spaltenvektor $x = \begin{pmatrix} x_1 \\ \vdots \\ x_n \end{pmatrix}$ des $\mathbb{R}^n$ das Produkt $A \cdot x$ definiert ist als

$$A \cdot x = \begin{pmatrix} z_1 \cdot x \\ \vdots \\ z_m \cdot x \end{pmatrix}.$$

Hierbei ist $z_i = (a_{i1}, \ldots, a_{in})$ der i-te Zeilenvektor von A und

$$z_i \cdot x = a_{i1} \cdot x_1 + \ldots + a_{in} \cdot x_n = \sum_{j=1}^{n} a_{ij} x_j.$$

§ 2 LINEARE ABBILDUNGEN

Wir werden in diesem Abschnitt einige Eigenschaften des in (18.11) definierten Produktes $A \cdot x$, wo A eine $(m \times n)$-Matrix und x ein Spaltenvektor des $\mathbb{R}^n$ ist, untersuchen und diskutieren.

BEISPIEL.- Abrechnung beim Skatspiel: Drei Skatspieler haben am Ende des Spielabends folgende Punkte erreicht: (18.13)

Spieler:	A	B	C
Punktestand:	a = 104	b = 466	c = -221

Die Abrechnung erfolgt in Werteinheiten (z.B. $\frac{1}{10}$ Pfennig) und kann in einer Matrix zusammengestellt werden:

$$\begin{array}{c} \\ A \\ B \\ C \end{array} \begin{array}{c} \begin{array}{ccc} A & B & C \end{array} \\ \begin{pmatrix} 0 & -362 & 325 \\ 362 & 0 & 687 \\ -325 & -687 & 0 \end{pmatrix} \end{array}, \text{ allgemein: } \begin{pmatrix} 0 & a-b & a-c \\ b-a & 0 & b-c \\ c-a & c-b & 0 \end{pmatrix}.$$

Das heißt z.B. A zahlt an B 362 Werteinheiten und A erhält von C 325 Werteinheiten.

Bezeichnet man die Gewinne der drei Spieler mit g_A, g_B bzw. g_C, so erhält man den Gewinn (Verlust) jedes Spielers durch Addition der Elemente der entsprechenden Zeile der Matrix. Also:

$$\begin{pmatrix} g_A \\ g_B \\ g_C \end{pmatrix} = \begin{pmatrix} -37 \\ 1049 \\ -1012 \end{pmatrix}, \text{ allgemein: } \begin{pmatrix} g_A \\ g_B \\ g_C \end{pmatrix} = \begin{pmatrix} 2a - b - c \\ -a + 2b - c \\ -a - b + 2c \end{pmatrix}$$

bzw. mit Definition (18.11):

$$\begin{pmatrix} g_A \\ g_B \\ g_C \end{pmatrix} = \begin{pmatrix} 2 & -1 & -1 \\ -1 & 2 & -1 \\ -1 & -1 & 2 \end{pmatrix} \cdot \begin{pmatrix} a \\ b \\ c \end{pmatrix} .$$

Sie sehen, um die Gewinne der einzelnen Spieler zu ermitteln, genügt es, den "Punktevektor" $\begin{pmatrix} a \\ b \\ c \end{pmatrix}$ mit der *Abrechnungsmatrix*

Abrechnungsmatrix beim Skatspiel

$$S := \begin{pmatrix} 2 & -1 & -1 \\ -1 & 2 & -1 \\ -1 & -1 & 2 \end{pmatrix}$$

zu multiplizieren.

Sie können sich analog überlegen, wie die Abrechnungsmatrix (bei gleichem Abrechnungsmodus) für 4,5,6,...,n Spieler aussieht.

Wir beschließen dieses Beispiel mit folgenden Überlegungen: Nehmen wir an, die Skatrunde trifft sich täglich, zahlt aber nur am Wochenende aus. Dann gibt es zwei verschiedene Möglichkeiten, die Gewinne nach der 7. Spielrunde zu ermitteln ($\begin{pmatrix} a^{(i)} \\ b^{(i)} \\ c^{(i)} \end{pmatrix}$ sei dabei der "Punktevektor" am Ende der i-ten Spielrunde):

1. Jeden Tag werden die Gewinne ermittelt. Diese Gewinne werden schließlich addiert:

1. Abrechnungsmöglichkeit

$$\sum_{i=1}^{7} S \cdot \begin{pmatrix} a^{(i)} \\ b^{(i)} \\ c^{(i)} \end{pmatrix} .$$

2. Die Punktestände aller Spieltage werden addiert und mit der Abrechnungsmatrix multipliziert:

2. Abrechnungsmöglichkeit

$$S \cdot \sum_{i=1}^{7} \begin{pmatrix} a^{(i)} \\ b^{(i)} \\ c^{(i)} \end{pmatrix} .$$

Es leuchtet ein, daß beide Methoden dasselbe Ergebnis liefern:

$$S \cdot \sum_{i=1}^{7} \begin{pmatrix} a^{(i)} \\ b^{(i)} \\ c^{(i)} \end{pmatrix} = \sum_{i=1}^{7} S \cdot \begin{pmatrix} a^{(i)} \\ b^{(i)} \\ c^{(i)} \end{pmatrix} .$$

Die letzte Gleichung sowie das Ergebnis von Aufgabe 6c, Seite 66, lassen folgendes Ergebnis vermuten:

SATZ.- Sei $A = (a_{ij})$ eine $(m \times n)$-Matrix. Dann gilt (18.14)

(1) $A \cdot (x + y) = A \cdot x + A \cdot y$ für alle $x, y \in \mathbb{R}^n$.

(2) $A \cdot (\lambda x) = \lambda (A \cdot x)$ für alle $x \in \mathbb{R}^n$ und alle $\lambda \in \mathbb{R}$. (*)

BEWEIS.- Zu (1): Sei

$$x = \begin{pmatrix} x_1 \\ \vdots \\ x_n \end{pmatrix} \quad \text{und} \quad y = \begin{pmatrix} y_1 \\ \vdots \\ y_n \end{pmatrix} .$$

Dann gilt für die i-te Koordinate des Vektors $A \cdot (x + y) \in \mathbb{R}^m$:

$$z_i \cdot (x+y) = \sum_{j=1}^{n} a_{ij} (x_j + y_j) = \sum_{j=1}^{n} a_{ij} x_j + \sum_{j=1}^{n} a_{ij} y_j$$
$$= z_i \cdot x + z_i \cdot y ,$$

dabei ist z_i der i-te Zeilenvektor von A. Also folgt:

$$A \cdot (x+y) = \begin{pmatrix} z_1 \cdot (x+y) \\ \vdots \\ z_m \cdot (x+y) \end{pmatrix} = \begin{pmatrix} z_1 \cdot x + z_1 \cdot y \\ \vdots \\ z_m \cdot x + z_m \cdot y \end{pmatrix} =$$
$$= \begin{pmatrix} z_1 \cdot x \\ \vdots \\ z_m \cdot x \end{pmatrix} + \begin{pmatrix} z_1 \cdot y \\ \vdots \\ z_m \cdot y \end{pmatrix} = A \cdot x + A \cdot y .$$

Zu (2): siehe nächste Aufgabe.

AUFGABE 8.- Beweisen Sie die Aussage (2) von Satz (18.14). A 8

In Beispiel (18.13) wurde jedem "Punktevektor" $\begin{pmatrix} a \\ b \\ c \end{pmatrix}$ mit Hilfe der Abrechnungsmatrix S der "Gewinnvektor"

$$\begin{pmatrix} g_A \\ g_B \\ g_C \end{pmatrix} = S \cdot \begin{pmatrix} a \\ b \\ c \end{pmatrix}$$

zugeordnet. Allgemein läßt sich mit Hilfe einer

(*) Die Addition von Spaltenvektoren des $\mathbb{R}^n$ und deren Multiplikation mit einer reellen Zahl erfolgt auf analoge Art wie in Definition (15.1) für Zeilenvektoren festgelegt, nämlich: koordinatenweise.

(m×n)-Matrix A jedem Vektor $x \in \mathbb{R}^n$ der Vektor $A \cdot x \in \mathbb{R}^m$ zuordnen.

Mit Hilfe jeder (m×n)-Matrix läßt sich also eine Funktion oder Abbildung von $\mathbb{R}^n$ nach $\mathbb{R}^m$ definieren:

(18.15) **BEZEICHNUNG.-** Sei A eine (m×n)-Matrix. Die Abbildung

$$\varphi_A : \mathbb{R}^n \to \mathbb{R}^m$$

sei gegeben durch

$$\varphi_A(x) := A \cdot x \ , \ x \in \mathbb{R}^n \quad \text{(Spaltenvektor)}.$$

$\varphi_A(x) := A \cdot x$

Wegen Satz (18.14) haben die Abbildungen φ_A die folgenden Eigenschaften:

(18.16) **FOLGERUNG.-** Sei A eine (m×n)-Matrix. Dann gilt

(1) $\varphi_A(x+y) = \varphi_A(x) + \varphi_A(y)$ für alle $x,y \in \mathbb{R}^n$,

(2) $\varphi_A(\lambda x) = \lambda \varphi_A(x)$ für alle $x \in \mathbb{R}^n$ und alle $\lambda \in \mathbb{R}$.

(18.17) **BEMERKUNGEN.-** (1) Ist $m = 1$ und A eine (m×n)-Matrix, also $A = (a_1, \ldots, a_n) \in \mathbb{R}^n$, so gilt für jeden Spaltenvektor $x = \begin{pmatrix} x_1 \\ \vdots \\ x_n \end{pmatrix} \in \mathbb{R}^n$

$$\varphi_A(x) = \varphi_A \begin{pmatrix} x_1 \\ \vdots \\ x_n \end{pmatrix} = (a_1, \ldots, a_n) \cdot \begin{pmatrix} x_1 \\ \vdots \\ x_n \end{pmatrix}$$

$$= a_1 x_1 + \ldots + a_n x_n \ .$$

φ_A ist lineare Funktion

D.h. φ_A ist eine lineare Funktion im Sinne von Definition (15.10), Seite 6.

Die Eigenschaften (1) und (2) von (18.16) sind im Fall $m = 1$ genau die Eigenschaften (15.11)(1) und (2), Seite 6, von linearen Funktionen.

(2) Ist $m > 1$ und die (m×n)-Matrix A in der Zeilendarstellung

$$A = \begin{pmatrix} z_1 \\ \vdots \\ z_m \end{pmatrix}$$

gegeben, so gilt mit (18.11) für Spaltenvektoren $x \in \mathbb{R}^n$:

$$\varphi_A(x) = A \cdot x = \begin{pmatrix} z_1 \cdot x \\ \vdots \\ z_m \cdot x \end{pmatrix} \ .$$

Definiert man dann für $i = 1, \ldots, m$ eine lineare Funktion

$$f_i : \mathbb{R}^n \to \mathbb{R}$$

durch

$$f_i(x) := z_i \cdot x = \langle z_i, x^T \rangle ,$$

so gilt

$$\varphi_A(x) = \begin{pmatrix} f_1(x) \\ \vdots \\ f_m(x) \end{pmatrix} ,$$

d.h. jede Koordinate des Vektors $\varphi_A(x) \in \mathbb{R}^m$ erhält man als Funktionswert einer linearen Funktion.

Wir sagen auch: φ_A wird duch die m (reellwertigen) *Koordinatenfunktionen* f_i beschrieben. Koordinatenfunktion

(18.18) **BEISPIEL.-** Sei

$$A = \begin{pmatrix} 2 & -3 \\ 1 & 4 \end{pmatrix}.$$

Dann ist A eine (2×2)-Matrix und $\varphi_A : \mathbb{R}^2 \to \mathbb{R}^2$ mit

$$\varphi_A \begin{pmatrix} x_1 \\ x_2 \end{pmatrix} = \begin{pmatrix} 2 & -3 \\ 1 & 4 \end{pmatrix} \cdot \begin{pmatrix} x_1 \\ x_2 \end{pmatrix} = \begin{pmatrix} 2x_1 - 3x_2 \\ x_1 + 4x_2 \end{pmatrix} .$$

Hier ist also

$$f_1 \begin{pmatrix} x_1 \\ x_2 \end{pmatrix} = 2x_1 - 3x_2 \quad \text{und}$$

$$f_2 \begin{pmatrix} x_1 \\ x_2 \end{pmatrix} = x_1 + 4x_2$$

oder

$$\varphi_A(x) = \begin{pmatrix} f_1(x) \\ f_2(x) \end{pmatrix} \quad \text{für } x = \begin{pmatrix} x_1 \\ x_2 \end{pmatrix} \in \mathbb{R}^2 .$$

Wegen ihrer Wichtigkeit erhalten die Abbildungen zwischen Vektorräumen, die die beiden in (18.16) genannten Eigenschaften haben, einen besonderen Namen:

(18.19) **DEFINITION.-** Eine Funktion $\varphi : \mathbb{R}^n \to \mathbb{R}^m$ heißt *lineare Abbildung*, wenn gilt

lineare Abbildung

(1) $\varphi(x+y) = \varphi(x) + \varphi(y)$ für alle $x,y \in \mathbb{R}^n$,

(2) $\varphi(\lambda x) = \lambda \varphi(x)$ für alle $x \in \mathbb{R}^n$ und alle $\lambda \in \mathbb{R}$.

In Worten kann man die Bedingungen (1) und (2) von Definition (18.19) so formulieren: Das Bild einer Summe von Vektoren ist gleich der Summe der Bildvektoren. Das Bild des λ-fachen eines Vektors ist gleich dem λ-fachen des Bildvektors.

Mit diesem neuen Begriff enthält (18.16) die Aussage:

φ_A ist linear

> Jede mit Hilfe einer $(m\times n)$-Matrix A definierte Abbildung $\varphi_A\colon \mathbb{R}^n \longrightarrow \mathbb{R}^m$ ist linear.

Es bleibt die Frage: Gibt es außer den linearen Abbildungen φ_A weitere lineare Abbildungen $\varphi\colon \mathbb{R}^n \longrightarrow \mathbb{R}^m$. Die Antwort geben wir im Satz (18.22); zuvor einige Beispiele:

(18.20) **BEISPIELE.**- (1) Sei

$$A := \begin{pmatrix} 5 & -3 \\ -1 & 1 \end{pmatrix}$$

gegeben. Sie wissen dann, daß die mit Hilfe von A definierte Abbildung $\varphi_A\colon \mathbb{R}^2 \longrightarrow \mathbb{R}^2$ linear ist. Wir demonstrieren die Eigenschaften (1) und (2) von (18.16) in den folgenden beiden Skizzen.

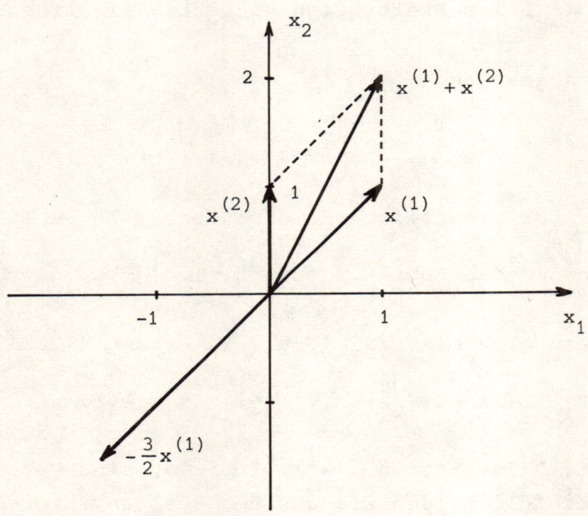

Bild 2.- Vektoren im $\mathbb{R}^2$ ...

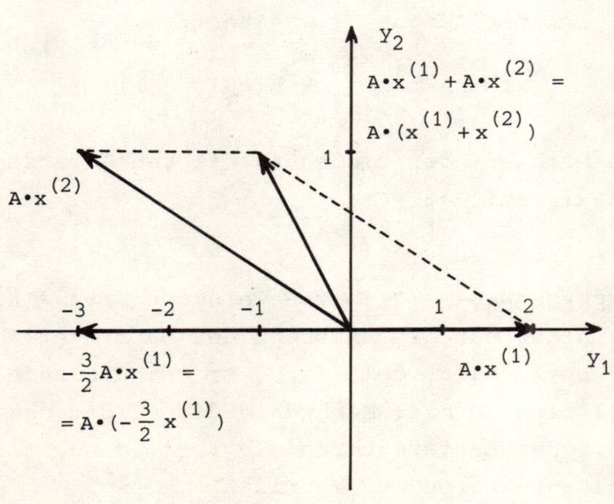

... und ihre Bildvektoren unter φ_A

Sei $x^{(1)} := \begin{pmatrix} 1 \\ 1 \end{pmatrix}$ und $x^{(2)} := \begin{pmatrix} 0 \\ 1 \end{pmatrix}$, dann ist

$$\varphi_A(x^{(1)}) = A\cdot x^{(1)} = \begin{pmatrix} 5 & -3 \\ -1 & 1 \end{pmatrix}\begin{pmatrix} 1 \\ 1 \end{pmatrix} = \begin{pmatrix} 2 \\ 0 \end{pmatrix} \quad \text{und}$$

$$\varphi_A(x^{(2)}) = A\cdot x^{(2)} = \begin{pmatrix} 5 & -3 \\ -1 & 1 \end{pmatrix}\begin{pmatrix} 0 \\ 1 \end{pmatrix} = \begin{pmatrix} -3 \\ 1 \end{pmatrix}.$$

(2) Wir zeigen: Die Abbildung $\varphi\colon \mathbb{R}^3 \longrightarrow \mathbb{R}^2$ mit

$$\varphi\begin{pmatrix} x_1 \\ x_2 \\ x_3 \end{pmatrix} := \begin{pmatrix} 7x_1+3x_2-x_3 \\ x_2-x_1 \end{pmatrix} \quad \text{ist linear.} \quad (*)$$

Beweis: Seien $x = \begin{pmatrix} x_1 \\ x_2 \\ x_3 \end{pmatrix}$ und $y = \begin{pmatrix} y_1 \\ y_2 \\ y_3 \end{pmatrix}$ aus dem $\mathbb{R}^3$. Dann gilt $x+y = \begin{pmatrix} x_1+y_1 \\ x_2+y_2 \\ x_3+y_3 \end{pmatrix}$ und daher

$$\varphi(x+y) = \begin{pmatrix} 7(x_1+y_1)+3(x_2+y_2)-(x_3+y_3) \\ (x_2+y_2)-(x_1+y_1) \end{pmatrix}$$

$$= \begin{pmatrix} 7x_1+3x_2-x_3 \\ x_2-x_1 \end{pmatrix} + \begin{pmatrix} 7y_1+3y_2-y_3 \\ y_2-y_1 \end{pmatrix}$$

$$= \varphi(x)+\varphi(y).$$

Sei $\lambda \in \mathbb{R}$, dann ist $\lambda x = \begin{pmatrix} \lambda x_1 \\ \lambda x_2 \\ \lambda x_3 \end{pmatrix}$. Also gilt

$$\varphi(\lambda x) = \begin{pmatrix} 7\lambda x_1+3\lambda x_2-\lambda x_3 \\ \lambda x_2-\lambda x_1 \end{pmatrix} = \lambda\begin{pmatrix} 7x_1+3x_2-x_3 \\ x_2-x_1 \end{pmatrix} = \lambda\varphi(x).$$

Damit sind die Eigenschaften (1) und (2) von Definition (18.19) nachgewiesen, d.h. φ ist linear.

Schneller erhalten Sie dieses Ergebnis so: Die erste Koordinate von $\varphi(x)$ ist

$$7x_1+3x_2-x_3 = (7\ \ 3\ \ -1)\cdot\begin{pmatrix} x_1 \\ x_2 \\ x_3 \end{pmatrix} = (7\ \ 3\ \ -1)\cdot x$$

und die zweite Koordinate

$$x_2-x_1 = -x_1+x_2+0\cdot x_3 = (-1\ \ 1\ \ 0)\cdot x.$$

Setzt man daher

$$A := \begin{pmatrix} 7 & 3 & -1 \\ -1 & 1 & 0 \end{pmatrix},$$

(*) Wir haben hier der Übersichtlichkeit halber $\varphi\begin{pmatrix} x_1 \\ x_2 \\ x_3 \end{pmatrix}$ an Stelle von $\varphi\left(\begin{pmatrix} x_1 \\ x_2 \\ x_3 \end{pmatrix}\right)$ geschrieben. Diese Schreibweise werden wir auch in Zukunft verwenden.

so gilt

$$\varphi_A(x) = A\cdot x = \begin{pmatrix} 7 & 3 & -1 \\ -1 & 1 & 0 \end{pmatrix} \cdot \begin{pmatrix} x_1 \\ x_2 \\ x_3 \end{pmatrix} =$$

$$= \begin{pmatrix} 7x_1+3x_2-x_3 \\ -x_1+x_2 \end{pmatrix} = \varphi(x) \, ,$$

also $\varphi = \varphi_A$ und φ ist wegen (18.16) linear.

(18.21) BEMERKUNGEN.- (1) Aus Bedingung (2) von Definition (18.19) folgt (mit $\lambda = 0$), daß jede lineare Abbildung die Eigenschaft

$$\varphi(0) = 0$$

hat (0 = Nullvektor im $\mathbb{R}^n$ bzw. $\mathbb{R}^m$).

(2) Mit vollständiger Induktion läßt sich beweisen, daß man das Bild einer beliebigen Linearkombination unter einer linearen Abbildung $\varphi\colon \mathbb{R}^n \longrightarrow \mathbb{R}^m$ so erhält:

$$\varphi(\lambda_1 x^{(1)} + \lambda_2 x^{(2)} + \ldots + \lambda_r x^{(r)}) =$$

$$= \lambda_1 \varphi(x^{(1)}) + \lambda_2 \varphi(x^{(2)}) + \ldots + \lambda_r \varphi(x^{(r)}) .$$

kurz: $\varphi(\sum_{k=1}^{r} \lambda_k x^{(k)}) = \sum_{k=1}^{r} \lambda_k \varphi(x^{(k)})$.

Dabei sind $\lambda_1, \ldots, \lambda_r \in \mathbb{R}$ und $x^{(1)}, \ldots, x^{(r)} \in \mathbb{R}^n$.

Lesen Sie nun noch einmal den Schluß von Beispiel (18.13), Seite 67 .

A 9 *AUFGABE 9.- Welche der folgenden Abbildungen $\varphi\colon \mathbb{R}^n \longrightarrow \mathbb{R}^m$ sind linear?*

a) $m=n$, $\overset{\circ}{x} \in \mathbb{R}^n$ fest, $\varphi(x) := x + \overset{\circ}{x}$, ("Translation")

b) $m=n$, $a \in \mathbb{R}$ fest, $\varphi(x) := ax$, ("Streckung")

c) $m=1$, $\varphi(x) := \sum_{i=1}^{n} x_i$, wobei $x = \begin{pmatrix} x_1 \\ \vdots \\ x_n \end{pmatrix}$.

d) $m=n=2$, $\varphi\begin{pmatrix} x_1 \\ x_2 \end{pmatrix} := \begin{pmatrix} x_1 x_2 \\ x_2 \end{pmatrix}$.

e) $w \in \mathbb{R}^n$ und $\overset{\circ}{y} \in \mathbb{R}^m$ fest, $\varphi(x) := \langle x,w \rangle \overset{\circ}{y}$.

(Bearbeiten Sie bei Zeitmangel wenigstens a,b und e).

Es soll nun gezeigt werden, daß wir mit den linearen Abbildungen φ_A, A eine $(m\times n)$-Matrix, bereits alle linearen Abbildungen von $\mathbb{R}^n$ nach $\mathbb{R}^m$ erfaßt haben. D.h. jede lineare Abbildung läßt sich durch eine Matrix beschreiben. Genauer gilt:

SATZ.- Zu jeder linearen Abbildung $\varphi\colon \mathbb{R}^n \longrightarrow \mathbb{R}^m$ gibt es genau eine $(m\times n)$-Matrix A, so daß $\varphi = \varphi_A$ gilt (d.h. für alle $x \in \mathbb{R}^n$ gilt $\varphi(x) = A\cdot x$). (18.22)

Lesen Sie zur Eindeutigkeit von A auch Bemerkung (18.23) (2).

BEWEIS.- 1. Eine Vorbemerkung: das n-Tupel von Vektoren $(e_1^T, \ldots, e_n^T)$, wobei $e_i^T = \begin{pmatrix} 0 \\ \vdots \\ 1 \\ \vdots \\ 0 \end{pmatrix} \in \mathbb{R}^n$ eine 1 an der i-ten Stelle und sonst lauter Nullen als Koordinaten hat, ist eine Basis (die kanonische Basis) des $\mathbb{R}^n$, und jeder Vektor $x = \begin{pmatrix} x_1 \\ \vdots \\ x_n \end{pmatrix}$ schreibt sich eindeutig als Linearkombination

$$x = x_1 e_1^T + \ldots + x_n e_n^T = \sum_{j=1}^{n} x_j e_j^T .$$

2. Der eigentliche Beweis: Sei $\varphi\colon \mathbb{R}^n \longrightarrow \mathbb{R}^m$ eine lineare Abbildung und $x = \begin{pmatrix} x_1 \\ \vdots \\ x_n \end{pmatrix} \in \mathbb{R}^n$.

Dann gilt mit Teil 1. und Bemerkung (18.21)(2):

$$\varphi(x) = \varphi(\sum_{j=1}^{n} x_j e_j^T) = \sum_{j=1}^{n} x_j \varphi(e_j^T) .$$

Die Bildvektoren $\varphi(e_j^T)$, $1 \le j \le n$, sind Vektoren des $\mathbb{R}^m$. Bilden wir aus den Spaltenvektoren $\varphi(e_j^T)$ die $(m\times n)$-Matrix

$$A := (\varphi(e_1^T) \ \ldots \ \varphi(e_n^T)) ,$$

so gilt mit Aufgabe 7, Seite 66 :

$$\varphi_A(x) = A\cdot x = \sum_{j=1}^{n} x_j \varphi(e_j^T) = \varphi(x) .$$

Den Nachweis der Eindeutigkeit von A verschieben wir auf (18.40).

BEMERKUNGEN.- (1) Der Beweis von Satz (18.22) hat nicht nur die Existenz der Matrix A, für die $\varphi = \varphi_A$ gilt, geliefert. Er enthält auch die explizite Formel: Man wähle die Bilder der kanonischen Basisvektoren $\varphi(e_j^T)$, $1 \le j \le n$, als Spaltenvektoren der Matrix A. (18.23)

(2) Sie sehen, A hängt von der Wahl der Basis des $\mathbb{R}^n$ ab bezüglich der jeder Vektor $x \in \mathbb{R}^n$

als Linearkombination dargestellt wird. Darüberhinaus hängt A von der Wahl einer Basis des $\mathbb{R}^m$ ab bezüglich der jeder Bildvektor $\varphi(x)$ als Linearkombination dargestellt wird. Wählt man im $\mathbb{R}^n$ eine von der kanonischen Basis verschiedene Basis und im $\mathbb{R}^m$ ebenfalls, so erhält man im allgemeinen auch eine andere Matrix A, so daß $\varphi = \varphi_A$ gilt. Wenn nichts anderes gesagt wird, verwenden wir stets die kanonischen Basen. Die Eindeutigkeitsaussage von Satz (18.22) bezieht sich also auf diese Basen in $\mathbb{R}^n$ bzw. $\mathbb{R}^m$.

(3) Ist $\varphi = \varphi_A$, so sagen wir: φ wird durch die Matrix A beschrieben.

(18.24) **BEISPIELE.-** Wir bestimmen zu einigen linearen Abbildungen die Matrizen gemäß Satz (18.22).

(1) Sei $\varphi\colon \mathbb{R}^3 \to \mathbb{R}^2$ die lineare Abbildung aus Beispiel (18.20)(2), Seite 69, mit

$$\varphi\begin{pmatrix}x_1\\x_2\\x_3\end{pmatrix} = \begin{pmatrix}7x_1+3x_2-x_3\\x_2-x_1\end{pmatrix}.$$

Dann gilt

$$\varphi(e_1^T) = \varphi\begin{pmatrix}1\\0\\0\end{pmatrix} = \begin{pmatrix}7\\-1\end{pmatrix}, \quad \varphi(e_2^T) = \varphi\begin{pmatrix}0\\1\\0\end{pmatrix} = \begin{pmatrix}3\\1\end{pmatrix} \quad \text{und}$$

$$\varphi(e_3^T) = \varphi\begin{pmatrix}0\\0\\1\end{pmatrix} = \begin{pmatrix}-1\\0\end{pmatrix},$$

so daß φ durch die (2×3)-Matrix

$$A := \begin{pmatrix}7 & 3 & -1\\-1 & 1 & 0\end{pmatrix}$$

beschrieben wird, d.h. $\varphi = \varphi_A$. Dies stimmt mit dem auf Seite 70 gewonnenen Ergebnis überein. Schreiben Sie φ in der Form

$$\varphi\begin{pmatrix}x_1\\x_2\\x_3\end{pmatrix} = \begin{pmatrix}7\cdot x_1 + 3\cdot x_2 - 1\cdot x_3\\-1\cdot x_1 + 1\cdot x_2 + 0\cdot x_3\end{pmatrix},$$

und Sie sehen, wo man die Elemente der Matrix A ablesen kann!

(2) Nun sei $\varphi\colon \mathbb{R}^2 \to \mathbb{R}^2$ diejenige Abbildung, die jeden Vektor um einen festen Winkel α im Gegenuhrzeigersinn dreht (siehe Bild 3), kurz:

Drehung

φ sei eine Drehung um den Winkel α.

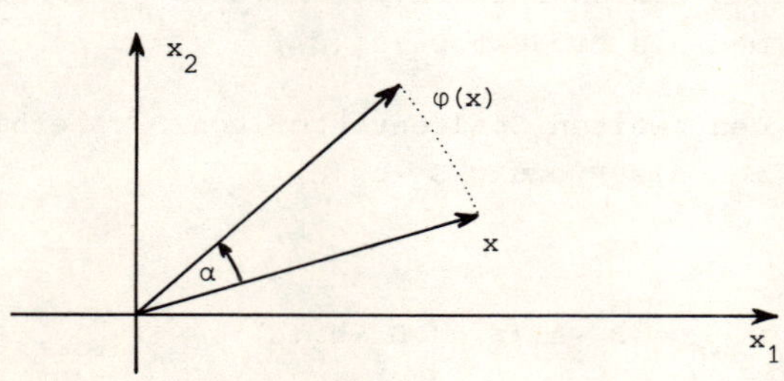

Bild 3.- Die Abbildung φ dreht jeden Vektor x um den Winkel α.

Wir machen mit Hilfe zweier Zeichnungen klar, daß φ eine lineare Abbildung ist. (Wir zeichnen dabei die Definitionsmenge $\mathbb{R}^2$ und die Bildmenge $\mathbb{R}^2$ in dasselbe Koordinatensystem). Aus Bild 4 geht hervor, daß zumindest für $\lambda > 0$ die Beziehung $\varphi(\lambda x) = \lambda\cdot\varphi(x)$ gilt. Ein ähnliches Bild liefert dasselbe Resultat für $\lambda < 0$. Der Fall $\lambda = 0$ ist klar.

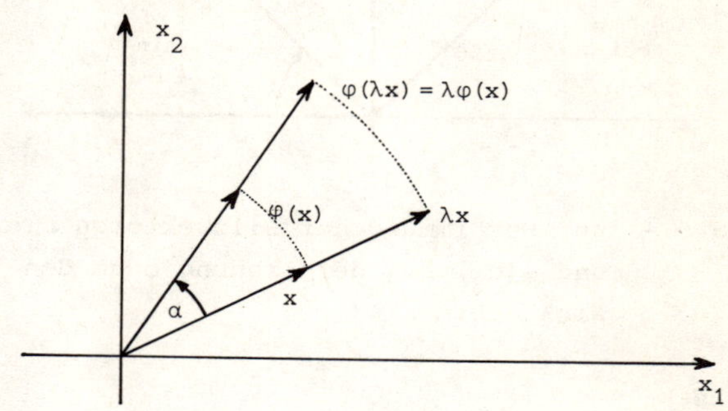

Bild 4.- Die Drehung φ hat die Eigenschaft $\varphi(\lambda x) = \lambda\cdot\varphi(x)$.

In Bild 5 ist dargestellt, daß für $x,y \in \mathbb{R}^2$ auch

$$\varphi(x+y) = \varphi(x) + \varphi(y)$$

richtig ist.

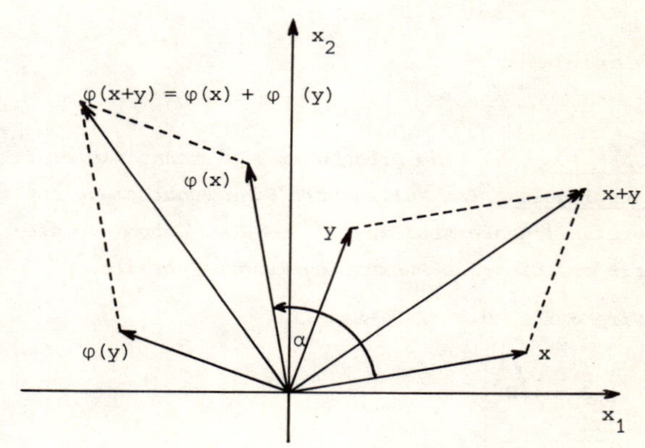

Bild 5.- Die Drehung φ hat die Eigenschaft $\varphi(x+y) = \varphi(x) + \varphi(y)$ ("φ dreht das ganze Parallelogramm").

Sie wissen nun, daß φ eine lineare Abbildung ist. Zur Bestimmung der Matrix, die φ beschreibt, genügt es, die Bildvektoren $\varphi(e_1)$ und $\varphi(e_2)$ zu bestimmen. Betrachten Sie dazu Bild 6: (Bild 6 siehe nächste Seite).

Drehungen um den Nullpunkt sind lineare Abbildungen

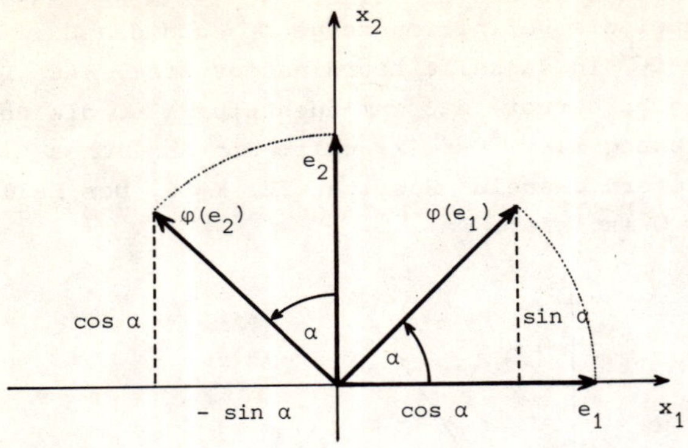

Bild 6.- Zur Bestimmung der Bildvektoren $\varphi(e_1)$ und $\varphi(e_2)$ bei der Drehung φ um den Winkel α.

Es ist

$$\varphi(e_1) = \begin{pmatrix} \cos\alpha \\ \sin\alpha \end{pmatrix},$$

$$\varphi(e_2) = \begin{pmatrix} -\sin\alpha \\ \cos\alpha \end{pmatrix}.$$

Damit erhalten wir: Eine Drehung um den Winkel α wird durch die Matrix

Matrix einer Drehung um den Winkel α

$$D_\alpha := \begin{pmatrix} \cos\alpha & -\sin\alpha \\ \sin\alpha & \cos\alpha \end{pmatrix}$$

beschrieben.

A 10

AUFGABE 10.- a) Eine Drehung um 180° nennt man eine Punktspiegelung (am Nullpunkt). Eine Punktspiegelung ist also eine lineare Abbildung $\mathbb{R}^2 \to \mathbb{R}^2$. Geben Sie die Matrix an, die eine Punktspiegelung beschreibt.

b) Wird durch die (2×2)-Matrix

$$\begin{pmatrix} \frac{1}{2} & -\frac{\sqrt{3}}{2} \\ \frac{\sqrt{3}}{2} & \frac{1}{2} \end{pmatrix}$$

eine Drehung beschrieben? Wenn ja, um welchen Winkel?

Bestimmen Sie die Bilder der Vektoren

$$\begin{pmatrix} 1 \\ -\sqrt{3} \end{pmatrix} \text{ und } \frac{1}{2}\left(\begin{pmatrix} -1 \\ \sqrt{3} \end{pmatrix} + \begin{pmatrix} \sqrt{3} \\ 1 \end{pmatrix}\right).$$

c) Sei $\alpha \in \mathbb{R}$. Zeigen Sie: Für alle Spaltenvektoren $x, y \in \mathbb{R}^2$ gilt

$$\langle (D_\alpha \cdot x)^T, (D_\alpha \cdot y)^T \rangle = \langle x^T, y^T \rangle.$$

Interpretieren Sie diese Gleichung insbesondere für $x = y$.

(18.25) VORÜBERLEGUNGEN.- Bleiben wir noch einen Augenblick bei dem Beispiel der Drehung: Wendet man nach einer Drehung um den Winkel β eine weitere Drehung um den Winkel α an, so hat man insgesamt eine Drehung um den Winkel $\alpha + \beta$ ausgeführt. Kurz: die Komposition zweier Drehungen ist wieder eine Drehung.

Komposition von Drehungen

FRAGE.- Wie erhält man diese Informationen aus den - die Drehungen beschreibenden - Matrizen D_α, D_β, $D_{\alpha+\beta}$?

Die Antwort auf diese Frage wird uns zu einer wichtigen Verallgemeinerung des bisher definierten Produktes einer Matrix mit einem Spaltenvektor führen.

Es ist (mit den Additionstheoremen für sin und cos):

$$D_{\alpha+\beta} = \begin{pmatrix} \cos(\alpha+\beta) & -\sin(\alpha+\beta) \\ \sin(\alpha+\beta) & \cos(\alpha+\beta) \end{pmatrix} =$$

$$= \begin{pmatrix} \cos\alpha\cdot\cos\beta - \sin\alpha\cdot\sin\beta & -\cos\alpha\cdot\sin\beta - \sin\alpha\cdot\cos\beta \\ \sin\alpha\cdot\cos\beta + \cos\alpha\cdot\sin\beta & -\sin\alpha\cdot\sin\beta + \cos\alpha\cdot\cos\beta \end{pmatrix}.$$

Betrachten Sie nun den ersten Spaltenvektor der Matrix $D_{\alpha+\beta}$:

$$\begin{pmatrix} \cos\alpha\cdot\cos\beta - \sin\alpha\cdot\sin\beta \\ \sin\alpha\cdot\cos\beta + \cos\alpha\cdot\sin\beta \end{pmatrix}$$

$$= \begin{pmatrix} \cos\alpha & -\sin\alpha \\ \sin\alpha & \cos\alpha \end{pmatrix} \cdot \begin{pmatrix} \cos\beta \\ \sin\beta \end{pmatrix} = D_\alpha \cdot \begin{pmatrix} \cos\beta \\ \sin\beta \end{pmatrix},$$

bzw. den zweiten Spaltenvektor von $D_{\alpha+\beta}$:

$$\begin{pmatrix} -\cos\alpha\cdot\sin\beta - \sin\alpha\cdot\cos\beta \\ -\sin\alpha\cdot\sin\beta + \cos\alpha\cdot\cos\beta \end{pmatrix}$$

$$\begin{pmatrix} \cos\alpha & -\sin\alpha \\ \sin\alpha & \cos\alpha \end{pmatrix} \cdot \begin{pmatrix} -\sin\beta \\ \cos\beta \end{pmatrix} = D_\alpha \cdot \begin{pmatrix} -\sin\beta \\ \cos\beta \end{pmatrix}.$$

Bezeichnen wir den ersten bzw. den zweiten Spaltenvektor von D_β mit $s_1(\beta)$ bzw. $s_2(\beta)$, so lautet unsere Antwort auf die oben gestellte Frage:

den ersten Spaltenvektor von $D_{\alpha+\beta}$ erhält man als Produkt $D_\alpha \cdot s_1(\beta)$,

den zweiten Spaltenvektor von $D_{\alpha+\beta}$ erhält man als Produkt $D_\alpha \cdot s_2(\beta)$,

also

$$D_{\alpha+\beta} = (D_\alpha \cdot s_1(\beta) \quad D_\alpha \cdot s_2(\beta)).$$

Drehung um $\alpha+\beta$

Wir werden im nächsten Abschnitt eine Matrizenmultiplikation "·" definieren, so daß gerade

$D_\alpha \cdot D_\beta = (D_\alpha \cdot s_1(\beta) \quad D_\alpha \cdot s_2(\beta))$, d.h.

$$D_\alpha \cdot D_\beta = D_{\alpha+\beta}$$

gilt. Das bedeutet dann: die Komposition zweier Drehungen wird durch das Produkt der Matrizen der beiden einzelnen Drehungen beschrieben. Die letzte Aussage bleibt sogar richtig, wenn man "Drehung" durch "lineare Abbildung" ersetzt (siehe Satz (18.30) auf Seite 74).

§ 3 MATRIZENMULTIPLIKATION

Wir knüpfen an die Überlegungen (18.25) im letzten Paragraphen an und treffen folgende Definition:

(18.26) **DEFINITION.-** Sei A eine $(m\times n)$-Matrix und B eine $(n\times r)$-Matrix. Sei $B = (s_1 \dots s_r)$ die Spaltendarstellung von B.
Dann definiert man das *Matrizenprodukt* $A\cdot B$ (lies: A mal B) durch

Multiplikation von Matrizen

$$A\cdot B := (A\cdot s_1 \dots A\cdot s_r).$$

Wir nennen diese Verknüpfung *Matrizenmultiplikation* und sagen: B wird von links mit A multipliziert oder A wird von rechts mit B multipliziert.

(18.27) **BEMERKUNGEN** zur Definition des Matrizenproduktes.- (1) Sie sehen: wenn $A = D_\alpha$ und $B = D_\beta$ ist, so gilt (mit den Bezeichnungen von (18.25)):

$$D_\alpha \cdot D_\beta = (D_\alpha \cdot s_1(\beta) \quad D_\alpha \cdot s_2(\beta)) = D_{\alpha+\beta}.$$

(2) Ist $r = 1$, so ist $B = s_1$ und $A\cdot B = A\cdot s_1$. D.h. das soeben definierte Matrizenprodukt ist eine (naheliegende) Verallgemeinerung des Produktes einer Matrix mit einem Spaltenvektor in Definition (18.11), Seite 65: Man bildet das Produkt $A\cdot B$, indem man alle Spaltenvektoren von B mit A multipliziert und die Bildvektoren als Spalten von $A\cdot B$ nimmt.

(3) Damit das Matrizenprodukt $A\cdot B$ überhaupt definiert ist, müssen alle Produkte $A\cdot s_i$ definiert sein. Dies ist für die $(m\times n)$-Matrix A genau dann der Fall, wenn die s_i Spaltenvektoren des $\mathbb{R}^n$ sind, wenn also B genau n Zeilen hat. Es muß also

A•B ist definiert, wenn Spaltenzahl von A gleich Zeilenzahl von B

Spaltenzahl von A = Zeilenzahl von B

sein, um $A\cdot B$ bilden zu können.

(4) Da für $i = 1,\dots,r$ die Produkte $A\cdot s_i$ Spaltenvektoren des $\mathbb{R}^m$ sind, ist $A\cdot B$ eine $(m\times r)$-Matrix.

(5) Ist $A = (a_{ij}) = \begin{pmatrix} z_1 \\ \vdots \\ z_m \end{pmatrix}$ und $B = (b_{lk}) = (s_1 \dots s_r)$, so ist mit den Definitionen (18.26) und (18.11), Seite 65:

$$A\cdot B = (A\cdot s_1 \dots A\cdot s_r) = \begin{pmatrix} z_1\cdot s_1 & \dots & z_1\cdot s_r \\ \vdots & & \vdots \\ z_m\cdot s_1 & \dots & z_m\cdot s_r \end{pmatrix}$$

$$= \begin{pmatrix} \sum_{j=1}^n a_{1j}b_{j1} & \dots & \sum_{j=1}^n a_{1j}b_{jr} \\ \vdots & & \vdots \\ \sum_{j=1}^n a_{mj}b_{j1} & \dots & \sum_{j=1}^n a_{mj}b_{jr} \end{pmatrix} = (c_{ik}),$$

wobei $c_{ik} = \sum_{j=1}^n a_{ij}b_{jk}$, $1 \le i \le m$, $1 \le k \le r$.

Deshalb finden Sie in der Literatur häufig auch folgende Kurzschreibweise für das Matrizenprodukt:

$$(a_{ij})\cdot(b_{lk}) = \left(\sum_{j=1}^n a_{ij}b_{jk}\right).$$

Matrizenprodukt in Kurzschreibweise

(Summiert wird über die "inneren" Indizes).

(6) Wenn Sie sich die Darstellung des Matrizenproduktes in (5) noch einmal ansehen, so erkennen Sie, daß auch für das jetzt definierte Produkt die

Merkregel: *Zeile mal Spalte*

Zeile mal Spalte

anwendbar ist.

Denn in der Matrix $A\cdot B$ steht in der i-ten Zeile an der k-ten Stelle das Produkt aus der i-ten Zeile z_i von A mit der k-ten Spalte s_k von B:

$$\boxed{c_{ik} = \sum_{j=1}^n a_{ij}b_{jk} = z_i\cdot s_k}$$

Sie werden weiter unten sehen, daß im allgemeinen $A\cdot B \neq B\cdot A$ ist, d.h. das Matrizenprodukt ist nicht kommutativ.

BEISPIEL.- Seien (18.28)

$$A_1 := \begin{pmatrix} 2 & 0 \\ 1 & 3 \\ 0 & 1 \\ -2 & 0 \end{pmatrix}, \quad A_2 := \begin{pmatrix} 4 & -1 & 0 & 3 \\ 3 & 2 & 1 & 0 \\ 1 & 1 & 1 & 1 \end{pmatrix} \quad \text{und}$$

$A_3 := \begin{pmatrix} 1 & 2 \\ 3 & 6 \end{pmatrix}$

gegeben. Wir bilden alle möglichen Produkte $A_i \cdot A_j$, $1 \le i,\ j \le 3$.

A_1 ist eine (4×2)-Matrix, A_2 ist eine (3×4)-Matrix, und A_3 ist eine (2×2)-Matrix. Also sind nur die Produkte

$$A_1 \cdot A_3\ ,\quad A_2 \cdot A_1 \quad \text{und} \quad A_3 \cdot A_3$$

definiert. Und zwar ist

$$A_1 \cdot A_3 = \begin{pmatrix} 2 & 0 \\ 1 & 3 \\ 0 & 1 \\ -2 & 0 \end{pmatrix} \cdot \begin{pmatrix} 1 & 2 \\ 3 & 6 \end{pmatrix} = \begin{pmatrix} 2 & 4 \\ 10 & 20 \\ 3 & 6 \\ -2 & -4 \end{pmatrix} .$$

Z.B. ergibt sich die -2 in der ersten Spalte von $A_1 \cdot A_3$ als Produkt der vierten Zeile von A_1 mit der ersten Spalte von A_3 (die -2 steht in der vierten Zeile und der ersten Spalte von $A_1 \cdot A_3$):

$$(-2 \quad 0) \begin{pmatrix} 1 \\ 3 \end{pmatrix} = (-2) \cdot 1 + 0 \cdot 3 = -2.$$

Weiter erhält man

$$A_2 \cdot A_1 = \begin{pmatrix} 4 & -1 & 0 & 3 \\ 3 & 2 & 1 & 0 \\ 1 & 1 & 1 & 1 \end{pmatrix} \cdot \begin{pmatrix} 2 & 0 \\ 1 & 3 \\ 0 & 1 \\ -2 & 0 \end{pmatrix} = \begin{pmatrix} 1 & -3 \\ 8 & 7 \\ 1 & 4 \end{pmatrix} .$$

Ist $A_2 \cdot A_1 = (c_{ik})_{\substack{1\le i\le 3 \\ 1\le k\le 2}}$, so ist z.B.

$$c_{31} = (1 \quad 1 \quad 1 \quad 1) \cdot \begin{pmatrix} 2 \\ 1 \\ 0 \\ -2 \end{pmatrix} = 1 \cdot 2 + 1 \cdot 1 + 1 \cdot 0 + 1 \cdot (-2) = 1.$$

Das Produkt $A_1 \cdot A_2$ ist <u>nicht</u> definiert, da die Spaltenzahl von A_1 nicht mit der Zeilenzahl von A_2 übereinstimmt.

Schließlich gilt

$$A_3 \cdot A_3 = \begin{pmatrix} 1 & 2 \\ 3 & 6 \end{pmatrix} \cdot \begin{pmatrix} 1 & 2 \\ 3 & 6 \end{pmatrix} = \begin{pmatrix} 7 & 14 \\ 21 & 42 \end{pmatrix} .$$

A 11

AUFGABE 11.- a) Bestimmen Sie alle möglichen Matrizenprodukte der folgenden Matrizen

$$A := \begin{pmatrix} 3 & 1 & 0 \\ 0 & 5 & 1 \end{pmatrix},\ B := \begin{pmatrix} 1 & 3 \\ 2 & 4 \\ 3 & 5 \\ 4 & 0 \end{pmatrix},\ C := \begin{pmatrix} 7 \\ 1 \end{pmatrix},\ D := (0 \quad 3).$$

b) Für welche $(m\times n)$-Matrizen A ist $A \cdot A$ definiert?

(18.29) quadratische Matrix

BEZEICHNUNGEN.- Eine $(n\times n)$-Matrix A nennen wir *quadratisch* bzw. genauer: eine *n-reihige quadratische Matrix*.
Ist $A = (a_{ij})$, so bilden die Elemente a_{ii}, $1 \le i \le n$, die *Diagonale* von A. Sind bei einer quadratischen Matrix alle Elemente außerhalb der Diagonalen gleich 0, so heißt A *Diagonalmatrix*.

Diagonalmatrix

So ist z.B. die Matrix A_3 aus Beispiel (18.28) eine 2-reihige quadratische Matrix mit den Diagonalelementen 1 und 6.

Teil b) von Aufgabe 11 hatte zum Ergebnis: Für jede quadratische Matrix A ist das Produkt $A \cdot A$ definiert.

Sind $e_1^T, \ldots, e_n^T$ die (Spalten-) Vektoren der kanonischen Basis des $\mathbb{R}^n$, so heißt

Einheitsmatrix

$$E_n := (e_1^T \ \ldots \ e_n^T) = \begin{pmatrix} 1 & 0 & \cdots & 0 \\ 0 & 1 & & \vdots \\ \vdots & & \ddots & \\ 0 & \cdots & 0 & 1 \end{pmatrix}$$

die (n-reihige) *Einheitsmatrix*. E_n ist eine Diagonalmatrix, und es gilt

$$\boxed{E_n \cdot x = x \quad \text{für alle } x \in \mathbb{R}^n} .$$

A 12

AUFGABE 12.- a) Zeigen Sie: Für jede $(m\times n)$-Matrix A gilt

$$E_m \cdot A = A = A \cdot E_n .$$

$E_m \cdot A = A \cdot E_n = A$

b) Sie A eine $(m\times n)$-Matrix und B eine $(n\times r)$-Matrix. Begründen Sie, daß das Produkt $B^T \cdot A^T$ definiert ist und daß

$$(A \cdot B)^T = B^T \cdot A^T$$

gilt.

Wir beweisen nun die auf Seite 73 angedeutete Aussage, daß die Komposition linearer Abbildungen durch ein Produkt von Matrizen beschrieben wird.

(18.30)

SATZ.- Seien $\varphi: \mathbb{R}^n \longrightarrow \mathbb{R}^m$ und $\psi: \mathbb{R}^m \longrightarrow \mathbb{R}^r$ lineare Abbildungen. Dann gilt

(1) $\psi \circ \varphi : \mathbb{R}^n \longrightarrow \mathbb{R}^r$ ist linear.

(2) Wird φ durch die $(m\times n)$-Matrix A und ψ durch die $(r\times m)$-Matrix B beschrieben (d.h. $\varphi = \varphi_A$ und $\psi = \varphi_B$), so wird $\psi \circ \varphi$ durch die $(r\times n)$-Matrix $B \cdot A$ beschrieben (d.h. $\psi \circ \varphi = \varphi_{B \cdot A}$).

$\psi \circ \varphi = \varphi_{B \cdot A}$

BEWEIS.- Die Richtigkeit der Aussage (1) sollten Sie selbst nachweisen können. Wir überlassen Ihnen diesen Beweisteil als Aufgabe 13.

Zu (2): Da $\psi \circ \varphi$ eine lineare Abbildung von $\mathbb{R}^n \longrightarrow \mathbb{R}^r$ ist, wird $\psi \circ \varphi$ nach Satz (18.22), Seite 70, durch eine $(r\times n)$-Matrix C beschrieben. Ferner ist nach Bemerkung (18.23), Seite 70,

$$C = (\psi \circ \varphi(e_1) \ \dots \ \psi \circ \varphi(e_n)),$$

wobei e_i die kanonischen Basisvektoren von $\mathbb{R}^n$ sind. Es ist $C = B\cdot A$ zu beweisen.

Nach Bemerkung (18.23) gilt auch

$$A = (\varphi(e_1) \ \dots \ \varphi(e_n)).$$

Mit der Definition des Matrizenproduktes ergibt sich hieraus

$$\begin{aligned} B\cdot A &= (B\cdot\varphi(e_1) \ \dots \ B\cdot\varphi(e_n)) \\ &= (\varphi_B(\varphi(e_1)) \ \dots \ \varphi_B(\varphi(e_n))) \\ &= (\psi\circ\varphi(e_1) \ \dots \ \psi\circ\varphi(e_n)) \quad \text{wegen } \psi = \varphi_B \\ &= C. \end{aligned}$$

A 13 *AUFGABE 13.- Beweisen Sie Aussage (1) von Satz (18.30).*

(18.31) **WEITERE EIGENSCHAFTEN DES MATRIZENPRODUKTES.-**

(1) Ist A eine $(m\times n)$-Matrix, B eine $(n\times r)$-Matrix und C eine $(r\times s)$-Matrix, so sind die Produkte $(A\cdot B)\cdot C$ und $A\cdot(B\cdot C)$ definiert, und es gilt

$(A\cdot B)\cdot C = A\cdot(B\cdot C)$

$$(A\cdot B)\cdot C = A\cdot(B\cdot C).$$

(2) Sind für zwei Matrizen A und B die Produkte $A\cdot B$ und $B\cdot A$ definiert, so ist dennoch im allgemeinen $A\cdot B \neq B\cdot A$.

i.a. $A\cdot B \neq B\cdot A$

(3) Bezeichnen wir mit O diejenige Matrix, deren Elemente sämtlich gleich 0 sind, so gilt

$$O\cdot A = A\cdot O = O$$

(sofern die Produkte definiert sind). O heißt *Nullmatrix*.

Nullmatrix

(4) Sind A,B,C Matrizen, so daß die Produkte $A\cdot B$ und $A\cdot C$ definiert sind, und gilt

$$A\cdot B = A\cdot C \quad \text{mit } A \neq O,$$

so folgt im allgemeinen nicht $B = C$.

A 14 *AUFGABE 14.- Beweisen Sie das Assoziativgesetz der Matrizenmultiplikation (18.31) (1) für den Fall m=n=r=s=2.*

Die Richtigkeit der Aussagen (2) und (4) von (18.31) belegen wir durch Angabe entsprechender Matrizen:

BEISPIELE.- (1) Sei (18.32)

$$A := \begin{pmatrix} 1 & 1 \\ 0 & 2 \end{pmatrix} \quad \text{und} \quad B := \begin{pmatrix} 1 & -1 \\ -1 & 0 \end{pmatrix}.$$

Dann gilt

$$A\cdot B = \begin{pmatrix} 1 & 1 \\ 0 & 2 \end{pmatrix}\cdot\begin{pmatrix} 1 & -1 \\ -1 & 0 \end{pmatrix} = \begin{pmatrix} 0 & -1 \\ -2 & 0 \end{pmatrix}$$

und

$$B\cdot A = \begin{pmatrix} 1 & -1 \\ -1 & 0 \end{pmatrix}\cdot\begin{pmatrix} 1 & 1 \\ 0 & 2 \end{pmatrix} = \begin{pmatrix} 1 & -1 \\ -1 & -1 \end{pmatrix}.$$

Matrizenmultiplikation ist nicht kommutativ

Also ist $A\cdot B \neq B\cdot A$.

(2) Sei

$$A := \begin{pmatrix} 0 & 1 \\ 0 & 0 \end{pmatrix}, \quad B := \begin{pmatrix} 0 & 0 \\ 1 & 0 \end{pmatrix} \quad \text{und} \quad C := \begin{pmatrix} 1 & 0 \\ 1 & 0 \end{pmatrix}.$$

Dann ist zwar $B \neq C$ und $A \neq O$, aber

Man kann i.a. nicht kürzen

$$A\cdot B = \begin{pmatrix} 1 & 0 \\ 0 & 0 \end{pmatrix} = A\cdot C.$$

Sie sehen, der Matrizenmultiplikation fehlen mehrere Eigenschaften, die Sie von der Multiplikation reeller Zahlen gewöhnt sind.

Sie werden im nächsten Abschnitt eine Addition und eine S-Multiplikation für Matrizen kennenlernen, die formal mit den entsprechenden Gesetzmäßigkeiten für Vektoren übereinstimmt.

Wie bei den Zahlen bezeichnen wir für eine quadratische Matrix A und $k \in \mathbb{N}$ mit

$$A^k := \underbrace{A\cdot\ldots\cdot A}_{k\text{-Faktoren}}$$

k-te Potenz einer quadratischen Matrix

die *k-te Potenz von A*.

AUFGABE 15.- Berechnen Sie alle Potenzen der Matrix A 15

$$\begin{pmatrix} 0 & 5 & 5 & 5 \\ 0 & 0 & 5 & 5 \\ 0 & 0 & 0 & 5 \\ 0 & 0 & 0 & 0 \end{pmatrix}.$$

BEISPIEL.- Die Käfer einer Käferart leben drei Jahre und vermehren sich jeweils am Ende des dritten Jahres. Das p-fache der Neugeborenen überlebt das erste Jahr, das q-fache der Einjährigen kommt zur Fortpflanzung. Ferner werden für jeden Käfer im dritten Lebensjahr im Durchschnitt r neue Käfer produziert. Wie entwickelt sich die Käferbevölkerung? (18.33)

Im k-ten Jahr sei

α_k die Anzahl der Käfer im ersten Lebensjahr,

β_k die Anzahl der Käfer im zweiten Lebensjahr,

γ_k die Anzahl der Käfer im dritten Lebensjahr.

Die obige Beschreibung der Überlebenschancen und der Fortpflanzungsrate der Käfer ergibt folgende Gleichungen für die entsprechenden Anzahlen im (k+1)-ten Jahr:

$$\alpha_{k+1} = r\gamma_k, \quad \beta_{k+1} = p\alpha_k, \quad \gamma_{k+1} = q\beta_k. \qquad (1)$$

Setzt man

$$A := \begin{pmatrix} 0 & 0 & r \\ p & 0 & 0 \\ 0 & q & 0 \end{pmatrix} \quad \text{und} \quad x^{(k)} := \begin{pmatrix} \alpha_k \\ \beta_k \\ \gamma_k \end{pmatrix},$$

so kann man das Gleichungssystem (1) in der Matrizengleichung

$$x^{(k+1)} = A \cdot x^{(k)}$$

zusammenfassen (siehe (18.12)(1), Seite 65).

Aus $x^{(k+2)} = A \cdot x^{(k+1)}$ und $x^{(k+3)} = A \cdot x^{(k+2)}$ ergibt sich für die Zusammensetzung der Käferbevölkerung im (k+3)-ten Jahr:

$$x^{(k+3)} = A \cdot (A \cdot x^{(k+1)}) = A \cdot (A \cdot (A \cdot x^{(k)})) = A^3 \cdot x^{(k)}. \quad (2)$$

Nun ist (rechnen Sie's nach):

$$A^3 = \begin{pmatrix} pqr & 0 & 0 \\ 0 & pqr & 0 \\ 0 & 0 & pqr \end{pmatrix},$$

d.h. wegen (2)

$$\alpha_{k+3} = pqr\alpha_k,$$
$$\beta_{k+3} = pqr\beta_k,$$
$$\gamma_{k+3} = pqr\gamma_k.$$

Nach jeweils drei Jahren wiederholt sich also der prozentuale Aufbau der Bevölkerung. Lediglich die absoluten Zahlen sind mit dem Faktor pqr multipliziert.

Ist $pqr < 1$, so sterben die Käfer aus; ist $pqr > 1$, so ist dies gleichbedeutend mit einer Bevölkerungsexplosion; für $pqr = 1$ ist der Zustand des Käfervolkes stabil.

§ 4 ADDITION UND S-MULTIPLIKATION FÜR MATRIZEN

Im Käferbeispiel des letzten Paragraphen sind wir u.a. zu der Gleichung

$$x^{(k+3)} = A^3 \cdot x^{(k)}$$

gelangt. Berücksichtigt man die spezielle Gestalt von A^3, so lautet dieses Ergebnis auch

$$x^{(k+3)} = (pqr)x^{(k)} = (pqr)E \cdot x^{(k)},$$

wobei $E = E_3$ die Einheitsmatrix ist. Vergleicht man die beiden Matrizengleichungen miteinander, so liegt es nahe, ein Produkt der reellen Zahl pqr mit der Matrix E zu definieren, so daß

$$(pqr) \cdot \begin{pmatrix} 1 & 0 & 0 \\ 0 & 1 & 0 \\ 0 & 0 & 1 \end{pmatrix} = \begin{pmatrix} pqr & 0 & 0 \\ 0 & pqr & 0 \\ 0 & 0 & pqr \end{pmatrix}$$

gilt. Dies soll für eine beliebige (m×n)-Matrix und eine beliegibe reelle Zahl im folgenden geschehen.

DEFINITION.- Seien $A = (a_{ij})$ und $B = (b_{ij})$ (m×n)-Matrizen und $\lambda \in \mathbb{R}$. (18.34)

(1) Die (m×n)-Matrix

$$\lambda A := (\lambda a_{ij})$$ λA

heißt *λ-faches* oder *skalares Vielfaches von A*. Diese Verknüpfungen von λ mit A nennen wir *S-Multiplikation*. S-Multiplikation

(2) Die (m×n)-Matrix

$$A + B := (a_{ij} + b_{ij})$$ A+B

heißt *Summe* der Matrizen A und B. Diese Verknüpfung nennen wir *Addition*. Addition

BEISPIEL.- Es ist (18.35)

$$2 \cdot \begin{pmatrix} 1 & 2 & 3 & 4 \\ 5 & 6 & 6 & 5 \\ 4 & 3 & 2 & 1 \end{pmatrix} = \begin{pmatrix} 2 & 4 & 6 & 8 \\ 10 & 12 & 12 & 10 \\ 8 & 6 & 4 & 2 \end{pmatrix}$$

und

$$\begin{pmatrix} 7 & 4 & 0 \\ -3 & 0 & -1 \end{pmatrix} + \begin{pmatrix} -4 & 2 & 2 \\ 3 & 5 & 1 \end{pmatrix} =$$

$$= \begin{pmatrix} 7-4 & 4+2 & 0+2 \\ -3+3 & 0+5 & -1+1 \end{pmatrix} = \begin{pmatrix} 3 & 6 & 2 \\ 0 & 5 & 0 \end{pmatrix}.$$

Man multipliziert also eine Matrix mit λ, indem man jedes Element der Matrix mit λ multipliziert, und man addiert zwei Matrizen, indem man "elementeweise" addiert. Man kann nur Matrizen desselben Typs addieren.

Da die Addition bzw. S-Multiplikation von Matrizen analog zur Addition bzw. Multiplikation (mit einer reellen Zahl) von Vektoren des $\mathbb{R}^n$ definiert ist (siehe Definition (15.1), Seite 1), ist zu erwarten, daß man mit Matrizen auch nach analogen Regeln rechnen kann.

Das ist tatsächlich der Fall (siehe Bemerkung (15.2)):

(18.36) **SATZ.-** Seien A,B,C $(m\times n)$-Matrizen und $\lambda,\mu \in \mathbb{R}$. Dann gilt

Rechenregeln für die Addition und die S-Multiplikation von Matrizen

(1) $A+(B+C) = (A+B)+C$

(2) $A+B = B+A$

(3) $A+O = A$ (O ist die Nullmatrix)

(4) $A-A = O$ Dabei ist $-A := (-1)A$ und $A-B := A+(-1)B$.

(5) $(\lambda\mu)A = \lambda(\mu A)$

(6) $(\lambda+\mu)A = \lambda A+\mu A$

(7) $\lambda(A+B) = \lambda A+\lambda B$

(8) $1A = A$

Alle Aussagen dieses Satzes beweist man unter Verwendung von Definition (18.34) durch direktes Nachrechnen. Wir lassen den Beweis aus.

(18.37) BEMERKUNG.- Wegen Satz (18.36) sagt man auch: Die Menge $V_{m,n}$ der $(m\times n)$-Matrizen mit der in (18.34) definierten Addition und S-Multiplikation bildet einen Vektorraum. Die Elemente von $V_{m,n}$, die $(m\times n)$-Matrizen, nennt man dann auch wieder Vektoren. Wir gehen an dieser Stelle nicht näher darauf ein.

A 16 *AUFGABE 16.- Bestimmen Sie eine (2×3)-Matrix X, so daß*

$$3A - X = -4B + A,$$

wobei $A := \begin{pmatrix} 1 & 7 & -3 \\ 0 & -5 & 2 \end{pmatrix}$ *und* $B := \begin{pmatrix} -\frac{1}{2} & -2 & 1 \\ \frac{1}{4} & 2 & -1 \end{pmatrix}$.

Beachten Sie, daß die Addition nur für Matrizen gleichen Typs erklärt ist.

Eine Verbindung zwischen der Addition und der Multiplikation von Matrizen wird durch die Distributivgesetze hergestellt.

(18.38) **SATZ.-** (1) Seien A und B $(m\times n)$-Matrizen, und sei C eine $(n\times r)$-Matrix. Dann gilt

$(A+B)\cdot C = A\cdot C+B\cdot C$

$$(A+B)\cdot C = A\cdot C + B\cdot C.$$

(2) Ist A eine $(m\times n)$-Matrix, und sind B und C $(n\times r)$-Matrizen, so gilt

$A\cdot(B+C) = A\cdot B+A\cdot C$

$$A\cdot(B+C) = A\cdot B + A\cdot C.$$

BEWEIS.- Wir beweisen nur die erste Aussage, und zwar in der in Bemerkung (18.27)(5), Seite 73, genannten Kurzschreibweise.

Sei $A = (a_{ij})$, $B = (b_{ij})$ und $C = (c_{jk})$. Dann gilt $A+B = (a_{ij}+b_{ij})$, also

$$\begin{aligned}(A+B)\cdot C &= (a_{ij}+b_{ij})\cdot(c_{jk}) = (\sum_{j=1}^{n}(a_{ij}+b_{ij})\cdot c_{jk}) \\ &= (\sum_{j=1}^{n} a_{ij}c_{jk} + \sum_{j=1}^{n} b_{ij}c_{jk}) \\ &= (\sum_{j=1}^{n} a_{ij}c_{jk}) + (\sum_{j=1}^{n} b_{ij}c_{jk}) \\ &= (a_{ij})\cdot(c_{jk}) + (b_{ij})\cdot(c_{jk}) \\ &= A\cdot C + B\cdot C.\end{aligned}$$

Machen Sie sich klar, daß Satz (18.14)(1) ein Spezialfall von (18.38)(2) ist und daß

$$A\cdot(\lambda B) = \lambda(A\cdot B) = (\lambda A)\cdot B$$

gilt, sofern das Produkt $A\cdot B$ definiert ist.

BEISPIEL.- Mit den jetzt zur Verfügung stehenden Rechenregeln für Matrizen können wir folgendes Resultat beweisen: (18.39)

Ist A eine n-reihige quadratische Matrix mit $A^r = O$ für eine natürliche Zahl r, so gilt mit $E = E_n$

$$(E-A)\cdot(E+A+A^2+\ldots+A^{r-1}) = E.$$

Beweis: Mehrfache Anwendung der Distributivgesetze (18.38) und von Aufgabe 12, Seite 74, ergibt

$$\begin{aligned}&(E-A)\cdot(E+A+A^2+\ldots+A^{r-1}) \\ &= (E-A)\cdot E + (E-A)\cdot A + (E-A)\cdot A^2+\ldots+(E-A)\cdot A^{r-1} \\ &= E-A+E\cdot A-A^2+E\cdot A^2-A^3\pm\ldots+E\cdot A^{r-1}-A^r \\ &= E+A+A^2+\ldots+A^{r-1}-A-A^2-A^3-\ldots-A^r \\ &= E-A^r = E, \text{ da } A^r = O.\end{aligned}$$

AUFGABE 17.- Bestimmen Sie mit Hilfe von Beispiel (18.39) eine (3×3)-Matrix X, so daß mit A 17

$A := \begin{pmatrix} 0 & 2 & 1 \\ 0 & 0 & -1 \\ 0 & 0 & 0 \end{pmatrix}$ *gilt*

$$A\cdot X = X + E_3.$$

(18.40) **Bemerkung.-** Wir können nun auch den noch ausstehenden Eindeutigkeitsnachweis von Satz (18.22), Seite 70, führen. Dort wurde behauptet, daß (bezüglich der kanonischen Basen) jede lineare Abbildung $\varphi: \mathbb{R}^n \longrightarrow \mathbb{R}^m$ durch genau eine $(m\times n)$-Matrix A beschrieben werden kann.

Nehmen wir also an, daß

$$\varphi(x) = A\cdot x \quad \text{für alle } x \in \mathbb{R}^n \quad \text{und}$$

$$\varphi(x) = B\cdot x \quad \text{für alle } x \in \mathbb{R}^n$$

gilt mit $(m\times n)$-Matrizen A und B, so ist $A = B$ zu zeigen.

Aus der Annahme folgt dann:

$$A\cdot x = B\cdot x \quad \text{für alle } x \in \mathbb{R}^n,$$

also

$$A\cdot x - B\cdot x = 0 \quad \text{für alle } x \in \mathbb{R}^n.$$

Mit (18.38)(1) folgt daraus

$$(A-B)\cdot x = 0 \text{ für alle } x \in \mathbb{R}^n.$$

Wenn man hieraus $A-B = 0$ folgern kann, so sind wir fertig, da sich dann, wie verlangt, $A = B$ ergibt. Daß die genannte Folgerung richtig ist, sagt der folgende Satz.

(18.41) **Satz.-** Sei C eine $(m\times n)$-Matrix mit der Eigenschaft

$$C\cdot x = 0 \text{ für alle } x \in \mathbb{R}^n.$$

Dann ist C die Nullmatrix.

Beweis.- Für $i = 1,\dots,m$ sei

$$z_i = (c_{i1},\dots,c_{in})$$

der i-te Zeilenvektor von C. Dann gilt für jeden Spaltenvektor $x \in \mathbb{R}^n$

$$0 = C\cdot x = \begin{pmatrix} z_1 \\ \vdots \\ z_m \end{pmatrix} \cdot x = \begin{pmatrix} z_1\cdot x \\ \vdots \\ z_m\cdot x \end{pmatrix},$$

also

$$0 = z_i\cdot x \quad \text{für } i = 1,\dots,m.$$

Da die letzte Gleichung für alle $x \in \mathbb{R}^n$ gilt, ist sie insbesondere für die n kanonischen Basisvektoren e_j^T richtig, die eine 1 als j-te Koordinate und sonst lauter Nullen als Koordinaten haben:

$$0 = z_i\cdot e_j^T = (c_{i1},\dots,c_{in}) \cdot \begin{pmatrix} 0 \\ \vdots \\ 1 \\ \vdots \\ 0 \end{pmatrix} = c_{ij}\cdot 1 = c_{ij}.$$

Das gilt für $i = 1,\dots,m$ und $j = 1,\dots,n$, d.h. $C = 0$. (*)

Zusammenfassung.- Sie haben drei Verknüpfungen von Matrizen kennengelernt:

1. Die Addition von Matrizen gleichen Typs ist elementeweise erklärt. Sie genügt formal denselben Rechenregeln wie die Addition reeller Zahlen oder von Vektoren.

2. Die Multiplikation zweier Matrizen ist definiert, wenn die Spaltenzahl des ersten Faktors gleich der Zeilenzahl des zweiten Faktors ist. Bei der Multiplikation von Matrizen besteht wenig Analogie zur Multiplikation reeller Zahlen: Man kann i.a. nicht dividieren; das Produkt zweier Matrizen kann die Nullmatrix sein, ohne daß einer der Faktoren gleich 0 ist; man darf Faktoren im allgemeinen nicht vertauschen.

3. Die S-Multiplikation einer Matrix mit einer reellen Zahl ist elementeweise definiert.

Vereinbarung.- In Zukunft werden wir oft den dicken Punkt beim Matrizenprodukt weglassen und AB anstelle von A·B schreiben.

Aufgabe 18.- Seien B und C $(n\times n)$-Matrizen mit der Eigenschaft $BC = CB$. Zeigen Sie: A 18

a) $CB^k = B^kC$ *für alle* $k \in \mathbb{N}$.

b) Ist $C^2 = 0$ *und* $A := B+C$, *so gilt für alle* $k \in \mathbb{N}$:

$$A^{k+1} = B^k(B + (k+1)C).$$

§ 5 Der Rang einer Matrix

In diesem Paragraphen geht es darum, jeder Matrix eine nicht-negative ganze Zahl zuzuordnen. Diese Zahl, der *Rang einer Matrix*, steht in engem Zusammenhang mit der "Anzahl" der Lösungen eines Systems linearer Gleichungen, das diese Matrix als Koeffizientenmatrix hat, bzw. mit der Lösbarkeit überhaupt.

Spaltenrang und Zeilenrang einer Matrix

Für ein besseres Verständnis der nachfolgenden Definition wiederholen wir die Definitionen der Begriffe *linear abhängig* bzw. *linear unabhängig* (siehe Definition (15.39), Seite 18):

(*) Machen Sie sich noch einmal die Bedeutung der "Nullen" in diesem Beweis klar: reelle Zahl, Vektor im $\mathbb{R}^n$ oder $\mathbb{R}^m$, Matrix.

Wiederholung: linear abhängig, linear unabhängig

Ein k-Tupel $(a_1,\ldots,a_k)$ von Vektoren $a_i \in \mathbb{R}^m$ heißt *linear abhängig*, wenn es reelle Zahlen $\lambda_1,\ldots,\lambda_k$ gibt, die nicht alle gleich 0 sind, so daß

$$\sum_{i=1}^{k} \lambda_i a_i = 0$$

ist. Andernfalls heißt das k-Tupel $(a_1,\ldots,a_k)$ *linear unabhängig*.

Diese Definitionen gelten sowohl für den Fall, daß alle a_i Spaltenvektoren sind, als auch für den Fall, daß alle a_i Zeilenvektoren sind.

Da nach (15.52)(1), Seite 23,

$$\dim \mathbb{R}^m = m$$

gilt, können Sie mit Hilfe von Satz (15.50), Seite 23, folgern: Jedes k-Tupel $(a_1,\ldots,a_k)$ von Vektoren $a_i \in \mathbb{R}^m$ mit $k > m$ ist linear abhängig.

(18.42) VORBEMERKUNG.- Sei nun ein lineares Gleichungssystem

$$A\cdot x = 0 \qquad (1)$$

mit einer $(m\times n)$-Koeffizientenmatrix A gegeben (*). A habe die Spaltendarstellung

$$A = (s_1 \ldots s_n).$$

Dann ist (1) nach Aufgabe 7, Seite 66, äquivalent zu

$$\sum_{i=1}^{n} x_i s_i = 0, \qquad (2)$$

wobei $x = \begin{pmatrix} x_1 \\ \vdots \\ x_n \end{pmatrix} \in \mathbb{R}^n$ ist.

Sicher ist $x = 0 \in \mathbb{R}^n$ eine Lösung von (2) und damit auch von (1). Die Frage, ob es Vektoren $x \neq 0$ gibt, so daß Gleichung (2) gilt, ist gleichbedeutend mit der Frage:
Ist das n-Tupel $(s_1,\ldots,s_n)$ der Spaltenvektoren von A linear abhängig oder linear unabhängig?

Wir können folgendes ERGEBNIS formulieren:

> Im Falle der linearen Unabhängigkeit des n-Tupels $(s_1,\ldots,s_n)$ der Spaltenvektoren von A ist $x = 0$ die einzige Lösung von (2) bzw. von (1).
>
> Im Falle der linearen Abhängigkeit von $(s_1,\ldots,s_n)$ gibt es Lösungen $x \neq 0$.

(*) Machen Sie sich noch einmal klar, daß dieses Gleichungssystem m Gleichungen und n Unbekannte hat, da A eine $(m\times n)$-Matrix ist.

Um auch im Fall der linearen Abhängigkeit von $(s_1,\ldots,s_n)$ eine präzisere Aussage über die "Anzahl" der Lösungen machen zu können, versucht man ein "größtes" linear un-abhängiges k-Tupel von Spaltenvektoren zu ermitteln. Z.B. sehen Sie unmittelbar, daß das 4-Tupel der Spaltenvektoren der Matrix

$$\begin{pmatrix} 1 & 0 & 1 & 0 \\ 2 & 0 & 0 & 0 \end{pmatrix}$$

linear abhängig ist, da der Nullvektor darin vorkommt. Dagegen ist das 2-Tupel $\left(\begin{pmatrix}1\\2\end{pmatrix},\begin{pmatrix}1\\0\end{pmatrix}\right)$ des ersten und dritten Spaltenvektors linear unabhängig, während jedes 3-Tupel von Spaltenvektoren der gegebenen Matrix schon wieder linear abhängig ist. Dies führt auf folgende Definition:

DEFINITION.- (1) Die $(m\times n)$-Matrix A habe die Spaltendarstellung (18.43)

$$A = (s_1 \ldots s_n).$$

Die größte Zahl k mit der Eigenschaft: es gibt ein k-Tupel linear unabhängiger Spaltenvektoren $(s_{i_1},\ldots,s_{i_k})$, heißt der *Spaltenrang von A*, in Zeichen: $r_s(A)$. Spaltenrang

(2) Die $(m\times n)$-Matrix A habe die Zeilendarstellung

$$A = \begin{pmatrix} z_1 \\ \vdots \\ z_m \end{pmatrix}.$$

Die größte ganze Zahl ℓ mit der Eigenschaft: es gibt ein ℓ-Tupel linear unabhängiger Zeilenvektoren $(z_{j_1},\ldots,z_{j_\ell})$ heißt der *Zeilenrang von A*, in Zeichen: $r_z(A)$. Zeilenrang

Erläuterung: $r := r_s(A)$ ist die größte ganze Zahl mit der in (18.43)(1) genannten Eigenschaft. D.h. es gibt ein r-Tupel linear unabhängiger Spaltenvektoren von A, und jedes (r+1)-Tupel von Spaltenvektoren ist bereits linear abhängig.

BEMERKUNGEN.- (1) Da eine $(m\times n)$-Matrix A insgesamt nur n Spalten und m Zeilen hat, ist (18.44)

$$r_s(A) \le n \quad \text{und} \quad r_z(A) \le m.$$

$r_s(A) \le n$
$r_z(A) \le m$

(2) Ein einzelner Vektor ist linear unabhängig, falls er nicht der Nullvektor ist. Daher gilt für $A \neq 0$

$$1 \le r_s(A) \quad \text{und} \quad 1 \le r_z(A).$$

(3) Ist A die Nullmatrix, so sind alle Spalten-

vektoren und alle Zeilenvektoren gleich dem Nullvektor. In diesem und nur in diesem Fall ist

$r_s(O) = r_z(O) = O$

$$r_s(A) = r_z(A) = 0.$$

(4) Die zu Beginn dieses Abschnitts gestellte Frage wann ein lineares Gleichungssystem $A \cdot x = O$, A eine $(m \times n)$-Matrix, Lösungen $x \neq O$ besitzt, können wir mit Hilfe der eingeführten Begriffe nun so beantworten:

- Ist $r_s(A) = n$, so ist $x = O$ die einzige Lösung des Systems.
- Ist $r_s(A) < n$, so gibt es Lösungen $x \neq O$.

Wie man Lösungen $x \neq O$ erhält, erfahren Sie in Kapitel 19.

Es gibt gewisse Typen von Matrizen, deren Spaltenrang bzw. Zeilenrang sich besonders einfach bestimmen läßt.

(18.45) BEISPIELE.- (1) Die n-reihige Einheitsmatrix E_n hat als Spaltenrang und Zeilenrang die Zahl n, da das n-Tupel $(e_1, \ldots, e_n)$ linear unabhängig ist. In Zeichen:

$$r_s(E_n) = r_z(E_n) = n.$$

(2) Die $(m \times n)$-Matrix A habe die Gestalt

$$A = \begin{pmatrix} E_r & O \\ O & O \end{pmatrix} .$$

Das bedeutet: in der "linken oberen Ecke" von A steht die r-reihige Einheitsmatrix, $r \leq m$ und $r \leq n$, während alle anderen Elemente von A gleich O sind.

Sie erkennen: das r-Tupel der ersten Spaltenvektoren $(e_1, \ldots, e_r)$ ist linear unabhängig. Jedes $(r+1)$-Tupel von Spaltenvektoren enthält mindestens einmal den Nullvektor, ist also linear abhängig. Deshalb gilt

$$r_s(A) = r.$$

Analoge Überlegungen für die Zeilenvektoren liefern

$$r_z(A) = r.$$

(3) Der Zeilenrang und der Spaltenrang der $(m \times n)$-Matrix

$$A := \begin{pmatrix} 1 & 3 & 1 & 1 & \ldots & 1 \\ 1 & 3 & 1 & 1 & \ldots & 1 \\ 1 & 3 & 1 & 1 & \ldots & 1 \\ \vdots & \vdots & \vdots & \vdots & & \vdots \\ 1 & 3 & 1 & 1 & & 1 \end{pmatrix}$$

sind zu bestimmen.

A besitzt nur zwei verschiedene Spaltenvektoren, nämlich

$$s_1 = \begin{pmatrix} 1 \\ 1 \\ \vdots \\ 1 \end{pmatrix} \quad \text{und} \quad s_2 = \begin{pmatrix} 3 \\ 3 \\ \vdots \\ 3 \end{pmatrix} .$$

Da jedoch $-3s_1 + 1s_2 = O$ ist, ist (s_1, s_2) linear abhängig, so daß $r_s(A) < 2$ ist. Da A nicht die Nullmatrix ist, gilt $r_s(A) = 1$.

Alle Zeilenvektoren von A sind gleich $(1,3,1,\ldots,1) \neq O$, also gilt $r_z(A) = 1$.

AUFGABE 19.- Bestimmen Sie Spaltenrang und Zeilenrang der folgenden Matrizen (bearbeiten Sie auf jeden Fall a,b und e): A 19

a) $\begin{pmatrix} 0 & 0 & 1 & 0 \\ 1 & 0 & 0 & 0 \\ 0 & 0 & 0 & 1 \\ 0 & 1 & 0 & 0 \end{pmatrix}$ b) $\begin{pmatrix} 1 & 1 & 2 & 2 & 1 \\ 2 & 2 & 4 & 4 & 2 \\ 3 & 3 & 6 & 6 & 3 \\ 4 & 4 & 8 & 8 & 4 \\ 0 & 0 & 0 & 0 & 0 \end{pmatrix}$

c) $\begin{pmatrix} 1 & 0 & 3 \\ 0 & 1 & -2 \\ 1 & 0 & 3 \end{pmatrix}$.

d) $A = (a_{ij})$ sei eine n-reihige Diagonalmatrix mit $a_{ii} \neq 0$ für $i = 1, \ldots, n$.

e) A sei eine beliebige n-reihige Diagonalmatrix. (Beschreiben Sie die Größe des Spaltenrangs mit Worten).

Unser nächstes Ziel ist es, ein Verfahren anzugeben, das es gestattet, den Spaltenrang bzw. den Zeilenrang einer beliebigen Matrix zu ermitteln. Dazu werden wir eine gegebene Matrix solchen "Umformungen" unterwerfen, die den Spaltenrang bzw. Zeilenrang nicht ändern, aber die Gestalt der Matrix so verändern, daß man den Spaltenrang oder Zeilenrang unmittelbar ablesen kann. Die geänderte Matrix könnte also eine Diagonalmatrix (siehe Aufgabe 19 e) oder noch besser eine Matrix wie im Beispiel (18.45) (2) sein. nächstes Ziel

ELEMENTARE SPALTEN- UND ZEILENUMFORMUNGEN

In Aufgabe 19 a haben Sie sich an einem Beispiel überlegt, daß die lineare Unabhängigkeit eines k-Tupels von Vektoren erhalten bleibt, wenn man die Reihenfolge der Vektoren verändert. Deshalb wird man die Spalten einer Matrix vertauschen können, ohne daß sich der Spaltenrang ändert. (Die Matrix ändert sich dabei im allgemeinen!). Analoges gilt für Zeilenvertauschungen und den Zeilenrang.

In Aufgabe 19 b hätten wir z.B. die dritte Spalte der gegebenen Matrix mit $\frac{1}{2}$ multiplizieren können, ohne daß dies den Spaltenrang geändert hätte. Wir hätten sogar das 2-fache des ersten Spaltenvektors vom dritten Spaltenvektor abziehen können, ohne daß sich der Spaltenrang geändert hätte.

Damit sind bereits alle Umformungen einer Matrix mit Hilfe ihrer Spaltenvektoren genannt. Allgemein legen wir fest:

(18.46) **DEFINITION.-** (1) Die $(m\times n)$-Matrix A habe die Zeilendarstellung

$$A = \begin{pmatrix} z_1 \\ \vdots \\ z_n \end{pmatrix} .$$

elementare Zeilenumformungen

Unter *elementaren Zeilenumformungen* von A verstehen wir folgende Umformungen des Systems der Zeilenvektoren von A:

-Vertauschung zweier Zeilenvektoren:

$$\begin{pmatrix} z_1 \\ \vdots \\ z_i \\ \vdots \\ z_j \\ \vdots \\ z_m \end{pmatrix} \longrightarrow \begin{pmatrix} z_1 \\ \vdots \\ z_j \\ \vdots \\ z_i \\ \vdots \\ z_m \end{pmatrix} .$$

$A \xrightarrow{Z_{ij}} B$

In Zeichen: $A \xrightarrow{Z_{ij}} B$, d.h. die Matrix B geht aus A durch Vertauschen des i-ten mit dem j-ten Zeilenvektor von A hervor.

- Multiplikation eines Zeilenvektors mit einer reellen Zahl $c \neq 0$:

$$\begin{pmatrix} z_1 \\ \vdots \\ z_i \\ \vdots \\ z_m \end{pmatrix} \longrightarrow \begin{pmatrix} z_1 \\ \vdots \\ cz_i \\ \vdots \\ z_m \end{pmatrix} .$$

$A \xrightarrow{c\cdot Z_i} B$

In Zeichen: $A \xrightarrow{c\cdot Z_i} B$, d.h. B geht aus A durch Multiplikation des i-ten Zeilenvektors (von A) mit $c \neq 0$ hervor.

- Addition des c-fachen Zeilenvektors zu einem anderen Zeilenvektor:

$$\begin{pmatrix} z_1 \\ \vdots \\ z_i \\ \vdots \\ z_j \\ \vdots \\ z_m \end{pmatrix} \longrightarrow \begin{pmatrix} z_1 \\ \vdots \\ z_i+cz_j \\ \vdots \\ z_j \\ \vdots \\ z_m \end{pmatrix} , \quad i \neq j.$$

In Zeichen: $A \xrightarrow{Z_i+cZ_j} B$, d.h. B geht aus A durch Addition des c-fachen des j-ten Zeilenvektors zum i-ten Zeilenvektor hervor. $A \xrightarrow{Z_i+cZ_j} B$

(2) Unter *elementaren Spaltenumformungen* von A verstehen wir folgende Umformungen des Systems der Spaltenvektoren von A:

elementare Spaltenumformungen

- Vertauschung zweier Spaltenvektoren; in Zeichen: $A \xrightarrow{S_{ij}} B$. $A \xrightarrow{S_{ij}} B$

- Multiplikation eines Spaltenvektors mit einer reellen Zahl $c \neq 0$; in Zeichen: $A \xrightarrow{c\cdot S_i} B$. $A \xrightarrow{c\cdot S_i} B$

- Addition des c-fachen eines Spaltenvektors zu einem anderen Spaltenvektor; in Zeichen: $A \xrightarrow{S_i+cS_j} B$, $i \neq j$. $A \xrightarrow{S_i+cS_j} B$

BEISPIEL.- Die (3×3)-Matrix (18.47)

$$\begin{pmatrix} 1 & -1 & 1 \\ 2 & -4 & 3 \\ 0 & -2 & 3 \end{pmatrix}$$

soll durch elementare Zeilen- oder Spaltenumformungen auf eine möglichst einfache Gestalt gebracht werden. (*)

$$\begin{pmatrix} 1 & -1 & 1 \\ 2 & -4 & 3 \\ 0 & -2 & 3 \end{pmatrix} \xrightarrow{Z_2-2\cdot Z_1} \begin{pmatrix} 1 & -1 & 1 \\ 0 & -2 & 1 \\ 0 & -2 & 3 \end{pmatrix} \xrightarrow{-\frac{1}{2}\cdot Z_2}$$

$$\begin{pmatrix} 1 & -1 & 1 \\ 0 & 1 & -\frac{1}{2} \\ 0 & -2 & 3 \end{pmatrix} \xrightarrow{Z_3+2\cdot Z_2} \begin{pmatrix} 1 & -1 & 1 \\ 0 & 1 & -\frac{1}{2} \\ 0 & 0 & 2 \end{pmatrix} \xrightarrow{\frac{1}{2}\cdot Z_3}$$

$$\begin{pmatrix} 1 & -1 & 1 \\ 0 & 1 & -\frac{1}{2} \\ 0 & 0 & 1 \end{pmatrix} \xrightarrow{Z_2+\frac{1}{2}\cdot Z_3} \begin{pmatrix} 1 & -1 & 1 \\ 0 & 1 & 0 \\ 0 & 0 & 1 \end{pmatrix} \xrightarrow{Z_1-Z_3}$$

$$\begin{pmatrix} 1 & -1 & 0 \\ 0 & 1 & 0 \\ 0 & 0 & 1 \end{pmatrix} \xrightarrow{Z_1+Z_2} \begin{pmatrix} 1 & 0 & 0 \\ 0 & 1 & 0 \\ 0 & 0 & 1 \end{pmatrix} = E_3.$$

(*) Dabei werden wir z.B. $Z_2-2\cdot Z_1$ an Stelle von $Z_2+(-2)\cdot Z_1$ und Z_1+Z_2 an Stelle von $Z_1+1\cdot Z_2$ schreiben.

Wir haben allein durch elementare Zeilenumformungen A in E_3 "transformiert".

Beachten Sie die Systematik mit der wir vorgegangen sind: $a_{11}=1$ *, alle Elemente darunter zu 0 gemacht;* a_{22} *zu einer 1 gemacht, das Element darunter zu 0;* a_{33} *zu 1, alle Elemente darüber zu 0 gemacht; schließlich noch* a_{12} *zu 0 gemacht.*

Wenn wir wüßten, daß alle Umformungen den Zeilenrang oder den Spaltenrang nicht verändert haben, könnten wir folgern:
$r_s(A) = r_s(E_3) = 3$ oder $r_z(A) = r_z(E_3) = 3$. Daß wir diese Folgerung tatsächlich ziehen können sagt der nächste Satz.

(18.48) SATZ.- Geht eine Matrix aus einer anderen durch elementare Spalten- oder Zeilenumformungen hervor, so haben beide Matrizen den gleichen Spaltenrang und den gleichen Zeilenrang.

Ein vollständiger Beweis dieses Satzes mit den uns zur Verfügung stehenden Mitteln ist sehr umfangreich. Es ist nämlich zu zeigen:

1. Jede der drei elementaren Spaltenumformungen verändert den Spaltenrang nicht.

2. Jede der drei elementaren Spaltenumformungen verändert den Zeilenrang nicht.

3. Jede der drei elementaren Zeilenumformungen verändert den Zeilenrang nicht.

4. Jede der drei elementaren Zeilenumformungen verändert den Spaltenrang nicht.

Die Beweise von 1. und 3. verlaufen analog, ebenso die von 2. und 4. Die folgende Aufgabe enthält eine Anleitung, wie Sie zum Beispiel die Aussage 1 beweisen können.

A 20

AUFGABE 20.- Die (m×n)-Matrix A habe die Spaltendarstellung

$$A = (s_1 \ldots s_n),$$

wobei also die s_i *Spaltenvektoren des* $\mathbb{R}^m$ *sind. A sei nicht die Nullmatrix und* $r_s(A)$ *der Spaltenrang von A. Die Matrizen B, C und D seien durch elementare Spaltenumformungen aus A hervorgegangen, und zwar gelte*

$$A \xrightarrow{S_{ij}} B = (b_1 \ldots b_n) \,,$$

$$A \xrightarrow{c \cdot S_i} C = (c_1 \ldots c_n) \,, \; c \neq 0,$$

$$A \xrightarrow{S_i + c \cdot S_j} D = (d_1 \ldots d_n) \,, \; i \neq j.$$

Sei U bzw. U_1 *bzw.* U_2 *bzw.* U_3 *der Unterraum des* $\mathbb{R}^m$*, der von dem n-Tupel* $(s_1, \ldots, s_n)$ *bzw. von* $(b_1, \ldots, b_n)$ *bzw. von* $(c_1, \ldots, c_n)$ *bzw. von* $(d_1, \ldots, d_n)$ *aufgespannt wird. Zeigen Sie:*

a) $U = U_k$, $k = 1,2,3.$

b) $r_s(A) = \dim U.$

Folgern Sie aus a) und b):

c) $r_s(A) = r_s(B) = r_s(C) = r_s(D).$

AUFGABE 21.- a) Bestimmen Sie mit Hilfe elementarer Zeilen- oder Spaltenumformungen den Zeilen- oder Spaltenrang der Matrix A 21

$$\begin{pmatrix} 1 & 2 & 4 & 0 \\ 0 & 1 & -1 & 1 \\ -1 & 3 & 2 & 2 \end{pmatrix}.$$

b) Gibt es reelle Zahlen α (wenn ja, welche?), so daß die Matrix

$$\begin{pmatrix} 3 & 2 & 3-2\alpha & 1 \\ 0 & 2 & 2 & 1 \\ 0 & 0 & 1-2\alpha & 0 \\ -6 & -4 & 4\alpha-6 & -2 \end{pmatrix}$$

den Zeilenrang 2 (den Spaltenrang 4) hat?

Wenn Sie sich die Beispiele und die Ergebnisse der Aufgaben dieses und des vorigen Abschnitts ansehen, werden Sie erkennen, daß wir bisher keine Matrix angegeben haben, deren Spaltenrang vom Zeilenrang verschieden war. Das ist auch gar nicht möglich, denn es gilt:

SATZ.- Von jeder (m×n)-Matrix $A \neq 0$ gelangt man durch elementare Spalten- und Zeilenumformungen zu einer (m×n)-Matrix der Gestalt (18.49)

$$\begin{pmatrix} E_r & 0 \\ 0 & 0 \end{pmatrix},$$

dabei ist $r_s(A) = r = r_z(A)$. (*)

Zeilenrang = Spaltenrang

Den Beweis dieses Satzes (z.B. mit Hilfe vollständiger Induktion über m und n) lassen wir aus.

Wegen der in Satz (18.49) festgestellten Gleichheit von Zeilenrang und Spaltenrang für jede Matrix trifft man folgende Definition:

DEFINITION.- Den Spaltenrang (= Zeilenrang) einer Matrix A bezeichnet man als den Rang von A; in Zeichen: Rang A. (18.50)

Rang einer Matrix

(*) Es gibt Matrizen, die man nicht allein durch Spaltenumformungen oder allein durch Zeilenumformungen auf die in Satz (18.49) angegebene Gestalt bringen kann.

(18.51) **BEMERKUNG.-** In (18.44)(1), Seite 79, hatten wir für eine (m×n)-Matrix A

$$r_s(A) \leq n \quad \text{und} \quad r_z(A) \leq m$$

festgestellt. Nach Satz (18.49) und mit Definition (18.50) ist jedoch

$$\text{Rang } A = r_s(A) = r_z(A);$$

also ist Rang $A \leq n$ und Rang $A \leq m$, d.h.

$$\boxed{\text{Rang } A \leq \min\{m,n\}}$$

A 22 *AUFGABE 22.- a) Bestimmen Sie den Rang von*

$$\begin{pmatrix} 1 & 2 & 4 \\ 1 & -1 & 1 \\ 1 & 2 & 4 \\ 3 & 3 & 9 \end{pmatrix}.$$

b) Geben Sie (2×2)-Matrizen A und B an, so daß die Gleichung

Rang (A + B) = Rang A + Rang B

falsch ist.

Am Schluß dieses Kapitels noch zwei Bemerkungen, die den Rang und lineare Abbildungen sowie komplexe Matrizen betreffen.

(18.52) **BEMERKUNG.-** Sei $\varphi\colon \mathbb{R}^n \longrightarrow \mathbb{R}^m$ eine lineare Abbildung, die (bezüglich der kanonischen Basen in $\mathbb{R}^n$ bzw. $\mathbb{R}^m$) durch die (m×n)-Matrix A beschrieben werde, d.h. es gilt $\varphi = \varphi_A$. Ferner sei Rang $A = r \geq 1$.
Sie wissen, daß A die Spaltendarstellung

$$A = (\varphi(e_1) \ldots \varphi(e_n))$$

hat, wobei $(e_1,\ldots,e_n)$ die kanonische Basis des $\mathbb{R}^n$ ist. Rang $A = r$ bedeutet, daß es ein linear unabhängiges r-Tupel $(\varphi(e_{i_1}),\ldots,\varphi(e_{i_r}))$ von Spaltenvektoren von A gibt. Mit anderen Worten: Es gibt ein linear unabhängiges r-Tupel von Bildvektoren (unter φ).

Man kann auch zeigen: Jedes (r+1)-Tupel von Bildvektoren $(\varphi(x^{(1)}),\ldots,\varphi(x^{(r+1)}))$ mit $x^{(1)},\ldots,x^{(r+1)} \in \mathbb{R}^n$ ist linear abhängig.
Ergebnis:

Rang bei linearen Abbildungen

Ist $\varphi = \varphi_A$, so ist Rang A die größte ganze Zahl k mit der Eigenschaft: es gibt ein k-Tupel linear unabhängiger Bildvektoren.

A 23 *AUFGABE 23.- Mit den Bezeichnungen von Bemerkung (18.52) sei W der von $(\varphi(e_1),\ldots,\varphi(e_n))$ aufgespannte Unterraum des $\mathbb{R}^m$. Zeigen Sie: dim W = Rang A und $W = \varphi(\mathbb{R}^n)$.*

BEMERKUNG.- Bisher waren die Elemente aller von uns betrachteten Matrizen <u>reelle Zahlen</u>. Man kann jedoch ebenso <u>komplexe Zahlen</u> zulassen und erhält dann <u>*komplexe Matrizen*</u>. (18.53)

komplexe Matrizen

Alle Definitionen, Sätze und Bemerkungen dieses Kapitels übertragen sich wörtlich auf komplexe Matrizen, weil wir stets nur die Körperaxiome von $\mathbb{R}$ und nicht die Anordnung von $\mathbb{R}$ benutzt haben.

Z.B. ist für einen Zeilenvektor $a = (a_1,\ldots,a_n)$ und einen Spaltenvektor $b = \begin{pmatrix} b_1 \\ \vdots \\ b_n \end{pmatrix}$ des $\mathbb{C}^n$:

$$a \cdot b = a_1 b_1 + \ldots + a_n b_n = \sum_{j=1}^{n} a_j b_j.$$

Im Unterschied zum reellen Fall (siehe Seite 65) besteht hier folgender Zusammenhang zum in (16.55), Seite 46, definierten Skalarprodukt:

$$a \cdot b = \langle a, \bar{b}^T \rangle, \text{ wobei } \bar{b}^T = (\bar{b}_1,\ldots,\bar{b}_n) \text{ ist.}$$

AUFGABE 24.- Berechnen Sie das folgende Produkt komplexer Matrizen: A 24

$$\begin{pmatrix} i & 2+3i & -i \\ 4 & 0 & -7-i \\ -1 & -i & 0 \end{pmatrix} \cdot \begin{pmatrix} 1+i \\ 1-i \\ -i \end{pmatrix}.$$

DIE MATRIX

(nach Christian Morgenstern)

Die Matrix steht so ganz allein.
Sie möchte kombiniert wohl sein.
Die Matrix.

Sie weint fast aus die Äuglein sich:
Wo bleibt nur der Matrizerich?
Die Matrix.

Sie weint wohl bis zum Morgenrot.
Am andern Tage ist sie tot.
Die Matrix.

ZUSAMMENFASSUNG

Eine reelle $(m\times n)$-Matrix ist ein rechteckiges Schema reeller Zahlen, das man sich aus m Zeilenvektoren des $\mathbb{R}^n$ oder aus n Spaltenvektoren des $\mathbb{R}^m$ entstanden denken kann.

Für jede $(m\times n)$-Matrix $A = (a_{ij})$ und jeden Spaltenvektor $x = \begin{pmatrix} x_1 \\ \vdots \\ x_n \end{pmatrix}$ des $\mathbb{R}^n$ ist das Produkt $A\cdot x$ definiert, und zwar gilt, wenn A die Zeilendarstellung

$$A = \begin{pmatrix} z_1 \\ \vdots \\ z_m \end{pmatrix}$$

hat:

$$A\cdot x = \begin{pmatrix} z_1\cdot x \\ \vdots \\ z_m\cdot x \end{pmatrix} .$$

Dies ist ein Spaltenvektor des $\mathbb{R}^m$, denn es ist für $i = 1,\dots,m$:

$$z_i\cdot x = a_{i1}\cdot x_1 + \dots + a_{in}\cdot x_n .$$

Ziel 1 Solche Produkte einer $(m\times n)$-Matrix mit einem Spaltenvektor des $\mathbb{R}^n$ (Definition (18.11), Seite 65) sollten Sie ebenso mühelos berechnen können wie das in (18.26), Seite 73, definierte Produkt $A\cdot B$ einer $(m\times n)$-Matrix A mit einer $(n\times r)$-Matrix B.

Ist $A = (a_{ij})$ und $B = (b_{\ell k})$, so ist $A\cdot B = (c_{ik})$ mit

$$c_{ik} = \sum_{j=1}^{n} a_{ij}b_{jk} = z_i\cdot s_k,\quad i = 1,\dots,m,\quad k = 1,\dots,r;$$

dabei sind z_i die Zeilenvektoren des ersten Faktors A und s_j die Spaltenvektoren des zweiten Faktors B.

Matrizenmultiplikation erfolgt nach der Merkregel:

Zeile mal Spalte

und ist dann möglich, wenn die Spaltenzahl des ersten Faktors gleich der Zeilenzahl des zweiten Faktors ist.

Ziel 2 Sie sollten wissen, was man unter der Koeffizientenmatrix eines linearen Gleichungssystems versteht (Definition (18.9), Seite 65) und daß man jedes lineare Gleichungssystem mit m Gleichungen und n Unbekannten $x_1,\dots,x_n$ in der Form Ziel 3

$$A\cdot x = b$$

schreiben kann, wobei A eine $(m\times n)$-Matrix, $b \in \mathbb{R}^m$ und $x = \begin{pmatrix} x_1 \\ \vdots \\ x_n \end{pmatrix}$ ist.

Weiter müssen Sie wissen, welche Eigenschaften das Produkt von Matrizen hat bzw. nicht hat ((18.31), Seite 75). Prägen Sie sich insbesondere ein, daß im allgemeinen Ziel 4

$$A\cdot B \neq B\cdot A$$

gilt (auch wenn die Produkte definiert sind).

Sie sollten Matrizen (gleichen Typs) addieren und mit einer reellen Zahl multiplizieren können (Definition (18.34), Seite 76) sowie die Rechenregeln (18.36) und (18.38) anwenden können. Ziel 5

Für das Verständnis von Kapitel 19 ist es von besonderer Bedeutung, daß Sie wissen, was man unter dem Rang einer Matrix versteht (Definition (18.50), Seite 82, und Definition (18.43), Seite 79). Ziel 6

Sie müssen den Inhalt der Sätze (18.48) und (18.49), Seite 82, kennen und elementare Zeilen- oder Spaltenumformungen ausführen können. Sie sollten den Rang von Matrizen bestimmen können. Ziel 7

Über lineare Abbildungen sollten Sie folgendes wissen: Ziel 8

- Die Definition (18.19), Seite 68.
- Jede $(m\times n)$-Matrix A definiert vermöge

  $\varphi_A(x) := A\cdot x,\ x = \begin{pmatrix} x_1 \\ \vdots \\ x_n \end{pmatrix} \in \mathbb{R}^n$, eine lineare Abbildung $\varphi_A : \mathbb{R}^n \longrightarrow \mathbb{R}^m$.
- Satz (18.22), Seite 70, und
- daß die Komposition von linearen Abbildungen durch ein Produkt von Matrizen beschrieben wird (Satz (18.30), Seite 74).

Die Begriffe Einheitsmatrix, Diagonalmatrix, quadratische Matrix, transponierte Matrix sollten Sie kennen. Ziel 9

Kapitel 19. Lineare Gleichungssysteme

Einleitung

In diesem Kapitel beschäftigen wir uns mit den schon häufig angesprochenen Problemen der Lösbarkeit und der Lösung eines Systems von linearen Gleichungen. Sie werden ein Verfahren kennenlernen, mit dessen Hilfe Sie die Lösung oder die Lösungen eines linearen Gleichungssystems bestimmen können. Da es z.B. müßig ist, nach Lösungen zu suchen, wenn ein Gleichungssystem gar keine Lösungen besitzt, werden Sie auch Kriterien kennenlernen, mit deren Hilfe Sie vorab entscheiden können, ob das System überhaupt lösbar ist oder nicht. Gelegentlich sind sogar die Folgerungen aus der Lösbarkeit eines linearen Gleichungssystems wichtiger als die Lösungen selbst.
Für die Behandlung der genannten Probleme ist die Kenntnis von Kapitel 18 besonders wichtig. So ist der Rang einer Matrix eng verknüpft mit Lösbarkeitsaussagen über lineare Gleichungssysteme. Die elementaren Zeilenumformungen werden uns zu einem Lösungsverfahren - dem sogenannten Gauß-Jordan-Algorithmus - für lineare Gleichungssysteme führen. Darüberhinaus hat dieses Lösungsverfahren eine Vielzahl verschiedenster Anwendungen, von denen an dieser Stelle nur die Inversen-Bestimmung zu einer gegebenen quadratischen Matrix A genannt sei, also die Bestimmung einer Matrix B, so daß $AB = E_n$ gilt.

Der Gauß-Jordan-Algorithmus läßt sich ohne große Mühe in ein Programm für elektronische Rechenanlagen umsetzen. Er ist zwar meist nicht optimal, was z.B. die Rechenzeit anbetrifft, aber da er die Grundidee fast aller Lösungsverfahren verkörpert, sollten Sie ihn intensiv studieren und vollständig beherrschen.

§ 1 Begriffserklärungen

Wir gehen noch einmal von der allgemeinen Gestalt eines *linearen Gleichungssystems* aus:

Seien $n \cdot m$ (reelle oder komplexe) Zahlen a_{ik}, $i = 1,2,\dots,m$, $k = 1,2,\dots,n$ und m Zahlen b_i, $i = 1,2,\dots,m$, gegeben.
Gesucht sind n Zahlen $x_1, x_2, \dots, x_n$, so daß

$$\begin{array}{c} a_{11}x_1 + a_{12}x_2 + \dots + a_{1n}x_n = b_1 \\ a_{21}x_1 + a_{22}x_2 + \dots + a_{2n}x_n = b_2 \\ \vdots \\ a_{m1}x_1 + a_{m2}x_2 + \dots + a_{mn}x_n = b_m \end{array}$$ lineares Gleichungssystem

gilt.
Die Zahlen a_{ik} heißen *Koeffizienten* des Gleichungssystems; die gesuchten Größen $x_1, \dots, x_n$ heißen auch *Unbekannte*.

Ein Zahlen-n-Tupel $(y_1, y_2, \dots, y_n)$ heißt *Lösung des Systems* Lösung des Systems

$$\sum_{k=1}^{n} a_{ik}x_k = b_i, \quad i = 1,2,\dots,m,$$

wenn bei der Wahl $x_k := y_k$ die m Gleichungen (als Zahlengleichungen) erfüllt sind.

Wir wollen uns hier der Einfachheit halber auf den Fall beschränken, daß alle auftretenden Zahlen reell sind. Da wir nur mit den Körperaxiomen arbeiten, gelten entsprechende Aussagen aber auch für komplexe Zahlen.

Ist bei dem linearen Gleichungssystem $m > n$, sind also mehr Gleichungen als Unbekannte vorhanden, so sprechen wir im weiteren Verlauf von einem *überbestimmten* System. überbestimmt
Sind hingegen mehr Unbekannte als Gleichungen vorhanden, d.h. ist $m < n$, so heißt das Gleichungssystem *unterbestimmt*. unterbestimmt

Im Fall $m = n$ sprechen wir von einem *quadratischen* System. quadratisch

Beispiel.- (1) Das lineare Gleichungssystem (19.1)

$$\begin{array}{rl} x_1 \qquad - x_3 &= 0 \\ -x_1 + x_2 \qquad &= 2 \end{array}$$

ist wegen $m = 2 < 3 = n$ ein unterbestimmtes System.
(2) Das lineare Gleichungssystem

$$x_1 + x_2 = 0$$
$$3x_1 + x_2 = 2$$
$$x_1 + 4x_2 = \alpha$$

($\alpha \in \mathbb{R}$) ist ein überbestimmtes System ($m = 3 > 2 = n$).

(3) Das lineare Gleichungssystem

$$\begin{aligned} 3x_1 + x_2 - 4x_3 \quad &= 2 \\ x_1 + x_2 \quad &= 0 \\ 4x_1 \quad + 5x_3 + x_4 &= 1 \\ 6x_2 + x_3 + 2x_4 &= 1 \end{aligned}$$

ist ein quadratisches System ($m = 4 = n$).

Für ein lineares Gleichungssystem haben Sie im vorigen Kapitel eine einfachere Schreibweise mit Hilfe von Matrizen kennengelernt (siehe Seite 66):

Dazu benutzen Sie die Koeffizientenmatrix

$$A := \begin{pmatrix} a_{11} & a_{12} & \dots & a_{1n} \\ a_{21} & a_{22} & \dots & a_{2n} \\ \vdots & \vdots & & \vdots \\ a_{m1} & a_{m2} & \dots & a_{mn} \end{pmatrix}$$

des gegebenen linearen Gleichungssystems, eine $(m \times n)$-Matrix;
ferner den Spaltenvektor

$$b = \begin{pmatrix} b_1 \\ b_2 \\ \vdots \\ b_m \end{pmatrix} \in \mathbb{R}^m,$$

Inhomogenität

der auch als <u>*Inhomogenität*</u> des Systems bezeichnet wird, und den Spaltenvektor

$$x = \begin{pmatrix} x_1 \\ x_2 \\ \vdots \\ x_n \end{pmatrix} \in \mathbb{R}^n.$$

Damit lautet die kürzere Schreibweise für das lineare Gleichungssystem:

$$Ax = b.$$

In dieser Form des Gleichungssystems nennen wir jeden Spaltenvektor $x \in \mathbb{R}^n$, der $Ax = b$ erfüllt, eine <u>*Lösung*</u> des Systems. Gibt es mindestens <u>ein</u> solches $x \in \mathbb{R}^n$, so heißt das Gleichungssystem <u>*lösbar*</u>.

lösbar

Denken Sie daran: Ax *meint hier das Produkt der* $(m\times n)$-*Matrix* A *mit der* $(n \times 1)$-*Matrix* x.

Nun enthält die Koeffizientenmatrix A nicht alle Informationen über das Gleichungssystem $Ax = b$; es fehlt die Inhomogenität b, die sicherlich "Einfluß" auf die Lösungen des Systems hat. Wir fassen die Gesamtinformation in einer Matrix zusammen:

DEFINITION.- Wir nennen die $(m\times(n+1))$-Matrix (19.2)

$$(A,b) := \begin{pmatrix} a_{11} & a_{12} & \dots & a_{1n} & b_1 \\ a_{21} & a_{22} & \dots & a_{2n} & b_2 \\ \vdots & \vdots & & \vdots & \vdots \\ a_{m1} & a_{m2} & \dots & a_{mn} & b_m \end{pmatrix},$$

erweiterte Matrix

die durch Anfügen der Spalte b an die Matrix A von rechts entsteht, die <u>*erweiterte Matrix*</u> des linearen Gleichungssystems $Ax = b$.

BEISPIEL.- Die erweiterten Matrizen der linearen Gleichungssysteme aus Beispiel (19.1) lauten: (19.3)

Zu (1): $\begin{pmatrix} 1 & 0 & -1 & 0 \\ -1 & 1 & 0 & 2 \end{pmatrix}$

Zu (2): $\begin{pmatrix} 1 & 1 & 0 \\ 3 & 1 & 2 \\ 1 & 4 & \alpha \end{pmatrix}$

Zu (3): $\begin{pmatrix} 3 & 1 & -4 & 0 & 2 \\ 1 & 1 & 0 & 0 & 0 \\ 4 & 0 & 5 & 1 & 1 \\ 0 & 6 & 1 & 2 & 1 \end{pmatrix}$

<u>AUFGABE 1</u>.- a) Eine Ebene im $\mathbb{R}^3$ *kann durch eine lineare Gleichung* A 1

$$a_1x_1 + a_2x_2 + a_3x_3 = c$$

mit $(a_1,a_2,a_3) \neq (0,0,0)$ *beschrieben werden (siehe Kapitel 15). Gesucht ist ein lineares Gleichungssystem zur Bestimmung von* a_1,a_2,a_3,c, *wenn die Ebene durch die Punkte* P_1,P_2,P_3 *geht mit*

$$P_1 = \begin{pmatrix} 0 \\ 0 \\ 1 \end{pmatrix}, \quad P_2 = \begin{pmatrix} 1 \\ 1 \\ 1 \end{pmatrix}, \quad P_3 = \begin{pmatrix} 0 \\ 1 \\ 2 \end{pmatrix}.$$

Wie sieht die erweiterte Matrix dieses Gleichungssystems aus?

b) Bestimmen Sie das Gleichungssystem (und dessen erweiterte Matrix) für die Berechnung der Ströme I_1,I_2,I_3 *des folgenden Netzwerks aus einer Spannungsquelle mit konstanter Spannung* U *und vier Ohmschen Widerständen* R_1,R_2,R_3,R_4.

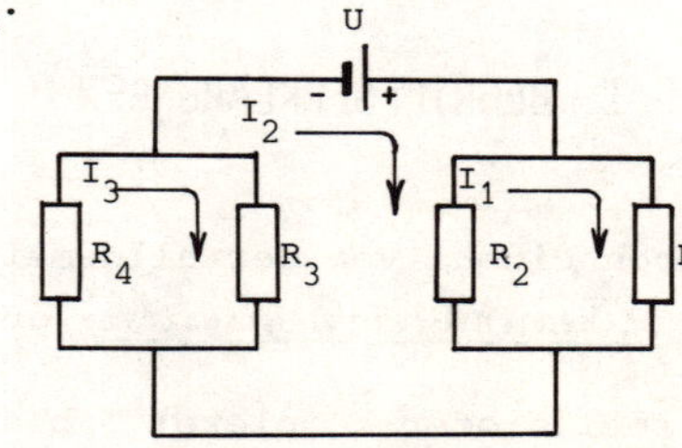

§ 2 EIN LÖSUNGSVERFAHREN

Sie haben bereits in (18.44)(4) für einen sehr speziellen Fall eines linearen Gleichungssystems ein Lösungsverfahren kennengelernt:

Hat die Koeffizientenmatrix A des linearen Gleichungssystems

$$Ax = O,$$

A eine $(m\times n)$-Matrix, den Rang n, so ist $x = O$ die einzige Lösung des Systems. Das Lösungsverfahren besteht hier darin, den Rang von A zu bestimmen. Dies geschieht mit Hilfe elementarer Spalten- oder Zeilenumformungen (siehe Satz (18.49)). Führt die Rangbestimmung zu dem Ergebnis: Rang $A \neq n$, so versagt dieses "Lösungsverfahren" bereits.

Dennoch sind die elementaren Umformungen das Werkzeug, das wir zur Konstruktion und Durchführung eines allgemeingültigen Lösungsverfahrens benutzen werden.

A 2 *AUFGABE 2.- Begründen Sie: Ein unterbestimmtes lineares Gleichungssystem $Ax = O$ hat nie $x = O$ als einzige Lösung.*

Das angestrebte Lösungsverfahren wird so beschaffen sein, daß es ein gegebenes Gleichungssystem $Ax = b$ schrittweise vereinfacht bis eine Gestalt erreicht ist, der man die Lösungen unmittelbar entnehmen kann. Dabei muß bei jedem Schritt gewährleistet sein, daß die *Lösungsmenge* (oder auch: *Lösungsschar*)

Lösungsmenge

$$\{x \in \mathbb{R}^n \mid x \text{ ist Lösung von } Ax = b\}$$

unverändert bleibt.

Wir untersuchen zunächst an einem Beispiel, wie ein lineares Gleichungssystem systematisch gelöst werden kann, und wie man diesen Vorgang allein durch Umformungen der erweiterten Matrix (A,b) beschreiben kann.

(19.4) BEISPIEL.- Die Lösungen des linearen Gleichungssystems

$$\begin{aligned} x_1 + 2x_2 - x_3 &= 0 \\ 2x_1 + 3x_2 + 4x_3 &= 1 \\ -x_1 + x_2 \phantom{{}+4x_3} &= 2 \end{aligned} \qquad (1)$$

sind zu bestimmen.

(A) Die "Auflösungs-Methode": Wir lösen die erste Gleichung des Systems (1) nach x_1 auf und setzen das Ergebnis in die zweite und dritte Gleichung ein. Auf diese Weise wird x_1 aus der zweiten und dritten Gleichung eliminiert:

$$x_1 = -2x_2 + x_3$$

1. Gleichung nach x_1 aufgelöst

liefert nach Einsetzen in die zweite Gleichung von (1)

$$2(-2x_2 + x_3) + 3x_2 + 4x_3 = 1$$

bzw.

$$-x_2 + 6x_3 = 1. \qquad (2)$$

x_1 in der 2. Gleichung eliminiert

Dieses Ergebnis erhalten wir auch auf eine andere - für unsere Zwecke besser geeignete - Art: Multiplizieren Sie die erste Gleichung von (1) mit 2 und subtrahieren Sie das Resultat von der zweiten Gleichung:

$$2x_1 + 3x_2 + 4x_3 - 2(x_1 + 2x_2 - x_3) = 1 - 2\cdot 0,$$

also nach Ausrechnen und Zusammenfassen:

$$-x_2 + 6x_3 = 1$$

x_1 in der 2. Gleichung eliminiert

in Übereinstimmung mit (2).
Wenn wir also die erste Gleichung von (1) benutzen, um x_1 auch in der dritten Gleichung zu eliminieren, so multiplizieren wir die erste Gleichung mit -1 und subtrahieren sie von der dritten Gleichung (*); wir erhalten

$$3x_2 - x_3 = 2. \qquad (3)$$

x_1 in der 3. Gleichung eliminiert

Das System (1) hat damit die Gestalt

$$\begin{aligned} x_1 + 2x_2 - x_3 &= 0 \\ -x_2 + 6x_3 &= 1 \\ 3x_2 - x_3 &= 2 \end{aligned} \qquad (4)$$

angenommen. Offensichtlich ist das System (4) äquivalent zu

$$\begin{aligned} x_1 + 2x_2 - x_3 &= 0 \\ x_2 - 6x_3 &= -1 \\ 3x_2 - x_3 &= 2. \end{aligned} \qquad (5)$$

2. Gleichung mit -1 multipliziert

Wir eliminieren nun mit Hilfe der zweiten Gleichung von (5) die Unbekannte x_2 in der ersten und in der dritten Gleichung, d.h. wir multiplizieren die zweite Gleichung mit 2 und subtrahieren das Resultat von der ersten Gleichung, und wir multiplizieren die zweite Gleichung mit 3 und subtrahieren dieses Resultat von der dritten Gleichung. Wir erhalten:

(*) ... was natürlich bedeutet, daß wir die erste Gleichung zur dritten addieren.

$$x_1 + 2x_2 - x_3 + 2(-x_2 + 6x_3) = 0 + 2\cdot 1$$

als neue erste Gleichung und

$$3x_2 - x_3 + 3(-x_2 + 6x_3) = 2 + 3\cdot 1$$

als neue dritte Gleichung.
Das System lautet jetzt

x_2 in der ersten und dritten Gleichung eliminiert

$$\begin{aligned} x_1 \quad + 11x_3 &= 2 \\ x_2 - 6x_3 &= -1 \\ 17x_3 &= 5, \end{aligned} \qquad (6)$$

und dies ist äquivalent zu

3. Gleichung mit $\frac{1}{17}$ multipliziert

$$\begin{aligned} x_1 \quad + 11x_3 &= 2 \\ x_2 - 6x_3 &= -1 \\ x_3 &= \frac{5}{17}\,. \end{aligned} \qquad (7)$$

Obwohl Sie die Lösung dieses Systems bereits "im Kopf" berechnet haben, führen wir in einem letzten Schritt das Verfahren zu Ende: Wir eliminieren x_3 mit Hilfe der dritten Gleichung von (7) aus der ersten und zweiten Gleichung, d.h. wir multiplizieren die dritte Gleichung mit 11 und subtrahieren das Resultat von der ersten Gleichung, und wir multiplizieren die dritte Gleichung mit -6 und subtrahieren dieses Resultat von der zweiten Gleichung. Wir erhalten:

x_3 in der ersten und zweiten Gleichung eliminiert

$$\begin{aligned} x_1 &= -\frac{21}{17} \\ x_2 &= \frac{13}{17} \\ x_3 &= \frac{5}{17}\,, \end{aligned} \qquad (8)$$

also die Lösung, wie Sie sich durch Einsetzen von (8) in (1) überzeugen.

Wir haben das System (1) über die Zwischenergebnisse (4), (5), (6) und (7) in das System (8) umgewandelt, dem man die Lösung entnimmt. Um das beschriebene Verfahren abzukürzen, lassen wir bei allen Schritten die Unbekannten x_1, x_2, x_3 und die Gleichheitszeichen weg. Was übrigbleibt ist die zum jeweiligen System gehörende erweiterte Matrix (siehe Definition (19.2)), wenn wir Leerstellen mit Nullen auffüllen.

(B) Die "Matrix-Methode":

$$\begin{pmatrix} 1 & 2 & -1 & 0 \\ 2 & 3 & 4 & 1 \\ -1 & 1 & 0 & 2 \end{pmatrix} \qquad (1')$$

ist die erweiterte Matrix des Systems (1).
Durch die elementaren Zeilenumformungen $Z_2 - 2\cdot Z_1$ (das entspricht der Operation: Multiplizieren Sie die erste Gleichung mit 2 und subtrahieren Sie das Resultat von der zweiten Gleichung)
und dann $Z_3 - (-1)\cdot Z_1$ (das entspricht der Operation, die zu (3) geführt hat) geht (1') über in

$$\begin{pmatrix} 1 & 2 & -1 & 0 \\ 0 & -1 & 6 & 1 \\ 0 & 3 & -1 & 2 \end{pmatrix}, \qquad (4')$$

$\xrightarrow{Z_2 - 2\cdot Z_1}$ $\xrightarrow{Z_3 - (-1)\cdot Z_1}$

und das ist die erweiterte Matrix von (4).
Die elementare Zeilenumformung $(-1)\cdot Z_2$ führt (4') über in

$$\begin{pmatrix} 1 & 2 & -1 & 0 \\ 0 & 1 & -6 & -1 \\ 0 & 3 & -1 & 2 \end{pmatrix}, \qquad (5')$$

$\xrightarrow{(-1)\cdot Z_2}$

also in die erweiterte Matrix des Systems (5).
Die durchgeführte Zeilenumformung entspricht der Multiplikation der zweiten Gleichung von (4) mit -1.
Nun ist klar, wie es weiter gehen muß. Entsprechend den Schritten, die zum System (6) und dann zu (7) geführt haben, geht (5') durch die elementaren Zeilenumformungen $Z_1 - 2\cdot Z_2$ und anschließend $Z_3 - 3\cdot Z_2$ über in

$$\begin{pmatrix} 1 & 0 & 11 & 2 \\ 0 & 1 & -6 & -1 \\ 0 & 0 & 17 & 5 \end{pmatrix} \qquad (6')$$

$\xrightarrow{Z_1 - 2\cdot Z_2}$ $\xrightarrow{Z_3 - 3\cdot Z_2}$

und dann mit $\frac{1}{17}\cdot Z_3$ über in

$$\begin{pmatrix} 1 & 0 & 11 & 2 \\ 0 & 1 & -6 & -1 \\ 0 & 0 & 1 & \frac{5}{17} \end{pmatrix}. \qquad (7')$$

$\xrightarrow{\frac{1}{17}\cdot Z_3}$

Durch $Z_1 - 11\cdot Z_3$ und $Z_2 + 6\cdot Z_3$ geht diese erweiterte Matrix von (7) über in

$$\begin{pmatrix} 1 & 0 & 0 & -\frac{21}{17} \\ 0 & 1 & 0 & \frac{13}{17} \\ 0 & 0 & 1 & \frac{5}{17} \end{pmatrix}. \qquad (8')$$

$\xrightarrow{Z_1 - 11\cdot Z_3}$ $\xrightarrow{Z_2 + 6\cdot Z_3}$

Dieser erweiterten Matrix von (8) entnehmen Sie in der letzten Spalte die Lösung $x_1 = -\frac{21}{17}$, $x_2 = \frac{13}{17}$, $x_3 = \frac{5}{17}$.

(C) Diskussion der Matrix-Methode: Wenn Sie sich das Vorgehen in Teil (B) noch einmal sorgfältig angesehen haben, werden Sie feststellen: Läßt man alle überflüssigen Worte weg, so gelangt man allein durch elementare Zeilenumformungen der erweiterten Matrix (1') des gegebenen Systems (1) zu der erweiterten Matrix (8') eines anderen Systems (8), dessen Lösung man sofort angeben kann. Die gefundene Lösung ist auch Lösung von (1).
Es bleiben einige Fragen, die wir im Laufe dieses Kapitels beantworten werden:

1. Läßt sich die in (B) durchgeführte "Matrix-Methode" auf jedes beliebige lineare Gleichungssystem $Ax = b$ anwenden?
2. Wenn ja, wie geht man systematisch vor?

3. Welche Matrix sollte man als "Endergebnis" erwarten?
4. Liefert die Methode immer nur eine Lösung oder liefert sie bei Systemen mit "vielen" Lösungen auch alle Lösungen?
5. Liefert die Methode auch eine Aussage, ob oder daß ein System keine Lösung besitzt?

A 3 *AUFGABE 3.- Bestimmen Sie analog zu Beispiel (19.4)(B) mit der "Matrix-Methode" die Lösung des linearen Gleichungssystems*

$$\begin{aligned} x_1 - 5x_2 + 3x_3 &= 0 \\ x_2 + x_3 &= 0 \\ 2x_1 + x_2 - 4x_3 &= -1. \end{aligned}$$

Elementare Zeilenumformungen

Wir werden uns in diesem Abschnitt überlegen, daß die in Beispiel (19.4)(B) an der erweiterten Matrix durchgeführten Zeilenumformungen bei jedem linearen Gleichungssystem die Lösungsmenge unverändert lassen.

(19.5) elementare Zeilenumformungen verändern die Lösungsmenge nicht

Satz.- Seien A und $\tilde{A}$ $(m\times n)$-Matrizen und $b,\tilde{b} \in \mathbb{R}^m$. Ferner seien (A,b) und $(\tilde{A},\tilde{b})$ die zu den linearen Gleichungssystemen $Ax = b$ bzw. $\tilde{A}x = \tilde{b}$, $x \in \mathbb{R}^n$, gehörenden erweiterten Matrizen. Geht (A,b) durch endlich viele elementare Zeilenumformungen in $(\tilde{A},\tilde{b})$ über, so sind die Lösungsmengen der zugehörigen linearen Gleichungssysteme $Ax = b$ und $\tilde{A}x = \tilde{b}$ gleich, d.h.

$$\{y \in \mathbb{R}^n \mid y \text{ ist Lösung von } Ax = b\} = \{y \in \mathbb{R}^n \mid y \text{ ist Lösung von } \tilde{A}x = \tilde{b}\}.$$

Beweis.- Wir müssen zeigen:

Ist $y = \begin{pmatrix} y_1 \\ y_2 \\ \vdots \\ y_n \end{pmatrix}$ Lösung von $Ax = b$, dann ist y auch Lösung von $\tilde{A}x = \tilde{b}$ und umgekehrt.

Dazu genügt es zu zeigen:
Ist y Lösung des Systems $Ax = b$ und geht $(\tilde{A},\tilde{b})$ aus (A,b) durch eine elementare Zeilenumformung hervor, so ist y auch Lösung von $\tilde{A}x = \tilde{b}$.
Denn dann gilt dieselbe Aussage auch bei Hintereinanderausführung endlich vieler elementarer Zeilenumformungen. Damit erhält man, daß die Lösungsmenge von $Ax = b$ in der Lösungsmenge von $\tilde{A}x = \tilde{b}$ enthalten ist.
Da man umgekehrt von dem System $\tilde{A}x = \tilde{b}$ zum ursprünglichen System wiederum durch endlich viele Zeilenumformungen zurückkommt (- dabei ist bei $c\cdot Z_i$ die Forderung $c \neq 0$ wichtig, da die Umkehroperation $\frac{1}{c}\cdot Z_i$ ist -), gilt auch die umgekehrte Enthaltenseinsrelation für die Lösungsmengen, d.h. beide Lösungsmengen sind gleich.

Sei also y Lösung von $Ax = b$, d.h. es gilt mit $A = (a_{ik})$:

$$\begin{matrix} a_{11}y_1 + a_{12}y_2 + \ldots + a_{1n}y_n = b_1 \\ \vdots \qquad \vdots \qquad \vdots \qquad \vdots \\ a_{m1}y_1 + a_{m2}y_2 + \ldots + a_{mn}y_n = b_m \end{matrix} .$$

Wir zeigen für die drei Arten elementarer Zeilenumformungen, daß y auch Lösung von $\tilde{A}x = \tilde{b}$ ist:

1) Es gelte

$$(A,b) \xrightarrow{Z_{ij}} (\tilde{A},\tilde{b}),$$

d.h. (A,b) geht durch eine Zeilenvertauschung in $(\tilde{A},\tilde{b})$ über.
Für das zugehörige Gleichungssystem

$$\sum_{k=1}^{n} a_{ik}x_k = b_i, \quad i = 1,2,\ldots,m,$$

bedeutet das nur, daß wir die Reihenfolge der Gleichungen geändert haben. Daher ist sofort klar, daß y auch Lösung von $\tilde{A}x = \tilde{b}$ ist.

2) Es gelte

$$(A,b) \xrightarrow{c\cdot Z_i} (\tilde{A},\tilde{b}), \quad c \neq 0,$$

d.h. (A,b) geht durch Multiplikation der i-ten Zeile mit der Zahl c in $(\tilde{A},\tilde{b})$ über.
Dann lautet die i-te Gleichung des zu $(\tilde{A},\tilde{b})$ gehörenden linearen Gleichungssystems:

$$ca_{i1}x_1 + ca_{i2}x_2 + \ldots + ca_{in}x_n = cb_i.$$

Die anderen Zeilen von (A,b) und damit auch die anderen Gleichungen des Systems bleiben unverändert.

Nach Voraussetzung ist $y = \begin{pmatrix} y_1 \\ \vdots \\ y_n \end{pmatrix}$ Lösung von $Ax = b$, erfüllt also alle m Gleichungen dieses Systems, insbesondere dessen i-te Gleichung:

$$a_{i1}y_1 + a_{i2}y_2 + \ldots + a_{in}y_n = b_i.$$

Setzen wir y in die linke Seite der i-ten Gleichung des Systems $\tilde{A}x = \tilde{b}$ ein, so ergibt sich:

$$\begin{aligned} &ca_{i1}y_1 + ca_{i2}y_2 + \ldots + ca_{in}y_n \\ &= c(a_{i1}y_1 + a_{i2}y_2 + \ldots + a_{in}y_n) = cb_i. \end{aligned}$$

D.h. y erfüllt auch diese Gleichung und ist damit (da alle anderen Gleichungen von $\tilde{A}x = \tilde{b}$ mit denen von $Ax = b$ übereinstimmen) Lösung von $\tilde{A}x = \tilde{b}$.

3) Ähnlich wie in 2) kann gezeigt werden: Gilt

$$(A,b) \xrightarrow{Z_i + cZ_j} (\tilde{A},\tilde{b}),\ i \neq j,$$

und ist y Lösung von $Ax = b$, so ist y auch Lösung von $\tilde{A}x = \tilde{b}$.

A 4

AUFGABE 4.- Führen Sie den Beweisteil 3) von Satz (19.5) aus.

Sie wissen nun, daß die elementaren Zeilenumformungen der erweiterten Matrix die Lösungsmenge eines linearen Gleichungssystems nicht verändern. Sie können also in Beispiel (19.4) folgern:
Da das lineare Gleichungssystem (8), repräsentiert durch die erweiterte Matrix (8'), genau die Lösung

$$y = \begin{pmatrix} -\frac{21}{17} \\ \frac{13}{17} \\ \frac{5}{17} \end{pmatrix}$$

besitzt und (8') aus (1') durch elementare Zeilenumformungen hervorging, besitzt auch das System (1) nur die eine Lösung y. Wir werden diese Folgerung im folgenden meist nicht mehr erwähnen.

Nur Zeilenumformungen sind zulässig

ACHTUNG!- Die Aussage von Satz (19.5) ist im allgemeinen falsch, wenn Sie Zeilenumformungen durch Spaltenumformungen ersetzen. Führt man etwa die Spaltenumformung S_{12} durch, so bedeutet dies, daß in jeder Gleichung des Systems die Koeffizienten der ersten beiden Summanden vertauscht werden. Hierbei bleibt die Lösungsmenge nur dann erhalten, wenn auch noch die Unbekannten x_1 und x_2 vertauscht werden.
Noch unübersichtlicher sind die Verhältnisse bei den anderen beiden Typen von Spaltenumformungen.
Daher noch einmal: Zur Bestimmung der Lösungen eines linearen Gleichungssystems dürfen an der erweiterten Matrix nur elementare Zeilenumformungen vorgenommen werden.

Bevor wir ein Verfahren (Algorithmus) angeben, das eine gegebene erweiterte Matrix so in eine "einfachere" Matrix überführt, daß man die Lösungen ablesen kann, wollen wir das "Endprodukt" (die Gestalt der "einfacheren" Matrix) beschreiben, das wir bei diesem Verfahren stets erhalten wollen.

DIE ZEILENNORMALFORM

(19.6)

DEFINITION.- Eine $(m \times n)$-Matrix

$$C = \begin{pmatrix} c_{11} & c_{12} & \cdots & c_{1n} \\ c_{21} & c_{22} & \cdots & c_{2n} \\ \vdots & \vdots & & \vdots \\ c_{m1} & c_{m2} & \cdots & c_{mn} \end{pmatrix}$$

besitzt *Zeilennormalform*, wenn sie folgende Eigenschaften hat:

(1) Unterhalb der Diagonalen stehen nur Nullen, d.h.
$$c_{ij} = 0 \quad \text{für} \quad i > j.$$

(2) Das erste nicht-verschwindende Element jeder Zeile (von links gesehen) ist gleich 1.

(3) Ist c_{ij} das erste nicht-verschwindende Element der i-ten Zeile (*), so ist
$$c_{kj} = 0 \quad \text{für alle } k \neq i,$$
d.h. oberhalb und unterhalb des Elementes $c_{ij} = 1$ stehen lauter Nullen in der j-ten Spalte.

(19.7)

BEMERKUNGEN.- (1) Die folgende Matrix hat Zeilennormalform, wobei an den mit * markierten Stellen Nullen oder nicht-verschwindende Elemente stehen können:

$$\begin{pmatrix} 0 & 1 & * & 0 & 0 & * & 0 & * \\ 0 & 0 & 0 & 1 & 0 & * & 0 & * \\ 0 & 0 & 0 & 0 & 1 & * & 0 & * \\ 0 & 0 & 0 & 0 & 0 & 0 & 1 & * \\ 0 & 0 & 0 & 0 & 0 & 0 & 0 & 0 \end{pmatrix}.$$

Prüfen Sie die Bedingungen (1) bis (3) von Definition (19.6) nach.

(2) Die Matrix (8') aus Beispiel (19.4) besitzt Zeilennormalform.

(3) Die Bedingung (3) von Definition (19.6) kann man auch so formulieren: Ist $c_{ij} = 1$ das erste nicht-verschwindende Element der i-ten Zeile, so ist der j-te Spaltenvektor von C der j-te kanonische Basisvektor des $\mathbb{R}^m$.

A 5

AUFGABE 5.- Welche der folgenden Matrizen besitzt Zeilennormalform?

$$A := \begin{pmatrix} 1 & 0 & 0 & -4 \\ 0 & 1 & 0 & 1 \\ 0 & 0 & 1 & 3 \end{pmatrix}, \qquad B := \begin{pmatrix} 1 & \alpha & 0 & \beta \\ 0 & 0 & 1 & \gamma \\ 0 & 0 & 0 & \delta \end{pmatrix},$$

(*) $c_{ij} = 1$ steht in der j-ten Spalte.

$C := \begin{pmatrix} 1 & 3 & 7 & 2 \\ 0 & 0 & 1 & 3 \\ 0 & 0 & 1 & 1 \end{pmatrix}$.

Falls keine Zeilennormalform vorliegt: Welche Bedingung ist verletzt? Für welche Wahl von β, γ, δ hat die Matrix B Zeilennormalform?

Wenn die erweiterte Matrix (A,b) des linearen Gleichungssystems $Ax = b$ bereits Zeilennormalform besitzt, können wir ohne Schwierigkeiten die Lösungen angeben (siehe (8') in Beispiel (19.4)).

(19.8) BEISPIEL.- Hat die erweiterte Matrix die Gestalt

$$(A,b) = \begin{pmatrix} 1 & 2 & 0 & 0 & -4 \\ 0 & 0 & 1 & 0 & 1 \\ 0 & 0 & 0 & 1 & 3 \end{pmatrix},$$

so besitzt sie Zeilennormalform. Das zugehörige Gleichungssystem hat die Gestalt

$$\begin{aligned} x_1 + 2x_2 \qquad &= -4 \\ x_3 \quad &= 1 \\ x_4 &= 3. \end{aligned}$$

Hieran erkennen Sie: x_3 und x_4 sind festgelegt, während eine der Unbekannten x_1 oder x_2 frei gewählt werden kann, um dann die jeweils andere festzulegen.
Wählen wir etwa $x_2 := \lambda \in \mathbb{R}$, so gilt

$$x_1 = -4 - 2\lambda .$$

Die Lösungen von $Ax = b$ lauten also

$$\begin{pmatrix} x_1 \\ x_2 \\ x_3 \\ x_4 \end{pmatrix} = \begin{pmatrix} -4-2\lambda \\ \lambda \\ 1 \\ 3 \end{pmatrix} = \begin{pmatrix} -4 \\ 0 \\ 1 \\ 3 \end{pmatrix} + \lambda \begin{pmatrix} -2 \\ 1 \\ 0 \\ 0 \end{pmatrix}, \quad \lambda \in \mathbb{R}.$$

Das sind unendlich viele Lösungen.

A 6 *AUFGABE 6.- Geben Sie alle Lösungen des zur erweiterten Matrix*

$$(A,b) = \begin{pmatrix} 1 & \alpha & 0 & \beta \\ 0 & 0 & 1 & \gamma \\ 0 & 0 & 0 & \delta \end{pmatrix}$$

gehörenden linearen Gleichungssystems für $\delta = 0$ an. Was können Sie über Lösungen von $Ax = b$ im Fall $\delta \neq 0$ sagen?

Sie sehen schon an diesen Beispielen, wie nützlich es ist, die erweiterte Matrix eines linearen Gleichungssystems in Zeilennormalform vorliegen zu haben. Wir werden die Fälle verschiedenartiger Zeilennormalformen hinsichtlich der zugehörigen Lösungsmengen noch ausführlich diskutieren. Vorher werden wir die für dieses Kapitel zentrale Aussage beweisen, daß sich jede Matrix (also insbesondere die erweiterte Matrix jedes Gleichungssystems) auf Zeilennormalform transformieren läßt. Hierbei ist nicht nur die Aussage selbst sondern der Beweis, der das Verfahren angibt, von großer Bedeutung.

DER GAUSS-JORDAN-ALGORITHMUS

SATZ.- Jede Matrix läßt sich durch elementare Zeilenumformungen auf eine Matrix mit Zeilennormalform transformieren. (19.9)

BEWEIS.- Den Beweis führen wir konstruktiv, d.h. wir geben die einzelnen elementaren Zeilenumformungen an, die die Transformation bewirken. Die Gesamtheit der Schritte heißt Gauß-Jordan-Algorithmus. Gauß-Jordan-Algorithmus

1) Man sucht in der ersten Spalte der gegebenen Matrix ein von Null verschiedenes Element und bringt dieses durch Zeilenvertauschung in die erste Zeile (also in die "Position" c_{11}). $\xrightarrow{Z_{i1}}$ falls $c_{i1} \neq 0$

2) Man dividiert die erste Zeile durch den Wert des ersten Elementes. (*) (Das erste Element der ersten Zeile ist dann eine 1.) $\xrightarrow{\frac{1}{c_{11}} \cdot Z_1}$

3) Man subtrahiert von jeder weiteren Zeile die mit dem ersten Element dieser Zeile multiplizierte erste Zeile. $\xrightarrow{Z_k - c_{k1} Z_1}$ $k = 2,\dots,m$

Es entsteht eine Matrix, deren erste Spalte der Vektor

$$e_1 = \begin{pmatrix} 1 \\ 0 \\ \vdots \\ 0 \end{pmatrix}$$

ist.

Das unter 1) bis 3) beschriebene Verfahren wird nun für den Teil der Matrix, der durch Streichen der ersten Zeile und Spalte entsteht, wiederholt. Anschließend wird es für den Teil der Matrix durchgeführt, der durch Streichen der ersten beiden Zeilen und Spalten entsteht usw. . Wir erhalten eine Matrix, die die Eigenschaft (1) einer Matrix in Zeilennormalform erfüllt,

(*) Wir verwenden hier und im folgenden diese und ähnliche verkürzte Sprechweisen für elementare Zeilenumformungen. Genauer müßte es hier also heißen: Man dividiert jedes Element der ersten Zeile durch c_{11}, oder: Man multipliziert den ersten Zeilenvektor mit $\frac{1}{c_{11}}$.

also eine Matrix der Gestalt

$$\begin{pmatrix} c_{11} & * & * & \cdots & * \\ 0 & c_{22} & * & \cdots & * \\ 0 & 0 & \ddots & & \vdots \\ \vdots & \vdots & \ddots & \ddots & \vdots \\ 0 & 0 \cdots 0 & c_{mm} & * & * \end{pmatrix},$$

wobei die c_{ii} $(i=1,\ldots,m)$ Null oder Eins sind und unterhalb der c_{ii} nur Nullen stehen (siehe auch Teil 6 dieses Beweises).

$\xrightarrow[i=1,\ldots,m]{\frac{1}{c'_{ij}} Z_i}$

4) Ist in der bisher gewonnenen Matrix c'_{ij} das erste nicht-verschwindende Element der i-ten Zeile (es ist nach der vorangegangenen Konstruktion $j \geq i$), so wird diese Zeile durch c'_{ij} dividiert. Damit ist Eigenschaft (2) für Zeilennormalform erfüllt.

$\xrightarrow[\text{für } k \neq i]{Z_k - c'_{kj} Z_j}$

5) Ist c'_{ij} (=1) das erste nicht-verschwindende Element der i-ten Zeile $(j \geq i)$ und sind c'_{kj} die anderen Elemente der j-ten Spalte, so bildet man $Z_k - c'_{kj} Z_i$ für alle $k \neq i$. Dadurch werden alle Elemente der j-ten Spalte mit Ausnahme von c'_{ij} annulliert.
(In den vorderen Spalten wird nichts verändert, da ja die entsprechenden Elemente der i-ten Zeile Nullen sind.)

Die Schritte 4) und 5) werden, beginnend mit der zweiten Zeile mehrfach durchgeführt. Die entstandene Matrix hat Zeilennormalform.

erster Spaltenvektor gleich 0

6) Wir haben bei der Beschreibung des Gauß-Jordan-Algorithmus angenommen, daß in der ersten Spalte der Matrix ein von Null verschiedenes Element steht, daß also $s_1 \neq 0$ ist (siehe Schritt 1). Ist dies nicht der Fall (also $s_1=0$), so beginnt der erste Schritt in der ersten vom Nullvektor verschiedenen Spalte. D.h. sind die ersten $\ell-1$ Spaltenvektoren $s_1 = \ldots = s_{\ell-1} = 0$ und $s_\ell \neq 0$, so lautet der erste Schritt:

1') Man sucht in der ℓ-ten Spalte ein von Null verschiedenes Element und bringt dieses durch Zeilenvertauschung in die erste Zeile, also in die "Position" $c_{1\ell}$.
(Der zuletzt beschriebene Fall kann insbesondere dann häufiger auftreten, wenn der Schritt 1 nach Streichen von Zeilen und Spalten im Anschluß an Schritt 3 zum wiederholten Male auszuführen ist).
Die Schritte 2 und 3 sind entsprechend zu modifizieren:

2') Führe $\frac{1}{c_{1\ell}} Z_1$ aus.

3') Führe $Z_k - c_{k\ell} Z_1$ für $k=2,\ldots,m$ aus.

Die Wiederholung der Schritte 1) bis 3) bzw. 1') bis 3') ist dann für den Teil der Matrix durchzuführen, den man erhält, wenn man die ersten ℓ Spalten und die erste Zeile streicht.

Den Gauß-Jordan-Algorithmus lernen Sie am besten, wenn Sie ihn selbst durchführen. Arbeiten Sie daher zunächst die folgenden Beispiele durch.

BEISPIELE.- (1) Die Matrix (19.10)

$$C = \begin{pmatrix} 2 & 4 & 8 \\ 1 & 5 & 4 \\ 3 & 1 & 6 \end{pmatrix}$$

ist auf Zeilennormalform zu transformieren.
Wir benutzen den Gauß-Jordan-Algorithmus wie im Beweis von (19.9) beschrieben.
Der 1. Schritt entfällt, da bereits $c_{11} = 2 \neq 0$ ist.

2. Schritt: $\frac{1}{2} Z_1$ führt auf

$$\begin{pmatrix} 1 & 2 & 4 \\ 1 & 5 & 4 \\ 3 & 1 & 6 \end{pmatrix}.$$

3. Schritt: $Z_2 - Z_1$ und $Z_3 - 3Z_1$ ergeben dann

$$\begin{pmatrix} 1 & 2 & 4 \\ 0 & 3 & 0 \\ 0 & -5 & -6 \end{pmatrix}.$$

Nun wenden wir das Verfahren auf den Teil der Matrix an, der durch Streichen der ersten Zeile und Spalte entsteht. (Die Numerierung der Zeilen behalten wir bei.)

Hier erübrigt sich wieder der erste Schritt $(3 \neq 0)$.

2. Schritt: $\frac{1}{3} Z_2$ ergibt

$$\begin{pmatrix} 1 & 2 & 4 \\ 0 & 1 & 0 \\ 0 & -5 & -6 \end{pmatrix}.$$

3. Schritt: $Z_3 + 5Z_2$ ergibt

$$\begin{pmatrix} 1 & 2 & 4 \\ 0 & 1 & 0 \\ 0 & 0 & -6 \end{pmatrix}.$$

Nun wird das Verfahren noch einmal auf den Teil der Matrix, der durch Streichen der ersten beiden Spalten und Zeilen entsteht, angewandt.

Wieder erübrigt sich Schritt 1 $(-6 \neq 0)$.

2. Schritt: $-\frac{1}{6} Z_3$ ergibt

$$\begin{pmatrix} 1 & 2 & 4 \\ 0 & 1 & 0 \\ 0 & 0 & 1 \end{pmatrix}.$$

Schritt 3 entfällt.

Die Matrix liegt jetzt in der Form vor, die die Eigenschaft (1) und hier auch bereits die Eigenschaft (2) der Zeilennormalform besitzt.

Damit erübrigt sich der 4. Schritt.

Der 5. Schritt, angewandt auf die zweite Zeile, also $Z_1 - 2Z_2$, ergibt

$$\begin{pmatrix} 1 & 0 & 4 \\ 0 & 1 & 0 \\ 0 & 0 & 1 \end{pmatrix}.$$

Angewandt auf die dritte Zeile, ergibt Schritt 5 mit $Z_1 - 4Z_3$ ($Z_2 - 0 \cdot Z_3$ ist überflüssig)

$$\begin{pmatrix} 1 & 0 & 0 \\ 0 & 1 & 0 \\ 0 & 0 & 1 \end{pmatrix}.$$

Das ist die gesuchte Zeilennormalform.

(2) Wir transformieren die Matrix

$$A = \begin{pmatrix} 0 & 2 & 3 \\ 4 & 2 & 6 \\ 2 & 1 & 3 \end{pmatrix}$$

mit Hilfe des Gauß-Jordan-Algorithmus auf Zeilennormalform. Hier ist $a_{11} = 0$ und $a_{21} = 4$, $a_{31} = 2$, so daß z.B. durch die elementaren Zeilenumformungen

$$Z_{21}, \text{ dann } \frac{1}{4} \cdot Z_1 \text{ und dann } Z_3 - 2 \cdot Z_1$$

die Schritte 1 bis 3 zum ersten Mal durchgeführt sind; man erhält

$$\begin{pmatrix} 1 & \frac{1}{2} & \frac{3}{2} \\ 0 & 2 & 3 \\ 0 & 0 & 0 \end{pmatrix}.$$

Das Verfahren wird noch einmal auf den Teil der erhaltenen Matrix angewandt, der durch Streichen der ersten Zeile und Spalte entsteht. Das bedeutet in diesem Fall nur noch: $\frac{1}{2} \cdot Z_2$

$$\begin{pmatrix} 1 & \frac{1}{2} & \frac{3}{2} \\ 0 & 1 & \frac{3}{2} \\ 0 & 0 & 0 \end{pmatrix}.$$

Schritt 4 entfällt, da das erste nicht-verschwindende Element jeder Zeile bereits eine Eins ist.

Schritt 5: $Z_1 - \frac{1}{2} Z_2$ führt dann auf die Zeilennormalform von A:

$$\begin{pmatrix} 1 & 0 & \frac{3}{4} \\ 0 & 1 & \frac{3}{2} \\ 0 & 0 & 0 \end{pmatrix}.$$

(3) In diesem dritten Beispiel führen wir die Transformation der Matrix

$$B = \begin{pmatrix} 1 & 2 & 1 & 2 \\ 2 & 4 & 3 & 3 \\ 3 & 6 & 5 & \alpha \end{pmatrix}, \quad \alpha \in \mathbb{R},$$

auf Zeilennormalform durch.

$$B \xrightarrow[Z_3 - 3Z_1]{Z_2 - 2Z_1} \begin{pmatrix} 1 & 2 & 1 & 2 \\ 0 & 0 & 1 & -1 \\ 0 & 0 & 2 & \alpha-6 \end{pmatrix}. \qquad \text{(Schritt 3)}$$

Streichen wir nun die erste Zeile und Spalte weg, so bleibt eine Matrix übrig, deren erste Spalte nur Nullen enthält:

$$\left(\begin{array}{c:ccc} 1 & 2 & 1 & 2 \\ \hdashline 0 & 0 & 1 & -1 \\ 0 & 0 & 2 & \alpha-6 \end{array}\right).$$

Deshalb sind diesmal die modifizierten Schritte 1' bis 3' anzuwenden, und wir erhalten mit $Z_3 - 2Z_2$ (Schritt 3'):

$$\begin{pmatrix} 1 & 2 & 1 & 2 \\ 0 & 0 & 1 & -1 \\ 0 & 0 & 0 & \alpha-4 \end{pmatrix}.$$

Nun müßten die ersten drei Schritte noch einmal auf den Teil der letzten Matrix angewandt werden, den man erhält, wenn die ersten drei Spalten und ersten zwei Zeilen gestrichen werden. Da diese Schritte von α abhängen, führen wir zunächst die Schritte 4 und 5 durch (auf die Reihenfolge kommt es nicht an!).

$$\xrightarrow{Z_1 - Z_2} \begin{pmatrix} 1 & 2 & 0 & 3 \\ 0 & 0 & 1 & -1 \\ 0 & 0 & 0 & \alpha-4 \end{pmatrix} \qquad \text{(Schritt 5)}$$

Ist $\alpha = 4$, so liegt bereits die Zeilennormalform vor. Ist $\alpha \neq 4$, also $\alpha - 4 \neq 0$, so ergibt sich

$$\left(\begin{array}{ccc:c} 1 & 2 & 0 & 3 \\ 0 & 0 & 1 & -1 \\ \hdashline 0 & 0 & 0 & \alpha-4 \end{array}\right) \xrightarrow{\frac{1}{\alpha-4} Z_3} \begin{pmatrix} 1 & 2 & 0 & 3 \\ 0 & 0 & 1 & -1 \\ 0 & 0 & 0 & 1 \end{pmatrix} \qquad \text{(Schritt 2)}$$

$$\xrightarrow[Z_2 + Z_3]{Z_1 - 3Z_3} \begin{pmatrix} 1 & 2 & 0 & 0 \\ 0 & 0 & 1 & 0 \\ 0 & 0 & 0 & 1 \end{pmatrix}$$

als Zeilennormalform.

Wegen Satz (18.48), Seite 82, läßt sich aus der Gestalt der Zeilennormalform einer Matrix unmittelbar deren Rang entnehmen. Wir werden hiervon (insbesondere im nächsten Paragraphen) noch häufig Gebrauch machen.

(19.11) Rang und Zeilennormalform

SATZ.- Der Rang einer Matrix A ist gleich der Anzahl der nicht-verschwindenden Zeilen(vektoren) in der Zeilennormalform von A.

BEWEIS.- Siehe Aufgabe 8.

A 7 *AUFGABE 7.- Bestimmen Sie die Zeilennormalform und den Rang folgender Matrizen*

a) $\begin{pmatrix} 0 & -2 & 2 & 4 \\ 4 & -6 & 4 & -5 \\ -2 & 0 & 1 & 7 \end{pmatrix}$,

b) $\begin{pmatrix} 0 & 0 & 5 & 20 \\ 3 & 2 & -1 & 6 \\ 4 & 2 & 3 & -1 \\ -1 & 5 & 2 & 4 \end{pmatrix}$,

c) $\begin{pmatrix} 1 & -4 & 3 & -2 & 0 \\ 1 & -2 & 1 & 4 & 2 \\ 2 & 0 & 2 & 4 & 4 \\ 1 & 0 & -1 & \alpha & \beta \end{pmatrix}$ *in Abhängigkeit von* $\alpha,\beta \in \mathbb{R}$.

A 8 *AUFGABE 8.- Begründen Sie die Aussage von Satz (19.11).*

§ 3 ANWENDUNG DES GAUSS-JORDAN-ALGORITHMUS ZUR LÖSUNG LINEARER GLEICHUNGSSYSTEME

EIN LÖSBARKEITSKRITERIUM

Sie haben jetzt mit dem Gauß-Jordan-Algorithmus ein ganz allgemeines Verfahren für die Umformung einer Matrix auf Zeilennormalform kennengelernt.
Die Wichtigkeit der Zeilennormalform für die Lösung linearer Gleichungssysteme zeigte sich bereits in Beispiel (19.8) auf Seite 91. Außerdem wissen Sie, daß an der Zeilennormalform der Rang einer Matrix abgelesen werden kann. Diese Informationen werden uns helfen, Kriterien dafür zu finden, ob ein Gleichungssystem lösbar ist, ob es eindeutig lösbar ist, beziehungsweise, wie viele Lösungen existieren.

Wie fassen zunächst noch einmal zusammen: Ist ein lineares Gleichungssystem $Ax = b$ gegeben, so wird die erweiterte Matrix (A,b) mit Hilfe des Gauß-Jordan-Algorithmus' auf die Zeilennormalform $(\tilde{A},\tilde{b})$ transformiert. Die Lösungen des linearen Gleichungssystems, das zur erweiterten Matrix $(\tilde{A},\tilde{b})$ gehört, lassen sich einfach angeben und sind genau die Lösungen von $Ax = b$.
Der letzte Satz ist natürlich nur dann richtig, wenn das System

$$\tilde{A}x = \tilde{b}$$

überhaupt lösbar ist. Wie erkennt man, ob $\tilde{A}x = \tilde{b}$ und damit auch $Ax = b$ lösbar ist?

Überlegen Sie sich:
Ist $(\tilde{A},\tilde{b})$ die Zeilennormalform von (A,b), so ist $\tilde{A}$ die Zeilennormalform von A.

Sie wissen aus Satz (19.11):
Der Rang einer Matrix ist gleich der Anzahl der nicht-verschwindenden Zeilen in ihrer Zeilennormalform.

Außerdem gilt: Die erweiterte Matrix (A,b) ist aus A durch Anfügen eines Spaltenvektors b entstanden. Also kann der Rang von (A,b) höchstens um 1 größer sein als der Rang von A. Auf jeden Fall gilt

$$\text{Rang } A \leq \text{Rang } (A,b).$$

Die beiden möglichen Fälle dieser Ungleichung (kleiner bzw. gleich) liefern das folgende *Lösbarkeitskriterium*.

SATZ.- Das lineare Gleichungssystem $Ax = b$ sei gegeben. Dann gilt: (19.12)

(1) Ist $\text{Rang } A < \text{Rang } (A,b)$, so ist $Ax = b$ nicht lösbar. Lösbarkeits-kriterium

(2) Ist $\text{Rang } A = \text{Rang } (A,b)$, so ist $Ax = b$ lösbar.

BEWEIS.- Sei $(\tilde{A},\tilde{b})$ die Zeilennormalform von (A,b).
Zu (1): Wenn $\text{Rang } A < \text{Rang } (A,b)$ ist, so muß (nach dem zuvor Gesagten) die Zeilennormalform $\tilde{A}$ einen nicht-verschwindenden Zeilenvektor weniger besitzen als die Zeilennormalform $(\tilde{A},\tilde{b})$. Das ist genau dann der Fall, wenn eine Zeile von $(\tilde{A},\tilde{b})$ die Gestalt

$$(0 \quad 0 \quad \ldots \quad 0 \quad \tilde{b}_k) \quad \text{mit } \tilde{b}_k \neq 0$$

hat (*). Hätte das Gleichungssystem $\tilde{A}x = \tilde{b}$ eine Lösung $x = \begin{pmatrix} x_1 \\ \vdots \\ x_n \end{pmatrix}$, so müßte insbesondere dessen k-te Gleichung erfüllt sein, d.h. es müßte

$$0 \cdot x_1 + 0 \cdot x_2 + \ldots + 0 \cdot x_n = \tilde{b}_k$$

gelten. Das ist wegen $\tilde{b}_k \neq 0$ jedoch falsch. Also besitzt $\tilde{A}x = \tilde{b}$ und daher wegen Satz (19.5) auch $Ax = b$ keine Lösung.

Zu (2): Sei $\text{Rang } A = \text{Rang } (A,b) = k$. Dann ist k die "Nummer" der letzten nicht-verschwindenden Zeile von $(\tilde{A},\tilde{b})$, und diese Zeile ist (wenn man das letzte Element wegläßt) auch die letzte nicht-verschwindende Zeile von $\tilde{A}$.
Sei j die Stelle in der k-ten Zeile, an der das erste nicht-verschwindende Element ($\tilde{a}_{kj} = 1$) steht. Dann hat die k-te Gleichung von $\tilde{A}x = \tilde{b}$ die Gestalt

(*) Es muß sogar $\tilde{b}_k = 1$ sein, denn die angegebene Zeile stammt aus einer Matrix in Zeilennormalform, siehe (19.6)(2).

$$x_j + \tilde{a}_{k,j+1}x_{j+1} + \ldots + \tilde{a}_{kn}x_n = \tilde{b}_k \ .$$

Wählt man für $x_{j+1},\ldots,x_n$ beliebige reelle Zahlen $\lambda_{j+1},\ldots,\lambda_n$, so ist x_j festgelegt.

In der (k-1)-ten Gleichung von $\tilde{A}x = \tilde{b}$ steht mindestens eine weitere Unbekannte x_ℓ mit $\ell < j$ (*). Diese wird berechnet durch Einsetzen der bisher festgelegten $x_j,\ldots,x_n$ (und die freie Wahl von $x_{\ell+1},\ldots,x_{j-1}$, falls sogar $\ell < j-1$ ist).

Auf diese Weise können schrittweise alle Gleichungen erfüllt werden und wir erhalten eine Lösung $x = \begin{pmatrix} x_1 \\ \vdots \\ x_n \end{pmatrix}$ von $\tilde{A}x = \tilde{b}$. Also ist auch $Ax = b$ lösbar.

Auch wenn Ihnen der Beweis der Aussage (2) zu abstrakt war, sollten Sie sich den Satz (19.12) gut einprägen. Sie sollten sich mit Satz (19.11) auch klar machen, wie einfach man bei Vorliegen der Zeilennormalform $(\tilde{A},\tilde{b})$ die Lösbarkeit von $Ax = b$ entscheiden kann.

(19.13) **BEISPIEL.-** Das lineare Gleichungssystem $Ax = b$ besitze die erweiterte Matrix (siehe (19.10)(3), Seite 93)

$$(A,b) = \begin{pmatrix} 1 & 2 & 1 & 2 \\ 2 & 4 & 3 & 3 \\ 3 & 6 & 5 & \alpha \end{pmatrix}, \quad \alpha \in \mathbb{R}.$$

Für welche $\alpha \in \mathbb{R}$ ist $Ax = b$ lösbar und wie lauten gegebenenfalls alle Lösungen?

(1) Für $\alpha \neq 4$ erhielten wir als Zeilennormalform

$$(\tilde{A},\tilde{b}) = \begin{pmatrix} 1 & 2 & 0 & 0 \\ 0 & 0 & 1 & 0 \\ 0 & 0 & 0 & 1 \end{pmatrix}.$$

$\tilde{A}$ hat zwei nicht-verschwindende Zeilen, $(\tilde{A},\tilde{b})$ dagegen 3. Also gilt

$$\text{Rang } A = 2 < 3 = \text{Rang } (A,b),$$

so daß $Ax = b$ für $\alpha \neq 4$ nicht lösbar ist.

(2) Ist $\alpha = 4$, so lautet die Zeilennormalform:

$$(\tilde{A},\tilde{b}) = \begin{pmatrix} 1 & 2 & 0 & 3 \\ 0 & 0 & 1 & -1 \\ 0 & 0 & 0 & 0 \end{pmatrix}.$$

Sie erkennen:

$$\text{Rang } \tilde{A} = \text{Rang } (\tilde{A},\tilde{b}) = 2.$$

Das System $\tilde{A}x = \tilde{b}$ ist also lösbar; es hat die Gestalt

$$\begin{aligned} x_1 + 2x_2 \quad &= 3 \\ x_3 &= -1. \end{aligned}$$

Die zweite Gleichung legt x_3 fest. In der ersten Gleichung kann eine Unbekannte frei gewählt werden, etwa

$$x_2 = \lambda \in \mathbb{R}.$$

Dann ist auch x_1 festgelegt:

$$x_1 = 3 - 2\lambda.$$

Die Lösungen von $\tilde{A}x = \tilde{b}$ und damit auch von $Ax = b$ sind also die Vektoren

$$x = \begin{pmatrix} x_1 \\ x_2 \\ x_3 \end{pmatrix} = \begin{pmatrix} 3-2\lambda \\ \lambda \\ -1 \end{pmatrix} = \begin{pmatrix} 3 \\ 0 \\ -1 \end{pmatrix} + \lambda \begin{pmatrix} -2 \\ 1 \\ 0 \end{pmatrix}, \quad \lambda \in \mathbb{R}.$$

Wir nennen die Lösungsmenge eine 1-*parametrige Lösungsschar*, weil man für jeden Wert des einen Parameters λ eine Lösung erhält. (*)

Im folgenden Beispiel werden Sie sehen, daß die Kenntnis der Lösbarkeit eines linearen Gleichungssystems nicht nur von theoretischem Interesse ist.

BEISPIEL.- In Beispiel (18.1) hatten wir ein lineares Gleichungssystem zur Bestimmung der Stromstärken I_1, I_2 und I_3 aufgestellt, die sich in der Wheatstone'schen Brückenschaltung (siehe Bild 1, Seite 61) einstellen: (19.14)

$$\begin{aligned} (R_1+R_2+R_i)I_1 - \quad R_2I_2 - \quad & R_iI_3 = 0 \\ -R_2I_1 + (R_2+R_3)I_2 - \quad & R_3I_3 = U_0 \\ -R_iI_1 - \quad R_3I_2 + (R_i+R_3+X)&I_3 = 0. \end{aligned}$$

Diese Schaltung dient jedoch nicht zum Messen der Stromstärken sondern zum Messen bzw. Berechnen des unbekannten Widerstandes X. Wir hatten schon erwähnt: Wählt man die Widerstände R_2 und R_3 geeignet, so wird das Amperemeter A (in Bild 1, Seite 61) stromlos, d.h. es gilt $I_1 = I_3$. In diesem Fall reduziert sich das obige Gleichungssystem auf

(*) Wir nehmen wieder an, daß $\tilde{a}_{k-1,\ell} = 1$ das erste nicht-verschwindende Element der (k-1)-ten Zeile ist.

(*) Wählt man statt der Unbekannten x_2 die Unbekannte $x_1 = \mu \in \mathbb{R}$, so ist $x_2 = \frac{3}{2} - \frac{1}{2}\mu$ und wie zuvor $x_3 = -1$. Dann haben alle Lösungen die Gestalt

$$x = \begin{pmatrix} x_1 \\ x_2 \\ x_3 \end{pmatrix} = \begin{pmatrix} \mu \\ \frac{3}{2} - \frac{1}{2}\mu \\ -1 \end{pmatrix} = \begin{pmatrix} 0 \\ \frac{3}{2} \\ -1 \end{pmatrix} + \mu \begin{pmatrix} 1 \\ -\frac{1}{2} \\ 0 \end{pmatrix}, \quad \mu \in \mathbb{R}.$$

Diese 1-parametrige Lösungsschar sieht auf den ersten Blick anders aus als die oben gewonnene, jedoch geht sie für $\mu = 3-2\lambda$, $\lambda \in \mathbb{R}$, in diese über.

$$\begin{aligned} (R_1+R_2)I_1 - \qquad R_2 I_2 &= 0 \\ -(R_2+R_3)I_1 + (R_2+R_3)I_2 &= U_o \qquad (1) \\ (R_3+X)I_1 - \qquad R_3 I_2 &= 0 \,. \end{aligned}$$

Nun beobachtet der Experimentator, daß sich bei jeder Wahl der Widerstände R_1, R_2, R_3 und X in den Maschen gewisse Ströme messen lassen, insbesondere bei der oben genannten Wahl von R_2 und R_3. Die resultierenden Stromstärken I_1 und I_2 müssen dann das Gleichungssystem (1) erfüllen.

D.h. (1) ist stets lösbar. Diese Information genügt, um den Widerstand X zu berechnen: Wir transformieren die erweiterte Matrix von (1) auf Zeilennormalform (wir dürfen dabei $R_1, R_2, R_3, X > 0$ und $U_o \neq 0$ voraussetzen):

$$\begin{pmatrix} R_1+R_2 & -R_2 & 0 \\ -(R_2+R_3) & R_2+R_3 & U_o \\ R_3+X & -R_3 & 0 \end{pmatrix} \xrightarrow{Z_{21}}$$

$$\begin{pmatrix} -(R_2+R_3) & R_2+R_3 & U_o \\ R_1+R_2 & -R_2 & 0 \\ R_3+X & -R_3 & 0 \end{pmatrix} \xrightarrow{-\frac{1}{R_2+R_3} Z_1}$$

$$\begin{pmatrix} 1 & -1 & -\frac{U_o}{R_2+R_3} \\ R_1+R_2 & -R_2 & 0 \\ R_3+X & -R_3 & 0 \end{pmatrix} \xrightarrow[Z_3 - (R_3+X)Z_1]{Z_2 - (R_1+R_2)Z_1}$$

$$\begin{pmatrix} 1 & -1 & -\frac{U_o}{R_2+R_3} \\ 0 & R_1 & \frac{R_1+R_2}{R_2+R_3}\cdot U_o \\ 0 & X & \frac{R_3+X}{R_2+R_3}\cdot U_o \end{pmatrix} \xrightarrow{\frac{1}{R_1} Z_2}$$

$$\begin{pmatrix} 1 & -1 & -\frac{U_o}{R_2+R_3} \\ 0 & 1 & \frac{R_1+R_2}{R_2+R_3}\cdot\frac{U_o}{R_1} \\ 0 & X & \frac{R_3+X}{R_2+R_3}\cdot U_o \end{pmatrix} \xrightarrow[Z_3 - XZ_2]{Z_1 + Z_2}$$

$$\begin{pmatrix} 1 & 0 & \frac{U_o}{R_2+R_3}\cdot\frac{R_2}{R_1} \\ 0 & 1 & \frac{R_1+R_2}{R_2+R_3}\cdot\frac{U_o}{R_1} \\ 0 & 0 & \frac{U_o}{R_2+R_3}\left(R_3 - \frac{R_2}{R_1}X\right) \end{pmatrix}$$

Ist das Element in der rechten unteren Ecke ungleich Null (*), so erkennen Sie, daß der Rang der Koeffizientenmatrix des Systems (1) gleich 2 ist, während der Rang der erweiterten Matrix gleich 3 ist.

Das System (1) ist also wegen Satz (19.12) genau dann lösbar, wenn Anwendung des Lösbarkeitskriteriums

$$R_3 - \frac{R_2}{R_1} X = 0$$

ist, d.h. wenn

$$X = \frac{R_3}{R_2} \cdot R_1$$

gilt. Dieses Ergebnis hatten wir bereits auf Seite 62 vorweggenommen.

AUFGABE 9.- a) Untersuchen Sie das Gleichungssystem A 9

$$3x_1 + \alpha_1 x_2 = 2$$
$$4x_1 + \quad x_2 = \alpha_2$$

auf Lösbarkeit in Abhängigkeit von α_1 und α_2. Wie sehen gegebenenfalls die Lösungen aus?

b) Gegeben seien die Vektoren

$$b = \begin{pmatrix}1\\3\\1\end{pmatrix},\ x_1 = \begin{pmatrix}2\\4\\1\end{pmatrix},\ x_1' = \begin{pmatrix}2\\ \frac{4}{3}\\1\end{pmatrix},\ x_2 = \begin{pmatrix}3\\1\\3\end{pmatrix},\ x_2' = \begin{pmatrix}3\\1\\-1\end{pmatrix},\ x_3 = \begin{pmatrix}1\\1\\0\end{pmatrix}.$$

Ist b darstellbar als Linearkombination von

α) x_1, x_2, x_3

β) x_1, x_2', x_3

γ) x_1', x_2, x_3 ?

Geben Sie gegebenenfalls die Linearkombinationen an.

BEMERKUNGEN.- (1) Das Lösbarkeitskriterium (19.12) gilt für alle linearen Gleichungssysteme, also unabhängig davon, ob die Anzahl m der Gleichungen kleiner, größer oder gleich der Anzahl n der Unbekannten ist. (19.15)

(2) Haben Sie mit Hilfe von (19.12) festgestellt, daß ein gegebenes Gleichungssystem lösbar ist, so wird im allgemeinen als nächstes die Frage interessieren, wie viele Lösungen es gibt und wie diese Lösungen aussehen. Im nächsten Abschnitt werden Sie sehen, daß ein lösbares lineares Gleichungssystem entweder eine einzige Lösung oder unendlich viele Lösungen besitzt. Der Fall von endlich vielen (zwei oder mehr) Lösungen tritt nicht auf.

(*) ... so kann man die dritte Zeile durch seinen Wert dividieren und anschließend mit $Z_2 - a_{23}Z_3$ und $Z_1 - a_{13}Z_3$ die darüberstehenden Elemente zu Nullen machen. Die Zeilennormalform ist die Einheitsmatrix E_3.

Die Lösungen

In den Beispielen (19.8), Seite 91, und (19.13), Seite 95, hatten wir jeweils eine 1-parametrige Lösungsschar (also unendlich viele Lösungen) erhalten. In (19.8) war die Anzahl der Unbekannten gleich 4 und der Rang der Koeffizientenmatrix A (=Rang (A,b)) gleich 3.
In (19.13) war die Anzahl der Unbekannten gleich 3 und (im Fall $\alpha = 4$) Rang A = Rang (A,b) = 2.
In beiden Beispielen ist die Differenz n-k, wobei n die Anzahl der Unbekannten und k = Rang A = Rang (A,b) ist, gleich der Anzahl der Parameter, die man zur Beschreibung der Lösungsmenge benötigt.
Wenn Sie sich den Teil (B) des Beispiels (19.4) noch einmal ansehen, werden Sie erkennen, daß dort k=n ist und wir eine eindeutig bestimmte Lösung erhalten haben.
Die beiden genannten Ergebnisse sind Spezialfälle des folgenden Satzes.

(19.16) **Satz.-** Sei A eine $(m\times n)$-Matrix. Das lösbare lineare Gleichungssystem $Ax = b$ besitzt

"Anzahl" der Lösungen

(1) genau eine Lösung, falls Rang A = Rang (A,b) = n ist,
(2) eine (n-k)-parametrige Lösungsschar, falls Rang A = Rang (A,b) = k ist.

Wir werden nur Aussage (1) beweisen, jedoch beide Aussagen durch mehrere Beispiele verdeutlichen. Zuvor einige Erläuterungen zu Satz (19.16).

(19.17) **Bemerkungen.-** (1) Ist die Zahl n-k größer als 0, so bedeutet die Aussage (2) von Satz (19.16): Es gibt Spaltenvektoren $a_0, a_1, \dots, a_{n-k}$ des $\mathbb{R}^n$, so daß die Lösungsmenge des Systems $Ax = b$ die Gestalt

(n-k)-parametrige Lösungsschar

$$\{x = a_0 + \lambda_1 a_1 + \dots + \lambda_{n-k} a_{n-k} \mid \lambda_1, \dots, \lambda_{n-k} \in \mathbb{R}\}$$

hat. Die Zahlen $\lambda_1, \dots, \lambda_{n-k}$ sind die Parameter und entsprechen frei wählbaren Unbekannten des Gleichungssystems. Das (n-k)-Tupel $(a_1, \dots, a_{n-k})$ ist linear unabhängig.

(2) Unter Verwendung der Begriffe aus Kapitel 15 erhält man alle Vektoren x einer (n-k)-parametrigen Lösungsschar, indem man zu einem festen Vektor a_0 alle Elemente des von $(a_1, \dots, a_{n-k})$ aufgespannten Unterraumes U des $\mathbb{R}^n$ addiert. Es ist dim U = n-k. (Im Fall k=1 ist U eine Hyperebene des $\mathbb{R}^n$.)

(3) Eine 1-parametrige Lösungsschar ist eine Gerade im $\mathbb{R}^n$ (siehe (16.33), Seite 36).
Eine 2-parametrige Lösungsschar eines Systems mit 3 Unbekannten ist eine Ebene im $\mathbb{R}^3$.

(4) Ist $Ax = b$ ein unterbestimmtes System, d.h. es gilt

$$m < n,$$

so kann niemals Rang A = Rang (A,b) = n gelten (siehe (18.51), Seite 83). Das bedeutet: In Satz (19.16) gilt für lösbare unterstimmte Systeme immer die Aussage (2). Die Anzahl der Parameter beträgt <u>mindestens</u> n-m.

(5) Anders ausgedrückt: Nur quadratische oder überbestimmte Systeme $(m \geq n)$ können eindeutig lösbar sein.

Beweis von Satz (19.16)(1).- Wegen der vorstehenden Bemerkung (5) ist $m \geq n$. Sei $(\tilde{A}, \tilde{b})$ die Zeilennormalform von (A,b). Da A eine $(m\times n)$-Matrix ist, also n Spalten hat, gilt im Fall Rang A = Rang (A,b) = n: (19.18)

Rang A = Rang (A,b) = n

$$(\tilde{A}, \tilde{b}) = \begin{pmatrix} 1 & 0 & 0 & \dots & 0 & \tilde{b}_1 \\ 0 & 1 & 0 & \dots & 0 & \tilde{b}_2 \\ 0 & 0 & 1 & \ddots & \vdots & \vdots \\ \vdots & \vdots & \ddots & \ddots & 0 & \vdots \\ 0 & 0 & \dots & 0 & 1 & \tilde{b}_n \\ 0 & 0 & \dots & 0 & 0 & 0 \\ \vdots & \vdots & & \vdots & \vdots & \vdots \\ 0 & 0 & \dots & 0 & 0 & 0 \end{pmatrix},$$

wobei die letzten "Null-Zeilen" nicht vorhanden sind, wenn m=n ist. Hieraus folgt sofort

$$x_i = \tilde{b}_i \quad \text{für } i=1,\dots,n,$$

und die einzige Lösung von $Ax = b$ lautet

$$x = \begin{pmatrix} \tilde{b}_1 \\ \vdots \\ \tilde{b}_n \end{pmatrix}.$$

Beispiele für quadratische Systeme mit genau einer Lösung haben Sie bereits kennengelernt, etwa in (19.4). Dort war die Anzahl n der Ungekannten gleich 3 und Rang A = Rang (A,b) = 3. Ein weiteres Beispiel dieser Art folgt.

Beispiel.- Gegeben sei das Netzwerk (Wheatstone'sche Brückenschaltung) gemäß Bild 1, Seite 61, mit $U_0 = 20V$, $R_1 = 10\,\Omega$, $R_2 = 10\,\Omega$, $R_3 = 20\,\Omega$, $X = 30\,\Omega$ und dem Innenwiderstand des Amperemeters $R_i = 20\,\Omega$. Die Stomstärken I_1, I_2, I_3 sind zu bestimmen. (19.19)

Die Stromstärken genügen dem Gleichungssystem (1) von Seite 61:

$$\begin{aligned}(R_1+R_2+R_i)I_1 - \quad R_2I_2 - \quad R_iI_3 &= 0\\ -R_2I_1 + (R_2+R_3)I_2 - \quad R_3I_3 &= U_0\\ -R_iI_1 - \quad R_3I_2 + (R_i+R_3+X)I_3 &= 0\end{aligned}$$

Einsetzen der gegebenen Zahlenwerte liefert die folgende erweiterte Matrix:

$$\begin{pmatrix} 40 & -10 & -20 & 0\\ -10 & 30 & -20 & 20\\ -20 & -20 & 70 & 0\end{pmatrix}$$

Wir wenden den Gauß-Jordan-Algorithmus zur Transformation auf Zeilennormalform an. Zur Vereinfachung multiplizieren wir zuvor jede Zeile mit $\frac{1}{10}$, vertauschen die ersten beiden Zeilen und multiplizieren die neue erste Zeile mit -1. Es ergibt sich

$$\begin{pmatrix} 1 & -3 & 2 & -2\\ 4 & -1 & -2 & 0\\ -2 & -2 & 7 & 0\end{pmatrix} \xrightarrow[Z_3+2Z_1]{Z_2-4Z_1} \begin{pmatrix} 1 & -3 & 2 & -2\\ 0 & 11 & -10 & 8\\ 0 & -8 & 11 & -4\end{pmatrix}$$

$$\xrightarrow{\frac{1}{11}Z_2} \begin{pmatrix} 1 & -3 & 2 & -2\\ 0 & 1 & -\frac{10}{11} & \frac{8}{11}\\ 0 & -8 & 11 & -4\end{pmatrix} \xrightarrow[Z_3+8Z_2]{Z_1+3Z_2}$$

$$\begin{pmatrix} 1 & 0 & -\frac{8}{11} & \frac{2}{11}\\ 0 & 1 & -\frac{10}{11} & \frac{8}{11}\\ 0 & 0 & \frac{41}{11} & \frac{20}{11}\end{pmatrix} \xrightarrow{\frac{11}{41}Z_3} \begin{pmatrix} 1 & 0 & -\frac{8}{11} & \frac{2}{11}\\ 0 & 1 & -\frac{10}{11} & \frac{8}{11}\\ 0 & 0 & 1 & \frac{20}{41}\end{pmatrix}$$

$$\xrightarrow[Z_2+\frac{10}{11}Z_3]{Z_1+\frac{8}{11}Z_3} \begin{pmatrix} 1 & 0 & 0 & \frac{22}{41}\\ 0 & 1 & 0 & \frac{48}{41}\\ 0 & 0 & 1 & \frac{20}{41}\end{pmatrix} .$$

Damit sind die Stromstärken (in Ampere) durch den Vektor

$$I = \begin{pmatrix} I_1\\ I_2\\ I_3\end{pmatrix} = \begin{pmatrix} \frac{22}{41}\\ \frac{48}{41}\\ \frac{20}{41}\end{pmatrix}$$

gegeben.

A 10 *AUFGABE 10.- a) Bestimmen Sie die Lösung des linearen Gleichungssystems aus Beispiel (19.1)(3), Seite 86.*

b) Lösen Sie das lineare Gleichungssystem aus Aufgabe 1b), Seite 86. Dabei seien $R_1 = 10\Omega$, $R_2 = 5\Omega$, $R_3 = 5\Omega$, $R_4 = R\Omega$ und $U = 10V$. Bestimmen Sie R so, daß $I_1 = \frac{1}{3}I_3$ gilt.

Als nächstes untersuchen wir ein quadratisches Gleichungssystem, das nicht eindeutig lösbar ist, dessen Rang der Koeffizientenmatrix also kleiner als die Anzahl der Unbekannten ist.

BEISPIEL.- Die erweiterte Matrix eines linearen Gleichungssystems besitze die Zeilennormalform (19.20)

$$(\tilde{A},\tilde{b}) = \begin{pmatrix} 1 & 0 & 3 & 0 & 7 & 2\\ 0 & 1 & 2 & 0 & 3 & 5\\ 0 & 0 & 0 & 1 & 1 & 3\\ 0 & 0 & 0 & 0 & 0 & 0\\ 0 & 0 & 0 & 0 & 0 & 0\end{pmatrix} .$$

Hier ist m=n=5 und $k = \text{Rang}\,\tilde{A} = \text{Rang}\,(\tilde{A},\tilde{b}) = 3$, so daß das System nach Satz (19.16) eine 2-parametrige Lösungsschar besitzt.

In der Zeilennormalform $(\tilde{A},\tilde{b})$ haben 3 Spalten die Gestalt von kanonischen Basisvektoren des $\mathbb{R}^5$, nämlich die erste, zweite und vierte Spalte. Die zu diesen Spalten gehörenden Unbekannten x_1, x_2 und x_4 können daher in Abhängigkeit von den frei wählbaren Unbekannten $x_3 = \lambda$ und $x_5 = \mu$ bestimmt werden. Das zu $(\tilde{A},\tilde{b})$ gehörende Gleichungssystem lautet nämlich:

$$\begin{aligned} x_1 \quad + 3x_3 \quad + 7x_5 &= 2\\ x_2 + 2x_3 \quad + 3x_5 &= 5\\ x_4 + \ x_5 &= 3 .\end{aligned}$$

Hieraus folgt

$$\begin{aligned} x_1 &= 2 - 3\lambda - 7\mu\\ x_2 &= 5 - 2\lambda - 3\mu\\ x_4 &= 3 - \mu .\end{aligned}$$

Wir erhalten als Lösung

$$\begin{pmatrix} x_1\\ x_2\\ x_3\\ x_4\\ x_5\end{pmatrix} = \begin{pmatrix} 2 - 3\lambda - 7\mu\\ 5 - 2\lambda - 3\mu\\ \lambda\\ 3 - \mu\\ \mu\end{pmatrix}$$

oder (in der Schreibweise, die die <u>2-parametrige</u> Lösungsschar deutlicher macht):

$$\begin{pmatrix} x_1\\ x_2\\ x_3\\ x_4\\ x_5\end{pmatrix} = \begin{pmatrix} 2\\ 5\\ 0\\ 3\\ 0\end{pmatrix} + \lambda \begin{pmatrix} -3\\ -2\\ 1\\ 0\\ 0\end{pmatrix} + \mu \begin{pmatrix} -7\\ -3\\ 0\\ -1\\ 1\end{pmatrix} , \quad \lambda,\mu \in \mathbb{R}.$$

Wenn Sie einige Erfahrungen im Lösen linearer Gleichungssysteme gesammelt haben, werden Sie das zur Zeilennormalform gehörende System nicht mehr hinzuschreiben brauchen. Sie werden vielmehr der Zeilennormalform sofort entnehmen, welche Unbekannten frei wählbar sind, und welche Unbekannten durch erstere auf welche Weise festgelegt sind. Versuchen Sie das gleich noch einmal mit der Zeilennormalform des zuvor ausführlich durchgerechneten Beispiels.

A 11

AUFGABE 11.- Lösen Sie:

$$\begin{aligned} x_1 + 4x_2 - 5x_3 + x_4 &= 1 \\ x_1 + 2x_2 - x_3 \qquad &= 2 \\ 2x_1 - 2x_2 + 10x_3 + x_4 &= 11 \\ 3x_1 + 2x_2 + 5x_3 + 2x_4 &= 12 . \end{aligned}$$

Im nächsten Beispiel untersuchen wir ein unterbestimmtes und ein überbestimmtes Gleichungssystem:

(19.21) **BEISPIELE.-** (1) Die erweiterte Matrix (A,b) eines linearen Gleichungssystems $Ax = b$ besitze die Zeilennormalform

unterbestimmtes System

$$(\tilde{A},\tilde{b}) = \begin{pmatrix} 1 & 2 & 0 & 0 & \tilde{b}_1 \\ 0 & 0 & 1 & 0 & \tilde{b}_2 \\ 0 & 0 & 0 & 1 & \tilde{b}_3 \end{pmatrix} .$$

Sie sehen: Rang A = Rang $(A,b) = 3$ und $n = 4$. Die Unbekannte x_2 ist frei wählbar; es gibt eine 1-parametrige Lösungsschar, und zwar (mit $x_2 = \lambda \in \mathbb{R}$):

$$\begin{pmatrix} x_1 \\ x_2 \\ x_3 \\ x_4 \end{pmatrix} = \begin{pmatrix} \tilde{b}_1 - 2\lambda \\ \lambda \\ \tilde{b}_2 \\ \tilde{b}_3 \end{pmatrix} = \begin{pmatrix} \tilde{b}_1 \\ 0 \\ \tilde{b}_2 \\ \tilde{b}_3 \end{pmatrix} + \lambda \begin{pmatrix} -2 \\ 1 \\ 0 \\ 0 \end{pmatrix} , \quad \lambda \in \mathbb{R}.$$

(2) Gegeben sei das überbestimmte lineare Gleichungssystem

überbestimmtes System

$$\begin{aligned} x_1 + 2x_2 &= 1 \\ -3x_1 + 2x_2 &= -2 \\ x_1 + 6x_2 &= \alpha, \quad \alpha \in \mathbb{R}. \end{aligned}$$

Wir untersuchen, für welche α das System lösbar ist, und wie die Lösungen aussehen.
Mit dem Gauß-Jordan-Algorithmus ergibt sich:

$$(A,b) = \begin{pmatrix} 1 & 2 & 1 \\ -3 & 2 & -2 \\ 1 & 6 & \alpha \end{pmatrix} \xrightarrow[Z_3 - Z_1]{Z_2 + 3Z_1} \begin{pmatrix} 1 & 2 & 1 \\ 0 & 8 & 1 \\ 0 & 4 & \alpha - 1 \end{pmatrix}$$

$$\xrightarrow{\frac{1}{8}Z_2} \begin{pmatrix} 1 & 2 & 1 \\ 0 & 1 & \frac{1}{8} \\ 0 & 4 & \alpha - 1 \end{pmatrix} \xrightarrow[Z_3 - 4Z_2]{Z_1 - 2Z_2} \begin{pmatrix} 1 & 0 & \frac{3}{4} \\ 0 & 1 & \frac{1}{8} \\ 0 & 0 & \alpha - \frac{3}{2} \end{pmatrix} .$$

Für $\alpha \neq \frac{3}{2}$ folgt:

$$\text{Rang } A < \text{Rang } (A,b).$$

Also ist das System für $\alpha \neq \frac{3}{2}$ nicht lösbar.

Für $\alpha = \frac{3}{2}$ hat die letzte Matrix die Gestalt

$$\begin{pmatrix} 1 & 0 & \frac{3}{4} \\ 0 & 1 & \frac{1}{8} \\ 0 & 0 & 0 \end{pmatrix} .$$

Dieser Zeilennormalform entnehmen Sie:

$$\text{Rang } A = \text{Rang } (A,b) = 2 = n.$$

Das System ist damit nach Satz (19.16)(1) eindeutig lösbar. Die Lösung ist

$$\begin{pmatrix} x_1 \\ x_2 \end{pmatrix} = \begin{pmatrix} \frac{3}{4} \\ \frac{1}{8} \end{pmatrix} .$$

AUFGABE 12.- a) Bestimmen Sie die Lösungen des linearen Gleichungssystems aus Beispiel (19.1)(1), Seite 85. A 12

b) Bestimmen Sie die Lösung von

$$\begin{aligned} x_1 + x_2 - 3x_3 \qquad &= 5 \\ 2x_1 - x_2 + x_3 - 2x_4 &= 2 \\ 7x_1 + x_2 - 7x_3 + 3x_4 &= 3 . \end{aligned}$$

AUFGABE 13.- a) Lösen Sie das lineare Gleichungssystem aus Beispiel (19.1)(2), sofern es lösbar ist. A 13

b) Bestimmen Sie die Lösung von

$$\begin{aligned} 4x_1 + 3x_2 \qquad &= 1 \\ 5x_1 + 3x_2 + 3x_3 &= 2 \\ x_1 + x_2 - x_3 &= 0 \\ 7x_1 + 4x_2 + 5x_3 &= 3. \end{aligned}$$

BEMERKUNGEN.- (1) In (16.37), Seite 38, hatten wir behauptet: (19.22)

Besitzt ein lineares Gleichungssystem

parallele Ebenen (n=3)

$$\begin{aligned} a_1x_1 + \ldots + a_nx_n &= c \\ b_1x_1 + \ldots + b_nx_n &= d \end{aligned} \qquad (+)$$

mit $a := (a_1,\ldots,a_n) \neq 0$ und $b := (b_1,\ldots,b_n) \neq 0$ keine Lösung, dann gibt es ein $\lambda \in \mathbb{R}$, so daß

$$(b_1,\ldots,b_n) = \lambda(a_1,\ldots,a_n)$$

gilt.
Wir beweisen diese Aussage: Die erweiterte Matrix des Systems (+) hat die Gestalt

$$\begin{pmatrix} a_1 & a_2 & \ldots & a_n & c \\ b_1 & b_2 & \ldots & b_n & d \end{pmatrix} .$$

Nach dem Lösbarkeitskriterium (19.12), Seite 94, besitzt das System (+) genau dann keine Lösung, wenn

$$\text{Rang} \begin{pmatrix} a_1 & \ldots & a_n \\ b_1 & \ldots & b_n \end{pmatrix} < \text{Rang} \begin{pmatrix} a_1 & \ldots & a_n & c \\ b_1 & \ldots & b_n & d \end{pmatrix} \qquad (++)$$

gilt.
Da die Koeffizientenmatrix nicht die Nullmatrix ist (Rang ≥ 1) und die erweiterte Matrix eine $(2 \times (n+1))$-Matrix ist (Rang ≤ 2), gilt die Ungleichung (++) genau dann, wenn

$$\text{Rang} \begin{pmatrix} a_1 & \ldots & a_n \\ b_1 & \ldots & b_n \end{pmatrix} = 1 \quad (*)$$

(*) siehe Seite 100.

ist. Also ist auch der Zeilenrang gleich 1 und damit das Paar (a,b) der Zeilenvektoren linear abhängig (siehe Definition (18.43)(2), Seite 79). Es folgt die Behauptung.

(2) In Beispiel (15.33) auf Seite 15 hatten wir recht vage beschrieben, wann eine Gerade g eine Ebene E im $\mathbb{R}^3$ in genau einem Punkt schneidet, gar nicht schneidet oder wann g in E liegt, also in unendlich vielen Punkten schneidet.
Diese Sachverhalte können wir nun präzise beschreiben:
Seien wie in (15.33)

$$g = \{x \in \mathbb{R}^3 \mid \begin{array}{l} b_1x_1+b_2x_2+b_3x_3 = s \quad \text{und} \\ c_1x_1+c_2x_2+c_3x_3 = t\} \end{array}$$

und

$$E = \{x \in \mathbb{R}^3 \mid a_1x_1+a_2x_2+a_3x_3 = r\}$$

mit $a := (a_1,a_2,a_3) \neq 0$ und (b,c) linear unabhängig, wobei $b := (b_1,b_2,b_3)$ und $c:=(c_1,c_2,c_3)$ sind. (**)

Jeder Vektor $x = \begin{pmatrix} x_1 \\ x_2 \\ x_3 \end{pmatrix} \in E \cap g$ ist eine Lösung des linearen Gleichungssystems

$$\begin{aligned} a_1x_1+a_2x_2+a_3x_3 &= r \\ b_1x_1+b_2x_2+b_3x_3 &= s \\ c_1x_1+c_2x_2+c_3x_3 &= t. \end{aligned}$$

Da in der Koeffizientenmatrix (in Zeilendarstellung)

$$A = \begin{pmatrix} a \\ b \\ c \end{pmatrix}$$

das Paar (b,c) linear unabhängig ist, gilt

$$\text{Rang } A \geq 2.$$

Für die beiden möglichen Fälle (2 oder 3) liefert Satz (19.16) folgende Aussagen:

Sei $d := \begin{pmatrix} r \\ s \\ t \end{pmatrix}$.

$E \cap g = \{P\}$

- Ist Rang A = Rang (A,d) = 3, so schneidet die Gerade g die Ebene E in genau einem Punkt, dem Durchstoßpunkt.

$E \cap g = g$

- Ist Rang A = Rang (A,d) = 2, so ist die Lösungsmenge des obigen Systems eine 1-parametrige Lösungsschar, d.h. es gilt $E \cap g = g$.

(*) und $\text{Rang} \begin{pmatrix} a_1 & \dots & a_n & c \\ b_1 & \dots & b_n & d \end{pmatrix} = 2$

(**) g ist als Durchschnitt zweier Ebenen gegeben. Damit g eine Gerade ist, dürfen die Ebenen weder parallel noch identisch sein, d.h. mit Teil (1) dieser Bemerkung: Es muß (b,c) linear unabhängig sein.

Da Rang (A,d) ≤ 3 und Rang A ≥ 2 gilt, liefert das Lösbarkeitskriterium:

- Ist Rang A = 2 und Rang (A,d) = 3, so gilt $E \cap g = \emptyset$. $E \cap g = \emptyset$

§ 4 HOMOGENE UND INHOMOGENE SYSTEME

Wir werden in diesem Paragraphen die "Struktur" der Lösungsmenge eines linearen Gleichungssystems etwas genauer untersuchen und dabei auch weitere Einsichten über die Fragen nach der Existenz und Eindeutigkeit von Lösungen gewinnen.
Wir legen zunächst einige Bezeichnungen fest:

DEFINITION.- Das lineare Gleichungssystem $Ax = b$ heißt *homogen*, falls b der Nullvektor ist. Ist $b \neq 0$, so heißt das System $Ax = b$ *inhomogen* und (wie schon erwähnt) der Vektor b die *Inhomogenität* des Systems. (19.23)

homogen
inhomogen

BEMERKUNG.- Bei einem homogenen Gleichungssystem $Ax = 0$ besteht die letzte Spalte der erweiterten Matrix (A,0) als lauter Nullen. Dieser Zustand bleibt bei elementaren Zeilenumformungen erhalten, so daß auch bei der Zeilennormalform $(\tilde{A},\tilde{b})$ der Vektor $\tilde{b} = 0$ ist. Der Rang der erweiterten Matrix ist also immer gleich dem Rang der Koeffizientenmatrix. (19.24)
Ein homogenes System ist deshalb stets lösbar. Dieses Ergebnis überrascht nicht: Der Vektor $x = 0$ ist Lösung jedes homogenen Systems $Ax = 0$.

homogene Systeme immer lösbar

Der nächste Satz, dessen Beweis wir Ihnen überlassen, ist eine unmittelbare Folgerung aus Satz (18.14).

SATZ.- Sei A eine (m×n)-Matrix. Dann ist die Lösungsmenge des homogenen linearen Gleichungssystems $Ax = 0$ ein Unterraum des $\mathbb{R}^n$. (19.25)

AUFGABE 14.- Beweisen Sie Satz (19.25). (Hinweis: (15.36)). A 14

Satz (19.25) macht im wesentlichen die Aussage, daß die Summe zweier Lösungen eines homogenen Systems wieder eine Lösung desselben homogenen Systems ist und daß jedes Vielfache einer Lösung auch wieder Lösung ist.
Diese Aussage ist für inhomogene Systeme im

allgemeinen falsch.

Mit den bisher zur Verfügung stehenden Ergebnissen und Begriffen können wir die Größe des "Lösungsraumes" eines homogenen Systems beschreiben.

(19.26) SATZ.- Sei A eine $(m \times n)$-Matrix und L_o die Lösungsmenge des homogenen Systems $Ax = 0$. Dann gilt

(1) Ist Rang $A = n$, so gilt $L_o = \{0\}$.

(2) Ist $k :=$ Rang $A < n$, so gilt $\dim L_o = n-k$.

BEWEIS.- Da homogene Systeme immer lösbar sind und als eine Lösung den Nullvektor besitzen, ist (1) nur eine Umformulierung von (19.16)(1), Seite 97.
Die Aussage (2) ergibt sich aus Bemerkung (19.17)(2), wenn Sie sich überlegen, daß der dort genannte Vektor a_o bei homogenen Systemen der Nullvektor ist. (*)

Wir können nun einen wichtigen Zusammenhang zwischen inhomogenen und zugehörigen homogenen Systemen herstellen. Sie sollten sich diesen Zusammenhang gut merken, denn er wird Ihnen in ähnlicher Form auch in anderen Bereichen der Mathematik (etwa bei der Lösung linearer Differentialgleichungen) wieder begegnen.

(19.27) SATZ.- Sei A eine $(m \times n)$-Matrix, $Ax = b$ ein inhomogenes lineares Gleichungssystem und $Ax = 0$ das zugehörige homogene System. Dann gilt:

Lösungsmenge von $Ax = b$

(1) Ist z eine Lösung von $Ax = b$ und L_o die Lösungsmenge des homogenen Systems $Ax = 0$, so ist

$$\{z+x \mid x \in L_o\}$$

die Lösungsmenge des inhomogenen Systems.

Eindeutigkeit der Lösung

(2) Ist das System $Ax = b$ lösbar, so ist es genau dann eindeutig lösbar, wenn $x = 0$ die einzige Lösung von $Ax = 0$ ist.

BEWEIS.- Da (2) unmittelbar aus (1) folgt, genügt es (1) zu beweisen. Es ist zu zeigen:

(*) Dazu sollten Sie sich überlegen, daß man den Vektor a_o stets aus den Koordinaten des Vektors $\tilde{b}$ der Zeilennormalform $(\tilde{A}, \tilde{b})$ sowie weiterer Nullen erhält (siehe z.B. (19.20)). Bei homogenen Systemen ist aber $\tilde{b} = 0$.

a) Jeder Vektor der Gestalt $z + x$ mit $x \in L_o$ ist Lösung von $Ax = b$,

b) jede Lösung von $Ax = b$ läßt sich in der Form $z + x$ mit $x \in L_o$ schreiben.

Zu a): Wegen $Az = b$ und $Ax = 0$ für jedes $x \in L_o$ gilt

$$A(z+x) = Az + Ax = b+0 = b,$$

d.h. $z + x$ ist Lösung des inhomogenen Systems.

Zu b): Sei y irgendeine Lösung von $Ax = b$. Dann ist $y - z$ eine Lösung des homogenen Systems $Ax = 0$, denn:

$$A(y-z) = Ay - Az = b - b = 0.$$

Also $x := y-z \in L_o$. Daraus folgt $y = z+x$ mit $x \in L_o$.

AUFGABE 15.- Sei $z = \begin{pmatrix} 2 \\ 3 \\ 0 \\ 1 \end{pmatrix}$ *Lösung eines inhomogenen linearen Gleichungssystems und* (a_1, a_2) *mit* A 15

$$a_1 := \begin{pmatrix} 1 \\ 1 \\ 0 \\ 2 \end{pmatrix} \quad \text{und} \quad a_2 := \begin{pmatrix} 0 \\ 1 \\ 3 \\ 1 \end{pmatrix}$$

eine Basis des Vektorraumes der Lösungen des zugehörigen homogenen Systems. Wie kann das System aussehen?

Machen Sie sich die Aussagen von Satz (19.27) noch einmal klar:

- Man erhält alle Lösungen des inhomogenen Systems $Ax = b$, wenn man nur eine Lösung von $Ax = b$ kennt und dazu alle Lösungen des (einfacheren) homogenen Systems $Ax = 0$ addiert.

- Um eindeutige Lösbarkeit (nicht die Existenz von Lösungen, die hier vorausgesetzt wird) des inhomogenen Systems $Ax = b$ festzustellen, genügt es, die eindeutige Lösbarkeit des (einfacheren) homogenen Systems $Ax = 0$ festzustellen.

Das Überraschende ist nun, daß man bei quadratischen Gleichungssystemen allein aus der eindeutigen Lösbarkeit des homogenen Systems $Ax = 0$ auf die eindeutige Lösbarkeit (also Existenz und Eindeutigkeit) aller Systeme $Ax = b$ schließen kann:

SATZ.- Sei A eine $(n \times n)$-Matrix. Dann ist das quadratische Gleichungssystem $Ax = b$ für jedes $b \in \mathbb{R}^n$ eindeutig lösbar genau dann, wenn $x = 0$ die einzige Lösung des zugehörigen homogenen Systems $Ax = 0$ ist. (19.28)

Existenz und Eindeutigkeit bei quadratischen Systemen

BEWEIS.- Ist $Ax = b$ für jedes $b \in \mathbb{R}^n$ eindeutig lösbar, so ist nach (19.27)(2) $x=0$ die einzige Lösung von $Ax = 0$. (Für die Folgerung wird sogar nur benötigt, daß $Ax = b$ für ein $b \in \mathbb{R}^n$ eindeutig lösbar ist).
Es ist die Umkehrung zu zeigen: Aus $L_o = \{0\}$ folgt, daß jedes inhomogene System $Ax = b$ lösbar ist. (Die eindeutige Lösbarkeit folgt dann wieder mit (19.27)(2).)

Nach Voraussetzung ist $Ax = 0$ eindeutig lösbar, d.h. $L_o = \{0\}$. Also folgt mit (19.26)

$$\text{Rang } A = n.$$

Die Zeilennormalform $\tilde{A}$ der $(n\times n)$-Matrix A hat deshalb die Gestalt der n-reihigen Einheitsmatrix

$$\tilde{A} = E_n,$$

und folglich hat die Zeilennormalform $(\tilde{A},\tilde{b})$ der erweiterten Matrix die Gestalt

$$(\tilde{A},\tilde{b}) = (E_n,\tilde{b}) = \begin{pmatrix} 1 & 0 & \dots & 0 & \tilde{b}_1 \\ 0 & 1 & \dots & 0 & \tilde{b}_2 \\ \vdots & \vdots & & \vdots & \vdots \\ 0 & 0 & \dots & 1 & \tilde{b}_n \end{pmatrix}.$$

Sie erkennen sofort, daß auch

$$\text{Rang } (A,b) = n$$

ist. Also folgt die Lösbarkeit des Systems $Ax = b$ mit (19.12)(2).

(19.29) BEMERKUNG.- Formuliert man die Aussage von Satz (19.28) in der Form:

Fredholmsche Alternative

> Entweder besitzt das quadratische System $Ax = b$ für jedes $b \in \mathbb{R}^n$ genau eine Lösung oder $Ax = 0$ besitzt eine Lösung $x \neq 0$.

so spricht man von der *Fredholmschen Alternative*.

Die nächste Aufgabe zeigt Ihnen eine Anwendung dieser Alternative.

A 16 *AUFGABE 16.- Es seien n+1 verschiedene reelle Zahlen $t_1,\dots,t_{n+1}$ sowie n+1 weitere reelle Zahlen $b_1,\dots,b_{n+1}$ gegeben. Zeigen Sie: Es gibt genau ein Polynom p eines Grades $\leq n$, so daß*

$$p(t_i) = b_i \quad \text{für } i = 1,\dots,n+1.$$

(Anleitung: Setzen Sie das Polynom p in der Gestalt

$$p(t) = x_1 + x_2 t + x_3 t^2 + \dots + x_{n+1} t^n$$

an. Zeigen Sie, daß die n+1 Gleichungen $p(t_i) = b_i$, $i = 1,\dots,n+1$ in der Form $Ax = b$ geschrieben werden können, wobei

$$A = \begin{pmatrix} 1 & t_1 & t_1^2 & \dots & t_1^n \\ 1 & t_2 & t_2^2 & \dots & t_2^n \\ \vdots & \vdots & \vdots & & \vdots \\ 1 & t_{n+1} & t_{n+1}^2 & \dots & t_{n+1}^n \end{pmatrix}, \quad x = \begin{pmatrix} x_1 \\ x_2 \\ \vdots \\ x_{n+1} \end{pmatrix} \quad \text{und} \quad b = \begin{pmatrix} b_1 \\ b_2 \\ \vdots \\ b_{n+1} \end{pmatrix}$$

sind. Benutzen Sie dann die Fredholmsche Alternative und Ihre Kenntnis über die Anzahl der Nullstellen von Polynomen, um das Problem kurz zu lösen.)

§ 5 EINE WEITERE ANWENDUNG DES GAUSS-JORDAN-ALGORITHMUS

BERECHNUNG DER INVERSEN MATRIX

Es sei ein quadratisches lineares Gleichungssystem

$$Ax = b$$

gegeben, A eine $(n \times n)$-Matrix. Wir nehmen an, es gibt eine weitere $(n \times n)$-Matrix B, so daß

$$BA = E_n$$

ist. Dann folgt aus $Ax = b$ durch Multiplikation mit B (von links)

$$B(Ax) = Bb$$

oder wegen

$$B(Ax) = (BA)x = E_n x = x,$$

daß eine Lösung die Gestalt

$$x = Bb$$

haben muß. Gilt auch noch

$$AB = E_n,$$

so sehen Sie durch Einsetzen, daß $x = Bb$ eine (und damit die einzige) Lösung von $Ax = b$ ist. Wir brauchen also in diesem Fall nicht den Gauß-Jordan-Algorithmus durchzuführen, sondern müssen lediglich die Inhomogenität b mit der Matrix B multiplizieren.

DEFINITION.- Eine $(n \times n)$-Matrix A heißt *invertierbar* (oder *regulär*), wenn es eine $(n \times n)$-Matrix B gibt mit (19.30)

invertierbar

$$AB = BA = E_n.$$

B heißt die (*) zu A inverse Matrix und wird mit A^{-1} bezeichnet.

inverse Matrix

(*) siehe Aufgabe 17 b).

A 17 *AUFGABE 17.- Beweisen Sie die folgenden beiden Bemerkungen.*

a) In Definition (19.30) hätte man nicht vorauszusetzen brauchen, daß A und B (n×n)-Matrizen sind. Das folgt bereits aus der Forderung $AB = BA = E_n$.

b) Die zu A inverse Matrix A^{-1} ist (sofern sie existiert) eindeutig bestimmt.

Mit den neuen Begriffen können wir das zuvor Gesagte so formulieren:

Ist die (n×n)-Matrix A invertierbar, so ist jedes lineare Gleichungssystem

$$Ax = b$$

eindeutig lösbar. Die Lösung ist $x = A^{-1}b$. Aus Satz (19.16), Seite 97, folgt daher, daß der Rang von A maximal (=n) sein muß. Es gilt auch die Umkehrung:

(19.31) SATZ.- Eine quadratische Matrix ist genau dann invertierbar, wenn ihr Rang maximal ist.

BEWEIS.- Es ist nur noch zu zeigen, daß der maximale Rang die Invertierbarkeit zur Folge hat.
Sei A eine n-reihige quadratische Matrix vom Rang n. Wir geben ein Konstruktionsverfahren zur Bestimmung von A^{-1} an:

Gesucht ist eine (n×n)-Matrix

$$B = (b^{(1)} \ \dots \ b^{(n)}), \qquad (*)$$

so daß

$$AB = E_n$$

gilt. Schreiben wir auch

$$E_n = (e^{(1)} \ \dots \ e^{(n)})$$

in Spaltendarstellung, so muß nach Definition des Matrizenproduktes (siehe (18.26), Seite 73) gelten

$$Ab^{(j)} = e^{(j)} \quad \text{für } j=1,\dots,n.$$

Das bedeutet: der j-te Spaltenvektor von B ist eine Lösung des linearen Gleichungssystems

$$Ax = e^{(j)}.$$

Da Rang $A = n$ gilt, sind all diese Systeme eindeutig lösbar. Es existiert also die Matrix B, so daß $AB = E_n$ gilt. Man kann zeigen, daß dann auch $BA = E_n$ gilt. A ist invertierbar.

(*) das sei die Spaltendarstellung von B, also $b^{(i)} \in \mathbb{R}^n$ für $i = 1,\dots,n$.

BEMERKUNG.- Der Beweis von (19.31) hat ein Verfahren zur Berechnung von A^{-1} geliefert, wenn A quadratisch und von maximalem Rang ist: Man löse die Systeme (19.32)

$$Ax = e^{(i)}, \quad i=1,\dots,n;$$

dann sind die Lösungen $b^{(i)}$ die Spalten von A^{-1}. Dieses Verfahren vereinfacht man sich: Statt die n Gleichungssysteme nacheinander zu lösen, löst man sie simultan. Dazu erweitert man die Koeffizientenmatrix A nicht nur um eine Spalte sondern um alle Spaltenvektoren $e^{(1)},\dots,e^{(n)}$. Auf

Verfahren zur Berechnung von A^{-1}

$$(A, e^{(1)}, e^{(2)}, \dots, e^{(n)}) = (A, E_n)$$

wendet man den Gauß-Jordan-Algorithmus zur Transformation auf Zeilennormalform an. Man erhält:

$$\begin{pmatrix} 1 & 0 & \dots & 0 & b_{11} & \dots & b_{1n} \\ 0 & 1 & \dots & 0 & \vdots & & \vdots \\ \vdots & & \ddots & \vdots & & & \\ 0 & 0 & \dots & 1 & b_{n1} & \dots & b_{nn} \end{pmatrix}$$

Dann ist $\begin{pmatrix} b_{1j} \\ \vdots \\ b_{nj} \end{pmatrix}$ die Lösung von $Ax = e^{(j)}$. Also ist $B = (b_{ij})$ die inverse Matrix zu A.

ERGEBNIS: Ist A eine (n×n)-Matrix mit Rang A=n, so hat die Zeilennormalform von (A,E_n) die Gestalt (E_n, A^{-1}).

BEISPIEL.- Die inverse Matrix von (19.33)

$$A = \begin{pmatrix} 1 & 2 & 0 \\ 2 & 1 & 3 \\ 1 & 3 & 1 \end{pmatrix}$$

ist zu bestimmen, falls sie existiert.

Wir bilden

$$(A, e^{(1)}, e^{(2)}, e^{(3)}) = (A, E_3) = \left(\begin{array}{ccc|ccc} 1 & 2 & 0 & 1 & 0 & 0 \\ 2 & 1 & 3 & 0 & 1 & 0 \\ 1 & 3 & 1 & 0 & 0 & 1 \end{array}\right).$$

Der senkrechte Strich dient nur der Verdeutlichung.
Mit dem Gauß-Jordan-Algorithmus ergibt sich

$$\left(\begin{array}{ccc|ccc} 1 & 2 & 0 & 1 & 0 & 0 \\ 2 & 1 & 3 & 0 & 1 & 0 \\ 1 & 3 & 1 & 0 & 0 & 1 \end{array}\right) \xrightarrow[Z_3 - Z_1]{Z_2 - 2Z_1} \left(\begin{array}{ccc|ccc} 1 & 2 & 0 & 1 & 0 & 0 \\ 0 & -3 & 3 & -2 & 1 & 0 \\ 0 & 1 & 1 & -1 & 0 & 1 \end{array}\right) \xrightarrow{-\frac{1}{3}Z_2}$$

$$\left(\begin{array}{ccc|ccc} 1 & 2 & 0 & 1 & 0 & 0 \\ 0 & 1 & -1 & \frac{2}{3} & -\frac{1}{3} & 0 \\ 0 & 1 & 1 & -1 & 0 & 1 \end{array}\right) \xrightarrow[Z_3 - Z_2]{Z_1 - 2Z_2} \left(\begin{array}{ccc|ccc} 1 & 0 & 2 & -\frac{1}{3} & \frac{2}{3} & 0 \\ 0 & 1 & -1 & \frac{2}{3} & -\frac{1}{3} & 0 \\ 0 & 0 & 2 & -\frac{5}{3} & \frac{1}{3} & 1 \end{array}\right) \xrightarrow{\frac{1}{2}Z_3}$$

$$\left(\begin{array}{ccc|ccc} 1 & 0 & 2 & -\frac{1}{3} & \frac{2}{3} & 0 \\ 0 & 1 & -1 & \frac{2}{3} & -\frac{1}{3} & 0 \\ 0 & 0 & 1 & -\frac{5}{6} & \frac{1}{6} & \frac{1}{2} \end{array}\right) \xrightarrow[Z_2+Z_3]{Z_1-2Z_3} \left(\begin{array}{ccc|ccc} 1 & 0 & 0 & \frac{4}{3} & \frac{1}{3} & -1 \\ 0 & 1 & 0 & -\frac{1}{6} & -\frac{1}{6} & \frac{1}{2} \\ 0 & 0 & 1 & -\frac{5}{6} & \frac{1}{6} & \frac{1}{2} \end{array}\right) .$$

An dieser Stelle sehen Sie, daß Rang A=3 ist und die inverse Matrix lautet:

$$A^{-1} = \begin{pmatrix} \frac{4}{3} & \frac{1}{3} & -1 \\ -\frac{1}{6} & -\frac{1}{6} & \frac{1}{2} \\ -\frac{5}{6} & \frac{1}{6} & \frac{1}{2} \end{pmatrix} = \frac{1}{6} \begin{pmatrix} 8 & 2 & -6 \\ -1 & -1 & 3 \\ -5 & 1 & 3 \end{pmatrix} .$$

Sie können sich durch Berechnung von AA^{-1} und von $A^{-1}A$ direkt von der Richtigkeit der Rechnung überzeugen. Sie brauchen bei diesem Verfahren auch nicht vorher nachzuprüfen, ob eine quadratische Matrix überhaupt invertierbar ist. Wenn Sie den Gauß-Jordan-Algorithmus an (A,E_n) durchführen, und es taucht bei den Umformungen von A eine Zeile auf, die nur Nullen enthält, können Sie aufhören. Der Rang von A ist kleiner als n, A ist nicht invertierbar.

A 18 *AUFGABE 18.- Bestimmen Sie, falls möglich, die inversen Matrizen von*

a) $A = \begin{pmatrix} 1 & 2 & 2 \\ 1 & 3 & 2 \\ 2 & -1 & 2 \end{pmatrix}$,

b) $A = \begin{pmatrix} -1 & 1 & 2 \\ 2 & 3 & 6 \\ 2 & 1 & \lambda \end{pmatrix}$ *(in Abhängigkeit von $\lambda \in \mathbb{R}$).*

A 19 *AUFGABE 19.- Zeigen Sie: Eine (2×2)-Matrix $A = (a_{ij})$ ist genau dann invertierbar, wenn $d := a_{11}a_{22} - a_{12}a_{21} \neq 0$ ist. Ist $d \neq 0$, so ist*

$$A^{-1} = \frac{1}{d} \begin{pmatrix} a_{22} & -a_{12} \\ -a_{21} & a_{11} \end{pmatrix} .$$

Invertierbare Matrizen haben die folgenden Eigenschaften:

(19.34) **SATZ.-** Seien A und B invertierbare Matrizen. Dann gilt

(1) A^{-1} ist invertierbar, und es gilt

$$(A^{-1})^{-1} = A.$$

(2) AB ist invertierbar, und es gilt

$$(AB)^{-1} = B^{-1}A^{-1}.$$

Beweis: Zu (1): Nach Definition von A^{-1} gilt

$$A^{-1}A = AA^{-1} = E_n,$$

wenn A eine (n×n)-Matrix ist. Setzen Sie $B := A$, und sie erhalten

$$A^{-1}B = BA^{-1} = E_n,$$

d.h. B ist die inverse Matrix zu A^{-1}, also $B = (A^{-1})^{-1}$.

Zu (2): Sie brauchen nur nachzurechnen, daß die Matrix

$$C := B^{-1}A^{-1}$$

die Eigenschaften

$$C(AB) = E_n \quad \text{und} \quad (AB)C = E_n$$

hat.

Dasselbe Verfahren, nämlich die simultane Lösung von n linearen Gleichungssystemen mit derselben Koeffizientenmatrix, wie Sie es in Bemerkung (19.32) zur Berechnung der inversen Matrix kennengelernt haben, läßt sich natürlich auch dann anwenden, wenn die Inhomogenitäten der Systeme nicht gerade kanonische Basisvektoren sind.
Bearbeiten Sie in diesem Zusammenhang die folgende Aufgabe.

AUFGABE 20.- Gegeben sei das lineare Gleichungssystem A 20

$$\begin{aligned} x_1 - 2x_2 + x_3 + 2x_4 &= b_1 \\ 2x_1 + 3x_2 - x_3 - 5x_4 &= b_2 \\ 4x_1 - x_2 + x_3 - x_4 &= b_3 \\ 5x_1 - 3x_2 + 2x_3 + 4x_4 &= b_4 . \end{aligned}$$

Für welche Inhomogenitäten $b = \begin{pmatrix} b_1 \\ \vdots \\ b_4 \end{pmatrix}$ ist dieses System lösbar:

a) $b^{(1)} = \begin{pmatrix} 2 \\ 1 \\ 5 \\ 3 \end{pmatrix}$, *b)* $b^{(2)} = \begin{pmatrix} 2 \\ 1 \\ 3 \\ 3 \end{pmatrix}$, *c)* $b^{(3)} = \begin{pmatrix} 4 \\ 3 \\ 11 \\ 5 \end{pmatrix}$, *d)* $b^{(4)} = \begin{pmatrix} 3 \\ 2 \\ 1 \\ 6 \end{pmatrix}$?

Wie lauten gegebenenfalls die Lösungen?
Anleitung: Hier ist jedesmal die gleiche Koeffizientenmatrix A nur mit verschiedenen Inhomogenitäten nach dem Gauß-Jordan-Verfahren umzuformen. Anstelle der einzelnen erweiterten Matrizen $(A,b^{(1)})$, $(A,b^{(2)})$, $(A,b^{(3)})$, $(A,b^{(4)})$ können Sie auch hier gleich die Matrix

$$(A,b^{(1)},b^{(2)},b^{(3)},b^{(4)})$$

auf Zeilennormalform transformieren.

AUFGABE 21.- Bestimmen Sie mit Hilfe der inversen Koeffizientenmatrix die Lösung von A 21

$$2x_1 - x_2 + 4x_3 = b_1$$
$$8x_1 - 5x_2 + 16x_3 = b_2$$
$$2x_1 + 2x_2 - x_3 = b_3 \quad .$$

§ 6 ANHANG: FIXPUNKTE LINEARER ABBILDUNGEN

Wir betrachten das folgende *Fixpunktproblem*:

Fixpunktproblem

Gegeben sei eine lineare Abbildung $\varphi : \mathbb{R}^n \longrightarrow \mathbb{R}^n$ (siehe (18.19), Seite 68). Gesucht sind alle Punkte $x \in \mathbb{R}^n$, die unter der Abbildung φ auf sich abgebildet werden, d.h. die die Eigenschaft

$$\varphi(x) = x$$

haben.

Fixpunkte

Solche Punkte nennen wir *Fixpunkte*. Die Menge

$$\{x \in \mathbb{R}^n \mid \varphi(x) = x\}$$

heißt *Fixpunktmenge*.
Den Punkt $x = 0$ nennen wir *trivialen* Fixpunkt. Denn nach Bemerkung (18.21)(1), Seite 70, gilt für den Nullpunkt bei jeder linearen Abbildung $\varphi(0) = 0$. Der Nullpunkt ist also automatisch Fixpunkt. Wir suchen im folgenden nichttriviale Fixpunkte.

Das Fixpunktproblem wird Ihnen in allgemeinerer Form noch häufiger begegnen. Wir behandeln hier nur einen sehr einfachen Fall.

Eine Verallgemeinerung des Fixpunktproblems ist das *Eigenwertproblem*, das in den Anwendungen der Mathematik eine große Rolle spielt. Dabei sind reelle Zahlen gesucht, für die die Gleichung $\varphi(x) = \lambda x$ von Null verschiedene Lösungen x besitzt. Diese $\lambda \in \mathbb{R}$ heißen *Eigenwerte*, die entsprechenden Vektoren x *Eigenvektoren*. In dieser Sprache lautet unsere obige Aufgabe:

Ist $\lambda = 1$ Eigenwert von φ (d.h. existiert überhaupt ein nicht-trivialer Fixpunkt), so sind alle zugehörigen Eigenvektoren zu bestimmen.

A 22

AUFGABE 22.- Sei $\varphi : \mathbb{R}^n \longrightarrow \mathbb{R}^n$ eine lineare Abbildung und $x \in \mathbb{R}^n$ ein nichttrivialer Fixpunkt. Zeigen Sie: Es gibt außer diesem unendlich viele Fixpunkte.

Wir stellen nun die Verbindung zwischen Fixpunktproblem und linearen Gleichungssystemen her.

Aus Kapitel 18 ist Ihnen bekannt:
Zu jeder linearen Abbildung $\varphi : \mathbb{R}^n \longrightarrow \mathbb{R}^n$ existiert eine $(n \times n)$-Matrix A mit $\varphi(x) = Ax$ für alle $x \in \mathbb{R}^n$.

Ferner können wir mit Hilfe der $(n\times n)$-Einheitsmatrix E_n jedes $x \in \mathbb{R}^n$ schreiben als $E_n x$.

Damit ist die Bestimmungsgleichung für Fixpunkte $\varphi(x) = x$ äquivalent zur Gleichung

$$Ax = E_n x$$

oder

$$Ax - E_n x = (A - E_n)x = 0.$$

analoges Problem

Anstelle von $\varphi(x) = x$ ist also ein homogenes lineares Gleichungssystem zu lösen. Wie üblich können wir das mit dem Gauß-Jordan-Verfahren erledigen.

Ihre Kenntnisse über die Lösungsmenge linearer Gleichungssysteme liefern nun Aussagen über die Fixpunktmenge:

- Zunächst liefert Aufgabe 21: Ist x ein nichttrivialer Fixpunkt, so gehört die ganze Gerade durch x und den Nullpunkt zur Fixpunktmenge.
- Ist Rang $(A - E_n) = n$, so gibt es nur den trivialen Fixpunkt (siehe Satz (19.26)(1), Seite 101).
- Ist Rang $(A - E_n) = k$, so besteht die Fixpunktmenge aus allen Linearkombinationen von (n-k) linear unabhängigen Lösungen des Gleichungssystems $(A - E_n)x = 0$ (siehe (19.26)(2)).

BEISPIELE.- (1) Sei $\varphi : \mathbb{R}^2 \longrightarrow \mathbb{R}^2$ die aus Beispiel (18.24)(2) bekannte Drehung um einen festen Winkel α. (19.35)

Behauptung: φ hat nur den trivialen Fixpunkt oder den gesamten $\mathbb{R}^2$ als Fixpunktmenge.

Machen Sie sich die Behauptung zunächst anschaulich klar.

BEWEIS: Die zu φ gehörende "Drehmatrix" war gegeben durch

$$D_\alpha = \begin{pmatrix} \cos\alpha & -\sin\alpha \\ \sin\alpha & \cos\alpha \end{pmatrix}$$

Das Fixpunktproblem lautet damit: Bestimmen Sie alle Lösungen von

$$(D_\alpha - E_2)x = \begin{pmatrix} -1+\cos\alpha & -\sin\alpha \\ \sin\alpha & -1+\cos\alpha \end{pmatrix} \begin{pmatrix} x_1 \\ x_2 \end{pmatrix} = 0.$$

a) Ist $\alpha = 2k\pi$, $k \in \mathbb{Z}$, so ist

$$(D_\alpha - E_2) = \begin{pmatrix} 0 & 0 \\ 0 & 0 \end{pmatrix} .$$

Damit ist Rang $(D_\alpha - E_2) = 0$ und die Fixpunktmenge der gesamte $\mathbb{R}^2$.

b) Ist $\alpha \neq 2k\pi,\ k \in \mathbb{Z}$, dann ist

$$(D_\alpha - E_2) = \begin{pmatrix} -1+\cos\alpha & -\sin\alpha \\ \sin\alpha & -1+\cos\alpha \end{pmatrix}.$$

Mit vier Schritten nach dem Gauß-Jordan-Verfahren ($-1+\cos\alpha \neq 0$) geht die Matrix $(D_\alpha - E_2)$ über in die Einheitsmatrix E_2. Damit ist Rang $(D_\alpha - E_2) = 2$, und somit gibt es nur den trivialen Fixpunkt.

Diese Ergebnisse waren zu erwarten:
Im Falle a) behält natürlich jeder Punkt wegen der Drehung um ein ganzes Vielfaches von 2π seinen Platz. Hingegen bleibt in b) bei einer Drehung um einen anderen Winkel nur der Drehpunkt (hier der Nullpunkt) auf seinem Platz.

(2) Sei $\varphi : \mathbb{R}^2 \to \mathbb{R}^2$ die lineare Abbildung mit

$$\varphi\begin{pmatrix} x_1 \\ x_2 \end{pmatrix} := \begin{pmatrix} -x_2 \\ -x_1 \end{pmatrix}.$$

Gesucht ist die Fixpunktmenge von φ.

Die zu φ gehörende Matrix (bezüglich der kanonischen Basis des $\mathbb{R}^2$) ist gegeben durch

$$A = \begin{pmatrix} 0 & -1 \\ -1 & 0 \end{pmatrix}.$$

Zu lösen ist also das homogene lineare Gleichungssystem

$$(A-E_2)x = \begin{pmatrix} -1 & -1 \\ -1 & -1 \end{pmatrix}\begin{pmatrix} x_1 \\ x_2 \end{pmatrix} = 0.$$

Wir erhalten:

$$\begin{pmatrix} -1 & -1 \\ -1 & -1 \end{pmatrix} \xrightarrow{(-1)Z_1} \begin{pmatrix} 1 & 1 \\ -1 & -1 \end{pmatrix} \xrightarrow{Z_2+Z_1} \begin{pmatrix} 1 & 1 \\ 0 & 0 \end{pmatrix}.$$

Damit sind die Lösungen gegeben durch $x_1 + x_2 = 0$ oder $x_2 = -x_1$. Setzen Sie $x_2 = \lambda$, so erhalten Sie die Fixpunktmenge

$$\left\{ \begin{pmatrix} x_1 \\ x_2 \end{pmatrix} \;\middle|\; \begin{pmatrix} x_1 \\ x_2 \end{pmatrix} = \lambda \begin{pmatrix} -1 \\ 1 \end{pmatrix},\ \lambda \in \mathbb{R} \right\}.$$

Veranschaulichen wir uns die Abbildung φ, so sehen wir, daß es sich hierbei um die Spiegelung an der Geraden $x_2 = -x_1$ handelt. Diese "Spiegelungsachse" ist die Fixpunktmenge (siehe Bild 1).

A 23

AUFGABE 23.- Bestimmen Sie die Fixpunkte von

a) $\varphi : \mathbb{R}^3 \to \mathbb{R}^3$ *mit*

$$\begin{pmatrix} x_1 \\ x_2 \\ x_3 \end{pmatrix} \mapsto \varphi\begin{pmatrix} x_1 \\ x_2 \\ x_3 \end{pmatrix} = \begin{pmatrix} x_1+2x_2+x_3 \\ 3x_2-x_3 \\ x_1-2x_2 \end{pmatrix}.$$

b) $\varphi : \mathbb{R}^3 \to \mathbb{R}^3$ *mit*

$$\begin{pmatrix} x_1 \\ x_2 \\ x_3 \end{pmatrix} \mapsto \varphi\begin{pmatrix} x_1 \\ x_2 \\ x_3 \end{pmatrix} = \begin{pmatrix} x_1+2x_2-x_3 \\ 3x_2-x_3 \\ x_1-2x_2 \end{pmatrix}.$$

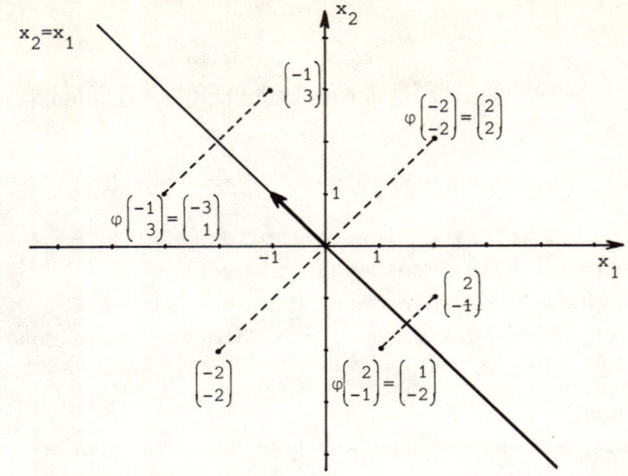

Bild 1.- Spiegelung an $x_2 = -x_1$.

ZUSAMMENFASSUNG

Mit dem Kapitel über die Untersuchung und Lösung von linearen Gleichungssystemen haben Sie das Kernstück der in diesem Band behandelten linearen Theorie kennengelernt.
Zentrales mathematisches Hilfsmittel ist der Gauß-Jordan-Algorithmus, der jede Matrix auf Zeilennormalform transformiert (siehe Satz (19.9) einschließlich Beweis auf den Seiten 91 und 92).
Den Gauß-Jordan-Algorithmus müssen Sie kennen Ziel 1
und eine gegebene Matrix mit seiner Hilfe auf
Zeilennormalform (Definition (19.6), Seite 90)
transformieren können. Ziel 2
Sie sollten wissen, welchen Umformungen eines Ziel 3
linearen Gleichungssystems die elementaren
Zeilenumformungen der erweiterten Matrix (De-
finition (19.2), Seite 86) dieses Systems ent-
sprechen. Sie sollten darüberhinaus wissen, daß Ziel 4
elementare Zeilenumformungen die Lösungsmenge
eines linearen Gleichungssystems nicht verän-
dern (Satz (19.5), Seite 89), denn hierauf
beruht der "Erfolg" des Gauß-Jordan-Algorithmus.
Schließlich müssen Sie wissen, wie Sie der Zei- Ziel 5
lennormalform der erweiterten Matrix eines li-
nearen Gleichungssystems die Gestalt der Lö-
sungen entnehmen. Beispiele hierfür haben Sie
in größerer Zahl kennengelernt, etwa (19.8),
Seite 91, oder (19.19), Seite 97, oder (19.20),
Seite 98.
Als weitere wichtige Information sollten Sie Ziel 6
der Zeilennormalform $\tilde{A}$ einer Matrix A den Rang

von A entnehmen können: Rang A ist gleich der Anzahl der nicht-verschwindenden Zeilen von $\tilde{A}$ (Satz (19.11), Seite 93).
Die Kenntnis des Ranges der Koeffizientenmatrix sowie der erweiterten Matrix eines linearen Gleichungssystems ist u.a. notwendig, um das Lösbarkeitskriterium (19.12), Seite 94, anwenden zu können:

> Das lineare Gleichungssystem $Ax = b$ ist genau dann lösbar, wenn $\text{Rang}\,A = \text{Rang}\,(A,b)$ gilt.

Ziel 7 Sie sollten nicht nur dieses Lösbarkeitskriterium kennen, (welches theoretischer klingt als es ist; siehe Beispiel (19.14), Seite 95) sondern auch Satz (19.16), Seite 97, der Ihnen sagt, wann ein lineares Gleichungssystem $Ax = b$ eindeutig lösbar ist (Rang A = Rang (A,b) = Anzahl der Unbekannten) oder eine (n-k)-parametrige Lösungsschar besitzt (Rang A = Rang (A,b) $= k < n$).
Einfache geometrische Anwendungen dieser Sätze finden Sie in Bemerkung (19.22) ab Seite 99.

In § 4 haben Sie wichtige Zusammenhänge zwischen den Lösungsmengen bzw. den Aussagen über die eindeutige Lösbarkeit von homogenen und inhomogenen linearen Gleichungssystemen kennen-
Ziel 8 gelernt. Sie sollten insbesondere die Sätze (19.27), einschließlich der Erläuterung im Anschluß an Aufgabe 15, und (19.28) kennen; letzteren können Sie sich auch in der Formulierung der Fredholmschen Alternative (19.29) merken:

> Entweder besitzen die quadratischen Systeme $Ax = b$ für jedes $b \in \mathbb{R}^n$ genau eine Lösung oder das homogene System $Ax = 0$ besitzt eine Lösung $x \neq 0$.

Daß diese Aussagen nicht nur von theoretischem Interesse sind, zeigt Ihnen die Aufgabe 16 auf Seite 102.

Sie sollten wissen, wann eine quadratische Ma- Ziel 9
trix regulär oder invertierbar heißt (Defini-
tion (19.30), Seite 102) und wie man mit Hilfe Ziel 10
des Gauß-Jordan-Algorithmus die inverse Matrix berechnet, falls sie existiert (Bemerkung (19.32), Seite 103).

Das Kriterium (19.31) für die Invertierbarkeit
einer quadratischen Matrix werden wir später Ziel 11
noch benutzen. Sie sollten es kennen.

Nach dem Durcharbeiten dieses Kapitels sollten Ziel 12
Sie neben den gewonnenen Rechenfertigkeiten beim Ausführen des Gauß-Jordan-Algorithmus auch keine Schwierigkeiten haben, Aussagen der folgenden Art zu begründen:

> Ein k-Tupel $(a_1,\ldots,a_k)$ von (Spalten-)Vektoren des $\mathbb{R}^n$ ist genau dann linear unabhängig, wenn die Matrix $A = (a_1,\ldots,a_k)$ den Rang k hat.

und wissen, wie Sie dies mit dem Gauß-Jordan-Algorithmus feststellen.

Kapitel 20. Determinanten

Einleitung

In Kapitel 17, ab Seite 55, haben Sie dreireihige und zweireihige Determinanten kennengelernt. Das waren Funktionen, die je drei Vektoren des $\mathbb{R}^3$ bzw. jedem Paar von Vektoren des $\mathbb{R}^2$ eine reelle Zahl zugeordnet haben. Mit dem nun zur Verfügung stehenden Begriff der Matrix können wir auch sagen:
Eine dreireihige Determinante ist eine Funktion, die jeder (3×3)-Matrix A eine reelle Zahl zuordnet. Diese Zahl nennen wir die *Determinante von A* und werden sie mit det A oder $|A|$ bezeichnen.
Entsprechend ist eine zweireihige Determinante eine Funktion, die jeder (2×2)-Matrix

$$A = \begin{pmatrix} a_{11} & a_{12} \\ a_{21} & a_{22} \end{pmatrix}$$

die reelle Zahl

$$\det A := \begin{vmatrix} a_{11} & a_{12} \\ a_{21} & a_{22} \end{vmatrix} = a_{11}a_{22} - a_{21}a_{12}$$

zuordnet (siehe Definition (17.17), Seite 55). Diese Zahl (der Funktionswert) heißt wieder die Determinante von A. Wir könnten nun alle Ergebnisse von Kapitel 17 über Determinanten in die Sprache der Matrizen übertragen. Das ist jedoch nicht das Ziel dieses Kapitels. Wir wollen vielmehr für jede natürliche Zahl n eine Funktion, nämlich die *n-reihige Determinante*, definieren. Diese wird jeder $(n\times n)$-Matrix eine reelle Zahl zuordnen und in den Fällen $n = 2$ oder $n = 3$ mit den bisher bekannten Determinanten übereinstimmen.
Mit Hilfe des Determinantenbegriffs lassen sich einfache Kriterien für die Invertierbarkeit quadratischer Matrizen angeben (die Determinante muß ungleich Null sein), ferner lassen sich damit inverse Matrizen und die Lösungen gewisser quadratischer Gleichungssysteme berechnen. Aber gerade die letzten beiden Ergebnisse sind vom Rechenaufwand her dem Gauß-Jordan-Algorithmus weit unterlegen (z.B. wenn die Anzahl der Unbekannten $n \geq 10$ ist). Die Ergebnisse sind jedoch für theoretische Untersuchungen von quadratischen linearen Gleichungssystemen nützlich.
Schließlich werden Sie auch bei der Untersuchung von beliebigen Funktionen von n Veränderlichen (ab Kapitel 21) sowie von Eigenwertproblemen (siehe Seite 105) auf Determinanten stossen.

§ 1 Definition und Eigenschaften

In (17.19) auf Seite 56 haben wir uns mit der Berechnung dreireihiger Determinanten beschäftigt und festgestellt, daß man dreireihige Determinanten durch *Entwicklung nach der ersten Zeile* auf die Berechnung von zweireihigen Determinanten reduzieren kann. Genau dieses Verfahren und sogar die analoge Formel werden wir nun heranziehen um induktiv (oder rekursiv) n-reihige Determinanten zu definieren. Zuvor benötigen wir eine Bezeichnung

Bezeichnung.- Sei $A = (a_{kl})$ eine $(n\times n)$-Matrix, $n \geq 2$. Mit A_{ij} bezeichnen wir diejenige $((n-1)\times(n-1))$-Matrix, die entsteht, wenn man in A die i-te Zeile und die j-te Spalte streicht (*) : (20.1)

$$A_{ij} := \begin{pmatrix} a_{11} & \cdots & a_{1j} & \cdots & a_{1n} \\ \vdots & & \vdots & & \vdots \\ a_{i1} & \cdots & a_{ij} & \cdots & a_{in} \\ \vdots & & \vdots & & \vdots \\ a_{n1} & \cdots & a_{nj} & \cdots & a_{nn} \end{pmatrix}$$

i-te Zeile streichen A_{ij}

j-te Spalte streichen

(*) Wir halten uns bei dieser Bezeichnung an die Vereinbarung: erster Index = Zeilenindex

(20.2) **Bemerkungen.-** (1) Ist $n = 3$, so können wir das Ergebnis von (17.19) so schreiben:

$$\begin{vmatrix} a_{11} & a_{12} & a_{13} \\ a_{21} & a_{22} & a_{23} \\ a_{31} & a_{32} & a_{33} \end{vmatrix} = a_{11}\cdot\det A_{11} - a_{12}\cdot\det A_{12} + a_{13}\cdot\det A_{13}\,.$$

(2) Ist $n = 2$ und $A = \begin{pmatrix} a_{11} & a_{12} \\ a_{21} & a_{22} \end{pmatrix}$, so sind die Matrizen A_{11}, A_{12}, A_{21} und A_{22} (1×1)-Matrizen, z.B. $A_{11} = (a_{22})$ und $A_{12} = (a_{21})$.

Wenn wir allgemein für eine (1×1)-Matrix (a) festlegen

$$\det(a) := a,$$

so erhalten wir auch für 2-reihige Determinanten eine Formel ähnlicher Gestalt

$$\det A = \begin{vmatrix} a_{11} & a_{12} \\ a_{21} & a_{22} \end{vmatrix} = a_{11}a_{22} - a_{12}a_{21}$$

$$= a_{11}\cdot\det A_{11} - a_{12}\cdot\det A_{12}.$$

Dies ist die Entwicklung nach der ersten Zeile von A.

(3) Wenn Sie sich die Summanden in den Entwicklungen nach der ersten Zeile genau ansehen, erkennen Sie, daß diese immer die Gestalt

$$a_{1j}\ \det A_{1j}$$

haben und mit dem Vorzeichen $(-1)^{1+j}$ versehen sind (der Exponent ist die Summe der Indizes).

Nach diesen Bemerkungen wird Ihnen die folgende Definition plausibel erscheinen.

(20.3) n-reihige Determinante

Definition.- Induktiv wird für jedes $n \in \mathbb{N}$ eine *n-reihige Determinante* (auch: *Determinante der Ordnung n*) so festgelegt:

(1) Für eine (1×1)-Matrix $A = (a)$ sei

$$\det A = |A| := a.$$

(2) Ist für jede $((n-1)\times(n-1))$-Matrix $(n \geq 2)$ deren Determinante definiert, so sei für eine $(n\times n)$-Matrix $A = (a_{ij})$

$$\det A = |A| := a_{11}\det A_{11} - a_{12}\det A_{12} + \ldots + (-1)^{1+n} a_{1n}\det A_{1n} = \sum_{j=1}^{n} (-1)^{1+j} a_{1j} \det A_{1j}\,.$$

Determinante von A

Die reelle Zahl $\det A$ heißt *Determinante von A*.

Nach dem Prinzip der rekursiven Definition (siehe ANALYSIS I, Seite 27) ist damit für jedes $n \in \mathbb{N}$ eine Funktion *n-reihige Determinante* festgelegt.

AUFGABE 1.- Zeigen Sie mit Hilfe von Definition (20.3): A 1

$$\det E_n = 1 \quad \text{für alle } n \in \mathbb{N}.$$

AUFGABE 2.- Berechnen Sie mit Hilfe von Definition (20.3) die Determinante der (4×4)-Matrix A 2

$$A = \begin{pmatrix} 2 & 0 & -1 & 0 \\ 0 & 3 & 0 & 2 \\ -2 & 0 & 4 & 3 \\ 0 & 1 & 0 & 1 \end{pmatrix}.$$

Der Entwicklungssatz

In Aufgabe 8 b) auf Seite 56 haben Sie bewiesen, daß man eine dreireihige Determinante auch durch Entwicklung nach der zweiten oder dritten Zeile berechnen kann, und zwar gilt (siehe Lösung der genannten Aufgabe):

$$\begin{vmatrix} a_{11} & a_{12} & a_{13} \\ a_{21} & a_{22} & a_{23} \\ a_{31} & a_{32} & a_{33} \end{vmatrix} =$$

$$= -a_{21}\begin{vmatrix} a_{12} & a_{13} \\ a_{32} & a_{33} \end{vmatrix} + a_{22}\begin{vmatrix} a_{11} & a_{13} \\ a_{31} & a_{33} \end{vmatrix} - a_{23}\begin{vmatrix} a_{11} & a_{12} \\ a_{31} & a_{32} \end{vmatrix}$$

$$= -a_{21}\det A_{21} + a_{22}\det A_{22} - a_{23}\det A_{23}\,.$$

Dies ist die Entwicklung nach der zweiten Zeile und läßt sich in der Form

Entwicklung nach der zweiten Zeile

$$= \sum_{j=1}^{3} (-1)^{2+j} a_{2j} \det A_{2j}$$

schreiben. Wenn Sie die Formel für die Entwicklung nach der dritten Zeile analog umformen, erhalten Sie

$$\begin{vmatrix} a_{11} & a_{12} & a_{13} \\ a_{21} & a_{22} & a_{23} \\ a_{31} & a_{32} & a_{33} \end{vmatrix} = a_{31}\det A_{31} - a_{32}\det A_{32} + a_{33}\det A_{33}$$

Entwicklung nach der dritten Zeile

$$= \sum_{j=1}^{3} (-1)^{3+j} a_{3j}\det A_{3j}\,.$$

Es zeigt sich, daß solche Formeln kein zufälliges Ergebnis für dreireihige Determinanten sind, sondern daß man die Determinante einer $(n\times n)$-Matrix durch Entwicklung nach einer beliebigen Zeile, ja sogar durch Entwicklung nach einer beliebigen Spalte berechnen kann. Die Auswahl gerade der ersten Zeile in Definition (20.3) erweist sich damit als willkürlich; jede andere Zeile hätte dieselben Dienste geleistet. Es gilt der folgende Satz, der auch *Laplace'scher Entwicklungssatz* genannt wird:

Laplace'scher Entwicklungssatz

(20.4) **SATZ.-** Sei $A=(a_{ij})$ eine $(n\times n)$-Matrix. Dann gilt:

(1) Für beliebiges, aber festes $k\in\{1,...,n\}$ ist

Entwicklung nach der k-ten Zeile

$$\det A=\sum_{j=1}^{n}(-1)^{k+j}a_{kj}\det A_{kj}.$$

(2) Für beliebiges, aber festes $l\in\{1,...,n\}$ ist

Entwicklung nach der l-ten Spalte

$$\det A=\sum_{i=1}^{n}(-1)^{i+l}a_{il}\det A_{il}.$$

Auf den BEWEIS dieses Satzes für beliebiges $n\in\mathbb{N}$ verzichten wir, da er sehr viel Schreibarbeit benötigt, aber keine neuen Erkenntnisse vermittelt.

Bearbeiten Sie jedoch die folgende Aufgabe

A 3

AUFGABE 3.- a) Schreiben Sie alle (vier) Entwicklungsformeln für die Determinante einer (2×2)-Matrix auf und begründen Sie deren Richtigkeit.

b) Zeigen Sie, daß man für jede (3×3)-Matrix A die Determinante von A auch durch Entwicklung nach der ersten bzw. zweiten bzw. dritten Spalte berechnen kann.

Mit Aufgabe 3 ist Satz (20.4) zumindest für $n=2$ und 3 vollständig bewiesen.

(20.5) **BEISPIEL.-** Die Determinante der Matrix

$$A=\begin{pmatrix}1&2&3&4\\-1&0&0&1\\3&-1&4&0\\0&3&2&1\end{pmatrix}$$

ist zu berechnen.

Wir suchen nun die Zeile oder die Spalte, die die meisten Nullen enthält, und entwickeln danach. In diesem Fall werden wir also die Determinante von A durch Entwicklung nach der zweiten Zeile berechnen ($a_{22}=a_{23}=0$). Es gilt mit Satz (20.4)(1) und $n=4$ und $k=2$:

$$\det A=\sum_{j=1}^{4}(-1)^{2+j}a_{2j}\det A_{2j}$$

$$=(-1)^3a_{21}\det A_{21}+(-1)^4a_{22}\det A_{22}+$$

$$+(-1)^5a_{23}\det A_{23}+(-1)^6a_{24}\det A_{24}$$

$$=(-1)(-1)\begin{vmatrix}2&3&4\\-1&4&0\\3&2&1\end{vmatrix}+1\begin{vmatrix}1&2&3\\3&-1&4\\0&3&2\end{vmatrix}.$$

Die erste dieser beiden dreireihigen Determinanten berechnen wir durch Entwicklung nach der dritten Spalte und die zweite durch Entwicklung nach der ersten Spalte:

$$=4\begin{vmatrix}-1&4\\3&2\end{vmatrix}+1\begin{vmatrix}2&3\\-1&4\end{vmatrix}$$

$$+1\begin{vmatrix}-1&4\\3&2\end{vmatrix}-3\begin{vmatrix}2&3\\3&2\end{vmatrix}$$

$$=-56+11-14+15=-44.$$

Als Folgerung aus dem Laplace'schen Entwicklungssatz erhält man:

SATZ.- Ist A eine $(n\times n)$-Matrix, so gilt (20.6)

$$\det A^T=\det A.$$

$\det A^T=\det A$

BEWEIS.- Durch vollständige Induktion über n. Für $n=1$ ist der Satz offensichtlich richtig. Wir setzen nun voraus, daß er (für ein $n\geq 2$) für $((n-1)\times(n-1))$-Matrizen richtig ist. Sei $A=(a_{ij})$, dann wissen Sie aus Aufgabe 5, Seite 65, daß $A^T=(b_{ij})$ mit $b_{ij}:=a_{ji}$ ist. Es ergibt sich durch Entwicklung nach der ersten Spalte von A^T:

$$\det A^T=\sum_{i=1}^{n}(-1)^{i+1}b_{i1}\det(A^T)_{i1};$$

dabei ist $(A^T)_{i1}$ die Matrix, die man erhält, wenn man in A^T die i-te Zeile und die erste Spalte streicht. Nach Definition der transponierten Matrix ist das dieselbe Matrix, die man erhält, wenn man in A die erste Zeile und die i-te Spalte streicht und anschließend transponiert.

$$(A^T)_{i1}=(A_{1i})^T.$$

Es folgt

$$\det A^T=\sum_{i=1}^{n}(-1)^{1+i}a_{1i}\det(A_{1i})^T$$

$$=\sum_{i=1}^{n}(-1)^{1+i}a_{1i}\det A_{1i}$$

(nach Induktionsvoraussetzung, da die A_{1i} $(n-1)$-reihige quadratische Matrizen sind)

$= \det A.$

(20.7) BEISPIEL.- Sei A eine n-reihige *obere Dreiecksmatrix*, d.h. $A = (a_{ij})$ ist eine quadratische Matrix, wobei alle Elemente unterhalb der Diagonalen von A gleich null sind:

$$a_{ij} = 0 \quad \text{für } i > j.$$

A hat also die Gestalt

obere Dreiecksmatrix

$$A = \begin{pmatrix} a_{11} & a_{12} & \cdots & a_{1n} \\ 0 & a_{22} & \cdots & a_{2n} \\ \vdots & \vdots & \ddots & \vdots \\ 0 & 0 & \cdots & a_{nn} \end{pmatrix}.$$

Behauptung: $\det A = a_{11} \cdot a_{22} \cdot \ldots \cdot a_{nn}$.

Beweis: Für $n = 1$ ist dies richtig. Wir setzen voraus, daß die Determinante jeder $(n-1)$-reihigen oberen Dreiecksmatrix gleich dem Produkt der Diagonalelemente ist. Dann folgt durch Entwicklung nach der ersten Spalte von A:

$$\det A = \begin{vmatrix} a_{11} & a_{12} & \cdots & a_{1n} \\ 0 & a_{22} & \cdots & a_{2n} \\ \vdots & \vdots & \ddots & \vdots \\ 0 & 0 & \cdots & a_{nn} \end{vmatrix}$$

$$= a_{11} \begin{vmatrix} a_{22} & \cdots & a_{2n} \\ & \ddots & \vdots \\ 0 & & a_{nn} \end{vmatrix}$$

$$= a_{11} \cdot (a_{22} \cdot \ldots \cdot a_{nn}) \quad \text{nach Induktionsvoraussetzung.}$$

Insbesondere ist die Determinante einer Diagonalmatrix gleich dem Produkt der Diagonalelemente.

A 4 *AUFGABE 4.- Sei A eine n-reihige untere Dreiecksmatrix, also eine quadratische Matrix $A = (a_{ij})$ mit $a_{ij} = 0$ für $i < j$. Zeigen Sie: Es gilt $\det A = 0$ genau dann, wenn $a_{ii} = 0$ für mindestens ein $i \in \{1,\ldots,n\}$.*

BERECHNUNG VON DETERMINANTEN

Beispiel (20.7) und Aufgabe 4 haben gezeigt, daß die Determinante von Dreiecksmatrizen (*) besonders leicht zu berechnen ist. Mit dem Gauß-Jordan-Algorithmus kennen Sie aber ein Verfahren, das eine gegebene Matrix schrittweise auf "Dreiecksgestalt" transformiert. Lesen Sie noch einmal den Teil der Beschreibung des Gauß-Jordan-Algorithmus, der auf Seite 91 steht. Dann erkennen Sie:
Allein die Ausführung der Schritte 1) bis 3) transformiert eine quadratische Matrix auf eine Matrix C , die die Eigenschaft (1) einer Zeilennormalform besitzt (Definition (19.6), Seite 90):

$$c_{ij} = 0 \quad \text{für } i > j.$$

D.h. C ist eine obere Dreiecksmatrix. Um uns diese Tatsache für die Berechnung von Determinanten zunutze machen zu können, untersuchen wir, ob oder wie elementare Zeilenumformungen einer Matrix deren Determinante ändern. Darüberhinaus enthält der folgende Satz weitere Eigenschaften der Funktion "n-reihige Determinante", die man bei der Berechnung von Determinanten oft verwenden kann. (Vergleichen Sie mit (17.20), Seite 56.)

SATZ.- Sei $A = (a_{ij})$ eine $(n\times n)$-Matrix und (20.8)

Eigenschaften der n-reihigen Determinante

$$A = \begin{pmatrix} z_1 \\ \vdots \\ z_n \end{pmatrix}$$

ihre Zeilendarstellung. Dann gilt:

(1) Für jede reelle Zahl λ und beliebiges $k \in \{1,\ldots,n\}$ ist

$$\det \begin{pmatrix} z_1 \\ \vdots \\ \lambda z_k \\ \vdots \\ z_n \end{pmatrix} = \lambda \det \begin{pmatrix} z_1 \\ \vdots \\ z_k \\ \vdots \\ z_n \end{pmatrix} = \lambda \det A.$$

(2) Für jeden (Zeilen-)Vektor $w \in \mathbb{R}^n$ und $k \in \{1,\ldots,n\}$ ist

$$\det \begin{pmatrix} z_1 \\ \vdots \\ z_k + w \\ \vdots \\ z_n \end{pmatrix} = \det \begin{pmatrix} z_1 \\ \vdots \\ z_k \\ \vdots \\ z_n \end{pmatrix} + \det \begin{pmatrix} z_1 \\ \vdots \\ w \\ \vdots \\ z_n \end{pmatrix}.$$

(3) Es ist $\det A = 0$, wenn zwei Zeilen von A gleich sind.

(4) Es ist $\det A = 0$, wenn ein Zeilenvektor von A der Nullvektor ist.

(*) d.h. von oberen oder unteren Dreiecksmatrizen.

(5) Es ist $\det A = 0$, wenn das n-Tupel $(z_1,\ldots,z_n)$ linear abhängig ist.

(6) Ist $i \neq j$, so gilt

$$\det \begin{pmatrix} z_1 \\ \vdots \\ z_i \\ \vdots \\ z_j \\ \vdots \\ z_n \end{pmatrix} = -\det \begin{pmatrix} z_1 \\ \vdots \\ z_j \\ \vdots \\ z_i \\ \vdots \\ z_n \end{pmatrix}$$

(Vertauschung zweier Zeilen ändert das Vorzeichen der Determinante).

(7) Gilt

$$A \xrightarrow{Z_i + cZ_j} B,\ i \neq j,\ c \in \mathbb{R},$$

so ist

$$\det A = \det B.$$

BEWEIS.- Zu (1): Sei $\lambda \in \mathbb{R}$ und $k \in \{1,\ldots,n\}$. Dann ergibt sich durch Entwicklung nach der k-ten Zeile

$$\det \begin{pmatrix} z_1 \\ \vdots \\ \lambda z_k \\ \vdots \\ z_n \end{pmatrix} = \sum_{j=1}^{n} (-1)^{k+j} \lambda a_{kj} \det A_{kj} =$$

$$= \lambda \sum_{j=1}^{n} (-1)^{k+j} a_{kj} \det A_{kj} =$$

$$= \lambda \det A.$$

Zu (2): Dieses Resultat ergibt sich auch durch Entwicklung nach der k-ten Zeile.

Zu (3): Sei etwa $z_i = z_j$, $i \neq j$. Im Fall $n = 2$ folgt

$$\det \begin{pmatrix} a_{11} & a_{12} \\ a_{11} & a_{12} \end{pmatrix} = a_{11}a_{12} - a_{11}a_{12} = 0.$$

Sei $n \geq 3$ und die Behauptung für $((n-1)\times(n-1))$-Matrizen richtig und sei $k \neq i$ und $k \neq j$. In der Entwicklung nach der k-ten Zeile

$$\det A = \sum_{j=1}^{n} (-1)^{k+j} a_{kj} \det A_{kj}$$

besitzen alle $((n-1)\times(n-1))$-Matrizen A_{kj} zwei gleiche Zeilen, so daß nach Induktionsvoraussetzung $\det A_{kj} = 0$ für $j = 1,\ldots,n$. Es folgt: $\det A = 0$.

Zu (4): Durch Entwicklung nach der verschwindenen Zeile.

Zu (5): Wenn $(z_1,\ldots,z_n)$ linear abhängig ist, läßt sich einer der Vektoren (der Einfachheit halber z_1) als Linearkombination der übrigen schreiben

$$z_1 = \lambda_2 z_2 + \ldots + \lambda_n z_n\ ,\quad \lambda_2,\ldots,\lambda_n \in \mathbb{R}.$$

Es folgt

$$\det A = \det \begin{pmatrix} \lambda_2 z_2 + \ldots + \lambda_n z_n \\ z_2 \\ \vdots \\ z_n \end{pmatrix}$$

$$= \det \begin{pmatrix} \lambda_2 z_2 \\ z_2 \\ \vdots \\ z_n \end{pmatrix} + \ldots + \det \begin{pmatrix} \lambda_n z_n \\ z_2 \\ \vdots \\ z_n \end{pmatrix} \quad \text{durch mehrfache Anwendung von (2)}$$

$$= \lambda_2 \det \begin{pmatrix} z_2 \\ z_2 \\ \vdots \\ z_n \end{pmatrix} + \ldots + \lambda_n \det \begin{pmatrix} z_n \\ z_2 \\ \vdots \\ z_n \end{pmatrix} \quad \text{mit (1)}$$

$$= 0 \quad \text{wegen (3).}$$

Zu (6): Zur Vereinfachung der Schreibweise seien z_1 und z_2 vertauscht. Wegen

$$\det \begin{pmatrix} z_1 \\ z_1 \\ z_3 \\ \vdots \\ z_n \end{pmatrix} = \det \begin{pmatrix} z_2 \\ z_2 \\ z_3 \\ \vdots \\ z_n \end{pmatrix} = 0$$

folgt

$$\det \begin{pmatrix} z_1 \\ z_2 \\ z_3 \\ \vdots \\ z_n \end{pmatrix} + \det \begin{pmatrix} z_2 \\ z_1 \\ z_3 \\ \vdots \\ z_n \end{pmatrix} =$$

$$= \det \begin{pmatrix} z_1 \\ z_2 \\ z_3 \\ \vdots \\ z_n \end{pmatrix} + \det \begin{pmatrix} z_2 \\ z_2 \\ z_3 \\ \vdots \\ z_n \end{pmatrix} + \det \begin{pmatrix} z_1 \\ z_1 \\ z_3 \\ \vdots \\ z_n \end{pmatrix} + \det \begin{pmatrix} z_2 \\ z_1 \\ z_3 \\ \vdots \\ z_n \end{pmatrix}$$

$$= \det \begin{pmatrix} z_1 + z_2 \\ z_2 \\ z_3 \\ \vdots \\ z_n \end{pmatrix} + \det \begin{pmatrix} z_1 + z_2 \\ z_1 \\ z_3 \\ \vdots \\ z_n \end{pmatrix} \quad \text{nach (2)}$$

$$= \det \begin{pmatrix} z_1 + z_2 \\ z_1 + z_2 \\ z_3 \\ \vdots \\ z_n \end{pmatrix} = 0 \quad \text{nach (2) und (3).}$$

Zu (7): Berechnen Sie det B mit (2) für $k = i$ und wenden Sie (1) und (3) an.

(20.9) Elementare Zeilenumformung und Determinanten-Berechnung

BEMERKUNGEN.- (1) Die Aussagen (1), (6) und (7) von Satz (20.8) beschreiben die Wirkung von elementaren Zeilenumformungen bei der Determinanten-Berechnung. Geht etwa B aus der $(n\times n)$-Matrix A durch Multiplikation der k-ten Zeile von A mit $\lambda \neq 0$ hervor, also

$$A \xrightarrow{\lambda Z_k} B, \ \lambda \neq 0,$$

so ist

$$\det A = \frac{1}{\lambda} \det B.$$

Insbesondere ändert die Addition des c-fachen einer Zeile zu einer anderen Zeile die Determinante nicht.

(2) Die Aussagen (1) und (2) von Satz (20.8) nennt man oft auch "die Linearität der Determinanten-Funktion im k-ten Argument", denn bei fest gewählten Zeilenvektoren $z_1,\ldots,z_{k-1}, z_{k+1},\ldots,z_n$ ist die Funktion linear in z_k.

(3) Alle Aussagen von Satz (20.8) sind auch richtig, wenn Sie A in Spaltendarstellung schreiben und überall Zeile bzw. Zeilenvektor durch Spalte bzw. Spaltenvektor ersetzen (siehe Aufgabe 6).

(4) Man kann folgendes beweisen: Die in (20.3) definierte Funktion "n-reihige Determinante" ist bereits durch die in Satz (20.8) genannten Eigenschaften (1),(2) und (3) sowie $\det E_n = 1$ (siehe Aufgabe 1, Seite 109) eindeutig bestimmt.
D.h. hat man irgendeine Funktion f, die jeder $(n\times n)$-Matrix A eine reelle Zahl zuordnet und (wenn A in Zeilendarstellung geschrieben wird) die Eigenschaft

(1') $$f\begin{pmatrix} z_1\\ \vdots \\ \lambda z_k \\ \vdots \\ z_n\end{pmatrix} = \lambda f\begin{pmatrix} z_1\\ \vdots \\ z_k \\ \vdots \\ z_n\end{pmatrix}, \ \lambda\in\mathbb{R},\ k\in\{1,\ldots,n\},$$

(2') $$f\begin{pmatrix} z_1\\ \vdots \\ z_k+w \\ \vdots \\ z_n\end{pmatrix} = f\begin{pmatrix} z_1\\ \vdots \\ z_k \\ \vdots \\ z_n\end{pmatrix} + f\begin{pmatrix} z_1\\ \vdots \\ w \\ \vdots \\ z_n\end{pmatrix}, \ w\in\mathbb{R}^n,$$

(3') $f(A) = 0$, falls $z_i = z_j$ für $i \neq j$, und $f(E_n) = 1$

hat, so stimmt f mit der in (20.3) definierten Funktion det überein.
Nähere Einzelheiten hierzu finden Sie in Abschnitt 3 von T.M Apostol, Calculus II, 2nd edition, ab Seite 73.

A 5

AUFGABE 5.- Sei A eine $(n\times n)$-Matrix.

a) Zeigen Sie

$$\det(\lambda A) = \lambda^n \det A \quad \text{für alle } \lambda\in\mathbb{R}.$$

b) A heißt schief-symmetrisch, wenn $A^T = -A$ ist. Zeigen Sie: Ist A schief-symmetrisch und n ungerade, so gilt $\det A = 0$. schief-symmetrisch

c) Berechnen Sie

$$\begin{vmatrix} 0 & 2 & -1 & -1\\ 3 & -1 & -1 & 2\\ 3 & -5 & 1 & 3\\ -3 & -1 & 4 & 0\end{vmatrix},$$

indem Sie die Matrix in eine obere Dreiecksmatrix transformieren.

AUFGABE 6.- Sei A eine $(n\times n)$-Matrix mit der Spaltendarstellung $A = (s_1,\ldots,s_n)$. Formulieren Sie einen (20.8) entsprechenden Satz mit den Spaltenvektoren von A. Beweisen Sie die Aussagen (4) und (7). A 6

Wegen des in Aufgabe 6 (von Ihnen) fomulierten Satzes wissen Sie auch, ob und wie elementare Spaltenumformungen den Wert einer Determinante verändern. Meist wird man zur Berechnung einer Determinante (wenn dies nicht von einer Rechenanlage getan wird) mehrere Methoden kombinieren, um die Rechnung so kurz wie möglich zu machen.

BEISPIEL.- Die Determinante (20.10)

$$\begin{vmatrix} 1 & 2 & 3 & 4\\ -1 & 0 & 1 & 1\\ 3 & -1 & 4 & 0\\ 4 & 3 & 2 & 1\end{vmatrix}$$

ist zu berechnen. Da die elementaren Spaltenumformungen $S_3 + S_1$ und $S_4 + S_1$ die Determinante nicht ändern, folgt:

$$\begin{vmatrix} 1 & 2 & 3 & 4\\ -1 & 0 & 1 & 1\\ 3 & -1 & 4 & 0\\ 4 & 3 & 2 & 1\end{vmatrix} = \begin{vmatrix} 1 & 2 & 4 & 5\\ -1 & 0 & 0 & 0\\ 3 & -1 & 7 & 3\\ 4 & 3 & 6 & 5\end{vmatrix}$$

$$= (-1)^{2+1}(-1)\begin{vmatrix} 2 & 4 & 5\\ -1 & 7 & 3\\ 3 & 6 & 5\end{vmatrix}$$ durch Entwicklung nach der zweiten Zeile

$$= \begin{vmatrix} 2 & 4 & 5\\ 0 & 9 & \frac{11}{2}\\ 3 & 6 & 5\end{vmatrix}$$ da $Z_2 + \frac{1}{2}Z_1$ die Determinante nicht ändert

$$= \begin{vmatrix} 2 & 4 & 5\\ 0 & 9 & \frac{11}{2}\\ 0 & 0 & -\frac{5}{2}\end{vmatrix}$$ da $Z_3 - \frac{3}{2}Z_1$ die Determinante nicht ändert

$$= 2\begin{vmatrix} 9 & \frac{11}{2}\\ 0 & -\frac{5}{2}\end{vmatrix}$$ durch Entwicklung nach der ersten Spalte

$= 2\cdot(-\frac{45}{2}) = -45.$

A 7 *AUFGABE 7.- Für welche $\alpha\in\mathbb{R}$ ist det $A=0$, wenn*

$$A = \begin{pmatrix} 4 & 1 & 1 & \alpha+1 \\ 1 & 1 & 0 & 2 \\ 1 & 0 & 1 & 2 \\ 3 & 1 & 1 & \alpha \end{pmatrix}.$$

§ 2 INVERTIERBARE MATRIZEN

Invertierbarkeits-Kriterium und Produktsatz

In Aufgabe 19, Seite 104 haben Sie gezeigt, daß eine (2×2)-Matrix A genau dann invertierbar ist, wenn det $A \neq 0$ ist. Dieses Resultat gilt für beliebige quadratische Matrizen.

(20.11) Invertierbarkeitskriterium

SATZ.- Eine $(n\times n)$-Matrix A ist genau dann invertierbar, wenn det $A\neq 0$ ist.

BEWEIS.- Sei B die Zeilennormalform von A. Dann ist B durch endlich viele elementare Zeilenumformungen vom Typ (1), (2) und (3) entstanden (*). Wegen Satz (20.8) gilt dann

$$\det A = (-1)^p c_1\cdot\ldots\cdot c_q \det B,$$

wobei die $c_i \neq 0$ sind.

Ist A invertierbar, so ist nach Satz (19.31), Seite 103: Rang $A=n$, und deshalb (siehe Satz (19.11), Seite 93)

$$B = E_n.$$

Es folgt: det $A\neq 0$.

Nun sei umgekehrt det $A \neq 0$. Wäre A nicht invertierbar, so wäre Rang $A<n$. Das bedeutet: Eine Zeile der Zeilennormalform B muß der Nullvektor sein. Dann ist aber nach (20.8)(4) det $B=0$, also auch det $A=0$, im Widerspruch zur Voraussetzung. Daher ist A invertierbar.

A 8 *AUFGABE 8.- Für welche $\lambda\in\mathbb{R}$ ist die Matrix*

$$A_\lambda := \begin{pmatrix} \lambda-5 & 6 & 6 \\ 1 & \lambda-4 & -2 \\ -3 & 6 & \lambda+4 \end{pmatrix}$$

nicht invertierbar?

(*) Typ (1): Zeilenvertauschung; Typ (2): Multiplikation einer Zeile mit $\frac{1}{c}$, $c\neq 0$; Typ (3): Addition des Vielfachen einer Zeile zu einer anderen Zeile.

Mit Satz (20.11) ergibt sich der Produktsatz für Determinanten.

SATZ.- Seien A und B $(n\times n)$-Matrizen. Dann gilt (20.12) Produktsatz

$$\det(AB) = \det A\cdot\det B.$$

BEWEIS.- 1. Fall: det $B\neq 0$. Dann sei $c := \frac{1}{\det B}$. Wir wollen Bemerkung (20.9)(4) benutzen: Ist $A = \begin{pmatrix} z_1\\ \vdots \\ z_n\end{pmatrix}$, so sei eine reellwertige Funktion f definiert durch

$$f(A) = f\begin{pmatrix} z_1\\ \vdots \\ z_n\end{pmatrix} := c\det\begin{pmatrix} z_1B\\ \vdots \\ z_nB\end{pmatrix}. \quad (*)$$

Die Funktion f hat die in (20.9)(4) genannten Eigenschaften:

$$f\begin{pmatrix} z_1\\ \vdots\\ \lambda z_k\\ \vdots \\ z_n\end{pmatrix} = c\det\begin{pmatrix} z_1B\\ \vdots\\ \lambda z_kB\\ \vdots \\ z_nB\end{pmatrix} = c\lambda\cdot\det\begin{pmatrix} z_1B\\ \vdots\\ z_kB\\ \vdots \\ z_nB\end{pmatrix} = \lambda f\begin{pmatrix} z_1\\ \vdots\\ z_k\\ \vdots \\ z_n\end{pmatrix}, \ \lambda\in\mathbb{R}.$$

$$f\begin{pmatrix} z_1\\ \vdots\\ z_k+w\\ \vdots \\ z_n\end{pmatrix} = c\det\begin{pmatrix} z_1B\\ \vdots\\ (z_k+w)B\\ \vdots \\ z_nB\end{pmatrix} = c\det\begin{pmatrix} z_1B\\ \vdots\\ z_kB+wB\\ \vdots \\ z_nB\end{pmatrix}$$

$$= c\det\begin{pmatrix} z_1B\\ \vdots\\ z_kB\\ \vdots \\ z_nB\end{pmatrix} + c\det\begin{pmatrix} z_1B\\ \vdots\\ wB\\ \vdots \\ z_nB\end{pmatrix}$$

$$= f\begin{pmatrix} z_1\\ \vdots\\ z_k\\ \vdots \\ z_n\end{pmatrix} + f\begin{pmatrix} z_1\\ \vdots\\ w\\ \vdots \\ z_n\end{pmatrix}, \quad w\in\mathbb{R}^n.$$

Sei $z_i = z_j$ für $i\neq j$, dann folgt

(*) Sie erkennen leicht, daß $\begin{pmatrix} z_1B\\ \vdots \\ z_nB\end{pmatrix}$ die Zeilendarstellung von AB ist, wenn Sie die Produkte z_iB mit Definition (18.26), Seite 73, berechnen.

$$f\begin{pmatrix} z_1 \\ \vdots \\ z_i \\ \vdots \\ z_j \\ \vdots \\ z_n \end{pmatrix} = c \det \begin{pmatrix} z_1 B \\ \vdots \\ z_i B \\ \vdots \\ z_j B \\ \vdots \\ z_n B \end{pmatrix} = 0, \text{ da } z_i B = z_j B \text{ und } i \neq j.$$

$$f(E_n) = f\begin{pmatrix} e_1 \\ \vdots \\ e_n \end{pmatrix} = c \det \begin{pmatrix} e_1 B \\ \vdots \\ e_n B \end{pmatrix} = c \det B = 1.$$

Also gilt nach (20.9)(4):

$f(A) = \det A$ für alle $(n\times n)$-Matrizen A.

Es folgt

$$\det(AB) = \det \begin{pmatrix} z_1 B \\ \vdots \\ z_n B \end{pmatrix} = \frac{1}{c} f(A) = \det B \cdot f(A)$$

$$= \det A \cdot \det B.$$

2. Fall: $\det B = 0$. D.h. nach (20.11): B ist nicht invertierbar. Dann ist Rang $B < n$ und wegen Satz (19.26), Seite 101, gibt es ein $x \in \mathbb{R}^n$, $x \neq 0$, so daß $Bx = 0$ ist. Dann ist auch $ABx = 0$. Hieraus folgt: Rang $(AB) < n$. Damit ist AB nicht invertierbar, so daß $\det(AB) = 0$ nach (20.11) ist. Also ergibt sich auch in diesem Fall

$$\det(AB) = 0 = \det A \cdot 0 = \det A \cdot \det B.$$

INVERSEN-BERECHNUNG

In Aufgabe 19, Seite 104, hatten Sie auch gesehen, daß im Fall $d = \det A \neq 0$ die Inverse der (2×2)-Matrix $A = (a_{ij})$ die Gestalt

$$A^{-1} = \frac{1}{d}\begin{pmatrix} a_{22} & -a_{12} \\ -a_{21} & a_{11} \end{pmatrix}$$

hat. Hieraus folgt mit Aufgabe 5a), Seite 113 daß

$$\det A^{-1} = \frac{1}{d^2} \det \begin{pmatrix} a_{22} & -a_{12} \\ -a_{21} & a_{11} \end{pmatrix} =$$

$$= \frac{1}{d^2}(a_{11}a_{22} - a_{12}a_{21}) = \frac{1}{d} =$$

$$= \frac{1}{\det A}$$

ist. Wenn Sie nun noch berücksichtigen, daß

$$a_{22} = (-1)^{1+1} \det A_{11},$$

$$-a_{12} = (-1)^{1+2} \det A_{21} \quad \text{usw.}$$

gilt, so ist

$$A^{-1} = \frac{1}{\det A}\begin{pmatrix} \det A_{11} & -\det A_{21} \\ -\det A_{12} & \det A_{22} \end{pmatrix}.$$

Damit haben Sie bereits die Aussagen des nächsten Satzes für den Spezialfall $n = 2$ kennengelernt.

SATZ.- Sei A eine invertierbare $(n\times n)$-Matrix. Dann gilt (20.13)

(1) $\det A^{-1} = \dfrac{1}{\det A}$.

(2) $A^{-1} = (b_{ij})$, wobei

$$b_{ij} = (-1)^{i+j} \frac{\det A_{ji}}{\det A}.$$

Inversenberechnung

BEWEIS.- Wir zeigen nur (1): Nach Definition der inversen Matrix gilt

$$AA^{-1} = E_n.$$

Also liefert der Produktsatz (20.12)

$$\det A \cdot \det A^{-1} = \det E_n = 1.$$

Hieraus folgt insbesondere wieder, daß $\det A \neq 0$ ist und

$$\det A^{-1} = \frac{1}{\det A}.$$

Auf den Beweis von (2), der sich durch Ausrechnen des Produktes $(a_{ij})\cdot(b_{ij})$ ergibt, verzichten wir.

BEISPIEL.- Gesucht ist die inverse Matrix zu (20.14)

$$A = \begin{pmatrix} 1 & 2 & 3 \\ -1 & 3 & -1 \\ 2 & -1 & 1 \end{pmatrix},$$

falls diese existiert.
Es ist

$$\det A = \begin{vmatrix} 1 & 2 & 3 \\ -1 & 3 & -1 \\ 2 & -1 & 1 \end{vmatrix} = \begin{vmatrix} 1 & 2 & 3 \\ 0 & 5 & 2 \\ 0 & -5 & -5 \end{vmatrix} \quad \begin{matrix} \text{mit } Z_2 + Z_1 \\ \text{und } Z_3 - 2Z_1 \end{matrix}$$

$$= \begin{vmatrix} 5 & 2 \\ -5 & -5 \end{vmatrix} = -15.$$

Also ist A invertierbar nach Satz (20.11). Die inverse Matrix $A^{-1} = (b_{ij})$ hat nach (20.13) die Elemente

$$b_{11} = (-1)^{1+1} \cdot \frac{1}{-15} \begin{vmatrix} 3 & -1 \\ -1 & 1 \end{vmatrix} = -\frac{2}{15},$$

$$b_{12} = (-1)^{1+2} \cdot \frac{1}{-15} \begin{vmatrix} 2 & 3 \\ -1 & 1 \end{vmatrix} = \frac{1}{3},$$

$$b_{13} = (-1)^{1+3} \cdot \frac{1}{-15} \begin{vmatrix} 2 & 3 \\ 3 & -1 \end{vmatrix} = \frac{11}{15},$$

$$b_{21} = (-1)^{2+1} \cdot \frac{1}{-15} \begin{vmatrix} -1 & -1 \\ 2 & 1 \end{vmatrix} = \frac{1}{15}$$

und so weiter bis

$$b_{33} = (-1)^{3+3} \cdot \frac{1}{-15} \begin{vmatrix} 1 & 2 \\ -1 & 3 \end{vmatrix} = -\frac{1}{3}.$$

Ergebnis:

$$A^{-1} = \frac{1}{15} \begin{pmatrix} -2 & 5 & 11 \\ 1 & 5 & 2 \\ 5 & -5 & -5 \end{pmatrix}.$$

Um dieses Resultat zu erhalten, mußten wir eine 3-reihige Determinante und neun 2-reihige Determinanten berechnen. Hätten wir A^{-1} mit Hilfe des Gauß-Jordan-Algorithmus bestimmt, hätten wir sieben elementare Zeilenumformungen benötigt.

Die Cramersche Regel

Mit der Formel (2) in (20.13) zur Inversen-Berechnung können wir nun eine Darstellung der Lösung eines quadratischen Gleichungssystems mit invertierbarer Koeffizientenmatrix beweisen. Diese Darstellung heißt *Cramersche Regel*. (*)

(20.15) **Satz.-** Sei A eine $(n\times n)$-Matrix mit $\det A \neq 0$ und b ein Spaltenvektor des $\mathbb{R}^n$. Dann hat das lineare Gleichungssystem $Ax = b$ die eindeutig bestimmte Lösung $x = \begin{pmatrix} x_1 \\ \vdots \\ x_n \end{pmatrix}$, wobei

Cramersche Regel

$$x_i = \frac{\det C_i}{\det A} \quad \text{für } i = 1,\dots,n.$$

Dabei ist C_i diejenige Matrix, die man erhält, wenn man die i-te Spalte von A durch b ersetzt.

Beweis.- Wegen $\det A \neq 0$ ist A nach Satz (20.11), Seite 114, invertierbar, und die eindeutig bestimmte Lösung des linearen Gleichungssystems $Ax = b$ ist

$$x = A^{-1}b.$$

Nach (20.13)(2) ist $A^{-1} = (b_{ij})$ mit $b_{ij} = (-1)^{i+j} \dfrac{\det A_{ji}}{\det A}$. Sei z_i der i-te Zeilenvektor von A^{-1}, also

$$z_i = (b_{i1},\dots,b_{in}).$$

Außerdem sei $b = \begin{pmatrix} b_1 \\ \vdots \\ b_n \end{pmatrix}$. Dann gilt

$$x = \begin{pmatrix} x_1 \\ \vdots \\ x_n \end{pmatrix} = \begin{pmatrix} z_1 \cdot b \\ \vdots \\ z_n \cdot b \end{pmatrix},$$

so daß für $i = 1,\dots,n$

$$\begin{aligned} x_i &= z_i \cdot b = b_{i1}b_1 + \dots + b_{in}b_n \\ &= \sum_{j=1}^{n} b_{ij}b_j = \frac{1}{\det A} \sum_{j=1}^{n} (-1)^{i+j} \det A_{ji} \cdot b_j \\ &= \frac{1}{\det A} \sum_{j=1}^{n} (-1)^{j+i}\, b_j \det A_{ji} \\ &= \frac{1}{\det A} \det C_i, \end{aligned}$$

wobei C_i die im Satz genannte Matrix ist, und $\det C_i$ durch Entwicklung nach der i-ten Spalte (= b) berchnet wurde.

Beispiel.- Wir bestimmen die Lösung des linearen Gleichungssystems (20.16)

$$\begin{aligned} x_1 + 2x_2 + 3x_3 &= 1 \\ -x_1 + 3x_2 - x_3 &= 0 \\ 2x_1 - x_2 + x_3 &= -1. \end{aligned}$$

Wegen

$$\begin{vmatrix} 1 & 2 & 3 \\ -1 & 3 & -1 \\ 2 & -1 & 1 \end{vmatrix} = \begin{vmatrix} 1 & 2 & 3 \\ 0 & 5 & 2 \\ 0 & -5 & -5 \end{vmatrix} = \begin{vmatrix} 1 & 2 & 3 \\ 0 & 5 & 2 \\ 0 & 0 & -3 \end{vmatrix} =$$

$$= 1 \cdot 5 \cdot (-3) = -15$$

(siehe Beispiel (20.14)) ist das System eindeutig lösbar und die Cramersche Regel anwendbar. Mit den Bezeichnungen von Satz (20.15) ist

$$\det C_1 = \begin{vmatrix} 1 & 2 & 3 \\ 0 & 3 & -1 \\ -1 & -1 & 1 \end{vmatrix} = \begin{vmatrix} 1 & 2 & 3 \\ 0 & 3 & -1 \\ 0 & 1 & 4 \end{vmatrix} = \begin{vmatrix} 1 & 2 & 3 \\ 0 & 3 & -1 \\ 0 & 0 & \frac{13}{3} \end{vmatrix} = 13,$$

$$\det C_2 = \begin{vmatrix} 1 & 1 & 3 \\ -1 & 0 & -1 \\ 2 & -1 & 1 \end{vmatrix} = \begin{vmatrix} 1 & 1 & 3 \\ 0 & 1 & 2 \\ 0 & -3 & -5 \end{vmatrix} = \begin{vmatrix} 1 & 1 & 3 \\ 0 & 1 & 2 \\ 0 & 0 & 1 \end{vmatrix} = 1,$$

$$\det C_3 = \begin{vmatrix} 1 & 2 & 1 \\ -1 & 3 & 0 \\ 2 & -1 & -1 \end{vmatrix} = \begin{vmatrix} 1 & 2 & 1 \\ 0 & 5 & 1 \\ 0 & -5 & -3 \end{vmatrix} = \begin{vmatrix} 1 & 2 & 1 \\ 0 & 5 & 1 \\ 0 & 0 & -2 \end{vmatrix} = -10.$$

(*) GABRIEL CRAMER, 1704-1752, ist Schweizer. Er veröffentlichte u.a. die Werke des Mathematikers Johann Bernoulli und schrieb ein Lehrbuch über algebraische Kurven.

Also folgt

$$x_1 = \frac{\det C_1}{\det A} = -\frac{13}{15}, \quad x_2 = \frac{\det C_2}{\det A} = -\frac{1}{15},$$

$$x_3 = \frac{\det C_3}{\det A} = \frac{2}{3}.$$

A 9 *AUFGABE 9.- Lösen Sie das lineare Gleichungssystem*

$$x_1 + x_2 + 2x_3 = 0$$
$$3x_1 - x_2 - x_3 = 3$$
$$2x_1 + 5x_2 + 3x_3 = 4$$

a) mit der Cramerschen Regel, sofern dies möglich ist;

b) mit dem Gauß-Jordan-Algorithmus.

(20.17) BEMERKUNG.- Wenn man die Rechenoperationen zählt, die notwendig sind, um ein lineares Gleichungssystem mit der Cramerschen Regel zu lösen, so stellt man fest, daß diese Anzahl bei einer $(n \times n)$-Koeffizientenmatrix größer als $n!$ ist.
Dagegen ist die Anzahl der Rechenoperationen bei Verwendung des Gauß-Jordan-Algorithmus von der Größenordnung (*) n^3. Wenn Sie nun die folgende Aufgabe 10 bearbeitet haben, werden Sie verstehen, daß die Cramersche Regel und die Matrixinversion nach Satz (20.13)(2) nur für theoretische Untersuchungen von Interesse sind, nicht aber zum Lösen "großer" linearer Gleichungssysteme.

A 10 *AUFGABE 10.- Fertigen Sie für $1 \leq n \leq 11$ eine Wertetabelle für n^3 und $n!$ an.*

A 11 *AUFGABE 11.- Sei A eine $(n \times n)$-Matrix mit $\det A \neq 0$ und $b \in \mathbb{R}^n$ ein Spaltenvektor. Untersuchen Sie mit Hilfe der Cramerschen Regel, wie sich die Lösung x von $Ax = b$ verändert, wenn man die j-te Koordinate der Inhomogenität b um ε verändert ($b_j + \varepsilon$).*
(Hinweis: Die neue Inhomogenität können Sie in der Form $b + \varepsilon e_j$) schreiben, wobei e_j der j-te kanonische Basis-(Spalten-) Vektor des $\mathbb{R}^n$ ist.

(*) D.h. bis auf Faktoren oder Summanden, die von n unabhängig sind.

ZUSAMMENFASSUNG

Sie sollten wissen:

- Der Begriff der Determinante ist nur für quadratische Matrizen definiert. Ziel 1
- Die n-reihige Determinante ist eine Funktion, die jeder $(n \times n)$-Matrize A eine reelle Zahl, det A, zuordnet. Ziel 2
- Für eine (2×2)-Matrix $A = \begin{pmatrix} a & b \\ c & d \end{pmatrix}$ gilt Ziel 3

  $$\det A = ad - bc.$$

- Die Determinante einer beliebigen $(n \times n)$-Matrix $A = (a_{ij})$ kann man durch den Laplace'schen Entwicklungssatz (20.4), Seite 110, durch Entwicklung nach einer beliebigen Zeile (etwa der k-ten) Ziel 4

  $$\det A = \sum_{j=1}^{n} (-1)^{k+j} a_{kj} \det A_{kj}$$

  oder durch Entwicklung nach einer beliebigen Spalte (etwa der l-ten)

  $$\det A = \sum_{i=1}^{n} (-1)^{i+l} a_{il} \det A_{il}$$

  berechnen.
- Die Determinante einer Diagonalmatrix, einer oberen Dreiecksmatrix oder einer unteren Dreiecksmatrix ist gleich dem Produkt der Diagonalelemente (siehe Beispiel (20.7) und Aufgabe 4, Seite 111). Ziel 5

Für die vereinfachte Berechnung von Determinanten verwendet man die in Satz (20.8), Seite 111/112, aufgelisteten Eigenschaften der Determinantenfunktion. Diese Eigenschaften und die entsprechenden für Spaltenvektoren (siehe Bemerkung (20.9)(3) und Aufgabe 6, Seite 113) sollten Sie kennen und bei der Berechnung von Determinanten anwenden können. Ziel 6

Das Invertierbarkeitskriterium (20.11), Seite 114: Ziel 7-10

> Die quadratische Matrix A ist genau dann invertierbar, wenn $\det A \neq 0$ ist;

und die Aussage (Satz (20.13)(1), Seite 115):

$$\det A^{-1} = \frac{1}{\det A}, \text{ falls A invertierbar ist;}$$

sollten Ihnen ebenso geläufig sein, wie die für beliebige $(n \times n)$-Matrizen gültigen Gleichungen

$$\det (AB) = \det A \cdot \det B \qquad \text{Satz (20.12)}$$

und

$$\det A^T = \det A. \qquad \text{Satz (20.6)}.$$

Ziel 11

Die Cramersche Regel (Satz (20.15), Seite 116) sollten Sie sich als eine Methode zur Darstellung der Lösung eines quadratischen linearen Gleichungssystems mit invertierbarer Koeffizientenmatrix merken. Denn zur (numerischen) Bestimmung der Lösung eines solchen Gleichungssystems ist der Rechenaufwand bei der Cramerschen Regel immens groß im Vergleich zum Rechenaufwand bei Verwendung des Gauß-Jordan-Algorithmus (siehe Bemerkung (20.17), Seite 117).

Kapitel 21 Differentiation im $\mathbb{R}^n$

Einleitung

In diesem und den nächsten beiden Kapiteln werden wir Funktionen, die von mehreren Veränderlichen abhängen, die also auf $\mathbb{R}^n$ oder einer Teilmenge von $\mathbb{R}^n$ definiert sind, ähnlich intensiv studieren, wie wir dies in ANALYSIS I für Funktionen einer Veränderlichen getan haben (*).

Wir werden dabei versuchen, Begriffsbildungen und Zusammenhänge der "eindimensionalen Theorie" so weit wie möglich zu übernehmen bzw. zu übertragen. Damit stellt sich zum Beispiel die Frage, wie etwa der Begriff der Stetigkeit oder der Differenzierbarkeit für Funktionen mehrerer Veränderlichen zu definieren ist.
Es ist nützlich, wenn Sie sich noch einmal einen kurzen Überblick verschaffen, welches mathematische Werkzeug wir im Falle von Funktionen einer Veränderlichen benutzt haben: Sowohl für die Definition der Stetigkeit als auch für die Definition der Differenzierbarkeit haben wir den Begriff des *Grenzwertes einer Funktion* benötigt. Der Grenzwert einer Funktion wurde mit Hilfe *konvergenter Folgen* definiert. Wir werden deshalb auch für Funktionen $f: \mathbb{R}^n \to \mathbb{R}$ einen Grenzwert $\lim_{x \to x_o} f(x)$ definieren, wobei $x_o \in \mathbb{R}^n$ ein fester Punkt ist.

Um Funktionen von n Veränderlichen zu differenzieren, beschreiten wir zwei Wege: Einmal führen wir eine Funktion $f: \mathbb{R}^n \to \mathbb{R}$ durch "Festhalten" von je n-1 der Variablen auf eine Funktion einer Veränderlichen zurück, die wir dann wie üblich differenzieren können. Dieses Vorgehen führt zum Begriff der *partiellen Differenzierbarkeit.* Zum anderen übertragen wir die Idee der linearen Approximation (siehe ANALYSIS I, Seite 175) auf Funktionen mehrerer Veränderlichen. Dies führt auf den "stärkeren" Begriff der *totalen Differenzierbarkeit.*

Es zeigt sich, daß die einfach zu handhabende partielle Differenzierbarkeit und die Stetigkeit der sogenannten partiellen Ableitungen bereits die lineare Approximierbarkeit zur Folge haben. Daß es sinnvoll ist, eine Funktion $f: \mathbb{R}^n \to \mathbb{R}$ in der Nähe eines Punktes $x_o \in \mathbb{R}^n$ durch eine *lineare* Funktion zu approximieren, haben einige Überlegungen in den ersten Kapiteln dieses Buches gezeigt: Eine lineare Funktion $g: \mathbb{R}^n \to \mathbb{R}$ hat die einfache Gestalt

$$g(x_1, \ldots, x_n) = g(x) = \langle a, x \rangle,$$

wobei $\langle a, x \rangle$ das Skalarprodukt eines festen Vektors $a \in \mathbb{R}^n$ mit $x \in \mathbb{R}^n$ ist. Sie haben in den Fällen n=2 oder n=3 gute anschauliche Vorstellungen über die "Verteilung" der Funktionswerte gewonnen, indem Sie die Niveaumengen studiert haben. Sie wissen, diese Niveaumengen sind Geraden im $\mathbb{R}^2$ oder Ebenen im $\mathbb{R}^3$, allgemein: Hyperebenen im $\mathbb{R}^n$. Darüberhinaus können Sie die Durchschnitte von endlich vielen Niveaumengen linearer Funktionen exakt beschreiben, denn dies sind die Lösungsmengen linearer Gleichungssysteme.

Auch bei beliebigen Funktionen $f: \mathbb{R}^n \to \mathbb{R}$ werden wir versuchen, uns mit Hilfe der Niveaumengen dieser Funktionen einen Überblick über den "Verlauf" von f zu verschaffen. Es ist allerdings nicht zu erwarten, daß man auch nur annähernd ähnlich einfache und einheitliche Resultate wie im linearen Fall erhält.
Natürlich ist auch für Funktionen mehrerer Veränderlichen deren Graph definiert, aber nur im Fall n=2 kann man sich den Graphen (hinreichend "schöner" Funktionen) als Fläche im $\mathbb{R}^3$ veranschaulichen.

In diesem Kapitel geht es zunächst darum, Sie mit den Grundbegriffen der mehrdimensionalen Differentialrechnung vertraut zu machen. Erst im nächsten Kapitel werden wir die hier entwickelten Begriffsbildungen dazu benutzen, um zum Beispiel eine Funktion $f: \mathbb{R}^n \to \mathbb{R}$ auf lokale Extrema zu untersuchen.

(*) Ausgenommen ist die Integration von Funktionen $\mathbb{R}^n \to \mathbb{R}$, die in einem späteren Band behandelt wird. Sogenannte Kurvenintegrale lernen Sie in Kapitel 23 kennen.

§ 1 FUNKTIONEN IM $\mathbb{R}^N$

BEISPIELE

Die meisten physikalischen und technischen Vorgänge werden, wenn sie nicht zu stark idealisiert und vereinfacht werden, durch Funktionen beschrieben, die von mehr als einer Variablen abhängen oder die als Funktionswerte keine reellen Zahlen sondern einen Vektor, etwa des $\mathbb{R}^3$, haben.

(21.1) BEISPIELE.- (1) Werden zwei Ohmsche Widerstände R_1 und R_2 parallel in einen Stromkreis geschaltet, so ergibt sich nach den Kirchhoffschen Regeln (siehe z.B. ANALYSIS I, Seite 48) der Gesamtwiderstand R aus der Formel

$$\frac{1}{R} = \frac{1}{R_1} + \frac{1}{R_2}$$

zu

Gesamtwiderstand

$$R = \frac{R_1 R_2}{R_1+R_2} .$$

Hieran sehen Sie, daß man R als Funktionswert der Funktion f mit

$$f(x_1,x_2) := \frac{x_1 x_2}{x_1+x_2} , \quad x_1,x_2 > 0$$

an der Stelle $(x_1,x_2) = (R_1,R_2)$ erhält.

(2) Jedes Gas genügt bei hinreichend hoher Temperatur und hinreichend kleinem Druck (*) der Zustandsgleichung idealer Gase

Zustandsgleichung idealer Gase

$$pV = mRT.$$

Dabei ist m die Masse des im Volumen V eingeschlossenen Gases, das den Druck p und die Temperatur T hat. R ist die sogenannte Gaskonstante. Sie erkennen: Für ein Gas gegebener Masse m ist z.B. der Druck eine Funktion von zwei Veränderlichen, dem Volumen und der Temperatur:

$$p = f(V,T) = mR\,\frac{T}{V} .$$

(3) Sind zwei Körper mit den Massen m und M gegeben und legt man den Ursprung eines kartesischen Koordinatensystems in den Schwerpunkt des Körpers der Masse M, so wirkt auf den Körper der Masse m die *Gravitationskraft*

Newtonsches Gravitationsgesetz

$$F = -\gamma mM\cdot\frac{1}{\|x\|^3}\,x ,$$

wenn sich der Schwerpunkt des Körpers der Masse m im Punkt $x = (x_1,x_2,x_3) \in \mathbb{R}^3$ befindet (*). Jedem Raumpunkt x, in dem sich der Schwerpunkt von m befinden kann, wird ein Vektor F zugeordnet. Hier liegt eine Funktion

$$f : \mathbb{R}^3 \setminus \{0\} \longrightarrow \mathbb{R}^3$$

vor. Und zwar gilt ausführlicher

$$F = (F_1,F_2,F_3) = f(x_1,x_2,x_3)$$

$$= -\gamma mM\cdot\frac{1}{(\sqrt{x_1^2+x_2^2+x_3^2})^3}\,(x_1,x_2,x_3).$$

Es gilt koordinatenweise

$$F_i = -\gamma mM\,\frac{x_i}{(x_1^2+x_2^2+x_3^2)^{3/2}} \quad \text{für } i=1,2,3.$$

Jede Koordinate F_i der Gravitationskraft im Punkt (x_1,x_2,x_3) ergibt sich also als Funktionswert der Funktion

$$f_i : \mathbb{R}^3 \setminus \{0\} \longrightarrow \mathbb{R}$$

mit

$$f_i(x_1,x_2,x_3) = \frac{-\gamma\, m\, M\, x_i}{(x_1^2+x_2^2+x_3^2)^{3/2}} .$$

In den genannten Beispielen haben wir hauptsächlich Wert auf die Zuordnungsvorschrift gelegt. Zu einer Funktion gehört jedoch stets auch der Definitionsbereich.
Im Beispiel (1) ist der "erste Quadrant"

$$U := \{(x_1,x_2) \in \mathbb{R}^2 \mid x_1 > 0, x_2 > 0\}$$

ein physikalisch sinnvoller Definitionsbereich.
Dagegen ist

$$f(x_1,x_2) = \frac{x_1 x_2}{x_1+x_2}$$

auf der größeren Teilmenge

$$M := \{(x_1,x_2) \in \mathbb{R}^2 \mid x_2 \neq -x_1\}$$

definiert; das ist der $\mathbb{R}^2$ ohne die Punkte der Geraden, die durch $x_2 = -x_1$ beschrieben wird.
Sie sehen an diesem Beispiel, daß im Gegensatz zu den linearen Funktionen, die auf dem gesamten $\mathbb{R}^n$ definiert sind, im allgemeinen Fall Teilmengen des $\mathbb{R}^n$ als "natürliche" oder "maximale" Definitionsbereiche vorkommen.

BEISPIELE.- (1) Die Funktion $f : U \longrightarrow \mathbb{R}$ mit (21.2)

$$f(x,y) := \sqrt{1-x^2-y^2}$$

ist nur in allen Punkten der Kreisscheibe

$$U := \{(x,y) \in \mathbb{R}^2 \mid x^2+y^2 \le 1\}$$

definiert.

(*) Z.B. Luft, Wasserstoff und Edelgase bei normalen atmosphärischen Bedingungen.

(*) γ ist die Gravitationskonstante.

(2) Durch

$$f(x_1,x_2,x_3,x_4) := x_1 \sin x_2 + \frac{x_3}{x_4^2+1}$$

wird eine Funktion $f: \mathbb{R}^4 \to \mathbb{R}$ definiert.

A 1 *AUFGABE 1.- Bestimmen Sie den maximalen Definitionsbereich der durch*

$$f(x,y) := \frac{x^2y^2}{x^2y^2+(x-y)^2}$$

gegebenen Funktion f.

Die entscheidenden Unterschiede zwischen Funktionen einer Veränderlichen und Funktionen mehrerer Veränderlichen liegen bereits zwischen den Fällen n=1 und n=2. Für Funktionen von drei und mehr Veränderlichen brauchen wir dann meist keine neuen Überlegungen. Deshalb sollten Sie zunächst auch gute anschauliche Vorstellungen von Funktionen von zwei Veränderlichen gewinnen.

VERANSCHAULICHUNG

Sei U eine Teilmenge des $\mathbb{R}^2$ und eine Funktion

$$f: U \to \mathbb{R}$$

gegeben. Dann ist bekanntlich

$$G_f := \{(x,y,z) \in \mathbb{R}^3 \mid (x,y) \in U,\ z = f(x,y)\}$$

der *Graph von f*. Setzen wir f "hinreichend schön" voraus (z.B. stetig, was allerdings erst noch zu definieren ist), so fügen sich die Punkte $(x,y,f(x,y))$ zu einer *Fläche* über (oder unter) U zusammen (siehe Bild 1).

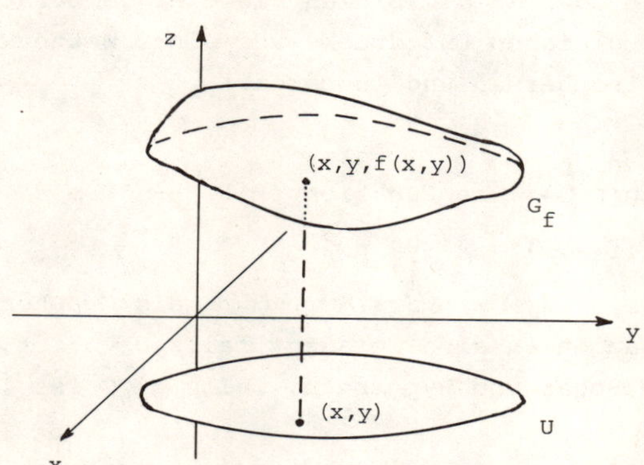

Bild 1.- Graph einer Funktion zweier Veränderlichen.

A 2 *AUFGABE 2.- Zeigen Sie: Der Graph der linearen Funktion $f: \mathbb{R}^2 \to \mathbb{R}$ mit $f(x_1,x_2) := x_1+x_2$ ist eine Ebene im $\mathbb{R}^3$.*

BEISPIELE.- (1) Die Funktion $f: \mathbb{R}^2 \to \mathbb{R}$ mit (21.3)

$$f(x,y) := x^2+y^2$$

hat ein *Paraboloid* als Graphen (siehe Bild 2). Paraboloid

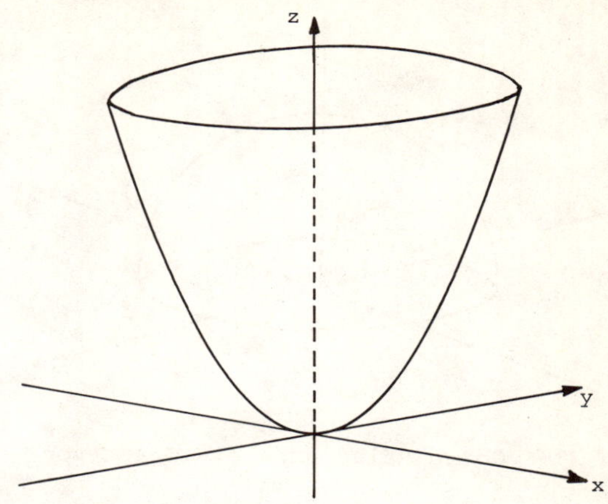

Bild 2.- Paraboloid als Graph von $f(x,y) = x^2+y^2$.

Sie erhalten eine Idee für die Gestalt des Graphen, wenn Sie untersuchen, wie der Graph z.B. über gewissen Geraden durch den Nullpunkt aussieht: Alle Punkte der x-Achse haben die Gestalt $(x,0)$, $x \in \mathbb{R}$. Für diese Punkte gilt

$$f(x,0) = x^2.$$

D.h. über der x-Achse liegen alle Punkte $(x,0,x^2)$ des Graphen von f, das sind die Punkte der Normalparabel in der x-z-Ebene.
Analog haben alle Punkte des Graphen von f über der y-Achse die Gestalt $(0,y,y^2)$, und das sind die Punkte der Normalparabel in der y-z-Ebene.
Ähnlich könnten Sie nun auch noch den Graphen von f über der Winkelhalbierenden (x,x), $x \in \mathbb{R}$, untersuchen usw.

(2) Wir bestimmen den Graphen der Funktion $f: U \to \mathbb{R}$ mit

$$f(x,y) := \sqrt{1-x^2-y^2},$$

wobei $U := \{(x,y) \in \mathbb{R}^2 \mid x^2+y^2 \le 1\}$ ist (siehe (21.2)(1)).

Für jeden Punkt (x,y,z) des Graphen von f gilt wegen $z = \sqrt{1-x^2-y^2}$

$$x^2+y^2+z^2 = x^2+y^2+1-x^2-y^2 = 1$$

und $z \ge 0$, d.h. (x,y,z) ist ein Punkt der Oberfläche der oberen Einheits-Halbkugel. Einfacher (siehe Definition (16.8), Seite 29):

$$(x,y,z) \in S_1(0), \qquad z \ge 0.$$

Umgekehrt ist auch jeder Punkt der Sphäre um 0 mit Radius 1 und $z \ge 0$ ein Punkt des Graphen von f; denn aus

$$x^2+y^2+z^2 = 1$$

folgt $x^2+y^2 \le 1$, d.h. $(x,y) \in U$ und $z^2 = 1-x^2-y^2$

und hieraus wegen $z \geq 0$:

$$z = \sqrt{1-x^2-y^2} = f(x,y) \quad , \qquad (x,y) \in U.$$

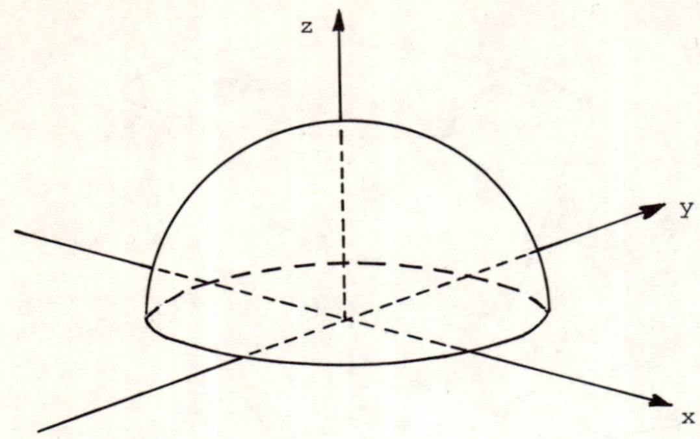

Bild 3.- Obere Halbsphäre als Graph von $f(x,y) = \sqrt{1-x^2-y^2}$.

A 3 *AUFGABE 3.- Beschreiben Sie so gut wie möglich den Graphen der Funktion $f: \mathbb{R}^2 \to \mathbb{R}$ mit $f(x,y) := \sqrt{x^2+y^2}$. Gehen Sie ähnlich, wie in Beispiel (21.3)(1) beschrieben, vor.*

Der Graph einer Funktion $f: \mathbb{R}^n \to \mathbb{R}$ ist eine Teilmenge des $\mathbb{R}^{n+1}$. Für Funktionen von drei oder mehr Veränderlichen läßt sich deshalb der Graph nicht mehr zeichnen. Aber auch für Funktionen von zwei Veränderlichen ist häufig die Veranschaulichung mit Hilfe des Graphen wenig hilfreich oder unbequem. Man benutzt dann die Veranschaulichung durch die Schar der Niveaumengen (siehe Definition (15.14), Seite 8). Ist etwa $U \subseteq \mathbb{R}^2$ und $f: U \to \mathbb{R}$ gegeben, so ist

Niveaumenge die *Niveaumenge von f zum Niveau* $c \in \mathbb{R}$

$$N_c(f) = \{(x_1,x_2) \in U \mid f(x_1,x_2) = c\}.$$

D.h. $N_c(f)$ ist die Menge der Punkte des Definitionsbereiches U, in denen f den Wert c annimmt. In Bild 10 auf Seite 8 sind die *Höhenlinien* die Niveaumengen der Funktion f, die jedem Punkt x eines Teils der Erdoberfläche seine Höhe über dem Meeresspiegel zuordnet.

(21.4) BEISPIEL.- Die Niveaumengen der Funktion $f: \mathbb{R}^2 \to \mathbb{R}$ mit

$$f(x,y) = x^2+y^2$$

sind leer, falls $c < 0$ ist, besteht nur aus dem Nullpunkt, falls $c = 0$ ist, und sind Kreislinien um den Nullpunkt vom Radius $\sqrt{c}$, falls $c > 0$ ist (siehe Bild 4, vergleichen Sie auch mit Bild 2).

(21.5) BEMERKUNG.- Im allgemeinen wählt man beim Zeichnen von Niveaumengen die Abstände zwischen

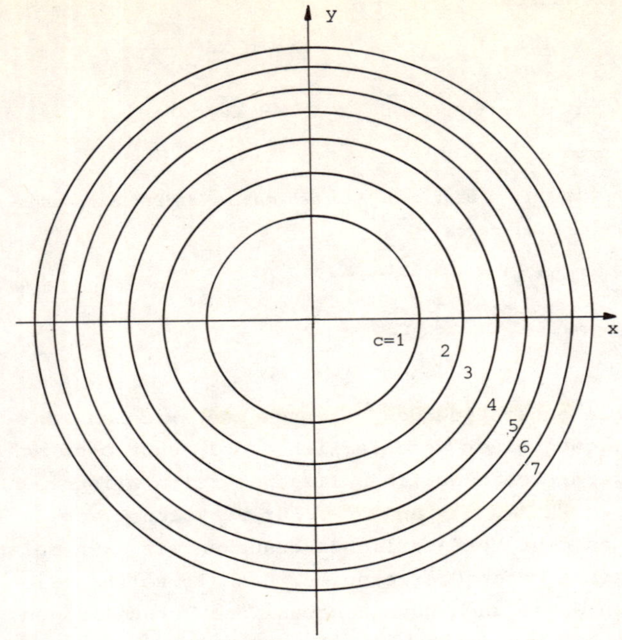

Bild 4.- Niveaumengen (Höhenlinien) von $f(x,y) = x^2+y^2$.

den "Höhen" c konstant, zum Beispiel gleich 1 und $c \in \{\ldots,-2,-1,0,1,2,\ldots\}$. Zwischen je zwei benachbarten Höhenlinien ändern sich dann die Werte der Funktion um den Betrag 1. Die Dichte der Höhenlinien ist deshalb ein Maß für die Steigung (der Fläche) des Graphen: wo die Höhenlinien eng zusammenliegen, steigt die Fläche steil an oder fällt stark ab; wo die Höhenlinien weit auseinander liegen, verläuft die Fläche flacher. (Denken Sie dabei an die Darstellung eines Gebirges durch Höhenlinien auf einer Karte oder an die Linien gleicher Temperatur oder gleichen Luftdrucks auf einer Wetterkarte, die Isothermen und Isobaren.)

BEISPIEL.- Die Funktion $f: \mathbb{R}^2 \to \mathbb{R}$ mit (21.6)

$$f(x,y) = x^2-y^2$$

hat ein *hyperbolisches Paraboloid* als Graphen. Die hyperbolisches Paraboloid
Niveaulinien sind Geraden, falls $c = 0$ ist, und eine Schar von Hyperbeln, falls $c \neq 0$ ist (siehe Bild 5).

Sie brauchen sich den Namen "hyperbolisches Paraboloid" nicht unbedingt zu merken. Wichtiger ist, daß Sie verstehen, wie der Graph und die Niveaulinien dieser Funktion zustande kommen:

AUFGABE 4.- Untersuchen Sie die Werte der Funktion A 4
$f: \mathbb{R}^2 \to \mathbb{R}$, $f(x,y) = x^2-y^2$ auf der x-Achse, auf der y-Achse und auf den Diagonalen $y = \pm x$. Erläutern Sie den Verlauf des Graphen von f.

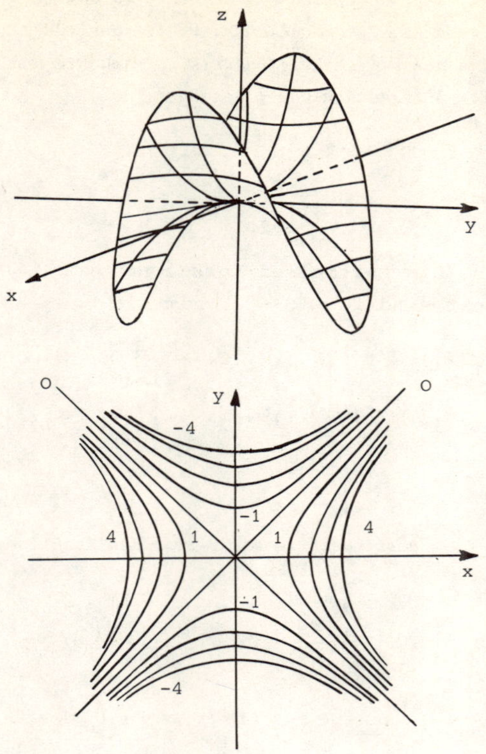

Bild 5.- Graph und Niveaumengen von $f(x,y) = x^2-y^2$.

A 5 *AUFGABE 5.- Zeigen Sie: Der Graph einer Funktion $f : \mathbb{R}^2 \to \mathbb{R}$ ist eine Niveaumenge einer Funktion $g : \mathbb{R}^3 \to \mathbb{R}$.*

§ 2 PARTIELLE DIFFERENZIERBARKEIT

PARTIELLE FUNKTIONEN

Die Methode, mit der Sie z.B. in Aufgabe 4 den Verlauf des Graphen einer Funktion von zwei Veränderlichen untersucht haben, ist so wichtig, daß wir sie noch einmal allgemein formulieren.

Sie haben statt des Graphen einer Funktion

$$f : \mathbb{R}^2 \longrightarrow \mathbb{R}$$
$$(x,y) \longmapsto f(x,y)$$

die Graphen von Funktionen einer Veränderlichen betrachtet, nämlich

$$x \longmapsto f(x,0) \quad \text{und}$$
$$y \longmapsto f(0,y).$$

Wir werden im allgemeinen Fall f nicht nur auf die Koordinatenachsen einschränken sondern auf Parallelen zu diesen Achsen durch einen festen Punkt des Definitionsbereiches.

DEFINITION.- Seien $U \subseteq \mathbb{R}^2$ und $f : U \longrightarrow \mathbb{R}$ gegeben und $(\mathring{x},\mathring{y}) \in U$ ein fester Punkt. Die Funktionen (21.7)

$$f_1 : x \longmapsto f(x,\mathring{y}) \quad \text{und}$$
$$f_2 : y \longmapsto f(\mathring{x},y)$$

partielle Funktionen

heißen *partielle Funktionen von f im Punkt* $(\mathring{x},\mathring{y})$.

Wir haben die Definitionsbereiche der partiellen Funktionen f_1 und f_2 nicht genau angegeben. Die partielle Funktion f_1 ist für jene $x \in \mathbb{R}$ definiert, für die $(x,\mathring{y}) \in U$ ist, und f_2 für jene $y \in \mathbb{R}$, für die $(\mathring{x},y) \in U$ ist.

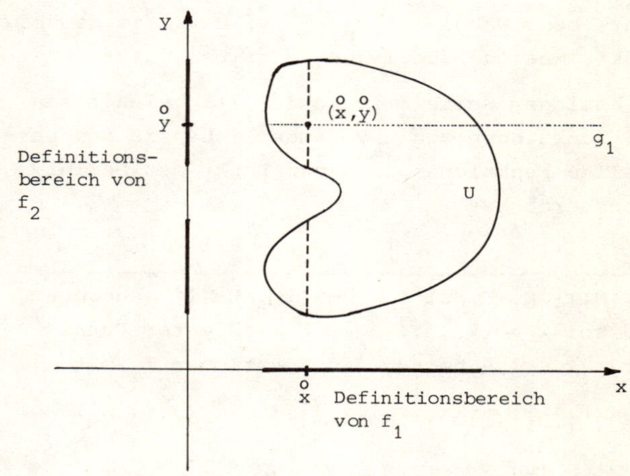

Bild 6.- Die Definitionsbereiche der partiellen Funktionen f_1 und f_2 im Punkt $(\mathring{x},\mathring{y})$ einer Funktion $f : U \longrightarrow \mathbb{R}$.

Die Graphen der partiellen Funktionen f_i erhält man als Schnitte durch den Graphen von f:

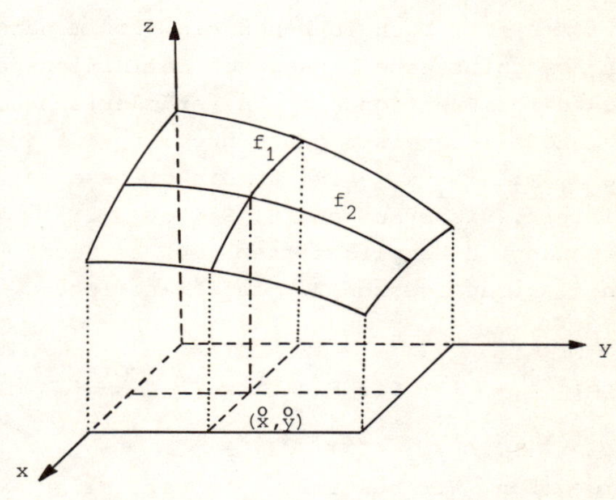

Bild 7.- Graphen der partiellen Funktionen in $(\mathring{x},\mathring{y})$.

BEMERKUNG.- Ist g_1 die Gerade durch $(\mathring{x},\mathring{y}) \in U$ $(\subseteq \mathbb{R}^2)$ parallel zur x-Achse, so gilt (21.8)

$$g_1 = \{(x,\mathring{y}) \in \mathbb{R}^2 \mid x \in \mathbb{R}\}.$$

Wegen
$$\begin{aligned}(x,\mathring{y}) &= (x-\mathring{x},\mathring{y}) + (\mathring{x},0)\\ &= (x-\mathring{x},0) + (0,\mathring{y}) + (\mathring{x},0)\\ &= (x-\mathring{x})e_1 + (\mathring{x},\mathring{y})\\ &= (\mathring{x},\mathring{y}) + h\,e_1,\end{aligned}$$
wobei $h := x-\mathring{x}$ und $e_1 = (1,0)$ ist, hat g_1 die Parameterdarstellung
$$g_1 = \{(\mathring{x},\mathring{y}) + h\,e_1 \mid h \in \mathbb{R}\}.$$
Die partielle Funktion f_1 von $f: U \to \mathbb{R}$ im Punkt $(\mathring{x},\mathring{y})$ ist auf $g_1 \cap U$ definiert (siehe Bild 6) und läßt sich in der Form
$$f_1(x) = f_1(\mathring{x}+h) = f(x_o+he_1)$$
schreiben. Dabei ist $x_o = (\mathring{x},\mathring{y})$ der fest gewählte Punkt. Analoge Überlegungen gelten für f_2.

In analoger Weise (wie in (21.7)) gelangt man bei Funktionen von n Veränderlichen zu den partiellen Funktionen in einem Punkt des Definitionsbereiches.

(21.9) **DEFINITION.-** Sei $f: U \to \mathbb{R}$, $U \subseteq \mathbb{R}^n$, gegeben und sei $x_o = (\mathring{x}_1,\dots,\mathring{x}_n) \in U$ ein fester Punkt. Für $i=1,\dots,n$ heißen die Funktionen f_i mit

partielle Funktionen

$$f_i(x_i) := f(\mathring{x}_1,\dots,\mathring{x}_{i-1},x_i,\mathring{x}_{i+1},\dots,\mathring{x}_n)$$

partielle Funktionen von f im Punkt x_o.

Auch hier gilt, daß jedes f_i nur für jene $x_i \in \mathbb{R}$ definiert ist, für die $(\mathring{x}_1,\dots,\mathring{x}_{i-1},x_i,\mathring{x}_{i+1},\dots,\mathring{x}_n) \in U$ ist.
Sie werden sich vorstellen können, daß der maximale Definitionsbereich einer partiellen Funktion f_i im allgemeinen recht schwierig zu bestimmen ist. Deshalb behandeln wir im nächsten Abschnitt eine Klasse von Definitionsbereichen für Funktionen von n Veränderlichen, bei denen wir stets sagen können: f_i ist für alle x_i mit $|x_i-\mathring{x}_i| < \varepsilon$ (für ein gewisses $\varepsilon > 0$) definiert. Siehe Aufgabe 8, Seite 125.
Die genannten Komplikationen gibt es nicht, wenn f auf dem ganzen $\mathbb{R}^n$ definiert ist.

(21.10) **BEISPIELE.-** (1) Die Funktion $f: \mathbb{R}^3 \to \mathbb{R}$ mit
$$f(x_1,x_2,x_3) := 3x_1 + x_2 \cdot x_3$$
sei gegeben. Wir bestimmen die partiellen Funktionen von f im Punkt (2,1,4).
Für $f_i: \mathbb{R} \to \mathbb{R}$ gilt
$$\begin{aligned}f_1(x_1) &= f(x_1,1,4) = 3x_1+4,\\ f_2(x_2) &= f(2,x_2,4) = 6+4x_2,\\ f_3(x_3) &= f(2,1,x_3) = 6+x_3.\end{aligned}$$

Sie sehen, die partiellen Funktionen sind simple reelle Funktionen einer Veränderlichen. Diese Funktionen werden wir später auf Differenzierbarkeit untersuchen und zu den partiellen Ableitungen von f gelangen.

(2) Sei $f: \mathbb{R}^n \to \mathbb{R}$, $n \geq 2$, mit
$$f(x_1,\dots,x_n) := \sum_{i=2}^{n} x_i$$
gegeben. Die partiellen Funktionen von f im Nullpunkt sind $f_i: \mathbb{R} \to \mathbb{R}$ mit
$$f_1(x_1) = f(x_1,0,\dots,0) = \sum_{i=2}^{n} 0 = 0 \quad \text{und}$$
$$f_i(x_i) = f(0,\dots,0,x_i,0,\dots,0) = x_i, \quad i = 2,\dots,n.$$

AUFGABE 6.- Bestimmen Sie die partiellen Funktionen von $f: \mathbb{R}^2 \to \mathbb{R}$ *mit* A 6
$$f(x_1,x_2) := \begin{cases} \dfrac{x_1^2 - x_2^2}{x_1^2 + x_2^2} & \text{für } (x_1,x_2) \neq (0,0) \\ 0 & \text{für } (x_1,x_2) = (0,0) \end{cases}$$
im Nullpunkt.

OFFENE MENGEN

Die Definitionsbereiche von Funktionen einer Variablen waren meistens die Zahlengerade $\mathbb{R}$ oder ein Intervall. Schon im Anschluß an Definition (16.8) auf Seite 29 haben Sie gesehen, daß die *abgeschlossene Kugel* $K_r(y)$ *mit Mittelpunkt* y *und Radius* r eine Verallgemeinerung des abgeschlossenen Intervalls in $\mathbb{R}$ darstellt:
$$K_r(y) = \{x \in \mathbb{R}^n \mid \|x-y\| \leq r\}.$$
Im Fall n=1 ist $K_r(y) = [y-r,y+r]$.
Entsprechend ist die *offene Kugel mit Mittelpunkt* y *und Radius* r

$$B_r(y) := \{x \in \mathbb{R}^n \mid \|x-y\| < r\}$$ offene Kugel

die Verallgemeinerung des Begriffes "offenes Intervall". $B_r(y)$ enthält alle Punkte x, die einen Abstand von y haben, der kleiner als r ist, die also nicht auf der "Oberfläche" von $K_r(y)$ liegen:
$$B_r(y) = K_r(y) \setminus S_r(y).$$

DEFINITION.- Eine Teilmenge $U \subseteq \mathbb{R}^n$ heißt *offen*, wenn es zu jedem Punkt $y \in U$ ein $\varepsilon > 0$ gibt, so daß (21.11)
$$B_\varepsilon(y) \subseteq U$$
ist.

offene Teilmenge des $\mathbb{R}^n$

Eine Teilmenge $U \subseteq \mathbb{R}^n$ heißt also offen, wenn Sie um jeden Punkt $y \in U$ noch eine Kugel legen können, die ganz in U enthalten ist.

(21.12) **Beispiele.-** (1) Sei $n=1$. Jedes offene Intervall $]a,b[\subseteq \mathbb{R}$ ist eine offene Teilmenge von $\mathbb{R}$ im oben definierten Sinne. Denn ist $y \in]a,b[$, so braucht man nur

$$\varepsilon := \min\{|y-a|, |y-b|\} \quad (*)$$

zu wählen, und erhält (siehe Skizze)

$$B_\varepsilon(y) \subseteq]a,b[.$$

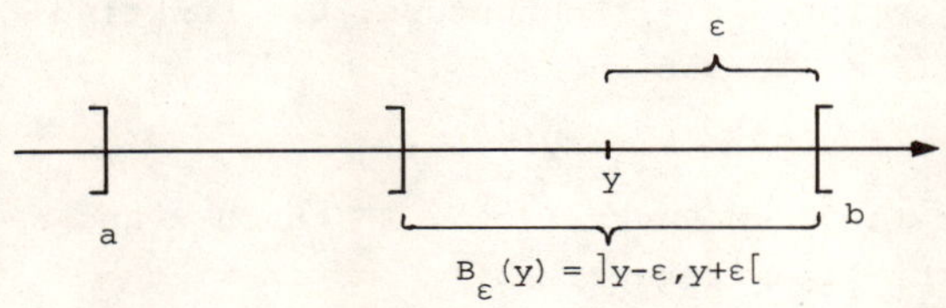

(2) Sei $n=1$. Jedes abgeschlossene Intervall $[a,b] \subseteq \mathbb{R}$ ist keine offene Menge im Sinne von Definition (21.11). Um die Endpunkte a oder b können Sie nämlich keine offene Kugel, d.h. kein offenes Intervall legen, das ganz in $[a,b]$ enthalten ist.

(3) Das Produkt $U :=]a,b[\times]c,d[\subseteq \mathbb{R}^2$ zweier offener Intervalle ist eine offene Menge im $\mathbb{R}^2$ (ein "offenes Rechteck").

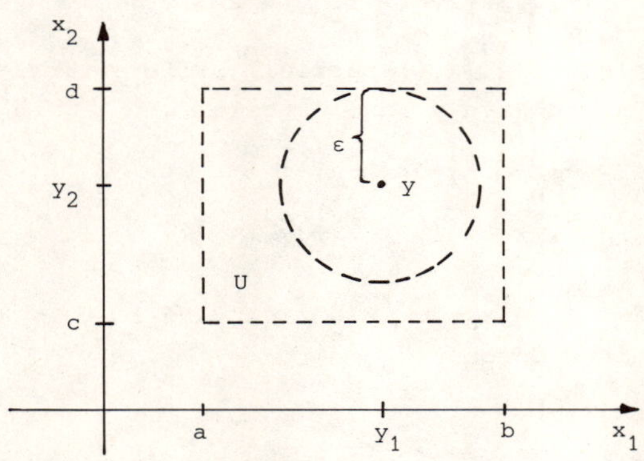

Die Skizze legt nahe, zu $y = (y_1, y_2) \in U$

$$\varepsilon := \min\{y_1-a, b-y_1, y_2-c, d-y_2\}$$

zu wählen. Den Nachweis, daß dann $B_\varepsilon(y) \subseteq U$ ist, überlassen wir Ihnen (siehe nachfolgende Aufgabe 7).

(4) Jede offene Kugel $B_r(a)$ im $\mathbb{R}^n$ ist eine offene Menge.
Anschaulich im $\mathbb{R}^2$:

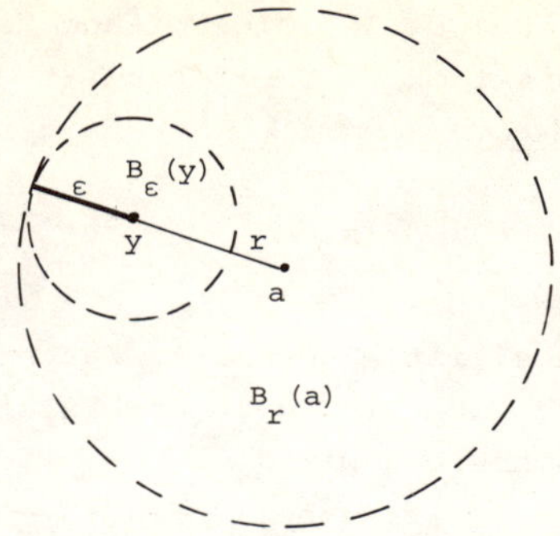

Diese Skizze liefert bereits die Idee für den allgemeinen Beweis der Offenheit von $B_r(a) \subseteq \mathbb{R}^n$: Ist $y \in B_r(a)$, so gilt $\|y-a\| < r$, d.h.

$$\varepsilon := r - \|y-a\|$$

ist positiv. Nun ist zu zeigen: $B_\varepsilon(y) \subseteq B_r(a)$. Sei $x \in B_\varepsilon(y)$, dann gilt $\|x-y\| < \varepsilon$. Es folgt mit der Dreiecksungleichung (16.13), Seite 31:

$$\begin{aligned} \|x-a\| &= \|(x-y)+(y-a)\| \\ &\le \|x-y\| + \|y-a\| \\ &< \varepsilon \quad + (r-\varepsilon) = r \end{aligned}$$

Also ist $x \in B_r(a)$.

(5) Der $\mathbb{R}^n$ ist eine offene Menge. Den Radius ε der Kugel $B_\varepsilon(y)$ um jeden Punkt $y \in \mathbb{R}^n$ können Sie beliebig wählen - stets gilt $B_\varepsilon(y) \subseteq \mathbb{R}^n$.

<u>*Aufgabe 7.*</u>*- Zeigen Sie: $U :=]a,b[\times]c,d[$ ist eine offene Teilmenge des $\mathbb{R}^2$ (siehe Beispiel (21.12)(3)).* A 7

<u>*Aufgabe 8.*</u>*- Sei die offene Menge $U \subseteq \mathbb{R}^2$, $f: U \to \mathbb{R}$ und $x_o = (\overset{o}{x}_1, \overset{o}{x}_2) \in U$ gegeben. Zeigen Sie: Es gibt ein $\varepsilon > 0$, so daß die partiellen Funktionen f_1 bzw. f_2 von f in x_o für $|x_1 - \overset{o}{x}_1| < \varepsilon$ bzw. $|x_2 - \overset{o}{x}_2| < \varepsilon$ definiert sind.* A 8

Partielle Ableitungen

In Beispiel (21.10)(1), Seite 124, haben Sie gesehen, daß die erste partielle Funktion f_1 von $f: \mathbb{R}^3 \to \mathbb{R}$ mit $f(x_1,x_2,x_3) = 3x_1 + x_2x_3$ im Punkt $(2,1,4)$ die Gestalt

$$f_1(x_1) = 3x_1 + 4$$

hat. Offensichtlich ist f_1 im Punkt $x_1 = 2$ (= erste Koordinate des gegebenen Punktes) differenzierbar. Es ist $f_1'(2) = \frac{df_1}{dx_1}(2) = 3$.
Diese Zahl werden wir "partielle Ableitung von f nach x_1 an der Stelle $(2,1,4)$" nennen.

(*) ε ist positiv, da $a < y < b$ ist. Jede kleinere positive Zahl leistet dieselben Dienste wie dieses ε.

(21.13) im Punkt x_o partiell differenzierbar nach x_i

DEFINITION.- Sei $U \subset \mathbb{R}^n$ eine offene Menge und $x_o \in U$. Eine Funktion $f : U \to \mathbb{R}$ heißt *im Punkt x_o partiell differenzierbar nach x_i*, wenn der Grenzwert

$$\lim_{h \to o} \frac{f(x_o + he_i) - f(x_o)}{h}$$

existiert; dabei ist e_i der i-te kanonische Basisvektor des $\mathbb{R}^n$. Im Falle der Existenz des Grenzwertes schreiben wir

$$\frac{\partial f}{\partial x_i}(x_o) = \lim_{h \to o} \frac{f(x_o + he_i) - f(x_o)}{h}$$

partielle Ableitung nach x_i in x_o

und nennen diese Zahl *die partielle Ableitung von f nach x_i an der Stelle x_o*.

(21.14)

BEMERKUNGEN.- (1) Seien U,f und $x_o = (\mathring{x}_1, \dots, \mathring{x}_n)$ wie in Definition (21.13). Dann ist

$$x_o + he_i = (\mathring{x}_1, \dots, \mathring{x}_{i-1}, \mathring{x}_i + h, \mathring{x}_{i+1}, \dots, \mathring{x}_n).$$

Der Grenzwert $\lim\limits_{h \to o}$ bezieht sich also nur auf eine Veränderung der i-ten Koordinate der Argumente von f.

Ist f_i die i-te partielle Funktion von f im Punkt x_o, so gilt (siehe (21.8) für den Fall n=2, i=1):

$$f(x_o + he_i) = f_i(\mathring{x}_i + h),$$
$$f(x_o) = f_i(\mathring{x}_i).$$

Im Fall der Existenz der Grenzwerte ist daher (siehe ANALYSIS I, Satz (11.8), Seite 178, und Bemerkung (11.11)(4), Seite 180):

$$\frac{\partial f}{\partial x_i}(x_o) = \lim_{h \to o} \frac{f_i(\mathring{x}_i + h) - f_i(\mathring{x}_i)}{h} = f_i'(\mathring{x}_i) = \frac{df_i}{dx_i}(\mathring{x}_i).$$

Ergebnis: f ist in x_o partiell differenzierbar nach x_i genau dann, wenn f_i in $\mathring{x}_i$ differenzierbar ist.

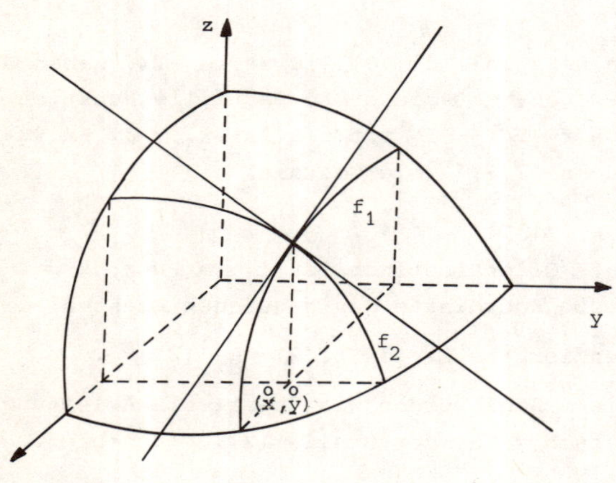

Bild 8.- Tangenten an die partiellen Funktionen

(2) Sei n=2 und $x_o = (\mathring{x}, \mathring{y})$. Die Ableitung der partiellen Funktion f_1 an der Stelle $\mathring{x}$ ist gleich der Steigung der Tangente an den Graphen von f_1 in $\mathring{x}$. Mit anderen Worten: Die partielle Ableitung $\frac{\partial f}{\partial x_1}(x_o)$ gibt die "Steigung des Graphen von f in Richtung der x-Achse im Punkt $(\mathring{x}, \mathring{y})$" an. Analog gibt die partielle Ableitung $\frac{\partial f}{\partial x_2}(x_o)$ die "Steigung des Graphen von f in Richtung der y-Achse im Punkt $(\mathring{x}, \mathring{y})$" an (siehe Bild 8).

BEISPIELE.- (1) Behauptung: Die Funktion $f : \mathbb{R}^2 \to \mathbb{R}$ mit (21.15)

$$f(x,y) := x^2 + 2xy + y^3$$

ist in jedem Punkt $(\mathring{x}, \mathring{y}) \in \mathbb{R}^2$ nach x und nach y partiell differenzierbar, und es gilt

$$\frac{\partial f}{\partial x}(\mathring{x}, \mathring{y}) = 2\mathring{x} + 2\mathring{y} \quad , \quad \frac{\partial f}{\partial y}(\mathring{x}, \mathring{y}) = 2\mathring{x} + 3\mathring{y}^2 .$$

Beweis: Sei $(\mathring{x}, \mathring{y}) \in \mathbb{R}^2$ beliebig, aber fest gewählt. Dann lauten die partiellen Funktionen von f in $(\mathring{x}, \mathring{y})$:

$$f_1(x) = f(x, \mathring{y}) = x^2 + 2x\mathring{y} + \mathring{y}^3 \quad , \quad x \in \mathbb{R},$$
$$f_2(y) = f(\mathring{x}, y) = \mathring{x}^2 + 2\mathring{x}y + y^3 \quad , \quad y \in \mathbb{R}.$$

Beide Funktionen sind differenzierbar, und es gilt

$$f_1'(x) = 2x + 2\mathring{y} \quad , \quad f_2'(y) = 2\mathring{x} + 3y^2.$$

Also ist f in $(\mathring{x}, \mathring{y})$ partiell differenzierbar nach x und nach y, und es gilt

$$\frac{\partial f}{\partial x}(\mathring{x}, \mathring{y}) = f_1'(\mathring{x}) = 2\mathring{x} + 2\mathring{y} \ ,$$
$$\frac{\partial f}{\partial y}(\mathring{x}, \mathring{y}) = f_2'(\mathring{y}) = 2\mathring{x} + 3\mathring{y}^2 .$$

(2) Sei $U := \{x \in \mathbb{R} \mid x > 0\} \times \mathbb{R}$ und $f : U \to \mathbb{R}$ definiert durch

$$f(x,y) := x^y .$$

Wir zeigen, daß f in jedem Punkt $(\mathring{x}, \mathring{y}) \in U$ partiell differenzierbar nach x und nach y ist und berechnen die partiellen Ableitungen.

Sei $(\mathring{x}, \mathring{y}) \in U$ beliebig, aber fest. Die partiellen Funktionen f_i von f im Punkt $(\mathring{x}, \mathring{y})$ haben die Gestalt:

$$f_1(x) = x^{\mathring{y}} \quad , \quad x > 0,$$
$$f_2(y) = \mathring{x}^y \quad , \quad y \in \mathbb{R}.$$

Beide Funktionen sind differenzierbar,

$$f_1'(x) = \mathring{y} x^{\mathring{y}-1} \quad , \quad f_2'(y) = \ln \mathring{x} \cdot \mathring{x}^y .$$

Somit ist f in $(\mathring{x}, \mathring{y})$ partiell differenzierbar nach x und nach y, und es gilt

$$\frac{\partial f}{\partial x}(\overset{\circ}{x},\overset{\circ}{y}) = f_1'(\overset{\circ}{x}) = \overset{\circ}{y}\cdot\overset{\circ}{x}^{\overset{\circ}{y}-1},$$

$$\frac{\partial f}{\partial y}(\overset{\circ}{x},\overset{\circ}{y}) = f_2'(\overset{\circ}{y}) = \ln \overset{\circ}{x}\cdot\overset{\circ}{x}^{\overset{\circ}{y}}.$$

(21.16) **BEZEICHNUNG.-** Sei $U \subseteq \mathbb{R}^n$ eine offene Menge. Eine Funktion $f: U \longrightarrow \mathbb{R}$ heißt *partiell differenzierbar in* $x_0 \in U$, wenn alle partiellen Ableitungen $\frac{\partial f}{\partial x_i}(x_0)$, $i = 1,\ldots,n$, existieren.

partiell differenzierbar in x_0

f heißt *partiell differenzierbar*, wenn f in jedem $x_0 \in U$ partiell differenzierbar ist. Die Funktionen

partiell differenzierbar

$$x \longmapsto \frac{\partial f}{\partial x_i}(x), \quad x \in U, \quad 1 \leq i \leq n,$$

heißen *partielle Ableitungen (von f nach x_i)*.

partielle Ableitung

Die Funktionen aus Beispiel (21.15) sind also partiell differenzierbar, weil sie in jedem Punkt ihres Definitionsbereiches nach allen Variablen partiell differenzierbar sind. Die partiellen Ableitungen der Funktion f aus (21.15)(1) sind die Funktionen

$$\frac{\partial f}{\partial x}: \mathbb{R}^2 \longrightarrow \mathbb{R} \quad \text{und} \quad \frac{\partial f}{\partial y}: \mathbb{R}^2 \longrightarrow \mathbb{R}$$

mit

$$\frac{\partial f}{\partial x}(x,y) = 2x+2y \quad \text{bzw.} \quad \frac{\partial f}{\partial y}(x,y) = 2x+3y^2.$$

Die partielle Ableitung $\frac{\partial f}{\partial x}$ *erhalten Sie aus* $f(x,y) = x^2+2xy+y^3$ *so: Fassen Sie y als Konstante auf und differenzieren Sie* $x^2+2xy+y^3$ *wie eine Funktion der einen Veränderlichen x. Zur Bestimmung von* $\frac{\partial f}{\partial y}$ *fassen Sie x als Konstante auf und differenzieren nach y. Daß dieses Verfahren nicht nur bei Funktionen von zwei Veränderlichen "funktioniert", war das Ergebnis von Bemerkung (21.14).*

Ihr gesamtes Wissen über die Differentiation von Funktionen <u>einer</u> Veränderlichen können Sie nun zur Untersuchung auf partielle Differenzierbarkeit bzw. zur Berechnung von partiellen Ableitungen einsetzen.

(21.17) **BEISPIEL.-** Die Funktion $f: \mathbb{R}^3 \longrightarrow \mathbb{R}$ mit

$$f(x,y,z) := e^{yz} + z$$

ist partiell differenzierbar. Es gilt

$$\frac{\partial f}{\partial x}(x,y,z) = 0, \frac{\partial f}{\partial y}(x,y,z) = ze^{yz}, \frac{\partial f}{\partial z}(x,y,z) = ye^{yz}+1$$

für alle $(x,y,z) \in \mathbb{R}^3$.

A 9 *AUFGABE 9.- Die Funktion $r: \mathbb{R}^n \longrightarrow \mathbb{R}$ mit $r(x) := \|x\|$ ordnet jedem Punkt $x \in \mathbb{R}^n$ seinen Abstand vom Nullpunkt zu. Zeigen Sie, daß r in jedem Punkt von $\mathbb{R}^n\setminus\{0\}$ partiell differenzierbar ist und daß*

$$\frac{\partial r}{\partial x_i}(x) = \frac{x_i}{r(x)} \quad \text{für alle } x = (x_1,\ldots,x_n) \in \mathbb{R}^n \setminus \{0\} \text{ und } i = 1,\ldots,n$$

gilt. Beschreiben Sie die Niveaumengen der Funktion r.

AUFGABE 10.- a) Untersuchen Sie, ob die Funktion $f: \mathbb{R}^2 \longrightarrow \mathbb{R}$ mit A 10

$$f(x,y) := \begin{cases} \dfrac{xy}{x^2+y^2} & \text{für } (x,y) \neq (0,0) \\ 0 & \text{für } (x,y) = (0,0) \end{cases}$$

im Nullpunkt partiell differenzierbar ist. Geben Sie gegebenenfalls die partiellen Ableitungen von f im Nullpunkt an.

b) Benutzen Sie das Ergebnis von Aufgabe 6, Seite 124, um ohne weitere Rechnung zu begründen, daß $f: \mathbb{R}^2 \longrightarrow \mathbb{R}$ mit

$$f(x_1,x_2) := \begin{cases} \dfrac{x_1^2-x_2^2}{x_1^2+x_2^2} & \text{für } (x_1,x_2) \neq (0,0) \\ 0 & \text{für } (x_1,x_2) = (0,0) \end{cases}$$

im Nullpunkt weder partiell differenzierbar nach x_1 noch partiell differenzierbar nach x_2 ist.

Die Funktion f aus Aufgabe 10 a) wird Ihnen zeigen, daß die partielle Differenzierbarkeit eine sehr "schwache" Eigenschaft ist: f ist im Nullpunkt partiell differenzierbar, obwohl f dort nicht stetig ist. (Mit der Stetigkeit von Funktionen mehrerer Veränderlichen beschäftigen wir uns im nächsten Paragraphen.) Dieses Ergebnis steht im Gegensatz zum Fall n=1: differenzierbar $\Longrightarrow$ stetig (siehe ANALYSIS I, Satz (11.21), Seite 184).

§ 3 STETIGKEIT

FOLGEN IM $\mathbb{R}^N$

Wie bei Funktionen einer Veränderlichen werden wir die Stetigkeit von Funktionen mehrerer Veränderlichen über einen Grenzwert definieren. Um dies tun zu können, benötigen wir den Begriff der konvergenten Folge im $\mathbb{R}^n$. Sie werden sehen, daß Ihre Kenntnisse über reelle Zahlenfolgen (siehe ANALYSIS I, Kapitel 6) vollständig ausreichen, um auch Folgen im $\mathbb{R}^n$ untersuchen zu können.

DEFINITION.- Eine Funktion $a: \mathbb{N} \longrightarrow \mathbb{R}^n$ heißt *Folge im* $\mathbb{R}^n$. Statt $a(k)$ für $k \in \mathbb{N}$ schreibt man a_k, und statt des Funktionssymbols a schreibt (21.18)

Folge im $\mathbb{R}^n$

man (a_k) oder $(a_k)_{k \in \mathbb{N}}$.

(21.19) BEISPIELE.- (1) Durch

$$a_k := (\sin \frac{k\pi}{2}, \frac{1}{k^2}), \quad k \in \mathbb{N},$$

ist eine Folge (a_k) im $\mathbb{R}^2$ definiert. Die ersten Folgenglieder sind:

$$a_1 = (1,1),\ a_2 = (0,\tfrac{1}{4}),\ a_3 = (-1,\tfrac{1}{9})$$
$$a_4 = (0,\tfrac{1}{16}),\ a_5 = (1,\tfrac{1}{25}), \ldots$$

(2) Eine Folge im $\mathbb{R}^n$ kann auch rekursiv definiert sein, zum Beispiel die Folge (a_k) im $\mathbb{R}^2$ mit

$$a_1 := (2,1),\ a_{k+1} := \frac{1}{2} a_k,\ k \in \mathbb{N}.$$

Sie sehen unmittelbar, daß

$$a_k = (2^{2-k}, 2^{1-k}) \quad \text{für alle } k \in \mathbb{N}.$$

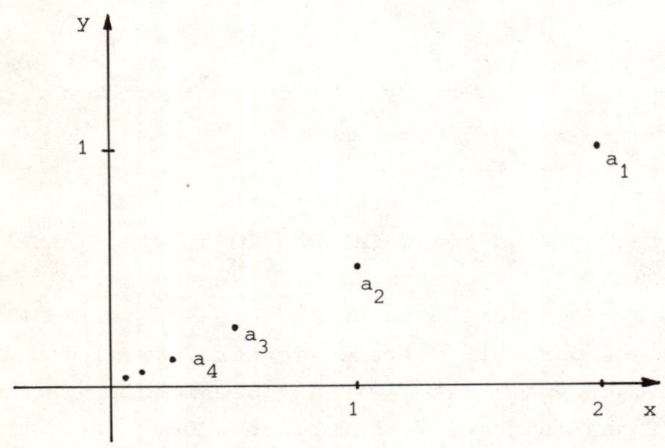

Bild 9.- Die Folge (a_k) mit $a_k = (2^{2-k}, 2^{1-k})$.

Anschaulich können wir sagen: Die Glieder der Folge (a_k) streben gegen den Nullpunkt. Dies ist gleichbedeutend mit der Aussage: Die (reelle Zahlen-) Folge der Abstände $\|a_k - (0,0)\| = \|a_k\|$ von a_k zum Nullpunkt ist eine Nullfolge. In dieser Form können wir die Konvergenz von Folgen im $\mathbb{R}^n$ definieren.

(21.20) konvergente Folge im $\mathbb{R}^n$

DEFINITION.- Die Folge (a_k) im $\mathbb{R}^n$ heißt *konvergent gegen den Punkt* $a \in \mathbb{R}^n$, und man schreibt

$$\lim_{k\to\infty} a_k = a,$$

wenn $\lim_{k\to\infty} \|a_k - a\| = 0$ ist. Der Vektor a heißt *Grenzwert* der Folge (a_k).

Grenzwert

Noch einmal den Fall n=3 in Worten: Die Folge (a_k) konvergiert gegen den Punkt a, wenn die Folge $(\|a_k - a\|)$ der Abstände von a_k zu a eine Nullfolge ist. Damit ist das Problem der Konvergenz von Folgen im $\mathbb{R}^n$ auf die Untersuchung reeller Zahlenfolgen mit nicht-negativen Gliedern zurückgeführt.

Die Folge (a_k) aus Beispiel (21.19)(2) ist konvergent, und es gilt

$$\lim_{k\to\infty} a_k = (0,0),$$

denn $\|a_k - (0,0)\| = \|a_k\| = \sqrt{2^{4-2k} + 2^{2-2k}}$

$$= \sqrt{2^{2-2k}(2^2+1)} = \frac{\sqrt{5}}{2^{k-1}}, \text{ also}$$

$\lim_{k\to\infty} \|a_k\| = 0$.

Noch einfacher sieht man diese Tatsache mit dem nächsten Satz ein. Dazu eine Vorbemerkung: Die Glieder a_k einer Folge (a_k) im $\mathbb{R}^n$ sind Vektoren des $\mathbb{R}^n$ und haben deshalb n Koordinaten:

$$a_k = (a_{k1}, a_{k2}, \ldots, a_{kn}).$$

Auf diese Weise gehören zu jeder Folge (a_k) im $\mathbb{R}^n$ die n Zahlenfolgen $(a_{k1}), (a_{k2}), \ldots, (a_{kn})$. Sie heißen die *Koordinatenfolgen* von (a_k). Koordinatenfolgen

Umgekehrt kann man mit n Zahlenfolgen $(b_{k1}), \ldots, (b_{kn})$ durch

$$b_k := (b_{k1}, \ldots, b_{kn}), \quad k \in \mathbb{N}$$

eine Folge (b_k) im $\mathbb{R}^n$ definieren.

SATZ.- Sei (a_k) eine Folge im $\mathbb{R}^n$ und (21.21)

$$a_k = (a_{k1}, \ldots, a_{kn}), \quad k \in \mathbb{N}.$$

Konvergenzkriterium

Die Folge (a_k) konvergiert genau dann gegen $a = (a_1, \ldots, a_n) \in \mathbb{R}^n$, wenn für $i = 1, \ldots, n$ gilt

$$\lim_{k\to\infty} a_{ki} = a_i.$$

In Worten: Eine Folge im $\mathbb{R}^n$ konvergiert genau dann gegen einen Punkt $a \in \mathbb{R}^n$, wenn jede Koordinatenfolge gegen die entsprechende Koordinate von a konvergiert.

BEWEIS.- Wir zeigen: Aus $\lim_{k\to\infty} a_k = a$ folgt $\lim_{k\to\infty} a_{ki} = a_i$ für $i = 1, \ldots, n$. Den Beweis der Umkehrung überlassen wir Ihnen als Übung (siehe Aufgabe 11).

Es gilt $\lim_{k\to\infty} a_k = a$, d.h. nach Definition (21.20)

$$\lim_{k\to\infty} \|a_k - a\| = 0.$$

Sei $i \in \{1, \ldots, n\}$ und $\varepsilon > 0$ vorgegeben. Dann gibt es $n_o \in \mathbb{N}$, so daß

$$\|a_k - a\| < \varepsilon \quad \text{für alle } k \geq n_o.$$

Für die Glieder der Koordinatenfolge (a_{ki}) gilt

$$|a_{ki} - a_i| = \sqrt{(a_{ki} - a_i)^2}$$

$$\leq \sqrt{(a_{k1}-a_1)^2 + \ldots + (a_{kn}-a_n)^2}$$

$$= \|a_k - a\| < \varepsilon \quad \text{für alle } k \geq n_o.$$

Also gilt (siehe ANALYSIS I, (6.14), Seite 81):

$$\lim_{k\to\infty} a_{ki} = a_i.$$

A 11 *AUFGABE 11.- Vervollständigen Sie den Beweis von Satz (21.21).*

(21.22) BEISPIELE.- Wir untersuchen die Folgen aus Beispiel (21.19) auf Konvergenz.

(1) Die Folge (a_k) im $\mathbb{R}^2$ mit $a_k = (\sin\frac{k\pi}{2}, \frac{1}{k^2})$ hat die Koordinatenfolgen

$$(a_{k1}) \text{ mit } a_{k1} = \sin\frac{k\pi}{2}, \; k \in \mathbb{N}, \text{ und}$$

$$(a_{k2}) \text{ mit } a_{k2} = \frac{1}{k^2}, \; k \in \mathbb{N}.$$

Da die Folge (a_{k1}) divergent ist, konvergiert die Folge (a_k) nach Satz (21.21) nicht.

(2) Die Glieder der rekursiv definierten Folge (a_k) im $\mathbb{R}^2$ mit

$$a_1 = (2,1), \; a_{k+1} = \frac{1}{2}a_k, \quad k \in \mathbb{N},$$

hatten die Gestalt

$$a_k = \left(\frac{1}{2^{k-2}}, \frac{1}{2^{k-1}}\right).$$

Die Koordinatenfolgen (a_{k1}) und (a_{k2}) mit

$$a_{k1} = \frac{1}{2^{k-2}} \quad \text{und} \quad a_{k2} = \frac{1}{2^{k-1}}, \quad k \in \mathbb{N},$$

sind Nullfolgen. Also gilt $\lim_{k\to\infty} a_k = (0,0)$.

A 12 *AUFGABE 12.- Untersuchen Sie auf Konvergenz*

a) die Folge (a_k) im $\mathbb{R}^4$ mit

$$a_k := ((-1)^k(4+\frac{1}{k^2}), 2^{-k}, 0, k), \quad k \in \mathbb{N},$$

b) die Folge (b_k) im $\mathbb{R}^3$ mit

$$b_k := ((1+\frac{1}{k})^k, 3, \frac{1}{k}\cdot \sin k), \quad k \in \mathbb{N}.$$

STETIGE FUNKTIONEN $\mathbb{R}^N \to \mathbb{R}$

Wie im Fall von Funktionen einer Veränderlichen wollen wir nun definieren, wann die Funktionswerte einer Funktion $f : \mathbb{R}^n \to \mathbb{R}$ gegen eine reelle Zahl c streben, wenn x gegen $x_o \in \mathbb{R}^n$ strebt.

DEFINITION.- Sei $U \subseteq \mathbb{R}^n$ eine offene Menge und $x_o \in U$. Die reellwertige Funktion f sei auf $U \setminus \{x_o\}$ oder auf U definiert (*). Wir sagen: *f strebt für x gegen x_o dem Grenzwert $c \in \mathbb{R}$ zu* und schreiben (21.23)

$$\lim_{x\to x_o} f(x) = c,$$ lim f(x) x→x₀

wenn für jede gegen x_o konvergente Folge (a_k) in $U \setminus \{x_o\}$ gilt $\lim_{k\to\infty} f(a_k) = c$.

Für diesen Grenzwert von Funktionen gelten dieselben Rechenregeln wie für Funktionen einer Veränderlichen (siehe z.B. ANALYSIS I, (10.8a), Seite 153).

DEFINITION.- Sei $U \subseteq \mathbb{R}^n$ eine offene Menge und $x_o \in U$. Eine Funktion $f : U \to \mathbb{R}$ heißt *stetig im Punkt x_o*, wenn (21.24) stetig in x_o

$$\lim_{x\to x_o} f(x) = f(x_o)$$

gilt. Die Funktion f heißt *stetig*, wenn f in jedem Punkt von U stetig ist. stetig

BEISPIELE.- (1) Mit Satz (21.21) folgt unmittelbar, daß für $i = 1,\ldots,n$ die Funktionen $f_i : \mathbb{R}^n \to \mathbb{R}$ mit (21.25)

$$f_i(x_1,\ldots,x_n) := x_i$$

stetig sind.

(2) Aus den Rechenregeln für Grenzwerte von Funktionen ergibt sich: Sind $f,g : U \to \mathbb{R}$ stetige Funktionen ($U \subseteq \mathbb{R}^n$ offen), so sind auch $f+g$, $f\cdot g$ und (falls $g(x) \neq 0$ für alle $x \in U$) $\frac{f}{g}$ stetige Funktionen. Summe, Produkt, Quotient sind stetig
Dabei sind Summe, Produkt und Quotient wie üblich definiert, z.B.

$$(f\cdot g)(x_1,\ldots,x_n) := f(x_1,\ldots,x_n) \cdot g(x_1,\ldots,x_n).$$

(3) Aus (1) und (2) folgt für $r_1,\ldots,r_n \in \mathbb{N}_o$ und $c \in \mathbb{R}$, daß die Funktion $\mathbb{R}^n \to \mathbb{R}$

$$(x_1,\ldots,x_n) \mapsto c x_1^{r_1}\cdot\ldots\cdot x_n^{r_n}$$ Monome sind stetig

stetig ist. Eine solche Funktion heißt *Monom (im $\mathbb{R}^n$) vom Grad $r := r_1+\ldots+r_n$*.

(*) D.h. für die Definition spielt es keine Rolle, ob f im Punkt x_o definiert ist oder nicht.

Durch

$$(x_1,x_2,x_3,x_4) \longmapsto 5x_1^2x_2x_3^4$$

ist ein Monom im $\mathbb{R}^4$ vom Grad 7 gegeben.

Polynome sind stetig

(4) Ein *Polynom* $P : \mathbb{R}^n \to \mathbb{R}$ *vom Grad* $\leq r$ ist eine Summe von Monomen vom Grad $\leq r$ und deshalb stetig. P läßt sich in der Form

$$P(x_1,\ldots,x_n) = \sum_{r_1+\ldots+r_n \leq r} c_{r_1\ldots r_n} x_1^{r_1}\cdot\ldots\cdot x_n^{r_n}$$

schreiben, wobei die $c_{r_1\ldots r_n}$ reelle Zahlen sind.

Als Beispiel ein Polynom $P : \mathbb{R}^3 \to \mathbb{R}$ vom Grad ≤ 4:

$$P(x_1,x_2,x_3) = \sum_{r_1+r_2+r_3\leq 4} c_{r_1r_2r_3} x_1^{r_1}x_2^{r_2}x_3^{r_3}$$

$$= c_{202}x_1^2x_3^2 + c_{121}x_1x_2^2x_3 + c_{300}x_1^3 + c_{111}x_1x_2x_3,$$

dabei seien c_{202}, c_{121}, c_{300} und c_{111} gegebene reelle Zahlen, während alle weiteren Koeffizienten $c_{r_1r_2r_3}$ bei Potenzen $x_1^{r_1}x_2^{r_2}x_3^{r_3}$ mit $r_1+r_2+r_3 \leq 4$ gleich Null seien.

(5) Behauptung: Die Funktion $f : \mathbb{R}^2 \to \mathbb{R}$ mit

$$f(x_1,x_2) := \begin{cases} \dfrac{x_1^2-x_2^2}{x_1^2+x_2^2} & \text{für } (x_1,x_2) \neq (0,0) \\ 0 & \text{für } (x_1,x_2) = (0,0) \end{cases}$$

ist nicht stetig im Nullpunkt.

Beweis: Es genügt zu zeigen: Es gibt eine Folge (a_k) im $\mathbb{R}^2$ mit $\lim_{k\to\infty} a_k = (0,0)$, so daß $\lim_{k\to\infty} f(a_k)$ nicht existiert oder $\lim_{k\to\infty} f(a_k) \neq 0 = f(0,0)$ **ist.**

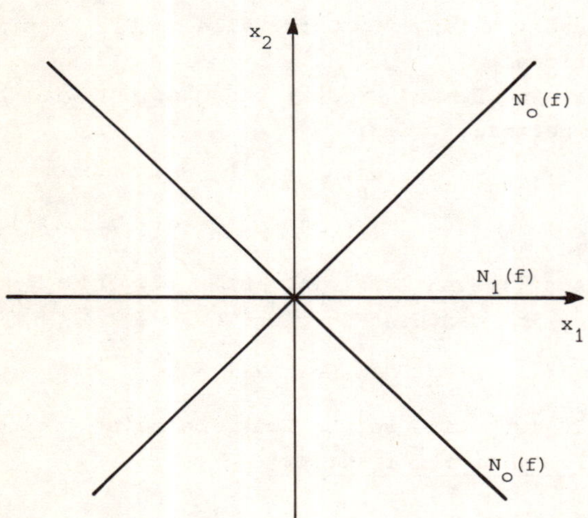

Bild 10.- Die Niveaumengen $N_o(f)$ und $N_1(f)$ "berühren" sich im Nullpunkt: f ist im Nullpunkt unstetig.

Sei $a_k := (\frac{1}{k},0)$, $k \in \mathbb{N}$. Dann gilt mit Satz (21.21), Seite 128:

$$\lim_{k\to\infty} a_k = (0,0),$$

aber:

$$f(a_k) = \frac{\frac{1}{k^2}-0}{\frac{1}{k^2}+0} = 1 \qquad \text{für alle } k \in \mathbb{N},$$

so daß

$$\lim_{k\to\infty} f(a_k) = 1 \neq 0 = f(0,0)$$

ist. f ist im Nullpunkt nicht stetig.

AUFGABE 13.- Begründen Sie, daß die Funktion $f : \mathbb{R}^2 \setminus \{0\} \to \mathbb{R}$ aus Aufgabe 1, Seite 121, stetig ist. A 13

AUFGABE 14.- a) Beweisen Sie den folgenden Satz für den Fall $n=2$: Sei $U \subseteq \mathbb{R}^n$ eine offene Menge, $x_o \in U$ und $f : U \to \mathbb{R}$ eine stetige Funktion. Dann ist für $i = 1,\ldots,n$ die partielle Funktion f_i von f im Punkt $x_o = (\overset{o}{x}_1,\ldots,\overset{o}{x}_n)$ stetig in $\overset{o}{x}_i$. A 14

b) Folgern Sie aus a) und Aufgabe 6, Seite 124, noch einmal das Resultat von Beispiel (21.25)(5).

Stetige Vektorfelder

In Beispiel (21.1)(3) auf Seite 120 haben Sie mit der Gravitationskraft F, die eine Masse M auf eine Masse m ausübt, eine Funktion kennengelernt, die jedem Punkt von $\mathbb{R}^3 \setminus \{0\}$ einen Vektor des $\mathbb{R}^3$ zuordnet. Solche Funktionen, die als Funktionswerte statt reeller Zahlen Vektoren (oder Punkte) des $\mathbb{R}^n$ haben, nennt man oft *Vektorfelder*. Im Gegensatz dazu werden Funktionen mit reellen Werten auch *Skalarfelder* genannt. Vektorfeld Skalarfeld

Die Gravitationskraft F erhielt man als Funktionswert der Funktion $f : \mathbb{R}^3 \setminus \{0\} \to \mathbb{R}^3$ mit

$$f(x_1,x_2,x_3) = -\gamma mM \frac{1}{(x_1^2+x_2^2+x_3^2)^{3/2}}(x_1,x_2,x_3).$$

Jede Koordinate y_i des Funktionswertes $(y_1,y_2,y_3) = f(x_1,x_2,x_3)$ erhält man hier durch eine Funktion $f_i : \mathbb{R}^3 \setminus \{0\} \to \mathbb{R}$,

$$f_i(x_1,x_2,x_3) = \frac{-\gamma\, m\, M\, x_i}{(x_1^2+x_2^2+x_3^2)^{3/2}}.$$

Dies gilt ganz allgemein:

BEMERKUNG.- Sei $U \subseteq \mathbb{R}^n$; jede Funktion (jedes Vektorfeld) (21.26)

$$f: U \to \mathbb{R}^m$$

Koordinatenfunktionen

wird durch m *Koordinatenfunktionen*

$$f_i : U \to \mathbb{R},\quad i = 1,\ldots,m$$

beschrieben, so daß

$$f(x) = (f_1(x),\ldots,f_m(x)) \quad \text{für alle } x \in U$$

gilt.

(21.27) **BEISPIEL.-** Die Funktion $f: \mathbb{R}^3 \to \mathbb{R}^2$ mit

$$f(x,y,z) := \left(z^2+\sin xy\,,\ \frac{x+y}{y^2+1}\right),\quad (x,y,z) \in \mathbb{R}^3,$$

ist ein Vektorfeld. Dieses Vektorfeld ist gegeben durch die Koordinatenfunktionen $f_1 : \mathbb{R}^3 \to \mathbb{R}$ und $f_2 : \mathbb{R}^3 \to \mathbb{R}$ (*) mit

$$f_1(x,y,z) := z^2+\sin xy \quad \text{und}$$

$$f_2(x,y,z) := \frac{x+y}{y^2+1}\ .$$

(21.28) **DEFINITION.-** Sei $U \subseteq \mathbb{R}^n$ eine offene Teilmenge. Ein Vektorfeld

$$f = (f_1,\ldots,f_m) : U \to \mathbb{R}^m$$

stetiges Vektorfeld

heißt *stetig (in $x_o \in U$)*, wenn jede Koordinatenfunktion f_i stetig (in x_o) ist.

(21.29) **BEMERKUNGEN.-** (1) Für Vektorfelder $f: U\setminus\{x_o\} \to \mathbb{R}^m$, $U \subseteq \mathbb{R}^n$ offen, $x_o \in U$ fest, läßt sich analog zu Definition (21.23), Seite 129, ein Grenzwert $\lim_{x\to x_o} f(x)$ definieren: Ist $c \in \mathbb{R}^m$, so schreiben wir

$\lim_{x\to x_o} f(x)$ für Vektorfelder f

$$\lim_{x\to x_o} f(x) = c$$

genau dann, wenn für <u>jede</u> Folge (a_k) in $U\setminus\{x_o\}$ gilt

$$\lim_{k\to\infty} f(a_k) = c.$$

Hierbei ist nur zu beachten, daß $(f(a_k))$ eine Folge im $\mathbb{R}^m$ ist.

(2) Mit dem Konvergenzkriterium (21.21) über die "koordinatenweise Konvergenz" von Folgen im $\mathbb{R}^m$ ergibt sich:
Ein auf der offenen Menge $U \subseteq \mathbb{R}^n$ definiertes Vektorfeld $f = (f_1,\ldots,f_m) : U \to \mathbb{R}^m$ ist stetig in $x_o \in U$ genau dann, wenn

$$\lim_{x\to x_o} f(x) = f(x_o)$$

ist.

(*) Eine Verwechselung mit partiellen Funktionen ist nicht zu befürchten, da partielle Funktionen nur für Skalarfelder und einen festen Punkt des Definitionsbereiches definiert sind.

Wir wollen nun noch den Satz über die Stetigkeit der Komposition (Hintereinanderausführung) von stetigen Funktionen auf Funktionen mehrerer Veränderlichen übertragen. Um Schreibarbeit zu vermeiden, tun wir dies gleich für die Komposition von stetigen Vektorfeldern.

SATZ.- Sei $U \subseteq \mathbb{R}^n$ offen und $V \subseteq \mathbb{R}^m$ offen. Gegeben seien stetige Funktionen $f: U \to \mathbb{R}^m$ und $g: V \to \mathbb{R}^\ell$ mit $f(U) \subseteq V$. Dann ist die Komposition $g\circ f : U \to \mathbb{R}^\ell$ definiert und stetig. (*) (21.30)

Stetigkeit der Komposition von Vektorfeldern

BEWEIS.- Sei $x_o \in U$ beliebig, aber fest gewählt, und (a_k) eine Folge in U mit $\lim_{k\to\infty} a_k = x_o$.
Es ist zu zeigen: $\lim_{k\to\infty} (g\circ f)(a_k) = (g\circ f)(x_o)$.
Da f insbesondere in x_o stetig ist, gilt

$$\lim_{k\to\infty} f(a_k) = f(x_o).$$

D.h. die Folge (b_k) mit

$$b_k := f(a_k),\quad k \in \mathbb{N},$$

ist wegen $f(U) \subseteq V$ eine gegen $y_o := f(x_o) \in V$ konvergente Folge in V.
Da g insbesondere in y_o stetig ist, gilt

$$\lim_{k\to\infty} g(b_k) = g(y_o).$$

Das heißt aber

$$\lim_{k\to\infty} g(f(a_k)) = g(f(x_o)),$$

also

$$\lim_{k\to\infty} (g\circ f)(a_k) = (g\circ f)(x_o).$$

$g\circ f$ ist stetig in x_o. Da x_o beliebig war, ist $g\circ f$ stetig.

BEISPIELE.- (1) Sei $h: \mathbb{R}^2 \to \mathbb{R}$ definiert durch (21.31)

$$h(x,y) := \sin(x^2y).$$

Dann ist h die Komposition der Funktion $f: \mathbb{R}^2 \to \mathbb{R}$ mit

$$f(x,y) := x^2y$$

und $g: \mathbb{R} \to \mathbb{R}$ mit $g(t) = \sin t$, also $h = g\circ f$.

(*) Siehe ANALYSIS I, (1.20), Seite 7, und (10.11), Seite 154.

Die Funktion f ist ein Monom und daher stetig; g ist stetig. Mit dem Satz über die Stetigkeit der Komposition (es ist n=2 und $m = \ell = 1$) folgt: h ist stetig.
(Die Voraussetzung $f(U) \subseteq V$ ist wegen $V = \mathbb{R}$ automatisch erfüllt.)

(2) Sei $U \subseteq \mathbb{R}^n$ eine offene Teilmenge und $f : U \longrightarrow \mathbb{R}^m$ ein stetiges Vektorfeld.
Behauptung: $h : U \longrightarrow \mathbb{R}$ mit $h(x) := \|f(x)\|$ ist stetig.
Beweis: Nach Definition der Norm ist für $f = (f_1, \ldots, f_m)$:

$$\|f(x)\| = \sqrt{f_1^2(x) + \ldots + f_m^2(x)}\ , \quad x \in U.$$

Da alle f_i stetige Funktionen sind (Definition (21.28)), ist h die Komposition der stetigen Funktion

$$x \longmapsto f_1^2(x) + \ldots + f_m^2(x)\ , \quad x \in U,$$

mit der stetigen Funktion

$$y \longmapsto \sqrt{y}\ , \quad y \geq 0$$

und somit auch stetig.

A 15 *AUFGABE 15.- a) Begründen Sie die Stetigkeit des Vektorfeldes $f : \mathbb{R}^3 \longrightarrow \mathbb{R}^2$ aus Beispiel (21.27).*

b) Sei $f : \mathbb{R} \longrightarrow \mathbb{R}^3$ definiert durch

$$f(t) := (t, t^2, t^3)$$

und $g : \mathbb{R}^3 \longrightarrow \mathbb{R}^2$ definiert durch

$$g(x,y,z) := \left(x+xy-z, \frac{e^x}{x^2y^2+z^2+3}\right).$$

Bestimmen Sie $g \circ f : \mathbb{R} \longrightarrow \mathbb{R}^2$ und begründen Sie die Stetigkeit dieser Komposition.

§ 4 PARTIELLE DIFFERENZIERBARKEIT UND STETIGKEIT

(21.32) BEISPIEL.- In Aufgabe 10 a) auf Seite 127 haben Sie gezeigt, daß die Funktion $f : \mathbb{R}^2 \longrightarrow \mathbb{R}$ mit

$$f(x,y) := \begin{cases} \dfrac{xy}{x^2+y^2} & \text{für } (x,y) \neq (0,0) \\ 0 & \text{für } (x,y) = (0,0) \end{cases}$$

im Nullpunkt partiell differenzierbar ist und daß

$$\frac{\partial f}{\partial x}(0,0) = 0 \quad \text{und} \quad \frac{\partial f}{\partial y}(0,0) = 0$$

gilt. Die Funktion f ist jedoch im Nullpunkt <u>nicht</u> stetig. Das sehen Sie so ein: Die Folge (a_k) mit

$$a_k = \left(\frac{1}{k}, \frac{1}{k}\right), \quad k \in \mathbb{N},$$

hat die Eigenschaft

$$\lim_{k\to\infty} a_k = (0,0).$$

Aber wegen $a_k \neq (0,0)$ für alle $k \in \mathbb{N}$ ist

$$f(a_k) = \frac{\frac{1}{k} \cdot \frac{1}{k}}{\frac{1}{k^2} + \frac{1}{k^2}} = \frac{1}{2} \quad \text{für alle } k \in \mathbb{N}$$

und deshalb

$$\lim_{k\to\infty} f(a_k) = \frac{1}{2} \neq 0 = f(0,0).$$

Sie werden in Satz (21.36) sehen, daß dieser unangenehme Fall (partielle Differenzierbarkeit in x_o, ohne dort stetig zu sein) nicht eintritt, wenn die partiellen Ableitungen selbst stetige Funktionen sind. Die Stetigkeit der partiellen Ableitungen einer Funktion hat allerdings erheblich weitreichendere Konsequenzen als nur deren Stetigkeit (siehe Satz (21.71)).

STETIG PARTIELL DIFFERENZIERBARE FUNKTIONEN

DEFINITION.- Sei $U \subseteq \mathbb{R}^n$ eine offene Menge. (21.33)
Eine partiell differenzierbare Funktion $f : U \rightarrow \mathbb{R}$ heißt *<u>stetig partiell differenzierbar (in $x_o \in U$)</u>*, wenn alle partiellen Ableitungen

$$\frac{\partial f}{\partial x_i} : U \longrightarrow \mathbb{R}, \qquad i = 1, \ldots, n$$

(in x_o) stetige Funktionen sind.

stetig partiell differenzierbar

BEISPIEL.- Die Funktion $f : \mathbb{R}^3 \longrightarrow \mathbb{R}$ mit (21.34)

$$f(x,y,z) := 2x^2+xy+3xz+z^2$$

ist partiell differenzierbar und hat als partielle Ableitungen die Funktionen (siehe die Ausführungen im Anschluß an (21.16), Seite 127):

$$\frac{\partial f}{\partial x} : \mathbb{R}^3 \longrightarrow \mathbb{R}, \quad \frac{\partial f}{\partial x}(x,y,z) = 4x+y+3z,$$

$$\frac{\partial f}{\partial y} : \mathbb{R}^3 \longrightarrow \mathbb{R}, \quad \frac{\partial f}{\partial y}(x,y,z) = x,$$

$$\frac{\partial f}{\partial z} : \mathbb{R}^3 \longrightarrow \mathbb{R}, \quad \frac{\partial f}{\partial z}(x,y,z) = 3x+2z.$$

Alle drei partiellen Ableitungen sind Polynome, also stetige Funktionen. D.h. f ist stetig partiell differenzierbar.

Für stetig partiell differenzierbare Funktionen gilt ein ähnlicher Darstellungssatz wie Sie ihn in ANALYSIS I mit Satz (11.10), Seite 179, für Funktionen einer Veränderlichen kennengelernt haben. Dieser Satz spielt in den theoretischen Untersuchungen eine wichtige Rolle. Seinen

Beweis können Sie zum Beispiel bei Grauert/Fischer, Differential- und Integralrechnung II, 3. Auflage, Seite 52, nachlesen.

(21.35) Darstellungssatz

SATZ.- Sei $U \subseteq \mathbb{R}^n$ eine offene Menge; $f : U \to \mathbb{R}$ sei partiell differenzierbar und in $x_o \in U$ stetig partiell differenzierbar. Dann gibt es n in $x_o = (\overset{o}{x}_1,\ldots,\overset{o}{x}_n)$ stetige Funktionen $r_i : U \to \mathbb{R}$ mit

$$r_i(x_o) = \frac{\partial f}{\partial x_i}(x_o) \quad \text{für } i = 1,\ldots,n$$

und

$$f(x) = f(x_o) + \sum_{i=1}^{n} (x_i - \overset{o}{x}_i)\cdot r_i(x)$$

für alle $x = (x_1,\ldots,x_n) \in U$.

Da eine Funktion f wie in Satz (21.35) als Summe von Produkten in x_o stetiger Funktionen dargestellt ist, ist diese selbst in x_o stetig. Wir erhalten:

(21.36) stetig partiell differenzierbar $\Rightarrow$ stetig

FOLGERUNG.- Sei $U \subseteq \mathbb{R}^n$ eine offene Menge; die Funktion $f : U \to \mathbb{R}$ sei partiell differenzierbar und in $x_o \in U$ stetig partiell differenzierbar. Dann ist f in x_o stetig.

A 16

AUFGABE 16.- Zeigen Sie, daß die partielle Ableitung $\frac{\partial f}{\partial x} : \mathbb{R}^2 \to \mathbb{R}$ der Funktion f aus Beispiel (21.32) im Nullpunkt nicht stetig ist. Erläutern Sie den Zusammenhang mit (21.36).

Eine weitere Anwendung des Darstellungssatzes (21.35) lernen Sie im folgenden Abschnitt kennen.

EIN SPEZIALFALL DER KETTENREGEL

Wir werden im nächsten Paragraphen und insbesondere in Kapitel 23 Funktionen $g : \mathbb{R} \to \mathbb{R}^n$ behandeln. Eine solche Funktion g wird durch n reelle Koordinatenfunktionen $g_i : \mathbb{R} \to \mathbb{R}$ beschrieben. Ist f eine Funktion $\mathbb{R}^n \to \mathbb{R}$, so entsteht die Frage:

> Ist die reelle Funktion $f \circ g : \mathbb{R} \to \mathbb{R}$ differenzierbar, wenn alle g_i dies sind und f partiell differenzierbar ist, und wie berechnet man die Ableitung von $f \circ g$?

(Im Fall n=1 gilt bekanntlich $(f \circ g)' = (f' \circ g)\cdot g'$.)

Bevor wir eine Antwort geben, legen wir noch eine Bezeichnung fest.

(21.37) differenzierbar

DEFINITION.- Sei $I \subseteq \mathbb{R}$ ein Intervall. Eine Funktion $g = (g_1,\ldots,g_n) : I \to \mathbb{R}^n$ heißt *differenzierbar*, wenn alle Koordinatenfunktionen g_i differenzierbar sind.
Wir schreiben dann für $t \in I$

$$g'(t) := (g_1'(t),\ldots,g_n'(t)).$$

Es gilt nun folgender *Spezialfall der Kettenregel* für Funktionen mehrerer Veränderlichen:

(21.38) Spezialfall der Kettenregel

SATZ.- Sei $I \subseteq \mathbb{R}$ ein Intervall und $g = (g_1,\ldots,g_n) : I \to \mathbb{R}^n$ differenzierbar. Sei $U \subseteq \mathbb{R}^n$ eine offene Menge und $f : U \to \mathbb{R}$ stetig partiell differenzierbar. Es gelte $g(I) \subseteq U$. Dann ist $f \circ g : I \to \mathbb{R}$ differenzierbar, und es gilt

$$(f \circ g)'(t) = \sum_{i=1}^{n} \frac{\partial f}{\partial x_i}(g(t))\cdot g_i'(t)$$

für alle $t \in I$.

BEWEIS.- Sei $t_o \in I$. Wir zeigen die Differenzierbarkeit von $f \circ g$ in t_o und berechnen $(f \circ g)'(t_o)$.
Da g differenzierbar ist, ist jede Funktion g_i insbesondere in t_o differenzierbar. Mit dem oben zitierten Darstellungssatz für differenzierbare Funktionen einer Veränderlichen folgt:
Es gibt in t_o stetige Funktionen $h_i : I \to \mathbb{R}$ mit

$$h_i(t_o) = g_i'(t_o) \quad \text{und}$$

$$g_i(t) = g_i(t_o) + (t-t_o)h_i(t) \quad \text{für alle } t \in I,\ i = 1,\ldots,n. \quad (*)$$

Da f stetig partiell differenzierbar ist, gibt es nach Satz (21.35) in $x_o := g(t_o) \in U$ stetige Funktionen $r_i : U \to \mathbb{R}$ mit

$$r_i(x_o) = \frac{\partial f}{\partial x_i}(x_o) \quad \text{für } i = 1,\ldots,n \quad \text{und}$$

$$f(x) = f(x_o) + \sum_{i=1}^{n} (x_i - \overset{o}{x}_i) r_i(x) \quad \text{für alle } x \in U;$$

dabei ist $x_o = (\overset{o}{x}_1,\ldots,\overset{o}{x}_n) = (g_1(t_o),\ldots,g_n(t_o))$.
Setzen wir für $t \in I$ insbesondere $x = g(t)$ ein, so ergibt sich wegen $x = (x_1,\ldots,x_n) = (g_1(t),\ldots,g_n(t))$:

$$f(g(t)) = f(g(t_o)) + \sum_{i=1}^{n} (g_i(t) - g_i(t_o))r_i(g(t))$$

$$= (f \circ g)(t_o) + \sum_{i=1}^{n} (t-t_o)\cdot h_i(t)\cdot (r_i \circ g)(t),$$

(*) Wenn Sie in Satz (11.10) auf Seite 179 von ANALYSIS I $h(x) := a+r(x)$ setzen, erhalten Sie die angegebene Darstellung.

also

$$(f\circ g)(t) = (f\circ g)(t_o) + (t-t_o)\sum_{i=1}^{n} h_i(t)\cdot(r_i\circ g)(t)$$

für alle $t\in I$.

Durch $t \mapsto h(t) := \sum_{i=1}^{n} h_i(t)\cdot(r_i\circ g)(t)$ ist nach den Sätzen über stetige Funktionen (Komposition, Produkt, Summe stetig) eine in t_o stetige Funktion $h: I \to \mathbb{R}$ definiert, die die Darstellung

$$(f\circ g)(t) = (f\circ g)(t_o) + (t-t_o)\cdot h(t) \quad \text{für alle } t\in I$$

liefert. Also ist $f\circ g$ in t_o differenzierbar, und es gilt

$$(f\circ g)'(t_o) = h(t_o) = \sum_{i=1}^{n} h_i(t_o)\cdot r_i(g(t_o))$$
$$= \sum_{i=1}^{n} g_i'(t_o)\cdot \frac{\partial f}{\partial x_i}(g(t_o)).$$

(21.39) homogene Funktion

BEISPIEL.- Eine Funktion $f: \mathbb{R}^n \to \mathbb{R}$ heißt *homogen vom Grad* $k\in\mathbb{N}$, wenn

$$f(tx) = t^k f(x) \text{ für alle } t\in\mathbb{R} \text{ und alle } x\in\mathbb{R}^n$$

gilt. Lineare Funktionen sind zum Beispiel homogen vom Grad 1.

Behauptung: Ist $f: \mathbb{R}^n \to \mathbb{R}$ homogen vom Grad k und stetig partiell differenzierbar, so gilt

$$\sum_{i=1}^{n} x_i \frac{\partial f}{\partial x_i}(x) = k\, f(x)$$

für alle $x = (x_1,\ldots,x_n)\in\mathbb{R}^n$.

Beweis: Sei $x = (x_1,\ldots,x_n)\in\mathbb{R}^n$ beliebig, aber fest gewählt. Ferner sei $h: \mathbb{R}\to\mathbb{R}$ definiert durch

$$h(t) := f(tx).$$

Offensichtlich ist h die Komposition von f mit $g: \mathbb{R}\to\mathbb{R}^n$, definiert durch

$$g(t) := t\cdot x.$$

Schreiben wir g in der Form $g = (g_1,\ldots,g_n)$, so ist

$$g_i(t) = tx_i,\ t\in\mathbb{R},\ i = 1,\ldots,n.$$

Jedes g_i ist differenzierbar, d.h. g ist differenzierbar, und

$$g_i'(t) = x_i.$$

Aus der Kettenregel (21.38) folgt: $h = f\circ g$ ist differenzierbar und für alle $t\in\mathbb{R}$ gilt

$$h'(t) = (f\circ g)'(t) = \sum_{i=1}^{n} \frac{\partial f}{\partial x_i}(g(t))\cdot g_i'(t)$$
$$= \sum_{i=1}^{n} x_i \frac{\partial f}{\partial x_i}(tx).$$

Andererseits gilt wegen der Homogenität von f

$$h(t) = t^k f(x) \quad \text{für alle } t\in\mathbb{R}.$$

Hierbei ist $f(x)$ eine feste reelle Zahl. Es folgt

$$h'(t) = kt^{k-1} f(x) \quad \text{für alle } t\in\mathbb{R}$$

und deshalb

$$kf(x) = h'(1) = \sum_{i=1}^{n} x_i \frac{\partial f}{\partial x_i}(x).$$

AUFGABE 17.- Seien a,b,c,d reelle Zahlen und $f: \mathbb{R}^2 \to \mathbb{R}$ eine stetig partiell differenzierbare Funktion. Berechnen Sie die Ableitung von $h: \mathbb{R}\to\mathbb{R}$ mit $h(t) := f(at+b, ct+d)$, sofern h differenzierbar ist. A 17

PARTIELL DIFFERENZIERBARE VEKTORFELDER

Wir übertragen in diesem Abschnitt bisher nur für Skalarfelder definierte Begriffe in naheliegender Weise auf Vektorfelder. Prägen Sie sich diese Begriffe und Bezeichnungen ein.

DEFINITION.- Sei $U\subseteq\mathbb{R}^n$ eine offene Menge. Ein Vektorfeld (21.40)

$$f = (f_1,\ldots,f_m): U \to \mathbb{R}^m$$

heißt *(stetig) partiell differenzierbar (in $x_o\in U$)*, wenn alle Koordinatenfunktionen $f_i: U\to\mathbb{R}$, $i = 1,\ldots,m$, diese Eigenschaft haben. (stetig) partiell differenzierbares Vektorfeld

Für $j = 1,\ldots,n$ heißt der Vektor

$$\frac{\partial f}{\partial x_j}(x_o) := \left(\frac{\partial f_1}{\partial x_j}(x_o),\ldots,\frac{\partial f_m}{\partial x_j}(x_o)\right)$$

die *partielle Ableitung von f nach x_j im Punkt x_o*. partielle Ableitung eines Vektorfeldes

BEISPIEL.- Das Vektorfeld $f: \mathbb{R}^3\setminus\{0\} \to \mathbb{R}^3$ sei gegeben durch (21.41)

$$f(x) := \frac{1}{\|x\|}\,x.$$

f hat die Koordinatenfunktionen $f_i: \mathbb{R}^3\setminus\{0\}\to\mathbb{R}$ mit

$$f_i(x_1,x_2,x_3) := \frac{x_i}{\|x\|} = \frac{x_i}{\sqrt{x_1^2+x_2^2+x_3^2}}.$$

Nach den Rechenregeln für die Differenzierbarkeit von Funktionen einer Veränderlichen ist jedes f_i partiell differenzierbar. Also ist das Vektorfeld f partiell differenzierbar.

Wir berechnen die partiellen Ableitungen von f: In Aufgabe 9, Seite 127, haben Sie gezeigt, daß

$$\frac{\partial}{\partial x_i}\|x\| = \frac{x_i}{\|x\|} \quad \text{für alle } x\in\mathbb{R}^n\setminus\{0\} \text{ und } i = 1,\ldots,n$$

gilt. (Dabei ist $\frac{\partial}{\partial x_i}\|x\|$ eine Kurzschreibweise für den Sachverhalt: $\frac{\partial r}{\partial x_i}(x)$, wobei $r(x) = \|x\|$).

Mit diesem Resultat und der Quotientenregel ergibt sich

$$\frac{\partial f_i}{\partial x_i}(x) = \frac{\|x\| \cdot 1 - x_i \cdot \frac{x_i}{\|x\|}}{\|x\|^2} = \frac{\|x\|^2 - x_i^2}{\|x\|^3}$$

und für $j \neq i$

$$\frac{\partial f_i}{\partial x_j}(x) = -\frac{x_i \cdot \frac{x_j}{\|x\|}}{\|x\|^2} = -\frac{x_i x_j}{\|x\|^3}.$$

Also ist

$$\frac{\partial f}{\partial x_1}(x_1,x_2,x_3) = \frac{1}{\|x\|^3}(\|x\|^2 - x_1^2, -x_2x_1, -x_3x_1),$$

$$\frac{\partial f}{\partial x_2}(x_1,x_2,x_3) = \frac{1}{\|x\|^3}(-x_1x_2, \|x\|^2 - x_2^2, -x_3x_2),$$

$$\frac{\partial f}{\partial x_3}(x_1,x_2,x_3) = \frac{1}{\|x\|^3}(-x_1x_3, -x_2x_3, \|x\|^2 - x_3^2).$$

Wenn Sie genau hinsehen, erkennen Sie:

$$\frac{\partial f}{\partial x_i}(x) = \frac{1}{\|x\|}e_i - \frac{f_i(x)}{\|x\|^2}x \quad \text{für alle } x \in \mathbb{R}^3 \setminus \{0\} \text{ und } i = 1,2,3.$$

Insbesondere ist f stetig partiell differenzierbar.

A 18 *AUFGABE 18.- Bestimmen Sie die partiellen Ableitungen des Vektorfeldes $f : \mathbb{R}^3 \to \mathbb{R}^3$ mit*

$$f(x,y,z) := (3xyz, x+y, x \sin yz),$$

sofern diese existieren.

Der Gradient

Jedem partiell differenzierbaren Skalarfeld $f : \mathbb{R}^n \to \mathbb{R}$ läßt sich "in natürlicher Weise" ein Vektorfeld zuordnen, nämlich jenes, dessen Koordinatenfunktionen die partiellen Ableitungen von f sind. Sie werden später sehen, daß dieses Vektorfeld für Funktionen mehrerer Veränderlichen eine ähnliche Rolle spielt wie die Ableitung bei Funktionen einer Veränderlichen.

(21.42) DEFINITION.- Sei $U \subseteq \mathbb{R}^n$ eine offene Menge und $f : U \to \mathbb{R}$ eine partiell differenzierbare Funktion. Dann heißt für jedes $x \in U$ der Vektor

Gradient von f im Punkt x

$$\text{grad } f(x) := \left(\frac{\partial f}{\partial x_1}(x), \ldots, \frac{\partial f}{\partial x_n}(x)\right)$$

der *Gradient von f im Punkt x*. Das Vektorfeld

$$\text{grad } f = \left(\frac{\partial f}{\partial x_1}, \ldots, \frac{\partial f}{\partial x_n}\right) : U \to \mathbb{R}^n$$

heißt der *Gradient von f*. (*) Gradient

BEMERKUNGEN.- (1) Ist die partiell differenzierbare Funktion f auf einer Teilmenge des $\mathbb{R}^n$ definiert, so ist grad f(x) ein Vektor des $\mathbb{R}^n$. (21.43)

(2) Ist f stetig partiell differenzierbar, so ist grad f ein stetiges Vektorfeld.

(3) Die Kettenregel (21.38) läßt sich nun (einprägsamer?) so formulieren: Unter den genannten Voraussetzungen ist

$$(f \circ g)'(t) = \langle \text{grad } f(g(t)), g'(t) \rangle, \quad t \in I.$$ Kettenregel

(Vergleichen Sie diese Formel mit derjenigen für den Fall n=1!)

BEISPIEL.- Wir betrachten noch einmal die "Abstandsfunktion" $r : \mathbb{R}^n \to \mathbb{R}$ mit (21.44)

$$r(x) := \|x\|,$$

deren partielle Ableitungen Sie in Aufgabe 9, Seite 127, bestimmt haben:

$$\frac{\partial r}{\partial x_i}(x) = \frac{x_i}{\|x\|} \quad \text{für alle } x \in \mathbb{R}^n \setminus \{0\}.$$

Also ist $\text{grad } r : \mathbb{R}^n \setminus \{0\} \to \mathbb{R}^n$ das Vektorfeld mit

$$\text{grad } r(x) = \left(\frac{\partial r}{\partial x_1}(x), \ldots, \frac{\partial r}{\partial x_n}(x)\right) = \left(\frac{x_1}{\|x\|}, \ldots, \frac{x_n}{\|x\|}\right) = \frac{1}{\|x\|}x.$$

Sie sehen z.B.: Für alle $x \in \mathbb{R}^n \setminus \{0\}$ ist grad r(x) ein Vektor des $\mathbb{R}^n$, der dieselbe Richtung wie x hat. Darüberhinaus ist grad r(x) für alle $x \in \mathbb{R}^n \setminus \{0\}$ ein Vektor der Länge 1:

$$\|\text{grad } r(x)\| = \left\|\frac{1}{\|x\|}x\right\| = \frac{\|x\|}{\|x\|} = 1.$$

In Beispiel (21.41) haben wir gezeigt, daß das Vektorfeld grad r = f stetig partiell differenzierbar ist.

AUFGABE 19.- Sei $r : \mathbb{R}^3 \to \mathbb{R}$ gegeben durch A 19

$$r(x) := \|x\|^n, \quad n \geq 2.$$

a) Zeigen Sie: $\text{grad } r(x) = n\|x\|^{n-2}x$ für alle $x \in \mathbb{R}^3$.

b) Gibt es eine Funktion $f : \mathbb{R}^3 \to \mathbb{R}$, so daß

$$\text{grad } f(x) = x \quad \text{für alle } x \in \mathbb{R}^3 \text{ ?}$$

(*) Statt grad f oder grad f(x) wird auch ∇f oder ∇f(x) geschrieben. Das Symbol ∇ heißt "Nabla". Nabla, ∇

Als weitere Anwendung der Kettenregel (21.38) formulieren und beweisen wir eine Verallgemeinerung des ersten Mittelwertsatzes auf Funktionen mehrerer Veränderlichen (vergleichen Sie mit ANALYSIS I, Satz (11.49), Seite 199).

(21.45) Mittelwertsatz

SATZ.- Sei $U \subseteq \mathbb{R}^n$ eine offene Menge, $f : U \to \mathbb{R}$ stetig partiell differenzierbar und $x_o \in U$ fest. Dann gibt es zu jedem $x \in U$ mit der Eigenschaft: Alle Punkte der Verbindungsstrecke von x und x_o liegen auch in U (*), ein $\theta = \theta(x) \in\,]0,1[$, so daß

$$f(x)-f(x_o) = \langle \operatorname{grad} f\,(x_o+\theta(x-x_o)), x-x_o\rangle .$$

BEWEIS.- Sei $x \in U$ mit der im Satz genannten Eigenschaft und $g : [0,1] \to \mathbb{R}^n$ definiert durch

$$g(t) := x_o+t(x-x_o).$$

Dann ist $g([0,1]) \subseteq U$. Außerdem ist g differenzierbar und

$$g'(t) = x-x_o$$

(siehe Definition (21.37), Seite 133). Mit der Kettenregel (21.38) folgt: $f \circ g :]0,1[\to \mathbb{R}$ ist differenzierbar. Mit den Sätzen (21.30) und (21.36) ergibt sich auch, daß $f \circ g : [0,1] \to \mathbb{R}$ stetig ist.

Also liefert der erste Mittelwertsatz für Funktionen einer Veränderlichen: Es gibt ein $\theta \in\,]0,1[$, so daß

$$\frac{f\circ g(1) - f\circ g(0)}{1-0} = (f\circ g)'(\theta).$$

Mit der Definition von g und Bemerkung (21.43) (3) folgt die behauptete Gleichung

$$\begin{aligned} f(x)-f(x_o) &= \langle \operatorname{grad} f\,(g(\theta)), g'(\theta)\rangle \\ &= \langle \operatorname{grad} f\,(x_o+\theta(x-x_o)), x-x_o\rangle . \end{aligned}$$

§ 5 GEOMETRIE

Sie sollten sich die in diesem Paragraphen behandelten Sachverhalte möglichst gut veranschaulichen. Dies sollten Sie auch in den Fällen versuchen, in denen die Aussagen nicht von vornherein im $\mathbb{R}^2$ oder $\mathbb{R}^3$ formuliert sind. Eine solche Veranschaulichung oder auch nur anschauliche Interpretation hilft oft, kompliziert aussehende Formeln besser zu verstehen.

(*) Unter der Verbindungsstrecke von x und x_o, $x \neq x_o$, verstehen wir wie im $\mathbb{R}^3$ die Menge $[x,x_o] := \{x_o+t(x-x_o) \mid t \in [0,1]\}$.

KURVEN UND TANGENTEN

(21.46) Kurve im $\mathbb{R}^n$ Parameterdarstellung

DEFINITION.- Sei $I \subseteq \mathbb{R}$ ein Intervall. Der Wertebereich einer stetigen Funktion $f : I \to \mathbb{R}^n$ heißt *Kurve im $\mathbb{R}^n$*. Die Funktion f heißt *Parameterdarstellung* der Kurve und die Veränderliche $t \in I$ auch *Parameter*.
Ist $I = [a,b]$, so heißt $f(a)$ *Anfangspunkt* und $f(b)$ *Endpunkt* der Kurve.

Nicht ganz exakt, aber bequem werden wir oft die Parameterdarstellung f schon als Kurve bezeichnen bzw. sagen: f beschreibt die Kurve.

(21.47)

BEISPIELE.- (1) Sei $r > 0$. Eine Kreislinie um den Nullpunkt vom Radius r ist der Wertebereich von $f : [0,2\pi] \to \mathbb{R}^2$ mit

$$f(t) := (r\cos t, r\sin t).$$

Da f stetig ist (die Koordinatenfunktionen sind stetig), ist die Kreislinie eine Kurve im oben definierten Sinn.

(2) Sei $p \in \mathbb{R}^n$ und $u \in \mathbb{R}^n \setminus \{0\}$. Die Funktion $f : \mathbb{R} \to \mathbb{R}^n$ mit

$$f(t) := p+tu$$

beschreibt eine Gerade im $\mathbb{R}^n$ durch den Punkt p mit dem Richtungsvektor u (siehe (16.33), Seite 36).
Ist etwa $n=2$, $p=(0,1)$ und $u=(1,1)$, so beschreibt

$$\begin{aligned} f(t) &= (0,1) + t(1,1) \\ &= (t,1+t)\ , \quad t \in \mathbb{R} \end{aligned}$$

die Gerade g in Bild 11.

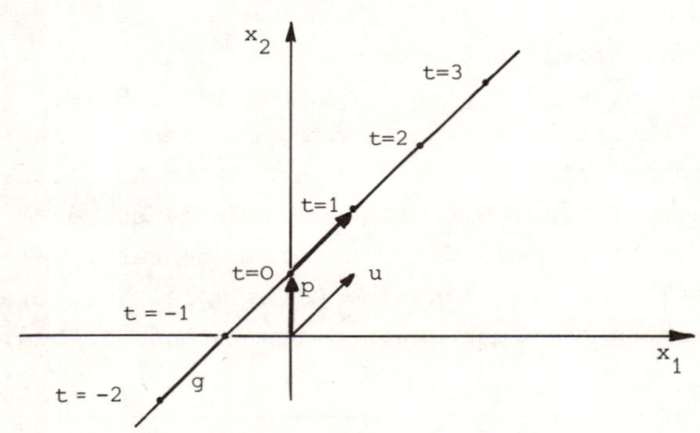

Bild 11.- Gerade und Parameter (*)

(*) Die mit t=0, t=1 usw. bezeichneten Punkte von g müßten eigentlich mit $f(0)$, $f(1)$ usw. bezeichnet werden. Häufig schreibt man jedoch nur die zugehörigen Parameterwerte an die Punkte (vgl. ANALYSIS I, Seite 64/65).

A 20

AUFGABE 20.- Sei $f:[a,b] \to \mathbb{R}$, $a<b$, eine stetige Funktion. Zeigen Sie: Der Graph von f ist eine Kurve im $\mathbb{R}^2$.

Bereits in Definition (21.37) auf Seite 133 haben wir festgelegt, wann die Parameterdarstellung einer Kurve im $\mathbb{R}^n$ differenzierbar ist: ... wenn alle Koordinatenfunktionen differenzierbar sind.

(21.48) differenzierbare Kurve

DEFINITION.- Die Funktion $f: I \to \mathbb{R}^n$, $I \subseteq \mathbb{R}$ ein Intervall, beschreibt eine *differenzierbare Kurve C im $\mathbb{R}^n$*, wenn f differenzierbar ist. Für jedes $t \in I$ heißt der Vektor

$$f'(t) = (f_1'(t),\ldots,f_n'(t)) \in \mathbb{R}^n$$

Tangentenvektor

der *Tangentenvektor an C im Punkt f(t)*.
Ein Vektor $w \in \mathbb{R}^n$ steht im Punkt f(t) *senkrecht auf C*, wenn

$$\langle w, f'(t)\rangle = 0$$

ist (wenn w also senkrecht auf dem Tangentenvektor in f(t) steht).

Wird durch $f: I \to \mathbb{R}^n$ eine differenzierbare Kurve C im $\mathbb{R}^n$ beschrieben und ist für $t_0 \in I$ der Tangentenvektor

$$f'(t_0) \neq 0,$$

Tangente

so heißt die Gerade durch $f(t_0)$ mit Richtungsvektor $f'(t_0)$ *Tangente an C im Punkt $f(t_0)$*.

A 21

AUFGABE 21.- Seien $r>0$ und $c>0$. Skizzieren Sie die durch $f:[0,\infty[\, \to \mathbb{R}^3$ mit

$$f(t) := (r\cos t, r\sin t, ct)$$

beschriebene Kurve im $\mathbb{R}^3$. Berechnen Sie in jedem Kurvenpunkt den Tangentenvektor und bestimmen Sie alle $t \in [0,\infty[$, so daß die Tangente in f(t) senkrecht zur x_1-Achse ist.

(21.49) BEISPIEL.- Wir wollen die Ihnen bekannte Tatsache beweisen, daß die Tangente an einen Kreis jeweils senkrecht auf dem Radius steht.

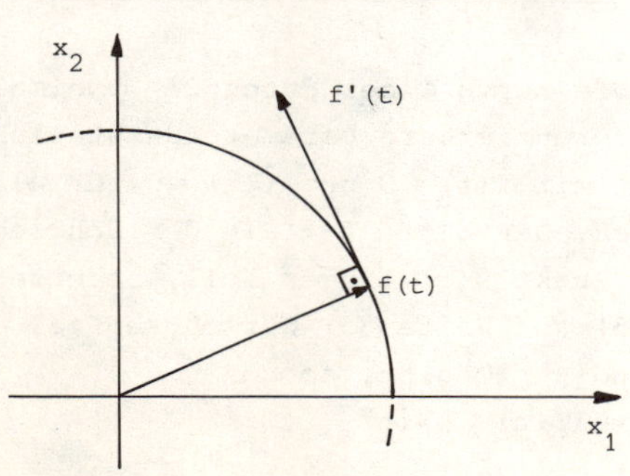

Dazu zeigen wir allgemeiner:

Behauptung: Ist C eine differenzierbare Kurve auf der Sphäre $S_r(0) = \{x \in \mathbb{R}^n \mid \|x\| = r\}$ und $f: I \to \mathbb{R}^n$ eine differenzierbare Parameterdarstellung von C, so steht für jedes $t \in I$ der Tangentenvektor $f'(t)$ senkrecht auf $f(t)$ (im Punkt $f(t) \in C$).

Beweis: Da $C \subseteq S_r(0)$ gilt, ist

$$\|f(t)\| = r \quad \text{für alle } t \in I.$$

Ist $f = (f_1,\ldots,f_n)$, so sind die Koordinatenfunktionen $f_i: I \to \mathbb{R}$ differenzierbar.
Durch

$$g(t) := \|f(t)\|^2 = \sum_{i=1}^n f_i^2(t), \quad t \in I,$$

wird eine differenzierbare Funktion auf I definiert, die dort konstant ($= r^2$) ist. Also gilt

$$0 = g'(t) = \sum_{i=1}^n 2\cdot f_i(t)\cdot f_i'(t) = 2\langle f(t), f'(t)\rangle$$

für alle $t \in I$. Hieraus folgt die Behauptung.

AUFGABE 22.- Eine Kurve C im $\mathbb{R}^3$ werde beschrieben durch $f:\mathbb{R} \to \mathbb{R}^3$ mit A 22

$$f(t) := (t-\cos t, 3+\sin t, 1+\cos 3t).$$

Bestimmen Sie eine Parameterdarstellung der Tangente an C im Punkt $f(\frac{\pi}{2})$.

BEMERKUNG.- Ist $f: I \to \mathbb{R}^3$ eine differenzierbare Parameterdarstellung der Kurve C im $\mathbb{R}^3$, so kann man folgende physikalische Interpretation geben: (21.50)

physikalische Interpretation

Wir fassen I als Zeitintervall auf und (nach Einführung eines kartesischen Koordinatensystems) f(t) als Ort eines Teilchens im Raum zur Zeit t. Die Funktion f beschreibt dann die Bewegung (oder die Bahn C) des Teilchens. Man überlegt sich, daß für jeden Zeitpunkt $t \in I$

$$v(t) := \dot f(t) = (\dot f_1(t), \dot f_2(t), \dot f_3(t))$$

der *Geschwindigkeitsvektor* (kurz: die Geschwindigkeit) des Teilchens zur Zeit t bzw. im "Bahnpunkt" f(t) ist.

Geschwindigkeitsvektor

Entsprechend heißt für jedes $t \in I$

$$b(t) := \ddot f(t)$$

der *Beschleunigungsvektor* (kurz: die Beschleunigung) des Teilchens zur Zeit t bzw. im Bahnpunkt f(t). Hierbei muß natürlich f, d.h. müssen alle Koordinatenfunktionen von f, zweimal differenzierbar sein.

Beschleunigungsvektor

Da der Geschwindigkeitsvektor mit dem Tangentenvektor übereinstimmt, bleibt die Frage: Wo liegt oder in welche Richtung weist der Beschleunigungsvektor, und wie groß ist der Betrag $\|b(t)\|$ der Beschleunigung? Die Antworten geben wir in (21.54) und (21.55).

(21.51) **DEFINITION.-** Sei I ein offenes Intervall und $f: I \to \mathbb{R}^3$ eine differenzierbare Parameterdarstellung der Kurve C im $\mathbb{R}^3$ mit $f'(t) \neq 0$ für alle $t \in I$. Dann heißt für jedes $t \in I$

Tangenteneinheitsvektor

$$T(t) := \frac{1}{\|f'(t)\|} f'(t)$$

der *Tangenteneinheitsvektor (im Punkt f(t))*.

Sie wissen, es gibt unendlich viele Vektoren des $\mathbb{R}^3$, die auf T(t) senkrecht stehen, nämlich alle Vektoren der Ebene

$$\{x \in \mathbb{R}^3 \mid \langle T(t), x\rangle = 0\}.$$

Wir werden nun einen dieser Vektoren auswählen, der bereits durch die Kurve selbst festgelegt ist:

Nach Definition gilt

$$\|T(t)\| = 1 \qquad \text{für alle } t \in I.$$

Setzen wir $f: I \to \mathbb{R}^3$ als zweimal stetig differenzierbar voraus, so ist durch

$$t \mapsto T(t), \quad t \in I,$$

eine differenzierbare Kurve im $\mathbb{R}^3$ gegeben, die die Voraussetzungen der Behauptung in Beispiel (21.49) erfüllt: Sie verläuft auf der Sphäre $S_1(0)$ im $\mathbb{R}^3$. Also gilt

$$\langle T(t), T'(t)\rangle = 0 \qquad \text{für alle } t \in I. \quad (*)$$

Der Vektor T'(t) steht also in jedem Kurvenpunkt f(t) senkrecht auf dem Tangenteneinheitsvektor und damit auch senkrecht auf der Kurve im Punkt f(t). Der Vektor der Länge 1 in Richtung von T'(t) ist der gesuchte Vektor:

(21.52) **DEFINITION.-** Sei $I \subseteq \mathbb{R}$ ein offenes Intervall und $f: I \to \mathbb{R}^3$ eine zweimal stetig differenzierbare Parameterdarstellung der Kurve C im $\mathbb{R}^3$ mit $f'(t) \neq 0$ und $T'(t) \neq 0$ für alle $t \in I$. Dann heißt

Normalenvektor an eine Kurve im $\mathbb{R}^3$

$$N(t) := \frac{1}{\|T'(t)\|} T'(t), \qquad t \in I,$$

der *Normalenvektor an C im Punkt f(t)*.

(*) Achtung: Diese Eigenschaft hat im allgemeinen nicht der Tangentenvektor sondern nur der Tangenteneinheitsvektor.

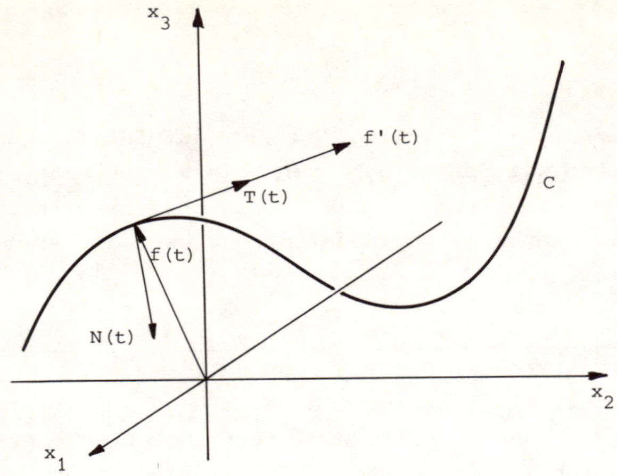

Bild 12.- Tangenteneinheitsvektor T(t) und Normalenvektor N(t) an C im Punkt f(t).

AUFGABE 23.- Bestimmen Sie in jedem Punkt der Kreislinie $f:]0,2\pi[\to \mathbb{R}^3$ mit $f(t) := (r\cos t, r\sin t, 0)$, $r > 0$, den Normalenvektor N(t). A 23

BEMERKUNGEN.- Seien f und C wie in Definition (21.52). Dann gilt: (21.53)

(1) $N(t) \perp T(t)$, $\|N(t)\| = 1$ und $\|T(t)\| = 1$. Also ist für jedes feste $t \in I$ das Paar $(T(t), N(t))$ eine Orthonormalbasis der von $(T(t), N(t))$ aufgespannten Ebene E(t) im $\mathbb{R}^3$ (siehe Definition (16.19), Seite 33).

(2) Ist $t \in I$ fest, so heißt die Ebene

$$S(t) := \{f(t) + \lambda T(t) + \mu N(t) \mid \lambda, \mu \in \mathbb{R}\}$$

Schmiegebene

die *Schmiegebene an C im Punkt f(t)*. Sie ist diejenige Ebene, die sich in der Nähe des Punktes f(t) dem Verlauf der Kurve "bestmöglich anpaßt".

Wir können nun zeigen:

SATZ.- Ist die Kurve C im $\mathbb{R}^3$ die Bahn eines sich im Raum bewegenden Teilchens, so liegt der Beschleunigungsvektor b(t) zu jedem Zeitpunkt t in der Schmiegebene an C im Punkt f(t). (21.54)

BEWEIS.- Die Kurve C sei durch die zweimal stetig differenzierbare Parameterdarstellung $f: I \to \mathbb{R}^3$ mit $\dot{f}(t) \neq 0$ und $\dot{T}(t) \neq 0$ für alle $t \in I$ gegeben. Daß $b(t) = \ddot{f}(t)$ in der Schmiegebene an C im Punkt f(t) liegen soll, bedeutet nach (16.25) auf Seite 35: Wir müssen zeigen, daß es λ und $\mu \in \mathbb{R}$ gibt, so daß

$$b(t) = \lambda T(t) + \mu N(t)$$

gilt.

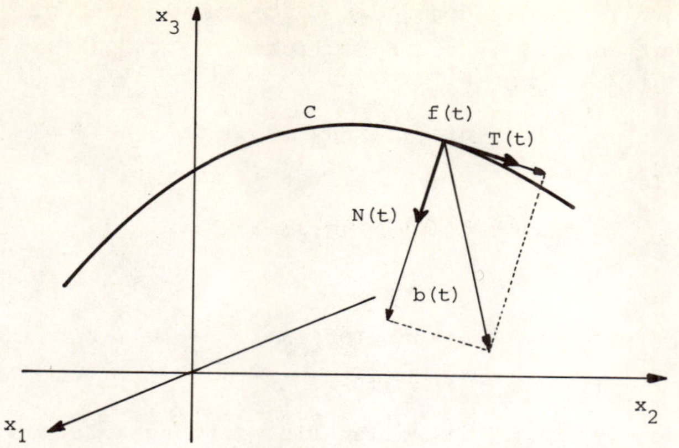

Bild 13.- Der Beschleunigungsvektor b(t) liegt in der Schmiegebene an C im Punkt f(t).

Nach (21.50) und (21.51) ist für $t \in I$

$$v(t) = \dot{f}(t) = \|\dot{f}(t)\| \cdot T(t) = \|v(t)\| \cdot T(t).$$

Hieraus folgt:

$$b(t) = \ddot{f}(t) = \dot{v}(t) = \frac{d}{dt}(\|v(t)\| \cdot T(t))$$
$$= \frac{d}{dt}\|v(t)\| \cdot T(t) + \|v(t)\| \cdot \dot{T}(t) \quad (*)$$
$$= \frac{d}{dt}\|v(t)\| \cdot T(t) + \|v(t)\| \cdot \|\dot{T}(t)\| \cdot N(t)$$
mit (21.52).

Sie sehen: Ist $t \in I$ beliebig, aber fest, so gilt mit den reellen Zahlen

$$\lambda := \frac{d}{dt}\|v(t)\| \quad \text{und} \quad \mu := \|v(t)\| \cdot \|\dot{T}(t)\|$$

$$b(t) = \lambda T(t) + \mu N(t).$$

(21.55) BEMERKUNGEN.- (1) Ist die Beschleunigung b(t) in der Form

$$b(t) = \lambda \cdot T(t) + \mu \cdot N(t)$$

dargestellt, so heißt der Vektor

Tangentialkomponente der Beschleunigung

$$\lambda \cdot T(t) = \frac{d}{dt}\|v(t)\| \cdot T(t)$$

die *Tangentialkomponente der Beschleunigung* und

Normalkomponente der Beschleunigung

$$\mu N(t) = \|v(t)\| \cdot \|\dot{T}(t)\| \cdot N(t)$$

die *Normalkomponente der Beschleunigung*.

(2) Wegen Satz (16.22), Seite 34, läßt sich der Betrag der Beschleunigung einfach berechnen:

$$\|b(t)\|^2 = \langle b(t), b(t)\rangle = \lambda^2 + \mu^2.$$

Meist benutzt man diese Formel, um den Koeffizienten μ zu berechnen, wenn $\|b(t)\|$ und λ bekannt sind.

AUFGABE 24.- Bestimmen Sie in jedem Punkt seiner Bahn C die Größe (d.h. die Länge) der Tangentialkomponente und die Größe der Normalkomponente der Beschleunigung eines Teilchens, wenn die Bewegung des Teilchens beschrieben wird durch $f: \mathbb{R} \to \mathbb{R}^3$ mit A 24

$$f(t) := (t, \tfrac{1}{2}t^2, \tfrac{1}{3}t^3).$$

Mit den bisher entwickelten Begriffen lassen sich Kurven im Raum noch detaillierter untersuchen. Z.B. kann man durch

$$\kappa(t) := \frac{\|T'(t)\|}{\|f'(t)\|},$$

Krümmung

f wie in (21.52), die Krümmung der Kurve im Punkt f(t) definieren. Diese Untersuchungen sind Gegenstand des Spezialgebiets der Mathematik, das "Differentialgeometrie" heißt. Wir verweisen auf die entsprechende Literatur.

Sie sollten jetzt Beispiel (17.10) auf Seite 52 noch einmal lesen.

RICHTUNGSABLEITUNGEN

In Bemerkung (21.14)(2), Seite 126, haben wir erläutert, daß für eine Funktion $f: \mathbb{R}^2 \to \mathbb{R}$ die Zahl $\frac{\partial f}{\partial x_1}(x_o)$ die Steigung des Graphen von f im Punkt $(\overset{o}{x}_1, \overset{o}{x}_2, f(\overset{o}{x}_1, \overset{o}{x}_2))$ in Richtung der x_1-Achse angibt, und entsprechend $\frac{\partial f}{\partial x_2}(x_o)$ die Steigung des Graphen von f im angegebenen Punkt in Richtung der x_2-Achse. Betrachten Sie auch Bild 8 auf Seite 126. Mit Hilfe der partiellen Ableitungen einer Funktion läßt sich also zunächst nichts über den Anstieg (bzw. das Abnehmen) der Funktionswerte in anderen Richtungen aussagen.
Sei etwa f die Funktion, die jedem Punkt einer dünnen Metallplatte die Temperatur in diesem Punkt zuordnet. Ist x_o ein Punkt der Isotherme $N_c(f)$, so wird (von x_o aus) in Richtung von $N_c(f)$ der Temperaturanstieg gleich Null sein. Andererseits kann die Frage von Interesse sein, in welcher Richtung der Temperaturanstieg am größten ist, oder wie die Temperatur ansteigt, wenn man sich von x_o aus in eine ganz bestimmte Richtung bewegt.

(*) Die Richtigkeit dieser "Produktregel" sehen Sie so ein: Schreiben Sie $T(t) = (T_1(t), T_2(t), T_3(t))$. Dann hat $\|v(t)\| \cdot T(t)$ die Koordinatenfunktionen $\|v(t)\| \cdot T_i(t)$, $i = 1,2,3$. Für deren Differentiation gilt die Produktregel für Funktionen einer Veränderlichen:
$\frac{d}{dt}(\|v(t)\| \cdot T_i(t)) = \frac{d}{dt}\|v(t)\| \cdot T_i(t) + \|v(t)\| \cdot \dot{T}_i(t)$.
Zusammenfassen zum Vektor $\frac{d}{dt}(\|v(t)\| \cdot T(t))$ liefert mit (21.37) das obige Ergebnis.

Wir werden deshalb in der Definition der partiellen Differenzierbarkeit in einem Punkt (siehe (21.13), Seite 126) die speziellen "Richtungen" e_i durch beliebige Richtungen v, das sind Vektoren der Länge 1, ersetzen und zur Ableitung von f in der Richtung v gelangen.

(21.56) **DEFINITION.-** Sei $U \subseteq \mathbb{R}^n$ eine offene Menge und $x_o \in U$. Ferner sei $f: U \longrightarrow \mathbb{R}$ und $v \in \mathbb{R}^n$ mit $\|v\| = 1$ gegeben. Wenn der Grenzwert

Richtungsableitung

$$\lim_{h \to o} \frac{f(x_o+hv) - f(x_o)}{h}$$

existiert, so bezeichnen wir ihn mit $D_v f(x_o)$ und nennen diese Zahl die *(Richtungs-) Ableitung von f im Punkt x_o in Richtung v.*

(21.57) **BEMERKUNGEN.-** (1) Für eine partiell differenzierbare Funktion $f: U \longrightarrow \mathbb{R}$, $U \subseteq \mathbb{R}^n$, ist offensichtlich in $x_o \in U$

$$\frac{\partial f}{\partial x_i}(x_o) = D_{e_i} f(x_o).$$

(2) Der Grenzwert in Definition (21.56) ist der Grenzwert des Differenzenquotienten einer Funktion einer Veränderlichen im Nullpunkt, und zwar von

$$g(h) := f(x_o+hv).$$

Die Funktion g ist die Einschränkung von f auf den in U gelegenen Teil der Geraden

$$\{x_o+hv \mid h \in \mathbb{R}\}.$$

Also ist, falls g in h=O differenzierbar ist,

$$g'(O) = D_v f(x_o).$$

Wie die Ableitung g'(O) berechnet wird, sagt der Spezialfall der Kettenregel (21.38), Seite 133.

(21.58) **SATZ.-** Sei $U \subseteq \mathbb{R}^n$ eine offene Menge und $f: U \longrightarrow \mathbb{R}$ eine stetig partiell differenzierbare Funktion. Dann gilt für jeden Punkt $x \in U$ und alle $v \in \mathbb{R}^n$ mit $\|v\| = 1$:

Richtungsableitung und Gradient

$$D_v f(x) = \langle \operatorname{grad} f(x), v \rangle.$$

BEWEIS.- Sei $x \in U$ beliebig, aber fest. Da U offen ist, gibt es ein $\varepsilon > 0$, so daß $B_\varepsilon(x) \subseteq U$ ist. Also ist für alle h mit $|h| < \varepsilon$

$$x+hv \in U,$$

denn: $\|(x+hv)-x\| = \|hv\| = |h|\,\|v\| = |h| < \varepsilon$, so daß $x+hv \in B_\varepsilon(x)$ für $|h| < \varepsilon$.

Die in der vorangehenden Bemerkung (21.57)(2) genannte Funktion $g(h) = f(x+hv)$ ist also auf $]-\varepsilon,\varepsilon[$ definiert und f und $h \longmapsto x+hv$ erfüllen die Voraussetzungen der Kettenregel. Mit der Kettenregel in der Formulierung (21.43)(3), Seite 135, gilt:

$$g'(h) = \langle \operatorname{grad} f(x+hv), v \rangle.$$

Also

$$D_v f(x) = g'(O) = \langle \operatorname{grad} f(x), v \rangle.$$

BEISPIEL.- Die Funktion $f: \mathbb{R}^3 \longrightarrow \mathbb{R}$ mit (21.59)

$$f(x_1,x_2,x_3) := 2x_1^3x_2 - 3x_2^2x_3$$

sei gegeben. Wir wollen die Richtungsableitung von f im Punkt $x_o := (1,2,-1)$ in Richtung auf den Punkt $y_o := (3,-1,5)$ bestimmen, sofern sie existiert.

Zunächst berechnen wir die Richtung v. Dies soll ein von x_o nach y_o weisender Vektor der Länge 1 sein:

$$v = \frac{1}{\|y_o-x_o\|}(y_o-x_o).$$

Es ist $y_o-x_o = (2,-3,6)$ und $\|y_o-x_o\| = \sqrt{4+9+36} = 7$, so daß

$$v = \frac{1}{7}(2,-3,6) = \left(\frac{2}{7}, -\frac{3}{7}, \frac{6}{7}\right).$$

Wenn wir nun die Richtungsableitung $D_v f(x_o)$ mit Definition (21.56) berechnen wollen, müssen wir zeigen, daß der Grenzwert

$$\lim_{h \to o} \frac{1}{h}\left[2\left(1+\frac{2}{7}h\right)^3\left(2-\frac{3}{7}h\right) - 3\left(2-\frac{3}{7}h\right)^2\left(-1+\frac{6}{7}h\right) - 10\right]$$

existiert. Das ist etwas mühsam.

Mit Satz (21.58) ergibt sich: Da f ein Polynom ist, sind die partiellen Ableitungen auch wieder Polynome, also stetig. f ist stetig partiell differenzierbar. Die Richtungsableitung $D_v f(x_o)$ existiert. Wegen

$$\operatorname{grad} f(x) = \left(\frac{\partial f}{\partial x_1}(x), \frac{\partial f}{\partial x_2}(x), \frac{\partial f}{\partial x_3}(x)\right) = (6x_1^2x_2,\, 2x_1^3 - 6x_2x_3,\, -3x_2^2)$$

ist

$$\operatorname{grad} f(x_o) = (12,14,-12).$$

Damit gilt

$$D_v f(1,2,-1) = \left\langle (12,14,-12), \frac{1}{7}(2,-3,6)\right\rangle = -\frac{1}{7}\cdot 90.$$

Da $D_v f(x_o)$ negativ ist, können wir folgern: Die Funktionswerte von f fallen von x_o in Richtung auf y_o. Das muß jedoch nicht bedeuten, daß $f(y_o) < f(x_o)$ ist. Machen Sie sich dies auch klar!

AUFGABE 25.- Gegeben sei die Funktion $f: \mathbb{R}^3 \longrightarrow \mathbb{R}$ mit A 25

$f(x_1,x_2,x_3) := 2x_1x_2-x_3^2$.

Berechnen Sie die Richtungsableitung im Punkt (2,-1,1) in Richtung auf den Punkt (3,1,-1).

(21.60) BEISPIEL.- Gesucht ist die Richtungsableitung der Funktion $f : \mathbb{R}^2 \longrightarrow \mathbb{R}$ mit

$$f(x,y) := x^2+y^2\sin(xy)$$

im Punkt $(1,\pi)$ in der Richtung, die einen Winkel von $\frac{\pi}{4}$ mit der positiven x-Achse bildet.

Die Aufgabe besteht im wesentlichen nur darin, den Vektor v der Länge 1 zu bestimmen, der die beschriebene Richtung festlegt.

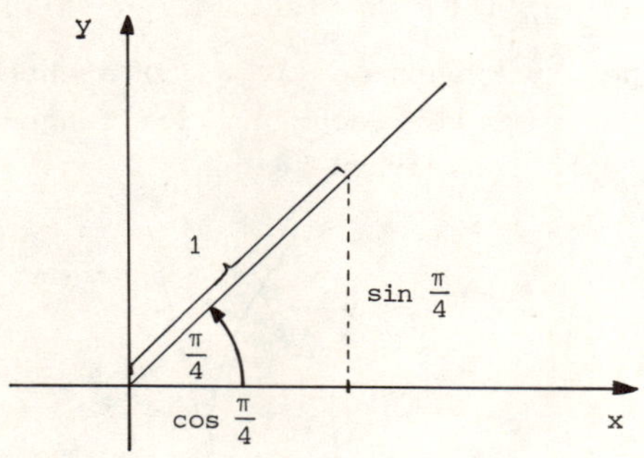

Offensichtlich ist

$$v = (\cos\frac{\pi}{4},\sin\frac{\pi}{4}) = (\frac{\sqrt{2}}{2},\frac{\sqrt{2}}{2})$$

die gesuchte Richtung.
f ist stetig partiell differenzierbar und

$$\operatorname{grad} f(x,y) = (2x+y^3\cos(xy),2y\sin(xy)+xy^2\cos(xy)),$$

so daß

$$\operatorname{grad} f(1,\pi) = (2-\pi^3,-\pi^2).$$

Mit Satz (21.58) folgt:

$$D_vf(1,\pi) = \frac{\sqrt{2}}{2}(2-\pi^3-\pi^2).$$

A 26 *<u>AUFGABE 26</u>.- Die Ecken einer rechteckigen dünnen Metallplatte befinden sich in den Punkten $(\frac{1}{2},\frac{1}{2})$, $(4,\frac{1}{2})$, $(4,3)$ und $(\frac{1}{2},3)$ des $\mathbb{R}^2$. In jedem Punkt (x,y) der Platte beträgt die Temperatur (in °C)*

$$f(x,y) := \frac{100xy}{x^2+y^2}.$$

Stellen Sie fest, ob die Temperatur der Platte vom Punkt (2,1) aus in <u>der</u> Richtung, die einen Winkel von $\frac{\pi}{3}$ mit der "unteren" Plattenkante bildet, ansteigt oder abfällt.

GRADIENT UND NIVEAUMENGEN

Im vorigen Abschnitt haben Sie gesehen, daß man den Verlauf (genauer: den Graphen) einer Funktion $f : U \longrightarrow \mathbb{R}$, $U \subseteq \mathbb{R}^n$ offen, gut mit Hilfe der Richtungsableitungen untersuchen kann:

- Die Funktionswerte von f in einem Punkt $x_o \in U$ steigen in Richtung von v an, wenn $D_vf(x_o) > 0$ ist. Die "Steigung" ist die Zahl $D_vf(x_o)$.
- Der Anstieg der Funktionswerte von f in x_o in Richtung von v_1 ist größer als der Anstieg in Richtung von v_2, wenn $D_{v_1}f(x_o) > D_{v_2}f(x_o)$ ist.
- Die Funktionswerte werden in Richtung von v kleiner, wenn $D_vf(x_o) < 0$ ist.

Aus Satz (21.58) wissen Sie, daß

$$D_vf(x_o) = \langle \operatorname{grad} f(x_o),v\rangle$$

gilt, wenn f stetig partiell differenzierbar ist. Damit können wir das folgende Resultat beweisen:

SATZ.- Unter den genannten Voraussetzungen an f gilt in jedem Punkt $x \in U$, in dem $\operatorname{grad} f(x) \neq 0$ ist: Der Vektor $\operatorname{grad} f(x)$ gibt die Richtung des stärksten Anstiegs von f im Punkt x an. Die Größe des stärksten Anstiegs im Punkt x beträgt $\|\operatorname{grad} f(x)\|$. (21.61)

Gradient und stärkster Anstieg

BEWEIS.- Sei $x \in U$ mit $\operatorname{grad} f(x) \neq 0$ und $v \in \mathbb{R}^n$ mit $\|v\| = 1$, also insbesondere auch $v \neq 0$. Dann ist nach (16.46), Seite 42, der Winkel $\alpha \in [0,\pi]$ zwischen den Vektoren grad f(x) und v definiert durch

$$\cos\alpha = \frac{\langle \operatorname{grad} f(x),v\rangle}{\|\operatorname{grad} f(x)\|\cdot\|v\|} = \frac{\langle \operatorname{grad} f(x),v\rangle}{\|\operatorname{grad} f(x)\|}.$$

Also ist

$$D_vf(x) = \langle \operatorname{grad} f(x),v\rangle = \|\operatorname{grad} f(x)\|\cos\alpha.$$

Aus dieser Gleichung können Sie ablesen: Die Richtungsableitung $D_vf(x)$ ist am größten, wenn $\cos\alpha = 1$, d.h. wenn $\alpha = 0$ ist. Und $\alpha = 0$ gilt genau dann, wenn die Vektoren v und grad f(x) die gleiche Richtung haben, wenn also

$$v = \frac{1}{\|\operatorname{grad} f(x)\|}\operatorname{grad} f(x)$$

ist. In diesem Fall beträgt die Steigung (der stärkste Anstieg)

$$D_vf(x) = \|\operatorname{grad} f(x)\| .$$

BEISPIEL.- Wir betrachten noch einmal die Funktion $r : \mathbb{R}^n \longrightarrow \mathbb{R}$ mit (21.62)

$$r(x) := \|x\| .$$

Aus Beispiel (21.44), Seite 135, folgt, daß der stärkste Anstieg dieser Funktion im Punkt $x \in \mathbb{R}^n \setminus \{0\}$ in Richtung des Vektors x erfolgt.

Entspricht das Ihrer Anschauung von der Funktion r im Fall n=2? Betrachten Sie auch die Lösung von Aufgabe 3, Seite 122. Wie sind die "Verhältnisse" im Nullpunkt?

Ist $c > 0$, so ist die Niveaumenge $N_c(r)$ im Fall n=2 eine Kreislinie um den Nullpunkt vom Radius c.

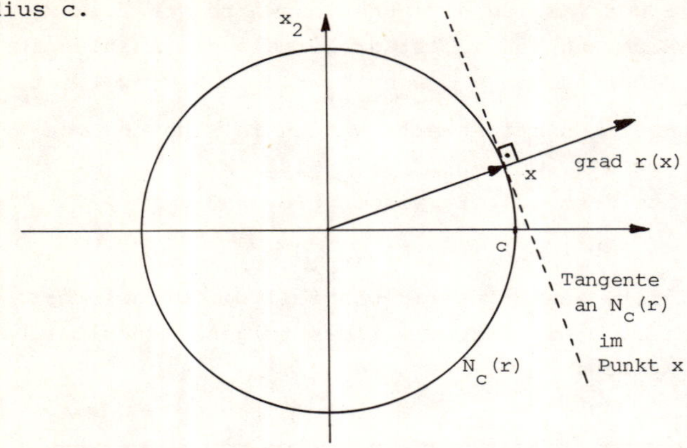

Bild 14.- grad r(x) steht im Punkt x senkrecht auf $N_c(r)$.

Mit Beispiel (21.49), Seite 137, ergibt sich, daß für jedes $x \in \mathbb{R}^n$ der Vektor grad r(x) senkrecht auf der Niveaumenge $N_c(r)$ steht (siehe Bild 14). Daß dies keine spezielle Eigenschaft der Funktion r ist, sagt der nächste Satz unter anderem.

(21.63) SATZ.- Sei $U \subseteq \mathbb{R}^2$ eine offene Menge und $f: U \to \mathbb{R}$ eine stetig partiell differenzierbare Funktion mit grad $f(x) \neq 0$ für alle $x \in U$. Dann gilt:

Eigenschaften der Gradienten im Fall n=2

(1) Die nicht-leeren Niveaumengen $N_c(f)$ sind Kurven im $\mathbb{R}^2$, die in jedem ihrer Punkte eine Tangente besitzen. (*)

(2) In jedem $x \in N_c(f)$ steht der Vektor grad f(x) senkrecht auf der Kurve $N_c(f)$.

(3) Die Richtungsableitung von f in $x \in N_c(f)$ in Richtung von $N_c(f)$, d.h. in Richtung der Tangente an $N_c(f)$ im Punkt x, ist Null.

(4) Die Richtungsableitung von f in $x \in N_c(f)$ hat ihren größten (kleinsten) Wert in einer der beiden Richtungen senkrecht zu $N_c(f)$ in x.

(*) Die Aussage (1) ist ein tiefliegendes Ergebnis der Analysis, das hier nicht bewiesen werden kann. Genauer müßte man es so formulieren: Zu jedem Punkt $x_o \in U$ mit grad $f(x_o) \neq 0$ gibt es eine offene Kreisscheibe $B_\varepsilon(x_o) \subseteq U$ und eine differenzierbare Parameterdarstellung $g:]-1,1[\to \mathbb{R}^2$ mit $g(0) = x_o$ und $g'(0) \neq 0$, deren Wertebereich (die Kurve) $N_c(f) \cap B_\varepsilon(x_o)$ ist.

BEWEIS.- Zu (2): Sei $g: I \to \mathbb{R}^2$ eine differenzierbare Parameterdarstellung der Kurve $N_c(f)$. Da die Niveaumenge $N_c(f)$ in jedem ihrer Punkte eine Tangente besitzt, dürfen wir $g'(t) \neq 0$ voraussetzen. Die Werte von f auf der Niveaumenge $N_c(f)$ sind konstant:

$$f(x) = c \qquad \text{für alle } x \in N_c(f).$$

Da insbesondere alle Punkte $x = g(t)$, $t \in I$, in $N_c(f)$ liegen, folgt

$$f(g(t)) = c \qquad \text{für alle } t \in I.$$

Die Komposition $f \circ g: I \to \mathbb{R}$ ist also konstant und mit der Kettenregel in der Form (21.43)(3), Seite 135, ergibt sich für die Ableitung

$$0 = (f \circ g)'(t) = \langle \text{grad } f(g(t)), g'(t) \rangle.$$

D.h. in den Punkten $x = g(t) \in N_c(f)$ steht der Vektor grad f(x) senkrecht auf dem Tangentenvektor $g'(t)$. Das war zu zeigen.

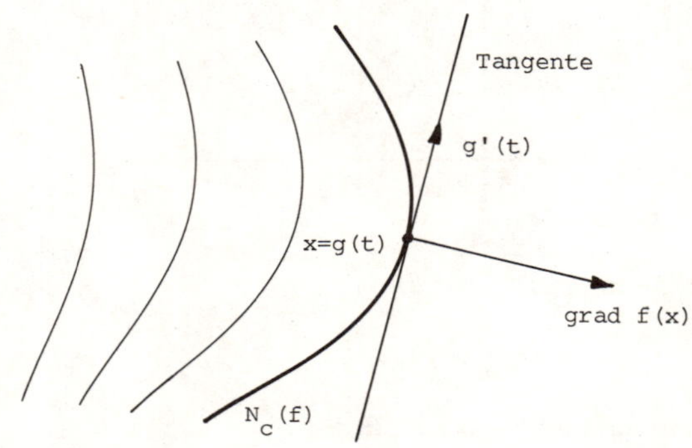

Zu (3): Sei $x = g(t) \in N_c(f)$, dann ist $v = \pm\frac{1}{\|g'(t)\|}\, g'(t)$ ein Vektor der Länge 1 in Richtung der Tangente an $N_c(f)$ im Punkt g(t). Es folgt

$$\begin{aligned} D_v f(x) &= \langle \text{grad } f(g(t)), v \rangle \\ &= \pm\frac{1}{\|g'(t)\|} \langle \text{grad } f(g(t)), g'(t) \rangle = 0 \\ &\qquad \text{nach (2).} \end{aligned}$$

Zu (4): In der durch grad f(x) gegebenen Richtung hat die Richtungsableitung von f im Punkt $x \in N_c(f)$ nach (21.61) ihren größten Wert und wegen

$$\begin{aligned} D_{-v} f(x) &= \langle \text{grad } f(x), -v \rangle = -\langle \text{grad } f(x), v \rangle \\ &= -D_v f(x) \end{aligned}$$

in der durch -grad f(x) gegebenen Richtung den kleinsten Wert. Beide Richtungen sind nach (2) im Punkt x senkrecht zu $N_c(f)$.

BEISPIEL.- Wenn $f: \mathbb{R}^2 \to \mathbb{R}$ eine stetig partiell differenzierbare Funktion ist, die jedem Punkt $x \in \mathbb{R}^2$ die Temperatur des in diesem Punkt befindlichen Mediums zuordnet, so sind die Niveaumengen von f Isothermen. Der Wärmefluß erfolgt (21.64) in Richtung des stärksten Temperaturgefälles vom höheren zum niedrigeren Temperatur-Niveau. Nach Satz (21.63) verläuft der Wärmefluß also senkrecht zu den Isothermen, und zwar im Punkt x in Richtung des Vektors -grad f(x).

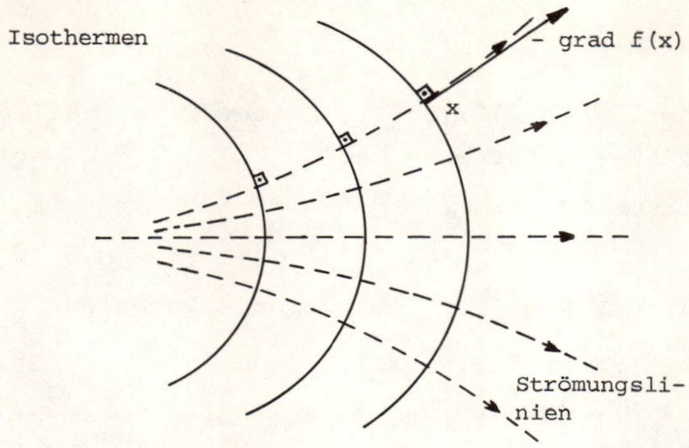

Bild 15.- Strömungslinien und Isothermen.

Für Funktionen von drei Veränderlichen gilt ein zu (21.63) analoges Resultat, dessen Beweis auch ähnlich verläuft. Wir verzichten deshalb auf den Beweis.

(21.65) **SATZ.-** Sei $U \subseteq \mathbb{R}^3$ eine offene Menge und $f: U \longrightarrow \mathbb{R}$ eine stetig partiell differenzierbare Funktion mit grad $f(x) \neq 0$ für alle $x \in U$. Dann gilt für jede Niveaumenge $N_c(f)$:

Sei $x \in N_c(f)$ und Γ eine beliebige differenzierbare Kurve in $N_c(f)$ durch den Punkt x. Dann steht der Vektor grad f(x) im Punkt x senkrecht auf der Kurve Γ. (Dabei setzen wir voraus, daß Γ in x eine Tangente besitzt.)

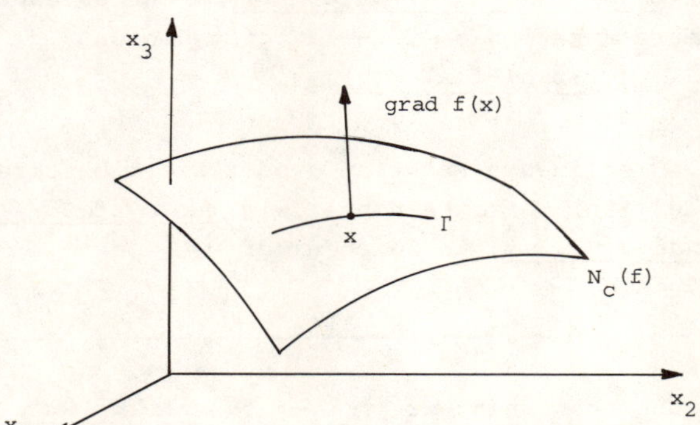

Bild 16.- Gradient steht senkrecht auf jeder Kurve Γ durch x in $N_c(f)$.

A 27 *AUFGABE 27.- Seien Massen m und M und ein kartesisches Koordinatensystem gegeben, wie in Beispiel (21.1)(3), Seite 120, beschrieben. Sei γ die Gravitationskonstante. Zeigen Sie:*

a) Die Funktion $f: \mathbb{R}^3 \setminus \{0\} \longrightarrow \mathbb{R}$ mit

$$f(x) := \frac{\gamma m M}{\|x\|}$$

hat die Eigenschaft: grad f(x) = F(x) für alle $x \in \mathbb{R}^3 \setminus \{0\}$, wobei F(x) die Gravitationskraft ist, die M auf m ausübt, wenn sich der Schwerpunkt von m im Punkt x befindet.

(Die Werte von f haben die physikalische Dimension potentieller Energie, z.B. Newtonmeter; man bezeichnet f auch als Potentialfunktion für die Gravitationskraft F, kurz: f ist das Gravitationspotential. Wir kommen später darauf zurück.)

b) Begründen Sie: Die Niveaumengen $N_c(f)$ - sie heißen auch Potentialflächen - sind Sphären um den Nullpunkt, und die Masse m wird durch die Gravitationskraft F von jedem Punkt außerhalb des Koordinatenursprungs in radialer Richtung auf den Nullpunkt zu beschleunigt.

BEMERKUNGEN.- (1) Denken Sie sich in Bild 16 alle differenzierbaren Kurven Γ gezeichnet, die in der "Fläche" $N_c(f)$ liegen und durch den Punkt x gehen. Satz (21.65) sagt, daß die Tangentenvektoren dieser Kurven alle senkrecht auf dem einen Vektor grad f(x) stehen, also in einer Ebene liegen, die grad f(x) als Normalenvektor hat. Eine solche Ebene ist nach (16.30), Seite 36, (21.66)

$$\{y \in \mathbb{R}^3 \mid \langle \text{grad } f(x), y\rangle = d\}$$

für beliebiges $d \in \mathbb{R}$. Wir fordern nun noch, daß die Ebene den Punkt $x \in N_c(f)$ enthält. Damit muß

$$d = \langle \text{grad } f(x), x\rangle$$

sein. Diese Ebene erhält einen besonderen Namen:

DEFINITION.- Sei $U \subseteq \mathbb{R}^3$ eine offene Menge und $f: U \to \mathbb{R}$ stetig partiell differenzierbar. Für jeden fest gewählten Punkt $x \in N_c(f)$ mit grad $f(x) \neq 0$ heißt die Ebene im $\mathbb{R}^3$ (21.67)

$$T_{f,x} := \{y \in \mathbb{R}^3 \mid \langle \text{grad } f(x), y-x\rangle = 0\}$$ Tangentialebene

die *Tangentialebene an die Niveaumenge (Fläche) $N_c(f)$ im Punkt x*.

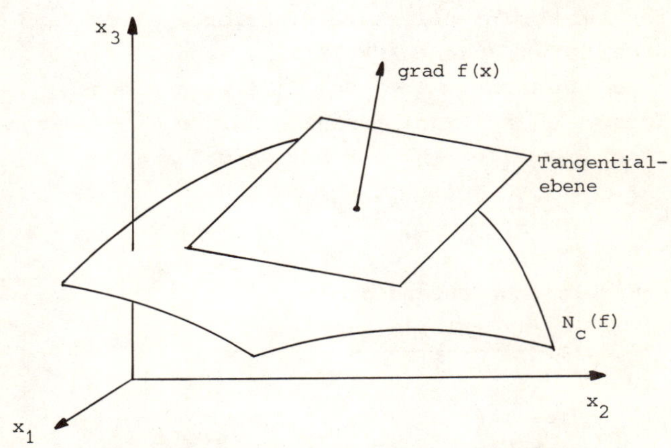

Bild 17.- Gradient und Tangentialebene.

Die Koordinatendarstellung der Tangentialebene an $N_c(f)$ im gegebenen Punkt $x = (x_1, x_2, x_3)$ lautet:

$$\frac{\partial f}{\partial x_1}(x)(y_1 - x_1) + \frac{\partial f}{\partial x_2}(x)(y_2 - x_2) + \frac{\partial f}{\partial x_3}(x)(y_3 - x_3) = 0.$$

A 28 *AUFGABE 28.- a) Sei $f : \mathbb{R}^3 \to \mathbb{R}$ gegeben durch*

$$f(x,y,z) := x^2yz + 3y^2 - 2xz^2 + 8z.$$

Bestimmen Sie eine Darstellung der Tangentialebene an die Fläche $N_0(f)$ im Punkt (1,2,-1).

b) Zeigen Sie: Der Graph von $g : \mathbb{R}^2 \to \mathbb{R}$ mit $g(x_1,x_2) := \ln(1+x_1^2x_2^2)$ ist die Niveaumenge $N_0(f)$ der Funktion $f : \mathbb{R}^3 \to \mathbb{R}$ mit $f(x_1,x_2,x_3) = x_3 - \ln(1+x_1^2x_2^2)$. Beschreiben Sie die Tangentialebene an $N_0(f)$ im Nullpunkt des $\mathbb{R}^3$ mit Worten.

§ 6 TOTALE DIFFERENZIERBARKEIT

Lineare Approximation stetig partiell differenzierbarer Funktionen

Bisher können wir einer (partiell differenzierbaren) Funktion von n Veränderlichen n Ableitungen zuordnen, und Sie wissen, daß diese Eigenschaft der partiellen Differenzierbarkeit so schwach ist, daß sie noch nicht einmal die Stetigkeit zur Folge hat.

Wir werden in diesem Abschnitt zeigen, daß die stetig partiell differenzierbaren Funktionen, mit denen wir uns bisher überwiegend beschäftigt haben, zu jenen Funktionen mehrerer Veränderlichen gehören, für die die unmittelbare Verallgemeinerung des Differenzierbarkeitsbegriffs von Funktionen einer Veränderlichen gilt: Sie lassen sich durch lineare Funktionen approximieren.

Wir wiederholen kurz die hier wesentlichen Fakten für differenzierbare Funktionen einer Veränderlichen (siehe ANALYSIS I, Kapitel 11):

Wiederholung: Differenzierbarkeit für Funktionen einer Veränderlichen

Eine Funktion $f : I \to \mathbb{R}$, $I \subseteq \mathbb{R}$ ein offenes Intervall, heißt differenzierbar in $x_0 \in I$, wenn es eine reelle Zahl a gibt, so daß

$$\lim_{h\to 0} \frac{f(x_0+h) - f(x_0) - ah}{h} = 0$$

bzw. gleichbedeutend damit

$$\lim_{h\to 0} \frac{f(x_0+h) - f(x_0) - ah}{|h|} = 0$$

gilt. Dies läßt sich so interpretieren: f ist in x_0 genau dann differenzierbar, wenn es eine lineare Funktion (im Sinne von Definition (15.10), Seite 6)

$$\varphi : \mathbb{R} \to \mathbb{R}$$

gibt, so daß

$$\lim_{h\to 0} \frac{f(x_0+h) - f(x_0) - \varphi(h)}{|h|} = 0$$

ist. Nach (15.12)(1), Seite 7, ist nämlich $\varphi(h) = ah$ für eine reelle Zahl a. *Die lineare Funktion φ approximiert* also die Funktion

$$h \mapsto f(x_0+h) - f(x_0)$$

in der Nähe von h=0 bzw. die Funktion

$$x \mapsto f(x) - f(x_0)$$

in der Nähe von x_0 (setzen Sie $x := x_0+h$).

φ ist durch den Koeffizienten a eindeutig bestimmt. Wir haben a die Ableitung von f in x_0 genannt. Wir können daher genauso gut φ als Ableitung von f in x_0 bezeichnen. Das ist zunächst ungewohnt (eine Funktion = Ableitung in einem Punkt), wird Ihnen aber das Verständnis für die Differenzierbarkeit von Funktionen im $\mathbb{R}^n$ erleichtern.

Zum Schluß dieser Wiederholung noch eine Bemerkung: Die reelle Zahl $a = f'(x_0)$, aufgefaßt als (1×1)-Matrix (a), ist die Matrix, die die lineare Abbildung $\varphi : \mathbb{R} \to \mathbb{R}$ beschreibt (siehe Bemerkung (18.23)(3), Seite 71).

DEFINITION.- Sei $U \subseteq \mathbb{R}^n$ eine offene Menge und $\mathring{x} \in U$ ein fest gewählter Punkt. Eine Funktion $f : U \to \mathbb{R}$ heißt *im Punkt $\mathring{x}$ linear approximierbar* oder *im Punkt $\mathring{x}$ total differenzierbar*, wenn es eine lineare Funktion $\varphi : \mathbb{R}^n \to \mathbb{R}$ gibt, so daß (21.68)

total differenzierbar in $\mathring{x}$

$$\lim_{\underline{h}\to 0} \frac{f(\mathring{x}+\underline{h}) - f(\mathring{x}) - \varphi(\underline{h})}{\|\underline{h}\|} = 0$$

ist. Die lineare Funktion φ oder die φ beschreibende (1×n)-Matrix A nennen wir *das totale Differential von f in $\mathring{x}$*, in Zeichen: $df_{\mathring{x}} := \varphi$ oder $df_{\mathring{x}} := A$.

totales Differential in $\mathring{x}$

Wie üblich nennen wir $f : U \to \mathbb{R}$ *total differenzierbar*, wenn f in jedem $\mathring{x} \in U$ total differenzierbar ist.

BEMERKUNGEN.- (1) Zur Unterscheidung von der skalaren Veränderlichen $h \in \mathbb{R}$ haben wir die vektorielle Veränderliche in (21.68) mit $\underline{h}$ bezeichnet. (21.69)

(2) Das totale Differential $df_{\mathring{x}}$ ist im Fall n=1 die Ableitung von f in $\mathring{x}$.

(3) Der Index $\mathring{x}$ am Symbol $df_{\mathring{x}}$ soll andeuten, daß das totale Differential, also die lineare Funktion bzw. die darstellende Matrix, im allgemeinen von der Wahl des Punktes $\mathring{x}$ abhängt.

(4) Ist f in $\mathring{x}$ total differenzierbar und $df_{\mathring{x}} : \mathbb{R}^n \to \mathbb{R}$ die (eindeutig bestimmte) approximierende lineare Funktion, so gilt

$$\lim_{\underline{h}\to 0} \frac{f(\mathring{x}+\underline{h}) - f(\mathring{x}) - df_{\mathring{x}}(\underline{h})}{\|\underline{h}\|} = 0.$$

Ist dagegen $df_{\mathring{x}}$ die beschreibende $(1\times n)$-Matrix, also ein Zeilenvektor $(a_1,\ldots,a_n) \in \mathbb{R}^n$, so treffen wir folgende

VEREINBARUNG: Wir schreiben

$$\lim_{\underline{h}\to 0} \frac{f(\mathring{x}+\underline{h}) - f(\mathring{x}) - df_{\mathring{x}}\cdot\underline{h}}{\|\underline{h}\|} = 0,$$

wobei im Produkt $df_{\mathring{x}}\cdot\underline{h}$ der Vektor $\underline{h}$ als Spaltenvektor zu schreiben ist, also

$$df_{\mathring{x}}\cdot\underline{h} = (a_1,\ldots,a_n)\cdot\begin{pmatrix} h_1\\ \vdots \\ h_n\end{pmatrix} = a_1h_1 + \ldots + a_nh_n.$$

Bevor wir die totale Differenzierbarkeit von stetig partiell differenzierbaren Funktionen beweisen, formulieren wir einen Darstellungssatz für diese Funktionen, den wir auch *Taylorformel erster Ordnung für f in $\mathring{x}$* nennen.

(21.70) SATZ.- Sei $U \subseteq \mathbb{R}^n$ eine offene Menge und $f: U \to \mathbb{R}$ stetig partiell differenzierbar. Dann gibt es zu jedem $\mathring{x} \in U$ eine in $\mathring{x}$ stetige Funktion $r: U \to \mathbb{R}$ mit $r(\mathring{x}) = 0$, so daß

Taylorformel erster Ordnung

$$f(x) = f(\mathring{x}) + \langle \operatorname{grad} f(\mathring{x}), x-\mathring{x}\rangle + \|x-\mathring{x}\|\, r(x)$$

für alle $x \in U$.

Der Beweis dieses Satzes ist eine Übung für den Umgang mit stetigen Funktionen von n Veränderlichen. Wenn Sie diesen Umgang üben wollen, arbeiten Sie den Beweis durch; andernfalls lesen Sie bei Satz (21.71) weiter.

BEWEIS.- Sei $\mathring{x} = (\mathring{x}_1,\ldots,\mathring{x}_n) \in U$ beliebig, aber fest gewählt. Nach dem Darstellungssatz (21.35), Seite 133, gibt es in $\mathring{x}$ stetige Funktionen $r_i: U \to \mathbb{R}$, $i = 1,\ldots,n$, mit $r_i(\mathring{x}) = \frac{\partial f}{\partial x_i}(\mathring{x})$, so daß

$$f(x) = f(\mathring{x}) + \sum_{i=1}^{n} (x_i - \mathring{x}_i)\, r_i(x) \qquad \text{für alle } x \in U.$$

Durch

$$r_i^*(x) := r_i(x) - \frac{\partial f}{\partial x_i}(\mathring{x}), \quad x \in U,$$

werden in $\mathring{x}$ stetige Funktionen $r_i^*: U \to \mathbb{R}$ definiert mit den Eigenschaften:

$$r_i^*(\mathring{x}) = 0, \quad r_i(x) = r_i^*(x) + \frac{\partial f}{\partial x_i}(\mathring{x}) \quad \text{für alle } x \in U.$$

Es folgt

$$\begin{aligned} f(x) &= f(\mathring{x}) + \sum_{i=1}^{n} (x_i-\mathring{x}_i)\left(r_i^*(x) + \frac{\partial f}{\partial x_i}(\mathring{x})\right) \\ &= f(\mathring{x}) + \sum_{i=1}^{n} (x_i-\mathring{x}_i)\frac{\partial f}{\partial x_i}(\mathring{x}) + \sum_{i=1}^{n} (x_i-\mathring{x}_i)\, r_i^*(x) \\ &= f(\mathring{x}) + \langle \operatorname{grad} f(\mathring{x}), x-\mathring{x}\rangle + \|x-\mathring{x}\| \sum_{i=1}^{n} \frac{x_i-\mathring{x}_i}{\|x-\mathring{x}\|}\, r_i^*(x) \end{aligned}$$

für alle $x \in U\setminus\{\mathring{x}\}$.

Wir brauchen nur noch zu zeigen, daß die Funktion $r: U \to \mathbb{R}$ mit

$$r(x) := \begin{cases} \displaystyle\sum_{i=1}^{n} \frac{x_i-\mathring{x}_i}{\|x-\mathring{x}\|}\, r_i^*(x) & \text{für } x \in U\setminus\{\mathring{x}\} \\ 0 & \text{für } x = \mathring{x} \end{cases}$$

in $\mathring{x}$ stetig ist. Dies ergibt sich so: Für $x \neq \mathring{x}$ ist

$$\frac{|x_i - \mathring{x}_i|}{\|x-\mathring{x}\|} \leq 1$$

und deshalb

$$\begin{aligned} |r(x)| &= \left|\sum_{i=1}^{n} \frac{x_i-\mathring{x}_i}{\|x-\mathring{x}\|}\, r_i^*(x)\right| \\ &\leq \sum_{i=1}^{n} \frac{|x_i-\mathring{x}_i|}{\|x-\mathring{x}\|}\, |r_i^*(x)| \\ &\leq \sum_{i=1}^{n} |r_i^*(x)|\,. \end{aligned}$$

Die zuletzt erhaltene Funktion ist in $\mathring{x}$ stetig und hat dort den Funktionswert 0. Ist also (a_k) eine Folge in $U\setminus\{\mathring{x}\}$ mit $\lim_{k\to\infty} a_k = \mathring{x}$, so gilt

$$|r(a_k)| \leq \sum_{i=1}^{n} |r_i^*(a_k)| \qquad \text{für alle } k \in \mathbb{N},$$

und auf der rechten Seite stehen die Glieder einer Nullfolge. Deshalb ist $(r(a_k))$ eine Nullfolge. Wir erhalten

$$\lim_{x\to\mathring{x}} r(x) = 0 = r(\mathring{x}),$$

also die Stetigkeit von r in $\mathring{x}$.

Den folgenden Satz sollten Sie sich gut einprägen!!

SATZ.- Sei $U \subseteq \mathbb{R}^n$ eine offene Menge und $f: U \to \mathbb{R}$ stetig partiell differenzierbar. (21.71)
Dann ist f in jedem Punkt $\mathring{x} \in U$ total differenzierbar, und zwar gilt

stetig partiell differenzierbar $\Rightarrow$ total differenzierbar

$$\lim_{\underline{h}\to 0} \frac{f(\mathring{x}+\underline{h}) - f(\mathring{x}) - \operatorname{grad} f(\mathring{x})\cdot\underline{h}}{\|\underline{h}\|} = 0,$$

d.h. $df_{\mathring{x}} = \operatorname{grad} f(\mathring{x})$.

BEWEIS.- Sei $\overset{\circ}{x} \in U$ beliebig, aber fest. Nach (21.70) gilt

$$f(x) = f(\overset{\circ}{x}) + \langle \operatorname{grad} f(\overset{\circ}{x}), x-\overset{\circ}{x}\rangle + \|x-\overset{\circ}{x}\|\, r(x)$$

für alle $x \in U$ mit einer in $\overset{\circ}{x}$ stetigen Funktion $r : U \to \mathbb{R}$, die $r(\overset{\circ}{x}) = 0$ erfüllt. Für $x \neq \overset{\circ}{x}$ ergibt sich aus dieser Darstellung

$$\frac{f(x)-f(\overset{\circ}{x})-\langle \operatorname{grad} f(\overset{\circ}{x}), x-\overset{\circ}{x}\rangle}{\|x-\overset{\circ}{x}\|} = r(x),$$

woraus wegen $\lim\limits_{x\to\overset{\circ}{x}} r(x) = r(\overset{\circ}{x}) = 0$ folgt

$$\lim_{x\to\overset{\circ}{x}} \frac{f(x)-f(\overset{\circ}{x})-\langle \operatorname{grad} f(\overset{\circ}{x}), x-\overset{\circ}{x}\rangle}{\|x-\overset{\circ}{x}\|} = 0.$$

Setzen wir $x-\overset{\circ}{x} =: \underline{h}$, so erhalten wir mit der Vereinbarung aus (21.69)(4)

$$\lim_{\underline{h}\to 0} \frac{f(\overset{\circ}{x}+\underline{h})-f(\overset{\circ}{x})-\operatorname{grad} f(\overset{\circ}{x})\cdot\underline{h}}{\|\underline{h}\|} = 0.$$

(21.72) BEMERKUNGEN.- (1) Satz (21.71) besagt, daß eine stetig partiell differenzierbare Funktion f in der Nähe eines Punktes $\overset{\circ}{x} \in U$ durch die lineare Funktion $\varphi : \mathbb{R}^n \to \mathbb{R}$ mit

$$\varphi(\underline{h}) = \varphi(h_1,\dots,h_n) = \frac{\partial f}{\partial x_1}(\overset{\circ}{x})h_1 + \dots + \frac{\partial f}{\partial x_n}(\overset{\circ}{x})h_n$$

approximiert wird.

(2) Die Umkehrung von (21.71) ist im allgemeinen falsch. Eine in $\overset{\circ}{x}$ total differenzierbare Funktion f braucht dort nicht stetig partiell differenzierbar zu sein. Ein Beispiel für diesen Sachverhalt ist die Funktion $f : \mathbb{R}^2 \to \mathbb{R}$ mit

$$f(x) = \begin{cases} \|x\|^2 \sin \dfrac{1}{\|x\|} & \text{für } x \in \mathbb{R}^2 \setminus \{0\} \\ 0 & \text{für } x = (0,0). \end{cases}$$

Es gilt jedoch eine "abgeschwächte" Umkehrung: Aus der totalen Differenzierbarkeit folgt die partielle Differenzierbarkeit, d.h. die partiellen Ableitungen brauchen nicht stetig zu sein. Dies steht unter anderem im nächsten Satz.

(21.73) SATZ.- Sei $U \subseteq \mathbb{R}^n$ eine offene Menge und $f : U \to \mathbb{R}$ total differenzierbar in $\overset{\circ}{x} \in U$. Dann gilt

total differenzierbar ⟹ partiell differenzierbar

(1) f ist partiell differenzierbar in $\overset{\circ}{x}$.

(2) Das totale Differential ist $df_{\overset{\circ}{x}} = \operatorname{grad} f(\overset{\circ}{x})$.

(3) Es gilt eine Darstellung

Taylor-Formel erster Ordnung

$$f(x) = f(\overset{\circ}{x}) + df_{\overset{\circ}{x}}\cdot(x-\overset{\circ}{x}) + \|x-\overset{\circ}{x}\|\, r(x) \text{ für alle } x\in U$$

mit einer in $\overset{\circ}{x}$ stetigen Funktion $r : U \to \mathbb{R}$, die $r(\overset{\circ}{x}) = 0$ erfüllt.

Bei der Lektüre des Beweises können Sie den Umgang mit den Definitionen der Begriffe total differenzierbar, partiell differenzierbar, stetig üben.

BEWEIS.- Die Funktion f ist in $\overset{\circ}{x}$ total differenzierbar, d.h. mit der $(1\times n)$-Matrix

$$df_{\overset{\circ}{x}} = (a_1,\dots,a_n)$$

gilt

$$\lim_{\underline{h}\to 0} \frac{f(\overset{\circ}{x}+\underline{h})-f(\overset{\circ}{x})-df_{\overset{\circ}{x}}\cdot\underline{h}}{\|\underline{h}\|} = 0.$$

Sei $r^*(\underline{h}) := \frac{1}{\|\underline{h}\|}(f(\overset{\circ}{x}+\underline{h})-f(\overset{\circ}{x})-df_{\overset{\circ}{x}}\cdot\underline{h})$ für $\underline{h}\neq 0$ und $r^*(0) = 0$. Dann ist r^* stetig in $\underline{h} = 0$, denn es gilt

$$\lim_{\underline{h}\to 0} r^*(\underline{h}) = 0 = r^*(0).$$

Nun sei $\underline{h} := h e_i$, $h \in \mathbb{R}\setminus\{0\}$, dann folgt $\|\underline{h}\| = |h|$ und

$$r^*(\underline{h}) = \frac{1}{|h|}(f(\overset{\circ}{x}+he_i)-f(\overset{\circ}{x})-h\, df_{\overset{\circ}{x}}\cdot e_i) = \frac{f(\overset{\circ}{x}+he_i)-f(\overset{\circ}{x})-h\,a_i}{h}\cdot\frac{h}{|h|}.$$

Es ist $\frac{h}{|h|} = \pm 1$, und h strebt genau dann gegen Null, wenn $\underline{h}$ gegen den Nullvektor strebt. Mit $\lim\limits_{\underline{h}\to 0} r^*(\underline{h}) = 0$ folgt daher

$$\lim_{h\to 0} \frac{f(\overset{\circ}{x}+he_i)-f(\overset{\circ}{x})-a_i h}{h} = 0,$$

d.h. f ist in $\overset{\circ}{x}$ partiell nach x_i differenzierbar und $a_i = \frac{\partial f}{\partial x_i}(\overset{\circ}{x})$. Also ist

$$df_{\overset{\circ}{x}} = (a_1,\dots,a_n) = \left(\frac{\partial f}{\partial x_1}(\overset{\circ}{x}),\dots,\frac{\partial f}{\partial x_n}(\overset{\circ}{x})\right) = \operatorname{grad} f(\overset{\circ}{x}).$$

Damit sind die Aussagen (1) und (2) bewiesen. (3) ergibt sich, wenn Sie $r(x) := r^*(x-\overset{\circ}{x})$, $x\in U$, setzen.

BEMERKUNG.- Die Darstellung einer in $\overset{\circ}{x}$ total differenzierbaren Funktion f wie in Satz (21.73) (3) spielt eine ähnlich wichtige Rolle wie die Darstellung einer stetig partiell differenzierbaren Funktion in Satz (21.35) auf Seite 133. Wir können entsprechende Folgerungen daraus ziehen: (21.74)

- Eine in $\overset{\circ}{x}$ total differenzierbare Funktion ist in $\overset{\circ}{x}$ stetig. total differenzierbar ⟹ stetig

- In der Kettenregel (21.38), Seite 133, kann die Voraussetzung "stetig partiell differenzierbar" durch "total differenzierbar" ersetzt werden.

- Eine total differenzierbare Funktion (d.h. eine in jedem Punkt ihres Definitionsbereiches total differenzierbare Funktion) besitzt in jedem Punkt Richtungsableitungen in allen Richtungen v, $\|v\| = 1$, und es gilt wie in (21.58), Seite 140:

$$D_v f(x) = \langle \text{grad } f(x), v \rangle.$$

(21.75) BEISPIEL.- Zur Untersuchung auf totale Differenzierbarkeit benutzen wir überwiegend Satz (21.71), d.h. wir untersuchen, ob eine gegebene Funktion stetig partiell differenzierbar ist.

Sei $f : \mathbb{R}^n \to \mathbb{R}$ eine lineare Funktion, d.h. es gilt

$$f(x_1,\ldots,x_n) = a_1x_1 + \ldots + a_nx_n$$

mit vorgegebenen reellen Zahlen $a_1,\ldots,a_n$.
Da

$$\frac{\partial f}{\partial x_i}(x) = a_i \quad \text{für alle } x \in \mathbb{R}^n$$

gilt, sind die partiellen Ableitungen stetig (da konstant), und f ist in jedem Punkt total differenzierbar.
Das totale Differential ist nach (21.73)(2)

$$df_{\overset{\circ}{x}} = \text{grad } f(\overset{\circ}{x}) = (a_1,\ldots,a_n)$$

in jedem Punkt $\overset{\circ}{x} \in \mathbb{R}^n$. Die zu dieser darstellenden $(1\times n)$-Matrix $(a_1,\ldots,a_n)$ gehörende lineare Funktion $\varphi = df_{\overset{\circ}{x}}$ hat die Gestalt

$$\varphi(\underline{h}) = a_1h_1 + \ldots + a_nh_n \quad \text{für alle } \underline{h} \in \mathbb{R}^n.$$

totales Differential von linearen Funktionen

Deshalb können wir auch sagen: Für jede lineare Funktion $f:\mathbb{R}^n \to \mathbb{R}$ und jeden Punkt $\overset{\circ}{x} \in \mathbb{R}^n$ ist

$$df_{\overset{\circ}{x}} = f.$$

A 29

AUFGABE 29.- Zeigen Sie, daß die Funktion $f : \mathbb{R}^3 \to \mathbb{R}$ mit

$$f(x) := \frac{1-\|x\|^2}{1+\|x\|^2}$$

total differenzierbar ist und bestimmen Sie in jedem Punkt des $\mathbb{R}^3$ das totale Differential von f.

A 30

AUFGABE 30.- Sei $f : \mathbb{R}^3 \to \mathbb{R}$ stetig partiell differenzierbar und grad $f(x) \neq 0$ für alle $x \in \mathbb{R}^3$. Sei ferner $c \in \mathbb{R}$, so daß $N_c(f) \neq \emptyset$ ist. Zeigen Sie: Die Tangentialebene an $N_c(f)$ im Punkt $\overset{\circ}{x} \in N_c(f)$ ist diejenige Niveaumenge der linearen Funktion $df_{\overset{\circ}{x}} : \mathbb{R}^3 \to \mathbb{R}$, die den Punkt $\overset{\circ}{x}$ enthält.

(21.76) BEMERKUNG.- In Physik und Technik wird Ihnen häufig die Schreibweise

$$df = \frac{\partial f}{\partial x_1}dx_1 + \ldots + \frac{\partial f}{\partial x_n}dx_n$$

für das totale Differential einer Funktion f von n Veränderlichen begegnen. Hier soll erläutert werden, wie diese Schreibweise zustande kommt.

(1) Für die linearen Funktionen $f : \mathbb{R}^n \to \mathbb{R}$ mit

$$f(x_1,\ldots,x_n) := x_i \;, \quad i \in \{1,\ldots,n\} \text{ fest,}$$

gilt nach Beispiel (21.75):

$$df_{\overset{\circ}{x}} = (0,\ldots,1,\ldots,0) = e_i.$$

Statt $df_{\overset{\circ}{x}}$ schreibt man (informativer)

$$(dx_i)_{\overset{\circ}{x}}$$

oder, da diese $(1\times n)$-Matrix oder lineare Funktion von $\overset{\circ}{x}$ unabhängig ist, noch kürzer

$$dx_i.$$

Also $dx_i = e_i$ oder: dx_i ist die lineare Abbildung $\mathbb{R}^n \to \mathbb{R}$ mit

$$dx_i(\underline{h}) = h_i.$$

(2) Sei $U \subseteq \mathbb{R}^n$ eine offene Menge und $f : U \to \mathbb{R}$ eine beliebige total differenzierbare Funktion; dann gilt in $\overset{\circ}{x} \in U$

$$df_{\overset{\circ}{x}} = \text{grad } f(\overset{\circ}{x}).$$

Also gilt für alle $\underline{h} \in \mathbb{R}^n$

$$\begin{aligned} df_{\overset{\circ}{x}}(\underline{h}) &= \text{grad } f(\overset{\circ}{x}) \cdot \underline{h} \\ &= \frac{\partial f}{\partial x_1}(\overset{\circ}{x})h_1 + \ldots + \frac{\partial f}{\partial x_n}(\overset{\circ}{x})h_n \\ &= \frac{\partial f}{\partial x_1}(\overset{\circ}{x})\cdot dx_1(\underline{h}) + \ldots + \frac{\partial f}{\partial x_n}(\overset{\circ}{x})\cdot dx_n(\underline{h}) \quad \text{nach (1)} \\ &= \left(\frac{\partial f}{\partial x_1}(\overset{\circ}{x})\cdot dx_1 + \ldots + \frac{\partial f}{\partial x_n}(\overset{\circ}{x})\cdot dx_n\right)(\underline{h}) \; (*) \end{aligned}$$

Nach Definition der Gleichheit von Funktionen folgt

$$df_{\overset{\circ}{x}} = \frac{\partial f}{\partial x_1}(\overset{\circ}{x})dx_1 + \ldots + \frac{\partial f}{\partial x_n}(\overset{\circ}{x})dx_n.$$

Dies ist eine Gleichung zwischen linearen Funktionen. Man schreibt meist noch kürzer

$$\boxed{df = \frac{\partial f}{\partial x_1}dx_1 + \ldots + \frac{\partial f}{\partial x_n}dx_n} \quad .$$

BEISPIEL.- Gegeben sei die Funktion $f : \mathbb{R}^2 \to \mathbb{R}$ mit (21.77)

$$f(x_1,x_2) := e^{x_1}\cos x_2.$$

Dann ist f total differenzierbar, da stetig partiell differenzierbar, und in jedem Punkt $x \in \mathbb{R}^2$ ist

(*) Hinter dieser Umformung steckt folgende Überlegung: Sind $f,g : \mathbb{R}^n \to \mathbb{R}$ lineare Funktionen und $\lambda,\mu \in \mathbb{R}$, so ist $(\lambda f+\mu g) : \mathbb{R}^n \to \mathbb{R}$ mit $(\lambda f+\mu g)(\underline{h}) := \lambda\cdot f(\underline{h})+\mu\cdot g(\underline{h})$ eine lineare Funktion.

$$df_x = \frac{\partial f}{\partial x_1}(x)\,dx_1 + \frac{\partial f}{\partial x_2}(x)\,dx_2$$
$$= e^{x_1}\cos x_2\,dx_1 - e^{x_1}\sin x_2\,dx_2 .$$

Im Nullpunkt gilt z.B.

$$df_o = dx_1 .$$

Total differenzierbare Vektorfelder

In Analogie zur Definition der totalen Differenzierbarkeit von Skalarfeldern in (21.68), Seite 144, werden wir ein Vektorfeld $f = (f_1,\ldots,f_m)$ in einem Punkt $\overset{\circ}{x}$ total differenzierbar nennen, wenn f in der Nähe von $\overset{\circ}{x}$ durch eine lineare Abbildung $\varphi : \mathbb{R}^n \to \mathbb{R}^m$ approximiert werden kann. Wie Sie wissen, läßt sich φ als m-Tupel von linearen Funktionen $(\varphi_1,\ldots,\varphi_m)$ schreiben (siehe Kapitel 18), und es ist zu erwarten, daß jedes φ_i die entsprechende Koordinatenfunktion f_i linear approximiert.

(21.78) total differenzierbares Vektorfeld

Definition.- Sei $U \subseteq \mathbb{R}^n$ eine offene Menge. Ein Vektorfeld $f : U \to \mathbb{R}^m$ heißt *im Punkt $\overset{\circ}{x} \in U$ total differenzierbar*, wenn es eine lineare Abbildung $\varphi : \mathbb{R}^n \to \mathbb{R}^m$ gibt, so daß

$$\lim_{\underline{h}\to o} \frac{1}{\|\underline{h}\|}\left(f(\overset{\circ}{x}+\underline{h}) - f(\overset{\circ}{x}) - \varphi(\underline{h})\right) = 0$$

ist. Die lineare Abbildung φ oder die φ (bezüglich der kanonischen Basen) beschreibende $(m\times n)$-Matrix A heißt *totales Differential von f in $\overset{\circ}{x}$* und wird mit $df_{\overset{\circ}{x}}$ bezeichnet.

totales Differential

Mit dem Satz über die koordinatenweise Konvergenz (21.21), Seite 128, erhält man, daß ein Vektorfeld $(f_1,\ldots,f_m) : U \to \mathbb{R}^m$ genau dann in $\overset{\circ}{x} \in U$ total differenzierbar ist, wenn jede Koordinatenfunktion f_i diese Eigenschaft hat. Wir wollen dies nicht beweisen, sondern zu einem gegebenen total differenzierbaren Vektorfeld das totale Differential $df_{\overset{\circ}{x}}$ bestimmen.

(21.79)

Satz.- Sei $U \subseteq \mathbb{R}^n$ eine offene Menge und $f = (f_1,\ldots,f_m) : U \to \mathbb{R}^m$ ein im Punkt $\overset{\circ}{x} \in U$ total differenzierbares Vektorfeld. Dann gilt:

(1) f ist in $\overset{\circ}{x}$ partiell differenzierbar und

(2) das totale Differential von f in $\overset{\circ}{x}$ ist die $(m\times n)$-Matrix

$$df_{\overset{\circ}{x}} = \begin{pmatrix} \operatorname{grad} f_1(\overset{\circ}{x}) \\ \vdots \\ \operatorname{grad} f_m(\overset{\circ}{x}) \end{pmatrix} = \begin{pmatrix} \frac{\partial f_1}{\partial x_1}(\overset{\circ}{x}) & \cdots & \frac{\partial f_1}{\partial x_n}(\overset{\circ}{x}) \\ \vdots & & \vdots \\ \frac{\partial f_m}{\partial x_1}(\overset{\circ}{x}) & \cdots & \frac{\partial f_m}{\partial x_n}(\overset{\circ}{x}) \end{pmatrix} .$$

Der BEWEIS ergibt sich aus dem entsprechenden Satz (21.73) für Skalarfelder. Wir verzichten auf die Einzelheiten.

Bezeichnung.- Die das totale Differential $df_{\overset{\circ}{x}}$ eines total differenzierbaren Vektorfeldes $f = (f_1,\ldots,f_m) : U \to \mathbb{R}^m$ beschreibende $(m\times n)$-Matrix (21.80)

$$\begin{pmatrix} \frac{\partial f_1}{\partial x_1}(\overset{\circ}{x}) & \cdots & \frac{\partial f_1}{\partial x_n}(\overset{\circ}{x}) \\ \vdots & & \vdots \\ \frac{\partial f_m}{\partial x_1}(\overset{\circ}{x}) & \cdots & \frac{\partial f_m}{\partial x_n}(\overset{\circ}{x}) \end{pmatrix}$$

Funktionalmatrix

heißt auch *Funktionalmatrix von f im Punkt $\overset{\circ}{x}$* oder *Jacobi-Matrix von f in $\overset{\circ}{x}$* (in Zeichen: $J_f(\overset{\circ}{x})$).

Jacobi-Matrix

Im Fall m=1 ist die Funktionalmatrix die $(1\times n)$-Matrix $\operatorname{grad} f(\overset{\circ}{x})$.
Ist $df_{\overset{\circ}{x}}$ die Funktionalmatrix des in $\overset{\circ}{x}$ total differenzierbaren Vektorfeldes f, so gilt nach Definition (21.78)

$$\lim_{\underline{h}\to o} \frac{1}{\|\underline{h}\|}\left(f(\overset{\circ}{x}+\underline{h}) - f(\overset{\circ}{x}) - df_{\overset{\circ}{x}}\cdot\underline{h}\right) = 0 .$$

Dabei ist in dem Matrizenprodukt $df_{\overset{\circ}{x}}\cdot\underline{h}$ vereinbarungsgemäß $\underline{h} \in \mathbb{R}^n$ als Spaltenvektor und das Ergebnis $df_{\overset{\circ}{x}}\cdot\underline{h}$ wieder als Zeilenvektor des $\mathbb{R}^m$ zu schreiben. (*)

Beispiel.- Wir bestimmen in jedem Punkt $x \in \mathbb{R}^3 \setminus \{0\}$ die Funktionalmatrix des Gravitationskraftfeldes F mit $(\gamma m M = 1)$ (21.81)

$$F(x) = -\frac{1}{\|x\|^3}\,x .$$

Sie wissen bereits, daß die Koordinatenfunktionen f_i die Gestalt

(*) Exakter, aber nicht unbedingt übersichtlicher, müßte es so sein: Der Zeilenvektor $\underline{h} \in \mathbb{R}^n$ wird zum Spaltenvektor $\underline{h}^T$ gemacht, dann das Produkt $df_{\overset{\circ}{x}}\cdot\underline{h}^T$ berechnet und dieser Spaltenvektor zu einem Zeilenvektor $(df_{\overset{\circ}{x}}\cdot\underline{h}^T)^T$ des $\mathbb{R}^m$ gemacht. Dieser ist gleich $(\underline{h}^T)^T\cdot df_{\overset{\circ}{x}}^T = \underline{h}\cdot df_{\overset{\circ}{x}}^T$.

$$f_1(x) = -\frac{x_1}{\|x\|^3},\quad f_2(x) = -\frac{x_2}{\|x\|^3},\quad f_3(x) = -\frac{x_3}{\|x\|^3},$$

$$x \in \mathbb{R}^3 \setminus \{0\},$$

haben. Die partiellen Ableitungen der f_i ergeben sich zu

$$\frac{\partial f_i}{\partial x_i}(x) = \frac{3x_i^2 - \|x\|^2}{\|x\|^5} \quad \text{für } i = 1,2,3,$$

$$\frac{\partial f_i}{\partial x_j}(x) = \frac{3x_i x_j}{\|x\|^5} \quad \text{für } i \neq j.$$

Also gilt in jedem Punkt $x \in \mathbb{R}^3 \setminus \{0\}$: F ist wegen der Stetigkeit der partiellen Ableitungen total differenzierbar, und die Funktionalmatrix lautet:

$$dF_x = \frac{1}{\|x\|^5}\begin{pmatrix} 3x_1^2 - \|x\|^2 & 3x_1x_2 & 3x_1x_3 \\ 3x_2x_1 & 3x_2^2 - \|x\|^2 & 3x_2x_3 \\ 3x_3x_1 & 3x_3x_2 & 3x_3^2 - \|x\|^2 \end{pmatrix}$$

A 31 *AUFGABE 31.- Das Vektorfeld $f : \mathbb{R}^2 \to \mathbb{R}^2$ sei gegeben durch*

$$f(x_1,x_2) := ((x_1-x_2)^2, (x_1+x_2)^3).$$

Begründen Sie, daß f in jedem Punkt des $\mathbb{R}^3$ total differenzierbar ist, und berechnen Sie die Funktionalmatrix. Gibt es Punkte des $\mathbb{R}^2$, in denen die Funktionalmatrix invertierbar ist?

A 32 *AUFGABE 32.- Sei $U := \{(x_1,x_2) \in \mathbb{R}^2 \mid x_1 > 0\}$ und $f : U \to \mathbb{R}^2$ definiert durch*

$$f(x_1,x_2) := \left(\sqrt{x_1^2+x_2^2},\ \arctan\frac{x_2}{x_1}\right).$$

Bestimmen Sie in jedem Punkt $x \in U$ die Funktionalmatrix df_x und deren Determinante. (Die Funktion f beschreibt in der "rechten Halbebene" U den Wechsel von kartesischen Koordinaten (x_1,x_2) zu Polarkoordinaten (r,θ), wobei $r = \sqrt{x_1^2+x_2^2}$ und $\theta = \arctan\frac{x_2}{x_1}$. Vergleichen Sie mit der Polarform komplexer Zahlen.)

Die Kettenregel

In den Anwendungen der Mathematik kommt es häufig vor, daß die Beschreibung eines "Vorgangs" mit Hilfe kartesischer Koordinaten unzweckmäßig ist, da die Formeln kompliziert sind. Geht man zu anderen Koordinaten über, so ergeben sich erhebliche Vereinfachungen.

Ist etwa $f : \mathbb{R}^2 \to \mathbb{R}^3$ gegeben, so kann man jeden Punkt $(x_1,x_2) \neq (0,0)$ durch genau ein Paar von Polarkoordinaten (r,θ) mit $r > 0$ und $\theta \in [0,2\pi[$ beschreiben:

$$x_1 = r\cos\theta,$$
$$x_2 = r\sin\theta.$$

Polarkoordinaten im $\mathbb{R}^2$

Statt das Vektorfeld f zu untersuchen, untersucht man das auf Polarkoordinaten transformierte Vektorfeld

$$\tilde{f}(r,\theta) := f(r\cos\theta, r\sin\theta).$$

$\tilde{f}$ ist die Komposition von f mit dem Vektorfeld g

$$(r,\theta) \mapsto g(r,\theta) := (r\cos\theta, r\sin\theta).$$

Es entsteht die Frage, wie läßt sich das totale Differential (bzw. wie lassen sich die partiellen Ableitungen) von $\tilde{f}$ berechnen, wenn f und g total differenzierbar sind. Die Antwort gibt die Kettenregel (siehe auch Beispiel (21.84)).

SATZ.- Seien $U \subseteq \mathbb{R}^n$ und $V \subseteq \mathbb{R}^m$ offene Mengen. Es sei $g : U \to \mathbb{R}^m$ in $\mathring{x} \in U$ total differenzierbar und $g(U) \subseteq V$. Ferner sei $f : V \to \mathbb{R}^p$ in $\mathring{y} = g(\mathring{x}) \in V$ total differenzierbar. Dann gilt: (21.82)

Kettenregel

$f \circ g : U \to \mathbb{R}^p$ ist in $\mathring{x}$ total differenzierbar, und für die Funktionalmatrix gilt

$$d(f \circ g)_{\mathring{x}} = df_{g(\mathring{x})} \cdot dg_{\mathring{x}}\ .$$

Den BEWEIS der Kettenregel finden Sie zum Beispiel bei Blatter, Analysis II, Seite 155. Er wird dort mit Hilfe der Taylorformel erster Ordnung aus (21.73)(3) geführt, die gleichlautend für Vektorfelder gilt. Wenn Sie nun noch wissen, daß aus einer Darstellung, wie in (21.73)(3), auf die totale Differenzierbarkeit in $\mathring{x}$ geschlossen werden kann, werden Sie den zitierten Beweis verstehen können.

Wir wollen die "kompakte" Information der Kettenregel (21.82) ausführlich erläutern.

ERLÄUTERUNGEN zur Kettenregel.- (1) Es sei $f = (f_1,\dots,f_p)$ und $g = (g_1,\dots,g_m)$. Die Koordinatenfunktionen von $f \circ g : U \to \mathbb{R}^p$ seien mit $(f\circ g)_1,\dots,(f\circ g)_p$ bezeichnen. Dann gilt für jedes $x \in U$ (21.83)

$$(f\circ g)(x) = f(g(x)) = (f_1(g(x)),\dots,f_p(g(x)))$$
$$= (f_1\circ g(x),\dots,f_p\circ g(x)).$$

Andererseits gilt

$$(f\circ g)(x) = ((f\circ g)_1(x),\dots,(f\circ g)_p(x)).$$

Also haben die Koordinatenfunktionen von $f\circ g$ die Gestalt

$$\boxed{(f\circ g)_k = f_k \circ g\ ,\quad k = 1,\dots,p}\ .$$

(2) Die Funktionalmatrix von g in $\mathring{x}$ ist eine $(m\times n)$-Matrix, und zwar

$$dg_{\overset{\circ}{x}} = \begin{pmatrix} \frac{\partial g_1}{\partial x_1}(\overset{\circ}{x}) & \cdots & \frac{\partial g_1}{\partial x_n}(\overset{\circ}{x}) \\ \vdots & & \vdots \\ \frac{\partial g_m}{\partial x_1}(\overset{\circ}{x}) & \cdots & \frac{\partial g_m}{\partial x_n}(\overset{\circ}{x}) \end{pmatrix} = \left(\frac{\partial g_i}{\partial x_j}(\overset{\circ}{x})\right)_{\substack{1\le i\le m\\ 1\le j\le n}} .$$

Die Funktionalmatrix von f in $\overset{\circ}{y}$ ist eine $(p\times m)$-Matrix, und zwar, wenn wir die Koordinaten des $\mathbb{R}^m$ mit y_i bezeichnen,

$$df_{\overset{\circ}{y}} = \begin{pmatrix} \frac{\partial f_1}{\partial y_1}(\overset{\circ}{y}) & \cdots & \frac{\partial f_1}{\partial y_m}(\overset{\circ}{y}) \\ \vdots & & \vdots \\ \frac{\partial f_p}{\partial y_1}(\overset{\circ}{y}) & \cdots & \frac{\partial f_p}{\partial y_m}(\overset{\circ}{y}) \end{pmatrix} = \left(\frac{\partial f_k}{\partial y_i}(\overset{\circ}{y})\right)_{\substack{1\le k\le p\\ 1\le i\le m}} .$$

Die Kettenregel besagt, daß die Funktionalmatrix von $f\circ g$ in $\overset{\circ}{x}$ gleich dem Produkt $df_{g(\overset{\circ}{x})}\cdot dg_{\overset{\circ}{x}}$ ist.

Wegen (1) ist

$$d(f\circ g)_{\overset{\circ}{x}} = \left(\frac{\partial(f_k\circ g)}{\partial x_j}(\overset{\circ}{x})\right)_{\substack{1\le k\le p\\ 1\le j\le n}} .$$

Mit den Erläuterungen zum Matrizenprodukt in (18.27)(5), Seite 73, ergibt sich

Kettenregel

$$\frac{\partial(f_k\circ g)}{\partial x_j}(\overset{\circ}{x}) = \sum_{i=1}^{m} \frac{\partial f_k}{\partial y_i}(g(\overset{\circ}{x}))\cdot \frac{\partial g_i}{\partial x_j}(\overset{\circ}{x})$$

$$\text{für } k=1,\dots,p \text{ und } j=1,\dots,n.$$

In dieser Form werden Sie die Kettenregel überwiegend benutzen. Wir notieren nun noch einige Spezialfälle der Kettenregel.

(3) Ist p=1, also f ein Skalarfeld, so berechnen sich die partiellen Ableitungen von $f\circ g: U \longrightarrow \mathbb{R}$ in $\overset{\circ}{x}$ wie folgt:

Spezialfall p = 1

$$\frac{\partial(f\circ g)}{\partial x_j}(\overset{\circ}{x}) = \sum_{i=1}^{m} \frac{\partial f}{\partial y_i}(g(\overset{\circ}{x}))\cdot \frac{\partial g_i}{\partial x_j}(\overset{\circ}{x}), \quad j=1,\dots,n.$$

(4) Ist p=1 und n=1, also $g:\mathbb{R}\longrightarrow\mathbb{R}^m$ und $f:\mathbb{R}^m\longrightarrow\mathbb{R}$, so erhalten wir den schon in (21.38), Seite 133, notierten Spezialfall der Kettenregel ($\overset{\circ}{x} = t_o \in \mathbb{R}$)

Spezialfall n = p = 1

$$\frac{d(f\circ g)}{dt}(t_o) = \sum_{i=1}^{m} \frac{\partial f}{\partial y_i}(g(t_o))\cdot \frac{dg_i}{dt}(t_o) = \langle \operatorname{grad} f(g(t_o)), g'(t_o)\rangle .$$

(5) Sei p=1 und n=m=2, $\overset{\circ}{x} = (\overset{\circ}{x}_1,\overset{\circ}{x}_2)$ und $g(\overset{\circ}{x}) = \overset{\circ}{y} = (\overset{\circ}{y}_1,\overset{\circ}{y}_2)$. Für $h := f\circ g = f\circ(g_1,g_2)$ gilt dann

$$h(x_1,x_2) = f(g_1(x_1,x_2),g_2(x_1,x_2)),\quad (x_1,x_2)\in U,$$

und mit dem Ergebnis aus (2):

Spezialfall p=1, n=m=2

$$\frac{\partial h}{\partial x_1}(\overset{\circ}{x}_1,\overset{\circ}{x}_2) = \frac{\partial f}{\partial y_1}(\overset{\circ}{y}_1,\overset{\circ}{y}_2)\cdot\frac{\partial g_1}{\partial x_1}(\overset{\circ}{x}_1,\overset{\circ}{x}_2) + \frac{\partial f}{\partial y_2}(\overset{\circ}{y}_1,\overset{\circ}{y}_2)\cdot\frac{\partial g_2}{\partial x_1}(\overset{\circ}{x}_1,\overset{\circ}{x}_2),$$

$$\frac{\partial h}{\partial x_2}(\overset{\circ}{x}_1,\overset{\circ}{x}_2) = \frac{\partial f}{\partial y_1}(\overset{\circ}{y}_1,\overset{\circ}{y}_2)\cdot\frac{\partial g_1}{\partial x_2}(\overset{\circ}{x}_1,\overset{\circ}{x}_2) + \frac{\partial f}{\partial y_2}(\overset{\circ}{y}_1,\overset{\circ}{y}_2)\cdot\frac{\partial g_2}{\partial x_2}(\overset{\circ}{x}_1,\overset{\circ}{x}_2).$$

Hierfür schreibt man oft kürzer, allerdings ungenauer:

$$\frac{\partial h}{\partial x_1} = \frac{\partial f}{\partial y_1}\cdot\frac{\partial g_1}{\partial x_1} + \frac{\partial f}{\partial y_2}\cdot\frac{\partial g_2}{\partial x_1} \quad \text{und}$$

$$\frac{\partial h}{\partial x_2} = \frac{\partial f}{\partial y_1}\cdot\frac{\partial g_1}{\partial x_2} + \frac{\partial f}{\partial y_2}\cdot\frac{\partial g_2}{\partial x_2} .$$

Häufig wird dafür mit der Abkürzung $y_1=g_1(x_1,x_2)$ und $y_2 = g_2(x_1,x_2)$ auch geschrieben

$$\frac{\partial h}{\partial x_1} = \frac{\partial f}{\partial y_1}\cdot\frac{\partial y_1}{\partial x_1} + \frac{\partial f}{\partial y_2}\cdot\frac{\partial y_2}{\partial x_1},\quad \frac{\partial h}{\partial x_2} = \frac{\partial f}{\partial y_1}\cdot\frac{\partial y_1}{\partial x_2} + \frac{\partial f}{\partial y_2}\cdot\frac{\partial y_2}{\partial x_2}.$$

BEISPIEL.- Sei $f:\mathbb{R}^2 \longrightarrow \mathbb{R}$ eine total differenzierbare Funktion (z.B. die Temperaturverteilung einer dünnen Platte). Nach Einführung von Polarkoordinaten (r,θ) im $\mathbb{R}^2$, also (21.84)

$$x_1 = r\cos\theta,$$
$$x_2 = r\sin\theta,$$

kann man f als Funktion von r und θ auffassen:

$$h(r,\theta) := f(r\cos\theta, r\sin\theta).$$

Die Funktion $g(r,\theta) := (r\cos\theta, r\sin\theta)$ ist auf der offenen Menge $U := \{(r,\theta) \mid r>0, \theta\in\,]0,2\pi[\,\}$ total differenzierbar, da die Koordinatenfunktionen

$$g_1(r,\theta) = r\cos\theta \quad\text{und}\quad g_2(r,\theta) = r\sin\theta$$

stetig partiell differenzierbar sind.
Mit dem Spezialfall (21.83)(5) der Kettenregel und

$$\frac{\partial g_1}{\partial r}(r,\theta) = \cos\theta, \quad \frac{\partial g_1}{\partial\theta}(r,\theta) = -r\sin\theta,$$
$$\frac{\partial g_2}{\partial r}(r,\theta) = \sin\theta, \quad \frac{\partial g_2}{\partial\theta}(r,\theta) = r\cos\theta$$

folgt:

$$\frac{\partial h}{\partial r}(r,\theta) = \frac{\partial f}{\partial x_1}\cos\theta + \frac{\partial f}{\partial x_2}\sin\theta,$$

$$\frac{\partial h}{\partial\theta}(r,\theta) = -r\frac{\partial f}{\partial x_1}\sin\theta + r\frac{\partial f}{\partial x_2}\cos\theta . \qquad (+)$$

Dabei bedeutet zum Beispiel $\frac{\partial f}{\partial x_1}$ genauer: $\frac{\partial f}{\partial x_1}(r\cos\theta, r\sin\theta)$.

Meistens wird in diesem Zusammenhang auch kein neues Funktionssymbol h eingeführt, sondern man sagt: Nach Einführung von Polarkoordinaten (r,θ) lauten die partiellen Ableitungen "von f" in den neuen Koordinaten:

$$\frac{\partial f}{\partial r} = \frac{\partial f}{\partial x_1}\cdot\cos\theta + \frac{\partial f}{\partial x_2}\sin\theta\,,$$

$$\frac{\partial f}{\partial \theta} = -r\,\frac{\partial f}{\partial x_1}\cdot\sin\theta + r\,\frac{\partial f}{\partial x_2}\cos\theta\ .$$

Gemeint sind damit die Gleichungen (+).
In dieser Schreibweise folgt etwa:

$$\left(\frac{\partial f}{\partial x_1}\right)^2 + \left(\frac{\partial f}{\partial x_2}\right)^2 = \left(\frac{\partial f}{\partial r}\right)^2 + \frac{1}{r^2}\left(\frac{\partial f}{\partial \theta}\right)^2\ ,\quad r>0.$$

A 33 *AUFGABE 33.- Sei $f:\mathbb{R}^2\to\mathbb{R}$ total differenzierbar und seien $a,b,c,d\in\mathbb{R}$. Durch $x_1 = ay_1+by_2$, $x_2 = cy_1+dy_2$ werden neue Koordinaten (y_1,y_2) im $\mathbb{R}^2$ eingeführt. Berechnen Sie die partiellen Ableitungen von f in diesen neuen Koordinaten.*

A 34 *AUFGABE 34.- Ein Teilchen der Masse m bewege sich auf einer Bahn C im $\mathbb{R}^3$. Die Kurve C verlaufe auf einer Fläche, die gegeben ist als Graph der total differenzierbaren Funktion $f:\mathbb{R}^2\to\mathbb{R}$. Die Projektion der Bahn C in die x_1-x_2-Ebene sei ein Kurve, die durch die differenzierbare Parameterdarstellung $g:\mathbb{R}\to\mathbb{R}^2$, $g(t) = (x_1(t),x_2(t))$, beschrieben wird. Zeigen Sie: Die kinetische Energie $\frac{1}{2}m\,\|v(t)\|^2$ des Teilchens zur Zeit t beträgt:*

$$\frac{1}{2}m\left[\left(1+\left(\frac{\partial f}{\partial x_1}\right)^2\right)\dot{x}_1^2 + 2\,\frac{\partial f}{\partial x_1}\cdot\frac{\partial f}{\partial x_2}\,\dot{x}_1\dot{x}_2 + \left(1+\left(\frac{\partial f}{\partial x_2}\right)^2\right)\dot{x}_2^2\right],$$

wobei die partiellen Ableitungen von f jeweils an der Stelle g(t) zu nehmen sind.

(21.85) BEISPIELE.- (1) Eine Funktion h von zwei Veränderlichen x und y sei gegeben durch

$$h(x,y) := f(u(x,y),v(x,y))\,,$$

wobei $u(x,y) := e^{-x-y}$, $v(x,y) := e^{xy}$ für alle $(x,y)\in\mathbb{R}^2$ und

$$f(u,v) := \frac{u^2+v^2}{u^2-v^2}\qquad\text{für } |u|\neq|v|$$

gelte. Im Definitionsbereich von h sind die partiellen Ableitungen von h zu berechnen, sofern sie existieren.

Die Komposition $f(u(x,y),v(x,y))$ ist für alle jene $(x,y)\in\mathbb{R}^2$ definiert, für die $e^{-x-y}\neq e^{xy}$ ist. Das sind alle Punkte der offenen Menge

$$U = \{(x,y)\in\mathbb{R}^2 \mid y\neq\frac{-x}{1+x},\ x\neq -1\}.$$

Die Funktionen u und v sind stetig partiell differenzierbar, also ist das Vektorfeld

$$(x,y)\mapsto(u(x,y),v(x,y))$$

total differenzierbar.
f ist ebenfalls stetig partiell differenzierbar und damit total differenzierbar. Die Kettenregel liefert für $(x,y)\in U$:

$$\frac{\partial h}{\partial x}(x,y) = \frac{\partial f}{\partial u}(u(x,y),v(x,y))\cdot\frac{\partial u}{\partial x}(x,y) + \frac{\partial f}{\partial v}(u(x,y),v(x,y))\cdot\frac{\partial v}{\partial x}(x,y)$$

$$\frac{\partial h}{\partial y}(x,y) = \frac{\partial f}{\partial u}(u(x,y),v(x,y))\cdot\frac{\partial u}{\partial y}(x,y) + \frac{\partial f}{\partial v}(u(x,y),v(x,y))\cdot\frac{\partial v}{\partial y}(x,y)$$

Mit

$$\frac{\partial f}{\partial u}(u,v) = \frac{-4uv^2}{(u^2-v^2)^2}\quad\text{und}\quad\frac{\partial f}{\partial v}(u,v) = \frac{4vu^2}{(u^2-v^2)^2}$$

sowie

$$\frac{\partial u}{\partial x}(x,y) = -e^{-x-y},\quad\frac{\partial u}{\partial y}(x,y) = -e^{-x-y},$$

$$\frac{\partial v}{\partial x}(x,y) = ye^{xy},\quad\frac{\partial v}{\partial y}(x,y) = xe^{xy}$$

folgt

$$\frac{\partial h}{\partial x}(x,y) = \frac{4e^{-x-y}e^{xy}}{(e^{-2x-2y}-e^{2xy})^2}(e^{xy}e^{-x-y}+ye^{-x-y}e^{xy})$$

$$= \frac{4e^{-2x-2y}e^{2xy}}{(e^{-2x-2y}-e^{2xy})^2}(1+y)$$

und

$$\frac{\partial h}{\partial y}(x,y) = \frac{4e^{-2x-2y}e^{2xy}}{(e^{-2x-2y}-e^{2xy})^2}(1+x)\ .$$

Zu denselben Resultaten gelangen Sie natürlich, wenn Sie

$$h(x,y) = \frac{e^{-2x-2y}+e^{2xy}}{e^{-2x-2y}-e^{2xy}}$$

nach x bzw. nach y partiell differenzieren.

(2) Sei $f:\mathbb{R}^3\to\mathbb{R}$ total differenzierbar.
Behauptung: Für die auf dem $\mathbb{R}^3$ definierte Funktion h

$$(x,y,z)\mapsto f(x-y,y-z,z-x)$$

gilt:

$$\frac{\partial h}{\partial x}+\frac{\partial h}{\partial y}+\frac{\partial h}{\partial z} = 0\quad\text{in jedem Punkt } (x,y,z)\in\mathbb{R}^3.$$

Beweis: h ist als Komposition total differenzierbarer Funktionen auch total differenzierbar, und die Kettenregel liefert mit $g_1(x,y,z)=x-y$, $g_2(x,y,z)=y-z$, $g_3(x,y,z)=z-x$:

$$\frac{\partial h}{\partial x} = \frac{\partial f}{\partial x_1}\cdot\frac{\partial g_1}{\partial x} + \frac{\partial f}{\partial x_2}\cdot\frac{\partial g_2}{\partial x} + \frac{\partial f}{\partial x_3}\cdot\frac{\partial g_3}{\partial x}$$

$$= \frac{\partial f}{\partial x_1} - \frac{\partial f}{\partial x_3}\ ,$$

$$\frac{\partial h}{\partial y} = \frac{\partial f}{\partial x_1} \cdot \frac{\partial g_1}{\partial y} + \frac{\partial f}{\partial x_2} \cdot \frac{\partial g_2}{\partial y} + \frac{\partial f}{\partial x_3} \cdot \frac{\partial g_3}{\partial y}$$

$$= - \frac{\partial f}{\partial x_1} + \frac{\partial f}{\partial x_2} \, ,$$

$$\frac{\partial h}{\partial z} = \frac{\partial f}{\partial x_1} \cdot \frac{\partial g_1}{\partial z} + \frac{\partial f}{\partial x_2} \cdot \frac{\partial g_2}{\partial z} + \frac{\partial f}{\partial x_3} \cdot \frac{\partial g_3}{\partial z}$$

$$= - \frac{\partial f}{\partial x_2} + \frac{\partial f}{\partial x_3} \, ,$$

dabei sind alle partiellen Ableitungen der g_i im Punkt (x,y,z) und alle partiellen Ableitungen $\frac{\partial f}{\partial x_i}$ im Punkt (x-y,y-z,z-x) zu nehmen.
Es folgt

$$\frac{\partial h}{\partial x}(x,y,z) + \frac{\partial h}{\partial y}(x,y,z) + \frac{\partial h}{\partial z}(x,y,z) =$$

$$= \frac{\partial f}{\partial x_1} - \frac{\partial f}{\partial x_3} - \frac{\partial f}{\partial x_1} + \frac{\partial f}{\partial x_2} - \frac{\partial f}{\partial x_2} + \frac{\partial f}{\partial x_3} = 0.$$

Weitere Beispiele zur Kettenregel lernen Sie bereits im nächsten Kapitel kennen.

Die Ballade vom armen Epsilon

Die Matrix sang ihr Schlummerlied
den Zeilen und Kolonnen,
schon hält das kleine Fehlerglied
ein süßer Traum umsponnen,
es schnarcht die alte p-Funktion,
und einsam weint ein bleiches,
junges, verlass'nes Epsilon
am Rand des Sternbereiches.

Du guter Vater Weierstraß,
Du Schöpfer unsrer Welt da,
ich fleh Dich einzig an um das:
Hilf finden mir ein Delta!
Und wenn's auch noch so winzig wär
und beinah Null am Ende,
das klarste Sein bleibt öd und leer,
wenn sich kein Delta fände.

Vergebens schluchzt die arme Zahl
und ruft nach ihrem Retter,
es rauscht so trostlos und trivial
durch welke Riemann-Blätter;
die Strenge hat nicht Herz noch Ohr
für Liebesleidgefühle
das arme Epsilon erfror
im eisigen Kalküle.

Moral: Unstetig ist die Weltfunktion,
ihr werdet's nie ergründen,
zu manchem braven Epsilon
läßt sich kein Delta finden.

ZUSAMMENFASSUNG

In diesem Kapitel haben wir die wesentlichen Begriffe der eindimensionalen Analysis auf Funktionen von mehreren Veränderlichen übertragen. Sie müssen deshalb für eine große Zahl von (überwiegend bekannten) Begriffen neue Definitionen lernen.

Zunächst sollten Sie in der Lage sein, sich relativ "einfache" Funktionen von zwei Veränderlichen zu veranschaulichen: Ziel 1

- durch Skizzieren des Graphen dieser Funktionen,
- durch Skizzieren der Niveaumengen oder
- durch Skizzieren von Graphen einiger partieller Funktionen der gegebenen Funktion.

Darüberhinaus sollten Sie in der Lage sein das "Niveaumengen-Bild" einer Funktion zu interpretieren: Richtung des stärksten Anstiegs, starker Anstieg, schwacher Anstieg der Funktionswerte. Ziel 2

Die i-te partielle Funktion einer Funktion $f: \mathbb{R}^n \longrightarrow \mathbb{R}$ in einem festen Punkt $\overset{\circ}{x} = (\overset{\circ}{x}_1, \ldots, \overset{\circ}{x}_n)$ ist eine Funktion der <u>einen</u> Veränderlichen x_i, die man durch Einschränkung von f auf die Gerade durch $\overset{\circ}{x}$ parallel zur x_i-Achse erhält (Definition (21.9), Seite 124). Sie sollten wissen: Differenzierbarkeit von f_i in $\overset{\circ}{x}_i$ bedeutet partielle Differenzierbarkeit von f in $\overset{\circ}{x}$ nach x_i (Bemerkung (21.14), Seite 126). Deshalb kann man Funktionen mehrerer Veränderlichen, wie vor Beispiel (21.17) auf Seite 127 beschrieben, partiell ableiten. Ziel 3

Dennoch müssen Sie auch die Definition (21.13) der partiellen Differenzierbarkeit kennen und bei Untersuchungen auf partielle Differenzierbarkeit wie zum Beispiel in Aufgabe 10, Seite 127, anwenden können. Ziel 4 Die Berechnung von partiellen Ableitungen sollte Ihnen keine Schwierigkeiten mehr bereiten. Ziel 5

Sie haben gesehen, daß eine in einem Punkt partiell differenzierbare Funktion dort nicht stetig zu sein braucht (Beispiel (21.32), Seite 132). Sie sollten wissen, daß eine stetig partiell differenzierbare Funktion (Definition (21.33)) selbst stetig ist (Folgerung (21.36)). Ziel 6

Die Stetigkeit ist für Funktionen von n Veränderlichen in völliger Analogie zum Fall $n = 1$ definiert (siehe (21.23), Seite 129). Die Beispiele in (21.25) auf den Seiten 129 und 130 sollten Sie intensiv durcharbeiten und den Satz (21.30) über die Stetigkeit der Komposition kennen und anwenden können. Ziel 7

Eine weitere besonders wichtige Eigenschaft stetig partiell differenzierbarer Funktionen ist deren totale Differenzierbarkeit (Satz (21.71),
Ziel 8 Seite 145). Diesen Satz müssen Sie kennen.
Ziel 9 Darüberhinaus müssen Sie wissen, daß totale Differenzierbarkeit in einem Punkt $\mathring{x}$ die Approximation durch eine lineare Funktion bedeutet: Ist $f: \mathbb{R}^n \longrightarrow \mathbb{R}$ in $\mathring{x}$ total differenzierbar, so approximiert die lineare Funktion $df_{\mathring{x}}: \mathbb{R}^n \longrightarrow \mathbb{R}$ mit

$$df_{\mathring{x}}(\underline{h}) := \langle \operatorname{grad} f(\mathring{x}), \underline{h} \rangle$$

die Differenz $f(x) - f(\mathring{x})$ in der Nähe von $\mathring{x}$ derart, daß

$$\lim_{\underline{h} \to 0} \frac{f(\mathring{x}+\underline{h}) - f(\mathring{x}) - \langle \operatorname{grad} f(\mathring{x}), \underline{h} \rangle}{\|\underline{h}\|} = 0$$

ist. Die lineare Funktion $df_{\mathring{x}}$ bzw. die darstellende Matrix $\operatorname{grad} f(\mathring{x})$ ist das totale Differential von f in $\mathring{x}$.

Alle Begriffe (stetig, partiell differenzierbar, stetig partiell differenzierbar, total differenzierbar) sind auch für Vektorfelder defi-
Ziel 10 niert. Die entsprechenden Definitionen müssen Sie kennen.

Für die Komposition total differenzierbarer Vektorfelder oder Funktionen gilt die Ketten-
Ziel 11 regel (Satz (21.82), Seite 149). Die Kettenregel müssen Sie in vielen "Variationen" zur Bestimmung der partiellen Ableitungen zusammengesetzter Funktionen anwenden können. Die in (21.83)(3),(4) und (5), Seite 150, notierten Spezialfälle werden Ihnen besonders häufig begegnen.

Die partiellen Ableitungen einer Funktion beschreiben die Änderung der Funktionswerte in Richtung der Koordinatenachsen. Die Richtungsableitung (Definition (21.56), Seite 140) beschreibt die Änderung der Funktionswerte in Richtung eines beliebigen Einheits-Vektors. Die
Ziel 12 genannte Definition müssen Sie kennen und die Richtungsableitungen von stetig partiell differenzierbaren Funktionen mit Hilfe von Satz (21.58) berechnen können:

$D_v f(x) = \langle \operatorname{grad} f(x), v \rangle$.

Ziel 13 Weitere Eigenschaften des Gradienten, die Sie sich merken sollten, sind:

- Der Vektor $\operatorname{grad} f(x) \neq 0$ gibt die Richtung des stärksten Anstiegs der Funktionswerte von f an (Satz (21.61), Seite 141).
- Der Vektor $\operatorname{grad} f(x) \neq 0$ steht auf den Niveaumengen von Funktionen von zwei oder drei Veränderlichen senkrecht (Sätze (21.63) und (21.65)).
- Ist f auf einer offenen Menge des $\mathbb{R}^3$ definiert, so ist die Ebene, die den Vektor $\operatorname{grad} f(x) \neq 0$ als Normalenvektor hat und den Punkt x enthält, die Tangentialebene an die Niveaumenge $N_c(f)$ mit $x \in N_c(f)$ (Definition (21.67), Seite 143).

Die Definitionen der geometrischen Begriffe Ziel 14
Kurve und Tangente bzw. Tangentenvektor müssen Sie kennen: Eine Kurve im $\mathbb{R}^n$ ist der Wertebereich einer stetigen Funktion $f: I \longrightarrow \mathbb{R}^n$, wobei $I \subseteq \mathbb{R}$ ein Intervall ist (Definition (21.46), Seite 136). Ist f differenzierbar, so ist $f'(t)$ der Tangentenvektor an die Kurve im Punkt $f(t)$ (Definition (21.48), Seite 137).

Die Interpretation einer Kurve im $\mathbb{R}^3$ als Bahn eines sich bewegenden Massepunktes und von $f'(t)$ als Geschwindigkeitsvektor und $f''(t)$ als Beschleunigungsvektor der Bewegung kommt in den physikalisch-technischen Anwendungen häufig vor.

Zum Verständnis der Begriffe "Tangentialkomponente" und "Normalkomponente" der Beschleunigung (Seite 139) ist die Kenntnis der differential-geometrischen Grundbegriffe "Tangenteneinheitsvektor" (Definition (21.51)) und "Normalenvektor" (Definition (21.52), Seite 138) hilfreich. Der entscheidende Satz in diesem Zusammenhang ist Satz (21.54).

Abschließend noch einmal der Hinweis: Versuchen Sie, sich möglichst viele Resultate der Differentialrechnung für Funktionen von n Veränderlichen für $n = 2$ oder 3 zu veranschaulichen.

Überblick (kein Pfeil ist umkehrbar):

stetig partiell differenzierbar $\Longrightarrow$ total differenzierbar $\Longrightarrow$ partiell differenzierbar

stetig partiell differenzierbar $\Downarrow$ alle Richtungsableitungen existieren

stetig partiell differenzierbar $\Searrow$ stetig

total differenzierbar $\Downarrow$ stetig

Kapitel 22. Anwendungen der Differentialrechnung im $\mathbb{R}^n$

Einleitung

Die Differentialrechnung hat für Funktionen mehrerer Veränderlichen in weiten Teilen die gleichen Anwendungen wie für Funktionen einer Veränderlichen. So haben wir zum Beispiel Funktionen einer Veränderlichen auf lokale Extrema untersucht. Die Bedingung $f'(x_o) = 0$ war notwendig für die Existenz eines lokalen Extremums im Punkte x_o des offenen Definitionsintervalles. Mit Hilfe der höheren Ableitungen von f konnten wir hinreichende Bedingungen für das Vorliegen lokaler Extrema angeben und unterscheiden, ob es sich um ein lokales Maximum oder Minimum handelte. Analoge Resultate streben wir für Funktionen von n Veränderlichen an.
Als weitere Anwendung der Differentialrechnung im eindimensionalen Fall haben Sie Differentialgleichungen kennen und lösen gelernt (*). Wir werden in diesem Kapitel auch einige der in Physik und Technik besonders wichtigen partiellen Differentialgleichungen für Funktionen mehrerer Veränderlichen vorstellen. Auf eine Lösungstheorie können wir jedoch nicht eingehen.

Die Frage nach der eindeutigen Auflösbarkeit nach x einer Gleichung $f(x) = y$ für y aus dem Wertebereich von f, haben wir auf die Frage nach der Injektivität von f zurückgeführt; und diese haben wir im eindimensionalen Fall oft durch die Untersuchung von f auf Monotonie ($f' > 0$ oder $f' < 0$) beantworten können.
Der Begriff der monotonen Funktion läßt sich jedoch für Funktionen von zwei oder mehr Veränderlichen nicht definieren, da - wie bereits erwähnt - für Vektoren des $\mathbb{R}^n$ $(n > 1)$ keine Anordnung definiert werden kann. Zur Untersuchung der eindeutigen Auflösbarkeit einer oder mehrerer nicht-linearer Gleichungen benötigen wir also im n-dimensionalen Fall neue Methoden.

(*) Eine zusammenfassende und systematische Behandlung von Differentialgleichungen für Funktionen einer Veränderlichen finden Sie in Kapitel 24.

§ 1 HÖHERE PARTIELLE ABLEITUNGEN

Sie wissen: Ist $U \subseteq \mathbb{R}^n$ eine offene Menge und die Funktion $f: U \longrightarrow \mathbb{R}$ partiell differenzierbar, so sind die n Funktionen

$$\frac{\partial f}{\partial x_i}: U \longrightarrow \mathbb{R},$$

die partiellen Ableitungen von f, definiert. Diese Funktionen können z.B. stetig oder nicht stetig, partiell differenzierbar oder nicht partiell differenzierbar sein. Im Falle der partiellen Differenzierbarkeit der Funktionen $\frac{\partial f}{\partial x_i}$ gelangt man zu den *partiellen Ableitungen zweiter Ordnung*

partielle Ableitung zweiter Ordnung

$$\frac{\partial^2 f}{\partial x_j \partial x_i} := \frac{\partial}{\partial x_j}\left(\frac{\partial f}{\partial x_i}\right), \quad i = 1,\ldots,n; \; j = 1,\ldots,n.$$

Falls $j = i$ ist, schreibt man

$$\frac{\partial^2 f}{\partial x_i^2} := \frac{\partial}{\partial x_i}\left(\frac{\partial f}{\partial x_i}\right).$$

Wenn alle n^2 partiellen Ableitungen zweiter Ordnung von f in jedem Punkt von U existieren, heißt f *zweimal partiell differenzierbar*. Allgemein legen wir dann fest:

zweimal partiell differenzierbar

DEFINITION.- Die auf der offenen Menge $U \subseteq \mathbb{R}^n$ definierte Funktion $f: U \longrightarrow \mathbb{R}$ heißt *k-mal partiell differenzierbar*, wenn alle partiellen Ableitungen der Ordnung k-1 von f existieren und noch einmal partiell differenzierbar sind. (22.1)

k-mal partiell differenzierbar

BEISPIEL.- Wir bestimmen alle partiellen Ableitungen bis zur Ordnung 3 von $f: \mathbb{R}^2 \longrightarrow \mathbb{R}$ mit (22.2)

$$f(x,y) := x^3 y + 4xy^2.$$

Die Funktion f ist als Polynom partiell differenzierbar, und es gilt

$$\frac{\partial f}{\partial x}(x,y) = 3x^2 y + 4y^2,$$

$$\frac{\partial f}{\partial y}(x,y) = x^3 + 8xy.$$

Diese partiellen Ableitungen erster Ordnung von

f sind wieder partiell differenzierbare Funktionen. Ihre partiellen Ableitungen, also die partiellen Ableitungen zweiter Ordnung von f, lauten:

$$\frac{\partial^2 f}{\partial x^2}(x,y) = \frac{\partial}{\partial x}\left(\frac{\partial f}{\partial x}\right)(x,y) = 6xy\ ,$$

$$\frac{\partial^2 f}{\partial y \partial x}(x,y) = \frac{\partial}{\partial y}\left(\frac{\partial f}{\partial x}\right)(x,y) = 3x^2 + 8y,$$

$$\frac{\partial^2 f}{\partial x \partial y}(x,y) = \frac{\partial}{\partial x}\left(\frac{\partial f}{\partial y}\right)(x,y) = 3x^2 + 8y\ .$$

$$\frac{\partial^2 f}{\partial y^2}(x,y) = \frac{\partial}{\partial y}\left(\frac{\partial f}{\partial y}\right)(x,y) = 8x.$$

Sie sehen: Alle partiellen Ableitungen zweiter Ordnung sind noch einmal partiell differenzierbar. Die partiellen Ableitungen dritter Ordnung von f haben die Gestalt

$$\frac{\partial^3 f}{\partial x^3}(x,y) = 6y, \quad \frac{\partial^3 f}{\partial y\, \partial x^2}(x,y) = 6x\ ,$$

$$\frac{\partial^3 f}{\partial x \partial y \partial x}(x,y) = 6x, \quad \frac{\partial^3 f}{\partial y^2 \partial x}(x,y) = 8\ ,$$

$$\frac{\partial^3 f}{\partial x^2 \partial y}(x,y) = 6x, \quad \frac{\partial^3 f}{\partial y \partial x \partial y}(x,y) = 8\ ,$$

$$\frac{\partial^3 f}{\partial x \partial y^2}(x,y) = 8, \quad \frac{\partial^3 f}{\partial y^3}(x,y) = 0.$$

(22.3) BEMERKUNG.- Für die partiellen Ableitungen einer Funktion f werden Sie häufig auch folgende Schreibweise finden

f_{x_i}

$$f_{x_i} := \frac{\partial f}{\partial x_i}$$

und entsprechend für höhere partielle Ableitungen

$$f_{x_i x_j} = \frac{\partial^2 f}{\partial x_j \partial x_i} \quad \text{oder} \quad f_{x_i x_j x_k} = \frac{\partial^3 f}{\partial x_k \partial x_j \partial x_i}.$$

Die Reihenfolge der partiellen Differentiationen ist durch

$$f_{x_i x_j} = (f_{x_i})_{x_j}$$

festgelegt, also erst nach x_i und dann nach x_j. In Beispiel (22.2) gilt etwa

$$f_{xyx}(x,y) = 6x \quad \text{oder} \quad f_{yy}(x,y) = 8x.$$

A 1 *AUFGABE 1.- Die Funktion f: $\mathbb{R}^2 \to \mathbb{R}$ sei gegeben durch*

$$f(x,y) := \sin(xe^y).$$

Bestimmen Sie alle partiellen Ableitungen zweiter Ordnung von f.

In Beispiel (22.2) und in Aufgabe 1 haben Sie gesehen, daß die "gemischten" partiellen Ableitungen zweiter Ordnung jeweils übereinstimmen:

$$\frac{\partial^2 f}{\partial y \partial x} = \frac{\partial^2 f}{\partial x \partial y}\ .$$

Ebenso stimmen in (22.2) alle gemischten partiellen Ableitungen dritter Ordnung, in denen insgesamt gleich oft nach x und gleich oft nach y abgeleitet worden ist, überein:

$$\frac{\partial^3 f}{\partial y \partial x^2} = \frac{\partial^3 f}{\partial x \partial y \partial x} = \frac{\partial^3 f}{\partial x^2 \partial y}\ ,$$

$$\frac{\partial^3 f}{\partial y^2 \partial x} = \frac{\partial^3 f}{\partial y \partial x \partial y} = \frac{\partial^3 f}{\partial x \partial y^2}\ .$$

Bei diesen Funktionen kommt es bei der Berechnung höherer partieller Ableitungen nicht auf die Reihenfolge der Differentiationen an.
Der folgende Satz von Schwarz (*) sagt, daß insbesondere alle zweimal stetig partiell differenzierbaren Funktionen (also alle Funktionen, deren sämtliche partiellen Ableitungen zweiter Ordnung stetige Funktionen sind) die genannte Eigenschaft haben.

SATZ.- Sei $U \subseteq \mathbb{R}^n$ eine offene Teilmenge und f: $U \to \mathbb{R}$ eine zweimal stetig partiell differenzierbare Funktion. Dann gilt für alle $x \in U$ und für $i,j = 1,\ldots,n$ (22.4)

Satz von Schwarz

$$\frac{\partial^2 f}{\partial x_i \partial x_j}(x) = \frac{\partial^2 f}{\partial x_j \partial x_i}(x).$$

Einen Beweis dieses Satzes für den wesentlichen Fall $n = 2$ finden Sie zum Beispiel bei C. Blatter, Analysis II, Seite 165.

Zur Vereinfachung der Sprechweise legen wir noch folgende Bezeichnung fest:

BEZEICHNUNG.- Sei $U \subseteq \mathbb{R}^n$ eine offene Teilmenge. (22.5)
Eine Funktion f: $U \to \mathbb{R}$ heißt *k-mal stetig differenzierbar*, wenn alle partiellen Ableitungen von f bis zur Ordnung k existieren und stetige Funktionen sind.

k-mal stetig differenzierbar

BEMERKUNGEN.- (1) Aus dem Satz von Schwarz folgert man durch vollständige Induktion, daß für eine k-mal stetig differenzierbare Funk- (22.6)

(*) Dieser Satz wurde nach Hermann Amandus Schwarz, 1843-1921, benannt; es gibt jedoch schon einen Beweis von Euler aus dem Jahre 1734.

tion, alle "gemischten" Ableitungen einer Ordnung $\leq k$, bei denen gleich oft nach der jeweiligen Koordinate x_i partiell differenziert wurde, übereinstimmen.

(2) Da es also bei diesen Funktionen nicht auf die Reihenfolge der partiellen Differentiationen ankommt, können wir alle partiellen Differentiationen nach x_1, alle nach x_2 usw. zusammenfassen und eine beliebige partielle Ableitung der Ordnung k von f in der Form schreiben:

$$\frac{\partial^k f}{\partial x_1^{r_1}\partial x_2^{r_2}\ldots\partial x_n^{r_n}},$$

wobei die $r_i \in \mathbb{N}_0$ sind und $r_1+r_2+\ldots+r_n = k$ erfüllen. Ist ein $r_i = 0$, so bedeutet dies, daß keine partielle Differentiation nach x_i vorgenommen worden ist.

Im nächsten Beispiel geben wir eine relativ "einfache" Funktion an, deren gemischte partielle Ableitungen in einem Punkt nicht übereinstimmen.

(22.7) BEISPIEL.- Sei $f: \mathbb{R}^2 \to \mathbb{R}$ definiert durch

$$f(x,y) := \begin{cases} \dfrac{x^3y - xy^3}{x^2+y^2} & \text{für } (x,y) \neq (0,0) \\ 0 & \text{für } (x,y) = (0,0) \end{cases}$$

Sie werden sehen, daß f zweimal partiell differenzierbar ist, daß aber

$$\frac{\partial^2 f}{\partial y\partial x}(0,0) \neq \frac{\partial^2 f}{\partial x\partial y}(0,0)$$

gilt.

Sie rechnen sofort nach, daß

$$\frac{\partial f}{\partial x}(x,y) = \begin{cases} \dfrac{x^4y + 4x^2y^3 - y^5}{(x^2+y^2)^2} & \text{für } (x,y) \neq (0,0) \\ 0 & \text{für } (x,y) = (0,0) \end{cases}$$

und

$$\frac{\partial f}{\partial y}(x,y) = \begin{cases} \dfrac{x^5 - 4x^3y^2 - xy^4}{(x^2+y^2)^2} & \text{für } (x,y) \neq (0,0) \\ 0 & \text{für } (x,y) = (0,0) \end{cases}$$

gilt. In jedem Punkt $(x,y) \neq (0,0)$ sind $\frac{\partial f}{\partial x}$ und $\frac{\partial f}{\partial y}$ (nach den Regeln für die Differentiation von Funktionen einer Veränderlichen) noch einmal partiell differenzierbar. Im Nullpunkt gilt mit Definition (21.13), Seite 126:

$$\frac{\partial^2 f}{\partial y\partial x}(0,0) = \lim_{h\to 0}\frac{f_x(0,h) - f_x(0,0)}{h} = \lim_{h\to 0}\frac{1}{h}\cdot\frac{-h^5}{h^4} = -1$$

und

$$\frac{\partial^2 f}{\partial x\partial y}(0,0) = \lim_{h\to 0}\frac{f_y(h,0) - f_y(0,0)}{h} = \lim_{h\to 0}\frac{1}{h}\cdot\frac{h^5}{h^4} = 1.$$

Also ist

$$\frac{\partial^2 f}{\partial y\partial x}(0,0) \neq \frac{\partial^2 f}{\partial x\partial y}(0,0).$$

Dies widerspricht nicht dem Satz von Schwarz, denn die partielle Ableitung zweiter Ordnung von f

$$\frac{\partial^2 f}{\partial y\partial x}(x,y) = \begin{cases} \dfrac{x^6+9x^4y^2-9x^2y^4-y^6}{(x^2+y^2)^3} & \text{für } (x,y) \neq (0,0) \\ -1 & \text{für } (x,y) = (0,0) \end{cases}$$

ist im Nullpunkt nicht stetig (wählen Sie zum Nachweis etwa die Folge (a_k) im $\mathbb{R}^2$ mit $a_k = (\frac{1}{k},\frac{1}{k})$, $k \in \mathbb{N}$), d.h. f ist nicht zweimal stetig differenzierbar und erfüllt somit auch nicht die Voraussetzungen des Satzen von Schwarz.

ROTATION, DIVERGENZ, LAPLACE-OPERATOR

Die partiellen Ableitungen erster und zweiter Ordnung von Skalar- oder Vektorfeldern werden sehr häufig zur Beschreibung physikalischer Vorgänge benötigt. Dies führt dann zu den sogenannten *partiellen Differentialgleichungen*, das sind Gleichungen, die eine Beziehung zwischen (dem Feld und) gewissen partiellen Ableitungen herstellen. Wir werden in diesem Abschnitt einige Beispiele, mit denen Sie noch oft zu tun haben werden, vorstellen.

DEFINITION.- Sei $U \subseteq \mathbb{R}^3$ eine offene Menge und $f = (f_1,f_2,f_3): U \to \mathbb{R}^3$ ein partiell differenzierbares Vektorfeld. Die *Rotation von f* ist definiert als das Vektorfeld rot f: $U \to \mathbb{R}^3$ mit (22.8) Rotation

$$\text{rot } f := \left(\frac{\partial f_3}{\partial x_2} - \frac{\partial f_2}{\partial x_3}, \frac{\partial f_1}{\partial x_3} - \frac{\partial f_3}{\partial x_1}, \frac{\partial f_2}{\partial x_1} - \frac{\partial f_1}{\partial x_2}\right).$$ rot f

MERKREGEL.- *Sie können sich das Bildungsgesetz für rot f vielleicht besser einprägen, wenn Sie rot f formal als ein Vektorprodukt (siehe Kapitel 17) auffassen:* (22.9)

$$\text{rot } f = \text{grad} \times f = \left(\frac{\partial}{\partial x_1},\frac{\partial}{\partial x_2},\frac{\partial}{\partial x_3}\right) \times (f_1,f_2,f_3).$$

BEMERKUNG.- Der Name Rotation leitet sich aus der folgenden anschaulichen Situation her: Eine durch ein gewisses Gebiet $G \subseteq \mathbb{R}^3$ strömende Flüssigkeit kann man durch Angabe eines Geschwindigkeitsfeldes $f: G \to \mathbb{R}^3$ beschreiben, d.h. in jedem Punkt $x \in G$ ist $f(x)$ der Geschwindigkeitsvektor des in x befindlichen Teilchens. (22.10)

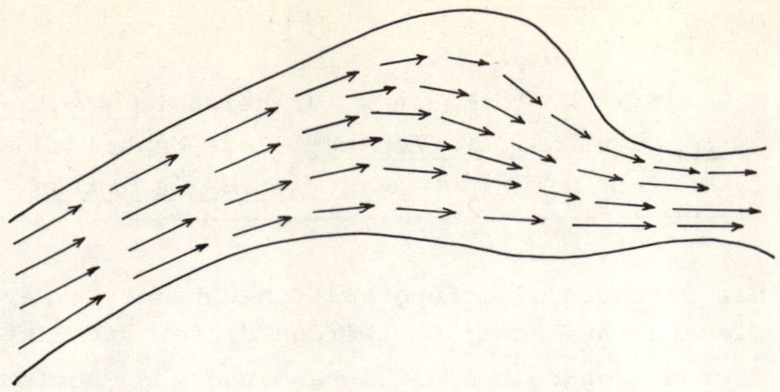

Bild 1.- Geschwindigkeitsfeld f einer strömenden Flüssigkeit mit rot f = 0.

Ist nun rot f = 0, so bedeutet dies: Die Strömung ist "wirbelfrei" oder "ohne Rotation". Ist dagegen in einem Punkt $\overset{\circ}{x} \in G$ der Vektor rot $f(\overset{\circ}{x}) \neq 0$, so ist $\overset{\circ}{x}$ das "Zentrum" eines Wirbels, die Flüssigkeit rotiert in der Nähe von $\overset{\circ}{x}$ um die durch den Vektor rot $f(\overset{\circ}{x})$ gegebene Achse. Sie können sich vielleicht vorstellen, daß für sehr turbulente Strömungen die Rotation des Geschwindigkeitsfeldes an "vielen" oder sogar allen Stellen ungleich Null ist.

(22.11) **Beispiel.-** Wir bestimmen die Rotation des Gravitationsfeldes F zwischen zwei Massen m und M:

$$F(x) = -\gamma m M \frac{1}{\|x\|^3} x, \quad x \in \mathbb{R}^3 \setminus \{0\}.$$

Nach der Interpretation von rot F in (22.10) und der Kenntnis des "Verlaufs" des Feldes F müßten wir erhalten, daß F wirbelfrei ist, also daß rot F(x) = 0 für alle $x \in \mathbb{R}^3 \setminus \{0\}$ gilt.
Im Beispiel (21.81), Seite 148, haben wir die partiellen Ableitungen der Koordinatenfunktionen f_i, i = 1,2,3, von F berechnet. Deshalb gilt in jedem Punkt $x = (x_1, x_2, x_3) \in \mathbb{R}^3 \setminus \{0\}$:

$$\frac{\partial f_3}{\partial x_2}(x) - \frac{\partial f_2}{\partial x_3}(x) = \gamma m M \left(\frac{3x_3x_2}{\|x\|^5} - \frac{3x_2x_3}{\|x\|^5}\right) = 0,$$

$$\frac{\partial f_1}{\partial x_3}(x) - \frac{\partial f_3}{\partial x_1}(x) = \gamma m M \left(\frac{3x_1x_3}{\|x\|^5} - \frac{3x_3x_1}{\|x\|^5}\right) = 0,$$

$$\frac{\partial f_2}{\partial x_1}(x) - \frac{\partial f_1}{\partial x_2}(x) = \gamma m M \left(\frac{3x_2x_1}{\|x\|^5} - \frac{3x_1x_2}{\|x\|^5}\right) = 0,$$

also tatsächlich rot F = 0.
Dieses Ergebnis ist ein Spezialfall einer sehr wichtigen allgemeinen Aussage: In Aufgabe 27a), Seite 143, haben Sie gezeigt, daß das Gravitationsfeld F gleich dem Gradienten des Skalarfeldes $f: \mathbb{R}^3 \setminus \{0\} \longrightarrow \mathbb{R}$ mit $f(x) := \frac{\gamma m M}{\|x\|}$ ist, also F = grad f.

In dieser Situation gilt stets

rot F = rot grad f = 0 (siehe Aufgabe 2).
Die Aussage von Aufgabe 2 werden wir in Kapitel 23 wieder benötigen.

Aufgabe 2.- Sei $U \subseteq \mathbb{R}^3$ eine offene Menge und $f: U \longrightarrow \mathbb{R}$ zweimal stetig differenzierbar. Zeigen Sie, daß dann gilt: A 2

rot grad f(x) = 0 für alle $x \in U$. rot grad f = 0

Bemerkung.- Ist $U \subseteq \mathbb{R}^3$ eine offene Menge und $f: U \longrightarrow \mathbb{R}^3$ ein stetig differenzierbares Vektorfeld (d.h. alle Koordinatenfunktionen von F sind stetig differenzierbar), so folgt aus Aufgabe 2: Die Bedingung rot F = 0 ist notwendig dafür, daß sich F als Gradient eines Skalarfeldes $f: U \longrightarrow \mathbb{R}$ schreiben läßt: F = grad f. (22.12)

Definition.- Sei $U \subseteq \mathbb{R}^n$ eine offene Menge und $f = (f_1, \ldots, f_n): U \longrightarrow \mathbb{R}^n$ ein partiell differenzierbares Vektorfeld. Dann wird ein Skalarfeld div f : $U \longrightarrow \mathbb{R}$ definiert durch (22.13) div f

$$\operatorname{div} f(x) := \frac{\partial f_1}{\partial x_1}(x) + \ldots + \frac{\partial f_n}{\partial x_n}(x).$$

div f heißt die *Divergenz von f*. Divergenz

Bemerkung.- Auch die Funktion div f läßt sich anschaulich interpretieren. Sei f wieder das Geschwindigkeitsfeld einer strömenden Flüssigkeit, dann beschreibt div f(x) die Änderung des Massenflusses pro Volumeneinheit (und pro Zeiteinheit) im Punkt x. Ist div f(x) > 0, so bedeutet dies: Vom Punkt x aus erfolgt ein Massenzufluß; x heißt *Quelle*. Ist div f(x) < 0, so nennt man x eine *Senke*; es erfolgt ein Massenfluß zum Punkt x hin. Ist div f = 0, d.h. gibt es weder Quellen noch Senken, so heißt das Feld f *quellenfrei* oder *divergenzfrei*. Eine Flüssigkeit mit divergenzfreiem Geschwindigkeitsfeld heißt auch inkompressibel. (22.14) Quelle Senke divergenzfrei

Aufgabe 3.- a) Zeigen Sie, daß das Gravitationsfeld zweier Massen m und M divergenzfrei ist. A 3

b) Beweisen Sie: Ist $U \subseteq \mathbb{R}^3$ eine offene Menge und $f: U \longrightarrow \mathbb{R}^3$ ein zweimal stetig differenzierbares Vektorfeld, so gilt

div(rot f) = 0. div(rot f) = 0

c) Ist das Vektorfeld $f: \mathbb{R}^3 \longrightarrow \mathbb{R}^3$ mit

$$f(x,y,z) := (x^2y, z, xyz)$$

als Rotation eines Vektorfeldes $g: \mathbb{R}^3 \longrightarrow \mathbb{R}^3$ darstellbar?

(22.15) **BEISPIEL.-** (1) Ein elektromagnetisches Feld im Vakuum wird durch zwei Vektorfelder beschrieben:

- die elektrische Feldstärke $E = E(x,t)$ und
- die magnetische Feldstärke $H = H(x,t)$.

In jedem Punkt $x \in \mathbb{R}^3$ und zu jedem Zeitpunkt t sind E und H Vektoren des $\mathbb{R}^3$. Die *Maxwellschen Gleichungen* stellen einen Zusammenhang zwischen elektrischer und magnetischer Feldstärke her:

Maxwellsche Gleichungen

$$\operatorname{rot} E = -\frac{1}{c}\frac{\partial H}{\partial t},$$

$$\operatorname{rot} H = \frac{1}{c}\frac{\partial E}{\partial t},$$

$$\operatorname{div} E = 0,$$

$$\operatorname{div} H = 0,$$

dabei ist c die Lichtgeschwindigkeit im Vakuum. Wenn Sie sich diese Gleichungen ausführlich (d.h. mit den Definitionen (22.8) und (22.13)) aufschreiben, erkennen Sie, daß diese ein System von partiellen Differentialgleichungen für die Koordinatenfunktionen von E und H darstellen.

(2) Weiß man zum Beispiel, daß die elektrische Feldstärke E der Gradient eines Skalarfeldes f ist: $E = \operatorname{grad} f$ (*), so folgt

$$0 = \operatorname{div} E = \operatorname{div}(\operatorname{grad} f)$$

$$= \operatorname{div}\left(\frac{\partial f}{\partial x_1}, \frac{\partial f}{\partial x_2}, \frac{\partial f}{\partial x_3}\right)$$

$$= \frac{\partial^2 f}{\partial x_1^2} + \frac{\partial^2 f}{\partial x_2^2} + \frac{\partial^2 f}{\partial x_3^2},$$

falls f zweimal partiell differenzierbar ist. f genügt dann der sogenannten *Laplace-Gleichung* oder *Potential-Gleichung*

$$\frac{\partial^2 f}{\partial x_1^2} + \frac{\partial^2 f}{\partial x_2^2} + \frac{\partial^2 f}{\partial x_3^2} = 0.$$

(22.16) **BEZEICHNUNGEN.-** Sei $U \subseteq \mathbb{R}^n$ eine offene Menge und $f: U \to \mathbb{R}$ zweimal stetig differenzierbar. Dann heißt

Laplace-Operator Δ

$$\Delta := \frac{\partial^2}{\partial x_1^2} + \ldots + \frac{\partial^2}{\partial x_n^2}$$

(lies: Delta) mit

$$\Delta f := \frac{\partial^2 f}{\partial x_1^2} + \ldots + \frac{\partial^2 f}{\partial x_n^2} : U \to \mathbb{R}$$

der *Laplace-Operator*. Die Gleichung

$$\Delta f = 0,$$

Potential-Gleichung

d.h. $\Delta f(x) = 0$ für alle $x \in U$, heißt *Laplace-Gleichung* oder *Potential-Gleichung*. Jede Funktion $f: U \to \mathbb{R}$ mit $\Delta f = 0$ heißt *harmonische Funktion*.

harmonische Funktion

Die Potentialgleichung tritt nicht nur in der Elektrostatik auf; Sie werden dieser wichtigen Gleichung auch bei der Behandlung von Problemen der Wärmeleitung, der Strömungsmechanik, der Optik, der Gravitation, der Akustik ... begegnen.

AUFGABE 4.- Zeigen Sie: A 4

a) Die Funktionen

$$(x,y) \mapsto x^2 - y^2, \quad (x,y) \in \mathbb{R}^2,$$

$$(x,y) \mapsto \ln(x^2+y^2), \quad (x,y) \in \mathbb{R}^2 \setminus \{0\}$$

sind jeweils Lösung der "2-dimensionalen" Potential-Gleichung

$$\frac{\partial^2 f}{\partial x^2} + \frac{\partial^2 f}{\partial y^2} = 0.$$

b) Die Funktion

$$(x,y,z) \mapsto x^2 + y^2 - 2z^2$$

ist eine Lösung der "3-dimensionalen" Potential-Gleichung.

BEISPIEL.- Wir wollen den Laplace-Operator "in Polarkoordinaten r,θ " berechnen. (22.17)
Ist $f: \mathbb{R}^2 \to \mathbb{R}$ zweimal stetig differenzierbar und werden durch

$$x_1 = r\cos\theta,$$

$$x_2 = r\sin\theta, \quad r > 0, \ \theta \in [0,2\pi],$$

Polarkoordinaten im $\mathbb{R}^2$ eingeführt, so gilt nach Beispiel (21.84), Seite 150, für

$$h(r,\theta) := f(r\cos\theta, r\sin\theta):$$

$$\frac{\partial h}{\partial r}(r,\theta) = \frac{\partial f}{\partial x_1}(r\cos\theta, r\sin\theta)\cos\theta + \frac{\partial f}{\partial x_2}(r\cos\theta, r\sin\theta)\sin\theta,$$

$$\frac{\partial h}{\partial \theta}(r,\theta) = -r\frac{\partial f}{\partial x_1}(r\cos\theta, r\sin\theta)\sin\theta + r\frac{\partial f}{\partial x_2}(r\cos\theta, r\sin\theta)\cos\theta.$$

Nochmalige partielle Ableitung nach r bzw. θ ergibt mit der Kettenregel:

(*) Diese Folgerung werden wir im nächsten Kapitel ziehen können, wenn das Feld H zeitunabhängig ist, wenn also auch $\operatorname{rot} E = 0$ ist (siehe Satz (23.41)).

$$\frac{\partial^2 h}{\partial r^2}(r,\theta) = \cos\theta\cdot\Big[\frac{\partial^2 f}{\partial x_1^2}\cos\theta + \frac{\partial^2 f}{\partial x_2\partial x_1}\sin\theta\Big]$$

$$+\sin\theta\cdot\Big[\frac{\partial^2 f}{\partial x_1\partial x_2}\cos\theta + \frac{\partial^2 f}{\partial x_2^2}\sin\theta\Big]\ ,$$

$$\frac{\partial^2 h}{\partial \theta^2}(r,\theta) = -r\sin\theta\cdot\Big[-\frac{\partial^2 f}{\partial x_1^2}r\sin\theta + \frac{\partial^2 f}{\partial x_2\partial x_1}r\cos\theta\Big]$$

$$-r\frac{\partial f}{\partial x_1}\cos\theta + r\cos\theta\cdot\Big[-\frac{\partial^2 f}{\partial x_1\partial x_2}r\sin\theta + \frac{\partial^2 f}{\partial x_2^2}r\cos\theta\Big]$$

$$-r\frac{\partial f}{\partial x_2}\sin\theta\ ,$$

wobei alle partiellen Ableitungen von f an der Stelle $(r\cos\theta, r\sin\theta)$ zu nehmen sind. Hieraus folgt wegen der Gleichheit der gemischten partiellen Ableitungen zweiter Ordnung von f:

$$\frac{\partial^2 h}{\partial r^2}(r,\theta) + \frac{1}{r^2}\frac{\partial^2 h}{\partial \theta^2}(r,\theta) =$$

$$= \frac{\partial^2 f}{\partial x_1^2}[\cos^2\theta + \sin^2\theta] + \frac{\partial^2 f}{\partial x_2^2}[\sin^2\theta + \cos^2\theta]$$

$$+\frac{\partial^2 f}{\partial x_1\partial x_2}\cdot[\cos\theta\sin\theta + \sin\theta\cos\theta - \sin\theta\cos\theta - \cos\theta\sin\theta]$$

$$-\frac{1}{r}\cdot\Big[\frac{\partial f}{\partial x_1}\cos\theta + \frac{\partial f}{\partial x_2}\sin\theta\Big]$$

$$= \Delta f(r\cos\theta, r\sin\theta) - \frac{1}{r}\frac{\partial h}{\partial r}(r,\theta)\ .$$

Wir erhalten den *Laplace-Operator in Polarkoordinaten*

Laplace-Operator in Polarkoordinaten

$$\Delta f(r\cos\theta, r\sin\theta) = \frac{\partial^2 h}{\partial r^2}(r,\theta) + \frac{1}{r^2}\frac{\partial^2 h}{\partial \theta^2}(r,\theta) + \frac{1}{r}\frac{\partial h}{\partial r}(r,\theta)$$

Diese Gleichung wird häufig kürzer (und interpretationsbedürftig) in der Form

$$\Delta f = \frac{\partial^2 f}{\partial r^2} + \frac{1}{r^2}\frac{\partial^2 f}{\partial \theta^2} + \frac{1}{r}\frac{\partial f}{\partial r}$$

geschrieben (siehe auch den letzten Abschnitt von (21.84) auf Seite 151).

A 5

AUFGABE 5.- Die Funktion $f: \mathbb{R}^2\setminus\{0\} \to \mathbb{R}$ sei zweimal stetig differenzierbar und sei eine Lösung der Laplace-Gleichung $\Delta f = 0$. Zeigen Sie: Hängt f in Polarkoordinaten nur von r ab, so hat f die Gestalt

$$f(x,y) = a\ln(x^2+y^2) + b \quad \text{für alle } (x,y) \neq (0,0)$$

mit beliebigen reellen Zahlen a und b.

(22.18)

BEISPIELE.- (1) Eine schwingende Saite der Länge ℓ kann mathematisch durch eine Funktion

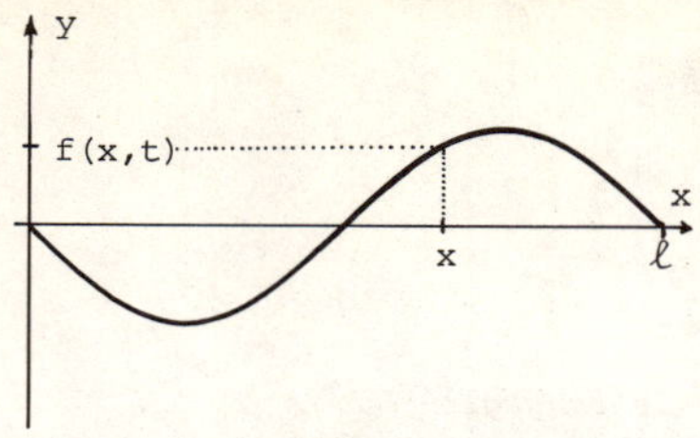

$(x,t) \mapsto f(x,t)$, $0 \le x \le \ell$, $t \in \mathbb{R}$, beschrieben werden, wobei $f(x,t)$ die Auslenkung der Saite zur Zeit t an der Stelle x angibt. Physikalische Argumente zeigen, daß – unter vereinfachenden Annahmen – die Funktion f der sogenannten (eindimensionalen) *Wellengleichung*

Wellengleichung

$$\frac{\partial^2 f}{\partial t^2} = c^2\frac{\partial^2 f}{\partial x^2}$$

genügt ($c \neq 0$ eine von der Saite abhängige Konstante).

(2) Eine schwingende Membran wird analog durch eine Funktion

$$(x,y,t) \mapsto f(x,y,t)$$

beschrieben, die der (zweidimensionalen) *Wellengleichung*

Wellengleichung

$$\frac{\partial^2 f}{\partial t^2} = c^2\Big(\frac{\partial^2 f}{\partial x^2} + \frac{\partial^2 f}{\partial y^2}\Big)$$

genügt.

(3) Die Temperatur eines Stabes aus wärmeleitendem Material kann durch eine Funktion $(x,t) \mapsto T(x,t)$ beschrieben werden, wobei $T(x,t)$ die absolute Temperatur zur Zeit t an der Stelle x bezeichnet. Physikalische Argumente zeigen wieder, daß – unter vereinfachenden Annahmen – die Funktion T der sogenannten *Wärmeleitungsgleichung*

$$\frac{\partial T}{\partial t} = k\frac{\partial^2 T}{\partial x^2}$$

genügt (k ist eine postitive Konstante, die vom Material des Stabes abhängt).

In der Wellengleichung und in der Wärmeleitungsgleichung steht jeweils auf der rechten Seite $c^2\cdot\Delta f$ bzw. $k\cdot\Delta T$.

A 6

AUFGABE 6.- a) Seien $q: \mathbb{R} \to \mathbb{R}$ differenzierbar und $p: \mathbb{R} \to \mathbb{R}$ zweimal differenzierbar. Zeigen Sie: Die Funktion $f: \mathbb{R}^2 \to \mathbb{R}$ mit

$$f(x,t) := \frac{1}{2}(p(x+ct) + p(x-ct)) + \frac{1}{2c}\int_{x-ct}^{x+ct} q(\tau)\,d\tau$$

ist eine Lösung der eindimensionalen Wellengleichung, die den Anfangsbedingungen

$$f(x,0)=p(x) \quad \text{und} \quad \frac{\partial f}{\partial t}(x,0)=q(x)$$

für alle $x \in \mathbb{R}$ genügt.

b) Zeigen Sie: Die Funktion

$$(x,t) \mapsto T(x,t) := \frac{1}{\sqrt{t}}\, e^{-\frac{x^2}{4kt}}, \quad x \in \mathbb{R},\ t>0,$$

ist eine Lösung der Wärmeleitungsgleichung.

Die Taylor-Formel

Im Falle von Funktionen einer Veränderlichen gilt für eine (k+1)-mal stetig differenzierbare Funktion $f\colon [a,b] \to \mathbb{R}$ die Taylorformel

$$f(x) = \sum_{\nu=0}^{k} \frac{f^{(\nu)}(x_o)}{\nu!}(x-x_o)^{\nu} + R_{k+1}(x),$$

wobei $x_o \in [a,b]$ ein fester Punkt und R_{n+1} das Restglied ist, etwa in der Lagrangeschen Form

$$R_{k+1}(x) = \frac{f^{(k+1)}(\xi)}{(k+1)!}(x-x_o)^{k+1}$$

mit ξ zwischen x und x_o.
Diese Formel haben wir unter anderem dazu benutzt, Funktionswerte von beliebig oft differenzierbaren Funktionen mit vorgegebener Genauigkeit zu berechnen oder hinreichende Bedingungen für lokale Extrema zu beweisen (siehe ANALYSIS I, ab Seite 256).

Wir werden auch Funktionen mehrerer Veränderlichen durch Polynome approximieren und zu einer Taylorformel gelangen. Unser Hauptinteresse gilt dabei der Taylorformel erster Ordnung, da mit ihrer Hilfe auch im mehrdimensionalen Fall relativ einfache hinreichende Bedingungen für lokale Extrema formuliert werden können. Wir behandeln diese Anwendung der Taylorformel im nächsten Paragraphen.

(22.19) **Bemerkungen.-** (1) Sei $U \subseteq \mathbb{R}^n$ eine offene Menge, $\mathring{x} \in U$ fest gewählt und $f\colon U \to \mathbb{R}$ stetig differenzierbar, d.h. stetig partiell differenzierbar. Dann ist f nach Satz (21.71), Seite 145, total differenzierbar, und es gilt die in Satz (21.73), Seite 146, notierte Taylorformel erster Ordnung

$$f(x) = f(\mathring{x}) + \langle \operatorname{grad} f(\mathring{x}), x-\mathring{x} \rangle + \|x-\mathring{x}\|\, r(x) \quad \text{für alle } x \in U$$

mit einer in $\mathring{x}$ stetigen Funktion $r\colon U \to \mathbb{R}$, die $r(\mathring{x})=0$ erfüllt.

(2) Setzen wir $x-\mathring{x} =: \underline{h}$, so lautet die *Taylorformel erster Ordnung*

$$f(\mathring{x}+\underline{h}) = f(\mathring{x}) + \langle \operatorname{grad} f(\mathring{x}), \underline{h} \rangle + R_2(\underline{h}) = f(\mathring{x}) + \sum_{i=1}^{n} \frac{\partial f}{\partial x_i}(\mathring{x})\, h_i + R_2(\underline{h}).$$

Diese gilt für alle $\underline{h} \in \mathbb{R}^n$, für die $\mathring{x}+\underline{h} \in U$ ist. Wegen $R_2(\underline{h}) = \|\underline{h}\|\, r(\mathring{x}+\underline{h})$ hat das Restglied R_2 die Eigenschaft

$$\lim_{\underline{h}\to o} \frac{R_2(\underline{h})}{\|\underline{h}\|} = 0.$$

Im folgenden Satz geben wir die Taylorformeln erster und zweiter Ordnung jeweils mit Lagrangeschem Restglied an.

Satz.- Sei $U \subseteq \mathbb{R}^n$ eine offene Menge, $\mathring{x} \in U$ fest gewählt und $f\colon U \to \mathbb{R}$ gegeben. (22.20)
Ist f zweimal (bzw. dreimal) stetig differenzierbar, so gilt: Zu jedem $\underline{h} = (h_1,\dots,h_n) \in \mathbb{R}^n$ mit der Eigenschaft $[\mathring{x},\mathring{x}+\underline{h}] \subseteq U$ (*), gibt es einen Punkt $\underline{\xi} \in [\mathring{x},\mathring{x}+\underline{h}]$, so daß

Taylorformel erster Ordnung

$$f(\mathring{x}+\underline{h}) = f(\mathring{x}) + \sum_{i=1}^{n} \frac{\partial f}{\partial x_i}(\mathring{x})\, h_i + \frac{1}{2!}\sum_{i,j=1}^{n} \frac{\partial^2 f}{\partial x_i \partial x_j}(\underline{\xi})\, h_i h_j$$

(bzw.

Taylorformel zweiter Ordnung

$$f(\mathring{x}+\underline{h}) = f(\mathring{x}) + \sum_{i=1}^{n} \frac{\partial f}{\partial x_i}(\mathring{x})\, h_i + \frac{1}{2!}\sum_{i,j=1}^{n} \frac{\partial^2 f}{\partial x_i \partial x_j}(\mathring{x})\, h_i h_j + \frac{1}{3!}\sum_{i,j,k=1}^{n} \frac{\partial^3 f}{\partial x_i \partial x_j \partial x_k}(\underline{\xi})\, h_i h_j h_k \ ).$$

Beweis.- Sei $\underline{h} \in \mathbb{R}^n$ fest gewählt, so daß $[\mathring{x},\mathring{x}+\underline{h}] \subseteq U$. Dann ist die Funktion $g\colon [0,1] \to \mathbb{R}$ mit $g(t) := f(\mathring{x}+t\underline{h})$ differenzierbar und die Kettenregel liefert:

$$g'(t) = \langle \operatorname{grad} f(\mathring{x}+t\underline{h}), \underline{h} \rangle = \sum_{i=1}^{n} \frac{\partial f}{\partial x_i}(\mathring{x}+t\underline{h})\, h_i.$$

Mit dem Hauptsatz der Differential- und Integralrechnung folgt

$$f(\mathring{x}+\underline{h}) - f(\mathring{x}) = g(1) - g(0) = \int_0^1 g'(t)\,dt = \int_0^1 \sum_{i=1}^{n} \frac{\partial f}{\partial x_i}(\mathring{x}+t\underline{h})\, h_i\, dt.$$

Dieses Integral wird mittels partieller Integration

(*) Mit $[\mathring{x},\mathring{x}+\underline{h}]$ bezeichnen wir wieder die Verbindungsstrecke von $\mathring{x}$ und $\mathring{x}+\underline{h}$, also $[\mathring{x},\mathring{x}+\underline{h}] = \{\mathring{x}+t\underline{h} \mid t \in [0,1]\}$

(siehe ANALYSIS I, (12.29)) umgeformt. Dazu setzen wir für $t \in [0,1]$

$$u'(t) := 1, \quad v(t) := \sum_{i=1}^{n} \frac{\partial f}{\partial x_i}(\mathring{\underline{x}}+t\underline{h})\, h_i .$$

Wir wählen $u(t) = t-1$ und berechnen $v'(t)$ nach der Kettenregel:

$$v'(t) = \sum_{i=1}^{n} < \operatorname{grad} \frac{\partial f}{\partial x_i}(\mathring{\underline{x}}+t\underline{h}), \underline{h} > h_i$$

$$= \sum_{i=1}^{n} \Big(\sum_{j=1}^{n} \frac{\partial^2 f}{\partial x_j \partial x_i}(\mathring{\underline{x}}+t\underline{h})\, h_j \Big) h_i$$

$$= \sum_{i,j=1}^{n} \frac{\partial^2 f}{\partial x_i \partial x_j}(\mathring{\underline{x}}+t\underline{h})\, h_i h_j .$$

Es folgt

$$\int_0^1 \sum_{i=1}^{n} \frac{\partial f}{\partial x_i}(\mathring{\underline{x}}+t\underline{h})\, h_i \, dt = \int_0^1 u'(t) v(t)\, dt$$

$$= u(1)v(1) - u(0)v(0) - \int_0^1 u(t) v'(t)\, dt$$

$$= \sum_{i=1}^{n} \frac{\partial f}{\partial x_i}(\mathring{\underline{x}})\, h_i + \int_0^1 -u(t) v'(t)\, dt . \qquad (+)$$

Nun sind $-u$ und v' stetige Funktionen, und es gilt $-u(t) \geq 0$ für alle $t \in [0,1]$. Deshalb gibt es nach dem Mittelwertsatz (10.53) der Integralrechnung (siehe ANALYSIS I, Seite 172) ein $c \in [0,1]$, so daß

$$\int_0^1 -u(t) v'(t)\, dt = v'(c) \int_0^1 -u(t)\, dt .$$

$$= v'(c) \cdot \Big[-\frac{t^2}{2} + t\Big]_0^1 = \frac{1}{2} v'(c) .$$

Insgesamt haben wir damit die Taylorformel erster Ordnung mit Lagrangeschem Restglied erhalten:

$$f(\mathring{\underline{x}}+\underline{h}) = f(\mathring{\underline{x}}) + \sum_{i=1}^{n} \frac{\partial f}{\partial x_i}(\mathring{\underline{x}})\, h_i + \frac{1}{2} \sum_{i,j=1}^{n} \frac{\partial^2 f}{\partial x_i \partial x_j}(\underline{\xi})\, h_i h_j , \text{ wo-}$$

bei $\underline{\xi} = \mathring{\underline{x}} + c\underline{h}$ ist.

Wenn Sie das Integral in der Zeile (+) noch einmal mit Hilfe partieller Integration umformen, kommen Sie auf gleiche Weise zur Taylorformel zweiter Ordnung.

Falls Sie den vorstehenden Beweis durchgearbeitet haben, können Sie auch die nächste Aufgabe lösen. Andernfalls lesen Sie bei Bemerkung (22.21) oder (22.22) weiter.

A 7 *AUFGABE 7.- Leiten Sie unter den Voraussetzungen des Satzes (22.20) die dort genannte Taylorformel zweiter Ordnung her.*

(22.21) BEMERKUNGEN.- (1) Um die Taylorformel k-ter Ordnung übersichtlich formulieren zu können, sind einige Abkürzungen nötig. Wir setzen für

$$\alpha = (\alpha_1, \dots, \alpha_n) \quad \text{mit } \alpha_i \in \mathbb{N}_0 :$$

$$|\alpha| := \alpha_1 + \dots + \alpha_n ,$$

$$\alpha! := \alpha_1! \cdot \ldots \cdot \alpha_n!$$

und für $\underline{h} = (h_1, \dots, h_n) \in \mathbb{R}^n$:

$$\underline{h}^{\alpha} := h_1^{\alpha_1} \cdot \ldots \cdot h_n^{\alpha_n} ,$$

$$\frac{\partial^{|\alpha|} f}{\partial x^{\alpha}} := \frac{\partial^{|\alpha|} f}{\partial x_1^{\alpha_1} \dots \partial x_n^{\alpha_n}} .$$

(2) Wir schreiben die Taylorformel erster Ordnung aus Satz (22.20) für den Fall n=2 mit den Abkürzungen aus (1) auf. Dabei berücksichtigen wir die Gleichheit der gemischten zweiten Ableitungen:

$$f(\mathring{\underline{x}}+\underline{h}) = f(\mathring{\underline{x}}) + \Big(\frac{\partial f}{\partial x_1}(\mathring{\underline{x}})\, h_1 + \frac{\partial f}{\partial x_2}(\mathring{\underline{x}})\, h_2\Big)$$

$$+ \frac{1}{2}\Big(\frac{\partial^2 f}{\partial x_1^2}(\underline{\xi})\, h_1^2 + 2\, \frac{\partial^2 f}{\partial x_1 \partial x_2}(\mathring{\underline{x}})\, h_1 h_2 + \frac{\partial^2 f}{\partial x_2^2}(\mathring{\underline{x}})\, h_2^2\Big)$$

$$= f(\mathring{\underline{x}}) + \sum_{|\alpha|=1} \frac{1}{\alpha_1!\alpha_2!} \cdot \frac{\partial^{|\alpha|} f}{\partial x^{\alpha}}(\mathring{\underline{x}})\, \underline{h}^{\alpha}$$

$$+ \sum_{|\alpha|=2} \frac{1}{\alpha_1!\alpha_2!} \cdot \frac{\partial^{|\alpha|} f}{\partial x^{\alpha}}(\underline{\xi})\, \underline{h}^{\alpha} .$$

Dabei enthält die erste Summe nur die Summanden zu $(\alpha_1, \alpha_2) = (1,0)$ und $(\alpha_1, \alpha_2) = (0,1)$; die zweite Summe hat die drei zu $(\alpha_1, \alpha_2) = (2,0)$, $(\alpha_1, \alpha_2) = (1,1)$ und $(\alpha_1, \alpha_2) = (0,2)$ gehörenden Summanden.
Schreibt man noch für $\alpha = (\alpha_1, \alpha_2) = (0,0)$:

$$\frac{\partial^{|\alpha|} f}{\partial x^{\alpha}}(\mathring{\underline{x}}) = f(\mathring{\underline{x}}) ,$$

so lautet die Taylorformel erster Ordnung

$$f(\mathring{\underline{x}}+\underline{h}) = \sum_{|\alpha| \leq 1} \frac{1}{\alpha!} \cdot \frac{\partial^{|\alpha|} f}{\partial x^{\alpha}} (\mathring{\underline{x}})\, \underline{h}^{\alpha}$$

$$+ \sum_{|\alpha|=2} \frac{1}{\alpha!} \cdot \frac{\partial^{|\alpha|} f}{\partial x^{\alpha}} (\underline{\xi})\, \underline{h}^{\alpha}$$

(3) Nun lautet die allgemeine Taylorformel k-ter Ordnung: Sei $U \subseteq \mathbb{R}^n$ eine offene Menge, $\mathring{\underline{x}} \in U$ und $f\colon U \longrightarrow \mathbb{R}$ (k+1)-mal stetig differenzierbar. Dann gibt es zu jedem $\underline{h} \in \mathbb{R}^n$ mit der Eigenschaft $[\mathring{\underline{x}}, \mathring{\underline{x}}+\underline{h}] \subseteq U$ einen Punkt $\underline{\xi} \in [\mathring{\underline{x}}, \mathring{\underline{x}}+\underline{h}]$, so daß

$$f(\mathring{\underline{x}}+\underline{h}) = \sum_{|\alpha| \leq k} \frac{1}{\alpha!} \cdot \frac{\partial^{|\alpha|} f}{\partial x^{\alpha}}(\mathring{\underline{x}})\, \underline{h}^{\alpha}$$ Taylorformel k-ter Ordnung

$$\sum_{|\alpha|=k+1} \frac{1}{\alpha!} \cdot \frac{\partial^{|\alpha|} f}{\partial x^{\alpha}}(\underline{\xi})\, \underline{h}^{\alpha} .$$

(Machen Sie sich die Bedeutung der Symbole klar!)

(4) Die Taylorformel sagt, daß sich eine (k+1)-mal stetig differenzierbare Funktion $f\colon U \longrightarrow \mathbb{R}$ in der Nähe jedes Punktes $\mathring{\underline{x}} \in U$ durch ein Polynom P vom Grad $\leq k$ approximieren läßt und zwar durch

$$P(\underline{h}) := \sum_{|\alpha| \leq k} \frac{1}{\alpha!} \cdot \frac{\partial^{|\alpha|} f}{\partial x^{\alpha}}(\mathring{\underline{x}})\, \underline{h}^{\alpha} .$$

Die Approximation ist in der Nähe von $\overset{\circ}{x}$ so gut, daß

$$\lim_{\underline{h}\to 0} \frac{1}{\|\underline{h}\|^k}(f(\overset{\circ}{x}+\underline{h}) - P(\underline{h})) = 0$$

ist.

(22.22) **Bemerkung.**- Wir benötigen eine weitere Umformulierung der Taylorformel erster Ordnung. Unter den Voraussetzungen von Satz (22.20) ist

$$\begin{aligned} f(\overset{\circ}{x}+\underline{h}) &= f(\overset{\circ}{x}) + \langle \operatorname{grad} f(\overset{\circ}{x}), \underline{h} \rangle \\ &\quad + \frac{1}{2}\sum_{i,j=1}^{n} \frac{\partial^2 f}{\partial x_i \partial x_j}(\underline{\xi}) h_i h_j \\ &= f(\overset{\circ}{x}) + \langle \operatorname{grad} f(\overset{\circ}{x}), \underline{h} \rangle \end{aligned}$$

$$+\frac{1}{2}(h_1,\ldots,h_n)\cdot\begin{pmatrix} \frac{\partial^2 f}{\partial x_1^2}(\underline{\xi}) & \cdots & \frac{\partial^2 f}{\partial x_1 \partial x_n}(\underline{\xi}) \\ \vdots & & \vdots \\ \frac{\partial^2 f}{\partial x_n \partial x_1}(\underline{\xi}) & \cdots & \frac{\partial^2 f}{\partial x_n^2}(\underline{\xi}) \end{pmatrix}\cdot\begin{pmatrix} h_1 \\ \vdots \\ h_n \end{pmatrix}.$$

Die hierbei auftretende Matrix der zweiten partiellen Ableitungen von f heißt *Hessesche Matrix* (*) von f im Punkt $\underline{\xi}$ und wird bei der Untersuchung auf lokale Extrema eine ähnliche Rolle spielen wie die zweite Ableitung bei der Untersuchung von Funktionen einer Veränderlichen.

(22.23) **Bezeichnung.**- Sei $U \subseteq \mathbb{R}^n$ eine offene Menge und $f: U \longrightarrow \mathbb{R}$ zweimal stetig differenzierbar. Die *Hessesche Matrix von f im Punkt* $x \in U$ ist die $(n\times n)$-Matrix

Hessesche Matrix

$$H_f(x) := \begin{pmatrix} \frac{\partial^2 f}{\partial x_1^2}(x) & \cdots & \frac{\partial^2 f}{\partial x_1 \partial x_n}(x) \\ \vdots & & \vdots \\ \frac{\partial^2 f}{\partial x_n \partial x_1}(x) & \cdots & \frac{\partial^2 f}{\partial x_n^2} \end{pmatrix}.$$

Kurz: $H_f(x) = (\frac{\partial^2 f}{\partial x_i \partial x_j}(x))_{1\le i,j\le n}$.

(22.24) **Beispiel.**- Wir berechnen für die Funktion $f: \mathbb{R}^n \longrightarrow \mathbb{R}$ mit

$$f(x) := \sin \|x\|^2$$

die Hessesche Matrix im Nullpunkt des $\mathbb{R}^n$.

Mit der Kettenregel folgt für $j = 1,\ldots,n$:

$$\frac{\partial f}{\partial x_j}(x) = 2x_j \cdot \cos \|x\|^2 \quad \text{für alle } x \in \mathbb{R}^n.$$

Nochmalige Anwendung der Kettenregel ergibt die partiellen Ableitungen zweiter Ordnung von f:

$$\frac{\partial^2 f}{\partial x_j^2}(x) = 2\cos\|x\|^2 - 4x_j^2 \sin\|x\|^2$$

und für $i \neq j$

$$\frac{\partial^2 f}{\partial x_i \partial x_j}(x) = -4x_i x_j \sin\|x\|^2.$$

Die Hessesche Matrix von f im Nullpunkt hat deshalb die Gestalt:

$$H_f(0) = \begin{pmatrix} 2 & 0 & \ldots & 0 \\ 0 & 2 & \ldots & 0 \\ \vdots & \vdots & & \vdots \\ 0 & 0 & \ldots & 2 \end{pmatrix} = 2\cdot E_n.$$

Aufgabe 8.- a) Sei $b \in \mathbb{R}^n$ und $f: \mathbb{R}^n \longrightarrow \mathbb{R}$ definiert durch A 8

$$f(x) := \frac{1}{1+\|x-b\|^2}.$$

Berechnen Sie die Hessesche Matrix von f im Punkt b.

b) Bestimmen Sie die Taylorformel zweiter Ordnung von f im Nullpunkt, wenn b = 0 ist. Sie brauchen das Restglied nicht explizit anzugeben.

§ 2 Lokale Extrema

Notwendige Bedingung

Erinnern Sie sich daran, wie wir die Frage nach den lokalen Extrema einer differenzierbaren Funktion einer Veränderlichen $f: I \longrightarrow \mathbb{R}$ behandelt haben: Als erstes ermittelten wir alle Punkte x aus dem Inneren des Definitionsintervalls I, in denen $f'(x) = 0$ galt; danach entschied im Fall $f''(x) \neq 0$ das Vorzeichen von $f''(x)$, ob f in x ein lokales Minimum oder Maximum hatte.
Bei Funktionen einer Veränderlichen entspricht die notwendige Bedingung für ein lokales Extremum, $f'(x) = 0$, der unmittelbaren Anschauung, daß im Extremum die Tangente an den Graphen von f waagerecht verläuft.
Eine Funktion von zwei Veränderlichen $f: \mathbb{R}^2 \longrightarrow \mathbb{R}$ veranschaulichen wir uns durch eine Fläche im $\mathbb{R}^3$, den Graphen von f. Wenn wir dann lokale Extrema von f diskutieren wollen, können wir uns die Fläche als Oberfläche eines "Gebirges" vorstellen: Neben einer höchsten Erhebung (dem "globalen" Maximum) hat das Gebirge noch andere Bergkuppen (lokale Maxima). Von einer solchen Bergkuppe aus geht es zunächst

Maximum anschaulich

(*) Otto Hesse, 1811-1874.

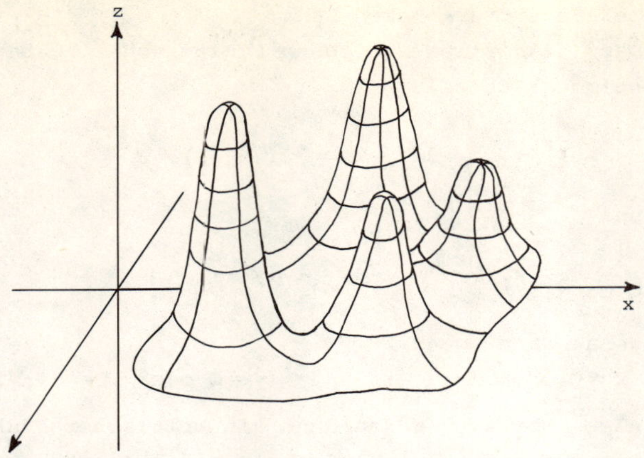

Bild 2.- Graph einer Funktion zweier Veränderlichen mit lokalen Maxima

in keiner Richtung weiter bergauf; in einer hinreichend kleinen Umgebung der Kuppe gibt es keine höher gelegenen Punkte.

(22.25) **DEFINITION.-** Sei $U \subseteq \mathbb{R}^n$ eine offene Menge und $f: U \to \mathbb{R}$ gegeben. Die Funktion f hat

lokales Maximum

(1) ein *lokales Maximum in* $\overset{\circ}{x} \in U$, falls es eine offene Kugel $B_\varepsilon(\overset{\circ}{x}) \subseteq U$ gibt, so daß

$$f(x) \leq f(\overset{\circ}{x}) \quad \text{für alle } x \in B_\varepsilon(\overset{\circ}{x});$$

lokales Minimum

(2) ein *lokales Minimum in* $\overset{\circ}{x} \in U$, falls es eine offene Kugel $B_\varepsilon(\overset{\circ}{x}) \subseteq U$ gibt, so daß

$$f(x) \geq f(\overset{\circ}{x}) \quad \text{für alle } x \in B_\varepsilon(\overset{\circ}{x});$$

striktes lokales Extremum

(3) ein *striktes lokales Maximum* (bzw. *Minimum*), falls $f(x) < f(\overset{\circ}{x})$ (bzw. $f(x) > f(\overset{\circ}{x})$) für alle $x \in B_\varepsilon(\overset{\circ}{x}) \setminus \{\overset{\circ}{x}\}$.

(22.26) **BEMERKUNG.-** In Definition (22.25) haben wir keinerlei Differenzierbarkeits-Eigenschaften für f gefordert. Zum Beispiel ist $f: \mathbb{R}^2 \to \mathbb{R}$ mit

$$f(x,y) := \sqrt{x^2+y^2}$$

im Nullpunkt weder total noch partiell differenzierbar. Es gilt jedoch

$$f(x,y) \geq 0 = f(0,0) \quad \text{für alle } (x,y) \in \mathbb{R}^2 .$$

D.h. f hat in $(0,0)$ ein lokales Minimum, sogar das globale Minimum.

Wir werden im folgenden untersuchen, wie man die lokalen Extrema von partiell differenzierbaren Funktionen bestimmen kann.

A 9 *AUFGABE 9.- Folgern Sie aus den "anschaulichen Bemerkungen" vor Definition (22.25): Hat die stetig differenzierbare Funktion $f: \mathbb{R}^2 \to \mathbb{R}$ in $\overset{\circ}{x} \in \mathbb{R}^2$ ein lokales Maximum, so gilt $D_v f(\overset{\circ}{x}) = 0$ für alle $v \in \mathbb{R}^2$ mit $\|v\| = 1$.*

BEMERKUNG.- Sei $f: \mathbb{R}^2 \to \mathbb{R}$ stetig differenzierbar; f habe in $\overset{\circ}{x} \in \mathbb{R}^2$ ein lokales Maximum. Dann legt die Anschauung nahe (siehe Bild 3), daß die Tangentialebene an die Fläche $z = f(x,y)$ (*) im Punkt $(\overset{\circ}{x}, f(\overset{\circ}{x}))$ horizontal verläuft. Diese Tangentialebene hat nach (21.67) als Norma- (22.27)

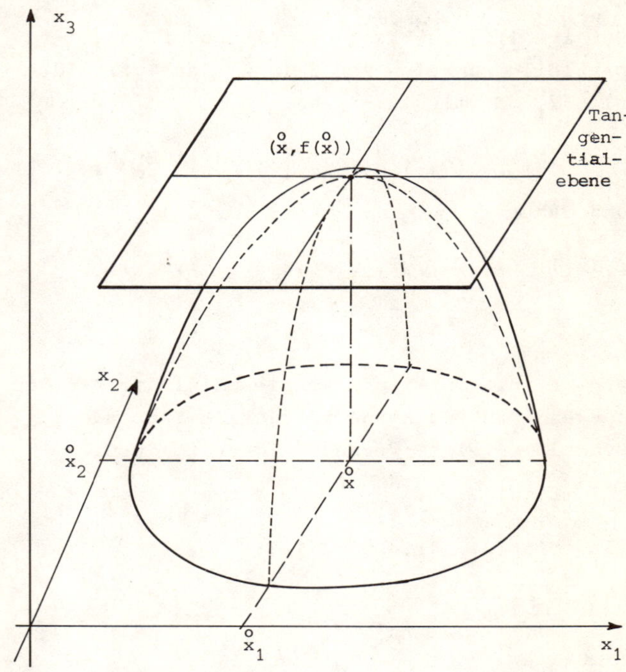

Bild 3.- Lokales Maximum in $\overset{\circ}{x}$.

lenvektor

$$\operatorname{grad} g(\overset{\circ}{x}, f(\overset{\circ}{x})) = \left(-\frac{\partial f}{\partial x_1}(\overset{\circ}{x}), -\frac{\partial f}{\partial x_2}(\overset{\circ}{x}), 1\right).$$

Dieser Vektor muß in Richtung der x_3-Achse zeigen, damit die Tangentialebene parallel zur x_1-x_2-Ebene ist. Also muß

$$\frac{\partial f}{\partial x_1}(\overset{\circ}{x}) = \frac{\partial f}{\partial x_2}(\overset{\circ}{x}) = 0$$

sein. Diese Bedingung muß jede partielle differenzierbare Funktion erfüllen, die in $\overset{\circ}{x}$ ein lokales Extremum besitzt.

SATZ.- Sei $U \subseteq \mathbb{R}^n$ eine offene Menge und $f: U \to \mathbb{R}$ partiell differenzierbar. Hat f in $\overset{\circ}{x} \in U$ ein lokales Extremum, so gilt (22.28)

(*) Das ist die Tangentialebene an die Niveaumenge $N_0(g)$, wenn $g(x,y,z) := z - f(x,y)$ ist (siehe Definition (21.67), Seite 143).

notwendige Bedingung für lokale Extrema

$$\frac{\partial f}{\partial x_i}(\overset{\circ}{x}) = 0 \quad \text{für } i = 1,\dots,n \;;$$

kurz: $\operatorname{grad} f(\overset{\circ}{x}) = 0$.

BEWEIS.- Die Funktion f hat in $\overset{\circ}{x} = (\overset{\circ}{x}_1,\dots,\overset{\circ}{x}_n)$ ein lokales Extremum, etwa ein lokales Minimum. Also gibt es eine offene Kugel $B_\varepsilon(\overset{\circ}{x}) \subseteq U$, so daß

$$f(x) \geq f(\overset{\circ}{x}) \quad \text{für alle } x \in B_\varepsilon(\overset{\circ}{x}).$$

Sei $i \in \{1,\dots,n\}$ fest gewählt und f_i die i-te partielle Funktion von f in $\overset{\circ}{x}$. Dann gilt für alle $x_i \in \mathbb{R}$ mit $|x_i - \overset{\circ}{x}_i| < \varepsilon$

$$(\overset{\circ}{x}_1,\dots,\overset{\circ}{x}_{i-1},x_i,\overset{\circ}{x}_{i+1},\dots,\overset{\circ}{x}_n) \in B_\varepsilon(\overset{\circ}{x})$$

und daher

$$f_i(x_i) = f(\overset{\circ}{x}_1,\dots,\overset{\circ}{x}_{i-1},x_i,\overset{\circ}{x}_{i+1},\dots,\overset{\circ}{x}_n)$$
$$\geq f(\overset{\circ}{x}) = f_i(\overset{\circ}{x}_i).$$

D.h. f_i hat in $\overset{\circ}{x}_i$ ein lokales Minimum. Mit der notwendigen Bedingung für lokale Extrema von Funktionen <u>einer</u> Veränderlichen folgt:

$$f_i'(\overset{\circ}{x}_i) = 0 \;,$$

also mit (21.14), Seite 126:

$$\frac{\partial f}{\partial x_i}(\overset{\circ}{x}) = 0.$$

(22.29) BEMERKUNGEN.- (1) Ist $f: U \longrightarrow \mathbb{R}$ ($U \subseteq \mathbb{R}^n$ offen) partiell differenzierbar und gilt $\operatorname{grad} f(\overset{\circ}{x}) = 0$, so nennt man $\overset{\circ}{x}$ oft auch *kritischen Punkt von f*.

kritischer Punkt

Satz (22.28) besagt dann: f hat höchstens in den kritischen Punkten lokale Extrema.

Sattelpunkt

(2) Einen kritischen Punkt von f, in dem f kein lokales Extremum hat, nennt man *Sattelpunkt*. Prototyp eines Sattelpunktes ist der Punkt (0,0) für die Funktion $f: \mathbb{R}^2 \longrightarrow \mathbb{R}$ mit

$$f(x,y) := x^2 - y^2.$$

In Bild 5 auf Seite 123 erkennen Sie auch: In jeder Umgebung des Nullpunktes gibt es Punkte, in denen der Funktionswert größer als f(0,0) ist, und es gibt Punkte, in denen der Funktionswert kleiner als f(0,0) ist. Diese Eigenschaft charakterisiert einen Sattelpunkt.

(22.30) BEISPIEL.- Wir untersuchen in welchen Punkten die Funktion $f: \mathbb{R}^2 \longrightarrow \mathbb{R}$ mit

$$f(x,y) := 2x^4 + y^4 - x^2 - 2y^2$$

lokale Extrema haben kann.
Dazu sind alle kritischen Punkte von f zu bestimmen: Es gilt

$$\frac{\partial f}{\partial x}(x,y) = 8x^3 - 2x = 2x(4x^2-1) = 0$$

und

$$\frac{\partial f}{\partial y}(x,y) = 4y^3 - 4y = 4y(y^2-1) = 0$$

genau dann, wenn
$(x = 0 \text{ oder } x = \pm\frac{1}{2})$ und $(y = 0 \text{ oder } y = \pm 1)$ ist.
Also ist (x,y) genau dann ein kritischer Punkt von f, wenn (x,y) gleich einem der Punkte $(0,0), (0,1), (0,-1), (\frac{1}{2},0), (\frac{1}{2},1), (\frac{1}{2},-1), (-\frac{1}{2},0), (-\frac{1}{2},1), (-\frac{1}{2},-1)$ ist.
Ob und wenn ja, in welchem dieser Punkte f ein lokales Maximum oder Minimum besitzt, läßt sich noch nicht entscheiden.

(Höchstens mit einigem rechnerischem Aufwand: Sei $0 < \varepsilon < 1$; dann gilt sicher $3\varepsilon^2 - 3 < 0$. Wir erhalten für alle $(x,y) \in \mathbb{R}^2$ mit $\|(x,y)\| < \varepsilon$, also $|x| < \varepsilon$ und $|y| < \varepsilon$:

$$f(x,y) = x^2(2x^2-1) + y^2(y^2-2)$$
$$< \varepsilon^2(2\varepsilon^2-1) + \varepsilon^2(\varepsilon^2-2)$$
$$= \varepsilon^2(3\varepsilon^2-3) < 0 = f(0,0).$$

Also hat f in (0,0) ein lokales Maximum.)

AUFGABE 10.- Bestimmen Sie alle kritischen Punkte von $f: \mathbb{R}^2 \longrightarrow \mathbb{R}$ mit A 10

a) $f(x,y) := x^2 - 2xy - 3y + \frac{1}{3}y^3$,

b) $f(x,y) := x^2 - 2xy + y^2$.

HINREICHENDE BEDINGUNG

In diesem Abschnitt soll gezeigt werden, wie aus der Taylorformel eine hinreichende Bedingung für lokale Extrema gewonnen werden kann, die im Fall von Funktionen von zwei Veränderlichen leicht überprüfbar ist.

DISKUSSION.- Sei $U \subseteq \mathbb{R}^2$ eine offene Menge und $f: U \longrightarrow \mathbb{R}$ eine zweimal stetig differenzierbare Funktion. Wann können wir folgern, daß f in einem Punkt $\overset{\circ}{x} \in U$, in dem (22.31)

$$\operatorname{grad} f(\overset{\circ}{x}) = 0$$

gilt, ein lokales Maximum besitzt?

(1) Zunächst folgt aus Definition (22.25) unmittelbar: f hat in $\overset{\circ}{x}$ genau dann ein (striktes)

lokales Maximum, wenn

$$f(\mathring{x}+\underline{h}) - f(\mathring{x}) < 0$$

ist für alle $\underline{h} \in \mathbb{R}^n$ mit $0 < \|\underline{h}\| < \varepsilon$, $\varepsilon > 0$ hinreichend klein.
Die Differenz $f(\mathring{x}+\underline{h}) - f(\mathring{x})$ wird durch die Taylorformel exakt dargestellt (siehe z.B. Bemerkung (22.22)):

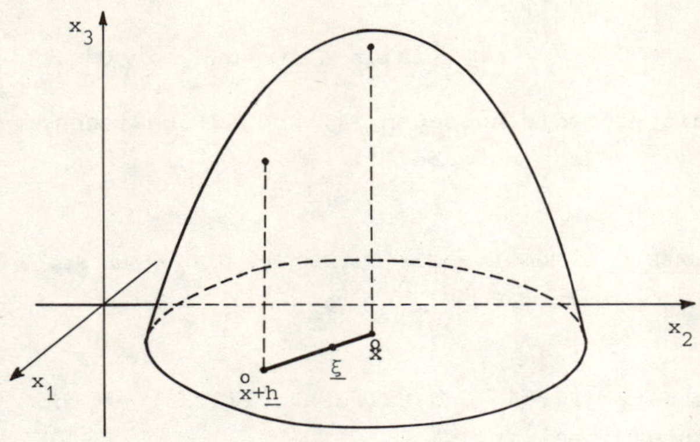

Bild 4.- $f(\mathring{x}+\underline{h}) - f(\mathring{x}) < 0$ bei einem lokalen Maximum in $\mathring{x}$

$$f(\mathring{x}+\underline{h}) - f(\mathring{x}) = \langle \operatorname{grad} f(\mathring{x}), \underline{h} \rangle + \frac{1}{2}\, \underline{h} \cdot H_f(\underline{\xi}) \cdot \underline{h}^T,$$

wobei $\underline{\xi} = \underline{\xi}(\underline{h})$ ein Punkt der Verbindungsstrecke $[\mathring{x}, \mathring{x}+\underline{h}]$ ist. Da $\operatorname{grad} f(\mathring{x}) = 0$ ist, erhalten wir

$$f(\mathring{x}+\underline{h}) - f(\mathring{x}) = \frac{1}{2}\, \underline{h} \cdot H_f(\underline{\xi}) \cdot \underline{h}^T .$$

(2) Wir brauchen also nur noch zu untersuchen, wann

$$\underline{h} \cdot H_f(\underline{\xi}) \cdot \underline{h}^T < 0 \quad \text{für alle } \underline{h} \neq 0 \quad \text{mit } \|\underline{h}\| < \varepsilon$$

oder ausführlich geschrieben, wann

$$\frac{\partial^2 f}{\partial x_1^2}(\underline{\xi})\, h_1^2 + 2\, \frac{\partial^2 f}{\partial x_1 \partial x_2}(\underline{\xi})\, h_1 h_2 + \frac{\partial^2 f}{\partial x_2^2}(\underline{\xi})\, h_2^2 < 0$$

ist für alle "hinreichend kleinen" $\underline{h} = (h_1, h_2) \neq (0,0)$.
Es wird sich zeigen, daß wir nur die Hessesche Matrix $H_f(\mathring{x})$ zu untersuchen brauchen, um dann unter geeigneten Voraussetzungen

$$\underline{h} \cdot H_f(\mathring{x}) \cdot \underline{h}^T < 0 \quad \text{für } \underline{\text{alle}}\ \underline{h} \neq 0$$

folgern zu können: Wir legen zunächst für den Typ der Matrix $H_f(\mathring{x})$ einige Bezeichnungen fest.

(22.32) DEFINITION.- (1) Eine $(n \times n)$-Matrix A heißt *symmetrisch*, wenn

symmetrische Matrix

$$A^T = A$$

gilt.

(2) Eine symmetrische $(n \times n)$-Matrix A heißt

- *positiv definit*, falls $\underline{h} \cdot A \cdot \underline{h}^T > 0$ für alle $\underline{h} \in \mathbb{R}^n \setminus \{0\}$, positiv definit
- *negativ definit*, falls $\underline{h} \cdot A \cdot \underline{h}^T < 0$ für alle $\underline{h} \in \mathbb{R}^n \setminus \{0\}$, negativ definit
- *indefinit*, falls es $\underline{h}$ und $\tilde{\underline{h}} \in \mathbb{R}^n$ gibt, so daß $\underline{h} \cdot A \cdot \underline{h}^T < 0$ und $\tilde{\underline{h}} \cdot A \cdot \tilde{\underline{h}}^T > 0$ ist. indefinit

BEMERKUNGEN.- (1) Ist $f: U \to \mathbb{R}$ $(U \subseteq \mathbb{R}^n$ offen$)$ zweimal stetig differenzierbar, so gilt nach dem Satz von Schwarz (22.33)

$$\frac{\partial^2 f}{\partial x_i \partial x_j}(\mathring{x}) = \frac{\partial^2 f}{\partial x_j \partial x_i}(\mathring{x})$$

für alle $\mathring{x} \in U$ und alle $i = 1, \ldots, n$. Das bedeutet: Die Hessesche Matrix $H_f(\mathring{x})$ ist symmetrisch.

(2) Da alle zweiten partiellen Ableitungen von f stetig sind, kann man beweisen: Ist $H_f(\mathring{x})$ positiv (negativ) definit, so gibt es ein $\varepsilon > 0$, so daß $H_f(\underline{\xi})$ für alle $\underline{\xi} \in B_\varepsilon(\mathring{x})$ positiv (negativ) definit ist. Dieselbe Aussage gilt im indefiniten Fall.

SATZ.- Sei $U \subseteq \mathbb{R}^n$ eine offene Menge, $f: U \to \mathbb{R}$ zweimal stetig differenzierbar und $\mathring{x} \in U$ ein kritischer Punkt von f. Dann gilt: (22.34)

(1) Ist $H_f(\mathring{x})$ positiv definit, so hat f ein striktes lokales Minimum in $\mathring{x}$. hinreichende Bedingung für lokale Extrema

(2) Ist $H_f(\mathring{x})$ negativ definit, so hat f ein striktes lokales Maximum in $\mathring{x}$.

(3) Ist $H_f(\mathring{x})$ indefinit, so hat f in $\mathring{x}$ einen Sattelpunkt.

Zum BEWEIS sei nur soviel gesagt: Da $\operatorname{grad} f(\mathring{x}) = 0$ ist, liefert die Taylorformel für $\|\underline{h}\| < \varepsilon$, $\varepsilon > 0$ hinreichend klein:

$$f(\mathring{x}+\underline{h}) - f(\mathring{x}) = \frac{1}{2}\, \underline{h} \cdot H_f(\underline{\xi}) \cdot \underline{h}^T ,$$

wobei $\underline{\xi}$ ein Punkt der Verbindungsstrecke $[\mathring{x}, \mathring{x}+\underline{h}]$ ist. Insbesondere gilt dann $\underline{\xi} \in B_\varepsilon(\mathring{x})$ und für geeignetes $\underline{\xi}$ ist $H_f(\underline{\xi})$ nach (22.33)(2) auch negativ-definit, wenn $H_f(\mathring{x})$ negativ-definit ist. Es folgt $f(\mathring{x}+\underline{h}) - f(\mathring{x}) < 0$ für alle $\underline{h} \neq 0$ mit $\|\underline{h}\| < \varepsilon$, d.h. f hat in $\mathring{x}$ ein striktes

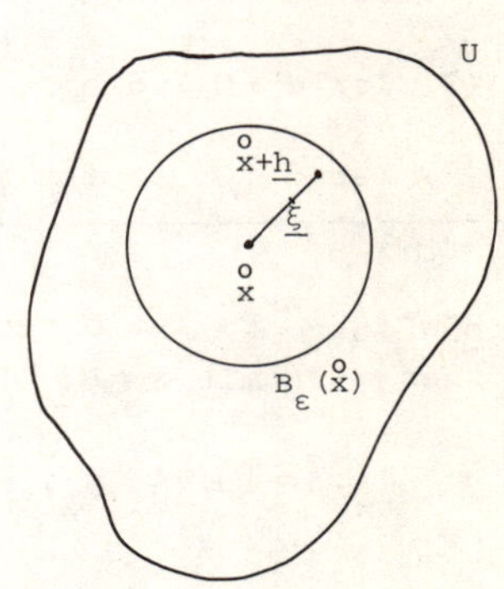

lokales Maximum.

Um Satz (22.34) anwenden zu können, brauchen wir Verfahren oder Aussagen, mit deren Hilfe wir feststellen können, ob eine Hessesche Matrix definit oder indefinit ist.

(22.35) **BEISPIELE.-** (1) Sei $A = (a_{ij})$ eine $(n \times n)$-Diagonalmatrix mit positiven Diagonalelementen. Dann ist A symmetrisch und für $\underline{h} = (h_1, \ldots, h_n) \in \mathbb{R}^n \setminus \{0\}$ gilt

$$\underline{h} \cdot A \cdot \underline{h}^T = \sum_{i=1}^{n} \sum_{j=1}^{n} a_{ij} h_i h_j = \sum_{i=1}^{n} a_{ii} h_i^2 > 0,$$

da $a_{ij} = 0$ für $i \neq j$, $a_{ii} > 0$ für $i = 1, \ldots, n$ und mindestens ein h_i ungleich 0 ist. Sie sehen: A ist positiv definit.

(2) Wir haben in Beispiel (22.24) die Hessesche Matrix von $f: \mathbb{R}^n \longrightarrow \mathbb{R}$ mit

$$f(x) := \sin \|x\|^2$$

im Nullpunkt berechnet:

$$H_f(0) = \begin{pmatrix} 2 & 0 & \ldots & 0 \\ 0 & 2 & \ldots & 0 \\ \vdots & \vdots & & \vdots \\ 0 & 0 & \ldots & 2 \end{pmatrix}.$$

Also ist $H_f(0)$ nach (1) positiv definit. Wegen

$$\operatorname{grad} f(x) = 2 \cos \|x\|^2 \cdot x \quad \text{für alle } x \in \mathbb{R}^n$$

ist der Nullpunkt auch ein kritischer Punkt f. Daher hat f nach Satz (22.34)(1) ein striktes lokales Minimum im Nullpunkt.

Für den Fall $n = 2$ gibt es die folgenden hinreichenden Bedingungen:

(22.36) **HILFSSATZ.-** Seien $a, b, c \in \mathbb{R}$, $A := \begin{pmatrix} a & b \\ b & c \end{pmatrix}$ und $d := \det A$. Dann gilt

(1) Ist $d > 0$ und $a > 0$, so ist A positiv definit.

(2) Ist $d > 0$ und $a < 0$, so ist A negativ definit.

(3) Ist $d < 0$, so ist A indefinit.

BEWEIS.- Es ist $d = ac - b^2$. Sei $\underline{h} = (h_1, h_2) \in \mathbb{R}^2$, dann gilt mit $a \neq 0$:

$$\underline{h} \cdot A \cdot \underline{h}^T = (h_1, h_2) \cdot \begin{pmatrix} ah_1 + bh_2 \\ bh_1 + ch_2 \end{pmatrix}$$

$$= ah_1^2 + 2bh_1h_2 + ch_2^2$$

$$= \frac{1}{a}[a^2h_1^2 + 2abh_1h_2 + b^2h_2^2 + ach_2^2 - b^2h_2^2]$$

$$= \frac{1}{a}[(ah_1 + bh_2)^2 + (ac - b^2)h_2^2].$$

Dieser Darstellung entnehmen Sie: Für $(h_1, h_2) \neq (0,0)$ gilt

$$\underline{h} \cdot A \cdot \underline{h}^T \begin{cases} > 0, & \text{falls } a > 0 \text{ und } d > 0 \\ < 0, & \text{falls } a < 0 \text{ und } d > 0 \end{cases}.$$

Damit sind die Aussagen (1) und (2) bewiesen. Zu (3): Siehe Aufgabe 11.

AUFGABE 11.- Beweisen Sie (22.36)(3). D.h. geben Sie $\underline{h}, \tilde{\underline{h}} \in \mathbb{R}^2$ so an, daß $\underline{h} \cdot A \cdot \underline{h}^T < 0$ und $\tilde{\underline{h}} \cdot A \cdot \tilde{\underline{h}}^T > 0$ ist. A 11

Aus Satz (22.34) und Hilfssatz (22.36) ergibt sich unmittelbar:

(22.37) **FOLGERUNG.-** Sei $U \subseteq \mathbb{R}^2$ eine offene Menge, $f: U \longrightarrow \mathbb{R}$ zweimal stetig differenzierbar und $\overset{\circ}{x} \in U$ ein kritischer Punkt von f. Dann gilt

hinreichende Bedingungen für lokale Extrema

(1) Ist $\det H_f(\overset{\circ}{x}) > 0$ und $\frac{\partial^2 f}{\partial x_1^2}(\overset{\circ}{x}) > 0$, so hat f in $\overset{\circ}{x}$ ein striktes lokales Minimum.

(2) Ist $\det H_f(\overset{\circ}{x}) > 0$ und $\frac{\partial^2 f}{\partial x_1^2}(\overset{\circ}{x}) < 0$, so hat f in $\overset{\circ}{x}$ ein striktes lokales Maximum.

(3) Ist $\det H_f(\overset{\circ}{x}) < 0$, so hat f in $\overset{\circ}{x}$ einen Sattelpunkt.

Im Fall $\det H_f(\overset{\circ}{x}) = 0$ kann keine Aussage gemacht werden: f kann dann in $\overset{\circ}{x}$ ein lokales Extremum haben oder einen Sattelpunkt. Vergleichen Sie mit der Situation bei Funktionen einer Veränderlichen, wenn $f''(\overset{\circ}{x}) = 0$ ist.

(22.38) **BEISPIEL.-** Wir untersuchen die Funktion $f: \mathbb{R}^2 \longrightarrow \mathbb{R}$ mit

$$f(x,y) := -(x^2+y^2)^2 + x^2 - y^2$$

auf lokale Extrema.
Wir gehen dabei folgendermaßen vor:

(1) Der Definitionsbereich $\mathbb{R}^2$ ist offen; f ist als Polynom zweimal stetig differenzierbar. Folgerung (22.37) ist anwendbar.

(2) Bestimmung aller kritischen Punkte von f: Es ist

$$\frac{\partial f}{\partial x}(x,y) = -4x(x^2+y^2-\frac{1}{2})$$

$$\frac{\partial f}{\partial y}(x,y) = -4y(x^2+y^2+\frac{1}{2}) .$$

Sie sehen: $\frac{\partial f}{\partial y}(x,y) = 0$ genau dann, wenn $y = 0$ ist. Also ist $\frac{\partial f}{\partial x}(x,0) = 0$ genau dann, wenn $x = 0$ oder $x^2 = \frac{1}{2}$ ist. Als kritische Punkte erhalten wir $(0,0)$, $(\frac{1}{\sqrt{2}},0)$ und $(-\frac{1}{\sqrt{2}},0)$.

(3) Bestimmung der Hesseschen Matrix:

$$H_f(x,y) = \begin{pmatrix} \frac{\partial^2 f}{\partial x^2}(x,y) & \frac{\partial^2 f}{\partial x \partial y}(x,y) \\ \frac{\partial^2 f}{\partial x \partial y}(x,y) & \frac{\partial^2 f}{\partial y^2}(x,y) \end{pmatrix}$$

$$= \begin{pmatrix} -12x^2-4y^2+2 & -8xy \\ -8xy & -4x^2-12y^2-2 \end{pmatrix}$$

(4) Untersuchung der Hesseschen Matrix in den kritischen Punkten:

Wegen $\det H_f(0,0) = \det \begin{pmatrix} 2 & 0 \\ 0 & -2 \end{pmatrix} = -4 < 0$ hat f nach (22.37)(3) im Nullpunkt einen Sattelpunkt.

Wegen $\det H_f(\pm\frac{1}{\sqrt{2}},0) = \det \begin{pmatrix} -4 & 0 \\ 0 & -4 \end{pmatrix} = 16 > 0$ und $\frac{\partial^2 f}{\partial x^2}(\pm\frac{1}{\sqrt{2}},0) = -4 < 0$ hat f in den beiden kritischen Punkten $(\frac{1}{\sqrt{2}},0)$ und $(-\frac{1}{\sqrt{2}},0)$ jeweils ein lokales Maximum (siehe (22.37)(2)).

A 12 *AUFGABE 12.- Untersuchen Sie die folgenden Funktionen $f: \mathbb{R}^2 \to \mathbb{R}$ bzw. $f: \mathbb{R}^3 \to \mathbb{R}$ auf lokale Extrema und Sattelpunkte:*

a) $f(x,y) := x^3 - 12xy + 8y^3$,

b) $f(x,y) := x^2 - 2xy + y^2$, (Skizzieren Sie den Graphen),

c) $f(x,y) := x^3 - y^2$,

d) die Funktion f aus Beispiel (22.30),

e) $f(x,y,z) := \cos x + \cos y + \cos z$.

Die nächste Aufgabe benötigt etwas mehr Zeit.

A 13 *AUFGABE 13.- In (16.42), Seite 40, haben wir mit Hilfe des Skalarproduktes im $\mathbb{R}^N$ und dem Begriff des kürzesten Abstands zu einem Unterraum des $\mathbb{R}^N$ zu N Meßwerten (t_i,α_i), wobei die t_i paarweise verschieden seien, eine Ausgleichsgerade $t \mapsto \lambda_0 + \lambda_1 t$, $t \in \mathbb{R}$, bestimmt. Und zwar geschah dies nach der Methode der kleinsten Quadrate so, daß $\sum_{i=1}^{N} (\alpha_i - \lambda_0 - \lambda_1 t_i)^2$ minimal wird. Lösen Sie dieses Problem nun mit den bisher entwickelten Methoden der Differentialrechnung, indem Sie das lokale Minimum (es gibt nur eins) der Funktion $f: \mathbb{R}^2 \to \mathbb{R}$ mit*

$$f(\lambda_0,\lambda_1) := \sum_{i=1}^{N} (\alpha_i - \lambda_0 - \lambda_1 t_i)^2$$

bestimmen. Ist die gefundene Lösung $\mathring{\lambda} = (\mathring{\lambda}_0,\mathring{\lambda}_1)$ auch das absolute Minimum von f, d.h. gilt $f(\lambda_0,\lambda_1) \geq f(\mathring{\lambda})$ für alle $(\lambda_0,\lambda_1) \in \mathbb{R}^2$?

Will man Funktionen von mehr als zwei Veränderlichen auf strikte lokale Extrema untersuchen, so benötigt man wegen Satz (22.34) Bedingungen an beliebige symmetrische $(n \times n)$-Matrizen, aus denen man auf positive oder negative Definitheit schließen kann. Eines solcher Kriterien geben wir ohne Beweis an:

SATZ.- Sei $A = (a_{ij})$ eine symmetrische $(n \times n)$-Matrix. Ferner sei für $k = 1,\dots,n$ (22.39)

$$A_k := (a_{ij})_{\substack{1 \leq i \leq k \\ 1 \leq j \leq k}},$$

d.h. zum Beispiel $A_1 = (a_{11})$ und $A_n = A$. Dann gilt

(1) Ist $\det A_k > 0$ für $k = 1,\dots,n$, so ist A positiv definit.

(2) Sind die Zahlen $\det A_1, \det A_2, \dots, \det A_n$ abwechselnd negativ und positiv, also $\det A_1 < 0$, $\det A_2 > 0$, $\det A_3 < 0$ usw., so ist A negativ definit.

AUFGABE 14.- Zeigen Sie, daß die Funktion $f: \mathbb{R}^3 \to \mathbb{R}$ mit A 14

$$f(x,y,z) := xyz(4-x-y-z)$$

im Punkt (1,1,1) ein lokales Maximum hat.

BEMERKUNGEN.- (1) Häufig ist man gar nicht an allen lokalen Extrema interessiert, sondern nur an dem globalen (oder: absoluten) Maximum oder Minimum, falls sie existieren. Wie erhält man diese? (22.40)

Ist f auf der offenen Menge $U \subseteq \mathbb{R}^n$ definiert und weiß man - woher auch immer - , daß f z.B. das absolute Maximum in einem Punkt $\mathring{x} \in U$ annimmt ($f(x) \leq f(\mathring{x})$ für alle $x \in U$), so hat f in $\mathring{x}$

insbesondere ein lokales Maximum, und $\mathring{x}$ ist nach Satz (22.28) einer der kritischen Punkte von f. Man braucht also nach Bestimmung aller kritischen Punkte von f nur noch die Funktionswerte in den kritischen Punkten miteinander zu vergleichen. Der größte ist das absolute Maximum und wird in den entsprechenden kritischen Punkten angenommen.

(2) Ist $f: [a,b] \longrightarrow \mathbb{R}$ eine differenzierbare Funktion, so ist f auch stetig und nimmt nach dem Satz vom Maximum (siehe ANALYSIS I, (10.22)) sein Supremum in einem Punkt $x_o \in [a,b]$ an; x_o ist eine Nullstelle von f' auf $]a,b[$ oder einer der "Randpunkte" a,b des Definitionsintervalls. Ähnlich ist die Situation bei Funktionen mehrerer Veränderlichen.

(3) Ist f etwa auf einer abgeschlossenen Kreisscheibe $K_r(0) \subseteq \mathbb{R}^3$ definiert und stetig und in der offenen Kreisscheibe $B_r(0)$ zweimal stetig differenzierbar, so weiß man (siehe (22.41)): f besitzt ein absolutes Maximum. Dieses Maximum wird in einem kritischen Punkt von f aus der offenen Menge $B_r(0)$ oder auf dem Rand, der Kreislinie $S_r(0)$, angenommen. Wie man die Extrema auf dem Rand ermitteln kann, damit beschäftigen wir uns im nächsten Abschnitt.

(4) Betrachten Sie zu dem in (3) Gesagten zum Beispiel den Graphen der Funktion

$(x,y) \longmapsto f(x,y) := \sqrt{1-x^2-y^2}$ für $x^2+y^2 \leq 1$ in Bild 3 auf Seite 122: Das absolute Maximum (=1) wird im Nullpunkt, also im "Innern" des Definitionsbereiches angenommen; dieser Punkt ist auch kritischer Punkt von f. Das absolute Minimum (=0) wird in allen Punkten (x,y) des Randes $S_1(0) = \{(x,y) \mid x^2+y^2 = 1\}$ angenommen. Diese Punkte können schon deshalb keine kritischen Punkte von f sein, weil in ihnen der Begriff der partiellen Differenzierbarkeit nicht erklärt ist.

(22.41) SATZ.- Ist $M \subseteq \mathbb{R}^n$ eine abgeschlossene und beschränkte Teilmenge (*) und $f: M \longrightarrow \mathbb{R}$ stetig, so gibt es $\mathring{x}$ und $\mathring{y} \in M$ mit der Eigenschaft

$$f(\mathring{y}) \leq f(x) \leq f(\mathring{x}) \quad \text{für alle } x \in M,$$

d.h. f besitzt einen kleinsten (absolutes Minimum) und einen größten Funktionswert (absolutes Maximum).

(*) $M \subseteq \mathbb{R}^n$ heißt abgeschlossen, wenn $\mathbb{R}^n \setminus M$ offen ist. Anschaulich und stark vereinfacht sind abgeschlossene Mengen im $\mathbb{R}^2$ solche Teilmengen M, bei denen auch alle Punkte der "Begrenzungslinien" (von M) zu M gehören. $M \subseteq \mathbb{R}^n$ heißt beschränkt, wenn M in eine abschlossene Kugel um den Nullpunkt "paßt": $M \subseteq K_r(0)$ für ein gewisses $r > 0$. Standardbeispiel einer abschlossenen, beschränkten Teilmenge im $\mathbb{R}^n$ ist eine abgeschlossene Kugel $K_r(x)$. Außerdem ist jede Menge der Gestalt $\{x \in \mathbb{R}^n \mid g(x) = 0\}$ oder $\{x \in \mathbb{R}^n \mid g(x) \leq 0\}$, wobei $g: \mathbb{R}^n \longrightarrow \mathbb{R}$ stetig ist, eine abgeschlossene Menge.

EXTREMA UNTER NEBENBEDINGUNGEN

"Ich habe bemerkt", sagte Herr Keuner, "daß wir viele abschrecken von unseren Lehren dadurch, daß wir auf alles eine Antwort wissen. Könnten wir nicht im Interesse der Propaganda eine Liste der Fragen aufstellen, die uns ganz ungelöst erscheinen?"

(Brecht)

BEISPIEL.- Ein Körper bewege sich (nach Festlegung eines geeigneten kartesischen Koordinatensystems) auf einer "Umlaufbahn" C im $\mathbb{R}^3$, die auf dem Graphen der Funktion $f: \mathbb{R}^2 \longrightarrow \mathbb{R}$ mit (22.42)

$$f(x,y) := -x^2 + 8x - y^2 + 9$$

und über dem Einheitskreis $(x^2+y^2 = 1)$ verläuft. In welchem Bahnpunkt hat der Körper die größte potentielle Energie? Diese Frage ist gleichbedeutend mit der Frage nach dem höchsten Bahnpunkt. Oder:

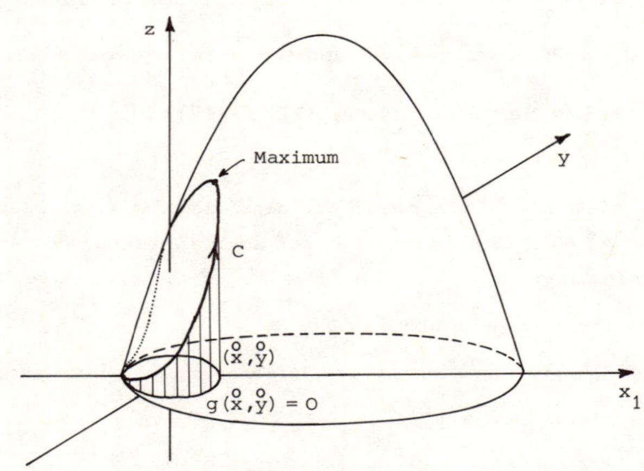

Bild 5.- Im Punkt $(\mathring{x},\mathring{y})$ hat $f|_{N_o(g)}$ ein Maximum.

In welchem Punkt besitzt die Einschränkung von f auf den Einheitskreis ein absolutes Maximum? Noch anders ausgedrückt: In welchem Punkt besitzt die Funktion f ein Maximum unter der *Nebenbedingung* $g(x,y) = x^2+y^2-1 = 0$?

Zur graphischen Bestimmung des gesuchten Punktes skizzieren wir die Niveaumengen von f und die Nebenbedingung $N_o(g)$; es ist $f(x,y) = -((x-4)^2 + y^2) + 25$.

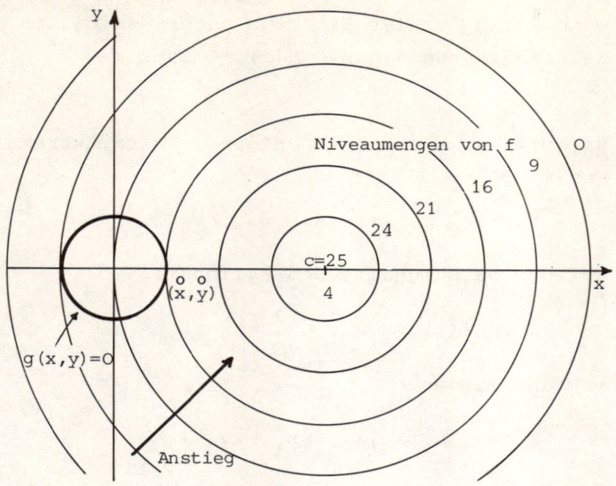

Bild 6.- Die Niveaumenge $N_{16}(f)$ berührt $N_o(g)$ im Punkt $(\mathring{x},\mathring{y})$.

Die Niveaumengen von f zeigen an, wie groß die Funktionswerte von f auf gewissen Mengen (hier: auf Kreisen um den Punkt (4,0)) sind. Wir sind jedoch nur an der Größe der Funktionswerte von f über den durch die Nebenbedingung $g(x,y) = 0$ gegebenen Punkten interessiert. Wir suchen daher diejenige Niveaumenge $N_c(f)$ zum höchsten Niveau c, die die Menge $N_o(g)$ noch trifft. Das ist in Bild 6 die Niveaumenge $N_{16}(f)$.
Darüberhinaus erkennen Sie in Bild 6: Die Tangenten an $N_{16}(f)$ und $N_o(g)$ im Punkt $(\mathring{x},\mathring{y})$ stimmen überein. Nach Satz (21.36)(2) haben dann $\operatorname{grad} g(\mathring{x},\mathring{y})$ und $\operatorname{grad} f(\mathring{x},\mathring{y})$ dieselbe oder entgegengesetzte Richtung, d.h. es gibt ein $\lambda \in \mathbb{R}$, so daß

$$\operatorname{grad} f(\mathring{x},\mathring{y}) = \lambda \operatorname{grad} g(\mathring{x},\mathring{y}).$$

Dieses Ergebnis gilt nicht zufällig, wie Satz (22.43) zeigen wird. Zuvor kommen wir noch einmal zum Ausgangspunkt dieses Beispiels zurück: Der Körper erreicht in $(\mathring{x},\mathring{y},f(\mathring{x},\mathring{y})) = (1,0,16)$ seinen höchsten Bahnpunkt, die Höhe beträgt dort $f(\mathring{x},\mathring{y}) = 16$ und damit (bei geeigneter Normierung) die potentielle Energie: $m \cdot g \cdot 16$, wobei m die Masse des Körpers und g die Erdbeschleunigung ist.

(22.43) Notwendige Bedingung für Extrema unter einer Nebenbedingung

SATZ.- Sei $U \subseteq \mathbb{R}^n$ eine offene Menge, seien $f,g\colon U \longrightarrow \mathbb{R}$ stetig differenzierbare Funktionen und $\mathring{x} \in N_o(g)$. Es gelte $\operatorname{grad} g(\mathring{x}) \neq 0$.
Dann
gilt: Hat f in $\mathring{x}$ ein Extremum unter der Nebenbedingung $g(x) = 0$, so gibt es ein $\lambda \in \mathbb{R}$, so daß

$$\operatorname{grad} f(\mathring{x}) = \lambda \operatorname{grad} g(\mathring{x}).$$

Die Zahl λ heißt *Lagrangescher Multiplikator*. Lagrangescher Multiplikator

Wir BEWEISEN den Satz für den Fall $n = 2$: Sei $I \subseteq \mathbb{R}$ ein offenes Intervall und $\sigma\colon I \longrightarrow U$ eine stetig differenzierbare Parameterdarstellung von $N_o(g)$ mit $\sigma(t_o) = \mathring{x}$ für $t_o \in I$ und $\sigma'(t_o) \neq 0$. Dann sei $F\colon I \longrightarrow \mathbb{R}$ definiert durch

$$F(t) := f(\sigma(t)).$$

Die Voraussetzung "f hat in $\mathring{x}$ ein Extremum unter der Nebenbedingung $g(x,y) = 0$" bedeutet: F hat in t_o ein relatives Extremum. Wir erhalten

$$0 = F'(t_o) = \langle \operatorname{grad} f(\mathring{x}), \sigma'(t_o) \rangle.$$

Also ist entweder $\operatorname{grad} f(\mathring{x}) = 0$ (in diesem Fall wähle man $\lambda = 0$) oder $\operatorname{grad} f(\mathring{x}) \neq 0$, dann gilt

$$\operatorname{grad} f(\mathring{x}) \perp \sigma'(t_o).$$

Da nach (21.63)(2), Seite 142, auch

$$\operatorname{grad} g(\mathring{x}) \perp \sigma'(t_o)$$

gilt, folgt (hier benötigen wir $n = 2$): es gibt ein $\lambda \in \mathbb{R}$, so daß

$$\operatorname{grad} f(\mathring{x}) = \lambda \operatorname{grad} g(\mathring{x}).$$

BEISPIEL.- Wir bestimmen für die Funktionen $f,g\colon \mathbb{R}^2 \longrightarrow \mathbb{R}$ aus Beispiel (22.42) die Extrema von f unter der Nebenbedingung $g(x,y) = 0$. (22.44)
Die Nebenbedingung und die Gleichung $\operatorname{grad} f(\mathring{x}) = \lambda \operatorname{grad} g(\mathring{x})$ aus Satz (22.43) liefern ein System von drei Gleichungen für die drei Unbekannten x, y und λ:

$$\begin{aligned} \frac{\partial f}{\partial x}(x,y) &= \lambda \frac{\partial g}{\partial x}(x,y) \\ \frac{\partial f}{\partial y}(x,y) &= \lambda \frac{\partial g}{\partial y}(x,y) \qquad (+) \\ g(x,y) &= 0 . \end{aligned}$$

Wenn f Extrema unter der Nebenbedingung $g(x,y) = 0$ besitzt, so sind die Punkte, in denen diese Extrema angenommen werden, unter den Lösungen des Systems (+) oder unter den Punkten, in denen grad g gleich Null ist.
Das Gleichungssystem lautet in diesem Beispiel

$$\begin{aligned} -2x + 8 &= \lambda \cdot 2x , \\ -2y &= \lambda \cdot 2y , \\ x^2 + y^2 - 1 &= 0 . \end{aligned}$$

Wäre $\lambda = -1$, so folgte aus der ersten Gleichung $8 = 0$. Also ist $\lambda \neq -1$, und aus der zweiten Glei-

chung folgt $y=0$. Dann ergibt sich aus der Nebenbedingung : $x = \pm 1$. (Für diese beiden Werte folgt aus der ersten Gleichung $\lambda = 3$ bzw. $\lambda = -5$, aber daran sind wir nicht interessiert.) Wir haben erhalten: Höchstens in den Punkten (1,0) und (-1,0) kann f Extrema unter der Nebenbedingung $g(x,y)=0$ haben; denn es ist
$\operatorname{grad} g(x,y) = (2x,2y) \neq (0,0)$ für alle $(x,y) \in N_o(g)$.
Ob die Funktion f in diesen Punkten tatsächlich ein Extremum unter der Nebenbedingung $g(x,y)=0$ hat, muß nun durch eine weitere, auf das Beispiel bezogene Diskussion entschieden werden. Leider gibt es auch keine einfache allgemeingültige Methode, Maxima und Minima (unter der Nebenbedingung $g(x,y)=0$) zu unterscheiden.

In unserem Beispiel liest man aus Bild 6 ab: f hat in (1,0) ein Maximum und in (-1,0) ein Minimum unter der Nebenbedingung $g(x,y)=0$ (siehe auch Bild 5).

A 15 *<u>AUFGABE 15.</u>- Die Funktion $f\colon \mathbb{R}^2 \longrightarrow \mathbb{R}$ mit*

$$f(x,y) := \sqrt{x^2+y^2}$$

hat unter der Nebenbedingung

$$g(x,y) := x^2-2xy+y^2-2x-2y+4 = 0$$

nur an einer Stelle ein Extremum. Welche Stelle ist das? Schließen Sie wie in Bild 6 aus einer Skizze, ob ein Maximum oder Minimum vorliegt.

Analog zu den vorangegangenen Überlegungen lassen sich mit Hilfe *<u>Langrangescher Multiplikatoren</u>* die (lokalen) Extrema einer Funktion von n Veränderlichen unter m Nebenbedingungen bestimmen, $m<n$. Wir untersuchen hier nur noch den Fall einer Funktion von drei Veränderlichen unter zwei Nebenbedingungen $g(x_1,x_2,x_3)=0$ und $h(x_1,x_2,x_3)=0$. Wir fragen also nach lokalen Extrema einer Funktion f, wenn deren Argumente auf $N_o(g) \cap N_o(h)$ eingeschränkt werden.

(22.45) Notwendige Bedingung für Extrema unter zwei Nebenbedingungen

SATZ.- Sei $U \subseteq \mathbb{R}^3$ eine offene Menge und $f\colon U \longrightarrow \mathbb{R}$ eine stetig differenzierbare Funktion. Weiter seien $g,h\colon U \longrightarrow \mathbb{R}$ stetig differenzierbare Funktionen und $\mathring{x} \in N_o(g) \cap N_o(h)$. Hat f in $\mathring{x}$ ein lokales Extremum unter den Nebenbedingungen $g(x)=0$ und $h(x)=0$ und ist $(\operatorname{grad} g(\mathring{x}), \operatorname{grad} h(\mathring{x}))$ linear unabhängig, so gibt es Lagrangesche Multiplikatoren $\lambda,\mu \in \mathbb{R}$, so daß

$$\operatorname{grad} f(\mathring{x}) = \lambda \operatorname{grad} g(\mathring{x}) + \mu \operatorname{grad} h(\mathring{x}).$$

Wir verzichten auf einen Beweis. Anschaulich bedeutet die Aussage von Satz (22.45): Der Vektor $\operatorname{grad} f(\mathring{x})$ liegt in der von den Vektoren $\operatorname{grad} g(\mathring{x})$ und $\operatorname{grad} h(\mathring{x})$ aufgespannten Ebene, wenn $\mathring{x}$ ein lokales Extremum unter den beiden Nebenbedingungen $g(x)=h(x)=0$ ist.

BEISPIEL.- Wir bestimmen die lokalen Extrema von $f\colon \mathbb{R}^3 \longrightarrow \mathbb{R}$ mit (22.46)

$$f(x_1,x_2,x_3) := 2x_1+3x_2+2x_3$$

auf dem Durchschnitt des Zylinders

$$Z := \{(x_1,x_2,x_3) \mid x_1^2+x_2^2 = 2\}$$

mit der Ebene

$$E := \{(x_1,x_2,x_3) \mid x_1+x_3 = 1\}.$$

Skizzieren Sie diese beiden "Flächen" im $\mathbb{R}^3$ und ihre Schnittkurve, eine Ellipse.

Die Umformulierung des gegebenen Problems lautet: Wir bestimmen die lokalen Extrema von f unter den Nebenbedingungen $g(x)=0$ und $h(x)=0$, wobei $g,h\colon \mathbb{R}^3 \longrightarrow \mathbb{R}$ definiert sind durch

$$g(x_1,x_2,x_3) := x_1^2+x_2^2-2\,,$$

$$h(x_1,x_2,x_3) := x_1+x_3-1.$$

Diese beiden Nebenbedingungen und die zu erfüllende Gleichung aus (22.45)
$\operatorname{grad} f(\mathring{x}) = \lambda \operatorname{grad} g(\mathring{x}) + \mu \operatorname{grad} h(\mathring{x})$ liefern ein System von fünf Gleichungen für die fünf Unbekannten x_1,x_2,x_3,λ und μ:

$$\frac{\partial f}{\partial x_1}(x_1,x_2,x_3) = \lambda \frac{\partial g}{\partial x_1}(x_1,x_2,x_3) + \mu \frac{\partial h}{\partial x_1}(x_1,x_2,x_3)$$

$$\frac{\partial f}{\partial x_2}(x_1,x_2,x_3) = \lambda \frac{\partial g}{\partial x_2}(x_1,x_2,x_3) + \mu \frac{\partial h}{\partial x_2}(x_1,x_2,x_3)$$

$$\frac{\partial f}{\partial x_3}(x_1,x_2,x_3) = \lambda \frac{\partial g}{\partial x_3}(x_1,x_2,x_3) + \mu \frac{\partial h}{\partial x_3}(x_1,x_2,x_3)$$

$$g(x_1,x_2,x_3) = 0$$

$$h(x_1,x_2,x_3) = 0.$$

Wenn f lokale Extrema unter den Nebenbedingungen $g(x)=h(x)=0$ besitzt, so sind diese unter den Lösungen des obigen (nicht-linearen) Gleichungssystems oder unter den Punkten $x \in N_o(g) \cap N_o(h)$, in denen $(\operatorname{grad} g(x), \operatorname{grad} h(x))$ linear abhängig ist.

In diesem Beispiel lautet das Gleichungssystem also

$$2 = \lambda\, 2x_1 + \mu \cdot 1$$
$$3 = \lambda\, 2x_2 + \mu \cdot 0$$
$$2 = \lambda \cdot 0 + \mu \cdot 1$$
$$0 = x_1^2 + x_2^2 - 2$$
$$0 = x_1 + x_3 - 1$$

Sie rechnen leicht nach, daß

$$(x_1, x_2, x_3, \lambda, \mu) = (0, \pm\sqrt{2}, 1, \pm\tfrac{3}{4}\sqrt{2}, 2)$$

die beiden Lösungen des Systems sind. Außerdem ist

$$\operatorname{grad} g(x) = (2x_1, 2x_2, 0)\ ,$$
$$\operatorname{grad} h(x) = (1, 0, 1),$$

also $(\operatorname{grad} g(x), \operatorname{grad} h(x))$ linear unabhängig für alle $x \in N_o(g) \cap N_o(h)$. Deshalb kann f höchstens in den Punkten $(0, \sqrt{2}, 1)$ und $(0, -\sqrt{2}, 1)$ Extrema unter den Nebenbedingungen $g(x) = h(x) = 0$ haben.

Wenn Sie nun in Ihre Skizze noch die Niveaumengen von f einzuzeichnen versuchen (das sind Ebenen im $\mathbb{R}^3$ mit dem Normalenvektor (2,3,2)), so werden Sie erkennen, in welchem Punkt ein Maximum und in welchem Punkt ein Minimum von f liegt.

Da die Ellipse $N_o(g) \cap N_o(h)$ abgeschlossen und beschränkt ist (siehe Fußnote auf Seite 168) und f stetig ist, besitzt f auf $N_o(g) \cap N_o(h)$ nach Satz (22.41) sowohl ein absolutes Maximum als auch ein absolutes Minimum. Wegen

$$f(0, \sqrt{2}, 1) = 3\sqrt{2} + 2 > -3\sqrt{2} + 2 = f(0, -\sqrt{2}, 1)$$

besitzt f in $(0, \sqrt{2}, 1)$ ein Maximum und in $(0, -\sqrt{2}, 1)$ ein Minimum unter den Nebenbedingungen $g(x) = h(x) = 0$.

A 16 *AUFGABE 16.- Bestimmen Sie die lokalen Extrema der Funktion f: $\mathbb{R}^3 \longrightarrow \mathbb{R}$ mit*

$$f(x_1, x_2, x_3) := x_1 \cdot x_2 \cdot x_3$$

auf dem Durchschnitt der durch die Gleichungen $x_1 + x_2 + x_3 = 1$ und $x_1 + x_2 - x_3 = 0$ beschriebenen Ebenen im $\mathbb{R}^3$.

(22.47) BEISPIEL.- Wir untersuchen f: $\mathbb{R}^3 \longrightarrow \mathbb{R}$ mit

$$f(x_1, x_2, x_3) := x_1^2 + x_2^2$$

unter den Nebenbedingungen

$$g(x_1, x_2, x_3) := x_3 = 0 \quad \text{und}$$
$$h(x_1, x_2, x_3) := x_3^2 - (x_2 - 1)^3 = 0$$

auf lokale Extrema.

Aus der notwendigen Bedingung

$$\operatorname{grad} f(x) = \lambda \operatorname{grad} g(x) + \mu \operatorname{grad} h(x)\ ,$$

also

$$(2x_1, 2x_2, 0) = \lambda\,(0,0,1) + \mu\,(0, -3(x_2-1)^2, 2x_3),$$

und den Nebenbedingungen ergibt sich das Gleichungssystem

$$2x_1 = 0$$
$$2x_2 = -3(x_2-1)^2 \cdot \mu$$
$$0 = \lambda + 2\mu x_3$$
$$x_3 = 0$$
$$0 = x_3^2 - (x_2-1)^3\ .$$

Dieses System ist <u>nicht</u> lösbar, denn mit $x_3 = 0$ folgt aus der letzten Gleichung $x_2 = 1$ und damit aus der zweiten Gleichung der Widerspruch $2 = 0$. f kann also höchstens in <u>den</u> Punkten Extrema unter der Nebenbedingung $g(x) = h(x) = 0$ besitzen, in denen $(\operatorname{grad} g(x), \operatorname{grad} h(x))$ linear abhängig ist oder - was dasselbe ist - in denen die Matrix

$$\begin{pmatrix} \operatorname{grad} g(x) \\ \operatorname{grad} h(x) \end{pmatrix} = \begin{pmatrix} 0 & 0 & 1 \\ 0 & -3(x_2-1)^2 & 2x_3 \end{pmatrix}$$

den Rang 1 hat. Das ist offensichtlich genau dann der Fall, wenn $x_2 = 1$ ist. Zusammen mit der Nebenbedingung $x_3 = 0$ bleibt die Frage: Besitzt f in einem der Punkte $(x_1, 1, 0)$ ein lokales Extremum? Anwort: Ja, f nimmt in $(0,1,0)$ das absolute Minimum unter den Nebenbedingungen an, denn

$$f(x_1, 1, 0) = x_1^2 + 1 \geq 1 = f(0,1,0)\ .$$

Das Problem ließ sich natürlich viel einfacher durch ein paar geometrische Betrachtungen lösen: Die Nebenbedingungen definieren eine Gerade im $\mathbb{R}^3$

$$N_o(g) \cap N_o(h) = \{(x_1, x_2, x_3) \mid x_3 = 0,\ x_2 = 1\}$$
$$= \{(x_1, 1, 0) \mid x_1 \in \mathbb{R}\}\ ,$$

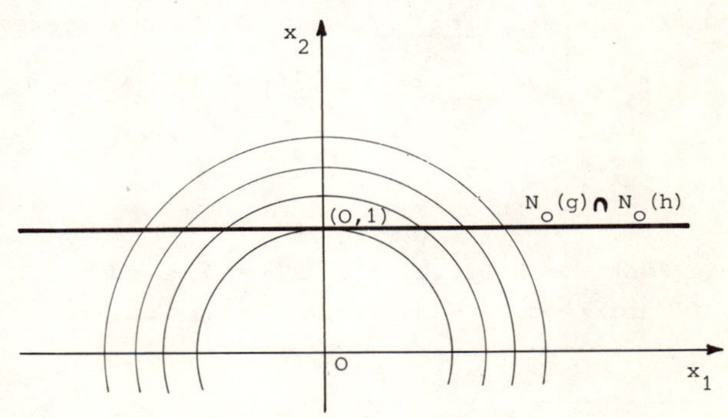

Bild 7.- Der Punkt (0,1) der Geraden $N_o(g) \cap N_o(h)$ hat minimalen Abstand vom Nullpunkt.

die in der x_1-x_2-Ebene liegt (siehe Bild 7). Die Funktion $f|_{N_o(g)\cap N_o(h)}$ mißt das Quadrat des Abstandes der Punkte dieser Geraden vom Nullpunkt. Offensichtlich wird der Abstand (und damit auch das Quadrat des Abstandes) im Punkt (0,1) minimal. D.h. im Punkt (0,1,0) wird f unter den Nebenbedingungen minimal.

§ 3 NICHT-LINEARE GLEICHUNGSSYSTEME

EINDEUTIGE AUFLÖSBARKEIT

Sind $f_1,\ldots,f_n$ lineare Funktionen auf dem $\mathbb{R}^n$ und $y = (y_1,\ldots,y_n) \in \mathbb{R}^n$, so wissen Sie aus Kapitel 19 bzw. 20: Das <u>lineare</u> Gleichungssystem

$$\begin{matrix} f_1(x) = a_{11}x_1 + \ldots + a_{1n}x_n = y_1 \\ \vdots \qquad\qquad\qquad \vdots \\ f_n(x) = a_{n1}x_1 + \ldots + a_{nn}x_n = y_n \end{matrix}$$

ist genau dann für jedes $y \in \mathbb{R}^n$ eindeutig lösbar, wenn die Koeffizientenmatrix

$$A := \begin{pmatrix} a_{11} & \cdots & a_{1n} \\ \vdots & & \vdots \\ a_{n1} & \cdots & a_{nn} \end{pmatrix}$$

den Rang n hat bzw. wenn $\det A \neq 0$ ist. Schreiben wir $f := (f_1,\ldots,f_n)$, so ist $f: \mathbb{R}^n \longrightarrow \mathbb{R}^n$ die lineare Abbildung mit

$$f(x) = A\cdot x \; . \quad (*)$$

Die obige Aussage können wir dann so formulieren: Genau dann gibt es zu jedem $y \in \mathbb{R}^n$ genau ein $x \in \mathbb{R}^n$ mit $f(x) = y$, wenn $\det A \neq 0$ ist. Oder: f ist genau dann injektiv, wenn $\det A \neq 0$ ist.

Die FRAGE lautet nun: Unter welchen Voraussetzungen ist ein <u>nicht-lineares</u> Gleichungssystem

$$\begin{matrix} f_1(x) = y_1 \\ \vdots \\ f_n(x) = y_n \end{matrix}$$

mit Funktionen $f_1,\ldots,f_n: \mathbb{R}^n \longrightarrow \mathbb{R}$ eindeutig auflösbar; oder: Wann besitzt eine Funktion $f: \mathbb{R}^n \longrightarrow \mathbb{R}^n$ eine Umkehrfunktion?

Setzen wir $f: \mathbb{R}^n \longrightarrow \mathbb{R}^n$ als stetig differenzierbar (*) voraus, so wissen Sie, daß man f in der Nähe eines Punktes $\mathring{x} \in \mathbb{R}^n$ durch eine lineare Abbildung, das totale Differential,

$$df_{\mathring{x}}: \mathbb{R}^n \longrightarrow \mathbb{R}^n$$

approximieren kann. Diese lineare Abbildung wird durch die Funktionalmatrix $J_f(\mathring{x})$ (siehe (21.80), Seite 148) beschrieben. Es zeigt sich nun:
Ist $\det J_f(\mathring{x}) \neq 0$, so ist f zwar im allgemeinen nicht injektiv, es gibt jedoch eine Umgebung V von $\mathring{x}$, so daß $f|_V$ injektiv ist.

SATZ.- Sei $U \subseteq \mathbb{R}^n$ eine offene Menge und $f: U \longrightarrow \mathbb{R}^n$ eine stetig differenzierbare Funktion. Gilt in einem Punkt $\mathring{x} \in U$ (22.48)

Satz über die lokale Umkehrbarkeit

$$\det J_f(\mathring{x}) \neq 0,$$

so gibt es eine offene Kugel $B_\varepsilon(\mathring{x}) \subseteq U$, so daß f auf $B_\varepsilon(\mathring{x})$ injektiv ist. Die Umkehrfunktion $(f|_{B_\varepsilon(\mathring{x})})^{-1}$, die auf einer offenen Umgebung von $\mathring{y} := f(\mathring{x})$ definiert ist, ist stetig differenzierbar.

Die Beweise dieser Aussagen finden Sie bei C. Blatter, ANALYSIS III, in den Abschnitten 213 und 214.

Im folgenden Beispiel untersuchen wir, "wo" die Transformation auf Polarkoordinaten umkehrbar ist.

BEISPIEL.- Sei $U := \{(r,\theta) \in \mathbb{R}^2 \mid r > 0\}$; U ist offen. Die Funktion $g: U \longrightarrow \mathbb{R}^2$ sei definiert durch (22.49)

$$g(r,\theta) := (r\cos\theta,\; r\sin\theta) \; .$$

Wir wollen mit Hilfe von Satz (22.48) feststellen, für welche Punkte $(x,y) \in \mathbb{R}^2 \setminus \{0\}$ das Gleichungssystem

$$r\cos\theta =: x$$

$$r\sin\theta =: y$$

eindeutig nach r und θ aufgelöst werden kann. Es ist

(*) ... wenn wir x auf der rechten Seite als Spaltenvektor und das Ergebnis $A\cdot x$ wieder als Zeilenvektor schreiben. Andernfalls müßten wir $f(x) = (A\cdot x^T)^T = x\cdot A^T$ schreiben.

(*) also stetig partiell differenzierbar; daraus folgt dann die totale Differenzierbarkeit von f.

$$\det J_g(r,\theta) = \det \begin{pmatrix} \cos\theta & -r\sin\theta \\ \sin\theta & r\cos\theta \end{pmatrix} = r \; .$$

Nach Voraussetzung ist $r > 0$, also ist

$$\det J_g(r,\theta) \neq 0 \quad \text{für alle } (r,\theta) \in U.$$

Zu jedem Punkt (r_o,θ_o) mit $(r_o\cos\theta_o, r_o\sin\theta_o) = (x_o,y_o)$ gibt es also eine Umgebung, in der g injektiv ist. Die lokale Umkehrung von g kann in einer Umgebung des Punktes (x_o,y_o) der "oberen" Halbebene z.B. so geschrieben werden

$$(x,y) \longmapsto (r(x,y),\theta(x,y)) :=$$

$$(\sqrt{x^2+y^2}, \arccos\frac{x}{\sqrt{x^2+y^2}} + 2k\pi)$$

für ein geeignetes $k \in \mathbb{Z}$, denn $\theta(x,y) = \measuredangle(e_1,(x,y))$.

lokal injektiv

Wir sagen auch: g ist *lokal injektiv*, d.h. jeder Punkt von U besitzt eine Umgebung, in der die Einschränkung von g injektiv ist. g ist nicht ("global") injektiv; zum Beispiel gilt für beliebiges $(r,\theta) \in U$:

$$g(r,\theta) = g(r,\theta+2\pi),$$

aber $(r,\theta) \neq (r,\theta+2\pi)$.

A 17

AUFGABE 17.- Sei $g: U \longrightarrow \mathbb{R}^2$ wie in Beispiel (22.49). Die Halbgeraden bzw. Geraden $r = \text{const.}$ bzw. $\theta = \text{const.}$ in U nennt man Koordinatenlinien. Skizzieren Sie je zwei verschiedene Koordinatenlinien in U und deren Bilder unter g in der x-y-Ebene. Kommentieren Sie Ihre Skizzen!

(22.50) BEMERKUNGEN.- (1) Aufgabe 17 hat gezeigt, daß die Polarkoordinaten-Abbildung $g: U \longrightarrow \mathbb{R}$ aus Beispiel (22.49) das kartesische Koordinatengitter ($r = \text{const.}$, $\theta = \text{const.}$) auf die *Polarkoordinatenlinien*, das sind vom Nullpunkt ausgehende Strahlen und konzentrische Kreise um den Nullpunkt, abbildet (siehe Bild 8).

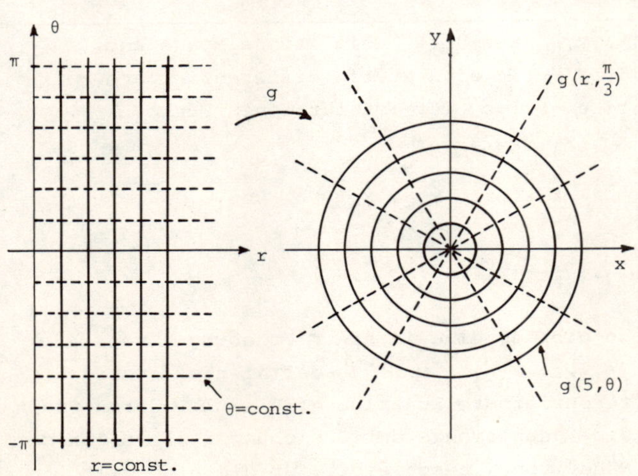

Bild 8.- Die Polarkoordinatenlinien

(2) Zur Veranschaulichung der lokalen Injektivität von g, betrachten wir zum Beispiel die Situation in der Umgebung des Punktes $(1,0) \in U$:

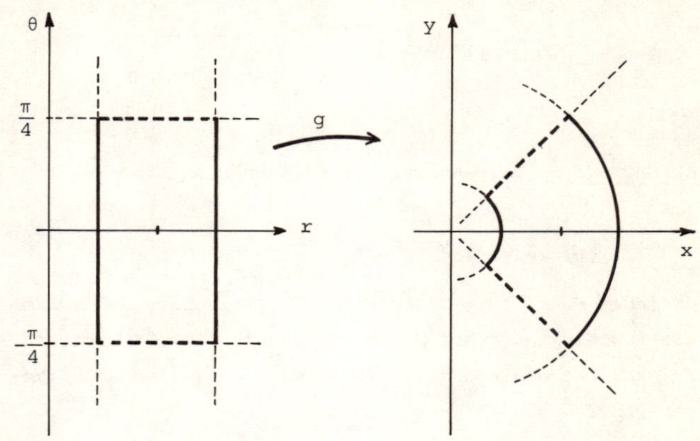

Bild 9.- Zur lokalen Injektivität von g

Solange die Höhe des Rechtecks um den Punkt (1,0) kleiner als 2π ist, ist g, eingeschränkt auf diese Rechteck-Umgebung, injektiv; die Breite des Rechtecks spielt dabei keine Rolle. Schränken wir g auf den Streifen

$$S := \{(r,\theta) \mid r > 0, \; -\tfrac{\pi}{2} < \theta < \tfrac{\pi}{2}\}$$

ein, so können wir das Gleichungssystem

$$r\cos\theta = x$$

$$r\sin\theta = y$$

explizit nach r und θ auflösen: Quadrieren und Addieren beider Gleichungen mit anschließendem Wurzelziehen ergibt

$$r = \sqrt{x^2+y^2} \; .$$

Dividieren ergibt

$$\theta = \arctan\frac{y}{x} \; .$$

Es gilt also $(g|_S)^{-1}$ ist für $x > 0$ gegeben durch

$$(g|_S)^{-1}(x,y) = (\sqrt{x^2+y^2}, \; \arctan\frac{y}{x})$$

BEMERKUNG.- Unter den Voraussetzungen des Satzes (22.48) ist die auf einer Umgebung V von $\mathring{y} = f(\mathring{x})$ existierende lokale Umkehrfunktion stetig differenzierbar. (22.51)

Da f^{-1} für $x \in B_\varepsilon(\mathring{x})$ in Punkt $f(x)$ total differenzierbar ist, folgt mit der Kettenregel (21.82), Seite 149, und aus $f^{-1}(f(x)) = x$, daß

$$J_{f^{-1}}(f(x)) \cdot J_f(x) = E_n \quad \text{für alle } x \in B_\varepsilon(\mathring{x}).$$

Hieraus folgt eine Berechnungsmöglichkeit für die partiellen Ableitungen von f^{-1}, nämlich

$$J_{f^{-1}}(f(x)) = (J_f(x))^{-1} .$$

Für die Funktion g aus Beispiel (22.49) gilt dann etwa

$$J_{g^{-1}}(g(r,\theta)) = \frac{1}{r}\begin{pmatrix} r\cos\theta & r\sin\theta \\ -\sin\theta & \cos\theta \end{pmatrix}.$$

A 18 *AUFGABE 18.- Zeigen Sie, daß die Funktion $f\colon \mathbb{R}^2 \to \mathbb{R}^2$ mit*

$$f(x,y) := (e^x+e^y,\ e^x-e^y)$$

in jedem Punkt $(x,y)\in\mathbb{R}^2$ lokal injektiv ist. Geben Sie die Koordinatenfunktionen einer lokalen Umkehrfunktion f^{-1} an. Lesen Sie aus $J_{f^{-1}}(u,v)$ die partiellen Ableitungen von f^{-1} ab.

Implizite Funktionen

Wir haben im vorigen Abschnitt nur quadratische Gleichungssysteme (n Funktionen von n Veränderlichen) untersucht und uns dabei auch nur für den Fall der eindeutigen Auflösbarkeit interessiert. Sie wissen jedoch schon aus Kapitel 19 über lineare Gleichungssysteme, daß ein unterbestimmtes System (m lineare Funktionen von n Veränderlichen, $m<n$) niemals eindeutig lösbar ist, daß vielmehr eine (n-m)-parametrige Lösungsschar existiert, falls der Rang der Koeffientenmatrix gleich m ist (siehe Satz (19.16), Seite 97). Diesen Sachverhalt kann man auf verschiedene Weisen ausdrücken:
m Variablen lassen sich jeweils als Funktion der restlichen n-m Variablen darstellen, d.h. das Gleichungssystem läßt sich nach m der Variablen auflösen oder:
Die Lösungsmenge eines linearen Gleichungssystems

$$f(x_1,\ldots x_n) = b$$

($f\colon \mathbb{R}^n \to \mathbb{R}^m$ eine lineare Abbildung) ist der Graph einer Funktion $g\colon \mathbb{R}^{n-m} \to \mathbb{R}^m$ (*).

(*) In Beispiel (19.20) auf Seite 98 ist $n=5$, $m=3$, und die Lösungsmenge wird in Abhängigkeit von x_3 und x_5 dargestellt, das System also nach x_1,x_2 und x_4 aufgelöst. Jede der Koordinaten x_1,x_2,x_3 ist eine Funktion von $(x_3,x_5)\in\mathbb{R}^2$.

BEISPIEL.- Betrachten wir den Extremfall eines unterbestimmten linearen Gleichungssystems (eine Gleichung mit n Unbekannten, $n>1$): (22.52)

$$f(x_1,\ldots,x_n) = a_1x_1 + \ldots + a_nx_n = b.$$

Diese Gleichung ist (offensichtlich) dann nach x_n auflösbar, wenn $a_n \neq 0$ ist oder wenn

$$\frac{\partial f}{\partial x_n}(x_1,\ldots,x_n) \neq 0$$

ist. Und zwar erhält man eine Funktion

$$(x_1,\ldots,x_{n-1}) \mapsto x_n = g(x_1,\ldots,x_{n-1}),$$

deren Graph die Lösungsmenge darstellt: Mit

$$g(x_1,\ldots,x_n) = \frac{b}{a_n} - \frac{a_1}{a_n}x_1 - \ldots - \frac{a_{n-1}}{a_n}x_{n-1}$$

gilt nämlich (rechnen Sie's nach!):

$$f(x_1,\ldots,x_{n-1},g(x_1,\ldots,x_{n-1})) = b$$

für alle $(x_1,\ldots,x_{n-1})\in\mathbb{R}^{n-1}$.

In dieser Situation sagt man: Die Gleichung $f(x_1,\ldots,x_n)=b$ definiert die Funktion g *implizit* oder: Die Funktion g entsteht durch *Auflösen* der Gleichung $f(x_1,\ldots,x_n)=b$ *nach* x_n. Wir haben oben g *explizit* angegeben.
Nehmen Sie die explizite Darstellung von g, dann gilt für $j=1,\ldots,n-1$

$$\frac{\partial g}{\partial x_j}(x_1,\ldots,x_{n-1}) = -\frac{a_j}{a_n} = -\frac{\frac{\partial f}{\partial x_j}(x_1,\ldots,x_n)}{\frac{\partial f}{\partial x_n}(x_1,\ldots,x_n)}$$

Alle Überlegungen in Beispiel (22.52) lassen sich auf den nicht-linearen Fall übertragen, mit der einzigen, aber naheliegenden Änderung, daß man nicht mehr globale sondern nur noch lokale Auflösbarkeit hat.

SATZ.- Sei $U\subseteq\mathbb{R}^n$ ein offene Menge und $f\colon U\to\mathbb{R}$ eine stetig differenzierbare Funktion. Sei $b\in\mathbb{R}$. Ist für einen Punkt $\mathring{x} = (\mathring{x}_1,\ldots,\mathring{x}_n)\in U$ (22.53)

$$f(\mathring{x}_1,\ldots,\mathring{x}_{n-1},\mathring{x}_n) = b \quad \text{und}$$

$$\frac{\partial f}{\partial x_n}(\mathring{x}_1,\ldots,\mathring{x}_{n-1},\mathring{x}_n) \neq 0,$$

1. Satz über implizite Funktionen

so gibt es eine in einer Umgebung V von $(\mathring{x}_1,\ldots,\mathring{x}_{n-1})$ im $\mathbb{R}^{n-1}$ definierte, stetig differenzierbare Funktion $g\colon V\to\mathbb{R}$, deren Graph die Lösungsmenge der Gleichung $f(x)=b$ "in der Nähe" von $\mathring{x}$ beschreibt, für die also gilt

$$f(x_1,\ldots,x_{n-1},g(x_1,\ldots,x_{n-1})) = b$$

für alle $(x_1,\ldots,x_{n-1}) \in V$. Die partiellen Ableitungen von g lauten:

$$\frac{\partial g}{\partial x_j}(x_1,\ldots,x_{n-1}) = -\frac{\frac{\partial f}{\partial x_j}(x_1,\ldots,x_{n-1},g(x_1,\ldots,x_{n-1}))}{\frac{\partial f}{\partial x_n}(x_1,\ldots,x_{n-1},g(x_1,\ldots,x_{n-1}))}$$

für $j = 1,\ldots,n-1$.

Zum BEWEIS überlegen wir uns nur, wie man die partiellen Ableitungen von g erhält, wenn die Existenz von g bereits gesichert ist. Dann gilt nämlich

$$f(x_1,\ldots,x_{n-1},g(x_1,\ldots,x_{n-1})) = b$$

für alle $(x_1,\ldots,x_{n-1}) \in V$. Mit der Kettenregel (siehe (21.83), Seite 150, mit $p = 1$) ergibt sich für $j = 1,\ldots,n$:

$$\sum_{i=1}^{n-1} \frac{\partial f}{\partial x_i}(x_1,\ldots,x_{n-1},g(x_1,\ldots,x_{n-1}))\cdot\frac{\partial x_i}{\partial x_j}$$

$$+ \frac{\partial f}{\partial x_n}(x_1,\ldots,x_{n-1},g(x_1,\ldots,x_{n-1}))\cdot\frac{\partial g}{\partial x_j}(x_1,\ldots,x_{n-1}) = 0,$$

also

$$\frac{\partial f}{\partial x_j}(\ldots) + \frac{\partial f}{\partial x_n}(\ldots)\cdot\frac{\partial g}{\partial x_j}(x_1,\ldots,x_{n-1}) = 0.$$

Hieraus folgt die angegebene Formel für $\frac{\partial g}{\partial x_j}$, da aus der Stetigkeit von $\frac{\partial f}{\partial x_n}$ und $\frac{\partial f}{\partial x_n}(\overset{\circ}{x}) \neq 0$ gefolgert werden kann, daß $\frac{\partial f}{\partial x_n}(x) \neq 0$ für x in der Nähe von $\overset{\circ}{x}$.

(22.54) BEZEICHNUNG.- Ist f eine Funktion, die die Voraussetzungen des Satzes (22.53) erfüllt, so sagen wir: *Die Gleichung $f(x) = b$ definiert implizit eine Funktion g* und nennen g eine durch die Gleichung $f(x) = b$ *implizit definierte Funktion*, kurz: *implizite Funktion*.

implizite Funktion

(22.55) BEISPIELE.- (1) Sei $f: \mathbb{R}^3 \to \mathbb{R}$ mit

$$f(x,y,z) := y^2 + z^2 + xz - e^z$$

gegeben; f ist stetig differenzierbar. Wird durch die Gleichung

$$f(x,y,z) = y^2 + z^2 + xz - e^z = 4$$

implizit eine Funktion $(x,y) \mapsto z = g(x,y)$ definiert?
Der Punkt $(0,e,2) \in \mathbb{R}^3$ gehört zum Beispiel zur Lösungsmenge der Gleichung

$$f(x,y,z) = 4.$$

Außerdem ist

$$\frac{\partial f}{\partial z}(x,y,z) = 2z + x - e^z,$$

also

$$\frac{\partial f}{\partial z}(0,e,2) = 4 - e^2 \neq 0.$$

Nach Satz (22.53) gibt es eine auf einer Umgebung V von (0,e) im $\mathbb{R}^2$ definiert, stetig differenzierbare Funktion $g: V \to \mathbb{R}$, deren Graph über V gleich dem über V gelegenen Teil der Lösungsmenge der Gleichung $f(x,y,z) = 4$ ist.
Ohne die (implizite) Funktion g explizit zu kennen (die Gleichung $y^2+z^2+xz-e^z = 4$ läßt sich nämlich nicht "elementar" nach z auflösen) lassen sich die partiellen Ableitungen von g im Punkt (0,e) berechnen: Nach Satz (22.53) gilt auch

$$\frac{\partial g}{\partial x}(x,y) = -\frac{z}{2z+x-e^z},$$

$$\frac{\partial g}{\partial y}(x,y) = -\frac{2y}{2z+x-e^z},$$

wobei $z = g(x,y)$ ist. Da g die Gleichung $f(x,y,z) = 4$ insbesondere an der Stelle (0,e,2) auflöst, muß

$$g(0,e) = 2$$

sein. Es folgt

$$\frac{\partial g}{\partial x}(0,e) = -\frac{2}{4-e^2},$$

$$\frac{\partial g}{\partial y}(0,e) = -\frac{2e}{4-e^2}.$$

(2) Wir betrachten die stetig differenzierbare Funktion $f: \mathbb{R}^2 \to \mathbb{R}$ mit

$$f(x,y) := x^2+y^2.$$

Bekanntlich definiert die Gleichung

$$f(x,y) = x^2+y^2 = 1$$

den Einheitskreis im $\mathbb{R}^2$. In der Umgebung welcher Punkte ist der Einheitskreis gleich dem Graphen einer differenzierbaren Funktion einer Veränderlichen x?
Die Antwort lautet mit Satz (22.53): In der Umgebung jedes Punktes (x,y), der die Eigenschaft

$$\frac{\partial f}{\partial y}(x,y) = 2y \neq 0$$

hat, also in allen Punkten der Kreislinie mit Ausnahme der Punkte (-1,0) und (1,0).
Ist (x_0,y_0) ein Punkt der Kreislinie mit $y_0 > 0$, so kann als Umgebung von x_0 in $\mathbb{R}$ das Intervall $V :=]-1,1[$ gewählt werden und als Auflösung die Funktion $g: V \to \mathbb{R}$ mit

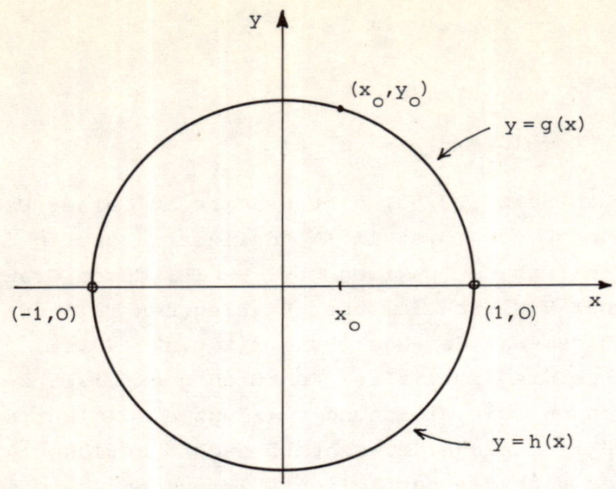

$$y = g(x) = \sqrt{1-x^2}\ ,$$

deren Graph der obere Halbkreis ist.
Ist (x_o, y_o) ein Punkt der Kreislinie mit $y_o < 0$, so lautet eine Auflösung der Gleichung $f(x,y)=1$ bekanntlich

$$y = h(x) = -\sqrt{1-x^2}\ ,\quad x \in V.$$

Daß man die Gleichung $x^2+y^2=1$ in der Nähe von (1,0) nicht nach y auflösen kann in dem Sinn, daß die Kreislinie in der Nähe von (1,0) Graph einer differenzierbaren Funktion $x \longmapsto y = g(x)$ ist, sehen Sie an folgendem Bild

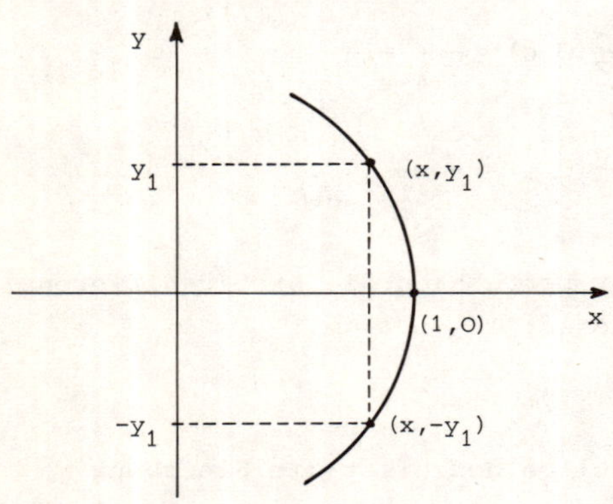

Bild 10.- In (1,0) nicht lokal nach y auflösbar

Zu jedem x in beliebiger Nähe von 1 gibt es <u>zwei</u> Punkte der Kreislinie, die x als erste Koordinate haben. Es gibt also keine eindeutige Zuordnung $x \longmapsto y$.

A 19 *<u>AUFGABE 19</u>.- a) In welchen Punkten $(x,y) \in \mathbb{R}^2$ kann die Gleichung*

$$2y^2 + 5x^2 + y + x = 0$$

lokal nach y aufgelöst werden?

b) Zeigen Sie, daß ein "Stück" der Lösungsmenge der Gleichung

$$x^2 + xy + y^2 = 7$$

als Graph einer in einer Umgebung V von $x = 2$ definierten Funktion $g\colon V \longrightarrow \mathbb{R}$ mit $g(2) = 1$ beschrieben werden kann. Bestimmen Sie $g'(x)$ für $x \in V$ und $g'(2)$.

Der Satz (22.53) beschreibt, unter welchen Bedingungen <u>eine</u> Gleichung mit n Unbekannten nach <u>einer</u> Unbekannten aufgelöst werden kann. Die allgemeine Form des Satzes über implizite Funktionen beschäftigt sich mit der Frage nach der Auflösbarkeit eines Systems von m nicht-linearen Gleichungen mit n Unbekannten, $m < n$:

$$f_1(x_1,\dots,x_n) = b_1$$
$$\vdots \qquad\qquad \vdots$$
$$f_m(x_1,\dots,x_n) = b_m\ .$$

Diesen allgemeinen Satz einschließlich seines Beweises finden Sie bei C. Blatter, Analysis III, Abschnitt 215.

Wir formulieren nur noch den Spezialfall eines Systems von zwei Gleichungen mit drei Unbekannten.

SATZ.- Sei $U \subseteq \mathbb{R}^3$ eine offene Menge und $f = (f_1, f_2)\colon U \longrightarrow \mathbb{R}^2$ eine stetig differenzierbare Funktion. Sei $b = (b_1, b_2) \in \mathbb{R}^2$. Ist für einen Punkt $\mathring{x} = (\mathring{x}_1, \mathring{x}_2, \mathring{x}_3)$ (22.56)

$$f(\mathring{x}_1, \mathring{x}_2, \mathring{x}_3) = b, \text{ d.h. } \quad f_1(\mathring{x}_1, \mathring{x}_2, \mathring{x}_3) = b_1,$$
$$f_2(\mathring{x}_1, \mathring{x}_2, \mathring{x}_3) = b_2,$$

2. Satz über implizite Funktionen

und gilt

$$\det \begin{pmatrix} \frac{\partial f_1}{\partial x_2}(\mathring{x}) & \frac{\partial f_1}{\partial x_3}(\mathring{x}) \\ \frac{\partial f_2}{\partial x_2}(\mathring{x}) & \frac{\partial f_2}{\partial x_3}(\mathring{x}) \end{pmatrix} \neq 0,$$

so gibt es eine in einem offenen Intervall I um $\mathring{x}_1$ definierte, stetig differenzierbare Funktion $g = (g_1, g_2)\colon I \longrightarrow \mathbb{R}^2$, deren Graph die Lösungsmenge der Gleichung $f(x) = b$ in der Nähe von $\mathring{x}$ beschreibt, für die also $f(x, g(x)) = b$, d.h.

$$f_1(x, g_1(x), g_2(x)) = b_1 \quad \text{und}$$
$$f_2(x, g_1(x), g_2(x)) = b_2$$

für alle $x \in I$ gilt.

BEISPIEL.- In Beispiel (22.46), Seite 170, definierten die Nebenbedingungen (22.57)

$$f_1(x_1, x_2, x_3) := x_1^2 + x_2^2 - 2 = 0\ ,$$
$$f_2(x_1, x_2, x_3) := x_1 + x_3 - 1 = 0$$

eine Ellipse. In welchen Punkten der Ellipse läßt sich

das Gleichungssystem lokal nach x_2 und x_3 auflösen? Oder in der Nähe welcher Punkte der Ellipse läßt sich diese als Graph einer Abbildung

$$x_1 \mapsto (x_2,x_3) = (g_1(x_1),g_2(x_1))$$

darstellen. Wenn dies möglich ist, ist

$$x_1 \mapsto (x_1,g_1(x_1),g_2(x_1))$$

eine Parameterdarstellung eines Teiles der Ellipse.
Die Determinantenbedingung in Satz (22.56)

$$\det \begin{pmatrix} \frac{\partial f_1}{\partial x_2}(x) & \frac{\partial f_1}{\partial x_3}(x) \\ \frac{\partial f_2}{\partial x_2}(x) & \frac{\partial f_2}{\partial x_3}(x) \end{pmatrix} = \det \begin{pmatrix} 2x_2 & 0 \\ 0 & 1 \end{pmatrix} = 2x_2$$

zeigt, daß eine Auflösung in allen Punkten (x_1,x_2,x_3) der Ellipse mit $x_2 \neq 0$ möglich ist.
Hier läßt sich die Auflösung wieder explizit angeben:
In einem Punkt (x_1,x_2,x_3) der Ellipse mit $x_2 > 0$ erhält man als lokale Auflösung

$$x_2 = g_1(x_1) := \sqrt{2-x_1^2}$$

$$x_3 = g_2(x_1) := 1-x_1 \quad , \quad x_1 \in]-\sqrt{2},\sqrt{2}[.$$

Durch

$$x_1 \mapsto (x_1,\sqrt{2-x_1^2},1-x_1) \quad , \; x_1 \in]-\sqrt{2},\sqrt{2}[\; ,$$

ist eine Parameterdarstellung einer "Ellipsenhälfte" gegeben.

ZUSAMMENFASSUNG

Wir haben die höheren partiellen Ableitungen einer Funktion zur Untersuchung von Funktionen
Ziel 1 mehrerer Veränderlichen benutzt. Sie sollten wissen, was unter einem lokalen Extremum einer Funktion von n Veränderlichen zu verstehen ist (Definition (22.25), Seite 163). Darüberhinaus
Ziel 2 sollten Sie wissen, wie man die lokalen Extrema einer zweimal stetig differenzierbaren Funktion f bestimmt, die auf einer offenen Menge U des $\mathbb{R}^n$ definiert ist:

- Notwendige Bedingung für ein lokales Extremum in $\overset{\circ}{x} \in U$: grad $f(\overset{\circ}{x}) = 0$ (Satz (22.28), Seite 163).
- Hinreichende Bedingung für ein lokales Extremum in einem kritischen Punkt $\overset{\circ}{x}$: Die Hessesche Matrix $H_f(\overset{\circ}{x})$ ist positiv oder negativ definit (Satz (22.34), Seite 165).

Ziel 3 Sie sollten die Hessesche Matrix berechnen können und im Fall von zwei oder drei Veränderlichen auf positive bzw. negative Definitheit bzw. Indefinitheit untersuchen können (Definition (22.32) und die Sätze (22.36) und (22.39).

Als Hilfsmittel zur Untersuchung auf lokale Extrema haben wir die Taylorformel (erster Ordnung) benutzt (siehe (22.31), Seite 164/165).
Die Taylorformel beschreibt, wie eine (hinreichend oft) stetig differenzierbare Funktion $f: \mathbb{R}^n \to \mathbb{R}$ durch ein Polynom approximiert werden kann (Bemerkung (22.31)(3) und (4)).
Sie sollten Satz (22.20) wiedergeben können. Ziel 4
Die Berechnung höherer partieller Ableitungen darf Ihnen keine Schwierigkeiten bereiten; auch dann nicht, wenn dafür die Kettenregel zu benutzen ist (z.B. Aufgabe 6, Seite 159). Ziel 5
Es ist nützlich, wenn Sie sich schon jetzt die Definitionen der Rotation eines Vektorfeldes $f: \mathbb{R}^3 \to \mathbb{R}^3$ (siehe (22.8), Seite 156) und der Divergenz eines Vektorfeldes $f: \mathbb{R}^n \to \mathbb{R}^n$ (siehe (22.13), Seite 157) einprägen; rot f ist ein Vektorfeld, div f ist ein Skalarfeld. Ziel 6
Insbesondere sollten Sie sich die Beziehung Ziel 7

$$\text{rot grad } f = 0$$

für eine zweimal stetig differenzierbare Funktion $f: \mathbb{R}^3 \to \mathbb{R}$ merken (Aufgabe 2, Seite 157).
Funktionen $f: \mathbb{R}^n \to \mathbb{R}$ die die Gleichung $\Delta f = \text{div}(\text{grad } f) = 0$, also die Laplace- oder Potential-Gleichung erfüllen, heißen harmonisch.
In Beispiel (22.17), Seite 158, finden Sie den Laplace-Operator in Polarkoordinaten.
Sind die Extrema einer Funktion unter Nebenbedingungen zu bestimmen, so finden Sie in den Sätzen (22.43), Seite 169, und (22.45), Seite 170, notwendige Bedingungen, mit deren Hilfe Sie alle die Punkte ermitteln können, in denen f lokale Extrema unter einer oder zwei Nebenbedingungen haben kann. Sie sollten die genannten Sätze analog zu den Beispielen (22.44) und (22.46) anwenden können, sowie graphische "Lösungen" herleiten und begründen können. Ziel 8

Im letzten Paragraphen (ab Seite 172) haben wir nicht-lineare Gleichungssysteme untersucht:
Ist die Jacobi-Matrix $J_f(\overset{\circ}{x})$ eines stetig differenzierbaren Vektorfeldes $f: \mathbb{R}^n \to \mathbb{R}^n$ invertierbar, d.h. gilt

$$\det J_f(\overset{\circ}{x}) \neq 0 \quad ,$$

so ist f auf einer Umgebung V von $\overset{\circ}{x}$ injektiv, d.h. jedes System $f(x) = y$ ist eindeutig lösbar mit $x \in V$, wenn es überhaupt lösbar ist (Satz (22.48), Seite 172).
In Satz (22.53) auf Seite 174 haben wir formuliert, wann eine nicht-lineare Gleichung in n Unbekannten nach x_n aufgelöst werden kann. Noch einmal der Fall $n = 2$:
Ist $f: \mathbb{R}^2 \to \mathbb{R}$ stetig differenzierbar, so betrachtet man eine Gleichung

$f(x,y) = b.$

Wenn es zu jedem x aus einem Intervall $V \subseteq \mathbb{R}$ genau ein y gibt, so daß $f(x,y) = b$ gilt, so wird durch

$$x \longmapsto y =: g(x),\ x \in V,$$

eine Funktion g definiert, die die Eigenschaft

$$F(x,g(x)) = b \quad \text{für alle } x \in V$$

hat. Man sagt: Die Funktion g wird durch die Gleichung $f(x,y) = b$ implizit definiert oder: Die Funktion g entsteht durch Auflösen der Gleichung $f(x,y) = b$ nach y.

Wann es zumindest lokal eine solche Funktion g gibt und wie man ihre (partiellen) Ableitungen berechnet, steht in Satz (22.53). Diesen sollten Sie anwenden können. Ziel 9

Kapitel 23. Kurvenintegral und Potential

Einleitung

In ANALYSIS I, (7.2), haben wir das bestimmte Integral

$$\int_a^b F(x)\,dx$$

als die Arbeit interpretiert, die bei geradliniger Ausdehnung einer Feder von a nach b verrichtet wird. Dabei ist in jedem Punkt x zwischen a und b die nach unten wirkende Kraft gleich F(x). (Die Kraft $F: [a,b] \longrightarrow \mathbb{R}$ war dort als monotone Funktion vorausgesetzt - damals stand uns nämlich der Begriff "Riemann-integrierbar" noch nicht zur Verfügung; dieser Begriff genügt als Voraussetzung für unsere Überlegungen in diesem Kapitel völlig.) Physikalisch betrachtet, haben wir damit einen extremen Spezialfall behandelt: Die Bewegung erfolgt geradlinig, und die Kraft F(x) wirkt an jeder Stelle x in Richtung der Bewegung.

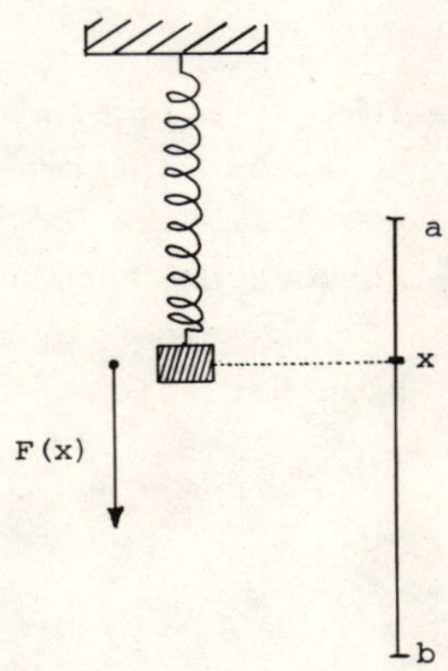

Beide Bedingungen sind im allgemeinen nicht erfüllt:

- Die Bewegung erfolgt längs einer Kurve C (in der Ebene oder im Raum).

- In jedem Punkt x der Kurve ist ein (zwei- oder dreidimensionaler) Kraftvektor k(x) gegeben.

Auch in diesem Fall wollen wir definieren, was unter der von dem Kraftfeld k längs der Kurve C verrichteten Arbeit zu verstehen ist. Mathematisch wird sich dieser Begriff als eine Verallgemeinerung des bestimmten Integrals erweisen.

Die Arbeit wird außer von der Kurve und dem Kraftfeld allerdings auch von der Bewegungsrichtung abhängen: Die Arbeit bei einer Bewegung vom Punkt a zum Punkt b längs C (siehe Bild 1), ist verschieden von der Arbeit, die bei der Bewegung von b nach a verrichtet wird. Wir benötigen also zunächst den Begriff einer Kurve mit Richtung bzw. einer "gerichteten Kurve".

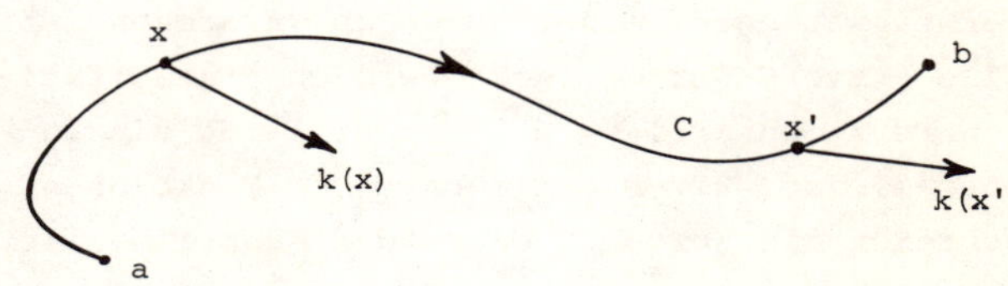

Bild 1.- Kurve C und Kraftfeld k längs C.

Der zweite Schritt ist dann die Definition der Arbeit, die das Kraftfeld k längs C verrichtet, oder mathematisch: die Definition des "Kurvenintegrals".

Rein physikalisch ist zunächst auch die sich anschließende Fragestellung: Wir betrachten zwei beliebige Kurven C_1 und C_2 mit gleichem Anfangspunkt und gleichem Endpunkt (siehe Bild 2); das Kraftfeld k sei in einem "Gebiet" definiert, das beide Kurven enthält. Die Frage lautet: Welche Eigenschaften muß das Kraftfeld k haben, damit die längs C_1 verrichtete Arbeit dieselbe ist wie die längs C_2 verrichtete Arbeit?

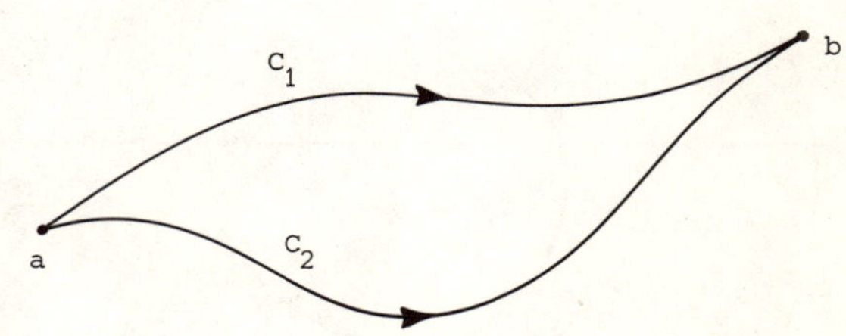

Bild 2.- Zwei Kurven mit gleichem Anfangspunkt a und gleichem Endpunkt b.

Die Antwort ist überraschend einfach: Die Arbeit, d.h. das zu definierende Kurvenintegral ist unabhängig von der Kurve (die zwei feste Punkte a und b verbindet) genau dann, wenn das

Kraftfeld k der Gradient eines Skalarfeldes ist, also wenn $k = \text{grad } F$ gilt. F heißt dann das *Potential* des Kraftfeldes k. Die verrichtete Arbeit ist in diesem Fall gleich $F(b) - F(a)$; ein Ergebnis, das sich als Verallgemeinerung des Hauptsatzes der Differential- und Integralrechnung erweisen wird. Wie dieser läßt sich auch das neue Ergebnis zur Lösung gewisser Differentialgleichungen, der sogenannten "exakten" Differentialgleichungen, verwenden, die wir in Kapitel 24 behandeln werden.

§ 1 GERICHTETE KURVEN

Sie haben schon in Kapitel 21, Seite 136, gelernt, was unter einer Kurve zu verstehen ist: Eine Kurve C ist der Wertebereich einer stetigen Funktion $\sigma\colon I \longrightarrow \mathbb{R}^n$, wobei $I \subseteq \mathbb{R}$ ein Intervall ist. Wir sagen auch: "Die Funktion σ beschreibt die Kurve C" oder "die Funktion σ ist eine Parameterdarstellung der Kurve C". Das Argument t der Funktion σ heißt dann auch Kurvenparameter.

Beachten Sie bitte schon hier: Da die Kurve nur der Wertebereich einer Funktion σ ist, beschreiben zwei verschiedene Funktionen $\sigma\colon I \longrightarrow \mathbb{R}^n$ und $\tilde{\sigma}\colon \tilde{I} \longrightarrow \mathbb{R}^n$, deren Wertebereiche gleich sind, dieselbe Kurve. σ und $\tilde{\sigma}$ sind zwei Parameterdarstellungen derselben Kurve.

(23.1) **BEISPIEL.-** Für festes $c \in \mathbb{R}$, $c \neq 0$ beschreibt die Funktion $\sigma\colon [0,\infty[\longrightarrow \mathbb{R}^2$ mit

$$\sigma(t) := (ct\cos t, ct\sin t)$$

eine sogenannte *Archimedische Spirale* (siehe Bild 3).

Archimedische Spirale

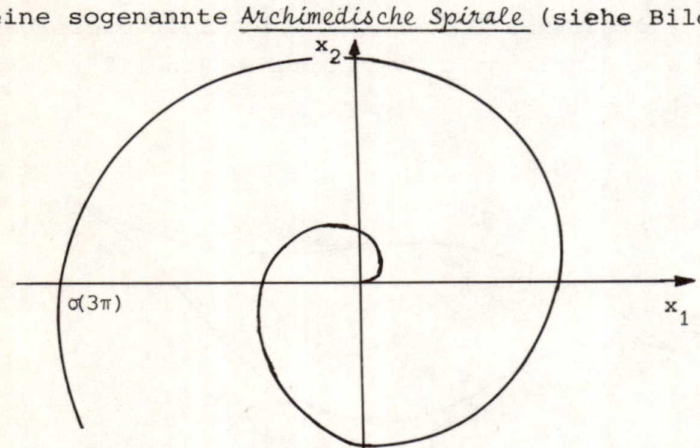

Bild 3.- Archimedische Spirale ($c > 0$).

Dieselbe Kurve wird z.B. auch durch die Funktion $\tilde{\sigma}\colon]-\infty,0] \longrightarrow \mathbb{R}^2$ mit

$$\tilde{\sigma}(t) := (-ct\cos t, ct\sin t)$$

beschrieben - prüfen Sie es nach!

AUFGABE 1.- Skizzieren Sie den Wertebereich der Funktion $\sigma\colon [0,\infty[\longrightarrow \mathbb{R}^3$ mit $\sigma(t) = (ct\cos t, ct\sin t, t)$, wobei $c \neq 0$ beliebig, aber fest ist. Geben Sie eine andere Parameterdarstellung derselben Kurve an.

Der bisher benutzte Kurvenbegriff ist für unsere Zwecke viel zu allgemein: Es ist wirklich überraschend, wie der Wertebereich einer stetigen Funktion aussehen kann, wie wenig er manchmal mit dem zu tun hat, was sich ein Physiker oder Ingenieur unter einer Kurve vorstellt. Natürlich benötigt man dazu recht künstlich konstruierte stetige Funktionen, und wir wollen darauf nicht weiter eingehen. Lieber fordern wir etwas mehr von der Parameterdarstellung.

DEFINITION.- Unter einer *glatten Kurve* verstehen wir den Wertebereich einer stetig differenzierbaren Funktion $\sigma\colon [a,b] \longrightarrow \mathbb{R}^n$ mit $\sigma'(t) \neq 0$ für alle $t \in [a,b]$. (23.2)

glatte Kurve

Eine Kurve heißt *stückweise glatt*, wenn das Intervall $[a,b]$ so in endlich viele Teilintervalle zerlegt werden kann, daß σ im Innern dieser Teilintervalle stetig differenzierbar ist mit nirgends verschwindender Ableitung $\sigma'(t)$.

stückweise glatte Kurve

BEMERKUNGEN.- (1) Eine Stelle $t_o \in [a,b]$, an der die Parameterdarstellung σ nicht differenzierbar ist, macht sich im Kurvenbild als "Ecke" oder "Spitze" im Punkt $\sigma(t_o)$ bemerkbar. Anschaulich ist eine Kurve also dann stückweise glatt, wenn sie nur endlich viele Ecken hat (siehe Bild 4). (23.3)

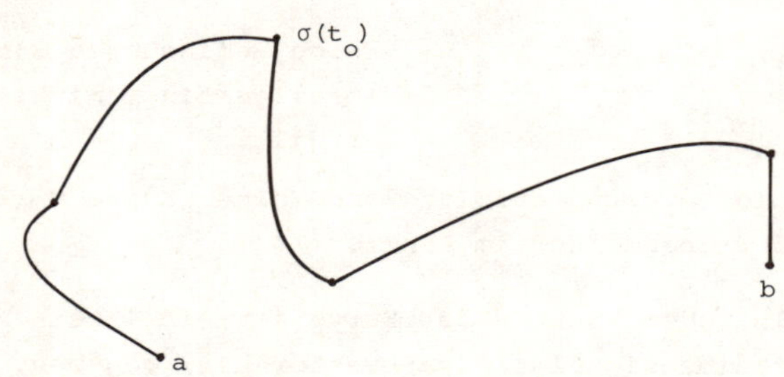

Bild 4.- Stückweise glatte Kurve im $\mathbb{R}^2$.

(2) Die Voraussetzung, daß $\sigma'(t) \neq 0$ ist überall da, wo die Ableitung existiert, bedeutet physikalisch, daß die Bewegung nirgends zur Ruhe kommt. Ist der Parameter t die Zeit, so ist ja $\sigma'(t)$ der Geschwindigkeitsvektor, der nach Voraussetzung nirgends zum Nullvektor werden soll.

(3) Wiederum können zwei stetig differenzierbare Funktionen $\sigma\colon I \longrightarrow \mathbb{R}^n$ und $\tilde{\sigma}\colon \tilde{I} \longrightarrow \mathbb{R}^n$ mit

$\sigma'(t) \neq 0$ für alle $t \in I$ bzw. $\tilde{\sigma}'(\tau) \neq 0$ für alle $\tau \in \tilde{I}$ zwei Parameterdarstellungen derselben glatten Kurve sein.

(23.4) BEISPIEL.- $\sigma: [0,\pi] \longrightarrow \mathbb{R}^2$ mit

$$\sigma(t) := (\cos t\,,\, \sin t)$$

ist die Parameterdarstellung einer glatten Kurve, nämlich des oberen Halbkreises. Es ist $\sigma'(t) = (-\sin t, \cos t)$ und daher $\|\sigma'(t)\| = 1$ für alle $t \in [0,\pi]$. σ' verschwindet also nirgends.

$\tilde{\sigma}: [0,\frac{1}{2}] \longrightarrow \mathbb{R}^2$ mit

$$\tilde{\sigma}(\tau) := (\cos 2\pi\tau\,,\, \sin 2\pi\tau)$$

ist eine Parameterdarstellung derselben Kurve, ebenso wie $\hat{\sigma}: [-1,1] \longrightarrow \mathbb{R}^2$ mit

$$\hat{\sigma}(t) := (t, \sqrt{1-t^2}).$$

Allerdings ist $\hat{\sigma}$ an den Intervallenden $t = \pm 1$ nicht differenzierbar.

Wir wollen nun den Begriff der Richtung einer Kurve einführen. Dazu benötigen wir mehr von einer Parameterdarstellung als nur ihren Wertebereich. Wir werden eine ganz anschauliche Definition der Richtung einer Kurve geben, die für Mathematiker sicher nicht streng genug ist, für Praktiker aber meist ausreicht. Wir wollen auch nicht von einer Definition sprechen.

(23.5) BEZEICHNUNG.- Eine Parameterdarstellung $\sigma: [a,b] \longrightarrow \mathbb{R}^n$ einer Kurve C definiert in folgender Weise einen *Richtungssinn* auf C: Ein Punkt $\sigma(t_1)$ liegt "vor" einem anderen Punkt $\sigma(t_2)$ der Kurve C, wenn $t_1 < t_2$ ist.

Richtungssinn einer Kurve

(23.6) BEMERKUNG.- Der Richtungssinn einer Kurve hängt also von der Parameterdarstellung ab, die die Kurve beschreibt; allerdings gibt es nur zwei mögliche Richtungen auf einer Kurve. Die Menge aller Parameterdarstellungen ein- und derselben glatten Kurve C zerfällt also in zwei disjunkte Teilmengen. Alle Parameterdarstellungen aus einer dieser Teilmengen ergeben den gleichen Richtungssinn auf C; je eine Darstellung aus den verschiedenen Teilmengen ergeben jeweils entgegengesetzte Richtungen auf C. Diese Überlegungen können zu einer exakten Richtungsdefinition ausgewertet werden; betrachten wir statt dessen ein Beispiel.

BEISPIEL.- Die Parameterdarstellungen σ und $\tilde{\sigma}$ des oberen Halbkreises in Beispiel (23.4) ergeben den gleichen Richtungssinn: Sie stellen eine Bewegung vom Anfangspunkt $\sigma(0) = \tilde{\sigma}(0) = (1,0)$ zum Endpunkt $\sigma(\pi) = \tilde{\sigma}(\frac{1}{2}) = (-1,0)$ dar, ergeben also als Richtungssinn den "Gegenuhrzeigersinn". Dagegen ergibt $\hat{\sigma}$ eine Bewegung von $\hat{\sigma}(-1) = (-1,0)$ nach $\hat{\sigma}(1) = (1,0)$, definiert also auf C den "Uhrzeigersinn". (23.7)

In Beispiel (23.1) definiert σ ebenfalls den Gegenuhrzeigersinn, $\tilde{\sigma}$ dagegen den Uhrzeigersinn, wenn man in beiden Fällen $c > 0$ voraussetzt.

Eine glatte oder stückweise glatte Kurve mit Richtungssinn heißt *gerichtete Kurve*. Ob zwei Parameterdarstellungen dieselbe gerichtete Kurve beschreiben, hängt nun nicht nur von ihrem Wertebereich ab, sondern auch von dem durch sie definierten Richtungssinn.

gerichtete Kurve

Wie erkennt man eigentlich, ob zwei Parameterdarstellungen dieselbe gerichtete Kurve darstellen? Oder: Wie findet man zu einer gegebenen Parameterdarstellung eine andere Parameterdarstellung derselben gerichteten Kurve (die vielleicht zur Lösung eines konkreten Problems besser geeignet ist)?

PARAMETERWECHSEL

Unter einer gerichteten Kurve können Sie sich einen Weg vorstellen, der nur in einer Richtung durchlaufen werden kann (Einbahnstraße). Mit welcher Geschwindigkeit dieser Weg bei einer konkreten Bewegung (bei einer bestimmten Parameterdarstellung also) durchlaufen wird, spielt keine Rolle.
Interpretieren wir den Parameter t in einer gegebenen Darstellung $t \longmapsto \sigma(t) \in \mathbb{R}^n$, $t \in [a,b]$, als Zeit, so können wir auch sagen: Die Zeitskala spielt keine Rolle, entscheidend ist nur der Wertebereich von σ ("der Weg") und die (durch σ festgelegte) Richtung.

BEMERKUNGEN.- Was bedeutet mathematisch die Einführung einer anderen Zeitskala, die den Richtungssinn einer Bewegung (23.8)

$$t \longmapsto \sigma(t),\ t \in [a,b]\ ,$$

nicht verändert?
Wir werden erläutern, daß dies die Einführung einer streng monoton wachsenden Funktion h, deren Wertebereich das Intervall [a,b] ist, bedeutet:

Änderung der Zeitskala

(1) Ist $h: [\alpha,\beta] \longrightarrow [a,b]$ surjektiv (*) und streng monoton wachsend, so ist

$$\tau \longmapsto \sigma(h(\tau)) \ , \ \tau \in [\alpha,\beta] \ ,$$

eine Funktion, deren Wertebereich mit dem von $\sigma: [a,b] \longrightarrow \mathbb{R}^n$ übereinstimmt und die den gleichen Richtungssinn wie σ definiert, da aus $\tau_1 < \tau_2$ auch $t_1 = h(\tau_1) < h(\tau_2) = t_2$ folgt.

(2) Aus (1) folgt: Ist $\sigma \circ h$ differenzierbar und $(\sigma \circ h)'(\tau) \neq 0$ für alle $\tau \in [\alpha,\beta]$, so sind $\sigma \circ h: [\alpha,\beta] \longrightarrow \mathbb{R}^n$ und $\sigma: [a,b] \longrightarrow \mathbb{R}^n$ Parameterdarstellungen derselben gerichteten Kurve im $\mathbb{R}^n$.

(3) Setzen wir h als stetig differenzierbar voraus, so ist $\sigma \circ h$ nach der Kettenregel differenzierbar (im Sinne von Definition (21.37), Seite 133), und es gilt

$$(\sigma \circ h)'(\tau) = \sigma'(h(\tau)) \cdot h'(\tau). \qquad (+)$$

Dieser Gleichung können Sie die Bedeutung der Änderung der Zeitskala (mit Hilfe der Funktion h) gut entnehmen:
$(\sigma \circ h)'(\tau)$ ist der Geschwindigkeitsvektor der Bewegung im Kurvenpunkt $(\sigma \circ h)(\tau)$ zur Zeit τ.
$\sigma'(h(\tau))$ ist der Geschwindigkeitsvektor der Bewegung in demselben Kurvenpunkt $\sigma(h(\tau))$ zur Zeit $t = h(\tau)$.
Durch Änderung der Zeitskala ist die Änderung des Weges pro Zeiteinheit (die Geschwindigkeit) in einem Punkt der Kurve verschieden groß, je nachdem, welche Zeitskala man verwendet. Der "Umrechnungsfaktor" für die Geschwindigkeiten beträgt nach (+) $h'(\tau)$ zu jedem Zeitpunkt τ bzw. $t = h(\tau)$. (**)
Wir hatten außerdem gefordert, daß die Änderung der Zeitskala den Richtungssinn der Bewegung (also auch die Richtung des Geschwindigkeitsvektors) nicht ändern soll. Unter Berücksichtigung der Gleichung (+) werden wir daher fordern

$$h'(\tau) > 0 \quad \text{für alle } \tau \in [\alpha,\beta].$$

Sie wissen, daß hieraus folgt: h ist streng monoton wachsend.
Darüberhinaus gilt bei dieser Forderung

$$(\sigma \circ h)'(\tau) \neq 0 \quad \text{für alle } \tau \in [\alpha,\beta],$$

denn $\sigma'(h(\tau))$ ist ja vom Nullvektor verschieden, wenn σ die Parameterdarstellung einer glatten Kurve ist.

(*) d.h. der Wertebereich von h ist gleich $[a,b]$; siehe ANALYSIS I, (1.27).

(**) $h'(\tau)$ kann man als Geschwindigkeit, mit der die Zeitskala zur Zeit τ gedehnt oder gestaucht wird, deuten.

DEFINITION.- Eine stetig differenzierbare Funktion $h: [\alpha,\beta] \longrightarrow \mathbb{R}$ mit (23.9)

$$h'(\tau) > 0 \quad \text{für alle } \tau \in [\alpha,\beta]$$

heißt ein *Parameterwechsel* (oder eine *Parametertransformation*). Parameterwechsel

Unsere in (23.8) angestellten Überlegungen können wir wie folgt zusammenfassen:

SATZ.- Ist $h: [\alpha,\beta] \longrightarrow \mathbb{R}$ ein Parameterwechsel mit Wertebereich $[a,b]$ und $\sigma: [a,b] \longrightarrow \mathbb{R}^n$ die Parameterdarstellung einer gerichteten glatten Kurve, so ist $\tilde{\sigma} := \sigma \circ h: [\alpha,\beta] \longrightarrow \mathbb{R}^n$ eine Parameterdarstellung derselben Kurve. (23.10)

BEISPIEL.- Wir untersuchen die Parameterdarstellungen des oberen Halbkreises C aus Beispiel (23.4). Sie sehen sofort, daß $\tilde{\sigma} = \sigma \circ h$ ist mit (23.11)

$$h(\tau) := 2\pi\tau, \quad \tau \in [0,\tfrac{1}{2}].$$

$h: [0,\frac{1}{2}] \longrightarrow \mathbb{R}$ ist stetig differenzierbar, und es gilt

$$h'(\tau) = 2\pi > 0 \quad \text{für alle } \tau \in [0,\tfrac{1}{2}] \ .$$

Also ist h ein Parameterwechsel. Der Wertebereich von h ist das Intervall $[0,\pi]$, so daß σ und $\tilde{\sigma}$ (nicht nur anschaulich sondern auch) nach Satz (23.10) dieselbe gerichtete Kurve beschreiben.
Wird auch $\hat{\sigma}: [-1,1] \longrightarrow \mathbb{R}^2$ mit

$$\hat{\sigma}(\tau) := (\tau, \sqrt{1-\tau^2})$$

durch einen Parameterwechsel aus $\sigma(t) = (\cos t, \sin t)$ "erzeugt"? Wenn ja, dann muß

$$\tau = \cos t$$

sein, und in der Tat ist dann auch

$$\sqrt{1-\tau^2} = \sqrt{1-\cos^2 t} = \sqrt{\sin^2 t} = |\sin t| = \sin t$$

für $t \in [0,\pi]$.
Also wäre

$$t = h(\tau) = \arccos \tau, \quad \tau \in [-1,1].$$

Es gilt jedoch

$$h'(\tau) = -\frac{1}{\sqrt{1-\tau^2}} < 0 \quad \text{für alle } \tau \in \,]-1,1[\,;$$

h ist kein Parameterwechsel, da der Richtungssinn umgekehrt wird.
Wir hatten ja schon in (23.7) festgestellt, daß $\hat{\sigma}$ den "Uhrzeigersinn" auf C definiert, während σ den "Gegenuhrzeigersinn" definiert.

A 2 *AUFGABE 2.- Sei $\sigma: [a,b] \longrightarrow \mathbb{R}^n$ die Parameterdarstellung einer gerichteten glatten Kurve im $\mathbb{R}^n$.*

a) $\hat{\sigma}: [a,b] \longrightarrow \mathbb{R}^n$ sei definiert durch

$$\hat{\sigma}(t) := \sigma(a+b-t).$$

Ist $\hat{\sigma}$ Parameterdarstellung derselben Kurve, derselben glatten Kurve, derselben gerichteten Kurve? Beschreiben Sie den Verlauf der durch $\hat{\sigma}$ definierten Kurve mit Worten.

b) Bestimmen Sie einen Parameterwechsel h, so daß $\tilde{\sigma} := \sigma \circ h$ auf $[0,1]$ definiert ist und dieselbe gerichtete Kurve beschreibt.

c) Skizzieren Sie die durch $\sigma: [0,4] \longrightarrow \mathbb{R}^2$ mit

$$\sigma(t) := \begin{cases} (t,0) & \text{für } 0 \le t \le 1 \\ (1,t-1) & \text{für } 1 < t \le 2 \\ (3-t,1) & \text{für } 2 < t \le 3 \\ (0,4-t) & \text{für } 3 < t \le 4 \end{cases}$$

beschriebene stückweise glatte Kurve und zeichnen Sie den Richtungssinn ein.

Sind σ und $\tilde{\sigma}$ Parameterdarstellungen derselben gerichteten glatten Kurve im $\mathbb{R}^n$, so gibt es einen Parameterwechsel h, so daß $\tilde{\sigma} = \sigma \circ h$ im entsprechenden Definitionsbereich gilt. Es kann im allgemeinen schwierig sein, h zu bestimmen.

§ 2 DAS KURVENINTEGRAL

ARBEIT

(23.12) BEISPIEL.- Zur Einführung des Begriffes "Kurvenintegral" wollen wir folgendes Beispiel betrachten: Wir interpretieren die Schienen einer Achterbahn als eine Kurve C im $\mathbb{R}^3$. Da die Wagen die Achterbahn (im Normalfall) nur in einer Richtung durchlaufen, handelt es sich um eine gerichtete Kurve. Eine Parameterdarstellung sei durch

$$s: [a,b] \longrightarrow \mathbb{R}^3$$

gegeben, d.h. ein Wagen startet zum Zeitpunkt $t = a$ im Punkt $s(a)$ der Achterbahn und befindet sich zu jedem Zeitpunkt $t \in [a,b]$ im Punkt $s(t) \in C$.

Wir wollen nun annehmen, daß sich die Wagen nur unter dem Einfluß der Gravitationskraft (der Erde) bewegen, also zum Beispiel immer im höchsten Punkt der Achterbahn starten. Welche Arbeit leistet das Gravitationsfeld während der Fahrt eines Wagens?

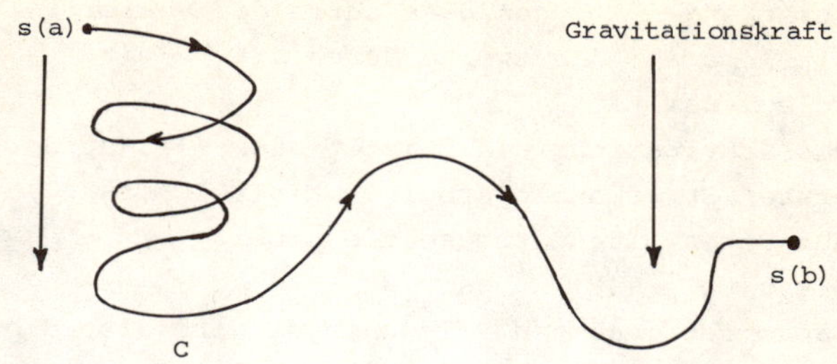

Bild 5.- Achterbahn

(1) Wäre die Achterbahn eine Gerade (obwohl dann das Wort "Achter"bahn nur schwer zu rechtfertigen wäre), so wäre die Antwort leicht: Der Kraftvektor $k(x)$ ist unabhängig von x und weist vertikal nach unten. Die (Fahr-) Strecke stellen wir durch den vom Anfangs- zum Endpunkt weisenden Vektor s dar. Die Arbeit A ist gegeben durch die Formel "Kraft mal Weg", wobei unter Kraft die Länge der Projektion k_s von k in Richtung s zu verstehen ist (siehe (16.48), Seite 42, mit k=1):

$$A = \|k\| \cdot \cos \sphericalangle (k,s) \cdot \|s\| = \langle k,s \rangle \; .$$

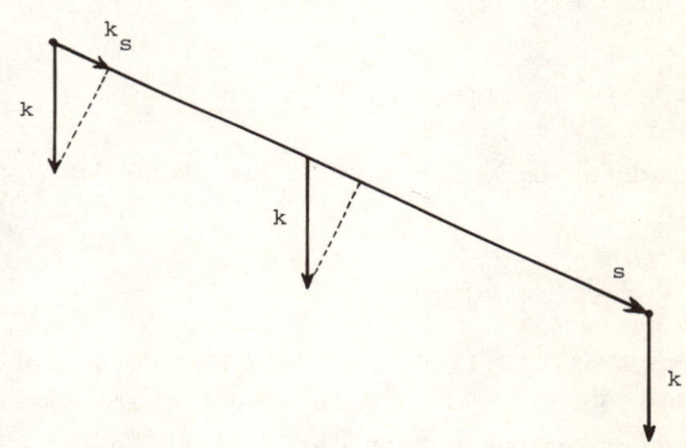

Bild 6.- Zur Arbeit bei geradliniger Bewegung und konstantem Kraftfeld k.

(2) Um die Arbeit für die wirkliche Achterbahn wenigstens ungefähr berechnen zu können, nähern wir sie durch einen Polygonzug an (siehe Bild 7).

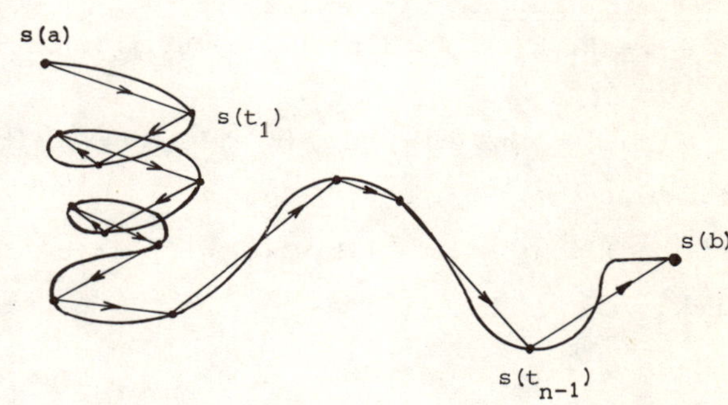

Bild 7.- Approximation durch einen Polygonzug.

Die Ecken des Polygonzuges seien $s(a), s(t_1), \ldots, s(t_n) = s(b)$; dann ist die erste Strecke des Polygonzuges durch den Vektor $s(t_1) - s(a)$, die zweite durch $s(t_2) - s(t_1)$ festgelegt usw.
Das Gravitationsfeld leistet nach (1) auf der ersten Strecke die Arbeit $\langle k, s(t_1) - s(a) \rangle$, auf der zweiten Strecke die Arbeit $\langle k, s(t_2) - s(t_1) \rangle$ usw.
Längs des gesamten Polygonzuges wird also die Arbeit

$$A_P = \langle k, s(t_1) - s(a) \rangle + \langle k, s(t_2) - s(t_1) \rangle + \ldots + \langle k, s(b) - s(t_{n-1}) \rangle$$

verrichtet.
Mit $f(t) := \langle k, s(t) \rangle$ und $t_o = a$, $t_n = b$ ist daher

$$A_P = \sum_{j=1}^{n} (f(t_j) - f(t_{j-1})).$$

Da s stetig differenzierbar ist, gilt dies auch für $f: [a,b] \longrightarrow \mathbb{R}$. Nach dem ersten Mittelwertsatz existiert in jedem Intervall $]t_{j-1}, t_j[$ eine Stelle τ_j, sodaß

$$f(t_j) - f(t_{j-1}) = f'(\tau_j)(t_j - t_{j-1})$$

gilt.
Also ist

$$A_P = \sum_{j=1}^{n} f'(\tau_j)(t_j - t_{j-1}).$$

Die rechte Seite ist eine Riemannsche Summe zum Integral

$$\int_a^b f'(t)\, dt$$

(siehe ANALYSIS I, Seite 108): Mit Verfeinerung der Zerlegung $\{t_o, t_1, \ldots, t_n\}$, d.h. mit besser werdender Approximation der Achterbahn durch den Polygonzug konvergiert die Arbeit A_P gegen den Wert

$$A = \int_a^b f'(t)\, dt$$

den man sinnvollerweise als die *längs der Achterbahn geleistete Arbeit* interpretiert.
Mit $k = (k_1, k_2, k_3)$ und $s(t) = (s_1(t), s_2(t), s_3(t))$ gilt

$$f(t) = \langle k, s(t) \rangle = k_1 s_1(t) + k_2 s_2(t) + k_3 s_3(t)$$

für alle $t \in [a,b]$. Also folgt

$$f'(t) = k_1 s_1'(t) + k_2 s_2'(t) + k_3 s_3'(t) = \langle k, s'(t) \rangle$$

und somit

$$A = \int_a^b \langle k, s'(t) \rangle\, dt$$

Dieses Ergebnis haben wir allerdings unter der sehr einschränkenden Annahme erzielt, daß die Kraft an allen Orten gleich ist.

(3) Eine genauere Analyse des allgemeinen Falles, in dem die Kraft k stetig vom Ort x abhängt, ergibt als sinnvolle Definition der *längs der* (durch s gegebenen) *Kurve C verrichteten Arbeit*

$$A := \int_a^b \langle k(s(t)), s'(t) \rangle\, dt.$$ Arbeit längs C

D.h. im Integranden muß die Kraft am Ort s(t) der Kurve betrachtet werden.
Diese für die Arbeit gewonnene Formel benutzen wir, um den allgemeinen Begriff des Kurvenintegrals zu definieren.

Definition des Kurvenintegrals

DEFINITION.- Sei $U \subseteq \mathbb{R}^n$ eine offene Menge und $k: U \longrightarrow \mathbb{R}^n$ ein stetiges Vektorfeld. Sei ferner $C \subseteq U$ eine gerichtete glatte Kurve (im $\mathbb{R}^n$) und $\sigma: [a,b] \longrightarrow \mathbb{R}^n$ eine Parameterdarstellung von C. Unter dem *Kurvenintegral von k längs C* verstehen wir die reelle Zahl (23.13)

Kurvenintegral von k längs C

$$\int_C \langle k, dx \rangle := \int_a^b \langle k(\sigma(t)), \sigma'(t) \rangle\, dt.$$

BEMERKUNGEN.- (1) Beachten Sie, daß die linke Seite in der obigen Definitionsgleichung ein Symbol ist, das erst durch die rechte Seite definiert wird. Für $k = (k_1, \ldots, k_n)$ schreibt man dafür oft auch (23.14)

$$\int_C k_1 dx_1 + \ldots + k_n dx_n;$$

man behandelt $\langle k, dx \rangle$ unter dem Integralzeichen formal wie ein Skalarprodukt, obwohl natürlich dx kein Vektor ist (höchstens das n-Tupel der Symbole $dx_1, \ldots, dx_n$). Eine Interpretation der Symbole dx bzw. dx_i wie in (21.76) unterlassen wir.

(2) Da k ein stetiges Vektorfeld ist, ist die Funktion

$$t \longmapsto \langle k(\sigma(t)), \sigma'(t) \rangle \quad , \; t \in [a,b],$$

stetig, und das Integral auf der rechten Seite der Definitionsgleichung existiert. Hierfür hätte es auch gereicht, wenn wir k nur in allen Punkten von C als stetig vorausgesetzt hätten. Gelegentlich werden wir auch Kurven mit einer Parameterdarstellung haben, die auf einem offenen, halboffenen oder unbeschränkten Intervall definiert ist; oder k ist so beschaffen, daß

$$\int_a^b \langle k(\sigma(t)), \sigma'(t) \rangle\, dt$$

nur als uneigentliches Integral existiert. Auch in diesen Fällen heißt die Zahl $\int_C \langle k, dx \rangle$ das Kurvenintegral von k längs C.

(3) In die Definition des Kurvenintegrals $\int_C \langle k, dx \rangle$ geht die spezielle Parameterdarstellung $\sigma: [a,b] \longrightarrow \mathbb{R}^n$ ein. Ändert sich der Wert des Kurvenintegrals bei Verwendung einer anderen Parameterdarstellung $\tilde{\sigma}$ derselben gerichteten Kurve C?

Kurvenintegral unabhängig von der Parameterdarstellung

Die Antwort lautet zum Glück: nein; d.h. das Kurvenintegral ist von der Wahl der speziellen Parameterdarstellung unabhängig. Der Beweis dafür ist einfach:

Die Parameterdarstellung $\tilde{\sigma}: [\alpha,\beta] \longrightarrow \mathbb{R}^n$ gehe aus σ durch den Parameterwechsel $h: [\alpha,\beta] \longrightarrow \mathbb{R}$ hervor, d.h. es gilt

$$\tilde{\sigma} = \sigma \circ h \quad \text{und} \quad h(\alpha) = a,\ h(\beta) = b.$$

Dann ist das mit Hilfe von $\tilde{\sigma}$ definierte Kurvenintegral gegeben durch

$$\int_\alpha^\beta \langle k(\tilde{\sigma}(\tau)), \tilde{\sigma}'(\tau) \rangle \, d\tau =$$

$$= \int_\alpha^\beta \langle k(\sigma(h(\tau))), \sigma'(h(\tau)) \cdot h'(\tau) \rangle \, d\tau$$

$$= \int_\alpha^\beta \langle k(\sigma(h(\tau))), \sigma'(h(\tau)) \rangle h'(\tau) \, d\tau \,.$$

Andererseits liefert die Substitutionsregel (siehe ANALYSIS I, Satz (12.43), Seite 224) für das mit Hilfe von σ definierte Kurvenintegral:

$$\int_a^b \langle k(\sigma(t)), \sigma'(t) \rangle \, dt = \int_{h(\alpha)}^{h(\beta)} \langle k(\sigma(t)), \sigma'(t) \rangle \, dt$$

$$= \int_\alpha^\beta \langle k(\sigma(h(\tau))), \sigma'(h(\tau)) \rangle \cdot h'(\tau) \, d\tau \,.$$

Sie sehen, beide Ergebnisse sind wie behauptet gleich.

(23.15) **BEISPIEL.-** Als Kurve C verwenden wir den im Gegenuhrzeigersinn durchlaufenen Halbkreis, diesmal mit Radius r. Durch

$$\sigma(t) := (r\cos t, r\sin t), \quad 0 \le t \le \pi,$$

ist eine Parameterdarstellung von C gegeben. Das Vektorfeld $k: \mathbb{R}^2 \longrightarrow \mathbb{R}^2$ sei definiert durch

$$k(x_1,x_2) := (-x_2, x_1);$$

k hat eine besondere Eigenschaft: Der im Punkt (x_1,x_2) definierte Vektor $k(x_1,x_2)$ steht auf dem Ortsvektor (x_1,x_2) senkrecht - es ist ja

$$\langle k(x_1,x_2), (x_1,x_2) \rangle = -x_2 \cdot x_1 + x_1 \cdot x_2 = 0.$$

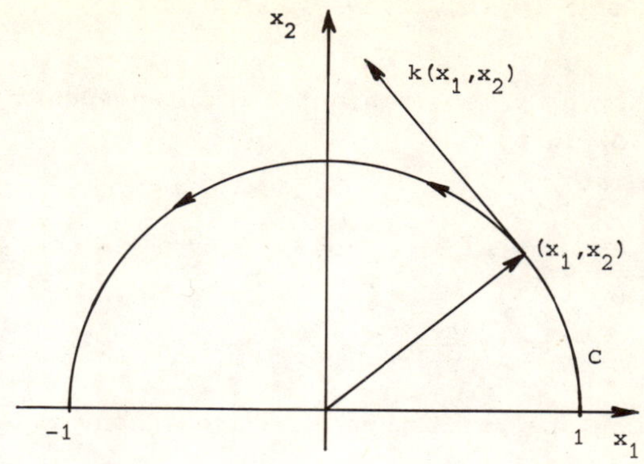

Bild 8.- Zur Berechnung von $\int_C x_1 dx_2 - x_2 dx_1$.

Nach Definition (23.13) ist das Kurvenintegral von $k = (k_1,k_2)$ längs C

$$\int_C \langle k, dx \rangle = \int_C (-x_2)dx_1 + x_1 dx_2 =$$

$$= \int_0^\pi [k_1(\sigma(t))\sigma_1'(t) + k_2(\sigma(t))\sigma_2'(t)]dt$$

$$= \int_0^\pi [k_1(r\cos t, r\sin t)\sigma_1'(t) + $$

$$+ k_2(r\cos t, r\sin t)\sigma_2'(t)]dt$$

$$= \int_0^\pi [(-r\sin t)(-r\sin t) + (r\cos t)(r\cos t)]dt$$

$$= \int_0^\pi r^2(\sin^2 t + \cos^2 t)\, dt = \int_0^\pi r^2 dt = r^2\pi.$$

Das Kurvenintegral $\int_C \langle k, dx \rangle$ ist also gleich $r^2\pi$. Betrachten wir statt des Halbkreises C den Vollkreis $\tilde{C}$, so braucht man als Parameterintervall für σ nur das Intervall $[0,2\pi]$ zu wählen und erhält

$$\int_{\tilde{C}} \langle k, dx \rangle = 2r^2\pi.$$

Das ist der doppelte Flächeninhalt des von $\tilde{C}$ umschlossenen Bereichs (des Kreises). Dieses Ergebnis beruht auf der speziellen Gestalt von k, ist aber unabhängig von der "Form" der Kurve $\tilde{C}$, wie Sie später (ANALYSIS III) noch sehen werden.

BEISPIEL.- Die gerichtete Kurve C sei durch die Parameterdarstellung $\sigma: [0,2\pi] \longrightarrow \mathbb{R}^3$ mit (23.16)

$$\sigma(t) := (\sin t, \cos t, t)$$

gegeben. (Machen Sie eine Skizze der Kurve.) Sei $U := \{(x_1,x_2,x_3) \in \mathbb{R}^3 \mid x_3 > 0\}$ und $k: U \longrightarrow \mathbb{R}^3$ definiert durch

$$k(x) := (x_1, x_2, \frac{1}{\sqrt{x_3}}) .$$

Die Kurve C liegt bis auf den Anfangspunkt (0,1,0) in U.
Dann ist

$$\int_C < k, dx > = \int_0^{2\pi} [(\sin t) \cos t + \cos t(-\sin t) + \frac{1}{\sqrt{t}} \cdot 1] dt$$

$$= \int_0^{2\pi} \frac{dt}{\sqrt{t}} .$$

Dieses Integral ist uneigentlich, konvergiert aber gegen

$$\lim_{\varepsilon \to 0} \int_\varepsilon^{2\pi} \frac{dt}{\sqrt{t}} = \lim_{\varepsilon \to 0} 2\sqrt{t}\Big|_\varepsilon^{2\pi} = \lim_{\varepsilon \to 0} (\sqrt{8\pi} - 2\sqrt{\varepsilon}) = \sqrt{8\pi} .$$

Also ist mit Bemerkung (23.14)(2)

$$\int_C < k, dx > = \sqrt{8\pi}.$$

A 3 *<u>AUFGABE 3.-</u> a) Das Vektorfeld k: $\mathbb{R}^3 \to \mathbb{R}^3$ sei definiert durch*

$$k(x_1, x_2, x_3) := (x_2, 3x_2^3 - x_1, x_3).$$

Für festes $n \in \mathbb{N}$ sei C die durch σ: $[0,1] \to \mathbb{R}^3$ mit

$$\sigma(t) := (t, t^n, 0)$$

beschriebene Kurve. Berechnen Sie das Kurvenintegral $\int_C < k, dx >$.

b) Ein Teilchen bewege sich unter dem Einfluß des Kraftfeldes $k(x) := x$, $x \in \mathbb{R}^3$, auf der Parabel $x_2 = x_1^2$, $x_3 = 0$ vom Punkt (-1,1,0) zum Punkt (2,4,0). Berechnen Sie die längs dieses Weges verrichtete Arbeit.

RECHENREGELN FÜR KURVENINTEGRALE

In Aufgabe 2a) auf Seite 183 haben Sie gesehen, daß man durch

$$\hat{\sigma}(\tau) := \sigma(a+b-\tau), \quad \tau \in [a,b]$$

eine Parameterdarstellung derselben Kurve C, wie σ: $[a,b] \to \mathbb{R}^n$ sie beschreibt, erhält. Allerdings definiert $\hat{\sigma}$ den entgegengesetzten Richtungssinn auf C.

(23.17) **BEZEICHNUNG.-** Sei C eine gerichtete Kurve im $\mathbb{R}^n$. Mit -C bezeichnen wir dieselbe Kurve mit entgegengesetztem Richtungssinn.

-C

Ist σ: $[a,b] \to \mathbb{R}^n$ eine Parameterdarstellung von C und ist die stetig differenzierbare Funktion h: $[\alpha,\beta] \to [a,b]$ surjektiv mit der Eigenschaft

$$h'(\tau) < 0 \quad \text{für alle } \tau \in [a,b],$$

so ist $\tilde{\sigma} = \sigma \circ h$ eine Parameterdarstellung von -C; wegen $h'(\tau) < 0$ wird der Richtungssinn umgekehrt:
Wegen $\tau_1 < \tau_2$ kommt in -C definitionsgemäß $\tilde{\sigma}(\tau_1)$ <u>vor</u> $\tilde{\sigma}(\tau_2)$, während in C $\sigma(t_1) = \tilde{\sigma}(\tau_1)$ <u>nach</u> $\sigma(t_2) = \tilde{\sigma}(\tau_2)$ kommt, da $t_1 = h(\tau_1) > h(\tau_2) = t_2$ ist.

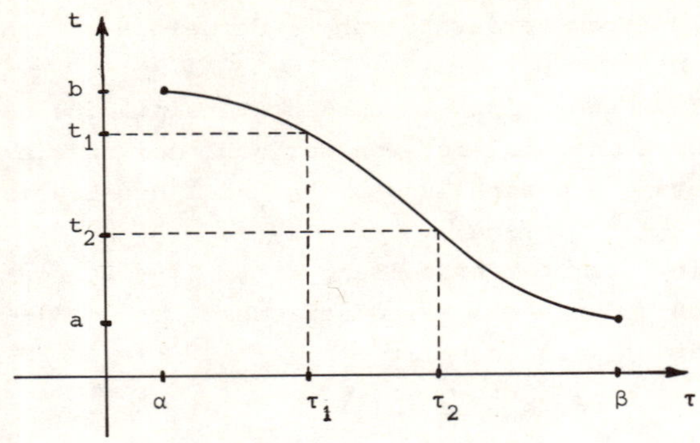

Bild 9.- h: $[\alpha,\beta] \to [a,b]$ surjektiv mit $h'(\tau) < 0$ für alle τ.

SATZ.- Sei k: U $\to \mathbb{R}^n$ ein stetiges Vektorfeld auf der offenen Menge $U \subseteq \mathbb{R}^n$ und $C \subseteq U$ eine gerichtete glatte Kurve. Dann gilt (23.18)

$$\int_{-C} < k, dx > = -\int_C < k, dx > .$$

BEWEIS.- Sei σ: $[a,b] \to \mathbb{R}^n$ eine Parameterdarstellung von C und $\tilde{\sigma} = \sigma \circ h$ eine von -C, also nach dem zuvor Gesagten:
h: $[\alpha,\beta] \to [a,b]$ surjektiv und stetig differenzierbar mit

$$h'(\tau) < 0 \quad \text{für alle } \tau \in [\alpha,\beta].$$

Dann ist nach Definition (23.13) und mit der Substitutionsregel:

$$\int_{-C} < k, dx > = \int_\alpha^\beta < k(\tilde{\sigma}(\tau)), \tilde{\sigma}'(\tau) > d\tau$$

$$= \int_\alpha^\beta < k(\sigma(h(\tau))), \sigma'(h(\tau)) > \cdot h'(\tau)\, d\tau$$

$$= \int_{h(\alpha)}^{h(\beta)} < k(\sigma(t)), \sigma'(t) > dt$$

$$= \int_b^a < k(\sigma(t)), \sigma'(t) > dt$$

$$= -\int_a^b < k(\sigma(t)), \sigma'(t) > dt$$

$$= -\int_C < k, dx > .$$

(23.19) **BEISPIEL.-** Um aus der Parameterdarstellung $\sigma\colon [a,b] \longrightarrow \mathbb{R}^n$ von C möglichst "schnell" eine Parameterdarstellung von -C zu erhalten, kann man also $h\colon [a,b] \longrightarrow [a,b]$ mit

$$h(\tau) := a+b-\tau$$

wählen. Hier ist $\alpha = a$, $\beta = b$ und $h(a) = b$, $h(b) = a$. Durch

$$\tilde{\sigma}(\tau) := \sigma(a+b-\tau),\ \tau \in [a,b]$$

erhält man eine Parameterdarstellung von -C. Noch einfacher ist die Wahl von $\tilde{\sigma}\colon [-b,-a] \longrightarrow \mathbb{R}^n$ mit

$$\tilde{\sigma}(\tau) := \sigma(-\tau)$$

als Parameterdarstellung von -C.

A 4 *AUFGABE 4.- Die gerichtete Kurve C sei die Verbindungsstrecke der Punkte (1,0,2) und (3,4,1), von (1,0,2) nach (3,4,1) durchlaufen. Berechnen Sie das Kurvenintegral von* $k\colon \mathbb{R}^3 \longrightarrow \mathbb{R}^3$ *mit*

$$k(x_1,x_2,x_3) := (2x_1x_2, x_1^2+x_3, x_2)$$

längs -C.

Die folgende Eigenschaft von Kurvenintegralen bezeichnet man auch als *Linearität des Kurvenintegrals*. Sie folgt unmittelbar aus Definition (23.13) und den entsprechenden Eigenschaften von Riemann-Integral und Skalarprodukt.

(23.20) **SATZ.-** Seien $k_1, k_2\colon U \longrightarrow \mathbb{R}^n$ stetige Vektorfelder auf der Teilmenge $U \subseteq \mathbb{R}^n$, $C \subseteq U$ eine gerichtete glatte Kurve und $a \in \mathbb{R}$. Dann gilt

(1) $\int\limits_C \langle ak_1, dx\rangle = a \int\limits_C \langle k_1 dx\rangle$.

Linearität des Kurvenintegrals

(2) $\int\limits_C \langle k_1+k_2, dx\rangle = \int\limits_C \langle k_1, dx\rangle + \int\limits_C \langle k_2, dx\rangle$.

A 5 *AUFGABE 5.- Beweisen Sie die Aussage (2) von Satz (23.20).*

Bisher ist das Kurvenintegral eines stetigen Vektorfeldes k nur längs einer glatten Kurve C definiert. Wir wollen nun die Definition auf stückweise glatte Kurven ausdehnen.

(23.21) **DEFINITION.-** Sei C eine gerichtete stückweise glatte Kurve im $\mathbb{R}^n$, und es gelte $C = C_1 \cup C_2 \cup \ldots \cup C_m$, wobei jedes C_j, $j = 1,\ldots,m$, eine glatte gerichtete Kurve ist. Der Richtungssinn auf den Kurvenstücken sei so gewählt, daß der Endpunkt von C_j gleich dem Anfangspunkt von C_{j+1}, $j = 1,\ldots,m-1$ ist. Ist dann k ein Vektorfeld im $\mathbb{R}^n$ (*), so daß alle Kurvenintegrale $\int\limits_{C_j} \langle k, dx\rangle$, $j = 1,\ldots,m$, als eigentliche oder uneigentliche Integrale existieren, so definiert man das *Kurvenintegral für stückweise glatte Kurven* Kurvenintegral für stückweise glatte Kurven

$$\int\limits_C \langle k, dx\rangle := \int\limits_{C_1} \langle k, dx\rangle + \ldots + \int\limits_{C_m} \langle k, dx\rangle .$$

Aus dieser Definition folgert man leicht, daß die Sätze (23.18) und (23.20) auch für stückweise glatte, gerichtete Kurven gelten.

BEISPIEL.- Sei C das im Gegenuhrzeigersinn durchlaufene Quadrat mit den Ecken (0,0), (1,0), (1,1) und (0,1), siehe Bild 10. (23.22)

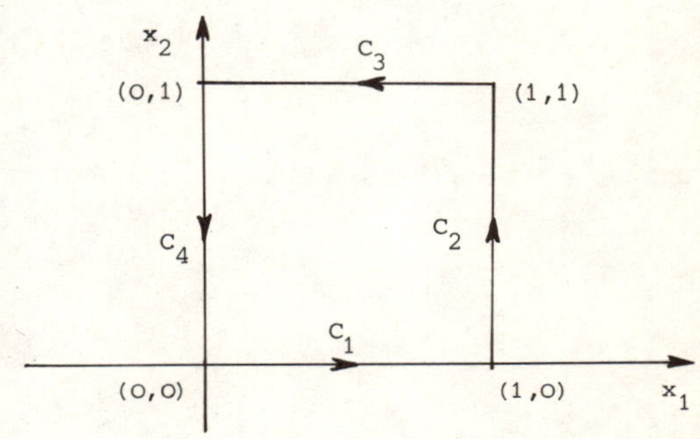

Bild 10.- Das im Gegenuhrzeigersinn durchlaufene Einheitsquadrat.

C besteht also aus den vier Kurvenstücken C_1, C_2, C_3 und C_4, wobei C_1 von (0,0) nach (1,0), C_2 von (1,0) nach (1,1), C_3 von (1,1) nach (0,1) und schließlich C_4 von (0,1) zurück nach (0,0) durchlaufen wird. Wir benötigen Parameterdarstellungen der Kurvenstücke:

$\sigma_1(t) := (t,0)$, $0 \le t \le 1$ für C_1,

$\sigma_2(t) := (1,t)$, $0 \le t \le 1$ für C_2,

$\sigma_3(t) := (1-t,1)$, $0 \le t \le 1$ für C_3 und

$\sigma_4(t) := (0,1-t)$, $0 \le t \le 1$ für C_4.

(Vergleichen Sie mit Ihrer Lösung von Aufgabe 2c), Seite 183.)

Wir wollen σ_3 als Beispiel noch ein wenig erläutern:

Alle Punkte auf C_3 haben die x_2-Koordinate 1,

(*) Die Sprechweise "k ist ein Vektorfeld im $\mathbb{R}^n$" bedeutet hier: $k\colon U \longrightarrow \mathbb{R}^n$ ist auf einer Teilmenge U des $\mathbb{R}^n$ definiert, wobei $C \subseteq U$ ist.

während die x_1-Koordinate zwischen 1 und 0 variiert. Also muß die zweite Koordinate von σ_3 konstant gleich 1 sein, die erste Koordinate im Anfangspunkt von C_3 gleich 1 und im Endpunkt gleich 0 sein. Dies wird am einfachsten durch die Funktion $t \longmapsto 1-t$, $0 \le t \le 1$, erreicht; natürlich könnte man für $\sigma_3(t)$ auch $((1-t)^2,1)$, $0 \le t \le 1$, oder $(1-t^2,1)$, $0 \le t \le 1$, wählen. Besonders aufwendig wäre z.B. $\sigma_3(t) = (e^{-t},1)$, $0 \le t < \infty$; das Kurvenintegral wird dann sogar uneigentlich.

Überzeugen Sie sich, daß auch σ_1, σ_2 und σ_4 die gerichteten Kurven C_1, C_2 und C_4 darstellen, so daß die Voraussetzungen von Definition (23.21) erfüllt sind.
Berechnen wir nun für diese Kurve C und das Vektorfeld $k\colon \mathbb{R}^2 \longrightarrow \mathbb{R}^2$ mit $k(x_1,x_2) := (\frac{x_2^2}{2}, x_1x_2)$ das Kurvenintegral

$$\int_C \langle k,dx\rangle = \sum_{j=1}^{4} \int_{C_j} \langle k,dx\rangle .$$

Nach (23.13) ist

$$\int_{C_1} \langle k,dx\rangle = \int_0^1 \langle k(\sigma_1(t)),\sigma_1'(t)\rangle dt = \int_0^1 0\,dt = 0.$$

$$\int_{C_2} \langle k,dx\rangle = \int_0^1 (\frac{t^2}{2}\cdot 0 + t\cdot 1)\,dt = \frac{1}{2} .$$

$$\int_{C_3} \langle k,dx\rangle = \int_0^1 (\frac{1}{2}\cdot(-1) + (1-t)\cdot 0)\,dt = -\frac{1}{2} .$$

$$\int_{C_4} \langle k,dx\rangle = \int_0^1 (\frac{(1-t)^2}{2}\cdot 0 + 0\cdot(-1))\,dt = 0.$$

Damit folgt

$$\int_C \langle k,dx\rangle = \int_C \frac{x_2^2}{2}dx_1 + x_1x_2\,dx_2 = 0.$$

A 6 *__AUFGABE 6.-__ a) Berechnen Sie für das Vektorfeld k aus Beispiel (23.22) das Kurvenintegral*

$$\int_C \langle k,dx\rangle$$

wenn C ein beliebiger Kreis der Ebene ist, der im Uhrzeigersinn durchlaufen wird. Was passiert, wenn man den Richtungssinn umkehrt?

b) Berechnen Sie das Kurvenintegral $\int_C (-x_2)\,dx_1 + x_1\,dx_2$, wenn C das im Gegenuhrzeigersinn durchlaufene Dreieck mit den Eckpunkten (0,0), (0,1) und (1,0) ist.

§ 3 WEGUNABHÄNGIGKEIT VON KURVENINTEGRALEN UND POTENTIAL

DER HAUPTSATZ FÜR KURVENINTEGRALE

Was sich unter der obigen (stilistisch sicher fragwürdigen) Überschrift verbirgt, ist folgende, schon in der Einleitung des Kapitels erwähnte Fragestellung: Unter welchen Bedingungen an das Vektorfeld k ist das Kurvenintegral $\int_C \langle k,dx\rangle$ nur noch abhängig vom Anfangspunkt und vom Endpunkt der Kurve C, nicht mehr vom Verlauf der Kurve dazwischen? Wir betrachten ein Beispiel aus der Physik.

BEISPIEL.- Gleichartige Ladungen stoßen einander ab. Eine Ladung von einem Coulomb im Nullpunkt und eine Ladung von einem Coulomb der gleichen Polarität im Punkt (x_1,x_2) stoßen einander ab mit der Kraft (23.23)

$$k(x_1,x_2) := \left(\frac{x_1}{\sqrt{x_1^2+x_2^2}^{\,3}}, \frac{x_2}{\sqrt{x_1^2+x_2^2}^{\,3}} \right) .$$

Welche Arbeit wird verrichtet, wenn die eine Ladung im Nullpunkt bleibt und die andere sich von (0,1) nach (2,-1) auf folgenden Kurven C_1, C_2 oder C_3 bewegt:
C_1 sei die (geradlinige) Verbindungsstrecke von (0,1) nach (2,-1); C_2 sei das Stück der Parabel $y = 1 - \frac{x^2}{2}$ zwischen (0,1) und (2,-1); C_3 bestehe aus der Verbindungsstrecke von (0,1) nach (2,1) und aus der Verbindungsstrecke von (2,1) nach (2,-1).

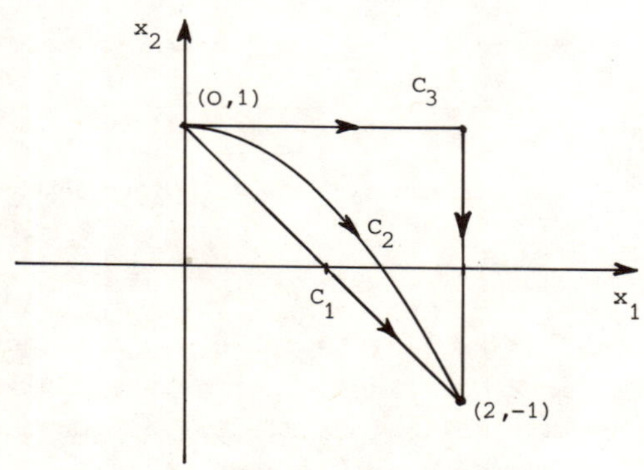

Bild 11.- Drei Kurven von (0,1) nach (2,-1).

C_1 liegt auf der durch $y = 1-x$ beschriebenen Geraden; eine Parameterdarstellung für C_1 ist

$$\sigma_1(t) := (t,1-t),\ 0 \le t \le 2.$$

Also ist

$$\int_{C_1} \langle k,dx\rangle = \int_0^2 \left(\frac{t}{\sqrt{2t^2-2t+1}^3} - \frac{1-t}{\sqrt{2t^2-2t+1}^3} \right) dt =$$

$$= 1 - \frac{1}{\sqrt{5}} .$$

C_2 kann durch

$$\sigma_2(t) := (t, 1 - \frac{t^2}{2}), \quad 0 \le t \le 2,$$

parametrisiert werden. Daher ist

$$\int_{C_2} \langle k,dx\rangle = \int_0^2 \left(\frac{t}{\sqrt{1+\frac{t^4}{4}}^3} + \frac{(1-\frac{t^2}{2})(-t)}{\sqrt{1+\frac{t^4}{4}}^3} \right) dt =$$

$$= \frac{1}{2} \int_0^2 \frac{t^3}{\sqrt{1+\frac{t^4}{4}}^3} dt = 1 - \frac{1}{\sqrt{5}} .$$

Schließlich ergibt sich durch Zerlegung von C_3 in die zwei Geradenstücke und geeignete Parametrisierung:

$$\int_{C_3} \langle k,dx\rangle = \int_0^2 \frac{t}{\sqrt{1+t^2}^3} dt + \int_{-1}^{+1} \frac{t}{\sqrt{4+t^2}^3} dt$$

$$= 1 - \frac{1}{\sqrt{5}} ,$$

(das zweite Integral ist null, da der Integrand eine ungerade Funktion und das Integrationsintervall symmetrisch zum Nullpunkt ist). Führen Sie die Einzelheiten der obigen Rechnung aus! Ergebnis: Die Arbeit ist für diese drei Kurven die gleiche; da die Kurven recht unterschiedliche Formen haben, kann man vermuten, daß dieser Wert $\int_C \langle k,dx\rangle$ für <u>alle</u> Kurven C mit Anfangspunkt (1,0) und Endpunkt (2,-1) der gleiche ist, d.h. daß dieses Kurvenintegral "vom Wege unabhängig ist".

(23.24) **BEMERKUNG.-** Bevor wir den Hauptsatz für (die Wegunabhängigkeit der) Kurvenintegrale weiter unten formulieren, wiederholen wir noch einmal den Hauptsatz der Differential- und Integralrechnung in der Fassung von Satz (12.8) in ANALYSIS I, Seite 211. Denn einerseits ist der zuletzt genannte Satz der Schlüssel zum Beweis des ersteren und andererseits erkennen Sie dann die Analogie beider Sätze besser.

Ist F eine Stammfunktion der stetigen Funktion f auf [a,b], so gilt

$$\int_a^b f(t)\,dt = F(b) - F(a) .$$

Sie sehen: Das Integral hängt nur von den Werten der Funktion F in den Intervall-Endpunkten ab - was "dazwischen passiert", hat keinen Einfluß auf den Wert des Integrals. (*)

Wenn wir nun

$$\int_a^b F'(t)\,dt = F(b) - F(a)$$

schreiben und Sie sich erinnern, daß grad F die "richtige" Verallgemeinerung der Ableitung einer Funktion ist (siehe Kapitel 21, § 6 ab Seite 144), werden Sie die Formel

$$\int_C \langle \operatorname{grad} F,dx\rangle = F(\text{Endpunkt}) - F(\text{Anfangspunkt})$$

im nächsten Satz besser verstehen.

SATZ.- Sei U eine offene Menge des $\mathbb{R}^n$ und seien $\mathring{x},\mathring{y}$ Punkte von U, die sich durch mindestens eine ganz in U verlaufende Kurve verbinden lassen. Sei $F\colon U \to \mathbb{R}$ eine stetig differenzierbare Funktion. Dann gilt für <u>jede</u> stückweise glatte Kurve $C \subseteq U$, die $\mathring{x}$ mit $\mathring{y}$ verbindet (**) (23.25)

Hauptsatz für Kurvenintegrale

$$\int_C \langle \operatorname{grad} F,dx\rangle = F(\mathring{y}) - F(\mathring{x})$$

BEWEIS.- Zunächst sei C eine glatte Kurve, die $\mathring{x}$ mit $\mathring{y}$ verbindet und in U verläuft. Sei $\sigma\colon [a,b] \to \mathbb{R}^n$ eine Parameterdarstellung von C, also $\sigma(a) = \mathring{x}$ und $\sigma(b) = \mathring{y}$. Dann ist

$$\int_C \langle \operatorname{grad} F,dx\rangle = \int_a^b \langle \operatorname{grad} F(\sigma(t)), \sigma'(t)\rangle\, dt .$$

Sei $G := F \circ \sigma$, dann ist $G\colon [a,b] \to \mathbb{R}$ nach der Kettenregel (21.38) differenzierbar, und es gilt mit (21.43)(3), Seite 135:

$$G'(t) = \langle \operatorname{grad} F(\sigma(t)), \sigma'(t)\rangle \text{ für alle } t \in [a,b].$$

Aus den Voraussetzungen über F und σ folgt, daß G' stetig ist. Der Hauptsatz (12.8) aus ANALYSIS I ergibt also

$$\int_C \langle \operatorname{grad} F,dx\rangle = \int_a^b G'(t)\,dt = G(b) - G(a)$$

$$= F(\sigma(b)) - F(\sigma(a))$$

$$= F(\mathring{y}) - F(\mathring{x}) .$$

Damit ist die Behauptung für glatte Kurven C bewiesen. Ist C stückweise glatt, also $C = C_1 \cup \ldots \cup C_m$ mit glatten Kurven C_j, deren Anfangspunkt a_j sei, dann ergibt die Anwendung

---

(*) Indirekt schon, denn es muß $F'(t) = f(t)$ für <u>alle</u> $t \in [a,b]$ gelten.

(**) d.h. $\mathring{x}$ ist jeweils Anfangspunkt von C und $\mathring{y}$ Endpunkt.

des Satzes auf jedes glatte Kurvenstück C_j mit (23.21):

$$\int_C \langle \operatorname{grad} F, dx \rangle = \sum_{j=1}^{m} \int_{C_j} \langle \operatorname{grad} F, dx \rangle$$

$$= \sum_{j=1}^{m} (F(a_{j+1}) - F(a_j)) \qquad a_{m+1} := \overset{\circ}{y}$$

$$= F(a_2) - F(\overset{\circ}{x}) + F(a_3) - F(a_2) + \ldots$$

$$\ldots + F(a_m) - F(a_{m-1}) + F(\overset{\circ}{y}) - F(a_m)$$

$$= F(\overset{\circ}{y}) - F(\overset{\circ}{x}).$$

(23.26) BEMERKUNGEN.- (1) Mit den Ausführungen in Bemerkung (21.76), Seite 147, und in (23.14)(1) kann man die Aussage des Hauptsatzes für Kurvenintegrale auch in der Form

$$\int_C dF = F(\overset{\circ}{y}) - F(\overset{\circ}{x})$$

schreiben. Sie werden diese Schreibweise auch gelegentlich finden.

(2) Ein bißchen kompliziert klingt die Voraussetzung an die Punkte $\overset{\circ}{x}$ und $\overset{\circ}{y}$ bzw. an den Definitionsbereich U. Eine offene Menge U könnte z.B. aus zwei disjunkten offenen Teilmengen bestehen, etwa so:

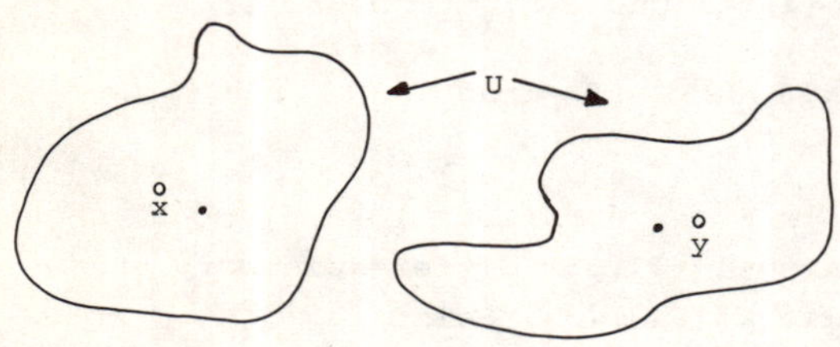

Die eingezeichneten Punkte $\overset{\circ}{x}$ und $\overset{\circ}{y}$ ließen sich nicht durch eine Kurve verbinden, die ganz in U verläuft.

(3) Eine Teilmenge M des $\mathbb{R}^n$, in der sich je zwei Punkte durch eine ganz in M verlaufende Kurve verbinden lassen, heißt *zusammenhängend*. Eine offene zusammenhängende Menge $U \subseteq \mathbb{R}^n$ heißt *Gebiet*.

zusammenhängend

Gebiet

(4) Der Hauptsatz für Kurvenintegrale läßt sich also auch so formulieren:

Hauptsatz

> Ist $U \subseteq \mathbb{R}^n$ ein Gebiet und $F: U \longrightarrow \mathbb{R}$ stetig differenzierbar. Dann gilt für beliebige Punkte $\overset{\circ}{x}, \overset{\circ}{y} \in U$ und jede $\overset{\circ}{x}$ und $\overset{\circ}{y}$ verbindende, in U verlaufende stückweise glatte Kurve C:
>
> $$\int_C \langle \operatorname{grad} F, dx \rangle = F(\overset{\circ}{y}) - F(\overset{\circ}{x}).$$

BEISPIEL.- Wir können nun die in Beispiel (23.23) geäußerte Vermutung bestätigen, daß die Kurvenintegrale des Kraftfeldes $k: \mathbb{R}^2 \setminus \{0\} \longrightarrow \mathbb{R}^2$ mit (23.27)

$$k(x_1,x_2) := \left(\frac{x_1}{\sqrt{x_1^2+x_2^2}^{\,3}}, \frac{x_2}{\sqrt{x_1^2+x_2^2}^{\,3}} \right)$$

wegunabhängig sind, also nur vom jeweiligen Anfangs- und Endpunkt der Kurve abhängen. Es ist nämlich

$$k = \operatorname{grad} F,$$

wobei $F: \mathbb{R}^2 \setminus \{0\} \longrightarrow \mathbb{R}$ gegeben ist durch

$$F(x_1,x_2) := -\frac{1}{\sqrt{x_1^2+x_2^2}}.$$

Nach Satz (23.25) ist also für jede den Punkt (0,1) mit (2,-1) verbindende Kurve C, die den Nullpunkt nicht enthält:

$$\int_C \langle k, dx \rangle = \int_C \langle \operatorname{grad} F, dx \rangle = F(2,-1) - F(0,1)$$

$$= -\frac{1}{\sqrt{5}} + 1$$

- in Übereinstimmung mit dem für die speziellen Kurven C_1, C_2 und C_3 in (23.23) gewonnenen Resultat.
Sie sehen, der Hauptsatz kann uns sehr viel Rechenarbeit abnehmen.

Wie aber - werden Sie fragen - erhält man zu gegebenem Vektorfeld k eine Funktion F, so daß $k = \operatorname{grad} F$ ist?
In unserem Beispiel ließ sich die Wahl von F wegen der formalen Übereinstimmung mit den Daten in Aufgabe 27a), Seite 143, erraten: Es ist $k(x) = \frac{1}{\|x\|^3} x$; also werden wir es mit $F(x) = -\frac{1}{\|x\|}$ versuchen.

Eine Antwort auf die allgemeine Frage nach der Konstruktion von F (falls es existiert) zu gegebenem k werden wir bald geben (siehe Satz (23.33)).

Mit der folgenden Aufgabe können Sie sich noch einmal die Zusammenhänge zwischen den Hauptsätzen im ein- und höherdimensionalen Fall klarmachen.

AUFGABE 7.- Sei G eine Stammfunktion der stetigen Funktion $g: [a,b] \longrightarrow \mathbb{R}$. Die Kurve C im $\mathbb{R}^2$ sei der Graph von G, in "natürlicher Weise" durchlaufen. Sei ferner $F: \mathbb{R}^2 \longrightarrow \mathbb{R}$ definiert durch $F(x_1,x_2) := x_2$. A 7
Zeigen Sie: Für $k := \operatorname{grad} F$ gilt

$$\int_C \langle k,dx\rangle = \int_a^b g(t)\,dt\,.$$

Für welche anderen Kurven C im $\mathbb{R}^2$ gilt diese Gleichung auch?

(23.28) konservatives Vektorfeld; Gradientenfeld; Potentialfeld; Potential

BEZEICHNUNG.- Ist ein Vektorfeld $k\colon U \longrightarrow \mathbb{R}^n$ ($U \subseteq \mathbb{R}^n$) der Gradient eines Skalarfeldes $F\colon U \longrightarrow \mathbb{R}$, d.h. ist $k = \operatorname{grad} F$ in U, so heißt k *konservatives Vektorfeld* oder *Gradientenfeld* oder auch *Potentialfeld*. Die Funktion F heißt dann *Potential (von k)*.

(23.29) BEMERKUNG.- Akzeptiert man für F in (23.28) den Namen "Potential", so erklärt sich für k der Name "Potentialfeld" von selbst; dasselbe gilt für die Bezeichnung "Gradientenfeld". Warum aber "konservativ"? Konservativ meint "bewahrend, erhaltend" - was wird hier erhalten? (Für politisch denkende Leser: Bei Vektorfeldern ist die Eigenschaft, konservativ zu sein, nur begrüßenswert und angenehm!). Die Begründung für die Bezeichnung "konservatives Vektorfeld" gibt ein Beispiel aus der Physik.

(23.30) BEISPIEL.- Sei $k = \operatorname{grad} F$ ein konservatives Kraftfeld in einem Gebiet $U \subseteq \mathbb{R}^3$. Ein Massenpunkt der Masse m bewege sich unter dem Einfluß des Kraftfeldes k, wobei seine Bahn durch die Parameterdarstellung $\sigma\colon [a,b] \longrightarrow \mathbb{R}^3$ beschrieben werde; $\sigma(t)$ ist also der Ort des Massenpunktes zur Zeit t. $\dot\sigma(t)$ ist dann der Geschwindigkeitsvektor, $\ddot\sigma(t)$ die Beschleunigung, und das Newtonsche Gesetz: Kraft = Masse mal Beschleunigung kann in der Form

Newtonsches Gesetz

$$k(\sigma(t)) = m\ddot\sigma(t)\;,\quad t \in [a,b]$$

formuliert werden.
Sei C die gerichtete glatte Kurve, die durch σ dargestellt wird. Dann ist nach Definition des Kurvenintegrals

$$\int_C \langle k,dx\rangle = \int_a^b \langle k(\sigma(t)),\dot\sigma(t)\rangle\,dt$$

$$= \int_a^b m\langle \ddot\sigma(t),\dot\sigma(t)\rangle\,dt \qquad \text{mit dem Newtonschen Gesetz}$$

$$= \frac{1}{2}m\int_a^b \frac{d}{dt}\|\dot\sigma(t)\|^2\,dt \qquad (*)$$

$$= \frac{1}{2}m\|\dot\sigma(t)\|^2\Big|_a^b \qquad \text{nach dem Hauptsatz der Differential- und Integralrechnung aus ANALYSIS I}$$

$$= \frac{1}{2}m(\|\dot\sigma(b)\|^2 - \|\dot\sigma(a)\|^2)\,.$$

$v(t) := \|\dot\sigma(t)\|$ ist der Betrag der Geschwindigkeit zur Zeit t. Wir erhalten also

$$\int_C \langle k,dx\rangle = \frac{1}{2}m(v^2(b) - v^2(a))\,.$$

Andererseits liefert der Hauptsatz (23.25)

$$\int_C \langle k,dx\rangle = F(\sigma(b)) - F(\sigma(a))\,.$$

Also ist

$$\frac{1}{2}m\,(v^2(b) - v^2(a)) = F(\sigma(b)) - F(\sigma(a))$$

oder

$$\frac{1}{2}mv^2(b) - F(\sigma(b)) = \frac{1}{2}mv^2(a) - F(\sigma(a))\,.$$

Energie-Erhaltung

Die Zahl $\frac{1}{2}mv^2(b)$ ist die Größe der "kinetischen Energie" des Massenpunktes zur Zeit b, d.h. wenn er sich am Ort $\sigma(b)$ befindet; $-F(x)$ heißt "potentielle Energie" des Kraftfeldes am Ort x.
Die letzte Gleichung besagt also: Die Summe aus kinetischer und potentieller Energie - die sogenannte Gesamtenergie - bleibt während der Bewegung <u>erhalten</u>, wenn das Kraftfeld <u>konservativ</u> ist.

In der folgenden Aufgabe können Sie sehen, daß bereits sehr "einfache" Kraftfelder nicht konservativ sind.

A 8

AUFGABE 8.- Ein Kraftfeld $k\colon \mathbb{R}^3 \longrightarrow \mathbb{R}^3$ sei definiert durch

$$k(x_1,x_2,x_3) := (x_1,x_2,x_1+x_2+x_3)\,.$$

Zeigen Sie, daß k nicht konservativ ist. Dazu genügt es zu zeigen, daß die Arbeit, die das Kraftfeld an einem sich von (0,0,0) nach (1,1,1) bewegenden Körper verrichtet, nicht nur von diesen beiden Punkten sondern auch von der Kurve abhängt, die beide Punkte verbindet. Berechnen Sie die Arbeit bei Bewegung

a) entlang der Kurve C_1 mit der Parameterdarstellung $\sigma\colon [0,1] \longrightarrow \mathbb{R}^3$ mit

$$\sigma(t) := (t,t,t),$$

b) entlang der Kurve C_2 mit der Parameterdarstellung $\tilde\sigma\colon [0,1] \longrightarrow \mathbb{R}^3$ mit

$$\tilde\sigma(t) := (t,t^2,t^3)\,.$$

(*) Sei $\sigma = (\sigma_1,\sigma_2,\sigma_3)$, dann gilt

$$\frac{d}{dt}\|\dot\sigma\|^2 = \frac{d}{dt}(\dot\sigma_1^2 + \dot\sigma_2^2 + \dot\sigma_3^2) = 2\dot\sigma_1\ddot\sigma_1 + 2\dot\sigma_2\ddot\sigma_2 + 2\dot\sigma_3\ddot\sigma_3 = 2\langle\dot\sigma,\ddot\sigma\rangle\,.$$

Potentiale und ihre Konstruktion

(23.31) **Diskussion.-** (1) Der Hauptsatz (23.25) besagt kurz: Ist k ein Potentialfeld, so ist das Kurvenintegral unabhängig vom Weg.
Gilt vielleicht auch die Umkehrung dieser Aussage: Wenn das Kurvenintegral eines Vektorfeldes k stets wegunabhängig ist (d.h. immer nur von Anfangs- und Endpunkt einer beliebigen Kurve abhängt), ist dann k ein Potentialfeld, d.h. existiert dann ein Potential F, so daß $k = \operatorname{grad} F$ gilt?

(2) Im eindimensionalen Fall ist die Behauptung, daß eine Funktion f Ableitung einer anderen Funktion F ist, für jede stetige Funktion f erfüllt. Dies ist ebenfalls ein Ergebnis des Hauptsatzes der Differential- und Integralrechnung (in der Fassung (12.2) von ANALYSIS I, Seite 208):

> Ist $f: [a,b] \longrightarrow \mathbb{R}$ stetig und $F: [a,b] \longrightarrow \mathbb{R}$ definiert durch
> $$F(x) := \int_a^x f(t)\,dt,$$
> so ist F differenzierbar, und es gilt
> $$F'(x) = f(x) \quad \text{für alle } x \in [a,b].$$

Dieser Satz liefert also nicht nur die Existenz einer Funktion F, sondern gibt F(x) als bestimmtes Integral von f über [a,x] an.

(3) Im mehrdimensionalen Fall ist die Forderung, daß ein Vektorfeld k ein Potentialfeld ist, wesentlich stärker. Im dreidimensionalen Fall haben Sie schon in Kapitel 22 (siehe Aufgabe 2, Seite 157) gesehen:
Aus $k = \operatorname{grad} F$ folgt $\operatorname{rot} k = 0$, d.h. im Definitionsbereich von $k = (k_1, k_2, k_3)$ gilt

$$\frac{\partial k_1}{\partial x_2} = \frac{\partial k_2}{\partial x_1}, \quad \frac{\partial k_1}{\partial x_3} = \frac{\partial k_3}{\partial x_1} \quad \text{und} \quad \frac{\partial k_2}{\partial x_3} = \frac{\partial k_3}{\partial x_2}.$$

rot k = 0

Die Bedingung $\operatorname{rot} k = 0$ ist also eine notwendige Voraussetzung dafür, daß k ein Potentialfeld ist. In beliebiger Dimension gibt es eine ähnliche, recht einschränkende notwendige Bedingung; wir kommen in (23.36) darauf zurück.
Die Behauptung der vermuteten Umkehrung des Hauptsatzes für Kurvenintegrale (1) ist stärker als im eindimensionalen Fall, die Voraussetzung allerdings auch: Wir werden nicht nur annehmen, daß das Vektorfeld k stetig ist, sondern auch, daß alle Kurvenintegrale von k wegunabhängig sind.
Um es vorwegzunehmen: Verschärfung der Voraussetzung und Behauptung im mehrdimensionalen sind "entsprechend" - der Umkehrsatz ist richtig. Um ihn formulieren und gleich eine Konstruktionsmethode für das Potential F angeben zu können, führen wir noch eine Bezeichnung ein.

Bemerkung.- Sei $U \subseteq \mathbb{R}^n$ ein Gebiet (siehe (23.26)(3)) und $\mathring{x} \in U$ ein fest gewählter Punkt. (23.32)
Jeder Punkt $x \in U$ läßt sich mit $\mathring{x}$ durch eine stückweise glatte Kurve in U verbinden. Mit C(x) bezeichnen wir eine beliebige solche von $\mathring{x}$ nach x in U verlaufende Kurve.
Dann hängt (bei festem $\mathring{x}$) das Kurvenintegral

$$\int_{C(x)} \langle k, dx \rangle$$

nur vom Punkt $x \in U$, aber nicht von der Wahl der speziellen Kurve C(x) von $\mathring{x}$ nach x ab, falls jedes Kurvenintegral von k in U vom Wege unabhängig ist. Durch

$$x \longmapsto \int_{C(x)} \langle k, dx \rangle$$

wird also eine Funktion auf U definiert - deren eindimensionales Analogon ist

$$x \longmapsto \int_a^x f(t)\,dt$$

und definiert eine Stammfunktion von f.

Satz.- Sei $k: U \longrightarrow \mathbb{R}^n$ ein stetiges Vektorfeld auf dem Gebiet $U \subseteq \mathbb{R}^n$. Alle Kurvenintegrale von k seien in U wegunabhängig. Dann wird durch (23.33)

Umkehrung des Hauptsatzes

$$x \longmapsto F(x) := \int_{C(x)} \langle k, dx \rangle, \quad x \in U$$

eine Funktion $F: U \longrightarrow \mathbb{R}$ definiert, die ein Potential von k ist, d.h. die partiell differenzierbar ist und für die

$$\operatorname{grad} F(x) = k(x) \quad \text{für alle } x \in U$$

gilt.

Wieder führen wir den Beweis auf den eindimensionalen Fall zurück; der Beweis ist lehrreich, fördert das Verständnis des Zusammenhangs von Kurvenintegration und Differentiation. Sie sollten ihn durcharbeiten.

Beweis.- Wir haben zu zeigen, daß für die im Satz definierte Funktion F gilt: Die partiellen Ableitungen $\frac{\partial F}{\partial x_1}, \dots, \frac{\partial F}{\partial x_n}$ existieren, und es gilt in U

$$\frac{\partial F}{\partial x_i} = k_i \quad \text{für } i = 1, \dots, n.$$

Dabei sind k_i, $i = 1, \dots, n$, die Koordinatenfunkfunktionen des Vektorfeldes k.

Sei (neben $\overset{\circ}{x}$ nun auch) $x \in U$ beliebig, aber fest gewählt. Wir zeigen: F ist im Punkt x nach x_1 partiell differenzierbar, und es gilt

$$\frac{\partial F}{\partial x_1}(x) = k_1(x) .$$

Sofern der Grenzwert auf der rechten Seite existiert, ist nach Definition der partiellen Ableitung in (21.13), Seite 126:

$$\frac{\partial F}{\partial x_1}(x) = \lim_{h \to 0} \frac{F(x+he_1) - F(x)}{h} .$$

Um den Funktionswert $F(x+he_1)$ bestimmen zu können, benötigen wir eine stückweise glatte Kurve $C(x+he_1)$:
$C(x)$ sei eine in U verlaufende, stückweise glatte Kurve von $\overset{\circ}{x}$ nach x. Für $C(x+he_1)$ wählen wir die aus $C(x)$ und der Strecke C mit der Parameterdarstellung

$$t \longmapsto \sigma(t) := x+te_1, \quad 0 \le t \le h$$

zusammengesetzte, stückweise glatte Kurve (*) (siehe Bild 12).

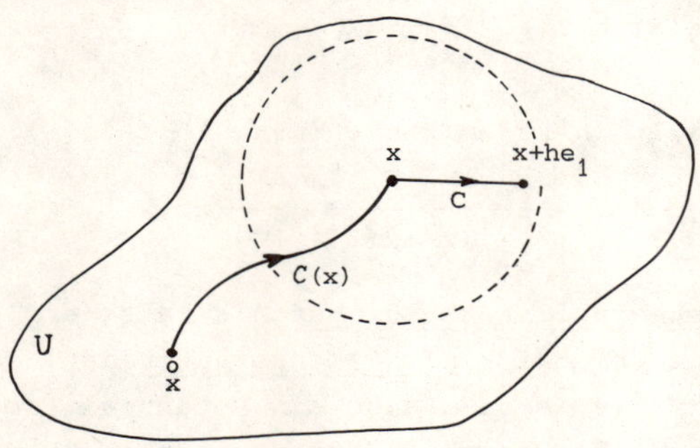

Bild 12.- $C(x+he_1) = C(x) \cup C$.

Mit Definition (23.21), Seite 187, folgt

$$F(x+he_1) = \int_{C(x+he_1)} \langle k,dx \rangle = \int_{C(x)} \langle k,dx \rangle + \int_C \langle k,dx \rangle$$

$$= F(x) + \int_C \langle k,dx \rangle .$$

Damit ist

$$\frac{F(x+he_1) - F(x)}{h} = \frac{1}{h} \int_C \langle k,dx \rangle$$

$$= \frac{1}{h} \int_0^h \langle k(x+te_1),e_1 \rangle dt .$$

Wegen $\langle k(x+te_1),e_1 \rangle = k_1(x+te_1)$ ist

(*) Da U offen ist, liegt noch eine ganze Kugel um x (in Bild 12 ein Kreis um x) in U, so daß für jedes "hinreichend kleine" h - und nur an diesen sind wir interessiert - C in der Kugel, also in U verläuft.

$$\frac{F(x+he_1) - F(x)}{h} = \frac{1}{h} \int_0^h k_1(x+te_1)\, dt .$$

Wir setzen nun

$$K(h) := \int_0^h k_1(x+te_1)\, dt ,$$

dann gilt (*)

$$K(0) = 0$$

und K ist differenzierbar mit der Ableitung

$$K'(h) = k_1(x+he_1)$$

nach dem Hauptsatz der Differential- und Integralrechnung (12.2) in ANALYSIS I. Insbesondere ist

$$K'(0) = k_1(x) .$$

Wir erhalten

$$k_1(x) = K'(0) = \lim_{h \to 0} \frac{K(h) - K(0)}{h} = \lim_{h \to 0} \frac{1}{h} K(h)$$

$$= \lim_{h \to 0} \frac{1}{h} \int_0^h k_1(x+te_1)\, dt$$

$$= \lim_{h \to 0} \frac{F(x+he_1) - F(x)}{h} .$$

Also existiert $\frac{\partial F}{\partial x_1}(x)$ und ist gleich $k_1(x)$.
Der Beweis für die Existenz der übrigen partiellen Ableitungen von F und für die Gleichungen

$$\frac{\partial F}{\partial x_i}(x) = k_i(x) , \quad i = 2,\dots,n,$$

verläuft analog.

Bevor wir die Sätze (23.25) und (23.33) zusammenfassen, ist es nützlich eine weitere in der Literatur übliche Bezeichnung zur Verfügung zu haben.

BEZEICHNUNG.- Eine Kurve C im $\mathbb{R}^n$ heißt *geschlossene Kurve*, wenn Anfangs- und Endpunkt gleich sind. Jede Parameterdarstellung $\sigma: [a,b] \longrightarrow \mathbb{R}^n$ einer geschlossenen Kurve erfüllt also die Bedingung (23.34) geschlossene Kurve

$$\sigma(a) = \sigma(b) .$$

Ist C eine geschlossene Kurve, so deutet man dies im Kurvenintegral oft durch das Symbol

$$\oint_C \langle k,dx \rangle$$

an.

(*) Die Funktion K ist für $|h| < \varepsilon$ mit einem gewissen $\varepsilon > 0$ definiert.

(23.35) **ZUSAMMENFASSUNG** der Sätze (23.25) und (23.33).- Für ein Vektorfeld $k: U \longrightarrow \mathbb{R}^n$, das auf einem Gebiet $U \subseteq \mathbb{R}^n$ definiert ist, sind folgende Aussagen äquivalent:

(1) k ist konservativ.

(2) Alle Kurvenintegrale von k sind in U wegunabhängig.

(3) Für alle geschlossenen, stückweise glatten Kurven $C \subseteq U$ gilt

$$\oint_C \langle k, dx \rangle = 0.$$

A 9 *AUFGABE 9.- Beweisen Sie die Äquivalenz der Aussagen (2) und (3) von (23.35).*

A 10 *AUFGABE 10.- Begründen Sie nun noch einmal das Ergebnis von Aufgabe 6a), Seite 188, indem Sie ein Potential für k erraten.*

In (23.35) wird u.a. gesagt, daß die Wegunabhängigkeit aller Kurvenintegrale eines Vektorfeldes k notwendig und hinreichend für die Existenz eines Potentials für das betrachtete Vektorfeld ist. Allerdings ist diese Bedingung wenig handlich, wenn Sie z.B. feststellen wollen, ob ein gegebenes Vektorfeld k ein Potential F besitzt - Sie müssen alle möglichen Kurvenintegrale untersuchen. Wir benötigen deshalb einfacher anzuwendende Kriterien.
Wir hatten schon erwähnt, daß rot $k = 0$ im dreidimensionalen Fall notwendig für die Existenz eines Potentials ist. Die entsprechende allgemeine Aussage lautet:

(23.36) Notwendige Bedingung für Existenz eines Potentials

SATZ.- Sei $k: U \rightarrow \mathbb{R}^n$ ein stetig differenzierbares Vektorfeld auf der offenen Menge $U \subseteq \mathbb{R}^n$. Notwendig für die Existenz eines Potentials von $k = (k_1, \ldots, k_n)$ ist die Gültigkeit der sogenannten *Integrabilitätsbedingungen*:

$$\frac{\partial k_i}{\partial x_j}(x) = \frac{\partial k_j}{\partial x_i}(x) \qquad \text{für alle } x \in U$$

und alle $1 \leq i,j \leq n$.

A 11 *AUFGABE 11.- a) Beweisen Sie Satz (23.36). Schlagen Sie nach, wie die Aussage im dreidimensionalen Fall bewiesen wurde.)*

b) Begründen Sie nun noch einmal mit Satz (23.36), daß das Kraftfeld k aus Aufgabe 8, Seite 191, nicht konservativ ist.

c) Für welche $\alpha \in \mathbb{R}$ ist das Vektorfeld $k: \mathbb{R}^3 \rightarrow \mathbb{R}^3$ mit

$$k(x_1, x_2, x_3) := (x_2^2 \cos x_1,\ 2x_2 \sin x_1 + e^{\alpha x_3},\ 2x_2 e^{\alpha x_3})$$

keinesfalls konservativ? Für welche α könnte das Vektorfeld also konservativ sein?

BEMERKUNG.- Die notwendige Bedingung von (23.36) ist einfach nachzuprüfen; es wäre daher wünschenswert, wenn sie auch hinreichend wäre, wenn also aus der Gültigkeit der Integrabilitätsbedingungen für ein Vektorfeld k die Existenz eines Potentials für k folgen würde. Leider ist dies nicht immer so, obwohl in manchen "physikalischen und technischen" Büchern stillschweigend so getan wird, als ob dies stimmen würde. (23.37)
Um eine Vermutung zu widerlegen, bedarf es nur eines Gegenbeispiels - hier ist es (und es ist nicht einmal sehr "künstlich"):

BEISPIEL.- (1) Sei $k: \mathbb{R}^2 \setminus \{0\} \longrightarrow \mathbb{R}^2$ definiert durch (23.38)

$$k(x_1, x_2) := \left(\frac{-x_2}{x_1^2 + x_2^2}, \frac{x_1}{x_1^2 + x_2^2}\right).$$

Dann gilt in jedem Punkt $(x_1, x_2) \in \mathbb{R}^2 \setminus \{0\}$:

$$\frac{\partial k_1}{\partial x_2}(x_1, x_2) = \frac{x_2^2 - x_1^2}{(x_1^2 + x_2^2)^2} = \frac{\partial k_2}{\partial x_1}(x_1, x_2),$$

die Integrabilitätsbedingung ist also erfüllt.
Wir zeigen, daß k nicht konservativ ist: Wäre k konservativ, besäße also ein Potential, so wären nach (23.35) alle Kurvenintegrale über geschlossene, stückweise glatte Kurven in $\mathbb{R}^2 \setminus \{0\}$ gleich Null. Das stimmt jedoch nicht für das obige k. Wir wählen als geschlossene Kurve C den im Gegenuhrzeigersinn durchlaufenen Einheitskreis mit der Parameterdarstellung $\sigma(t) := (\cos t, \sin t)$, $t \in [0, 2\pi]$. Dann gilt

$$\oint_C \langle k, dx \rangle = \int_0^{2\pi} [(-\sin t)^2 + (\cos t)^2]\,dt = 2\pi \neq 0.$$

k kann also in $U := \mathbb{R}^2 \setminus \{0\}$ nicht konservativ sein.
Die anschließende Diskussion zeigt, daß die Eigenschaft, konservativ zu sein, nicht nur von der Form von k sondern auch vom Definitionsgebiet von k abhängt; durch Änderung von U wird das oben definierte Vektorfeld k (es ist ja dann nicht mehr dasselbe - der Definitionsbereich gehört mit zur Funktion) konservativ.

(2) Sei $\tilde{U}$ das Gebiet, das aus dem $\mathbb{R}^2$ durch Herausnehmen nicht nur des Ursprungs, sondern der ganzen negativen x_1-Achse entsteht:

$$\tilde{U} := \mathbb{R}^2 \setminus \{(x_1,x_2) \mid x_1 \leq 0 \text{ und } x_2 = 0\}.$$

Der Einheitskreis C, den wir in (1) benutzt haben, liegt nicht mehr in $\tilde{U}$ - er hat nämlich einen Punkt auf der negativen x_1-Achse. Das obige Argument gegen die Existenz eines Potentials gilt also in $\tilde{U}$ nicht mehr, während die Integrabilitätsbedingung natürlich auch in $\tilde{U}$ erfüllt ist. In der Tat hat k in $\tilde{U}$ ein Potential F. Und zwar sei $F(x_1,x_2)$ der Winkel (in Bogenmaß) zwischen dem Ortsvektor (x_1,x_2) und der positiven x_1-Achse, wobei dieser Winkel für Punkte der oberen Halbebene zwischen 0 und π, für Punkte der unteren Halbebene zwischen 0 und $-\pi$ variieren soll.

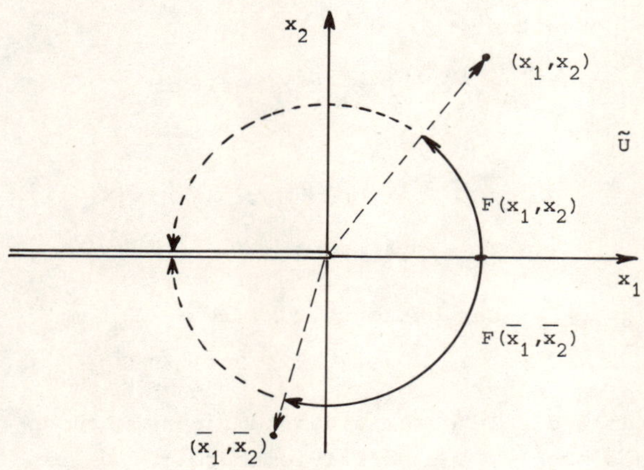

Bild 13.- Zur Definition des Potentials F.

Sie erkennen sofort: Nähert man sich der negativen x_1-Achse von "oben", so strebt $F(x_1,x_2)$ gegen π, bei Annäherung von "unten" strebt $F(x_1,x_2)$ gegen $-\pi$, F macht also auf der negativen x_1-Achse einen Sprung der Höhe 2π, ist also sicher dort und damit auch in U nicht stetig differenzierbar und kann daher in U kein Potential von k sein. Wohl aber in $\tilde{U}$; die oben beschriebene Funktion $F: \tilde{U} \to \mathbb{R}$ ist definiert durch

$$F(x_1,x_2) := \begin{cases} \arctan \frac{x_2}{x_1} & \text{für } x_1 > 0 \\ \frac{\pi}{2} & \text{für } x_1 = 0,\ x_2 > 0 \\ -\frac{\pi}{2} & \text{für } x_1 = 0,\ x_2 < 0 \\ \arctan \frac{x_2}{x_1} + \pi & \text{für } x_1 < 0,\ x_2 > 0 \\ \arctan \frac{x_2}{x_1} - \pi & \text{für } x_1 < 0,\ x_2 < 0 \end{cases}$$

(Untersuchen Sie die rechte Halbebene $(x_1 > 0)$ und den zweiten und dritten Quadranten getrennt; überlegen Sie sich jeweils das Verhalten von $\arctan \frac{x_2}{x_1}$ bei Annäherung an die x_1- bzw. x_2-Achse.)

F ist in $\tilde{U}$ partiell differenzierbar; das ist außerhalb der x_2-Achse klar. Dort gilt

$$\frac{\partial F}{\partial x_1}(x_1,x_2) = \frac{\partial}{\partial x_1}\left(\arctan \frac{x_2}{x_1}\right) = \frac{-x_2}{x_1^2+x_2^2} = k_1(x_1,x_2)$$

und ebenso

$$\frac{\partial F}{\partial x_2}(x_1,x_2) = k_2(x_1,x_2).$$

Sie sollten nachprüfen, daß diese beiden Gleichungen auch in allen Punkten der x_2-Achse - mit Ausnahme des Nullpunktes - gelten.

ERGEBNIS: $k: \tilde{U} \to \mathbb{R}^2$ ist konservativ, während $k: \mathbb{R}^2 \setminus \{0\} \to \mathbb{R}^2$ kein Potential besitzt. In beiden Gebieten erfüllt k die Integrabilitätsbedingung.
Man kann nun Voraussetzungen an die Definitionsgebiete von Vektorfeldern so formulieren, daß dann für diese Gebiete die Integrabiliätsbedingungen auch hinreichend für die Existenz eines Potentials sind.

DEFINITION.- Eine Teilmenge $M \subseteq \mathbb{R}^n$ heißt *sternförmig*, wenn es einen Punkt $\mathring{x} \in M$ gibt, so daß für jedes $x \in M$ auch die Verbindungsstrecke von $\mathring{x}$ und x, also (23.39) sternförmig

$$\{\mathring{x} + t(x-\mathring{x}) \mid 0 \leq t \leq 1\}$$

zu M gehört. Wir sagen auch: M ist sternförmig bezüglich $\mathring{x}$.

BEISPIELE.- (1) Das Gebiet $U := \mathbb{R}^2 \setminus \{0\}$ in Beispiel (23.38) ist nicht sternförmig. Für einen beliebigen Punkt $\mathring{x} \in U$ gilt: Die Gerade durch $\mathring{x}$ und den Ursprung 0 enthält einen Punkt $x \in U$, der "hinter 0 liegt"; die Strecke zwischen $\mathring{x}$ und x enthält den Nullpunkt und ist damit nicht in U enthalten. (23.40)

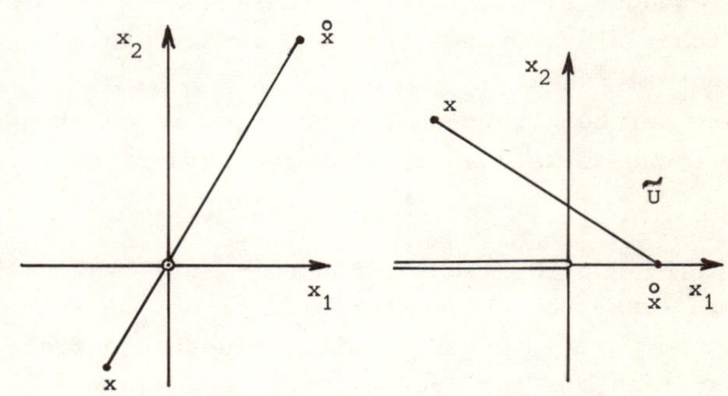

Bild 14.- $\mathbb{R}^2 \setminus \{0\}$ ist nicht sternförmig; $\tilde{U}$ ist sternförmig

(2) Das Gebiet $\tilde{U}$ in Beispiel (23.38) ist sternförmig: Wählen Sie für $\mathring{x}$ einen beliebigen Punkt auf der positiven x_1-Achse. $\tilde{U}$ ist sternförmig bezüglich dieses Punktes $\mathring{x}$. Statt eines formalen Beweises betrachten Sie Bild 14.

Die sternförmigen, offenen Teilmengen des $\mathbb{R}^n$ gehören zu jenen Gebieten, in denen die Integrabilitätsbedingungen eines Vektorfeldes notwendig und hinreichend für die Existenz eines Potentials sind. Die entsprechende noch fehlende Aussage macht das berühmte Lemma von Poincaré (*) :

(23.41) **SATZ.-** Sei $k\colon U \longrightarrow \mathbb{R}^n$ ein stetig differenzierbares Vektorfeld auf der sternförmigen, offenen Menge $U \subseteq \mathbb{R}^n$. k erfülle die Integrabilitätsbedingungen:

Lemma von Poincaré

$$\frac{\partial k_i}{\partial x_j}(x) = \frac{\partial k_j}{\partial x_i}(x) \quad \text{für alle } x \in U,\ 1 \le i,j \le n.$$

Dann ist k konservativ, d.h. es existiert ein Potential $F\colon U \longrightarrow \mathbb{R}$, so daß

$$k = \operatorname{grad} F \quad \text{in } U.$$

Der Beweis ist kompliziert; wir lassen ihn weg und verweisen z.B. auf Grauert/Lieb, Differential- und Integralrechnung III.

Nun haben wir genügend theoretisches Wissen angehäuft. Sie wissen im allgemeinen, ob zu einem gegebenen Vektorfeld ein Potential existiert oder nicht.

Zum Beispiel folgt aus dem Ergebnis von Aufgabe 11, Seite 194, und dem Poincaréschen Lemma (23.41), daß das Vektorfeld $k\colon \mathbb{R}^3 \longrightarrow \mathbb{R}^3$ mit

$$k(x_1,x_2,x_3) := (x_2^2\cos x_1,\ 2x_2\sin x_1 + e^{2x_3},\ 2x_2 e^{2x_3})$$

ein Potentialfeld ist: Die Integrabilitätsbedingungen sind erfüllt und der gesamte $\mathbb{R}^3$ ist sicher sternförmig. Aber wie erhält man ein Potential für k?

Mit der Beantwortung dieser Frage beschäftigen wir uns im letzten Teil dieses Paragraphen.

(23.42) **ERSTES KONSTRUKTIONSVERFAHREN.-** Sei $k\colon U \longrightarrow \mathbb{R}^n$ ein konservatives Vektorfeld auf der offenen Menge $U \subseteq \mathbb{R}^n$. Zur Bestimmung eines Potentials F benutzen wir das Ergebnis von Satz (23.33), Seite 192. Wir wählen also einen beliebigen Punkt $\mathring{x} \in U$ (vielleicht den, bezüglich dessen U sternförmig ist - falls U sternförmig ist) und zu jedem $x \in U$ eine stückweise glatte Kurve $C(x)$ in U von $\mathring{x}$ nach x. Im Falle der Sternförmigkeit von U kann dies zum Beispiel immer die Strecke von $\mathring{x}$ nach x mit der Parameterdarstellung

$$\sigma(t) := \mathring{x} + t(x-\mathring{x}),\quad t \in [0,1],$$

sein. Dann ist

$$F(x) := \int_{C(x)} \langle k, dx\rangle = \int_0^1 \langle k(\mathring{x} + t(x-\mathring{x})),\ x-\mathring{x}\rangle\, dt$$

ein Potential von k. Dieses hat im Fall $n=2$ die Gestalt

$$F(x) = (x_1-\mathring{x}_1)\int_0^1 k_1(\mathring{x}+t(x-\mathring{x}))\,dt \quad \text{Potential von } k \text{ im Fall } n=2$$

$$+\ (x_2-\mathring{x}_2)\int_0^1 k_2(\mathring{x}+t(x-\mathring{x}))\,dt\,.$$

BEISPIEL.- Das Vektorfeld $k\colon \mathbb{R}^2 \longrightarrow \mathbb{R}^2$ mit (23.43)

$$k(x_1,x_2) := (2x_1+x_2^3,\ 3x_1x_2^2+4)$$

erfüllt die Integrabilitätsbedingung (Prüfen Sie's nach!), der Definitionsbereich $\mathbb{R}^2$ ist sternförmig. Also ist k nach dem Lemma von Poincaré konservativ.

Sei $\mathring{x} := (0,0)$. Dann ist mit der letzten Gleichung von (23.42):

$$F(x_1,x_2) = x_1\int_0^1 k_1(tx)\,dt + x_2\int_0^1 k_2(tx)\,dt$$

$$= x_1\int_0^1 (2tx_1+t^3x_2^3)\,dt + x_2\int_0^1 (3t^3x_1x_2^2+4)\,dt$$

$$= x_1(x_1+\tfrac{1}{4}x_2^3) + x_2(\tfrac{3}{4}x_1x_2^2+4)$$

$$= x_1^2 + x_1x_2^3 + 4x_2$$

ein Potential von k auf $\mathbb{R}^2$.

Prüfen Sie nach, ob wir richtig gerechnet haben, daß nämlich

$$\frac{\partial F}{\partial x_1} = k_1 \quad \text{und} \quad \frac{\partial F}{\partial x_2} = k_2$$

ist.

AUFGABE 12.- Bestimmen Sie, falls das Vektorfeld konservativ ist, ein Potential von $k\colon \mathbb{R}^2 \longrightarrow \mathbb{R}^2$ mit A 12

$$k(x_1,x_2) := (9x_1^2x_2^2,\ 6x_1^3x_2).$$

(23.44) **ZWEITES KONSTRUKTIONSVERFAHREN.-** Sei wieder $k\colon U \longrightarrow \mathbb{R}^n$ ein konservatives Vektorfeld auf der offenen Menge $U \subseteq \mathbb{R}^n$. Hier geht man direkt

(*) Henri Poincaré, 1854-1912, arbeitete auf den verschiedensten Gebieten der Mathematik und der mathematischen Physik. Neben bahnbrechenden Arbeiten u.a. zur Theorie der Funktionen einer und mehrerer komplexer Veränderlichen sowie zur Theorie der partiellen und gewöhnlichen Differentialgleichungen lieferte er bedeutende Veröffentlichungen zur Potentialtheorie, Wahrscheinlichkeitsrechnung, Thermodynamik, Theorie der Wärmeleitung, Hydromechanik, Elastizitätstheorie, Theorie der Elektrizität und Optik.

davon aus, daß $F: U \to \mathbb{R}$ ein Potential von k ist, daß also

$$\frac{\partial F}{\partial x_1} = k_1, \ldots, \frac{\partial F}{\partial x_n} = k_n$$

gilt, und versucht, F durch Integration (schrittweise Umkehrung der partiellen Differentation) zu bestimmen.
Man integriert die erste Gleichung bezüglich x_1 und betrachtet dabei zunächst $(x_2,\ldots,x_n)$ als konstant. Man erhält

$$F(x_1,x_2,\ldots,x_n) = \int k_1(x_1,x_2,\ldots,x_n)\,dx_1 + A_1(x_2,\ldots,x_n),$$

dabei ist zu beachten, daß sich für verschiedene $(x_2,\ldots,x_n)$ im allgemeinen auch verschiedene "Integrationskonstanten" $A_1(x_2,\ldots,x_n)$ ergeben werden, A_1 also eine Funktion der n-1 Veränderlichen $x_2,\ldots,x_n$ ist. A_1 ist zu bestimmen, (wobei vorausgesetzt ist, daß das unbestimmte Integral $\int k_1(x_1,x_2,\ldots,x_n)\,dx_1$ berechnet werden kann.

Das bisherige Ergebnis setzen wir in die zweite Gleichung

$$\frac{\partial F}{\partial x_2} = k_2$$

ein:

$$\frac{\partial}{\partial x_2}\int k_1(x_1,x_2,\ldots,x_n)\,dx_1 + \frac{\partial A_1}{\partial x_2}(x_2,\ldots,x_n) = k_2(x_1,x_2,\ldots,x_n).$$

Bringen wir $\frac{\partial}{\partial x_2}\int k_1(x_1,x_2,\ldots,x_n)\,dx_1$ auf die rechte Seite, so muß sich dort eine von x_1 unabhängige Funktion $h_1(x_2,\ldots,x_n)$ ergeben - dies ist eine Folgerung aus den Integrabilitätsbedingungen.
Wir erhalten also

$$\frac{\partial A_1}{\partial x_2}(x_2,\ldots,x_n) = h_1(x_2,\ldots,x_n).$$

Daher ist

$$A_1(x_2,\ldots,x_n) = \int h_1(x_2,\ldots,x_n)\,dx_2 + A_2(x_3,\ldots,x_n)$$

und damit

$$F(x_1,\ldots,x_n) = \int k_1(x_1,\ldots,x_n)\,dx_1 + \int h_1(x_2,\ldots,x_n)\,dx_2 + A_2(x_3,\ldots,x_n)$$

wobei A_2 eine zu bestimmende Funktion ist.
Wiederholung des Prozesses ergibt schließlich $F(x_1,\ldots,x_n)$ bis auf eine reelle Konstante A_n, die beliebig gewählt werden kann.
Die Beschreibung dieses Konstruktionsverfahrens (es kann übrigens mit dem ersten Konstruktionsverfahren identifiziert werden, indem man dort die Kurve C(x) geeignet wählt) ist komplizierter als seine praktische Durchführung.

BEISPIEL.- Wir verwenden wieder das Vektorfeld $k: \mathbb{R}^2 \to \mathbb{R}^2$ aus Beispiel (23.43): (23.45)

$$k(x_1,x_2) = (2x_1+x_2^3, 3x_1x_2^2+4).$$

Für das gesuchte Potential $F: \mathbb{R}^2 \to \mathbb{R}$ gilt also

$$\frac{\partial F}{\partial x_1}(x_1,x_2) = k_1(x_1,x_2) = 2x_1+x_2^3,$$

so daß (mit zunächst festem x_2)

$$F(x_1,x_2) = \int (2x_1+x_2^3)\,dx_1 + A_1(x_2) = x_1^2 + x_2^3x_1 + A_1(x_2).$$

Daher ist

$$\frac{\partial F}{\partial x_2}(x_1,x_2) = 3x_2^2x_1 + A_1'(x_2) = k_2(x_1,x_2) = 3x_1x_2^2 + 4,$$

woraus

$$A_1'(x_2) = 4$$

folgt (insbesondere ist $A_1'(x_2)$ tatsächlich von x_1 unabhängig).
Jetzt ist

$$A_1(x_2) = 4x_2 + A_2.$$

Wir erhalten

$$F(x_1,x_2) = x_1^2 + x_2^3x_1 + 4x_2 + A_2$$

mit einer beliebigen reellen Zahl A_2.
Hätten wir bei Durchführung des ersten Konstruktionsverfahrens in (23.43) einen anderen "Ausgangspunkt" als den Nullpunkt gewählt, so hätten wir auch eine zusätzliche Konstante A_2 erhalten.

AUFGABE 13.- Berechnen Sie mit Hilfe der beiden Konstruktionsverfahren (23.42) und (23.44) jeweils ein Potential zu $k: \mathbb{R}^3 \to \mathbb{R}^3$ *mit* A 13

$$k(x_1,x_2,x_3) := (x_2^2\cos x_1,\ 2x_2\sin x_1 + e^{2x_3},\ 2x_2e^{2x_3}).$$

AUFGABE 14.- Stellen Sie fest, ob die folgenden Vektorfelder konservativ sind und bestimmen Sie gegebenenfalls ein Potential: A 14

a) $k: \mathbb{R}^2 \to \mathbb{R}^2$ *mit*

$$k(x_1,x_2) := (\sin x_1x_2 + x_1x_2\cos x_1x_2,\ x_1^2\cos x_1x_2)$$

b) $k: \mathbb{R}^3 \to \mathbb{R}^3$ *mit*

$$k(x_1,x_2,x_3) := (2x_1x_2^3,\ 6x_1x_3^3,\ 3x_1^2x_2x_3^2)$$

c) $k: \mathbb{R}^3 \to \mathbb{R}^3$ *mit*

$$k(x_1,x_2,x_3) := (x_3^3+x_2^2\cos x_1,\ -4+2x_2\sin x_1,\ 2+3x_1x_3^2).$$

§ 4 BOGENLÄNGE UND KURVENINTEGRALE ÜBER SKALARFELDER

Bisher spielte die Länge einer Kurve bei unseren Überlegungen keine Rolle - einzige Ausnahme war die Behauptung, daß der Umfang des Einheitskreises 2π ist, wenn $\frac{\pi}{2}$ als die eindeutig bestimmte Nullstelle der Cosinusfunktion im Intervall $[0,2]$ definiert ist (siehe ANALYSIS I, (10.39) und anschließende Bemerkungen sowie (3.18)).
Obwohl zumindest physikalisch klar zu sein scheint, was unter der Länge einer Kurve im $\mathbb{R}^3$ zu verstehen ist, müssen wir diesen Begriff erst mathematisch definieren, um damit arbeiten zu können. Wir lassen uns dabei aber von der physikalischen Vorstellung leiten.

Definition der Bogenlänge

(23.46) VORBEMERKUNGEN.- (1) Bewegt sich ein Körper geradlinig von einem Punkt $\overset{\circ}{x}$ zu einem Punkt $\overset{\circ}{y}$ mit konstanter Geschwindigkeit v, so ist die Länge $\|\overset{\circ}{x}-\overset{\circ}{y}\|$ der von ihm zurückgelegten Strecke gleich $\|v\|\cdot T$, wenn T die Zeit ist, die er für die Bewegung benötigt. Beschreiben wir die Strecke durch die Parameterdarstellung

$$\sigma(t) := \overset{\circ}{x} + tv, \quad t \in [0,T] ,$$

so ist $\sigma'(t) = v$ für alle $t \in [0,T]$ und daher

$$\|\overset{\circ}{x}-\overset{\circ}{y}\| = \|\sigma'(t)\|\cdot T = \int_0^T \|\sigma'(t)\|\,dt .$$

(2) Ist die Bewegung nicht gleichförmig (d.h. ist der Geschwindigkeitsvektor $\sigma'(t)$ nicht konstant), so kann man sie durch eine "stückweise gleichförmige" Bewegung annähern (siehe Bild 15). Die Länge des

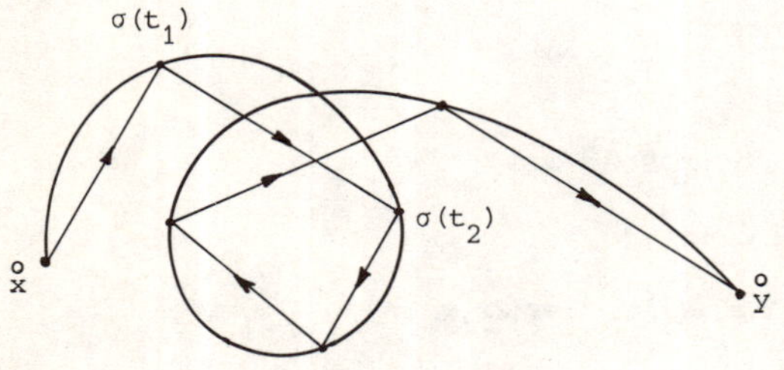

Bild 15.- Annäherung durch eine stückweise gleichförmige Bewegung

zurückgelegten Weges, d.h. die Länge der Bahnkurve C ist dann näherungsweise durch

$$\sum_{i=1}^{n} \|\sigma'(\tau_i)\| (t_i - t_{i-1})$$

gegeben. Dies ist eine Riemann-Summe für das Integral

$$\int_0^T \|\sigma'(t)\|\,dt,$$

und dieses Integral ist der Grenzwert der Längen der Näherungs-Polygonzüge. Wir definieren daher

DEFINITION.- Sei C eine glatte Kurve mit der Parameterdarstellung $\sigma\colon [a,b] \longrightarrow \mathbb{R}^n$. Dann heißt die Zahl (23.47)

$$L := \int_a^b \|\sigma'(t)\|\,dt$$ Länge einer Kurve

die *Länge der Kurve C* oder die *Bogenlänge von C.* Bogenlänge
Ist C stückweise glatt und $C = C_1 \cup \ldots \cup C_m$ eine Zerlegung in glatte Kurvenstücke C_i mit der Länge L_i, so heißt

$$L := L_1 + \ldots + L_m$$

die *Länge* von C.

BEMERKUNG.- Wir müssen nachprüfen, daß die so definierte Länge eine Eigenschaft der Kurve ist, d.h. nicht von der jeweils gewählten Parameterdarstellung σ abhängt. Ist $h\colon [\alpha,\beta] \longrightarrow [a,b]$ ein Parameterwechsel, so ist $\tilde{\sigma} = \sigma \circ h$ eine andere Parameterdarstellung von C, und es gilt (23.48)

$$\tilde{L} := \int_\alpha^\beta \|\tilde{\sigma}'(\tau)\|\,d\tau = \int_\alpha^\beta \|(\sigma \circ h)'(\tau)\|\,d\tau$$

$$= \int_\alpha^\beta \|\sigma(h(\tau))\|\, h'(\tau)\,d\tau \qquad \text{da } h'(\tau) > 0 \text{ für alle } \tau$$

$$= \int_{h(\alpha)}^{h(\beta)} \|\sigma'(t)\|\,dt \qquad \text{mit der Substitutionsregel}$$

$$= \int_a^b \|\sigma'(t)\|\,dt = L .$$

Jede Parameterdarstellung ergibt also den gleichen Wert für L.

BEISPIELE.- (1) Sie wissen, daß durch (23.49)

$$\sigma\colon [0,2\pi] \longrightarrow \mathbb{R}^2,$$

$$\sigma(t) := (\cos t, \sin t)$$

eine Parameterdarstellung des Einheitskreises gegeben ist. Also ist die (Bogen-) Länge des Einheitskreises

$$L = \int_0^{2\pi} \|\sigma'(t)\| \, dt = \int_0^{2\pi} \sqrt{(-\sin t)^2 + (\cos t)^2} \, dt$$

$$= \int_0^{2\pi} 1 \, dt = 2\pi \ .$$

(2) Wenn Ihnen (vielleicht) die Verwendung der trigonometrischen Funktionen bei der Berechnung des Kreisumfangs nicht ganz geheuer ist, verwenden Sie doch $\tilde{\sigma}: [-1,1] \longrightarrow \mathbb{R}^2$ mit

$$\tilde{\sigma}(t) := (t, \sqrt{1-t^2})$$

als Parameterdarstellung des (oberen) Halbkreises und berechnen Sie die Länge $\frac{L}{2}$:
Es ist

$$\tilde{\sigma}'(t) = (1, \frac{-t}{\sqrt{1-t^2}}) \qquad \text{für } t \in]-1,1[\ ,$$

$$\|\sigma'(t)\| = \sqrt{1 + \frac{t^2}{1-t^2}} = \frac{1}{\sqrt{1-t^2}}$$

und daher

$$\frac{L}{2} = \int_{-1}^{1} \frac{1}{\sqrt{1-t^2}} \, dt.$$

Dies ist ein uneigentliches Integral, dessen Berechnung jedoch sehr einfach ist, da arcsin t eine Stammfunktion des Integranden ist:

$$\frac{L}{2} = \arcsin t \Big|_{-1}^{+1} = \frac{\pi}{2} - (-\frac{\pi}{2}) = \pi \ .$$

(3) Ist $f: [a,b] \longrightarrow \mathbb{R}$ eine stetig differenzierbare Funktion. Dann ist der Graph von f eine glatte Kurve C im $\mathbb{R}^2$. Eine mögliche Parameterdarstellung ist $\sigma: [a,b] \longrightarrow \mathbb{R}^2$ mit

$$\sigma(t) := (t, f(t)).$$

Also ist die Länge des Graphen

Länge eines Graphen

$$L = \int_a^b \sqrt{1 + (f'(t))^2} \, dt.$$

Im Beispiel (2) haben Sie bereits einen Spezialfall dieser Formel kennengelernt.
Wollen Sie etwa die Länge L der Parabel $y = x^2$ zwischen den Punkten (-1,1) und (1,1) berechnen, so erhalten Sie

$$L = \int_{-1}^{1} \sqrt{1+4x^2} \, dx = \frac{1}{2} \int_{-1}^{1} \sqrt{1 + (2x)^2} \cdot 2 \, dx$$

$$= \frac{1}{2} \int_{-2}^{2} \sqrt{1+u^2} \, du = \int_0^2 \sqrt{1+u^2} \, du$$

$$= \frac{1}{2}(u\sqrt{1+u^2} + \operatorname{Arsinh} u) \Big|_0^2$$

ANALYSIS I, Seite 223

$$= \sqrt{5} + \frac{1}{2} \operatorname{Arsinh} 2$$

Länge eines Parabelstücks

$$= \sqrt{5} + \frac{1}{2} \ln(2+\sqrt{5}).$$

Rechnen Sie's nach!

Das wird schon etwas kompliziert.

(4) Wir wollen die Länge L der Sinuskurve $y = \sin x$ zwischen (0,0) und $(\frac{\pi}{2},1)$ berechnen. Wir erhalten mit der Formel aus (3):

$$L = \int_0^{\frac{\pi}{2}} \sqrt{1+\cos^2 t} \, dt \ ,$$

und diesem Integral sind unsere Kenntnisse nicht gewachsen; d.h. wir haben keine Stammfunktion, die sich durch die uns bekannten Funktionen ausdrücken ließe, obwohl es natürlich Stammfunktionen gibt, etwa

$$x \longmapsto F(x) := \int_0^x \sqrt{1+\cos^2 t} \, dt \ , \ x \in [0, \frac{\pi}{2}] \ .$$

Wir müßten, wenn uns ein Funktionswert wirklich interessiert, auf ein Verfahren der numerischen Integration zurückgreifen (siehe z.B. ANALYSIS I, Kapitel 7, § 6).

AUFGABE 15.- Bestimmen Sie die Bogenlänge der durch $\sigma: [-1,1] \longrightarrow \mathbb{R}^3$ mit A 15

$$\sigma(t) := (\tfrac{1}{3}(1+t)^{\frac{3}{2}}, \tfrac{1}{3}(1-t)^{\frac{3}{2}}, \tfrac{1}{2}t)$$

beschriebenen Kurve C im $\mathbb{R}^3$.

AUFGABE 16.- Berechnen Sie die Länge des Graphen der Funktion $f: [1,2] \longrightarrow \mathbb{R}$ mit $f(x) := \ln x - \frac{1}{8}x^2$. A 16

BEMERKUNG.- Manchmal ist eine Kurve C im $\mathbb{R}^2$ auch in der Polardarstellung (23.50)

Polardarstellung einer Kurve im $\mathbb{R}^2$

$$r = f(\theta) \ , \quad \alpha \le \theta \le \beta \ ,$$

gegeben, wobei $f: [\alpha,\beta] \longrightarrow [0,\infty[$ eine differenzierbare Funktion ist. Das Paar $(r,\theta) = (f(\theta),\theta)$ liefert die Polarkoordinaten des Punktes $(x_1,x_2) \in C$ mit

$$x_1 = r\cos\theta \quad \text{und} \quad x_2 = r\sin\theta.$$

Z.B. hat ein Kreis um den Nullpunkt mit Radius R die Polardarstellung

$$r = f(\theta) = R = \text{const}, \ 0 \le \theta \le 2\pi.$$

Wählen wir den Winkel θ als Parameter, so wird die in Polardarstellung gegebene Kurve C durch eine Parameterdarstellung $\sigma: [\alpha,\beta] \longrightarrow \mathbb{R}^2$ beschrieben, wobei

$$\sigma_1(\theta) := r\cos\theta = f(\theta)\cos\theta \ ,$$

$$\sigma_2(\theta) := r\sin\theta = f(\theta)\sin\theta$$

gilt. Also ist

$$\|\sigma'(\theta)\| = [(f'(\theta)\cos\theta - f(\theta)\sin\theta)^2 + (f'(\theta)\sin\theta + f(\theta)\cos\theta)^2]^{\frac{1}{2}}$$

$$= [(f(\theta))^2 + (f'(\theta))^2]^{\frac{1}{2}} .$$

ERGEBNIS.- Ist die Kurve C im $\mathbb{R}^2$ in Polardarstellung $r = f(\theta)$, $\alpha \le \theta \le \beta$, gegeben, so gilt für die Länge L von C:

Bogenlänge einer Kurve in Polardarstellung

$$L = \int_\alpha^\beta \sqrt{(f(\theta))^2 + (f'(\theta))^2}\, d\theta .$$

Beim Kreis um den Nullpunkt mit Radius $R > 0$ ist $r = f(\theta) = R$, $0 \le \theta \le 2\pi$, $f'(\theta) = 0$, also

$$L = \int_0^{2\pi} \sqrt{R^2}\, d\theta = 2\pi R.$$

A 17 *AUFGABE 17.- Skizieren Sie sogenannte Cardioide (Herzkurve)*

$r = f(\theta) = 1 - \cos\theta$, $0 \le \theta \le 2\pi$,

und berechnen Sie ihre Bogenlänge.

KURVENINTEGRALE ÜBER SKALARFELDER

Bisher haben wir den Begriff Kurvenintegral für Vektorfelder definiert. Von physikalischer Bedeutung sind auch Kurvenintegrale über Skalarfelder, wie das folgende Einführungsbeispiel zeigt.

(23.51) BEISPIEL.- Ein dünner Draht bilde eine Kurve C im $\mathbb{R}^3$, die durch die Parameterdarstellung $\sigma: [a,b] \longrightarrow \mathbb{R}^3$ beschrieben werde. Der Draht habe eine unterschiedliche Massendichte: Im Punkt $x \in C$ sei die Masse pro Längeneinheit gleich $\rho(x)$ Masseneinheiten. Gesucht ist die Gesamtmasse des Drahtes.
Wir betrachten zwei nahe beieinander gelegene Punkte $\sigma(t)$ und $\sigma(t+\Delta t)$ des Drahtes. Δs sei die Länge des zwischen $\sigma(t)$ und $\sigma(t+\Delta t)$ gelegenen Kurvenstückes

$$\Delta s = \int_t^{t+\Delta t} \|\sigma'(\tau)\|\, d\tau .$$

Für kleines Δt können wir das Kurvenstück durch eine geradlinige Strecke annähern, so daß Δs annähernd durch $\|\sigma'(t)\|\,\Delta t$ gegeben ist (siehe Bild 16). Dann ist die Masse des Kurvenstückes näherungsweise durch

$$\rho(\sigma(t))\, \|\sigma'(t)\|\, \Delta t$$

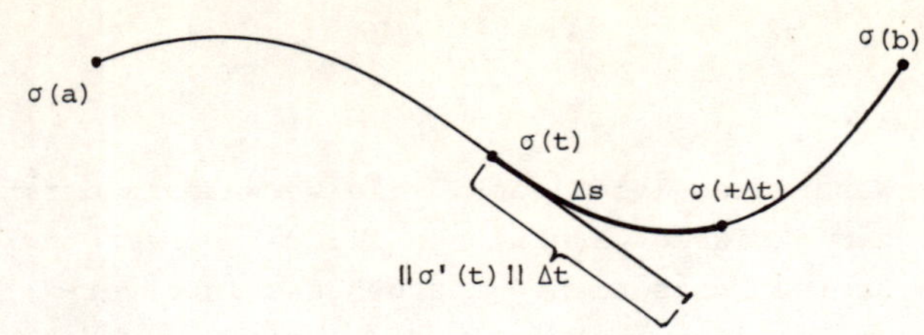

Bild 16.- Masse des Kurvenstückes $\rho(\sigma(t))\,\|\sigma'(t)\|\,\Delta t$.

gegeben. Addition der Massen aller einzelnen Kurvenstücke ergibt eine Riemann-Summe für das Integral

$$M := \int_a^b \rho(\sigma(t))\, \|\sigma'(t)\|\, dt,$$

das die Gesamtmasse des Drahtes angibt.

DEFINITION.- Sei C eine glatte Kurve im $\mathbb{R}^n$ und $\sigma: [a,b] \longrightarrow \mathbb{R}^n$ eine Parameterdarstellung von C. Sei f ein auf C definiertes Skalarfeld. Das *Kurvenintegral von f längs C* ist die reelle Zahl (23.52)

Kurvenintegral eines Skalarfeldes

$$\int_C f\, ds := \int_a^b f(\sigma(t))\, \|\sigma'(t)\|\, dt,$$

falls das rechtsstehende Integral als eigentliches oder uneigentliches Integral existiert.

BEMERKUNGEN.- (1) Das Symbol $\int_C f\, ds$ verstehen Sie (wenn Sie es nicht einfach hinnehmen), wenn Sie sich noch einmal das Beispiel (23.51) ansehen: Die Summanden der Riemann-Summe sind gleich $f(x) \cdot \Delta s$. (23.53)

(2) Es ist natürlich wieder nachzuweisen, daß das Kurvenintegral von f längs C nur von der Kurve C und nicht von der speziellen Parameterdarstellung σ abhängt. Dies überlassen wir diesmal Ihnen.

AUFGABE 18.- Zeigen Sie, daß die Definition des Kurvenintegrals von f längs C von der Parameterdarstellung der Kurve C unabhängig ist. Das Skalarfeld f sei stetig. A 18

BEISPIEL.- Ein dünner Draht bilde die durch $\sigma: [0,2\pi] \longrightarrow \mathbb{R}^3$, (23.54)

$$\sigma(t) := (\cos t, \sin t, t)$$

beschriebene Schraubenlinie C. Er sei ungleichmäßig

erhitzt: Die Temperatur im Punkt $x \in C$ sei durch

$$f(x) := x_1^2 + x_2^2 + x_3^2$$

gegeben.
Als durchschnittliche Temperatur des Drahtes definiert man die Größe

$$\frac{1}{L}\int_C f\,ds\,,$$

wobei L die Länge des Drahtes ist.

Daß diese Definition sinnvoll ist, erkennen Sie, wenn man eine gleichmäßige Erhitzung, d.h. eine konstante Funktion f annimmt: Ist $f(x) = T$ für alle $x \in C$, so ist

$$\int_C f\,ds = T\int_a^b \|\sigma'(t)\|\,dt = T\cdot L$$

und daher $\frac{1}{L}\int_C f\,ds = T$ *. Die durchschnittliche Temperatur ist dann gleich der konstanten Temperatur. Doch in unserem Beispiel ist f nicht konstant.*

Es ist

$$\sigma'(t) = (-\sin t, \cos t, 1)\,,$$

also

$$\|\sigma'(t)\| = \sqrt{\sin^2 t + \cos^2 t + 1} = \sqrt{2}$$

und damit

$$L = \int_0^{2\pi} \|\sigma'(t)\|\,dt = \sqrt{2}\;2\pi$$

die Länge der Schraubenlinie C.
Wegen $f(\sigma(t)) = \cos^2 t + \sin^2 t + t^2 = 1 + t^2$ ergibt sich

$$\int_C f\,ds = \int_0^{2\pi} (1+t^2)\sqrt{2}\,dt = 2\sqrt{2}\pi\left(1 + \frac{4}{3}\pi^2\right).$$

Die durchschnittliche Temperatur ist also gleich

$$\frac{1}{L}\int_C f\,ds = 1 + \frac{4}{3}\pi^2.$$

(23.55) WEITERE ANWENDUNGEN.- Die Interpretation des Kurvenintegrals eines Skalarfeldes in (23.51) - die Kurve C stellt einen dünnen Draht dar, das Skalarfeld ρ wird als Massendichte des Drahtes verstanden, $\int_C \rho\,ds$ gibt die Gesamtmasse M an - erlaubt die Verwendung von Kurvenintegralen zur Definition und Berechnung weiterer physikalischer Größen.

Massenschwerpunkt

(1) Als *Massenschwerpunkt* des Drahtes definiert man den Punkt $(\bar{x}_1, \bar{x}_2, \bar{x}_3)$ mit den Koordinaten

$$\bar{x}_i = \frac{1}{M}\int_C x_i\rho(x)\,ds = \frac{\int_C x_i\rho(x)\,ds}{\int_C \rho(x)\,ds}\,,\quad i = 1,2,3.$$

Ist die Kurve C wie in (23.54) durch

$$\sigma(t) := (\cos t, \sin t, t)\,,\quad t \in [0, 2\pi].$$

gegeben und

$$\rho(x) := x_1^2 + x_2^2 + x_3^2\,,\quad x \in C,$$

diesmal die Massendichte auf C, so ist die Gesamtmasse

$$M = \int_C \rho\,ds = 2\sqrt{2}\pi\left(1 + \frac{4}{3}\pi^2\right).$$

(Das haben wir schon in (23.54) ausgerechnet.)
Die dritte Koordinate des Massenschwerpunktes ist dann zum Beispiel

$$\bar{x}_3 = \frac{1}{M}\int_C x_3(x_1^2 + x_2^2 + x_3^2)\,ds = \frac{\sqrt{2}}{M}\int_0^{2\pi} t(1+t^2)\,dt = \frac{\pi(1+2\pi^2)}{1+\frac{4}{3}\pi^2}\,.$$

(2) Man kann auch das Trägheitsmoment des Drahtes bezüglich einer Achse definieren. Ist $d(x)$ der kürzeste Abstand eines Punktes x der Kurve C im $\mathbb{R}^3$ von einer Achse A (d.h. von einer Geraden des $\mathbb{R}^3$), so ist das *Trägheitsmoment von C bezüglich A* durch

Trägheitsmoment bezüglich der Achse A

$$I_A := \int_C d^2(x)\rho(x)\,ds$$

gegeben. Die Trägheitsmomente bezüglich der x_i-Achse, $i = 1,2,3$, bezeichnen wir mit I_{x_i}; so ist etwa

$$I_{x_3} = \int_C (x_1^2 + x_2^2)\rho(x_1, x_2, x_3)\,ds$$

das Trägheitsmoment von C bezüglich der x_3-Achse.

Verwenden wir noch einmal die Schraubenlinie C aus Beispiel (23.54) und die Dichte $\rho(x) := \|x\|^2$. Dann erhält man für das Trägheitsmoment von C bezüglich der x_1-Achse

$$I_{x_1} = \int_C (x_2^2 + x_3^2)\rho(x)\,ds = \sqrt{2}\int_0^{2\pi} (\sin^2 t + t^2)(1+t^2)\,dt = \frac{\pi}{2} + 4\pi^3 + \frac{32}{5}\pi^5.$$

(Das Integral $\int_0^{2\pi} t^2\sin^2 t\,dt$ müssen Sie wohl mit partieller Integration und unter Verwendung von ANALYSIS I, (12.38) berechnen.)

AUFGABE 19.- Ein Draht liege in der x_1-x_2-Ebene und bilde dort einen Kreis um den Nullpunkt mit Radius R. Seine Dichte sei A 19

$\rho(x_1,x_2) := |x_1| + |x_2|$.

Berechnen Sie die Gesamtmasse des Drahtes und das Trägheitsmoment bezüglich eines Kreisdurchmessers.

ZUSAMMENFASSUNG

Zentraler Untersuchungs-Gegenstand dieses Kapitels waren stetig differenzierbare Vektorfelder $k\colon \mathbb{R}^n \longrightarrow \mathbb{R}^n$.

Ist das Vektorfeld k nämlich konservativ ((23.28), Seite 191), d.h. es gibt ein Skalarfeld $F\colon \mathbb{R}^n \longrightarrow \mathbb{R}$ mit grad $F = k$, so sind alle Kurvenintegrale von k wegunabhängig (Satz (23.25), Seite 189). Das bedeutet: Das Kurvenintegral von k längs einer Kurve C hängt nur vom Anfangspunkt $\overset{\circ}{x}$ und vom Endpunkt $\overset{\circ}{y}$ von C ab:

$$\int_C \langle k, dx \rangle = F(\overset{\circ}{y}) - F(\overset{\circ}{x}).$$

Der Hauptsatz (23.25) für Kurvenintegrale vereinfacht damit die Berechnung von Kurvenintegralen genauso wie der Hauptsatz der Differential- und Integralrechnung (12.8) die Berechnung von bestimmten Integralen vereinfacht hat.

Um den Hauptsatz anwenden zu können, müssen Sie jedoch wissen, ob ein gegebenes Vektorfeld k konservativ ist und wenn ja, wie ein Potential für k "aussieht".

Mit den Integrabilitätsbedingungen (Satz (22.36), Seite 194) haben Sie eine notwendige Bedingung an k für die Existenz eines Potentials kennengelernt, die man im Fall $n = 3$ zu

$$\text{rot } k = 0$$

zusammenfassen kann. Das Lemma von Poincaré (Satz (23.41), Seite 196) besagt, daß ein auf einer sternförmigen, offenen Menge $U \subseteq \mathbb{R}^n$ definiertes Vektorfeld k genau dann konservativ ist, wenn k die Integrabilitätsbedingungen erfüllt.

Nach Durcharbeiten dieses Kapitels sollten Sie wissen

- was eine gerichtete, stückweise glatte Kurve ist, (Ziel 1)
- was ein Parameterwechsel ist, (Ziel 2)
- wie man verschiedene Parameterdarstellungen derselben gerichteten Kurve erhält und (Ziel 3)
- wie das Kurvenintegral eines Vektorfeldes längs einer stückweisen glatten Kurve definiert ist ((23.13), Seite 184, und (23.21), Seite 187). (Ziel 4)

Sie sollten Kurvenintegrale wie zum Beispiel in Aufgabe 4, Seite 187, oder in Aufgabe 6, Seite 188, ohne größere Mühe (notfalls unter Verwendung von Integraltafeln) berechnen können. Den Inhalt des Paragraphen 3 (Seite 188 - 197) sollten Sie - wie im ersten Teil dieser Zusammenfassung geschehen - überblicksartig wiedergeben können. Ziel 5

Sie sollten den Hauptsatz für Kurvenintegrale ((23.25) oder in der Formulierung von (23.46)(4), Seite 190) kennen und zur Berechnung von Kurvenintegralen anwenden können. Sie sollten auch die Umkehrung des Hauptsatzes (Satz (23.33), Seite 192) kennen und formulieren können. Die in (23.35), Seite 194, genannten Zusammenhänge sollten Ihnen klar sein. Ziel 8

Sie müssen von einem gegebenen Vektorfeld nachprüfen können, ob es ein Potential besitzen kann (Satz (23.36), Seite 194) bzw. ob es ein Potential besitzt (Lemma von Poincaré (23.41), Seite 196). Ziel 9

Sie müssen die beiden Konstruktionsverfahren für Potentiale von konservativen Vektorfeldern (etwa wie in den Aufgaben 13 und 14, Seite 197) durchführen können. Ziel 10

Schließlich sollten Sie wissen, wie man die Bogenlänge stückweise glatter Kurven berechnet (Definition (23.47), Seite 198) und wie das Kurvenintegral eines Skalarfeldes längs einer Kurve definiert ist.
Mit Hilfe des zuletzt genannten Begriffes haben wir die Begriffe Gesamtmasse, Durchschnittstemperatur, Massenschwerpunkt und Trägheitsmoment bezüglicher einer Achse definiert ((23.55), Seite 201).

Kapitel 24. Differentialgleichungen

Einleitung

Das folgende Kapitel beschäftigt sich mit der Lösung von Differentialgleichungen. Ergebnisse, die wir bisher schon über Lösungen von Differentialgleichungen gefunden haben, werden dabei noch einmal erwähnt und in den Gesamtzusammenhang gestellt.

Im ersten Teil behandeln wir etwas die Theorie gewöhnlicher expliziter Differentialgleichungen erster Ordnung. Dabei gehen wir von einer geometrischen Betrachtung aus. Mit den dabei gewonnenen Erkenntnissen leiten wir ein konstruktives, auch numerisch nutzbares, Verfahren zur Konstruktion einer Lösung her. Ein Iterationsverfahren liefert ein zweites konstruktives Lösungsverfahren. Unter zusätzlichen schärferen Bedingungen erhalten wir damit einen Existenz- und Eindeutigkeitssatz.

Wir verlassen dann die allgemeine Theorie und wenden uns speziellen Differentialgleichungen zu, die mit elementaren Methoden lösbar sind. Als ersten Typ betrachten wir die separablen Differentialgleichungen - Sie kennen sie bereits aus ANALYSIS I, Kapitel 12, § 8 - und Differentialgleichungen, die auf diesen Typ zurückgeführt werden können. Danach befassen wir uns mit linearen Differentialgleichungen und Typen von Differentialgleichungen, die mit diesen in Zusammenhang gebracht werden können. Über einen kurzen Abschnitt, in dem es um Lösung von Differentialgleichungen durch Bestimmung der Umkehrfunktion geht, kommen wir dann zur Lösung von exakten Differentialgleichungen.

Im letzten Teil dieses Kapitels behandeln wir lineare Differentialgleichungen zweiter Ordnung mit konstanten Koeffizienten. Nach Bestimmung der Lösungen der homogenen Gleichung werden Sie mit Hilfe eines Ansatzes die allgemeine Lösung der inhomogenen Differentialgleichung kennenlernen. Dabei werden für gewisse Fälle "schnellere" Lösungsmöglichkeiten erwähnt werden.

§ 1 DEFINITIONEN UND THEORETISCHE GRUNDLAGEN

In den vorangegangenen Kapiteln sind Ihnen schon verschiedentlich Differentialgleichungen begegnet. Dabei handelte es sich meist um Spezialfälle sogenannter expliziter gewöhnlicher Differentialgleichungen erster Ordnung. Wir wollen daher zunächst definieren, was wir im allgemeinen darunter verstehen und was eine Lösung einer solchen Differentialgleichung ist.

DEFINITION.- Sei U ein Gebiet des $\mathbb{R}^2$ und $f : U \to \mathbb{R}$ gegeben. $I \subseteq \mathbb{R}$ sei ein Intervall. Eine Funktion $y : I \to \mathbb{R}$ heißt *Lösung* der *expliziten gewöhnlichen Differentialgleichung erster Ordnung* (24.1)

$$y' = f(x,y),$$

falls y differenzierbar ist und für alle $x \in I$ gilt:

$$(x,y(x)) \in U \quad \text{und} \quad y'(x) = f(x,y(x)).$$

explizite gewöhnliche Differentialgleichung erster Ordnung

Lösung

BEISPIELE.- (1) Sie haben in ANALYSIS I ab Seite 225 separable Differentialgleichungen (24.2)

$$y' = h(x)g(y)$$

betrachtet; ist h auf einem Intervall J_x, g auf einem Intervall J_y definiert, so ist

$$f(x,y) := h(x)g(y)$$

definiert auf $U := J_x \times J_y$. Eine Lösung der separablen Differentialgleichung ist also eine auf einem gewissen Intervall I definierte differenzierbare Funktion y, die dort der Gleichung $y'(x) = h(x)g(y(x))$ genügt.

(2) Lineare Differentialgleichungen erster Ordnung haben die Form

$$y' + py + q = 0$$

(siehe ANALYSIS I, (11.39), Seite 194). Mit $p,q \in \mathbb{R}$ ist

$$f(x,y) := -py-q$$

auf ganz $\mathbb{R}^2$ definiert (und von x unabhängig).

(24.3) **Bemerkung.-** Man kann auch noch allgemeinere, sogenannte implizite Differentialgleichungen der Form $F(x,y,y') = 0$ betrachten; sie kommen in der Praxis relativ selten vor - wir wollen daher hier auf ihre Behandlung verzichten.

Richtungsfeld

(24.4) **Geometrische Interpretation.-** Ist $y : I \to \mathbb{R}$ eine Lösung der Differentialgleichung $y' = f(x,y)$ und $(\overset{\circ}{x},\overset{\circ}{y}) \in U$ ein Punkt, durch den diese Lösung geht, d.h. $y(\overset{\circ}{x}) = \overset{\circ}{y}$, so gibt uns die Differentialgleichung unmittelbar die Steigung $y'(\overset{\circ}{x})$ der Lösung in diesem Punkt: Es ist

$$y'(\overset{\circ}{x}) = f(\overset{\circ}{x},\overset{\circ}{y}).$$

Man kann daher der Funktion f folgende geometrische Deutung geben: Jedem Punkt $(x,y) \in U$ ist eine Richtung zugeordnet, die durch die Steigung $f(x,y)$ gegeben ist. Das Zahlentripel

Linienelement $(x,y,f(x,y))$ nennen wir *Linienelement*. Solch ein Linienelement kann veranschaulicht werden, indem man durch (x,y) ein Geradenstück zeichnet, dessen Steigung $f(x,y)$ ist.

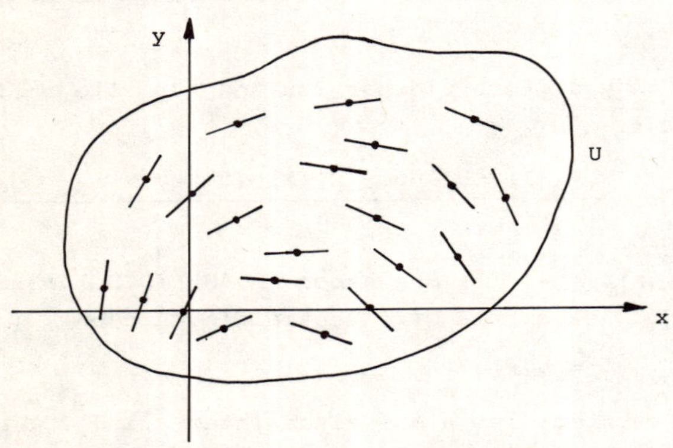

Bild 1.- Linienelement und Richtungsfeld.

Die Gesamtheit aller Linienelemente

Richtungsfeld $\{(x,y,f(x,y)) \mid (x,y) \in U\}$ heißt *Richtungsfeld*.

Das Richtungsfeld kann einen Hinweis auf die Gesamtheit der Lösungen der Differentialgleichung $y' = f(x,y)$ geben: Eine Lösung ist eine Funktion, deren Steigung in jedem Punkt ihres Graphen mit der Steigung des zugehörigen Linienelementes übereinstimmt. Konstruktion einer Lösung bedeutet also Konstruktion einer Funktion, deren Graph sich einem gegebenen Richtungsfeld anpaßt.

Damit ergibt sich natürlich keine Methode zur exakten Lösung einer Differentialgleichung, man gewinnt aber immerhin einen Eindruck vom Verlauf der Lösungen.

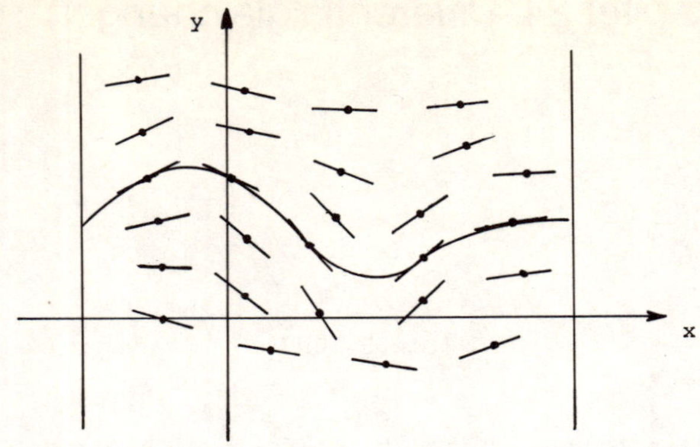

Bild 2.- Richtungsfeld und Lösung.

Beispiel.- Sei $f : \mathbb{R}^2 \to \mathbb{R}$ mit (24.5)

$$f(x,y) := x \cdot y$$

gegeben. Um das Richtungsfeld zu skizzieren, bestimmen wir die Punktmengen des $\mathbb{R}^2$, in denen das Richtungsfeld gleiche Richtung hat, die sogenannten *Isoklinen* $\{(x,y) \mid f(x,y) = c\}$ (Isokli- Isokline
nen sind also auch Niveaumengen von f - wir haben hier lediglich eine andere geometrische Deutung von f). In Bild 3 sind diese Isoklinen für das obige f und c gleich 1,2,-1 und -2 eingezeichnet.

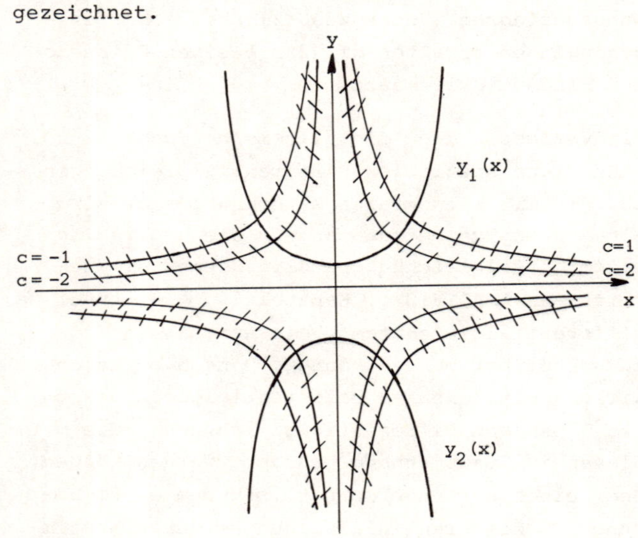

Bild 3.- Richtungsfeld $\{(x,y,x \cdot y) \mid (x,y) \in \mathbb{R}^2\}$.

Man erkennt, daß z.B. eine Lösung, die in der oberen Halbebene ($y > 0$) verläuft, links von der y-Achse monoton fällt (wobei der Absolutbetrag der Steigung gegen die y-Achse hin abnimmt) und rechts von ihr in symmetrischer Weise steigt. Es sind zwei Kurven (Graphen von Lösungen) eingezeichnet, die dieses Verhalten in etwa wiedergeben.

Nun können wir ja die Lösungen dieser Differentialgleichung mit Hilfe der Separation (siehe ANALYSIS I, Seite 226) berechnen. Wir erhalten

$$y(x) = Ce^{\frac{x^2}{2}}, \quad C \in \mathbb{R}.$$

Sie erkennen, daß diese Funktionen etwa für $C = 1$ oder $C = -1$ wirklich das erwartete Verhalten zeigen.

A 1 *AUFGABE 1.- Veranschaulichen Sie sich die Richtungsfelder der Differentialgleichungen*

a) $y' = y$

b) $y' = \frac{y}{x}$

und vergleichen Sie mit den Lösungskurven.

Anfangswertproblem

Die Betrachtung der Richtungsfelder zeigt, daß es viele Lösungen einer Differentialgleichung geben wird. Je nachdem, in welchem Punkt (ξ,η) man mit der Konstruktion einer Lösungskurve beginnt, wird man im allgemeinen verschiedene Kurven erhalten. Das wissen wir bereits von den früher betrachteten Beispielen. Suchen wir eine bestimmte Lösung, so muß eine weitere Vorgabe gemacht werden. Das führt auf die folgende Definition.

(24.6) DEFINITION.- Seien $U \subseteq \mathbb{R}^2$ eine offene Menge, $I \subseteq \mathbb{R}$ ein Intervall, $f : U \to \mathbb{R}$ eine reellwertige Funktion und $(\xi,\eta) \in U$ fest vorgegeben. Dann heißt eine differenzierbare Funktion $y : I \to \mathbb{R}$ *Lösung des Anfangswertproblems* $y' = f(x,y)$ mit $y(\xi) = \eta$, falls für alle $x \in I$ gilt:

Lösung des Anfangswertproblems

(1) $(x,y(x)) \in U$,

(2) $y'(x) = f(x,y(x))$ und

(3) $y(\xi) = \eta$.

Die Bedingung $y(\xi) = \eta$ heißt *Anfangsbedingung*.

BEMERKUNG.- Schreibt man keinen Anfangswert vor, so erhält man, wie Sie schon früher gesehen haben, die Menge der Lösungen oft in der Form

$$y = y(x;C),$$

wobei C ein frei wählbarer Parameter (oft eine Integrationskonstante) ist. Durch nachträgliche Angabe einer Anfangsbedingung $y(\xi) = \eta$ legt man die Zahl C dann fest durch die Gleichung

$$\eta = y(\xi;C).$$

Gibt man die Lösung in der Form $y = y(x;C)$ an, so spricht man von der *allgemeinen Lösung*. So lauteten die allgemeinen Lösungen etwa in Beispiel (24.5)

allgemeine Lösung

$$y(x;C) = C\,e^{\frac{x^2}{2}}$$

oder in Beispiel (12.47), ANALYSIS I, Seite 226:

$$y(x;C) = \frac{-1}{\frac{x^2}{2} + C}.$$

In Beispiel (24.5) ist $U = \mathbb{R}^2$, $I = \mathbb{R}$ und durch jeden "Anfangspunkt" $(\xi,\eta) \in \mathbb{R}^2$ geht genau eine Lösungskurve: Jede Lösung hat die Form

$$y(x) = C\,e^{\frac{x^2}{2}},$$

und die Gleichung $\eta = y(\xi) = C\,e^{\frac{\xi^2}{2}}$ hat nur die Lösung

$$C = \eta\,e^{-\frac{\xi^2}{2}}.$$

Die einzige Lösung der Differentialgleichung $y' = f(x,y) = xy$ durch den Punkt (ξ,η) ist also die Funktion $y : \mathbb{R} \to \mathbb{R}$ mit

$$y(x) = \eta e^{-\frac{\xi^2}{2}} e^{\frac{x^2}{2}} = \eta e^{\frac{x^2-\xi^2}{2}}.$$

PROBLEME.- Die in Beispiel (24.5) gegebene Situation - das Anfangswertproblem hat für jedes $(\xi,\eta) \in \mathbb{R}^2$ eine eindeutig bestimmte Lösung, die auf ganz $\mathbb{R}$ definiert ist - ist optimal und ist leider nicht immer gegeben.

Es kann (in Abhängigkeit von f) passieren, daß

(1) eine Lösung nicht einmal in einer noch so kleinen Umgebung des Anfangspunktes existiert (*lokales Existenzproblem*), — lokales Existenzproblem

(2) eine Lösung zwar in einer gewissen Umgebung des Anfangspunktes, aber nicht für alle möglichen x existiert (*globales Existenzproblem*), — globales Existenzproblem

(3) mehrere Lösungen durch einen Anfangspunkt existieren (*Eindeutigkeitsproblem*). — Eindeutigkeitsproblem

Ein Beispiel für den ersten Fall kann zwar konstruiert werden, es wäre allerdings kaum von praktischem Interesse, denn Sie werden sehen, daß dieser Fall für stetiges f niemals eintritt.

Anders ist die Situation für den zweiten Fall:

(24.7) **Beispiele.-** (1) Sei $f : \mathbb{R}^2 \to \mathbb{R}$ definiert durch

$$f(x,y) := y^2$$

und (ξ,η) ein beliebiger Punkt im $\mathbb{R}^2$. Die Differentialgleichung

$$y' = y^2$$

ist eine separable Differentialgleichung, die leicht zu lösen ist.

Die allgemeine Lösung hat die Form

$$y(x) = \frac{1}{C-x}, \quad C \in \mathbb{R} \text{ beliebig, aber fest}$$

beziehungsweise

$$y(x) = 0.$$

Zur Lösung des Anfangswertproblems $y' = y^2$, $y(\xi) = \eta$, bestimmen wir C aus

$$\eta = y(\xi) = \frac{1}{C-\xi}, \text{ falls } \eta \neq 0 \text{ ist:}$$

$$C = \frac{1}{\eta} + \xi \quad .$$

Die Lösung ist also

$$y(x) = \frac{1}{\frac{1}{\eta} + \xi - x} = \frac{\eta}{1+\eta\xi-\eta x} \quad \text{für } \eta \neq 0;$$

für $\eta = 0$ ist die Lösung durch (ξ,η) natürlich die Funktion $y(x) = 0$ für alle $x \in \mathbb{R}$.

Man sieht aus der Rechnung, daß es zu jedem (ξ,η) genau eine Lösung gibt, die durch diesen Punkt geht. Aber existiert diese Lösung für alle $x \in \mathbb{R}$? Wir skizzieren den Graphen der Lösung für verschiedene Anfangswerte (ξ,η):

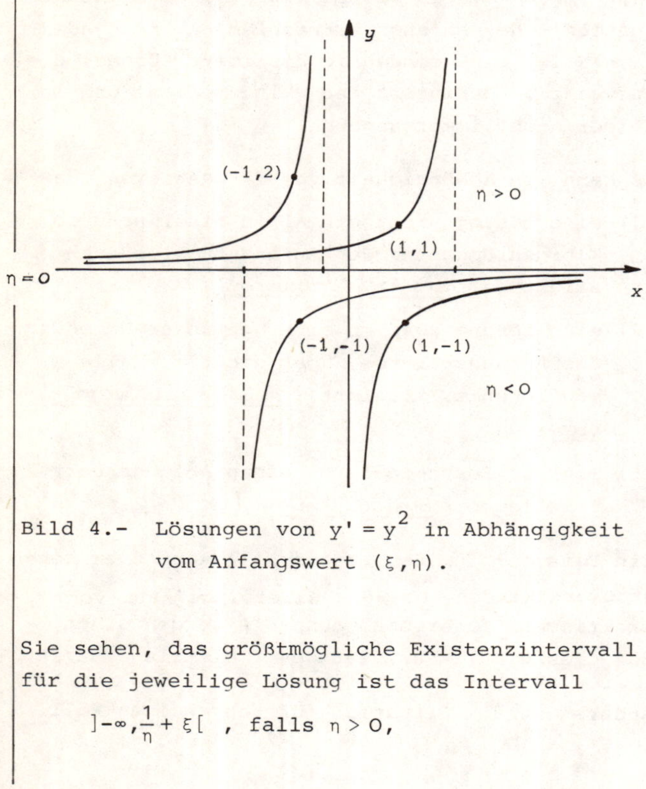

Bild 4.- Lösungen von $y' = y^2$ in Abhängigkeit vom Anfangswert (ξ,η).

Sie sehen, das größtmögliche Existenzintervall für die jeweilige Lösung ist das Intervall

$$]-\infty, \tfrac{1}{\eta} + \xi[\quad, \text{ falls } \eta > 0,$$

$$]\tfrac{1}{\eta} + \xi, \infty[\quad, \text{ falls } \eta < 0 \text{ und}$$

$$\mathbb{R}, \text{ falls } \eta = 0 \text{ ist.}$$

Im allgemeinen existiert also die Lösung nicht "für alle möglichen x". Vielleicht überrascht Sie ein solcher Sachverhalt mehr, wenn Sie die Variable x als Zeitvariable t deuten: Die Lösung endet in endlicher Zeit; beschreibt die Differentialgleichung das zeitliche Verhalten irgend eines physikalischen Prozesses, so "explodiert" dieser Prozess in endlicher Zeit - ein i.a. nicht erwünschter Effekt.

Nun zur Frage der Eindeutigkeit.

(2) Betrachten wir das Anfangswertproblem

$$y' = \sqrt{|y|}, \; y(\xi) = 0, \; \xi \in \mathbb{R} \text{ beliebig, aber fest.}$$

Über die (schon mehrfach zitierte) Integralformel zur Bestimmung der Lösung bei einem Anfangswertproblem für separable Differentialgleichungen erhalten wir:

$$\int_0^{y(x)} \frac{1}{\sqrt{|u|}}\, du = \int_\xi^x 1\, dt$$

oder

$$y(x) \geq 0 \text{ für } x \geq \xi \text{ und } 2\sqrt{y(x)} = x-\xi \quad \text{bzw.}$$

$$y(x) \leq 0 \text{ für } x \leq \xi \text{ und } -2\sqrt{-y(x)} = x-\xi.$$

Daraus ergibt sich durch Auflösen:

$$y(x) = \begin{cases} \dfrac{(x-\xi)^2}{4} & x \geq \xi \\ -\dfrac{(x-\xi)^2}{4} & x \leq \xi \end{cases} \quad .$$

Es ist aber auch $y^*(x) \equiv 0$ eine Lösung des obigen Anfangswertproblems, wie Sie sofort nachprüfen. Aus diesen beiden Arten von Lösungen können wir nun sogar unendlich viele Lösungen "zusammenstellen", die durch einen vorgegebenen Punkt $(\xi,0)$ gehen. So ist zum Beispiel auch Nichteindeutigkeit

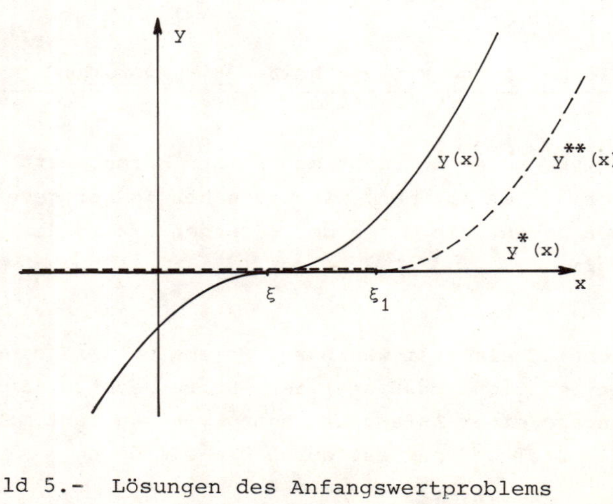

Bild 5.- Lösungen des Anfangswertproblems $y' = \sqrt{|y|}$, $y(\xi) = 0$.

$$y^{**}(x) := \begin{cases} 0 & x < \xi_1 \\ \dfrac{(x-\xi_1)^2}{4} & x \geq \xi_1 \end{cases}$$

eine Lösung, wenn nur $\xi < \xi_1$ ist **(siehe Bild 5).** Das Anfangswertproblem ist daher zwar global (d.h. für alle $x \in \mathbb{R}$) lösbar, aber nicht eindeutig!

Bemerkung: Für jeden Anfangswert (ξ,η) mit $\eta \neq 0$ gibt es ein Intervall I, so daß auf diesem Intervall die Lösung eindeutig ist.

§ 2 EXISTENZ- UND EINDEUTIGKEITSFRAGEN

In diesem Paragraphen wollen wir einige Antworten auf die in (24.6) aufgeworfenen Fragen geben. Sie sind wohl überwiegend mehr von theoretischem Interesse, wenn auch z.B. die Frage der Nichteindeutigkeit der Lösung durchaus praktisches Interesse haben kann. Für unsere Zwecke genügt daher eine Skizze der Theorie und ihrer wichtigsten Ergebnisse; der interessierte Leser sei z.B. auf das Buch von W. Walter, Gewöhnliche Differentialgleichungen verwiesen.

NÄHERUNGSVERFAHREN

(24.8) DAS POLYGONZUGVERFAHREN.- Die Idee des Richtungsfeldes einer Differentialgleichung $y' = f(x,y)$ in (24.4) kann zu einem Konstruktionsverfahren für Näherungslösungen und letztlich zu einem lokalen Existenzsatz ausgebaut werden. Wir betrachten das Anfangswertproblem

$$y' = f(x,y), y(\xi) = \eta$$

und konstruieren eine Näherungslösung wie folgt:

Im Punkt (ξ,η) muß die Lösung die Steigung $f(\xi,\eta)$ haben. Als Annäherung an die Lösungskurve in einer Umgebung von ξ betrachten wir daher die Gerade durch (ξ,η) mit dieser Steigung. Diese Gerade gehe durch den Punkt (x_1,y_1), wobei $x_1 = \xi + \Delta x$ mit "kleinem" Δx ist. In dem Punkt (x_1,y_1) berechnen wir erneut die Steigung $f(x_1,y_1)$ des zugehörigen Linienelementes und legen wieder eine Gerade durch (x_1,y_1) mit dieser Steigung. Auf diese Weise kommen wir zu einem Punkt (x_2,y_2) mit $x_2 = \xi + 2\Delta x$ $(=x_1 + \Delta x)$ und so weiter. Für negatives Δx wandern wir dabei nach links, für positives Δx nach rechts.

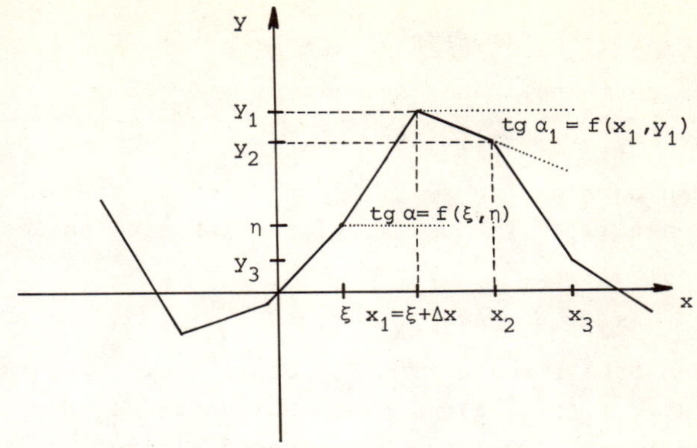

Bild 6.- Zum Polygonzug-Verfahren.

Wir erhalten einen Polygonzug, d.h. eine stückweise glatte Kurve, deren Kurvenstücke Strecken sind. Für kleines Δx, so hoffen wir, ist dieser Polygonzug eine gute Näherung für die gesuchte Lösungskurve.
Man kann nun tatsächlich (mit beträchtlichem theoretischem Aufwand) zeigen:

> Ist f stetig, so gibt es eine Nullfolge $((\Delta x)_j)$ von "Schrittweiten", so daß die zugehörigen Polygonzüge zumindest in einer Umgebung von (ξ,η) (*) gegen eine differenzierbare Funktion y "konvergieren" - und diese Funktion y ist Lösung des Anfangswertproblems $y' = f(x,y)$, $y(\xi) = \eta$.

Für stetiges f hat das Anfangswertproblem also immer eine Lösung, zumindest in der Umgebung des "Anfangspunktes".
Dies ist der Inhalt des *Existenzsatzes von Peano*, auf dessen präzise Formulierung und insbesondere auf dessen Beweis wir verzichten wollen. Wichtiger ist für Sie, daß die Konstruktion der Polygonzüge auch in numerischen Lösungsverfahren (unter Verwendung von Computern) benutzt wird. Dieses Verfahren stellt die Urform einer ganzen Reihe effektiverer, aber auch komplizierterer numerischer Lösungsverfahren für Differentialgleichungen dar. Es heißt das

EULER-CAUCHY-VERFAHREN.- Man braucht zu seiner Formulierung nur die geometrische Konstruktion von (24.8) analytisch auszudrücken: (24.9)
Die erste Gerade durch den vorgegebenen Punkt

(*) das ist eine offene Menge, die den Punkt (ξ,η) enthält; z.B. ein offenes Rechteck oder eine offene Kreisscheibe $B_\varepsilon(\xi,\eta)$.

(ξ,η) wird durch die Gleichung

$$y = \eta + f(\xi,\eta)(x-\xi)$$

beschrieben. Daher ist mit $x_1 := \xi + \Delta x$

$$y_1 = \eta + f(\xi,\eta)\Delta x.$$

Man berechnet aus (ξ,η) auf diese Weise den Punkt (x_1,y_1); aus (x_1,y_1) ergibt sich analog (x_2,y_2):

$$x_2 := x_1 + \Delta x,\ y_2 := y_1 + f(x_1,y_1)\Delta x.$$

Man erhält so Schritt für Schritt die Eckpunkte (x_i,y_i), $i = 1,2,\ldots$ eines Polygonzuges. Für geeignet gewähltes, hinreichend kleines Δx ist y_i ein Näherungswert für $y(x_i)$, wobei y die exakte (gesuchte) Lösung des Anfangswertproblems sei.

A 2 *AUFGABE 2.- Bestimmen Sie mit dem Euler-Cauchy-Verfahren eine Näherungslösung für das Anfangswertproblem*

$$y' = y,\quad y(0) = 1$$

auf dem Intervall $[0,1]$. Die Schrittlänge sei dabei $\Delta x = \frac{1}{10}$. Vergleichen Sie graphisch mit der exakten Lösung.

(24.10) BEMERKUNG.- Wirklich brauchbar ist das numerische Verfahren nur dann, wenn wir sicher sein können, daß die Werte y_i in der Nähe der "wahren" Werte $y(x_i)$ liegen, wenn nur Δx genügend klein gewählt wird. Dies ist, setzen wir nur die Stetigkeit von f voraus, nicht unbedingt richtig - wir haben dies auch nur für "geeignet gewähltes" kleines Δx behauptet. Es könnten sich also mit kleiner werdendem Δx immer wieder sehr schlechte Werte ergeben, dazwischen aber, für geeignetes $(\Delta x)_j$ werden die Ergebnisse immer besser. Wie weiß aber jemand, der die exakte Lösung nicht kennt und sie numerisch berechnen will, ob er ein gutes oder schlechtes Δx erwischt hat? Verkleinern von Δx hilft in dieser allgemeinen Situation nicht immer.
Verlangen wir etwas mehr von f als nur die Stetigkeit, so bessert sich die Situation in mehrfacher Hinsicht: Wir erhalten nicht nur die Existenz einer Lösung sondern auch deren Eindeutigkeit zu gegebenem Anfangspunkt - und wir können sicher sein, daß das Euler-Cauchy-Verfahren immer gegen die exakte Lösung konvergiert, egal wie wir Δx gegen Null streben lassen.

Als weitere Bedingung an die Funktion f definieren wir eine Verallgemeinerung der Lipschitz-Stetigkeit aus ANALYSIS I, (10.47), Seite 170.

DEFINITION.- Sei $U \subseteq \mathbb{R}^2$ eine offene Teilmenge. $f: U \to \mathbb{R}$ heißt *Lipschitz-stetig bezüglich* y, wenn es zu jedem Punkt $(\mathring{x},\mathring{y}) \in U$ eine Umgebung $V \subseteq U$ und eine (eventuell von V abhängende) Konstante L gibt, so daß (24.11) Lipschitz-stetig bezüglich y

$$|f(x,y_1) - f(x,y_2)| \le L|y_1 - y_2|$$

für alle (x,y_1), $(x,y_2) \in V$.

BEISPIELE.- (1) Sei $U = \mathbb{R}^2$ und $f(x,y) := xy$. Dann ist für beliebige Punkte (x,y_1) und (x,y_2) (24.12)

$$|f(x,y_1) - f(x,y_2)| = |xy_1 - xy_2| = |x||y_1 - y_2|.$$

Ist $(\mathring{x},\mathring{y}) \in \mathbb{R}^2$ fest gewählt, so betrachten wir als Umgebung dieses Punktes den Streifen

$$V := \{(x,y) \mid \mathring{x}-1 < x < \mathring{x}+1, y \in \mathbb{R}\}.$$

Für jeden Punkt $(x,y) \in V$ gilt

$$|x| < |\mathring{x}| + 1.$$

Setzen wir daher

$$L := |\mathring{x}| + 1,$$

so gilt für alle (x,y_1), $(x,y_2) \in V$

$$|f(x,y_1) - f(x,y_2)| \le L|y_1 - y_2|,$$

d.h. f ist Lipschitz-stetig bezüglich y.
(Die Abschätzung hat gezeigt, daß wir statt des Streifens V jede offene Menge wählen könnten, die den Punkt $(\mathring{x},\mathring{y})$ enthält und in der die x-Koordinate beschränkt bleibt.)

(2) Sei $U \subseteq \mathbb{R}^2$ eine beliebige offene Menge, die den Nullpunkt enthält und $f: U \to \mathbb{R}$ definiert durch

$$f(x,y) := \sqrt{|y|}.$$

Dann ist f nicht Lipschitz-stetig bezüglich y:
Sei $(\mathring{x},\mathring{y}) = (0,0)$ und V eine beliebige Umgebung von $(0,0)$ in U.
Sei nun $(x,y_1) \in V$ beliebig, während $(x,y_2) := (x,0) \in V$ gewählt wird. Dann ist

$$|f(x,y_1) - f(x,y_2)| = \sqrt{|y_1|}.$$

Wäre f Lipschitz-stetig bezüglich y, so gäbe es ein $L \in \mathbb{R}$, so daß

$$|\sqrt{y_1}| \le L|y_1 - y_2| = L|y_1|$$

gilt, oder

$$\frac{1}{\sqrt{|y_1|}} \le L \qquad \text{für alle } (x,y_1) \in V \text{ mit } y_1 \neq 0.$$

Da V eine Umgebung des Nullpunktes ist, variiert y_1 in einer Umgebung von $0 \in \mathbb{R}$ - dort ist aber $\frac{1}{\sqrt{|y_1|}}$ nicht beschränkt; es kann also ein solches L nicht existieren.

Der nächste Satz gibt eine leicht nachprüfbare hinreichende Bedingung für Lipschitz-Stetigkeit bezüglich y an.

(24.13) SATZ.- Sei $U \subseteq \mathbb{R}^2$ eine offene Teilmenge und $f: U \longrightarrow \mathbb{R}$ stetig partiell nach y differenzierbar. Dann ist f Lipschitz-stetig bezüglich y.

BEWEIS.- Sei $(\mathring{x},\mathring{y}) \in U$ beliebig, aber fest gewählt. Da U offen ist, gibt es ein $r > 0$, so daß der abgeschlossene Kreis

$$K_r(\mathring{x},\mathring{y}) = \{(x,y) \in \mathbb{R}^2 \mid \|(x,y)-(\mathring{x},\mathring{y})\| \le r\}$$

ganz in U liegt. Da nach Voraussetzung $\frac{\partial f}{\partial y}$ stetig auf $K_r(\mathring{x},\mathring{y})$ ist, folgt mit (22.41):
$\frac{\partial f}{\partial y}$ ist beschränkt auf $K_r(\mathring{x},\mathring{y})$, d.h. es gibt eine reelle Zahl L, so daß

$$\left|\frac{\partial f}{\partial y}(x,y)\right| \le L \quad \text{für alle } (x,y) \in K_r(\mathring{x},\mathring{y}).$$

Für (x,y_1), (x,y_2) aus der Umgebung

$$V := B_r(\mathring{x},\mathring{y}) = \{(x,y) \mid \|(x,y)-(\mathring{x},\mathring{y})\| < r\}$$

von $(\mathring{x},\mathring{y})$ gilt daher mit dem Mittelwertsatz, angewandt auf die Funktion $y \longmapsto f(x,y)$ bei festem x:

$$|f(x,y_1)-f(x,y_2)| = \left|\frac{\partial f}{\partial y}(x,\eta)\right| |y_1-y_2| \le L|y_1-y_2|,$$

wobei η zwischen y_1 und y_2 und deshalb (x,η) in V liegt. Das war zu zeigen.

Für die Funktion f aus Beispiel (24.12)(1) ergibt sich die Lipschitz-Stetigkeit nun unmittelbar aus Satz (24.13): $\frac{\partial f}{\partial y}(x,y) = x$ ist stetig im $\mathbb{R}^2$.

(24.14) Satz von Picard-Lindelöf

SATZ.- Ist $f: U \longrightarrow \mathbb{R}$ stetig auf der offenen Menge $U \subseteq \mathbb{R}^2$ und Lipschitz-stetig bezüglich y, so geht durch jeden Anfangspunkt $(\xi,\eta) \in U$ genau eine Lösung der Differentialgleichung

$$y' = f(x,y).$$

Diese Lösung kann immer bis zum Rand von U fortgesetzt werden.

(24.15) BEMERKUNGEN.- (1) Der Satz von Picard-Lindelöf liefert zunächst die lokale Existenz von Lösungen und die Eindeutigkeit des Anfangswertproblems. Außerdem besagt der Satz, daß eine Lösung(skurve) nicht "mitten in U aufhören kann" - sie existiert "so lange", bis sie irgendwo an den Rand von U stößt. Der Rand von U

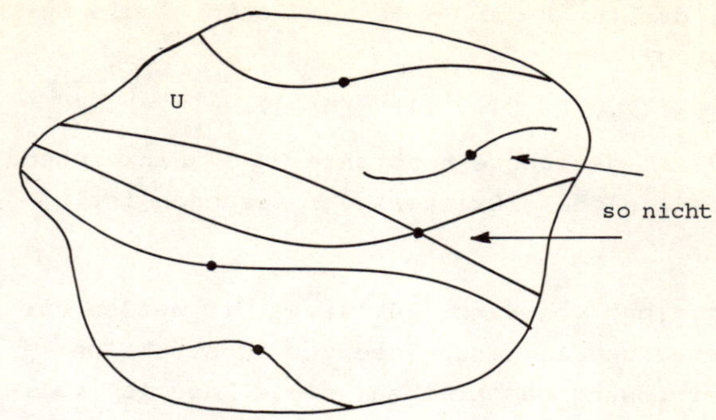

Bild 7.- Lösungskurven in U. Der Rand von U liegt im "Endlichen".

kann dabei im "Endlichen" wie in Bild 7 oder auch im "Unendlichen" liegen, wie es für Teile des Randes von U in Bild 8 gilt.

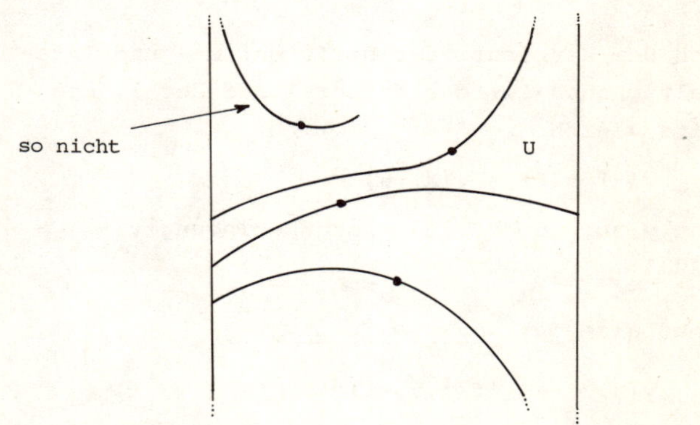

Bild 8.- Lösungskurven in U. Teile des Randes liegen im "Unendlichen".

Beachten Sie auch, daß aus dem Satz von Picard-Lindelöf folgt: Lösungskurven können sich nicht in U schneiden. Man könnte sonst den Schnittpunkt als Anfangspunkt wählen, aber durch einen Anfangspunkt geht eben nur eine (und gehen nicht zwei sich schneidende) Lösungskurven.

(2) Satz (24.14) macht allerdings keine Aussage über globale Existenz von Lösungen; globale Existenz würde bei einem Definitionsbereich U wie in Bild 8 bedeuten, daß die Lösungskurven vom linken bis zum rechten Rand verlaufen - und eben nicht "dazwischen nach $+\infty$ oder $-\infty$ entkommen können".
Ist der Definitionsbereich von f der ganze $\mathbb{R}^2$, so heißt globale Existenz: Die Lösung ist für alle $x \in \mathbb{R}$ definiert.
Daß dies der Satz von Picard-Lindelöf nicht garantiert, zeigt das Beispiel (24.7)(1), Seite 206: $f: \mathbb{R}^2 \longrightarrow \mathbb{R}$ mit $f(x,y) := y^2$ ist sicher Lipschitz-stetig (denn $\frac{\partial f}{\partial y}(x,y) = 2y$ ist stetig im $\mathbb{R}^2$); aber wie Sie gesehen haben, existieren die Lösungskurven nicht in ganz $\mathbb{R}$.

(3) Ohne näher darauf einzugehen, erwähnen wir nur, daß für $f : \mathbb{R}^2 \to \mathbb{R}$ zum Beispiel die Bedingung

$$|f(x,y)| \le C(|y|+1) \quad \text{für alle } (x,y) \in \mathbb{R}^2$$

und eine geeignete Konstante $C \in \mathbb{R}$ hinreichend für die globale Existenz der Lösungen ist.

(24.16) BEWEISIDEE von Satz (24.14).- Wir werden nur die zugrundeliegende Idee zur Konstruktion einer Lösung beschreiben; diese Idee ist vollständig verschieden von den in (24.8) und (24.9) beschriebenen Verfahren.

Eine Lösung $y : I \to \mathbb{R}$ der Differentialgleichung $y' = f(x,y)$ hat nach Definition die Eigenschaft

$$y'(t) = f(t,y(t)) \quad \text{für alle } t \in I.$$

Integration von ξ bis x ergibt

$$\int_\xi^x y'(t)dt = \int_\xi^x f(t,y(t))dt.$$

Nach dem Hauptsatz der Differential- und Integralrechnung ist das Integral auf der linken Seite gleich

$$y(x)-y(\xi) = y(x)-\eta,$$

wenn y auch noch die Anfangsbedingung $y(\xi) = \eta$ erfüllt.

y muß also der *Integralgleichung*

$$y(x) = \eta + \int_\xi^x f(t,y(t))dt$$

genügen - beachten Sie, daß die gesuchte Funktion sowohl auf der linken Seite der Gleichung steht, als auch rechts im Argument von f vorkommt. Man definiert nun ein *Iterationsverfahren*, d.h. man bestimmt sukzessiv Funktionen $y_0, y_1, y_2, \ldots$ nach der Vorschrift

Iterationsverfahren

$$\boxed{y_{n+1}(x) := \eta + \int_\xi^x f(t,y_n(t))dt, \quad n \in \mathbb{N},}$$

wobei man mit der Funktion $y_0(x) = \eta$ für alle $x \in I$ startet.

Man kann zeigen: Die Folge $(y_n(x))_{n \in \mathbb{N}}$ konvergiert für alle x aus einem gewissen Intervall

$$J_\delta = \{x \in \mathbb{R} \mid |x-\xi| < \delta\}$$

um ξ gegen den Funktionswert $y(x)$ einer Lösung y des Anfangswertproblems. Damit hat man lokale Existenz der Lösung.

Bevor wir in (24.18) noch auf die Eindeutigkeit eingehen (zur Frage der Fortsetzbarkeit der Lösung bis zum Rand können wegen der Kompliziertheit hier nichts mehr ausführen), wollen wir ein Beispiel zur Konstruktion einer Lösung mit Hilfe des Satzes von Picard-Lindelöf geben.

BEISPIEL.- Wir betrachten das Anfangswertproblem (24.17)

$$y' = y, \quad y(0) = 1.$$

Die zugehörige Integralgleichung gemäß (24.16) ist

$$y(x) = 1 + \int_0^x y(t)dt,$$

(es ist ja $\eta = 1$, $\xi = 0$ und $f(t,y(t)) = y'(t) = y(t)$).

Wir beginnen das Iterationsverfahren wie beschrieben mit $y_0(t) = \eta = 1$ für alle t. Dann ist

$$y_1(x) = 1 + \int_0^x y_0(t)dt = 1+x,$$

$$y_2(x) = 1 + \int_0^x y_1(t)dt = 1 + \int_0^x (1+t)dt = 1 + x + \frac{x^2}{2},$$

$$y_3(x) = 1 + \int_0^x y_2(t)dt = 1 + x + \frac{x^2}{2} + \frac{x^3}{6}.$$

Die Vermutung

$$y_n(x) = 1+x+\frac{x^2}{2}+\frac{x^3}{6}+\ldots+\frac{x^n}{n!}, \quad x \in \mathbb{R}, \quad n \in \mathbb{N},$$

läßt sich leicht durch vollständige Induktion über n bestätigen. Für jedes $n \in \mathbb{N}$ und festes $x \in \mathbb{R}$ ist $y_n(x)$ die n-te Partialsumme der Exponentialreihe, die bekanntlich für jedes $x \in \mathbb{R}$ konvergiert. Also gilt

$$\lim_{n\to\infty} y_n(x) = \sum_{k=0}^\infty \frac{x^k}{k!} = e^x, \quad x \in \mathbb{R}.$$

In diesem Fall ist $J_\delta = \mathbb{R}$ und die Funktion

$$x \mapsto \lim_{n\to\infty} y_n(x) = e^x, \quad x \in \mathbb{R},$$

ist wirklich Lösung des Anfangswertproblems. Bedenken Sie jedoch, daß diese Art der Konstruktion einer Lösung für praktische Rechnungen auf dem Computer wenig geeignet ist, denn unter Umständen ist bereits bei jedem Iterationsschritt numerisch ein Integral zu berechnen.

DER BEWEIS DER EINDEUTIGKEIT der Lösung in Satz (24.14).- Man nimmt an, man hätte auf einem Intervall I mit $\xi \in I$ zwei Lösungen y und z desselben Anfangswertproblems: (24.18)

$$y' = f(x,y), \quad z' = f(x,z) \quad \text{und} \quad y(\xi) = z(\xi) = \eta.$$

Dann ist für jedes $x \in I$

$$|y'(x)-z'(x)| = |f(x,y(x))-f(x,z(x))| \le L|y(x)-z(x)|,$$

da f als Lipschitz-stetig bezüglich y vorausgesetzt ist.

Mit $w(x) := y(x)-z(x)$ ist also

$$|w'(x)| \le L|w(x)| \quad \text{für alle } x \in I \text{ und}$$
$$w(\xi) = y(\xi)-z(\xi) = \eta-\eta = 0.$$

Wegen

$$w(x) = w(x) - w(\xi) = \int_{\xi}^{x} w'(t)\,dt$$

erhalten Sie die Abschätzung

$$|w(x)| \le \int_{\xi}^{x} |w'(t)|\,dt \le \int_{\xi}^{x} L|w(t)|\,dt.$$

Mit Hilfe der Stetigkeit von w zeigt man nun durch vollständige Induktion über n: Zu vorgegenem $\delta > 0$ mit der Eigenschaft

$$I_\delta := \{x \in \mathbb{R} \mid |x-\xi| \le \delta\} \subseteq I$$

existiert ein $K > 0$, so daß für alle $n \in \mathbb{N}$ und alle $x \in I_\delta$ gilt

$$|w(x)| \le K \frac{L^n}{n!}|x-\xi|^n \le K\frac{(L\delta)^n}{n!}.$$

Die Glieder der Folge $\left(\frac{(L\delta)^n}{n!}\right)_{n \in \mathbb{N}}$ sind die Summanden der konvergenten Reihe für $e^{L\delta}$, also gilt

$$\lim_{n\to\infty} \frac{(L\delta)^n}{n!} = 0.$$

Das bedeutet aber $|w(x)| = 0$ für alle $x \in I_\delta$ und somit $y(x) - z(x) = 0$ oder

$$y(x) = z(x) \quad \text{für alle } x \in I_\delta.$$

Beide Lösungen sind also im Intervall I_δ um ξ identisch, d.h. es gibt in einer Umgebung des Anfangswertes nur <u>eine</u> Lösung. Dies ist die Eindeutigkeitsaussage.

A 3 *AUFGABE 3.- Lösen Sie das Anfangswertproblem*

$$y' = x+y,\ y(0) = 1$$

mit Hilfe des in (24.16) geschilderten Iterationsverfahrens.

§ 3 SPEZIELLE DIFFERENTIALGLEICHUNGEN ERSTER ORDNUNG

Einige der nun folgenden speziellen Typen von Differentialgleichungen haben Sie schon in ANALYSIS I kennengelernt. Der Vollständigkeit halber werden auch diese noch einmal aufgeführt. In den Aufgaben und Beispielen werden wir teilweise die "allgemeine Lösung einer Differentialgleichung" bestimmen, teilweise das Anfangswertproblem behandeln.

SEPARABLE DIFFERENTIALGLEICHUNGEN

Separable Differentialgleichungen wurden bereits in ANALYSIS I, Kapitel 12, § 8 behandelt. Sie haben die Form

$$y' = f(x)g(y) \quad \text{mit } g(y) \neq 0.$$

Für die Lösung dieser Differentialgleichung gilt der Satz

SATZ.- Seien $f : I \to \mathbb{R}$ und $g : J \to \mathbb{R}$ stetige Funktionen, I,J Intervalle, $(\xi,\eta) \in I \times J$ und $g(y) \neq 0$ für alle $y \in J$. Ferner sei (24.19)

$$G(y) := \int_{\eta}^{y} \frac{1}{g(s)}\,ds \quad \text{und} \quad F(x) := \int_{\xi}^{x} f(t)\,dt.$$

separable Differentialgleichungen

Dann existiert eine eindeutige Lösung der separablen Differentialgleichung $y' = f(x)g(y)$ der Form

$$y(x) = (G^{-1} \circ F)(x) \quad \text{für alle } x,$$

für die der rechts stehende Ausdruck definiert ist.

Sie erkennen sicherlich die Ihnen bekannte Lösungsmethode in diesem Satz wieder:
$y' = f(x)g(y)$ *schreiben wir formal in der Form*

$$\int \frac{1}{g(y)}\,dy = \int f(x)\,dx.$$

Links wählen wir eine Stammfunktion, die für $y = \eta$ *verschwindet - und das ist genau* $G(y)$; *entsprechend wählen wir rechts eine Stammfunktion* $F(x)$. *Wir müssen also die Gleichung* $G(y) = F(x)$ *nach y auflösen. Da* $g(y) \neq 0$ *für alle y sein soll, ist* $G(y)$ *streng monoton (die Ableitung ist* $\frac{1}{g(y)}$ *und daher immer positiv oder negativ). Es gibt also eine Umkehrfunktion* G^{-1}, *und die gewünschte Auflösung ist*

$$y(x) = G^{-1}(F(x)).$$

BEMERKUNGEN.- (1) Wissen Sie nur, daß $g(\eta) \neq 0$ ist, so gilt die Aussage von Satz (24.19) lokal für eine Umgebung von y.

(2) Da jede Lösung die Form $y = G^{-1} \circ F$ hat, ergibt sich die Eindeutigkeit.

Ein Beispiel wollen wir zu den separablen Differentialgleichungen nicht mehr betrachten. Zur Übung jedoch noch eine Aufgabe.

AUFGABE 4.- Ein Körper bewegt sich mit der Anfangsgeschwindigkeit $v_0 \neq 0$ *in einem Medium, das ihn proportional zur* α*-ten Potenz* ($\alpha \ge 0, \alpha \in \mathbb{R}$, α *abhängig vom Medium) der* A 4

Geschwindigkeit abbremst.

a) Bestimmen Sie für beliebiges $\alpha \neq 1$ die Geschwindigkeit in Abhängigkeit von der Zeit.

b) Für welche α wird die Geschwindigkeit in endlicher Zeit Null? Bestimmen Sie den Zeitpunkt.

c) Bilden Sie den Grenzwert $\alpha \to 1$, $\alpha > 1$, der in a) gefundenen Lösungen. Handelt es sich um die Lösung der Differentialgleichung für $\alpha = 1$?

d) Skizzieren Sie die Lösungen höchstens bis $v(t) = 0$.

Es war wichtig, daß $g(y)$ wenigstens in einer Umgebung des Anfangswertes ungleich Null war. Was geschieht aber mit der Eindeutigkeit, wenn $g(y)$ irgendwo gleich Null wird? Im zweiten Beispiel von (24.7) lag dieser Fall vor, falls $0 \in J$ war. Dort ging die Eindeutigkeit verloren. Es gibt ein Kriterium, das aussagt, wann eine Lösung trotzdem eindeutig bleibt, auch wenn eine Nullstelle von g im Intervall J liegt. Wir geben es (allerdings ohne Beweis) an, da es auch später Verwendung findet.

(24.20) Eindeutigkeitsbedingung bei Nullstelle

SATZ.- Seien f und g wie in (24.19) und y_0 sei einzige Nullstelle von g in J. Das Anfangswertproblem

$$y' = f(x)g(y), \quad y(\xi) = \eta$$

ist genau dann in I eindeutig lösbar, falls für beliebiges $y \in J$ das uneigentliche Integral

$$\int_{y_0}^{y} \frac{1}{g(s)} ds$$

divergiert.

Sie bemerken: Da g nur in y_0 verschwindet, ist die untere Integrationsgrenze alleine kritisch. Die Divergenz dieses Integrals kann als Bedingung dafür verstanden werden, daß die Lösung des Anfangswertproblems nicht in die Gerade $y(x) = y_0$ einmündet. Diese Gerade ist ja wegen $g(y_0) = 0$ Lösung des Anfangswertproblems

$$y'(x) = f(x)g(y), \quad y(\xi) = y_0.$$

Wenn die Lösung nämlich in diese Gerade einmünden würde, könnte man weitere Lösungen "zusammensetzen", wie wir es in Beispiel 2 von (24.7) getan haben. Dort ist übrigens auch das entsprechende Integral

$$\int_{0}^{y} \frac{1}{\sqrt{|s|}} ds$$

<u>nicht</u> divergent (siehe ANALYSIS I, (13.13), Seite 241).

<u>AUFGABE 5</u>.- Zeigen Sie, daß aus der Lipschitz-Stetigkeit von g die hinreichende Bedingung des Satzes (24.20) für die Eindeutigkeit folgt. A 5

EINFÜHRUNG NEUER VARIABLEN

Durch Einführung neuer Variablen können verschiedene Formen von Differentialgleichungen gelöst werden:

Gegeben ist eine Differentialgleichung der Form

$$y' = h(ax + by + c), \quad a,b \neq 0$$ y' = h(ax+by+c)

d.h. $f(x,y) = h(g(x,y))$ mit einer stetigen Funktion h und $g(x,y) := ax + by + c$. Statt $y = y(x)$ wollen wir zunächst

$$z(x) := ax + by(x) + c \qquad (+)$$

bestimmen. Es ist

$$z'(x) = a + by'(x).$$

Ist y Lösung der gegebenen Differentialgleichung, so ist $y' = h(z)$, und man erhält

$$z'(x) = a + bh(z).$$

Hierbei handelt es sich nun um eine separable Differentialgleichung für z. Diese kann man lösen und dann $y(x)$ aus (+) berechnen.

Betrachten wir ein Anfangswertproblem, so geht die Anfangsbedingung $y(\xi) = \eta$ für y in die Anfangsbedingung

$$z(\xi) = a\xi + b\eta + c$$

für z über.
Wir erhalten also

(24.21) Lösung von y'=h(ax+by+c)

SATZ.- Eine Funktion $y: I \to \mathbb{R}$ ist genau dann Lösung von

(1) $y' = h(ax + by + c)$, $y(\xi) = \eta$, wenn $z: I \to \mathbb{R}$ mit $z(x) := ax + by(x) + c$ Lösung von

(2) $z' = a + bh(z)$, $z(\xi) = a\xi + b\eta + c$ ist.

(24.22)

BEISPIEL.- Gesucht ist die Lösung des Anfangswertproblems

$$y' = (x-y)^2+1, \quad y(1) = -1.$$

Wir setzen entsprechend Satz (24.21):

$$z(x) = x-y(x)$$

und erhalten als neues Anfangswertproblem

$$z' = 1-(z^2+1), \quad z(1) = 1-(-1),$$

also

$$z' = -z^2, \quad z(1) = 2.$$

Nach Satz (24.19) folgt

$$\int_2^{z(x)} \left(-\frac{1}{s^2}\right) ds = \int_1^x 1\, dt,$$

und damit

$$\frac{1}{z(x)} - \frac{1}{2} = x-1 \quad \text{oder}$$

$$z(x) = \frac{2}{2x-1}.$$

Da $y(x) = x - z(x)$ ist, folgt nun

$$y(x) = x - \frac{2}{2x-1} = \frac{2x^2-x-2}{2x-1}.$$

Diese Lösung ist eindeutig bestimmt (siehe Satz (24.20) für $z(x)$) auf $I =]-\infty, \frac{3}{2}[$.

A 6 *AUFGABE 6.- a) Lösen Sie das Anfangswertproblem*

$$y' = (x-y+3)^2, \quad y(1) = 1.$$

b) Bestimmen Sie die allgemeine Lösung von

$$y' = \sqrt{x+y+1}.$$

homogene Differentialgleichung $y' = h(\frac{y}{x})$

Beim zweiten Typ, der sich auf eine separable Differentialgleichung mittels Einführung neuer Variablen zurückführen läßt, handelt es sich um die sogenannte *homogene Differentialgleichung*:

$$y' = h(\tfrac{y}{x}), \quad y(\xi) = \eta \quad (x \neq 0),$$

wobei h wieder eine stetige Funktion ist. Hier ist $f(x,y) = h(g(x,y))$ mit $g(x,y) = \frac{y}{x}$. Wir setzen

$$z(x) := \frac{y(x)}{x}, \quad \text{d.h.} \quad y(x) = x \cdot z(x).$$

Dann ist

$$h(z) = h(\tfrac{y}{x}) = y' = z + xz'$$

und daraus folgt

$$z' = \frac{h(z)-z}{x} \quad \text{mit} \quad z(\xi) = \frac{\eta}{\xi}.$$

Hierbei handelt es sich wieder um eine separable Differentialgleichung. Wir erhalten also:

(24.23) Lösung von $y' = h(\frac{y}{x})$

SATZ.- Eine Funktion $y: I \to \mathbb{R}$ ist Lösung von

(1) $y' = h(\frac{y}{x}), \quad y(\xi) = \eta,$

genau dann, wenn $z: I \to \mathbb{R}$ mit $z(x) = \frac{y(x)}{x}$ Lösung von

(2) $z' = \frac{h(z)-z}{x}, \quad z(\xi) = \frac{\eta}{\xi}$

ist.

(24.24) **BEISPIEL.-** Gesucht sind die Lösungen von

$$y = xy' - \sqrt{x^2+y^2}.$$

Division durch $x \neq 0$ führt auf die homogene Differentialgleichung

$$y' = \frac{y}{x} + \sqrt{1 + (\tfrac{y}{x})^2}.$$

Es ist also $h(t) = t + \sqrt{1+t^2}$. Wir setzen $z(x) := \frac{y(x)}{x}$ und erhalten (siehe Satz (24.23))

$$z' = \frac{z + \sqrt{1+z^2} - z}{x} = \frac{\sqrt{1+z^2}}{x}.$$

Entsprechend Satz (24.19) für separable Differentialgleichungen folgt

$$\int \frac{1}{\sqrt{1+z^2}} dz = \int \frac{1}{x} dx$$

und (siehe ANALYSIS I, (12.41)(3), Seite 223)

$$\operatorname{Arsinh} z = \ln|x| + C$$

oder

$$z(x) = \sinh(\ln|x| + C)$$
$$= \frac{e^{(\ln|x|+C)} - e^{-(\ln|x|+C)}}{2}$$
$$\left(\text{wegen } \sinh\alpha = \frac{e^\alpha - e^{-\alpha}}{2}\right)$$
$$= \frac{1}{2}\left(D|x| - \frac{1}{D|x|}\right) \quad \text{mit } D := e^C > 0.$$

Wir erhalten wegen $y(x) = x \cdot z(x)$

$$y(x) = \frac{1}{2}\left(Dx|x| - \frac{x}{D|x|}\right).$$

Als Lösungen ergeben sich daraus für $x > 0$ auf $I =]0,\infty[$:

$$y(x) = \frac{1}{2}\left(Dx^2 - \frac{1}{D}\right)$$

und für $x < 0$ auf $I =]-\infty, 0[$:

$$y(x) = \frac{1}{2}\left(-Dx^2 + \frac{1}{D}\right).$$

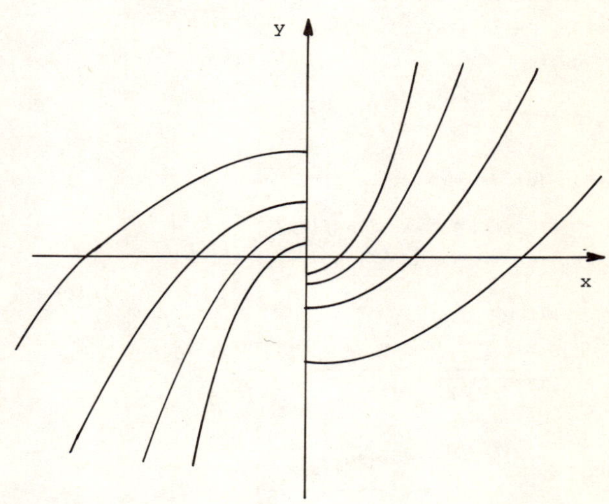

Bild 9.- Lösungen von $y' = \frac{y}{x} + \sqrt{1 + (\frac{y}{x})^2}$.

Bemerkung: Der Faktor $\frac{1}{2}$ gehört hier unbedingt zur Lösung. Er kann nicht mit D zu einer neuen Konstanten E zusammengefaßt werden. Machen Sie die Probe durch Einsetzen.

A 7 *AUFGABE 7.- Lösen Sie das Anfangswertproblem*

$$y' = \frac{x^2+y^2}{xy}\,, \quad y(1)=1.$$

(24.25) BEMERKUNG.- Differentialgleichungen der Form

$$y' = h\left(\frac{p_1x+q_1y+r_1}{p_2x+q_2y+r_2}\right) \text{ mit } \begin{pmatrix}p_1\\p_2\end{pmatrix}, \begin{pmatrix}q_1\\q_2\end{pmatrix} \neq \begin{pmatrix}0\\0\end{pmatrix}, \; y(\xi)=\eta,$$

können auf Differentialgleichungen wie in Satz (24.21) oder (24.23)(1) zurückgeführt werden und dann wie diese gelöst werden.
Ausschlaggebend dabei ist, ob

$$\det\begin{pmatrix}p_1 & q_1\\ p_2 & q_2\end{pmatrix} \text{ gleich oder ungleich Null ist.}$$

(1) Gilt $\det\begin{pmatrix}p_1 & q_1\\ p_2 & q_2\end{pmatrix} = 0$, d.h. $p_1\cdot q_2 = p_2\cdot q_1$, so gilt

$p_2 = \lambda p_1,\; q_2 = \lambda q_1$ für ein bestimmtes $\lambda \neq 0$.

Also ist

$$h\left(\frac{p_1x+q_1y+r_1}{p_2x+q_2y+r_2}\right) = h\left(\frac{(p_1x+q_1y)+r_1}{(p_1x+q_1y)+r_2}\right) =: g(p_1x+q_1y),$$

und es liegt eine Differentialgleichung wie in (24.21)(1) vor.

(2) Gilt $\det\begin{pmatrix}p_1 & q_1\\ p_2 & q_2\end{pmatrix} \neq 0$, so besitzt das Gleichungssystem

$$(\alpha) \quad \begin{aligned} p_1x+q_1y+r_1 &= 0\\ p_2x+q_2y+r_2 &= 0\end{aligned}$$

eine eindeutig bestimmte Lösung (x_0,y_0) (siehe Satz (20.15). Seite 116).
Also gilt

$$(\beta) \quad \begin{aligned} r_1 &= -p_1x_0-q_1y_0\\ r_2 &= -p_2x_0-q_2y_0\end{aligned}.$$

Dies in (α) eingesetzt, ergibt

$$\begin{aligned} p_1x+q_1y+r_1 &= p_1(x-x_0)+q_1(y-y_0)\\ p_2x+q_2y+r_2 &= p_2(x-x_0)+q_2(y-y_0)\end{aligned} \quad \text{für alle } (x,y).$$

Wir erhalten

$$h\left(\frac{p_1x+q_1y+r_1}{p_2x+q_2y+r_2}\right) = h\left(\frac{p_1(x-x_0)+q_1(y-y_0)}{p_2(x-x_0)+q_2(y-y_0)}\right) = h\left(\frac{p_1+q_1\left(\frac{y-y_0}{x-x_0}\right)}{p_2+q_2\left(\frac{y-y_0}{x-x_0}\right)}\right) =: g\left(\frac{y-y_0}{x-x_0}\right).$$

Wir setzen nun $z(x) := \dfrac{y(x)-y_0}{x-x_0}$ (im Gegensatz zur Situation in Satz (24.23), wo $x_0 = y_0 = 0$ war!) und erhalten als Differentialgleichung

$$z' = \frac{g(z)-z}{x-x_0}\,, \quad z(\xi) = \frac{\eta-y_0}{\xi-x_0}.$$

BEISPIELE.- (1) Gegeben ist die Differentialgleichung (24.26)

$$y' = \frac{x+y+1}{2x+2y-1}.$$

$$\text{Es ist } \det\begin{pmatrix}p_1 & q_1\\ p_2 & q_2\end{pmatrix} = \det\begin{pmatrix}1 & 1\\ 2 & 2\end{pmatrix} = 0.$$

Daraus ergibt sich $p_2 = \lambda p_1$, $q_2 = \lambda q_1$ mit $\lambda = 2$ und die Differentialgleichung lautet:

$$y' = \frac{(x+y)+1}{2(x+y)-1} =: g(x+y).$$

Mit $z(x) = x+y(x)$ folgt daraus als separable Differentialgleichung

$$z' = 1+1\cdot g(z) = 1+\frac{z+1}{2z-1} = \frac{3z}{2z-1}.$$

(2) Umzuformen ist die Differentialgleichung

$$y' = \left(\frac{x-y}{x+y+2}\right)^2.$$

Da

$$\det\begin{pmatrix}p_1 & q_1\\ p_2 & q_2\end{pmatrix} = \det\begin{pmatrix}1 & -1\\ 1 & 1\end{pmatrix} = 2 \neq 0$$

ist, suchen wir (x_0,y_0) als Lösung des linearen Gleichungssystems

$$\begin{aligned} x-y &= 0\\ x+y+2 &= 0\end{aligned}$$

und erhalten $x_0 = y_0 = -1$.

Damit folgt dann

$$y' = \left(\frac{x-y}{x+y+2}\right)^2 = \left(\frac{1-\left(\frac{y+1}{x+1}\right)}{1+\left(\frac{y+1}{x+1}\right)}\right)^2, \quad (x \neq -1).$$

Die Substitution $z(x) = \dfrac{y(x)+1}{x+1}$ führt dann auf die separable Differentialgleichung

$$z' = \frac{\left(\frac{1-z}{1+z}\right)^2 - z}{x+1} = \left(\frac{1}{x+1}\right)\cdot\left(\frac{1-3z-z^2-z^3}{1+2z+z^2}\right).$$

DIE LINEARE DIFFERENTIALGLEICHUNG ERSTER ORDNUNG

Den Spezialfall einer linearen Differentialgleichung erster Ordnung mit <u>konstanten Koeffizienten</u> haben Sie in ANALYSIS I, Kapitel 11, § 7 kennengelernt. Wir betrachten jetzt den allgemeinen Fall: lineare Differentialgleichung 1. Ordnung

$$y' = p(x)y + q(x) \quad \text{mit } y(\xi) = \eta,$$

wobei $p,q : I \longrightarrow \mathbb{R}$ stetige Funktionen sind.

(1) Wir untersuchen zunächst den Fall $q = 0$.
Wir haben dann eine sogenannte *homogene lineare Differentialgleichung*. homogene lineare Differentialgleichung

$$y' = p(x)y\,, \quad y(\xi) = \eta \neq 0.$$

Dies ist eine separable Differentialgleichung. Wir erhalten durch Integration:

$$\int_{\eta}^{y(x)} \frac{1}{s}\,ds = \int_{\xi}^{x} p(t)\,dt$$

und daraus

$$\ln\left|\frac{y(x)}{\eta}\right| = \int_{\xi}^{x} p(t)\,dt\,,$$

Lösung der homogenen linearen Differentialgleichung

$$y(x) = \eta\, e^{\int_{\xi}^{x} p(t)\,dt} \qquad \text{für } \eta \neq 0.$$

allgemeine Lösung der homogenen linearen Differentialgleichung

Bemerkungen: α) Ist die allgemeine Lösung gesucht, so ergibt sich diese als

$$y(x) = C\,e^{P(x)},$$

wobei $C \in \mathbb{R}$ und P eine Stammfunktion von p ist.

β) Ist $\eta = 0$, so ist $y(x) \equiv 0$ Lösung. Die Eindeutigkeit folgt mit Satz (24.20), da

$$\int_{0}^{y} \frac{1}{s}\,ds$$

divergiert.

(2) Wir untersuchen nun die allgemeine (oder *inhomogene*) lineare Differentialgleichung

$$y' = p(x)y + q(x) \qquad (+)$$

und wollen deren *allgemeine* Lösung bestimmen. Nehmen Sie für einen Moment an, wir hätten uns irgendwie eine spezielle Lösung y_s der inhomogenen Differentialgleichung (+) beschafft. Dann können wir mit ihrer Hilfe und unserer Kenntnis über die Lösungen der zugehörigen homogenen linearen Differentialgleichung $y' = p(x)y$ auch die allgemeine Lösung von (+) berechnen. Es gilt nämlich (vergleichen Sie mit der nahezu gleichlautenden Aussage von (19.27) für lineare Gleichungssysteme):

(24.27) BEHAUPTUNG.- Die allgemeine Lösung der inhomogenen linearen Differentialgleichung ist die Summe aus einer speziellen Lösung der inhomogenen linearen Differentialgleichung und der allgemeinen Lösung der zugehörigen homogenen linearen Differentialgleichung.

Der BEWEIS ist einfach: Eine Funktion z ist genau dann Lösung von (+), wenn $z-y_s$ Lösung der zugehörigen homogenen Differentialgleichung ist:

$$(z-y_s)' = p\,(z-y_s) \iff$$

$$z' - (py_s+q) = p(z-y_s) \iff$$

$$z' = pz + q.$$

D.h. $z(C,x)$ ist genau dann allgemeine Lösung von (+), wenn

$$y_H(C,x) := z(C,x) - y_s(x)$$

allgemeine Lösung der homogenen Differentialgleichung ist.

Da wir die allgemeine Lösung der homogenen linearen Differentialgleichung aus dem ersten Teil dieses Abschnitts kennen, brauchen wir also nur noch <u>eine</u> spezielle Lösung y_s der inhomogenen Gleichung (+) zu finden. Dazu benutzt man das sogenannte Verfahren der Variation der Konstanten.

VARIATION DER KONSTANTEN.- Die Idee ist die folgende: Als allgemeine Lösung der homogenen linearen Differentialgleichung erhielten wir (24.28)

$$y(x) = C\,e^{P(x)}\,,$$

wobei P Stammfunktion von p und C eine Konstante ist.

Für die <u>in</u>homogene Gleichung machen wir einen Lösungs<u>ansatz</u>, indem wir C als differenzierbare Funktion von x auffassen, d.h. wir suchen eine spezielle Lösung in der Form

$$y_s(x) = C(x)\,e^{P(x)}.$$

Lösungsansatz

Wir "variieren" also die Konstante und versuchen $C(x)$ geeignet zu bestimmen. Es ergibt sich

$$y_s'(x) = C'(x)e^{P(x)} + C(x)p(x)e^{P(x)}.$$

Setzen wir dies in (+) ein, so folgt:

$$(y_s' =)\ C'e^P + Cpe^P = Cpe^P + q \ \ (= py_s + q).$$

Also muß gelten

$$C'(x)e^{P(x)} = q(x)$$

oder

$$C'(x) = q(x)e^{-P(x)}.$$

Hieraus folgt für $C(x)$ durch Integration

$$C(x) = \int q(x)e^{-P(x)}dx.$$

Sie prüfen nun unmittelbar nach, daß

$$y_s(x) = C(x)e^{P(x)} = \left[\int q(x)e^{-P(x)}dx\right]\cdot e^{P(x)}$$

die Differentialgleichung

$$y'(x) = p(x)y(x) + q(x)$$

löst. Die allgemeine Lösung von (+) ist also

$$\boxed{y(C,x) = C\,e^{P(x)} + \left[\int q(x)e^{-P(x)}dx\right]\cdot e^{P(x)}}\ .$$

allgemeine Lösung der inhomogenen linearen Differentialgleichung

Ist ein Anfangswertproblem

$$y' = p(x)y + q(x)\,,\ y(\xi) = \eta$$

gegeben, so brauchen wir nur die Stammfunktion P und $\int q(x)e^{-P(x)}dx$ geeignet zu wählen, um die

Anfangsbedingungen zu erfüllen, nämlich

$$P(x) = \int_{\xi}^{x} p(t)\,dt \quad \text{und}$$

$$C(x) = \int_{\xi}^{x} q(\tau)e^{-P(\tau)}\,d\tau .$$

Als y_H wählen wir dann die Lösung des Anfangswertproblems

$$y' = p(x)y, \; y(\xi) = \eta,$$

und für y_S die Lösung von

$$y' = p(x)y + q(x), \; y(\xi) = 0.$$

Sie Summe $y_H + y_S$ ergibt dann die Lösung des gegebenen Anfangswertproblems.

Wir fassen zusammen:

(24.29) **SATZ.-** Seien $p, q : I \to \mathbb{R}$ stetige Funktionen, $\xi \in I$ und $\eta \in \mathbb{R}$. Ferner sei

Lösung der linearen Differentialgleichung

$$P(x) := \int_{\xi}^{x} p(t)\,dt, \; x \in I.$$

Dann ist die Lösung des Anfangswertproblems

$$y' = p(x)y + q(x), \; y(\xi) = \eta,$$

gegeben durch

$$y(x) = \eta e^{P(x)} + e^{P(x)} \int_{\xi}^{x} q(\tau)e^{-P(\tau)}\,d\tau .$$

Bemerkung: Wenn wir im Satz "die" Lösung schreiben, so gehen wir indirekt bereits von der Eindeutigkeit aus. Sie folgt in der Tat leicht aus (24.20).

Die linearen Differentialgleichungen kommen in der Praxis sehr häufig vor. Sehen wir uns daher zunächst ein Beispiel aus der Elektrotechnik an.

(24.30) **BEISPIELE.-** (1) Gegeben sei ein Netzwerk aus einer Induktivität L, einem Widerstand R und einem Wechselstromgenerator, der die Spannung

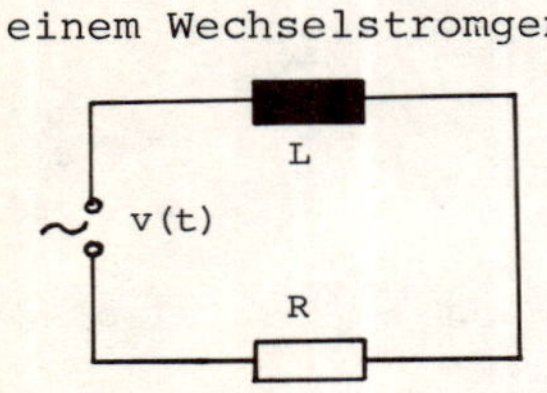

$v(t) = A \sin \omega t$ erzeugt. Gesucht ist die Stromstärke $i(t)$, wenn gilt: $i(0) = 0$. Nach dem Kirchhoff'schen Gesetzen gilt

$$L\frac{di(t)}{dt} + R\,i(t) = v(t)$$

oder umgeformt

$$\frac{di(t)}{dt} = -\frac{R}{L}\,i(t) + \frac{1}{L}\,v(t), \quad i(0) = 0.$$

Es liegt ein Anfangswertproblem für eine lineare Differentialgleichung erster Ordnung vor.

Nach Satz (24.29) ist die Lösung gegeben durch $(p(t) = -\frac{R}{L},\; q(t) = \frac{1}{L}\,v(t) = \frac{A}{L}\sin \omega t$, also

$P(t) = -\int_{0}^{t} \frac{R}{L}\,dt = -\frac{R}{L}\,t)$:

$$i(t) = 0\cdot e^{-\frac{R}{L}t} + e^{-\frac{R}{L}t}\cdot\int_{0}^{t}\frac{A}{L}\sin \omega\tau\cdot e^{\frac{R}{L}\tau}\,d\tau$$

$$= \frac{A}{L}\,e^{-\frac{R}{L}t}\cdot\int_{0}^{t}\sin\omega\tau\cdot e^{\frac{R}{L}\tau}\,d\tau .$$

Zweimalige partielle Integration ergibt:

$$\int_{0}^{t}\sin\omega\tau\, e^{\frac{R}{L}\tau}\,d\tau =$$

$$= \frac{e^{\frac{R}{L}t}}{\frac{R^2}{L^2}+\omega^2}\left(\frac{R}{L}\sin\omega t - \omega\cos\omega t\right) + \frac{\omega}{\frac{R^2}{L^2}+\omega^2}$$

$$= e^{\frac{R}{L}t}\left(\frac{LR}{R^2+L^2\omega^2}\sin\omega t - \frac{L^2\omega}{R^2+L^2\omega^2}\cos\omega t\right) + \frac{L^2\omega}{R^2+L^2\omega^2} .$$

Einsetzen dieses Ergebnisses liefert:

$$i(t) = \frac{A}{L}\left(\frac{LR}{R^2+L^2\omega^2}\sin\omega t - \frac{L^2\omega}{R^2+L^2\omega^2}\cos\omega t\right)$$

$$+ \frac{A}{L}\,e^{-\frac{R}{L}t}\,\frac{L^2\omega}{R^2+L^2\omega^2}$$

$$= \frac{AR}{R^2+L^2\omega^2}\sin\omega t - \frac{AL\omega}{R^2+L^2\omega^2}\cos\omega t$$

$$+ \frac{AL\omega}{R^2+L^2\omega^2}\,e^{-\frac{R}{L}t} .$$

Man kann dieses Ergebnis vereinfachen. Setzt man nämlich $\cos\alpha := \frac{R}{\sqrt{R^2+\omega^2L^2}}$ *, dann ist*

$$\sin\alpha = \sqrt{1-\cos^2\alpha} = \sqrt{1-\frac{R^2}{R^2+\omega^2L^2}} = \sqrt{\frac{\omega^2L^2}{R^2+\omega^2L^2}}$$

$$= \frac{\omega L}{\sqrt{R^2+\omega^2L^2}} .$$

Damit folgt

$$i(t) = \frac{A}{\sqrt{R^2+\omega^2L^2}}(\sin\omega t\cos\alpha - \cos\omega t\sin\alpha)$$

$$+ \frac{AL\omega}{R^2+L^2\omega^2}\,e^{-\frac{R}{L}t} .$$

Wegen des Additionstheorems für trigonometrische Funktionen in der Form $\sin\beta\cos\gamma - \cos\beta\sin\gamma = \sin(\beta-\gamma)$ *ergibt sich*

$$i(t) = \frac{AL\omega}{R^2+L^2\omega^2}\,e^{-\frac{R}{L}t} + \frac{A}{\sqrt{R^2+\omega^2L^2}}\sin(\omega t-\alpha)$$

mit $\alpha = \arctan\frac{\omega L}{R}$.

(2) Bei diesem Beispiel wollen wir mit der Variation der Konstanten die allgemeine Lösung der Differentialgleichung

$$xy' + 2y - x^3 = 0$$

bestimmen.
Umformung führt auf

$$y' = -\frac{2}{x}y + x^2 \qquad (x \neq 0!).$$

Es ist $p(x) = -\frac{2}{x}$ und $q(x) = x^2$.
Eine Stammfunktion P von p ist gegeben durch

$$P(x) = -2\ln|x| = \ln\frac{1}{x^2}.$$

Damit lautet die Lösung der zugehörigen homogenen linearen Differentialgleichung $y' = -\frac{2}{x}y$:

$$y_H(x) = C\,e^{P(x)} = C\,e^{\ln\frac{1}{x^2}} = \frac{C}{x^2}.$$

Nach dem Schluß von (24.28) ist nun noch das Integral

$$\int q(x)e^{-P(x)}dx = \int x^2\cdot\exp(-\ln\frac{1}{x^2})dx$$

zu bestimmen. Es ist gleich

$$\int x^2\cdot\exp(\ln x^2)dx = \int x^4 dx = \frac{x^5}{5},$$

so daß die allgemeine Lösung lautet:

$$y(x) = \frac{C}{x^2} + e^{P(x)}\cdot\frac{x^5}{5} = \frac{C}{x^2} + \frac{x^3}{5}, \quad x \neq 0.$$

A 8 *AUFGABE 8.- a) Eine Kugel der Masse m werde aus großer Höhe mit der Anfangsgeschwindigkeit v_0 auf die Erde geworfen. Nehmen Sie an, daß die einzigen Kräfte, die auf sie wirken, der Luftwiderstand proportional zu ihrer Geschwindigkeit und die Erdanziehungskraft sind. Bestimmen Sie die Geschwindigkeit als Funktion der Zeit.*

b) Bestimmen Sie durch Variation der Konstanten die allgemeine Lösung von

$$y' + (\sin x)\cdot y = \sin x\ \cos x.$$

Bernoulli'sche und Riccati'sche Differentialgleichung

Wir untersuchen noch zwei Typen von Differentialgleichungen, die mit der linearen Differentialgleichung in Zusammenhang gebracht werden können.

Die Bernoulli'sche Differentialgleichung.- Es handelt sich um eine Differentialgleichung der Form (24.31)

Bernoulli'sche Differentialgleichung

$$\text{(I)}\quad y' = p(x)y + q(x)y^\alpha$$

wobei $\alpha \in \mathbb{R} \setminus \{0,1\}$ (*) und $p,q : I \longrightarrow \mathbb{R}$ stetige Funktionen sind. Diese Differentialgleichung läßt sich durch die Substitution

$$z(x) := y(x)^{1-\alpha}$$

auf eine lineare Differentialgleichung zurückführen. Dann ist nämlich

$$z'(x) = (1-\alpha)y(x)^{-\alpha}\cdot y'(x).$$

Multipliziert man (I) mit $(1-\alpha)y^{-\alpha}$, so folgt
$(1-\alpha)y^{-\alpha}\cdot y' = (1-\alpha)p(x)y^{1-\alpha} + (1-\alpha)q(x)$,
und darin z eingesetzt:

$$\text{(II)}\quad z' = (1-\alpha)p(x)z + (1-\alpha)q(x).$$

Dies ist eine lineare Differentialgleichung für z.
Ist ein Anfangswert $y(\xi) = \eta$ $(\eta \neq 0)$ vorgegeben, so ergibt sich für z die Anfangsbedingung

$$z(\xi) = \eta^{1-\alpha}.$$

Sie können nun leicht die Aussage des folgenden Satzes überprüfen.

Satz.- Eine Funktion $y : I \longrightarrow\ ]0,\infty[$ ist genau dann Lösung der Bernoulli'schen Differentialgleichung (I), wenn $z : I \longrightarrow \mathbb{R}$ mit $z(x) := y(x)^{1-\alpha}$ Lösung der linearen Differentialgleichung (II) ist. (24.32)

Lösung von (I)

Beispiel.- Gesucht ist die Lösung von (24.33)

$$xy' - 4y - x^2\sqrt{y} = 0.$$

Division durch x ergibt

$$\text{(I)}\quad y' = \frac{4}{x}y + x\sqrt{y} \qquad (x > 0).$$

Dies ist eine Bernoulli'sche Differentialgleichung mit $p(x) = \frac{4}{x}$, $q(x) = x$ und $\alpha = \frac{1}{2}$. Wir setzen also

$$z(x) := y(x)^{1-\frac{1}{2}} = \sqrt{y(x)}.$$

Damit erhält man $(1-\alpha = \frac{1}{2})$:

$$\text{(II)}\quad z' = \frac{1}{2}\cdot\frac{4}{x}z + \frac{1}{2}x = \frac{2}{x}\cdot z + \frac{x}{2}.$$

Diese lineare Differentialgleichung hat nach (24.28) die allgemeine Lösung $(P(x) = \int\frac{2}{x}dx = \ln x^2)$:

(*) $\alpha = 1$ ergibt die homogene lineare Differentialgleichung $y' = (p+q)y$. $\alpha = 0$ eine inhomogene lineare Differentialgleichung.

$$z(x) = C e^{\ln x^2} + e^{\ln x^2} \cdot \int \frac{x}{2} e^{-\ln x^2} dx$$
$$= C x^2 + x^2 \ln\sqrt{x}$$
$$= x^2 (C + \ln\sqrt{x}).$$

Wegen $y(x) = z^2(x)$ lautet die allgemeine Lösung von (I):

$$y(x) = x^4 (C + \ln\sqrt{x})^2.$$

AUFGABE 9.- Bestimmen Sie die Lösung des Anfangswertproblems

$$(1+x)y' + y = -(1+x)^2 y^4, \quad y(0) = 1.$$

(24.34) DIE RICCATI'SCHE DIFFERENTIALGLEICHUNG.- Es handelt sich hierbei um eine im allgemeinen nicht elementar integrierbare Differentialgleichung der Form

Riccati'sche Differentialgleichung

$$\text{(I)} \quad y' = p(x)y + q(x)y^2 + r(x),$$

dabei sind $p, q, r : I \to \mathbb{R}$ stetige Funktionen und q sei nicht identisch Null.

Es gilt jedoch:

Nehmen wir an, wir hätten eine spezielle Lösung $y_o : I \to \mathbb{R}$ dieser Differentialgleichung bereits gefunden (erraten). Dann kann man die allgemeine Lösung direkt bestimmen.

Es gilt nämlich für die Differenz $z(x) := y(x) - y_o(x)$ zweier Lösungen:

$$z'(x) = p(x)z(x) + q(x)(y^2(x) - y_o^2(x)).$$

Mit $(y^2 - y_o^2) = (y-y_o)(y+y_o) = z(z+2y_o)$ folgt

$$\text{(II)} \quad z' = p(x)z + q(x)(z^2 + 2y_o z)$$
$$= (p(x) + 2y_o q(x))z + q(x)z^2.$$

Da y_o eine bekannte Funktion ist, liegt mit (II) eine Bernoulli'sche Differentialgleichung für z vor (mit $\alpha = 2$). Setzt man $w(x) := \frac{1}{z(x)}$, so geht (II) über in die lineare Differentialgleichung

$$\text{(III)} \quad w' = -[p(x) + 2y_o(x)q(x)]w - q(x).$$

Kennt man also eine Lösung y_o, so läßt sich jede andere durch Lösen dieser linearen Differentialgleichung bestimmen.

Es gilt (ohne Beweis):

(24.35) SATZ.- Sei $y_o : I \to \mathbb{R}$ eine Lösung der Riccati'schen Differentialgleichung (I). Dann gilt:

Lösung der Riccati-Gleichung

$y : I \to \mathbb{R}$ ist genau dann Lösung von (I) mit $y(\xi) = \eta$, wenn $w : I \to \mathbb{R}$ mit $w(x) := \frac{1}{y(x) - y_o(x)}$ Lösung des Anfangswertproblems

$$w' = -[p(x) + 2y_o(x)q(x)]w - q(x), \quad w(\xi) = \frac{1}{\eta - y_o(\xi)}$$

ist.

BEISPIEL.- Gesucht ist die Lösung des Anfangswertproblems (24.36)

$$\text{(I)} \quad y' = -y^2 + \frac{2}{x^2}, \quad y(1) = 3, \quad (x > 0).$$

(1) Ansatz zur Bestimmung einer speziellen Lösung:

Ansatz für spezielle Lösung

$$y_o(x) = ax^b, \quad a, b \in \mathbb{R}.$$

Diesen Ansatz oder auch den Ansatz $y_o(x) = \frac{a}{x} + bx$ kann man häufiger zu diesem Zweck verwenden.

Es folgt mit diesem Ansatz in (I):

$$abx^{b-1} = -a^2x^{2b} + 2x^{-2}.$$

Höchste Potenz von x ist -2. Daraus ergibt sich durch Vergleich $b = -1$.

Damit erhalten wir:

$$-ax^{-2} = -a^2x^{-2} + 2x^{-2}$$

oder

$$a^2 - a - 2 = 0, \quad a_1 = -1, \quad a_2 = 2.$$

Wählen wir $a = 2$, so erhalten wir als spezielle Lösung

spezielle Lösung

$$y_o(x) = \frac{2}{x}.$$

(2) Lösung unter Verwendung der speziellen Lösung. Durch die Substitution

Substitution

$w(x) = \frac{1}{y(x) - y_o(x)} = \frac{1}{y(x) - \frac{2}{x}}$ geht (I) über in

$$\text{(III)} \quad w' = -(-2\,\frac{2}{x} + 0)w + 1, \quad w(1) = \frac{1}{3-2} = 1,$$

d.h. $w' = \frac{4}{x}w + 1, \quad w(1) = 1.$

Lösung dieses linearen Anfangswertproblems nach Satz (24.29):

Mit $P(x) = \int_1^x \frac{4}{t}dt = 4\ln x$ folgt

$$w(x) = 1 \cdot e^{4\ln x} + e^{4\ln x} \int_1^x 1 \cdot e^{-4\ln\tau} d\tau$$
$$= x^4 + x^4\left(-\frac{1}{3}x^{-3} + \frac{1}{3}\right)$$
$$= \frac{4}{3}x^4 - \frac{1}{3}x = \frac{4x^4 - x}{3}.$$

Da $y(x) = \frac{1}{w(x)} + y_o(x)$ ist, folgt

Lösung des Anfangswertproblems

$$y(x) = \frac{3}{4x^4 - x} + \frac{2}{x} = \frac{3 + 8x^3 - 2}{4x^4 - x} = \frac{8x^3 + 1}{4x^4 - x}.$$

AUFGABE 10.- Bestimmen Sie die allgemeine Lösung von A 10

$$y' - y^2 + (2x+1)y = 1 + x + x^2.$$

Lösung von Differentialgleichungen durch Bestimmung der Umkehrfunktion

Manchmal kann der Versuch nützlich sein, an Stelle der Lösung $y = y(x)$ deren Umkehrfunktion zu bestimmen. Nehmen wir an, daß diese existiert und bezeichnen wir sie konsequenterweise mit $y \mapsto x(y)$. Dann ist (siehe ANALYSIS I, Satz (11.28)):

$$x'(y) = \frac{dx(y)}{dy} = \frac{1}{\frac{dy}{dx}(x)} = \frac{1}{y'(x)}\Big|_{x=x(y)} .$$

Manchmal vereinfacht sich dadurch die Differentialgleichung.

(24.37) **Beispiel.-** Gesucht ist die allgemeine Lösung von

$$y'(y^2-6x) = -2y.$$

Wir versuchen, die Umkehrfunktion $x(y)$ der Lösung zu bestimmen. Dadurch geht die Differentialgleichung über in

$$\frac{1}{x'}(y^2-6x) + 2y = 0$$

oder

$$2yx' - 6x + y^2 = 0.$$

Dies ist eine lineare Differentialgleichung erster Ordnung für x. Schreiben wir sie in der Form

$$x' = \frac{3}{y}x - \frac{y}{2} \quad , \quad y > 0,$$

so ist $P(y) = \int \frac{3}{y}dy = 3\ln y$ und die allgemeine Lösung lautet nach (24.28):

$$x(y) = C e^{P(y)} - e^{P(y)} \int \frac{y}{2} e^{-P(y)} dy$$
$$= C y^3 - y^3 \frac{1}{2} \int y \frac{1}{y^3} dy$$
$$= C y^3 + \frac{1}{2} y^3 \frac{1}{y} = C y^3 + \frac{y^2}{2} .$$

A 11 *AUFGABE 11.- Gesucht ist die Lösung von*

$$y'(x-2xy-y^2) = -y^2.$$

Exakte Differentialgleichungen

Zur Lösung von Differentialgleichungen kann man auch die Ergebnisse von Kapitel 23, § 3 verwenden. Die Berechnung von Potentialen für konservative Vektorfelder ist der wesentliche Schritt zur Lösung sogenannter "exakter Differentialgleichungen".

Definition.- Eine Differentialgleichung der Form (24.38)

$$P(x,y) + Q(x,y)\, y' = 0$$

heißt *exakt*, wenn das auf einer offenen Menge $U \subseteq \mathbb{R}^2$ definierte Vektorfeld k mit

exakte Differentialgleichung

$$k(x,y) := (P(x,y), Q(x,y))$$

konservativ ist, wenn also ein Potential $F : U \to \mathbb{R}$ existiert, so daß

$$\frac{\partial F}{\partial x} = P \quad \text{und} \quad \frac{\partial F}{\partial y} = Q$$

gilt.

Bemerkung.- Formal schreibt man die Differentialgleichung (24.39)

$$P(x,y) + Q(x,y)\frac{dy}{dx} = 0$$

oft in der Form

$$P(x,y)\,dx + Q(x,y)\,dy = 0.$$

Diese Differentialgleichung ist also exakt, wenn sie die Gestalt

$$\frac{\partial F}{\partial x} dx + \frac{\partial F}{\partial y} dy = 0$$

hat, d.h. wenn die linke Seite das totale Differential der Funktion F ist (siehe (21.76), Seite 147):

$$dF = 0.$$

Eine Funktion $y = y(x)$ ist somit Lösung der exakten Differentialgleichung, wenn in jedem Punkt $(x,y(x))$ der Lösungskurve gilt

$$dF_{(x,y(x))} = 0.$$

Die Lösungen exakter Differentialgleichungen können folgendermaßen beschrieben werden.

Satz.- Die Differentialgleichung (24.40)

Lösungen exakter Differentialgleichungen

$$P(x,y) + Q(x,y)y' = 0$$

sei exakt auf einem Gebiet $G \subseteq \mathbb{R}^2$, und F sei ein Potential des Vektorfeldes (P,Q). Dann gilt: Eine differenzierbare Funktion $y : I \to \mathbb{R}$ ist genau dann eine Lösung, wenn $(x,y(x)) \in G$ und

$$F(x,y(x)) = \text{const.} \quad \text{für alle } x \in I.$$

Beweis.- Sei $y : I \to \mathbb{R}$ eine Lösung der gegebenen Differentialgleichung, d.h. y ist differenzierbar, und es gilt

$$(x,y(x)) \in G \text{ und}$$
$$P(x,y(x)) + Q(x,y(x))y'(x) = 0 \text{ für alle } x \in I.$$

Sei $g : I \to \mathbb{R}$ definiert durch

$$g(x) := F(x,y(x)).$$

Dann ist g nach der Kettenregel differenzierbar und hat die Ableitung

$$g'(x) = \frac{\partial F}{\partial x}(x,y(x))\cdot 1 + \frac{\partial F}{\partial y}(x,y(x))\cdot y'(x)$$
$$= P(x,y(x)) + Q(x,y(x))\cdot y'(x) = 0$$

für alle $x \in I$. Also ist g konstant auf I, d.h.

$$F(x,y(x)) = \text{const. für alle } x \in I.$$

Ist umgekehrt $y : I \longrightarrow \mathbb{R}$ eine differenzierbare Funktion mit $(x,y(x)) \in G$ und $F(x,y(x)) = \text{const.}$ für alle $x \in I$, so gilt

$$\frac{d}{dx} F(x,y(x)) = 0,$$

also

$$0 = \frac{\partial F}{\partial x}(x,y(x)) + \frac{\partial F}{\partial y}(x,y(x))y'(x)$$
$$= P(x,y(x)) + Q(x,y(x))y'(x).$$

y ist also eine Lösung von $P + Qy' = 0$.

(24.41) BEISPIELE.- (1) Wir betrachten die Differentialgleichung

$$y' = -\frac{3x^2 + 6xy^2}{6x^2y + 4y^3}$$

bzw. die für alle $(x,y) \in \mathbb{R}^2$ definierte Differentialgleichung

$$3x^2+6xy^2+(6x^2y+4y^3)y' = 0 \qquad (+)$$

oder formal

$$(3x^2+6xy^2)dx + (6x^2y+4y^3)dy = 0.$$

Da das Vektorfeld

$$(x,y) \longmapsto (P(x,y),Q(x,y)) := (3x^2+6xy^2, 6x^2y+4y^3)$$

im $\mathbb{R}^2$ der Integrabilitätsbedingung

$$\frac{\partial P}{\partial y}(x,y) = 12xy = \frac{\partial Q}{\partial x}(x,y)$$

genügt, folgt aus dem Lemma von Poincaré (23.41) die Existenz eines Potentials F. Dieses läßt sich leicht berechnen - etwa mit der in (23.44), Seite 196, geschilderten Methode. Man erhält

$$F(x,y) = x^3 + 3x^2y^2 + y^4.$$

Eine Lösung der Differentialgleichung (+) erhält man implizit aus der Gleichung (siehe Satz (24.40)):

$$x^3 + 3x^2y^2 + y^4 = C$$

für beliebiges $C \in \mathbb{R}$. (Die Gleichung ist biquadratisch in y, läßt sich daher nach y auflösen; man muß zur genaueren Untersuchung der Lösungsvielfalt eine Fallunterscheidung bezüglich C machen.)

(2) Separable Differentialgleichungen sind exakt. Ist etwa

$$y' = f(x)g(y)$$

mit stetigen Funktionen $f : I \longrightarrow \mathbb{R}$, $g : J \longrightarrow \mathbb{R}$, $g(y) \neq 0$ für alle $y \in J$ gegeben, so folgt

$$-f(x) + \frac{1}{g(y)}\, y' = 0.$$

Konstruiert man wie in (23.44) für das Vektorfeld

$$k(x,y) := \left(-f(x), \frac{1}{g(y)}\right), \quad (x,y) \in I \times J$$

ein Potential H (die Integrabilitätsbedingung ist trivialerweise erfüllt, das Rechteck $I \times J$ ist sternförmig), so erhält man

$$H(x,y) = G(y) - F(x),$$

wobei F eine Stammfunktion von f auf I und G eine Stammfunktion von $\frac{1}{g}$ auf J ist. Die Differentialgleichung ist also exakt.
Eine Lösung y erhält man durch Auflösen der Gleichung

$$H(x,y) = C$$

mit beliebigem $C \in \mathbb{R}$.
Sei G^{-1} wieder die Umkehrfunktion von G, dann folgt aus

$$G(y) - F(x) = C$$

zunächst

$$G(y) = F(x) + C,$$

also

$$y(x) = G^{-1}(F(x) + C).$$

(Vergleichen Sie mit der Lösungsmethode in ANALYSIS I, Seite 225.)

AUFGABE 12.- a) Bestimmen Sie wie in Beispiel (24.41)(2) die Lösungen von A 12

$$y' = \frac{x}{y\sqrt{1-x^2}}$$

b) Lösen Sie die Differentialgleichung

$$x^2 - y = (x + \sin^2 y)y'.$$

Manchmal liegt es nur an einer "ungeschickten Schreibweise", wenn eine Differentialgleichung nicht exakt ist. Wir betrachten dazu ein Beispiel.

BEISPIEL.- Gegeben sei die Differentialgleichung (24.42)

$$\text{(I)} \quad y + 2xy' = 0.$$

Es ist $P(x,y) = y$, $Q(x,y) = 2x$.
Die Integrabilitätsbedingung ist nicht erfüllt. Es ist nämlich

$$\frac{\partial P}{\partial y}(x,y) = 1 \quad \text{und} \quad \frac{\partial Q}{\partial x}(x,y) = 2.$$

Multipliziert man aber die Ausgangsgleichung (I) mit y, so erhält man

$$\text{(II)}\quad y^2 + 2xyy' = 0.$$

Das zu (II) gehörende Vektorfeld $(\tilde{P}(x,y), \tilde{Q}(x,y) := (y^2, 2xy)$ erfüllt nun die Integrabilitätsbedingung

$$\frac{\partial \tilde{P}}{\partial y}(x,y) = 2y = \frac{\partial \tilde{Q}}{\partial x}(x,y).$$

Wir bestimmen ein Potential F von $k(x,y) := (y^2, 2xy)$ nach dem Verfahren aus (23.44):

Integration über x liefert

$$F(x,y) = \int (y^2)\,dx + A_1(y) = xy^2 + A_1(y),$$

und Integration über y

$$F(x,y) = \int (2xy)\,dy + A_2(x) = xy^2 + A_2(x).$$

Es folgt durch Vergleich $A_1(y) = 0$, $A_2(x) = 0$, und damit

$$F(x,y) = xy^2.$$

Auflösen der Gleichung $F(x,y) = C$ nach y führt schließlich über

$$xy^2 = C$$

auf

$$y(x) = \sqrt{\frac{C}{x}},$$

wobei $x > 0$ sein muß, falls $C > 0$ ist und $x < 0$, falls $C < 0$. Hierbei handelt es sich um Lösungen von (I). Natürlich ist auch die Funktion $y \equiv 0$ eine Lösung von (I).

Betrachten Sie noch einmal die Gleichungen (I) und (II). Durch die Multiplikation mit der Funktion $\mu(x,y) := y$ wurde Gleichung (I) exakt. Hätten wir Gleichung (I) mit $\mu_1(x,y) := \frac{1}{2xy}$ oder $\mu_2(x,y) := \frac{1}{\sqrt{x}}$ multipliziert, hätten wir ebenfalls eine exakte Differentialgleichung erhalten. Sie können es leicht nachprüfen.

(24.43) **DEFINITION.-** Sei $G \subseteq \mathbb{R}^2$ ein Gebiet. Eine stetig differenzierbare, nirgends verschwindende Funktion $\mu : G \to \mathbb{R}$, für die die Gleichung

$$\mu \cdot (P\,dx + Q\,dy) = 0$$

exakt ist, heißt *integrierender Faktor* der Differentialgleichung $P\,dx + Q\,dy = 0$.

integrierender Faktor

(24.44) **BEMERKUNGEN.-** (1) Zu einer Differentialgleichung $P\,dx + Q\,dy = 0$ kann es verschiedene (oder auch keine) integrierende Faktoren geben.

(2) Ist ein integrierender Faktor gefunden, kann die Differentialgleichung durch Bestimmung des Potentials gelöst werden, wenn auch die Lösung meist nur implizit in der Form $F(x,y) = C$ gegeben ist.

(3) Wie kann ein integrierender Faktor μ gefunden werden? Im allgemeinen ist dies sehr schwierig:
Das Vektorfeld $(\mu P, \mu Q)$ muß konservativ sein, also muß die Integrabilitätsbedingung

$$\frac{\partial(\mu P)}{\partial y} = \frac{\partial(\mu Q)}{\partial x}$$

erfüllt sein. Deshalb muß

$$\frac{\partial \mu}{\partial y} P + \mu \frac{\partial P}{\partial y} = \frac{\partial \mu}{\partial x} Q + \mu \frac{\partial Q}{\partial x}$$

oder

$$\mu\left(\frac{\partial P}{\partial y} - \frac{\partial Q}{\partial x}\right) = Q\,\frac{\partial \mu}{\partial x} - P\,\frac{\partial \mu}{\partial y}$$

gelten. Division durch μ führt auf

$$\frac{\partial P}{\partial y} - \frac{\partial Q}{\partial x} = Q\,\frac{1}{\mu}\frac{\partial \mu}{\partial x} - P\,\frac{1}{\mu}\frac{\partial \mu}{\partial y}.$$

Wegen $\frac{\partial}{\partial y}\ln|\mu| = \frac{1}{\mu}\frac{\partial \mu}{\partial y}$ und $\frac{\partial}{\partial x}\ln|\mu| = \frac{1}{\mu}\frac{\partial \mu}{\partial x}$ folgt daraus die Bestimmungsgleichung für $\nu := \ln|\mu|$

$$\boxed{Q\,\frac{\partial \nu}{\partial x} - P\,\frac{\partial \nu}{\partial y} = \frac{\partial P}{\partial y} - \frac{\partial Q}{\partial x}}\,.$$

Bestimmungsgleichung für μ

Diese Gleichung ist eine "partielle Differentialgleichung" für ν. Das Problem scheint schwieriger geworden zu sein. Es gibt aber einfache Sonderfälle:

(4) Ist $\frac{1}{Q(x,y)}\left(\frac{\partial P}{\partial y}(x,y) - \frac{\partial Q}{\partial x}(x,y)\right) =: h(x)$, also eine <u>nur</u> von x abhängige Funktion, so ist μ ebenfalls als <u>nur</u> von x abhängige Funktion wählbar, und zwar

μ nur abhängig von x

$$\mu(x,y) := e^{\int h(x)\,dx}.$$

(5) Ist $\frac{1}{P(x,y)}\left(\frac{\partial P}{\partial y}(x,y) - \frac{\partial Q}{\partial x}(x,y)\right) =: g(y)$, also eine <u>nur</u> von y abhängige Funktion, so kann

μ nur abhängig von y

$$\mu(x,y) := e^{-\int g(y)\,dy}$$

gewählt werden.

AUFGABE 13.- Beweisen Sie die Aussagen von Bemerkung (24.44)(4) und (5) mit Hilfe der Bestimmungsgleichung für den integrierenden Faktor. A 13

(24.45) **BEISPIEL.-** Zu bestimmen ist die Lösung von $(x\sin y + y\cos y)\,dx + (x\cos y - y\sin y)\,dy = 0$.

Es ist nun

$\frac{\partial Q}{\partial x} = \cos y$ und $\frac{\partial P}{\partial y} = x\cos y + \cos y - y\sin y$.

Die Integrabilitätsbedingung ist nicht erfüllt. Wir suchen einen integrierenden Faktor. Dazu untersuchen wir, ob vielleicht die Sonderfälle von (24.44)(4) oder (5) vorliegen. Es ist

$$\frac{\partial P}{\partial y} - \frac{\partial Q}{\partial x} = x\cos y + \cos y - y\sin y - \cos y$$
$$= x\cos y - y\sin y.$$

Division durch Q ergibt

$$\frac{\frac{\partial P}{\partial y} - \frac{\partial Q}{\partial x}}{Q} = 1 =: h(x).$$

Es liegt der Sonderfall (24.44)(4) vor. Wir erhalten einen integrierenden Faktor

$$\mu(x) = e^{\int h(x)dx} = e^x$$

Die Differentialgleichung

$$(x\sin y + y\cos y)e^x dx + (x\cos y - y\sin y)e^x dy = 0$$

ist exakt.

Es folgt die Bestimmung des Potentials wie in Beispiel (23.45):

$$F(x,y) = \int (x\sin y + y\cos y)e^x dx + A_1(y)$$
$$= y\cos y\, e^x + \sin y(xe^x - e^x) + A_1(y)$$
$$= (y\cos y + x\sin y - \sin y)\, e^x + A_1(y),$$

$$F(x,y) = \int (x\cos y - y\sin y)e^x dy + A_2(x)$$
$$= x\sin y\, e^x - (-y\cos y + \sin y)\, e^x + A_2(x)$$
$$= (y\cos y + x\sin y - \sin y)\, e^x + A_2(x).$$

Vergleich ergibt $A_1(y) = 0$, $A_2(x) = 0$. Wir erhalten daher die implizite Darstellung der Lösung

$$(y\cos y + x\sin y - \sin y)\, e^x = C.$$

A 14 *AUFGABE 14.- Lösen Sie mit Hilfe eines integrierenden Faktors*

a) $y\,dx - (2x+y)dy = 0$

b) $(2y^3+2)dx + 3xy^2 dy = 0$

Kurze Zusammenfassung

Wir stellen die elementaren Verfahren noch einmal zusammen:

(1) Separable Differentialgleichungen:

$$y' = f(x)g(y),\ y(\xi) = \eta.$$

Lösung nach Satz (24.19) über

$$\int_\eta^y \frac{1}{g(s)}ds = \int_\xi^x f(t)dt$$

und Auflösen nach y (oder auch wie in (24.35)(2)).

(2) Einführung neuer Variablen.

a) $y' = f(ax+by+c)$, $y(\xi) = \eta$ (Satz (24.21).

Ansatz: $z(x) = ax+by+c$ führt auf

$z' = a + b\,f(z)$, $z(\xi) = a\xi + b\eta + c$ (separabel!)

b) Homogene Differentialgleichung

$$y' = f(\tfrac{y}{x}),\quad y(\xi) = \eta \quad \text{(Satz (24.23))}.$$

Ansatz: $z(x) = \frac{y(x)}{x}$ führt auf

$$z' = \frac{f(z)-z}{x},\quad z(\xi) = \frac{\eta}{\xi} \quad \text{(separabel!)}$$

c) $y' = f\left(\frac{p_1x+q_1y+r_1}{p_2x+q_2y+r_2}\right)$, $y(\xi) = \eta$

α) $\det\begin{pmatrix} p_1 & q_1 \\ p_2 & q_2 \end{pmatrix} = 0$ führt auf (2)a)

β) $\det\begin{pmatrix} p_1 & q_1 \\ p_2 & q_2 \end{pmatrix} \neq 0$ führt auf (2)b).

(3) Lineare Differentialgleichungen erster Ordnung.

a) homogene: $y' = p(x)y$, $y(\xi) = \eta$ (separabel!)

Ist P Stammfunktion von p, dann hat die allgemeine Lösung die Gestalt

$$y(x) = C\,e^{P(x)},\ C \text{ Konstante.}$$

b) allgemein: $y' = p(x)y + q(x)$, $y(\xi) = \eta$.

Lösungsmethode: Variation der Konstanten (24.28). Ist P Stammfunktion von p, so lautet die allgemeine Lösung

$$y(x) = C\,e^{P(x)} + e^{P(x)} \int q(x)e^{-P(x)}dx.$$

Lösung des Anfangswertproblems $y(\xi) = \eta$:

$$y(x) = \eta\, e^{P(x)} + e^{P(x)} \int_\xi^x q(\tau)e^{-P(\tau)}d\tau,$$

wobei $P(x) = \int_\xi^x p(t)dt$ (siehe Satz (24.29)).

(4) Bernoulli'sche und Riccati'sche Differentialgleichungen

a) Bernoulli'sche: $y' = p(x)y + q(x)y^\alpha$, $\alpha \in \mathbb{R} \setminus \{0,1\}$.

Ansatz: $z(x) = y(x)^{1-\alpha}$ führt auf

$z' = (1-\alpha)p(x)z + (1-\alpha)q(x)$ (linear!) (Satz (24.32)).

b) Riccati'sche: $y' = p(x)y + q(x)y^2 + r(x)$.

Erraten einer speziellen Lösung $y_o(x)$.

Dann Substitution: $w(x) = \frac{1}{y(x)-y_o(x)}$ führt auf

$w' = -[p(x)+2y_o(x)q(x)]w - q(x)$ (linear!) (Satz (24.35)).

(5) Exakte Differentialgleichungen.

a) $P(x,y) + Q(x,y)y' = 0$ mit $\frac{\partial P}{\partial y} = \frac{\partial Q}{\partial x}$.

Lösung entsprechend Satz (24.40) durch Bestimmung eines Potentials F.

b) Ist $\frac{\partial P}{\partial y} \neq \frac{\partial Q}{\partial x}$, so kann sich durch Multiplikation mit einem integrierenden Faktor eine exakte Differentialgleichung ergeben (24.42) - (24.45).

§ 4 LINEARE DIFFERENTIALGLEICHUNGEN ZWEITER ORDNUNG MIT KONSTANTEN KOEFFIZIENTEN

Bereits in ANALYSIS I, (11.42), Seite 195, haben Sie mit der Schwingungsgleichung $\ddot{s} + \frac{D}{m}s = 0$ und in (13.39), Seite 251, mit der Differentialgleichung für einen Reihenschwingkreis $L\frac{di^2(t)}{dt^2} + R\frac{di(t)}{dt} + \frac{1}{C}i(t) = 0$ Spezialfälle der homogenen linearen Differentialgleichung zweiter Ordnung (*) kennengelernt. Allgemein lautet sie:

homogene lineare Dgl. 2. Ordnung

$$\text{(I)}\quad y'' + ay' + by = 0,\ a,b \in \mathbb{R} \text{ beliebig.}$$

Wir wollen jetzt die allgemeine Lösung dieser Differentialgleichung bestimmen. Sie werden sehen, daß für beliebige $a,b \in \mathbb{R}$ Lösungen, das sind zweimal stetig differenzierbare Funktionen $y:\mathbb{R} \to \mathbb{R}$ mit $y''(x) + ay'(x) + by(x) = 0$ für alle $x \in \mathbb{R}$, gefunden werden können.

Außerdem behandeln wir das Anfangswertproblem zu (I). Dabei muß jedoch im Gegensatz zum Anfangswertproblem für eine Differentialgleichung erster Ordnung auch der Wert für die erste Ableitung in einem Punkt vorgegeben werden. Hier lautet also das Anfangswertproblem:

Anfangswertproblem

Gesucht ist eine zweimal stetig differenzierbare Funktion $y:\mathbb{R} \to \mathbb{R}$, für die gilt:

$y'' + ay' + by = 0$ und

$y(\xi) = \eta_0$, $y'(\xi) = \eta_1$, $\xi, \eta_0, \eta_1 \in \mathbb{R}$ fest vor gegeben.

A 15

AUFGABE 15.- Zeigen Sie: Sind y_1, y_2 Lösungen von (I) und sind $\lambda, \mu \in \mathbb{R}$, so ist auch $\lambda y_1 + \mu y_2$ eine Lösung von (I).

(24.46) BEMERKUNGEN.- (1) Zunächst vereinfachen wir uns das Problem ein wenig. Betrachten wir nämlich statt y eine Funktion $u:\mathbb{R} \to \mathbb{R}$ mit

Vereinfachung

$$u(x) := e^{\frac{a}{2}x}\, y(x),$$

so genügt u der (einfacheren) Differentialgleichung

$$u'' + \left(b - \frac{a^2}{4}\right)u = 0$$

genau dann, wenn y die Gleichung (I) erfüllt.

Rechnen Sie nach: Es gilt

$$u'(x) = e^{\frac{a}{2}x}\left(\frac{a}{2}\,y(x) + y'(x)\right)$$

$$u''(x) = e^{\frac{a}{2}x}\left(\frac{a^2}{4}\,y(x) + ay'(x) + y''(x)\right),$$

also wegen (I)

$$u''(x) = e^{\frac{a}{2}x}\left(\frac{a^2}{4} - b\right)y(x) = \left(\frac{a^2}{4} - b\right)u(x).$$

(2) Es genügt also, Differentialgleichungen der Form

$$\text{(II)}\quad u'' + d\cdot u = 0,\quad d \in \mathbb{R} \text{ beliebig,}$$

vereinfachte Differentialgleichung

zu betrachten.

Man sucht nun Lösungen von (II) in der Form

$$u(x) = e^{\alpha x},$$

$u(x) = e^{\alpha x}$,

wobei wir $\alpha \in \mathbb{C}$ zulassen. Wie muß α gewählt werden, damit u Lösung von (II) ist? Setzen wir ein, so folgt

$$\alpha^2 e^{\alpha x} + d e^{\alpha x} = 0.$$

Also muß $\alpha^2 + d = 0$ oder

$$\alpha^2 = -d$$

Bedingung für α

gelten.

Hier müssen wir drei Fälle unterscheiden:

(3) <u>Fallunterscheidung</u>:

<u>1. Fall</u>: Ist $d < 0$, so gibt es zwei reelle Lösungen $d < 0$

$$\alpha_1 = \sqrt{-d}\ ,\quad \alpha_2 = -\sqrt{-d}\ .$$

Damit liefert der Ansatz $u(x) = e^{\alpha x}$ zwei verschiedene Lösungen $u_1(x) = e^{\sqrt{-d}\,x}$ und $u_2(x) = e^{-\sqrt{-d}\,x}$.

Da mit zwei Lösungen von (I) oder (II) auch jede beliebige Linearkombination wieder eine Lösung ist (siehe Aufgabe 15), erhalten wir als Lösungen von (II) alle Funktionen der Form

$$u(x) = c_1 e^{\sqrt{-d}\,x} + c_2 e^{-\sqrt{-d}\,x},\quad c_1, c_2 \in \mathbb{R}.$$

<u>2. Fall</u>: Ist $d = 0$, so ist der Lösungsansatz überflüssig. (II) lautet dann: $u'' = 0$. Zweimalige unbestimmte Integration führt auf die Lösungen $d = 0$

$$u(x) = c_1 + c_2 x,\quad c_1, c_2 \in \mathbb{R}.$$

(*) Zweiter Ordnung, da es sich bei der höchsten vorkommenden Ableitung um die zweite Ableitung handelt.

$d > 0$

3. Fall: Ist $d > 0$, so hat $\alpha^2 = -d$ die zwei imaginären Lösungen

$$\alpha_1 = i\sqrt{d}\ , \quad \alpha_2 = -i\sqrt{d}\ .$$

Der Ansatz liefert die zugehörigen komplexen Lösungen

$$\tilde{u}_1(x) = e^{i\sqrt{d}\,x} \quad \text{und} \quad \tilde{u}_2(x) = e^{-i\sqrt{d}\,x}\ .$$

Wir bilden nun geeignete Linearkombinationen, um reelle Lösungen zu erhalten:

$$u_1(x) = \frac{1}{2}(\tilde{u}_1(x) + \tilde{u}_2(x)) = \frac{e^{i\sqrt{d}\,x} + e^{-i\sqrt{d}\,x}}{2} = \cos\sqrt{d}\,x$$

$$u_2(x) = \frac{1}{2i}(\tilde{u}_1(x) - \tilde{u}_2(x)) = \frac{e^{i\sqrt{d}\,x} - e^{-i\sqrt{d}\,x}}{2i} = \sin\sqrt{d}\,x.$$

Damit erhalten wir alle Funktionen der Form

$$u(x) = c_1\cos\sqrt{d}\,x + c_2\sin\sqrt{d}\,x, \quad c_1, c_2 \in \mathbb{R}$$

als Lösungen von (II).

(24.47) Lösungen von $u'' + d\cdot u = 0$

ZUSAMMENFASSUNG.- Die homogene lineare Differentialgleichung

$$u'' + d\cdot u = 0$$

besitzt Lösungen der Gestalt

$$u(x) = c_1 u_1(x) + c_2 u_2(x) \quad \text{mit } c_1, c_2 \in \mathbb{R}$$

wobei

(1) $u_1(x) = e^{\sqrt{-d}\,x}$, $u_2(x) = e^{-\sqrt{-d}\,x}$, falls $d < 0$,

(2) $u_1(x) = 1$, $u_2(x) = x$, falls $d = 0$,

(3) $u_1(x) = \cos\sqrt{d}\,x$, $u_2(x) = \sin\sqrt{d}\,x$, falls $d > 0$ ist.

Sind dies alle Lösungen der Differentialgleichung (II)? Durch den Ansatz $u(x) = e^{\alpha x}$ könnten ja gewisse Lösungen verloren gegangen sein. Wir zitieren dazu einen Eindeutigkeitssatz, den wir nicht beweisen wollen (siehe etwa W. Walter, Gewöhnliche Differentialgleichungen, Seite 132).

(24.48)

SATZ.- Seien $a, b, \xi, \eta_0, \eta_1 \in \mathbb{R}$ vorgegeben. Dann hat das Anfangswertproblem

$$y'' + ay' + by = 0,\ y(\xi) = \eta_0,\ y'(\xi) = \eta_1$$

höchstens eine Lösung $y : \mathbb{R} \longrightarrow \mathbb{R}$.

Daraus folgt nun leicht

(24.49) alle Lösungen von $u''+d\cdot u=0$

SATZ.- Jede Lösung von $u'' + d\cdot u = 0$ läßt sich in der in (24.47) angegebenen Form darstellen.

BEWEIS.- Sei z eine beliebige Lösung von (II), $\xi \in \mathbb{R}$ ein beliebiger Punkt. Dann lassen sich reelle Zahlen c_1 und c_2 immer so bestimmen, daß

$$z(\xi) = c_1 u_1(\xi) + c_2 u_2(\xi) \quad \text{und}$$

$$z'(\xi) = c_1 u_1'(\xi) + c_2 u_2'(\xi)$$

erfüllt wird (siehe die folgende Aufgabe 16). Also gilt für $u(x) = c_1 u_1(x) + c_2 u_2(x)$:

$$z(\xi) = u(\xi), \quad z'(\xi) = u'(\xi).$$

Da nun z und u beide (II) erfüllen und die gleichen Anfangswerte haben, müssen sie nach Satz (24.48) gleich sein.
Also ist $z(x) = u(x)$, d.h. z ist in der Form (24.47) darstellbar.

AUFGABE 16.- a) Zeigen Sie, daß es für beliebiges $\xi \in \mathbb{R}$ die im Beweis von Satz (24.49) genannten Koeffizienten c_1 und c_2 gibt. Bestimmen Sie diese zu vorgegebener Lösung z von (II) und $\xi = 0$. A 16

b) Lösen Sie das Anfangswertproblem

$$y'' - y = 0,\ y(0) = 1,\ y'(0) = 0.$$

c) Lösen Sie das Anfangswertproblem

$$y'' + 4y = 0,\ y(\pi) = 1,\ y'(\pi) = 1.$$

Auf Grund unserer Überlegungen in (24.46)(1) löst nun Satz (24.49) auch die Differentialgleichung (I) vollständig.

FOLGERUNG.- Jede Lösung y der Differentialgleichung (24.50)

$$y'' + ay' + by = 0$$

läßt sich in der Form

$$y(x) = (c_1 u_1(x) + c_2 u_2(x))e^{-\frac{a}{2}x}$$ alle Lösungen von $y''+ay'+by=0$

darstellen, wobei u_1, u_2 mit Hilfe von

$d := b - \frac{a^2}{4}$ gemäß (24.47) gebildet werden.

BEISPIELE.- (1) Gesucht ist die Lösung von (24.51)

$$y'' + 4y' + 2y = 0.$$

Es ist $d = 2-4 = -2 < 0$. Also gilt mit (24.47):

$$u_1(x) = e^{\sqrt{2}\,x}, \quad u_2(x) = e^{-\sqrt{2}\,x}$$

und jede Lösung der Differentialgleichung hat mit (24.50) die Form

$$y(x) = (c_1 e^{\sqrt{2}\,x} + c_2 e^{-\sqrt{2}\,x})\,e^{-2x}$$

$$= c_1 e^{(\sqrt{2}-2)x} + c_2 e^{-(\sqrt{2}+2)x}.$$

Wollen wir die Lösung eines Anfangswertproblems, zum Beispiel

$$y(0) = 0, \quad y'(0) = 1,$$

bestimmen, so können c_1, c_2 entsprechend bestimmt werden:

$$0 = c_1 + c_2$$

$$1 = (\sqrt{2} - 2)c_1 - (\sqrt{2} + 2)c_2,$$

also

$$c_1 = \frac{1}{\sqrt{2}\cdot 2}, \quad c_2 = -\frac{1}{\sqrt{2}\cdot 2}.$$

(2) Gegeben istdas Anfangswertproblem

$$y'' - 2y' + y = 0, \quad y(1) = 0, \quad y'(1) = 1.$$

Es ist $d = 1-1 = 0$. Daher ist

$$u_1(x) = 1, \quad u_2(x) = x.$$

Jede Lösung hat die Form

$$y(x) = (c_1 + c_2 x)e^x.$$

Auf Grund der Anfangswerte ergibt sich für c_1, c_2:

$$0 = c_1 e + c_2 e$$

$$1 = c_1 e + 2c_2 e,$$

d.h.

$$c_1 = -e^{-1}, \quad c_2 = e^{-1},$$

und daher lautet die Lösung des Anfangswertproblems

$$y(x) = xe^{x-1} - e^{x-1} = (x-1)e^{x-1}.$$

(3) Gesucht ist die allgemeine Lösung von

$$y'' + y' + y = 0.$$

Hier ist $d = 1 - \frac{1}{4} = \frac{3}{4} > 0$.

Damit hat jede Lösung wegen

$$u_1(x) = \cos\frac{\sqrt{3}}{2}x, \quad u_2(x) = \sin\frac{\sqrt{3}}{2}x$$

die Form

$$y(x) = (c_1\cos\frac{\sqrt{3}}{2}x + c_2\sin\frac{\sqrt{3}}{2}x)\,e^{-\frac{x}{2}}.$$

(24.52) BEMERKUNG.- Man hätte auch - ohne die Vereinfachung von (I) zu (II) - direkt (I) mit Hilfe eines Ansatzes

$$y(x) = e^{\lambda x}$$

lösen können. Einsetzen dieses Ansatzes ergibt als Bedingung für λ:

charakteristisches Polynom

$$P(\lambda) := \lambda^2 + a\lambda + b = 0.$$

Das Polynom P heißt *charakteristisches Polynom* der Differentialgleichung (I). Die Diskussion der Nullstellen von P hätte zu denselben Ergebnissen wie in Folgerung (24.50) geführt.

AUFGABE 17.- a) Bestimmen Sie die allgemeine Lösung von A 17

$$y'' - 3y' + 3y = 0.$$

b) Lösen Sie das Anfangswertproblem

$$y'' + 10y' + 9y = 0, \quad y(1) = 2, \quad y'(1) = 0.$$

c) Diskutieren Sie den Verlauf der möglichen Lösungen der Differentialgleichung für den Reihenschwingkreis

$$L\frac{d^2 i(t)}{dt^2} + R\frac{di(t)}{dt} + \frac{1}{C}i(t) = 0.$$

Skizzieren Sie die Lösungen.

LÖSUNG DER INHOMOGENEN DIFFERENTIALGLEICHUNG

Wir haben die allgemeine Lösung der homogenen linearen Differentialgleichung zweiter Ordnung bestimmt. Zu lösen ist jetzt noch die inhomogene lineare Differentialgleichung

inhomogene Differentialgleichung

$$\text{(III)} \quad y'' + ay' + by = f(x)$$

mit $a, b \in \mathbb{R}$ und einer stetigen Funktion $f: \mathbb{R} \to \mathbb{R}$. (Ist f auf einem Intervall $I \subseteq \mathbb{R}$ definiert, so werden dies die Lösungen i.a. auch nur sein.) Dabei benutzen wir das Prinzip, das wir schon bei linearen Differentialgleichungen erster Ordnung verwendet haben: Kennen wir nur eine spezielle Lösung y_S der inhomogenen Gleichung, so erhalten wir die allgemeine Lösung dieser inhomogenen Gleichung, indem wir zu y_S die allgemeine Lösung y_H der homogenen Gleichung addieren.

Sie können sich das leicht selbst überlegen; vielleicht sehen Sie sich vorher nochmals die entsprechende Überlegung (24.27) bei linearen Differentialgleichungen erster Ordnung an.

BEMERKUNGEN.- (1) Das Problem der Lösung der inhomogenen Gleichung (III) zerfällt also in zwei Teilprobleme: (24.53)

- das Bestimmen der allgemeinen Lösung der homogenen Gleichung und
- das Auffinden einer speziellen Lösung der inhomogenen Gleichung.

Da wir das erste Teilproblem schon im vorigen Abschnitt gelöst haben, brauchen wir uns nur noch mit dem zweiten zu beschäftigen.

(2) Wie bestimmen wir eine spezielle Lösung von (III)? Wir verwenden wie bei der Lösung der linearen Differentialgleichungen erster Ordnung die Methode der *Variation der Konstanten*: Variation der Konstanten

Haben wir als allgemeine Lösung der homogenen

Differentialgleichung (I)

$$y_H(x) = c_1y_1(x) + c_2y_2(x) \qquad (*)$$

gefunden, so suchen wir y_s in der Form

$$y_s(x) = c_1(x)y_1(x) + c_2(x)y_2(x)$$

mit zu bestimmenden stetig differenzierbaren Funktionen $c_1, c_2 : \mathbb{R} \longrightarrow \mathbb{R}$. Setzen wir diesen Ansatz in Gleichung (III) ein, so erhalten wir nach einfacher Rechnung unter Verwendung der Tatsache, daß y_1, y_2 Lösungen von (I) sind:

$$(c_1'y_1'+c_2'y_2')+(c_1'y_1+c_2'y_2)'+a(c_1'y_1+c_2'y_2) = f.$$

Um diese Gleichung zu erfüllen, versuchen wir die Funktionen c_1 und c_2 so zu wählen, daß

Gleichungssystem für c_1', c_2'

$$c_1'(x)y_1(x) + c_2'(x)y_2(x) = 0$$
$$c_1'(x)y_1'(x) + c_2'(x)y_2'(x) = f(x)$$

für alle $x \in \mathbb{R}$ gilt.

Es liegt also ein lineares Gleichungssystem für c_1' und c_2' mit von x abhängigen Koeffizienten vor. Dieses ist in jedem $x \in \mathbb{R}$ eindeutig lösbar, wenn die Determinante

Wronski'sche Determinante

$$W(x) := \begin{vmatrix} y_1(x) & y_2(x) \\ y_1'(x) & y_2'(x) \end{vmatrix} = y_1(x)y_2'(x) - y_2(x)y_1'(x) \neq 0$$

für alle $x \in \mathbb{R}$ ist. Diese Determinante $W(x)$ wird als *Wronski'sche Determinante* von y_1 und y_2 (**) bezeichnet. Sie prüfen für alle möglichen Formen von y_1 und y_2 leicht nach, daß diese Wronski'sche Determinante tatsächlich nirgends verschwindet.

Mit der Cramerschen Regel (20.15), Seite 116, folgt, daß für jedes $x \in \mathbb{R}$ die Lösung des linearen Gleichungssystems lautet:

$$c_1'(x) = -\frac{f(x)\cdot y_2(x)}{W(x)}, \quad c_2'(x) = \frac{f(x)\cdot y_1(x)}{W(x)} \ .$$

Durch Integration erhält man also:

$c_1(x), c_2(x)$

$$c_1(x) = -\int \frac{f(x)y_2(x)}{W(x)}\,dx \ , \quad c_2(x) = \int \frac{f(x)y_1(x)}{W(x)}\,dx \ .$$

Daraus ergibt sich als spezielle Lösung von (III):

$$y_s(x) = \left[-\int\frac{f(x)y_2(x)}{W(x)}dx\right]y_1(x) + \left[\int\frac{f(x)y_1(x)}{W(x)}dx\right]y_2(x).$$

(*) Hierbei sind y_1, y_2 die in Folgerung (24.50) vorkommenden Funktionen $y_1(x) := u_1(x)\,e^{-\frac{a}{2}x}$, $y_2(x) := u_2(x)\,e^{-\frac{a}{2}x}$.

(**) Jósef Maria Wronski, 1778-1853, wirkte in Paris und lieferte Beiträge insbesondere zur Theorie der Differentialgleichungen.

(24.54) alle Lösungen von $y''+ay'+by=f$

SATZ.- Sei $y_H = c_1y_1 + c_2y_2$ Lösung von

$$y'' + ay' + by = 0$$

(siehe (24.50)) und

$$W(x) = y_1(x)y_2'(x) - y_2(x)y_1'(x)$$

die Wronski'sche Determinante von y_1 und y_2.

Eine spezielle Lösung y_s der inhomogenen linearen Differentialgleichung $y'' + ay' + by = f$, f stetig, ist gegeben durch

$$y_s(x) = -y_1(x)\cdot\int\frac{f(x)y_2(x)}{W(x)}dx + y_2(x)\cdot\int\frac{f(x)y_1(x)}{W(x)}dx$$

und die allgemeine Lösung durch

$$y(x) = y_H(x) + y_s(x).$$

(24.55)

BEISPIEL.- Gesucht ist die Lösung von

$$y'' - 4y' + 3y = \sin x.$$

(1) Bestimmung der allgemeinen Lösung der homogenen linearen Differentialgleichung $y''-4y'+3y = 0$.

Es ist $a = -4$, $b = 3$ und damit $d = 3-4 = -1 < 0$. Also ist

$$y_H(x) = e^{2x}[c_1e^x + c_2e^{-x}] = c_1e^{3x} + c_2e^x$$
$$(= c_1y_1(x) + c_2y_2(x)).$$

(2) Bestimmung einer speziellen Lösung y_s der inhomogenen linearen Differentialgleichungen mit Hilfe von Satz (24.54). Dazu bestimmen wir die Wronski'sche Determinante von y_1 und y_2:

$$W(x) = y_1y_2'-y_2y_1' = e^{3x}e^x-3e^{3x}e^x = e^{4x}-3e^{4x} = -2e^{4x}.$$

Damit ergeben sich die Funktionen c_1 und c_2 zu

$$c_1(x) = -\int\frac{f(x)y_2(x)}{W(x)}dx = -\int\frac{(\sin x)\,e^x}{-2e^{4x}}dx$$
$$= \frac{1}{2}\int(\sin x)\,e^{-3x}dx$$
$$= \frac{1}{2}\,\frac{e^{-3x}}{10}\,(-3\sin x - \cos x)$$
$$= -\frac{e^{-3x}}{20}\,(3\sin x + \cos x),$$

$$c_2(x) = \int\frac{f(x)y_1(x)}{W(x)}dx = \int\frac{(\sin x)\,e^{3x}}{-2e^{4x}}dx$$
$$= -\frac{1}{2}\int(\sin x)\,e^{-x}dx$$
$$= -\frac{1}{2}\,\frac{e^{-x}}{2}\,(-\sin x - \cos x)$$
$$= \frac{e^{-x}}{4}\,(\sin x + \cos x).$$

Nach Satz (24.54) lautet damit die spezielle Lösung:

$$y_s(x) = -\frac{e^{-3x}}{20}(3\sin x + \cos x)\; e^{3x} + \frac{e^{-x}}{4}(\sin x + \cos x)e^{x}$$

$$= -\frac{3}{20}\sin x - \frac{1}{20}\cos x + \frac{1}{4}\sin x + \frac{1}{4}\cos x$$

$$= \frac{1}{10}\sin x + \frac{1}{5}\cos x.$$

(3) Als allgemeine Lösung der Differentialgleichung erhalten wir

$$y(x) = y_H(x) + y_s(x) = c_1 e^{3x} + c_2 e^{x} + \frac{1}{10}\sin x + \frac{1}{5}\cos x.$$

A 18 *AUFGABE 18.- a) Bestimmen Sie die Lösung von*

$$y'' + 2y' + 2y = (\cos x + x)\, e^{-x}.$$

b) Gegeben sei ein Netzwerk aus einer Induktivität (mit $L = 1$ Henry), einer Kapazität (mit $C = 1$ Farad), und einem Spannungsgenerator, der die Spannung

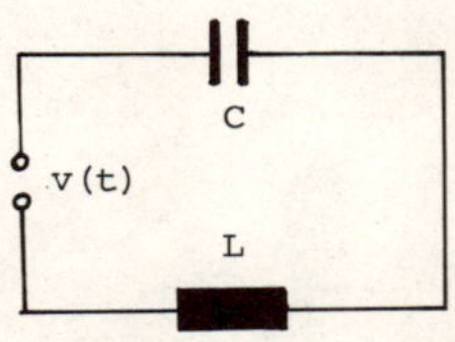

$$v(t) = \begin{cases} 1 & , \; 0 \leq \omega t \leq \pi \\ -\cos \omega t, & \omega t \geq \pi \end{cases} \quad [V]$$

(mit $\omega = \frac{1}{sec}$) erzeugt. Bestimmen Sie die Lösung der zugehörigen Differentialgleichung für die Stromstärke $i(t)$, wenn zusätzlich $i(0) = I_o \neq 0$, $i'(0) = 0$ gilt.

Zum Schluß wollen wir noch erwähnen, wie man in gewissen Fällen leichter zu einer speziellen Lösung der inhomogenen linearen Differentialgleichung gelangen kann.

(24.56) f ist Polynom

BEMERKUNG.- Ist die Inhomogenität f der Differentialgleichung (III) ein Polynom vom Grad n und ist $b \neq 0$, so kann man einen Ansatz

$$y_s(x) = \sum_{k=0}^{n} a_k x^k$$

machen, der für $a \cdot b \neq 0$ immer zum Ziel führt. Die Koeffizienten a_k bestimmt man dann mit Hilfe eines Koeffizientenvergleichs.
Ist $b = 0$ und $a \neq 0$, so wählt man als Ansatz ein Polynom vom Grad $n+1$. Gilt $a = b = 0$, so wählt man ein Polynom vom Grad $n+2$.

(24.57) BEISPIEL.- Zu bestimmen ist die Lösung von

$$y'' + y' - y = x^2.$$

Da f ein Polynom vom Grad 2 und $a \neq 0 \neq b$ ist, machen wir den Ansatz

$$y_s(x) = \sum_{k=0}^{2} a_k x^k = a_o + a_1 x + a_2 x^2.$$

Das führt auf (eingesetzt in $y'' + y' - y = x^2$):

$$2a_2 + (a_1 + 2a_2 x) - (a_o + a_1 x + a_2 x^2)$$
$$= (2a_2 + a_1 - a_o) + (2a_2 - a_1)x - a_2 x^2$$
$$= x^2.$$

Koeffizientenvergleich ergibt

$$2a_2 + a_1 - a_o = 0$$
$$2a_2 - a_1 = 0$$
$$-a_2 = 1.$$

Also $a_2 = -1$, $a_1 = -2$, $a_o = -4$.

Damit erhalten wir als spezielle Lösung

$$y_s(x) = -x^2 - 2x - 4.$$

Nach Folgerung (24.50) ergibt sich als Lösung der homogenen Differentialgleichung mit $a = 1$, $b = -1$ und daher $d = -\frac{5}{4} < 0$:

$$y_H(x) = e^{-\frac{x}{2}}\left[c_1 e^{\frac{\sqrt{5}}{2}x} + c_2 e^{-\frac{\sqrt{5}}{2}x}\right]$$
$$= c_1 e^{\frac{\sqrt{5}-1}{2}x} + c_2 e^{-\frac{\sqrt{5}+1}{2}x}.$$

Also lautet die allgemeine Lösung:

$$y(x) = c_1 e^{\frac{\sqrt{5}-1}{2}x} + c_2 e^{-\frac{\sqrt{5}+1}{2}x} - x^2 - 2x - 4.$$

Wenn Sie diesen Ansatz zur Bestimmung einer speziellen Lösung mit der Methode der Variation der Konstanten vergleichen, werden Sie feststellen, daß Sie in diesem Fall mit dem Polynomansatz schneller zum Ziel gekommen sind.

BEMERKUNG.- Die Inhomogenität f der Differentialgleichung (III) habe die Form (24.58)

$$f(x) = Q(x)e^{\gamma x},$$ $f(x) = Q(x)e^{\gamma x}$

wobei Q ein Polynom vom Grad n und $\gamma \in \mathbb{R} \setminus \{0\}$ beliebig ist. Man macht den Ansatz

$$y_s(x) = Q_1(x)e^{\gamma x}$$

mit einem Polynom Q_1

- vom Grad n, falls γ keine Nullstelle von $P(\lambda) := \lambda^2 + a\lambda + b$ ist,
- vom Grad $n+1$, falls γ eine einfache Nullstelle von P ist,
- vom Grad $n+2$, falls γ eine doppelte Nullstelle von P ist.

BEMERKUNG.- Hat die Inhomogenität der Differentialgleichung (III) die Gestalt (24.59)

$$f(x) = e^{\gamma x}(p\cos \delta x + q \sin \delta x)$$ $f(x) = e^{\gamma x}(p\cos \delta x + q\sin \delta x)$

mit beliebigen reellen Zahlen p, q, δ, γ, so führt der Ansatz

$$y_s(x) = e^{\gamma x}(p_1 \cos \delta x + q_1 \sin \delta x)$$

mit $p_1, q_1 \in \mathbb{R}$ zu einer speziellen Lösung, wenn $\gamma \pm i\delta$ keine Nullstelle von $P(\lambda) = \lambda^2 + a\lambda + b$ ist. Ist $\gamma \pm i\delta$ Nullstelle von P, so muß der obige Ansatz geändert werden in

$$y_s(x) = xe^{\gamma x}(p_1 \cos \delta x + q_1 \sin \delta x).$$

A 19

AUFGABE 19.- Bestimmen Sie die Lösungen von

a) $y'' + y' - 6y = 2x^3 + 5x^2 - 7x + 2$

b) $y'' - 3y' + 2y = e^{3x}(x^2 + x)$

c) $y'' + y = e^{2x} \cos 3x$.

Randwertprobleme

(24.60) **Bemerkung.-** Wir haben hier nur Anfangswertprobleme für die lineare Differentialgleichung zweiter Ordnung betrachtet. Es soll noch erwähnt werden, daß es für diese Differentialgleichung auch sogenannte *Randwertprobleme* ("Sturm-Liouville-Probleme") gibt. Dabei wird nicht $y(\xi)$ und $y'(\xi)$ vorgeschrieben, sondern die Funktionswerte an zwei verschiedenen Stellen ξ_1 und ξ_2 $(\xi_1 < \xi_2)$. Die Lösung wird dann im Intervall $[\xi_1, \xi_2]$ gesucht.

Randwertprobleme

Für dieses Problem gilt im allgemeinen kein Eindeutigkeitssatz. Trotzdem kann die Lösung der Randwertprobleme aus der allgemeinen Lösung konstruiert werden. Wir wollen dies nur an Hand eines Beispiels vorführen:

(24.61) **Beispiel.-** Gesucht ist die Lösung des Randwertproblems

$y'' + \lambda y = 0$
$y(0) = y(1) = 0$

$$y'' + \lambda y = 0, \quad y(0) = y(1) = 0$$

in $[0,1]$. λ ist dabei eine beliebige reelle Zahl.

$\lambda < 0$

Ist $\lambda < 0$, so ist die allgemeine Lösung nach (24.47), Seite 224:

$$y(x) = c_1 e^{\sqrt{-\lambda}\,x} + c_2 e^{-\sqrt{-\lambda}\,x}.$$

Setzen wir die Randbedingungen ein, so erhalten wir

$$c_1 + c_2 = 0$$
$$c_1 e^{\sqrt{-\lambda}} + c_2 e^{-\sqrt{-\lambda}} = 0.$$

Die Determinante dieses Systems ist

$$e^{-\sqrt{-\lambda}} - e^{\sqrt{-\lambda}}.$$

Diese verschwindet nicht für $\lambda < 0$. Also ist $c_1 = c_2 = 0$ die einzige Lösung des Systems und daher $y(x) = 0$ einzige Lösung des Randwertproblems.

Das gleiche Ergebnis erhält man für $\lambda = 0$. $\lambda = 0$

Für $\lambda > 0$ ist die allgemeine Lösung nach (24.47) $\lambda > 0$

$$y(x) = c_1 \cos \sqrt{\lambda}\,x + c_2 \sin \sqrt{\lambda}\,x,$$

und das System für c_1 und c_2, das sich aus den Randbedingungen ergibt, lautet

$$c_1 = 0$$
$$c_1 \cos \sqrt{\lambda} + c_2 \sin \sqrt{\lambda} = 0.$$

Daraus folgt wieder $c_1 = c_2 = 0$, wenn nicht $\sin \sqrt{\lambda} = 0$ gilt. Ist nämlich $\sqrt{\lambda} = k \cdot \pi$, $k \in \mathbb{Z}$, d.h.

$$\lambda = \lambda_k := k^2\pi^2, \quad k \in \mathbb{Z},$$ $\lambda = k^2\pi^2$

so ist

$$y(x) = c_2 \sin \sqrt{\lambda_k}\,x = c_2 \sin k\pi x$$

für beliebige c_2 Lösung des Randwertproblems

$$y'' + \pi^2 k^2 y = 0, \quad y(0) = y(1) = 0.$$

Sie sehen, daß für die speziellen $\lambda = \lambda_k$ - man nennt sie auch "Eigenwerte" der Differentialgleichung - das Randwertproblem keine eindeutige Lösung besitzt. Alle Vielfachen von $\sin \sqrt{\lambda_k}\,x$ - man nennt diese Funktionen "Eigenfunktionen" - sind dann Lösungen.

AUFGABE 20.- Bestimmen Sie - in Abhängigkeit vom Parameter λ - alle Lösungen des Randwertproblems $y'' + \lambda y = 0$ mit A 20

a) $y(0) = 0$, $y(\pi) = 1$;

b) $y(0) = y(\pi) = 1$;

c) $y(0) = 1$, $y(\pi) = -1$.

Zusammenfassung

Wir haben explizite gewöhnliche Differentialgleichungen erster Ordnung ausführlich behandelt. Das sind nach Definition (24.1), Seite 203, Differentialgleichungen der Gestalt

$$y' = f(x,y),$$

wobei f eine (meist stetige) Funktion auf einem Gebiet U des $\mathbb{R}^2$ ist. Sie sollten wissen, was man unter einer Lösung dieser Differentialgleichung versteht. Ist man nur an den Lösungen (oder der Lösung) interessiert, die an einer vorgegebenen Stelle ξ einen vorgegebenen Wert η haben (hat), so spricht man von einem Anfangswertproblem (Definition (24.6), Seite 205). Ziel 1

Im Zusammenhang mit der Lösung von Anfangswertproblemen steht die Frage nach der lokalen oder globalen Existenz von Lösungen und nach der Eindeutigkeit von Lösungen, d.h. ob durch einen Anfangspunkt (ξ,η) genau eine oder mehrere Lösungskurven gehen (Probleme Seite 205).

Ziel 2 Sie sollten die in Beispiel (24.7), Seite 206, behandelten Phänomene frei wiedergeben können, ohne auf "technische Details" einzugehen. Eine Idee vom Verlauf der Lösungen einer Differentialgleichung liefert das Richtungsfeld (Seite 204). Ein nützliches Hilfsmittel für eine Skizze des Richtungsfeldes sind die Isoklinen, das sind die Punktmengen, in denen jede Lösungskurve dieselbe Steigung hat. Die Isoklinen stimmen mit den Niveaumengen von f überein.

Ziel 3 Das Euler-Cauchy-Verfahren zur näherungsweisen Bestimmung einer Lösung sollten Sie auch für etwas kompliziertere Differentialgleichungen als die in Aufgabe 2, Seite 208, durchführen könne. Dieses Verfahren hat große praktische Bedeutung.

Der Satz von Picard-Lindelöf (24.14), Seite 209, nennt eine meist leicht überprüfbare hinreichende Bedingung für die eindeutige Lösbarkeit von Anfangswertproblemen, die Lipschitz-Stetigkeit bezüglich y (siehe Definition (24.11), Seite 208, und Satz (24.13), Seite 209). Gleichzeitig liefert der Beweis des Satzes von Picard-Lindelöf ein für theoretische Untersuchungen wichtiges Iterationsverfahren zur Bestimmung einer Lösung ((24.16), Seite 210).

In Paragraph 3, Seite 211-223, haben Sie eine Anzahl spezieller Typen von Differentialgleichungen kennengelernt. Eine geraffte Zusammenfassung der Ergebnisse finden Sie auf Seite 222.

Ziel 4 Sie sollten die allgemeine Lösung einer linearen Differentialgleichung erster Ordnung

$$y' = p(x)y + q(x),$$

wobei p und q stetige Funktionen auf einem

Ziel 5 Intervall I sind, auswendig aufschreiben können. Das gleiche gilt für das Anfangswertproblem dieser Differentialgleichung.

Sie sollten wissen:

Ziel 6 - wie eine separable Differentialgleichung gelöst wird (Satz (24.19), Seite 211),

Ziel 7 - wann eine Differentialgleichung exakt ist (Definition (24.38), Seite 219) und wie man (im Falle der Exaktheit) über die Bestimmung eines Potentials die Lösungen zumindest implizit erhält (Satz (24.40), Seite 219).

Ziel 8 - daß eine nicht-exakte Differentialgleichung unter gewissen Bedingungen ((24.44) (3), (4), (5), Seite 221) durch einen integrierenden Faktor in eine exakte Differentialgleichung übergeführt werden kann, deren Lösungen auch die ursprüngliche Differentialgleichung lösen.

Von den übrigen behandelten speziellen Differentialgleichungen sollten Sie zumindest den Typ erkennen und wissen, wo Sie nachzuschlagen haben. Ziel 9

Von der in den Anwendungen häufig vorkommenden linearen Differentialgleichung zweiter Ordnung mit konstanten Koeffizienten haben Sie alle Lösungen der homogenen Gleichung kennengelernt.

Sie sollten die allgemeine Lösung oder ein An- Ziel 10
fangswertproblem für die homogene lineare Differentialgleichung zweiter Ordnung mit den Ergebnissen von (24.47) oder (24.50), Seite 224, mühelos bestimmen können.

Sie sollten die Diskussion des "Verhaltens" der Lösungen in Abhängigkeit von den Koeffizienten der Differentialgleichung wie in Aufgabe 17 c), Seite 225, üben. Insbesondere unter dem Gesichtspunkt: Die Differentialgleichung beschreibt einen physikalischen Vorgang; wie müssen die Parameter (Koeffizienten) gewählt werden, damit sich eine bestimmte Lösung (ein bestimmter Ablauf des Vorgangs) einstellt?

Zur Bestimmung der Lösung eines Anfangswertpro- Ziel 11
blems oder der allgemeinen Lösung einer inhomogenen linearen Differentialgleichung zweiter Ordnung mit konstanten Koeffizienten sollten Sie Satz (24.54), Seite 226, anwenden können. Darüberhinaus sollten Sie wissen, daß man meistens schneller zu einer speziellen Lösung der inhomogenen Gleichung gelangt, wenn die Inhomogenität eine bestimmte Gestalt hat (Polynom oder Polynom mal $e^{\gamma x}$ oder $e^{\gamma x}(p\cos\delta x + q\sin\delta x)$. Wie Sie dann vorgehen sollten, steht in (24.56), (24.58) und (24.59).

Sie sollten wissen, was man unter einem Rand- Ziel 12
wertproblem (für die lineare Differentialgleichung zweiter Ordnung) versteht und sollten solche Probleme analog zu Beispiel (24.61) und Aufgabe 20, Seite 228, lösen bzw. diskutieren können.

Zum Schluß noch eine Bemerkung, die sinngemäß für alle Kapitel dieses Buches wie überhaupt für das Erlernen von Mathematik gilt, aber auf das letzte Kapitel im besonderen zutrifft: Sie werden mit Differentialgleichungen umso "vertrauter" sein, je mehr der Aufgaben Sie selbständig lösen oder zu lösen versuchen und je mehr der (auch theoretischen) Zusammenhänge Sie sich erarbeiten.

Lösungen der Aufgaben

KAPITEL 15 DER VEKTORRAUM $\mathbb{R}^N$

A 1
Seite 2

AUFGABE 1.- a) Behauptung: Für alle $x,y \in \mathbb{R}^n$ gilt $x+y = y+x$.

Beweis: Sei $x = (x_1,\dots,x_n)$ und $y = (y_1,\dots,y_n)$; dann ist mit Definition (15.1)

$x+y = (x_1+y_1,\dots,x_n+y_n) = (y_1+x_1,\dots,y_n+x_n) = y+x.$

b) Seien $x,y,z \in \mathbb{R}^n$.

Behauptung: $x+z = y \iff z = y-x$.

Beweis: "$\Longrightarrow$" Addiert man zu $y = x+z$ den Vektor $-x = (-x_1,\dots,-x_n)$, so erhält man

$y-x = y+(-x) = (x+z)+(-x) = (z+x)+(-x) = z+(x-x) = z+0 = z.$

"$\Longleftarrow$" Ist umgekehrt $z = y-x$, so folgt

$x+z = x+(y-x) = x+(y+(-x)) = x+((-x)+y) = (x+(-x))+y = 0+y = y.$

A 2
Seite 2

AUFGABE 2.- Die Koordinaten des gegebenen Punktes P bezüglich des neuen Koordinatensystems seien gegeben durch (x_1', x_2', x_3'). Da das neue Koordinatensystem aus dem gegebenen durch eine Drehung um die x_3-Achse hervorgeht, gilt

$$x_3' = x_3.$$

Um die Koordinaten x_1' und x_2' (in Abhängigkeit von x_1 und x_2) zu berechnen, genügt es daher, die Situation in der x_1-x_2-Ebene zu untersuchen.

Die Projektion von P auf die x_1-x_2-Ebene sei Q. Dann ergibt sich folgendes Bild:

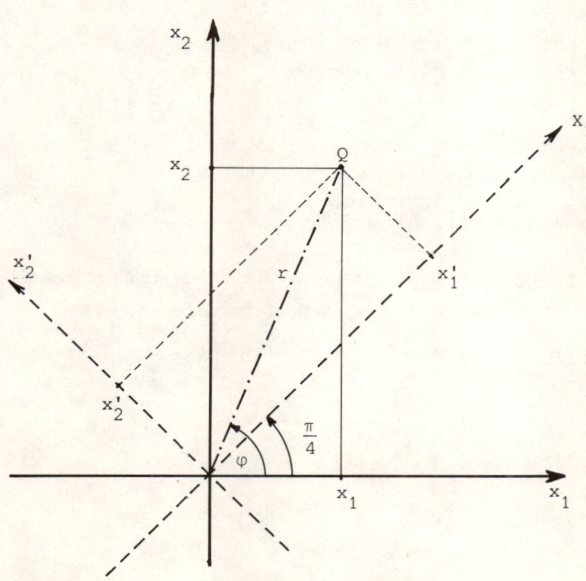

Der Skizze entnehmen Sie folgende Beziehungen:

$$x_1' = r\cos(\varphi - \tfrac{\pi}{4}),$$

$$x_2' = r\sin(\varphi - \tfrac{\pi}{4}).$$

Da andererseits

$$x_1 = r\cos\varphi,$$

$$x_2 = r\sin\varphi$$

ist, folgt mit den Additionstheoremen für sin und cos:

$$x_1' = r(\cos\varphi\cos(-\tfrac{\pi}{4}) + \sin\varphi\sin\tfrac{\pi}{4}) = x_1\cos\tfrac{\pi}{4} + x_2\sin\tfrac{\pi}{4},$$

$$x_2' = r(\sin\varphi\cos\tfrac{\pi}{4} - \cos\varphi\sin\tfrac{\pi}{4}) \quad = x_2\cos\tfrac{\pi}{4} - x_1\sin\tfrac{\pi}{4}.$$

Damit ist Aufgabe 2 gelöst; wir wollen jedoch noch eine zweite Beschreibung der Koordinaten x_1' und x_2' angeben: Sie wissen aus ANALYSIS I, daß man jedes Paar (x,y) reeller Zahlen als komplexe Zahl auffassen kann

$$(x,y) = x+iy.$$

Mit dem oben gewonnenen Ergebnis gilt dann

$$\begin{aligned}(x_1',x_2') &= x_1' + ix_2'\\ &= x_1\cos\tfrac{\pi}{4} + x_2\sin\tfrac{\pi}{4} + i(x_2\cos\tfrac{\pi}{4} - x_1\sin\tfrac{\pi}{4})\\ &= x_1\cos(-\tfrac{\pi}{4}) - x_2\sin(-\tfrac{\pi}{4}) + i(x_2\cos(-\tfrac{\pi}{4}) + x_1\sin(-\tfrac{\pi}{4}))\\ &= (x_1+ix_2)(\cos(-\tfrac{\pi}{4}) + i\sin(-\tfrac{\pi}{4}))\\ &= (x_1+ix_2)\cdot e^{-i\frac{\pi}{4}}.\end{aligned}$$

D.h. man erhält die Koordinaten x_1' und x_2' (auch durch Drehung der komplexen Zahl x_1+ix_2 um $-\frac{\pi}{4}$) als Koordinaten des "gedrehten Pfeiles" bezüglich des ursprünglichen Koordinatensystems. Machen Sie sich dies an der Skizze klar.

A 3
Seite 4

AUFGABE 3.-

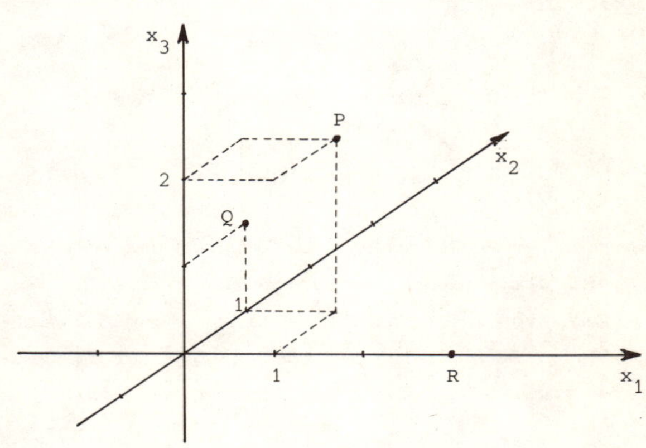

$Q = \vec{v}_1(P) = P + \vec{v}_1 = (1,1,2) + (-1,0,-1) = (0,1,1),$

$R = \vec{v}_2(Q) = Q + \vec{v}_2 = (0,1,1) + (3,-1,-1) = (3,0,0).$

A 4 Seite 6 *AUFGABE 4.- Behauptung: Für alle physikalischen Vektoren $\vec{v}$, $\vec{w}$ und alle reellen Zahlen λ gilt*

$$\lambda(\vec{v}+\vec{w}) = \lambda\vec{v} + \lambda\vec{w}.$$

Beweis: Die Behauptung ist offensichtlich für $\lambda = 0$ richtig. Dies gilt ebenso, falls $\vec{v} = \vec{0}$ oder $\vec{w} = \vec{0}$ ist. Sei daher im folgenden $\vec{v} \neq \vec{0}$ und $\vec{w} \neq \vec{0}$ und $\lambda \neq 0$. Die Richtigkeit der Gleichung folgt mit Hilfe der Strahlensätze aus den folgenden Skizzen:

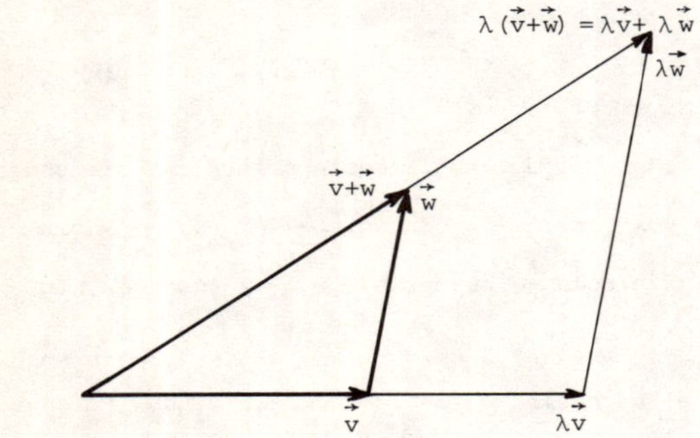

$\lambda > 0$

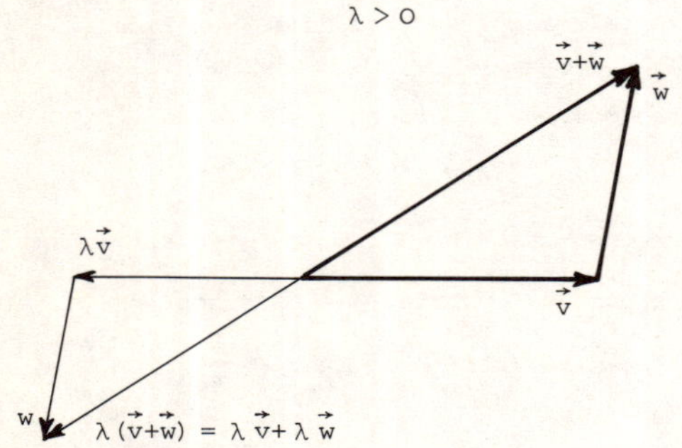

$\lambda < 0$

A 5 Seite 6 *AUFGABE 5.- Sei $f: \mathbb{R}^n \to \mathbb{R}$ eine lineare Funktion.*

Behauptung: Für alle $x \in \mathbb{R}^n$ und alle $\lambda \in \mathbb{R}$ gilt

$$f(\lambda x) = \lambda f(x).$$

Beweis: Für $x = (x_1,\ldots,x_n) \in \mathbb{R}^n$ gelte

$$f(x) = a_1x_1 + \ldots + a_nx_n.$$

Dann gilt mit

$$\lambda x = (\lambda x_1,\ldots,\lambda x_n)$$

$$\begin{aligned} f(\lambda x) &= a_1(\lambda x_1) + a_2(\lambda x_2) + \ldots + a_n(\lambda x_n) \\ &= \lambda a_1x_1 + \lambda a_2x_2 + \ldots + \lambda a_nx_n \\ &= \lambda(a_1x_1 + a_2x_2 + \ldots + a_nx_n) \\ &= \lambda f(x). \end{aligned}$$

In Worten: Der Funktionswert des λ-fachen des Vektors x ist gleich dem λ-fachen des Funktionswertes $f(x)$. Das λ-fache von x ist das Vielfache von x gemäß Definition (15.1), Seite 1. Das λ-fache von $f(x)$ ist das Produkt der reellen Zahl λ mit der reellen Zahl $f(x)$.

AUFGABE 6.- 1) Hinweis: Um eine Vorstellung vom Graphen von f zu erhalten, sollten Sie sich eine geeignete Teilmenge des $\mathbb{R}^2$ auswählen (z.B. ein Rechteck) und den über dieser Teilmenge liegenden Graphen skizzieren. A 6 Seite 7

2) Lösung: Wir skizzieren den Graphen von f über dem Rechteck mit den Eckpunkten (2,2), (-2,2), (-2,-2) und (2,-2):

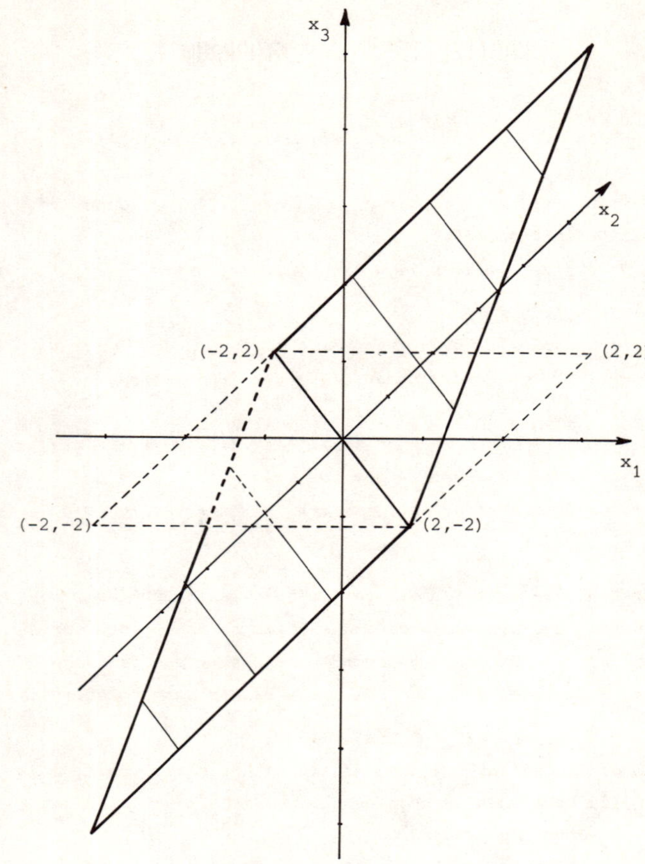

AUFGABE 7.- a) Behauptung: $N_c = \{(x_1,x_2) \in \mathbb{R}^2 \mid a_1x_1 + a_2x_2 = c\}$ ist nicht leer. Dabei ist $(a_1,a_2) \neq (0,0)$. A 7 Seite 9

Beweis: Ist $a_1 \neq 0$, so ist

$$(x_1,x_2) := (\frac{c}{a_1},0)$$

ein Punkt von N_c, denn es ist

$$a_1x_1 + a_2x_2 = a_1\cdot\frac{c}{a_1} + a_2\cdot 0 = c.$$

Ist $a_2 \neq 0$, so ist analog $(x_1,x_2) := (0,\frac{c}{a_2}) \in N_c$.

b) Behauptung: N_0 ist eine Gerade durch den Nullpunkt. Sind $c,d \in \mathbb{R}$, so sind N_c und N_d parallele Geraden.

Beweis: Es ist $N_0 = \{(x_1,x_2) \in \mathbb{R}^2 \mid a_1x_1 + a_2x_2 = 0\}$. Also gilt

$$(0,0) \in N_0.$$

Im folgenden sei zunächst $a_2 \neq 0$. Dann gilt

$$\begin{aligned} N_c &= \{(x_1,x_2) \in \mathbb{R}^2 \mid a_1x_1 + a_2x_2 = c\} \\ &= \{(x_1,x_2) \in \mathbb{R}^2 \mid a_2x_2 = c - a_1x_1\} \\ &= \{(x_1,x_2) \in \mathbb{R}^2 \mid x_2 = -\frac{a_1}{a_2}x_1 + \frac{c}{a_2}\}. \end{aligned}$$

Also ist N_c der Graph des linearen Polynoms $x_1 \mapsto -\frac{a_1}{a_2}x_1 + \frac{c}{a_2}$, eine Gerade mit der Steigung $-\frac{a_1}{a_2}$.

Analog ist N_d der Graph des linearen Polynoms $x_1 \mapsto -\frac{a_1}{a_2}x_1 + \frac{d}{a_2}$, also ebenfalls eine Gerade mit der Steigung $-\frac{a_1}{a_2}$.

Ist $a_2 = 0$ (also $a_1 \neq 0$), so ist

$$N_c = \{(x_1,x_2) \in \mathbb{R}^2 \mid a_1x_1 = c\}$$
$$= \{(x_1,x_2) \in \mathbb{R}^2 \mid x_1 = \frac{c}{a_1}\}.$$

N_c ist daher eine Parallele zur x_2-Achse. Dasselbe gilt für N_d. Damit ist die Behauptung vollständig bewiesen.

(Anmerkung: Die Niveaumengen nicht-konstanter linearer Funktionen auf dem $\mathbb{R}^2$ sind also parallele Geraden der Steigung $-\frac{a_1}{a_2}$, falls $a_2 \neq 0$ ist, bzw. Parallelen zur x_2-Achse, falls $a_2 = 0$ ist.)

A 8
Seite 10

AUFGABE 8.- 1) Hinweise: Nach Definition (15.19), Seite 10, ist $(\vec{u},\vec{v})$ genau dann linear abhängig, wenn $\vec{u}$ oder $\vec{v}$ gleich $\vec{0}$ ist oder ein $\gamma \in \mathbb{R}$ existiert, so daß $\vec{v} = \gamma\vec{u}$ gilt.

2) Lösung: Es gebe also reelle Zahlen α und β, die nicht beide gleich null sind, so daß

$$\alpha\vec{u} + \beta\vec{v} = \vec{0} \qquad (+)$$

ist. Ist $\vec{u} = \vec{0}$ oder $\vec{v} = \vec{0}$, so ist $(\vec{u},\vec{v})$ nach Definition (15.19) linear abhängig.
Nun sei $\vec{u} \neq \vec{0}$ und $\vec{v} \neq \vec{0}$; dann folgt aus (+)

$$\beta\vec{v} = -\alpha\vec{u}\ .$$

Es ist $\beta \neq 0$ (denn wäre $\beta = 0$, so müßte wegen $\vec{u} \neq \vec{0}$ auch $\alpha = 0$ sein, das ist jedoch nach Voraussetzung ausgeschlossen); also folgt

$$\vec{v} = (-\frac{\alpha}{\beta})\vec{u}.$$

Das Paar $(\vec{u},\vec{v})$ ist linear abhängig.

A 9
Seite 10

AUFGABE 9.- 1) Hinweise: Die Aussage:"Das Paar (u,v) von Vektoren $u,v \in \mathbb{R}^3$ ist linear unabhängig" ist die Negation der Aussage:"Das Paar (u,v) ist linear abhängig"; siehe Definition (15.23), Seite 10.

2) Lösung: Behauptung: (u,v) linear unabhängig $\Longleftrightarrow$ aus $\alpha u + \beta v = 0$ mit $\alpha,\beta \in \mathbb{R}$ folgt: $\alpha = \beta = 0$.
Beweis: "$\Longrightarrow$": Wir setzen also voraus, daß (u,v) linear unabhängig ist und daß $\alpha u + \beta v = 0$ ist.
Wäre nun $\alpha \neq 0$ oder $\beta \neq 0$, so wären α und β nicht beide gleich null, und daher (u,v) linear abhängig im Widerspruch zur Voraussetzung. Also gilt $\alpha = \beta = 0$.
"$\Longleftarrow$": Wir setzen voraus, daß aus $\alpha u + \beta v = 0$ folgt $\alpha = \beta = 0$.
Wäre (u,v) linear abhängig, so gäbe es reelle Zahlen α und β, die nicht beide gleichzeitig verschwinden (d.h. $\alpha \neq 0$ oder $\beta \neq 0$), so daß

$$\alpha u + \beta v = 0$$

gilt. Hieraus folgt jedoch nach Voraussetzung $\alpha = \beta = 0$. Das ist ein Widerspruch! Also ist (u,v) linear unabhängig.

AUFGABE 10.- 1) Hinweise: Zu a): linear unabhängig; zu b): linear abhängig. A 10 Seite 11

2) Lösung: a) Behauptung: (u,v) mit $u = (1,1,0)$ und $v = (0,1,1)$ ist linear unabhängig.
Beweis: Nach Aufgabe 9 ist zu zeigen: Aus $\alpha u + \beta v = 0$ folgt $\alpha = \beta = 0$. Es gelte also

$$\alpha(1,1,0) + \beta(0,1,1) = (0,0,0),$$

d.h.

$$(\alpha,\alpha,0) + (0,\beta,\beta) = (0,0,0)$$

also

$$(\alpha,\alpha+\beta,\beta) = (0,0,0).$$

Hieraus folgt

$$\alpha = 0$$
$$\alpha + \beta = 0$$
$$\beta = 0,$$

also $\alpha = \beta = 0$ und (u,v) ist linear unabhängig.

b) Behauptung: (u,v) mit $u = (8,-4,6)$ und $v = (-4,2,-3)$ ist linear abhängig.
Beweis: 1. Möglichkeit: Sie schauen sich u und v genauer an und erkennen: $(-2)\cdot v = u$, also $1\cdot u + 2\cdot v = 0$, woraus die lineare Abhängigkeit folgt.
2. Möglichkeit: Sie untersuchen die Gleichung $\alpha u + \beta v = 0$, also das Gleichungssystem

$$8\alpha - 4\beta = 0$$
$$-4\alpha + 2\beta = 0$$
$$6\alpha - 3\beta = 0$$

für die Unbekannten α und β. Aus jeder der drei Gleichungen folgt

$$\beta = 2\alpha.$$

Wählen Sie zum Beispiel $\alpha = 2$, so ist $\beta = 4$ und

$$\alpha u + \beta v = 2(8,-4,6) + 4(-4,2,-3) = (0,0,0),$$

d.h. (u,v) ist linear abhängig.

AUFGABE 11.- a) Hinweise: Zu a): f und c haben die in Satz (15.27) angegebene Gestalt. Verfolgen Sie alle Schritte des Beweises von (15.27) in "umgekehrter Richtung". A 11 Seite 12
Zu b): Siehe die Bemerkung hinter (2) im Beweis von (15.27).

2) Lösung: a) Behauptung: Es gilt $N_c(f) \subseteq E$.
Beweis: Sei $x = (x_1,x_2,x_3) \in N_c(f)$, wobei f und c die in Satz (15.27), Seite 11, angegebene Gestalt haben. Wählen wir nun

$$\lambda = \frac{(x_1-p_1)v_2 - (x_2-p_2)v_1}{u_1v_2 - u_2v_1}$$

und

$$\mu = \frac{(x_2-p_2)u_1 - (x_1-p_1)u_2}{u_1v_2 - u_2v_1}$$

(das ist wegen $u_1v_2 - u_2v_1 \neq 0$ möglich und wird durch die Gleichungen (2) im Beweis von (15.27) auf Seite 12 nahegelegt), so folgt

$$p+\lambda u+\mu v = (p_1,p_2,p_3) + \lambda(u_1,u_2,u_3) + \mu(v_1,v_2,v_3),$$

und dieser Vektor hat

- als erste Koordinate

$$\begin{aligned} p_1+\lambda u_1+\mu v_1 &= \\ &= p_1 + \frac{(x_1-p_1)v_2 - (x_2-p_2)v_1}{u_1v_2 - u_2v_1}u_1 + \frac{(x_2-p_2)u_1-(x_1-p_1)u_2}{u_1v_2 - u_2v_1}v_1 \\ &= p_1 + \frac{1}{u_1v_2 - u_2v_1}(x_1u_1v_2 - p_1u_1v_2 - x_2u_1v_1 + p_2u_1v_1 \\ &\qquad + x_2u_1v_1 - p_2u_1v_1 - x_1u_2v_1 + p_1u_2v_1) \\ &= p_1 + \frac{1}{u_1v_2 - u_2v_1}(x_1(u_1v_2 - u_2v_1) - p_1(u_1v_2 - u_2v_1)) \\ &= x_1, \end{aligned}$$

- als zweite Koordinate

$$p_2 + \lambda u_2 + \mu v_2 = \ldots = x_2$$

- und als dritte Koordinate

$$p_3 + \lambda u_3 + \mu v_3 = \ldots = x_3 .$$

Also ist (mit den gewählten reellen Zahlen λ und μ)

$$x = p + \lambda u + \mu v,$$

d.h. $x \in E$.

b) Ist $u_1v_3 - u_3v_1 \neq 0$, so wählen wir die erste und dritte Gleichung von (1) im Beweis von (15.27) als Bestimmungsgleichung für λ und μ:

$$u_1\lambda + v_1\mu = x_1-p_1$$
$$u_3\lambda + v_3\mu = x_3-p_3 .$$

Hieraus folgt

$$\lambda = \frac{(x_1-p_1)v_3 - (x_3-p_3)v_1}{u_1v_3 - u_3v_1}$$

$$\mu = \frac{(x_3-p_3)u_1 - (x_1-p_1)u_3}{u_1v_3 - u_3v_1}$$

und daraus durch Einsetzen von λ und μ in die zweite der Gleichungen in (1):

$$x_2=p_2 + \frac{(x_1-p_1)v_3-(x_3-p_3)v_1}{u_1v_3-u_3v_1}u_2 + \frac{(x_3-p_3)u_1-(x_1-p_1)u_3}{u_1v_3-u_3v_1}v_2 .$$

Durch Multiplikation mit $u_1v_3-u_3v_1$ ergibt sich:

$$\begin{aligned}(u_1v_3-u_3v_1)x_2 &= p_2(u_1v_3-u_3v_1) + (x_1-p_1)u_2v_3 -(x_3-p_3)u_2v_1 \\ &\quad + (x_3-p_3)u_1v_2 - (x_1-p_1)u_3v_2 ,\end{aligned}$$

also

$$\begin{aligned}&(u_3v_2-u_2v_3)x_1 + (u_1v_3-u_3v_1)x_2 + (u_2v_1-u_1v_2)x_3 \\ &\quad = (u_3v_2-u_2v_3)p_1 + (u_1v_3-u_3v_1)p_2 + (u_2v_1-u_1v_2)p_3 .\end{aligned}$$

Setzen Sie nun ähnlich wie im Beweis von (15.27) die linke Seite der letzten Gleichung gleich $g(x_1,x_2,x_3)$ und die rechte Seite gleich d, so erkennen Sie folgendes:

$$g(x_1,x_2,x_3) = -f(x_1,x_2,x_3),$$
$$d = -c,$$

wobei f und c wie in Satz (15.27) sind. Wegen

$$g(x) = d \iff f(x) = c$$

gilt:

$$N_c(f) = N_g(d) = N_{-c}(-f).$$

Die lineare Funktion f und die reelle Zahl c in Satz (15.27) sind nur bis auf das Vorzeichen festgelegt.

Die Überlegungen für den Fall $u_2v_3 - u_3v_2 \neq 0$ verlaufen ganz analog.

AUFGABE 12.- 1) Hinweise: Sie müssen reelle Zahlen α und β (in Abhängigkeit von u_1,u_2,u_3,v_1,v_2,v_3) bestimmen, die nicht beide gleich null sind, so daß $\alpha u + \beta v = 0$ ist. A 12 Seite 12

2) Lösung: Behauptung: Ist $u_1v_2 - u_2v_1 = u_1v_3 - u_3v_1 = u_2v_3 - u_3v_2 = 0$, so ist das Paar (u,v) von Vektoren $u = (u_1,u_2,u_3)$ und $v = (v_1,v_2,v_3)$ des $\mathbb{R}^3$ linear abhängig.

Beweis: Ist u=0 oder v=0 (also $u_1 = u_2 = u_3 = 0$ oder $v_1 = v_2 = v_3 = 0$), so ist (u,v) linear abhängig. Wir setzen daher im folgenden voraus, daß $u \neq 0$ und $v \neq 0$ ist, d.h. daß wenigstens ein $u_i \neq 0$ und ein $v_j \neq 0$ ist. Dann sind reelle Zahlen α und β zu bestimmen, die nicht beide gleichzeitig verschwinden, so daß $\alpha u + \beta v = 0$, also

$$(1)\quad \alpha u_1 + \beta v_1 = 0$$
$$(2)\quad \alpha u_2 + \beta v_2 = 0$$
$$(3)\quad \alpha u_3 + \beta v_3 = 0$$

gilt. Aus (3) folgt

$$\alpha u_3 = -\beta v_3$$

1. Fall: $u_3 \neq 0$. Dann ist $\alpha = -\frac{v_3}{u_3}\beta$.

Mit $\beta := 1$ und $\alpha := -\frac{v_3}{u_3}$ ergibt sich

$$\begin{aligned}\alpha u+\beta v &= (-\frac{v_3}{u_3}u_1, -\frac{v_3}{u_3}u_2, -\frac{v_3}{u_3}u_3) + (v_1,v_2,v_3) \\ &= (-\frac{u_1v_3}{u_3} + v_1, -\frac{u_2v_3}{u_3} + v_2, -v_3+v_3) \\ &= \frac{1}{u_3}(u_3v_1-u_1v_3, u_3v_2-u_2v_3, 0) \\ &= (0,0,0).\end{aligned}$$

Wegen $\beta \neq 0$ ist (u,v) linear abhängig.

2. Fall: $u_3 = 0$. Ist dann $u_2 \neq 0$, so folgt aus (2)

$$\alpha = -\frac{v_2}{u_2}\beta .$$

Mit $\beta := 1$ und $\alpha := -\frac{v_2}{u_2}$ ergibt sich jetzt

$$\begin{aligned}\alpha u+\beta v &= (-\frac{v_2}{u_2}u_1, -\frac{v_2}{u_2}u_2, -\frac{v_2}{u_2}u_3) + (v_1,v_2,v_3) \\ &= \ldots = (0,0,0),\end{aligned}$$

und (u,v) ist linear abhängig.

Ist auch $u_2 = 0$, so muß $u_1 \neq 0$ sein. Aus der Gleichung (1) folgt dann $\alpha = -\frac{v_1}{u_1}\beta$ und mit $\beta := 1$, $\alpha := -\frac{v_1}{u_1}$ erhalten Sie auch $\alpha u+\beta v = 0$, also die lineare Abhängigkeit von (u,v).

A 13
Seite 12

AUFGABE 13.- 1) Hinweise: Definition (15.24), Seite 10, und Satz (15.27), Seite 11.

2) Lösung: E ist genau dann eine Ebene, wenn das Paar (u,v) mit $u=(1,-1,-1)$ und $v=(1,-1,1)$ linear unabhängig ist.

Sei $\alpha u+\beta v=0$, also

$$\alpha+\beta = 0,$$
$$-\alpha-\beta = 0,$$
$$-\alpha+\beta = 0.$$

Aus der dritten Gleichung folgt $\alpha=\beta$. Dies in die erste Gleichung eingesetzt, liefert $2\beta=0$, also $\beta=0$. Dann folgt auch $\alpha=0$. Also ist (u,v) linear unabhängig.

Wir setzen die Koordinaten u_i, v_i und $p=0$ in Satz (15.27) ein und erhalten:

Für $f(x_1,x_2,x_3) := -2x_1-2x_2=-2(x_1+x_2)$ und $c=0$ gilt $E=N_c(f)$.

A 14
Seite 13

AUFGABE 14.- 1) Hinweise: Gehen Sie analog zu Beispiel (15.29), Seite 13, vor.

2) Lösung: Wir bestimmen drei verschiedene Punkte der durch die Gleichung

$$2x_1+3x_2+x_3=1$$

beschriebenen Ebene E, indem wir je zwei Koordinaten gleich null setzen:

Aus $x_1=x_2=0$ folgt $x_3=1$, also $p:=(0,0,1)\in E$.
Aus $x_1=x_3=0$ folgt $x_2=\frac{1}{3}$, also $y:=(0,\frac{1}{3},0)\in E$.
Aus $x_2=x_3=0$ folgt $x_1=\frac{1}{2}$, also $z:=(\frac{1}{2},0,0)\in E$.

Sei $u:=y-p=(0,\frac{1}{3},-1)$ und

$v:=z-p=(\frac{1}{2},0,-1)$,

dann ist (u,v) linear unabhängig und

$$E=\{p+\lambda u+\mu v \mid \lambda,\mu\in\mathbb{R}\}.$$

A 15
Seite 15

AUFGABE 15.- 1) Hinweise: Beispiel (15.32), Seite 14.

2) Lösung: a) Behauptung: Die Gerade

$$g_1=\{x \mid x_1+x_2+x_3=1 \text{ und } x_1-x_2+x_3=0\}$$

hat eine Parameterdarstellung der Gestalt

$$g_1=\{x=(\tfrac{1}{2},\tfrac{1}{2},0)+\lambda(-1,0,1) \mid \lambda\in\mathbb{R}\}.$$

Beweis: Wir bestimmen zwei verschiedene Punkte aus g_1: Dazu setzen wir zunächst $x_3=0$. Dann liefert

$$x_1+x_2=1 \text{ und } x_1-x_2=0$$

die Lösung $x_1=x_2=\frac{1}{2}$, also $p:=(\frac{1}{2},\frac{1}{2},0)\in g_1$.

Setzen wir dann $x_3=1$, so folgt aus

$$x_1+x_2=0 \text{ und } x_1-x_2=-1$$

$x_1=-\frac{1}{2}$, $x_2=\frac{1}{2}$. Damit ist $y:=(-\frac{1}{2},\frac{1}{2},1)\in g_1$.

Dann ist $u:=y-p=(-1,0,1)$ ein Richtungsvektor von g_1, so daß

$$g_1=\{p+\lambda u \mid \lambda\in\mathbb{R}\}$$
$$=\{x=(\tfrac{1}{2},\tfrac{1}{2},0)+\lambda(-1,0,1) \mid \lambda\in\mathbb{R}\}.$$

b) Behauptung: Die Gerade $g_2=\{x=(1,1,0)+\lambda(-1,0,1) \mid \lambda\in\mathbb{R}\}$ hat die Koordinatendarstellung

$$g_2=\{x \mid x_1+x_3=1 \text{ und } x_2=1\}.$$

Beweis: Aus der Parameterdarstellung

$$(x_1,x_2,x_3)=(1,1,0)+\lambda(-1,0,1)$$

für einen Punkt $x\in g_2$ folgt

$$x_1=1-\lambda$$
$$x_2=1$$
$$x_3=\lambda.$$

Aus der ersten und dritten Gleichung folgt $x_1=1-x_3$ und daraus und der zweiten Gleichung die angegebene Koordinatendarstellung.

Die Geraden g_1 und g_2 sind parallel, da sie denselben Richtungsvektor besitzen. Sollte Ihre Lösung einen anderen Richtungsvektor enthalten, so müßte er ein Vielfaches des hier angegebenen Richtungsvektors sein.

AUFGABE 16.- Sei $u:=Q-P=(1,1,-1)$, dann besitzt g die Parameterdarstellung A 16 Seite 15

$$g=\{x=P+\lambda u \mid \lambda\in\mathbb{R}\},$$

so daß für einen Punkt $x=(x_1,x_2,x_3)\in g$ gilt:

$$x_1=1+\lambda$$
$$x_2=1+\lambda$$
$$x_3=2-\lambda.$$

Aus der letzten Gleichung folgt $\lambda=2-x_3$. In die ersten beiden Gleichungen eingesetzt, erhalten Sie

$$x_1+x_3=3$$
$$x_2+x_3=3.$$

Also ist auch

$$g=\{x \mid x_1+x_3=3 \text{ und } x_2+x_3=3\}.$$

AUFGABE 17.- 1) Hinweise: Es ist zweckmäßig, zunächst eine Koordinatendarstellung von g zu bestimmen. A 17 Seite 16

2) Lösung: Behauptung: Die Gerade $g=\{x=(2,2,2)+\lambda(-2,-1,-2) \mid \lambda\in\mathbb{R}\}$ trifft die Ebene $E=\{x \mid 2x_1-2x_2+x_3=1\}$ in genau einem Punkt, und zwar in $p:=(\frac{3}{2},\frac{7}{4},\frac{3}{2})$.

Beweis: Für einen Punkt $x=(x_1,x_2,x_3)\in g$ gilt:

$$x_1=2-2\lambda$$
$$x_2=2-\lambda$$
$$x_3=2-2\lambda.$$

Hieraus folgt durch Eliminierung von λ:

$$x_1-2x_2=-2 \text{ und } x_3-2x_2=-2.$$

Diese beiden Gleichungen liefern eine Koordinatendarstellung von g.

Ein Punkt (x_1,x_2,x_3) liegt genau dann in $E\cap g$, wenn seine Koordinaten allen drei Gleichungen

$$x_1 - 2x_2 = -2$$
$$-2x_2 + x_3 = -2$$
$$2x_1 - 2x_2 + x_3 = 1$$

genügen. Subtraktion der zweiten von der dritten Gleichung ergibt

$$2x_1 = 3, \text{ also } x_1 = \frac{3}{2}.$$

Jetzt folgt aus der ersten Gleichung: $x_2 = \frac{7}{4}$,
und dann aus der zweiten Gleichung: $x_3 = \frac{3}{2}$.
Also ist $p := (\frac{3}{2}, \frac{7}{4}, \frac{3}{2})$ *der Durchstoßpunkt von g durch E.*

A 18
Seite 18

AUFGABE 18.- DEFINITION.- Sei $(x^{(1)},\dots,x^{(n-1)})$ *ein linear unabhängiges (n-1)-Tupel von Vektoren des* $\mathbb{R}^n$ *und* $p \in \mathbb{R}^n$ *ein fester Punkt. Dann heißt die Menge*

$$H = \{p + \lambda_1 x^{(1)} + \dots + \lambda_{n-1} x^{(n-1)} \mid \lambda_1,\dots,\lambda_{n-1} \in \mathbb{R}\}$$

eine Hyperebene des $\mathbb{R}^n$.

A 19
Seite 18

AUFGABE 19.- 1) Hinweise: Definition (15.36), Seite 17.

2) Lösung: Behauptung: Die Menge

$$U := \{\lambda_1 y^{(1)} + \dots + \lambda_k y^{(k)} \mid \lambda_1,\dots,\lambda_k \in \mathbb{R}\},$$

wobei $y^{(1)},\dots,y^{(k)} \in \mathbb{R}^n$ *sind, ist ein Unterraum des* $\mathbb{R}^n$.
Beweis: U ist sicher nicht-leer, da insbesondere jedes $y^{(i)}$ *Element von U ist.*
Nun seien x und z Elemente von U, also etwa

$$x = \lambda_1 y^{(1)} + \dots + \lambda_k y^{(k)} \quad \text{und}$$
$$z = \mu_1 y^{(1)} + \dots + \mu_k y^{(k)}.$$

Dann gilt

$$x+z = \lambda_1 y^{(1)} + \dots + \lambda_k y^{(k)} + \mu_1 y^{(1)} + \dots + \mu_k y^{(k)}$$
$$= (\lambda_1 + \mu_1) y^{(1)} + \dots + (\lambda_k + \mu_k) y^{(k)}.$$

Also ist $x+z \in U$.
Ferner gilt für $\lambda \in \mathbb{R}$, *daß auch*

$$\lambda x = \lambda(\lambda_1 y^{(1)} + \dots + \lambda_k y^{(k)}) = (\lambda\lambda_1) y^{(1)} + \dots + (\lambda\lambda_k) y^{(k)} \in U$$

ist, d.h. U ist ein Unterraum des $\mathbb{R}^n$.

A 20
Seite 19

AUFGABE 20.- a) Es gilt

$$-10y^{(1)} + 4y^{(3)} + 2y^{(4)}$$
$$= -10(1,-1,-1,2) + 4(2,-3,-3,2) + 2(1,1,1,6)$$
$$= (0,0,0,0)$$

b) Es gilt $-10y^{(1)} + 0y^{(2)} + 4y^{(3)} + 2y^{(4)} = 0$, *d.h.* $(y^{(1)},y^{(2)},y^{(3)},y^{(4)})$ *ist linear abhängig.*

c) Aus a) folgt bereits: $(y^{(1)},y^{(3)},y^{(4)})$ *ist linear abhängig.*
Es bleibt zu untersuchen, ob $(y^{(1)},y^{(2)},y^{(4)})$ *linear unabhängig ist.*
Aus $\lambda_1 y^{(1)} + \lambda_2 y^{(2)} + \lambda_3 y^{(4)} = 0$ *folgt*

$$\lambda_1 - \lambda_2 + \lambda_3 = 0$$
$$-\lambda_1 + 2\lambda_2 + \lambda_3 = 0$$
$$-\lambda_1 + 3\lambda_2 + \lambda_3 = 0$$
$$2\lambda_1 + \lambda_2 + 6\lambda_3 = 0.$$

Subtraktion der zweiten von der dritten Gleichung liefert: $\lambda_2 = 0$. *Dann folgt z.B. aus der ersten und dritten Gleichung:* $\lambda_1 = 0$ *und dann auch* $\lambda_3 = 0$. *D.h.* $(y^{(1)},y^{(2)},y^{(4)})$ *ist linear unabhängig.*

AUFGABE 21.- Nach Definition (15.36), Seite 17, enthält ein Unterraum U des $\mathbb{R}^n$ *mit jedem* $x \in U$ *auch alle Vielfachen* $\lambda \cdot x$. *Also gilt insbesondere* $0 \cdot x \in U$, *d.h.* $0 \in U$. A 21 Seite 20

Ergebnis: Jeder Unterraum enthält den Nullvektor. Anders ausgedrückt: Enthält eine Teilmenge des $\mathbb{R}^n$ *nicht den Nullvektor, so kann sie kein Unterraum sein.*

Behauptung: Die Teilmenge
$U^* := \{x \in \mathbb{R}^n \mid f_1(x) = c_1,\dots,f_m(x) = c_m\}$ *mit* $c_1 \neq 0$ *und linearen Funktionen* $f_1,\dots,f_m$ *auf dem* $\mathbb{R}^n$ *ist kein Unterraum des* $\mathbb{R}^n$.

Beweis: Ist $U^* = \emptyset$, *so ist die Behauptung nach Definition (15.36) unmittelbar klar.*
Jede lineare Funktion f_i *hat die Eigenschaft* $f_i(0) = 0$.
Wäre der Nullvektor in U^*, *so müßte*

$$f_1(0) = c_1,\ f_2(0) = c_2,\ \dots,\ f_m(0) = c_m$$

gelten, also insbesondere $c_1 = 0$ *sein. Das ist jedoch nach Voraussetzung nicht der Fall. Es folgt:* $0 \notin U^*$ *und* U^* *ist kein Unterraum des* $\mathbb{R}^n$.

AUFGABE 22.- Wählt man $\lambda_3 = \gamma \neq 0$, *so folgt* $\lambda_4 = -13\gamma$, $\lambda_1 = 2\gamma$ *und* $\lambda_2 = -2\gamma$. *Es gilt auch dann* A 22 Seite 21

$$2\gamma(3,1,4,0) - 2\gamma(1,1,0,6) + \gamma(-4,0,5,38) - 13\gamma(0,0,1,2)$$
$$= \gamma(0,0,0,0) = (0,0,0,0).$$

AUFGABE 23.- Behauptung: Das Tripel ((1,2,1),(1,α,-1),(1,-2,1)) ist für kein $\alpha \in \mathbb{R}$ *linear abhängig.* A 23 Seite 21

Beweis: Wir zeigen: Das angegebene Tripel ist für alle $\alpha \in \mathbb{R}$ *linear unabhängig. Aus*

$$\lambda_1(1,2,1) + \lambda_2(1,\alpha,-1) + \lambda_3(1,-2,1) = (0,0,0)$$

folgt

$$\lambda_1 + \lambda_2 + \lambda_3 = 0$$
$$2\lambda_1 + \alpha\lambda_2 - 2\lambda_3 = 0$$
$$\lambda_1 - \lambda_2 + \lambda_3 = 0.$$

Subtraktion der dritten von der ersten Gleichung ergibt: $2\lambda_2 = 0$, *also* $\lambda_2 = 0$. *Jetzt folgt aus der ersten* $(\lambda_1 + \lambda_3 = 0)$ *und der zweiten Gleichung* $(2\lambda_1 - 2\lambda_3 = 0)$, *daß auch* $\lambda_1 = \lambda_3 = 0$ *ist, unabhängig von* α.

AUFGABE 24.- 1) Hinweis: Die Umkehrung von Satz (15.45) lautet: A 24 Seite 21
Sind $x^{(1)},\dots,x^{(k)} \in \mathbb{R}^n$ *und kann einer der Vektoren,*

etwa $x^{(j)}$, als Linearkombination der übrigen dargestellt werden, so ist das k-Tupel $(x^{(1)},\dots,x^{(k)})$ linear abhängig.

2) Lösung: Beweis: Es gelte

$$x^{(j)} = \alpha_1 x^{(1)} + \dots + \alpha_{j-1} x^{(j-1)} + \alpha_{j+1} x^{(j+1)} + \dots + \alpha_k x^{(k)}$$

mit reellen Zahlen $\alpha_1,\dots,\alpha_{j-1}, \alpha_{j+1},\dots,\alpha_k$.

(Überlegen Sie sich, wie diese Linearkombination aussieht, falls j=1 oder j=k ist.)

Hieraus folgt

$$0 = \alpha_1 x^{(1)} + \dots + \alpha_{j-1} x^{(j-1)} - 1\cdot x^{(j)} + \alpha_{j+1} x^{(j+1)} + \dots + \alpha_k x^{(k)}.$$

Wegen Bemerkung (15.40) auf Seite 18 ist $(x^{(1)},\dots,x^{(k)})$ linear abhängig, denn mindestens ein Koeffizient, nämlich $\alpha_j := -1$ ist ungleich null.

A 25
Seite 21

AUFGABE 25.- Nach Aufgabe 20 b) ist

$$-10y^{(1)} + 0y^{(2)} + 4y^{(3)} + 2y^{(4)} = 0.$$

Also folgt zum Beispiel

$$2y^{(4)} = 10y^{(1)} + 0\cdot y^{(2)} - 4y^{(3)}$$

und daraus

$$y^{(4)} = 5y^{(1)} + 0\cdot y^{(2)} - 2y^{(3)} = 5y^{(1)} - 2y^{(3)}$$

A 26
Seite 22

AUFGABE 26.- 1) Hinweise: Überlegen Sie sich, daß man den zweiten und vierten der angegebenen Vektoren leicht als Linearkombination des ersten, dritten und fünften Vektors darstellen kann. Gehen Sie dann wie in den Ausführungen im Anschluß an Beispiel (15.48) auf Seite 22 vor. Siehe auch (15.49).

2) Lösung: Behauptung: Der von dem 5-Tupel

$$((1,0,0),(1,-1,1),(0,1,0),(-2,0,3),(0,0,1))$$

aufgespannte Unterraum U ist gleich dem von dem Tripel $((1,0,0),(0,1,0),(0,0,1))$ aufgespannten Unterraum des $\mathbb{R}^3$ und letzterer ist der ganze $\mathbb{R}^3$.

Beweis: Es ist

$$(1,-1,1) = 1\cdot(1,0,0) - 1\cdot(0,1,0) + 1\cdot(0,0,1).$$

Also wird U bereits von

$$((1,0,0),(0,1,0),(-2,0,3),(0,0,1))$$

aufgespannt. Da auch

$$(-2,0,3) = -2(1,0,0) + 0\cdot(0,1,0) + 3\cdot(0,0,1)$$

gilt, wird U von dem Tripel

$$((1,0,0),(0,1,0),(0,0,1))$$

aufgespannt. Dieses Tripel ist linear unabhängig. Da sich jeder Vektor $x = (x_1,x_2,x_3) \in \mathbb{R}^3$ als Linearkombination

$$x = x_1(1,0,0) + x_2(0,1,0) + x_3(0,0,1)$$

darstellen läßt, gilt $U = \mathbb{R}^3$.

AUFGABE 27.- 1) Hinweise: Zu a): Untersuchen Sie das gegebene Tripel auf lineare Unabhängigkeit bzw. Abhängigkeit; Definition (15.51), Seite 23. A 27 Seite 24

Zu b): Für welche α ist das Tripel linear abhängig? Auf welchen der drei Vektoren können Sie verzichten?

2) Lösung: a) Behauptung: Der von dem Tripel $((1,-1,1),(1,1,-3),(1,2,-5))$ aufgespannte Unterraum U des $\mathbb{R}^3$ hat die Dimension 2.

Beweis: Es ist

$$(1,2,-5) = -\tfrac{1}{2}(1,-1,1) + \tfrac{3}{2}(1,1,-3).$$

Also wird U nach (15.49), Seite 22, von dem Paar

$$((1,-1,1),(1,1,-3))$$

aufgespannt. Da dieses Paar linear unabhängig ist (einfach nachzurechnen), ist nach Definition (15.51), Seite 23:

$$\dim U = 2.$$

b) Behauptung: Genau für $\alpha \in \{1,3,4\}$ gilt $\dim U_\alpha = 2$.

Beweis: Wir untersuchen zunächst, für welche $\alpha \in \mathbb{R}$ das Tripel

$$((3-\alpha,-1,0),(-1,2-\alpha,-1),(0,-1,3-\alpha))$$

linear abhängig ist. Dazu sei

$$\lambda_1(3-\alpha,-1,0) + \lambda_2(-1,2-\alpha,-1) + \lambda_3(0,-1,3-\alpha) = (0,0,0).$$

Dies gilt genau dann, wenn

$$\begin{aligned}
(1)&\quad (3-\alpha)\lambda_1 - \lambda_2 = 0\\
(2)&\quad -\lambda_1 + (2-\alpha)\lambda_2 - \lambda_3 = 0\\
(3)&\quad -\lambda_2 + (3-\alpha)\lambda_3 = 0
\end{aligned}$$

ist. Aus (3) folgt

$$(4)\quad \lambda_2 = (3-\alpha)\lambda_3.$$

Dies in (1) und (2) eingesetzt, ergibt

$$\begin{aligned}
(5)&\quad (3-\alpha)(\lambda_1-\lambda_3) = 0\\
(6)&\quad -\lambda_1 + (2-\alpha)(3-\alpha)\lambda_3 - \lambda_3 = 0.
\end{aligned}$$

Aus (6) folgt

$$(7)\quad \lambda_1 = ((2-\alpha)(3-\alpha)-1)\lambda_3.$$

Dieses Ergebnis setzen wir in (5) ein und erhalten

$$(3-\alpha)((2-\alpha)(3-\alpha)-2)\lambda_3 = 0$$

bzw.

$$(8)\quad (3-\alpha)(4-5\alpha+\alpha^2)\lambda_3 = 0.$$

Ist der Koeffizient $(3-\alpha)(4-5\alpha+\alpha^2) \neq 0$, so folgt aus (8): $\lambda_3 = 0$ und dann aus (7) und (4): $\lambda_1 = 0$ und $\lambda_2 = 0$. D.h. in diesem Fall ist das Tripel von Vektoren linear unabhängig und daher $\dim U_\alpha = 3$.

Ist $(3-\alpha)(4-5\alpha+\alpha^2) = (3-\alpha)(\alpha-1)(\alpha-4) = 0$, so kann z.B. $\lambda_3 = 1$ gewählt werden. Dann ist $\lambda_1 = (2-\alpha)(3-\alpha)-1$ und $\lambda_2 = (3-\alpha)((2-\alpha)(3-\alpha)-1)$, und es gilt

$$\lambda_1(3-\alpha,-1,0) + \lambda_2(-1,2-\alpha,-1) + \lambda_3(0,-1,3-\alpha) = 0,$$

wobei $\lambda_3 \neq 0$ ist.

(Für die zweite Koordinate sieht man dies zum Beispiel so ein:

$$-\lambda_1 + (2-\alpha)\lambda_2 - \lambda_3 =$$
$$= -(2-\alpha)(3-\alpha) + 1 + (2-\alpha)(3-\alpha)[(2-\alpha)(3-\alpha)-1] -1$$
$$= (2-\alpha)(3-\alpha)[(2-\alpha)(3-\alpha)-2]$$
$$= (2-\alpha)(3-\alpha)[4-5\alpha+\alpha^2]$$
$$= (2-\alpha)[(3-\alpha)(\alpha-1)(\alpha-4)] = (2-\alpha)\cdot 0 = 0 \,.)$$

Also ist für $\alpha = 1$ oder $\alpha = 3$ oder $\alpha = 4$ das Tripel $((3-\alpha,-1,0),(-1,2-\alpha,-1),(0,-1,3-\alpha))$ linear abhängig.
Für $\alpha = 1$ lautet das Tripel $((2,-1,0),(-1,1,-1),(0,-1,2))$.
Wegen

$$(2,-1,0) = (-2)\cdot(-1,1,-1) + (-1)\cdot(0,-1,2)$$

wird U_1 von $((-1,1,-1),(0,-1,2))$ aufgespannt und dieses Paar ist linear unabhängig. Also gilt $\dim U_1 = 2$.

Für $\alpha = 3$ lautet das Tripel $((0,-1,0),(-1,-1,-1),(0,-1,0))$, und Sie sehen sofort, daß U_2 bereits von dem linear unabhängigen Paar $((0,-1,0),(-1,-1,-1))$ aufgespannt wird. Also gilt auch $\dim U_3 = 2$.

Für $\alpha = 4$ lautet das Tripel $((-1,-1,0),(-1,-2,-1),(0,-1,-1))$, und es gilt

$$(-1,-2,-1) = (-1,-1,0) + (0,-1,-1),$$

so daß U_4 von dem linear unabhängigen Paar $((-1,-1,0),(0,-1,-1))$ aufgespannt wird. D.h. $\dim U_4 = 2$.
Damit ist die Behauptung vollständig bewiesen.

A 28
Seite 25

<u>AUFGABE 28</u>.- Behauptung: Das Tripel

$$((1,1,0,6),(-4,0,5,38),(0,0,1,2))$$

ist linear unabhängig.

Beweis: Aus

$$\lambda_1(1,1,0,6) + \lambda_2(-4,0,5,38) + \lambda_3(0,0,1,2) = 0$$

folgt

$$\begin{aligned} \lambda_1 - 4\lambda_2 \qquad &= 0 \\ \lambda_1 \qquad\qquad &= 0 \\ 5\lambda_2 + \lambda_3 &= 0 \\ 6\lambda_1 + 38\lambda_2 + 2\lambda_3 &= 0 \,. \end{aligned}$$

Offensichtlich ist $\lambda_1 = 0$ und dann (aus der ersten Gleichung) $\lambda_2 = 0$ und (aus der dritten Gleichung) $\lambda_3 = 0$. Das Tripel ist linear unabhängig.

KAPITEL 16 DAS SKALARPRODUKT

A 1
Seite 28

<u>AUFGABE 1</u>.- Behauptung: Für alle $u,v,w \in \mathbb{R}^n$ gilt

$$\langle u+v,w\rangle = \langle u,w\rangle + \langle v,w\rangle \,.$$

Beweis: Sei $u = (u_1,\ldots,u_n)$, $v = (v_1,\ldots,v_n)$ und $w = (w_1,\ldots,w_n)$. Dann ist

$$u+v = (u_1+v_1,\ldots,u_n+v_n),$$

und es folgt mit Definition (16.1), Seite 27:

$$\begin{aligned} \langle u+v,w\rangle &= (u_1+v_1)w_1 + \ldots + (u_n+v_n)w_n \\ &= u_1w_1 + v_1w_1 + \ldots + u_nw_n + v_nw_n \\ &= u_1w_1 + \ldots + u_nw_n + v_1w_1 + \ldots + v_nw_n \\ &= \langle u,w\rangle + \langle v,w\rangle \,. \end{aligned}$$

A 2
Seite 28

<u>AUFGABE 2</u>.- Behauptung: Sei $a = (1,1,1)$ und

$$E := \{x \in \mathbb{R}^3 \mid \langle a,x\rangle = 0\}.$$

Dann ist E ein Unterraum des $\mathbb{R}^3$ mit $\dim E = 2$ und $((1,-1,0),(0,1,-1))$ eine Basis von E.

Beweis: Setzt man $f(x) := \langle a,x\rangle = x_1+x_2+x_3$, so ist f eine lineare Funktion auf dem $\mathbb{R}^3$ und $E = N_0(f)$. Nach (15.37) (1), Seite 17, ist E daher ein Unterraum des $\mathbb{R}^3$.
Aus (15.41), Seite 18, folgt: $E = N_0(f)$ wird von einem linear unabhängigen (3-1)-Tupel aufgespannt. Deshalb ist nach Definition (15.51), Seite 23: $\dim E = 3-1 = 2$.
Um eine Basis von E zu erhalten, bestimmen wir aus der Koordinatendarstellung von

$$E = \{x \in \mathbb{R}^3 \mid x_1+x_2+x_3 = 0\}$$

eine Parameterdarstellung (siehe etwa Beispiel (15.29), Seite 13).
Es ist $p := (0,0,0) \in E$, $y := (1,-1,0) \in E$ und $z := (0,1,-1) \in E$. Mit $u := y-p = (1,-1,0)$ und $v := (0,1,-1)$ folgt: Das Paar (u,v) ist linear unabhängig und

$$E = \{x = \lambda u + \mu v \mid \lambda,\mu \in \mathbb{R}\} \,.$$

Also ist $((1,-1,0),(0,1,-1))$ eine Basis von E.

A 3
Seite 29

<u>AUFGABE 3</u>.- a) Behauptung: Für alle $v \neq 0$ in $\mathbb{R}^n$ gilt $\|v\| > 0$. Es ist $\|v\| = 0$ genau dann, wenn $v = 0$ ist.

Beweis: Sei $v = (v_1,\ldots,v_n) \neq 0$, dann ist wenigstens <u>eine</u> Koordinate, etwa v_i, ungleich null. Also $v_i^2 > 0$. Es folgt:

$$\|v\|^2 = \langle v,v\rangle = v_1^2 + \ldots + v_i^2 + \ldots + v_n^2 \geq v_i^2 > 0$$
$$\Longrightarrow \|v\| \geq \sqrt{v_i^2} = |v_i| > 0.$$

Ferner gilt

$$\|v\| = 0 \iff \|v\|^2 = 0 \iff v_1^2 + \ldots + v_n^2 = 0$$
$$\iff v_i^2 = 0 \text{ für } i = 1,\ldots,n \iff v_i = 0 \text{ für } i=1,\ldots,n$$
$$\iff v = 0.$$

Behauptung: Für alle $\lambda \in \mathbb{R}$ und alle $v \in \mathbb{R}^n$ gilt

$$\|\lambda v\| = |\lambda| \cdot \|v\| \,.$$

Beweis: Sei $v = (v_1,\ldots,v_n)$, dann ist $\lambda v = (\lambda v_1,\ldots,\lambda v_n)$ und

$$\begin{aligned} \|\lambda v\|^2 = \langle \lambda v,\lambda v\rangle = \lambda^2 v_1^2 + \ldots + \lambda^2 v_n^2 &= \lambda^2(v_1^2 + \ldots + v_n^2) \\ &= \lambda^2 \langle v,v\rangle \,. \end{aligned}$$

Somit gilt

$$\|\lambda v\| = \sqrt{\lambda^2\langle v,v\rangle} = |\lambda|\cdot\sqrt{\langle v,v\rangle} = |\lambda|\cdot\|v\| \,.$$

b) Behauptung: Für alle $v,w \in \mathbb{R}^n$ gilt

$$\|v-w\|^2 + \|v+w\|^2 = 2(\|v\|^2 + \|w\|^2).$$

Beweis: Sei $v = (v_1,\ldots,v_n)$ und $w = (w_1,\ldots,w_n)$, dann ist $v-w = (v_1-w_1,\ldots,v_n-w_n)$ und $v+w = (v_1+w_1,\ldots,v_n+w_n)$, und *es gilt*

$$\|v-w\|^2 + \|v+w\|^2 = (v_1-w_1)^2+\ldots+(v_n-w_n)^2+(v_1+w_1)^2+\ldots+(v_n+w_n)^2$$

$$= v_1^2-2v_1w_1+w_1^2+\ldots+v_n^2-2v_nw_n+w_n^2$$
$$+v_1^2+2v_1w_1+w_1^2+\ldots+v_n^2+2v_nw_n+w_n^2$$
$$= 2(v_1^2+\ldots+v_n^2)+2(w_1^2+\ldots+w_n^2) = 2\,\|v\|^2+2\,\|w\|^2$$
$$= 2(\|v\|^2+\|w\|^2).$$

Anschaulich:

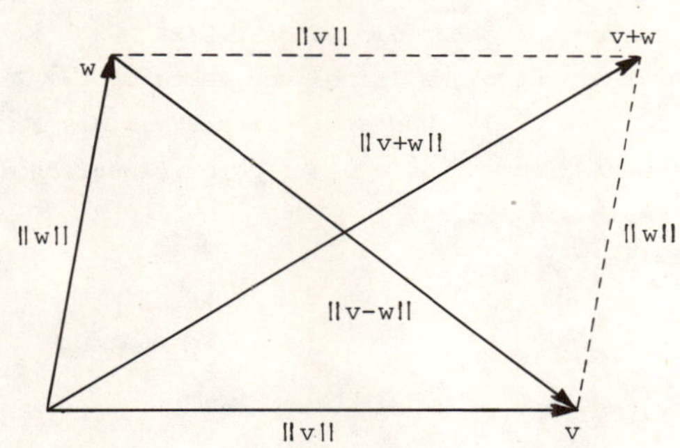

(Vergleichen Sie mit der Parallelogramm-Identität für komplexe Zahlen in ANALYSIS I). Die Gleichung

$$\|v-w\|^2 + \|v+w\|^2 = 2(\|v\|^2+\|w\|^2)$$

besagt:

Die Summe der Flächeninhalte der Quadrate über den Diagonalen des von v und w aufgespannten Parallelogramms ist gleich der Summe der Flächeninhalte der Quadrate über allen vier Seiten. Zum Beispiel ist $\|v+w\|^2$ der Flächeninhalt eines Quadrats mit der Seitenlänge $\|v+w\|$, also des Quadrats über der langen Diagonalen (in der obigen Skizze).

A 4
Seite 31

AUFGABE 4.- 1) Hinweise: Bestimmen Sie eine Koordinatendarstellung von E der Gestalt $\langle a,x\rangle = c$ und gehen Sie dann analog zu (16.11) vor.

2) Lösung: Behauptung: Der Punkt $z := (\frac{1}{6},\frac{1}{6},\frac{1}{3}) \in E$ hat den kürzesten Abstand d vom Nullpunkt, und zwar ist $d = \frac{1}{\sqrt{6}}$.

Beweis: Eliminierung von λ und μ aus der Parameterdarstellung von E liefert die Koordinatendarstellung

$$E = \{x \in \mathbb{R}^3 \mid x_1+x_2+2x_3 = 1\}$$
$$= \{x \in \mathbb{R}^3 \mid \langle a,x\rangle = c\},$$

wobei $a = (1,1,2)$ und $c = 1$ ist. Mit dem Ergebnis von (16.11) auf Seite 31 folgt:

Der Punkt

$$z := \frac{c}{\|a\|^2}\,a = \frac{1}{1+1+4}\,(1,1,2) = \frac{1}{6}\,(1,1,2)$$

ist ein Punkt von E und hat den kürzesten Abstand

$$d = \frac{c}{\|a\|} = \frac{1}{\sqrt{6}}$$

vom Ursprung.

Es gibt zwei Möglichkeiten nachzuweisen, daß $z \in E$ ist:

1. Es ist

$$\langle a,z\rangle = \langle(1,1,2),(\tfrac{1}{6},\tfrac{1}{6},\tfrac{1}{3})\rangle$$
$$= \frac{1}{6}+\frac{1}{6}+\frac{2}{3} = 1 = c,$$

also $z \in E$.

2. Sie berechnen reelle Zahlen λ und μ, so daß

$$z = p + \lambda u + \mu v$$
$$= (1,0,0) + \lambda(-1,1,0) + \mu(-1,-1,1)$$

gilt. Sie erhalten

$$(\tfrac{1}{6},\tfrac{1}{6},\tfrac{1}{3}) = (1,0,0) + \tfrac{1}{2}(-1,1,0) + \tfrac{1}{3}(-1,-1,1),$$

also $z \in E$.

A 5
Seite 32

AUFGABE 5.- 1) Hinweise: Sehen Sie sich den Beweis der Ungleichung von Cauchy und Schwarz auf Seite 30 noch einmal genau an. Überlegen Sie sich: Das Gleichheitszeichen gilt genau dann, wenn $\langle\alpha u+\beta v,\alpha u+\beta v\rangle = 0$ ist, wobei $\alpha = \langle v,v\rangle$ und $\beta = -\langle u,v\rangle$. Erledigen Sie den Fall, daß $u = 0$ oder $v = 0$ ist, vorab. Benutzen Sie im anderen Fall die Eigenschaft (16.3)(4) des Skalarproduktes.

2) Lösung: Behauptung: Für $u,v \in \mathbb{R}^n$ gilt:

$$|\langle u,v\rangle| = \|u\|\cdot\|v\| \iff (u,v) \text{ linear abhängig.}$$

Beweis: Ist $u=0$ oder $v=0$, so ist (u,v) linear abhängig und $|\langle u,v\rangle| = 0 = \|u\|\cdot\|v\|$.

Sei im folgenden $u \neq 0$ und $v \neq 0$, dann ist $\alpha := \langle v,v\rangle = \|v\|^2 \neq 0$. Sei $\beta := -\langle u,v\rangle$.

Dem Beweis von (16.10) auf Seite 30 entnehmen Sie:

$$\langle\alpha u+\beta v,\alpha u+\beta v\rangle = 0$$
$$\iff \langle v,v\rangle\langle u,u\rangle = \langle u,v\rangle^2$$
$$\iff \|v\|^2\cdot\|u\|^2 = \langle u,v\rangle^2$$
$$\iff \|v\|\cdot\|u\| = |\langle u,v\rangle|.$$

Das Gleichheitszeichen in der Ungleichung von Cauchy und Schwarz gilt also genau dann, wenn

$$\|\alpha u+\beta v\|^2 = 0$$

ist. Das ist genau dann der Fall, wenn $\|\alpha u+\beta v\| = 0$ ist. Dazu ist wegen (16.3)(4), Seite 28, äquivalent

$$\alpha u+\beta v = 0.$$

Wegen $\alpha \neq 0$ ist diese Gleichung gleichbedeutend mit der linearen Abhängigkeit von (u,v).

A 6
Seite 32

AUFGABE 6.- Behauptung: Seien $u,v \in \mathbb{R}^n$, dann gilt:

$$u \perp v \iff \|u+v\|^2 = \|u\|^2 + \|v\|^2$$

Beweis: Es gilt für $u,v \in \mathbb{R}^n$:

$$\|u+v\|^2 = \langle u+v,u+v\rangle = \langle u+v,u\rangle + \langle u+v,v\rangle$$
$$= \langle u,v\rangle + \langle v,u\rangle + \langle u,v\rangle + \langle v,v\rangle$$
$$= \|u\|^2 + 2\cdot\langle u,v\rangle + \|v\|^2$$

Ist $u \perp v$, also $\langle u,v\rangle = 0$, so folgt

$$\|u+v\|^2 = \|u\|^2 + \|v\|^2.$$

Gilt umgekehrt diese letzte Gleichung, so folgt

$$2\langle u,v\rangle = \|u+v\|^2 - \|u\|^2 - \|v\|^2 = 0,$$

also $\langle u,v\rangle = 0$, und das bedeutet $u \perp v$.

A 7
Seite 32

AUFGABE 7.- 1) *Hinweise: Überlegen Sie sich an Hand der folgenden Skizze welche "Daten" gegeben sind und was zu zeigen ist:*

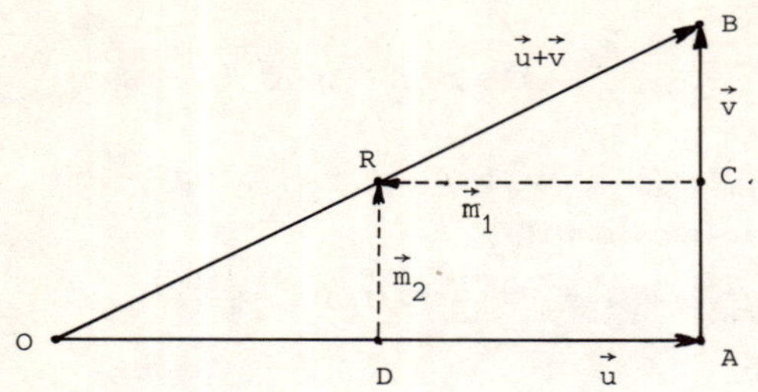

C und D sind die Mittelpunkte der Katheten. Der Punkt R sei definiert durch $\overrightarrow{OR} := \frac{1}{2}\overrightarrow{OB} = \frac{1}{2}(\vec{u}+\vec{v})$.

2) *Lösung: Behauptung: Die Mittelsenkrechten über den Katheten eines rechtwinkligen Dreiecks schneiden sich in einem Punkt R der Hypothenuse. Der Punkt R teilt die Hypothenuse im Verhältnis 1:1 (ist also der Mittelpunkt der Hypothenuse).*

Beweis: Wir verwenden die Bezeichnungen der obigen Skizze: $\vec{u}$ *und* $\vec{v}$ *stehen senkrecht aufeinander. Der Punkt R ist durch*

$$\overrightarrow{OR} := \frac{1}{2}\overrightarrow{OB} = \frac{1}{2}(\vec{u}+\vec{v})$$

bereits so definiert, daß er die Hypothenuse im Verhältnis 1:1 teilt. Die Punkte C und D sind die Mitten der Katheten. Es ist also nur noch zu zeigen, daß

$\vec{m}_1 = \overrightarrow{CR}$ *senkrecht auf* $\vec{v}$ *und*
$\vec{m}_2 = \overrightarrow{DR}$ *senkrecht auf* $\vec{u}$ *steht.*

Seien u, v, m_1 *und* m_2 *entsprechende Vektoren des* $\mathbb{R}^3$ *(bezüglich irgendeines fest gewählten kartesischen Koordinatensystems), dann gilt wegen*

$$\vec{m}_1 = \overrightarrow{CR} = \overrightarrow{CB} + \overrightarrow{BR} = \frac{1}{2}\vec{v} - \frac{1}{2}(\vec{u}+\vec{v}) = -\frac{1}{2}\vec{u}$$

$$m_1 = \frac{1}{2}u$$

und wegen

$$\vec{m}_2 = \overrightarrow{DR} = \overrightarrow{DO} + \overrightarrow{OR} = -\frac{1}{2}\vec{u} + \frac{1}{2}(\vec{u}+\vec{v}) = \frac{1}{2}\vec{v}$$

$$m_2 = \frac{1}{2}v.$$

Nach Voraussetzung ist $u \perp v$, *also* $\langle u,v\rangle = 0$. *Dann ist auch*

$$\langle m_1, v\rangle = \langle \tfrac{1}{2}u, v\rangle = \tfrac{1}{2}\langle u,v\rangle = 0,$$

d.h. $m_1 \perp v$ *bzw.* $\vec{m}_1$ *steht senkrecht auf* $\vec{v}$.
Ebenso ist

$$\langle m_2, u\rangle = \langle \tfrac{1}{2}v, u\rangle = \tfrac{1}{2}\langle v,u\rangle = \tfrac{1}{2}\langle u,v\rangle = 0,$$

d.h. $m_2 \perp u$ *bzw.* $\vec{m}_2$ *steht senkrecht auf* $\vec{u}$.

A 8
Seite 34

AUFGABE 8.- 1) *Hinweise: Satz (16.22) und Bemerkung (16.23), Seite 34, sowie Definition (16.19), Seite 33.*

2) *Lösung: Es ist*

$$\langle x^{(1)}, x^{(1)}\rangle = \frac{1}{4} + \frac{6}{16} + \frac{6}{16} = 1,$$

$$\langle x^{(1)}, x^{(2)}\rangle = \frac{\sqrt{3}}{4} - \frac{\sqrt{12}}{16} - \frac{\sqrt{12}}{16} = \frac{4\sqrt{3}}{16} - \frac{2\sqrt{3}}{16} - \frac{2\sqrt{3}}{16} = 0,$$

$$\langle x^{(1)}, x^{(3)}\rangle = 0 + \frac{\sqrt{12}}{8} - \frac{\sqrt{12}}{8} = 0,$$

$$\langle x^{(2)}, x^{(2)}\rangle = \frac{3}{4} + \frac{2}{16} + \frac{2}{16} = 1,$$

$$\langle x^{(2)}, x^{(3)}\rangle = 0 - \frac{2}{8} + \frac{2}{8} = 0,$$

$$\langle x^{(3)}, x^{(3)}\rangle = 0 + \frac{2}{4} + \frac{2}{4} = 1.$$

D.h. die Vektoren $x^{(1)}, x^{(2)}, x^{(3)}$ *stehen paarweise senkrecht aufeinander und haben die Länge 1.* $(x^{(1)}, x^{(2)}, x^{(3)})$ *ist ein linear unabhängiges Tripel von Vektoren des* $\mathbb{R}^3$ *(siehe (16.18), Seite 33) und somit eine Basis des* $\mathbb{R}^3$. *Die Fourierkoeffizienten von* $e^{(1)} = (1,0,0)$ *bezüglich dieser Orthonormalbasis lauten:*

$$\lambda_1 = \langle e^{(1)}, x^{(1)}\rangle = \frac{1}{2}$$

$$\lambda_2 = \langle e^{(1)}, x^{(2)}\rangle = \frac{\sqrt{3}}{2}$$

$$\lambda_3 = \langle e^{(1)}, x^{(3)}\rangle = 0,$$

die Fourierkoeffizienten von $e^{(2)} = (0,1,0)$ *lauten:*

$$\mu_1 = \langle e^{(2)}, x^{(1)}\rangle = \frac{\sqrt{6}}{4}$$

$$\mu_2 = \langle e^{(2)}, x^{(2)}\rangle = -\frac{\sqrt{2}}{4}$$

$$\mu_3 = \langle e^{(2)}, x^{(3)}\rangle = \frac{\sqrt{2}}{2},$$

die Fourierkoeffizienten von $e^{(3)} = (0,0,1)$ *lauten:*

$$\gamma_1 = \langle e^{(3)}, x^{(1)}\rangle = \frac{\sqrt{6}}{4}$$

$$\gamma_2 = \langle e^{(3)}, x^{(2)}\rangle = -\frac{\sqrt{2}}{4}$$

$$\gamma_2 = \langle e^{(3)}, x^{(3)}\rangle = -\frac{\sqrt{2}}{2},$$

die Fourierkoeffizienten von $x := (1,2,3)$ *lauten:*

$$\delta_1 = \langle x, x^{(1)}\rangle = \frac{1}{2} + \frac{\sqrt{6}}{2} + \frac{3\sqrt{6}}{4}$$

$$\delta_2 = \langle x, x^{(2)}\rangle = \frac{\sqrt{3}}{2} - \frac{\sqrt{2}}{2} - \frac{3\sqrt{2}}{4}$$

$$\delta_3 = \langle x, x^{(3)}\rangle = \sqrt{2} - \frac{3\sqrt{2}}{2}.$$

A 9
Seite 35

AUFGABE 9.- *Behauptung: Ein Vektor* $z \in \mathbb{R}^3$ *liegt in der Ebene* $E = \{p+\lambda u+\mu v \mid \lambda,\mu \in \mathbb{R}\}$ *genau dann, wenn es* $x, y \in E$ *gibt, so daß* $z = x-y$ *gilt.*

Beweis: "⟹": Der Vektor z liege in E, d.h. es gibt $\alpha, \beta \in \mathbb{R}$, *so daß*

$$z = \alpha u + \beta v$$

ist. Setzt man

$$x := p$$
$$y := p - \alpha u - \beta v,$$

so sind $x, y \in E$ *und* $x - y = \alpha u + \beta v = z$.

"⟸": Es gebe $x, y \in E$, *so daß* $z = x-y$ *ist. Da* $x, y \in E$ *sind, gibt es reelle Zahlen* λ_1, μ_1 *und* λ_2, μ_2, *so daß*

$$x = p + \lambda_1 u + \mu_1 v$$
$$y = p + \lambda_2 u + \mu_2 v.$$

Also gilt

$$z = x - y = (\lambda_1 - \lambda_2)u + (\mu_1 - \mu_2)v,$$

d.h. z liegt in E.

A 10
Seite 36

AUFGABE 10.- 1) Hinweise: Zu a): Aufgabe 21, Seite 20. Zeigen Sie, falls $0 \in g$ ist, daß g der von u aufgespannte Unterraum des $\mathbb{R}^n$ ist.

Zu b): Geraden im $\mathbb{R}^2$ sind Hyperebenen des $\mathbb{R}^2$. Wenden Sie Satz (16.30), Seite 36, an.

2) Lösung: a) Behauptung: Sei g eine Gerade im $\mathbb{R}^n$. Dann gilt: g ist ein Unterraum des $\mathbb{R}^n \iff 0 \in g$.

Beweis: "$\Longrightarrow$": Ist g ein Unterraum des $\mathbb{R}^n$, so gilt $0 \in g$ (siehe Aufgabe 21, Seite 20, und deren Lösung).

"$\Longleftarrow$": Nun gelte $0 \in g$ und g habe die Gestalt

$$g = \{x \in \mathbb{R}^n \mid x = p + \lambda u,\ \lambda \in \mathbb{R}\}.$$

Da $0 \in g$ ist, gibt es ein $\lambda_o \in \mathbb{R}$, so daß

$$0 = p + \lambda_o u,$$

also

$$p = -\lambda_o u.$$

Dann ist

$$\begin{aligned} g &= \{x \in \mathbb{R}^n \mid x = -\lambda_o u + \lambda u,\ \lambda \in \mathbb{R}\} \\ &= \{x \in \mathbb{R}^n \mid x = (\lambda - \lambda_o)u,\ \lambda \in \mathbb{R}\} \\ &= \{x \in \mathbb{R}^n \mid x = \mu u,\ \mu \in \mathbb{R}\}, \end{aligned}$$

d.h. g ist der von u aufgespannte <u>Unterraum</u> des $\mathbb{R}^n$.

b) Sei g eine Gerade im $\mathbb{R}^2$, etwa

$$g = \{(x_1, x_2) \mid x = p + \lambda u,\ \lambda \in \mathbb{R}\},$$

wobei $p = (p_1, p_2)$ und $u = (u_1, u_2) \neq (0,0)$ sind. Dann gilt für $x = (x_1, x_2) \in g$

$$\begin{aligned} x_1 &= p_1 + \lambda u_1 \\ x_2 &= p_2 + \lambda u_2 \end{aligned}$$

und Eliminieren von λ ergibt

$$u_2 x_1 - u_1 x_2 = p_1 u_2 - p_2 u_1.$$

D.h. es ist

$$g = \{x \in \mathbb{R}^2 \mid \langle a, x \rangle = c\},$$

wobei $a = (u_2, -u_1) \neq 0$ und $c = p_1 u_2 - p_2 u_1$ ist, also eine Hyperebene des $\mathbb{R}^2$. Jetzt folgt mit Satz (16.30), Seite 36: Alle Normalenvektoren zu g haben die Gestalt

$$\underline{n} = \lambda a = \lambda(u_2, -u_1), \qquad \lambda \in \mathbb{R},\ \lambda \neq 0.$$

A 11
Seite 38

AUFGABE 11.- 1) Hinweise: Bestimmen Sie eine Koordinatendarstellung von g und wenden Sie die Ergebnisse von (16.34) und (16.35) an.

2) Lösung: Die Gerade

$$g = \{x = (1,0) + \lambda(1,1) \mid \lambda \in \mathbb{R}\}$$

im $\mathbb{R}^2$ hat die Koordinatendarstellung (siehe Lösung von Aufgabe 10):

$$\begin{aligned} g &= \{(x_1, x_2) \mid x_1 - x_2 = 1\} \\ &= \{x \in \mathbb{R}^2 \mid \langle a, x \rangle = 1\}, \end{aligned}$$

wobei $a := (1,-1)$ ein Normalenvektor zu g ist. Nach (16.34) hat eine zu g senkrechte Gerade durch (1,1) die Parameterdarstellung

$$g_1 = \{x = (1,1) + \lambda(1,-1) \mid \lambda \in \mathbb{R}\}.$$

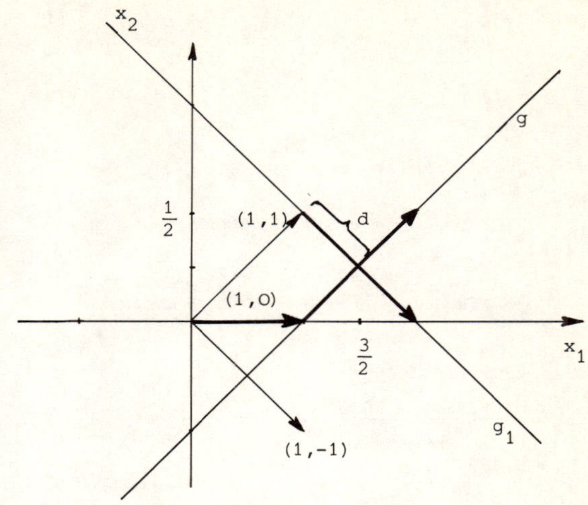

g_1 ist ein Lot auf g durch $p = (1,1)$. Der Schnittpunkt von g_1 und g ist der Fußpunkt dieses Lotes, also der Punkt (nach (16.34)):

$$\begin{aligned} x_o &= p + \frac{1 - \langle a, p \rangle}{\|a\|^2} a \\ &= (1,1) + \frac{1-(1-1)}{2}(1,-1) \\ &= (1,1) + (\tfrac{1}{2}, -\tfrac{1}{2}) = (\tfrac{3}{2}, \tfrac{1}{2}). \end{aligned}$$

Der Abstand des Punktes $p = (1,1)$ von g beträgt nach (16.35)(1):

$$d = \frac{|1 - \langle a, p \rangle|}{\|a\|} = \frac{1}{\sqrt{2}} = \frac{1}{2}\sqrt{2}.$$

Wegen $\|a\| = \sqrt{2}$ hat $a' = \frac{1}{\sqrt{2}} a = (\frac{1}{\sqrt{2}}, -\frac{1}{\sqrt{2}})$ die Länge 1 und

$$g = \{(x_1, x_2) \mid \frac{\sqrt{2}}{2} x_1 - \frac{\sqrt{2}}{2} x_2 = \frac{\sqrt{2}}{2}\}$$

ist die Hessesche Normalform von g.

AUFGABE 12.- 1) Hinweise: Zur Bearbeitung dieser Aufgabe benötigen Sie einen Taschenrechner. Verwenden Sie (16.43) und das Ergebnis von (16.42), Seite 40. A 12 Seite 41

2) Lösung: Nach (16.43) ist die lineare Funktion

$$\begin{aligned} B(h) := \ln p_h &= \ln p_o + \mu h \\ &=: \lambda_o + \lambda_1 h \end{aligned}$$

so zu bestimmen, daß sie eine Ausgleichsgerade für die folgende Meßreihe (die ersten drei Spalten der Tabelle) ergibt.

i	h_i	$\ln \alpha_i = \beta_i$	h_i^2	$\beta_i h_i$
1	200	ln 987,55 = 6,895227	40000	1379,0454
2	250	ln 981,35 = 6,888929	62500	1722,2323
3	300	ln 975,15 = 6,882591	90000	2064,7773
4	350	ln 969,0 = 6,876265	122500	2406,6928
5	400	ln 962,8 = 6,869846	160000	2747,9384
6	450	ln 956,7 = 6,863490	202500	3088,5705
7	500	ln 950,7 = 6,857199	250000	3428,5995
8	550	ln 944,65 = 6,850815	302500	3767,9483
9	600	ln 938,7 = 6,844496	360000	4106,6976

Das Gleichungssystem zur Bestimmung von λ_o und λ_1 lautet nach (16.42), Seite 40:

$$9\lambda_o + \Big(\sum_{i=1}^{9} h_i\Big)\lambda_1 = \sum_{i=1}^{9} \beta_i \qquad (1)$$

$$\Big(\sum_{i=1}^{9} h_i\Big)\lambda_o + \Big(\sum_{i=1}^{9} h_i^2\Big)\lambda_1 = \sum_{i=1}^{9} \beta_i h_i \qquad (2)$$

Aus der obigen Tabelle folgt

$$\sum_{i=1}^{9} h_i = 3600, \qquad \sum_{i=1}^{9} \beta_i = 61{,}828858,$$

$$\sum_{i=1}^{9} h_i^2 = 1590000, \qquad \sum_{i=1}^{9} \beta_i h_i = 24712{,}502.$$

Aus Gleichung (1) folgt

$$\lambda_o = \frac{61{,}828858}{9} - \frac{3600}{9}\lambda_1 = 6{,}8698731 - 400\,\lambda_1.$$

Dieses Ergebnis wird in (2) eingesetzt und ergibt

$$3600(6{,}8698731 - 400\lambda_1) + 1590000\lambda_1 = 24712{,}502$$

bzw.

$$24731{,}543 - 1440000\lambda_1 + 1590000\lambda_1 = 24712{,}502 \quad \text{oder}$$

$$150000\lambda_1 = -19{,}041,$$

also

$$\lambda_1 = -1{,}2694\cdot 10^{-4} = \mu$$

und dann

$$\lambda_o = 6{,}9206491.$$

Deshalb ist

$$p_o = e^{\lambda_o} = 1012{,}9773 \quad \text{mbar.}$$

Damit ist die gesuchte Funktion

$$p_h = p_o\, e^{\mu h}$$

bestimmt. Es ist

$$p_{5000} = 1012{,}9773\cdot e^{-1{,}2694\cdot 10^{-4}\cdot 5000} = 536{,}97 \quad \text{mbar.}$$

Würden Sie die gegebene Meßreihe (h_i, α_i), $i = 1,\ldots,9$, durch eine lineare Funktion $p_h = p_o + \lambda h$ beschreiben, so müßten Sie die Koeffizienten p_o und λ aus dem Gleichungssystem

$$9\,p_o + \Big(\sum_{i=1}^{9} h_i\Big)\lambda = \sum_{i=1}^{9} \alpha_i$$

$$\Big(\sum_{i=1}^{9} h_i\Big)p_o + \Big(\sum_{i=1}^{9} h_i^2\Big)\lambda = \sum_{i=1}^{9} \alpha_i h_i$$

bestimmen. Mit den Zwischenresultaten von oben und

$$\sum_{i=1}^{9} \alpha_i = 8666{,}6 \quad \text{und} \quad \sum_{i=1}^{9} \alpha_i h_i = 3448805$$

ergeben sich die Werte

$$\lambda = -0{,}1189 \quad \text{und} \quad p_o = 1010{,}5156 \text{ mbar.}$$

also $p_h = 1010{,}5156 - 0{,}1189\ h.$

Dann folgt

$$p_{5000} = 416{,}0156 \quad \text{mbar.}$$

Während die Abweichung des Wertes für p_o gegenüber der barometrischen Höhenformel nicht gravierend ist, ist die Abweichung bei p_{5000} mit ca. 120 mbar erheblich.

A 13
Seite 42

AUFGABE 13.- Behauptung: Genau für $s = -\frac{4}{3} + \frac{2}{3}\sqrt{10}$ ist der Winkel zwischen den Vektoren $u = \begin{pmatrix}2\\0\\4\end{pmatrix}$ und $v = \begin{pmatrix}1\\-1\\s\end{pmatrix}$ gleich $\frac{\pi}{4}$.

Beweis: Nach Definition (16.46), Seite 42, ist

$$\frac{\sqrt{2}}{2} = \cos\frac{\pi}{4} = \cos \measuredangle(u,v) = \frac{\langle u,v\rangle}{\|u\|\cdot\|v\|} = \frac{2+4s}{\sqrt{20}\,\sqrt{2+s^2}}\,.$$

Dies gilt genau dann, wenn

$$\sqrt{40}\cdot\sqrt{2+s^2} = 4 + 8s$$

ist. Hieran erkennen Sie, daß $s \geq -\frac{1}{2}$ sein muß, da Wurzeln nicht-negative reelle Zahlen sind.

Sie erhalten die äquivalente quadratische Gleichung

$$40(2+s^2) = 16 + 64s + 64s^2$$

bzw.

$$0 = s^2 + \frac{8}{3}s - \frac{8}{3}\,.$$

Diese hat die beiden Lösungen $s_1 = -\frac{4}{3} + \frac{2}{3}\sqrt{10}$ und $s_2 = -\frac{4}{3} - \frac{2}{3}\sqrt{10}$. Da nur $s_1 \geq -\frac{1}{2}$ ist, ist dies der gesuchte Wert für s.

A 14
Seite 43

AUFGABE 14.- 1) Hinweise: Seihe (16.48), Seite 42.

2) Lösung: a) Die kanonische Basis $(e^{(1)}, e^{(2)}, e^{(3)})$ des $\mathbb{R}^3$ ist eine Orthonormalbasis. Also erhält man die Richtungscosinus von $x := (1,1,1)$ so:

$$\cos\alpha_1 = \cos\measuredangle(x, e^{(1)}) = \frac{\langle x, e^{(1)}\rangle}{\|x\|\cdot\|e^{(1)}\|} = \frac{1}{\sqrt{3}}\,,$$

$$\cos\alpha_2 = \cos\measuredangle(x, e^{(2)}) = \frac{\langle x, e^{(2)}\rangle}{\|x\|\cdot\|e^{(2)}\|} = \frac{1}{\sqrt{3}}\,,$$

$$\cos\alpha_3 = \cos\measuredangle(x, e^{(3)}) = \frac{\langle x, e^{(3)}\rangle}{\|x\|\cdot\|e^{(3)}\|} = \frac{1}{\sqrt{3}}\,.$$

b) Nach (16.48) hat jedes $x \in \mathbb{R}^3$, $x \neq 0$, eine Darstellung

$$x = \|x\|\cdot\sum_{j=1}^{3}\cos\alpha_j\; e^{(j)},$$

wobei $\cos\alpha_j$ die Richtungscosinus von x bezüglich $e^{(j)}$ sind. Also haben alle gesuchten x eine Darstellung

$$x = \|x\|\cdot\sum_{j=1}^{3}\frac{1}{\sqrt{3}}\,e^{(j)} = \|x\|\cdot\frac{1}{\sqrt{3}}\cdot(1,1,1),$$

wobei $\|x\|$ jeden Wert ungleich null annehmen kann. Also haben alle

$$x = \lambda\cdot(1,1,1), \qquad \lambda \in \mathbb{R}\setminus\{0\}\,,$$

die in a) berechneten Richtungscosinus bezüglich der kanonischen Basis des $\mathbb{R}^3$.

c) Gäbe es einen Vektor $x \in \mathbb{R}^3$ mit den Richtungscosinus $\cos\alpha_1 = \frac{1}{2}\sqrt{2}$, $\cos\alpha_2 = \frac{1}{2}\sqrt{2}$ und $\cos\alpha_3 = -\frac{1}{3}\sqrt{3}$ bezüglich der kanonischen Basis des $\mathbb{R}^3$, so müßte nach (16.48) gelten

$$1 = \cos^2\alpha_1 + \cos^2\alpha_2 + \cos^2\alpha_3 = \frac{1}{2}+\frac{1}{2}+\frac{1}{3} = \frac{4}{3}$$

Das ist jedoch falsch. Also gibt es kein solches x.

A 15
Seite 45

<u>AUFGABE 15</u>.- *Behauptung: Mit den Bezeichnungen und Ergebnissen von Beispiel (16.53) ab Seite 44 gilt für* $v' = v-2<v,a>a$

(1) $\|v'\| = \|v\|$,

(2) $<v',a> = -<v,a>$,

(3) $P(v') = P(v)$.

BEWEIS: Zu (1): Es ist

$$\|v'\|^2 = <v-2<v,a>a, v-2<v,a>a>$$
$$= <v,v> + 2<v,-2<v,a>a> + <-2<v,a>a, -2<v,a>a>$$
$$= \|v\|^2 - 4<v,a><v,a> + 4<v,a>^2 <a,a>$$
$$= \|v\|^2, \text{ da } <a,a> = \|a\|^2 = 1 \text{ ist.}$$

Also folgt $\|v'\| = \|v\|$.

Zu (2): Es ist

$$<v',a> = <v-2<v,a>a,a>$$
$$= <v,a> - 2<v,a><a,a>$$
$$= <v,a> - 2<v,a>$$
$$= -<v,a>.$$

Zu (3): Je nach der Orientierung des Vektors $b^{(1)}$ *in der Orthonormalbasis von E ist*

$$P(v) = \sqrt{\|v\|^2 - <v,a>^2}\; b^{(1)}$$

also

$$P(v) = -\sqrt{\|v\|^2 - <v,a>^2}\; b^{(1)}.$$

In jedem der beiden Fälle ergibt sich wegen (1) und (2)

$$P(v') = \pm\sqrt{\|v'\|^2 - <v',a>^2}\; b^{(1)}$$
$$= \pm\sqrt{\|v\|^2 - <v,a>^2}\; b^{(1)}$$
$$= P(v).$$

A 16
Seite 45

<u>AUFGABE 16</u>.- *1) Hinweise: E ist ein Unterraum des* $\mathbb{R}^3$. *Bestimmen Sie mit Hilfe von Bemerkung (16.51), Seite 43, die Projektion*

$$P: \mathbb{R}^3 \longrightarrow E.$$

Sie brauchen dann nur noch die Eckpunkte des Dreiecks abzubilden. Es ergibt sich ein "entartetes" Dreieck.

2) Lösung: Behauptung: Die Verbindungsstrecke der Punkte (1,0,0) und $(0,\frac{1}{2},\frac{1}{2})$ *liegt in der Ebene*

$$E = \{\lambda v^{(1)} + \mu v^{(2)} \mid \lambda,\mu \in \mathbb{R}\},$$

wobei $v^{(1)} = (\frac{1}{2},\frac{\sqrt{6}}{4},\frac{\sqrt{6}}{4})$ *und* $v^{(2)} = (\frac{\sqrt{3}}{2},\frac{-\sqrt{2}}{4},\frac{-\sqrt{2}}{4})$ *sind, und ergibt sich als Projektion des Dreiecks mit den Eckpunkten (1,0,0), (0,1,0) und (0,0,1) auf E.*

Beweis: E ist der von $(v^{(1)},v^{(2)})$ *aufgespannte Unterraum des* $\mathbb{R}^3$. *Sie rechnen im Kopf nach (oder lesen einen Teil der Lösung zu Aufgabe 8 von Seite 34), daß* $(v^{(1)},v^{(2)})$ *eine Orthonormalbasis von E ist. Dann folgt mit dem Ergebnis von Bemerkung (16.51)(2) auf Seite 44, daß die Projektion* $P: \mathbb{R}^3 \longrightarrow E$ *gegeben ist durch*

$$P(p) = <p,v^{(1)}>v^{(1)} + <p,v^{(2)}>v^{(2)}, \quad p \in \mathbb{R}^3.$$

Also erhält man als Projektion der Eckpunkte des gegebenen Dreiecks auf E die Punkte:

$$P(1,0,0) = \frac{1}{2}v^{(1)} + \frac{\sqrt{3}}{2}v^{(2)} = (\frac{1}{4},\frac{\sqrt{6}}{8},\frac{\sqrt{6}}{8}) + (\frac{3}{4},-\frac{\sqrt{6}}{8},-\frac{\sqrt{6}}{8})$$
$$= (1,0,0).$$

(Hieraus kann man folgern, daß der Punkt (1,0,0) bereits ein Punkt von E ist.)

$$P(0,1,0) = \frac{\sqrt{6}}{4}v^{(1)} - \frac{\sqrt{2}}{4}v^{(2)} = (\frac{\sqrt{6}}{8},\frac{6}{16},\frac{6}{16}) - (\frac{\sqrt{6}}{8},-\frac{2}{16},-\frac{2}{16})$$
$$= (0,\frac{1}{2},\frac{1}{2}) \quad \text{und}$$
$$P(0,0,1) = \frac{\sqrt{6}}{4}v^{(1)} - \frac{\sqrt{2}}{4}v^{(2)} = (0,\frac{1}{2},\frac{1}{2}).$$

Hieraus folgt die Behauptung.

(Daß sich für den zweiten und dritten Eckpunkt derselbe Bildpunkt ergibt, liegt daran, daß der Vektor

$$(0,1,0) - (0,0,1) = (0,1,-1)$$

senkrecht auf E steht. Das können Sie leicht nachprüfen.)

KAPITEL 17 DAS VEKTORPRODUKT

<u>AUFGABE 1</u>.- *Behauptung: Für alle* $v,w \in \mathbb{R}^3$ *gilt* A 1 Seite 49

$$<v,v\times w> = 0 \quad \text{und} \quad <w,v\times w> = 0.$$

Beweis: Sei $v = (v_1,v_2,v_3)$ *und* $w = (w_1,w_2,w_3)$. *Dann ist nach Definition (17.2), Seite 49:*

$$v\times w = (v_2w_3-v_3w_2, v_3w_1-v_1w_3, v_1w_2-v_2w_1).$$

Also folgt

$$<v,v\times w> = v_1(v_2w_3-v_3w_2)+v_2(v_3w_1-v_1w_3)+v_3(v_1w_2-v_2w_1)$$
$$= v_1v_2w_3-v_1v_3w_2+v_2v_3w_1-v_1v_2w_3+v_1v_3w_2-v_2v_3w_1$$
$$= 0$$

und ebenso

$$<w,v\times w> = w_1(v_2w_3-v_3w_2)+w_2(v_3w_1-v_1w_3)+w_3(v_1w_2-v_2w_1)$$
$$= v_2w_1w_3-v_3w_1w_2+v_3w_1w_2-v_1w_2w_3+v_1w_2w_3-v_2w_1w_3$$
$$= 0.$$

<u>AUFGABE 2</u>.- *Wir schreiben noch einmal die Definition des Vektorproduktes auf* A 2 Seite 49

$$v\times w = (v_2w_3-v_3w_2, v_3w_1-v_1w_3, v_1w_2-v_2w_1)$$

und setzen die Koordinaten von $e^{(1)},e^{(2)},e^{(3)}$ *jeweils ein:*

$$e^{(1)}\times e^{(2)} = (0\cdot0-0\cdot1, 0\cdot0-1\cdot0, 1\cdot1-0\cdot0) = (0,0,1) = e^{(3)},$$
$$e^{(2)}\times e^{(3)} = (1\cdot1-0\cdot0, 0\cdot0-0\cdot1, 0\cdot0-1\cdot0) = (1,0,0) = e^{(1)},$$
$$e^{(3)}\times e^{(1)} = (0\cdot0-1\cdot0, 1\cdot1-0\cdot0, 0\cdot0-0\cdot1) = (0,1,0) = e^{(2)}.$$

<u>AUFGABE 3</u>.- *1) Hinweise: Zu b): Rechte-Hand-Regel oder Bild 3 auf Seite 50.* A 3 Seite 50

2) Lösung: a) Behauptung: Für alle $v,w \in \mathbb{R}^3$ gilt

$$v \times w = -(w \times v).$$

Beweis: Nach Definition (17.2) des Vektorproduktes gilt

$$v \times w = (v_2w_3 - v_3w_2, v_3w_1 - v_1w_3, v_1w_2 - v_2w_1)$$
$$= -(w_2v_3 - w_3v_2, w_3v_1 - w_1v_3, w_1v_2 - w_2v_1)$$
$$= -(w \times v).$$

Anmerkung: Sie entnehmen diesem Beweis auch unmittelbar, daß

$$-(w \times v) = (-w) \times v = w \times (-v)$$

gilt.

b) In Bild 3 auf Seite 50 ist $w \times v$ ein Vektor, der "nach unten" weist und senkrecht auf v und w steht. Also hat $-(w \times v)$ dieselbe Orientierung wie $v \times w$.

A 4 Seite 51 AUFGABE 4.- 1) Hinweise: Zwei Vektoren sind gleich, wenn sie in Orientierung und Länge übereinstimmen. Geben Sie zu Ihren Skizzen entsprechende Begründungen.

2) Lösung: a)

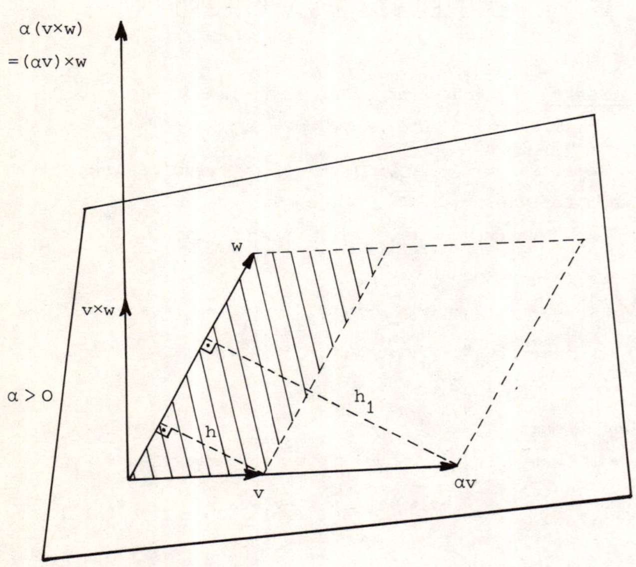

Für $\alpha > 0$ haben v und αv dieselbe Orientierung, folglich auch $v \times w$ und $(\alpha v) \times w$ und wegen $\alpha > 0$ auch $\alpha(v \times w)$. Wegen $\sphericalangle(v,w) = \sphericalangle(\alpha v,w)$ ist die Höhe h des von v und w aufgespannten Parallelogramms

$$h = \|v\| \cdot \sin \sphericalangle(v,w)$$

und die Höhe h_1 des von αv und w aufgespannten Parallelogramms

$$h_1 = \|\alpha v\| \cdot \sin \sphericalangle(\alpha v,w)$$
$$= \alpha\|v\| \cdot \sin \sphericalangle(v,w) \quad , \text{ da } \alpha > 0$$
$$= \alpha \cdot h.$$

Daher gilt mit (17.8)

$$\|(\alpha v) \times w\| = h_1 \cdot \|w\| = \alpha h \|w\| = \alpha\|v \times w\| = \|\alpha(v \times w)\| .$$

Ist $\alpha < 0$, so haben v und αv entgegengesetzte Orientierung; ebenso haben $v \times w$ und $\alpha(v \times w)$ entgegengesetzte Orientierung.

Andererseits haben $-\alpha v$ und v dieselbe Orientierung, so daß

$$\sphericalangle(-\alpha v,w) = \sphericalangle(v,w)$$

gilt. Seien h und h_1 wie oben, dann gilt (siehe nächste Skizze):

$$h_1 = \|\alpha v\| \cdot \sin \sphericalangle(-\alpha v,w) = |\alpha| \cdot \|v\| \cdot \sin \sphericalangle(v,w).$$

Also folgt

$$\|(\alpha v) \times w\| = \|w\| \cdot h_1 = \|w\| \cdot |\alpha| \cdot \|v\| \cdot \sin \sphericalangle(v,w)$$
$$= |\alpha| \cdot \|v \times w\| = \|\alpha(v \times w)\| .$$

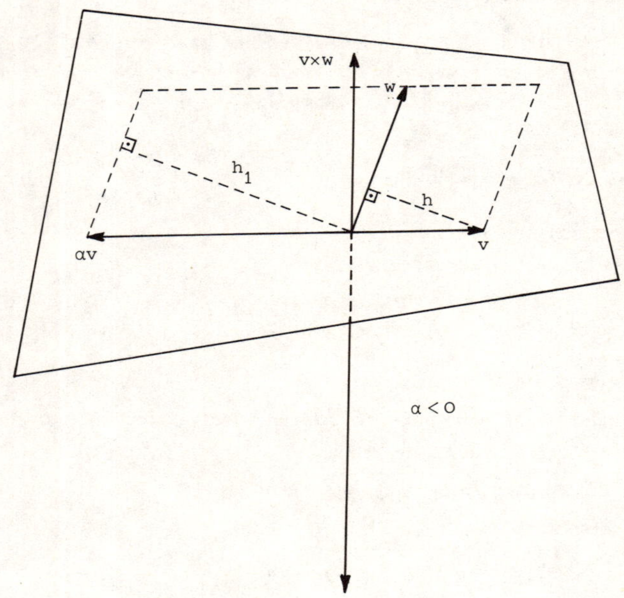

b) Seien $u,v,w \in \mathbb{R}^3$ so, daß je zwei dieser Vektoren aufeinander senkrecht stehen. Darüberhinaus seien die Bezeichnungen der Vektoren so gewählt, daß (u,v,w) ein Rechtssystem ist.

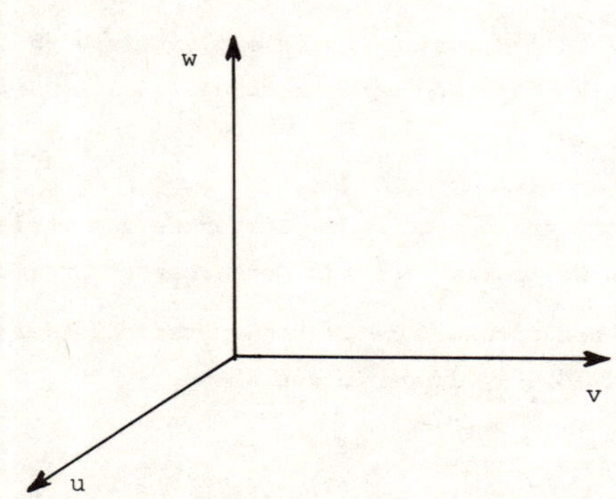

Da auch $(v,w,v \times w)$ ein Rechtssystem ist, hat $v \times w$ die Orientierung von u. $(u,w,u \times w)$ ist ebenfalls ein Rechtssystem und daher hat $u \times w$ die Orientierung von $-v$.

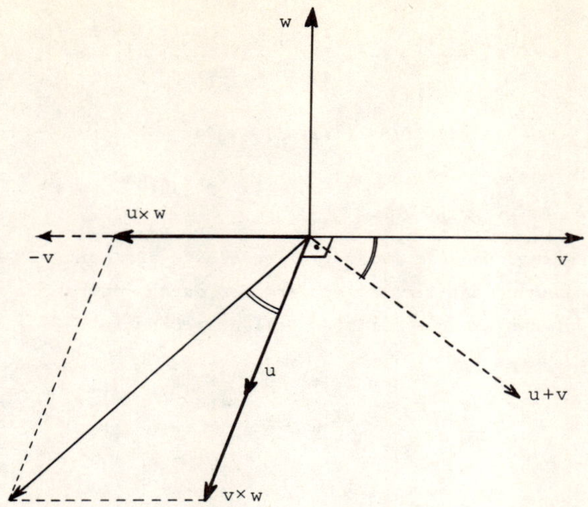

(u×w) + (v×w)
= (u+v) × w

Um zu begründen, daß $(u\times w)+(v\times w) = (u+v)\times w$ *ist, zeigen wir, daß beide Vektoren dieselbe Länge und dieselbe Orientierung haben.*

Wegen der Orthogonalität der gegebenen Vektoren u,v,w gilt

$$\|u\times w\| = \|u\|\cdot\|w\|\cdot\sin\measuredangle(u,w) = \|u\|\cdot\|w\|$$

und ebenso

$$\|v\times w\| = \|v\|\cdot\|w\|.$$

Da $u\times w$ *und* $v\times w$ *senkrecht aufeinander stehen, folgt mit dem Satz von Pythagoras*

$$\|(u\times w)+(v\times w)\|^2 = \|u\times w\|^2+\|v\times w\|^2 = \|u\|^2\,\|v\|^2+\|v\|^2\,\|w\|^2 = (\|u\|^2+\|v\|^2)\cdot\|w\|^2 = \|u+v\|^2\cdot\|w\|^2,\quad \text{da } u\perp v.$$

Also

$$\|(u\times w)+(v\times w)\| = \|u+v\|\cdot\|w\|.$$

Andererseits ergibt sich unmittelbar

$$\|(u+v)\times w\| = \|u+v\|\cdot\|w\|\cdot\sin\measuredangle(u+v,w) = \|u+v\|\cdot\|w\|,\ \text{da } w\perp(u+v).$$

Somit ist

$$\|(u\times w)+(v\times w)\| = \|(u+v)\times w\|.$$

Da $u\times w$ *und* $v\times w$ *in der von u und v aufgespannten Ebene liegen, gilt dies auch für* $(u\times w)+(v\times w)$. *Dasselbe gilt für* $(u+v)\times w$, *da u+v in dieser Ebene liegt und senkrecht auf w steht. Wir haben daher gezeigt, daß* $(u\times w)+(v\times w)$ *und* $(u+v)\times w$ *dieselbe Orientierung haben, wenn*

$$\measuredangle((u\times w)+(v\times w),u) = \measuredangle((u+v)\times w,u)$$

ist. Dies ergibt sich aus den folgenden Überlegungen:
Es ist

$$\measuredangle((u+v)\times w,u) = \measuredangle(u+v,v),$$

da $(u+v)\times w$ *senkrecht auf u+v steht (siehe obige Skizze).*

Andererseits ist

$$\cos\measuredangle(u+v,v) = \frac{\langle u+v,v\rangle}{\|u+v\|\cdot\|v\|} = \frac{\langle u,v\rangle+\langle v,v\rangle}{\|u+v\|\cdot\|v\|} = \frac{\|v\|}{\|u+v\|},\quad \text{da } u\perp v,$$

und

$$\cos\measuredangle((u\times w)+(v\times w),u) = \frac{\langle (u\times w)+(v\times w),u\rangle}{\|(u\times w)+(v\times w)\|\cdot\|u\|}$$

$$= \frac{\langle u\times w,u\rangle+\langle v\times w,u\rangle}{\|u+v\|\cdot\|w\|\cdot\|u\|}$$

$$= \frac{\langle v\times w,u\rangle}{\|u+v\|\cdot\|w\|\cdot\|u\|},\quad \text{da } u\times w\perp u$$

$$= \frac{\|v\times w\|\cdot\|u\|\cdot\cos\measuredangle(v\times w,u)}{\|u+v\|\cdot\|w\|\cdot\|u\|}$$

$$= \frac{\|v\|\cdot\|w\|\cdot\|u\|}{\|u+v\|\cdot\|w\|\cdot\|u\|},\quad \text{da } \measuredangle(v\times w,u)=0$$

$$= \frac{\|v\|}{\|u+v\|} = \cos\measuredangle(u+v,v).$$

Also ist auch $\measuredangle((u\times w)+(v\times w),u) = \measuredangle(u+v,v)$.

<u>*AUFGABE 5*</u>.- *Behauptung: Für alle* $u,v,w\in\mathbb{R}^3$ *gilt* A 5 Seite 54

$$[u,v,w] = [v,w,u] = [w,u,v].$$

Beweis: Je drei Vektoren u,v,w des $\mathbb{R}^3$ *bestimmen unabhängig von ihrer Reihenfolge ein Spat festen Volumens V. Ist* $V=0$, *so sind alle drei in der Behauptung genannten Zahlen gleich 0.*
Sei $V>0$. *Ist dann (u,v,w) ein Rechtssystem, so ist nach (17.12)*

$$[u,v,w] = V$$

Da in diesem Fall auch (v,w,u) und (w,u,v) Rechtssysteme sind, gilt ebenfalls

$$[v,w,u] = V = [w,u,v].$$

Ist (u,v,w) kein Rechtssystem, so auch (v,w,u) und (w,u,v) nicht, und es gilt

$$-[u,v,w] = V,\quad -[v,w,u] = V \text{ und } -[w,u,v] = V.$$

Es folgt die Behauptung.

<u>*AUFGABE 6*</u>.- *Behauptung: Für* $u,v,w\in\mathbb{R}^3$ *gilt:* A 6 Seite 54

$$[u,v,w] = 0 \iff (u,v,w) \text{ linear abhängig.}$$

Beweis: Nach (17.12), Seite 53, ist

$$[u,v,w] = \pm V_{Spat} = \pm\|u\times v\|\cdot\|w\|\cdot\cos\varphi,$$

wobei $\varphi = \measuredangle(u\times v,w)$. *Also gilt*

$$[u,v,w] = 0 \iff \|u\times v\| = 0 \text{ oder } \|w\| = 0 \text{ oder } \cos\varphi = 0$$

$$\iff u\times v = 0 \text{ oder } w=0 \text{ oder } \varphi=\frac{\pi}{2}$$

$$\iff (u,v) \text{ linear abhängig oder } w=0 \text{ oder } \varphi=\frac{\pi}{2}$$
(17.7),Seite 51

$$\iff (u,v) \text{ linear abhängig oder } w=0 \text{ oder } w=\lambda u+\mu v.$$
Fußnote, Seite 54

Jede der letzten drei Möglichkeiten ist äquivalent zu:
(u,v,w) ist linear abhängig.

A 7
Seite 55

AUFGABE 7.- 1) Hinweise: Gehen Sie analog zu Beispiel (17.15), Seite 54, vor. Es sind nur nicht-negative α *gesucht.*

2) Lösung: Es ist $u=(1,\alpha,-1)$, $v=(\alpha,0,0)$, $w=(0,1,-\alpha)$, $\alpha \geq 0$.

Behauptung: a) (u,v,w) *ist linear abhängig genau dann, wenn*

$$\alpha = 0 \quad \text{oder} \quad \alpha = 1 \text{ ist.}$$

b) (u,v,w) *ist ein Linkssystem genau dann, wenn* $0<\alpha<1$ *ist.*

c) Unter allen Linkssystemen (u,v,w) *ist das Volumen des von u,v,w gebildeten Spats für* $\alpha=\frac{1}{\sqrt{3}}$ *maximal. Das zugehörige maximale Volumen beträt* $V_{max}=\frac{2}{3\sqrt{3}}$.

Beweis: Nach Definition (17.2) des Vektorproduktes ist

$$u\times v = (0,-\alpha,-\alpha^2)$$

und dann nach Definition (17.11) des Spatproduktes

$$[u,v,w] = \langle u\times v,w\rangle = -\alpha+\alpha^3.$$

Zu a): Nach Aufgabe 6, Seite 54, ist (u,v,w) *linear abhängig genau dann, wenn* $[u,v,w] = 0$ *ist. Dies ist für* $\alpha\geq 0$ *genau dann der Fall, wenn*

$$0=-\alpha+\alpha^3=\alpha(\alpha^2-1)$$

ist. Also genau für

$$\alpha=0 \quad \text{oder} \quad \alpha=1.$$

Zu b): (u,v,w) *ist ein Linkssystem*

$$\Longleftrightarrow [u,v,w]<0$$
$$\Longleftrightarrow \alpha(\alpha^2-1)<0$$
$$\Longleftrightarrow \alpha^2-1<0 \qquad (\text{wegen } \alpha>0)$$
$$\Longleftrightarrow \alpha^2<1$$
$$\Longleftrightarrow \alpha<1 \qquad (\text{wegen } \alpha>0)$$
$$\Longleftrightarrow 0<\alpha<1.$$

Zu c): Es sind alle $\alpha\in\,]0,1[$ *zu bestimmen, so daß*

$$V(\alpha) := |[u,v,w]| = |\alpha(\alpha^2-1)| = \alpha(1-\alpha^2)$$

maximal wird.

Wegen $V'(\alpha)=1-3\alpha^2=0 \iff \alpha=\frac{1}{\sqrt{3}} \quad (\alpha\in\,]0,1[)$

und $V''(\frac{1}{\sqrt{3}}) = -\frac{6}{\sqrt{3}}<0$

hat V an der Stelle $\alpha=\frac{1}{\sqrt{3}}$ *ein relatives Maximum. An dieser Stelle liegt auch das gesuchte absolute Maximum von V, da*

$$\lim_{\substack{\alpha\to 0\\ \alpha>0}} V(\alpha) = \lim_{\substack{\alpha\to 1\\ \alpha<1}} V(\alpha) = 0,$$

aber $V_{max} = V(\frac{1}{\sqrt{3}}) = \frac{2}{3\sqrt{3}} > 0.$

A 8
Seite 56

<u>AUFGABE 8</u>.- 1) Hinweise: Zu b): Bei Entwicklung nach der zweiten Zeile müssen Sie erhalten

$$\begin{vmatrix} u_1 & u_2 & u_3\\ v_1 & v_2 & v_3\\ w_1 & w_2 & w_3\end{vmatrix} = -v_1\begin{vmatrix} u_2 & u_3\\ w_2 & w_3\end{vmatrix} + v_2\begin{vmatrix} u_1 & u_3\\ w_1 & w_3\end{vmatrix} - v_3\begin{vmatrix} u_1 & u_2\\ w_1 & w_2\end{vmatrix}.$$

2) Lösung: a) Durch Entwickeln nach der ersten Zeile ergibt sich

$$\begin{vmatrix} -1 & 2 & 1\\ 3 & 1 & -1\\ -1 & 4 & 5\end{vmatrix} = (-1)\begin{vmatrix} 1 & -1\\ 4 & 5\end{vmatrix} - 2\begin{vmatrix} 3 & -1\\ -1 & 5\end{vmatrix} + 1\begin{vmatrix} 3 & 1\\ -1 & 4\end{vmatrix}$$

$$= -(5+4)-2(15-1)+(12+1) = -24$$

b) Seien $u=(u_1,u_2,u_3)$, $v=(v_1,v_2,v_3)$ *und* $w=(w_1,w_2,w_3)\in\mathbb{R}^3$.

Behauptung: Die aus u,v,w gebildete dreireihige Determinante läßt sich folgendermaßen durch Entwicklung nach der zweiten bzw. dritten Zeile berechnen:

$$\begin{vmatrix} u_1 & u_2 & u_3\\ v_1 & v_2 & v_3\\ w_1 & w_2 & w_3\end{vmatrix} = -v_1\begin{vmatrix} u_2 & u_3\\ w_2 & w_3\end{vmatrix} + v_2\begin{vmatrix} u_1 & u_3\\ w_1 & w_3\end{vmatrix} - v_3\begin{vmatrix} u_1 & u_2\\ w_1 & w_3\end{vmatrix},$$

$$\begin{vmatrix} u_1 & u_2 & u_3\\ v_1 & v_2 & v_3\\ w_1 & w_2 & w_3\end{vmatrix} = w_1\begin{vmatrix} u_2 & u_3\\ v_2 & v_3\end{vmatrix} - w_2\begin{vmatrix} u_1 & u_3\\ v_1 & v_3\end{vmatrix} + w_3\begin{vmatrix} u_1 & u_2\\ v_1 & v_2\end{vmatrix}.$$

Beweis: Nach Definition der dreireihigen Determinante ist

$$\begin{vmatrix} u_1 & u_2 & u_3\\ v_1 & v_2 & v_3\\ w_1 & w_2 & w_3\end{vmatrix} = [u,v,w] = [v,w,u] = [w,u,v]$$

$$= \langle w\times u,v\rangle = \langle v,w\times u\rangle$$

$$= v_1(w_2u_3-w_3u_2)+v_2(w_3u_1-w_1u_3)+v_3(w_1u_2-w_2u_1)$$

$$= -v_1(u_2w_3-u_3w_2)+v_2(u_1w_3-u_3w_1)-v_3(u_1w_2-u_2w_1)$$

$$= -v_1\begin{vmatrix} u_2 & u_3\\ w_2 & w_3\end{vmatrix} + v_2\begin{vmatrix} u_1 & u_3\\ w_1 & w_3\end{vmatrix} - v_3\begin{vmatrix} u_1 & u_2\\ w_1 & w_2\end{vmatrix}$$

$$= -v_1\begin{vmatrix} u_1 & u_2 & u_3\\ v_1 & v_2 & v_3\\ w_1 & w_2 & w_3\end{vmatrix} + v_2\begin{vmatrix} u_1 & u_2 & u_3\\ v_1 & v_2 & v_3\\ w_1 & w_2 & w_3\end{vmatrix} - v_3\begin{vmatrix} u_1 & u_2 & u_3\\ v_1 & v_2 & v_3\\ w_1 & w_2 & w_3\end{vmatrix}.$$

Analog ergibt sich

$$\begin{vmatrix} u_1 & u_2 & u_3\\ v_1 & v_2 & v_3\\ w_1 & w_2 & w_3\end{vmatrix} = [u,v,w] = \langle u\times v,w\rangle = \langle w,u\times v\rangle$$

$$= w_1(u_2v_3-u_3v_2)+w_2(u_3v_1-u_1v_3)+w_3(u_1v_2-u_2v_1)$$

$$= w_1(u_2v_3-u_3v_2)-w_2(u_1v_3-u_3v_1)+w_3(u_1v_2-u_2v_1)$$

$$= w_1\begin{vmatrix} u_2 & u_3\\ v_2 & v_3\end{vmatrix} - w_2\begin{vmatrix} u_1 & u_3\\ v_1 & v_3\end{vmatrix} + w_3\begin{vmatrix} u_1 & u_2\\ v_1 & v_2\end{vmatrix}.$$

<u>Anmerkung</u>: So können Sie sich merken, welche Vorzeichen in den jeweiligen Entwicklungen zu wählen sind: Denken Sie sich ein 3×3 Schachbrett-Muster aus Plus- und Minuszeichen über die Determinante gelegt, welches links oben mit + beginnt

$$\begin{matrix} + & - & +\\ - & + & -\\ + & - & +\end{matrix}$$

Vergleichen Sie mit den Entwicklungen nach der ersten bzw. zweiten bzw. dritten Zeile.

A 9
Seite 56

AUFGABE 9.- 1) Hinweise: Zu a): Sie sollten also die Formel

$$\begin{vmatrix} u_1 & u_2 & u_3 \\ v_1 & v_2 & v_3 \\ w_1 & w_2 & w_3 \end{vmatrix} = u_1v_2w_3 + u_2v_3w_1 + u_3v_1w_2 - w_1v_2u_3 - w_2v_3u_1 - w_3v_1u_2$$

beweisen.

2) Lösung: a) Wir zeigen, daß die im Hinweis notierte Formel richtig ist. Dazu wählen wir irgendeine Berechnungsmöglichkeit für dreireihige Determinanten, etwa die Entwicklung nach der ersten Zeile auf Seite 56:

$$\begin{vmatrix} u_1 & u_2 & u_3 \\ v_1 & v_2 & v_3 \\ w_1 & w_2 & w_3 \end{vmatrix} = u_1\begin{vmatrix} v_2 & v_3 \\ w_2 & w_3 \end{vmatrix} - u_2\begin{vmatrix} v_1 & v_3 \\ w_1 & w_3 \end{vmatrix} + u_3\begin{vmatrix} v_1 & v_2 \\ w_1 & w_2 \end{vmatrix}$$

$$= u_1(v_2w_3-v_3w_2)-u_2(v_1w_3-v_3w_1)+u_3(v_1w_2-v_2w_1)$$

$$= u_1v_2w_3+u_2v_3w_1+u_3v_1w_2-u_1v_3w_1-u_2v_1w_3-u_3v_2w_1$$

$$= u_1v_2w_3+u_2v_3w_1+u_3v_1w_2-w_1v_2u_3-w_2v_3u_1-w_3v_1u_2\ .$$

Dies ist die Sarrus'sche Regel.

b) Berechnung mit Hilfe der Sarrus'schen Regel ergibt

$$\begin{vmatrix} -1 & 2 & 1 \\ 3 & 1 & -1 \\ -1 & 4 & 5 \end{vmatrix} = \begin{array}{ccccc} + & + & + & & \\ -1 & 2 & 1 & -1 & 2 \\ 3 & 1 & -1 & 3 & 1 \\ -1 & 4 & 5 & -1 & 4 \\ - & - & - & & \end{array}$$

$$= (-1)\cdot 1\cdot 5 + 2\cdot(-1)\cdot(-1) + 1\cdot 3\cdot 4 - (-1)\cdot 1\cdot 1 - 4\cdot(-1)\cdot(-1) - 5\cdot 3\cdot 2$$

$$= -24.$$

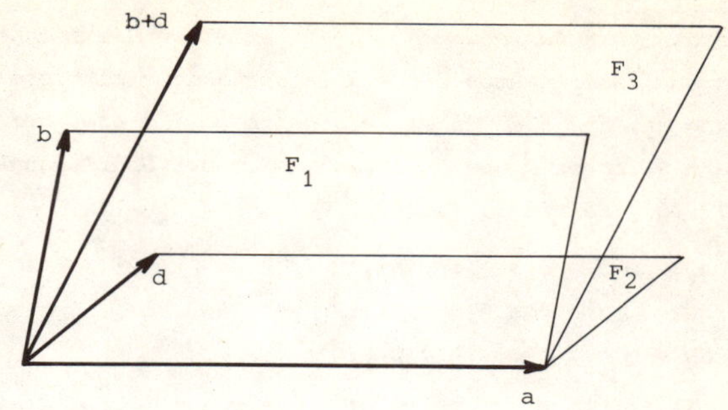

Die Gleichheit der in den Hinweisen genannten Flächeninhalte $F_1+F_2=F_3$ ergibt sich durch Verschieben von Dreiecken und eines Parallelogramms.

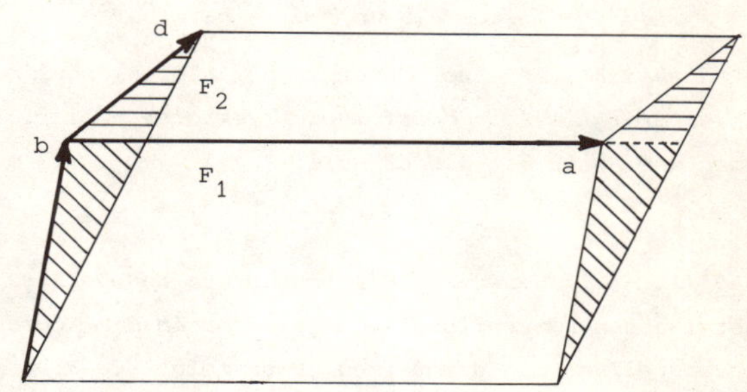

Da die "dritte" Kante aller Spate durch c festgelegt ist, haben alle Spate dieselbe Höhe, und es gilt die der Grundflächen-Formel $F_1+F_2=F_3$ entsprechende Formel für die Volumina, also die behauptete Determinantengleichung.

2. Lösungsmöglichkeit: Das von a und c aufgespannte Parallelogramm bilde die Grundfläche aller Parallelogramme.

A 10
Seite 58

AUFGABE 10.- 1) Hinweise: Zu a): Eine Möglichkeit des Nachweises besteht darin, daß Sie zur Vereinfachung annehmen: Der Vektor d liegt in der von a und b aufgespannten Ebene. Dann brauchen Sie nur zu zeigen, daß der Flächeninhalt des von a und b+d aufgespannten Parallelogramms gleich der Summe der Flächeninhalte der Parallelogramme ist, die von a und b und von a und d aufgespannt werden.
Eine andere Möglichkeit des Nachweises sieht so aus: Wählen Sie das von a und c aufgespannte Parallelogramm als Grundseite der drei Spate, die als dritte ("aufspannende") Kante b bzw. d bzw. b+d haben. Begründen Sie dann, daß für deren Höhen h_1 bzw. h_2 bzw. h_3 gilt: $h_3 = h_1 + h_2$.

2) Lösung: a) 1. Möglichkeit: a,b und d liegen in einer Ebene (Zeichenebene).

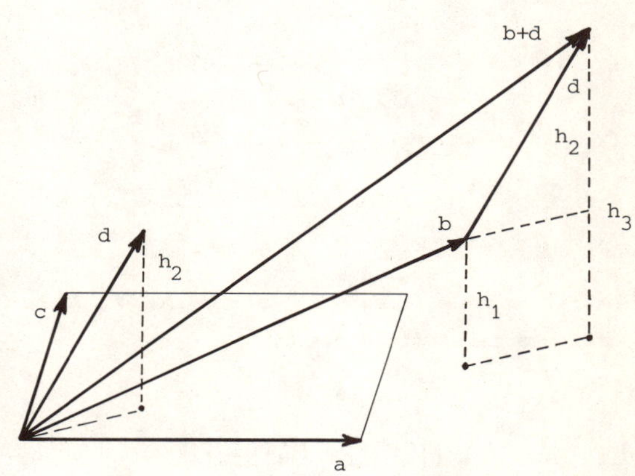

Die Vektoren b,d und b+d liegen in einer Ebene. Die Fußpunkte der Höhen sind die Projektionen der Endpunkte von b,d und b+d auf die von a und c aufgespannte Ebene.

Die Höhe des von a,b,c bestimmten Spats sei h_1,
die Höhe des von a,d,c bestimmten Spats sei h_2,
die Höhe des von a,b+d,c bestimmten Spats sei h_3.

Der Zeichnung entnehmen Sie $h_3 = h_1 + h_2$.
Also gilt die gesuchte Volumen-Formel.

Anmerkung: Die Beziehung $h_3 = h_1 + h_2$ *erhalten Sie rechnerisch so (dabei nehmen wir wie in der Skizze zur Vereinfachung an, daß die Winkel zwischen b bzw. d bzw. b+d und a×c zwischen O und* $\frac{\pi}{2}$ *liegen): Nach den Überlegungen in (17.12), Seite 53, ist*

$$h_1 = \|b\| \cdot \cos \sphericalangle(a\times c, b),$$
$$h_2 = \|d\| \cdot \cos \sphericalangle(a\times c, d),$$
$$h_3 = \|b+d\| \cdot \cos \sphericalangle(a\times c, b+d).$$

Also ist

$$\begin{aligned} h_1 + h_2 &= \|b\| \cdot \frac{\langle a\times c, b\rangle}{\|a\times c\| \cdot \|b\|} + \|d\| \cdot \frac{\langle a\times c, d\rangle}{\|a\times c\| \cdot \|d\|} \\ &= \frac{1}{\|a\times c\|} (\langle a \times c, b\rangle + \langle a \times c, d\rangle) \\ &= \frac{\langle a \times c, b+d\rangle}{\|a\times c\|} = \|b+d\| \cdot \frac{\langle a \times c, b+d\rangle}{\|a\times c\| \cdot \|b+d\|} \\ &= \|b+d\| \cdot \cos \sphericalangle(a\times c, b+d) = h_3. \end{aligned}$$

b) Sind zwei Zeilen einer Determinante gleich, so sind zwei der drei ein Spat bestimmenden Vektoren gleich. Das Volumen des Spats ist gleich null.

A 11
Seite 60

AUFGABE 11.- 1) Hinweise: Sie können die angegebene "Determinanten-Darstellung" von g leicht in die Koordinatendarstellung von g umformen. Dann folgt die Behauptung aus der Lösung zu Aufgabe 10 b), Seite 36.

2) Lösung: Sei $p = (p_1, p_2)$ *und* $u = (u_1, u_2) \neq (0,0)$.
Behauptung: Die Gerade

$$g = \{x = p + \lambda u \mid \lambda \in \mathbb{R}\}$$

ist in der Form

$$g = \{(x_1, x_2) \in \mathbb{R}^2 \mid \begin{vmatrix} u_1 & u_2 \\ x_1 - p_1 & x_2 - p_2 \end{vmatrix} = 0\}$$

darstellbar.

Beweis: Es gilt

$$\begin{aligned} &\{(x_1, x_2) \in \mathbb{R}^2 \mid \begin{vmatrix} u_1 & u_2 \\ x_1 - p_1 & x_2 - p_2 \end{vmatrix} = 0\} \\ &= \{(x_1, x_2) \mid u_1(x_2 - p_2) - u_2(x_1 - p_1) = 0\} \\ &= \{(x_1, x_2) \mid u_1 x_2 - u_2 x_1 = u_1 p_2 - u_2 p_1\} \\ &= \{(x_1, x_2) \mid u_2 x_1 - u_1 x_2 = p_1 u_2 - p_2 u_1\} \end{aligned}$$

und dies ist nach der Lösung zu Aufgabe 10 b), Seite 36, die Koordinatendarstellung von g.

KAPITEL 18 MATRIZEN

A 1
Seite 62

AUFGABE 1.- Das gegebene Netzwerk hat zwei Maschen, die von den Strömen I_1 *bzw.* I_2 *durchflossen werden. Nach der Beschreibung der Widerstandsmatrix auf Seite 62 gilt*

$$R = \begin{pmatrix} R_1 + R_2 & R_2 \\ R_2 & R_2 + R_3 \end{pmatrix}.$$

Analog zu der Beziehung (2) auf Seite 62 erhält man

$$R \cdot I = \begin{pmatrix} (R_1 + R_2) I_1 + R_2 I_2 \\ R_2 I_1 + (R_2 + R_3) I_2 \end{pmatrix}.$$

Also gilt $R \cdot I = U = \begin{pmatrix} U_1 + U_2 \\ U_2 + U_3 \end{pmatrix}$ *genau dann, wenn*

$$\begin{aligned} (R_1 + R_2) I_1 + R_2 I_2 &= U_1 + U_2 \\ R_2 I_1 + (R_2 + R_3) I_2 &= U_2 + U_3 \end{aligned}.$$

AUFGABE 2.- a) Die angegebene Matrix hat die Zeilenvektoren A 2 Seite 63

$$\begin{aligned} z_1 &= (\;0 \quad 0 \quad 4 \quad -2) \\ z_2 &= (-3 \quad 9 \quad 1 \quad 0) \\ z_3 &= (\;2 \quad 16 \quad -\tfrac{1}{2} \quad -1) \\ z_4 &= (\;0 \quad 0 \quad 0 \quad 0) \\ z_5 &= (\;7 \quad 3 \quad 4{,}2 \quad 0) \end{aligned}$$

und die Spaltenvektoren

$$s_1 = \begin{pmatrix} 0 \\ -3 \\ 2 \\ 0 \\ 7 \end{pmatrix}, \quad s_2 = \begin{pmatrix} 0 \\ 9 \\ 16 \\ 0 \\ 3 \end{pmatrix}, \quad s_3 = \begin{pmatrix} 4 \\ 1 \\ -\frac{1}{2} \\ 0 \\ 4{,}2 \end{pmatrix}, s_4 = \begin{pmatrix} -2 \\ 0 \\ -1 \\ 0 \\ 0 \end{pmatrix}.$$

b) Die Matrix

$$\begin{pmatrix} 2 & 2 & 3 \\ -4 & 0 & 3 \\ 0 & 0 & 7 \end{pmatrix}.$$

hat die gegebenen Vektoren als Zeilenvektoren.

c) Die Spaltenvektoren s_1 *und* s_2 *haben vier Koordinaten, die Spaltenvektoren* s_3 *und* s_4 *haben nur drei Koordinaten. Also gibt es keine Matrix, die* s_1, s_2, s_3, s_4 *als Spaltenvektoren hat.*

AUFGABE 3.- Da $B = (b_{ik})$ *eine (4×2)-Matrix ist, gilt* A 3 Seite 64
$1 \leq i \leq 4$ *und* $1 \leq k \leq 2$. *Aus der Definition der* b_{ik} *folgt:*

$$B = \begin{pmatrix} b_{11} & b_{12} \\ b_{21} & b_{22} \\ b_{31} & b_{32} \\ b_{41} & b_{42} \end{pmatrix} \begin{pmatrix} 0 & 1 \\ -1 & 0 \\ -1 & -1 \\ -1 & -1 \end{pmatrix}.$$

AUFGABE 4.- Nach Definition der Gleichheit von Matrizen (Definition (18.5), Seite 63) gilt A 4 Seite 64

$$\begin{pmatrix} a-b & b-a \\ a^2-b^2 & a^2-ab \\ ab-a^2 & a+b \end{pmatrix} = \begin{pmatrix} 2 & -2 \\ 16 & 10 \\ -10 & 8 \end{pmatrix}$$

genau dann, wenn

$$\begin{aligned} a-b &= 2 \quad , & b-a &= -2 \\ a^2-b^2 &= 16 \quad , & a^2-ab &= 10 \\ ab-a^2 &= -10 \quad , & a+b &= 8 \quad . \end{aligned}$$

Aus der ersten und letzten dieser Gleichungen folgt a=5. Also muß b=3 sein (z.B. in der ersten Gleichung). Alle anderen Gleichungen sind ebenfalls für a=5 und b=3 erfüllt. Daher lautet die Antwort auf die in Aufgabe 4 gestellte Frage: Ja, a=5, b=3.

A 5
Seite 64

AUFGABE 5.- 1) Hinweise: Zu a): Schreiben Sie A in Zeilendarstellung und A^T in Spaltendarstellung. Vergleichen Sie dann die Koordinaten der Spaltenvektoren von $A^T = (s_1 \ldots s_m)$ und $A^T = (z_1^T \ldots z_m^T)$.

Zu b): Sie können Teil a) benutzen.

2) Lösung: a) Behauptung: Für die $(m\times n)$-Matrix $A = (a_{ij})$ gilt

$$A^T = (b_{k\ell})_{\substack{1\le k\le n\\ 1\le \ell\le m}} \quad \text{mit } b_{k\ell} = a_{\ell k}\,.$$

Beweis: Sei

$$A = \begin{pmatrix} z_1 \\ \vdots \\ z_m \end{pmatrix}$$

die Zeilendarstellung von A, d.h. es ist

$$z_i = (a_{i1},\ldots,a_{in}) \quad \text{für } i=1,\ldots,m.$$

Ferner sei

$$A^T = (s_1 \ldots s_m)$$

die Spaltendarstellung der $(n\times m)$-Matrix A^T, d.h. es gilt

$$s_i = \begin{pmatrix} b_{1i} \\ \vdots \\ b_{ni} \end{pmatrix} \quad \text{für } i=1,\ldots,m.$$

Nach Definition (18.8), Seite 64, der transponierten Matrix ist

$$A^T = (z_1^T \ \ldots \ z_m^T)\,.$$

Nach Definition der Gleichheit von Matrizen gilt

$$(s_1 \ \ldots \ s_m) = A^T = (z_1^T \ \ldots \ z_m^T)$$

genau dann, wenn

$$s_i = z_i^T \quad \text{für } i=1,\ldots,m$$

bzw.

$$\begin{pmatrix} b_{1i} \\ \vdots \\ b_{ni} \end{pmatrix} = \begin{pmatrix} a_{i1} \\ \vdots \\ a_{in} \end{pmatrix} \quad \text{für } i=1,\ldots,m.$$

Dies ist genau dann der Fall, wenn

$$b_{ki} = a_{ik} \quad \text{für } k=1,\ldots,n \ \text{ und } \ i=1,\ldots,m.$$

b) Behauptung: Hat die $(m\times n)$-Matrix $A = (a_{ij})$ die Spaltendarstellung $A = (s_1 \ \ldots \ s_n)$, so gilt

$$A^T = \begin{pmatrix} s_1^T \\ \vdots \\ s_n^T \end{pmatrix}.$$

Beweis: Es ist

$$s_j = \begin{pmatrix} a_{1j} \\ \vdots \\ a_{mj} \end{pmatrix}, \text{ also } s_j^T = (a_{1j},\ldots,a_{mj})$$

für $j=1,\ldots,n$. Nach Teil a) gilt dann

$$A^T = \begin{pmatrix} a_{11} & a_{21} & \cdots & a_{m1} \\ a_{12} & a_{22} & \cdots & a_{m2} \\ \vdots & \vdots & & \vdots \\ a_{1n} & a_{2n} & \cdots & a_{mn} \end{pmatrix} = \begin{pmatrix} s_1^T \\ s_2^T \\ \vdots \\ s_n^T \end{pmatrix}.$$

Anmerkung: Teil b) besagt insbesondere: Es ist gleichgültig, ob man die Zeilenvektoren einer Matrix zu Spaltenvektoren oder die Spaltenvektoren zu Zeilenvektoren macht. In beiden Fällen gelangt man zum selben Resultat, der transponierten Matrix.

c) Behauptung: $(A^T)^T = A$.

Beweis: Offensichtlich gilt für jeden Zeilenvektor z:

$$(z^T)^T = z.$$

Ist dann

$$A = \begin{pmatrix} z_1 \\ \vdots \\ z_m \end{pmatrix}$$

die Zeilendarstellung von A, so gilt nach Definition (18.8)(2)

$$A^T = (z_1^T \ \ldots \ z_m^T).$$

Mit Teil b) folgt hieraus

$$(A^T)^T = \begin{pmatrix} (z_1^T)^T \\ \vdots \\ (z_m^T)^T \end{pmatrix} = \begin{pmatrix} z_1 \\ \vdots \\ z_m \end{pmatrix} = A.$$

A 6
Seite 66

AUFGABE 6.- a) Es ist $z_1 = (-1,0,1)$, $z_2 = (0,1,2)$, $z_3 = (1,2,3)$ und $z_4 = (2,3,4)$. Also ist

$$A = \begin{pmatrix} -1 & 0 & 1 \\ 0 & 1 & 2 \\ 1 & 2 & 3 \\ 2 & 3 & 4 \end{pmatrix},$$

und es gilt

$$A\cdot x^{(1)} = \begin{pmatrix} z_1\cdot x^{(1)} \\ z_2\cdot x^{(1)} \\ z_3\cdot x^{(1)} \\ z_4\cdot x^{(1)} \end{pmatrix} = \begin{pmatrix} 2 \\ 8 \\ 14 \\ 20 \end{pmatrix},$$

$$A\cdot x^{(2)} = \begin{pmatrix} z_1\cdot x^{(2)} \\ z_2\cdot x^{(2)} \\ z_3\cdot x^{(2)} \\ z_4\cdot x^{(2)} \end{pmatrix} = \begin{pmatrix} -2 \\ 3 \\ 8 \\ 13 \end{pmatrix},$$

$$A\cdot x^{(3)} = \begin{pmatrix} z_1\cdot x^{(3)} \\ z_2\cdot x^{(3)} \\ z_3\cdot x^{(3)} \\ z_4\cdot x^{(3)} \end{pmatrix} = \begin{pmatrix} 1 \\ -4 \\ -9 \\ -14 \end{pmatrix} .$$

b) Mit den Ergebnissen $A\cdot x^{(1)}$ *und* $A\cdot x^{(2)}$ *aus Teil a) gilt*

$$B = \begin{pmatrix} 2 & -2 \\ 8 & 3 \\ 14 & 8 \\ 20 & 13 \end{pmatrix} .$$

Wegen

$$B\cdot y^{(1)} = \begin{pmatrix} 2 & -2 \\ 8 & 3 \\ 14 & 8 \\ 20 & 13 \end{pmatrix}\cdot\begin{pmatrix} 0 \\ 1 \end{pmatrix} = \begin{pmatrix} -2 \\ 3 \\ 8 \\ 13 \end{pmatrix},$$

$$B\cdot y^{(2)} = \begin{pmatrix} 2 & -2 \\ 8 & 3 \\ 14 & 8 \\ 20 & 13 \end{pmatrix}\cdot\begin{pmatrix} -1 \\ 1 \end{pmatrix} = \begin{pmatrix} -4 \\ -5 \\ -6 \\ -7 \end{pmatrix} = -\begin{pmatrix} 4 \\ 5 \\ 6 \\ 7 \end{pmatrix},$$

$$B\cdot y^{(3)} = \begin{pmatrix} 2 & -2 \\ 8 & 3 \\ 14 & 8 \\ 20 & 13 \end{pmatrix}\cdot\begin{pmatrix} 1 \\ 1 \end{pmatrix} = \begin{pmatrix} 0 \\ 11 \\ 22 \\ 33 \end{pmatrix}$$

hat nur $y^{(2)}$ *die verlangte Eigenschaft.*

c) $$A\cdot x^{(1)} + A\cdot x^{(2)} = \begin{pmatrix} 2 \\ 8 \\ 14 \\ 20 \end{pmatrix} + \begin{pmatrix} -2 \\ 3 \\ 8 \\ 13 \end{pmatrix} = \begin{pmatrix} 0 \\ 11 \\ 22 \\ 33 \end{pmatrix} .$$

Andererseits ist

$$x^{(1)} + x^{(2)} = \begin{pmatrix} 0 \\ 4 \\ 2 \end{pmatrix} + \begin{pmatrix} 3 \\ 1 \\ 1 \end{pmatrix} = \begin{pmatrix} 3 \\ 5 \\ 3 \end{pmatrix},$$

also

$$A\cdot(x^{(1)} + x^{(2)}) = \begin{pmatrix} -1 & 0 & 1 \\ 0 & 1 & 2 \\ 1 & 2 & 3 \\ 2 & 3 & 4 \end{pmatrix}\cdot\begin{pmatrix} 3 \\ 5 \\ 3 \end{pmatrix} = \begin{pmatrix} 0 \\ 11 \\ 22 \\ 33 \end{pmatrix} .$$

Ergebnis: $A\cdot(x^{(1)} + x^{(2)}) = A\cdot x^{(1)} + A\cdot x^{(2)}$.

d) $$\begin{pmatrix} 1 & 1 & 12 & 4 \\ -2 & 2 & 8 & 0 \\ 7 & -4 & -1 & 7 \end{pmatrix}\cdot\begin{pmatrix} 2 \\ -2 \\ 1 \\ -3 \end{pmatrix} = \begin{pmatrix} 0 \\ 0 \\ 0 \end{pmatrix} .$$

A 7
Seite 66

AUFGABE 7.- Behauptung: Hat die $(m\times n)$*-Matrix* $A = (a_{ij})$ *die Spaltendarstellung* $A = (s_1 \ldots s_n)$*, so gilt für*

$$x = \begin{pmatrix} x_1 \\ \vdots \\ x_n \end{pmatrix} \in \mathbb{R}^n$$

$$A\cdot x = \sum_{j=1}^{n} x_j s_j .$$

Beweis: Es ist $s_j = \begin{pmatrix} a_{1j} \\ \vdots \\ a_{mj} \end{pmatrix}$ *für* $j = 1,\ldots,n$.

Sei $A = \begin{pmatrix} z_1 \\ \vdots \\ z_m \end{pmatrix}$ *die Zeilendarstellung von A, d.h.*

$z_i = (a_{i1} \ldots a_{in})$ *für* $i = 1,\ldots,m$. *Dann gilt*

$$A\cdot x = \begin{pmatrix} z_1\cdot x \\ \vdots \\ z_m\cdot x \end{pmatrix} = \begin{pmatrix} \sum_{j=1}^{n} a_{1j}x_j \\ \vdots \\ \sum_{j=1}^{n} a_{mj}x_j \end{pmatrix} = \sum_{j=1}^{n} \begin{pmatrix} a_{1j}x_j \\ \vdots \\ a_{mj}x_j \end{pmatrix} = \sum_{j=1}^{n} x_j \begin{pmatrix} a_{1j} \\ \vdots \\ a_{mj} \end{pmatrix}$$

$$= \sum_{j=1}^{n} x_j s_j .$$

A 8
Seite 67

AUFGABE 8.- Behauptung: Für eine $(m\times n)$*-Matrix* $A = (a_{ij})$ *gilt*

$A\bullet(\lambda x) = \lambda(A\cdot x)$ *für alle* $x\in\mathbb{R}^n$ *und alle* $\lambda\in\mathbb{R}$.

Beweis: Seien $x = \begin{pmatrix} x_1 \\ \vdots \\ x_n \end{pmatrix} \in \mathbb{R}^n$ *und* $\lambda\in\mathbb{R}$.

$A = \begin{pmatrix} z_1 \\ \vdots \\ z_m \end{pmatrix}$ *sei die Zeilendarstellung von A. Dann gilt*

$$A\bullet(\lambda x) = \begin{pmatrix} z_1\bullet(\lambda x) \\ \vdots \\ z_m\bullet(\lambda x) \end{pmatrix} = \begin{pmatrix} \sum_{j=1}^{n} a_{1j}\lambda x_j \\ \vdots \\ \sum_{j=1}^{n} a_{mj}\lambda x_j \end{pmatrix} = \lambda \begin{pmatrix} \sum_{j=1}^{n} a_{1j}x_j \\ \vdots \\ \sum_{j=1}^{n} a_{mj}x_j \end{pmatrix}$$

$$= \lambda \begin{pmatrix} z_1\bullet x \\ \vdots \\ z_m\bullet x \end{pmatrix} = \lambda(A\bullet x) .$$

A 9
Seite 70

AUFGABE 9.- 1) Hinweise: Zu a): Bemerkung (18.21)(1). Zu d): Überprüfen Sie, ob (18.19)(2) gilt. Zu e): Schlagen Sie notfalls bei den Eigenschaften des Skalarproduktes nach.

2) Lösungen: a) Ist $\mathring{x} \neq 0 \in \mathbb{R}^n$*, so gilt* $\varphi(0) = 0 + \mathring{x} = \mathring{x} \neq 0$. *Also ist* φ *wegen Bemerkung (18.21)(1) keine lineare Abbildung. Ist dagegen* $\mathring{x} = 0$*, so gilt* $\varphi(x) = x$ *für alle* $x\in\mathbb{R}^n$ *(d.h.* $\varphi = id$*), und es gilt*

$\varphi(x+y) = x+y = \varphi(x) + \varphi(y)$ *für alle* $x,y\in\mathbb{R}^n$,

$\varphi(\lambda x) = \lambda x = \lambda\varphi(x)$ *für alle* $x\in\mathbb{R}^n$ *und alle* $\lambda\in\mathbb{R}$.

Also ist φ *in diesem Fall eine lineare Abbildung (die identische Abbildung ist linear).*

b) φ *ist linear, denn es gilt:*

$\varphi(x+y) = a(x+y) = ax + ay = \varphi(x) + \varphi(y)$ *für alle* $x,y\in\mathbb{R}^n$,

$\varphi(\lambda x) = a\lambda x = \lambda ax = \lambda\varphi(x)$ *für alle* $x\in\mathbb{R}^n$ *und alle* $\lambda\in\mathbb{R}$.

c) φ *ist linear, denn für* $x = \begin{pmatrix} x_1 \\ \vdots \\ x_n \end{pmatrix}$ *und* $y = \begin{pmatrix} y_1 \\ \vdots \\ y_n \end{pmatrix}$, $x, y \in \mathbb{R}^n$,

und $\lambda \in \mathbb{R}$ *gilt*

$$\varphi(x+y) = \varphi\begin{pmatrix} x_1+y_1 \\ \vdots \\ x_n+y_n \end{pmatrix} = \sum_{i=1}^{n} (x_i+y_i) = \sum_{i=1}^{n} x_i + \sum_{i=1}^{n} y_i = \varphi(x) + \varphi(y),$$

$$\varphi(\lambda x) = \varphi\begin{pmatrix} \lambda x_1 \\ \vdots \\ \lambda x_n \end{pmatrix} = \sum_{i=1}^{n} \lambda x_i = \lambda \sum_{i=1}^{n} x_i = \lambda\varphi(x).$$

(φ ist eine lineare Funktion, siehe Bemerkung (18.17)(1), Seite 68.)

d) φ *ist nicht linear. Hierfür genügt es zu zeigen, daß Bedingung (1) oder Bedingung (2) von Definition (18.19), Seite 68, nicht erfüllt ist.*
Wir zeigen: "$\varphi(\lambda x) = \lambda\varphi(x)$ <u>für alle</u> $x \in \mathbb{R}^2$ und <u>alle</u> $\lambda \in \mathbb{R}$" ist nicht erfüllt.
Dazu genügt es, <u>ein</u> $x \in \mathbb{R}^2$ und <u>ein</u> $\lambda \in \mathbb{R}$ anzugeben, so daß die Gleichung nicht erfüllt ist.

Sei $x := \begin{pmatrix} 1 \\ 2 \end{pmatrix}$ *und* $\lambda := 3$.

Dann gilt: $\lambda x = \begin{pmatrix} 3 \\ 6 \end{pmatrix}$, *also* $\varphi(\lambda x) = \begin{pmatrix} 3\cdot 6 \\ 6 \end{pmatrix} = \begin{pmatrix} 18 \\ 6 \end{pmatrix}$.

Dagegen ist $\varphi(x) = \begin{pmatrix} 1\cdot 2 \\ 2 \end{pmatrix} = \begin{pmatrix} 2 \\ 2 \end{pmatrix}$ *und daher* $\lambda\varphi(x) = 3\cdot\begin{pmatrix} 2 \\ 2 \end{pmatrix} = \begin{pmatrix} 6 \\ 6 \end{pmatrix}$.

Also ist $\varphi(\lambda x) = \begin{pmatrix} 18 \\ 6 \end{pmatrix} \neq \begin{pmatrix} 6 \\ 6 \end{pmatrix} = \lambda\varphi(x)$.

e) φ *ist linear, denn mit den Eigenschaften des Skalarprodukts gilt:*

$$\varphi(x+y) = \langle x+y, w\rangle\,\mathring{y} = (\langle x,w\rangle + \langle y,w\rangle)\mathring{y}$$
$$= \langle x.w\rangle\mathring{y} + \langle y,w\rangle\mathring{y} = \varphi(x) + \varphi(y)$$

für beliebige $x, y \in \mathbb{R}^n$ *und*

$$\varphi(\lambda x) = \langle \lambda x, w\rangle\mathring{y} = \lambda\langle x,w\rangle\mathring{y} = \lambda\varphi(x)$$

für alle $x \in \mathbb{R}^n$ *und alle* $\lambda \in \mathbb{R}$.

A 10
Seite 72

<u>AUFGABE 10</u>.- 1) Hinweise: Zu b): Verwenden Sie die allgemeine Form der Matrix, die eine Drehung um den Winkel α beschreibt (siehe Seite 72) und die Definition der Gleichheit von Matrizen. Zu c): Für die Interpretation des Falles $x = y$ sollten Sie sich an $\langle x^T, x^T\rangle = \|x^T\|^2$ erinnern.

2) Lösung: a) Eine Drehung um 180° wird nach Beispiel (18.24) durch die Matrix

$$D_{180^o} = \begin{pmatrix} \cos 180^o & -\sin 180^o \\ \sin 180^o & \cos 180^o \end{pmatrix} = \begin{pmatrix} -1 & 0 \\ 0 & -1 \end{pmatrix}$$

beschrieben.

Für jedes $x = \begin{pmatrix} x_1 \\ x_2 \end{pmatrix} \in \mathbb{R}^2$ *gilt daher*

$$D_{180^o}\cdot x = \begin{pmatrix} -1 & 0 \\ 0 & -1 \end{pmatrix}\cdot\begin{pmatrix} x_1 \\ x_2 \end{pmatrix} = \begin{pmatrix} -x_1 \\ -x_2 \end{pmatrix} = -\begin{pmatrix} x_1 \\ x_2 \end{pmatrix} = -x,$$

wie für eine Punktspiegelung zu erwarten war!

b) Die gestellte Frage ist gleichbedeutend mit der Frage: Gibt es einen Winkel α, so daß

$$\begin{pmatrix} \cos\alpha & -\sin\alpha \\ \sin\alpha & \cos\alpha \end{pmatrix} = \begin{pmatrix} \frac{1}{2} & -\frac{\sqrt{3}}{2} \\ \frac{\sqrt{3}}{2} & \frac{1}{2} \end{pmatrix}$$

gilt? Antwort: ja, z.B. $\alpha = \frac{\pi}{3}$, denn $\cos\frac{\pi}{3} = \frac{1}{2}$ und $\sin\frac{\pi}{3} = \frac{\sqrt{3}}{2}$.

Die gegebene Matrix beschreibt also eine Drehung um $\frac{\pi}{3}$.

Es ist $\begin{pmatrix} \frac{1}{2} & -\frac{\sqrt{3}}{2} \\ \frac{\sqrt{3}}{2} & \frac{1}{2} \end{pmatrix}\cdot\begin{pmatrix} 1 \\ -\sqrt{3} \end{pmatrix} = \begin{pmatrix} \frac{1}{2} + \frac{\sqrt{3}\sqrt{3}}{2} \\ \frac{\sqrt{3}}{2} - \frac{1}{2}\sqrt{3} \end{pmatrix} = \begin{pmatrix} 2 \\ 0 \end{pmatrix}$.

Also ist $\begin{pmatrix} 2 \\ 0 \end{pmatrix}$ *das Bild des Vektors* $\begin{pmatrix} 1 \\ -\sqrt{3} \end{pmatrix}$ *unter der Drehung um* $\frac{\pi}{3}$.

Ferner gilt

$$\begin{pmatrix} \frac{1}{2} & -\frac{\sqrt{3}}{2} \\ \frac{\sqrt{3}}{2} & \frac{1}{2} \end{pmatrix}\cdot\begin{pmatrix} \sqrt{3} \\ 1 \end{pmatrix} = \begin{pmatrix} \frac{1}{2}\sqrt{3} - \frac{\sqrt{3}}{2} \\ \frac{\sqrt{3}\sqrt{3}}{2} + \frac{1}{2} \end{pmatrix} = \begin{pmatrix} 0 \\ 2 \end{pmatrix}.$$

Nun sei $\varphi : \mathbb{R}^2 \to \mathbb{R}^2$ *die Drehung um* $\frac{\pi}{3}$ *und*

$x := \frac{1}{2}\left(\begin{pmatrix} -1 \\ \sqrt{3} \end{pmatrix} + \begin{pmatrix} \sqrt{3} \\ 1 \end{pmatrix}\right)$, *dann gilt wegen der Linearität von* φ:

$$\varphi(x) = \frac{1}{2}\varphi\left(\begin{pmatrix} -1 \\ \sqrt{3} \end{pmatrix} + \begin{pmatrix} \sqrt{3} \\ 1 \end{pmatrix}\right) = \frac{1}{2}\varphi\begin{pmatrix} -1 \\ \sqrt{3} \end{pmatrix} + \frac{1}{2}\varphi\begin{pmatrix} \sqrt{3} \\ 1 \end{pmatrix}$$
$$= \frac{1}{2}\varphi\left((-1)\begin{pmatrix} 1 \\ -\sqrt{3} \end{pmatrix}\right) + \frac{1}{2}\varphi\begin{pmatrix} \sqrt{3} \\ 1 \end{pmatrix}$$
$$= -\frac{1}{2}\varphi\begin{pmatrix} 1 \\ -\sqrt{3} \end{pmatrix} + \frac{1}{2}\varphi\begin{pmatrix} \sqrt{3} \\ 1 \end{pmatrix}$$
$$= -\frac{1}{2}\begin{pmatrix} 2 \\ 0 \end{pmatrix} + \frac{1}{2}\begin{pmatrix} 0 \\ 2 \end{pmatrix} = \begin{pmatrix} -1 \\ 0 \end{pmatrix} + \begin{pmatrix} 0 \\ 1 \end{pmatrix} = \begin{pmatrix} -1 \\ 1 \end{pmatrix}.$$

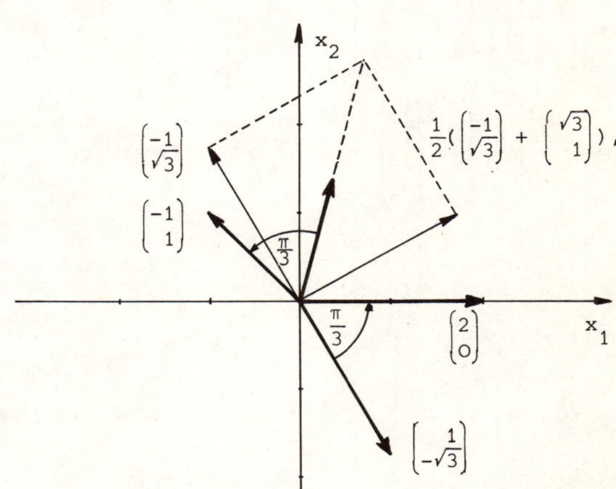

c) Behauptung: Für alle Spaltenvektoren $x,y \in \mathbb{R}^2$ *gilt*

$$<(D_\alpha \cdot x)^T, (D_\alpha \cdot y)^T> = <x^T, y^T>.$$

Beweis: Sei $x = \begin{pmatrix} x_1 \\ x_2 \end{pmatrix}$ *und* $y = \begin{pmatrix} y_1 \\ y_2 \end{pmatrix}$. *Es ist*

$$D_\alpha = \begin{pmatrix} \cos\alpha & -\sin\alpha \\ \sin\alpha & \cos\alpha \end{pmatrix}$$

Mit $D_\alpha \cdot x = \begin{pmatrix} x_1\cos\alpha - x_2\sin\alpha \\ x_1\sin\alpha + x_2\cos\alpha \end{pmatrix}$

und $D_\alpha \cdot y = \begin{pmatrix} y_1\cos\alpha - y_2\sin\alpha \\ y_1\sin\alpha + y_2\cos\alpha \end{pmatrix}$

folgt $(D_\alpha \cdot x)^T = (x_1\cos\alpha - x_2\sin\alpha, x_1\sin\alpha + x_2\cos\alpha)$ *und*

$(D_\alpha \cdot y)^T = (y_1\cos\alpha - y_2\sin\alpha, y_1\sin\alpha + y_2\cos\alpha)$.

Also folgt mit der Definition des Skalarproduktes

$$\begin{aligned}<(D_\alpha \cdot x)^T, (D_\alpha \cdot y)^T> &= (x_1\cos\alpha - x_2\sin\alpha)(y_1\cos\alpha - y_2\sin\alpha) \\ &\quad + (x_1\sin\alpha + x_2\cos\alpha)(y_1\sin\alpha + y_2\cos\alpha)\end{aligned}$$

$$= x_1y_1\cos^2\alpha - x_1y_2\cos\alpha\sin\alpha - x_2y_1\cos\alpha\sin\alpha + x_2y_2\sin^2\alpha$$

$$+ x_1y_1\sin^2\alpha + x_1y_2\cos\alpha\sin\alpha + x_2y_1\cos\alpha\sin\alpha + x_2y_2\cos^2\alpha$$

$$= x_1y_1(\cos^2\alpha + \sin^2\alpha) + x_2y_2(\sin^2\alpha + \cos^2\alpha)$$

$$= x_1y_1 + x_2y_2 = <(x_1,x_2),(y_1y_2)> = <x^T, y^T>.$$

Für $x = y$ *erhält man*

$$\|(D_\alpha \cdot x)^T\|^2 = \|x^T\|^2 ,$$

also $\|(D_\alpha \cdot x)^T\| = \|x^T\|$;

in Worten: bei einer Drehung bleibt die Länge von Vektoren erhalten.

A 11
Seite 74

AUFGABE 11.- 1) Hinweis: Überlegen Sie zunächst, welche Produkte definiert sind.

2) Lösung: a) A ist eine (2×3)-Matrix, B ist eine (4×2)-Matrix, C ist eine (2×1)-Matrix und D ist eine (1×2)-Matrix. Deshalb sind folgende Produkte definiert:
$B\cdot A$, $B\cdot C$, $C\cdot D$, $D\cdot A$, $D\cdot C$.

$$B\cdot A = \begin{pmatrix} 1 & 3 \\ 2 & 4 \\ 3 & 5 \\ 4 & 0 \end{pmatrix}\begin{pmatrix} 3 & 1 & 0 \\ 0 & 5 & 1 \end{pmatrix} = \begin{pmatrix} 3 & 16 & 3 \\ 6 & 22 & 4 \\ 9 & 28 & 5 \\ 12 & 4 & 0 \end{pmatrix}$$ *ist eine (4×3)-Matrix.*

$$B\cdot C = \begin{pmatrix} 1 & 3 \\ 2 & 4 \\ 3 & 5 \\ 4 & 0 \end{pmatrix}\cdot\begin{pmatrix} 7 \\ 1 \end{pmatrix} = \begin{pmatrix} 10 \\ 18 \\ 26 \\ 28 \end{pmatrix}$$ *ist eine (4×1)-Matrix.*

$$C\cdot D = \begin{pmatrix} 7 \\ 1 \end{pmatrix}\cdot(0 \quad 3) = \begin{pmatrix} 7\cdot 0 & 7\cdot 3 \\ 1\cdot 0 & 1\cdot 3 \end{pmatrix} = \begin{pmatrix} 0 & 21 \\ 0 & 3 \end{pmatrix}$$ *ist eine (2×2)-Matrix!!!*

$$D\cdot A = (0 \quad 3)\begin{pmatrix} 3 & 1 & 0 \\ 0 & 5 & 1 \end{pmatrix} = (0 \quad 15 \quad 3)$$ *ist eine (1×3)-Matrix.*

$$D\cdot C = (0 \quad 3)\begin{pmatrix} 7 \\ 1 \end{pmatrix} = (3) = 3$$ *ist eine (1×1)-Matrix (= reelle Zahl).*

b) Damit für eine (m×n)-Matrix A das Produkt A•A definiert ist, muß die Spaltenzahl des ersten Faktors gleich der Zeilenzahl des zweiten Faktors sein, also $m = n$.

Mit der Bezeichnung (18.29) auf Seite 74 ist also A•A für jede quadratische Matrix definiert.

A 12
Seite 74

AUFGABE 12.- 1) Hinweise: Zu b): Überlegen Sie sich zunächst, daß für einen Zeilenvektor z und einen Spaltenvektor s des $\mathbb{R}^n$ *gilt:* $z\cdot s = s^T \cdot z^T$. *Wählen Sie dann A in Zeilendarstellung, B in Spaltendarstellung und verwenden Sie die Definitionen der transponierten Matrix des Matrizenproduktes und Aufgabe 5, Seite 64.*

2) Lösung: a) Behauptung: Für jede (m×n)-Matrix A gilt

$$E_m \cdot A = A = A\cdot E_n .$$

Beweis: Sei $A = (s_1 \; \dots \; s_n)$ *die Spaltendarstellung von A. Die* s_i *sind Spaltenvektoren des* $\mathbb{R}^m$. *Deshalb gilt mit dem Ergebnis von Aufgabe 12 auf Seite 74*

$$E_m \cdot s_i = s_i \quad \text{für } i = 1,\dots,n .$$

Jetzt folgt mit der Definition des Matrizenproduktes

$$E_m \cdot A = (E_m \cdot s_1 \; \dots \; E_m \cdot s_n) = (s_1 \; \dots \; s_n) = A.$$

Nun sei $A = (a_{ij})$ *und* $A = \begin{pmatrix} z_1 \\ \vdots \\ z_m \end{pmatrix}$ *die Zeilendarstellung von A.*

Wegen $A\cdot e_i = \begin{pmatrix} z_1 \cdot e_i \\ \vdots \\ z_m \cdot e_i \end{pmatrix} = \begin{pmatrix} a_{1i} \\ \vdots \\ a_{mi} \end{pmatrix} = s_i$ *folgt auch*

$$A\cdot E_n = (A\cdot e_1 \; \dots \; A\cdot e_n) = (s_1 \; \dots \; s_n) = A .$$

Wenn Ihnen dieser Beweis zu abstrakt war, rechnen Sie doch

$$\begin{pmatrix} 1 & 0 & \dots & 0 \\ 0 & 1 & & \vdots \\ \vdots & 0 & \ddots & \vdots \\ \vdots & \vdots & & 0 \\ 0 & 0 & \dots\; 0 & 1 \end{pmatrix}\cdot\begin{pmatrix} a_{11} & a_{12} & \dots & a_{1n} \\ \vdots & \vdots & & \vdots \\ a_{m1} & a_{m2} & \dots & a_{mn} \end{pmatrix}$$

nach der Methode "Zeile mal Spalte" aus. Sie kommen damit auch zum Ziel.

b) Behauptung: Für eine (m×n)-Matrix A und eine (n×r)-Matrix B ist das Produkt $B^T \cdot A^T$ *definiert, und es gilt*

$$(A\cdot B)^T = B^T \cdot A^T$$

Beweis: 1. B^T *ist eine (r×n)-Matrix und* A^T *eine (n×m)-Matrix, also ist das Produkt* $B^T \cdot A^T$ *definiert.*

2. Sei $z = (a_1,\dots,a_n)$ *und*

$$s = \begin{pmatrix} b_1 \\ \vdots \\ b_n \end{pmatrix} .$$

Dann ist $s^T = (b_1,\dots,b_n)$ und

$$z^T = \begin{pmatrix} a_1 \\ \vdots \\ a_n \end{pmatrix} .$$

Folglich gilt

$$s^T \cdot z^T = (b_1 \;\dots\; b_n) \cdot \begin{pmatrix} a_1 \\ \vdots \\ a_n \end{pmatrix} = (b_1 a_1 + \dots + b_n a_n)$$

$$= (a_1 b_1 + \dots + a_n b_n)$$

$$= (a_1 \;\dots\; a_n) \cdot \begin{pmatrix} b_1 \\ \vdots \\ b_n \end{pmatrix}$$

$$= z \cdot s .$$

3. Nun sei

$$A = \begin{pmatrix} z_1 \\ \vdots \\ z_m \end{pmatrix}$$

die Zeilendarstellung von A und

$$B = (s_1 \;\dots\; s_r)$$

die Spaltendarstellung von B.

Dann ist mit Bemerkung (18.27)(5), Seite 73:

$$A \cdot B = \begin{pmatrix} z_1 \cdot s_1 & \dots & z_1 \cdot s_r \\ \vdots & & \vdots \\ z_m \cdot s_1 & \dots & z_m \cdot s_r \end{pmatrix} ,$$

also mit Aufgabe 5, Seite 64:

$$(A \cdot B)^T = \begin{pmatrix} z_1 \cdot s_1 & \dots & z_m \cdot s_1 \\ \vdots & & \vdots \\ z_1 \cdot s_r & \dots & z_m \cdot s_r \end{pmatrix} .$$

Andererseits ist nach Aufgabe 5:

$$B^T = \begin{pmatrix} s_1^T \\ \vdots \\ s_r^T \end{pmatrix} \quad \text{und} \quad A^T = (z_1^T \;\dots\; z_m^T),$$

so daß wieder mit Bemerkung (18.27)(5) folgt:

$$B^T \cdot A^T = \begin{pmatrix} s_1^T z_1^T & \dots & s_1^T z_m^T \\ \vdots & & \vdots \\ s_r^T z_1^T & \dots & s_r^T z_m^T \end{pmatrix}$$

$$= \begin{pmatrix} z_1 s_1 & \dots & z_m s_1 \\ \vdots & & \vdots \\ z_1 s_r & & z_m s_r \end{pmatrix} \quad \text{nach 2.}$$

$$= (A \cdot B)^T .$$

A 13
Seite 75

<u>AUFGABE 13</u>.- 1) Hinweise: Sie müssen zeigen, daß die Abbildung $\psi \circ \varphi$ die in Definition (18.19), Seite 68, genannten Eigenschaften (1) und (2) hat.

2) Lösung: Behauptung: Sind $\varphi : \mathbb{R}^n \to \mathbb{R}^m$ und $\psi : \mathbb{R}^m \to \mathbb{R}^r$ lineare Abbildungen, so ist auch $\psi \circ \varphi : \mathbb{R}^n \to \mathbb{R}^r$ eine lineare Abbildung.

Beweis: (1) Seien $x, y \in \mathbb{R}^n$, dann gilt, da φ linear ist:

$$\varphi(x+y) = \varphi(x) + \varphi(y).$$

Hieraus folgt wegen der Linearität von ψ:

$$\psi(\varphi(x+y)) = \psi(\varphi(x) + \varphi(y)) = \psi(\varphi(x)) + \psi(\varphi(y)),$$

also

$$(\psi \circ \varphi)(x+y) = \psi \circ \varphi(x) + \psi \circ \varphi(y).$$

(2) Seien $x \in \mathbb{R}^n$ und $\lambda \in \mathbb{R}$, so folgt unter Verwendung der Linearität von φ und ψ:

$$(\psi \circ \varphi)(\lambda x) = \psi(\varphi(\lambda x))$$
$$= \psi(\lambda \varphi(x))$$
$$= \lambda \psi(\varphi(x))$$
$$= \lambda (\psi \circ \varphi)(x).$$

A 14
Seite 75

<u>AUFGABE 14</u>.- Behauptung: Es gilt

$$\left[\begin{pmatrix} a_{11} & a_{12} \\ a_{21} & a_{22} \end{pmatrix} \cdot \begin{pmatrix} b_{11} & b_{12} \\ b_{21} & b_{22} \end{pmatrix} \right] \cdot \begin{pmatrix} c_{11} & c_{12} \\ c_{21} & c_{22} \end{pmatrix}$$

$$= \begin{pmatrix} a_{11} & a_{12} \\ a_{21} & a_{22} \end{pmatrix} \cdot \left[\begin{pmatrix} b_{11} & b_{12} \\ b_{21} & b_{22} \end{pmatrix} \cdot \begin{pmatrix} c_{11} & c_{12} \\ c_{21} & c_{22} \end{pmatrix} \right] .$$

Beweis:

$$\begin{pmatrix} a_{11} & a_{12} \\ a_{21} & a_{22} \end{pmatrix} \cdot \begin{pmatrix} b_{11} & b_{12} \\ b_{21} & b_{22} \end{pmatrix} = \begin{pmatrix} a_{11}b_{11}+a_{12}b_{21} & a_{11}b_{12}+a_{12}b_{22} \\ a_{21}b_{11}+a_{22}b_{21} & a_{21}b_{12}+a_{22}b_{22} \end{pmatrix} .$$

Also lautet die linke Seite der behaupteten Gleichung:

$$\begin{pmatrix} a_{11}b_{11}+a_{12}b_{21} & a_{11}b_{12}+a_{12}b_{22} \\ a_{21}b_{11}+a_{22}b_{21} & a_{21}b_{12}+a_{22}b_{22} \end{pmatrix} \cdot \begin{pmatrix} c_{11} & c_{12} \\ c_{21} & c_{22} \end{pmatrix} =$$

$$\begin{pmatrix} a_{11}b_{11}c_{11}+a_{12}b_{21}c_{11}+a_{11}b_{12}c_{21}+a_{12}b_{22}c_{21} & a_{11}b_{11}c_{12}+a_{12}b_{21}c_{12}+a_{11}b_{12}c_{22}+a_{12}b_{22}c_{22} \\ a_{21}b_{11}c_{11}+a_{22}b_{21}c_{11}+a_{21}b_{12}c_{21}+a_{22}b_{22}c_{21} & a_{21}b_{11}c_{12}+a_{22}b_{21}c_{12}+a_{21}b_{12}c_{22}+a_{22}b_{22}c_{22} \end{pmatrix}$$

Für die rechte Seite der behaupteten Gleichung erhält man

$$\begin{pmatrix} a_{11} & a_{12} \\ a_{21} & a_{22} \end{pmatrix} \cdot \begin{pmatrix} b_{11}c_{11}+b_{12}c_{21} & b_{11}c_{12}+b_{12}c_{22} \\ b_{21}c_{11}+b_{22}c_{21} & b_{21}c_{12}+b_{22}c_{22} \end{pmatrix} =$$

$$\begin{pmatrix} a_{11}b_{11}c_{11}+a_{11}b_{12}c_{21}+a_{12}b_{21}c_{11}+a_{12}b_{22}c_{21} & a_{11}b_{11}c_{12}+a_{11}b_{12}c_{22}+a_{12}b_{21}c_{12}+a_{12}b_{22}c_{22} \\ a_{21}b_{11}c_{11}+a_{21}b_{12}c_{21}+a_{22}b_{21}c_{11}+a_{22}b_{22}c_{21} & a_{21}b_{11}c_{12}+a_{21}b_{12}c_{22}+a_{22}b_{21}c_{12}+a_{22}b_{22}c_{22} \end{pmatrix}$$

Ein Vergleich der Elemente beider Matrizen liefert die Gleichheit.

A 15
Seite 75

<u>AUFGABE 15</u>.-

$$\begin{pmatrix} 0 & 5 & 5 & 5 \\ 0 & 0 & 5 & 5 \\ 0 & 0 & 0 & 5 \\ 0 & 0 & 0 & 0 \end{pmatrix} \cdot \begin{pmatrix} 0 & 5 & 5 & 5 \\ 0 & 0 & 5 & 5 \\ 0 & 0 & 0 & 5 \\ 0 & 0 & 0 & 0 \end{pmatrix} = \begin{pmatrix} 0 & 0 & 25 & 50 \\ 0 & 0 & 0 & 25 \\ 0 & 0 & 0 & 0 \\ 0 & 0 & 0 & 0 \end{pmatrix}$$

$$\begin{pmatrix} 0 & 0 & 25 & 50 \\ 0 & 0 & 0 & 25 \\ 0 & 0 & 0 & 0 \\ 0 & 0 & 0 & 0 \end{pmatrix} \cdot \begin{pmatrix} 0 & 5 & 5 & 5 \\ 0 & 0 & 5 & 5 \\ 0 & 0 & 0 & 5 \\ 0 & 0 & 0 & 0 \end{pmatrix} = \begin{pmatrix} 0 & 0 & 0 & 125 \\ 0 & 0 & 0 & 0 \\ 0 & 0 & 0 & 0 \\ 0 & 0 & 0 & 0 \end{pmatrix}$$

$$\begin{pmatrix} 0 & 0 & 0 & 125 \\ 0 & 0 & 0 & 0 \\ 0 & 0 & 0 & 0 \\ 0 & 0 & 0 & 0 \end{pmatrix} \cdot \begin{pmatrix} 0 & 5 & 5 & 5 \\ 0 & 0 & 5 & 5 \\ 0 & 0 & 0 & 5 \\ 0 & 0 & 0 & 0 \end{pmatrix} = \begin{pmatrix} 0 & 0 & 0 & 0 \\ 0 & 0 & 0 & 0 \\ 0 & 0 & 0 & 0 \\ 0 & 0 & 0 & 0 \end{pmatrix}$$

Bezeichnen wir die gegebene Matrix mit A, so haben wir erhalten:

$A^4 = O$. Wegen (18.31)(3), Seite 75, gilt dann $A^k = O$ für alle $k \geq 4$.

A 16
Seite 77

AUFGABE 16.- 1) Hinweis: Lösen Sie die Gleichung nach X auf.

2) Lösung: Es gilt $3A - X = -4B + A$ genau dann, wenn

$$3A + 4B - A = X \ ;$$

also genau dann, wenn

$$X = 2A + 4B$$

$$= 2\begin{pmatrix} 1 & 7 & -3 \\ 0 & -5 & 2 \end{pmatrix} + 4\begin{pmatrix} -\frac{1}{2} & -2 & 1 \\ \frac{1}{4} & 2 & -1 \end{pmatrix}$$

$$= \begin{pmatrix} 2 & 14 & -6 \\ 0 & -10 & 4 \end{pmatrix} + \begin{pmatrix} -2 & -8 & 4 \\ 1 & 8 & -4 \end{pmatrix}$$

$$= \begin{pmatrix} 0 & 6 & -2 \\ 1 & -2 & 0 \end{pmatrix} .$$

A 17
Seite 77

AUFGABE 17.- 1) Hinweis: Formen Sie die gegebene Matrizengleichung in die Form $(A-E)\cdot X = E$ um.

2) Lösung: Es gilt $A\cdot X = X + E_3$ genau dann, wenn $A\cdot X - X = E_3$ bzw. wenn $A\cdot X - E_3\cdot X = E_3$ (siehe Aufgabe 12, Seite 74). Dies gilt wegen des Distributivgesetzes (18.38)(1) genau dann, wenn

$$(A - E_3)\cdot X = E_3 \ . \qquad (++)$$

Wenn wir nun zeigen können, daß es ein $r \in \mathbb{N}$ gibt, so daß $A^r = O$ ist, erfüllt nach Beispiel (18.39)

$$X := E_3 + A + A^2 + \ldots + A^{r-1}$$

die Gleichung (++).

Es ist

$$A^2 = \begin{pmatrix} 0 & 2 & 1 \\ 0 & 0 & -1 \\ 0 & 0 & 0 \end{pmatrix} \cdot \begin{pmatrix} 0 & 2 & 1 \\ 0 & 0 & -1 \\ 0 & 0 & 0 \end{pmatrix} = \begin{pmatrix} 0 & 0 & -2 \\ 0 & 0 & 0 \\ 0 & 0 & 0 \end{pmatrix} ,$$

also

$$A^3 = \begin{pmatrix} 0 & 0 & -2 \\ 0 & 0 & 0 \\ 0 & 0 & 0 \end{pmatrix} \cdot \begin{pmatrix} 0 & 2 & 1 \\ 0 & 0 & -1 \\ 0 & 0 & 0 \end{pmatrix} = \begin{pmatrix} 0 & 0 & 0 \\ 0 & 0 & 0 \\ 0 & 0 & 0 \end{pmatrix} .$$

Somit ist $r = 3$ und

$$X = E_3 + A + A^2$$

$$= \begin{pmatrix} 1 & 0 & 0 \\ 0 & 1 & 0 \\ 0 & 0 & 1 \end{pmatrix} + \begin{pmatrix} 0 & 2 & 1 \\ 0 & 0 & -1 \\ 0 & 0 & 0 \end{pmatrix} + \begin{pmatrix} 0 & 0 & -2 \\ 0 & 0 & 0 \\ 0 & 0 & 0 \end{pmatrix} = \begin{pmatrix} 1 & 2 & -1 \\ 0 & 1 & -1 \\ 0 & 0 & 1 \end{pmatrix} .$$

A 18
Seite 78

AUFGABE 18.- 1) Hinweise: Sie müssen natürlich Beweise mit Hilfe vollständiger Induktion über n führen.

2) Lösung: B und C sind n-reihige quadratische Matrizen mit der Eigenschaft

$$BC = CB \ . \qquad (+)$$

a) Behauptung: Es gilt $CB^k = B^kC$ für alle $k \in \mathbb{N}$.

Beweis: Der Fall $k = 1$ ist die vorausgesetzte Gleichung (+).

"$k \Longrightarrow k+1$": Es gelte $CB^k = B^kC$ für ein $k \geq 1$. Dann folgt

$$\begin{aligned} CB^{k+1} &= C(B^kB) = (CB^k)B \\ &= (B^kC)B && \text{nach Induktionsvoraussetzung} \\ &= B^k(CB) \\ &= B^k(BC) && \text{wegen } (+) \\ &= (B^kB)C \\ &= B^{k+1}C \ . \end{aligned}$$

Wir haben dabei mehrfach vom Assoziativgesetz für die Matrizenmultiplikation (18.31)(1), Seite 75, Gebrauch gemacht.

b) Behauptung: Ist $C^2 = O$, so gilt mit $A := B + C$

$$A^{k+1} = B^k(B + (k+1)C).$$

Beweis: "k=1": Es gilt

$$\begin{aligned} A^{1+1} &= A^2 = (B+C)(B+C) = B^2 + BC + CB + C^2 \\ &= B^2 + 2BC + C^2 && \text{wegen } (+) \\ &= B^2 + 2BC && \text{wegen } C^2 = O \\ &= B(B + 2C) \\ &= B^1(B + (1+1)C) \ . \end{aligned}$$

"$k \Longrightarrow k+1$": Es gelte für ein $k \geq 1$

$$A^{k+1} = B^k(B + (k+1)C).$$

Dann gilt

$$\begin{aligned} A^{k+2} &= A^{k+1}A = B^k(B + (k+1)C)(B+C) \\ &= (B^{k+1} + (k+1)B^kC)(B+C) \\ &= (B^{k+1} + (k+1)CB^k)B + (B^{k+1} + (k+1)B^kC)C \\ &= B^{k+2} + (k+1)CB^{k+1} + B^{k+1}C + (k+1)B^kC^2 \\ &= B^{k+2} + (k+1)B^{k+1}C + B^{k+1}C \\ &= B^{k+1}(B + (k+1)C + C) \\ &= B^{k+1}(B + (k+2)C). \end{aligned}$$

A 19
Seite 80

AUFGABE 19.- a) Die gegebene Matrix

$$A = \begin{pmatrix} 0 & 0 & 1 & 0 \\ 1 & 0 & 0 & 0 \\ 0 & 0 & 0 & 1 \\ 0 & 1 & 0 & 0 \end{pmatrix}$$

ist eine (4×4)-Matrix und hat die Spaltendarstellung

$$(e_2 \ \ e_4 \ \ e_1 \ \ e_3);$$

dabei sind e_i die kanonischen Basisvektoren des $\mathbb{R}^4$. Da das 4-Tupel (e_1, e_2, e_3, e_4) linear unabhängig ist (und die Reihenfolge der Vektoren e_i hierfür unerheblich ist), gilt $r_s(A) \geq 4$. Da der Spaltenrang nicht größer als 4 sein kann (siehe (18.44)(1), Seite 79), ist

$$r_s(A) = 4.$$

Schreiben wir die kanonischen Basisvektoren des $\mathbb{R}^4$ als

Zeilenvektoren $e_1^T, e_2^T, e_3^T, e_4^T$ *, so hat A die Zeilendarstellung*

$$A = \begin{pmatrix} e_3^T \\ e_1^T \\ e_4^T \\ e_2^T \end{pmatrix} ,$$

und es folgt $r_z(A) = 4$*, da* $(e_1^T, e_2^T, e_3^T, e_4^T)$ *linear unabhängig ist und der Zeilenrang nach (18.44)(1) nicht größer als 4 sein kann.*

b) Die gegebene Matrix B ist eine (5×5)-Matrix. Sie hat nur zwei verschiedene Spaltenvektoren, nämlich

$$s_1 = s_2 = \begin{pmatrix} 1 \\ 2 \\ 3 \\ 4 \\ 5 \end{pmatrix} \quad \text{und} \quad s_3 = \begin{pmatrix} 2 \\ 4 \\ 6 \\ 8 \\ 0 \end{pmatrix} = s_4 = s_5 .$$

Wegen $2s_1 - s_3 = 0$ *ist das Paar* (s_1, s_3) *linear abhängig, so daß* $r_s(B) < 2$*. Da* $B \neq 0$ *ist, gilt* $r_s(B) = 1$*.*

Der Zeilenrang von B ist sicher $\leqq 4$*, da der fünfte Zeilenvektor der Nullvektor ist. Es ist sogar* $r_z(B) = 1$*, da* $B \neq 0$ *und jedes Paar der übrigen Zeilenvektoren linear abhängig ist:*

$$2z_1 - z_2 = 0 \qquad \frac{3}{2} z_2 - z_3 = 0 \qquad \frac{4}{3} z_3 - z_4 = 0.$$

$$3z_1 - z_3 = 0 \qquad 2z_2 - z_4 = 0$$

$$4z_1 - z_4 = 0$$

c) Die gegebene Matrix C ist eine (3×3)-Matrix mit den Spaltenvektoren $s_1 = \begin{pmatrix} 1 \\ 0 \\ 1 \end{pmatrix}$, $s_2 = \begin{pmatrix} 0 \\ 1 \\ 0 \end{pmatrix}$, $s_3 = \begin{pmatrix} 3 \\ -2 \\ 3 \end{pmatrix}$.

Wegen $3s_1 - 2s_2 - s_3 = 0$ *ist* (s_1, s_2, s_3) *linear abhängig, also* $r_s(C) \leqq 2$*. Da* (s_1, s_2) *linear unabhängig ist, gilt* $r_s(C) \geqq 2$*. Insgesamt also* $r_s(C) = 2$*.*

Da der erste mit dem dritten Zeilenvektor von C übereinstimmt, ist (z_1, z_2, z_3) *linear abhängig, also* $r_z(C) \leqq 2$*.*

Aus $\lambda_1 z_1 + \lambda_2 z_2 = 0$ *mit* $\lambda_1, \lambda_2 \in \mathbb{R}$ *folgt* $\lambda_1 = \lambda_2 = 0$*. Deshalb ist* (z_1, z_2) *linear unabhängig und daher* $r_z(C) = 2$*.*

d) Die Matrix A hat die Gestalt

$$A = \begin{pmatrix} a_{11} & & 0 \\ & a_{22} & \\ 0 & & \ddots \; a_{nn} \end{pmatrix} \quad \text{mit } a_{ii} \neq 0 \text{ für } i = 1, \ldots, n .$$

Also hat A die Spaltenvektoren

$$s_i = \begin{pmatrix} 0 \\ \vdots \\ a_{ii} \\ \vdots \\ 0 \end{pmatrix} = a_{ii} \begin{pmatrix} 0 \\ \vdots \\ 1 \\ \vdots \\ 0 \end{pmatrix} = a_{ii} e_i , \quad 1 \leqq i \leqq n .$$

Aus $\lambda_1 s_1 + \ldots + \lambda_n s_n = 0$*, also aus*

$$\lambda_1 a_{11} e_1 + \ldots + \lambda_n a_{nn} e_n = 0$$

folgt wegen der linearen Unabhängigkeit von $(e_1, \ldots, e_n)$*:*

$$\lambda_1 a_{11} = 0 , \ \ldots \ , \lambda_n a_{nn} = 0 .$$

Da nach Voraussetzung $a_{ii} \neq 0$ *ist, folgt* $\lambda_1 = \ldots = \lambda_n = 0$*. D.h.* $(s_1, \ldots, s_n)$ *ist linear unabhängig und* $r_s(A) = n$*. Die gleiche Argumentation mit* $z_i = a_{ii} e_i^T$ *(an Stelle von* s_i*) liefert* $r_z(A) = n$*.*

e) Der Unterschied zur Diagonalmatrix aus Teil d) besteht darin, daß nun gewisse Diagonalelemente gleich 0 sein können.

Sei r die Anzahl der von Null verschiedenen Diagonalelemente. Ist $r = 0$*, so ist* $A = 0$ *und* $r_s(A) = r_z(A) = 0$*.*

Sei also $r \geqq 1$*. Zur Vereinfachung der Schreibweise nehmen wir an, daß* $a_{ii} \neq 0$ *für* $1 \leqq i \leqq r$ *und* $a_{ii} = 0$ *für* $i > r$*.*

Dann hat A die Gestalt

$$A = \begin{pmatrix} a_{11} & & & & 0 \\ & \ddots & & & \\ & & a_{rr} & & \\ & & & 0 & \\ 0 & & & & \ddots \; 0 \end{pmatrix} .$$

Also ist $r_s(A) \leqq r$ *und* $r_z(A) \leqq r$*, da nur die ersten r Spalten- bzw. Zeilenvektoren verschieden vom Nullvektor sind.*

Wie in d) folgt: $(s_1, \ldots, s_r) = (a_{11} e_1, \ldots, a_{rr} e_r)$ *und* $(z_1, \ldots, z_r) = (a_{11} e_1^T, \ldots, a_{rr} e_r^T)$ *sind linear unabhängig.*

Also gilt $r_s(A) = r$ *und* $r_z(A) = r$*.*

<u>In Worten</u>: Der Spalten- oder Zeilenrang einer Diagonalmatrix ist gleich der Anzahl der von Null verschiedenen Diagonalelemente.

<u>AUFGABE 20</u>.- 1) Hinweise: Zu a): Überlegen Sie sich, daß es z.B. für den Beweis von $U = U_1$ *genügt zu zeigen:* A 20
Seite 82

$s_k \in U_1$ *für* $k = 1, \ldots, n$ *und* $b_k \in U$ *für* $k = 1, \ldots, n$*.*

Zu b): (15.49), (15.50) und (15.51).

2) Lösung: a) Behauptung: $U = U_1$*.*

Beweis: U ist die Menge aller Linearkombinationen der s_k*, und* U_1 *ist die Menge aller Linearkombinationen der* b_k*,* $k = 1, \ldots, n$*. Für den Nachweis der Gleichheit genügt es zu zeigen:*

$s_k \in U_1$ *für* $k = 1, \ldots, n$ *und* $b_k \in U$ *für* $k = 1, \ldots, n$*.*

Nach Definition von B ist aber

$$b_k = s_k \quad \text{für } k \neq i, j \quad \text{und} \quad b_i = s_j \quad \text{und} \quad b_j = s_i .$$

Also gilt (1).

Behauptung: $U = U_2$*.*

Beweis: U_2 *ist die Menge aller Linearkombinationen der Spaltenvektoren* c_k*,* $k = 1, \ldots, n$*. Wieder genügt es zu zeigen:*

$s_k \in U_2$ *für* $k = 1, \ldots, n$ *und* $c_k \in U$ *für* $k = 1, \ldots, n$*.*

Nach Definition von C ist

$$c_k = s_k \quad \text{für } k \neq i \quad \text{und} \quad c_i = c \cdot s_i , \text{ wobei } c \neq 0 \text{ ist.}$$

Deshalb gilt $c_k \in U$ für alle $k \neq i$ und ebenfalls

$c_i = c\cdot s_i = 0\cdot s_1 + \ldots + c\cdot s_i + \ldots + 0\cdot s_n \in U.$

Natürlich gilt auch $s_k \in U_2$ für alle $k \neq i$. Wegen

$s_i = \frac{1}{c}\cdot c_i = 0\cdot c_1 + \ldots + \frac{1}{c}\, c_i + \ldots + 0\cdot c_n$ ist auch $s_i \in U_2$.

Behauptung: $U = U_3$.

Beweis: U_3 ist die Menge aller Linearkombinationen der d_k, $k = 1,\ldots,n$. Es genügt zu zeigen:

$s_k \in U_3$ für $k = 1,\ldots,n$ und $d_k \in U$ für $k = 1,\ldots,n$. (2)

Nach Definition von D ist

$$d_k = s_k \text{ für } k \neq i \text{ und } d_i = s_i + c\,s_j\,,\ i \neq j,$$

so daß (2) wieder für alle $k \neq i$ richtig ist.

Nun sei $k = i$. Dann ist $d_i = s_i + c\,s_j$ eine Linearkombination der s_k, also aus U und $s_i = d_i - c\,s_j = d_i - c\,d_j$, da $j \neq i$. Also ist umgekehrt s_i auch eine Linearkombination der d_k, so daß $s_i \in U_3$ gilt.

b) Behauptung: $r_s(A) = \dim U$.

Beweis: Sei $r := r_s(A)$. U wird von dem n-Tupel von Spaltenvektoren $(s_1,\ldots,s_n)$ aufgespannt.

Ist $(s_1,\ldots,s_n)$ linear unabhängig, so ist nach Definition (15.51), Seite 23: $\dim U = n$.

Andererseits sind die s_k die Spaltenvektoren der Matrix A, so daß in diesem Fall $r_s(A) = n$ ist, also $r_s(A) = \dim U$.

Ist $(s_1,\ldots,s_n)$ linear abhängig, so läßt sich dieses n-Tupel nach (15.49), Seite 22, zu einem ℓ-Tupel

$$(s_{i_1},\ldots,s_{i_\ell}),\quad \ell < n,$$

reduzieren, so daß dieses ℓ-Tupel linear unabhängig ist und immer noch U aufspannt. Also ist

$$\dim U = \ell.$$

Da $s_{i_1},\ldots,s_{i_\ell}$ Spaltenvektoren von A sind und r der Spaltenrang von A ist, muß nach Definition (18.43)

$$\ell \leq r$$

sein. Wegen Satz (15,50), Seite 23, kann es kein linear unabhängiges r-Tupel von Spaltenvektoren von A geben mit $r > \ell$. Also ist

$$r_s(A) = r = \ell = \dim U.$$

c) Behauptung: $r_s(A) = r_s(B) = r_s(C) = r_s(D)$.

Beweis: Aus b) folgt

$r_s(B) = \dim U_1$, $r_s(C) = \dim U_2$, $r_s(D) = \dim U_3$.

Aus a) folgt

$$\dim U = \dim U_k \quad \text{für } k = 1,2,3, \text{ also}$$
$$\dim U = \dim U_1 = \dim U_2 = \dim U_3.$$

Somit ist

$$r_s(A) = r_s(B) = r_s(C) = r_s(D),$$

d.h. jede der elementaren Spaltenumformungen verändert den Spaltenrang nicht.

A 21
Seite 82

AUFGABE 21.- 1) Hinweis: Versuchen Sie, die Matrizen jeweils auf die Gestalt $\begin{pmatrix} E_r & 0 \\ 0 & 0 \end{pmatrix}$ zu transformieren. (Es gibt verschiedene Möglichkeiten.)

2) Lösung: a)

$$\begin{pmatrix} 1 & 2 & 4 & 0 \\ 0 & 1 & -1 & 1 \\ -1 & 3 & 2 & 2 \end{pmatrix} \xrightarrow{Z_3+Z_1} \begin{pmatrix} 1 & 2 & 4 & 0 \\ 0 & 1 & -1 & 1 \\ 0 & 5 & 6 & 2 \end{pmatrix} \xrightarrow{Z_3-5Z_2}$$

$$\begin{pmatrix} 1 & 2 & 4 & 0 \\ 0 & 1 & -1 & 1 \\ 0 & 0 & 11 & -3 \end{pmatrix} \xrightarrow{\frac{1}{11} Z_3} \begin{pmatrix} 1 & 2 & 4 & 0 \\ 0 & 1 & -1 & 1 \\ 0 & 0 & 1 & -\frac{3}{11} \end{pmatrix} \xrightarrow{Z_1-2Z_2}$$

$$\begin{pmatrix} 1 & 0 & 6 & -2 \\ 0 & 1 & -1 & 1 \\ 0 & 0 & 1 & -\frac{3}{11} \end{pmatrix} \xrightarrow{Z_2+Z_3} \begin{pmatrix} 1 & 0 & 6 & -2 \\ 0 & 1 & 0 & \frac{8}{11} \\ 0 & 0 & 1 & -\frac{3}{11} \end{pmatrix} \xrightarrow{S_4+\frac{3}{11} S_3}$$

$$\begin{pmatrix} 1 & 0 & 6 & -\frac{4}{11} \\ 0 & 1 & 0 & \frac{8}{11} \\ 0 & 0 & 1 & 0 \end{pmatrix} \xrightarrow{S_4-\frac{8}{11}S_2} \begin{pmatrix} 1 & 0 & 6 & -\frac{4}{11} \\ 0 & 1 & 0 & 0 \\ 0 & 0 & 1 & 0 \end{pmatrix} \xrightarrow{S_4+\frac{4}{11} S_1}$$

$$\begin{pmatrix} 1 & 0 & 6 & 0 \\ 0 & 1 & 0 & 0 \\ 0 & 0 & 1 & 0 \end{pmatrix} \xrightarrow{S_3-6S_1} \begin{pmatrix} 1 & 0 & 0 & 0 \\ 0 & 1 & 0 & 0 \\ 0 & 0 & 1 & 0 \end{pmatrix} = (E_3 \quad 0).$$

Mehrfache Anwendung von Satz (18.48), Seite 82, ergibt mit Beispiel (18.45)(2), Seite 80:

$$r_s(A) = 3 \quad \text{und} \quad r_z(A) = 3\ .$$

b) $$\begin{pmatrix} 3 & 2 & 3-2\alpha & 1 \\ 0 & 2 & 2 & 1 \\ 0 & 0 & 1-2\alpha & 0 \\ -6 & -4 & 4\alpha-6 & -2 \end{pmatrix} \xrightarrow{Z_4+2Z_1} \begin{pmatrix} 3 & 2 & 3-2\alpha & 1 \\ 0 & 2 & 2 & 1 \\ 0 & 0 & 1-2\alpha & 0 \\ 0 & 0 & 0 & 0 \end{pmatrix} \xrightarrow{S_2-2S_4}$$

$$\begin{pmatrix} 3 & 0 & 3-2\alpha & 1 \\ 0 & 0 & 2 & 1 \\ 0 & 0 & 1-2\alpha & 0 \\ 0 & 0 & 0 & 0 \end{pmatrix} \xrightarrow{S_3-2S_4} \begin{pmatrix} 3 & 0 & 1-2\alpha & 1 \\ 0 & 0 & 0 & 1 \\ 0 & 0 & 1-2\alpha & 0 \\ 0 & 0 & 0 & 0 \end{pmatrix} \xrightarrow{Z_1-Z_3}$$

$$\begin{pmatrix} 3 & 0 & 0 & 1 \\ 0 & 0 & 0 & 1 \\ 0 & 0 & 1-2\alpha & 0 \\ 0 & 0 & 0 & 0 \end{pmatrix} \xrightarrow{Z_1-Z_2} \begin{pmatrix} 3 & 0 & 0 & 0 \\ 0 & 0 & 0 & 1 \\ 0 & 0 & 1-2\alpha & 0 \\ 0 & 0 & 0 & 0 \end{pmatrix} \xrightarrow{S_{24}}$$

$$\begin{pmatrix} 3 & 0 & 0 & 0 \\ 0 & 1 & 0 & 0 \\ 0 & 0 & 1-2\alpha & 0 \\ 0 & 0 & 0 & 0 \end{pmatrix} \xrightarrow{\frac{1}{3} S_1} \begin{pmatrix} 1 & 0 & 0 & 0 \\ 0 & 1 & 0 & 0 \\ 0 & 0 & 1-2\alpha & 0 \\ 0 & 0 & 0 & 0 \end{pmatrix} \xrightarrow{-\frac{1}{2} S_3}$$

$$\begin{pmatrix} 1 & 0 & 0 & 0 \\ 0 & 1 & 0 & 0 \\ 0 & 0 & \alpha-\frac{1}{2} & 0 \\ 0 & 0 & 0 & 0 \end{pmatrix}.$$

Sie sehen, genau für $\alpha = \frac{1}{2}$ ist der dritte Zeilenvektor gleich dem Nullvektor, so daß für $\alpha = \frac{1}{2}$

$$r_z(A) = 2$$

ist.

Dagegen ist für alle $\alpha \in \mathbb{R}$ $r_s(A) \leq 3$, da $s_4 = 0$ ist. Deshalb gibt es kein $\alpha \in \mathbb{R}$, so daß $r_s(A) = 4$ gilt. Die letzte Aussage sehen Sie der gegebenen Matrix auch ohne die elementaren Zeilen- und Spaltenumformungen an:

Es gilt nämlich $s_2 - 2s_4 = 0$, *also ist* (s_2, s_4) *und damit auch* (s_1, s_2, s_3, s_4) *linear abhängig, gleichgültig, welches* $\alpha \in \mathbb{R}$ *man wählt.*

Anmerkung: Für *alle* $\alpha \neq \frac{1}{2}$ *hat die gegebene Matrix den Spaltenrang und Zeilenrang 3, denn Sie können dann oben noch die elementare Zeilenumformung* $\frac{1}{\alpha - \frac{1}{2}} s_3$ *durchführen.*

A 22
Seite 83

AUFGABE 22.- 1) Hinweis: Zu b): Die Nullmatrix hat den Rang 0.

2) Lösung:

$$\begin{pmatrix} 1 & 2 & 4 \\ 1 & -1 & 1 \\ 1 & 2 & 4 \\ 3 & 3 & 9 \end{pmatrix} \xrightarrow{z_2 - z_1} \begin{pmatrix} 1 & 2 & 4 \\ 0 & -3 & -3 \\ 1 & 2 & 4 \\ 3 & 3 & 9 \end{pmatrix} \xrightarrow{z_3 - z_1} \begin{pmatrix} 1 & 2 & 4 \\ 0 & -3 & -3 \\ 0 & 0 & 0 \\ 3 & 3 & 9 \end{pmatrix}$$

$$\xrightarrow{z_4 - 3z_1} \begin{pmatrix} 1 & 2 & 4 \\ 0 & -3 & -3 \\ 0 & 0 & 0 \\ 0 & -3 & -3 \end{pmatrix} \xrightarrow{z_4 - z_2} \begin{pmatrix} 1 & 2 & 4 \\ 0 & -3 & -3 \\ 0 & 0 & 0 \\ 0 & 0 & 0 \end{pmatrix} \xrightarrow{-\frac{1}{3} z_2}$$

$$\begin{pmatrix} 1 & 2 & 4 \\ 0 & 1 & 1 \\ 0 & 0 & 0 \\ 0 & 0 & 0 \end{pmatrix} \xrightarrow{z_1 - 2z_2} \begin{pmatrix} 1 & 0 & 2 \\ 0 & 1 & 1 \\ 0 & 0 & 0 \\ 0 & 0 & 0 \end{pmatrix} \xrightarrow{s_3 - s_2} \begin{pmatrix} 1 & 0 & 2 \\ 0 & 1 & 0 \\ 0 & 0 & 0 \\ 0 & 0 & 0 \end{pmatrix}$$

$$\xrightarrow{s_3 - 2s_1} \begin{pmatrix} 1 & 0 & 0 \\ 0 & 1 & 0 \\ 0 & 0 & 0 \\ 0 & 0 & 0 \end{pmatrix} = \begin{pmatrix} E_2 & 0 \\ 0 & 0 \end{pmatrix}.$$

Also ist Rang A = 2.

b) Sei zum Beispiel $A := \begin{pmatrix} 1 & 0 \\ 0 & 0 \end{pmatrix}$ *und* $B := \begin{pmatrix} -1 & 0 \\ 0 & 0 \end{pmatrix}$. *Dann gilt Rang A = 1 = Rang B, also Rang A + Rang B = 2, während* $A + B = 0$, *also Rang* $(A+B) = 0$ *ist.*

A 23
Seite 83

AUFGABE 23.- $\varphi: \mathbb{R}^n \to \mathbb{R}^m$ *ist eine lineare Abbildung und* $(e_1, \ldots, e_n)$ *die kanonische Basis des* $\mathbb{R}^n$. *Es gelte* $\varphi = \varphi_A$, *d.h.*

$$\varphi(x) = Ax$$

für jeden Spaltenvektor x des $\mathbb{R}^n$. *Dabei ist A eine* $(m \times n)$*-Matrix. W sei der von* $(\varphi(e_1), \ldots, \varphi(e_n))$ *aufgespannte Unterraum.*

a) Behauptung: $W = \varphi(\mathbb{R}^n)$.

Beweis: W enthält alle Linearkombinationen der Bildvektoren $\varphi(e_1), \ldots, \varphi(e_n)$.

Sei $y \in W$, *dann gibt es* $\lambda_1, \ldots, \lambda_n \in \mathbb{R}$, *so daß*

$$y = \lambda_1 \varphi(e_1) + \ldots + \lambda_n \varphi(e_n).$$

Hieraus ergibt sich wegen der Linearität von φ *(siehe (18.21)(2), Seite 70):*

$$y = \varphi(\lambda_1 e_1 + \ldots + \lambda_n e_n) \in \varphi(\mathbb{R}^n).$$

Also gilt $W \subseteq \varphi(\mathbb{R}^n)$.

Ist umgekehrt $y \in \varphi(\mathbb{R}^n)$, *so gibt es ein* $x \in \mathbb{R}^n$, *so daß*

$$y = \varphi(x)$$

gilt. Der Vektor x läßt sich in der Form

$$x = \lambda_1 e_1 + \ldots + \lambda_n e_n$$

schreiben. Deshalb gilt

$$y = \varphi(\lambda_1 e_1 + \ldots + \lambda_n e_n) = \lambda_1 \varphi(e_1) + \ldots + \lambda_n \varphi(e_n) \in W,$$

also $\varphi(\mathbb{R}^n) \subseteq W$. *Es folgt:* $W = \varphi(\mathbb{R}^n)$.

b) Behauptung: dim W = Rang A.

Beweis: Ist $(\varphi(e_1), \ldots, \varphi(e_n))$ *linear unabhängig, so ist dim W = n und wegen* $A = (\varphi(e_1) \ \ldots \ \varphi(e_n))$ *auch Rang A = n. Ist* $(\varphi(e_1), \ldots, \varphi(e_n))$ *linear abhängig, so kann dieses n-Tupel gemäß (15.48) bzw. (15.49), Seite 22, zu einem linear unabhängigen r-Tupel reduziert werden, welches W aufspannt. D.h. es gilt dim W = r. Hieraus folgt: Jedes (r+1)-Tupel von Vektoren aus W ist linear abhängig. Insbesondere ist jedes (r+1)-Tupel von Vektoren* $\varphi(e_i)$ *linear abhängig. Also gilt auch Rang A = r. In beiden Fällen haben wir*

$$\dim W = \text{Rang } A$$

erhalten.

A 24
Seite 83

AUFGABE 24.-

$$\begin{pmatrix} i & 2+3i & -i \\ 4 & 0 & -7-i \\ -1 & -i & 0 \end{pmatrix} \cdot \begin{pmatrix} 1+i \\ 1-i \\ -i \end{pmatrix} = \begin{pmatrix} i(1+i)+(2+3i)(1-i)+(-i)(-i) \\ 4(1+i)+ \quad 0\cdot(1-i)-(7+i)(-i) \\ -1-i \ - \quad i\cdot(1-i)+0\cdot(-i) \end{pmatrix}$$

$$= \begin{pmatrix} i-1+2+3i-2i+3-1 \\ 4+4i+7i-1 \\ -1-i-i-1 \end{pmatrix} = \begin{pmatrix} 3+2i \\ 3+11i \\ -2-2i \end{pmatrix}.$$

KAPITEL 19 LINEARE GLEICHUNGSSYSTEME

A 1
Seite 86

AUFGABE 1.- 1) Hinweise: Zu a): Die Koordinaten der gegebenen Punkte müssen die Ebenengleichung erfüllen.
Zu b): Bestimmen Sie die Widerstandsmatrix R des Netzwerkes, wie auf Seite 62 beschrieben.

2) Lösung: a) Da die durch die Gleichung

$$a_1 x_1 + a_2 x_2 + a_3 x_3 = c \quad \text{mit } (a_1, a_2, a_3) \neq 0$$

beschriebene Ebene E des $\mathbb{R}^3$ *die Punkte* $P_1 = \begin{pmatrix} 0 \\ 0 \\ 1 \end{pmatrix}$, $P_2 = \begin{pmatrix} 1 \\ 1 \\ 1 \end{pmatrix}$ *und* $P_3 = \begin{pmatrix} 0 \\ 1 \\ 2 \end{pmatrix}$ *enthalten soll, muß gelten*

$$\begin{aligned} a_1 \cdot 0 + a_2 \cdot 0 + a_3 \cdot 1 &= c & (P_1 \in E) \\ a_1 \cdot 1 + a_2 \cdot 1 + a_3 \cdot 1 &= c & (P_2 \in E) \\ a_1 \cdot 0 + a_2 \cdot 1 + a_3 \cdot 2 &= c & (P_3 \in E)\ . \end{aligned}$$

Wir erhalten also zur Bestimmung der Unbekannten a_1, a_2, a_3 *und c das unterbestimmte lineare Gleichungssystem*

$$\begin{aligned} a_3 - c &= 0 \\ a_1 + a_2 + a_3 - c &= 0 \\ a_2 + 2a_3 - c &= 0 \end{aligned}$$

Die erweiterte Matrix dieses Systems hat die Gestalt

$$\begin{pmatrix} 0 & 0 & 1 & -1 & 0 \\ 1 & 1 & 1 & -1 & 0 \\ 0 & 1 & 2 & -1 & 0 \end{pmatrix}.$$

b) Das gegebene Netzwerk hat drei Maschen. Mit der Beschreibung der Widerstandsmatrix R auf Seite 62 ergibt sich

$$R = \begin{pmatrix} R_1+R_2 & -R_2 & 0 \\ -R_2 & R_2+R_3 & -R_3 \\ 0 & -R_3 & R_3+R_4 \end{pmatrix} .$$

Mit $\tilde{U} := \begin{pmatrix} 0 \\ U \\ 0 \end{pmatrix}$, $I := \begin{pmatrix} I_1 \\ I_2 \\ I_3 \end{pmatrix}$ *und dem verallgemeinerten Ohmschen Gesetz* $\tilde{U} = RI$ *ergibt sich das lineare Gleichungssystem*

$$\begin{aligned} (R_1+R_2)I_1 - R_2 I_2 \qquad\qquad &= 0 \\ -R_2 I_1 + (R_2+R_3)I_2 - R_3 I_3 &= U \\ -R_3 I_2 + (R_3+R_4)I_3 &= 0 . \end{aligned}$$

Seine erweiterte Matrix lautet

$$\left(\begin{array}{ccc|c} R_1+R_2 & -R_2 & 0 & 0 \\ -R_2 & R_2+R_3 & -R_3 & U \\ 0 & -R_3 & R_3+R_4 & 0 \end{array}\right) .$$

A 2
Seite 87

AUFGABE 2.- 1) Hinweise: Lesen Sie gegebenenfalls noch einmal den Anfang von § 2 auf Seite 87.

2) Lösung: Behauptung: Sei $Ax = 0$ *ein unterbestimmtes lineares Gleichungssystem, dann gibt es Lösungen* $x \neq 0$.

Beweis: A sei eine $(m\times n)$*-Matrix, also gilt* $m < n$.
Wegen (18.51), Seite 83, gilt $\text{Rang } A \leqq m$, *so daß*

$$\text{Rang } A < n$$

ist. Mit dem Ergebnis von (18.44)(4) auf Seite 80 folgt: Es gibt Lösungen $x \neq 0$.

A 3
Seite 89

AUFGABE 3.- Die erweiterte Matrix des gegebenen linearen Gleichungssystems lautet:

$$\begin{pmatrix} 1 & -5 & 3 & 0 \\ 0 & 1 & 1 & 0 \\ 2 & 1 & -4 & -1 \end{pmatrix}$$

Durch die elementare Zeilenumformung Z_3-2Z_1 *(dies entspricht der Operation: Eliminiere* x_1 *mit Hilfe der ersten Gleichung aus der dritten Gleichung oder: Multipliziere die erste Gleichung mit 2 und subtrahiere das Resultat von der dritten Gleichung) geht die erweiterte Matrix über in:*

$$\begin{pmatrix} 1 & -5 & 3 & 0 \\ 0 & 1 & 1 & 0 \\ 0 & 11 & -10 & -1 \end{pmatrix} .$$

Danach geht es so weiter:

$$\xrightarrow{Z_1+5Z_2} \begin{pmatrix} 1 & 0 & 8 & 0 \\ 0 & 1 & 1 & 0 \\ 0 & 11 & -10 & -1 \end{pmatrix} \xrightarrow{Z_3-11Z_2} \begin{pmatrix} 1 & 0 & 8 & 0 \\ 0 & 1 & 1 & 0 \\ 0 & 0 & -21 & -1 \end{pmatrix}$$

$$\xrightarrow{-\frac{1}{21}Z_3} \begin{pmatrix} 1 & 0 & 8 & 0 \\ 0 & 1 & 1 & 0 \\ 0 & 0 & 1 & \frac{1}{21} \end{pmatrix} \xrightarrow{Z_1-8Z_3} \begin{pmatrix} 1 & 0 & 0 & -\frac{8}{21} \\ 0 & 1 & 1 & 0 \\ 0 & 0 & 1 & \frac{1}{21} \end{pmatrix}$$

$$\xrightarrow{Z_2-Z_3} \begin{pmatrix} 1 & 0 & 0 & -\frac{8}{21} \\ 0 & 1 & 0 & -\frac{1}{21} \\ 0 & 0 & 1 & \frac{1}{21} \end{pmatrix}$$

In der letzten Spalte steht eine Lösung:

$$x_1 = -\frac{8}{21} , \quad x_2 = -\frac{1}{21} , \quad x_3 = \frac{1}{21} .$$

Prüfen Sie dies durch Einsetzen in das Gleichungssystem nach!

AUFGABE 4.- Es gelte $(A,b) \xrightarrow{Z_i+cZ_j} (\tilde{A},\tilde{b})$, $i \neq j$. A 4 Seite 90
Dann lautet die i-te Gleichung des zu $(\tilde{A},\tilde{b})$ *gehörenden linearen Gleichungssystems:*

$$(a_{i1}+ca_{j1})x_1 + \ldots + (a_{in}+ca_{jn})x_n = b_i + cb_j .$$

Die anderen Zeilen sind unverändert.

Setzen wir den Lösungsvektor y von $Ax = b$ *in diese i-te Gleichung ein, so folgt:*

$$\begin{aligned} &(a_{i1}+ca_{j1})y_1 + \ldots + (a_{in}+ca_{jn})y_n \\ &= (a_{i1}y_1 + \ldots + a_{in}y_n) + c(a_{j1}y_1 + \ldots + a_{jn}y_n) = b_i + cb_j , \end{aligned}$$

da $\sum_{k=1}^{n} a_{ik}y_k = b_i$ *und* $\sum_{k=1}^{n} a_{jk}y_k = b_j$ *ist.*

Also löst y auch $\tilde{A}x = \tilde{b}$.

AUFGABE 5.- A hat Zeilennormalform. A 5 Seite 90
B erfüllt (1) von Definition (19.6).
Die erste und zweite Zeile von B erfüllen auch (2) und (3). Es bleibt, die dritte Zeile von B in Abhängigkeit von δ *(und* β,γ*) zu diskutieren:*

- *Ist* $\delta = 1$, *so ist (2) erfüllt und für* $\beta = \gamma = 0$ *auch (3); es liegt Zeilennormalform vor. Ist* $\beta \neq 0$ *oder* $\gamma \neq 0$, *so liegt keine Zeilennormalform vor.*
- *Ist* $\delta = 0$, *so sind (2) und (3) für die dritte Zeile "automatisch" erfüllt, da es kein erstes nicht-verschwindendes Element gibt. Es liegt (egal, welche Werte* β *und* γ *haben) Zeilennormalform vor.*
- *Ist* $\delta \in \mathbb{R} \setminus \{0,1\}$, *so hat B keine Zeilennormalform, da (2) nicht erfüllt ist.*

Alle diese Aussagen über B sind unabhängig von α.

Die Matrix C besitzt keine Zeilennormalform, da für die dritte Zeile die Bedingung (3) von Definition (19.6) verletzt ist.

AUFGABE 6.- Für $\delta = 0$ *lautet das zu der erweiterten Matrix* A 6 Seite 91

$$(A,b) = \begin{pmatrix} 1 & \alpha & 0 & \beta \\ 0 & 0 & 1 & \gamma \\ 0 & 0 & 0 & \delta \end{pmatrix}, \quad \alpha,\beta,\gamma \in \mathbb{R} \text{ fest gewählt,}$$

gehörende lineare Gleichungssystem

$$\begin{aligned} x_1 + \alpha x_2 \quad &= \beta \\ x_3 &= \gamma \,. \end{aligned}$$

Die dritte Gleichung $(0\cdot x_1 + 0\cdot x_2 + 0\cdot x_3 = 0)$ *kann weggelassen werden, da sie jedes* $x \in \mathbb{R}^3$ *als Lösung hat.*
Durch die zweite Gleichung ist x_3 *festgelegt. Die erste Gleichung enthält noch zwei Unbekannte, so daß eine, etwa* $x_2 = \lambda \in \mathbb{R}$ *frei gewählt werden kann. Dann ist auch* x_1 *festgelegt:*

$$x_1 = \beta - \alpha\lambda, \quad x_2 = \lambda, \quad x_3 = \gamma, \qquad \lambda \in \mathbb{R}.$$

Also lauten alle Lösungen

$$x = \begin{pmatrix} x_1 \\ x_2 \\ x_3 \end{pmatrix} = \begin{pmatrix} \beta - \alpha\lambda \\ \lambda \\ \gamma \end{pmatrix} = \begin{pmatrix} \beta \\ 0 \\ \gamma \end{pmatrix} + \lambda \begin{pmatrix} -\alpha \\ 1 \\ 0 \end{pmatrix}, \qquad \lambda \in \mathbb{R}.$$

Anmerkung: Die erweiterte Matrix (A,b) besitzt Zeilennormalform (siehe Aufgabe 5, Seite 90).

Ist $\delta \neq 0$*, so hat die dritte Gleichung des zur erweiterten Matrix (A,b) gehörenden Gleichungssystems die Form*

$$0\cdot x_1 + 0\cdot x_2 + 0\cdot x_3 = \delta \neq 0,$$

die offensichtlich für *<u>kein</u>* $x \in \mathbb{R}^3$ *erfüllt ist. Also ist das Gleichungssystem in diesem Fall nicht lösbar.*

A 7
Seite 94

<u>AUFGABE 7</u>.- 1) Hinweise: Benutzen Sie den Gauß-Jordan-Algorithmus, wie er im Beweis von (19.9) auf den Seiten 91 und 92 angegeben ist. Studieren Sie gegebenenfalls noch einmal die Beispiele (19.10) ab Seite 92.

2) Lösung: a)

$$\begin{pmatrix} 0 & -2 & 2 & 4 \\ 4 & -6 & 4 & -5 \\ -2 & 0 & 1 & 7 \end{pmatrix} \xrightarrow[\text{(1. Schritt)}]{Z_{31}} \begin{pmatrix} -2 & 0 & 1 & 7 \\ 4 & -6 & 4 & -5 \\ 0 & -2 & 2 & 4 \end{pmatrix}$$

$$\xrightarrow[\text{(2. Schritt)}]{-\frac{1}{2} Z_1} \begin{pmatrix} 1 & 0 & -\frac{1}{2} & -\frac{7}{2} \\ 4 & -6 & 4 & -5 \\ 0 & -2 & 2 & 4 \end{pmatrix}$$

$$\xrightarrow[\text{(3. Schritt)}]{Z_2 - 4Z_1} \begin{pmatrix} 1 & 0 & -\frac{1}{2} & -\frac{7}{2} \\ 0 & -6 & 6 & 9 \\ 0 & -2 & 2 & 4 \end{pmatrix}$$

Wir denken uns die erste Spalte und Zeile gestrichen und führen die ersten drei Schritte erneut durch (der 1. Schritt entfällt: $-6 \neq 0$*):*

$$\xrightarrow[\text{(2. Schritt)}]{-\frac{1}{6} Z_2} \begin{pmatrix} 1 & 0 & -\frac{1}{2} & -\frac{7}{2} \\ 0 & 1 & -1 & -\frac{3}{2} \\ 0 & -2 & 2 & 4 \end{pmatrix}$$

$$\xrightarrow[\text{(3. Schritt)}]{Z_3 + 2Z_2} \begin{pmatrix} 1 & 0 & -\frac{1}{2} & -\frac{7}{2} \\ 0 & 1 & -1 & -\frac{3}{2} \\ 0 & 0 & 0 & 1 \end{pmatrix}$$

(Damit sind bereits die Eigenschaften (1) und (2) der Zeilennormalform erfüllt.) Der 4. Schritt des Gauß-Algorithmus entfällt, da das erste nicht-verschwindende Element jeder Zeile bereits eine 1 ist. Auch der 5. Schritt ist nur noch für die dritte Zeile (i=3) durchzuführen: $Z_1 + \frac{7}{2} Z_3$ und $Z_2 + \frac{3}{2} Z_3$ *liefern die Zeilennormalform*

$$\begin{pmatrix} 1 & 0 & -\frac{1}{2} & 0 \\ 0 & 1 & -1 & 0 \\ 0 & 0 & 0 & 1 \end{pmatrix} .$$

Nach Satz (19.11), Seite 93, ist der Rang der gegebenen Matrix gleich 3.

b)

$$\begin{pmatrix} 0 & 0 & 5 & 20 \\ 3 & 2 & -1 & 6 \\ 4 & 2 & 3 & -1 \\ -1 & 5 & 2 & 4 \end{pmatrix} \xrightarrow{Z_{41}} \begin{pmatrix} -1 & 5 & 2 & 4 \\ 3 & 2 & -1 & 6 \\ 4 & 2 & 3 & -1 \\ 0 & 0 & 5 & 20 \end{pmatrix}$$

$$\xrightarrow{(-1)\cdot Z_1} \begin{pmatrix} 1 & -5 & -2 & -4 \\ 3 & 2 & -1 & 6 \\ 4 & 2 & 3 & -1 \\ 0 & 0 & 5 & 20 \end{pmatrix} \xrightarrow[Z_3 - 4Z_1]{Z_2 - 3Z_1} \begin{pmatrix} 1 & -5 & -2 & -4 \\ 0 & 17 & 5 & 18 \\ 0 & 22 & 11 & 15 \\ 0 & 0 & 5 & 20 \end{pmatrix}$$

$$\xrightarrow{\frac{1}{17} Z_2} \begin{pmatrix} 1 & -5 & -2 & -4 \\ 0 & 1 & \frac{5}{17} & \frac{18}{17} \\ 0 & 22 & 11 & 15 \\ 0 & 0 & 5 & 20 \end{pmatrix} \xrightarrow{Z_3 - 22Z_2} \begin{pmatrix} 1 & -5 & -2 & -4 \\ 0 & 1 & \frac{5}{17} & \frac{18}{17} \\ 0 & 0 & \frac{77}{17} & -\frac{141}{17} \\ 0 & 0 & 5 & 20 \end{pmatrix}$$

$$\xrightarrow{\frac{17}{77} Z_3} \begin{pmatrix} 1 & -5 & -2 & -4 \\ 0 & 1 & \frac{5}{17} & \frac{18}{17} \\ 0 & 0 & 1 & -\frac{141}{77} \\ 0 & 0 & 5 & 20 \end{pmatrix} \xrightarrow{Z_4 - 5Z_3} \begin{pmatrix} 1 & -5 & -2 & -4 \\ 0 & 1 & \frac{5}{17} & \frac{18}{17} \\ 0 & 0 & 1 & -\frac{141}{77} \\ 0 & 0 & 0 & \frac{2245}{77} \end{pmatrix}$$

Mit Aufgabe 19 d), Seite 80, folgt hier bereits, daß der Rang gleich 4 ist. Mit den *<u>nacheinander</u>* *auszuführenden elementaren Zeilenumformungen* $\frac{77}{2245} Z_4$, $Z_1 + 5Z_2$, $Z_1 + 2Z_3$, $Z_2 - \frac{5}{17} Z_3$, $Z_1 + 4Z_4$, $Z_2 - \frac{18}{17} Z_4$ und $Z_3 + \frac{141}{77} Z_4$ *ergibt sich als Zeilennormalform*

$$\begin{pmatrix} 1 & 0 & 0 & 0 \\ 0 & 1 & 0 & 0 \\ 0 & 0 & 1 & 0 \\ 0 & 0 & 0 & 1 \end{pmatrix} = E_4 \,.$$

c)

$$\begin{pmatrix} 1 & -4 & 3 & -2 & 0 \\ 1 & -2 & 1 & 4 & 2 \\ 2 & 0 & 2 & 4 & 4 \\ 1 & 0 & -1 & \alpha & \beta \end{pmatrix} \xrightarrow[\substack{Z_3 - 2Z_1 \\ Z_4 - Z_1}]{Z_2 - Z_1}$$

$$\begin{pmatrix} 1 & -4 & 3 & -2 & 0 \\ 0 & 2 & -2 & 6 & 2 \\ 0 & 8 & -4 & 8 & 4 \\ 0 & 4 & -4 & \alpha+2 & \beta \end{pmatrix} \xrightarrow{\frac{1}{2} Z_2} \begin{pmatrix} 1 & -4 & 3 & -2 & 0 \\ 0 & 1 & -1 & 3 & 1 \\ 0 & 8 & -4 & 8 & 4 \\ 0 & 4 & -4 & \alpha+2 & \beta \end{pmatrix}$$

$$\xrightarrow[\substack{Z_3 - 8Z_2 \\ Z_4 - 4Z_2}]{Z_1 + 4Z_2} \begin{pmatrix} 1 & 0 & -1 & 10 & 4 \\ 0 & 1 & -1 & 3 & 1 \\ 0 & 0 & 4 & -16 & -4 \\ 0 & 0 & 0 & \alpha-10 & \beta-4 \end{pmatrix} \xrightarrow{\frac{1}{4} Z_3}$$

$$\begin{pmatrix} 1 & 0 & -1 & 10 & 4 \\ 0 & 1 & -1 & 3 & 1 \\ 0 & 0 & 1 & -4 & -1 \\ 0 & 0 & 0 & \alpha-10 & \beta-4 \end{pmatrix} \xrightarrow[z_2+z_3]{z_1+z_3} \begin{pmatrix} 1 & 0 & 0 & 6 & 3 \\ 0 & 1 & 0 & -1 & 0 \\ 0 & 0 & 1 & -4 & -1 \\ 0 & 0 & 0 & \alpha-10 & \beta-4 \end{pmatrix} =: \tilde{A}.$$

1. Fall: $\alpha = 10$, $\beta = 4$. *In diesem Fall besitzt* $\tilde{A}$ *Zeilennormalform und der Rang ist 3.*

2. Fall: $\alpha = 10$, $\beta \neq 4$. *Dann geht es so weiter*

$$\tilde{A} \xrightarrow{\frac{1}{\beta-4} z_4} \begin{pmatrix} 1 & 0 & 0 & 6 & 3 \\ 0 & 1 & 0 & -1 & 0 \\ 0 & 0 & 1 & -4 & -1 \\ 0 & 0 & 0 & 0 & 1 \end{pmatrix} \xrightarrow[z_3+z_4]{z_1-3z_4}$$

$$\begin{pmatrix} 1 & 0 & 0 & 6 & 0 \\ 0 & 1 & 0 & -1 & 0 \\ 0 & 0 & 1 & -4 & 0 \\ 0 & 0 & 0 & 0 & 1 \end{pmatrix}.$$

Diese Matrix besitzt Zeilennormalform; der Rang beträgt 4.

3. Fall: $\alpha \neq 10$, β *beliebig.*

$$\tilde{A} \xrightarrow{\frac{1}{\alpha-10} z_4} \begin{pmatrix} 1 & 0 & 0 & 6 & 3 \\ 0 & 1 & 0 & -1 & 0 \\ 0 & 0 & 1 & -4 & -1 \\ 0 & 0 & 0 & 1 & \frac{\beta-4}{\alpha-10} \end{pmatrix} \xrightarrow[\substack{z_2+z_4 \\ z_3+4z_4}]{z_1-6z_4}$$

$$\begin{pmatrix} 1 & 0 & 0 & 0 & 3-6\gamma \\ 0 & 1 & 0 & 0 & \gamma \\ 0 & 0 & 1 & 0 & -1+4\gamma \\ 0 & 0 & 0 & 1 & \gamma \end{pmatrix}, \text{ wobei } \gamma := \frac{\beta-4}{\alpha-10} \text{ ist.}$$

Die letzte Matrix besitzt wieder Zeilennormalform, der Rang beträgt 4.

Bezeichnen wir die gegebene Matrix mit $C_{\alpha\beta}$, *so lautet das ERGEBNIS:*

$$\text{Rang } C_{\alpha\beta} = \begin{cases} 3, & \text{falls } (\alpha,\beta) = (10,4) \\ 4 & \text{sonst.} \end{cases}$$

A 8
Seite 94

AUFGABE 8.- 1) Hinweise: Die ersten r Zeilenvektoren $z_1,\ldots,z_r$ *seien die nichtverschwindenden Zeilen der Zeilennormalform von A. Sei* $j_1,\ldots,j_r$ *die jeweilige "Nummer" der ersten nichtverschwindenden Koordinate (= 1). Überlegen Sie sich:* $j_1 < j_2 < \ldots < j_r$ *und wie die Gleichung für die* j_1*-te,* j_2*-te usw. Koordinate der Gleichung*

$$\lambda_1 z_1 + \lambda_2 z_2 + \ldots + \lambda_r z_r = 0$$

aussieht. Benutzen Sie Satz (18.48), Seite 82; Sie wissen ja: Zeilenrang = Spaltenrang = Rang.

2) Lösung: Seien $z_1,\ldots,z_r$ *die nicht-verschwindenden Zeilenvektoren der Zeilennormalform von A. Weiter sei* j_1 *die Nummer der ersten nicht-verschwindenden Koordinate von* z_1 $(a_{1,j_1} = 1)$, j_2 *diejenige von* z_2 *usw. Dann folgt aus den Eigenschaften (1) und (3) der Zeilennormalform (siehe Definition (19.6), Seite 90):*

$$j_1 < j_2 < \ldots < j_r.$$

Außerdem besagt die Eigenschaft (3), daß die Zeilenvektoren $z_2,\ldots,z_r$ *als* j_1*-te Koordinate eine Null haben. Entsprechend haben* $z_1,z_3,\ldots,z_r$ *als* j_2*-te Koordinate eine Null usw. Es folgt: Das r-Tupel* $(z_1,\ldots,z_r)$ *ist linear unabhängig.* *Denn: Aus*

$$\lambda_1 z_1 + \lambda_2 z_2 + \ldots + \lambda_r z_r = 0$$

ergibt sich nach dem zuvor Gesagten unter anderem

$$\lambda_1 a_{1,j_1} + \lambda_2 \cdot 0 + \ldots + \lambda_r \cdot 0 = 0$$
$$\lambda_1 \cdot 0 + \lambda_2 a_{2,j_2} + \ldots + \lambda_r \cdot 0 = 0$$
$$\vdots$$
$$\lambda_1 \cdot 0 + \lambda_2 \cdot 0 + \ldots + \lambda_r a_{r,j_r} = 0.$$

Da alle $a_{i,j_i} = 1$ *sind, folgt*

$$\lambda_1 = \lambda_2 = \ldots = \lambda_r = 0.$$

Jedes (r+1)-Tupel von Zeilenvektoren der Zeilennormalform von A ist linear abhängig, da es den Nullvektor enthalten muß. Also ist der Zeilenrang der Zeilennormalform von A und wegen Satz (18.48) der Rang von A gleich r.

A 9
Seite 96

AUFGABE 9.- 1) Hinweise: Zu b): Überlegen Sie sich: Der (Spalten-)Vektor $b \in \mathbb{R}^3$ *ist genau dann als Linearkombination der (Spalten-)Vektoren* $y_1, y_2, y_3 \in \mathbb{R}^3$ *darstellbar, wenn das zu der erweiterten Matrix (in Spaltendarstellung)*

$$(y_1\ y_2\ y_3\ b)$$

gehörende lineare Gleichungssystem lösbar ist. Eine Lösung liefert die gesuchten Koeffizienten.

2) Lösung: a) Behauptung: Das lineare Gleichungssystem

$$3x_1 + \alpha_1 x_2 = 2$$
$$4x_1 + x_2 = \alpha_2$$

ist nicht lösbar, wenn $\alpha_1 = \frac{3}{4}$ *und* $\alpha_2 \neq \frac{8}{3}$ *ist, und lösbar in allen anderen Fällen.*

Ist $\alpha_1 = \frac{3}{4}$ *und* $\alpha_2 = \frac{8}{3}$, *so haben die Lösungen die Gestalt*

$$x = \begin{pmatrix} x_1 \\ x_2 \end{pmatrix} = \begin{pmatrix} \frac{2}{3} \\ 0 \end{pmatrix} + \lambda \begin{pmatrix} -\frac{1}{4} \\ 1 \end{pmatrix}, \quad \lambda \in \mathbb{R}.$$

Ist $\alpha_1 \neq \frac{3}{4}$ *und* α_2 *beliebig, so besitzt das System (bei gegebenen* α_1 *und* α_2*) genau eine Lösung, nämlich*

$$x = \begin{pmatrix} x_1 \\ x_2 \end{pmatrix} = \begin{pmatrix} \frac{2-\alpha_1\alpha_2}{3-4\alpha_1} \\ \frac{3\alpha_2-8}{3-4\alpha_1} \end{pmatrix}.$$

Beweis: Anwendung des Gauß-Jordan-Algorithmus auf die erweiterte Matrix (A,b) des gegebenen linearen Gleichungssystems ergibt:

$$(A,b) = \begin{pmatrix} 3 & \alpha_1 & 2 \\ 4 & 1 & \alpha_2 \end{pmatrix} \xrightarrow{\frac{1}{3} z_1} \begin{pmatrix} 1 & \frac{1}{3}\alpha_1 & \frac{2}{3} \\ 4 & 1 & \alpha_2 \end{pmatrix}$$

$$\xrightarrow{Z_2-4Z_1} \begin{pmatrix} 1 & \frac{1}{3}\alpha_1 & \frac{2}{3} \\ 0 & 1-\frac{4}{3}\alpha_1 & \alpha_2-\frac{8}{3}\end{pmatrix} =: (\tilde{A},\tilde{b})$$

An dieser Stelle kann die Fallunterscheidung für α_1,α_2 beginnen.

1. Fall: $\alpha_1=\frac{3}{4}$ *und* $\alpha_2=\frac{8}{3}$. *Dann ist*

$$(\tilde{A},\tilde{b})=\begin{pmatrix}1&\frac{1}{4}&\frac{2}{3}\\0&0&0\end{pmatrix}.$$

Dies ist die Zeilennormalform von (A,b). Sie erkennen:

Rang A = 1 = Rang (A,b).

Das Gleichungssystem ist also nach Satz (19.12), Seite 94, lösbar. Zur Zeilennormalform gehört nur noch die Gleichung

$$x_1+\frac{1}{4}x_2=\frac{2}{3}.$$

Wir wählen $x_2=\lambda$, $\lambda\in\mathbb{R}$. *Dann ist* $x_1=\frac{2}{3}-\frac{1}{4}\lambda$, *und wir erhalten als Lösungsmenge eine 1-parametrige Lösungsschar der Gestalt*

$$\begin{pmatrix}x_1\\x_2\end{pmatrix}=\begin{pmatrix}\frac{2}{3}-\frac{1}{4}\lambda\\ \lambda\end{pmatrix}=\begin{pmatrix}\frac{2}{3}\\0\end{pmatrix}+\lambda\begin{pmatrix}-\frac{1}{4}\\1\end{pmatrix},\quad \lambda\in\mathbb{R}.$$

2. Fall: $\alpha_1=\frac{3}{4}$ *und* $\alpha_2\neq\frac{8}{3}$. *Dann gilt*

$$(\tilde{A},\tilde{b})=\begin{pmatrix}1&\frac{1}{4}&\frac{2}{3}\\0&0&\alpha-\frac{8}{3}\end{pmatrix}\xrightarrow{\frac{1}{\alpha-\frac{8}{3}}Z_2}\begin{pmatrix}1&\frac{1}{4}&\frac{2}{3}\\0&0&1\end{pmatrix}$$

$$\xrightarrow{Z_1-\frac{2}{3}Z_2}\begin{pmatrix}1&\frac{1}{4}&0\\0&0&1\end{pmatrix}.$$

Dies ist die Zeilennormalform von (A,b). Mit Satz (19.11), Seite 93, erkennen Sie:

Rang A = 1 < 2 = Rang (A,b).

Nach dem Lösbarkeitskriterium (19.12) ist das System also nicht lösbar.

3. Fall: $\alpha_1\neq\frac{3}{4}$, $\alpha_2\in\mathbb{R}$. *Dann ergibt sich*

$$(\tilde{A},\tilde{b})=\begin{pmatrix}1&\frac{1}{3}\alpha_1&\frac{2}{3}\\0&\frac{3-4\alpha_1}{3}&\frac{3\alpha_2-8}{3}\end{pmatrix}\xrightarrow{\frac{3}{3-4\alpha_1}Z_2}\begin{pmatrix}1&\frac{1}{3}\alpha_1&\frac{2}{3}\\0&1&\frac{3\alpha_2-8}{3-4\alpha_1}\end{pmatrix}$$

$$\xrightarrow{Z_1-\frac{1}{3}\alpha_1Z_2}\begin{pmatrix}1&0&\frac{2}{3}-\frac{\alpha_1(3\alpha_2-8)}{3(3-4\alpha_1)}\\0&1&\frac{3\alpha_2-8}{3-4\alpha_1}\end{pmatrix}=\begin{pmatrix}1&0&\frac{2-\alpha_1\alpha_2}{3-4\alpha_1}\\0&1&\frac{3\alpha_2-8}{3-4\alpha_1}\end{pmatrix}.$$

Die letzte Matrix ist wieder die Zeilennormalform von (A,b). Es folgt

Rang A = Rang (A,b) = 2,

das Gleichungssystem ist lösbar; die Lösung ist

$$\begin{pmatrix}x_1\\x_2\end{pmatrix}=\begin{pmatrix}\frac{2-\alpha_1\alpha_2}{3-4\alpha_1}\\ \frac{3\alpha_2-8}{3-4\alpha_1}\end{pmatrix}.$$

b) α) Der Vektor $b=\begin{pmatrix}1\\3\\1\end{pmatrix}$ *ist als Linearkombination der Vektoren*

$$x_1=\begin{pmatrix}2\\4\\1\end{pmatrix},\quad x_2=\begin{pmatrix}3\\1\\3\end{pmatrix}\quad\text{und}\quad x_3=\begin{pmatrix}1\\1\\0\end{pmatrix}$$

darstellbar, wenn es reelle Zahlen α_1, α_2 *und* α_3 *gibt, so daß*

$$\alpha_1x_1+\alpha_2x_2+\alpha_3x_3=b$$

bzw. koordinatenweise

$$\begin{aligned}2\alpha_1+3\alpha_2+\alpha_3&=1\\4\alpha_1+\alpha_2+\alpha_3&=3\\\alpha_1+3\alpha_2&=1\end{aligned}$$

ist. Die erweiterte Matrix dieses linearen Gleichungssystems (für die Unbekannten $\alpha_1,\alpha_2,\alpha_3$*) lautet*

$$(A,b)=\begin{pmatrix}2&3&1&1\\4&1&1&3\\1&3&0&1\end{pmatrix}=(x_1\ x_2\ x_3\ b),$$

wie in den Hinweisen zu diesem Aufgabenteil angegeben ist. Der Gauß-Jordan-Algorithmus liefert nun

$$(A,b)\xrightarrow{Z_{31}}\begin{pmatrix}1&3&0&1\\4&1&1&3\\2&3&1&1\end{pmatrix}\xrightarrow[Z_3-2Z_1]{Z_2-4Z_1}\begin{pmatrix}1&3&0&1\\0&-11&1&-1\\0&-3&1&-1\end{pmatrix}$$

$$\xrightarrow{-\frac{1}{11}Z_2}\begin{pmatrix}1&3&0&1\\0&1&-\frac{1}{11}&\frac{1}{11}\\0&-3&1&-1\end{pmatrix}\xrightarrow{Z_3+3Z_2}\begin{pmatrix}1&3&0&1\\0&1&-\frac{1}{11}&\frac{1}{11}\\0&0&\frac{8}{11}&-\frac{8}{11}\end{pmatrix}$$

$$\xrightarrow{\frac{11}{8}Z_3}\begin{pmatrix}1&3&0&1\\0&1&-\frac{1}{11}&\frac{1}{11}\\0&0&1&-1\end{pmatrix}\xrightarrow{Z_2+\frac{1}{11}Z_3}\begin{pmatrix}1&3&0&1\\0&1&0&0\\0&0&1&-1\end{pmatrix}$$

$$\xrightarrow{Z_1-3Z_2}\begin{pmatrix}1&0&0&1\\0&1&0&0\\0&0&1&-1\end{pmatrix}=:(\tilde{A},\tilde{b}).$$

$(\tilde{A},\tilde{b})$ *ist die Zeilennormalform von (A,b). Wegen*

Rang A = Rang (A,b) = 3

ist das System lösbar; als Lösung entnehmen Sie $(\tilde{A},\tilde{b})$:

$$\alpha_1=1,\quad \alpha_2=0,\quad \alpha_3=-1.$$

Der Vektor b ist darstellbar als

$$1\cdot x_1+0\cdot x_2-1\cdot x_3=b.$$

β) Wir gehen formal genauso vor wie in Teil α), kürzen das Verfahren jedoch ab.

Der Vektor $b=\begin{pmatrix}1\\3\\1\end{pmatrix}$ *ist als Linearkombination der Vektoren*

$$x_1 = \begin{pmatrix} 2 \\ 4 \\ 1 \end{pmatrix}, \quad x_2' = \begin{pmatrix} 3 \\ 1 \\ -1 \end{pmatrix} \text{ und } x_3 = \begin{pmatrix} 1 \\ 1 \\ 0 \end{pmatrix}$$

darstellbar, wenn das zur erweiterten Matrix

$$(x_1 \;\; x_2' \;\; x_3 \;\; b) = (A,b)$$

gehörende lineare Gleichungssystem lösbar ist.

$$(A,b) = \begin{pmatrix} 2 & 3 & 1 & 1 \\ 4 & 1 & 1 & 3 \\ 1 & -1 & 0 & 1 \end{pmatrix} \xrightarrow{Z_{31}} \begin{pmatrix} 1 & -1 & 0 & 1 \\ 4 & 1 & 1 & 3 \\ 2 & 3 & 1 & 1 \end{pmatrix}$$

$$\xrightarrow[Z_3-2Z_1]{Z_2-4Z_1} \begin{pmatrix} 1 & -1 & 0 & 1 \\ 0 & 5 & 1 & -1 \\ 0 & 5 & 1 & -1 \end{pmatrix} \xrightarrow{Z_3-Z_2} \begin{pmatrix} 1 & -1 & 0 & 1 \\ 0 & 5 & 1 & -1 \\ 0 & 0 & 0 & 0 \end{pmatrix}$$

$$\xrightarrow{\frac{1}{5}Z_2} \begin{pmatrix} 1 & -1 & 0 & 1 \\ 0 & 1 & \frac{1}{5} & -\frac{1}{5} \\ 0 & 0 & 0 & 0 \end{pmatrix} \xrightarrow{Z_1+Z_2} \begin{pmatrix} 1 & 0 & \frac{1}{5} & \frac{4}{5} \\ 0 & 1 & \frac{1}{5} & -\frac{1}{5} \\ 0 & 0 & 0 & 0 \end{pmatrix}.$$

Sie erkennen:

$$\text{Rang } A = \text{Rang } (A,b) = 2.$$

Das Gleichungssystem ist lösbar. Das zur Zeilennormalform gehörende lineare Gleichungssystem hat die Gestalt

$$\begin{aligned} \alpha_1 \quad + \tfrac{1}{5}\alpha_3 &= \tfrac{4}{5} \\ \alpha_2 + \tfrac{1}{5}\alpha_3 &= -\tfrac{1}{5}. \end{aligned}$$

Wir können $\alpha_3 = \lambda$, $\lambda \in \mathbb{R}$, *frei wählen und haben dann* α_1 *und* α_2 *festgelegt:*

$$\alpha_1 = \frac{4}{5} - \frac{1}{5}\lambda, \quad \alpha_2 = -\frac{1}{5} - \frac{1}{5}\lambda.$$

Für $\lambda = -1$ *zum Beispiel ist* $\alpha_1 = 1$, $\alpha_2 = 0$ *und* $\alpha_3 = -1$, *so daß*

$$1 \cdot x_1 + 0 \cdot x_2' - 1 \cdot x_3 = b$$

gilt. Das war zu erwarten - vergleichen Sie mit dem Ergebnis von Teil α).
Für $\lambda = 5$ *zum Beispiel gilt aber auch*

$$-\frac{1}{5}x_1 - \frac{6}{5}x_2' + 5x_3 = b.$$

γ)

$$(A.b) = (x_1' \;\; x_2 \;\; x_3 \;\; b) = \begin{pmatrix} 2 & 3 & 1 & 1 \\ \frac{4}{3} & 1 & 1 & 3 \\ 1 & 3 & 0 & 1 \end{pmatrix} \xrightarrow{Z_{31}}$$

$$\begin{pmatrix} 1 & 3 & 0 & 1 \\ \frac{4}{3} & 1 & 1 & 3 \\ 2 & 3 & 1 & 1 \end{pmatrix} \xrightarrow[Z_3-2Z_1]{Z_2-\frac{4}{3}Z_1} \begin{pmatrix} 1 & 3 & 0 & 1 \\ 0 & -3 & 1 & \frac{5}{3} \\ 0 & -3 & 1 & -1 \end{pmatrix} \xrightarrow{Z_3-Z_2}$$

$$\begin{pmatrix} 1 & 3 & 0 & 1 \\ 0 & -3 & 1 & \frac{5}{3} \\ 0 & 0 & 0 & -\frac{8}{3} \end{pmatrix}.$$

Der letzten Zeile dieser Matrix entnehmen Sie bereits, daß das zugehörige Gleichungssystem <u>*nicht*</u> *lösbar ist (siehe den Beweis zu Satz (19.12)(1) auf Seite 94). Der Vektor b ist nicht als Linearkombination von* x_1', x_2 *und* x_3 *darstellbar.*

<u>AUFGABE 10</u>.- a) Die erweiterte Matrix des linearen Gleichungssystems aus Beispiel (19.1)(3), Seite 86, lautet: A 10 Seite 98

$$(A,b) = \begin{pmatrix} 3 & 1 & -4 & 0 & 2 \\ 1 & 1 & 0 & 0 & 0 \\ 4 & 0 & 5 & 1 & 1 \\ 0 & 6 & 1 & 2 & 1 \end{pmatrix}.$$

Mit dem Gauß-Jordan-Algorithmus ergibt sich nach Z_{21}

$$\begin{pmatrix} 1 & 1 & 0 & 0 & 0 \\ 3 & 1 & -4 & 0 & 2 \\ 4 & 0 & 5 & 1 & 1 \\ 0 & 6 & 1 & 2 & 1 \end{pmatrix} \xrightarrow[Z_3-4Z_1]{Z_2-3Z_1} \begin{pmatrix} 1 & 1 & 0 & 0 & 0 \\ 0 & -2 & -4 & 0 & 2 \\ 0 & -4 & 5 & 1 & 1 \\ 0 & 6 & 1 & 2 & 1 \end{pmatrix}$$

$$\xrightarrow{-\frac{1}{2}Z_2} \begin{pmatrix} 1 & 1 & 0 & 0 & 0 \\ 0 & 1 & 2 & 0 & -1 \\ 0 & -4 & 5 & 1 & 1 \\ 0 & 6 & 1 & 2 & 1 \end{pmatrix} \xrightarrow[Z_4-6Z_2]{Z_3+4Z_2} \begin{pmatrix} 1 & 1 & 0 & 0 & 0 \\ 0 & 1 & 2 & 0 & -1 \\ 0 & 0 & 13 & 1 & -3 \\ 0 & 0 & -11 & 2 & 7 \end{pmatrix}$$

$$\xrightarrow{\frac{1}{13}Z_3} \begin{pmatrix} 1 & 1 & 0 & 0 & 0 \\ 0 & 1 & 2 & 0 & -1 \\ 0 & 0 & 1 & \frac{1}{13} & -\frac{3}{13} \\ 0 & 0 & -11 & 2 & 7 \end{pmatrix} \xrightarrow{Z_4+11Z_3} \begin{pmatrix} 1 & 1 & 0 & 0 & 0 \\ 0 & 1 & 2 & 0 & -1 \\ 0 & 0 & 1 & \frac{1}{13} & -\frac{3}{13} \\ 0 & 0 & 0 & \frac{37}{13} & \frac{58}{13} \end{pmatrix}$$

$$\xrightarrow{\frac{13}{37}Z_4} \begin{pmatrix} 1 & 1 & 0 & 0 & 0 \\ 0 & 1 & 2 & 0 & -1 \\ 0 & 0 & 1 & \frac{1}{13} & -\frac{3}{13} \\ 0 & 0 & 0 & 1 & \frac{58}{37} \end{pmatrix} \xrightarrow{Z_3-\frac{1}{13}Z_4} \begin{pmatrix} 1 & 1 & 0 & 0 & 0 \\ 0 & 1 & 2 & 0 & -1 \\ 0 & 0 & 1 & 0 & -\frac{13}{37} \\ 0 & 0 & 0 & 1 & \frac{58}{37} \end{pmatrix}$$

$$\xrightarrow{Z_2-2Z_3} \begin{pmatrix} 1 & 1 & 0 & 0 & 0 \\ 0 & 1 & 0 & 0 & -\frac{11}{37} \\ 0 & 0 & 1 & 0 & -\frac{13}{37} \\ 0 & 0 & 0 & 1 & \frac{58}{37} \end{pmatrix}$$

$$\xrightarrow{Z_1-Z_2} \begin{pmatrix} 1 & 0 & 0 & 0 & \frac{11}{37} \\ 0 & 1 & 0 & 0 & -\frac{11}{37} \\ 0 & 0 & 1 & 0 & -\frac{13}{37} \\ 0 & 0 & 0 & 1 & \frac{58}{37} \end{pmatrix}.$$

(Sie werden gemerkt haben, wie zweckmäßig es war, von der Reihenfolge der elementaren Zeilenumformungen, wie sie der Gauß-Jordan-Algorithmus vorschreibt, etwas abzuweichen. Das Ergebnis ist natürlich dasselbe.) Es ergibt sich als eindeutig bestimmte Lösung
(Rang A = Rang (A,b) = 4 = n):

$$x = \begin{pmatrix} x_1 \\ x_2 \\ x_3 \\ x_4 \end{pmatrix} = \frac{1}{37} \begin{pmatrix} 11 \\ -11 \\ -13 \\ 58 \end{pmatrix}.$$

b) Mit $R_1 = 10\,\Omega$, $R_2 = 5\,\Omega$, $R_3 = 5\,\Omega$, $R_4 = R\,\Omega$ $(R \geq 0)$ *und*

U = 10 V lautet die erweiterte Matrix des linearen Gleichungssystems (siehe Lösung von Aufgabe 1b), Seite 86):

$$(A,b) = \begin{pmatrix} 15 & -5 & 0 & 0\\ -5 & 10 & -5 & 10 \\ 0 & -5 & R+5 & 0\end{pmatrix}.$$

Elementare Zeilenumformungen in Anlehnung an den Gauß-Jordan-Algorithmus ergeben

$$(A,b) \xrightarrow[\frac{1}{5} z_2]{\frac{1}{15} z_1} \begin{pmatrix}1 & -\frac{1}{3} & 0 & 0\\ -1 & 2 & -1 & 2\\ 0 & -5 & R+5 & 0\end{pmatrix} \xrightarrow{z_2+z_1}$$

$$\begin{pmatrix}1&-\frac{1}{3}&0&0\\0&\frac{5}{3}&-1&2\\0&-5&R+5&0\end{pmatrix}\xrightarrow{\frac{3}{5} z_2}\begin{pmatrix}1&-\frac{1}{3}&0&0\\0&1&-\frac{3}{5}&\frac{6}{5}\\0&-5&R+5&0\end{pmatrix}\xrightarrow{z_3+5z_2}$$

$$\begin{pmatrix}1&-\frac{1}{3}&0&0\\0&1&-\frac{3}{5}&\frac{6}{5}\\0&0&R+2&6\end{pmatrix}\xrightarrow[(R\geq 0)]{\frac{1}{R+2}z_3}\begin{pmatrix}1&-\frac{1}{3}&0&0\\0&1&-\frac{3}{5}&\frac{6}{5}\\0&0&1&\frac{6}{R+2}\end{pmatrix}\xrightarrow{z_2+\frac{3}{5} z_3}$$

$$\begin{pmatrix}1&-\frac{1}{3}&0&0\\0&1&0&\frac{6R+30}{5R+10}\\0&0&1&\frac{6}{R+2}\end{pmatrix}\xrightarrow{z_1+\frac{1}{3} z_2}\begin{pmatrix}1&0&0&\frac{2R+10}{5R+10}\\0&1&0&\frac{6R+30}{5R+10}\\0&0&1&\frac{6}{R+2}\end{pmatrix}.$$

Es ist Rang A = Rang (A,b) = 3 = n, und die eindeutig bestimmte Lösung lautet (Koordinaten in Ampère):

$$I = \begin{pmatrix}I_1\\I_2\\I_3\end{pmatrix} = \frac{1}{5R+10}\begin{pmatrix}2R+10\\6R+30\\30\end{pmatrix}.$$

Es gilt $I_1 = \frac{1}{3} I_3$ *genau dann, wenn*

$$\frac{2R+10}{5R+10} = \frac{2}{R+2}$$

ist. Diese Bedingung führt auf eine quadratische Gleichung in R, deren einzige positive Lösung R = 0 ist. (Die "Lösung" R = -2 scheidet also aus; siehe auch den Nenner auf der rechten Seite der Bestimmungsgleichung für R.)

In diesem Fall gilt

$$I = \begin{pmatrix}1\\3\\3\end{pmatrix}.$$

11
ite 99

AUFGABE 11.- Behauptung: *Das gegebene lineare Gleichungssystem besitzt die 1-parametrige Lösungsschar*

$$x = \begin{pmatrix}4\\-1\\0\\1\end{pmatrix} + \lambda\begin{pmatrix}-3\\2\\1\\0\end{pmatrix}, \quad \lambda \in \mathbb{R}.$$

Beweis: Anwendung des Gauß-Jordan-Algorithmus auf die erweiterte Matrix des Systems ergibt:

$$\begin{pmatrix}1&4&-5&1&1\\1&2&-1&0&2\\2&-2&10&1&11\\3&2&5&2&12\end{pmatrix}\xrightarrow[\substack{z_3-2z_1\\ z_4-3z_1}]{z_2-z_1}\begin{pmatrix}1&4&-5&1&1\\0&-2&4&-1&1\\0&-10&20&-1&9\\0&-10&20&-1&9\end{pmatrix}.$$

Den nächsten Schritt schieben wir, abweichend vom Algorithmus, zur frühzeitigen Vereinfachung ein.

$$\xrightarrow{z_4-z_3}\begin{pmatrix}1&4&-5&1&1\\0&-2&4&-1&1\\0&-10&20&-1&9\\0&0&0&0&0\end{pmatrix}\xrightarrow{-\frac{1}{2} z_2}$$

$$\begin{pmatrix}1&4&-5&1&1\\0&1&-2&\frac{1}{2}&-\frac{1}{2}\\0&-10&20&-1&9\\0&0&0&0&0\end{pmatrix}\xrightarrow[z_3+10z_2]{z_1-4z_2}\begin{pmatrix}1&0&3&-1&3\\0&1&-2&\frac{1}{2}&-\frac{1}{2}\\0&0&0&4&4\\0&0&0&0&0\end{pmatrix}$$

$$\xrightarrow{\frac{1}{4} z_3}\begin{pmatrix}1&0&3&-1&3\\0&1&-2&\frac{1}{2}&-\frac{1}{2}\\0&0&0&1&1\\0&0&0&0&0\end{pmatrix}\xrightarrow[z_2-\frac{1}{2} z_3]{z_1+z_3}$$

$$\begin{pmatrix}1&0&3&0&4\\0&1&-2&0&-1\\0&0&0&1&1\\0&0&0&0&0\end{pmatrix}.$$

Dieser Zeilennormalform entnehmen Sie: Rang A = Rang (A,b) = 3 = k. Mit n = 4 und Satz (19.16), Seite 97, folgt: Das Gleichungssystem hat eine 1-parametrige Lösungsschar, und zwar, wenn wir $x_3 = \lambda$, $\lambda \in \mathbb{R}$, *setzen:*

$$x = \begin{pmatrix}x_1\\x_2\\x_3\\x_4\end{pmatrix} = \begin{pmatrix}4-3\lambda\\-1+2\lambda\\\lambda\\1\end{pmatrix} = \begin{pmatrix}4\\-1\\0\\1\end{pmatrix} + \lambda\begin{pmatrix}-3\\2\\1\\0\end{pmatrix}, \quad \lambda\in\mathbb{R}.$$

AUFGABE 12.- 1) *Hinweise: In beiden Fällen liegen unterbestimmte Systeme vor, die eine 1-parametrige Lösungsschar besitzen.* A 12 Seite 99

2) *Lösung: a) Die erweiterte Matrix des linearen Gleichungssystems aus (19.1)(1), Seite 85, lautet*

$$(A,b) = \begin{pmatrix}1&0&-1&0\\-1&1&0&2\end{pmatrix}.$$

Die elementare Zeilenumformung z_2+z_1 *liefert bereits die Zeilennormalform*

$$\begin{pmatrix}1&0&-1&0\\0&1&-1&2\end{pmatrix}.$$

Wegen Rang A = Rang (A,b) = 2 = k und n = 3 besitzt das System eine 1-parametrige Lösungsschar, und zwar mit $x_3 = \lambda \in \mathbb{R}$:

$$x = \begin{pmatrix}x_1\\x_2\\x_3\end{pmatrix} = \begin{pmatrix}\lambda\\2+\lambda\\\lambda\end{pmatrix} = \begin{pmatrix}0\\2\\0\end{pmatrix} + \lambda\begin{pmatrix}1\\1\\1\end{pmatrix}, \quad \lambda\in\mathbb{R}.$$

b) *Die erweiterte Matrix lautet*

$$(A,b) = \begin{pmatrix} 1 & 1 & -3 & 0 & 5 \\ 2 & -1 & 1 & -2 & 2 \\ 7 & 1 & -7 & 3 & 3 \end{pmatrix}.$$

Der Gauß-Jordan-Algorithmus liefert

$$(A,b) \xrightarrow[Z_3-7Z_1]{Z_2-2Z_1} \begin{pmatrix} 1 & 1 & -3 & 0 & 5 \\ 0 & -3 & 7 & -2 & -8 \\ 0 & -6 & 14 & 3 & -32 \end{pmatrix} \xrightarrow{-\frac{1}{3}Z_2}$$

$$\begin{pmatrix} 1 & 1 & -3 & 0 & 5 \\ 0 & 1 & -\frac{7}{3} & \frac{2}{3} & \frac{8}{3} \\ 0 & -6 & 14 & 3 & -32 \end{pmatrix} \xrightarrow[Z_3+6Z_2]{Z_1-Z_2} \begin{pmatrix} 1 & 0 & -\frac{2}{3} & -\frac{2}{3} & \frac{7}{3} \\ 0 & 1 & -\frac{7}{3} & \frac{2}{3} & \frac{8}{3} \\ 0 & 0 & 0 & 7 & -16 \end{pmatrix}$$

$$\xrightarrow{\frac{1}{7}Z_3} \begin{pmatrix} 1 & 0 & -\frac{2}{3} & -\frac{2}{3} & \frac{7}{3} \\ 0 & 1 & -\frac{7}{3} & \frac{2}{3} & \frac{8}{3} \\ 0 & 0 & 0 & 1 & -\frac{16}{7} \end{pmatrix} \xrightarrow[Z_2-\frac{2}{3}Z_3]{Z_1+\frac{2}{3}Z_3}$$

$$\begin{pmatrix} 1 & 0 & -\frac{2}{3} & 0 & \frac{17}{21} \\ 0 & 1 & -\frac{7}{3} & 0 & \frac{88}{21} \\ 0 & 0 & 0 & 1 & -\frac{16}{7} \end{pmatrix}.$$

Wegen $n=4$ *und* $k = \text{Rang } A = \text{Rang } (A,b) = 3$ *folgt: Es gibt eine 1-parametrige Lösungsschar, und zwar gilt mit* $x_3 = \lambda$:

$$x = \begin{pmatrix} x_1 \\ x_2 \\ x_3 \\ x_4 \end{pmatrix} = \begin{pmatrix} \frac{17}{21} + \frac{2}{3}\lambda \\ \frac{88}{21} + \frac{7}{3}\lambda \\ \lambda \\ -\frac{16}{7} \end{pmatrix} = \frac{1}{21}\begin{pmatrix} 17 \\ 88 \\ 0 \\ -48 \end{pmatrix} + \frac{\lambda}{3}\begin{pmatrix} 2 \\ 7 \\ 3 \\ 0 \end{pmatrix}, \quad \lambda \in \mathbb{R}.$$

(Statt λ *können Sie auch* $\mu := \frac{\lambda}{3}$ *als Parameter wählen.)*

A 13
Seite 99

<u>AUFGABE 13</u>.- 1) Hinweise: Zu a): Es ist eine Fallunterscheidung $\alpha = -3$ *und* $\alpha \neq -3$ *nötig.*
Bei beiden Gleichungssystemen handelt es sich um überbestimmte Systeme.

2) Lösung: a) Die erweiterte Matrix des linearen Gleichungssystems aus Beispiel (19.1)(2), Seite 86, lautet:

$$(A,b) = \begin{pmatrix} 1 & 1 & 0 \\ 3 & 1 & 2 \\ 1 & 4 & \alpha \end{pmatrix}.$$

Der Gauß-Jordan-Algorithmus ergibt

$$(A,b) \xrightarrow[Z_3-Z_1]{Z_2-3Z_1} \begin{pmatrix} 1 & 1 & 0 \\ 0 & -2 & 2 \\ 0 & 3 & \alpha \end{pmatrix} \xrightarrow{-\frac{1}{2}Z_2} \begin{pmatrix} 1 & 1 & 0 \\ 0 & 1 & -1 \\ 0 & 3 & \alpha \end{pmatrix}$$

$$\xrightarrow[Z_3-3Z_2]{Z_1-Z_2} \begin{pmatrix} 1 & 0 & 1 \\ 0 & 1 & -1 \\ 0 & 0 & \alpha+3 \end{pmatrix} =: (\tilde{A},\tilde{b}).$$

Für $\alpha \neq -3$ *ist* $\text{Rang } A = 2 < 3 = \text{Rang } (A,b)$, *d.h. es existiert keine Lösung.*

Für $\alpha = -3$ *ist*

$$(\tilde{A},\tilde{b}) = \begin{pmatrix} 1 & 0 & 1 \\ 0 & 1 & -1 \\ 0 & 0 & 0 \end{pmatrix}$$

die Zeilennormalform von (A,b) *und aus* $\text{Rang } A = \text{Rang } (A,b) = 2 = n$ *folgt die eindeutige Lösbarkeit des Systems. Die Lösung ist*

$$x = \begin{pmatrix} x_1 \\ x_2 \end{pmatrix} = \begin{pmatrix} 1 \\ -1 \end{pmatrix}.$$

b) Der Gauß-Jordan-Algorithmus formt die erweiterte Matrix des gegebenen linearen Gleichungssystems folgendermaßen um:

$$\begin{pmatrix} 4 & 3 & 0 & 1 \\ 5 & 3 & 3 & 2 \\ 1 & 1 & -1 & 0 \\ 7 & 4 & 5 & 3 \end{pmatrix} \xrightarrow{Z_{31}} \begin{pmatrix} 1 & 1 & -1 & 0 \\ 5 & 3 & 3 & 2 \\ 4 & 3 & 0 & 1 \\ 7 & 4 & 5 & 3 \end{pmatrix} \xrightarrow[\substack{Z_3-4Z_1 \\ Z_4-7Z_1}]{Z_2-5Z_1}$$

$$\begin{pmatrix} 1 & 1 & -1 & 0 \\ 0 & -2 & 8 & 2 \\ 0 & -1 & 4 & 1 \\ 0 & -3 & 12 & 3 \end{pmatrix} \xrightarrow{-\frac{1}{2}Z_2} \begin{pmatrix} 1 & 1 & -1 & 0 \\ 0 & 1 & -4 & -1 \\ 0 & -1 & 4 & 1 \\ 0 & -3 & 12 & 3 \end{pmatrix} \xrightarrow[\substack{Z_3+Z_2 \\ Z_4+3Z_2}]{Z_1-Z_2}$$

$$\begin{pmatrix} 1 & 0 & 3 & 1 \\ 0 & 1 & -4 & -1 \\ 0 & 0 & 0 & 0 \\ 0 & 0 & 0 & 0 \end{pmatrix}.$$

Dies ist die Zeilennormalform. Wegen $n = 3$ *und* $\text{Rang } A = \text{Rang } (A,b) = 2 = k$ *sowie Satz (19.16), Seite 97, besitzt das System eine 1-parametrige Lösungsschar. Sei* $x_3 = \lambda$, $\lambda \in \mathbb{R}$. *Dann lauten die Lösungen*

$$x = \begin{pmatrix} x_1 \\ x_2 \\ x_3 \end{pmatrix} = \begin{pmatrix} 1-3\lambda \\ -1+4\lambda \\ \lambda \end{pmatrix} = \begin{pmatrix} 1 \\ -1 \\ 0 \end{pmatrix} + \lambda \begin{pmatrix} -3 \\ 4 \\ 1 \end{pmatrix}, \quad \lambda \in \mathbb{R}.$$

<u>AUFGABE 14</u>.- 1) Hinweise: Es ist im wesentlichen nur zu zeigen: Sind $x,y \in \mathbb{R}^n$ *Lösungen des homogenen linearen Gleichungssystems* $Ax = 0$ *und ist* $\lambda \in \mathbb{R}$, *so sind* $x+y$ *und* λx *Lösung desselben Systems.* A 14 Seite 100

2) Lösung: Beweis von Satz (19.25): Die Lösungsmenge L *des homogenen linearen Gleichungssystems* $Ax = 0$ *ist nicht-leer, da* $0 \in L$ *gilt. Nun seien* $x,y \in L$ *und* $\lambda \in \mathbb{R}$; *d.h. es gilt* $Ax = 0$ *und* $Ay = 0$. *Dann liefern die Rechenregeln für das Matrizenprodukt*

$$A\cdot(x+y) = Ax + Ay = 0 + 0 = 0,$$

d.h. $x+y \in L$; *und*

$$A(\lambda x) = \lambda(Ax) = \lambda \cdot 0 = 0,$$

d.h. $\lambda x \in L$.
Damit sind die definierenden Eigenschaften eines Unterraumes des $\mathbb{R}^n$ *für* L *erfüllt.* L *ist ein Unterraum des* $\mathbb{R}^n$.

A 15
Seite 101

AUFGABE 15.- 1) *Hinweise: Schreiben Sie sich auf, wie eine beliebige Lösung des inhomogenen Systems aussieht. Sie enthält zwei Parameter. Wenn Sie diese Lösung koordinatenweise schreiben und die Parameter eliminieren, haben Sie ein entsprechendes Gleichungssystem.*

2) Lösung: Die Lösungsmenge des homogenen linearen Gleichungssystems ist gegeben durch alle Linearkombinationen von a_1 und a_2, also durch

$$\{\lambda a_1 + \mu a_2 \mid \lambda,\mu \in \mathbb{R}\} .$$

Nach Satz (19.27)(1), Seite 101, ist die Lösungsmenge des inhomogenen Systems dann gegeben durch

$$\{z + \lambda a_1 + \mu a_2 \mid \lambda,\mu \in \mathbb{R}\} =: L .$$

D.h. jede Lösung x ist darstellbar als

$$x = \begin{pmatrix} x_1 \\ x_2 \\ x_3 \\ x_4 \end{pmatrix} = \begin{pmatrix} 2 \\ 3 \\ 0 \\ 1 \end{pmatrix} + \lambda \begin{pmatrix} 1 \\ 1 \\ 0 \\ 2 \end{pmatrix} + \mu \begin{pmatrix} 0 \\ 1 \\ 3 \\ 1 \end{pmatrix}, \quad \lambda,\mu \in \mathbb{R}.$$

Dies ist gleichbedeutend mit dem System

$$\begin{aligned} x_1 &= 2 + \lambda \\ x_2 &= 3 + \lambda + \mu \\ x_3 &= 3\mu \\ x_4 &= 1 + 2\lambda + \mu . \end{aligned}$$

Wir eliminieren λ aus der ersten und μ aus der dritten Gleichung, setzen die Ergebnisse in die zweite und vierte Gleichung ein und erhalten

$$\begin{aligned} x_2 &= 3 + x_1 - 2 + \tfrac{1}{3} x_3 \\ x_4 &= 1 + 2(x_1 - 2) + \tfrac{1}{3} x_3 \end{aligned}$$

bzw.

$$\begin{aligned} -x_1 + x_2 - \tfrac{1}{3} x_3 \phantom{{}+ x_4} &= 1 \\ -2x_1 \phantom{{}+x_2} - \tfrac{1}{3} x_3 + x_4 &= -3. \end{aligned} \qquad (+)$$

Jeder Vektor $x \in L$ ist also Lösung dieses Systems. Umgekehrt folgt mit dem Gauß-Jordan-Algorithmus, daß (+) genau diese Vektoren als Lösungen besitzt:

$$\begin{pmatrix} -1 & 1 & -\frac{1}{3} & 0 & 1 \\ -2 & 0 & -\frac{1}{3} & 1 & -3 \end{pmatrix} \xrightarrow{(-1)Z_1} \begin{pmatrix} 1 & -1 & \frac{1}{3} & 0 & -1 \\ -2 & 0 & -\frac{1}{3} & 1 & -3 \end{pmatrix}$$

$$\xrightarrow{Z_2+2Z_1} \begin{pmatrix} 1 & -1 & \frac{1}{3} & 0 & -1 \\ 0 & -2 & \frac{1}{3} & 1 & -5 \end{pmatrix} \xrightarrow{-\frac{1}{2} Z_2}$$

$$\begin{pmatrix} 1 & -1 & \frac{1}{3} & 0 & -1 \\ 0 & 1 & -\frac{1}{6} & -\frac{1}{2} & \frac{5}{2} \end{pmatrix} \xrightarrow{Z_1+Z_2} \begin{pmatrix} 1 & 0 & \frac{1}{6} & -\frac{1}{2} & \frac{3}{2} \\ 0 & 1 & -\frac{1}{6} & -\frac{1}{2} & \frac{5}{2} \end{pmatrix} .$$

Mit $x_3 = \alpha \in \mathbb{R}$ und $x_4 = \beta \in \mathbb{R}$ ergibt sich für das System (+) die 2-parametrige Lösungsschar

$$x = \begin{pmatrix} x_1 \\ x_2 \\ x_3 \\ x_4 \end{pmatrix} = \begin{pmatrix} \frac{3}{2} - \frac{1}{6}\alpha + \frac{1}{2}\beta \\ \frac{5}{2} + \frac{1}{6}\alpha + \frac{1}{2}\beta \\ \alpha \\ \beta \end{pmatrix} = \begin{pmatrix} \frac{3}{2} \\ \frac{5}{2} \\ 0 \\ 0 \end{pmatrix} + \alpha \begin{pmatrix} -\frac{1}{6} \\ \frac{1}{6} \\ 1 \\ 0 \end{pmatrix} + \beta \begin{pmatrix} \frac{1}{2} \\ \frac{1}{2} \\ 0 \\ 1 \end{pmatrix}, \quad \alpha,\beta \in \mathbb{R}.$$

Diese Lösungsschar sieht völlig anders aus als die gegebene. Es ist jedoch nur eine andere Darstellung der Elemente der Menge L. Setzt man nämlich

$$\begin{aligned} \alpha &:= 3\mu \\ \beta &:= 1 + 2\lambda + \mu , \end{aligned}$$

so durchlaufen α und β alle reellen Zahlen, wenn dies für λ und μ gilt, und einsetzen in die zuletzt gewonnene Lösung ergibt die Gestalt der Elemente von L:

$$x = \begin{pmatrix} \frac{3}{2} - \frac{1}{6}\,3\mu + \frac{1}{2}(1+2\lambda+\mu) \\ \frac{5}{2} + \frac{1}{6}\,3\mu + \frac{1}{2}(1+2\lambda+\mu) \\ 3\mu \\ 1+2\lambda+\mu \end{pmatrix} = \begin{pmatrix} 2+\lambda \\ 3+\lambda+\mu \\ 3\mu \\ 1+2\lambda+\mu \end{pmatrix}$$

$$= \begin{pmatrix} 2 \\ 3 \\ 0 \\ 1 \end{pmatrix} + \lambda \begin{pmatrix} 1 \\ 1 \\ 0 \\ 2 \end{pmatrix} + \mu \begin{pmatrix} 0 \\ 1 \\ 3 \\ 1 \end{pmatrix} .$$

Anmerkung: Natürlich gibt es unendlich viele andere lineare Gleichungssysteme, die dieselbe Lösungsmenge wie (+) haben. Sie können elementare Zeilenumformungen an der erweiterten Matrix von (+) ausführen und gelangen dadurch zu äquivalenten Systemen. Falls Sie zuvor eine oder beide Gleichungen von (+) mehrfach hinschreiben, gelangen Sie auch zu überbestimmten Systemen mit derselben Lösungsmenge.

AUFGABE 16.- *Behauptung: Es gibt genau ein Polynom p höchstens n-ten Grades, das an n+1 verschiedenen Stellen $t_1,\dots,t_{n+1}$ vorgegebene Werte $b_1,\dots,b_{n+1}$ hat.* A 16
Seite 102

Beweis: Sei

$$p(t) = x_1 + x_2 t + x_3 t^2 + \dots + x_{n+1} t^n .$$

Es ist zu zeigen, daß die Koeffizienten $x_1, x_2, \dots, x_{n+1}$ durch die Forderungen

$$p(t_i) = b_i , \quad i = 1,2,\dots,n+1$$

eindeutig bestimmt sind. (Die Koeffizienten brauchen nicht berechnet zu werden.)
Ausführlich geschrieben, lauten die Forderungen

$$\begin{aligned} x_1 + t_1 x_2 + t_1^2 x_3 + \dots + t_1^n\, x_{n+1} &= b_1 \\ x_1 + t_2 x_2 + t_2^2 x_3 + \dots + t_2^n\, x_{n+1} &= b_2 \\ x_1 + t_3 x_2 + t_3^2 x_3 + \dots + t_3^n\, x_{n+1} &= b_3 \\ &\;\vdots \\ x_1 + t_{n+1} x_2 + t_{n+1}^2 x_3 + \dots + t_{n+1}^n\, x_{n+1} &= b_{n+1} . \end{aligned}$$

Dies ist ein lineares Gleichungssystem $Ax = b$ zur Bestimmung der Koeffizienten $x_1,\dots,x_{n+1}$ mit der Koeffizientenmatrix A und der Inhomogenität b, wie in der Anleitung auf Seite 102 angegeben.
Es ist also zu zeigen, daß dieses System genau eine Lösung $x \in \mathbb{R}^{n+1}$ besitzt.
Nach der Fredholmschen Alternative (19.29) ist dies

genau dann der Fall, wenn das homogene System $Ax = 0$ als einzige Lösung $x = 0$ hat. Letzteres gilt genau dann, wenn das Nullpolynom $p = 0$ das einzige Polynom höchstens n-ten Grades ist, das an den $n+1$ verschiedenen Stellen $t_1, \dots, t_{n+1}$ den Wert 0 hat.
Aus ANALYSIS I wissen Sie, daß jedes Polynom n-ten Grades, das nicht das Nullpolynom ist, höchstens n Nullstellen hat. Also muß ein Polynom höchstens n-ten Grades mit $n+1$ Nullstellen das Nullpolynom sein.
Damit ist der Eindeutigkeitsbeweis erbracht.

A 17
Seite 103

AUFGABE 17.- 1) Hinweise: Zu a): Ziehen Sie Folgerungen aus der geforderten Existenz der Produkte AB und BA und deren Übereinstimmung mit E_n.
Zu b): Nehmen Sie an, daß es Matrizen B_1 und B_2 mit der Eigenschaft einer zu A inversen Matrix gibt. Zeigen Sie dann: $B_1 = B_2$.

2) Lösung: a) Sei A eine $(m \times n)$-Matrix. Da das Produkt AB existiert, muß B eine $(n \times r)$-Matrix sein (siehe Bemerkung (18.26)(3), Seite 73). Dann ist nach (18.26)(4) AB eine $(m \times r)$-Matrix. Es ist jedoch auch $AB = E_n$, also gilt $m = n = r$. D.h. A und B sind $(n \times n)$-Matrizen.

b) Die $(n \times n)$-Matrix A sei invertierbar.
Behauptung: Die zu A inverse Matrix ist eindeutig bestimmt.

Beweis: Seien B_1 und B_2 $(n \times n)$-Matrizen, so daß

$$AB_1 = B_1A = E_n \quad \text{und} \quad AB_2 = B_2A = E_n .$$

Dann gilt mit den Rechenregeln für Matrizen

$$B_1 = B_1E_n = B_1(AB_2) = (B_1A)B_2 = E_nB_2 = B_2 .$$

A 18
Seite 104

AUFGABE 18.- 1) Hinweise: Gehen Sie wie in Bemerkung (19.32) oder Beispiel (19.33), Seite 103, vor.

2) Lösung: a) Anwendung des Gauß-Jordan-Algorithmus auf (A,E_3) ergibt

$$(A,E_3) = \left(\begin{array}{ccc|ccc} 1 & 2 & 2 & 1 & 0 & 0 \\ 1 & 3 & 2 & 0 & 1 & 0 \\ 2 & -1 & 2 & 0 & 0 & 1 \end{array}\right) \xrightarrow[Z_3-2Z_1]{Z_2-Z_1} \left(\begin{array}{ccc|ccc} 1 & 2 & 2 & 1 & 0 & 0 \\ 0 & 1 & 0 & -1 & 1 & 0 \\ 0 & -5 & -2 & -2 & 0 & 1 \end{array}\right)$$

$$\xrightarrow[Z_3+5Z_2]{Z_1-2Z_2} \left(\begin{array}{ccc|ccc} 1 & 0 & 2 & 3 & -2 & 0 \\ 0 & 1 & 0 & -1 & 1 & 0 \\ 0 & 0 & -2 & -7 & 5 & 1 \end{array}\right) \xrightarrow{-\frac{1}{2}Z_3} \left(\begin{array}{ccc|ccc} 1 & 0 & 2 & 3 & -2 & 0 \\ 0 & 1 & 0 & -1 & 1 & 0 \\ 0 & 0 & 1 & \frac{7}{2} & -\frac{5}{2} & -\frac{1}{2} \end{array}\right)$$

$$\xrightarrow{Z_1-2Z_3} \left(\begin{array}{ccc|ccc} 1 & 0 & 0 & -4 & 3 & 1 \\ 0 & 1 & 0 & -1 & 1 & 0 \\ 0 & 0 & 1 & \frac{7}{2} & -\frac{5}{2} & -\frac{1}{2} \end{array}\right) .$$

Also gilt

$$A^{-1} = \begin{pmatrix} -4 & 3 & 1 \\ -1 & 1 & 0 \\ \frac{7}{2} & -\frac{5}{2} & -\frac{1}{2} \end{pmatrix} .$$

b)

$$(A,E_3) = \left(\begin{array}{ccc|ccc} -1 & 1 & 2 & 1 & 0 & 0 \\ 2 & 3 & 6 & 0 & 1 & 0 \\ 2 & 1 & \lambda & 0 & 0 & 1 \end{array}\right) \xrightarrow{(-1)Z_1} \left(\begin{array}{ccc|ccc} 1 & -1 & -2 & -1 & 0 & 0 \\ 2 & 3 & 6 & 0 & 1 & 0 \\ 2 & 1 & \lambda & 0 & 0 & 1 \end{array}\right)$$

$$\xrightarrow[Z_3-2Z_1]{Z_2-2Z_1} \left(\begin{array}{ccc|ccc} 1 & -1 & -2 & -1 & 0 & 0 \\ 0 & 5 & 10 & 2 & 1 & 0 \\ 0 & 3 & \lambda+4 & 2 & 0 & 1 \end{array}\right) \xrightarrow{\frac{1}{5}Z_2} \left(\begin{array}{ccc|ccc} 1 & -1 & -2 & -1 & 0 & 0 \\ 0 & 1 & 2 & \frac{2}{5} & \frac{1}{5} & 0 \\ 0 & 3 & \lambda+4 & 2 & 0 & 1 \end{array}\right)$$

$$\xrightarrow[Z_3-3Z_2]{Z_1+Z_2} \left(\begin{array}{ccc|ccc} 1 & 0 & 0 & -\frac{3}{5} & \frac{1}{5} & 0 \\ 0 & 1 & 2 & \frac{2}{5} & \frac{1}{5} & 0 \\ 0 & 0 & \lambda-2 & \frac{4}{5} & -\frac{3}{5} & 1 \end{array}\right)$$

Sie sehen (siehe die kursiven Bemerkungen am Schluß von Beispiel (19.33)):
Für $\lambda = 2$ ist A nicht invertierbar.
Ist $\lambda \neq 2$, so folgt

$$\xrightarrow{\frac{1}{\lambda-2}Z_3} \left(\begin{array}{ccc|ccc} 1 & 0 & 0 & -\frac{3}{5} & \frac{1}{5} & 0 \\ 0 & 1 & 2 & \frac{2}{5} & \frac{1}{5} & 0 \\ 0 & 0 & 1 & \frac{4}{5\lambda-10} & \frac{-3}{5\lambda-10} & \frac{1}{\lambda-2} \end{array}\right)$$

$$\xrightarrow{Z_2-2Z_3} \left(\begin{array}{ccc|ccc} 1 & 0 & 0 & -\frac{3}{5} & \frac{1}{5} & 0 \\ 0 & 1 & 0 & \frac{2\lambda-12}{5\lambda-10} & \frac{\lambda+4}{5\lambda-10} & \frac{-2}{\lambda-2} \\ 0 & 0 & 1 & \frac{4}{5\lambda-10} & \frac{-3}{5\lambda-10} & \frac{1}{\lambda-2} \end{array}\right)$$

Also gilt für $\lambda \neq 2$

$$A^{-1} = \frac{1}{5\lambda-10} \begin{pmatrix} -3\lambda+6 & \lambda-2 & 0 \\ 2\lambda-12 & \lambda+4 & -10 \\ 4 & -3 & 5 \end{pmatrix} .$$

AUFGABE 19.- 1) Hinweise: Überlegen Sie sich mit Hilfe von Satz (19.31) zunächst: In der Matrix A 19 Seite 104
$A = \begin{pmatrix} a_{11} & a_{12} \\ a_{21} & a_{22} \end{pmatrix}$ *muß $a_{11} \neq 0$ oder $a_{21} \neq 0$ sein. Nehmen Sie dann etwa $a_{11} \neq 0$ an, und führen Sie mit (A,E_2) das "Invertierungs-Verfahren" durch.*

2) Lösung: Die (2×2)-Matrix $A = \begin{pmatrix} a_{11} & a_{12} \\ a_{21} & a_{22} \end{pmatrix}$ ist nach Satz (19.31), Seite 103, genau dann invertierbar, wenn Rang $A = 2$ ist.
Also muß $a_{11} \neq 0$ oder $a_{21} \neq 0$ sein, denn andernfalls ($a_{11} = a_{21} = 0$) wäre Rang $A \leq 1$.
Ohne Beschränkung der Allgemeinheit sei $a_{11} \neq 0$. Dann folgt

$$(A,E_2) = \left(\begin{array}{cc|cc} a_{11} & a_{12} & 1 & 0 \\ a_{21} & a_{22} & 0 & 1 \end{array}\right) \xrightarrow{\frac{1}{a_{11}}Z_1} \left(\begin{array}{cc|cc} 1 & \frac{a_{12}}{a_{11}} & \frac{1}{a_{11}} & 0 \\ a_{21} & a_{22} & 0 & 1 \end{array}\right)$$

$$\xrightarrow{Z_2-a_{21}Z_1} \left(\begin{array}{cc|cc} 1 & \frac{a_{12}}{a_{11}} & \frac{1}{a_{11}} & 0 \\ 0 & a_{22}-\frac{a_{12}a_{21}}{a_{11}} & -\frac{a_{21}}{a_{11}} & 1 \end{array}\right) .$$

Sie sehen: A ist invertierbar $\iff a_{22} - \frac{a_{12}a_{21}}{a_{11}} \neq 0$

$$\iff \frac{1}{a_{11}}(a_{11}a_{22} - a_{12}a_{21}) \neq 0 \iff a_{11}a_{22} - a_{12}a_{21} \neq 0.$$

Nun sei $d := a_{11}a_{22} - a_{12}a_{21} \neq 0$, *dann wird die zuletzt erhaltene Matrix so weiter umgeformt.*

$$\xrightarrow{\frac{a_{11}}{d} z_2} \left(\begin{array}{cc|cc} 1 & \frac{a_{12}}{a_{11}} & \frac{1}{a_{11}} & 0 \\ 0 & 1 & -\frac{a_{21}}{d} & \frac{a_{11}}{d} \end{array}\right)$$

$$\xrightarrow{z_1 - \frac{a_{12}}{a_{11}} z_2} \left(\begin{array}{cc|cc} 1 & 0 & \frac{1}{a_{11}} + \frac{a_{12}}{a_{11}} \cdot \frac{a_{21}}{d} & -\frac{a_{12}}{a_{11}} \cdot \frac{a_{11}}{d} \\ 0 & 1 & -\frac{a_{21}}{d} & \frac{a_{11}}{d} \end{array}\right)$$

$$= \left(\begin{array}{cc|cc} 1 & 0 & \frac{a_{22}}{d} & -\frac{a_{12}}{d} \\ 0 & 1 & -\frac{a_{21}}{d} & \frac{a_{11}}{d} \end{array}\right).$$

Es folgt

$$A^{-1} = \frac{1}{d} \begin{pmatrix} a_{22} & -a_{12} \\ -a_{21} & a_{11} \end{pmatrix}.$$

A 20
Seite 104

AUFGABE 20.- Wie in der Anleitung beschrieben, wenden wir den Gauß-Jordan-Algorithmus auf die Matrix

$$(A, b^{(1)}, b^{(2)}, b^{(3)}, b^{(4)})$$

an und untersuchen damit vier Systeme simultan.

Es ist

$$(A, b^{(1)}, b^{(2)}, b^{(3)}, b^{(4)}) = \left(\begin{array}{cccc|cccc} 1 & -2 & 1 & 2 & 2 & 2 & 4 & 3 \\ 2 & 3 & -1 & -5 & 1 & 1 & 3 & 2 \\ 4 & -1 & 1 & -1 & 5 & 3 & 11 & 1 \\ 5 & -3 & 2 & 4 & 3 & 3 & 5 & 6 \end{array}\right)$$

$$\xrightarrow[\substack{z_3 - 4z_1 \\ z_4 - 5z_1}]{z_2 - 2z_1} \left(\begin{array}{cccc|cccc} 1 & -2 & 1 & 2 & 2 & 2 & 4 & 3 \\ 0 & 7 & -3 & -9 & -3 & -3 & -5 & -4 \\ 0 & 7 & -3 & -9 & -3 & -5 & -5 & -11 \\ 0 & 7 & -3 & -6 & -7 & -7 & -15 & -9 \end{array}\right)$$

$$\xrightarrow[z_4 - z_2]{z_3 - z_2} \left(\begin{array}{cccc|cccc} 1 & -2 & 1 & 2 & 2 & 2 & 4 & 3 \\ 0 & 7 & -3 & -9 & -3 & -3 & -5 & -4 \\ 0 & 0 & 0 & 0 & 0 & -2 & 0 & -7 \\ 0 & 0 & 0 & 3 & -4 & -4 & -10 & -5 \end{array}\right)$$

An dieser Stelle sehen Sie bereits, daß die zu den erweiterten Matrizen $(A, b^{(2)})$ *und* $(A, b^{(4)})$ *gehörenden linearen Gleichungssysteme nicht lösbar sind, denn es gilt jeweils* $\text{Rang } A < \text{Rang } (A, b^{(2)})$ *und* $\text{Rang } A < \text{Rang } (A, b^{(4)})$. *Wir lassen deshalb bei den weiteren Umformungen, die zu den Vektoren* $b^{(2)}$ *und* $b^{(4)}$ *gehörenden Spalten der zuletzt erhaltenen Matrix weg:*

$$\left(\begin{array}{cccc|cc} 1 & -2 & 1 & 2 & 2 & 4 \\ 0 & 7 & -3 & -9 & -3 & -5 \\ 0 & 0 & 0 & 0 & 0 & 0 \\ 0 & 0 & 0 & 3 & -4 & -10 \end{array}\right) \xrightarrow[\frac{1}{3} z_4]{\frac{1}{7} z_2}$$

$$\left(\begin{array}{cccc|cc} 1 & -2 & 1 & 2 & 2 & 4 \\ 0 & 1 & -\frac{3}{7} & -\frac{9}{7} & -\frac{3}{7} & -\frac{5}{7} \\ 0 & 0 & 0 & 0 & 0 & 0 \\ 0 & 0 & 0 & 1 & -\frac{4}{3} & -\frac{10}{3} \end{array}\right) \xrightarrow[z_{34}]{z_1 + 2z_2}$$

$$\left(\begin{array}{cccc|cc} 1 & 0 & \frac{1}{7} & -\frac{4}{7} & \frac{8}{7} & \frac{18}{7} \\ 0 & 1 & -\frac{3}{7} & -\frac{9}{7} & -\frac{3}{7} & -\frac{5}{7} \\ 0 & 0 & 0 & 1 & -\frac{4}{3} & -\frac{10}{3} \\ 0 & 0 & 0 & 0 & 0 & 0 \end{array}\right) \xrightarrow[z_2 + \frac{9}{7} z_3]{z_1 + \frac{4}{7} z_3}$$

$$\left(\begin{array}{cccc|cc} 1 & 0 & \frac{1}{7} & 0 & \frac{8}{21} & \frac{2}{3} \\ 0 & 1 & -\frac{3}{7} & 0 & -\frac{45}{21} & -5 \\ 0 & 0 & 0 & 1 & -\frac{4}{3} & -\frac{10}{3} \\ 0 & 0 & 0 & 0 & 0 & 0 \end{array}\right)$$

Dies ist die Zeilennormalform von $(A, b^{(1)}, b^{(3)})$, *woraus Sie unmittelbar die Zeilennormalformen von* $(A, b^{(1)})$ *und von* $(A, b^{(3)})$ *entnehmen können. Wegen*

$$\text{Rang } A = \text{Rang } (A, b^{(1)}) = \text{Rang } (A, b^{(3)}) = 3$$

und $n = 4$ *besitzen die Systeme* $Ax = b^{(1)}$ *und* $Ax = b^{(3)}$ *jeweils eine 1-parametrige Lösungsschar. Und zwar* $Ax = b^{(1)}$ *(mit* $x_3 = \lambda \in \mathbb{R}$*):*

$$x = \begin{pmatrix} x_1 \\ x_2 \\ x_3 \\ x_4 \end{pmatrix} = \begin{pmatrix} \frac{8}{21} - \frac{1}{7}\lambda \\ -\frac{45}{21} + \frac{3}{7}\lambda \\ \lambda \\ -\frac{4}{3} \end{pmatrix} = \frac{1}{21} \begin{pmatrix} 8 \\ -45 \\ 0 \\ -28 \end{pmatrix} + \frac{\lambda}{7} \begin{pmatrix} -1 \\ 3 \\ 7 \\ 0 \end{pmatrix}, \quad \lambda \in \mathbb{R},$$

und $Ax = b^{(2)}$ *(ebenfalls mit* $x_3 = \lambda$*):*

$$x = \begin{pmatrix} x_1 \\ x_2 \\ x_3 \\ x_4 \end{pmatrix} = \begin{pmatrix} \frac{2}{3} - \frac{1}{7}\lambda \\ -5 + \frac{3}{7}\lambda \\ \lambda \\ -\frac{10}{3} \end{pmatrix} = \frac{1}{3} \begin{pmatrix} 2 \\ -15 \\ 0 \\ -10 \end{pmatrix} + \frac{\lambda}{7} \begin{pmatrix} -1 \\ 3 \\ 7 \\ 0 \end{pmatrix}, \quad \lambda \in \mathbb{R}.$$

A 21
Seite 104/105

AUFGABE 21.- Die Koeffizientenmatrix des gegebenen linearen Gleichungssystems lautet

$$A = \begin{pmatrix} 2 & -1 & 4 \\ 8 & -5 & 16 \\ 2 & 2 & -1 \end{pmatrix}.$$

Also folgt

$$(A, E_3) = \left(\begin{array}{ccc|ccc} 2 & -1 & 4 & 1 & 0 & 0 \\ 8 & -5 & 16 & 0 & 1 & 0 \\ 2 & 2 & -1 & 0 & 0 & 1 \end{array}\right) \xrightarrow{\frac{1}{2} z_1}$$

$$\left(\begin{array}{ccc|ccc} 1 & -\frac{1}{2} & 2 & \frac{1}{2} & 0 & 0 \\ 8 & -5 & 16 & 0 & 1 & 0 \\ 2 & 2 & -1 & 0 & 0 & 1 \end{array}\right) \xrightarrow[Z_3-2Z_1]{Z_2-8Z_1} \left(\begin{array}{ccc|ccc} 1 & -\frac{1}{2} & 2 & \frac{1}{2} & 0 & 0 \\ 0 & -1 & 0 & -4 & 1 & 0 \\ 0 & 3 & -5 & -1 & 0 & 1 \end{array}\right)$$

$$\xrightarrow{(-1)Z_2} \left(\begin{array}{ccc|ccc} 1 & -\frac{1}{2} & 2 & \frac{1}{2} & 0 & 0 \\ 0 & 1 & 0 & 4 & -1 & 0 \\ 0 & 3 & -5 & -1 & 0 & 1 \end{array}\right) \xrightarrow[Z_3-3Z_2]{Z_1+\frac{1}{2}Z_2}$$

$$\left(\begin{array}{ccc|ccc} 1 & 0 & 2 & \frac{5}{2} & -\frac{1}{2} & 0 \\ 0 & 1 & 0 & 4 & -1 & 0 \\ 0 & 0 & -5 & -13 & 3 & 1 \end{array}\right) \xrightarrow{-\frac{1}{5}Z_3} \left(\begin{array}{ccc|ccc} 1 & 0 & 2 & \frac{5}{2} & -\frac{1}{2} & 0 \\ 0 & 1 & 0 & 4 & -1 & 0 \\ 0 & 0 & 1 & \frac{13}{5} & -\frac{3}{5} & -\frac{1}{5} \end{array}\right)$$

$$\xrightarrow{Z_1-2Z_3} \left(\begin{array}{ccc|ccc} 1 & 0 & 0 & -\frac{27}{10} & \frac{7}{10} & \frac{2}{5} \\ 0 & 1 & 0 & 4 & -1 & 0 \\ 0 & 0 & 1 & \frac{13}{5} & -\frac{3}{5} & -\frac{1}{5} \end{array}\right).$$

Hieraus folgt

$$\begin{pmatrix} -\frac{27}{10} & \frac{7}{10} & \frac{2}{5} \\ 4 & -1 & 0 \\ \frac{13}{5} & -\frac{3}{5} & -\frac{1}{5} \end{pmatrix},$$

so daß die Lösung von $Ax = b$ *lautet*

$$x = A^{-1}b = \begin{pmatrix} -\frac{27}{10}b_1 + \frac{7}{10}b_2 + \frac{2}{5}b_3 \\ 4b_1 - b_2 \\ \frac{13}{5}b_1 - \frac{3}{5}b_2 - \frac{1}{5}b_3 \end{pmatrix}.$$

A 22
Seite 105

AUFGABE 22.- 1) Hinweise: λx, $\lambda \in \mathbb{R}$.

2) Lösung: Sei $\varphi: \mathbb{R}^n \longrightarrow \mathbb{R}^n$ *eine lineare Abbildung und* $x \in \mathbb{R}^n$ *ein nicht-trivialer Fixpunkt von* φ, *d.h.* $x \neq 0$ *und* $\varphi(x) = x$.

Behauptung: Dann sind auch alle Punkte λx, $\lambda \in \mathbb{R}\setminus\{0\}$ *nicht-triviale Fixpunkte.*

Beweis: Es gilt wegen der Linearität von φ:

$$\varphi(\lambda x) = \lambda\varphi(x) = \lambda x \quad \text{für alle } \lambda \in \mathbb{R}\setminus\{0\}.$$

A 23
Seite 106

AUFGABE 23.- a) Die lineare Abbildung $\varphi: \mathbb{R}^3 \longrightarrow \mathbb{R}^3$ *mit*

$$\varphi\begin{pmatrix} x_1 \\ x_2 \\ x_3 \end{pmatrix} = \begin{pmatrix} x_1+2x_2+x_3 \\ 3x_2-x_3 \\ x_1-2x_2 \end{pmatrix}.$$

wird (bezüglich der kanonischen Basis des $\mathbb{R}^3$*) durch die (3×3)-Matrix*

$$A = \begin{pmatrix} 1 & 2 & 1 \\ 0 & 3 & -1 \\ 1 & -2 & 0 \end{pmatrix}$$

beschrieben (siehe etwa Beispiel (18.20)(2), Seite 69). Mit den Ausführungen auf Seite 105 ergibt sich:

$x \in \mathbb{R}^3$ *ist ein Fixpunkt von* φ *genau dann, wenn*

$$(A-E_3)x = 0.$$

Es sind alle Lösungen dieses homogenen linearen Gleichungssystems zu bestimmen.

$$A-E_3 = \begin{pmatrix} 0 & 2 & 1 \\ 0 & 2 & -1 \\ 1 & -2 & -1 \end{pmatrix} \xrightarrow{Z_{31}} \begin{pmatrix} 1 & -2 & -1 \\ 0 & 2 & -1 \\ 0 & 2 & 1 \end{pmatrix}$$

$$\xrightarrow{\frac{1}{2}Z_2} \begin{pmatrix} 1 & -2 & -1 \\ 0 & 1 & -\frac{1}{2} \\ 0 & 2 & 1 \end{pmatrix} \xrightarrow[Z_3-2Z_2]{Z_1+2Z_2} \begin{pmatrix} 1 & 0 & -2 \\ 0 & 1 & -\frac{1}{2} \\ 0 & 0 & 2 \end{pmatrix}$$

$$\xrightarrow{\frac{1}{2}Z_3} \begin{pmatrix} 1 & 0 & -2 \\ 0 & 1 & -\frac{1}{2} \\ 0 & 0 & 1 \end{pmatrix} \xrightarrow[Z_2+\frac{1}{2}Z_3]{Z_1+2Z_3} \begin{pmatrix} 1 & 0 & 0 \\ 0 & 1 & 0 \\ 0 & 0 & 1 \end{pmatrix}.$$

Damit ist Rang $(A-E_3) = 3 = n$, *d.h. es gibt nur den trivialen Fixpunkt.*

b) Hier lautet die die lineare Abbildung φ *beschreibende Matrix*

$$A = \begin{pmatrix} 1 & 2 & -1 \\ 0 & 3 & -1 \\ 1 & -2 & 0 \end{pmatrix},$$

und es ergibt sich

$$A-E_3 = \begin{pmatrix} 0 & 2 & -1 \\ 0 & 2 & -1 \\ 1 & -2 & -1 \end{pmatrix} \xrightarrow{Z_{31}} \begin{pmatrix} 1 & -2 & -1 \\ 0 & 2 & -1 \\ 0 & 2 & -1 \end{pmatrix}$$

$$\xrightarrow{Z_3-Z_2} \begin{pmatrix} 1 & -2 & -1 \\ 0 & 2 & -1 \\ 0 & 0 & 0 \end{pmatrix} \xrightarrow{\frac{1}{2}Z_2} \begin{pmatrix} 1 & -2 & -1 \\ 0 & 1 & -\frac{1}{2} \\ 0 & 0 & 0 \end{pmatrix}$$

$$\xrightarrow{Z_1+2Z_2} \begin{pmatrix} 1 & 0 & -2 \\ 0 & 1 & -\frac{1}{2} \\ 0 & 0 & 0 \end{pmatrix}.$$

Die Fixpunktmenge ist die Lösungsmenge des homogenen linearen Gleichungssystems $(A-E_3)x = 0$, *in diesem Fall also die 1-parametrige Lösungsschar* ($x_3 = \lambda \in \mathbb{R}$):

$$x = \begin{pmatrix} x_1 \\ x_2 \\ x_3 \end{pmatrix} = \begin{pmatrix} 2\lambda \\ \frac{1}{2}\lambda \\ \lambda \end{pmatrix} = \lambda\begin{pmatrix} 2 \\ \frac{1}{2} \\ 1 \end{pmatrix}, \quad \lambda \in \mathbb{R}.$$

Dies ist eine Gerade durch den Nullpunkt mit dem Richtungsvektor $\begin{pmatrix} 2 \\ \frac{1}{2} \\ 1 \end{pmatrix}$.

KAPITEL 20 DETERMINANTEN

AUFGABE 1.- 1) Hinweise: Vollständige Induktion über n. A 1
Seite 109

2) Lösung: Behauptung: Für alle $n \in \mathbb{N}$ *gilt*

$$\det E_n = 1.$$

Beweis: Es ist $E_1 = (1)$, *also nach (20.3)(1)*

$$\det E_1 = 1.$$

Es gelte $\det E_{n-1} = 1$ *für ein* $n \geq 2$. *Dann liefert (20.3)(2):*

$$\det E_n = \begin{vmatrix} 1 & 0 & 0 & \dots & 0 \\ 0 & 1 & 0 & \dots & 0 \\ \vdots & \vdots & \vdots & \ddots & \vdots \\ 0 & 0 & 0 & \dots & 1 \end{vmatrix}$$

$$= 1 \cdot \det A_{11} - 0 \cdot \det A_{12} + \dots + (-1)^{1+n} \cdot 0 \cdot \det A_{1n}$$

$$= \det A_{11} = \det E_{n-1} = 1.$$

A 2
Seite 109

AUFGABE 2.- Mit Definition (20.3)(2) ergibt sich (Entwicklung nach der 1. Zeile):

$$\det A = \begin{vmatrix} 2 & 0 & -1 & 0 \\ 0 & 3 & 0 & 2 \\ -2 & 0 & 4 & 3 \\ 0 & 1 & 0 & 1 \end{vmatrix}$$

$$= 2\begin{vmatrix} 3 & 0 & 2 \\ 0 & 4 & 3 \\ 1 & 0 & 1 \end{vmatrix} - 0\begin{vmatrix} 0 & 0 & 2 \\ -2 & 4 & 3 \\ 0 & 0 & 1 \end{vmatrix} + (-1)\begin{vmatrix} 0 & 3 & 2 \\ -2 & 0 & 3 \\ 0 & 1 & 1 \end{vmatrix} - 0\begin{vmatrix} 0 & 3 & 0 \\ -2 & 0 & 4 \\ 0 & 1 & 0 \end{vmatrix}$$

$$= 2\begin{vmatrix} 3 & 0 & 2 \\ 0 & 4 & 3 \\ 1 & 0 & 1 \end{vmatrix} - \begin{vmatrix} 0 & 3 & 2 \\ -2 & 0 & 3 \\ 0 & 1 & 1 \end{vmatrix} .$$

Wieder mit (20.3)(2) ergibt sich:

$$\begin{vmatrix} 3 & 0 & 2 \\ 0 & 4 & 3 \\ 1 & 0 & 1 \end{vmatrix} = 3\begin{vmatrix} 4 & 3 \\ 0 & 1 \end{vmatrix} - 0\begin{vmatrix} 0 & 3 \\ 1 & 1 \end{vmatrix} + 2\begin{vmatrix} 0 & 4 \\ 1 & 0 \end{vmatrix}$$

$$= 3(4 \cdot 1 - 3 \cdot 0) + 2(0 \cdot 0 - 4 \cdot 1)$$

$$= 4$$

und

$$\begin{vmatrix} 0 & 3 & 2 \\ -2 & 0 & 3 \\ 0 & 1 & 1 \end{vmatrix} = 0\begin{vmatrix} 0 & 3 \\ 1 & 1 \end{vmatrix} - 3\begin{vmatrix} -2 & 3 \\ 0 & 1 \end{vmatrix} + 2\begin{vmatrix} -2 & 0 \\ 0 & 1 \end{vmatrix}$$

$$= -3(-2 \cdot 1 - 3 \cdot 0) + 2(-2 \cdot 1 - 0 \cdot 0)$$

$$= 2.$$

Also ist $\det A = 2 \cdot 4 - 2 = 6$.

A 3
Seite 110

AUFGABE 3.- 1) Hinweise: Zu b): Es genügt zu zeigen, daß jede der drei Entwicklungen dasselbe Ergebnis liefert wie z.B. die Regel von Sarrus (siehe Aufgabe 9, Seite 56).

2) Lösung: a) Sei $A = \begin{pmatrix} a_{11} & a_{12} \\ a_{21} & a_{22} \end{pmatrix}$, *dann ist nach Definition (20.3)*

$$\det A = a_{11} \cdot \det A_{11} - a_{12} \cdot \det A_{12} = a_{11}a_{22} - a_{12}a_{21} ,$$

und dies ist die Entwicklung nach der ersten Zeile.

Die Entwicklung nach der zweiten Zeile lautet:

$$-a_{21} \det A_{21} + a_{22} \det A_{22} = -a_{21}a_{12} + a_{22}a_{11}$$

$$= a_{11}a_{22} - a_{12}a_{21} = \det A.$$

Entwicklung nach der ersten Spalte:

$$a_{11} \det A_{11} - a_{21} \det A_{21} = a_{11}a_{22} - a_{21}a_{12} = \det A.$$

Entwicklung nach der zweiten Spalte:

$$-a_{12} \det A_{12} + a_{22} \det A_{22} = -a_{12}a_{21} + a_{22}a_{11} = \det A.$$

b) Sei

$$A = \begin{pmatrix} a_{11} & a_{12} & a_{13} \\ a_{21} & a_{22} & a_{23} \\ a_{31} & a_{32} & a_{33} \end{pmatrix} .$$

Dann ist (z.B. nach der Regel von Sarrus oder durch Ausrechnen der Entwicklung nach der ersten Zeile)

$$\det A = a_{11}a_{22}a_{33} + a_{12}a_{23}a_{31} + a_{13}a_{21}a_{32} - a_{13}a_{22}a_{31} - a_{11}a_{23}a_{32} - a_{12}a_{21}a_{33} .$$

Die Entwicklung nach der ersten Spalte lautet:

$$\sum_{i=1}^{3} (-1)^{i+1} a_{i1} \det A_{i1} =$$

$$= a_{11} \det A_{11} - a_{21} \det A_{21} + a_{31} \det A_{31}$$

$$= a_{11}\begin{vmatrix} a_{22} & a_{23} \\ a_{32} & a_{33} \end{vmatrix} - a_{21}\begin{vmatrix} a_{12} & a_{13} \\ a_{32} & a_{33} \end{vmatrix} + a_{31}\begin{vmatrix} a_{12} & a_{13} \\ a_{22} & a_{23} \end{vmatrix}$$

$$= a_{11}(a_{22}a_{33} - a_{23}a_{32}) - a_{21}(a_{12}a_{33} - a_{13}a_{32}) + a_{31}(a_{12}a_{23} - a_{13}a_{22})$$

$$= a_{11}a_{22}a_{33} - a_{11}a_{23}a_{32} - a_{12}a_{21}a_{33} + a_{13}a_{21}a_{32} + a_{12}a_{23}a_{31} - a_{13}a_{22}a_{31}$$

$$= \det A.$$

Entwicklung nach der zweiten Spalte:

$$\sum_{i=1}^{3} (-1)^{i+2} a_{i2} \det A_{i2} =$$

$$= -a_{12} \det A_{12} + a_{22} \det A_{22} - a_{32} \det A_{32}$$

$$= -a_{12}\begin{vmatrix} a_{21} & a_{23} \\ a_{31} & a_{33} \end{vmatrix} + a_{22}\begin{vmatrix} a_{11} & a_{13} \\ a_{31} & a_{33} \end{vmatrix} - a_{32}\begin{vmatrix} a_{11} & a_{13} \\ a_{21} & a_{23} \end{vmatrix}$$

$$= -a_{12}(a_{21}a_{33} - a_{23}a_{31}) + a_{22}(a_{11}a_{33} - a_{13}a_{31}) - a_{32}(a_{11}a_{23} - a_{13}a_{21})$$

$$= -a_{12}a_{21}a_{33} + a_{12}a_{23}a_{31} + a_{11}a_{22}a_{33} - a_{13}a_{22}a_{31} - a_{11}a_{23}a_{32} + a_{13}a_{21}a_{32}$$

$$= \det A.$$

Entwicklung nach der dritten Spalte:

$$\sum_{i=1}^{3} (-1)^{i+3} a_{i3} \det A_{i3} =$$

$$= a_{13} \det A_{13} - a_{23} \det A_{23} + a_{33} \det A_{33}$$

$$= a_{13}\begin{vmatrix} a_{21} & a_{22} \\ a_{31} & a_{32} \end{vmatrix} - a_{23}\begin{vmatrix} a_{11} & a_{12} \\ a_{31} & a_{32} \end{vmatrix} + a_{33}\begin{vmatrix} a_{11} & a_{12} \\ a_{21} & a_{22} \end{vmatrix}$$

$$= a_{13}(a_{21}a_{32} - a_{22}a_{31}) - a_{23}(a_{11}a_{32} - a_{12}a_{31}) + a_{33}(a_{11}a_{22} - a_{12}a_{21})$$

$$= a_{13}a_{21}a_{32} - a_{13}a_{22}a_{31} - a_{11}a_{23}a_{32} + a_{12}a_{23}a_{31}$$
$$+ a_{11}a_{22}a_{33} - a_{12}a_{21}a_{33}$$
$$= \det A.$$

Sie haben gesehen: Entwicklung nach verschiedenen Zeilen oder Spalten bedeutet lediglich eine andere Reihenfolge der Faktoren bzw. Summanden.

A 4
Seite 111

AUFGABE 4.- 1) Hinweise: $\det A^T = \det A$ und Beispiel (20.7).

2) Lösung: Behauptung: Für eine n-reihige untere Dreiecksmatrix $A = (a_{ij})$ gilt $\det A = 0$ genau dann, wenn es ein $i \in \{1,\dots,n\}$ gibt, so daß $a_{ii} = 0$ ist.

Beweis: Es genügt zu zeigen, daß auch für untere Dreiecksmatrizen

$$\det A = a_{11} \cdot a_{22} \cdot \ldots \cdot a_{nn}$$

gilt.

Da $a_{ij} = 0$ für $i < j$ ist (untere Dreiecksmatrix), gilt für $A^T = (b_{ij})$

$$b_{ij} = a_{ji} = 0\,, \quad \text{falls } j < i.$$

D.h. A^T ist eine obere Dreiecksmatrix. Mit Satz (20.6) und Beispiel (20.7) folgt

$$\det A = \det A^T = b_{11} \cdot b_{22} \cdot \ldots \cdot b_{nn}$$
$$= a_{11} \cdot a_{22} \cdot \ldots \cdot a_{nn}$$

(siehe Aufgabe 5a), Seite 64).

A 5
Seite 113

AUFGABE 5.- 1) Hinweise: Zu a): Satz (20.8)(1), Seite 111. Zu b): Benutzen Sie a). Zu c): Mit den ersten drei Schritten des Gauß-Jordan-Algorithmus und Satz (20.8).

2) Lösung: a) Behauptung: Für eine $(n \times n)$-Matrix A und $\lambda \in \mathbb{R}$ gilt

$$\det(\lambda A) = \lambda^n \det A.$$

Beweis: Man erhält die Matrix λA, indem man jedes Element von A bzw. jeden Zeilenvektor z_i von A mit λ multipliziert. Also ergibt die n-fache Anwendung von Satz (20.8)(1):

$$\det(\lambda A) = \det\begin{pmatrix}\lambda z_1\\ \lambda z_2\\ \vdots\\ \lambda z_n\end{pmatrix} = \lambda \det\begin{pmatrix} z_1\\ \lambda z_2\\ \vdots\\ \lambda z_n\end{pmatrix} = \lambda^2 \det\begin{pmatrix} z_1\\ z_2\\ \vdots\\ \lambda z_n\end{pmatrix} = \ldots$$
$$= \lambda^n \det\begin{pmatrix} z_1\\ \vdots\\ z_n\end{pmatrix} = \lambda^n \det A.$$

b) Behauptung: Ist n ungerade und die $(n \times n)$-Matrix A schief-symmetrisch, so gilt $\det A = 0$.

Beweis: Daß A schief-symmetrisch ist, bedeutet

$$A^T = -A = (-1)A.$$

Mit Teil a) dieser Aufgabe folgt ($\lambda = -1$):

$$\det A = \det A^T = \det((-1)A)$$
$$= (-1)^n \det A = -\det A, \text{ da } n \text{ ungerade ist.}$$

Damit ist $2\det A = 0$, also $\det A = 0$.

c)

$$\begin{vmatrix} 0 & 2 & -1 & -1\\ 3 & -1 & -1 & 2\\ 3 & -5 & 1 & 3\\ -3 & -1 & 4 & 0\end{vmatrix} = - \begin{vmatrix} 3 & -1 & -1 & 2\\ 0 & 2 & -1 & -1\\ 3 & -5 & 1 & 3\\ -3 & -1 & 4 & 0\end{vmatrix}$$

wegen Z_{21} und (20.8)(6). Mit $Z_3 - Z_1$ und $Z_4 + Z_1$ und (20.8)(7) folgt:

$$= - \begin{vmatrix} 3 & -1 & -1 & 2\\ 0 & 2 & -1 & -1\\ 0 & -4 & 2 & 1\\ 0 & -2 & 3 & 2\end{vmatrix}$$

Mit $Z_3 + 2Z_2$ und $Z_4 + Z_2$ und (20.8)(7) ergibt sich

$$= - \begin{vmatrix} 3 & -1 & -1 & 2\\ 0 & 2 & -1 & -1\\ 0 & 0 & 0 & -1\\ 0 & 0 & 2 & 1\end{vmatrix}$$

$$= \begin{vmatrix} 3 & -1 & -1 & 2\\ 0 & 2 & -1 & -1\\ 0 & 0 & 2 & 1\\ 0 & 0 & 0 & -1\end{vmatrix} \qquad \text{mit } Z_{34}$$

$$= 3 \cdot 2 \cdot 2 \cdot (-1) = -12 \qquad \text{mit Beispiel (20.7), Seite 111.}$$

Bei der Umformung der Matrix zur Berechnung ihrer Determinante haben wir nur die Schritte 1) und 3) durchgeführt. Das hat die Rechnung vereinfacht. Mit dem Schritt 2) würde die Berechnung der Determinante so aussehen:

$$\begin{vmatrix} 0 & 2 & -1 & -1\\ 3 & -1 & -1 & 2\\ 3 & -5 & 1 & 3\\ -3 & -1 & 4 & 0\end{vmatrix} = - \begin{vmatrix} 3 & -1 & -1 & 3\\ 0 & 2 & -1 & -1\\ 3 & -5 & 1 & 3\\ -3 & -1 & 4 & 0\end{vmatrix} \qquad \text{mit } Z_{21}$$

$$= -3 \begin{vmatrix} 1 & -\frac{1}{3} & -\frac{1}{3} & \frac{2}{3}\\ 0 & 2 & -1 & -1\\ 3 & -5 & 1 & 3\\ -3 & -1 & 4 & 0\end{vmatrix} \qquad \text{mit } \tfrac{1}{3} Z_1 \text{ und (20.8)(1)}$$

$$= -3 \begin{vmatrix} 1 & -\frac{1}{3} & -\frac{1}{3} & \frac{2}{3}\\ 0 & 2 & -1 & -1\\ 0 & -4 & 2 & 1\\ 0 & -2 & 3 & 2\end{vmatrix} \qquad \text{mit } Z_3 - 3Z_1 \text{ und } Z_4 + 3Z_1$$

$$= -6 \begin{vmatrix} 1 & -\frac{1}{3} & -\frac{1}{3} & \frac{2}{3}\\ 0 & 1 & -\frac{1}{2} & -\frac{1}{2}\\ 0 & -4 & 2 & 1\\ 0 & -2 & 3 & 2\end{vmatrix} \qquad \text{mit } \tfrac{1}{2} Z_2 \text{ und (20.8)(1)}$$

$$= -6 \begin{vmatrix} 1 & -\frac{1}{3} & -\frac{1}{3} & \frac{2}{3}\\ 0 & 1 & -\frac{1}{2} & -\frac{1}{2}\\ 0 & 0 & 0 & -1\\ 0 & 0 & 2 & 1\end{vmatrix} \qquad \text{mit } Z_3 + 4Z_2 \text{ und } Z_4 + 2Z_2$$

$$= 6 \begin{vmatrix} 1 & -\frac{1}{3} & -\frac{1}{3} & \frac{2}{3} \\ 0 & 1 & -\frac{1}{2} & -\frac{1}{2} \\ 0 & 0 & 2 & 1 \\ 0 & 0 & 0 & -1 \end{vmatrix} \qquad \text{mit } Z_{34}$$

(an dieser Stelle ist bereits obere Dreiecksgestalt erreicht)

$$= 12 \begin{vmatrix} 1 & -\frac{1}{3} & -\frac{1}{3} & \frac{2}{3} \\ 0 & 1 & -\frac{1}{2} & -\frac{1}{2} \\ 0 & 0 & 1 & \frac{1}{2} \\ 0 & 0 & 0 & -1 \end{vmatrix} \qquad \text{mit } \tfrac{1}{2} Z_3 \text{ und (20.8)(1)}$$

$$= -12 \begin{vmatrix} 1 & -\frac{1}{3} & -\frac{1}{3} & \frac{2}{3} \\ 0 & 1 & -\frac{1}{2} & -\frac{1}{2} \\ 0 & 0 & 1 & \frac{1}{2} \\ 0 & 0 & 0 & 1 \end{vmatrix} \qquad \text{mit } (-1) Z_4$$

$= -12.$

A 6
Seite 113

AUFGABE 6.- Der zu (20.8) analoge SATZ lautet:

Sei $A = (a_{ij})$ eine $(n \times n)$-Matrix und

$$A = (s_1, \ldots, s_n)$$

ihre Spaltendarstellung. Dann gilt:

(1) Für jede reelle Zahl λ und beliebiges $k \in \{1, \ldots, n\}$ ist

$$\det(s_1, \ldots, \lambda s_k, \ldots, s_n) = \lambda \det(s_1, \ldots, s_k, \ldots, s_n) = \lambda \det A$$

(2) Für jeden (Spalten-)Vektor $v \in \mathbb{R}^n$ und $k \in \{1, \ldots, n\}$ ist

$$\det(s_1, \ldots, s_k + v, \ldots, s_n) = \det(s_1, \ldots, s_k, \ldots, s_n) + \det(s_1, \ldots, v, \ldots, s_n).$$

(3) Es ist $\det A = 0$, wenn zwei Spalten von A gleich sind.

(4) Es ist $\det A = 0$, wenn ein Spaltenvektor von A der Nullvektor ist.

(5) Es ist $\det A = 0$, wenn das n-Tupel $(s_1, \ldots, s_n)$ linear abhängig ist.

(6) Ist $i \neq j$, so gilt

$$\det(s_1, \ldots, s_i, \ldots, s_j, \ldots, s_n) = -\det(s_1, \ldots, s_j, \ldots, s_i, \ldots, s_n)$$

(Vertauschung zweier Spalten ändert das Vorzeichen der Determinante.)

(7) Gilt

$$A \xrightarrow{S_i + cS_j} B, \quad i \neq j, \ c \in \mathbb{R},$$

so ist $\det A = \det B$.

Beweis: Zu (4): Sei $s_\ell = \begin{pmatrix} a_{1\ell} \\ \vdots \\ a_{n\ell} \end{pmatrix} = 0$, dann ergibt Entwicklung nach der ℓ-ten Spalte von A:

$$\det A = \sum_{i=1}^{n} (-1)^{i+\ell} a_{i\ell} \det A_{i\ell} = \sum_{i=1}^{n} (-1)^{i+\ell} \cdot 0 \cdot \det A_{i\ell} = 0.$$

Zu (7): Sei $i < j$, dann hat B die Spaltendarstellung

$$B = (s_1, \ldots, s_i + cs_j, \ldots, s_j, \ldots, s_n).$$

Mit (2) ergibt sich

$$\begin{aligned} \det B &= \det(s_1, \ldots, s_i, \ldots, s_j, \ldots, s_n) \\ &\quad + \det(s_1, \ldots, cs_j, \ldots, s_j, \ldots, s_n) \\ &= \det A + c \det(s_1, \ldots, s_j, \ldots, s_j, \ldots, s_n) \qquad \text{mit (1)} \\ &= \det A \qquad \text{wegen (3).} \end{aligned}$$

A 7
Seite 114

AUFGABE 7.- Behauptung: $\det A = 0 \iff \alpha = 5$.

Beweis: Es ist

$$\det A = \begin{vmatrix} 4 & 1 & 1 & \alpha+1 \\ 1 & 1 & 0 & 2 \\ 1 & 0 & 1 & 2 \\ 3 & 1 & 1 & \alpha \end{vmatrix} \xrightarrow{Z_{31}}$$

$$= - \begin{vmatrix} 1 & 0 & 1 & 2 \\ 1 & 1 & 0 & 2 \\ 4 & 1 & 1 & \alpha+1 \\ 3 & 1 & 1 & \alpha \end{vmatrix} \xrightarrow[Z_3 - 4Z_1,\ Z_4 - 3Z_1]{Z_2 - Z_1}$$

$$= - \begin{vmatrix} 1 & 0 & 1 & 2 \\ 0 & 1 & -1 & 0 \\ 0 & 1 & -3 & \alpha-7 \\ 0 & 1 & -2 & \alpha-6 \end{vmatrix} \qquad \text{nach der ersten Spalte entwickeln:}$$

$$= - \begin{vmatrix} 1 & -1 & 0 \\ 1 & -3 & \alpha-7 \\ 1 & -2 & \alpha-6 \end{vmatrix} \xrightarrow{S_2 + S_1}$$

$$= - \begin{vmatrix} 1 & 0 & 0 \\ 1 & -2 & \alpha-7 \\ 1 & -1 & \alpha-6 \end{vmatrix} \qquad \text{nach der ersten Zeile entwickeln:}$$

$$= - \begin{vmatrix} -2 & \alpha-7 \\ -1 & \alpha-6 \end{vmatrix} = \begin{vmatrix} 2 & \alpha-7 \\ 1 & \alpha-6 \end{vmatrix}$$

$$= 2(\alpha-6) - (\alpha-7) = \alpha - 5.$$

Sie sehen: $\det A = \alpha - 5 = 0 \iff \alpha = 5$.

A 8
Seite 114

AUFGABE 8.- 1) Hinweise: Wegen Satz (20.11) müssen Sie alle $\lambda \in \mathbb{R}$ bestimmen, für die $\det A_\lambda = 0$ ist.

2) Lösung: Behauptung: Die Matrix

$$A_\lambda = \begin{pmatrix} \lambda-5 & 6 & 6 \\ 1 & \lambda-4 & -2 \\ -3 & 6 & \lambda+4 \end{pmatrix}$$

ist nicht invertierbar genau dann, wenn $\lambda = 1$ oder $\lambda = 2$ ist.

Beweis: Es ist

$$\det A_\lambda = \begin{vmatrix} \lambda-5 & 6 & 6 \\ 1 & \lambda-4 & -2 \\ -3 & 6 & \lambda+4 \end{vmatrix} \xrightarrow{Z_3 + 3Z_2}$$

$$= \begin{vmatrix} \lambda-5 & 6 & 6 \\ 1 & \lambda-4 & -2 \\ 0 & 3\lambda-6 & \lambda-2 \end{vmatrix}$$ *Entwicklung nach der ersten Spalte:*

$$= (\lambda-5)\begin{vmatrix} \lambda-4 & -2 \\ 3(\lambda-2) & \lambda-2 \end{vmatrix} - \begin{vmatrix} 6 & 6 \\ 3(\lambda-2) & \lambda-2 \end{vmatrix}$$

$$= (\lambda-5)(\lambda-2)\begin{vmatrix} \lambda-4 & -2 \\ 3 & 1 \end{vmatrix} - 6(\lambda-2)\begin{vmatrix} 1 & 1 \\ 3 & 1 \end{vmatrix}$$

$$= (\lambda-5)(\lambda-2)(\lambda-4+6) - 6(\lambda-2)(-2)$$
$$= (\lambda-2)[(\lambda-5)(\lambda+2)+12]$$
$$= (\lambda-2)(\lambda^2-3\lambda+2) = (\lambda-2)(\lambda-1)(\lambda-2)$$
$$= (\lambda-1)(\lambda-2)^2.$$

Es folgt die Behauptung mit Satz (20.11), Seite 114 ; denn

$$\det A_\lambda = (\lambda-1)(\lambda-2)^2 = 0 \iff \lambda = 1 \text{ oder } \lambda = 2.$$

A 9
Seite 117

AUFGABE 9.- Gegeben ist das lineare Gleichungssystem $Ax = b$ *mit*

$$A = \begin{pmatrix} 1 & 1 & 2 \\ 3 & -1 & -1 \\ 2 & 5 & 3 \end{pmatrix} \quad \text{und} \quad b = \begin{pmatrix} 0 \\ 3 \\ 4 \end{pmatrix}.$$

a) Lösung mit der Cramerschen Regel (20.15):
Es ist

$$\det A = \begin{vmatrix} 1 & 1 & 2 \\ 3 & -1 & -1 \\ 2 & 5 & 3 \end{vmatrix} = \begin{vmatrix} 1 & 1 & 2 \\ 0 & -4 & -7 \\ 0 & 3 & -1 \end{vmatrix} = \begin{vmatrix} -4 & -7 \\ 3 & -1 \end{vmatrix}$$
$$= 25.$$

Also ist die Cramersche Regel anwendbar. Mit

$$\det C_1 = \begin{vmatrix} 0 & 1 & 2 \\ 3 & -1 & -1 \\ 4 & 5 & 3 \end{vmatrix} = \begin{vmatrix} 0 & 1 & 0 \\ 3 & -1 & 1 \\ 4 & 5 & -7 \end{vmatrix} = -\begin{vmatrix} 3 & 1 \\ 4 & -7 \end{vmatrix}$$
$$= 25,$$

$$\det C_2 = \begin{vmatrix} 1 & 0 & 2 \\ 3 & 3 & -1 \\ 2 & 4 & 3 \end{vmatrix} = \begin{vmatrix} 1 & 0 & 0 \\ 3 & 3 & -7 \\ 2 & 4 & -1 \end{vmatrix} = \begin{vmatrix} 3 & -7 \\ 4 & -1 \end{vmatrix}$$
$$= 25 \quad \text{und}$$

$$\det C_3 = \begin{vmatrix} 1 & 1 & 0 \\ 3 & -1 & 3 \\ 2 & 5 & 4 \end{vmatrix} = \begin{vmatrix} 1 & 0 & 0 \\ 3 & -4 & 3 \\ 2 & 3 & 4 \end{vmatrix} = \begin{vmatrix} -4 & 3 \\ 3 & 4 \end{vmatrix}$$
$$= -25$$

ergibt sich für die Lösung $x = \begin{pmatrix} x_1 \\ x_2 \\ x_3 \end{pmatrix}$:

$$x_1 = \frac{\det C_1}{\det A} = 1,$$
$$x_2 = \frac{\det C_2}{\det A} = 1,$$
$$x_3 = \frac{\det C_3}{\det A} = -1.$$

b) Lösung mit dem Gauß-Jordan-Algorithmus:

$$(A,b) = \begin{pmatrix} 1 & 1 & 2 & 0 \\ 3 & -1 & -1 & 3 \\ 2 & 5 & 3 & 4 \end{pmatrix} \xrightarrow[Z_3-2Z_1]{Z_2-3Z_1} \begin{pmatrix} 1 & 1 & 2 & 0 \\ 0 & -4 & -7 & 3 \\ 0 & 3 & -1 & 4 \end{pmatrix}$$

$$\xrightarrow{-\frac{1}{4}Z_2} \begin{pmatrix} 1 & 1 & 2 & 0 \\ 0 & 1 & \frac{7}{4} & -\frac{3}{4} \\ 0 & 3 & -1 & 4 \end{pmatrix} \xrightarrow[Z_3-3Z_2]{Z_1-Z_2} \begin{pmatrix} 1 & 0 & \frac{1}{4} & \frac{3}{4} \\ 0 & 1 & \frac{7}{4} & -\frac{3}{4} \\ 0 & 0 & -\frac{25}{4} & \frac{25}{4} \end{pmatrix}$$

$$\xrightarrow{-\frac{4}{25}Z_3} \begin{pmatrix} 1 & 0 & \frac{1}{4} & \frac{3}{4} \\ 0 & 1 & \frac{7}{4} & -\frac{3}{4} \\ 0 & 0 & 1 & -1 \end{pmatrix} \xrightarrow[Z_2-\frac{7}{4}Z_3]{Z_1-\frac{1}{4}Z_3} \begin{pmatrix} 1 & 0 & 0 & 1 \\ 0 & 1 & 0 & 1 \\ 0 & 0 & 1 & -1 \end{pmatrix}.$$

Hieraus folgt

$$x = \begin{pmatrix} x_1 \\ x_2 \\ x_3 \end{pmatrix} = \begin{pmatrix} 1 \\ 1 \\ -1 \end{pmatrix}.$$

AUFGABE 10.- A 10 Seite 117

n	n^3	$n!$
1	1	1
2	8	2
3	27	6
4	64	24
5	125	120
6	216	720
7	343	5040
8	512	40320
9	729	362880
10	1000	3628800
11	1331	39916800

Diese Tabelle sollte Sie überzeugen, zum Lösen größerer linearer Gleichungssysteme zum Gauß-Jordan-Algorithmus zu greifen.

A 11
Seite 117

AUFGABE 11.- 1) Hinweise: Schreiben Sie sich die Darstellungen für die Lösung von $Ax = b$ *und von* $Ax = b+\varepsilon e_j$ *nach der Cramerschen Regel auf. Berechnen Sie dann die im Zähler der Koordinaten der Lösung von* $Ax = b+\varepsilon e_j$ *stehenden Determinanten mit Satz (20.8)(1) und (2) für Spaltenvektoren (siehe Aufgabe 6). Benutzen Sie schließlich Satz (20.13).*
Sie sollten erhalten: Die Lösung x^* *von* $Ax = b+\varepsilon e_j$ *hat die Gestalt* $x^* = x+\varepsilon t_j$, *wobei* t_j *der j-te Spaltenvektor von* A^{-1} *ist.*

2) Lösung: Behauptung: Ändert man die j-te Koordinate der Inhomogenität b des linearen Gleichungssystems $Ax = b$ *um* ε, *so hat die Lösung* x^* *des geänderten Systems*

$$Ax = b+\varepsilon e_j$$

die Gestalt

$$x^* = x + \varepsilon t_j,$$

wobei x die Lösung von $Ax = b$ und t_j der j-te Spaltenvektor der inversen Koeffizientenmatrix A^{-1} ist.

Beweis: Nach der Cramerschen Regel lautet die Lösung von $Ax = b$

$$x = \begin{pmatrix} x_1 \\ \vdots \\ x_n \end{pmatrix} \quad \text{mit } x_i = \frac{\det C_i}{\det A}, \ i = 1,\dots,n,$$

wobei C_i die Matrix ist, die man erhält, wenn man die i-te Spalte von A durch b ersetzt.

Sei $b^* := b + \varepsilon e_j$, wobei $e_j = \begin{pmatrix} 0 \\ \vdots \\ 1 \\ \vdots \\ 0 \end{pmatrix}$ eine 1 als j-te Koordinate und sonst lauter Nullen als Koordinaten hat. D.h. b^* unterscheidet sich von b nur in der j-ten Koordinate. Wieder nach der Cramerschen Regel lautet die Lösung x^* des linearen Gleichungssystems

$$Ax = b^*$$

$$x^* = \begin{pmatrix} x_1^* \\ \vdots \\ x_n^* \end{pmatrix} \quad \text{mit } x_i^* = \frac{\det C_i^*}{\det A}, \ i = 1,\dots,n,$$

wobei C_i^* die Matrix ist, die man erhält, wenn man die i-te Spalte von A durch b^* ersetzt.

Wir berechnen die Determinanten $\det C_i^*$:
Sei

$$A = (s_1,\dots,s_n)$$

die Spaltendarstellung von A, dann ist

$$C_i^* = (s_1,\dots,\underset{\substack{\uparrow \\ i\text{-te Spalte}}}{b^*},\dots,s_n) = (s_1,\dots,\underset{\substack{\downarrow}}{b+\varepsilon e_j},\dots,s_n).$$

Es folgt mit Satz (20.8)(2) und (1) für Spaltenvektoren (siehe die Lösung von Aufgabe 6, Seite 113):

$$\begin{aligned}
\det C_i^* &= \det(s_1,\dots,b+\varepsilon e_j,\dots,s_n) \\
&= \det(s_1,\dots,\underset{\substack{\uparrow \\ i\text{-te Spalte}}}{b},\dots,s_n) + \det(s_1,\dots,\underset{\substack{\uparrow \\ i\text{-te Spalte}}}{\varepsilon e_j},\dots,s_n) \\
&= \det C_i + \varepsilon \det(s_1,\dots,\underset{\substack{\uparrow \\ i\text{-te Spalte}}}{e_j},\dots,s_n) \\
&= \det C_i + \varepsilon(-1)^{i+j} \det A_{ji}
\end{aligned}$$

durch Entwicklung von $\det(s_1,\dots,e_j,\dots,s_n)$ nach der i-ten Spalte ($= e_j$).

Also gilt für $i = 1,\dots,n$

$$\begin{aligned}
A_i^* = \frac{\det C_i^*}{\det A} &= \frac{\det C_i}{\det A} + \varepsilon(-1)^{i+j} \frac{\det A_{ji}}{\det A} \\
&= x_i + \varepsilon b_{ij},
\end{aligned}$$

wobei $(b_{ij}) = A^{-1}$ nach Satz (20.13), Seite 115.
Es folgt

$$x^* = x + \varepsilon \begin{pmatrix} b_{1j} \\ \vdots \\ b_{nj} \end{pmatrix} = x + \varepsilon t_j,$$

wobei t_j den j-ten Spaltenvektor der inversen Matrix A^{-1} bezeichnet.

Das Ergebnis dieser Aufgabe können Sie so deuten: Ändert man die j-te Koordinate von b wenig (d.h. ist ε "klein"), so unterscheidet sich die Lösung x^* von der Lösung x auch nur wenig (um εt_j). Ist z.B. $0 < \varepsilon < \frac{1}{100\,\|t_j\|}$, so ist

$$\|x^* - x\| = \|\varepsilon t_j\| = \varepsilon \cdot \|t_j\| < \frac{1}{100}.$$

KAPITEL 21 DIFFERENTIATION IM $\mathbb{R}^N$

AUFGABE 1.- Die Funktion f mit A 1 Seite 121

$$f(x,y) = \frac{x^2y^2}{x^2y^2 + (x-y)^2}$$

ist definiert für alle $(x,y) \in \mathbb{R}^2$ mit

$$x^2y^2 + (x-y)^2 \neq 0.$$

Da $x^2y^2 + (x-y)^2$ eine Summe von (nicht-negativen) Quadratzahlen ist, gilt $x^2y^2 + (x-y)^2 = 0$ genau dann, wenn $x^2y^2 = 0$ und $(x-y)^2 = 0$ ist. Dies ist genau dann der Fall, wenn $x = y = 0$ ist. Also ist $\mathbb{R}^2 \setminus \{0\}$ der maximale Definitionsbereich von f.

AUFGABE 2.- 1) Hinweise: Sie können die Ebene durch eine Gleichung beschreiben (Niveaumenge einer linearen Funktion im $\mathbb{R}^3$) oder eine Parameterdarstellung angeben. A 2 Seite 121

2) Lösung: Behauptung: Der Graph der linearen Funktion $f : \mathbb{R}^2 \to \mathbb{R}$ mit $f(x_1,x_2) := x_1 + x_2$ ist die Ebene

$$\begin{aligned}
E &= \{(x_1,x_2,x_3) \in \mathbb{R}^3 \mid x_1 + x_2 - x_3 = 0\} \\
&= \{\lambda(1,0,1) + \mu(0,1,1) \mid \lambda,\mu \in \mathbb{R}\}.
\end{aligned}$$

Beweis: Der Graph von f ist die Punktmenge

$$G_f := \{(x_1,x_2,f(x_1,x_2)) \mid (x_1,x_2) \in \mathbb{R}^2\} \subseteq \mathbb{R}^3.$$

Für jeden Punkt $(x_1,x_2,x_3) \in G_f$ gilt

$$x_3 = f(x_1,x_2) = x_1 + x_2,$$

also

$$x_1 + x_2 - x_3 = 0.$$

Umgekehrt folgt aus der letzten Gleichung: $x_3 = x_1 + x_2 = f(x_1,x_2)$, so daß $(x_1,x_2,x_3) = (x_1,x_2,f(x_1,x_2)) \in G_f$ ist. Wir haben $G_f = E$ gezeigt.

Beweis-Alternative: Für jeden Punkt $(x_1,x_2,x_3) \in G_f$ gilt

$$(x_1,x_2,x_3) = (x_1,x_2,f(x_1,x_2)) = (x_1,x_2,x_1+x_2)$$

$= (x_1 0, x_1) + (0, x_2, x_2)$
$= x_1(1,0,1) + x_2(0,1,1).$

A 3
Seite 122

AUFGABE 3.- Wir untersuchen f über Geraden durch den Nullpunkt. Dabei fassen wir diese Geraden als Zahlengeraden auf und skizzieren den Graphen von f "über" einer solchen Geraden (in der durch die Gerade und die z-Achse festgelegten Ebene).

1. Graph über der x-Achse: Es gilt

$$f(x,0) = \sqrt{x^2} = |x|.$$

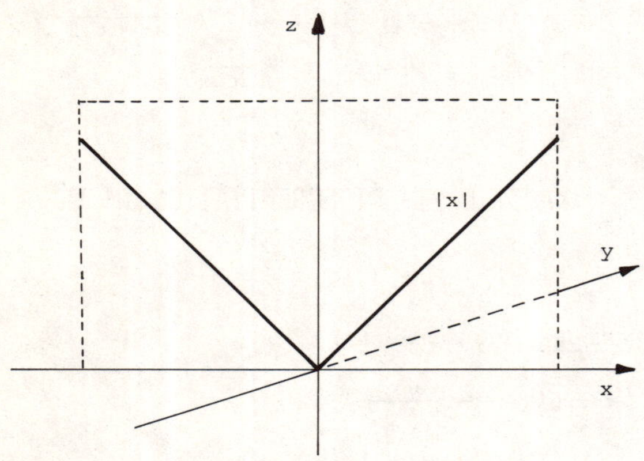

2. Graph über der y-Achse: Es gilt

$$f(0,y) = \sqrt{y^2} = |y|.$$

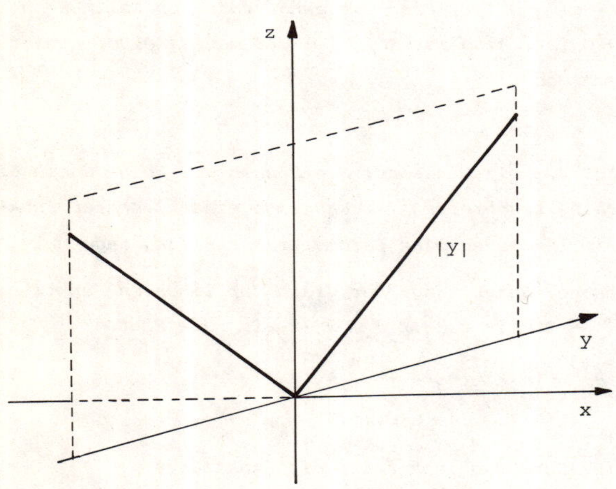

3. Graph über einer beliebigen Geraden durch den Nullpunkt.
Sei $(a,b) \in \mathbb{R}^2$ mit $a^2+b^2=1$ und g die durch (a,b) bestimmte Gerade durch den Nullpunkt. Ein Punkt $\lambda(a,b) \in g$ hat dann den Abstand $|\lambda|$ vom Nullpunkt, stellt also die reelle Zahl λ auf der Zahlengeraden $g = \{\mu(a,b) \mid \mu \in \mathbb{R}\}$ dar. Es gilt

$$f(\lambda a, \lambda b) = \sqrt{\lambda^2 a^2 + \lambda^2 b^2} = |\lambda|\sqrt{a^2+b^2} = |\lambda|.$$

D.h. über der (Zahlen-) Geraden g hat der Graph von f ebenfalls die Gestalt von $\lambda \mapsto |\lambda|$.

"Zusammensetzen" all' dieser Graphen ergibt als Graphen von f einen Kreiskegel, dessen Spitze sich im Nullpunkt befindet:

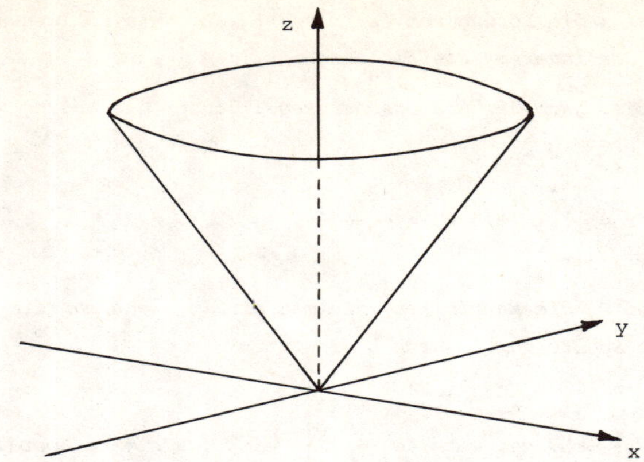

AUFGABE 4.- Untersuchung von $f: \mathbb{R}^2 \to \mathbb{R}$ mit A 4 Seite 122

$$f(x,y) = x^2 - y^2.$$

Auf der x-Achse gilt

$$f(x,0) = x^2.$$

Dort hat der Graph von f die Gestalt der "nach oben geöffneten" Normalparabel.
Auf der y-Achse gilt

$$f(0,y) = -y^2.$$

Dort hat der Graph von f die Gestalt der "nach unten geöffneten" Normalparabel.
Auf den Diagonalen $y = \pm x$ gilt

$$f(x,\pm x) = x^2 - (\pm x)^2 = 0,$$

d.h. dort stimmt der Graph von f mit diesen Diagonalen überein. (Betrachten Sie Bild 5 auf Seite 123.)

AUFGABE 5.- 1) Hinweise: $g(x,y,z) = z - f(x,y)$. A 5 Seite 123

2) Lösung: Sei G_f der Graph der Funktion $f: \mathbb{R}^2 \to \mathbb{R}$ und $g: \mathbb{R}^3 \to \mathbb{R}$ definiert durch

$$g(x,y,z) := z - f(x,y).$$

Dann gilt für einen Punkt $(x,y,z) \in \mathbb{R}^3$:

$$(x,y,z) \in G_f \iff z = f(x,y) \iff z - f(x,y) = 0$$

$$\iff g(x,y,z) = 0 \iff (x,y,z) \in N_0(g).$$

AUFGABE 6.- 1) Hinweise: Setzen Sie $(\overset{\circ}{x}_1, \overset{\circ}{x}_2) = (0,0)$ und gehen Sie gemäß Definition (21.9) und Beispiel (21.10) vor. A 6 Seite 124

2) Lösung: Bestimmung der ersten partiellen Funktion von f im Punkt $(\overset{\circ}{x}_1, \overset{\circ}{x}_2) = (0,0)$:

$$f_1(x_1) = f(x_1, \overset{\circ}{x}_2) = f(x_1, 0)$$

$$= \begin{cases} \dfrac{x_1^2 - 0^2}{x_1^2 + 0^2} & \text{für } x_1 \neq 0 \text{ , da dann } (x_1,0) \neq (0,0) \\ 0 & \text{für } x_1 = 0 \text{ , da hier } (x_1,0) = (0,0) \end{cases}$$

$$= \begin{cases} 1 & \text{für } x_1 \neq 0 \\ 0 & \text{für } x_1 = 0. \end{cases}$$

Bestimmung der zweiten partiellen Funktion von f im Punkt $(\mathring{x}_1,\mathring{x}_2) = (0,0)$:

$$f_2(x_2) = f(\mathring{x}_1,x_2) = f(0,x_2)$$

$$= \begin{cases} \dfrac{0^2-x_2^2}{0^2+x_2^2} & \text{für } x_2 \neq 0 \\ 0 & \text{für } x_2 = 0 \end{cases}$$

$$= \begin{cases} -1 & \text{für } x_2 \neq 0 \\ 0 & \text{für } x_2 = 0. \end{cases}$$

A 7 Seite 125

AUFGABE 7.- 1) Hinweise: Sei $y = (y_1,y_2) \in U$ *fest gewählt und*

$$\varepsilon := \min\{y_1-a, b-y_1, y_2-c, d-y_2\}.$$

Da y_1 *aus dem offenen Intervall* $]a,b[$ *und* y_2 *aus dem offenen Intervall* $]c,d[$ *ist, ist* $\varepsilon > 0$. ε *ist der kleinste der Abstände zu den vier Seiten des Rechtecks U (betrachten Sie die Skizze in Beispiel (21.12)(3), Seite 125; in dieser Skizze ist* $\varepsilon = d-y_2$. *Der Beweis darf natürlich diese spezielle Situation nicht benutzen.) Auf jeden Fall gilt:* $\varepsilon \leq y_1-a$, $\varepsilon \leq b-y_1$, $\varepsilon \leq y_2-c$ *und* $\varepsilon \leq d-y_2$. *(In mindestens einer dieser vier Ungleichungen gilt das Gleichheitszeichen, aber das ist für den Beweis unerheblich.) Nach Definition der Offenheit muß* $B_\varepsilon(y) \subseteq U$ *gezeigt werden, also: Für alle* $x = (x_1,x_2) \in B_\varepsilon(y)$ *folgt* $x \in U$.

Somit ist zu zeigen:

Aus $\|x-y\| < \varepsilon$ *folgt* $x_1 \in \,]a,b[$ *und* $x_2 \in \,]c,d[$.

2) Lösung: Lesen Sie die Hinweise! Sei $x = (x_1,x_2)$ *gegeben mit*

$$\|x-y\| < \varepsilon.$$

Dann folgt:

a) $|x_1-y_1| = \sqrt{(x_1-y_1)^2} \leq \sqrt{(x_1-y_1)^2+(x_2-y_2)^2} = \|x-y\| < \varepsilon$,

so daß

$$y_1-\varepsilon < x_1 < y_1+\varepsilon \; .$$

Mit $\varepsilon \leq y_1-a$ *und* $\varepsilon \leq b-y_1$ *ergibt sich*

$$a = y_1-(y_1-a) \leq y_1-\varepsilon < x_1 < y_1+\varepsilon \leq y_1+(b-y_1) = b$$

und damit $x_1 \in \,]a,b[$.

b) $|x_2-y_2| = \sqrt{(x_2-y_2)^2} \leq \sqrt{(x_1-y_1)^2+(x_2-y_2)^2} = \|x-y\| < \varepsilon$,

so daß

$$y_2-\varepsilon < x_2 < y_2+\varepsilon \; .$$

Mit $\varepsilon \leq y_2-c$ *und* $\varepsilon \leq d-y_2$ *ergibt sich*

$$c = y_2-(y_2-c) \leq y_2-\varepsilon < x_2 < y_2+\varepsilon \leq y_2+(d-y_2) = d$$

und damit $x_2 \in \,]c,d[$.

A 8 Seite 125

AUFGABE 8.- 1) Hinweise:

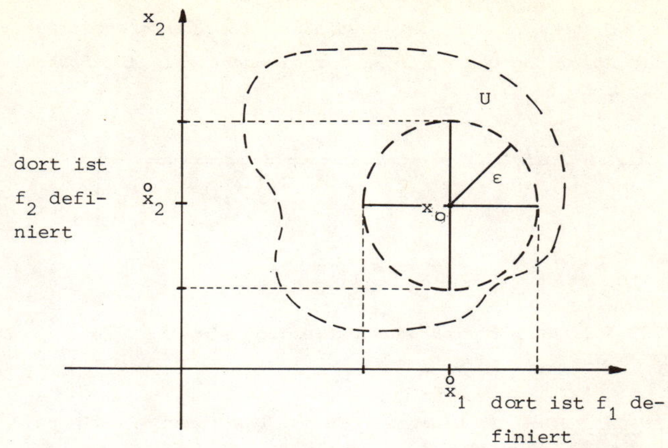

2) Lösung: $U \subseteq \mathbb{R}^2$ *ist eine offene Menge. Also gibt es zu dem Punkt* $x_0 = (\mathring{x}_1,\mathring{x}_2) \in U$ *ein* $\varepsilon > 0$, *so daß* $B_\varepsilon(\mathring{x}) \subseteq U$. *Sei* f_1 *die erste partielle Funktion von f in* $\mathring{x}$ *und* $x_1 \in \mathbb{R}$ *mit* $|x_1-\mathring{x}_1| < \varepsilon$. *Dann gilt für* $(x_1,\mathring{x}_2)$:

$$\|(x_1,\mathring{x}_2)-(\mathring{x}_1,\mathring{x}_2)\| = \sqrt{(x_1-\mathring{x}_1)^2} = |x_1-\mathring{x}_1| < \varepsilon,$$

d.h.

$$(x_1,\mathring{x}_2) \in B_\varepsilon(x_0) \subseteq U.$$

f ist daher in allen Punkten $(x_1,\mathring{x}_2)$ *mit* $|x_1-\mathring{x}_1| < \varepsilon$ *definiert, d.h.* f_1 *ist für alle* $x_1 \in \mathbb{R}$ *mit* $|x_1-\mathring{x}_1| < \varepsilon$ *definiert.*

Analoge Überlegungen führen zu der entsprechenden Aussage für f_2.

AUFGABE 9.- 1) Hinweise: Wählen Sie $x_0 = (\mathring{x}_1,\ldots,\mathring{x}_n) \in \mathbb{R}^n \setminus \{0\}$ *fest. Untersuchen Sie die Funktionen einer Veränderlichen.* A 9 Seite 127

$$t \longmapsto \sqrt{\mathring{x}_1^2+\ldots+\mathring{x}_{i-1}^2+t^2+\mathring{x}_{i+1}^2+\ldots+\mathring{x}_n^2} \; , \quad t \in \mathbb{R},$$

auf Differenzierbarkeit in $t = \mathring{x}_i$.

2) Lösung: Behauptung: (1) Die Funktion $r : \mathbb{R}^n \longrightarrow \mathbb{R}$ *mit* $r(x) := \|x\|$ *ist in jedem Punkt* $x_0 \in \mathbb{R}^n \setminus \{0\}$ *partiell differenzierbar, und es gilt*

$$\frac{\partial r}{\partial x_i}(x_0) = \frac{\mathring{x}_i}{r(x_0)} \qquad \text{für } i = 1,\ldots,n.$$

(2) Für die Niveaumengen $N_c(r)$ *gilt:* $N_c(r) = \emptyset$, *falls* $c < 0$ *ist; für* $c \geq 0$ *ist* $N_c(r) = \{x \in \mathbb{R}^n \mid \|x\| = c\}$ *eine Sphäre um den Nullpunkt vom Radius c.*

Beweis: Zu (1): Seien $x_0 = (\mathring{x}_1,\ldots,\mathring{x}_n) \in \mathbb{R}^n \setminus \{0\}$ *und* $i \in \{1,\ldots,n\}$ *fest gewählt. Die i-te partielle Funktion* r_i *von r in* x_0 *hat die Gestalt*

$$r_i(x_i) = r(\mathring{x}_1,\ldots,\mathring{x}_{i-1},x_i,\mathring{x}_{i+1},\ldots,\mathring{x}_n)$$
$$= \sqrt{\mathring{x}_1^2+\ldots+\mathring{x}_{i-1}^2+x_i^2+\mathring{x}_{i+1}^2+\ldots+\mathring{x}_n^2} \; .$$

Da die reelle Wurzelfunktion $t \longmapsto \sqrt{t}$ *für alle* $t > 0$ *differenzierbar ist mit der Ableitung* $\frac{1}{2\sqrt{t}}$ *folgt mit der Kettenregel:*

r_i *ist differenzierbar in* $\mathring{x}_i$, *falls* $\mathring{x}_i \neq 0$ *ist;*

ist $\mathring{x}_i = 0$, so ist wegen $x_o \neq 0$ eine andere Koordinate $\mathring{x}_j \neq 0$, $j \neq i$, und r_i ist ebenfalls in $\mathring{x}_i$ differenzierbar. Die Ableitung von r_i in $\mathring{x}_i$ ist die partielle Ableitung von r nach x_i in x_o:

$$\frac{\partial r}{\partial x_i}(x_o) = \frac{dr_i}{dx_i}(\mathring{x}_i) = \frac{2x_i}{2\sqrt{\mathring{x}_1^2+\dots+\mathring{x}_{i-1}^2+x_i^2+\mathring{x}_{i+1}^2+\dots+\mathring{x}_n^2}}\Bigg|_{x_i=\mathring{x}_i}$$

$$= \frac{\mathring{x}_i}{\|x_o\|} = \frac{\mathring{x}_i}{r(x_o)} .$$

(2) folgt unmittelbar aus Definition (16.8).

A 10 Seite 127

__AUFGABE 10.__- 1) Hinweise: Zu a): Bestimmen Sie die partiellen Funktionen von f im Nullpunkt. Sie sehen sofort, daß diese im Nullpunkt ($\in \mathbb{R}$) differenzierbar sind.

Zu b): Für Funktionen einer Veränderlichen gilt: differenzierbar $\Longrightarrow$ stetig.

2) Lösung: a) Behauptung: Die Funktion $f: \mathbb{R}^2 \to \mathbb{R}$ mit

$$f(x,y) := \begin{cases} \dfrac{xy}{x^2+y^2} & \text{für } (x,y) \neq (0,0) \\ 0 & \text{für } (x,y) = (0,0) \end{cases}$$

ist im Nullpunkt partiell differenzierbar, und es gilt

$$\frac{\partial f}{\partial x}(0,0) = 0 \quad \text{und} \quad \frac{\partial f}{\partial y}(0,0) = 0.$$

Beweis: Die partiellen Funktionen von f im Nullpunkt haben die Gestalt

$$f_1(x) = f(x,0) = \begin{cases} 0 & \text{für } x \neq 0 \\ 0 & \text{für } x = 0 \end{cases} = 0 \quad \text{für alle } x \in \mathbb{R}.$$

f_1 ist als konstante Funktion differenzierbar in $x = 0$, und es gilt

$$\frac{\partial f}{\partial x}(0,0) = f_1'(0) = 0.$$

Analog ist $f_2(y) = f(0,y) = 0$ für alle $y \in \mathbb{R}$, und es gilt

$$\frac{\partial f}{\partial y}(0,0) = f_2'(0) = 0.$$

b) Nach der Lösung von Aufgabe 6, Seite 124, haben die partiellen Funktionen von f im Nullpunkt die Gestalt

$$f_1(x_1) = \begin{cases} 1 & \text{für } x_1 \neq 0 \\ 0 & \text{für } x_1 = 0 \end{cases}$$

bzw.

$$f_2(x_2) = \begin{cases} -1 & \text{für } x_2 \neq 0 \\ 0 & \text{für } x_2 = 0, \end{cases}$$

sind also jeweils unstetig in $x_1 = 0$ bzw. $x_2 = 0$ und deshalb nicht differenzierbar in diesen Punkten. Mit Bemerkung (21.14)(1) ergibt sich, daß f im Nullpunkt weder nach x_1 noch nach x_2 partiell differenzierbar ist.

A 11 Seite 129

__AUFGABE 11.__- 1) Hinweise: Es ist zu zeigen: Sei (a_k) eine Folge im $\mathbb{R}^n$ mit den Koordinatenfolgen (a_{ki}), $i = 1,\dots,n$. Gilt $\lim\limits_{k\to\infty} a_{ki} = a_i$ für $i = 1,\dots,n$, so gilt

$$\lim_{k\to\infty} a_k = (a_1,\dots,a_n).$$

Gehen Sie beim Beweis so vor: Wählen Sie $\varepsilon > 0$ (Sie müssen ein $k_o \in \mathbb{N}$ bestimmen, so daß $\|a_k - a\| < \varepsilon$ für alle $k \geq k_o$) und schließen Sie auf die Existenz von natürlichen Zahlen N_i mit der Eigenschaft $|a_{ki} - a_i| < \frac{\varepsilon}{\sqrt{n}}$ für alle $k \geq N_i$. Schätzen Sie dann $\|a_k - a\|$ (für welche k?) nach oben ab.

2) Lösung: Wir beweisen die in den Hinweisen formulierte Behauptung. Sei $a := (a_1,\dots,a_n)$, wobei a_i der Grenzwert der Koordinatenfolge (a_{ki}) ist.

Sei $\varepsilon > 0$ vorgegeben. Dann ist auch $\frac{\varepsilon}{\sqrt{n}} > 0$ und wegen $\lim\limits_{k\to\infty} a_{ki} = a_i$ gibt es natürliche Zahlen N_i, so daß

$$|a_{ki} - a_i| < \frac{\varepsilon}{\sqrt{n}} \quad \text{für alle } k \geq N_i \quad (i = 1,\dots,n).$$

Hieraus folgt

$$(a_{ki} - a_i)^2 < \frac{\varepsilon^2}{n} \quad \text{für alle } k \geq N_i \quad (i = 1,\dots,n).$$

Nun sei

$$k_o := \max\{N_1,\dots,N_n\}.$$

Dann gilt für alle $k \geq k_o$ (insbesondere $k \geq N_i$ für alle i):

$$\|a_k - a\| = \sqrt{(a_{k1}-a_1)^2+\dots+(a_{kn}-a_n)^2}$$

$$< \sqrt{\frac{\varepsilon^2}{n}+\dots+\frac{\varepsilon^2}{n}} = \sqrt{n \cdot \frac{\varepsilon^2}{n}} = \varepsilon.$$

D.h. $\lim\limits_{k\to\infty} \|a_k - a\| = 0$, also $\lim\limits_{k\to\infty} a_k = a$.

__AUFGABE 12.__- 1) Hinweise: Wegen Satz (21.21), Seite 128, brauchen Sie nur die Koordinatenfolgen auf Konvergenz zu untersuchen. A 12 Seite 129

2) Lösung: a) Behauptung: Die Folge (a_k) im $\mathbb{R}^4$ mit

$$a_k := \left((-1)^k\left(4 + \frac{1}{k^2}\right), 2^{-k}, 0, k\right), \quad k \in \mathbb{N},$$

ist divergent.

Beweis: Die Koordinatenfolge (a_{k4}) mit $a_{k4} = k$, $k \in \mathbb{N}$, ist unbeschränkt, also divergent. Nach Satz (21.21) ist deshalb (a_k) divergent.

b) Behauptung: Die Folge (b_k) im $\mathbb{R}^3$ mit

$$b_k := \left(\left(1 + \frac{1}{k}\right)^k, 3, \frac{1}{k}\sin k\right), \quad k \in \mathbb{N},$$

ist konvergent, und es gilt

$$\lim_{k\to\infty} b_k = (e,3,0).$$

Beweis: Für die drei Koordinatenfolgen von (b_k) gilt

$$\lim_{k\to\infty} b_{k1} = \lim_{k\to\infty}\left(1 + \frac{1}{k}\right)^k = e,$$

$$\lim_{k\to\infty} b_{k2} = \lim_{k\to\infty} 3 = 3,$$

$$\lim_{k\to\infty} b_{k3} = \lim_{k\to\infty} \frac{1}{k}\sin k = 0.$$

Mit Satz (21.21) folgt die Behauptung.

A 13
Seite 130

<u>AUFGABE 13</u>.- 1) Hinweise: Beispiel (21.25)(2) und (4).

2) Lösung: Behauptung: Die Funktion $f : \mathbb{R}^2 \setminus \{0\} \to \mathbb{R}$ mit

$$f(x,y) := \frac{x^2y^2}{x^2y^2+(x-y)^2}$$

ist stetig.

Beweis: f ist der Quotient der Polynome g und h im $\mathbb{R}^2$ mit

$$g(x,y) := x^2y^2$$

$$h(x,y) := x^2y^2+(x-y)^2 = x^2y^2+x^2-2xy+y^2.$$

g und h sind stetig nach (21.25)(4). Da $h(x,y) \neq 0$ für alle $(x,y) \in \mathbb{R}^2 \setminus \{0\}$ (siehe Lösung von Aufgabe 1), ist $f = \frac{g}{h}$ stetig nach (21.25)(2).

A 14
Seite 130

<u>AUFGABE 14</u>.- 1) Hinweise: Zu a): Sie müssen z.B. zeigen, daß $\lim\limits_{x_1 \to \mathring{x}_1} f_1(x_1) = f_1(\mathring{x}_1)$ ist. Wählen Sie eine Folge (a_{k1}) mit $\lim\limits_{k\to\infty} a_{k1} = \mathring{x}_1$.

Dann ist $((a_{k1},\mathring{x}_2))$ eine gegen $(\mathring{x}_1,\mathring{x}_2)$ konvergente Folge in U. Verwenden Sie die Definition von f_1 und die Stetigkeit von f.

2) Lösung: a) Behauptung: Sei $U \subseteq \mathbb{R}^2$ eine offene Menge, $x_o = (\mathring{x}_1,\mathring{x}_2) \in U$ und $f : U \to \mathbb{R}$ eine stetige Funktion. Dann sind die partiellen Funktionen f_1 und f_2 von f in x_o stetig in $\mathring{x}_1$ bzw. $\mathring{x}_2$.

Beweis: Wir beweisen nur die Stetigkeit von f_1 in $\mathring{x}_1$. Der Nachweis der Stetigkeit von f_2 in $\mathring{x}_2$ verläuft analog. Nach Aufgabe 8, Seite 125, ist f_1 mindestens in einer "ε-Umgebung" von $\mathring{x}_1$ definiert. Sei (a_{k1}) eine reelle Folge in dieser ε-Umgebung mit

$$\lim_{k\to\infty} a_{k1} = \mathring{x}_1 .$$

(Für jede andere gegen $\mathring{x}_1$ konvergente Folge liegen zumindest ab einem Index k_o alle Folgenglieder in dieser ε-Umgebung.) Dann gilt

$a_k := (a_{k1},\mathring{x}_2) \in U$ für alle $k \in \mathbb{N}$ und (mit Satz (21.21)):

$$\lim_{k\to\infty} a_k = (\lim_{k\to\infty} a_{k1}, \lim_{k\to\infty} \mathring{x}_2) = (\mathring{x}_1,\mathring{x}_2).$$

Da f in $(\mathring{x}_1 \mathring{x}_2)$ stetig ist, gilt

$$\lim_{k\to\infty} f(a_k) = \lim_{k\to\infty} f(a_{k1},\mathring{x}_2) = f(\mathring{x}_1,\mathring{x}_2).$$

Mit der Definition von f_1 ergibt sich

$$\lim_{k\to\infty} f_1(a_{k1}) = \lim_{k\to\infty} f(a_{k1},\mathring{x}_2) = f(\mathring{x}_1,\mathring{x}_2) = f_1(\mathring{x}_1).$$

f_1 ist stetig in $\mathring{x}_1$.

b) Die partiellen Funktionen f_1 und f_2 der Funktion f aus Beispiel (21.25)(5) im Nullpunkt sind nach Aufgabe 6, Seite 124:

$$f_1(x_1) = \begin{cases} 1 & \text{für } x_1 \neq 0 \\ 0 & \text{für } x_1 = 0 \end{cases}$$

und

$$f_2(x_2) = \begin{cases} -1 & \text{für } x_2 \neq 0 \\ 0 & \text{für } x_2 = 0, \end{cases}$$

sind also unstetig in $\mathring{x}_1 = 0$ bzw. $\mathring{x}_2 = 0$. Wäre f stetig in $(\mathring{x}_1,\mathring{x}_2) = (0,0)$, so müßte nach Teil a) z.B. f_1 in $\mathring{x}_1 = 0$ stetig sein. Das ist nicht der Fall, also ist f im Nullpunkt unstetig.

<u>AUFGABE 15</u>.- 1) Hinweise: Definition (21.28) und Satz (21.30). A 15 Seite 132

2) Lösung: a) Behauptung: Das Vektorfeld $f : \mathbb{R}^3 \to \mathbb{R}^2$ mit

$$f(x,y,z) := (z^2+\sin xy, \frac{x+y}{y^2+1})$$

ist stetig.

Beweis: Nach Definition (21.28) ist zu begründen, daß die Koordinatenfunktionen

$$f_1(x,y,z) = z^2+\sin xy$$

und

$$f_2(x,y,z) = \frac{x+y}{y^2+1}$$

stetig sind. Für f_2 ist dies klar nach Beispiel (21.25) (4) und (2).

f_1 ist die Summe des Polynoms (stetig)

$$(x,y,z) \mapsto z^2$$

mit der Funktion

$$(x,y,z) \mapsto g(x,y,z) := \sin xy .$$

Es ist nur noch die Stetigkeit von g zu begründen. g ist die Komposition der stetigen Funktionen

$$(x,y,z) \mapsto xy \qquad \text{(Polynom)}$$

mit

$$t \mapsto \sin t .$$

Also ist g nach Satz (21.30) mit $m = \ell = 1$ und $n = 3$ stetig.

Zu b): Die Koordinatenfunktionen von f:

$$t \mapsto f_1(t) := t,$$

$$t \mapsto f_2(t) := t^2,$$

$$t \mapsto f_3(t) := t^3 \quad , \qquad t \in \mathbb{R},$$

sind stetig, also ist das Vektorfeld f stetig.

Die Koordinatenfunktionen von g:

$$(x,y,z) \mapsto g_1(x,y,z) := x+xy-z,$$

$$(x,y,z) \mapsto g_2(x,y,z) := \frac{e^x}{x^2y^2+z^2+3}$$

sind stetig, also ist das Vektorfeld g stetig.

Nach Satz (21.30) ist $g \circ f$ stetig.

Bestimmung von $g \circ f$:

Für $t \in \mathbb{R}$ gilt

$$g \circ f(t) = g(f(t)) = g(t,t^2,t^3)$$
$$= (t+t\cdot t^2-t^3, \frac{e^t}{t^2t^4+(t^3)^2+3}) = (t, \frac{e^t}{2t^6+3}).$$

Hieran sehen Sie unmittelbar, daß $g\circ f:\mathbb{R}\to\mathbb{R}^2$ stetig ist, denn die beiden Koordinatenfunktionen von $g\circ f$

$$t\mapsto t,\ t\in\mathbb{R},\quad \text{und}$$

$$t\mapsto \frac{e^t}{2t^6+3},\quad t\in\mathbb{R},$$

sind stetige Funktionen (einer Veränderlichen).

A 16 Seite 133

AUFGABE 16.- Die Funktion $f:\mathbb{R}^2\to\mathbb{R}$ mit

$$f(x,y):=\begin{cases}\dfrac{xy}{x^2+y^2} & \text{für } (x,y)\neq(0,0)\\ 0 & \text{für } (x,y)=(0,0)\end{cases}$$

ist nach Aufgabe 10a) auf Seite 127 im Nullpunkt partiell nach x differenzierbar, und es gilt

$$\frac{\partial f}{\partial x}(0,0)=0.$$

In jedem Punkt $(x,y)\neq(0,0)$ ist f ebenfalls nach x partiell differenzierbar und mit der Quotientenregel gilt (fassen Sie y als konstant auf):

$$\frac{\partial f}{\partial x}(x,y)=\frac{(x^2+y^2)y-xy2x}{(x^2+y^2)^2}=\frac{y^3-x^2y}{(x^2+y^2)^2}.$$

Also ist

$$\frac{\partial f}{\partial x}(x,y)=\begin{cases}\dfrac{y^3-x^2y}{(x^2+y^2)^2} & \text{für } (x,y)\neq(0,0)\\ 0 & \text{für } (x,y)=(0,0).\end{cases}$$

Behauptung: $\frac{\partial f}{\partial x}$ ist im Nullpunkt nicht stetig.

Beweis: Sei $a_k:=(0,\frac{1}{k})$, $k\in\mathbb{N}$. Dann ist $\lim\limits_{k\to\infty}a_k=(0,0)$, aber $\frac{\partial f}{\partial x}(a_k)=\frac{\partial f}{\partial x}(0,\frac{1}{k})=\dfrac{\frac{1}{k^3}}{\frac{1}{k^4}}=k$ für alle $k\in\mathbb{N}$, so daß die Folge $(\frac{\partial f}{\partial x}(a_k))$ divergent ist. $\frac{\partial f}{\partial x}$ ist unstetig im Nullpunkt.

Erläuterung des Zusammenhangs mit (21.36): Da f, wie in Beispiel (21.32) gezeigt, im Nullpunkt nicht stetig ist, muß wenigstens eine der partiellen Ableitungen im Nullpunkt unstetig sein. Denn andernfalls würde mit (21.36) folgen, daß f in (0,0) stetig ist.

A 17 Seite 134

AUFGABE 17.- 1) Hinweise: Definieren Sie $g:\mathbb{R}\to\mathbb{R}^2$ durch $g(t):=(at+b,ct+d)$ und wenden Sie die Kettenregel (21.38) auf $h=f\circ g$ an.

2) Lösung: Behauptung: Ist $f:\mathbb{R}^2\to\mathbb{R}$ stetig partiell differenzierbar und $h:\mathbb{R}\to\mathbb{R}$ definiert durch $h(t):=f(at+b,ct+d)$ mit festen reellen Zahlen a,b,c,d, so ist h differenzierbar, und es gilt

$$h'(t)=a\frac{\partial f}{\partial x_1}(at+b,ct+d)+c\frac{\partial f}{\partial x_2}(at+b,ct+d).$$

Beweis: Sei $g=(g_1,g_2):\mathbb{R}\to\mathbb{R}^2$ definiert durch

$$g(t):=(at+b,ct+d),$$

d.h. es gilt $g_1(t)=at+b$ und $g_2(t)=ct+d$ für alle $t\in\mathbb{R}$. g_1 und g_2 sind offensichtlich differenzierbar, also ist g differenzierbar. Nach der Kettenregel (21.38), Seite 133, ist $h=f\circ g:\mathbb{R}\to\mathbb{R}$ differenzierbar, und es gilt

$$h'(t)=(f\circ g)'(t)=\frac{\partial f}{\partial x_1}(g(t))\cdot g_1'(t)+\frac{\partial f}{\partial x_2}(g(t))\cdot g_2'(t)$$
$$=a\frac{\partial f}{\partial x_1}(at+b,ct+d)+c\frac{\partial f}{\partial x_2}(at+b,ct+d).$$

A 18 Seite 135

AUFGABE 18.- 1) Hinweise: Prüfen Sie nach, ob Definition (21.40) erfüllt ist.

2) Lösung: Alle drei Koordinatenfunktionen des Vektorfeldes $f=(f_1,f_2,f_3):\mathbb{R}^3\to\mathbb{R}^3$ mit

$$f(x,y,z):=(3xyz,x+y,x\sin yz)$$

sind partiell differenzierbar, und es gilt

$$\frac{\partial f}{\partial x}(x,y,z)=(3yz,1,\sin yz),$$
$$\frac{\partial f}{\partial y}(x,y,z)=(3xz,1,xz\cos yz),$$
$$\frac{\partial f}{\partial z}(x,y,z)=(3xy,0,xy\cos yz).$$

A 19 Seite 135

AUFGABE 19.- 1) Hinweise: Zu a): Die partielle Differenzierbarkeit von r in jedem Punkt von $\mathbb{R}^3\setminus\{0\}$ folgt aus Beispiel (21.44). Daß r im Nullpunkt partiell differenzierbar ist, prüfen Sie am einfachsten direkt mit Definition (21.13), Seite 126, nach. Zu b): Für welches n erhalten Sie (bis auf einen konstanten Faktor) in Teil a) die gesuchte Funktion f?

2) Lösung: a) Behauptung: Die Funktion $r:\mathbb{R}^3\to\mathbb{R}$ mit $r(x):=\|x\|^n$, $n\geq 2$, ist partiell differenzierbar, und es gilt

$$\operatorname{grad} r(x)=n\|x\|^{n-2}x\quad \text{für alle } x\in\mathbb{R}^3.$$

Beweis: Die Funktion $x\mapsto\|x\|$ ist nach Beispiel (21.44) auf $\mathbb{R}^3\setminus\{0\}$ partiell differenzierbar. r ist die n-te Potenz dieser Funktion. Sei $i\in\{1,2,3\}$, dann gilt mit der Kettenregel für Funktionen einer Veränderlichen: r ist in $x\in\mathbb{R}^3\setminus\{0\}$ nach x_i partiell differenzierbar, und es gilt (noch einmal mit (21.44)):

$$\frac{\partial r}{\partial x_i}(x)=n\|x\|^{n-1}\cdot\frac{\partial}{\partial x_i}\|x\|$$
$$=n\|x\|^{n-1}\cdot\frac{x_i}{\|x\|}$$
$$=n\|x\|^{n-2}\cdot x_i$$

Also gilt

$$\operatorname{grad} r(x)=\left(\frac{\partial r}{\partial x_1}(x),\frac{\partial r}{\partial x_2}(x),\frac{\partial r}{\partial x_3}(x)\right)$$
$$=n\|x\|^{n-2}(x_1,x_2,x_3)$$
$$=n\|x\|^{n-2}x\qquad \text{für alle } x\in\mathbb{R}^3\setminus\{0\}.$$

Partielle Differenzierbarkeit von r im Nullpunkt liegt vor, wenn (nach Definition (21.13), Seite 126)

$$\lim_{h\to 0}\frac{r(0+he_i)-r(0)}{h}$$

für $i=1,2,3$ existiert. Der Grenzwert ist jeweils gleich $\frac{\partial r}{\partial x_i}(0)$.

Wegen $n \geq 2$ und $r(0)=0$ erhält man für $h \neq 0$:

$$\frac{r(0+he_i)-r(0)}{h} = \frac{r(he_i)}{h} = \frac{\|he_i\|^n}{h} = \frac{|h|^n \cdot \|e_i\|^n}{h}$$

$$= \frac{|h|}{h} \cdot |h|^{n-1}.$$

Wegen $\frac{|h|}{h} = \pm 1$ und $n-1 \geq 1$ folgt: Der Grenzwert $h \longrightarrow 0$ existiert und ist gleich 0, so daß

$$\frac{\partial r}{\partial x_i}(0) = 0 \qquad \text{für } i=1,2,3.$$

Also gilt die Formel für den Gradienten von r auch im Nullpunkt.

b) Im Fall $n=2$ lautet das Ergebnis aus a):

$$\operatorname{grad} r(x) = 2\|x\|^0 x = 2x.$$

Definiert man also $f: \mathbb{R}^3 \longrightarrow \mathbb{R}$ durch

$$f(x) := \frac{1}{2}\|x\|^2 = \frac{1}{2}(x_1^2+x_2^2+x_3^2),$$

so folgt das gewünschte Resultat:

$$\operatorname{grad} f(x) = x \qquad \text{für alle } x \in \mathbb{R}^3.$$

A 20
Seite 137

AUFGABE 20.- 1) Hinweis: Sie müssen eine stetige Funktion $g: [a,b] \longrightarrow \mathbb{R}^2$ angeben, deren Wertebereich der Graph von f ist.

2) Lösung: Behauptung: Der Graph der stetigen Funktion $f: [a,b] \longrightarrow \mathbb{R}$ ist eine Kurve im $\mathbb{R}^2$.

Beweis: Der Graph von f ist die Teilmenge

$$G_f := \{(t,f(t)) \mid t \in [a,b]\} .$$

Sei $g: [a,b] \longrightarrow \mathbb{R}^2$ definiert durch

$$g(t) := (t,f(t)).$$

Nach Definition (21.28), Seite 131, ist g stetig, der Wertebereich von g also eine Kurve C im $\mathbb{R}^2$. Es ist

$$C = \{g(t) \mid t \in [a,b]\} = \{(t,f(t)) \mid t \in [a,b]\} = G_f.$$

A 21
Seite 137

AUFGABE 21.- 1) Hinweise: Die durch f beschriebene Kurve im $\mathbb{R}^3$ heißt Schraubenlinie.

2) Lösung:

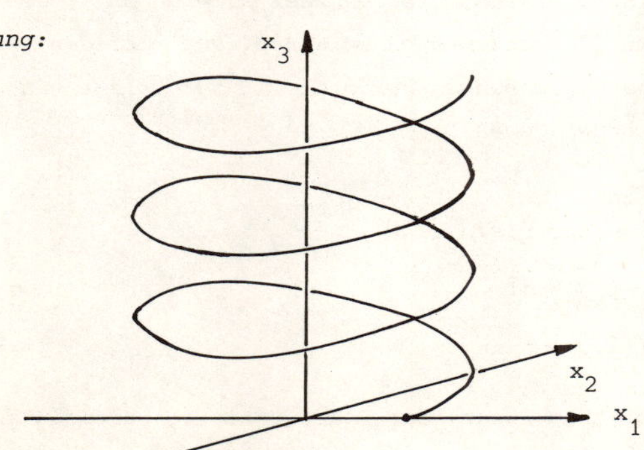

Der Tangentenvektor im Punkt $f(t)$ der Schraubenlinie lautet

$$f'(t) = (-r\sin t, r\cos t, c) .$$

Die Tangente im Punkt $f(t)$ ist senkrecht zur x_1-Achse, wenn $f'(t) \perp e_1$ ist, also wenn $\langle f'(t), e_1\rangle = 0$ ist.

Es gilt $0 = \langle f'(t), e_1\rangle = -r\sin t$ genau dann, wenn $t = n\pi$, $n \in \mathbb{N}_0$, ist.

A 22
Seite 137

AUFGABE 22.- Eine Parameterdarstellung der Tangente an die durch $f: \mathbb{R} \longrightarrow \mathbb{R}^3$ mit

$$f(t) = (t-\cos t,\ 3+\sin t,\ 1+\cos 3t)$$

beschriebene Kurve C im Punkt $f(\frac{\pi}{2})$ lautet

$$\{f(\tfrac{\pi}{2}) + \lambda f'(\tfrac{\pi}{2}) \mid \lambda \in \mathbb{R}\} .$$

Es ist

$$f(\tfrac{\pi}{2}) = (\tfrac{\pi}{2}, 4, 1).$$

Aus

$$f'(t) = (1+\sin t,\ -\cos t,\ -3\sin 3t)$$

folgt

$$f'(\tfrac{\pi}{2}) = (2,0,3),$$

so daß

$$\{(\tfrac{\pi}{2},4,1) + \lambda(2,0,3) \mid \lambda \in \mathbb{R}\}$$

die gesuchte Parameterdarstellung ist.

A 23
Seite 138

AUFGABE 23.- 1) Hinweise: Definition (21.51) und (21.52).

2) Lösung: Die Kreislinie C im $\mathbb{R}^3$ ist gegeben durch $f:]0,2\pi[\longrightarrow \mathbb{R}^3$ mit

$$f(t) := (r\cos t, r\sin t, 0).$$

Nach Definition (21.52) ist der Normalenvektor im Kurvenpunkt $f(t)$:

$$N(t) = \frac{1}{\|T'(t)\|} T'(t),$$

sofern $T'(t) \neq 0$ ist. Dabei ist $T(t)$ der Tangenteneinheitsvektor

$$T(t) = \frac{1}{\|f'(t)\|} f'(t) .$$

Es ist

$$f'(t) = (-r\sin t, r\cos t, 0) \quad \text{für alle } t \in]0,2\pi[,$$

also

$$\|f'(t)\| = \sqrt{r^2\sin^2 t + r^2\cos^2 t} = r,$$

so daß

$$T(t) = (-\sin t, \cos t, 0) \quad \text{für alle } t \in]0,2\pi[.$$

Jetzt folgt

$$T'(t) = (-\cos t, -\sin t, 0).$$

Da $\|T'(t)\| = \sqrt{\cos^2 t + \sin^2 t} = 1$ ist, ergibt sich

$$N(t) = T'(t) = -(\cos t, \sin t, 0)$$

$$= -\frac{1}{r} f(t) = -\frac{1}{\|f(t)\|} \cdot f(t) \quad \text{für alle } t \in]0,2\pi[.$$

D.h. in jedem Kurvenpunkt $f(t)$ ist $N(t)$ ein Vektor der Länge 1, der (von $f(t)$ aus) in Richtung auf den Nullpunkt

(= Mittelpunkt) weist.

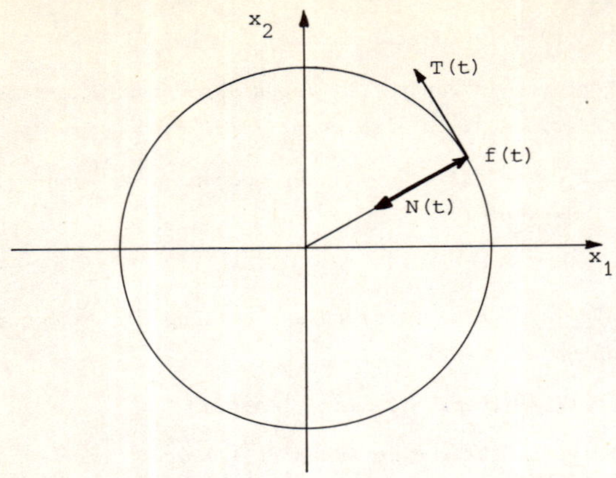

A 24
Seite 139

<u>AUFGABE 24</u>.- 1) Hinweise: Bemerkung (21.55) und der Beweis von Satz (21.54).

2) Lösung: Behauptung: Wird die Bewegung eines Teilchens beschrieben durch

$$f(t) := (t, \frac{1}{2}t^2, \frac{1}{3}t^3), \quad t \in \mathbb{R},$$

so beträgt zu jedem Zeitpunkt t

- die Größe der Tangentialkomponente der Beschleunigung

$$|t| \sqrt{\frac{1+4t^2+4t^4}{1+t^2+t^4}},$$

- die Größe der Normalkomponente der Beschleunigung

$$\sqrt{\frac{1+4t^2+t^4}{1+t^2+t^4}}.$$

Beweis: Mit $v(t) = \dot{f}(t)$ und $b(t) = \ddot{f}(t)$ ist für den Beschleunigungsvektor $b(t)$ im Beweis von Satz (21.54) gezeigt worden

$$b(t) = \frac{d}{dt}\|v(t)\| \cdot T(t) + \|v(t)\| \cdot \|\dot{T}(t)\| \cdot N(t).$$

Wegen $\|T(t)\| = 1$ beträgt nach (21.55)(1) die Größe der Tangentialkomponente

$$|\lambda| = \left|\frac{d}{dt}\|v(t)\|\right|.$$

Es ist $v(t) = (1,t,t^2)$, also $\|v(t)\| = \sqrt{1+t^2+t^4}$, so daß

$$\frac{d}{dt}\|v(t)\| = \frac{t+2t^3}{\sqrt{1+t^2+t^4}}, \quad t \in \mathbb{R}.$$

Also ist

$$|\lambda| = |t| \frac{1+2t^2}{\sqrt{1+t^2+t^4}} = |t| \sqrt{\frac{1+4t^2+4t^4}{1+t^2+t^4}}$$

die Tangentialkomponente der Beschleunigung.

Die Größe der Normalkomponente der Beschleunigung beträgt wegen $\|N(t)\| = 1$ und $\mu \geq 0$:

$$|\mu| = \mu = \|v(t)\| \cdot \|\dot{T}(t)\|.$$

Wir berechnen μ mit Hilfe von (21.55)(2): Es ist $b(t) = (0,1,2t)$, also $\|b(t)\|^2 = 1+4t^2$. Damit gilt

$$\mu = \sqrt{\|b(t)\|^2 - \lambda^2} = \sqrt{1+4t^2 - \frac{(t+2t^3)^2}{1+t^2+t^4}}$$
$$= \sqrt{\frac{1+4t^2+t^4}{1+t^2+t^4}}.$$

A 25
Seite 140/141

<u>AUFGABE 25</u>.- 1) Hinweise: Bestimmen Sie zunächst den Richtungsvektor v und prüfen Sie dann, ob Sie Satz (21.58) anwenden können.

2) Lösung: Behauptung: Die gesuchte Richtungsableitung von f beträgt $\frac{10}{3}$.

Beweis: Die Richtung vom Punkt $x_o := (2,-1,1)$ zum Punkt $y_o := (3,1,-1)$ ist gegeben durch

$$v := \frac{1}{\|y_o - x_o\|}(y_o - x_o).$$

Es ist $y_o - x_o = (1,2,-2)$, also $\|y_o - x_o\| = \sqrt{1+4+4} = 3$, so daß

$$v = \frac{1}{3}(1,2,-2)$$

ist. Da $f : \mathbb{R}^3 \to \mathbb{R}$ mit

$$f(x_1,x_2,x_3) := 2x_1x_2 - x_3^2$$

stetig partiell differenzierbar ist, gilt mit Satz (21.58):

$$D_v f(x_o) = \langle \operatorname{grad} f(x_o), v \rangle.$$

Es ist $\operatorname{grad} f(x) = (\frac{\partial f}{\partial x_1}(x), \frac{\partial f}{\partial x_2}(x), \frac{\partial f}{\partial x_3}(x))$

$$= (2x_2, 2x_1, -2x_3),$$

also

$$\operatorname{grad} f(2,-1,1) = (-2,4,-2),$$

so daß

$$D_v f(x_o) = \langle (-2,4,-2), \frac{1}{3}(1,2,-2) \rangle$$
$$= \frac{10}{3}.$$

A 26
Seite 141

<u>AUFGABE 26</u>.- 1) Hinweise: Präzisieren Sie die Richtung und bestimmen Sie v. Lesen Sie die letzten beiden Sätze von Beispiel (21.59).

2) Lösung:

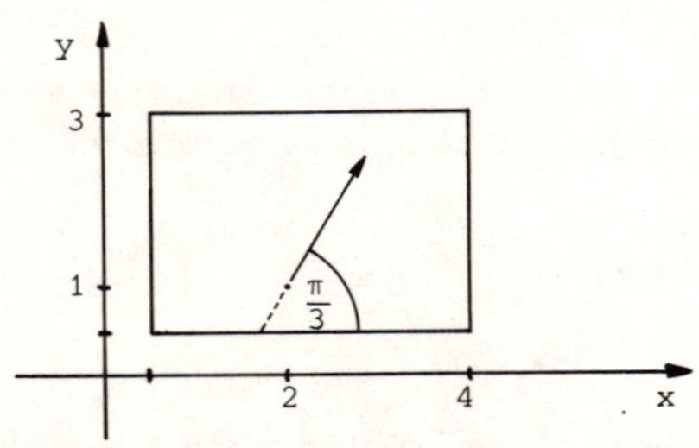

Es gibt vier Richtungen - wenn wir den Winkel "im Innern" der Platte messen, gibt es zwei Richtungen -, die mit der unteren Plattenkante einen Winkel von $\frac{\pi}{3}$ bilden. Für die folgenden Rechnungen wurde die in der Skizze eingetragene Richtung gewählt.

Es ist

$$v = (\cos\frac{\pi}{3}, \sin\frac{\pi}{3}) = (\frac{1}{2}, \frac{\sqrt{3}}{2}).$$

$f : \mathbb{R}^2 \to \mathbb{R}$ mit

$$f(x,y) := \frac{100\,xy}{x^2+y^2}$$

ist in jedem Punkt "der Platte" stetig partiell differenzierbar, es gilt

$$\operatorname{grad} f(x,y) = \left(\frac{100(y^3-x^2y)}{(x^2+y^2)^2}, \frac{100(x^3-xy^2)}{(x^2+y^2)^2}\right),$$

so daß

$$\operatorname{grad} f(2,1) = (-12,24).$$

Mit Satz (21.58), Seite 140, folgt

$$D_v f(2,1) = \langle(-12,24),(\tfrac{1}{2},\tfrac{\sqrt{3}}{2})\rangle$$
$$= -6+12\sqrt{3} > 0.$$

Also steigt die Temperatur im Punkt (2,1) in Richtung von v an.

A 27 Seite 143

AUFGABE 27.- 1) Hinweise: Zu b): Kraft gleich Masse mal Beschleunigung.

2) Lösung: Die angegebene Funktion $f: \mathbb{R}^3 \setminus \{0\} \to \mathbb{R}$ mit

$$f(x_1,x_2,x_3) := \frac{\gamma mM}{\sqrt{x_1^2+x_2^2+x_3^2}}$$

ist partiell differenzierbar, und es gilt für $i = 1,2,3$

$$\frac{\partial f}{\partial x_i}(x) = -\gamma mM \frac{\frac{2x_i}{2\sqrt{x_1^2+x_2^2+x_3^2}}}{x_1^2+x_2^2+x_3^2}$$
$$= -\gamma mM \frac{x_i}{\|x\|^3}.$$

Also ist

$$\operatorname{grad} f(x) = -\frac{\gamma mM}{\|x\|^3}(x_1,x_2,x_3)$$
$$= -\gamma mM \cdot \frac{1}{\|x\|^3}x$$
$$= F(x) \qquad \text{siehe Seite 120.}$$

b) Da f nur positive Werte besitzt, sind alle Niveaumengen $N_c(f)$ für $c \leq 0$ leer. Sei $c > 0$, dann gilt

$$f(x) = c \iff \frac{\gamma mM}{\|x\|} = c$$
$$\iff \|x\| = \frac{\gamma mM}{c}.$$

Also ist $N_c(f)$ eine Sphäre um 0 vom Radius $\frac{\gamma mM}{c}$.

Ein im Punkt $x \in \mathbb{R}^3 \setminus \{0\}$ befindliches Teilchen der Masse m wird in Richtung der Gravitationskraft F(x) beschleunigt. Da F(x) die Richtung von -x hat, erfolgt die Beschleunigung auf den Ursprung zu.
Sie können auch so argumentieren:
Befindet sich m in $x \in \mathbb{R}^3 \setminus \{0\}$ und ist $f(x) = c$, so befindet sich m auf der Niveaufläche $N_c(f)$. Im Punkt x wirkt die Kraft $F(x) = \operatorname{grad} f(x)$ auf m. Der Vektor grad f(x) steht im Punkt x senkrecht auf der Kugeloberfläche $N_c(f)$. Die Beschleunigung erfolgt also in radialer Richtung.

A 28 Seite 144

AUFGABE 28.- 1) Hinweise: Zu a): In Definition (21.67), Seite 143, ist die Tangentialebene als Niveaumenge einer linearen Funktion definiert. Sie brauchen nur alle Daten einzusetzen.

2) Lösung: a) Für die stetig partiell differenzierbare Funktion $f: \mathbb{R}^3 \to \mathbb{R}$ mit

$$f(x,y,z) := x^2yz+3y^2-2xz^2+8z$$

gilt im Punkt $x_0 = (1,2,-1)$

$$f(x_0) = 0.$$

Also ist $x_0 \in N_0(f)$. Die Tangentialebene an $N_0(f)$ im Punkt x_0 ist nach Definition (21.67) die Ebene

$$T_{f,x_0} = \{y \in \mathbb{R}^3 \mid \langle \operatorname{grad} f(x_0), y-x_0\rangle = 0\},$$

falls $\operatorname{grad} f(x_0) \neq 0$ gilt.
Es ist

$$\operatorname{grad} f(x) = (2xyz-2z^2, x^2z+6y, x^2y-4xz+8),$$

also

$$\operatorname{grad} f(1,2,-1) = (-6,11,14).$$

Deshalb gilt

$$T_{f,x_0} = \{y \in \mathbb{R}^3 \mid \langle(-6,11,14),(y_1-1,y_2-2,y_3+1)\rangle = 0\}$$
$$= \{y \in \mathbb{R}^3 \mid -6y_1+11y_2+14y_3 = 2\}.$$

b) Daß der Graph von $g: \mathbb{R}^2 \to \mathbb{R}$ mit

$$g(x_1,x_2) := \ln(1+x_1^2x_2^2)$$

gleich der Niveaumenge $N_0(f)$ der Funktion $f: \mathbb{R}^3 \to \mathbb{R}$ mit

$$f(x_1,x_2,x_3) := x_3-\ln(1+x_1^2x_2^2)$$

ist, folgt wegen

$$f(x_1,x_2,x_3) = 0 \iff x_3 = \ln(1+x_1^2+x_2^2) = g(x_1,x_2).$$

Bestimmung der Tangentialebene an $N_0(f) = G_g$ im Nullpunkt des $\mathbb{R}^3$:

$$f(0,0,0) = 0,$$

$$\operatorname{grad} f(x) = \left(-\frac{2x_1x_2^2}{1+x_1^2x_2^2}, -\frac{2x_1^2x_2}{1+x_1^2x_2^2}, 1\right),$$

$$\operatorname{grad} f(0) = (0,0,1)$$

$$T_{f,0} = \{y \in \mathbb{R}^3 \mid \langle(0,0,1),(y_1,y_2,y_3)\rangle = 0\}$$
$$= \{y \in \mathbb{R}^3 \mid y_3 = 0\}$$

Die Tangentialebene $T_{f,0}$ ist die x_1-x_2-Ebene des $\mathbb{R}^3$.

AUFGABE 29.- 1) Hinweise: Wenden Sie Satz (21.71) an. A 29 Seite 147

2) Lösung: Behauptung: Die Funktion $f: \mathbb{R}^3 \to \mathbb{R}$ mit

$$f(x) := \frac{1-\|x\|^2}{1+\|x\|^2}$$

ist total differenzierbar, und das totale Differential lautet

$$df_x = -\frac{4}{(1+\|x\|^2)^2}x \qquad \text{für alle } x \in \mathbb{R}^3.$$

Beweis: Es ist $\|x\|^2 = x_1^2+x_2^2+x_3^2$, also ist f stetig partiell differenzierbar und damit total differenzierbar nach Satz (21.71). Das totale Differential ist die (1×3)-Matrix

$$df_x = \operatorname{grad} f(x).$$

Für $i = 1,2,3$ gilt

$$\frac{\partial f}{\partial x_i}(x) = \frac{(1+\|x\|^2)(-2x_i)-(1-\|x\|^2)\,2x_i}{(1+\|x\|^2)^2} = \frac{-4x_i}{(1+\|x\|^2)^2}\,,$$

so daß

$$df_x = -\frac{4}{(1+\|x\|^2)^2}(x_1,x_2,x_3) = -\frac{4}{(1+\|x\|^2)^2}\,x$$

ist.

A 30
Seite 147

AUFGABE 30.- 1) Hinweise: Schreiben Sie die Definition von $T_{f,\overset{\circ}{x}}$ und die in der Aufgabenstellung beschriebene Niveaumenge der linearen Funktion $df_{\overset{\circ}{x}}$ auf. Sie stellen unmittelbar deren Gleichheit fest. Es gilt
$df_{\overset{\circ}{x}}(y) = \langle \operatorname{grad} f(\overset{\circ}{x}), y\rangle$ für alle $y \in \mathbb{R}^3$.

2) Lösung: Behauptung: Für $\overset{\circ}{x} \in N_c(f)$ ist

$$T_{f,\overset{\circ}{x}} = \{y \in \mathbb{R}^3 \mid df_{\overset{\circ}{x}}(y) = df_{\overset{\circ}{x}}(\overset{\circ}{x})\}$$

Beweis: Da f stetig partiell differenzierbar ist und $\operatorname{grad} f(x) \neq 0$ für alle $x \in \mathbb{R}^3$ gilt, ist die Tangentialebene an $N_c(f)$ im Punkt $\overset{\circ}{x}$ nach Definition (21.67), Seite 143:

$$T_{f,\overset{\circ}{x}} = \{y \in \mathbb{R}^3 \mid \langle \operatorname{grad} f(\overset{\circ}{x}), y-\overset{\circ}{x}\rangle = 0\}.$$

Andererseits hat die Niveaumenge der linearen Funktion $df_{\overset{\circ}{x}} : \mathbb{R}^3 \to \mathbb{R}$, die den Punkt $\overset{\circ}{x}$ enthält die Gestalt

$$\begin{aligned} &\{y \in \mathbb{R}^3 \mid df_{\overset{\circ}{x}}(y) = df_{\overset{\circ}{x}}(\overset{\circ}{x})\} \\ &= \{y \in \mathbb{R}^3 \mid \langle \operatorname{grad} f(\overset{\circ}{x}), y\rangle = \langle \operatorname{grad} f(\overset{\circ}{x}), \overset{\circ}{x}\rangle\} \\ &= \{y \in \mathbb{R}^3 \mid \langle \operatorname{grad} f(\overset{\circ}{x}), y-\overset{\circ}{x}\rangle = 0\}, \end{aligned}$$

stimmt also mit $T_{f,\overset{\circ}{x}}$ überein.

A 31
Seite 149

AUFGABE 31.- 1) Hinweise: Lesen Sie die Aussage im Anschluß an Definition (21.78), Seite 148. Wenden Sie das Invertierbarkeits-Kriterium (20.11), Seite 114, an.

2) Lösung: Die Koordinatenfunktionen f_1 und f_2 des Vektorfeldes $f : \mathbb{R}^2 \to \mathbb{R}^2$ mit

$$f(x_1,x_2) := ((x_1-x_2)^2, (x_1+x_2)^3)$$

sind stetig partiell differenzierbar (Polynome). Also ist jede Koordinatenfunktion und damit f selbst total differenzierbar. Die Funktionalmatrix lautet mit (21.80):

$$df_x = \begin{pmatrix} \frac{\partial f_1}{\partial x_1}(x) & \frac{\partial f_1}{\partial x_2}(x) \\ \frac{\partial f_2}{\partial x_1}(x) & \frac{\partial f_2}{\partial x_2}(x) \end{pmatrix} = \begin{pmatrix} 2(x_1-x_2) & -2(x_1-x_2) \\ 3(x_1+x_2)^2 & 3(x_1+x_2)^2 \end{pmatrix}.$$

Nach (20.11), Seite 114, ist df_x invertierbar genau dann, wenn $\det df_x \neq 0$ ist.
Für die Determinante der (2×2)-Matrix df_x gilt

$$\begin{aligned} \det df_x &= 6(x_1-x_2)(x_1+x_2)^2 + 6(x_1-x_2)(x_1+x_2)^2 \\ &= 12(x_1-x_2)(x_1+x_2)^2. \end{aligned}$$

Also ist df_x invertierbar in allen Punkten $(x_1,x_2) \in \mathbb{R}^2$ mit $x_2 \neq \pm x_1$.

A 32
Seite 149

AUFGABE 32.- Behauptung: Die Funktionalmatrix des Vektorfeldes $f : U \to \mathbb{R}^2$ mit

$$f(x_1,x_2) := \left(\sqrt{x_1^2+x_2^2}\,,\ \arctan\frac{x_2}{x_1}\right),$$

wobei $U = \{(x_1,x_2) \in \mathbb{R}^2 \mid x_1 > 0\}$ ist, hat die Gestalt

$$df_x = \begin{pmatrix} \frac{x_1}{\sqrt{x_1^2+x_2^2}} & \frac{x_2}{\sqrt{x_1^2+x_2^2}} \\ \frac{-x_2}{x_1^2+x_2^2} & \frac{x_1}{x_1^2+x_2^2} \end{pmatrix}, \quad x \in U.$$

Es gilt

$$\det df_x = \frac{1}{\|x\|} \quad \text{für alle } x \in U,$$

wobei $\|x\| = \sqrt{x_1^2+x_2^2}$ ist.

Beweis: f ist total differenzierbar. Die Koordinatenfunktionen sind gegeben durch

$$f_1(x_1,x_2) = \sqrt{x_1^2+x_2^2}\,, \qquad f_2(x_1,x_2) = \arctan\frac{x_2}{x_1}.$$

Es gilt

$$\frac{\partial f_1}{\partial x_1}(x) = \frac{2x_1}{2\sqrt{x_1^2+x_2^2}}\,, \qquad \frac{\partial f_1}{\partial x_2}(x) = \frac{2x_2}{2\sqrt{x_1^2+x_2^2}}\,,$$

$$\frac{\partial f_2}{\partial x_1}(x) = \frac{-\frac{x_2}{x_1^2}}{1+\frac{x_2^2}{x_1^2}} = \frac{-x_2}{x_1^2+x_2^2}\,,$$

$$\frac{\partial f_2}{\partial x_2}(x) = \frac{\frac{1}{x_1}}{1+\frac{x_2^2}{x_1^2}} = \frac{x_1}{x_1^2+x_2^2}\,.$$

Also hat df_x die oben angegebene Gestalt.
Mit den Rechenregeln für Determinanten folgt

$$\det df_x = \det \begin{pmatrix} \frac{x_1}{\|x\|} & \frac{x_2}{\|x\|} \\ -\frac{x_2}{\|x\|^2} & \frac{x_1}{\|x\|^2} \end{pmatrix}$$

$$= \frac{1}{\|x\|} \det \begin{pmatrix} x_1 & x_2 \\ -\frac{x_2}{\|x\|^2} & \frac{x_1}{\|x\|^2} \end{pmatrix}$$

$$= \frac{1}{\|x\|} \cdot \frac{1}{\|x\|^2} \det \begin{pmatrix} x_1 & x_2 \\ -x_2 & x_1 \end{pmatrix}$$

$$= \frac{1}{\|x\|^3} (x_1^2 + x_2^2) = \frac{1}{\|x\|} .$$

A 33
Seite 151

<u>AUFGABE 33.</u>- *1) Hinweise: Was die Sprechweise "die partiellen Ableitungen von f in den neuen Koordinaten" bedeutet, steht am Schluß von Beispiel (21.84) auf Seite 151. Gehen Sie wie in (21.83)(5) vor.*

2) Lösung: Es sind die partiellen Ableitungen der Funktion

$$(y_1,y_2) \longmapsto h(y_1,y_2) := f(ay_1+by_2, cy_1+dy_2)$$

zu berechnen. Nach der Kettenregel in der in (21.83)(5) beschriebenen Form ist

$$\frac{\partial h}{\partial y_1}(y_1,y_2) = \frac{\partial f}{\partial x_1}(ay_1+by_2,cy_1+dy_2)\cdot \frac{\partial}{\partial y_1}(ay_1+by_2)$$
$$+ \frac{\partial f}{\partial x_2}(ay_1+by_2,cy_1+dy_2)\cdot \frac{\partial}{\partial y_1}(cy_1+dy_2)$$
$$= a\frac{\partial f}{\partial x_1}(ay_1+by_2,cy_1+dy_2)+c\frac{\partial f}{\partial x_2}(ay_1+by_2,cy_1+dy_2).$$

Analog ergibt sich

$$\frac{\partial h}{\partial y_2}(y_1,y_2) = b\frac{\partial f}{\partial x_1}(ay_1+by_2,cy_1+dy_2)+d\frac{\partial f}{\partial x_2}(ay_1+by_2,cy_1+dy_2).$$

Kurz, aber interpretationsbedürftig wird dafür geschrieben:

$$\frac{\partial f}{\partial y_1} = a\frac{\partial f}{\partial x_1} + c\frac{\partial f}{\partial x_2} ,$$
$$\frac{\partial f}{\partial y_2} = b\frac{\partial f}{\partial x_1} + d\frac{\partial f}{\partial x_2} .$$

A 34
Seite 151

<u>AUFGABE 34.</u>- *1) Hinweise: Die kinetische Energie $\frac{1}{2} m \|v(t)\|^2$ eines Teilchens der Masse m, das sich auf einer gewissen Bahn C im $\mathbb{R}^3$ bewegt, ist zu berechnen. Dazu muß zu jedem Zeitpunkt t der Geschwindigkeitsvektor v(t) bestimmt werden. Nach Bemerkung (21.50), Seite 137, ist $v(t) = \dot{h}(t)$, wenn h(t) der Ort des Teilchens zur Zeit t ist. Aus den gegebenen Informationen ist eine Parameterdarstellung $h : \mathbb{R} \to \mathbb{R}^3$ von C zu bestimmen: Zur Zeit t befindet sich das Teilchen an einem Punkt, dessen erste beiden Koordinaten durch g(t) gegeben sind. Da sich das Teilchen auf dem Graphen von f bewegt, befindet es sich zur Zeit t im Punkt ...*

2) Lösung: Zu jedem Zeitpunkt t befindet sich das Teilchen "über" dem Punkt $g(t) = (x_1(t),x_2(t))$ der Ebene $\mathbb{R}^2 \mathrel{\hat=} \{(x_1,x_2,x_3) \in \mathbb{R}^3 \mid x_3 = 0\}$. Da sich das Teilchen auf dem Graphen von $f : \mathbb{R}^2 \to \mathbb{R}$ bewegt, befindet es sich zur Zeit t im Punkt

$$h(t) := (x_1(t),x_2(t),f(x_1(t),x_2(t))).$$

$h : \mathbb{R} \to \mathbb{R}^3$ ist die gesuchte Parameterdarstellung der Bahnkurve C. h ist differenzierbar, da die ersten beiden Koordinatenfunktionen dies nach Voraussetzung sind; die dritte Koordinatenfunktion ist nach der Kettenregel differenzierbar. Es gilt mit (21.83)(4), Seite 150:

$$\dot{h}(t) = (\dot{x}_1(t),\dot{x}_2(t), \langle \operatorname{grad} f(g(t)),\dot{g}(t)\rangle)$$
$$= (\dot{x}_1(t),\dot{x}_2(t),\frac{\partial f}{\partial x_1}(g(t))\dot{x}_1(t) + \frac{\partial f}{\partial x_2}(g(t))\dot{x}_2(t)).$$

Hieraus folgt

$$\|v(t)\|^2 = \|\dot{h}(t)\|^2 = \dot{x}_1^2(t) + \dot{x}_2^2(t) + \left(\frac{\partial f}{\partial x_1}(g(t))\right)^2 \dot{x}_1^2(t)$$
$$+ 2\frac{\partial f}{\partial x_1}(g(t))\frac{\partial f}{\partial x_2}(g(t))\dot{x}_1(t)\dot{x}_2(t)$$
$$+ \left(\frac{\partial f}{\partial x_2}(g(t))\right)^2 \dot{x}_2^2(t)$$
$$= (1 + (\frac{\partial f}{\partial x_1})^2)\dot{x}_1^2 + 2\frac{\partial f}{\partial x_1}\frac{\partial f}{\partial x_2}\dot{x}_1\dot{x}_2$$
$$+ (1 + (\frac{\partial f}{\partial x_2})^2)\dot{x}_2^2$$

wobei die partiellen Ableitungen von f an der Stelle $g(t) = (x_1(t),x_2(t))$ und die Ableitungen $\dot{x}_i$ an der Stelle t zu berechnen sind. Multiplikation mit $\frac{1}{2}m$ liefert die angegebene Formel für die kinetische Energie.

KAPITEL 22 ANWENDUNGEN DER DIFFERENTIALRECHNUNG IM $\mathbb{R}^N$

<u>AUFGABE 1.</u>- *Es sind* A 1 Seite 155

$$\frac{\partial f}{\partial x}(x,y) = e^y \cos(xe^y) \quad \text{und}$$
$$\frac{\partial f}{\partial y}(x,y) = xe^y \cos(xe^y)$$

die partiellen Ableitungen erster Ordnung von f. Nochmalige partielle Ableitung nach x und y ergibt:

$$\frac{\partial^2 f}{\partial x^2}(x,y) = -e^{2y}\sin(xe^y)$$

$$\frac{\partial^2 f}{\partial y \partial x}(x,y) = e^y\cos(xe^y) - xe^{2y}\sin(xe^y)$$

$$\frac{\partial^2 f}{\partial x \partial y}(x,y) = e^y\cos(xe^y) - xe^{2y}\sin(xe^y) ,$$

$$\frac{\partial^2 f}{\partial y^2}(x,y) = xe^y\cos(xe^y) - x^2e^{2y}\sin(xe^y).$$

<u>AUFGABE 2.</u>- *1) Hinweise: Wenden Sie Definition (22.8) und den Satz von Schwarz (22.4), Seite 155, an.* A 2 Seite 157

2) *Lösung:* Mit grad $f = (\frac{\partial f}{\partial x_1}, \frac{\partial f}{\partial x_2}, \frac{\partial f}{\partial x_3})$ und der Definition der Rotation folgt:

$$\operatorname{rot}(\operatorname{grad} f) = \left(\frac{\partial^2 f}{\partial x_2 \partial x_3} - \frac{\partial^2 f}{\partial x_3 \partial x_2}, \frac{\partial^2 f}{\partial x_3 \partial x_1} - \frac{\partial^2 f}{\partial x_1 \partial x_3}, \frac{\partial^2 f}{\partial x_1 \partial x_2} - \frac{\partial^2 f}{\partial x_2 \partial x_1}\right).$$

Also gilt mit dem Satz von Schwarz, da f als zweimal stetig differenzierbar vorausgesetzt ist, für jedes $x \in U$:

$$\operatorname{rot}(\operatorname{grad} f)(x) = (0,0,0).$$

A 3
Seite 157

AUFGABE 3.- 1) *Hinweise:* Zu a): F steht noch einmal in Beispiel (22.11), Seite 157. Zu c): Wenn $f = \operatorname{rot} g$ wäre, könnten Sie mit b) eine Folgerung ziehen. Ist diese Folgerung für f erfüllt?

2) *Lösung:* a) *Behauptung:* $F\colon \mathbb{R}^3 \setminus \{0\} \to \mathbb{R}^3$ mit

$$F(x) := -\gamma m M \frac{1}{\|x\|^3}\, x$$

ist divergenzfrei.

Beweis: Die Koordinatenfunktionen von F sind

$$f_i(x) = -\gamma m M \frac{x_i}{\|x\|^3}, \quad i = 1,2,3.$$

Mit dem Ergebnis von Beispiel (21.81) auf Seite 149 gilt

$$\frac{\partial f_i}{\partial x_i}(x) = \frac{3x_i^2 - \|x\|^2}{\|x\|^5}$$

für $i = 1,2,3$ und alle $x \in \mathbb{R}^3 \setminus \{0\}$. Also folgt mit Definition (22.13), Seite 157:

$$\operatorname{div} F(x) = \frac{\partial f_1}{\partial x_1}(x) + \frac{\partial f_2}{\partial x_2}(x) + \frac{\partial f_3}{\partial x_3}(x)$$

$$= \frac{1}{\|x\|^5}(3x_1^2 - \|x\|^2 + 3x_2^2 - \|x\|^2 + 3x_3^2 - \|x\|^2)$$

$$= \frac{1}{\|x\|^5}(3(x_1^2 + x_2^2 + x_3^2) - 3\|x\|^2) = 0$$

b) *Behauptung:* $\operatorname{div}(\operatorname{rot} f) = 0$ für ein zweimal stetig differenzierbares Vektorfeld $f\colon U \to \mathbb{R}^3$ ($U \subseteq \mathbb{R}^3$ offen).

Beweis: Nach (22.8) ist

$$\operatorname{rot} f = \left(\frac{\partial f_3}{\partial x_2} - \frac{\partial f_2}{\partial x_3}, \frac{\partial f_1}{\partial x_3} - \frac{\partial f_3}{\partial x_1}, \frac{\partial f_2}{\partial x_1} - \frac{\partial f_1}{\partial x_2}\right)$$

und deshalb mit Definition (22.13):

$$\operatorname{div}(\operatorname{rot} f) = \frac{\partial^2 f_3}{\partial x_1 \partial x_2} - \frac{\partial^2 f_2}{\partial x_1 \partial x_3} + \frac{\partial^2 f_1}{\partial x_2 \partial x_3} - \frac{\partial^2 f_3}{\partial x_2 \partial x_1} + \frac{\partial^2 f_2}{\partial x_3 \partial x_1} - \frac{\partial^2 f_1}{\partial x_3 \partial x_2}$$

$$= 0$$

wegen des Satzes von Schwarz.

c) Wäre $f = \operatorname{rot} g$, so wäre nach b):

$$\operatorname{div} f = \operatorname{div}(\operatorname{rot} g) = 0,$$

d.h. $\operatorname{div} f(x,y,z) = 0$ für alle $x,y,z \in \mathbb{R}^3$. Es gilt jedoch:

$$\operatorname{div} f(x,y,z) = \frac{\partial f_1}{\partial x}(x,y,z) + \frac{\partial f_2}{\partial y}(x,y,z) + \frac{\partial f_3}{\partial z}(x,y,z)$$

$$= 2xy + 0 + xy = 3xy \neq 0$$

für alle $(x,y,z) \in \mathbb{R}^3$ mit $x \neq 0$ und $y \neq 0$.

AUFGABE 4.- a) Sei $f(x,y) := x^2 - y^2$, $(x,y) \in \mathbb{R}^2$. Dann ist f zweimal stetig differenzierbar, und es gilt A 4 Seite 158

$$\frac{\partial f}{\partial x}(x,y) = 2x \quad \text{und} \quad \frac{\partial f}{\partial y}(x,y) = -2y,$$

also

$$\frac{\partial^2 f}{\partial x^2}(x,y) = 2 \quad \text{und} \quad \frac{\partial^2 f}{\partial y^2}(x,y) = -2,$$

so daß

$$\frac{\partial^2 f}{\partial x^2}(x,y) + \frac{\partial^2 f}{\partial y^2}(x,y) = 0$$

ist.

Mit $g(x,y) := \ln(x^2 + y^2)$ für $(x,y) \in \mathbb{R}^2 \setminus \{0\}$ folgt

$$\frac{\partial g}{\partial x}(x,y) = \frac{2x}{x^2 + y^2}, \quad \frac{\partial g}{\partial y}(x,y) = \frac{2y}{x^2 + y^2},$$

$$\frac{\partial^2 g}{\partial x^2}(x,y) = \frac{2(y^2 - x^2)}{(x^2 + y^2)^2}, \quad \frac{\partial^2 g}{\partial y^2}(x,y) = \frac{2(x^2 - y^2)}{(x^2 + y^2)^2}.$$

Also folgt auch hier

$$\frac{\partial^2 g}{\partial x^2}(x,y) + \frac{\partial^2 g}{\partial y^2}(x,y) = 0.$$

b) Für $f(x,y,z) := x^2 + y^2 - 2z^2$, $(x,y,z) \in \mathbb{R}^3$ gilt

$$\frac{\partial f}{\partial x}(x,y,z) = 2x, \quad \frac{\partial f}{\partial y}(x,y,z) = 2y, \quad \frac{\partial f}{\partial z}(x,y,z) = -4z,$$

$$\frac{\partial^2 f}{\partial x^2}(x,y,z) = 2, \quad \frac{\partial^2 f}{\partial y^2}(x,y,z) = 2, \quad \frac{\partial^2 f}{\partial z^2}(x,y,z) = -4.$$

Also ist

$$\Delta f(x,y,z) = 0 \quad \text{für alle } (x,y,z) \in \mathbb{R}^3.$$

AUFGABE 5.- 1) *Hinweise:* Präzisieren Sie die Sprechweise: "f hängt nur von r ab". Benutzen Sie die Ergebnisse von Beispiel (22.17). Sie gelangen zu einer (Differential-)Gleichung der Gestalt $rh''(r) + h'(r) = 0$. Diese können Sie zum Beispiel durch Integration (von einer beliebigen, aber festen Zahl $r_0 > 0$ bis r) lösen. A 5 Seite 159

2) *Lösung:* *Behauptung:* $f\colon \mathbb{R}^2 \setminus \{0\} \to \mathbb{R}$ zweimal stetig differenzierbar, $\Delta f = 0$ und f hänge nur von r ab; dann gibt es $a, b \in \mathbb{R}$, so daß

$$f(x,y) = a \ln(x^2 + y^2) + b \quad \text{für alle } (x,y) \neq (0,0).$$

Beweis: Daß f in Polarkoordinaten nur von r abhängt, bedeutet:

$$h(r,\theta) := f(r\cos\theta, r\sin\theta)$$

hängt nicht von θ ab, also

$$h(r,\theta) = h(r).$$

Aus $\Delta f = 0$, also $f(r\cos\theta, r\sin\theta) = 0$ für alle r und θ, folgt mit der Darstellung des Laplace-Operators in Polarkoordinaten aus Beispiel (22.17):

$$0 = \frac{\partial^2 h}{\partial r^2}(r,\theta) + \frac{1}{r^2}\frac{\partial^2 h}{\partial\theta^2}(r,\theta) + \frac{1}{r}\frac{\partial h}{\partial r}(r,\theta)$$

$$= h''(r) + \frac{1}{r}h'(r),$$

wobei der Strich Differentiation nach r bedeutet. Die letzte Gleichung ist äquivalent zu

$$h'(r) + rh''(r) = 0 \quad \text{für alle } r > 0.$$

Sei $r_0 > 0$ beliebig, aber fest gewählt. Dann gilt

$$0 = \int_{r_0}^{r} h'(\tau)\,d\tau + \int_{r_0}^{r} \tau h''(\tau)\,d\tau$$

$$= \int_{r_0}^{r} h'(\tau)\,d\tau + [\tau h'(\tau)]_{r_0}^{r} - \int_{r_0}^{r} h'(\tau)\,d\tau \quad \text{mit (12.29)}$$

$$= rh'(r) - r_0 h'(r_0).$$

Also gilt

$$rh'(r) = a^* \quad \text{oder} \quad h'(r) = \frac{a^*}{r} \quad \text{für alle } r > 0,$$

wenn wir $a^* := r_0 h'(r_0)$ setzen. Es folgt:

$$h(r) = a^*\ln r + b = \frac{a^*}{2}\ln(r^2) + b$$

$$= a\ln(r^2) + b, \quad a := \frac{a^*}{2}.$$

Mit $r^2 = x^2+y^2$ ergibt sich nun wie behauptet

$$f(x,y) = f(r\cos\theta, r\sin\theta) = h(r,\theta) = h(r) = a\ln(r^2) + b$$

$$= a\ln(x^2+y^2) + b.$$

A 6
Seite 159

AUFGABE 6.- 1) Hinweise: Zu a): Bei der Berechnung der partiellen Ableitungen von f müssen Sie den Hauptsatz der Differential- und Integralrechnung benutzen (siehe ANALYSIS I, Satz (12.2) und die Merkregel auf Seite 209).

2) Lösung: a) Behauptung: Die Funktion $f: \mathbb{R}^2 \to \mathbb{R}$ mit

$$f(x,t) := \frac{1}{2}(p(x+ct) + p(x-ct)) + \frac{1}{2c}\int_{x-ct}^{x+ct} q(\tau)\,d\tau$$

erfüllt die Gleichungen

$$\frac{\partial^2 f}{\partial t^2}(x,t) = c^2\frac{\partial^2 f}{\partial x^2}, \quad f(x,0) = p(x) \quad \text{und} \quad \frac{\partial f}{\partial t}(x,0) = q(x).$$

Beweis: Durch Einsetzen von $t = 0$ in die Definition von f sieht man sofort, daß $f(x,0) = p(x)$ für alle $x \in \mathbb{R}$ gilt. Sei $a \in \mathbb{R}$. Dann ist

$$f(x,t) = \frac{1}{2}(p(x+ct) + p(x-ct)) + \frac{1}{2c}\int_{a}^{x+ct} q(\tau)\,d\tau$$

$$-\frac{1}{2c}\int_{a}^{x-ct} q(\tau)\,d\tau$$

und mit dem Hauptsatz der Differential- und Integralrechnung folgt

$$\frac{\partial f}{\partial t}(x,t) = \frac{1}{2}(cp'(x+ct) - cp'(x-ct))$$

$$+ \frac{1}{2c}q(x+ct)\cdot c - \frac{1}{2c}q(x-ct)\cdot(-c).$$

Hieraus folgt sofort: $\frac{\partial f}{\partial t}(x,0) = q(x)$ für alle $x \in \mathbb{R}$ und - da q differenzierbar und p zweimal differenzierbar ist:

$$\frac{\partial^2 f}{\partial t^2}(x,t) = \frac{1}{2}(c^2p''(x+ct) + c^2p''(x-ct))$$

$$+ \frac{1}{2c}q'(x+ct)\cdot c^2 - \frac{1}{2c}q'(x-ct)\cdot(-c)^2$$

$$= c^2\Big[\frac{1}{2}(p''(x+ct) + p''(x-ct))$$

$$+ \frac{1}{2c}(q'(x+ct) - q'(x-ct))\Big].$$

Andererseits ist

$$\frac{\partial f}{\partial x}(x,t) = \frac{1}{2}(p'(x+ct) + p'(x-ct))$$

$$+ \frac{1}{2c}q(x+ct) - \frac{1}{2c}q(x-ct)$$

und

$$\frac{\partial^2 f}{\partial x^2}(x,t) = \frac{1}{2}(p''(x+ct) + p''(x-ct))$$

$$+ \frac{1}{2c}(q'(x+ct) - q'(x-ct)).$$

Ein Vergleich mit $\frac{\partial^2 f}{\partial t^2}(x,t)$ zeigt, daß f die eindimensionale Wellengleichung erfüllt.

b) Behauptung: $(x,t) \mapsto T(x,t) := \frac{1}{\sqrt{t}}e^{-\frac{x^2}{4kt}}$, $x \in \mathbb{R}$, $t > 0$, erfüllt die Gleichung $\frac{\partial T}{\partial t}(x,t) = k\frac{\partial^2 T}{\partial x^2}$.

Beweis: Es ist

$$\frac{\partial T}{\partial t}(x,t) = -\frac{1}{2t\sqrt{t}}e^{-\frac{x^2}{4kt}} + \frac{1}{\sqrt{t}}e^{-\frac{x^2}{4kt}}\cdot\frac{x^2}{4kt^2},$$

$$\frac{\partial T}{\partial x}(x,t) = \frac{1}{\sqrt{t}}\Big(-\frac{x}{2kt}\Big)e^{-\frac{x^2}{4kt}}$$

$$= -\frac{1}{k}\frac{1}{2t\sqrt{t}}xe^{-\frac{x^2}{4kt}},$$

$$\frac{\partial^2 T}{\partial x^2}(x,t) = -\frac{1}{k}\cdot\frac{1}{2t\sqrt{t}}\Big[e^{-\frac{x^2}{4kt}} + x\frac{-x}{2kt}e^{-\frac{x^2}{4kt}}\Big]$$

$$= \frac{1}{k}\Big[-\frac{1}{2t\sqrt{t}}e^{-\frac{x^2}{4kt}} + \frac{x^2}{4kt^2\sqrt{t}}e^{-\frac{x^2}{4kt}}\Big].$$

Der Vergleich mit $\frac{\partial T}{\partial t}(x,t)$ zeigt, daß die Wärmeleitungsgleichung erfüllt ist.

AUFGABE 7.- 1) Hinweise: Wie Sie vorzugehen haben, steht am Ende des Beweises von Satz (22.20) A 7 Seite 161

2) Lösung: Im Beweis von (22.20) ist hergeleitet worden

$$f(\overset{\circ}{x}+\underline{h}) - f(\overset{\circ}{x}) = \sum_{i=1}^{n} \frac{\partial f}{\partial x_i}(\overset{\circ}{x})\, h_i - \int_0^1 u(t)v'(t)\,dt\,,$$

wobei $u(t) = t-1$ und

$$v'(t) = \sum_{i,j=1}^{n} \frac{\partial^2 f}{\partial x_i \partial x_j}(\overset{\circ}{x}+t\underline{h})\, h_i h_j$$

mit $t \in [0,1]$ ist.

Mit partieller Integration formen wir weiter um:

$$\int_0^1 u(t)v'(t)\,dt = \int_0^1 (t-1)v'(t)\,dt$$

$$= \left[\frac{(t-1)^2}{2} v'(t)\right]_0^1 - \int_0^1 \frac{(t-1)^2}{2} v''(t)\,dt$$

$$= -\frac{1}{2} v'(0) - v''(c) \int_0^1 \frac{(t-1)^2}{2}\,dt$$

für ein $c \in [0,1]$ nach dem Mittelwertsatz (10.53) der Integralrechnung. Es ist

$$\int_0^1 \frac{(t-1)^2}{2}\,dt = \frac{(t-1)^3}{2\cdot 3}\Bigg|_0^1 = \frac{1}{3!}\,.$$

Wir berechnen $V''(t)$ nach der Kettenregel

$$v''(t) = \left\langle \operatorname{grad}\left(\sum_{i,j=1}^{n} \frac{\partial^2 f}{\partial x_i \partial x_j} h_i h_j\right)(x_o+t\underline{h}), \underline{h}\right\rangle$$

$$= \sum_{k=1}^{n} \sum_{i,j=1}^{n} \frac{\partial^3 f}{\partial x_k \partial x_i \partial x_j}(x_o+t\underline{h})\, h_i h_j h_k$$

$$= \sum_{i,j,k=1}^{n} \frac{\partial^3 f}{\partial x_i \partial x_j \partial x_k}(x_o+t\underline{h})\, h_i h_j h_k.$$

Es folgt die Taylorformel zweiter Ordnung

$$f(\overset{\circ}{x}+\underline{h}) = f(\overset{\circ}{x}) + \sum_{i=1}^{n} \frac{\partial f}{\partial x_i}(\overset{\circ}{x})h_i + \frac{1}{2} v'(0) + \frac{1}{3!} v''(c)$$

$$= f(\overset{\circ}{x}) + \sum_{i=1}^{n} \frac{\partial f}{\partial x_i}(\overset{\circ}{x})h_i + \frac{1}{2!} \sum_{i,j=1}^{n} \frac{\partial^2 f}{\partial x_i \partial x_j}(\overset{\circ}{x})\, h_i h_j$$

$$+ \frac{1}{3!} \sum_{i,j,k=1}^{n} \frac{\partial^3 f}{\partial x_i \partial x_j \partial x_k}(\underline{\xi})\, h_i h_j h_k\,,$$

wobei $\underline{\xi} := \overset{\circ}{x}+c\underline{h}$ ein Punkt auf der Verbindungsstrecke $[\overset{\circ}{x}, \overset{\circ}{x}+\underline{h}]$ ist.

A 8 Seite 162

AUFGABE 8.- 1) Hinweise: (22.23) und Satz (22.20).

2) Lösung: a) Behauptung: $H_f(b) = -2E_n$.

Beweis: Es ist $\|x-b\|^2 = (x_1-b_1)^2 + \ldots + (x_n-b_n)^2$. Also gilt für $i = 1,\ldots,n$:

$$\frac{\partial f}{\partial x_i}(x) = \frac{-2(x_i-b_i)}{(1+\|x-b\|^2)^2}\,,$$

$$\frac{\partial^2 f}{\partial x_i^2}(x) = \frac{-2(1+\|x-b\|^2)^2 + 2(x_i-b_i)\,2(1+\|x-b\|^2)\,2(x_i-b_i)}{(1+\|x-b\|^2)^4}$$

$$= \frac{-2}{(1+\|x-b\|^2)^2} + \frac{8(x_i-b_i)^2}{(1+\|x-b\|^2)^3}$$

und für $j \neq i$:

$$\frac{\partial^2 f}{\partial x_j \partial x_i}(x) = \frac{8(x_i-b_i)(x_j-b_j)}{(1+\|x-b\|^2)^3}\,.$$

Hieraus folgt

$$H_f(b) = \begin{pmatrix} -2 & 0 & \ldots & 0 \\ 0 & -2 & \ldots & 0 \\ \vdots & \vdots & & \vdots \\ 0 & 0 & \ldots & -2 \end{pmatrix} = -2\,E_n.$$

b) Nach Satz (22.20) ist für $\overset{\circ}{x} = 0$

$$f(\underline{h}) = f(0) + \sum_{i=1}^{n} \frac{\partial f}{\partial x_i}(0)\, h_i + \frac{1}{2} \sum_{i,j=1}^{n} \frac{\partial^2 f}{\partial x_i \partial x_j}(0)\, h_i h_j + R(\underline{h})\,.$$

Mit den Ergebnissen aus Teil a) folgt für $b = 0$:

$$f(\underline{h}) = 1 + 0 + \frac{1}{2} \sum_{i=1}^{n} \frac{\partial^2 f}{\partial x_i^2}(0)\, h_i^2 + R(\underline{h})$$

$$= 1 + \frac{1}{2} \sum_{i=1}^{n} (-2)\, h_i^2 + R(\underline{h})$$

$$= 1 - \|\underline{h}\|^2 + R(\underline{h}).$$

Haben Sie sich den Graphen von f oder die Niveaumengen von f im Fall $n = 2$ skizziert?

AUFGABE 9.- 1) Hinweise: Wenn $D_v f(\overset{\circ}{x}) > 0$ ist, geht es von $\overset{\circ}{x}$ aus in Richtung v auf dem Graphen von f aufwärts. A 9 Seite 163

2) Lösung: "In einem lokalen Maximum geht es in keiner Richtung weiter bergauf" haben wir gesagt, also muß

$$D_v f(\overset{\circ}{x}) \leq 0$$

sein für alle $v \in \mathbb{R}^2$ mit $\|v\| = 1$.

Wäre für ein $v_o \in \mathbb{R}^2$ mit $\|v_o\| = 1$

$$D_{v_o} f(\overset{\circ}{x}) < 0,$$

so ergäbe sich in der "Gegenrichtung" $-v_o$:

$$D_{-v_o} f(\overset{\circ}{x}) = \langle \operatorname{grad} f(\overset{\circ}{x}), -v_o \rangle$$

$$= -\langle \operatorname{grad} f(\overset{\circ}{x}), v_o \rangle$$

$$= -D_{v_o} f(x_o) > 0,$$

also ein Anstieg in Richtung $-v_o$. Das ist ein Widerspruch. Es gilt $D_v f(\overset{\circ}{x}) = 0$ für alle Richtungen v.

AUFGABE 10.- 1) Hinweise: Gehen Sie jeweils analog zu Beispiel (22.30) vor. A 10 Seite 164

2) Lösung: a) Es gilt

$$\frac{\partial f}{\partial x}(x,y) = 2x - 2y = 2(x-y)$$

und

$$\frac{\partial f}{\partial y}(x,y) = -2x - 3 + y^2\,,$$

also grad $f(x,y) = (0,0)$ genau dann, wenn $x = y$ und $x^2-2x-3 = 0$, also $x = -1$ und $x = 3$.
f hat die beiden kritischen Punkte $(-1,-1)$ und $(3,3)$.

b) Hier gilt

$$\frac{\partial f}{\partial x}(x,y) = 2x - 2y = 2(x-y) = 0$$

und

$$\frac{\partial f}{\partial y}(x,y) = -2x + 2y = 2(y-x) = 0$$

genau dann, wenn $x = y$ ist. D.h. alle Punkte $(x,y) \in \mathbb{R}^2$ mit $x = y$ sind kritische Punkte von f. Dies zeigt auch die folgende Skizze des Graphen von f. In allen kritischen Punkten sind lokale (sogar absolute) Minima von f (es ist $f(x,y) = (x-y)^2$).

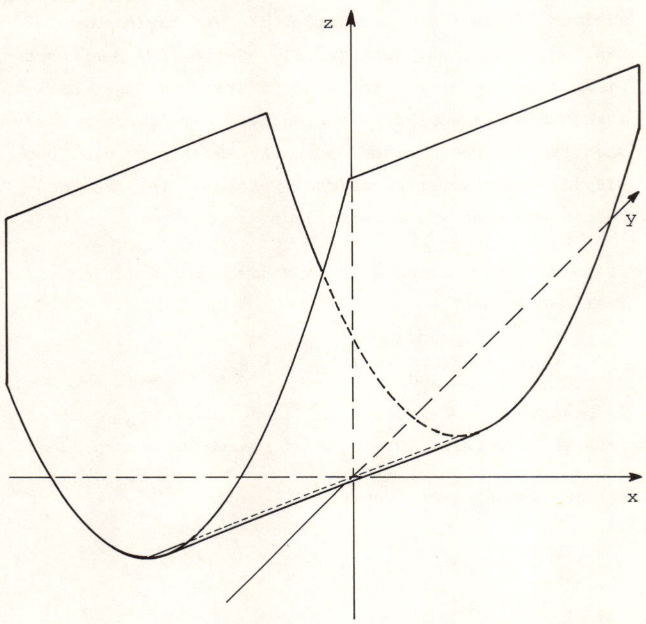

A 11
Seite 166

AUFGABE 11.- 1) Hinweise: Betrachten Sie zunächst den Fall $a = 0$. Wählen Sie dann (h_1,h_2) so, daß $\underline{h}A\underline{h}^T = 2bh_1h_2 + ch_2^2$ einmal positiv und einmal negativ wird. Benutzen Sie im Fall $a \neq 0$ die Darstellung von $\underline{h}A\underline{h}^T$ im Beweis von (22.36).

2) Lösung: Behauptung: Ist $d := \det \begin{pmatrix} a & b \\ b & c \end{pmatrix} = ac-b^2 < 0$, so ist $A = \begin{pmatrix} a & b \\ b & c \end{pmatrix}$ indefinit.

Beweis: 1. Fall: $a = 0$, dann ist $b \neq 0$, und es gilt

$$\underline{h}A\underline{h}^T = 2b\cdot h_1h_2 + ch_2^2 .$$

Ist auch $c = 0$, so wähle man $\underline{h} = (1,-1)$ und $\underline{\tilde{h}} = (1,1)$. Dann haben

$$\underline{h}A\underline{h}^T = 2b \quad \text{und} \quad \underline{\tilde{h}}A\underline{\tilde{h}}^T = -2b$$

verschiedenes Vorzeichen.
Ist $c \neq 0$, so wähle man etwa $\underline{h} = (0,1)$ und $\underline{\tilde{h}} = (-\frac{c}{b},1)$. Dann haben auch

$$\underline{h}A\underline{h}^T = c \quad \text{und} \quad \underline{\tilde{h}}A\underline{\tilde{h}}^T = -c$$

verschiedenes Vorzeichen.

2. Fall: $a \neq 0$. Dann gilt

$$\underline{h}A\underline{h}^T = \frac{1}{a}[(ah_1 + bh_2)^2 + dh_2^2] .$$

Wählt man nun $\underline{h} = (1,0)$ und $\underline{\tilde{h}} = (-b,a)$, so haben

$$\underline{h}A\underline{h}^T = a \quad \text{und} \quad \underline{\tilde{h}}A\underline{\tilde{h}}^T = da$$

wegen $d < 0$ ebenfalls verschiedenes Vorzeichen.

A 12
Seite 167

AUFGABE 12.- 1) Hinweise: Bestimmen Sie jeweils alle kritischen Punkte und untersuchen Sie diese mit der Hesseschen Matrix, ob in diesen Punkten Maxima, Minima oder Sattelpunkte liegen.
Bei einigen Funktionen versagt diese Untersuchungsmethode. Lassen Sie sich etwas anderes einfallen! Zu e): Auch (22.35).

2) Lösung: a) $\frac{\partial f}{\partial x}(x,y) = 3x^2 - 12y$, $\frac{\partial f}{\partial y}(x,y) = -12x + 24y^2$.
Also gilt grad $f(x,y) = (0,0)$ genau dann, wenn

$$x^2 - 4y = 0 \quad \text{und} \quad 2y^2 - x = 0$$

ist. Hieraus folgt $x = 2y^2$ und $4y^4 - 4y = 0$, woraus $y = 0$ oder $y = 1$ und damit $x = 0$ oder $x = 2$ folgt. f hat die beiden kritischen Punkte $(0,0)$ und $(2,1)$.
Es ist

$$H_f(x,y) = \begin{pmatrix} 6x & -12 \\ -12 & 48y \end{pmatrix} .$$

Also $H_f(0,0) = \begin{pmatrix} 0 & -12 \\ -12 & 0 \end{pmatrix}$, so daß $\det H_f(0,0) = -144 < 0$ ist und f nach (22.37)(3) in $(0,0)$ einen Sattelpunkt hat.
Weiter ist

$$H_f(2,1) = \begin{pmatrix} 12 & -12 \\ -12 & 48 \end{pmatrix} ,$$

also $\det H_f(2,1) = 432 > 0$ und $\frac{\partial^2 f}{\partial x^2}(2,1) = 12 > 0$. Deshalb hat f nach (22.37)(1) in $(2,1)$ ein striktes lokales Minimum.

b) Nach Aufgabe 10 b), Seite 164, sind alle Punkte $(x,y) \in \mathbb{R}^2$ mit $x = y$ kritische Punkte von f. Es ist

$$H_f(x,y) = \begin{pmatrix} 2 & -2 \\ -2 & 2 \end{pmatrix} ,$$

also $\det H_f(x,y) = 0$ für alle $(x,y) \in \mathbb{R}^2$. Folgerung (22.37) ist nicht anwendbar. Sie wissen aber aus der Skizze zur Lösung von Aufgabe 10 b), daß alle kritischen Punkte von f lokale Extrema sind. Der Beweis ist einfach: Ist $(\mathring{x},\mathring{y})$ ein kritischer Punkt von f, also $\mathring{x} = \mathring{y}$, so gilt für <u>alle</u> $(x,y) \in \mathbb{R}^2$:

$$f(x,y) = x^2 - 2xy + y^2 = (x-y)^2 \geqq 0 = f(\mathring{x},\mathring{y}).$$

c) $\frac{\partial f}{\partial x}(x,y) = 3x^2$ und $\frac{\partial f}{\partial y}(x,y) = -2y$ sind genau dann gleich Null, wenn $(x,y) = (0,0)$ ist.

$$H_f(x,y) = \begin{pmatrix} 6x & 0 \\ 0 & -2 \end{pmatrix} ,$$

so daß $\det H_f(0,0) = 0$ und (22.37) nicht anwendbar ist. In beliebiger Nähe des kritischen Punktes $(0,0)$ hat f aber positive und negative Funktionswerte:

$$f(0,y) = -y^2 < 0 \quad \text{für } y \neq 0,$$

$$f(x,0) = x^3 > 0 \quad \text{für } x > 0.$$

Also hat f in $(0,0)$ einen Sattelpunkt.

d) Die Funktion $f\colon \mathbb{R}^2 \longrightarrow \mathbb{R}$ mit $f(x,y) := 2x^4 + y^4 - x^2 - 2y^2$ hat nach Beispiel (22.30) die kritischen Punkte: $(0,0)$, $(0,\pm 1)$, $(\pm\frac{1}{2},0)$, $(\pm\frac{1}{2},\pm 1)$, wobei alle Vorzeichen-Kombinationen zugelassen sind. Es ist

$$H_f(x,y) = \begin{pmatrix} 24x^2-2 & 0 \\ 0 & 12y^2-4 \end{pmatrix}.$$

Wegen

$$\det H_f(0,0) = 8 > 0 \quad \text{und} \quad \frac{\partial^2 f}{\partial x^2}(0,0) = -2 < 0$$

hat f in $(0,0)$ ein striktes lokales Maximum.
Wegen

$$\det H_f(0,\pm 1) = -16 < 0$$

hat f in den Punkten $(0,\pm 1)$ Sattelpunkte.
Wegen

$$\det H_f(\pm\tfrac{1}{2},0) = -16 < 0$$

hat f in den Punkten $(\pm\frac{1}{2},0)$ Sattelpunkte.
Wegen

$$\det H_f(\pm\tfrac{1}{2},\pm 1) = 32 > 0 \quad \text{und} \quad \frac{\partial^2 f}{\partial x^2}(\pm\tfrac{1}{2},\pm 1) = 4 > 0$$

hat f in den Punkten $(\pm\frac{1}{2},\pm 1)$ strikte lokale Minima.

e) $\frac{\partial f}{\partial x}(x,y,z) = -\sin x$, $\frac{\partial f}{\partial y}(x,y,z) = -\sin y$, $\frac{\partial f}{\partial z}(x,y,z) = -\sin z$. Also gilt $\operatorname{grad} f(x,y,z) = (0,0,0)$ genau dann, wenn

$$x = k\pi\,,\quad y = \ell\pi\,,\quad z = m\pi\,,\qquad k,\ell,m \in \mathbb{Z}.$$

f hat also die "Gitterpunkte" $\pi(k,\ell,m)$, $k,\ell,m \in \mathbb{Z}$, als kritische Punkte.
Es ist

$$H_f(x,y,z) = \begin{pmatrix} -\cos x & 0 & 0 \\ 0 & -\cos y & 0 \\ 0 & 0 & -\cos z \end{pmatrix},$$

also

$$H_f(k\pi,\ell\pi,m\pi) = \begin{pmatrix} (-1)^{k+1} & 0 & 0 \\ 0 & (-1)^{\ell+1} & 0 \\ 0 & 0 & (-1)^{m+1} \end{pmatrix}.$$

Sind alle drei ganzen Zahlen k,ℓ,m ungerade, so ist $H_f(k\pi,\ell\pi,m\pi)$ die Einheitsmatrix E_3 und daher nach Beispiel (22.35) positiv-definit. Mit Satz (22.34)(1) folgt: f hat in diesen Punkten strikte lokale Minima.
Sind alle Zahlen k,ℓ,m gerade, so ist $H_f(k\pi,\ell\pi,m\pi) = -E_3$ und daher die Hessesche Matrix (analog zu (22.35)) negativ-definit.
f hat also in diesen Punkten strikte lokale Maxima nach Satz (22.34)(2).

In allen anderen Fällen (zwei der Zahlen k,ℓ,m gerade, eine ungerade oder zwei ungerade, eine gerade) ist die Hessesche Matrix indefinit und f hat in den entsprechenden Punkten einen Sattelpunkt. Hat die Hessesche Matrix etwa die Gestalt

$$A = \begin{pmatrix} 1 & 0 & 0 \\ 0 & -1 & 0 \\ 0 & 0 & 1 \end{pmatrix},$$

so gilt z.B. für $\underline{h} = (0,1,0)$ und $\underline{\tilde h} = (1,0,1)$

$$\underline{h}A\underline{h}^T = -1 < 0 \quad \text{und} \quad \underline{\tilde h}A\underline{\tilde h}^T = 2 > 0.$$

AUFGABE 13.- 1) Hinweise: Die Frage nach dem absoluten Minimum können Sie zum Beispiel mit der Taylorformel zweiter Ordnung aus Satz (22.20), Seite 160, beantworten. A 13 Seite 167
Um zu zeigen, daß f genau einen kritischen Punkt hat, müssen Sie zeigen, daß ein quadratisches lineares Gleichungssystem genau eine Lösung hat. Hier geht die (physikalisch selbstverständliche) Tatsache ein, die "Meßzeitpunkte" paarweise verschieden sind.

2) Lösung: Es ist das globale Minimum der Funktion $f\colon \mathbb{R}^2 \longrightarrow \mathbb{R}$ mit

$$f(\lambda_0,\lambda_1) := \sum_{i=1}^{n} (\alpha_i - \lambda_0 - \lambda_1 t_i)^2$$

zu bestimmen, wobei $\alpha_1,\ldots,\alpha_N$ und $t_1,\ldots,t_N$ gegebene reelle Zahlen sind. Die t_i sind paarweise verschieden.

(1) Kritische Punkte von f:

$$\frac{\partial f}{\partial \lambda_0}(\lambda_0,\lambda_1) = \sum_{i=1}^{N} -2(\alpha_i - \lambda_0 - \lambda_1 t_i)$$

$$= \lambda_0 2N + \lambda_1 2\cdot\sum_{i=1}^{N} t_i - 2\cdot\sum_{i=1}^{N}\alpha_i,$$

$$\frac{\partial f}{\partial \lambda_1}(\lambda_0,\lambda_1) = \sum_{i=1}^{N} -2(\alpha_i - \lambda_0 - \lambda_1 t_i)t_i$$

$$= \lambda_0 2\cdot\sum_{i=1}^{N} t_i + \lambda_1 2\cdot\sum_{i=1}^{N} t_i^2 - 2\cdot\sum_{i=1}^{N}\alpha_i t_i.$$

Es folgt: (λ_0,λ_1) ist genau dann kritischer Punkt von f, wenn er Lösung des linearen Gleichungssystems

$$N\lambda_0 + \Big(\sum_{i=1}^{N} t_i\Big)\lambda_1 = \sum_{i=1}^{N}\alpha_i$$

$$\Big(\sum_{i=1}^{N} t_i\Big)\lambda_0 + \Big(\sum_{i=1}^{N} t_i^2\Big)\lambda_1 = \sum_{i=1}^{N}\alpha_i t_i$$

ist. (Dieses System haben wir auch schon in (16.42) auf Seite 40 erhalten.) Wir wollen jetzt zeigen, daß dieses Gleichungssystem stets eindeutig lösbar ist.
Wir setzen zur Abkürzung: Für $k = 0,1,2$

$$\beta_k := \sum_{i=1}^{N} t_i^k$$

und für $k=0$ oder 1

$$\gamma_k := \sum_{i=1}^{N} \alpha_i t_i^k .$$

Das Gleichungssystem lautet dann:

$$\beta_0\lambda_0 + \beta_1\lambda_1 = \gamma_0$$
$$\beta_1\lambda_0 + \beta_2\lambda_1 = \gamma_1 \quad .$$

Es ist genau dann eindeutig lösbar, wenn die Determinante der Koeffizientenmatrix

$$\beta_0\beta_2 - \beta_1^2 \neq 0$$

ist.

Behauptung: Es gilt $\beta_1^2 < \beta_0\beta_2$, da die t_i paarweise verschieden sind.

Beweis: Sei $t := (t_1,\dots,t_N)$ und $e := (1,1,\dots,1) \in \mathbb{R}^N$, dann gilt

$$<e,t> = \sum_{i=1}^{N} t_i = \beta_1$$

$$\|e\|^2 = \sum_{i=1}^{N} 1 = N = \beta_0 .$$

Nach der Cauchy-Schwarzschen Ungleichung (16.10), Seite 30, Gilt

$$|<e,t>| \leq \|e\| \cdot \|t\|$$

also

$$(<e,t>)^2 \leq \|e\|^2 \cdot \|t\|^2 ,$$

wobei das Gleichheitszeichen nach Aufgabe 5, Seite 32, genau dann gilt, wenn (e,t) linear abhängig ist, d.h. (wegen $e \neq 0$ und $t \neq 0$) wenn $t = \mu e$ für ein $\mu \in \mathbb{R}$, also wenn $t_i = \mu$ für $i = 1,\dots,N$. Das ist nicht der Fall, da die t_i paarweise verschieden sind. Es gilt die strenge Ungleichung und deshalb

$$\beta_1^2 = (<e,t>)^2 < \|e\|^2 \cdot \|t\|^2 = \beta_0\beta_2 \quad \text{wie behauptet.}$$

Die eindeutig bestimmte Lösung $(\overset{o}{\lambda}_0, \overset{o}{\lambda}_1)$ des obigen linearen Gleichungssystems ist also der einzige kritische Punkt von f.

(2) Untersuchung der Hesseschen Matrix:

$$H_f(\lambda_0,\lambda_1) = \begin{pmatrix} 2N & 2\beta_1 \\ 2\beta_1 & 2\beta_2 \end{pmatrix} = 2\begin{pmatrix} \beta_0 & \beta_1 \\ \beta_1 & \beta_2 \end{pmatrix}$$

ist unabhängig von λ_0 und λ_1 (konstant).

$$\det H_f = 4(\beta_0\beta_2 - \beta_1) > 0$$

nach dem oben Bewiesenen. Außerdem: $\frac{\partial f}{\partial \lambda_0^2} = 2\beta_0 = 2N > 0$.

Also hat f in $(\overset{o}{\lambda}_0, \overset{o}{\lambda}_1)$ ein striktes lokales Minimum.

(3) f hat in $\overset{o}{\lambda}$ das absolute Minimum, d.h. $f(\lambda_1,\lambda_2) \geq f(\overset{o}{\lambda})$ für alle $(\lambda_1,\lambda_2) \in \mathbb{R}^2$.

Da alle partiellen Ableitungen zweiter Ordnung von f bereits konstant sind, verschwinden alle partiellen Ableitungen dritter Ordnung, so daß die Taylorformel zweiter Ordnung zum Punkt $\overset{o}{\lambda}$ gemäß Satz (22.20) und mit Bemerkung (22.22) lautet:

$$\begin{aligned} f(\overset{o}{\lambda} + \underline{h}) &= f(\overset{o}{\lambda}) + <\operatorname{grad} f(\overset{o}{\lambda}), \underline{h}> \\ &\quad + \tfrac{1}{2}\, \underline{h}\, H_f(\overset{o}{\lambda})\underline{h}^T \\ &= f(\overset{o}{\lambda}) + \tfrac{1}{2}\, \underline{h}\, H_f(\overset{o}{\lambda})\underline{h}^T \\ &\geq f(\overset{o}{\lambda}), \end{aligned}$$

da $H_f(\overset{o}{\lambda})$ positiv definit ist, wie wir gezeigt haben, also

$$\underline{h}\, H_f(\overset{o}{\lambda})\underline{h}^T > 0$$

für alle $\underline{h} \in \mathbb{R}^2 \setminus \{0\}$ erfüllt.

AUFGABE 14.- 1) Hinweise: Wenden Sie Satz (22.39)(2) und (22.34)(2) sowie (22.38) an. A 14 Seite 167

2) Lösung: Es ist

$$\frac{\partial f}{\partial x}(x,y,z) = yz(4-2x-y-z),$$

$$\frac{\partial f}{\partial y}(x,y,z) = xz(4-x-2y-z),$$

$$\frac{\partial f}{\partial z}(x,y,z) = xy(4-x-y-2z).$$

Also ist grad $f(1,1,1) = (0,0,0)$ und daher $(1,1,1)$ ein kritischer Punkt von f.

Die Hessesche Matrix von f hat die Gestalt

$$\begin{pmatrix} -2yz & z(4-2x-2y-z) & y(4-2x-y-2z) \\ z(4-2x-2y-z) & -2xz & x(4-x-2y-2z) \\ y(4-2x-y-2z) & x(4-x-2y-2z) & -2xy \end{pmatrix}.$$

Somit ist

$$H_f(1,1,1) = \begin{pmatrix} -2 & -1 & -1 \\ -1 & -2 & -1 \\ -1 & -1 & -2 \end{pmatrix}.$$

Mit den Bezeichnungen von Satz (22.39) gilt dann

$$\det A_1 = \det(-2) = -2 < 0.$$

$$\det A_2 = \det \begin{pmatrix} -2 & -1 \\ -1 & -2 \end{pmatrix} = 3 > 0,$$

$$\det A_3 = \det H_f(1,1,1) = -2 < 0.$$

Also ist $H_f(1,1,1)$ negativ definit und f besitzt nach Satz (22.34)(2) ein striktes lokales Maximum im Punkt $(1,1,1)$.

AUFGABE 15.- 1) Hinweise: Beim Skizzieren von $N_0(g)$ können Sie sich zum Beispiel überlegen, welche Punkte auf den Geraden $y = -x + \alpha$, $\alpha \geq 2$, liegen. Sie müssen für $N_0(g)$ eine symmetrisch zur Winkelhalbierenden $y = x$ verlaufende Parabel erhalten. A 15 Seite 170

2) Lösung: Wie in Beispiel (22.44) erhalten Sie für $(x,y) \neq (0,0)$ das Gleichungssystem

$$\frac{x}{\sqrt{x^2+y^2}} = 2\lambda(x-y-1)$$

$$\frac{y}{\sqrt{x^2+y^2}} = 2\lambda(-x+y-1)$$

$$x^2-2xy+y^2-2x-2y+4=0.$$

Da $(0,0) \notin N_0(g)$ ist, dürfen wir weiter $(x,y) \neq (0,0)$ voraussetzen. Die ersten beiden Gleichungen lassen sich in der Form

$$\frac{x}{\sqrt{x^2+y^2}} + 2\lambda(y-x) + 2\lambda = 0$$

$$\frac{y}{\sqrt{x^2+y^2}} - 2\lambda(y-x) + 2\lambda = 0$$

schreiben. Durch Addition und Subraktion dieser beiden Gleichungen folgt

$$\frac{x}{\sqrt{x^2+y^2}} + \frac{y}{\sqrt{x^2+y^2}} + 4\lambda = 0$$

$$\frac{x}{\sqrt{x^2+y^2}} - \frac{y}{\sqrt{x^2+y^2}} + 4\lambda(y-x) = 0.$$

Wenn Sie nun 4λ aus der ersten Gleichung in die zweite Gleichung einsetzen und mit $\sqrt{x^2+y^2}$ multiplizieren, erhalten Sie

$$(x-y)-(x+y)(y-x)=0\ ,$$

also

$$(x-y)(1+x+y)=0,$$

d.h. es muß $x=y$ oder $1+x+y=0$ gelten.
Für $x=y$ folgt aus der Nebenbedingung

$$x^2-2x^2+x^2-2x-2x+4=0,$$

also $-4x+4=0$, d.h. $x=y=1$.
Für $1+x+y=0$ folgt aus der Nebenbedingung

$$4x^2+4x+7=0.$$

Diese Gleichung hat keine reelle Lösung.

Die Funktion f kann also höchstens an der Stelle $(1,1)$ ein lokales Extremum unter der Nebenbedingung $g(x,y)=0$ haben, denn es ist grad $g(x,y)=2(x-y-1,\ -x+y-1) \neq (0,0)$ für alle $(x,y) \in \mathbb{R}^2$.

Geometrische Interpretation:
f ist die Abstandsfunktion, und gesucht ist derjenige Punkt $(\overset{\circ}{x},\overset{\circ}{y})$ auf der Kurve $N_0(g)$, der vom Nullpunkt den größten oder kleinsten Abstand hat.

Ergebnis: f hat in $(1,1)$ ein lokales Minimum unter der Nebenbedingung $g(x,y)=0$ (siehe folgende Skizze).

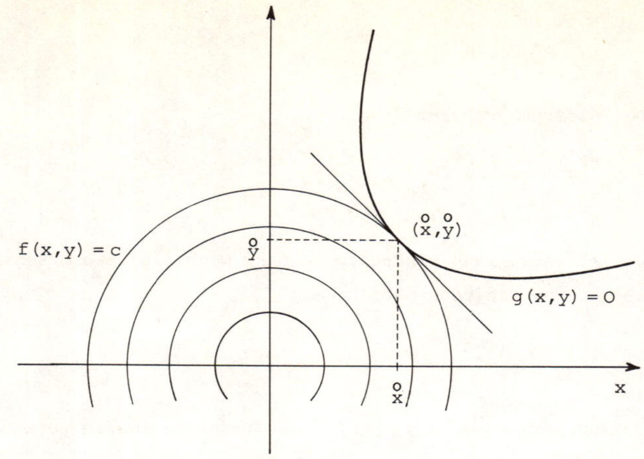

AUFGABE 16.- 1) Hinweise: Es gibt mindestens zwei Möglichkeiten, diese Aufgabe zu lösen: Entweder bestimmen Sie mit Satz (22.45) und analog zu Beispiel (22.46) die Punkte, in denen lokale Extrema von f unter den Nebenbedingungen $g(x_1,x_2,x_3) := x_1+x_2-x_3=0$ sein können. Oder Sie bestimmen den Durchschnitt dieser beiden Ebenen, das ist eine Gerade, und untersuchen f als Funktion einer Veränderlichen auf dieser Geraden auf lokale Extrema. A 16 Seite 171

2) Lösung: Die Aufgabenstellung verlangt, die lokalen Extrema von f unter den Nebenbedingungen $g(x_1,x_2,x_3) := x_1+x_2+x_3-1=0$ und $h(x_1,x_2,x_3) := x_1+x_2-x_3=0$ zu bestimmen. Die notwendige Bedingung

$$\text{grad } f(x_1,x_2,x_3) = \lambda \text{ grad } g(x_1,x_2,x_3) + \mu \text{ grad } h(x_1,x_2,x_3)$$

lautet hier

$$(x_2x_3,x_1x_3,x_1x_2) = \lambda(1,1,1)+\mu(1,1,-1),$$

d.h.

$$x_2x_3 = \lambda+\mu$$
$$x_1x_3 = \lambda+\mu$$
$$x_1x_2 = \lambda-\mu$$

und dazu die Nebenbedingungen

$$x_1+x_2+x_3-1=0$$

$$x_1+x_2-x_3=0.$$

Aus den Nebenbedingungen folgt $x_3 \neq 0$. Also folgt aus den ersten beiden Gleichungen

$$x_2 = x_1.$$

Damit lauten die Nebenbedingungen

$$2x_1+x_3=1$$

$$2x_1-x_3=0\ ,$$

woraus sofort $x_1=\frac{1}{4}$ und $x_3=\frac{1}{2}$ folgt.
Da (grad $g(x)$, grad $h(x)$) für alle $x \in \mathbb{R}^3$ linear unabhängig ist, kann f höchstens im Punkt $(\frac{1}{4},\frac{1}{4},\frac{1}{2})$ ein lokales Extremum unter den Nebenbedingungen $g(x)=h(x)=0$ haben. Die Entscheidung, ob dort tatsächlich ein lokales Minimum oder ein lokales Maximum liegt, fällt mit dieser Methode schwer.

2. Lösungsmöglichkeit: $N_o(g) \cap N_o(h)$ *ist der Durchschnitt zweier (nicht-paralleler) Ebenen, also eine Gerade G im* $\mathbb{R}^3$.

Aus den Nebenbedingungen (lineares Gleichungssystem)

$$x_1 + x_2 + x_3 = 1$$

$$x_1 + x_2 - x_3 = 0$$

folgt zum Beispiel

$$G = \{(\tfrac{1}{2} - x_2, x_2, \tfrac{1}{2}) \mid x_2 \in \mathbb{R}\} \quad .$$

D.h. anstatt f unter den Nebenbedingungen $g(x) = h(x) = 0$ *auf lokale Extrema zu untersuchen, untersuchen wir* $f|_G$ *auf lokale Extrema:*

$$f(\tfrac{1}{2} - x_2, x_2, \tfrac{1}{2}) = \tfrac{1}{2}(\tfrac{1}{2} - x_2)x_2 = \tfrac{1}{4}x_2 - \tfrac{1}{2}x_2^2 \ .$$

Es ist

$$\frac{df}{dx_2} = \frac{1}{4} - x_2 = 0 \iff x_2 = \frac{1}{4}$$

und $\frac{d^2 f}{dx_2^2} = -1 < 0$. *D.h. f hat auf G im Punkt* $(\frac{1}{4}, \frac{1}{4}, \frac{1}{2})$ *ein lokales Maximum.*

A 17
Seite 173

AUFGABE 17.-

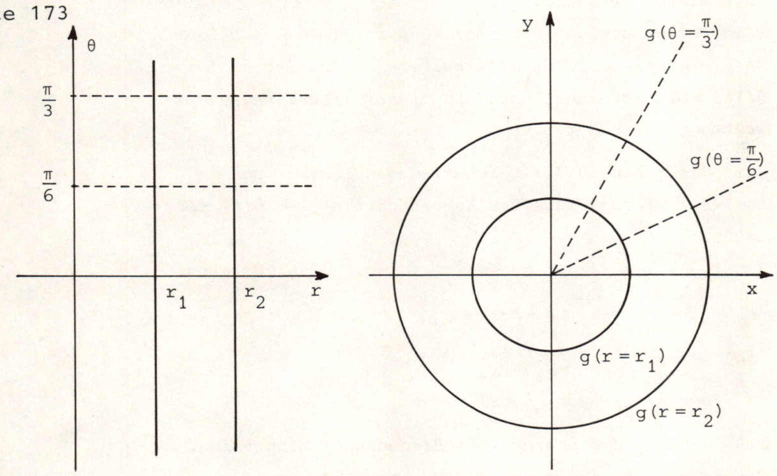

Das Bild der Koordinatenlinie $\theta = \frac{\pi}{6}$ *ist ein vom Nullpunkt ausgehender Strahl, der mit der positiven x-Achse den Winkel* $\frac{\pi}{6}$ *bildet. Das Bild der Koordinatenlinie* $r = r_1$ *ist ein Kreis um den Nullpunkt mit Radius* r_1. *Dieser Kreis wir unendlich-fach durchlaufen.*

A 18
Seite 174

AUFGABE 18.- 1) Hinweise: Untersuchen Sie zunächst mit Satz (22.48) auf lokale Injektivität. Lösen Sie dann $e^x + e^y = u$, $e^x - e^y = v$ *unter geeigneten Voraussetzungen an u und v nach x und y auf. Benutzen Sie Bemerkung (22.51).*

2) Lösung: $f: \mathbb{R}^2 \to \mathbb{R}$ *mit*

$$f(x,y) = (e^x + e^y,\ e^x - e^y)$$

ist stetig differenzierbar, und es gilt

$$\det J_f(x,y) = \det \begin{pmatrix} e^x & e^y \\ e^x & -e^y \end{pmatrix} = -2e^{x+y} \neq 0$$

für alle $(x,y) \in \mathbb{R}^2$. *Also ist f in jedem Punkt* $(x,y) \in \mathbb{R}^2$ *lokal injektiv.*

Aus

$$e^x + e^y =: u, \quad e^x - e^y =: v$$

folgt für $u+v > 0$ *und* $u-v > 0$:

$$x = \ln \frac{u+v}{2}, \quad y = \ln \frac{u-v}{2},$$

so daß

$$f^{-1}(u,v) = (\ln \frac{u+v}{2}, \ \ln \frac{u-v}{2})$$

für $u+v > 0$, $u-v > 0$ *eine lokale Umkehrung von f ist.*

Die inverse Matrix der Funktionalmatrix $J_f(x)$ *können Sie z.B. mit Aufgabe 19, Seite 104, bestimmen. Dann gilt mit Bemerkung (22.51) für die Funktionalmatrix der Umkehrfunktion*

$$J_{f^{-1}}(u,v) = (J_f(x,y))^{-1} = \frac{1}{-2e^{x+y}} \begin{pmatrix} -e^y & -e^y \\ -e^x & e^x \end{pmatrix}$$

$$= -\frac{2}{(u+v)(u-v)} \begin{pmatrix} -\frac{u-v}{2} & -\frac{u-v}{2} \\ -\frac{u+v}{2} & \frac{u+v}{2} \end{pmatrix}$$

$$= \begin{pmatrix} \frac{1}{u+v} & \frac{1}{u+v} \\ \frac{1}{u-v} & \frac{1}{v-u} \end{pmatrix} \ .$$

Hieraus können Sie die partiellen Ableitungen der Koordinatenfunktionen von f^{-1} *ablesen.*

AUFGABE 19.- a) Die Funktion $f: \mathbb{R}^2 \to \mathbb{R}$ *mit* A 19 Seite 176

$$f(x,y) := 2y^2 + 5x^2 + y + x$$

definiert die Gleichung

$$2y^2 + 5x^2 + y + x = 0,$$

deren Auflösbarkeit nach y gemäß Satz (22.53) in jedem Punkt $(x,y) \in N_o(f)$ *gegeben ist, in welchem*

$$\frac{\partial f}{\partial y}(x,y) \neq 0$$

gilt. Es ist

$$\frac{\partial f}{\partial y}(x,y) = 4y + 1 \ .$$

Also kann die Gleichung $f(x,y) = 0$ *in allen Punkten* $(x,y) \in N_o(f)$ *mit* $y \neq -\frac{1}{4}$ *lokal nach y aufgelöst werden.*

Anmerkung: $N_o(f)$ *ist eine Ellipse mit dem "Mittelpunkt"* $(-\frac{1}{10}, -\frac{1}{4})$. $y = -\frac{1}{4}$ *markiert also die Scheitelpunkte der Ellipse.*

b) Sei $f(x,y) := x^2 + xy + y^2$. *Damit die Menge* $N_7(f)$ *wie angegeben beschrieben werden kann, muß*

$(2,g(2)) = (2,1) \in N_7(f)$ sein. Das ist der Fall:
$f(2,1) = 4+2+1 = 7$.

Da $\frac{\partial f}{\partial y}(x,y) = x+2y$ ist, gilt

$$\frac{\partial f}{\partial y}(2,1) = 4 \neq 0,$$

und es gibt nach Satz (23.53) eine in einer Umgebung V von 2 definierte differenzierbare Funktion $g: V \to \mathbb{R}$, so daß in der Nähe des Punktes (2,1) gilt

$$(x,y) \in N_7(f) \iff y = g(x).$$

Außerdem gilt nach Satz (22.53) für die Ableitung von g:

$$g'(x) = -\frac{\frac{\partial f}{\partial x}(x,g(x))}{\frac{\partial f}{\partial y}(x,g(x))} = -\frac{2x+g(x)}{x+2g(x)}, \quad x \in V.$$

Und somit

$$g'(2) = -\frac{4+g(2)}{2+2g(2)} = -\frac{5}{4}.$$

KAPITEL 23 KURVENINTEGRAL UND POTENTIAL

A 1
Seite 180

AUFGABE 1.-

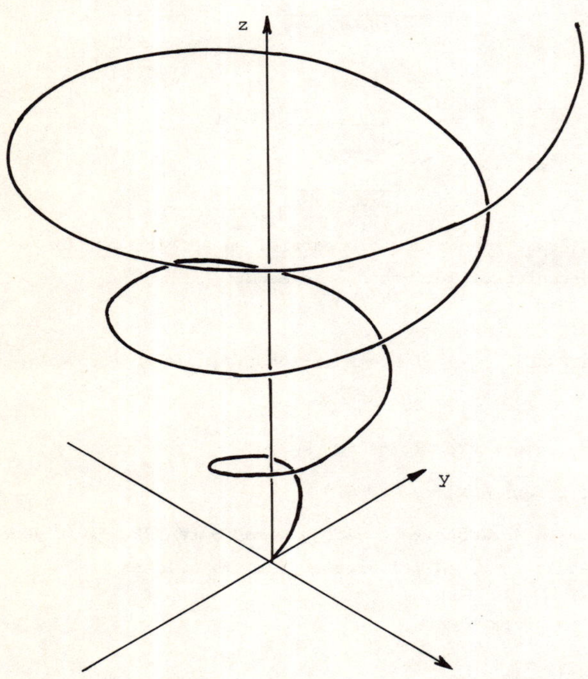

Durch $\tilde{\sigma}:]-\infty,0] \to \mathbb{R}^3$ mit

$$\tilde{\sigma}(\tau) := (-c\tau \cos\tau, c\tau \sin\tau, -\tau)$$

ist eine andere Parameterdarstellung derselben Kurve gegeben, denn es gilt für $\tau \in]-\infty,0]$:

$$t := -\tau \in [0,\infty[\text{ und}$$

$$\begin{aligned}\sigma(t) &= (ct \cos t, ct \sin t, t) \\ &= (-c\tau \cos(-\tau), -c\tau \sin(-\tau), -\tau) \\ &= (-c\tau \cos\tau, c\tau \sin\tau, -\tau) \\ &= \tilde{\sigma}(\tau)\end{aligned}$$

und umgekehrt folgt für $t \in [0,\infty[$, daß $\tau := -t \in]-\infty,0]$ ist und $\tilde{\sigma}(\tau) = \sigma(t)$ ist.

A 2
Seite 183

AUFGABE 2.- 1) Hinweise: Zu a): σ und $\hat{\sigma}$ sind Parameterdarstellungen derselben Kurve, wenn ihre Wertebereiche übereinstimmen. Sie sind Parameterdarstellungen derselben gerichteten Kurve, wenn außerdem σ und $\hat{\sigma}$ denselben Richtungssinn auf der Kurve definieren (siehe (23.5), Seite 181). Zu b): Sie müssen eine stetig differenzierbare Funktion $h: [0,1] \to [a,b]$ mit $h'(t) > 0$ für alle $t \in [0,1]$ angeben.

2) Lösung: a) Behauptung: σ und $\hat{\sigma}$ sind Parameterdarstellungen derselben glatten Kurve, aber definieren verschiedenen Richtungssinn.

Beweis: (i) Sei C der Wertebereich von σ und $\hat{C}$ der Wertebereich von $\hat{\sigma}$. Dann ist zunächst $C = \hat{C}$ zu zeigen.
Sei $x \in C$, dann gibt es ein $\tau \in [a,b]$, so daß $x = \sigma(\tau)$ ist. Es ist $t := a+b-\tau \in [a,b]$ und

$$\hat{\sigma}(t) = \sigma(a+b-t) = \sigma(\tau) = x,$$

d.h. x liegt im Wertebereich von $\hat{\sigma}$, also $x \in \hat{C}$. Analog folgt $\hat{C} \subseteq C$. Also gilt $C = \hat{C}$, d.h. σ und $\hat{\sigma}$ sind Parameterdarstellung derselben Kurve.
Nach Voraussetzung ist $\sigma'(\tau) \neq 0$ für alle $\tau \in [a,b]$. Da $\hat{\sigma}'(t) = -\sigma'(a+b-t)$ für alle $t \in [a,b]$ gilt, ist auch $\hat{\sigma}'(t) \neq 0$, und σ und $\hat{\sigma}$ sind Parameterdarstellungen derselben glatten Kurve.

(ii) Sie haben in (i) gesehen, daß $\tau \in [a,b]$ und $t = a+b-\tau \in [a,b]$ denselben Kurvenpunkt $\sigma(\tau) = \hat{\sigma}(t)$ festlegen.
Ist $\tau_1 < \tau_2$, so liegt $x = \sigma(\tau_1)$ vor $\sigma(\tau_2) = y$. Da aber

$$t_1 = a+b-\tau_1 > a+b-\tau_2 = t_2,$$

liegt

$$y = \hat{\sigma}(t_2) \text{ vor } \hat{\sigma}(t_1) = x.$$

D.h. σ und $\hat{\sigma}$ definieren verschiedenen Richtungssinn.
Grund: Die Ableitung von $\tau \mapsto a+b-\tau$ ist negativ.

Der Anfangspunkt der durch $\hat{\sigma}$ definierten gerichteten Kurve ist Endpunkt "von σ" und umgekehrt.

b) Sei $h: [0,1] \to [a,b]$ definiert durch

$$h(t) := a+(b-a)t.$$

Dann ist h ein Parameterwechsel ($h'(t) = b-a > 0$) und $\sigma: [a,b] \to \mathbb{R}^n$ und $\tilde{\sigma} := \sigma \circ h: [0,1] \to \mathbb{R}^n$ sind Parameterdarstellungen derselben gerichteten Kurve.
Sie hätten z.B. auch

$$h(t) := a+(b-a)\sin\frac{\pi}{2}t$$

wählen können.

c)

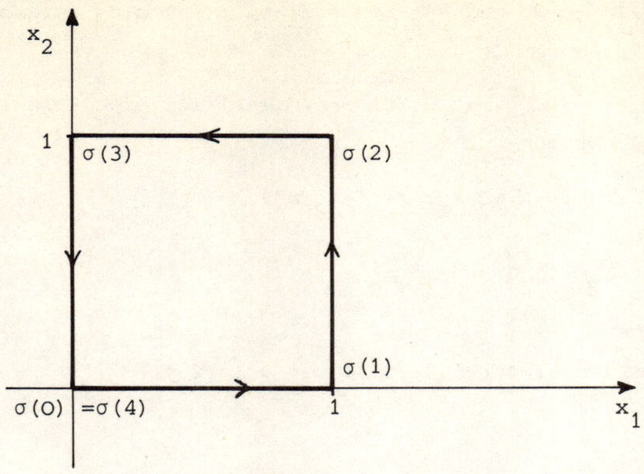

A 3
Seite 186

<u>AUFGABE 3.</u>- *1) Hinweise: Wenden Sie jeweils Definition (23.13), Seite 184, an. Zu b): Bestimmen Sie zunächst eine Parameterdarstellung der beschriebenen Kurve.*

2) Lösung: Nach Definition (23.13) gilt mit

$$k(x_1,x_2,x_3) := (x_2, 3x_2^3 - x_1, x_3)$$

und

$$\sigma(t) := (t, t^n, 0)\ ,\ t \in [0,1]$$

$$\int_C \langle k,dx\rangle = \int_0^1 \langle k(\sigma(t)),\sigma'(t)\rangle dt$$

$$= \int_0^1 \langle k(t,t^n,0),(1,nt^{n-1},0)\rangle dt$$

$$= \int_0^1 [t^n + (3t^{3n}-t)nt^{n-1} + 0]\ dt$$

$$= \int_0^1 (3nt^{4n-1} + (1-n)t^n)\ dt$$

$$= \left[\frac{3n}{4n} t^{4n} + \frac{1-n}{n+1} t^{n+1}\right]_0^1$$

$$= \frac{3}{4} - \frac{n-1}{n+1}\ .$$

b) Das in der x_1-x_2-Ebene ($x_3=0$) liegende Parabelstück C zwischen den Punkten (-1,1,0) und (2,4,0) wird durch $\sigma: [-1,2] \longrightarrow \mathbb{R}^3$ mit

$$\sigma(t) := (t,t^2,0)$$

parametrisiert. Also verrichtet das Kraftfeld $k(x) := x$, $x \in \mathbb{R}^3$, nach (23.12)(3), Seite 184, die Arbeit längs C:

$$A = \int_C \langle k,dx\rangle =$$

$$= \int_{-1}^2 \langle k(t,t^2,0),(1,2t,0)\rangle dt$$

$$= \int_{-1}^2 (t+2t^3)\ dt = \left[\frac{1}{2}t^2 + \frac{1}{2}t^4\right]_{-1}^2$$

$$= 9 \quad \text{(Arbeits-Einheiten).}$$

A 4
Seite 187

<u>AUFGABE 4.</u>- *1) Hinweise: Sie können entweder eine Parameterdarstellung von -C bestimmen und das Kurvenintegral längs -C berechnen, oder Sie bestimmen eine Parameterdarstellung von C und benutzen Satz (23.18), Seite 186.*

2) Lösung: Sei x := (1,0,2) und y := (3,4,1). Dann ist durch $\sigma: [0,1] \longrightarrow \mathbb{R}^3$ mit

$$\sigma(t) := x + (y-x)t$$

eine Parameterdarstellung von C gegeben d.h. es gilt

$$\sigma(t) = (1+2t, 4t, 2-t)\ ,\ t \in [0,1]\ .$$

Dann ist nach Satz (23.18)

$$\int_{-C} \langle k,dx\rangle = -\int_C \langle k,dx\rangle$$

$$= -\int_0^1 \langle k(\sigma(t)),\sigma'(t)\rangle dt$$

$$= -\int_0^1 [2(1+2t)4t\cdot 2 + (1+2t)^2\cdot 4 + (2-t)4 + 4t(-1)]\ dt$$

$$= -\int_0^1 (48t^2 + 24t + 12)\ dt$$

$$= -40.$$

(Eine Parameterdarstellung von -C ist $\hat{\sigma}(t) := y + (x-y)t$, $t \in [0,1]$.)

A 5
Seite 187

<u>AUFGABE 5.</u>- *1) Hinweise: Für $x \in U$ ist $(k_1+k_2)(x) = k_1(x) + k_2(x)$.*

2) Lösung: Behauptung: Sind $k_1,k_2: U \longrightarrow \mathbb{R}^n$ stetig Vektorfelder auf der offenen Menge $U \subseteq \mathbb{R}^n$ und ist $C \subseteq U$ eine gerichtete glatte Kurve, dann gilt

$$\int_C \langle k_1+k_2,dx\rangle = \int_C \langle k_1,dx\rangle + \int_C \langle k_2,dx\rangle\ .$$

Beweis: Sei $\sigma: [a,b] \longrightarrow \mathbb{R}^n$ eine Parameterdarstellung von C. Dann gilt mit der Definition des Kurvenintegrals:

$$\int_C \langle k_1+k_2,dx\rangle = \int_a^b \langle (k_1+k_2)(\sigma(t)),\sigma'(t)\rangle dt$$

$$= \int_a^b \langle k_1(\sigma(t)) + k_2(\sigma(t)),\sigma'(t)\rangle dt$$

$$= \int_a^b [\langle k_1(\sigma(t)),\sigma'(t)\rangle + \langle k_2(\sigma(t)),\sigma'(t)\rangle]dt$$

$$= \int_a^b \langle k_1(\sigma(t)),\sigma'(t)\rangle dt + \int_a^b \langle k_2(\sigma(t)),\sigma'(t)\rangle dt$$

$$= \int_C \langle k_1,dx\rangle + \int_C \langle k_2,dx\rangle\ .$$

A 6
Seite 188

<u>AUFGABE 6.</u>- *1) Hinweise: Sie müssen zunächst Parameterdarstellungen der angegebenen Kurven finden. Zu b): Da das Kurvenintegral unabhängig von der Parameterdarstel-*

lung ist, genügt es, wenn Sie für jede Dreieckseite eine Parameterdarstellung finden.

2) Lösung: a) Sei $\overset{\circ}{x} = (a,b)$ der Mittelpunkt eines Kreises C mit dem Radius $r > 0$. Eine Parameterdarstellung des <u>im Uhrzeigersinn</u> durchlaufenen Kreises C ist $\sigma\colon [0,2\pi] \to \mathbb{R}^2$ mit

$$\sigma(t) := \overset{\circ}{x} + (r\cos t,\ -r\sin t)$$

$$= (a + r\cos t,\ b - r\sin t)\,.$$

Es ist das Kurvenintegral von $k\colon \mathbb{R}^2 \to \mathbb{R}^2$ mit

$$k(x_1,x_2) := (\tfrac{1}{2}x^2, x_1x_2)$$

längs C zu berechnen:

$$\int_C \langle k,dx\rangle = \int_0^{2\pi} \langle k(\sigma(t)),\sigma'(t)\rangle dt$$

$$= \int_0^{2\pi} [\tfrac{1}{2}(b-r\sin t)^2(-r\sin t) + $$
$$+ (a+r\cos t)(b-r\sin t)(-r\cos t)]\,dt$$

$$= \int_0^{2\pi} [-\tfrac{1}{2}b^2r\sin t + br^2\sin^2 t - \tfrac{1}{2}r^3\sin^3 t - abr\cos t$$
$$+ ar^2\sin t\cos t - br^2\cos^2 t + r^3\cos^2 t\sin t\,]\,dt.$$

Wegen

$$\int_0^{2\pi}\sin t\,dt = \int_0^{2\pi}\cos t\,dt = \int_0^{2\pi}\sin t\cos t\,dt =$$

$$= \int_0^{2\pi}\sin^3 t\,dt = \int_0^{2\pi}\cos^2 t\sin t\,dt = 0$$

und

$$\int_0^{2\pi}\sin^2 t\,dt = \int_0^{2\pi}\cos^2 t\,dt = \pi$$

ergibt sich

$$\int_C \langle k,dx\rangle = br^2\pi - br^2\pi = 0.$$

Natürlich ist dann auch

$$\int_{-C} \langle k,dx\rangle = 0.$$

b) Die Dreiecksseiten C_1, C_2, C_3 sind, wie in der folgenden Skizze angegeben, zu parametrisieren:

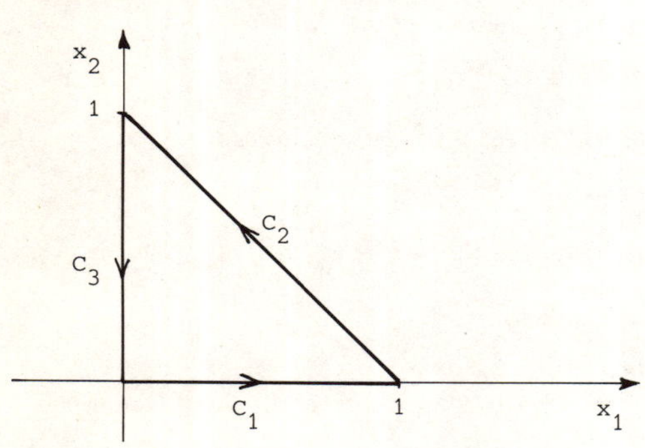

$\sigma_1\colon [0,1] \to \mathbb{R}^2$ mit $\sigma_1(t) := (t,0)$ ist eine Parameterdarstellung von C_1,

$\sigma_2\colon [0,1] \to \mathbb{R}^2$ mit $\sigma_2(t) := (1-t,t)$ ist eine Parameterdarstellung von C_2 und

$\sigma_3\colon [0,1] \to \mathbb{R}^2$ mit $\sigma_3(t) := (0,1-t)$ ist eine Parameterdarstellung von C_3.

Jetzt ist mit $k(x_1,x_2) := (-x_2,x_1)$

$$\int_C (-x_2)\,dx_1 + x_1\,dx_2 = \sum_{i=1}^{3}\int_{C_i}\langle k,dx\rangle$$

$$= \int_0^1 t\,dt + \int_0^1 [(-t)(-1) + (1-t)]\,dt + \int_0^1 (1-t)(-1)\,dt$$

$$= 1.$$

Dies ist wieder der doppelte Flächeninhalt, des von $C_1 \cup C_2 \cup C_3$ berandeten Dreiecks; vergleichen Sie mit Beispiel (23.15), Seite 185.

<u>AUFGABE 7.-</u> 1) Hinweise: Eine Parameterdarstellung von C ist $\sigma(t) = (t,G(t))$. A 7 Seite 190

2) Lösung: Für $F(x_1,x_2) := x_2$ gilt

$$k(x_1,x_2) = \operatorname{grad} F(x_1,x_2) = (0,1)$$

für alle $(x_1,x_2) \in \mathbb{R}^2$.

Behauptung: Dann gilt

$$\int_C \langle k,dx\rangle = \int_a^b g(t)\,dt\,,$$

wenn C der Graph einer Stammfunktion G der stetigen Funktion $g\colon [a,b] \to \mathbb{R}$ ist.

Beweis: (i) Sie können "zu Fuß" rechnen; aber dann wird Ihnen die Antwort auf die Zusatzfrage schwer fallen: C besitzt die Parameterdarstellung $\sigma\colon [a,b] \to \mathbb{R}^2$,

$$\sigma(t) := (t,G(t)).$$

Dann ist

$$\int_C \langle k,dx\rangle = \int_a^b \langle k(\sigma(t)),\sigma'(t)\rangle dt$$

$$= \int_a^b \langle (0,1),(1,G'(t))\rangle dt$$

$$= \int_a^b G'(t)\,dt = \int_a^b g(t)\,dt\,.$$

(ii) Oder Sie wenden den Hauptsatz (23.15), Seite 189, an: C hat den Anfangspunkt $(a,G(a))$ und den Endpunkt $(b,G(b))$ und k ist ein "Gradientenfeld". Also gilt

$$\int_C \langle k,dx\rangle = \int_C \langle \operatorname{grad} F,dx\rangle = F(b,G(b)) - F(a,G(a))$$

$$= G(b) - G(a) = \int_a^b g(t)\,dt\,,$$

weil G eine Stammfunktion von g ist.

Jetzt sehen Sie auch, daß die Gleichung

$$\int_C \langle k,dx\rangle = \int_a^b g(t)\,dt$$

für <u>jede</u> stückweise glatte Kurve C gilt, die den Punkt *(a,G(a)) mit dem Punkt (b,G(b)) verbindet.*

A 8 Seite 191

AUFGABE 8.- Mit $k(x_1,x_2,x_3) := (x_1,x_2,x_1+x_2+x_3)$ und den Parameterdarstellungen $\sigma,\tilde{\sigma} : [0,1] \longrightarrow \mathbb{R}^3$ mit

$\sigma(t) := (t,t,t)$ für die Kurve C_1 und

$\tilde{\sigma}(t) := (t,t^2,t^3)$ für die Kurve C_2

ergibt sich mit $\sigma'(t) = (1,1,1)$ und $\tilde{\sigma}'(t) = (1,2t,3t^2)$:

$$\int_{C_1} \langle k,dx\rangle = \int_0^1 \langle k(\sigma(t)),\sigma'(t)\rangle dt = \int_0^1 (t+t+3t)\,dt = \frac{5}{2},$$

$$\int_{C_2} \langle k,dx\rangle = \int_0^1 \langle k(\tilde{\sigma}(t)),\tilde{\sigma}'(t)\rangle dt = \int_0^1 [t+t^2\cdot 2t+(t+t^2+t^3)3t^2]\,dt = \frac{57}{20}.$$

Also ist k nicht konservativ.

A 9 Seite 194

AUFGABE 9.- 1) Hinweis: Setzen Sie zwei stückweise glatte Kurven, die denselben Anfangspunkt und Endpunkt haben, zu einer geschlossenen, stückweise glatten Kurve zusammen.

2) Lösung: Behauptung: Die Aussagen (2) und (3) von (23.55) sind äquivalent.
Beweis: (2) $\Longrightarrow$ (3): Sei C eine geschlossene, stückweise glatte Kurve in U, d.h. der Anfangspunkt $\mathring{x}$ von C ist gleich dem Endpunkt von C. Da wir (2) voraussetzen, gibt es ein Potential F von k und

$$\oint_C \langle k,dx\rangle = F(\mathring{y}) - F(\mathring{x}) = F(\mathring{x}) - F(\mathring{x}) = 0.$$

(3) $\Longrightarrow$ (2): Seien $\mathring{x}$ und $\mathring{y}$ beliebige Punkte aus U und C_1 und C_2 zwei stückweise glatte Kurven, die jeweils $\mathring{x}$ mit $\mathring{y}$ in U verbinden. Dann ist

$$C := C_1 \cup (-C_2)$$

eine geschlossene, stückweise glatte Kurve mit Anfangs- und Endpunkt $\mathring{x}$.

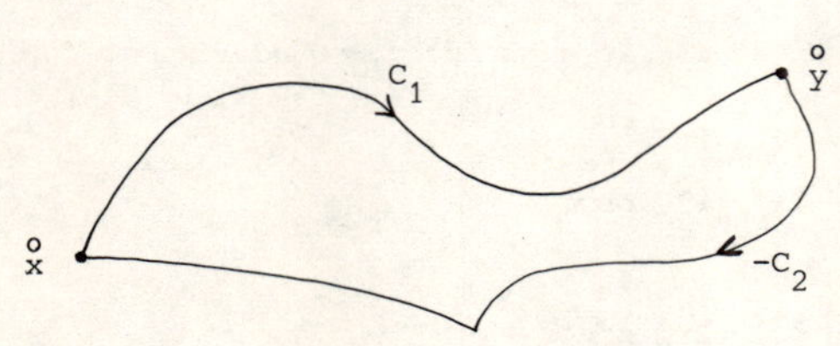

Nach Voraussetzung ist

$$\oint_C \langle k,dx\rangle = 0.$$

Mit Definition (23.21), Seite 187, und Satz (23.18), Seite 186, folgt dann

$$0 = \int_C \langle k,dx\rangle = \int_{C_1} \langle k,dx\rangle + \int_{-C_2} \langle k,dx\rangle = \int_{C_1} \langle k,dx\rangle - \int_{C_2} \langle k,dx\rangle.$$

Also ist

$$\int_{C_1} \langle k,dx\rangle = \int_{C_2} \langle k,dx\rangle.$$

AUFGABE 10.- Da $F: \mathbb{R}^2 \longrightarrow \mathbb{R}$ mit A 10 Seite 194

$$F(x_1,x_2,x_3) := \frac{1}{2}x_1x_2^2$$

ein Potential von $k: \mathbb{R}^2 \longrightarrow \mathbb{R}^2$ mit $k(x_1,x_2) = (\frac{1}{2}x_2^2, x_1x_2)$ ist und C in Aufgabe 6a ein Kreis um einen festen Punkt der Ebene, also eine geschlossene Kurve ist, folgt aus (23.35)

$$\int_C \langle k,dx\rangle = 0.$$

AUFGABE 11.- a) Beweis von Satz (23.36): Wenn k ein Potential $F: U \longrightarrow \mathbb{R}$ besitzt, so gilt $k = \operatorname{grad} F$ oder ausführlicher A 11 Seite 194

$$(k_1,\ldots,k_n) = \left(\frac{\partial F}{\partial x_1},\ldots,\frac{\partial F}{\partial x_n}\right).$$

Da k stetig differenzierbar ist, ist jedes

$$k_i = \frac{\partial F}{\partial x_i}$$

stetig differenzierbar, d.h. F ist zweimal stetig differenzierbar. Mit dem Satz von Schwarz (22.4), Seite 155, folgt

$$\frac{\partial k_i}{\partial x_j}(x) = \frac{\partial}{\partial x_j}\left(\frac{\partial F}{\partial x_i}\right)(x) = \frac{\partial^2 F}{\partial x_j \partial x_i}(x) = \frac{\partial^2 F}{\partial x_i \partial x_j}(x) = \frac{\partial}{\partial x_i}\left(\frac{\partial F}{\partial x_j}\right)(x) = \frac{\partial k_j}{\partial x_i}$$

wie behauptet.

b) Behauptung: Das Vektorfeld $k: \mathbb{R}^3 \longrightarrow \mathbb{R}^3$ mit

$$k(x_1,x_2,x_3) := (x_1,x_2,x_1+x_2+x_3)$$

ist nicht konservativ.
Beweis: k hat die Koordinatenfunktionen

$$k_1(x_1,x_2,x_3) := x_1$$
$$k_2(x_1,x_2,x_3) := x_2$$
$$k_3(x_1,x_2,x_3) := x_1+x_2+x_3.$$

Da zum Beispiel

$$\frac{\partial k_1}{\partial x_3}(x_1,x_2,x_3) = 0,$$

aber

$$\frac{\partial k_3}{\partial x_1}(x_1,x_2,x_3) = 1,$$

also

$$\frac{\partial k_1}{\partial x_3}(x) \neq \frac{\partial k_3}{\partial x_1}(x)$$

ist, sind die (notwendigen) Integrabilitätsbedingungen nicht erfüllt; k kann nicht konservativ sein.

c) Behauptung: Für $\alpha = 2$ könnte das Vektorfeld k konservativ sind. Für $\alpha \neq 2$ ist es nicht konservativ.
Beweis: Es ist

$$k(x_1,x_2,x_3) = (x_2^2 \cos x_1, 2x_2 \sin x_1 + e^{\alpha x_3}, 2x_2 e^{\alpha x_3})$$

$$=: (k_1(x),\ k_2(x),\ k_3(x)).$$

Es gilt

$$\frac{\partial k_1}{\partial x_2}(x) = 2x_2 \cos x_1 = \frac{\partial k_2}{\partial x_1}(x),$$

$$\frac{\partial k_1}{\partial x_3}(x) = 0 = \frac{\partial k_3}{\partial x_1}(x),$$

$$\frac{\partial k_2}{\partial x_3}(x) = \alpha e^{\alpha x_3}, \quad \frac{\partial k_3}{\partial x_2}(x) = 2e^{\alpha x_3}.$$

Also erfüllt k die Integrabilitätsbedingungen genau dann, wenn

$$\alpha e^{\alpha x_3} = 2e^{\alpha x_3},$$

also wenn $\alpha = 2$ ist.
D.h. für $\alpha \neq 2$ erfüllt k die Integrabilitätsbedingungen <u>nicht</u>; k kann daher nicht konservativ sein.
Da Satz (23.36) nur eine notwendige Bedingung nennt, kann man nur folgern, daß k für $\alpha = 2$ konservativ sein <u>kann</u>.

A 12
Seite 196

<u>AUFGABE 12</u>.- 1) Hinweise: Gehen Sie wie in (23.42) beschrieben bzw. analog zu Beispiel (23.43) vor.

2) Lösung: Das Vektorfeld $k\colon \mathbb{R}^2 \to \mathbb{R}^2$ mit

$$k(x_1,x_2) := (9x_1^2x_2^2, 6x_1^3x_2) =: (k_1(x), k_2(x))$$

ist konservativ nach dem Lemma von Poincaré. Der $\mathbb{R}^2$ ist sternförmig und k erfüllt die Integrabilitätsbedingung

$$\frac{\partial k_1}{\partial x_2}(x_1,x_2) = 18x_1^2x_2 = \frac{\partial k_2}{\partial x_1}(x_1,x_2).$$

Bestimmung eines Potentials mit dem Konstruktionsverfahren aus (23.42): Wir wählen $\overset{\circ}{x} = (0,0)$. Dann ist

$$F(x_1,x_2) = x_1 \int_0^1 k_1(tx_1,tx_2)\,dt + x_2 \int_0^1 k_2(tx_1,tx_2)\,dt$$

$$= x_1 \int_0^1 9t^4x_1^2x_2^2\,dt + x_2 \int_0^1 6t^4x_1^3x_2\,dt$$

$$9x_1^3x_2^2 \int_0^1 t^4\,dt + 6x_1^3x_2^2 \int_0^1 t^4\,dt$$

$$= 3x_1^3x_2^2$$

ein Potential von k.

A 13
Seite 197

<u>AUFGABE 13</u>.- 1) Hinweise: Daß k konservativ ist, folgt aus dem Ergebnis von Aufgabe 11 c) und dem Lemma von Poincaré. Benutzen Sie eine Formelsammlung zur Bestimmung der Integrale.

2) Lösung: (i) Konstruktion eines Potentials von k mit (23.42): Wir wählen wieder $\overset{\circ}{x} = (0,0,0)$. Dann ist (zunächst für $x_1 \neq 0$ und $x_3 \neq 0$)

$$F(x_1,x_2,x_3) = x_1 \int_0^1 k_1(tx)\,dt + x_2 \int_0^1 k_2(tx)\,dt$$

$$+ x_3 \int_0^1 k_3(tx)\,dt$$

$$= x_1 \int_0^1 t^2x_2^2 \cos tx_1\,dt + x_2 \int_0^1 (2tx_2 \sin tx_1 + e^{2tx_3})\,dt$$

$$+ x_3 \int_0^1 2tx_2 e^{2tx_3}\,dt$$

$$= x_1x_2^2 \left[\frac{2t}{x_1^2} \cos tx_1 + \left(\frac{t^2}{x_1} - \frac{2}{x_1^3}\right) \sin tx_1 \right]_0^1$$

$$+ 2x_2^2 \left[\frac{1}{x_1^2} \sin tx_1 - \frac{1}{x_1} t \cos tx_1 \right]_0^1 + x_2 \left[\frac{1}{2x_3} e^{2tx_3} \right]_0^1$$

$$+ 2x_2x_3 \left[\frac{1}{4x_3^2} e^{2tx_3}(2x_3t - 1) \right]_0^1$$

$$= \frac{2x_2^2}{x_1} \cos x_1 + \left(x_2^2 - \frac{2x_2^2}{x_1^2}\right) \sin x_1$$

$$+ \frac{2x_2^2}{x_1^2} \sin x_1 - \frac{2x_2^2}{x_1} \cos x_1 + \frac{x_2}{2x_3} e^{2x_3} - \frac{x_2}{2x_3}$$

$$+ \frac{x_2}{2x_3}(e^{2x_3}(2x_3 - 1) + 1)$$

$$= x_2^2 \sin x_1 + x_2 e^{2x_3}.$$

Dieses Ergebnis ist auch für $x_1 = 0$ oder $x_3 = 0$ definiert.
Wegen

$$\frac{\partial F}{\partial x_1}(x) = x_2^2 \cos x_1,$$

$$\frac{\partial F}{\partial x_2}(x) = 2x_2 \sin x_1 + e^{2x_3},$$

$$\frac{\partial F}{\partial x_3}(x) = 2x_2 e^{2x_3}$$

ist F ein Potential von k.

(ii) Konstruktion eines Potentials von k mit (23.44):
Für das gesuchte Potential F gilt

$$\frac{\partial F}{\partial x_1}(x_1,x_2,x_3) = k_1(x_1,x_2,x_3) = x_2^2 \cos x_1 .$$

Also ist

$$F(x_1,x_2,x_3) = \int x_2^2 \cos x_1 \, dx_1 + A_1(x_2,x_3)$$

$$= x_2^2 \sin x_1 + A_1(x_2,x_3) .$$

Aus

$$\frac{\partial F}{\partial x_2}(x_1,x_2,x_3) = k_2(x_1,x_2,x_3)$$

folgt nun

$$2x_2 \sin x_1 + \frac{\partial A_1}{\partial x_2}(x_2,x_3) = 2x_2 \sin x_1 + e^{2x_3} ,$$

also

$$\frac{\partial A_1}{\partial x_2}(x_2,x_3) = e^{2x_3} .$$

Hieraus folgt

$$A_1(x_2,x_3) = \int e^{2x_3} \, dx_2 + A_2(x_3)$$

$$= x_2 e^{2x_3} + A_2(x_3)$$

und damit

$$F(x_1,x_2,x_3) = x_2^2 \sin x_1 + x_2 e^{2x_3} + A_2(x_3) .$$

Mit

$$\frac{\partial F}{\partial x_3}(x_1,x_2,x_3) = k_3(x_1,x_2,x_3)$$

ergibt sich

$$2x_2 e^{2x_3} + \frac{dA_2}{dx_3}(x_3) = 2x_2 e^{2x_3} ,$$

also

$$\frac{dA_2}{dx_3}(x_3) = 0$$

und deshalb

$$A_2(x_3) = A_3 = \text{const.}$$

Wir haben bis auf die Konstante A_3 dasselbe Ergebnis erhalten wie beim ersten Konstruktionsverfahren:

$$F(x_1,x_2,x_3) = x_2^2 \sin x_1 + x_2 e^{2x_3} + A_3 .$$

A 14
Seite 197

AUFGABE 14.- 1) Hinweise: Benutzen Sie das Lemma von Poincaré und eines der Konstruktionsverfahren (23.42) oder (23.44).

2) Lösung: Zunächst werden jeweils die Integrabilitätsbedingungen überprüft

a) $$\frac{\partial k_1}{\partial x_2}(x_1,x_2) = x_1 \cos x_1x_2 + x_1 \cos x_1x_2 - x_1^2 x_2 \sin x_1x_2$$

$$= 2x_1 \cos x_1x_2 - x_1^2 x_2 \sin x_1x_2 ,$$

$$\frac{\partial k_2}{\partial x_1}(x_1,x_2) = 2x_1 \cos x_1x_2 - x_1^2 x_2 \sin x_1x_2 ,$$

d.h. k besitzt ein Potential F.
Konstruktion von F nach der Methode (23.44):
Aus $\frac{\partial F}{\partial x_1}(x_1,x_2) = k_1(x_1,x_2)$ *folgt für* $x_2 \neq 0$

$$F(x_1,x_2) = \int (\sin x_1x_2 + x_1x_2 \cos x_1x_2) \, dx_1 + A_1(x_2)$$

$$= -\frac{1}{x_2} \cos x_1x_2 + x_2 \left[\frac{1}{x_2^2} \cos x_1x_2 + \frac{x_1}{x_2} \sin x_1x_2\right] + A_1(x_2)$$

$$= x_1 \sin x_1 x_2 + A_1(x_2)$$

Mit $\frac{\partial F}{\partial x_2}(x_1,x_2) = k_2(x_1,x_2)$ *folgt*

$$x_1^2 \cos x_1x_2 + \frac{dA_1}{dx_2}(x_2) = x_1^2 \cos x_1x_2 ,$$

also $\frac{dA_1}{dx_2}(x_2) = 0$, *d.h.* $A_1(x_2) = A_2 = \text{const.}$

F: $\mathbb{R}^2 \longrightarrow \mathbb{R}$ *mit*

$$F(x_1,x_2,x_3) = x_1 \sin x_1x_2 + A_2$$

ist ein Potential für k.

b) Es gilt

$$\frac{\partial k_1}{\partial x_2}(x_1,x_2,x_3) = 6x_1x_2^2 ,$$

aber

$$\frac{\partial k_2}{\partial x_1}(x_1,x_2,x_3) = 6x_3^3 .$$

Also sind die Integrabilitätsbedingungen nicht erfüllt; k ist nicht konservativ.

c) Hier gilt

$$\frac{\partial k_1}{\partial x_2}(x_1,x_2,x_3) = 2x_2 \cos x_1 = \frac{\partial k_2}{\partial x_1}(x_1,x_2,x_3) ,$$

$$\frac{\partial k_1}{\partial x_3}(x_1,x_2,x_3) = 3x_3^2 = \frac{\partial k_3}{\partial x_1}(x_1,x_2,x_3) ,$$

$$\frac{\partial k_2}{\partial x_3}(x_1,x_2,x_3) = 0 = \frac{\partial k_3}{\partial x_2}(x_1,x_2,x_3)$$

für alle $(x_1,x_2,x_3) \in \mathbb{R}^3$. *k erfüllt die Integrabilitätsbedingungen, ist also nach dem Lemma von Poincaré konservativ.*
Bestimmung eines Potentials mit der Methode (23.44):
Aus $\frac{\partial F}{\partial x_1}(x_1,x_2,x_3) = k_1(x_1,x_2,x_3)$ *folgt*

$$F(x_1,x_2,x_3) = \int (x_3^3 + x_2^2 \cos x_1) \, dx_1 + A_1(x_2,x_3)$$

$$= x_1x_3^3 + x_2^2 \sin x_1 + A_1(x_2,x_3) .$$

Wegen $\frac{\partial F}{\partial x_2}(x_1,x_2,x_3) = k_2(x_1,x_2,x_3)$ *folgt*

$$2x_2 \sin x_1 + \frac{\partial A_1}{\partial x_2}(x_2,x_3) = -4 + 2x_2 \sin x_1 ,$$

also

$$\frac{\partial A_1}{\partial x_2}(x_2,x_3) = -4$$

und somit

$$A_1(x_2,x_3) = -4x_2 + A_2(x_3) .$$

Aus

$$F(x_1,x_2,x_3) = x_1x_3^3 + x_2^2 \sin x_1 - 4x_2 + A_2(x_3)$$

und $\frac{\partial F}{\partial x_3}(x_1,x_2,x_3) = k_3(x_1,x_2,x_3)$ folgt nun

$$3x_1x_3^2 + \frac{dA_2}{dx_3}(x_3) = 2 + 3x_1x_3^2 ,$$

also

$$\frac{dA_2}{dx_3}(x_3) = 2 \quad \text{bzw.} \quad A_2(x_3) = 2x_3 + A_3 .$$

Damit ist

$$F(x_1,x_2,x_3) = x_1x_3^3 + x_2^2 \sin x_1 - 4x_2 + 2x_3 + A_3$$

ein Potential für k, wie Sie unmittelbar nachprüfen können.

A 15
Seite 199

AUFGABE 15.- 1) Hinweise: Berechnen Sie $\sigma'(t)$, $\|\sigma'(t)\|$ und benutzen Sie Definition (23.47), Seite 198.

2) Lösung: Behauptung: Die Länge der durch $\sigma\colon [-1,1] \longrightarrow \mathbb{R}^3$ mit

$$\sigma(t) := \left(\tfrac{1}{3}(1+t)^{\frac{3}{2}},\ \tfrac{1}{3}(1-t)^{\frac{3}{2}},\ \tfrac{1}{2}t\right)$$

beschriebenen Kurve C beträgt $L = \sqrt{3}$.

Beweis: Es ist

$$\sigma'(t) = \left(\tfrac{1}{2}(1+t)^{\frac{1}{2}},\ \tfrac{1}{2}(1-t)^{\frac{1}{2}},\ \tfrac{1}{2}\right) ,$$

also C eine glatte Kurve und

$$\|\sigma'(t)\|^2 = \tfrac{1}{4}(1+t) + \tfrac{1}{4}(1-t) + \tfrac{1}{4} = \tfrac{3}{4} .$$

Mit der Definition der Länge einer Kurve, (23.47), folgt

$$L = \int_{-1}^{1} \|\sigma'(t)\|\, dt = \int_{-1}^{1} \frac{\sqrt{3}}{2}\, dt = \sqrt{3}.$$

A 16
Seite 199

AUFGABE 16.- 1) Hinweise: Entweder Sie bestimmen eine Parameterdarstellung der beschriebenen Kurve und benutzen dann die Definition der Länge einer Kurve oder Sie verwenden gleich die in Beispiel (23.49)(3) hergeleitete Formel.

2) Lösung: Behauptung: Die Länge der Graphen der Funktion

$f\colon [1,2] \longrightarrow \mathbb{R}$ mit $f(x) := \ln x - \frac{1}{8}x^2$ beträgt $L = \frac{3}{8} + \ln 2$.

Beweis: Mit Beispiel (23.49)(3) gilt

$$L = \int_1^2 \sqrt{1 + (f'(x))^2}\, dx .$$

Da $f'(x) = \frac{1}{x} - \frac{1}{4}x$, also $(f'(x))^2 = \frac{1}{x^2} - \frac{1}{2} + \frac{1}{16}x^2$ ist, gilt

$$1 + (f'(x))^2 = \frac{1}{x^2} + \frac{1}{2} + \frac{1}{16}x^2 = \left(\frac{1}{x} + \frac{1}{4}x\right)^2 ,$$

so daß

$$L = \int_1^2 \left(\frac{1}{x} + \frac{1}{4}x\right) dx = \left[\ln x + \frac{1}{8}x^2\right]_1^2$$

$$= \ln 2 + \frac{3}{8} .$$

AUFGABE 17.- A 17
Seite 200

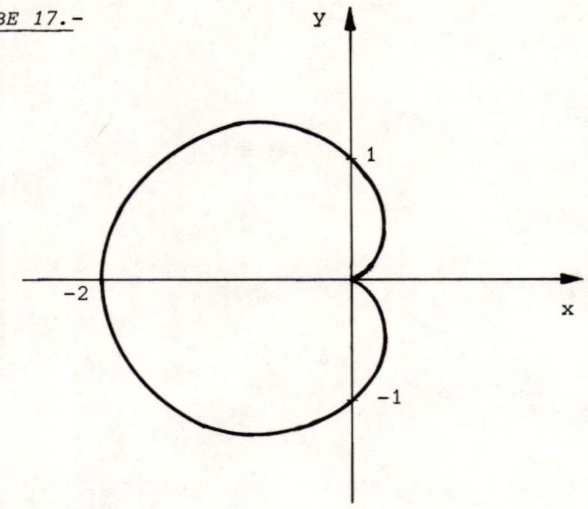

Die Länge der Cardioide berechnet sich mit dem Ergebnis von Bemerkung (23.50) zu:

$$L = \int_0^{2\pi} \sqrt{(1-\cos\theta)^2 + \sin^2\theta}\ d\theta$$

$$= \int_0^{2\pi} \sqrt{2-2\cos\theta}\ d\theta = \sqrt{2} \int_0^{2\pi} \sqrt{1-\cos\theta}\ d\theta .$$

Das letzte Integral berechnen wir mit der Substitutionsregel (12.39), ANALYSIS I, Seite 222: Der Integrand ist jeweils auf dem Intervall $[0,\pi]$ bzw. $[\pi,2\pi]$ injektiv. Auf $[0,\pi]$ substituieren wir

$$\theta = g(t) = \arccos t , \quad t \in [-1,1]$$

und auf $[\pi,2\pi]$

$$\theta = h(t) = \pi + \arccos t , \quad t \in [-1,1] .$$

Es gilt

$$g'(t) = -\frac{1}{\sqrt{1-t^2}} = h'(t) \quad \text{für } t \in]-1,1[.$$

Dann ist mit (12.43):

$$\int_0^{2\pi} \sqrt{1-\cos\theta}\, d\theta = \int_0^{\pi} \sqrt{1-\cos\theta}\, d\theta + \int_{\pi}^{2\pi} \sqrt{1-\cos\theta}\, d\theta$$

$$= -\int_1^{-1} \frac{\sqrt{1-t}}{\sqrt{1-t^2}}\, dt - \int_1^{-1} \frac{\sqrt{1+t}}{\sqrt{1+t^2}}\, dt$$

$$= \int_{-1}^{1} \frac{1}{\sqrt{1+t}}\,dt + \int_{-1}^{1} \frac{1}{\sqrt{1-t}}\,dt$$

$$= \left[2\sqrt{1+t}\,\right]_{-1}^{1} + \left[-2\sqrt{1-t}\,\right]_{-1}^{1} = 4\sqrt{2} \; .$$

(Die nach der Substitution auftretenden Integrale waren zwar uneigentlich, aber Sie sehen unmittelbar, daß wir die Integrale wie angegeben berechnen können, da die Stammfunktionen jeweils an den Intervallen noch stetig sind.)

Also beträgt die Länge der Cardioide $L = 8$.

Einfacher geht es mit der Umformung: $1 - \cos\theta = 2\sin^2\frac{\theta}{2}$. *Dann ist nämlich* $\frac{\theta}{2} \in [0,\pi]$ *für* $\theta \in [0,2\pi]$, *also* $\sin\frac{\theta}{2} \geq 0$ *und deshalb*

$$\sqrt{2}\int_0^{2\pi} \sqrt{1-\cos\theta}\,d\theta = 2\int_0^{2\pi} \sin\frac{\theta}{2}\,d\theta = 2\left[-2\cos\frac{\theta}{2}\right]_0^{2\pi} = 8.$$

A 18
Seite 200

__AUFGABE 18.__- 1) Hinweise: Sehen Sie sich noch einmal an, wie wir in Bemerkung (23.14)(3), Seite 185, gezeigt haben, daß die Definition des Kurvenintegrals eines Vektorfeldes nur von der gerichteten Kurve C und nicht von der speziellen Parameterdarstellung von C abhängt. Gehen Sie hier analog vor.

2) Lösung: Seien $\sigma: [a,b] \to \mathbb{R}^n$ *und* $\hat{\sigma}: [\alpha,\beta] \to \mathbb{R}^n$ *Parameterdarstellungen derselben gerichteten, glatten Kurve im* $\mathbb{R}^n$ *und* $h: [\alpha,\beta] \to [a,b]$ *sei ein Parameterwechsel, so daß*

$$\hat{\sigma} = \sigma \circ h$$

gilt. Dann berechnen wir für σ *und* $\hat{\sigma}$ *jeweils die rechte Seite der Definitionsgleichung in (23.52).*

$$\int_\alpha^\beta f(\hat{\sigma}(\tau))\,\|\hat{\sigma}'(\tau)\|\,d\tau$$

$$= \int_\alpha^\beta f(\sigma(h(\tau)))\,\|\sigma'(h(\tau))h'(\tau)\|\,d\tau$$

$$= \int_\alpha^\beta (f\circ\sigma)(h(\tau))\,\|\sigma'(h(\tau))\|\,h'(\tau)\,d\tau \quad , \text{ da } h'(\tau) > 0$$

$$= \int_{h(\alpha)}^{h(\beta)} (f\circ\sigma)(t)\,\|\sigma'(t)\|\,dt \qquad \text{mit der Substitutionsregel (12.43)}$$

$$= \int_a^b f(\sigma(t))\,\|\sigma'(t)\|\,dt \qquad \text{da } h(\alpha) = a \text{ und } h(\beta) = b.$$

Also führen beide Parameterdarstellungen zum selben Ergebnis.

A 19
Seite 201/
202

__AUFGABE 19.__- 1) Hinweise: Die Begriffe sind in (23.55), Seite 201, erklärt. Der Draht "befindet sich im $\mathbb{R}^3$*" in der* x_1-x_2*-Ebene. Zur Bestimmung des Trägheitsmomentes müssen Sie zunächst eine Beschreibung eines beliebigen Durchmessers finden, d.h. einer Geraden in Richtung eines beliebigen Durchmessers.*

Dann ist die Funktion d zu bestimmen, die jedem Punkt der Kreislinie den Abstand vom gewählten Durchmesser zuordnet.

2) Lösung: (i) Eine Parameterdarstellung des Kreises C mit Radius R um den Nullpunkt ist $\sigma: [0,2\pi] \to \mathbb{R}^3$ *mit*

$$\sigma(t) := (R\cos t, R\sin t, 0).$$

Für die Dichte gilt

$$\rho(x_1,x_2,x_3) := |x_1| + |x_2|.$$

Dann ergibt sich mit $\|\sigma'(t)\| = R$ *die Gesamtmasse M zu*

$$M = \int_C \rho\,ds = \int_0^{2\pi} \rho(\sigma(t))\,\|\sigma'(t)\|\,dt$$

$$= R\int_0^{2\pi} (|R\cos t| + |R\sin t|)\,dt$$

$$= R^2\int_0^{2\pi} |\cos t| + R^2\int_0^{2\pi} |\sin t|\,dt$$

$$= R^2\Big[\int_0^{\frac{\pi}{2}} \cos t\,dt - \int_{\frac{\pi}{2}}^{\frac{3}{2}\pi} \cos t\,dt + \int_{\frac{3}{2}\pi}^{2\pi} \cos t\,dt\Big]$$

$$+ R^2\Big[\int_0^{\pi} \sin t\,dt - \int_{\pi}^{2\pi} \sin t\,dt\Big]$$

$$= R^2[1 - (-1-1) + 1 + 2 - (-2)] = 8R^2 \; .$$

(ii) Bestimmung des Trägheitsmomentes bezüglich eines Kreisdurchmessers: Sei $(a,b) \in \mathbb{R}^2$ *mit* $a^2 + b^2 = 1$, *dann ist durch*

$$ax_1 + bx_2 = 0, \; x_3 = 0$$

eine Gerade G in Richtung eines beliebigen Durchmessers von C gegeben.

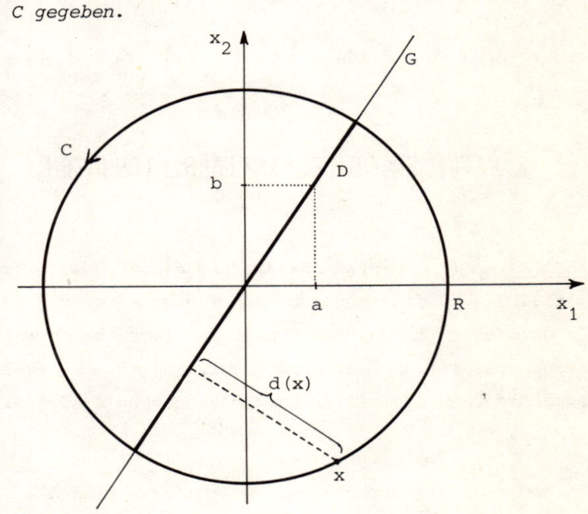

Die Gleichung $ax_1 + bx_2 + 0x_3 = 0$ *beschreibt eine Ebene E im* $\mathbb{R}^3$ *in Hesse scher Normalform, siehe (16.35)(2), Seite 37. Dort steht auch, daß der Abstand d(x) eines beliebigen Punktes* $x \in \mathbb{R}^3$ *von E durch*

$$d(x_1,x_2,x_3) = |0 - \langle (a,b,0),(x_1,x_2,x_3)\rangle|$$
$$= |ax_1+bx_2|$$

gegeben ist. Da E senkrecht auf der x_1-x_2-Ebene steht, ist für jeden Punkt $x \in C$ die Zahl $d(x)$ gleich dem Abstand des Punktes x von dem auf der Geraden G liegenden Durchmesser D von C (denn der Lotfußpunkt des Lotes von x auf E liegt auf G). Jetzt gilt für das Trägheitsmoment des Drahtes bezüglich D:

$$I_D = \int_C d^2(x)\rho(x)\,ds$$

$$= \int_0^{2\pi} d^2(\sigma(t))\rho(\sigma(t))\,\|\sigma'(t)\|\,dt$$

$$= \int_0^{2\pi} (aR\cos t + bR\sin t)^2\,(|R\cos t| + |R\sin t|)\,dt$$

$$= R^4\Big[\int_0^{2\pi}(a^2\cos^2 t + 2ab\cos t\sin t + b^2\sin^2 t)\Big]\cdot$$
$$\cdot(|\cos t| + |\sin t|)\,dt$$

$$= R^4\Big[\int_0^{\frac{\pi}{2}} (a^2\cos^3 t + 2ab\cos^2 t\sin t + b^2\cos t\sin t)\,dt\Big]$$

$$- R^4\Big[\int_{\frac{\pi}{2}}^{\frac{3}{2}\pi} (a^2\cos^3 t + 2ab\cos^2 t\sin t + b^2\cos t\sin t)\,dt\Big]$$

$$+ R^4\Big[\int_{\frac{3}{2}\pi}^{2\pi} (a^2\cos^3 t + 2ab\cos^2 t\sin t + b^2\cos t\sin t)\,dt\Big]$$

$$+ R^4\Big[\int_0^{\pi} (a^2\cos^2 t\sin t + 2ab\cos t\sin^2 t + b^2\sin^3 t)\,dt\Big]$$

$$- R^4\Big[\int_{\pi}^{2\pi} (a^2\cos^2 t\sin t + 2ab\cos t\sin^2 t + b^2\sin^3 t)\,dt\Big]$$

$$= \ldots = \ldots = \ldots = R^4(4a^2 + \tfrac{8}{3}b^2)\,?$$

KAPITEL 24 DIFFERENTIALGLEICHUNGEN

A 1
Seite 205

AUFGABE 1.- 1) Hinweise: Skizzieren Sie zunächst wie in Beispiel (24.5) die Isoklinen von f. Das sind im Fall a) alle Geraden $y = c$. In jedem Punkt einer solchen Geraden beträgt die Steigung der Lösungskurve $y' = c$. Die exakten Lösungen der beiden Differentialgleichungen finden Sie in ANALYSIS I.

2) Lösung: a) $y' = f(x,y) = y$. Die Isoklinen sind die Geraden $y = c$. Damit hat das Richtungsfeld $\{(x,y,y) \mid (x,y,) \in \mathbb{R}^2\}$ die Gestalt

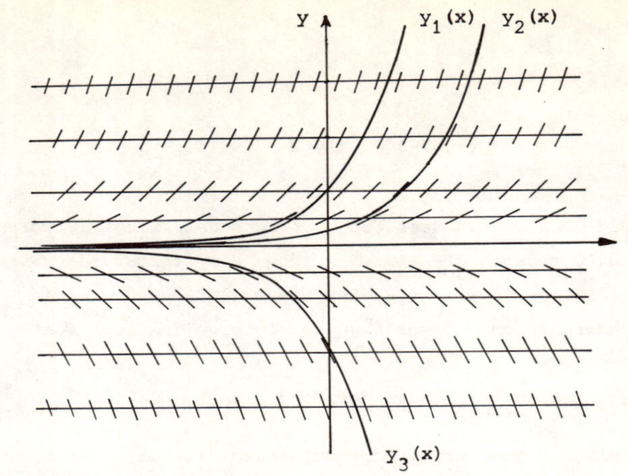

In dieses Richtungsfeld sind die Lösungen

$$y_1(x) = e^x,\quad y_2(x) = \frac{1}{4}e^x,\quad y_3(x) = -2e^x$$

eingezeichnet (siehe ANALYSIS I, (11.54), Seite 200). Sie entnehmen dem Richtungsfeld, daß jede Lösung, die in der oberen Halbebene verläuft, monoton wächst, eine Lösung in der unteren Halbebene monoton fällt. Die eingezeichneten Lösungen haben dieses Verhalten.

b) $y' = f(x,y) = \frac{y}{x}$, $x \neq 0$. Hier sind die Isoklinen der Mengen

$$\{(x,y) \mid \tfrac{y}{x} = c\} = \{(x,y) \mid y = cx\}$$

also alle Geraden durch den Nullpunkt (mit Ausnahme der y-Achse). In jedem Punkt einer solchen Geraden beträgt die Steigung der Lösung: $y' = c$ = Steigung der jeweiligen Geraden. Damit hat das Richtungsfeld $\{(x,y,\frac{y}{x}) \mid (x,y) \in \mathbb{R}^2,\ x \neq 0\}$ die Gestalt:

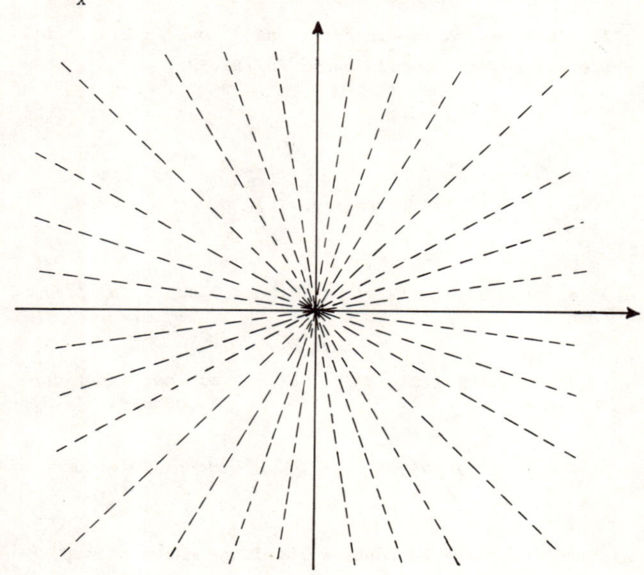

Sie erkennen hier unmittelbar, daß die Graphen der Lösungen (die Lösungskurven) Geraden durch den Nullpunkt sein müssen. Dies wird durch das Ergebnis von Aufgabe 23 b), ANALYSIS I, Seite 227 und 319 bestätigt.

A 2 Seite 208

AUFGABE 2.- 1) Hinweise: Benutzen Sie einen Taschenrechner.

2) Lösung: Bestimmung einer Näherungslösung für $y' = y = f(x,y), y(0) = 1$, auf $[0,1]$ mit dem Euler-Cauchy-Verfahren (24.9).

Allgemein gilt:

Startwert ist $y(x_o) = y_o$ mit $(x_o, y_o) := (\xi, \eta)$,
und die Geradengleichung lautet:

$$y(x) = y(x_{i-1}) + f(x_{i-1}, y(x_{i-1}))(x - x_{i-1}),$$

$x \in [x_{i-1}, x_i]$, $i = 1,2,3,\ldots$

oder mit $y(x_{i-1}) =: y_{i-1}$

$$y(x) = y_{i-1} + f(x_{i-1}, y_{i-1})(x - x_{i-1}),$$

$x \in [x_{i-1}, x_i]$, $i = 1,2,3,\ldots$.

An der Stelle x_i gilt:

$$y(x_i) = y_i = y_{i-1} + f(x_{i-1}, y_{i-1})(x_i - x_{i-1}) .$$

Wegen der äquidistanten Zerlegung vereinfacht sich die Gleichung für die y_i durch

$$(x_i - x_{i-1}) = \Delta x = \frac{1}{10}, \quad i = 1,2,\ldots,10, \quad (x_o = 0, x_{10} = 1),$$

und wir erhalten

$$y_i = y_{i-1} + f(x_{i-1}, y_{i-1}) \cdot \Delta x = y_{i-1} + \frac{1}{10} y_{i-1}$$

da $f(x_{i-1}, y_{i-1}) = y_{i-1}$ ist.

In der folgenden Tabelle stehen die nach dieser Formel berechneten Werte y_i und zum Vergleich dazu die exakten Werte der Lösung $y(x) = e^x$.

x_i	0	0,1	0,2	0,3	0,4	0,5	0,6
y_i	1	1,1	1,21	1,331	1,464	1,611	1,772
$\exp(x_i)$	1	1,105	1,221	1,35	1,492	1,649	1,822

x_i	0,7	0,8	0,9	1
y_i	1,949	2,144	2,358	2,594
$\exp(x_i)$	2,014	2,226	2,46	2,718

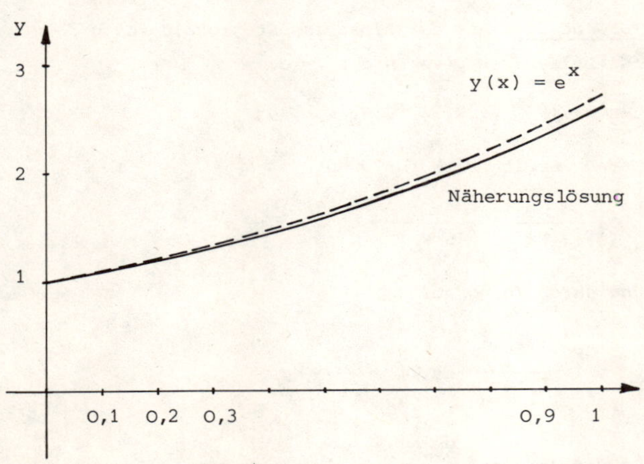

Sie können feststellen, daß die Näherungslösung immer unterhalb der exakten Lösung verläuft und die Abweichung mit wachsendem x größer wird.

A 3 Seite 211

AUFGABE 3.- 1) Hinweise: Berechnen Sie mindestens $y_1, \ldots, y_5$ und versuchen Sie eine allgemeine Gesetzmäßigkeit für die y_n zu finden.

2) Lösung: Wir betrachten das Anfangswertproblem

$$y' = x+y, \quad y(0) = 1.$$

Die Funktion $f: \mathbb{R}^2 \to \mathbb{R}$ mit $f(x,y) := x+y$ ist stetig und Lipschitz-stetig bezüglich y mit Lipschitzkonstanten $L = 1$, da für alle $(x,y_1), (x,y_2) \in \mathbb{R}^2$ gilt:

$$|f(x,y_1) - f(x,y_2)| = |x+y_1 - (x+y_2)| \le 1 \cdot |y_1 - y_2| .$$

Wir wenden nun das Verfahren der sukzessiven Approximation an: Es ist

$$y_o(x) = 1 \quad \text{für alle } x.$$

Dann gilt für y_1:

$$y_1(x) = \eta + \int_\xi^x f(t, y_o(t))\,dt = 1 + \int_0^x (t + y_o(t))\,dt$$

$$= 1 + \int_0^x (t+1)\,dt = 1 + (\frac{1}{2}x^2 + x) = 1 + x + \frac{1}{2}x^2,$$

$$y_2(x) = 1 + \int_0^x (t + y_1(t))\,dt = 1 + \int_0^x (t + (1 + t + \frac{1}{2}t^2))\,dt$$

$$= 1 + \int_0^x (1 + 2t + \frac{1}{2}t^2)\,dt = 1 + x + x^2 + \frac{1}{6}x^3,$$

$$y_3(x) = 1 + \int_0^x (t + (1 + t + t^2 + \frac{1}{6}t^3))\,dt =$$

$$= 1 + \int_0^x (1 + 2t + t^2 + \frac{1}{6}t^3)\,dt$$

$$= 1 + x + x^2 + \frac{1}{3}x^3 + \frac{1}{24}x^4,$$

$$y_4(x) = 1 + \int_0^x (1 + 2t + t^2 + \frac{1}{3}t^3 + \frac{1}{24}t^4)\,dt$$

$$= 1 + x + x^2 + \frac{1}{3}x^3 + \frac{1}{12}x^4 + \frac{1}{120}x^5,$$

$$y_5(x) = 1 + x + x^2 + \frac{1}{3}x^3 + \frac{1}{12}x^4 + \frac{1}{60}x^5 + \frac{1}{720}x^6 .$$

Nun ist

$$\sum_{k=0}^{6} \frac{x^k}{k!} = 1 + x + \frac{1}{2}x^2 + \frac{1}{6}x^3 + \frac{1}{24}x^4 + \frac{1}{120}x^5 + \frac{1}{720}x^6 .$$

Damit läßt sich y_5 schreiben als

$$y_5(x) = 2 \sum_{k=0}^{5} \frac{x^k}{k!} - (1+x) + \frac{1}{720}x^6 .$$

Wir vermuten daher

$$y_n(x) = 2 \sum_{k=0}^{n} \frac{x^k}{x!} - (1+x) + \frac{x^{n+1}}{(n+1)!} .$$

Bis $n = 5$ stimmt diese Vermutung. Es fehlt der Induktionsschluß auf $(n+1)$. Es ist nach dem in (24.16) genannten Iterationsverfahren.

$$y_{n+1}(x) = 1 + \int_0^x (t+y_n(t))\,dt$$

$$= 1 + \int_0^x \left(t+2\cdot\sum_{k=0}^{n} \frac{t^k}{k!} - (1+t) + \frac{t^{n+1}}{(n+1)!}\right) dt$$

$$= 1 + 2\cdot\sum_{k=0}^{n} \frac{x^{k+1}}{(k+1)!} - x + \frac{x^{n+2}}{(n+2)!}$$

$$= 1 + 2\cdot\sum_{k=1}^{n+1} \frac{x^{k}}{k!} - x + \frac{x^{n+2}}{(n+2)!}$$

$$= 2 + 2\cdot\sum_{k=1}^{n+1} \frac{x^{k}}{k!} - (1+x) + \frac{x^{n+2}}{(n+2)!}$$

$$= 2\cdot\sum_{k=0}^{n+1} \frac{x^{k}}{k!} - (1+x) + \frac{x^{n+2}}{(n+2)!}\,.$$

Also ist unsere Vermutung richtig. Wegen

$$\lim_{n\to\infty} \sum_{k=0}^{n} \frac{x^k}{k!} = e^x \quad \text{und} \quad \lim_{n\to\infty} \frac{x^n}{n!} = 0$$

erhalten wir für jedes $x \in \mathbb{R}$:

$$y(x) = \lim_{n\to\infty} (y_n(x)) = 2e^x - x - 1,$$

und Sie rechnen leicht nach, daß y *die Lösung des Anfangswertproblems ist.*

A 4
Seite 211

AUFGABE 4.- 1) *Hinweis: Es handelt sich um das Anfangswertproblem*

$$\dot{v} = -kv^\alpha,\ k \text{ Proportionalitätskonstante},\ k > 0,$$
$$v(0) = v_o.$$

2) *Lösung:* a) *Separation führt auf* $(\alpha \neq 1)$

$$\int_{v_o}^{v} \frac{1}{s^\alpha}\,ds = -\int_0^t k\,dt$$

und daher

$$\frac{1}{1-\alpha}\left(v^{1-\alpha} - v_o^{1-\alpha}\right) = -kt\,.$$

Daraus ergibt sich

$$v(t) = \left(v_o^{1-\alpha} - (1-\alpha)kt\right)^{\frac{1}{1-\alpha}}\,.$$

b) *Ist* $\alpha > 1$, *so ist* $(1-\alpha) < 0$. *Damit ist* $(v_o^{1-\alpha} - (1-\alpha)kt) > 0$ *für alle* t. *Ist* $\alpha < 1$, *so ist* $(1-\alpha) > 0$. *Es gibt daher ein* $t > 0$, *so daß*

$$v_o^{1-\alpha} - (1-\alpha)kt = 0$$

erfüllt ist, und zwar gilt:

$$t = \frac{1}{k}\cdot\frac{v_o^{1-\alpha}}{1-\alpha}\,.$$

c) *Zu untersuchen ist*

$$\lim_{\substack{\alpha\to 1\\ \alpha>1}} \left(v_o^{1-\alpha} - (1-\alpha)kt\right)^{\frac{1}{1-\alpha}}\,.$$

Nach der Definition der allgemeinen Potenz ist

$$\left(v_o^{1-\alpha} - (1-\alpha)kt\right)^{\frac{1}{1-\alpha}} = e^{\frac{1}{1-\alpha}\ln\left(v_o^{1-\alpha} - (1-\alpha)kt\right)}\,.$$

Wir untersuchen

$$\lim_{\substack{\alpha\to 1\\ \alpha>1}} \frac{\ln\left(v_o^{1-\alpha} - (1-\alpha)kt\right)}{1-\alpha}\,,\ \left(\text{Fall } \frac{0}{0}\right).$$

Anwendung der Regel von de l'Hôpital ergibt:

$$\lim_{\substack{\alpha\to 1\\ \alpha>1}} \frac{\ln\left(v_o^{1-\alpha} - (1-\alpha)kt\right)}{1-\alpha} =$$

$$= \lim_{\substack{\alpha\to 1\\ \alpha>1}} \frac{\frac{1}{v_o^{1-\alpha} - (1-\alpha)kt}\cdot\left(-\ln v_o\cdot v_o^{1-\alpha} + kt\right)}{-1} = \ln v_o - kt.$$

Damit ergibt sich als Lösung

$$\lim_{\substack{\alpha\to 1\\ \alpha>1}} \left(v_o^{1-\alpha} - (1-\alpha)kt\right)^{\frac{1}{1-\alpha}} = e^{\ln v_o - kt} = v_o e^{-kt}\,.$$

Das ist aber die bekannte Lösung des Anfangswertproblems $(\alpha = 1)$

$$\dot{v} = -kv,\ v(0) = v_o\,.$$

d) *Wir skizzieren die Lösungen für* $k = 1$:

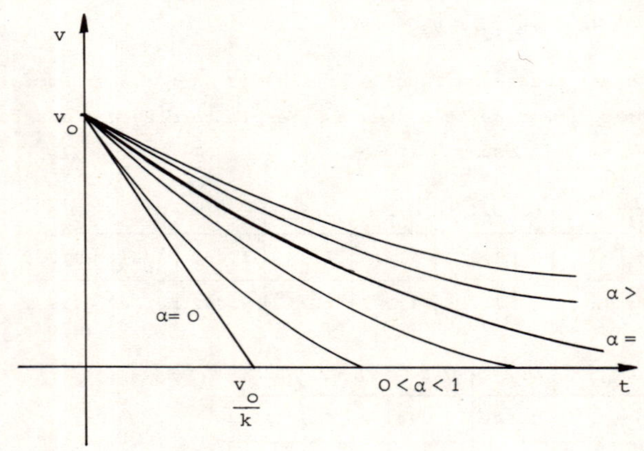

A 5
Seite 212

AUFGABE 5.- *Aus der Lipschitz-Stetigkeit von* g *folgt für beliebiges* y *wegen* $g(y_o) = 0$:

$$|g(y)| = |g(y) - g(y_o)| \le L|y - y_o|$$

Daraus ergibt sich für $y \neq y_o$

$$\frac{1}{|g(y)|} \ge \frac{1}{L|y-y_o|}$$

und durch Integration

$$\int_{y_o}^{y} \frac{1}{L|s-y_o|}\,ds \le \int_{y_o}^{y} \frac{1}{|g(s)|}\,ds.$$

Da das Integral $\int_{y_o}^{y} \frac{1}{|s-y_o|}\,ds$ *divergiert, divergiert auch* $\int_{y_o}^{y} \frac{1}{|g(s)|}\,ds$, *und es folgt die Eindeutigkeit der Lösung nach Satz (24.20).*

A 6
Seite 213

AUFGABE 6.- 1) Hinweise: Satz (24.21). Zu a): $h(t)=t^2$, $a=1$, $c=3$. *Zu b):* $h(t)=\sqrt{t}$*; Sie brauchen y nur implizit zu bestimmen.*

2) Lösung: a) Mit $z(x)=x-y(x)+3$ $(a=1,\ b=-1)$ *erhält man als neues Anfangswertproblem*

$$z'=1-z^2\ ,\ z(1)=3.$$

Lösung dieser separablen Differentialgleichung erfolgt über

$$\int_3^{z(x)} \frac{1}{1-s^2}\,ds=\int_1^x 1\,dt \qquad (s>1).$$

Man erhält

$$\frac{1}{2}\ln\frac{z(x)+1}{z(x)-1}-\frac{1}{2}\ln 2=x-1 \quad \text{oder} \quad \frac{z(x)+1}{z(x)-1}=2e^{2x-2}\ .$$

Auflösen nach z ergibt dann

$$z(x)=-\frac{1+2e^{2x-2}}{1-2e^{2x-2}}\ .$$

Daraus folgt als Lösung des Ausgangsproblems:

$$y(x)=x+3-z(x)=\frac{1+2e^{2x-2}}{1-2e^{2x-2}}+x+3$$

$$(x>\tfrac{1}{2}(\ln\tfrac{1}{2}+2)\simeq 0{,}6534)\ .$$

b) Mit $z(x)=x+y(x)+1$ $(a=1,\ b=1)$

erhält man für z die Differentialgleichung

$$z'=1+\sqrt{z}.$$

Separation führt auf

$$\int\frac{1}{1+\sqrt{z}}\,dz=\int 1\,dx\ .$$

Substitution des ersten Integrals mit $t=\sqrt{z}$ *ergibt dort:*

$$\int\frac{1}{1+\sqrt{z}}\,dz=\int\frac{2t}{1+t}\,dt=2t-2\ln(1+t) \qquad (t\geq 0)$$
$$=2\sqrt{z}-2\ln(1+\sqrt{z})\ .$$

Wir erhalten als allgemeine implizite Lösung $(z=x+y+1)$:

$$2\sqrt{x+y+1}-\ln(1+\sqrt{x+y+1})^2=x+C,\ C\ \text{Konstante}.$$

A 7
Seite 214

AUFGABE 7.- 1) Hinweise: Schreiben Sie die Differentialgleichung in der Form $y'=h(\frac{y}{x})$ *und benutzen Sie Satz (24.23).*

2) Lösung: Es ist

$$y'=\frac{x^2+y^2}{xy}=\frac{x}{y}+\frac{y}{x}\ .$$

Mit $z(x)=\frac{y(x)}{x}$ *ergibt sich das Anfangswertproblem für z:*

$$z'=\frac{(\frac{1}{z}+z)-z}{x}=\frac{1}{z}\cdot\frac{1}{x}\ ,\quad z(1)=1.$$

Separation führt auf

$$\int_1^{z(x)} s\,ds=\int_1^x \frac{1}{t}\,dt.$$

Daher folgt über

$$\frac{1}{2}z(x)^2-\frac{1}{2}=\ln x\ :$$

$$z(x)=\sqrt{\ln x^2+1}\ .$$

Wegen $y(x)=xz(x)$ *ergibt sich als Lösung des Anfangswertproblems*

$$y(x)=x\sqrt{\ln x^2+1}\ ,\quad x>\sqrt{e^{-1}}\ .$$

AUFGABE 8.- 1) Hinweise: Zu a): Aus der Aufgabenstellung ergibt sich, daß das Anfangswertproblem A 8 Seite 217

$$m\dot{v}=-kv+mg\ ,\ v(0)=v_0\ ,$$

zu lösen ist, wobei g die Erdbeschleunigung und $k>0$ *eine Proportionalitätskonstante ist.*

2) Lösung: Division durch die Masse m führt auf die lineare Differentialgleichung

$$\dot{v}=-\frac{k}{m}v+g\ ,\ v(0)=v_0\ .$$

Mit $p(t)=-\frac{k}{m}$, $q(t)=g$, $\xi=0$, $\eta=v_0$, *erhalten wir als Lösung des Anfangswertproblems nach Satz (24.29): Es ist* $P(t)=-\frac{k}{m}t$, *also*

$$v(t)=v_0e^{-\frac{k}{m}t}+e^{-\frac{k}{m}t}\int_0^t g\,e^{\frac{k}{m}\tau}\,d\tau$$
$$=v_0e^{-\frac{k}{m}t}+(g\frac{m}{k}e^{\frac{k}{m}t}-\frac{mg}{k})e^{-\frac{k}{m}t}$$
$$=\frac{mg}{k}+(v_0-\frac{mg}{k})e^{-\frac{k}{m}t}$$

oder

$$v(t)=\frac{mg}{k}(1-e^{-\frac{k}{m}t})+v_0e^{-\frac{k}{m}t}\ .$$

b) Gesucht ist die Lösung der linearen Differentialgleichung:

$$y'=-\sin x\cdot y+\sin x\cos x\ .$$

(i) Lösung der homogenen linearen Differentialgleichung

$$y'=-\sin x\cdot y$$

ergibt

$$y_H(x)=Ce^{\int-\sin x\,dx}=Ce^{\cos x}\ ,\ C\ \text{Konstante}.$$

(ii) Variation der Konstanten C führt auf die Differentialgleichung für C:

$$C'(x)=\sin x\cos x\,e^{-\cos x}$$

und daher

$$C(x)=\int\sin x\cos x\,e^{-\cos x}\,dx$$

$$= (1+\cos x)\, e^{-\cos x}$$

über Substitution $z = -\cos x$ und anschließende partielle Integration.

Also lautet eine spezielle Lösung der inhomogenen linearen Differentialgleichung:

$$y_s(x) = (1+\cos x)\, e^{-\cos x} \cdot e^{\cos x} = 1+\cos x \ .$$

Als allgemeine Lösung erhält man:

$$y(x) = y_H(x) + y_s(x) = 1 + \cos x + C\, e^{\cos x} \ .$$

A 9
Seite 218

AUFGABE 9.- 1) Hinweise: Formen Sie die Differentialgleichung so um, daß sie die Gestalt von (I) in (24.31) hat. Benutzen Sie Satz (24.32).

2) Lösung: Umformung führt auf die Bernoulli'sche Differentialgleichung

$$y' = -\frac{1}{1+x}y - (1+x)y^4 \ , \quad (x \neq 1), \ y(0) = 1.$$

Wegen $\alpha = 4$ setzen wir

$$z(x) = y(x)^{1-\alpha} = y(x)^{-3} \ .$$

Das führt auf das Anfangswertproblem für z:

$$z' = -3\left(-\frac{1}{1+x}\right)z + 3(1+x)$$

$$= \frac{3}{1+x}z + 3(1+x) \quad , \ z(0) = 1.$$

Nach Satz (24.29), Seite 216, ist die Lösung wegen

$$\int_0^x \frac{3}{1+t}\,dt = \ln (1+x)^3$$

gegeben durch

$$z(x) = (1+x)^3 + (1+x)^3\, 3 \int_0^x (1+\tau)\frac{1}{(1+\tau)^3}\,d\tau$$

$$= (1+x)^3 + 3\left(1 - \frac{1}{1+x}\right)(1+x)^3$$

$$= 4(1+x)^3 - 3(1+x)^2 \ .$$

Mit $y(x) = z(x)^{-\frac{1}{3}}$ folgt daraus

$$y(x) = \frac{1}{\sqrt[3]{4(1+x)^3 - 3(1+x)^2}} .$$

A 10
Seite 218

AUFGABE 10.- 1) Hinweise: Machen Sie zur Bestimmung einer speziellen Lösung dieser Riccati'schen Differentialgleichung denselben Ansatz wie in Beispiel (24.36). Benutzen Sie Satz (24.35).

2) Lösung: Es handelt sich um eine Riccati'sche Differentialgleichung

$$\text{(I)} \qquad y' = -(2x+1)y + y^2 + 1 + x + x^2 \ .$$

(i) Ansatz zur Bestimmung einer speziellen Lösung von (I) wie in Beispiel (24.36):

$$y_0(x) = ax^b \quad , \quad a,b \in \mathbb{R} \ .$$

Eingesetzt erhält man als Gleichung, die für alle x gelten soll:

$$abx^{b-1} = -(2x+1)ax^b + a^2x^{2b} + 1 + x + x^2 \ .$$

Höchste Potenz von x ist 2. Es ergibt sich für b daher $b = 1$. Daraus folgt

$$a = -2ax^2 - ax + a^2x^2 + 1 + x + x^2$$

oder

$$0 = (1-2a+a^2)x^2 + (1-a)x + (1-a)$$

für alle x.

Für $a = 1$ ist die Gleichung erfüllt. Wir erhalten als spezielle Lösung:

$$y_0(x) = x.$$

(ii) Substitution $w(x) := \dfrac{1}{y(x) - y_0(x)} = \dfrac{1}{y(x) - x}$ führt (I) über in

$$\text{(III)} \qquad w' = -[-(2x+1) + 2x]w - 1$$

$$= w - 1 \ .$$

Als allgemeine Lösung dieser linearen Differentialgleichungen erhält man mit $w_H(x) = Ce^x$ und Variation der Konstanten

$$w(x) = Ce^x + 1 \ .$$

Daraus ergibt sich über $y(x) = \frac{1}{w(x)} + y_0(x)$ als allgemeine Lösung der gegebenen Differentialgleichung:

$$y(x) = \frac{1}{Ce^x + 1} + x$$

(Definitionsbereich abhängig von C!).

AUFGABE 11.- 1) Hinweise: Gehen Sie analog zu Beispiel (24.37) vor. A 11 Seite 219

2) Lösung: Mit der Umkehrfunktion x(y) geht die Differentialgleichung über in

$$\frac{1}{x'}(x - 2xy - y^2) = -y^2$$

und daher in

$$\frac{y^2 + 2xy - x}{y^2} = x' \qquad (y \neq 0).$$

Man erhält für x(y) die lineare Differentialgleichung

$$x' = \frac{2y-1}{y^2}\,x + 1 \ .$$

(i) Lösung der homogenen linearen Differentialgleichung ist mit

$$P(y) = \int \frac{2y-1}{y^2}\,dy = 2\ \ln |y| + \frac{1}{y}$$

gegeben durch

$$x_H(y) = Ce^{2\ln|y| + \frac{1}{y}} = C\,y^2 e^{\frac{1}{y}} .$$

(ii) Variation der Konstanten ergibt mit

$$C(y) = \int 1\, e^{-P(y)} dy = \int \frac{1}{y^2} e^{-\frac{1}{y}} dy$$
$$= e^{-\frac{1}{y}}$$

als spezielle Lösung

$$x_s(y) = C(y)\, e^{P(y)} = e^{-\frac{1}{y}} (y^2 e^{\frac{1}{y}}) = y^2.$$

(iii) Damit erhalten wir als Lösung x(y)

$$x(y) = Cy^2 e^{\frac{1}{y}} + y^2 = y^2(1+Ce^{\frac{1}{y}}).$$

A 12 Seite 220

AUFGABE 12.- 1) Hinweise: Zu b): Wenden Sie Satz (24.40), Seite 219, an und gehen Sie analog zu Beispiel (24.41)(1) vor. Sie erhalten eine implizite Lösung.

2) Lösung: a) Umformung ergibt die exakte (da separable) Differentialgleichung

$$y\, dy - \frac{x}{\sqrt{1-x^2}} dx = 0.$$

Es ist $g(y) = \frac{1}{y}$, $f(x) = \frac{x}{\sqrt{1-x^2}}$. *Gesucht ist ein Potential* $H(x,y)$ *für das Vektorfeld* $k(x,y) := (-f(x), \frac{1}{g(y)}) = (-\frac{x}{\sqrt{1-x^2}}, y)$.

Nun ist

$$F(x) = \int \frac{x}{\sqrt{1-x^2}} dx = -\sqrt{1-x^2} \quad \text{Stammfunktion von } f \text{ und}$$

$$G(y) = \int y\, dy = \frac{1}{2} y^2 \quad \text{Stammfunktion von } \frac{1}{g}.$$

Wir erhalten als Potential (siehe Beispiel (24.41)(2)):

$$H(x,y) = \frac{1}{2} y^2 + \sqrt{1-x^2}\ .$$

Auflösen der Gleichung $H(x,y) = C$, *C Konstante, nach y führt über*

$$\frac{1}{2} y^2 = C - \sqrt{1-x^2}$$

auf die Lösung

$$y(x) = \sqrt{2(C-\sqrt{1-x^2})}\ ,$$

$$C > 1 \text{ und } |x| < \min\{1, \sqrt{C^2-1}\}\ .$$

b) Schreiben wir die Differentialgleichung in der Form

$$(x^2-y) - (x+\sin^2 y)y' = 0$$

und setzen

$$P(x,y) := x^2 - y\,, \quad Q(x,y) := -x - \sin^2 y,$$

so gilt

$$\frac{\partial P}{\partial y}(x,y) = -1 = \frac{\partial Q}{\partial x}(x,y)\ ,$$

und die Differentialgleichung ist exakt. Nach Satz (24.40) genügt es daher, ein Potential F für das Vektorfeld (P,Q) zu bestimmen:

$$F(x,y) = \int (x^2-y)\, dx + A_1(y)$$
$$= \frac{1}{3} x^3 - yx + A_1(y)\ .$$

$$\frac{\partial F}{\partial y}(x,y) = -x + A_1'(y) = -x - \sin^2 y,$$

also $A_1'(y) = -\sin^2 y$, *so daß*

$$A_1(y) = -\int \sin^2 y\, dy = -\frac{1}{2} y + \frac{1}{4} \sin 2y$$

und somit

$$F(x,y) = \frac{1}{3}x^3 - xy - \frac{1}{2}y + \frac{1}{4}\sin 2y.$$

Nach Satz (24.40) ist die allgemeine Lösung der Differentialgleichung in impliziter Form durch

$$\frac{1}{3}x^3 - xy - \frac{1}{2}y + \frac{1}{4}\sin 2y = C$$

gegeben.

AUFGABE 13.- 1) Hinweise: Es ist zu zeigen, daß für die jeweils angegebene Funktion μ die Bestimmungsgleichung für μ erfüllt ist. A 13 Seite 221

2) Lösung: a) Es ist $\dfrac{\frac{\partial P}{\partial y} - \frac{\partial Q}{\partial x}}{Q} = h(x)$.

$\mu(x) = e^{\int h(x)\, dx}$ *ist integrierender Faktor. Denn:*

$$\frac{\partial \ln|\mu|}{\partial x} = \frac{\partial \ln(e^{\int h(x)\, dx})}{\partial x} = \frac{\partial \int h(x)\, dx}{\partial x} = h(x)$$

und

$$\frac{\partial \ln|\mu|}{\partial y} = 0, \quad \text{da } \mu \text{ unabhängig von } y \text{ ist.}$$

Daraus folgt

$$Q\frac{\partial \ln|\mu|}{\partial x} - P\frac{\partial \ln|\mu|}{\partial y} = Q\cdot h(x) = Q\frac{\frac{\partial P}{\partial y} - \frac{\partial Q}{\partial x}}{Q} = \frac{\partial P}{\partial y} - \frac{\partial Q}{\partial x}\ .$$

b) Hier ist mit $\mu(y) = e^{-\int g(y)\, dy}$ *und* $g(y) = \dfrac{\frac{\partial P}{\partial y} - \frac{\partial Q}{\partial x}}{P}$

$$\frac{\partial \ln|\mu|}{\partial x} = 0, \text{ da } \mu \text{ unabhängig von } x \text{ ist, und}$$

$$\frac{\partial \ln|\mu|}{\partial y} = \frac{\partial(-\int g(y)\, dy)}{\partial y} = -g(y).$$

Daraus folgt:

$$Q\frac{\partial \ln|\mu|}{\partial x} - P\frac{\partial \ln|\mu|}{\partial y} = -P(-g(y)) = P\cdot g(y) =$$
$$= P\frac{\frac{\partial P}{\partial y} - \frac{\partial Q}{\partial x}}{P} = \frac{\partial P}{\partial y} - \frac{\partial Q}{\partial x}\ .$$

AUFGABE 14.- a) Es ist $P(x,y) = y$ *und* $Q(x,y) = -(2x+y)$. A 14
Die Integrabilitätsbedingungen sind nicht erfüllt, da Seite 222

$$\frac{\partial P}{\partial y} = 1,\ \frac{\partial Q}{\partial x} = -2 \text{ ist.}$$

Nun ist

$$\frac{\frac{\partial P}{\partial y} - \frac{\partial Q}{\partial x}}{P} = \frac{3}{y} =: g(y)\ , \quad y \neq 0.$$

Damit lautet die exakte Differentialgleichung

$$\frac{1}{y^2}\,dx - \frac{2x+y}{y^3}\,dy = 0.$$

Bestimmung des Potentials F wie in Beispiel (24.45):

$$F(x,y) = \int \frac{1}{y^2}\,dx + A_1(y) = \frac{x}{y^2} + A_1(y)$$

$$F(x,y) = -\int \frac{2x+y}{y^3}\,dy + A_2(x) = \frac{x}{y^2} + \frac{1}{y} + A_2(x).$$

Vergleich ergibt $A_1(y) = \frac{1}{y}$, $A_2(x) = 0$ *und damit als Potential*

$$F(x,y) = \frac{x+y}{y^2}.$$

Als Lösung folgt daraus mit Satz (24.40), Seite 219:

$$\frac{x+y}{y^2} = C$$

oder

$$x + y = Cy^2.$$

b) Mit $P(x,y) = 2y^3 + 2$, $Q(x,y) = 3xy^2$ *sind die Integrabilitätsbedingungen nicht erfüllt:*

$$\frac{\partial P}{\partial y} = 6y^2\ ,\quad \frac{\partial Q}{\partial x} = 3y^2.$$

Es ist aber

$$\frac{\frac{\partial P}{\partial y} - \frac{\partial Q}{\partial x}}{Q} = \frac{3y^2}{3xy^2} = \frac{1}{x} =: h(x) \qquad (x \neq 0,\ y \neq 0).$$

Als integrierenden Faktor können wir wählen

$$\mu(x) = e^{\int h(x)\,dx} = x.$$

Wir erhalten

$$(2xy^3 + 2x)\,dx + 3x^2y^2\,dy = 0$$

und als Potential über

$$F(x,y) = \int (2xy^3 + 2x)\,dx + A_1(y) = x^2y^3 + x^2 + A_1(y),$$

$$F(x,y) = \int 3x^2y^2\,dy + A_2(x) = x^2y^3 + A_2(x)\ ,$$

und $A_1(y) = 0$, $A_2(x) = x^2$:

$$F(x,y) = x^2y^3 + x^2.$$

Daraus ergibt sich dann

$$x^2y^3 + x^2 = C$$

bzw.

$$y(x) = \sqrt[3]{\frac{C-x^2}{x^2}} = \sqrt[3]{\frac{C}{x^2} - 1}\ ,\quad x \neq 0.$$

A 15 Seite 223

AUFGABE 15.- Behauptung: Sind $y_1, y_2\colon \mathbb{R} \to \mathbb{R}$ *Lösungen der linearen Differentialgleichung zweiter Ordnung mit konstanten Koeffizienten*

$$y'' + ay' + by = 0\ ,\quad a,b \in \mathbb{R}\ ,$$

so ist auch $\lambda y_1 + \mu y_2$ *für beliebiges* $\lambda, \mu \in \mathbb{R}$ *eine Lösung.*

Beweis: Da y_1 *und* y_2 *Lösungen sind, gilt*

$$y_i''(x) + ay_i'(x) + by_i(x) = 0 \quad \text{für alle } x \in \mathbb{R}\ ,\ i = 1,2.$$

Dann folgt

$$(\lambda y_1 + \mu y_2)''(x) + a(\lambda y_1 + \mu y_2)' + b(\lambda y_1 + \mu y_2)(x)$$
$$= \lambda y_1''(x) + a\lambda y_1'(x) + b\lambda y_1(x) + \mu y_2''(x) + a\mu y_2'(x) + b\mu y_2(x)$$
$$= \lambda(y_1''(x) + ay_1'(x) + by_1(x)) + \mu(y_2''(x) + ay_2'(x) + by_2(x))$$
$$= \lambda\cdot 0 + \mu\cdot 0 = 0.$$

Das war zu zeigen.

A 16 Seite 224

AUFGABE 16.- 1) Hinweise: Zu a): Sie müssen die drei Fälle von (24.47) gesondert untersuchen. Benutzen Sie zur Lösung von b) und c) ebenfalls (24.47).

2) Lösung: a) Das lineare Gleichungssystem für c_1 *und* c_2

$$z(\xi) = c_1u_1(\xi) + c_2u_2(\xi)$$
$$z'(\xi) = c_1u_1'(\xi) + c_2u_2'(\xi)$$

ist dann immer (eindeutig) lösbar, wenn die Determinante der Koeffizientenmatrix

$$\begin{vmatrix} u_1(\xi) & u_2(\xi) \\ u_1'(\xi) & u_2'(\xi) \end{vmatrix} \neq 0$$

ist für beliebiges $\xi \in \mathbb{R}$ *und* u_1, u_2 *wie in (24.47).*

(1) $d < 0$:

$$\begin{vmatrix} e^{\sqrt{-d}\,\xi} & e^{-\sqrt{-d}\,\xi} \\ \sqrt{-d}\,e^{\sqrt{-d}\,\xi} & -\sqrt{-d}\,e^{-\sqrt{-d}\,\xi} \end{vmatrix} = -\sqrt{-d} - \sqrt{-d} = -2\sqrt{-d} \neq 0\ .$$

(2) $d = 0$:

$$\begin{vmatrix} 1 & \xi \\ 0 & 1 \end{vmatrix} = 1 \neq 0.$$

(3) $d > 0$:

$$\begin{vmatrix} \cos\sqrt{d}\,\xi & \sin\sqrt{d}\,\xi \\ -\sqrt{d}\,\sin\sqrt{d}\,\xi & \sqrt{d}\,\cos\sqrt{d}\,\xi \end{vmatrix} = \sqrt{d}\,\cos^2\sqrt{d} + \sqrt{d}\,\sin^2\sqrt{d}$$
$$= \sqrt{d} \neq 0.$$

Also ist das Gleichungssystem immer lösbar.

Nun sind bei gegebener Lösung z die Koeffizienten c_1 *und* c_2 *zu* $\xi = 0$ *zu bestimmen: Der Fall* $d < 0$ *ergibt*

$$z(0) = c_1 + c_2$$
$$z'(0) = \sqrt{-d}\,c_1 - \sqrt{-d}\,c_2$$

und damit $c_1 = \frac{1}{2}\left(z(0) + \frac{1}{\sqrt{-d}}\,z'(0)\right),$

$$c_2 = \frac{1}{2}\left(z(0) - \frac{1}{\sqrt{-d}}\,z'(0)\right).$$

$d = 0$:

$$z(0) = c_1$$
$$z'(0) = c_2$$

$d > 0$:

$$z(0) = c_1$$

$$z'(0) = \sqrt{d}\, c_2 \text{ , also } c_2 = \frac{1}{\sqrt{d}} z'(0) .$$

b) Es ist $d = -1 < 0$. Also lautet die allgemeine Lösung nach (24.47):

$$y(x) = c_1 e^x + c_2 e^{-x}$$

Aus den Anfangswerten folgt:

$$1 = c_1 + c_2$$

$$0 = c_1 - c_2$$

und daher

$$c_1 = c_2 = \frac{1}{2} .$$

Die Lösung des Anfangswertproblems ist

$$y(x) = \frac{1}{2}(e^x + e^{-x}) = \cosh x .$$

c) Es ist $d = 4 > 0$. Also ist die allgemeine Lösung nach (24.47):

$$y(x) = c_1 \cos 2x + c_2 \sin 2x.$$

Die Anfangswerte ergeben

$$1 = c_1$$

$$1 = 2c_2 \text{ , d.h. } c_2 = \frac{1}{2} .$$

Damit erhalten wir als Lösung

$$y(x) = \cos 2x + \frac{1}{2}\sin 2x .$$

A 17 Seite 225 AUFGABE 17.- 1) Hinweise: (24.50). Zu c): Diskutieren Sie die Lösungen in Abhängigkeit von R, L, C.

2) Lösung: a) Es ist $d = b - \frac{a^2}{4} = \frac{3}{4} > 0$. Wir erhalten als allgemeine Lösung nach Folgerung (24.50), Seite 224:

$$y(x) = \left(c_1 \cos\sqrt{\frac{3}{4}}\,x + c_2 \sin\sqrt{\frac{3}{4}}\,x\right) e^{\frac{3}{2}x}$$

$$= \left(c_1 \cos \frac{\sqrt{3}}{2}x + c_2 \sin \frac{\sqrt{3}}{2}x\right) e^{\frac{3}{2}x} .$$

b) Hier ist $d = 9 - \frac{100}{4} = -16 < 0$. Als allgemeine Lösung erhält man wieder mit (24.50):

$$y(x) = (c_1 e^{4x} + c_2 e^{-4x}) e^{-5x}$$

$$= c_1 e^{-x} + c_2 e^{-9x} .$$

Aus den Anfangswerten folgt

$$2 = c_1 e^{-1} + c_2 e^{-9}$$

$$0 = -c_1 e^{-1} - 9c_2 e^{-9}$$

und daher $c_1 = \frac{9e}{4}$, $c_2 = -\frac{e^9}{4}$.

Also lautet die Lösung des Anfangswertproblems

$$y(x) = \frac{9e}{4} e^{-x} - \frac{e^9}{4} e^{-9x} =$$

$$= \frac{9}{4} e^{1-x} - \frac{1}{4} e^{9(1-x)} .$$

c) Ausgangspunkt ist die Differentialgleichung für den Reihenschwingkreis:

$$\frac{d^2 i(t)}{dt^2} + \frac{R}{L}\frac{di(t)}{dt} + \frac{1}{LC} i(t) = 0$$

[Anfangswerte: $I(0) = I_o > 0$, $\left.\frac{di(t)}{dt}\right|_{t=0} = 0$] .

Mit $\alpha := \frac{R}{2L}$ (α Dämpfungskonstante) und $\omega_o^2 := \frac{1}{LC}$ (ω_o Kreisfrequenz (Resonanz)) ergibt sich

$$\frac{d^2 i(t)}{dt^2} + 2\alpha \frac{di(t)}{dt} + \omega_o^2\, i(t) = 0.$$

Wir unterscheiden:

(i) $\alpha > \omega_o$, d.h. $d = \omega_o^2 - \alpha^2 < 0$.

Es ergibt sich als allgemeine Lösung nach Folgerung (24.50):

$$i(t) = [\, c_1 e^{\sqrt{-d}\,t} + c_2 e^{-\sqrt{-d}\,t}\,] e^{-\alpha t}$$

$$= c_1 e^{(\sqrt{-d}-\alpha)t} + c_2 e^{-(\sqrt{-d}+\alpha)t} .$$

Betrachten wir diese Lösung noch etwas genauer: Es ist $-d = \alpha^2 - \omega_o^2$ und daher

$$-d - \alpha^2 = (\sqrt{-d} - \alpha)(\sqrt{-d} + \alpha) = -\omega_o^2 < 0.$$

Das bedeutet, daß $(\sqrt{-d} - \alpha)$ und $(\sqrt{-d} + \alpha)$ verschiedene Vorzeichen haben müssen.

Ist nun $\alpha > 0$, so ist $(\sqrt{-d} + \alpha) > 0$ und daher $(\sqrt{-d} - \alpha) < 0$.
Es folgt daraus, daß $e^{(\sqrt{-d}-\alpha)t}$ und $e^{-(\sqrt{-d}+\alpha)t}$ gegen 0 streben für $t \to \infty$.
Man spricht bei diesen Lösungen, die alle gegen Null streben für große t, von <u>starker oder überkritischer Dämpfung</u>.
Ist $\alpha < 0$, so ist $(\sqrt{-d} - \alpha) > 0$ und $(\sqrt{-d} + \alpha) < 0$. Daher streben sowohl $e^{(\sqrt{-d}-\alpha)t}$ als auch $e^{-(\sqrt{-d}+\alpha)t}$ für große t gegen ∞.
Als Lösung des Anfangswertproblems ergibt sich nach kurzer Rechnung:

$$i(t) = \frac{I_o}{2\sqrt{-d}} \left((\sqrt{-d} + \alpha) e^{(\sqrt{-d}-\alpha)t} + (\sqrt{-d} - \alpha) e^{-(\sqrt{-d}+\alpha)t}\right)$$

(ii) $\alpha = \omega_o$, d.h. $d = \omega_o^2 - \alpha^2 = 0$.
Wir erhalten als allgemeine Lösung

$$i(t) = (c_1 + c_2 t)\, e^{-\alpha t} .$$

Ist $\alpha > 0$, so strebt jede Lösung für $t \to \infty$ gegen Null. In diesem Fall spricht man von <u>kritischer Dämpfung</u>. Ist ferner dabei $c_2 \neq 0$, so kann die Lösung genau einmal ihr Vorzeichen wechseln (für $t = -\frac{c_1}{c_2}$).

Im Fall $\alpha < 0$ strebt jede Lösung für $t \to \infty$ entweder gegen $+\infty$ oder gegen $-\infty$. Als Lösung des Anfangswertproblems erhalten wir hier:

$$i(t) = I_o (1 + \alpha t) e^{-\alpha t} .$$

(iii) $\alpha < \omega_o$, d.h. $d = \omega_o^2 - \alpha^2 > 0$. Die allgemeine Lösung ist gegeben durch

$$i(t) = (c_1 \cos\sqrt{d}\, t + c_2 \sin\sqrt{d}\, t)e^{-\alpha t}.$$

Wir betrachten diese Lösung wieder etwas genauer:
Ist $\alpha > 0$, so strebt sie wegen $e^{-\alpha t}$ für wachsendes t gegen Null. Wegen der sin- und cos-Funktion "oszilliert" sie dabei. Man spricht hier von schwacher oder unterkritischer Dämpfung.
Ist $\alpha = 0$, so oszilliert die Lösung. Es handelt sich um den ungedämpften Fall.
Bei $\alpha < 0$ strebt die Lösung mit wachsendem t oszillierend dem Betrag nach gegen ∞. Je nach Größe von α spricht man (für $\omega_o > 0$) von schwacher ($0 > \alpha > -\omega_o$), kritischer ($\alpha = -\omega_o$) oder starker ($\alpha < -\omega_o$) Entdämpfung.
Lösung des Anfangswertproblems ist in diesem Fall

$$i(t) = I_o e^{-\alpha t}[\cos\sqrt{d}\, t + \frac{\alpha}{\sqrt{d}} \sin \sqrt{d}\, t].$$

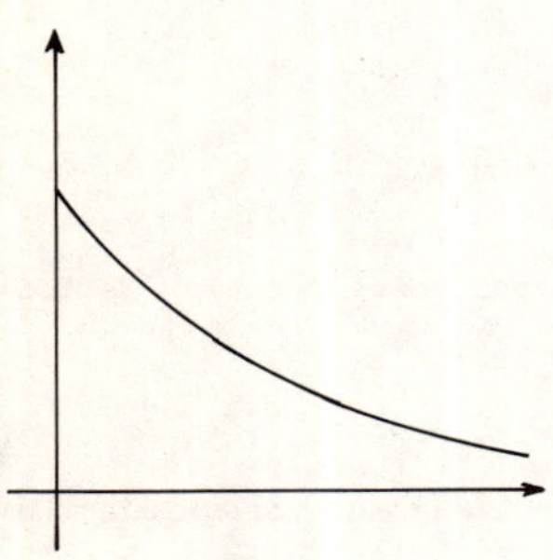

starke Dämpfung

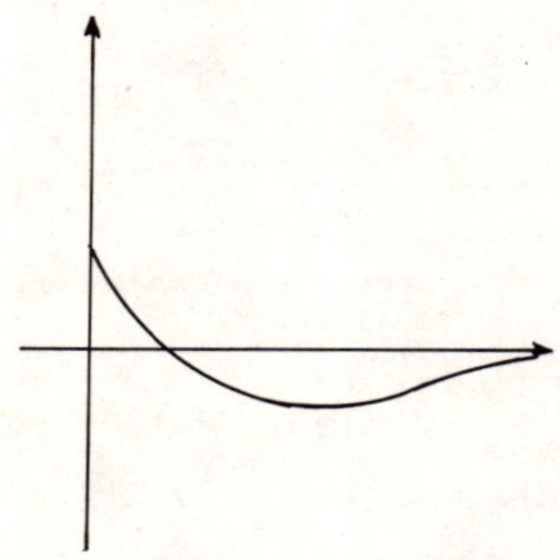

kritische Dämpfung

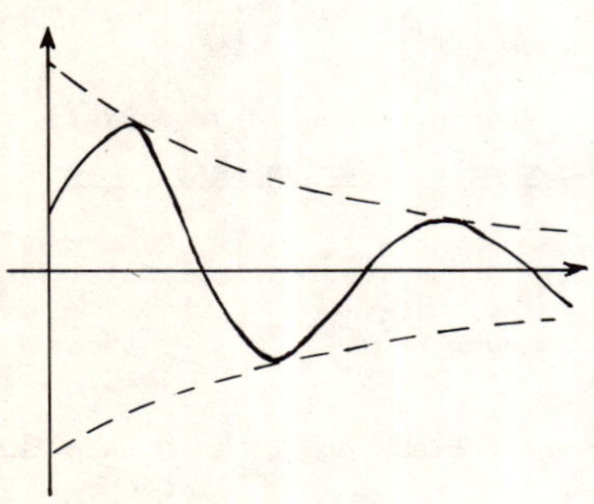

schwache Dämpfung

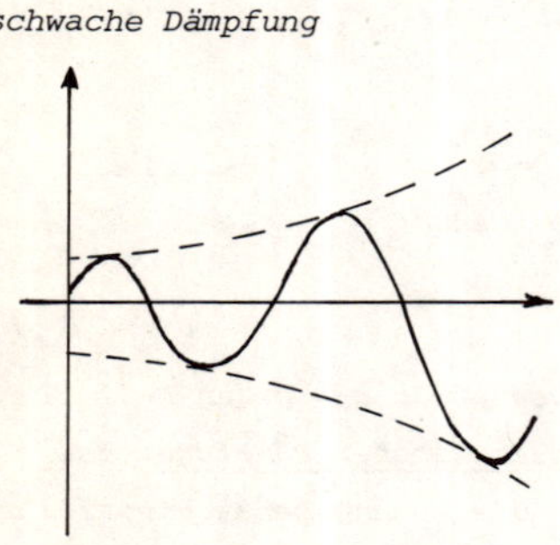

schwache Entdämpfung

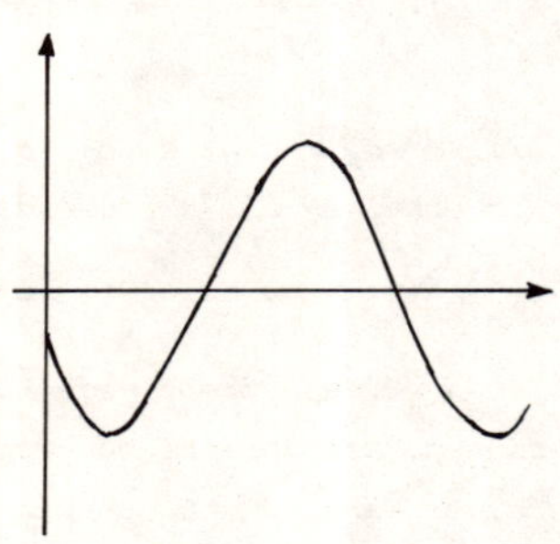

ungedämpft

A 18
Seite 227

AUFGABE 18.- 1) Hinweise: Zu a): Satz (24.54), Seite 226. Zu b): Lösen Sie das Anfangswertproblem $i'' + i = v$, $i(0) = I_o$, $i'(0) = 0$, zunächst auf dem Intervall $[0,\pi]$. Formulieren Sie dann ein Anfangswertproblem auf dem Intervall $[\pi,\infty[$ und lösen Sie es.
2) Lösung: a) (i) Lösung der homogenen linearen Differentialgleichung

$$y'' + 2y' + 2y = 0.$$

Mit $d = 2 - 1 = 1 > 0$ ergibt sich (Folgerung (24.50), Seite 224):

$$y_H(x) = (c_1 \cos x + c_2 \sin x)e^{-x}$$
$$= c_1 \cos x \cdot e^{-x} + c_2 \sin x \cdot e^{-x}$$
$$=: c_1 y_1(x) + c_2 y_2(x).$$

(ii) Bestimmung einer speziellen Lösung:
Dazu benötigt man die Wronski-Determinante von y_1 und y_2:

$$W(x) = \cos x e^{-x}(\cos x e^{-x} - \sin x e^{-x}) -$$
$$- \sin x e^{-x}(-\sin x e^{-x} - \cos x e^{-x})$$
$$= \cos^2 x e^{-2x} + \sin^2 x e^{-2x} = e^{-2x}.$$

Damit ergeben sich c_1 und c_2 mit Satz (24.54)

$$c_1(x) = -\int \frac{f(x)y_2(x)}{W(x)}\, dx = -\int \frac{(\cos x + x)e^{-x} \sin x \cdot e^{-x}}{e^{-2x}}\, dx$$
$$= -\int (\cos x \sin x + x \sin x)\, dx$$
$$= -(\frac{1}{2} \sin^2 x + \sin x - \cos x)$$
$$c_2(x) = \int \frac{f(x)y_1(x)}{W(x)}\, dx = \int \frac{(\cos x + x)e^{-x} \cos x\, e^{-x}}{e^{-2x}}\, dx$$
$$= \int (\cos^2 x + x\cos x)\, dx$$
$$= \frac{1}{2} x + \frac{1}{4} \sin 2x + \cos x + x \sin x.$$

Damit erhalten wir als spezielle Lösung:

$$y_s(x) = -(\frac{1}{2} \sin^2 x + \sin x - x\cos x) \cos x \cdot e^{-x} +$$
$$+ (\frac{1}{2} x + \frac{1}{4} \sin 2x + \cos x + x \sin x) \sin x \cdot e^{-x}$$
$$= (-\frac{1}{2} \sin^2 x \cos x - \cos x \sin x + x \cos^2 x + \frac{1}{2} x \sin x +$$
$$+ \frac{1}{4} \sin 2x \sin x + \cos x \sin x + x \sin^2 x) \cdot e^{-x}$$
$$= (-\frac{1}{2} \sin^2 x \cos x + x(\cos^2 x + \sin^2 x) + \frac{1}{2} x \sin x +$$
$$+ \frac{1}{4} \sin 2x \sin x) \cdot e^{-x}$$
$$= (x + \frac{x}{2} \sin x) \cdot e^{-x} \quad (\text{Wegen } \sin 2x = 2 \sin x \cos x).$$

Also lautet die allgemeine Lösung:

$$y(x) = y_H(x) + y_s(x) = (x + \frac{x}{2} \sin x)e^{-x} + c_1 \cos x e^{-x} +$$
$$+ c_2 \sin x e^{-x}$$
$$= [x + (\frac{x}{2} + c_2) \sin x + c_1 \cos x]\, e^{-x}.$$

b) Die Differentialgleichung für das angegebene Netzwerk lautet

$$C\,\frac{di^2(t)}{dt^2}+\frac{1}{L}\,i(t)=v(t).$$

Mit C = 1 Farad, L = 1 Henry erhalten wir das Anfangswertproblem:

$$\frac{d^2i(t)}{dt^2}+i(t)=v(t)\;,\; i(0)=I_o\;,\;\left.\frac{di(t)}{dt}\right|_{t=0}=0.$$

(i) Lösung der homogenen linearen Differentialgleichung

$$i''+i=0$$

ist nach Satz (24.47) wegen $d=1>0$

$$i_H(t)=c_1\cos t+c_2\sin t$$
$$=: c_1y_1(t)+c_2y_2(t).$$

(ii) Bestimmung einer speziellen Lösung: Wronski-Determinante:

$$W(t)=y_1y_2'-y_2y_1'=\cos^2 t+\sin^2 t=1.$$

α) erstes Anfangswertproblem:

$$i''+i=1,\; i(0)=I_o,\; i'(0)=0\;,\qquad 0\le\omega t\le\pi.$$

Es folgt mit Satz (24.54) und

$$c_1(t)=-\int\frac{1\cdot\sin t}{1}\,dt=\cos t$$
$$c_2(t)=\int\frac{1\cdot\cos t}{1}\,dt=\sin t\quad :$$

$$i_s(t)=\cos^2 t+\sin^2 t=1\qquad 0\le\omega t\le\pi\,.$$

Allgemeine Lösung ist daher

$$i(t)=c_1\cos t+c_2\sin t+1\qquad 0\le\omega t\le\pi.$$

Die Anfangswerte ergeben,

$$I_o=c_1+1\quad,\quad d.h.\; c_1=I_o-1$$
$$0=c_2\,.$$

Damit erhält man:

$$i(t)=(I_o-1)\cos t+1\quad \text{für } 0\le\omega t\le\pi.$$

Da $i(\pi)=2-I_o$ *und* $i'(\pi)=0$ *ist, und die Lösung* $i(t)$ *stetig differenzierbar sein soll, lösen wir nun*

β) das zweite Anfangswertproblem:

$$i''+i=-\cos t\;,\; i(\pi)=2-I_o,\; i'(\pi)=0,\; t=\omega t\ge\pi.$$

Es folgt wieder mit Satz (24.54) und

$$c_1(t)=\int\cos t\sin t\,dt=\frac{1}{2}\sin^2 t$$
$$c_2(t)=-\int\cos^2 t\,dt=-\frac{1}{2}t-\frac{1}{4}\sin 2t\quad :$$
$$i_s(t)=\frac{1}{2}\sin^2 t\cos t-\frac{1}{2}t\sin t-\frac{1}{4}\sin 2t\sin t=$$
$$=-\frac{1}{2}t\sin t,\qquad t=\omega t\ge\pi.$$

Allgemeine Lösung ist daher

$$i(t)=c_1\cos t+c_2\sin t-\frac{1}{2}t\sin t\,.$$

Die Anfangswerte ergeben:

$$2-I_o=-c_1$$
$$0=-c_2+\frac{1}{2}\pi\;,$$

d.h. $c_1=I_o-2$ *und* $c_2=\frac{\pi}{2}\,.$

Damit erhält man

$$i(t)=(I_o-1)\cos t-\left(\frac{1}{2}t-\frac{\pi}{2}\right)\sin t\quad,\quad \omega t\ge\pi.$$

Somit lautet die Lösung des Anfangswertproblems für $t\ge 0$:

$$i(t)=\begin{cases}(I_o-1)\cos t+1 & 0\le\omega t\le\pi\\ (I_o-2)\cos t+\frac{1}{2}(\pi-t)\sin t & \omega t\ge\pi\,.\end{cases}$$

<u>*AUFGABE 19.-*</u> *1) Hinweise: Zu a): (24.56) und (24.57). Zu b): (24.58). Zu c): (24.59).* A 19 Seite 228

2) Lösung: a) Die Inhomogenität f ist ein Polynom vom Grad 3. Wir machen wegen $a\cdot b=-6\neq 0$ *den Ansatz zur Bestimmung einer speziellen Lösung:*

$$y_s(x)=\sum_{k=0}^{3}a_kx^k=a_o+a_1x+a_2x^2+a_3x^3.$$

Er führt auf (eingesetzt in die Differentialgleichung):

$$-6a_3x^3+(3a_3-6a_2)x^2+(6a_3+2a_2-6a_1)x+(2a_2+a_1-6a_o)=$$
$$=2x^3+5x^2-7x+2\,.$$

Koeffizientenvergleich ergibt:

$$a_3=-\frac{1}{3}\;,\; a_2=-1\;,\; a_1=\frac{1}{2}\;,\; a_o=-\frac{7}{12}\,.$$

Damit ist eine spezielle Lösung gegeben durch

$$y_s(x)=-\frac{1}{3}x^3-x^2+\frac{1}{2}x-\frac{7}{12}\,.$$

Die allgemeine Lösung lautet mit

$$y_H(x)=\left(c_1e^{\frac{5}{2}x}+c_2e^{-\frac{5}{2}x}\right)e^{-\frac{1}{2}x}=c_1e^{2x}+c_2e^{-3x}$$

(wegen $d=-\frac{25}{4}<0$*):*

$$y(x)=c_1e^{2x}+c_2e^{-3x}-\frac{1}{3}x^3-x^2+\frac{1}{2}x-\frac{7}{12}\,.$$

b) Die Inhomogenität dieser Differentialgleichung zweiter Ordnung hat die Gestalt $f(x)=Q(x)e^{\gamma x}$ *mit dem Polynom* $Q(x)=x^2+x$ *vom Grad 2 und* $\gamma=3$. *Nullstellen des charakteristischen Polynoms*

$$P(\lambda)=\lambda^2-3\lambda+2$$

sind

$$\lambda_{1,2}=\frac{3}{2}\pm\sqrt{\frac{9}{4}-2}\quad,\quad \text{also}$$
$$\lambda_1=2\;,\;\lambda_2=1.$$

$\gamma=3$ *ist keine Nullstelle von P.*
Wir machen den Ansatz (siehe Bemerkung (24.58)):

$$y_s(x) = \sum_{k=0}^{2} a_k x^k \cdot e^{\gamma x}$$

$$= (a_o + a_1 x + a_2 x^2) e^{3x}.$$

Der Ansatz führt auf

$$9(a_o+a_1x+a_2x^2)e^{3x} + 6(a_1+2a_2x)e^{3x} + 2a_2e^{3x}$$

$$-9(a_o+a_1x+a_2x^2)e^{3x} - 3(a_1+2a_2x)e^{3x} + 2(a_o+a_1x+a_2x^2)e^{3x} =$$

$$= e^{3x}(x^2+x)$$

oder

$$2(a_o+a_1x+a_2x^2) + 3(a_1+2a_2x) + 2a_2 = x^2+x.$$

Koeffizientenvergleich ergibt:

$$a_o = 1, \quad a_1 = -1, \quad a_2 = \frac{1}{2}.$$

Eine spezielle Lösung ist:

$$y_s(x) = (1-x+\frac{1}{2}x^2)e^{3x}.$$

Lösung der homogenen Differentialgleichung ist $(d = -\frac{1}{4} < 0)$

$$y_H(x) = (c_1 e^{\frac{x}{2}} + c_2 e^{-\frac{x}{2}}) e^{\frac{3x}{2}} = c_1 e^{2x} + c_2 e^{x}.$$

Damit lautet die allgemeine Lösung der Differentialgleichung:

$$y(x) = c_1 e^{2x} + c_2 e^{x} + (\frac{1}{2}x^2 - x + 1)e^{3x}.$$

c) Hier benutzen wir Bemerkung (24.59) zur Bestimmung einer speziellen Lösung, denn die Inhomogenität hat die Gestalt $f(x) = e^{\gamma x}(p \cos \delta x + q \sin \delta x)$ mit $\gamma = 2$, $\delta = 3$, $p = 1$ und $q = 0$. $\gamma \pm i\delta = 2 \pm 3i$ ist nicht Nullstelle des charakteristischen Polynoms $P(\lambda) = \lambda^2 + 1$. Wir machen daher den Lösungsansatz

$$y_s(x) = e^{\gamma x}(p_1 \cos \delta x + q_1 \sin \delta x)$$

$$= e^{2x}(p_1 \cos 3x + q_1 \sin 3x).$$

Der Ansatz führt auf

$$4e^{2x}(p_1 \cos 3x + q_1 \sin 3x) + 4e^{2x}(-3p_1 \sin 3x + 3q_1 \cos 3x)$$

$$+ e^{2x}(-9p_1 \cos 3x - 9q_1 \sin 3x) + e^{2x}(p_1 \cos 3x + q_1 \sin 3x)$$

$$= 5e^{2x}(p_1 \cos 3x + q_1 \sin 3x) + 4e^{2x}(-3p_1 \sin 3x + 3q_1 \cos 3x)$$

$$+ e^{2x}(-9p_1 \cos 3x - 9q_1 \sin 3x)$$

$$= e^{2x} \cos 3x.$$

Daraus folgt:

$$-4p_1 \cos 3x - 4q_1 \sin 3x - 12p_1 \sin 3x + 12q_1 \cos 3x = \cos 3x.$$

Für p_1 und q_1 folgt daraus

$$-4p_1 + 12q_1 = 1$$

$$-4q_1 - 12p_1 = 0$$

oder

$$p_1 = -\frac{1}{40}, \quad q_1 = \frac{3}{40}.$$

Also lautet die spezielle Lösung:

$$y_s(x) = \frac{1}{40} e^{2x}(3 \sin 3x - \cos 3x).$$

Lösung der homogenen Differentialgleichung ist nach Satz (24.47) $(d = 1 > 0)$:

$$y_H(x) = c_1 \cos x + c_2 \sin x.$$

Damit lautet die allgemeine Lösung:

$$y(x) = c_1 \cos x + c_2 \sin x + \frac{1}{40} e^{2x}(3 \sin 3x - \cos 3x).$$

A 20
Seite 228

<u>AUFGABE 20.</u>- $y'' + \lambda^2 y = 0 \quad (\lambda \neq 0).$

a) $y(0) = 0, \quad y(\pi) = 1$

b) $y(0) = 1, \quad y(\pi) = 1$

c) $y(0) = 1, \quad y(\pi) = -1.$

Allgemeine Lösung ist:

$$y(x) = c_1 \cos \lambda x + c_2 \sin \lambda x.$$

Zu a): Die Randbedingungen ergeben

$$c_1 = 0$$

$$c_1 \cos \lambda\pi + c_2 \sin \lambda\pi = c_2 \sin \lambda\pi = 1$$

(i) $\lambda = k \in \mathbb{Z}$, so ist $\sin \lambda\pi = 0$. Es existiert keine Lösung.

(ii) $\lambda \neq k \in \mathbb{Z}$, so ist $c_2 \sin \lambda\pi = 1$ eindeutig mit $c_2 = \frac{1}{\sin \lambda\pi}$ lösbar. Lösung:

$$y(x) = \frac{\sin \lambda x}{\sin \lambda\pi}.$$

Zu b): Die Randbedingungen ergeben

$$c_1 = 1$$

$$c_1 \cos \lambda\pi + c_2 \sin \lambda\pi = \cos \lambda\pi + c_2 \sin \lambda\pi = 1. \qquad (+)$$

(i) $\lambda = 2k$, $k \in \mathbb{Z}$, so ist $\cos \lambda\pi = 1$ und damit

$$c_2 \sin \lambda\pi = 0.$$

Wegen $\sin 2k\pi = 0$ wird die Gleichung für beliebiges c_2 erfüllt. Lösung:

$$y(x) = \cos 2kx + c_2 \sin 2kx.$$

(ii) $\lambda = 2k+1$, $k \in \mathbb{Z}$, so ist $\cos \lambda\pi = -1$ und deshalb mit (+):

$$c_2 \sin \lambda\pi = 2.$$

Da $\sin (2k+1)\pi = 0$ ist, wird diese Gleichung nie erfüllt. Es existiert keine Lösung.

(iii) $\lambda \notin \mathbb{Z}$. So ist c_2 eindeutig bestimmt durch

$$c_2 = \frac{1 - \cos \lambda\pi}{\sin \lambda\pi},$$

und die Lösung ergibt sich als

$$y(x) = \cos \lambda x + \frac{1 - \cos \lambda\pi}{\sin \lambda\pi} \sin \lambda x.$$

Zu c): Die Randbedingungen ergeben

$$c_1 = 1$$

$$c_1 \cos \lambda\pi + c_2 \sin \lambda\pi = -1.$$

Es folgt $(k \in \mathbb{Z})$:

(i) $\lambda = 2k$: *Es existiert keine Lösung;*

(ii) $\lambda = 2k+1$: *Lösung ist*

$$y(x) = \cos (2k+1) x + c_2 \sin (2k+1) x$$

für beliebiges $c_2 \in \mathbb{R}$.

(iii) $\lambda \neq k$: *Es existiert eine eindeutig bestimmte Lösung*

$$y(x) = \cos \lambda x - \frac{1+\cos \lambda\pi}{\sin \lambda\pi} \sin \lambda x.$$

Sachverzeichnis

T

U

V

W

Z

Springer-Verlag und Umwelt

Als internationaler wissenschaftlicher Verlag sind wir uns unserer besonderen Verpflichtung der Umwelt gegenüber bewußt und beziehen umweltorientierte Grundsätze in Unternehmensentscheidungen mit ein.

Von unseren Geschäftspartnern (Druckereien, Papierfabriken, Verpackungsherstellern usw.) verlangen wir, daß sie sowohl beim Herstellungsprozeß selbst als auch beim Einsatz der zur Verwendung kommenden Materialien ökologische Gesichtspunkte berücksichtigen.

Das für dieses Buch verwendete Papier ist aus chlorfrei bzw. chlorarm hergestelltem Zellstoff gefertigt und im pH-Wert neutral.